ROBOT
SLAM NAVIGATION

机器人SLAM导航

核心技术与实战

张虎 著

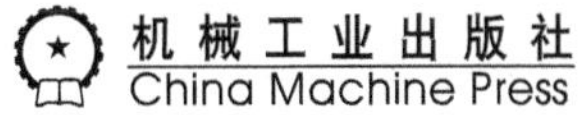

图书在版编目（CIP）数据

机器人 SLAM 导航：核心技术与实战 / 张虎著 . -- 北京：机械工业出版社，2022.1（2023.12 重印）
（机器人工程技术丛书）
ISBN 978-7-111-69742-8

Ⅰ. ①机… Ⅱ. ①张… Ⅲ. ①机器人 - 基本知识 Ⅳ. ① TP242

中国版本图书馆 CIP 数据核字（2021）第 253561 号

机器人 SLAM 导航：核心技术与实战

出版发行：机械工业出版社（北京市西城区百万庄大街 22 号 邮政编码：100037）

责任编辑：高婧雅	责任校对：马荣敏
印　　刷：固安县铭成印刷有限公司	版　　次：2023 年 12 月第 1 版第 5 次印刷
开　　本：185mm × 260mm　1/16	印　　张：33.75
书　　号：ISBN 978-7-111-69742-8	定　　价：149.00 元

客服电话：（010）88361066　68326294

FOREWORD

序

作为一种基础技术，SLAM 的基石地位在其应用的行业内逐渐被接受。作为 SLAM 方向的从业人员，我有幸目睹了 SLAM 相关工作蓬勃发展的十年。这种蓬勃发展体现在诸多方面。

在学术界：对 SLAM 的研究在不断地推陈出新，学生可以在许多校内课程中接触到 ROS 系统与 SLAM 技术，SLAM 正在成为许多高校的重要研究方向。

在工业界：基于 SLAM 的定位、地图和三维重建已成为众多算法工程师的可选技术之一；SLAM 方面的工作岗位在日益增多，SLAM 的应用领域也在与时俱进，如自动驾驶和机器人领域。

人们对 SLAM 这个词语不再陌生，最关键的是，整个行业呈现出一种良性的、向上发展的，又不乏理性的乐观趋势，形成一种“苟日新，又日新，日日新”的欣欣向荣景象，令人欣慰。

与以往的技术浪潮有所不同的是，SLAM 的技术发展有着浓厚的开源色彩，这也部分源于整个计算机科学领域的开源主义思想。算法的开源极大地推动了整个 SLAM 社区的知识共享，使得各个研究团队能够快速基于前人的工作展开后续的研究，大大减少了闭门造车现象。不少经典的 SLAM 方案都向社区提供了开源版本，这进一步使 SLAM 成为开源领域令人注目的技术方向之一。值得一提的是，我国的许多研究人员对 SLAM 技术的发展也做出了重要贡献。他们或来自高校实验室，或来自企业研发部门，抑或只是好奇心浓重的学生。在 20 世纪的计算机技术发展史中，我们往往处于后来者的位置，或者追随者的位置；而在今天，我们正在和全世界的同行一起，让这个社区变得更加繁荣昌盛。

尽管如此，目前我们仍然缺乏 SLAM 相关的系统性介绍型图书，尤其是面向零基础的读者的图书。高校教材常常具备较强的理论性，但大多数高深的理论在实践当中甚少用到，现实世界也不见得与高阶数学的性质完全吻合。而 SLAM 的一大特点是与实际工程结合异常紧密，多数数学理论会直接以代码的形式出现在对应的工程中，所以 SLAM 非常注重实际。一些抽象的、先进的、复杂的理论，若没有明显的工程效果，则往往不会在 SLAM 领域受到广泛欢迎。

SLAM 的工程实现也通常有一定的规模和复杂度。如果没有一定程度的软件工程经验积累，在缺乏指引的情况下，许多人会对现有的 SLAM 系统感到无所适从。这就要求介绍 SLAM 的图书既要涵盖 SLAM 背后的数学理论，又要兼顾工程上的代码实现。因此，作者通常要为这部分内容付出许多额外的精力。

机械工业出版社出版的这本书，是由张虎编写的一本面向具体 SLAM 实践的书籍。相比传统的理论书，本书更加侧重于形而下的实践。它详细介绍了一些典型的激光与视觉 SLAM 的实现，并提供了源代码解读。除 SLAM 之外，本书也介绍了如何在已有地图上进行导航规划。总之，本书内容详细、充实，可以作为 SLAM 领域研发人员、学生的良好参考材料。我们也衷心地希望，我国的研究人员可以产出更多优秀的著作，以阐释这个内容丰富的领域。

后人荫，前人树。人生短，莫闲舒。晓声长夜谈定位，杯酒阑干话地图。青丝白首对灯处，且吟轻曲弄新书。

是为序。

高翔

半闲居士

2021 年 8 月于北京

PREFACE

前　　言

互联网和人工智能技术可以看成是对人类大脑的进一步延展，而机器人技术则可以看成是对人类躯体的进一步延展。如果人工智能技术仅仅停留在虚拟的网络和数据之中，那么其挖掘并利用新知识的能力将很难扩展开来。可以说，机器人是人工智能技术应用能力的有效延展，而能自主移动的机器人更是极大地拓展了人工智能技术的应用范围。SLAM 导航技术正是当下实现机器人自主移动的热门研究领域，也是本书内容的核心所在。

为什么写这本书

帮助机器人实现完全自主化的每一种底层技术无疑将成为“机器人时代”的基础设施，其中的自主移动技术在当下备受瞩目，其实质就是解决从地点 A 到地点 B 的问题。这个问题看似简单，实则非常复杂。当向机器人下达移动到地点 B 的命令后，机器人不免会问出三个颇具哲学性的问题，即“我在哪”“我将到何处去”和“我该如何去”。经过近几十年来的研究，业界形成了一套有效解决机器人自主移动的方案，即 **SLAM 导航方案**。

目前以 SLAM 导航技术为支撑的自主移动应用已经十分广泛，涵盖航天、军事、特种作业、工业生产、智慧交通、消费娱乐等众多领域。典型应用包括火星探测车、军事机器人、特种作业机器人、农业领域机器人、自动驾驶汽车、终端物流配送机器人、机器人智慧养老、机器人餐厅、家庭服务机器人等。

虽然 SLAM 导航技术在许多方面取得了突破，但其仍处于发展阶段且尚未真正落地。这就需要有更多的人参与到这个庞大且深奥的项目中来，以加快技术突破和产品落地的速度。而机器人是多专业知识交叉的学科，通常涉及传感器、驱动程序、多机通信、机械结构、算法等众多领域。这就导致各个领域的研究、开发人员都在自己熟悉的领域内“闭门造车”，缺乏领域之间的必要交流与实践。软件层面的开发者由于缺乏对机器人传感器、机器人主机和机器人底盘的系统性认识，因此往往会在涉及软硬件深度优化方面的问题时束手无策。而硬件层面的开发者由于缺乏软件方面的必备基础，因此经常会在理解软件层需求时出现偏差。由于缺乏相关的数学理论体系，因此 ROS 及硬件相关领域的开发人员大多只能充当“调参侠”，很难对 SLAM 导航方面的算法提出实质性的改善建议。缺乏工程思维和实践经验，SLAM 算法或导航算法方面的研究人员则很难将研究成果真正落地。

可以说，机器人 SLAM 导航是一个软硬件相结合、理论加实战的浩大工程性问题。而目前各领域之间还存在很大的交流屏障，这无疑成了机器人 SLAM 导航技术突破与落地的突出痛点。我由此萌生了写一本兼具理论性和实践性的系统化图书的想法，希望通过这样一本书将机器人 SLAM 导航中的软件技术、硬件技术、数学理论、工程落地等一系列问题打通。

历经两年多的艰苦创作，这本书终于要完稿了。最开始写这本书的时候，想法其实比较简单。当时自以为对机器人 SLAM 导航技术很了解，因而有着强烈的欲望想将自己所理解的知识和经验分享给更多有需要的人，为机器人 SLAM 导航技术的普及与产品落地贡献一份力量。但随着写作的逐步深入，我发现以前的很多理解存在不少偏差和局限，所以这倒逼着自己不断去学习更深层的知识，不断进行自我认知革新。直到写完最后一章回头望时，我发现自己已经超越从前的自己很多很多了。希望大家也能以这样的心态去学习本书，不断进行自我革新，等你学完整本书再回首时一定能发现一个全新的自己。

本书特色

本书的第一大亮点是**对 SLAM 理论体系做了深入浅出的分析**。本书先对 SLAM 理论做了总结性讨论，这作为 SLAM 讨论的开篇章节有利于读者快速理清学习思路；而更深层的 SLAM 理论知识则放在后续具体 SLAM 系统中详细展开讨论，结合实例进行讲解，这样的好处是能大大降低深奥理论知识的理解难度。

本书的第二大亮点是**将 SLAM 与导航两大研究领域有机地串接起来**。目前很多资料只侧重于讨论 SLAM 问题，而很少谈及导航问题。其实对自主移动机器人来说，SLAM 技术只相当于给机器人提供了一条腿，而另一条腿则是导航技术。由于本书前几章对机器人硬件、系统、SLAM 理论及具体算法实现做了大量铺垫，这就为 SLAM 与导航相结合内容的讨论提供了土壤。

本书的第三大亮点是**对机器学习所涉及的理论基础进行了全面介绍**，特别是对与 SLAM 前沿方向密切相关的深度学习及与自主导航前沿方向密切相关的强化学习进行了深入对比分析。深度学习和强化学习理论知识的讲解为本书学习者后续的持续研究提供了广阔的想象空间，为机器人实现强人工智能提供了技术路线的参考。

读者对象

本书适合的读者范围极为广泛，主要包括：

- 从事自主移动机器人或者无人驾驶方面工作的开发人员；
- 智能机器人方面的市场调研人员、产品经理等；

- 想要转型到机器人算法岗位的开发者；
- SLAM 导航领域的本科生或研究生；
- 从事机械设计、机器人底盘研发、AGV 算法升级等方面工作的开发人员；
- 对 SLAM 导航感兴趣的爱好者。

如何阅读本书

本书分为四篇，共 13 章。

编程基础篇（第 1 ～ 3 章）。本篇带领大家了解 ROS 的核心概念、大型 C++ 工程的代码组织方式以及图像处理方面的基础知识，为后续学习打好必要的编程基础。

硬件基础篇（第 4 ～ 6 章）。本篇通过对机器人传感器、机器人主机和机器人底盘的讨论，让缺少硬件基础的开发者对机器人的硬件有一个系统的认识并更好地理解软件与硬件之间的协同关系。机器人传感器相当于机器人的眼耳口鼻，机器人主机相当于机器人的大脑，而机器人底盘则相当于集成传感器和主机的躯干。

SLAM 篇（第 7 ～ 10 章）。本篇首先总结式地介绍整个 SLAM 的理论知识体系，接着以各个具体的 SLAM 系统实现为例进一步介绍 SLAM 算法的代码框架及核心算法的实现细节。

自主导航篇（第 11 ～ 13 章）。本篇首先给出整个自主导航的理论体系知识的总结，接着以各个具体的自主导航系统实现为例进一步介绍自主导航算法的代码框架以及核心算法的细节实现，最后以一个真实机器人为例介绍应用 SLAM 导航技术进行开发的完整流程。学完本书的全部内容后，相信大家能够继续进行 SLAM 导航技术的独立研究和开发。

勘误与支持

由于本人水平有限，因此书中难免会出现一些错误或者表述不严谨的地方，欢迎读者朋友批评指正，可以通过以下方式联系我或提交勘误信息。

- QQ 技术交流群：728661815（1 群已满）、117698356（2 群已满）、891252940（3 群）。
- GitHub 仓库：https://github.com/xiihoo/Books_Robot_SLAM_Navigation。
- Gitee 仓库：https://gitee.com/xiihoo-robot/Books_Robot_SLAM_Navigation。
- 我的网站：www.xiihoo.com。
- 我的微信：robot4xiihoo。
- 邮箱：robot4xiihoo@163.com。

致谢

感谢机械工业出版社的高婧雅编辑在写作方面给予我的细心指导；感谢清华大学的高翔博士为本书作序；感谢亮风台首席架构师侯晓辉、海军工程大学吴中红老师、香港大学博士生王斯煜对本书进行审阅并给予高度评价；感谢广大网友在本书写作过程中提供的众多宝贵建议；感谢在本书写作过程中给予我极大鼓励与关怀的亲朋好友。

最后，希望这本书能陪伴大家走过一段难忘的学习之旅，并收获一份珍贵的成长经历。星辰大海，如你所见，如你所愿。

CONTENTS

目　　录

硬件基础篇

SLAM 篇

自主导航篇

编程基础篇

机器人表现出的各种行为实质是受其背后计算机程序操控的结果，可以说计算机程序就是机器人的灵魂。在机器人开发过程中，掌握一些必备的程序开发方法能让你事半功倍。本篇将从“ROS 入门必备知识”“C++ 编程范式”和“OpenCV 图像处理”来展开讲解，以帮你掌握在机器人开发过程中必备的编程基础知识。

CHAPTER 1

第1章 ROS 入门必备知识

机器人是多专业知识交叉的学科，通常涉及传感器、驱动程序、多机通信、机械结构、算法等，为了更高效地进行机器人的研究和开发，选择一个通用的开发框架非常必要，ROS（Robot Operating System，机器人操作系统）就是流行的框架之一。本书中机器人 SLAM 导航算法和实战案例的编码都基于 ROS 框架，因此第 1 章将带领大家了解和使用 ROS，掌握 ROS 的核心概念，为后续学习打好基础。

1.1 ROS 简介

可能很多初学者听到机器人操作系统，就被“操作系统”几个字吓住了。其实简单点说，ROS 就是一个分布式的通信框架，帮助程序进程之间更方便地通信。一个机器人通常包含多个部件，每个部件都有配套的控制程序，以实现机器人的运动与视听功能等。那么要协调一个机器人中的这些部件，或者协调由多个机器人组成的机器人集群，怎么办呢？这时就需要让分散的部件能够互相通信，在多机器人集群中，这些分散的部件还分散在不同的机器人上。解决这种分布式通信问题正是 ROS 的设计初衷。随着越来越多的人参与 ROS 开发及源码贡献，社区涌现出大量的第三方工具和实用开源软件包，使 ROS 变成现在的样子。

一个经常让初学者困惑的地方是，学会了 ROS 就是学会机器人开发了吗？当然不是，严格意义上讲 ROS 只是一套通信框架而已，机器人中的各种算法和应用程序依然是用 C++、Python 等常见编程语言进行开发的。

1.1.1 ROS 的性能特色

在正式学习 ROS 之前，先介绍 ROS 的几个特性，即元操作系统、分布式通信机制、松耦合软件框架、丰富的开源功能库等，来帮大家建立一些感性的认识。

ROS 是一个机器人领域的元操作系统。也就是说，它并不是真正意义上的操作系统，其底层的任务调度、编译、设备驱动等还是由它的原生操作系统 Ubuntu Linux 完成。ROS 实际上是运行在 Ubuntu Linux 上的亚操作系统，或者说软件框架，但提供硬件抽象、函数调用、进程管理这些类似操作系统的功能，也提供用于获取、编译、跨平台的函数和工具。

ROS 的核心思想就是将机器人的软件功能做成一个个节点，节点之间通过互相发送消息进行沟通。这些节点可以部署在同一台主机上，也可以部署在不同主机上，甚至还可以部署在互联网上。ROS 网络通信机制中的主节点（master）负责对网络中各个节点之间的通信过程进行管理调度，同时提供一个用于配置网络中全局参数的服务。

ROS 是松耦合软件框架，利用分布式通信机制实现节点间的进程通信。ROS 的软件代码以松耦合方式组织，开发过程灵活，管理维护方便。

ROS 具有丰富的开源功能库。ROS 是基于 BSD（Berkeley Software Distribution，伯克利软件发行）协议的开源软件，允许任何人修改、重用、重发布以及在商业和闭源产品中使用，使用 ROS 能够快捷地搭建自己的机器人原型。

1.1.2 ROS 的发行版本

与 Linux 发行版类似，ROS 发行版内置了一系列常用功能包，即将 ROS 系统打包安装到原生系统中。ROS 最初是基于 Ubuntu 系统开发的，ROS 的发行版本名称也和 Ubuntu 采用了同样的规则，即版本名称由两个相同首字母的英文单词组成，版本首字母按字母表递增顺序选取，图 1-1 展示了 ROS 的一些主要版本。

发行时间	ROS版本	对应的Ubuntu版本	是否长期支持
2018年	Melodic Morenia	18.04 Bionic Beaver	是
2017年	Lunar Loggerhead	17.04 Zesty Zapus	
2016年	Kinetic Kame	16.04 Xenial Xerus	是
2015年	Jade Turtle	15.04 Vivid Vervet	
2014年	Indigo Igloo	14.04 Trusty Tahr	是

图 1-1 ROS 的主要版本

1.1.3 ROS 的学习方法

要想学好以及用好 ROS，需要进行大量的实践操作。因此在快速了解 ROS 的核心概念和编程范式后，就要结合大量的实际项目来深入理解 ROS。学会用正确的方式解决问题，能帮你更快地提高能力。ROS 的学习资源主要有以下几个。

- 官网：www.ros.org。
- 源码：github.com。
- Wiki：wiki.ros.org。
- 问答：answers.ros.org。

1.2 ROS 开发环境的搭建

为了后面能进行 ROS 的实战讲解，我们要先搭建好 ROS 的开发环境，接下来就按照 ROS 安装、文件组织方式、网络通信配置、使用集成开发工具的顺序讲解如何搭建环境。

1.2.1　ROS 的安装

使用 ROS 进行机器人的开发，一般需要**机器人**和**工作台**两个部分。机器人通常选择性价比高和功耗低的 ARM 嵌入式板作为主机；工作台大多选择 X86 台式机或笔记本电脑作为主机。虽然 ROS 支持多种操作系统，但对其原生的操作系统 Ubuntu Linux 支持得最好。所以为了避免麻烦，推荐大家在 Ubuntu 上安装 ROS。ARM 嵌入式板的厂家一般都会提供相应的定制化 Ubuntu 系统，主要体现在硬件外设驱动和一些加快系统运行速度的优化，软件开发人员可以不必考虑这些问题，直接把它当作普通的 Ubuntu 使用就行了。在 X86 主机上直接安装官方发布的 Ubuntu 系统，你可以直接将 Ubuntu 安装到物理机，也可以将 Ubuntu 安装到虚拟机。不管是采用何种硬件，在硬件上以何种方式安装 Ubuntu 或定制化 Ubuntu，一旦我们拥有了一个可用的 Ubuntu 系统，就可以在这个 Ubuntu 系统上安装当下最流行的 ROS 发行版了。安装 ROS 的软硬件配置总结，如图 1-2 所示。

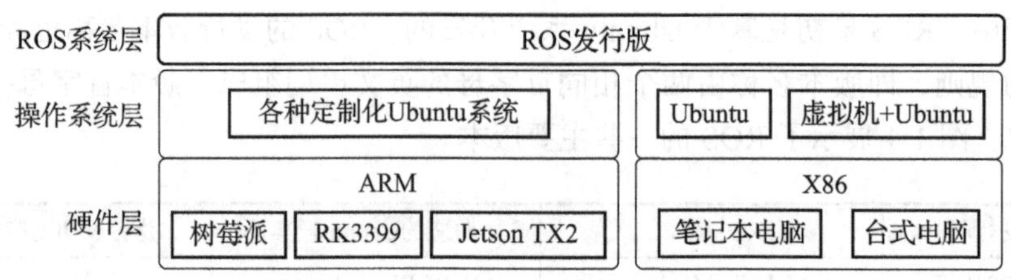

图 1-2　安装 ROS 的软硬件配置总结

安装 ROS 前，要先装好 Ubuntu，本书推荐安装 Ubuntu18.04 和 ROS melodic，在机器人上的 ARM 主机安装 Ubuntu18.04 的内容请参见第 5 章的讲解。安装好 Ubuntu18.04 后，就可以开始 ROS melodic 的安装了。由于篇幅限制，有关 ROS 安装的具体步骤就不展开了，请直接参考官方在 wiki 上的教程[⊖]。

1.2.2　ROS 文件的组织方式

安装完 ROS 之后，我们有必要对 ROS 的文件组织方式进行了解。ROS 的文件被放在系统空间和工作空间两个地方。

系统空间就是存放 ROS 系统安装包的目录，在 /opt/ros/ 目录中存放着 roscore、rviz、rqt 等 ROS 的核心程序和工具，文件是二进制形式，用户不可修改。要使用系统空间中的程序和工具，需要先激活系统空间。请使用下面两行命令。

```
echo "source /opt/ros/melodic/setup.bash" >> ~/.bashrc
source ~/.bashrc
```

工作空间是用户开发自己程序的文件夹（也称目录），由用户自行创建。工作空间中存放各种用户自己开发的功能包程序，文件是源代码形式，用户可自由修改。用户可根据需要创建多个工作空间。下面在 ~/ 目录新建一个名为 catkin_ws 的工作空间，具体命令如下。

⊖ 参见 http://wiki.ros.org/melodic/Installation/Ubuntu。

```
# 新建文件夹
mkdir -p ~/catkin_ws/src
# 初始化 src 目录
cd ~/catkin_ws/src
catkin_init_workspace
# 对工作空间进行首次编译
cd ~/catkin_ws
catkin_make
```

要使用工作空间中的程序和工具，同样需要先激活该空间。请使用下面两行命令。

```
echo "source ~/catkin_ws/devel/setup.bash" >> ~/.bashrc
source ~/.bashrc
```

ROS 的开源社区有非常多的功能包，涵盖传感器驱动、算法、工具等。可以直接用 apt 命令将二进制格式的功能包安装到系统空间，也可以将功能包的源码下载到我们的工作空间，然后手动编译。如果我们要对一些功能包进行修改或升级，可以将该功能包的源码下载到工作空间后修改并编译，工作空间的功能包能直接覆盖系统空间同名的功能包。我们也可以直接用 apt 命令卸载系统空间的功能包，然后将该功能包的源码下载到工作空间后修改、编译。

1.2.3　ROS 网络通信配置

前面提到 ROS 分布式通信的特性，即在构成 ROS 网络通信的各台主机中，必须指明一台主机作为主节点负责管理整个 ROS 网络通信，同时要声明参与通信的各个客户主机。所有主机均由其 IP 地址描述，这样就需要设置每台主机中的环境变量 MASTER 和 HOST。本章只有 1 台主机参与 ROS 网络通信，可以不必设置环境变量，或者将环境变量都取 localhost 默认值。打开 ~/.bashrc 文件，在文件末尾添加如下环境变量。

```
export ROS_MASTER_URI=http:// localhost:11311
export ROS_HOSTNAME=localhost
```

1.2.4　集成开发工具

工欲善其事，必先利其器。选择一款合适的集成开发工具，能大大提高开发效率。在 ROS 开发中常用的集成开发工具包括 vim、VSCode、Sublime text、Atom、RoboWare Studio 等。

在 Linux 开发中，vim 是非常好用的纯文本编辑器，所以推荐大家安装。vim 的安装很简单，直接用 apt 命令安装即可。VSCode 是比较推荐的集成开发工具，跟 Windows 系统中的 Visual Studio 一样，功能非常强大，对现在主流编程语言都有很好的支持。直接打开 Ubuntu 的软件中心，搜索 Visual Studio Code 找到对应图标点击安装就行了。

1.3　ROS 系统架构

安装完 ROS 后，很多朋友应该迫不及待想立马开始写程序。由于 ROS 的架构比较复杂，为了后面容易理解遇到的各种概念，这里先讨论一下 ROS 的系统架构，好让大家对 ROS 中的各种概念有全面性把控。按照官方的说法，可以分别从计算图、文件系统和开源社区视角来理解 ROS 架构 [1] 28-30。

1.3.1 从计算图视角理解 ROS 架构

ROS 中可执行程序的基本单位叫节点（node），节点之间通过消息机制进行通信，这样就组成了一张网状图，也叫计算图，如图 1-3 所示。

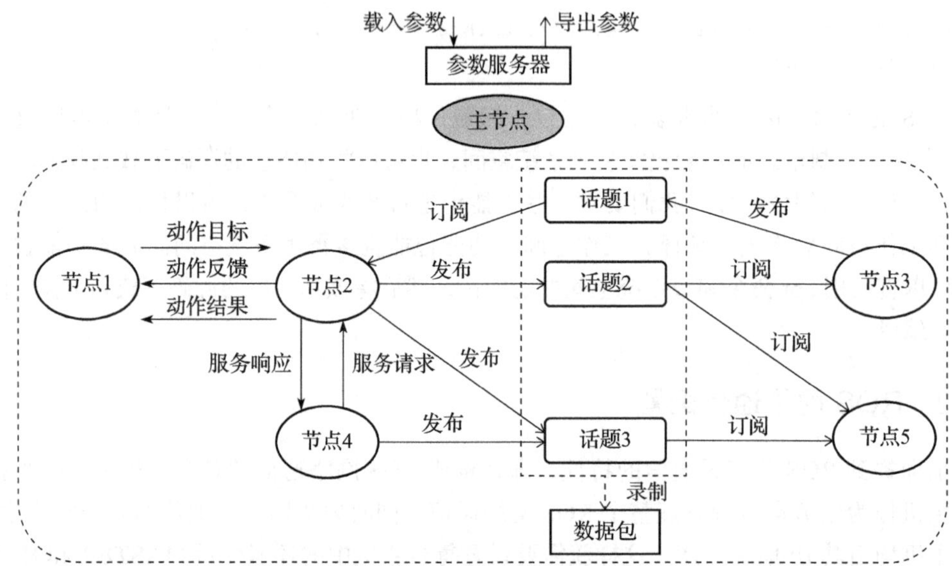

图 1-3 ROS 的计算图结构

节点是可执行程序，通常也叫进程。ROS 功能包中创建的每个可执行程序在被启动加载到系统进程中后，就是一个 ROS 节点，如图 1-3 中的节点 1、节点 2、节点 3 等。节点之间通过收发消息进行通信，消息收发机制分为话题（topic）、服务（service）和动作（action）三种，如图 1-3 中的节点 2 与节点 3、节点 2 与节点 5 采用话题通信，节点 2 与节点 4 采用服务通信，节点 1 与节点 2 采用动作通信。**计算图中的节点、话题、服务、动作都要有唯一名称作为标识**。ROS 利用节点将代码和功能解耦，提高了系统的容错性和可维护性。所以最好让每个节点都具有特定的单一功能，而不是创建一个包罗万象的庞大节点。如果用 C++ 编写节点，需要用到 ROS 提供的 roscpp 库；如果用 Python 编写节点，需要用到 ROS 提供的 rospy 库。

消息是构成计算图的关键，包括消息机制和消息类型两部分。消息机制有话题、服务和动作三种，每种消息机制中传递的数据都具有特定的数据类型（即消息类型），消息类型可分为话题消息类型、服务消息类型和动作消息类型。消息机制和消息类型将在 1.5 节中展开讲解。

数据包（rosbag）是 ROS 中专门用来保存和回放话题中数据的文件，可以将一些难以收集的传感器数据用数据包录制下来，然后反复回放来进行算法性能调试。

参数服务器能够为整个 ROS 网络中的节点提供便于修改的参数。参数可以认为是节点中可供外部修改的全局变量，有静态参数和动态参数。静态参数一般用于在节点启动时设置节点工作模式；动态参数可以用于在节点运行时动态配置节点或改变节点工作状态，比如电机控制节点里的 PID 控制参数。

主节点负责各个节点之间通信过程的调度管理。因此主节点必须要最先启动，可以通过 roscore 命令启动。

1.3.2　从文件系统视角理解 ROS 架构

ROS 程序的不同组件要放在不同的文件夹中，这些文件夹根据不同的功能对文件进行组织，这就是 ROS 的文件系统结构，如图 1-4 所示。

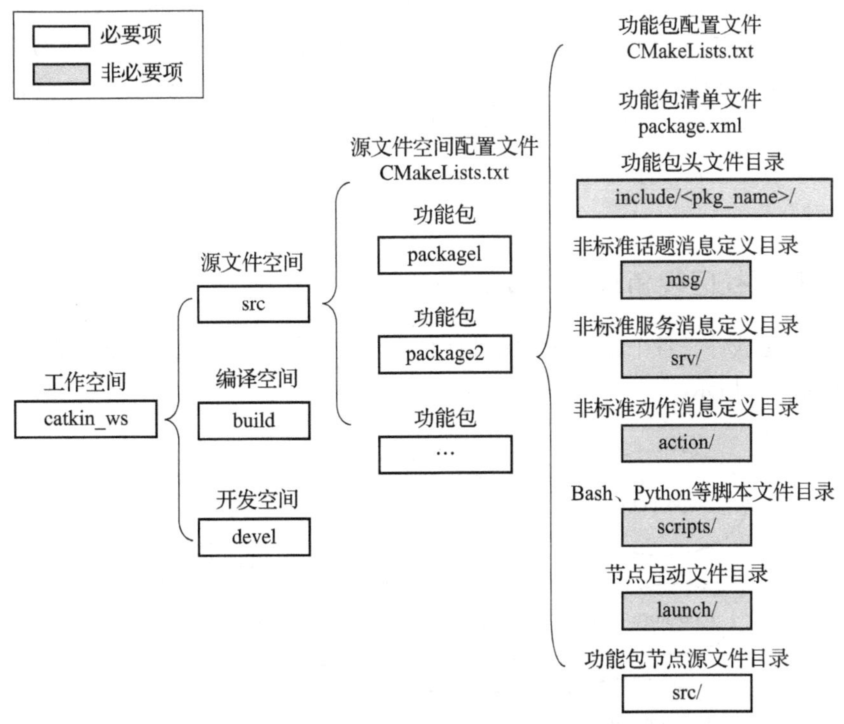

图 1-4　ROS 的文件系统结构

工作空间是一个包含功能包、编译包和编译后可执行文件的文件夹，用户可以根据自己的需要创建多个工作空间，在每个工作空间中开发不同用途的功能包。在图 1-4 中，我们创建了一个名为 catkin_ws 的工作空间，其中包含 src、build 和 devel 三个文件夹。src 文件夹放置各个功能包和配置功能包的 CMake 配置文件 CMakeLists.txt。这里说明一下，由于 ROS 中的源码采用 catkin 工具进行编译，而 catkin 工具又基于 CMake 技术，所以我们在 src 源文件空间和各个功能包中都会见到一个 CMake 配置文件 CMakeLists.txt，这个文件起到配置编译的作用。build 文件夹放置编译 CMake 和 catkin 功能包时产生的缓存、配置、中间文件等。devel 文件夹放置编译好的可执行程序，这些可执行程序是不需要安装就能直接运行的。一旦功能包源码编译和测试通过后，可以将这些编译好的可执行文件直接导出与其他开发人员分享。

功能包是 ROS 中软件组织的基本形式，具有创建 ROS 程序的最小结构和最少内容，它包含 ROS 节点源码、脚本、配置文件等。① CMakeLists.txt 是功能包配置文件，用于编译 Cmake 功能包编译时的编译配置。② package.xml 是功能包清单文件，用 xml 的标签格式标记该功能包的各类相关信息，比如包的名称、开发者信息、依赖关系等，主要是为了使功能包的安装和分发更容易。③ include/ < pkg_name > 是功能包头文件目录，可以把功能包程序中包含的 *.h 头文件放在这里。include 目录之所以还要加一级路径 < pkg_name > 是为了更好地区分自己定义的头文件和系统标准头文件，< pkg_name > 用实际功能包的名称替代。不过这个文件夹不是必要项，比如有些程序没有头文件。④ msg、srv 和 action 这三个文件夹分别用于存放非标准话题消息、服务消息和动作消息的定义文件。ROS 支持用户自定义消息通信过程中使用的消息类型。这些自定义消息不是必要的，比如程序只使用标准消息类型。⑤ scripts 目录存放 Bash、Python 等脚本文件，为非必要项。⑥ launch 目录存放节点的启动文件，*.launch 文件用于启动一个或多个节点，在含有多个节点的大型项目中很有用，为非必要项。⑦ src 目录存放功能包节点所对应的源代码，一个功能包中可以有多个节点程序来完成不同的功能，每个节点程序都可以单独运行。这里 src 目录存放的是这些节点程序的源代码，你可以按需创建文件夹和文件来组织源代码，源代码可以用 C++、Python 等编写。

1.3.3　从开源社区视角理解 ROS 架构

ROS 是开源软件，各个独立的网络社区分享和贡献软件及教程，形成了强大的 ROS 开源社区，如图 1-5 所示。

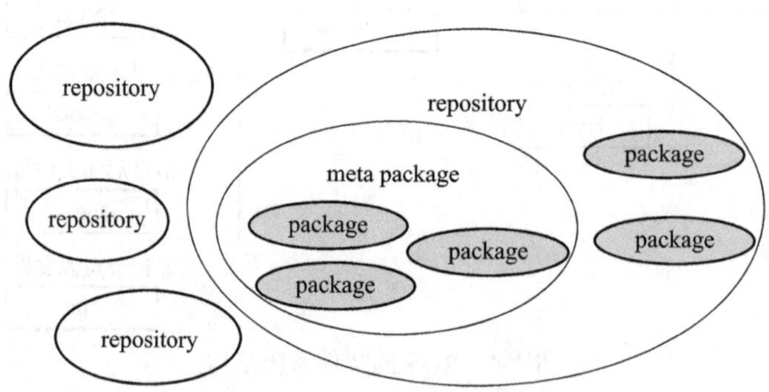

图 1-5　ROS 的开源社区结构

ROS 的发展依赖于开源和共享的软件，这些代码由不同的机构共享和发布，比如 GitHub 源码共享、Ubuntu 软件仓库发布、第三方库等。ROS 的官方 wiki 是重要的文档讨论社区，在里面可以很方便地发布与修改相应的文档页面。ROS 的 answer 主页里有大量 ROS 开发者的提问和回答，对 ROS 开发中遇到的各种问题的讨论很活跃。

1.4　ROS 调试工具

虽然 ROS 系统很复杂，但其附带了大量工具用于 ROS 开发调试。这些调试工具大致分为命令行工具和可视化工具两种，掌握这些工具能够大大提高开发效率。

1.4.1 命令行工具

ROS 提供了命令行工具，能在 shell 终端直接输入命令并使用，其类似于 Linux 命令。这里对经常用到的命令进行介绍，比如运行、信息显示、catkin 操作和功能包操作。想了解更多 ROS 命令，可以参考官方 wiki 教程[㊀]。

运行相关的命令主要有 roscore、rosrun 和 roslaunch。其中 roscore 是启动主节点的命令，rosrun 是启动单个节点的命令，roslaunch 是同时启动多个节点的命令。

信息显示相关的命令主要有 rosnode、rostopic、rosservice、rosparam、rosmsg、rossrv 和 rosbag。rosnode 是与节点相关的命令，rostopic 是与话题相关的命令，rosservice 是与服务相关的命令，rosparam 是与参数相关的命令，rosmsg 是与消息类型相关的命令，rossrv 是与服务类型相关的命令，rosbag 是与数据包相关的命令。

catkin 操作相关的命令主要有 catkin_init_workspace、catkin_create_pkg 和 catkin_make。catkin_init_workspace 是初始化 catkin 工作空间的命令，catkin_create_pkg 是创建功能包的命令，catkin_make 是编译功能包的命令。

功能包操作相关的命令主要有 rospack、rosinstall 和 rosdep。rospack 是查询功能包信息的命令，rosinstall 是安装功能包更新的命令，rosdep 是功能包依赖的命令。

1.4.2 可视化工具

除了上面提到的命令行工具，这里的可视化工具是对调试工作很好的补充。下面介绍 rviz 和 rqt 两个开发过程中频繁使用的可视化工具。

rviz 是 ROS 自带的三维可视化工具，可以让用户通过图形界面非常方便地开发、调试 ROS。比如可视化显示激光雷达、深度相机、超声波等传感器的数据，机器人的三维几何模型，路径规划实时轨迹与发送导航目标点等。启动 rviz 的方法很简单，命令如下。

```
# 在终端先启动 roscore
roscore
# 在另一个终端启动 rviz
rviz
```

除了上面的 rviz 可视化工具，ROS 中还支持用户自己开发的可视化工具 rqt。rqt 是基于 Qt 开发的，因此 rqt 用户可以自由添加和编写插件来实现自己的功能。启动 rqt 主界面的方法很简单，命令如下。

```
# 在终端先启动 roscore
roscore
# 在另一个终端启动 rqt
rqt
```

rqt 包含的插件非常丰富，一些很常用的 rqt 插件包括 rqt_graph、rqt_tf_tree、rqt_plot、rqt_reconfigure、rqt_image_view 和 rqt_bag。rqt_graph 用于显示 ROS 网络中节点连接关系图，rqt_tf_tree 用于显示 ROS 网络中 tf 关系树状图，rqt_plot 用于为 ROS 中的消息数据绘制曲线图，rqt_reconfigure 用于在图形界面中配置 ROS 参数，rqt_image_view 用于显示 ROS

㊀ 参见 http://wiki.ros.org/ROS/CommandLineTools。

中的图像数据，rqt_bag 用于显示 rosbag 文件中的数据结构。除了从 rqt 主界面启动 rqt 的各种插件，还可以在命令行中直接启动某个 rqt 插件。以 rqt_graph 插件为例，启动方法如下。

```
# 在终端先启动 roscore
roscore
# 在另一个终端启动 rqt_graph 插件
rqt_graph
```

1.5　ROS 节点通信

前面已经学习了大量 ROS 的基础知识，到这里终于可以开始编写 ROS 代码了。ROS 代码的编写围绕节点通信过程中的**消息机制**和**消息类型**两个核心点展开，因此先详细阐述话题（topic）、服务（service）和动作（action）三种消息机制的原理，然后介绍这三种消息机制中使用的消息类型，最后用 C++ 编写基于这三种消息机制的代码实例。

话题通信方式是单向异步的，发布者只负责将消息发布到话题，订阅者只从话题订阅消息，发布者与订阅者之间并不需要事先确定对方的身份，话题充当消息存储容器的角色。这种机制很好地实现了发布者与订阅者程序之间的解耦。由于话题通信方式是单向的，即发布者并不能确定订阅者是否按时接收到消息，所以这种机制也是异步的。话题通信一般用在实时性要求不高的场景中，比如传感器广播其采集的数据。图 1-6 所示为一个通过话题消息机制传递 hello 消息内容的过程。

图 1-6　通过话题消息机制通信的过程

服务通信方式是双向同步的，服务客户端向服务提供端发送请求，服务提供端在收到请求后立即进行处理并返回响应信息。图 1-7 所示为一个通过服务消息机制计算两个数之和的实例。服务通信一般用在实时性要求比较高且使用频次低的场景下，比如获取全局静态地图。

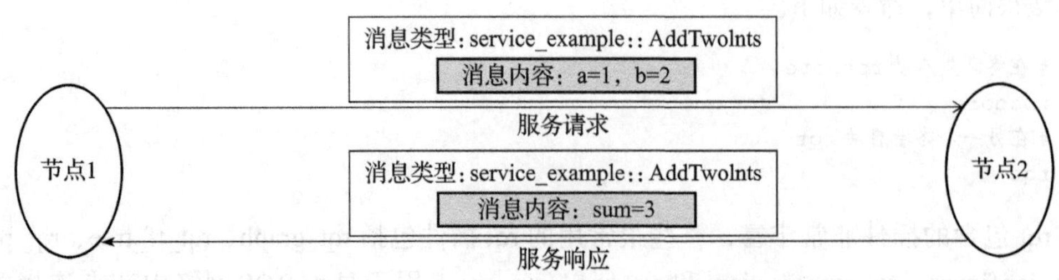

图 1-7　通过服务消息机制通信的过程

动作通信方式是双向异步的，动作客户端向动作服务端发送目标，动作服务端要达到目标需要一个过程，动作服务端在执行目标的过程中实时地反馈消息，并在目标完成后返回结果。动作通信用于过程性的任务执行场景下，比如导航任务。图 1-8 所示为一个通过动作消息机制实现倒计时任务的实例。

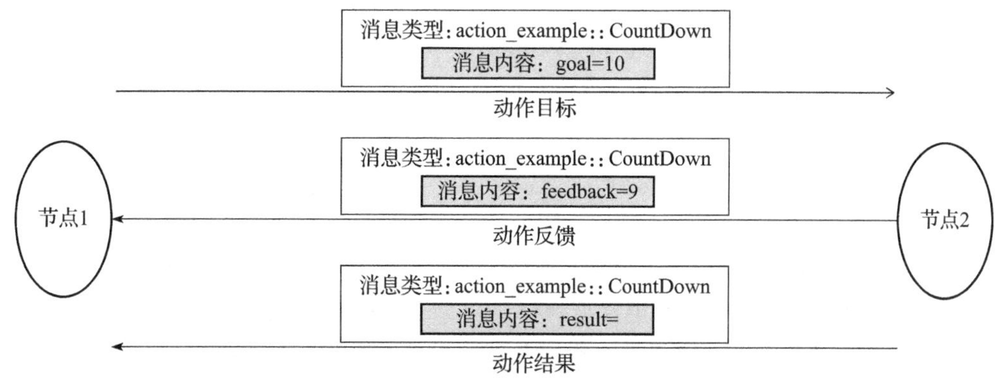

图 1-8　通过动作消息机制通信的过程

进一步探究消息机制的底层实现，能够帮助大家更深入地理解 ROS 的性能特点。ROS 的消息机制基于 XMLRPC（XML Remote Procedure Call，XML 远程过程调用）协议，这是一种采用 XML 编码格式，传输方式既不保持连接状态，也不检测连接状态的请求 / 响应式的 HTTP 协议。ROS 的主节点 Master 采用 XMLRPC 协议对节点的注册和连接进行管理，一旦两个节点建立了连接，节点之间就可以利用 TCP/UDP 协议传输消息数据了。图 1-9 所示为 XMLRPC 通信模型。在话题通信中，节点需要借助 XMLRPC 完成注册和连接，然后订阅者发起订阅之后，发布者就开始持续发布消息；在服务通信中，节点借助 XMLRPC 完成注册，但不需要建立连接就可以直接发起请求，响应完成后就自动断开；在动作通信中，节点借助 XMLRPC 完成注册，与服务通信类似，也不需要建立连接就可以直接发起目标，只是在响应的基础上多了一个反馈过程，完成后就自动断开。

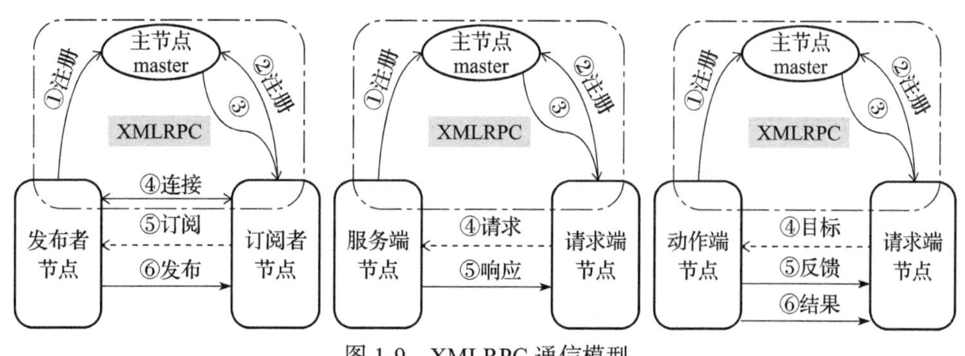

图 1-9　XMLRPC 通信模型

了解 ROS 消息机制的原理后，接下来讨论 ROS 中的消息类型。其实消息类型就是一种数据结构，最底层的数据结构还是 C++/Python 的基本数据类型，只是 ROS 基于这些基本数据类型做了自己的封装。ROS 中的消息类型分两种：一种是 ROS 定义的标准消息类型，另一种是用户利用标准消息类型自己封装的非标准消息类型，后者是对标准消息类型的有效补充。不管是标准的消息类型还是自定义的消息类型，都需要在功能包中进行封装，因此使用消息类型时需要使用功能包名和子类型名同时对其进行标识。ROS 标准消息类型主要封装在 std_msgs、sensor_msgs、geometry_msgs、nav_msgs、actionlib_msgs 等功能包中。消息类型按消息通信机制也相应分为三种类型：话题消息类型、服务消息类型、动作消息类型。如果想要了解 ROS 标准消息类型的详细定义以及具体用法，可以查阅以下 ROS 的官方 wiki 页面：https://wiki.ros.org/std_msgs、https://wiki.ros.org/sensor_msgs、https://wiki.ros.org/geometry_msgs、https://wiki.ros.org/nav_msgs、https://wiki.ros.org/actionlib_msgs。

1.5.1 话题通信方式

现在我们就来编写真正意义上使用 ROS 进行节点间通信的程序。由于之前已经建好了 catkin_ws 工作空间，以后开发的功能包都将放在这个工作空间。这里给新建的功能包取名为 topic_example，在这个功能包中分别编写 publish_node.cpp 和 subscribe_node.cpp 两个节点程序，发布节点 publish_node 向话题 chatter 发布 std_msgs::String 类型的消息，订阅节点 subscribe_node 从话题 chatter 订阅 std_msgs::String 类型的消息，这里消息传递的具体内容是一句问候语 hello，具体过程如图 1-6 所示。开发步骤包括创建功能包、编写源码、配置编译和启动节点。创建功能包就是在工作空间用 catkin_create_pkg 命令新建功能包并显式指明对 roscpp 和 std_msgs 等的依赖；编写源码就是为节点编写具体的代码实现；配置编译就是在功能包的 CMakeLists.txt 和 package.xml 中添加编译依赖项以及编译目标项后用 catkin_make 命令执行编译；启动节点就是利用 rosrun 或者 roslaunch 启动编译生成的可执行节点。限于篇幅，下面就只讨论编写源码步骤相关内容了，整个功能包的详细实现请参考本书 GitHub 仓库⊖中的相应源码。

功能包中需要编写两个独立可执行的节点：一个节点用来发布消息，另一个节点用来订阅消息，所以需要在新建的功能包 topic_example/src/ 目录下新建两个文件——publish_node.cpp 和 subscribe_node.cpp。首先来看看发布节点 publish_node.cpp 的代码内容，如代码清单 1-1 所示。

代码清单 1-1 发布节点 publish_node.cpp

```
#include "ros/ros.h"
#include "std_msgs/String.h"

#include <sstream>

int main(int argc, char **argv)
{
  ros::init(argc, argv, "publish_node");
  ros::NodeHandle nh;

  ros::Publisher chatter_pub = nh.advertise<std_msgs::String>("chatter", 1000);
  ros::Rate loop_rate(10);
  int count = 0;

  while (ros::ok())
  {
    std_msgs::String msg;
```

⊖ 参见 https://github.com/xiihoo/Books_Robot_SLAM_Navigation。

```
18
19      std::stringstream ss;
20      ss << "hello " << count;
21      msg.data = ss.str();
22      ROS_INFO("%s", msg.data.c_str());
23
24      chatter_pub.publish(msg);
25
26      ros::spinOnce();
27      loop_rate.sleep();
28      ++count;
29    }
30
31    return 0;
32 }
```

第 1 行，是必须包含的头文件，这是 ROS 提供的 C++ 客户端库。

第 2 行，是包含 ROS 提供的标准消息类型 std_msgs::String 的头文件，这里使用标准消息类型来发布话题通信的消息。

第 8 行，初始化 ROS 节点并指明节点的名称，这里给节点取名为 publish_node，一旦程序运行后就可以在 ROS 的计算图中被注册为 publish_node 名称标识的节点。

第 9 行，声明一个 ROS 节点的句柄，初始化 ROS 节点所必需的。

第 11 行，告诉 ROS 节点管理器，publish_node 将会在 chatter 这个话题上发布 std_msgs::String 类型的消息。这里的参数 1000 表示发布序列的大小，如果消息发布太快，缓冲区中的消息数大于 1000 个，则会开始丢弃先前发布的消息。

第 12 行，指定自循环的频率，这里的参数 10 表示 10Hz，需要配合该对象的 sleep() 方法来使用。

第 15 行，调用 roscpp 库时会默认安装 SIGINT 句柄，以处理使 ros:ok() 被触发并返回 false 值的情况，如 Ctrl + C 键盘操作、该节点被另一同名节点踢出 ROS 网络、ros::shutdown() 被程序在某个地方调用、所有 ros::NodeHandle 句柄都被销毁等。

第 17 行，定义了一个 std_msgs::String 消息类型的对象，该对象有一个数据成员 data，用于存放我们即将发布的数据。要发布的数据将被填充到这个对象的 data 成员中。

第 24 行，利用定义好的发布器对象将消息数据发布出去，这一句执行后，ROS 网络中的其他节点便可以收到此消息中的数据。

第 26 行，让回调函数有机会被执行的声明，该程序中并没有回调函数，所以这一句可以不要，这里只是为了实现程序的完整规范性。

第 27 行，前面讲过，这一句是通过休眠来控制自循环的频率。

其实将发布节点的代码稍做修改，就能得到订阅节点。接着来看看订阅节点 subscribe_node.cpp 的代码内容，如代码清单 1-2 所示。

代码清单 1-2　订阅节点 subscribe_node.cpp

```
#include "ros/ros.h"
#include "std_msgs/String.h"
```

```
 3
 4 void chatterCallback(const std_msgs::String::ConstPtr& msg)
 5 {
 6   ROS_INFO("I heard: [%s]",msg->data.c_str());
 7 }
 8
 9 int main(int argc, char **argv)
10 {
11   ros::init(argc, argv, "subscribe_node");
12   ros::NodeHandle nh;
13
14   ros::Subscriber chatter_sub = nh.subscribe("chatter", 1000,chatterCallback);
15
16   ros::spin();
17
18   return 0;
19 }
```

在发布节点中已经解释过的类似代码，就不再赘述了。这里重点解释一下前面没遇到过的代码。

第 4 ～ 7 行，一个回调函数，当有消息到达 chatter 话题时会自动被调用一次，这个回调函数里只有一句话，用来打印从话题中订阅的消息数据。

第 14 行，告诉 ROS 节点管理器我们将从 chatter 这个话题中订阅消息，当有消息到达时会自动调用这里指定的 chatterCallback 回调函数。参数 1000 表示订阅序列的大小，如果消息处理的速度不够快，缓冲区中的消息数大于 1000 就会开始丢弃先前接收的消息。

第 16 行，让程序进入自循环的挂起状态，从而让程序以最大效率接收消息并调用回调函数。如果没有消息到达，这行代码的执行不会占用很多 CPU 资源，所以可以放心使用。一旦 ros::ok() 被触发而返回 false，ros::spin() 的挂起状态将停止并自动跳出。简单点说，程序执行到这一句，就会进行自循环，同时检查是否有消息到达并决定是否调用回调函数。

当功能包编译完成后，先用 roscore 命令启动 ROS 节点管理器，ROS 节点管理器是所有节点运行的基础。打开命令行终端，输入如下命令。

```
roscore
```

然后，就可以用 rosrun 命令来启动功能包 topic_example 中的节点 publish_node，发布消息。打开另外一个命令行终端，输入如下命令。

```
rosrun topic_example publish_node
```

启动完 publish_node 节点后，可以在终端中看到打印信息不断输出，如图 1-10 所示。这就说明发布节点已经正常启动，并不断向 chatter 话题发布消息数据。

```
ubuntu1804@ubuntu1804-virtual-machine:~/catkin_ws$ rosrun topic_example publish_node
[ INFO] [1573141312.036520821]: hello 0
[ INFO] [1573141312.131068753]: hello 1
[ INFO] [1573141312.233535577]: hello 2
```

图 1-10　启动 publish_node 节点发布消息

最后，用 rosrun 命令来启动功能包 topic_example 中的节点 subscribe_node，订阅上面发布出来的消息。打开另外一个命令行终端，输入如下命令。

```
rosrun topic_example subscribe_node
```

启动完 subscribe_node 节点后，可以在终端中看到打印信息不断输出，如图 1-11 所示。这就说明订阅节点已经正常启动，并不断从 chatter 话题订阅消息数据。

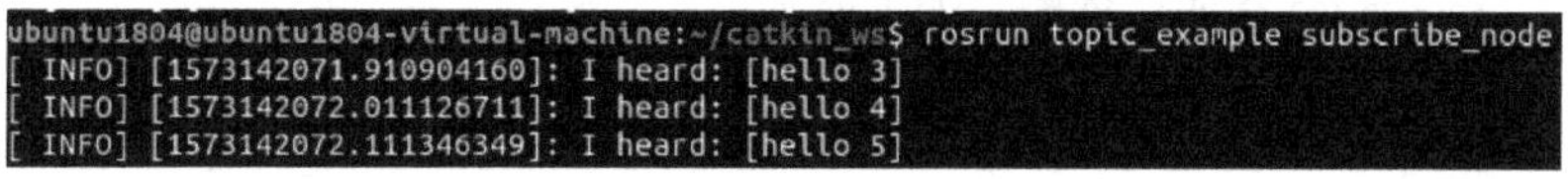

```
ubuntu1804@ubuntu1804-virtual-machine:~/catkin_ws$ rosrun topic_example subscribe_node
[ INFO] [1573142071.910904160]: I heard: [hello 3]
[ INFO] [1573142072.011126711]: I heard: [hello 4]
[ INFO] [1573142072.111346349]: I heard: [hello 5]
```

图 1-11　启动 subscribe_node 节点订阅消息

1.5.2　服务通信方式

本节的服务通信例程给大家增加一点难度，教大家使用自定义的消息类型。这里以实现两个整数求和为例来讨论服务通信（参见图 1-7），client 节点（节点 1）向 server 节点（节点 2）发送 a、b 的请求，server 节点返回响应 sum = a + b 给 client 节点。开发步骤包括创建功能包、自定义服务消息类型、编写源码、配置编译和启动节点，除了自定义服务消息类型之外，其他步骤与 1.5.1 节一样。限于篇幅，下面就只介绍自定义服务消息类型和编写源码步骤，整个功能包的详细实现请参考本书 GitHub 仓库⊖中的相应源码。

本节将在功能包 service_example 中封装自定义服务消息类型。服务类型的定义文件都是以 *.srv 为扩展名，并且被放在功能包的 srv/ 文件夹下。首先在功能包 service_example 目录下新建 srv 目录，然后在 service_example/srv/ 目录中创建 AddTwoInts.srv 文件，并在该文件中填充如下内容。

```
int64 a
int64 b
---
int64 sum
```

定义好服务消息类型后，要想让该服务消息类型能在 C++、Python 等代码中使用，必须要进行相应的编译与运行配置。编译依赖 message_generation，运行依赖 message_runtime。打开功能包中的 CMakeLists.txt 文件，将依赖 message_generation 添加进 find_package(...) 配置字段中，如下所示。

```
find_package(catkin REQUIRED COMPONENTS
  roscpp
  std_msgs
  message_generation
)
```

接着将该 CMakeLists.txt 文件中 add_service_files(...) 配置字段前面的注释去掉，并将自己编写的类型定义文件 AddTwoInts.srv 填入该字段，如下所示。

```
add_service_files(
```

⊖　参见 https://github.com/xiihoo/Books_Robot_SLAM_Navigation。

```
  FILES
  AddTwoInts.srv
)
```

接着将该 CMakeLists.txt 文件中 generate_messages(...) 配置字段前面的注释去掉。generate_messages 的作用是自动创建自定义的消息类型 *.msg、服务类型 *.srv 和动作类型 *.action 相对应的 *.h，由于我们定义的服务消息类型使用了 std_msgs 中的 int64 基本类型，所以必须向 generate_messages 指明该依赖，如下所示。

```
generate_messages(
  DEPENDENCIES
  std_msgs
)
```

最后打开功能包中的 package.xml 文件，将以下依赖添加进去即可。到这里自定义服务消息类型的步骤就算完成了。

```
<build_depend>message_generation</build_depend>
<build_export_depend>message_generation</build_export_depend>
<exec_depend>message_runtime</exec_depend>
```

做好了上面类型定义的编译配置后，可以用命令检测新建的消息类型是否可以被 ROS 系统自动识别。前面说过，消息类型通过功能包和子类型名共同标识，需用下面的命令进行检测。如果能正确输出类型的数据结构，就说明新建的消息类型成功了，即可以被 ROS 系统自动识别到。

```
rossrv show service_example/AddTwoInts
```

功能包中需要编写两个独立可执行的节点，一个节点是用来发起请求的 client 节点，另一个节点是用来响应请求的 server 节点，所以需要在新建的功能包 service_example/src/ 目录下新建 server_node.cpp 和 client_node.cpp 两个文件。首先来看 server 节点 server_node.cpp 代码内容，如代码清单 1-3 所示。

代码清单 1-3　server 节点 server_node.cpp

```
#include "ros/ros.h"
#include "service_example/AddTwoInts.h"

bool add_execute(service_example::AddTwoInts::Request &req,
                 service_example::AddTwoInts::Response &res)
{
  res.sum = req.a + req.b;
  ROS_INFO("recieve request: a=%ld,b=%ld",(long int)req.a,(long int)req.b);
  ROS_INFO("send response: sum=%ld",(long int)res.sum);
  return true;
}

int main(int argc,char **argv)
{
  ros::init(argc,argv,"server_node");
```

```
16   ros::NodeHandle nh;
17
18   ros::ServiceServer service = nh.advertiseService("add_two_ints",add_execute);
19   ROS_INFO("service is ready!!!");
20   ros::spin();
21
22   return 0;
23 }
```

第 1 行，包含 ROS 的 C++ 客户端 roscpp 的头文件。

第 2 行，service_example/AddTwoInts.h 是由编译系统自动根据功能包和在功能包中创建的 *.srv 文件生成的对应头文件，包含这个头文件，在程序中就可以使用我们自定义的服务消息类型了。

第 4 ～ 11 行，这个函数实现了两个 int64 整数求和的服务，两个 int64 整数需从 request 获取，之后返回求和结果并装入 response，request 与 response 的具体数据类型都定义在前面创建的 *.srv 文件中，该函数返回值为 bool 型。

第 15 ～ 16 行，初始化 ROS 节点，指明节点的名称，并声明一个 ROS 节点的句柄。

第 18 行，创建服务，并将服务加入 ROS 网络中，且这个服务在 ROS 网络中以名称 add_two_ints 为唯一标识，以便于其他节点通过服务名称进行服务请求。

第 20 行，让程序进入自循环的挂起状态，从而让程序以最大效率接收客户端的请求并调用回调函数。

其实将 server 节点的代码稍做修改，就能得到 client 节点。接着来看看 client 节点 client_node.cpp 代码内容，如代码清单 1-4 所示。

代码清单 1-4　client 节点 client_node.cpp

```
#include "ros/ros.h"
#include "service_example/AddTwoInts.h"

#include <iostream>

int main(int argc,char **argv)
{
  ros::init(argc,argv,"client_node");
  ros::NodeHandle nh;

  ros::ServiceClient client =
    nh.serviceClient<service_example::AddTwoInts>("add_two_ints");
  service_example::AddTwoInts srv;

  while(ros::ok())
  {
    long int a_in,b_in;
    std::cout<<"please input a and b:";
    std::cin>>a_in>>b_in;

    srv.request.a = a_in;
```

```
22      srv.request.b = b_in;
23      if(client.call(srv))
24      {
25        ROS_INFO("sum=%ld",(long int)srv.response.sum);
26      }
27      else
28      {
29        ROS_INFO("failed to call service add_two_ints");
30      }
31    }
32    return 0;
33 }
```

在 server 节点已经解释过的类似代码，就不再赘述了。这里重点解释一下前面没遇到过的代码。

第 11 ～ 12 行，创建 client 对象，用来向 ROS 网络中名称为 add_two_ints 的服务发起请求。

第 13 行，定义了一个 service_example::AddTwoInts 服务消息类型的对象，该对象中的成员正是我们在 *.srv 文件中定义的 a、b、sum，我们将待请求的数据填充到数据成员 a、b，请求成功后返回结果会被自动填充到数据成员 sum 中。

第 23 行，通过 client 的 call 方法来向服务发起请求，请求传入的参数 srv 在上面已经介绍过，这里不再赘述。

在配置编译步骤中，除了在 add_executable(...) 配置字段创建可执行文件以及在 target_link_libraries(...) 配置字段连接可执行文件运行时需要的依赖库之外，还需要用到 add_dependencies(...) 配置字段，该字段用于声明可执行文件的依赖项。由于我们自定义了 *.srv，service_example_gencpp，以让编译系统自动根据功能包名和功能包中创建的 *.srv 文件生成对应头文件与库文件，因此需要在 add_dependencies(...) 配置字段内填入 service_example_gencpp。service_example_gencpp 这个名称是由功能包名称 service_example 加上 _gencpp 后缀而来的，后缀很好理解：生成 C++ 文件就是 _gencpp，生成 Python 文件就是 _genpy。当功能包编译完成后，先用 roscore 命令来启动 ROS 节点管理器，ROS 节点管理器是所有节点运行的基础。打开命令行终端，输入如下命令。

```
roscore
```

然后，就可以用 rosrun 命令来启动功能包 service_example 中的节点 server_node，为别的节点提供两个整数求和的服务。打开另外一个命令行终端，输入如下命令。

```
rosrun service_example server_node
```

启动完 server_node 节点后，可以在终端中看到服务已就绪的打印信息输出，如图 1-12 所示。这就说明服务节点已经正常启动，为两个整数求和的服务已经就绪，只要客户端发起请求就能即刻给出响应。

```
ubuntu1804@ubuntu1804-virtual-machine:~$ rosrun service_example server_node
[ INFO] [1573221485.192488150]: service is ready!!!
```

图 1-12 启动 server_node 节点提供服务

最后，用 rosrun 命令来启动功能包 service_example 中的节点 client_node，向 server_node 发起请求。打开另外一个命令行终端，输入如下命令。

```
rosrun service_example client_node
```

启动完 client_node 节点后，用键盘键入两个整数，以空格分隔，输入后按回车键。如果看到输出信息 sum = xxx，就说明 client 节点向 server 节点发起的请求得到了响应，打印出来的 sum 就是响应结果，这样就完成了一次服务请求的通信过程，如图 1-13 所示。

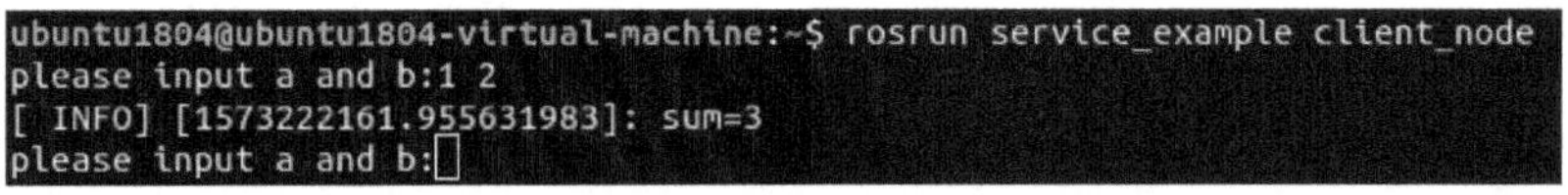

```
ubuntu1804@ubuntu1804-virtual-machine:~$ rosrun service_example client_node
please input a and b:1 2
[ INFO] [1573222161.955631983]: sum=3
please input a and b:
```

图 1-13 启动 client_node 节点发起请求

1.5.3 动作通信方式

与服务通信方式类似，动作通信方式只是在响应中多了一个反馈机制。与服务通信例程一样，这里的动作通信例程也是使用自定义消息类型。这里以实现倒计数器为例，动作客户端节点向动作服务端节点发送倒计数的请求，动作服务端节点执行递减计数任务，并给出反馈和结果，具体过程如图 1-8 所示。开发步骤包括创建功能包、自定义动作消息类型、编写源码、配置编译和启动节点，除了自定义动作消息类型之外其他步骤与 1.5.2 节一样。限于篇幅，下面只介绍自定义动作消息类型和编写源码步骤，整个功能包的详细内容请参考本书 GitHub 仓库㊀中的相应源码。

前面已经介绍过封装自己的服务消息类型了，这里按类似方法在功能包 action_example 中封装自定义的动作消息类型。动作类型的定义文件都是以 *.action 为扩展名，并且放在功能包的 action/ 文件夹下。首先，在功能包 action_example 目录下新建 action 目录，然后在 action_example/action/ 目录中创建 CountDown.action 文件，并在文件中填充如下内容。动作消息分为目标、结果和反馈三个部分，每个部分的定义内容用三个连续的短线分隔。每个部分内部可以定义一个或多个数据成员，具体根据需要定义。

```
#goal define
int32 target_number
int32 target_step
---
#result define
bool finish
---
#feedback define
float32 count_percent
int32 count_current
```

定义好动作消息类型后，要想让该动作消息类型可在 C++、Python 等代码中使用，必须要做相应的编译与运行配置。编译依赖 message_generation 已经在新建功能包时显式指定了，运行依赖 message_runtime 需要手动添加一下。打开功能包中的 CMakeLists.txt 文

㊀ 参见 https://github.com/xiihoo/Books_Robot_SLAM_Navigation。

件，将 find_package(...) 配置字段前面的注释去掉，即将依赖 Boost 放出来，因为代码中用到了 Boost 库，如下所示。

```
find_package(Boost REQUIRED COMPONENTS system)
```

接着将该 CMakeLists.txt 文件中 add_action_files(...) 配置字段前面的注释去掉，并将自己编写的类型定义文件 CountDown.action 填入，如下所示。

```
add_action_files(
  FILES
  CountDown.action
)
```

接着将该 CMakeLists.txt 文件中 generate_messages(...) 配置字段前面的注释去掉，如下所示。由于 actionlib_msgs 是动作通信中的必要依赖项，而 std_msgs 在自定义动作类型中有使用，所以需要在 generate_messages(...) 配置字段中指明这两个依赖。

```
generate_messages(
  DEPENDENCIES
  actionlib_msgs
  std_msgs
)
```

最后打开功能包中的 package.xml 文件，将以下依赖添加进去即可。到这里自定义动作消息类型的步骤就算完成了。

```
<exec_depend>message_runtime</exec_depend>
```

做好了上面类型定义的编译配置，一旦功能包编译后，ROS 系统将会生成自定义动作类型的调用头文件，同时会产生很多供调用的配套子类型。这一点要特别说明一下，因为后面程序中会使用这些类型，往往初学者搞不懂这些没见过的子类型是来自哪里。本实例中 CountDown.action 经过编译会产生对应的 *.msg 和 *.h 文件，如图 1-14 所示。在程序中，只需要引用 action_example/CountDownAction.h 头文件，就能使用自定义动作类型以及配套的子类型。

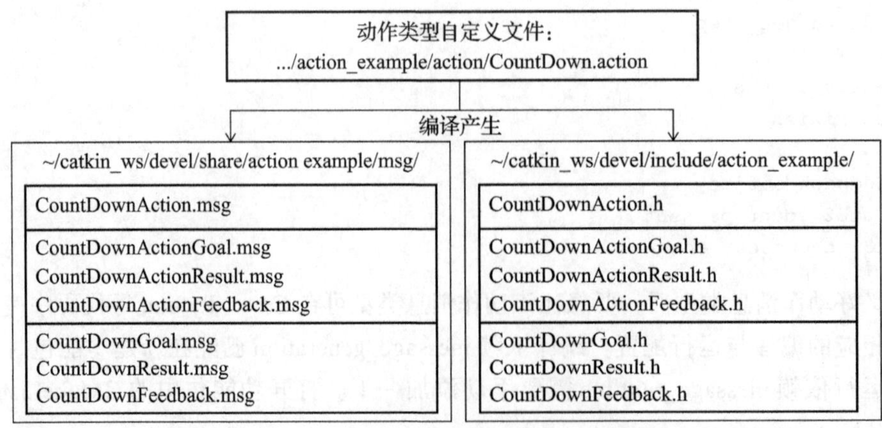

图 1-14 自定义动作消息类型创建过程

功能包中需要编写两个独立可执行的节点，一个节点是用来发起目标的动作客户端，另一个节点是用来执行目标任务的动作服务端，所以需要在新建的功能包 action_example/src/ 目录下新建 action_server_node.cpp 和 action_client_node.cpp 两个文件。首先来看动作服务端节点 action_server_node.cpp 代码内容，如代码清单 1-5 所示。

代码清单 1-5 动作服务端节点 action_server_node.cpp

```
#include "ros/ros.h"
#include "actionlib/server/simple_action_server.h"
#include "action_example/CountDownAction.h"

#include <string>
#include <boost/bind.hpp>

class ActionServer
{
private:
  ros::NodeHandle nh_;
  actionlib::SimpleActionServer<action_example::CountDownAction> as_;

  action_example::CountDownGoal goal_;
  action_example::CountDownResult result_;
  action_example::CountDownFeedback feedback_;

public:
  ActionServer(std::string name):
    as_(nh_,name,boost::bind(&ActionServer::executeCB,this,_1),false)
  {
    as_.start();
    ROS_INFO("action server started!");
  }
  ~ActionServer(void){}
  void executeCB(const action_example::CountDownGoalConstPtr &goal)
  {
    ros::Rate r(1);
    goal_.target_number=goal->target_number;
    goal_.target_step=goal->target_step;
    ROS_INFO("get goal:[%d,%d]",goal_.target_number,goal_.target_step);

    int count_num=goal_.target_number;
    int count_step=goal_.target_step;
    bool flag=true;
    for(int i=count_num;i>0;i=i-count_step)
    {
      if(as_.isPreemptRequested() || !ros::ok())
      {
         as_.setPreempted();
         flag=false;
         ROS_INFO("Preempted");
         break;
```

```
44         }
45         feedback_.count_percent=1.0*i/count_num;
46         feedback_.count_current=i;
47         as_.publishFeedback(feedback_);
48
49         r.sleep();
50       }
51       if(flag)
52       {
53         result_.finish=true;
54         as_.setSucceeded(result_);
55         ROS_INFO("Succeeded");
56       }
57     }
58 };
59
59 int main(int argc, char** argv)
60 {
61   ros::init(argc, argv, "action_server_node");
62
63   ActionServer my_action_server("/count_down");
64   ros::spin();
65   return 0;
66 }
```

后续章节所涉及的复杂项目基本都需要采用面向对象的编程方式，即将复杂的功能模块封装到类中，方便调用和管理。

第 1 行，包含 ROS 的 C++ 客户端 roscpp 的头文件。

第 2 行，创建动作服务端需要的头文件。

第 3 行，引用自定义动作消息类型头文件。

第 5 ～ 6 行，使用 C++ 的 string 和 boost 库的头文件。

第 8 ～ 58 行，定义类 ActionServer，并将动作服务端及任务处理逻辑封装在这个类里面。第 11 行，声明一个 ROS 节点的句柄。第 12 行，创建一个动作服务端对象 as_，后面的操作都通过调用这个对象的方法来实现。第 14 ～ 16 行，新建三个变量用于动作服务端与客户端交互时的数据缓存。第 19 ～ 24 行，类的构造函数，带一个字符串的传参，并且对动作服务端对象 as_ 进行初始化，初始化采用 boost 方法与 executeCB 回调函数进行关联，当动作服务端收到目标后会自动跳到 executeCB 回调函数，具体任务逻辑就在该回调函数里实现。第 26 ～ 57 行，executeCB 回调函数的具体实现，其实逻辑大致就是获取目标 goal 的值，goal 有两个成员：一个是计数值，另一个是计数的步数；然后执行递减操作，并且输出反馈 feedback，feedback 也有两个成员：一个是执行百分比，另一个是计数当前值；最后是执行完成并输出结果 result 值。

第 61 行，初始化 ROS 节点并指明节点的名称，是 main 函数里面必须有的。

第 63 行，创建一个类 ActionServer 的实例对象。实例对象初始参数是 /count_down，这个参数是动作服务访问的标识名，动作客户端可以利用 /count_down 标识名与动作服务端进行连接。

其实将动作服务端节点的代码稍做修改，就能得到动作客户端节点。接着来看看动作客户端节点 action_client_node.cpp 代码内容，如代码清单 1-6 所示。

代码清单 1-6　动作客户端节点 action_client_node.cpp

```
1 #include "ros/ros.h"
2 #include "actionlib/client/simple_action_client.h"
3 #include "actionlib/client/terminal_state.h"
4 #include "action_example/CountDownAction.h"
5
6 void doneCB(const actionlib::SimpleClientGoalState& state,
7             const action_example::CountDownResultConstPtr& result)
8 {
9   ROS_INFO("done");
10  ros::shutdown();
11 }
12 void activeCB()
13 {
14  ROS_INFO("active");
15 }
16 void feedbackCB(const action_example::CountDownFeedbackConstPtr& feedback)
17 {
18    ROS_INFO("feedback:[%f,%d]", feedback->count_percent, feedback->count_
      current);
19 }
20 int main(int argc, char **argv)
21 {
22  ros::init(argc, argv, "action_client_node");
23
24  actionlib::SimpleActionClient<action_example::CountDownAction> ac("/count_
    down",true);
25
26  ROS_INFO("wait for action server to start!");
27  ac.waitForServer();
28
29  action_example::CountDownGoal goal;
30  std::cout<<"please input target_number and target_step:"<<std::endl;
31  std::cin>>goal.target_number>>goal.target_step;
32
33  ac.sendGoal(goal,&doneCB,&activeCB,&feedbackCB);
34
35  ros::spin();
36  return 0;
37 }
```

在动作服务端节点已经解释过的类似代码，就不再赘述了。这里重点解释一下前面没遇到过的代码。

第 2 ～ 3 行，创建动作客户端需要的头文件。

第 6 ～ 19 行，定义了三个函数，分别用来处理结果、开始、反馈的消息。

第 24 行，创建一个动作客户端对象 ac，使用动作服务端的标识名 /count_down 作为初始化参数。

第 27 行，客户端 ac 与动作服务端建立连接同步的过程。

第 29 ～ 31 行，获取键盘值来填充 goal 的值。

第 33 行，客户端 ac 调用发送目标成员函数，向动作服务端发送目标，并且关联三个回调函数用来处理反馈和结果。

当功能包编译完成后，先用 roscore 命令来启动 ROS 节点管理器，ROS 节点管理器是所有节点运行的基础。打开命令行终端，输入如下命令。

```
roscore
```

然后可以用 rosrun 命令来启动功能包 action_example 中的节点 action_server_node，为其他节点提供动作的服务。打开另外一个命令行终端，输入如下命令。

```
rosrun action_example action_server_node
```

启动完 action_server_node 节点后，可以在终端中看到动作服务已就绪的打印信息输出，如图 1-15 所示。这就说明动作服务节点已经正常启动，只要客户端发起目标就能开始执行目标和反馈。

```
untu1804@ubuntu1804-virtual-machine:~$ rosrun action_example action_server_node
[ INFO] [1573296087.888067162]: action server started!
```

图 1-15　启动 action_server_node 节点提供动作服务

最后，用 rosrun 命令来启动功能包 action_example 中的节点 action_client_node，向 action_server_node 发送目标。打开另外一个命令行终端，输入如下命令。

```
rosrun action_example action_client_node
```

启动完 action_client_node 节点后，按照终端输出提示信息，用键盘键入两个整数，以空格分割，输入完毕后回车。如果看到输出反馈信息，就说明动作客户端节点向动作服务端发起的目标已经开始执行，目标执行完成后，客户端程序自动结束，这样就完成了一次动作目标请求的通信过程，如图 1-16 所示。

```
ubuntu1804@ubuntu1804-virtual-machine:~$ rosrun action_example action_client_node
[ INFO] [1573296990.305855122]: wait for action server to start!
please input target_number and target_step:
5 1
[ INFO] [1573296999.960485019]: active
[ INFO] [1573296999.961203633]: feedback:[1.000000,5]
[ INFO] [1573297000.933205499]: feedback:[0.800000,4]
[ INFO] [1573297001.933095053]: feedback:[0.600000,3]
[ INFO] [1573297002.933037499]: feedback:[0.400000,2]
[ INFO] [1573297003.932832990]: feedback:[0.200000,1]
[ INFO] [1573297004.933631334]: done
ubuntu1804@ubuntu1804-virtual-machine:~$
```

图 1-16　启动 action_client_node 节点发送动作目标

1.6　ROS 的其他重要概念

除了上面介绍的话题、服务和动作的核心概念，在做实际项目时还有一些重要的概念也会经常用到，这里进行一个简短的梳理，帮大家先建立起整体的概念。这样在具体使用过程中需要了解相关概念的细节时，就可以上网快速查找对应概念的知识点了。

1. parameter

静态参数的使用就比较简单了，在节点程序中使用 getParam 方法可以获取参数值，用 setParam 方法设置参数值，如下面的用法。也可以通过在 launch 文件启动节点时向节点传参的方式来设置参数值。

```
//获取参数的值
nh.getParam("com_port",com_port);
//设置参数的值
nh.setParam("com_port","/dev/ttyUSB0");
```

动态参数的用法相对复杂一点，需要先在功能包的 cfg 目录下新建 *.cfg 文件，在 *.cfg 文件里面添加需要的动态参数，*.cfg 文件采用 Python 脚本进行编写。然后还需要在功能包的 CMakeList.txt 里面进行动态参数相关的编译配置，这与前面讲过的自定义服务消息类型和动作类型有点类似。最后就可以在节点中引用动态参数头文件，然后启动动态参数的服务端，监听客户端发送的参数修改请求，并实时地维护动态参数的值。我们可以在其他节点中使用动态参数客户端来发起参数修改请求，也可以使用 rqt_reconfigure 工具直接修改参数值。其实，动态参数机制与上面讲过的服务通信机制非常相似。具体实现代码就不展开了，有兴趣的读者可以参考官方 wiki 教程[㊀]。

2. tf

一个机器人系统中通常会有多个三维参考坐标系，机器人中的坐标系使用的是右手坐标系，而且这些坐标系之间的相对关系会随时间推移而变化。这里以一个实际机器人应用场景的例子来说明这种关系和变化。该例子中激光 SLAM 构建出来的栅格地图的坐标系为 map，机器人底盘的坐标系为 base_footprint，激光雷达、IMU 传感器的坐标系分别为 base_laser_link、imu_link，这些坐标系之间的关系有些是静态的、有些是动态的。比如在机器人底盘移动的过程中，机器人底盘与世界的相对关系 map->base_footprint 就会随之变化；而安装在机器人底盘上的激光雷达、IMU 这些传感器与机器人底盘的相对关系 base_footprint->base_laser_link、base_footprint->imu_link 就不会随之变化。

坐标及坐标转换在机器人系统中非常重要，特别是机器人在环境地图中自主定位和导航、机械手臂对物体进行复杂的抓取任务时，都需要精确地知道机器人各部件之间的相对位置及机器人在工作环境中的相对位置。因此 ROS 专门提供了 tf 这个工具用于简化这些工作。tf 可以让用户随时跟踪多个坐标系的关系，机器人各个坐标系之间的关系是通过一种树形数据结构来存储和维护的，即 tf tree。借助这个 tf tree，用户可以在两个坐标系中任意时间将点、向量等数据的坐标值完成变换。

在节点中使用 tf 分为两个部分：广播 tf 变换和监听 tf 变换。具体编程实例就不展开

㊀ 参见 http://wiki.ros.org/dynamic_reconfigure/Tutorials。

了，有兴趣的读者可以参考官方 wiki 教程[1]。

3. urdf

机器人中的机械模型用 urdf 来描述，机器人机械模型在导航避障、机械臂抓取、建图等应用中非常重要。一般是专门新建一个功能包，在里面编写 urdf 文件，并利用模型发布工具将 urdf 文件描述的内容进行发布。urdf 文件中可以描述各种几何物体的形状，还可以描述部件之间的 tf 关系。因此，除了可以在 launch 文件中设置静态 tf 关系外，还可以直接在 urdf 文件中设置静态 tf 关系，但是要注意两种设置方法不要重复。关于 urdf 的使用与编程，可以参考官方 wiki 教程[2]。

4. launch

在一个大型的机器人项目中，经常涉及多个 node 协同工作，并且每个 node 都有很多可设置的参数。比如第 13 章讨论的 xiihoo 机器人导航项目，涉及地图服务节点、定位算法节点、运动控制节点、底盘控制节点、激光雷达数据获取节点等，和几百个影响着这些节点行为模式的参数。如果全部手动逐个启动节点并传入参数，工程的复杂程度将难以想象。这个时候就需要用 roslaunch 来解决问题，将需要启动的节点和需要设置的参数全部写入一个 *.launch 文件，然后用 roslaunch 一次性地启动 *.launch 文件，这样所有的节点就轻而易举地启动了。launch 文件采用 XML 文本标记语言进行编写，xiihoo 机器人导航项目的 launch 文件如代码清单 1-7 所示。

代码清单 1-7　xiihoo 机器人导航项目的 launch 文件 xiihoo_nav.launch

```
<launch>
  <!-- Map server -->
  <arg name="map_path" default="/home/ubuntu/map/carto_map.yaml">
  <node name="map_server" pkg="map_server" type="map_server"
    args="$(arg map_path)"/>

  <!-- Run AMCL -->
  <arg name="initial_pose_x" default="0.0">
  <arg name="initial_pose_y" default="0.0">
  <arg name="initial_pose_a" default="0.0">
  <include file="$(find amcl)/launch/amcl.launch">
    <arg name="initial_pose_x" value="$(arg initial_pose_x)">
    <arg name="initial_pose_y" value="$(arg initial_pose_y)">
    <arg name="initial_pose_a" value="$(arg initial_pose_a)">
  </include>

  <!-- Run move_base -->
  <node pkg="move_base" type="move_base" respawn="false" name="move_base" output=
    "screen" clear_params="true">
   <rosparam file="$(find xiihoo_nav)/config/move_base_params.yaml"   command=
    "load" />

   <rosparam file="$(find xiihoo_nav)/config/costmap_common_params.yaml" command=
```

[1] 参见 http://wiki.ros.org/tf/Tutorials。

[2] 参见 http://wiki.ros.org/urdf/Tutorials。

```
    "load" ns="global_costmap"/>
  <rosparam file="$(find xiihoo_nav)/config/costmap_common_params.yaml" command=
    "load" ns="local_costmap" />
  <rosparam file="$(find xiihoo_nav)/config/global_costmap_params.yaml" command=
    "load" />
  <rosparam file="$(find xiihoo_nav)/config/local_costmap_params.yaml" command=
    "load" />
  <rosparam file="$(find xiihoo_nav)/config/navfn_planner_params.yaml" command=
    "load" />
  <rosparam file="$(find xiihoo_nav)/config/base_local_planner_params.yaml" command=
    "load" />
 </node>
</launch>
```

可以发现 launch 能够嵌套使用，也就是在一个 launch 中可以嵌套调用另一个 launch。另外，launch 文件中设置参数的形式也有很多种，比如可以通过 param 标签为某个参数指定固定值，也可以通过 arg 标签从外部载入参数的设置值，还可以通过 rosparam 标签从外部文件批量载入参数的设置值。

launch 文件的使用很简单，首先在相应功能包目录下新建一个 launch 文件夹，然后在 launch 文件夹中新建 *.launch 文件，并按照 launch 标签规则编写好 launch 文件的内容。关于 launch 标签规则，有兴趣的读者可以参考官方 wiki 教程[㊀]。最后在终端中用 roslaunch 命令启动 launch 文件，启动 xiihoo_nav.launch 的命令如下。

```
roslaunch xiihoo_nav xiihoo_nav.launch
```

5. plugin

ROS 支持功能包的动态加载和卸载，这个功能由一个 C++ 的 pluginlib 库来实现。以导航功能包 move_base 来说，我们可以在 move_base 运行的过程中，动态加载 Class 对象、动态函数库等，像代价地图、路径规划这些功能包都是通过插件机制动态加载到 move_base 中的。使用插件来扩展和升级程序的功能很方便，不用改动原有程序的源码也不用重编译，就能动态加载和卸载功能。关于插件的用法，有兴趣的读者可以参考官方 wiki 教程[㊁]。

6. nodelet

通常情况下，我们使用的 ROS 节点都是独立的可执行文件，每个节点启动后在系统里都是以一个独立的进程存在的，即节点之间的通信就是进程间的通信，并且通信过程需要消耗网络的带宽。为了提高通信的效率和减少网络带宽的占用，ROS 中有一类特殊的节点——nodelet，这类节点可以在单个进程下以多个线程的形式运行，这样节点间的通信就是线程间的通信了。比如摄像头这类数据量大的传感器，可以使用 nodelet 方式与其他节点通信，从而大大提高传输效率。关于 nodelet 的用法，有兴趣的读者可以参考官方 wiki 教程[㊂]。

㊀ 参见 http://wiki.ros.org/roslaunch/XML。

㊁ 参见 http://wiki.ros.org/pluginlib/Tutorials。

㊂ 参见 http://wiki.ros.org/nodelet/Tutorials。

1.7 ROS 2.0 展望

虽然 ROS 有众多的优点，但是要直接拿 ROS 做商业应用的产品还存在几个比较大的问题。首先，ROS 的 Master-Slave 式的中心化架构，一旦 Master 节点出现故障，整个通信体系将会瘫痪；其次，ROS 采用的数据分发协议达不到高实时性要求。针对这些问题，ROS 2.0 版本做出众多改进，但目前还处于测试版本阶段，ROS 2.0 要真正取代 ROS 还有一段路要走，并且根据公开资料可知 ROS 2.0 也是向下兼容 ROS 的。所以学好 ROS，对改进 ROS 本身的缺点抑或将来继续学习 ROS 2.0，都是很有必要的。

1.8 本章小结

由于本书后续的 SLAM 及导航算法都基于 ROS 框架，所以本章作为开篇，通过理论和实例两方面讲解 ROS，为后续学习打下基础。在 ROS 理论方面，读者要重点掌握 1.3 节中的计算图、文件系统和开源社区这 3 个概念。关于 ROS 实例方面，讲解了 ROS 安装、ROS 文件组织方式、ROS 网络通信配置、集成开发工具等，其中需要重点掌握 ROS 节点通信中话题通信方式、服务通信方式和动作通信方式的实例，这三个实例是大部分 ROS 程序的基础，而实例中的一些工具（比如 rviz、rqt、tf、urdf、launch 等）可以在后续实际项目中慢慢熟悉，这里只需要有个大致概念就行了。

学习完 ROS 入门必备知识，下一章将学习 C++ 编程知识。虽然本书以 ROS 框架为编程基础，但实际的编码仍然是 C++ 居多。所以关于 C++ 程序的编译以及编码知识，是很多初学者首先要学习并掌握的。

参考文献

[1] JOSEPH L. ROS robotics projects：build a variety of awesome robots that can see，sense，move，and do a lot more using the powerful Robot Operating System [M]. Birmingham：Packt Publishing，2017.

[2] YOONSEOK P，HANCHEOL C，RYUWOON J，et al. ROS Robot Programming [M]. Seoul：ROBOTIS Co., Ltd，2017.

[3] WILLIAM，GERKEY，BRIAN，et al. Programming Robots with ROS [M]. New York：O'Reilly Media, Inc，2015.

CHAPTER 2

第 2 章

C++ 编程范式

本书大部分代码都涉及 C++ 编程，掌握 C++ 编程的一些规范和技巧能大大提高学习效率。众所周知，C++ 程序在性能方面具有突出的优势，因此 ROS 通信和 SLAM 算法大部分都采用 C++ 实现。由于篇幅限制，这里不讲解 C++ 的语法特性之类的知识细节，这些知识点在网上可以很方便地获取到。本章将讨论 C++ 工程的组织结构、C++ 代码的编译方法和 C++ 编程风格指南这 3 个方面的内容，以帮助大家提高编程素养并建立编程的规范意识。

2.1 C++ 工程的组织结构

C++ 工程的组织结构虽然可以说是“仁者见仁，智者见智”的问题，但是当项目规模较大且参与开发的人员较多时，就要遵循一定的范式以便于项目管理。

2.1.1 C++ 工程的一般组织结构

一般情况下，C++ 工程的组织结构是将不同的功能封装在不同的类中，每个类用配套的头文件和源文件来实现，头文件可以是 *.h、*.hpp 之类的文件，源文件可以是 *.cc、*.cpp 之类的文件。最后在 main 函数中，调用类来实现具体的功能。如图 2-1 所示为一个典型的 C++ 工程的组织结构，main 函数调用 Class A 和 Class B，而 Class B 需要调用 Class C。

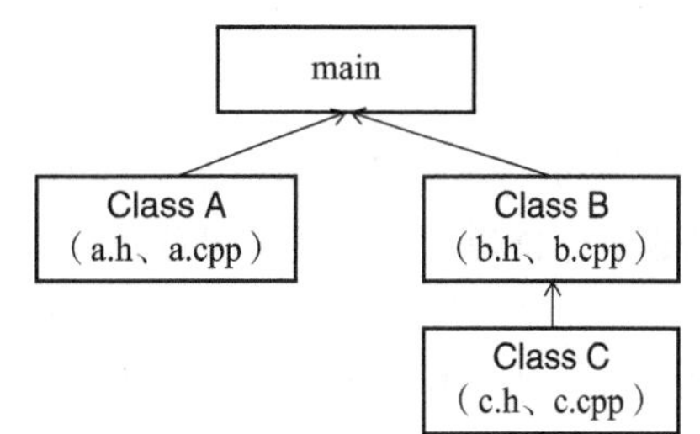

图 2-1　C++ 工程的一般组织结构

2.1.2 C++ 工程在机器人中的组织结构

在机器人项目中，C++ 工程代码通常分成两个部分：一个部分用于实现具体算法，另一个部分用于进行 ROS 接口封装。算法部分的 C++ 代码通常采用图 2-1 所示的方式进行组织，并且算法部分的代码往往可以独立运行或作为库安装到系统中；ROS 接口部分的 C++ 代码则采用 ROS 的方式进行组织。如图 2-2 所示，

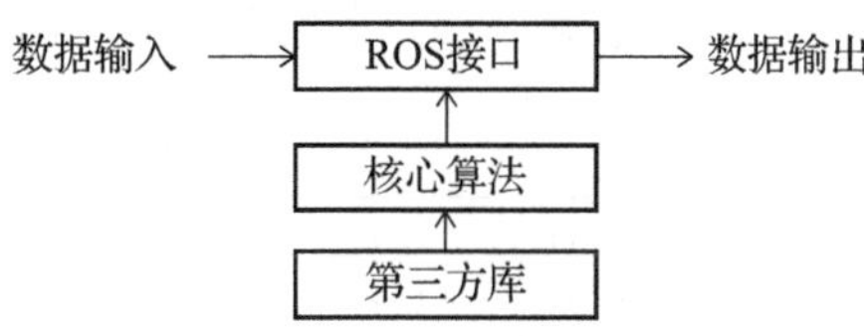

图 2-2　C++ 工程在机器人中的组织结构

ROS 接口负责数据输入、数据输出以及核心算法调用，后续章节中涉及的 ORB-SLAM2 和 cartographer_ros 都是采用这种方式来组织代码的。

2.2 C++ 代码的编译方法

本书使用 Linux 系统进行代码开发，所以这里讨论一下 C++ 代码在 Linux 中的编译方法。由于本书需要用到 ROS 框架，因此我们将在 Ubuntu 系统中讲解具体案例。如果还没有安装 Ubuntu 系统，请参考网上资料自行安装。

这里以一个简单的 C++ 工程为例，分别讲解 g++、make 和 CMake 这 3 种编译工具的用法。先来构建这个 C++ 工程。新建一个文件夹 demo，在 demo 中新建 3 个文件，分别命名为 main.cpp、foo.h 和 foo.cpp。首先在 foo.h 里面声明类，内容如代码清单 2-1 所示。

代码清单 2-1 foo.h 文件的内容

```
1 #ifndef FOO_H_
2 #define FOO_H_
3
4 #include <string>
5
6 namespace foo
7 {
8   class MyPrint
9   {
10  public:
11    MyPrint(std::string output);
12    void ExcutePrint();
13
14    std::string output_;
15  };
16 }
17 #endif
```

第 1 行、第 2 行和第 17 行是宏定义，防止头文件的重复包含与编译。

第 6 行是命名空间设置，防止出现重复的函数和变量名称。命名空间在 C++ 中使用很普遍，它能够提高代码的可读性。

第 8 ～ 15 行声明类，这里并不对类的函数进行具体实现，函数的具体定义将放在对应的 *.cpp 文件中。其中第 11 行是构造函数，带一个字符串类型的参数。第 12 行是执行打印的成员函数。

第 14 行是存储打印内容的成员变量。

然后是 foo.cpp，在里面对类的函数进行具体实现，内容如代码清单 2-2 所示。

代码清单 2-2 foo.cpp 文件的内容

```
#include "foo.h"
#include <iostream>
#include <string>
```

```
 4
 5 namespace foo
 6 {
 7   MyPrint::MyPrint(std::string output):output_(output)
 8   {
 9     std::cout<<"class MyPrint created a object!";
10     std::cout<<std::endl;
11   }
12
13   void MyPrint::ExcutePrint()
14   {
15     std::cout<<output_<<std::endl;
16   }
17 }
```

第 1 行，配套的头文件必须包含。

第 7 ～ 11 行，构造函数的具体实现，函数头部需要使用类名作为作用域，函数的传入参数用来为类成员变量 output_ 赋值，函数体内执行打印信息，表示该类已经被实例化。

第 13 ～ 16 行，执行打印的函数的具体实现。

最后是 main.cpp，在里面对类进行实例化，并调用类中的成员函数实现打印，内容如代码清单 2-3 所示。

代码清单 2-3　main.cpp 文件的内容

```
1 #include "foo.h"
2
3 int main(int argc, char** argv)
4 {
5   foo::MyPrint my_print("I can output string!");
6   my_print.ExcutePrint();
7   return 0;
8 }
```

第 1 行，包含 foo.h 头文件，以便使用里面的类 MyPrint。

第 5 行，创建类 MyPrint 的实例对象，并传入初始化参数。

第 6 行，调用对象中的成员函数，执行打印操作。

2.2.1　使用 g++ 编译代码

在 Linux 系统中，采用 g++ 编译 C++ 代码是最直接的。编译过程分成 4 步，分别是预处理、编译、汇编和连接，编译过程如图 2-3 所示。

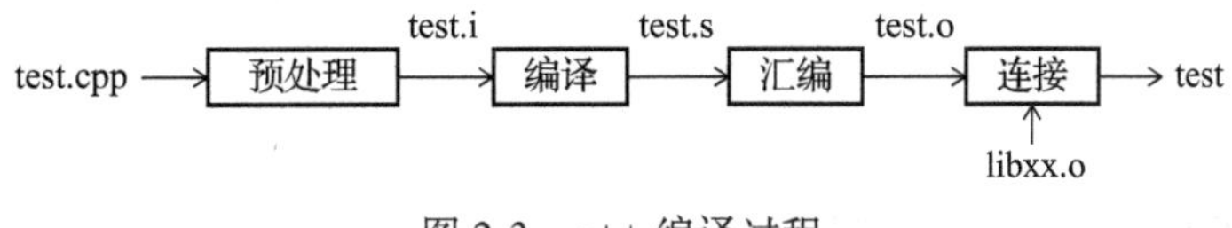

图 2-3　g++ 编译过程

先安装 g++ 工具，打开命令行终端，输入如下命令。

```
sudo apt install g++
```

安装好 g++ 后，就可以对 demo 工程进行编译了，编译命令如下。

```
cd demo/
g++ foo.cpp main.cpp -o demo
```

上面的编译命令执行后，将对 foo.cpp 和 main.cpp 进行编译，最后生成可执行文件 demo，直接使用下面的命令便可以运行可执行文件 demo。

```
./demo
```

2.2.2 使用 make 编译代码

当程序非常庞大时会涉及很多个 *.cpp 和外部依赖库，逐一输入 g++ 的命令将很不方便。这时候就可以使用 makefile 文件来编写编译脚本，然后使用 make 命令进行编译。

将上面的编译命令改写成 makefile 的形式，在文件夹 demo 中新建一个文件 makefile，文件内容如代码清单 2-4 所示。

代码清单 2-4 makefile 文件的内容

```
1 start:
2   g++ -o foo.o -c foo.cpp
3   g++ -o main.o -c main.cpp
4   g++ -o demo foo.o main.o
5 clean:
6   rm -rf foo.o main.o
```

第 1 行和第 5 行，是命令块的命名，makefile 中的命令可以划分成不同的块，默认 make 命令是调用第一个块的命令。make 命令后面接命令块的名称，可以调用相应块的命令。

第 2 ～ 4 行，分别对各个 *.cpp 文件进行编译，最后将生成的目标文件 *.o 连接即可得到可执行文件 demo。这里要注意，命令前面必须使用 tab 进行缩进。

第 6 行，删除编程产生的中间文件，从这里可以看出 makefile 中的命令是完全兼容 Linux 命令的。

在命令行终端用 make 命令编译试试。

```
cd demo/
make
```

编译完成后，目录下会生成一些中间文件，用 make clean 命令清除这些中间文件。

```
make clean
```

清除完中间文件后，就只剩下可执行文件 demo 了，直接用下面的命令便可以运行可执行文件 demo。

```
./demo
```

2.2.3 使用 CMake 编译代码

虽然 makefile 已经大大降低了大型程序的编译难度，但是程序有众多依赖和关联，如果全部手动去维护这些依赖关系还是很麻烦的。CMake 可以自动处理程序之间的关系，并产生对应的 makefile 文件，然后调用 make 就能轻松编译了。

将上面的编译改成 CMake 的方式，在文件夹 demo 中新建一个文件 CMakeLists.txt，文件内容如代码清单 2-5 所示。

代码清单 2-5　CMakeLists.txt 文件的内容

```
1 cmake_minimum_required (VERSION 2.8)
2 project(demo)
3
4 include_directories("${PROJECT_BINARY_DIR}")
5
6 add_library(foo foo.cpp)
7 add_executable (demo main.cpp)
8 target_link_libraries (demo foo)
```

第 1 行，声明 CMake 最低要求的版本。

第 2 行，声明 CMake 的工程名。

第 4 行，设置头文件搜索路径。

第 6 行，创建库文件。

第 7 行，创建可执行文件。

第 8 行，为可执行文件连接依赖库。

在命令行终端用 CMake 命令编译，命令执行后，目录下会产生大量的中间文件和一个 Makefile 文件。继续用 make 命令编译，就可以得到可执行文件 demo。

```
cd demo/
cmake .
make
```

编译完成后，直接用下面的命令便可以运行可执行文件 demo。

```
./demo
```

文件 CMakeLists.txt 的编写需要遵循 CMake 的语法，想要了解更多 CMake 语法的细节，可以访问 CMake 的 wiki 页面[1]。

不难发现，第 1 章中讲过的 ROS 功能包也是采用 CMake 方式编译的，只不过 ROS 对 CMake 做了进一步的封装，即 catkin_make。

2.3　C++ 编程风格指南

要熟练地运用编程技术开发项目，离不开好的编程素养。依照一套好的编程风格的规范进行编程，不仅能规避很多低级错误，还能够显著提升团队的开发效率。当然，不同的项目、不同的团队都有适合自己实际情况的规范标准。一般推荐参考行业内的权威规范标准，比如 2009 版谷歌“C++ 编程风格指南”就非常不错。规范中一般包括头文件规范、作

[1] 参见 https://cmake.org/Wiki/CMake。

用域规范、类规范、命名约定等内容。头文件用于声明变量、函数、类以及定义一些简短的内联函数，作用域可避免变量名称混淆和方便阅读，类的众多特性赋予了 C++ 强大的功能。

2.4　本章小结

本书所涉及的代码基本都采用 C++ 编写，而且后面 SLAM 算法和导航都是基于 C++ 编写的大型项目。对于初学者来说，不懂 C++ 编译和编码规范方面的知识，很难快速入手这些大型 C++ 项目，这也是我在接触了大量的读者和客户后发现的。考虑到篇幅和重要性这两个因素，这里特意把这一章的内容压缩到比较精简的程度。不管大家之前有没有学过 C++ 编程方面的基础知识（特别是大型 C++ 项目的基础知识），花一点点时间快速通读本章内容对后续章节的源码解读非常有帮助。

因为本书中视觉 SLAM 章节涉及大量 OpenCV 图像处理方面的知识，并且图像处理和计算机视觉也是机器人中的重要应用技术，所以第 3 章将讨论 OpenCV 图像处理。这里面将会涉及比较多的理论知识，希望大家能耐心阅读。

参考文献

[1] 普拉达．C++ Primer Plus [M]．6 版．张海龙，袁国忠，译．北京：人民邮电出版社，2020.

[2] 格莱戈尔，索尔特，凯乐普．C++ 高级编程 [M]．2 版．侯普秀，郑思遥，译．北京：清华大学出版社，2012.

[3] 斯旺．深入学习：GNU C++ for Linux 编程技术 [M]．邱仲潘，等译．北京：电子工业出版社，2000.

[4] Google．Google C++ Style Guide [EB/OL]．(2009-3-25) [2020-08-03]．https://github.com/google/styleguide.

CHAPTER 3
第 3 章

OpenCV 图像处理

图像处理是利用计算机对图像进行计算分析的技术，包括数字图像处理和计算机视觉两大技术领域。数字图像处理是通过滤波、压缩、变换等算法对图像进行预处理；而计算机视觉的目标是利用人工智能算法从图像中获取信息，比如图像识别、图像跟踪、图像测量等。OpenCV 是一个实现数字图像处理和计算机视觉通用算法的开源跨平台库，其采用 C/C++ 编写，同时支持 Python、MATLAB 等接口调用。本书后续视觉 SLAM 相关章节中大量使用 OpenCV 库，因此本章先让大家对 OpenCV 有一个整体的把握，以便于大家后续能对涉及 OpenCV 的算法进行优化改进。

由于第 1 章中利用虚拟机运行 Ubuntu 系统，并安装了 ROS，且本书安装的 ROS melodic 默认就装好了 OpenCV3 的库，版本号是 3.2.0，所以后续的例程将使用这个版本展开。由于从 OpenCV3 开始，像 SIFT、SURF 这些高级的算法被移到了 opencv_contrib 中，因此需要重新安装一遍 OpenCV，将 opencv_contrib 中的功能包含进来。安装也很简单，先去 GitHub 下载 opencv-3.2.0 和 opencv_contrib-3.2.0 的源码，然后放在一起编译安装即可，关于这方面的教程网上很多，就不具体展开了，安装源码下载地址如下。

- opencv-3.2.0 下载：https://github.com/opencv/opencv/tree/3.2.0。
- opencv_contrib-3.2.0 下载：https://github.com/opencv/opencv_contrib/tree/3.2.0。

3.1 认识图像数据

学习 OpenCV 的第一件事，就是要搞明白图像的存在形式。话不多说，下面基于程序具体讲解。本章 C++ 示例代码将采用 CMake 方式编译（参见第 2 章）。

3.1.1 获取图像数据

利用 OpenCV 可以从图片文件、视频文件或相机设备获取图像数据，下面结合例子进行讲解。关于新建 C++ 工程和 CMakeLists.txt 编译配置文件的内容就不再展开讲解了，还不熟悉的朋友可以回顾一下第 2 章的相关内容。从图片文件中获取图像数据的方法 image_from_img.cpp，如代码清单 3-1 所示。

代码清单 3-1 image_from_img.cpp 文件内容

```
 1 #include <opencv2/opencv.hpp>
 2
 3 int main(int argc, char** argv)
 4 {
 5   cv::Mat img=cv::imread("1.jpg");
 6   cv::imshow("[img1]",img);
 7   cv::waitKey(0);
 8
 9   return 0;
10 }
```

第 1 行，使用 OpenCV 库必须包含的头文件。

第 5 行，利用 imread 函数来载入 1.jpg 图片文件，载入后的图像数据存储在 Mat 类对象中。OpenCV 库中的函数和类都需要加上 cv 作用域来使用。

第 6 行，利用 imshow 函数显示图像数据。

第 7 行，等待键盘输入任意值，终止图像显示。

然后，看一下 CMakeLists.txt 文件，如代码清单 3-2 所示。

代码清单 3-2 CMakeLists.txt 文件内容

```
1 cmake_minimum_required(VERSION 2.8)
2 project(image_from_img)
3
4 find_package(OpenCV REQUIRED)
5 add_executable(image_from_img image_from_img.cpp)
6 target_link_libraries(image_from_img ${OpenCV_LIBS})
```

第 4 行，添加 OpenCV 库的依赖项。

第 5 行，添加可执行文件。

第 6 行，将可执行文件和 OpenCV 库进行连接。

编译和运行就不再赘述了，不熟悉的朋友请参考第 2 章相关内容。

上面通过 cv::imread 方法从图片文件中获取图像数据，只需要将 cv::imread 方法替换成 cv::VideoCapture 方法就能实现从视频文件或相机中获取图像数据，即利用 cv::VideoCapture 可以直接访问视频文件或相机设备。当然对于机器人来说，还可以用 ROS 来驱动相机设备，并将图像直接发布到 ROS 话题以便于其他 ROS 节点订阅。用 ROS 来驱动相机的具体内容将在第 4 章中介绍。

3.1.2 访问图像数据

通过相机或其他设备扫描现实世界就能得到图像，这种图像在计算机中由一个个的像素点组成，如图 3-1 所示。图像处理的过程，其实就是对这些像素点做各种运算。

在 OpenCV 中，图像被存储在 Mat 类中，Mat 类由**矩阵头**和**矩阵指针**组成。矩阵头中存放矩阵尺寸、存储方法、存储地址等信息；矩阵指针用于指向像素值被存放的具体内存区域。Mat 类非常智能，不必手动为其开辟和释放内存空间，因为 OpenCV 是采用引用机制来进行智能管理的。依据像素的通道组合和像素值编码方式，将创建不同的 Mat 对象。比如下面的例子，创建一个 2 × 2 大小的图像，像素点为 3 通道 RGB 彩色，像素值用 8 位 unsigned char 数据类型表示：

```
cv::Mat img(2,2,CV_8UC3,cv::Scalar(1,100,255));
```

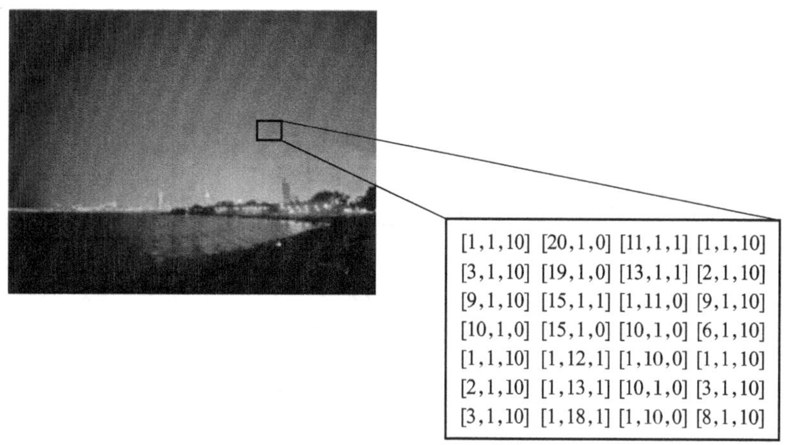

图 3-1　图像中的像素点

当然，创建 Mat 类对象的构造函数有多种形式，由于篇幅限制就不过多讲解了，用到再去查阅具体资料即可。除了 Mat 类，还有一些类在 OpenCV 中也经常用到，比如 cv::Point 类、cv::Scalar 类、cv::Size 类、cv::Rect 类等。还有一个重要的函数，颜色空间转换函数 cv::cvtColor()。该函数可以实现 RGB、HSV、HSI 等颜色空间的转换。颜色空间其实就是各个彩色分量的组合方式，最常见的就是 RGB 颜色空间。这里特别提醒一下，OpenCV 中默认的图片通道存储顺序是 BGR，即蓝绿红。

各种复杂的图像处理算法，都是通过对每个像素点做运算完成的。因此需要知道如何访问图像中的每个像素点，也就是像素遍历，通过 Mat 类的 at 方法就能遍历对应行和列坐标下的像素，对于多通道的图像，还需要对每个通道再进行一次遍历。遍历像素的方法还有很多种，由于篇幅限制就不过多讲解了，用到再去查阅具体资料就行了。

图像通常由多个通道组成，有时候需要对单个通道进行处理，这时就需要将图像的通道分离出来。OpenCV 通过 split 函数和 merge 函数实现通道分离与通道混合。

3.2　图像滤波

图像像素之间的关联性是重要的信息，不能完全把像素点割裂开来，这一点也正是众多图像算法的出发点。这里就通过图像滤波，来帮助大家具体理解像素之间的这种关联性。图像滤波的目的是在尽量保留图像特征的条件下，过滤掉图像中的噪声，其滤波效果直接影响到后续图像识别、分析等算法的效果。

3.2.1　线性滤波

图像的线性滤波过程，如图 3-2 所示，滤波器 $h(x, y)$ 为一个加权系数的窗口，利用窗

口对图像中的像素 $f(x, y)$ 进行加权求和，结果 $g(x, y)$ 就是滤波输出值，窗口滑过图像的所有像素就能实现对所有像素的滤波。窗口在图像上的滑动过程也称作卷积，用符号 * 表示。当然窗口的取值和尺寸可以根据需要选择，这样就可以实现不同的滤波算法。最常用的是均值滤波和高斯滤波（也称高斯平滑或高斯模糊）。

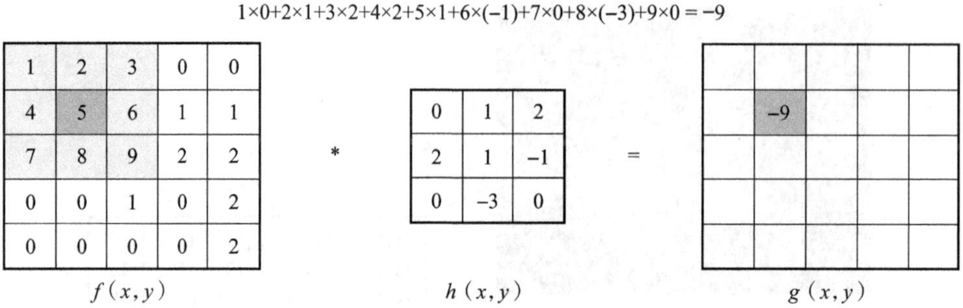

$1\times0+2\times1+3\times2+4\times2+5\times1+6\times(-1)+7\times0+8\times(-3)+9\times0=-9$

1	2	3	0	0
4	5	6	1	1
7	8	9	2	2
0	0	1	0	2
0	0	0	0	2

$f(x,y)$

*

0	1	2
2	1	−1
0	−3	0

$h(x,y)$

=

	−9			

$g(x,y)$

图 3-2　线性滤波原理

均值滤波器的窗口 $h(x, y)$ 由均匀分布的系数构成，如式（3-1）所示，其中 *width* 与 *height* 分别是窗口的宽和高。

$$h(x,y)=\frac{1}{width\cdot height}\begin{bmatrix}1 & 1 & \cdots & 1\\ \cdots & \cdots & \cdots & \cdots\\ 1 & 1 & \cdots & 1\end{bmatrix} \tag{3-1}$$

高斯滤波器的窗口 $h(x, y)$ 由二维高斯分布的系数构成，如式（3-2）所示。其中 u_x 和 u_y 是二维高斯分布的均值，这里假定二维分布是独立的，协方差退化成方差，σ_x^2 和 σ_y^2 是二维高斯分布的方差。

$$h(x,y)=\mathrm{A}\cdot\exp\left(\frac{-(x-u_x)^2}{2\sigma_x^2}+\frac{-(y-u_y)^2}{2\sigma_y^2}\right) \tag{3-2}$$

虽然均值滤波和高斯滤波的数学运算是比较复杂的，但是 OpenCV 对其进行了很好的封装实现，直接调用函数就行了。均值滤波由 blur 函数实现，高斯滤波由 GaussianBlur 函数实现。虽然均值滤波操作起来非常简单，但给图像去噪的同时也破坏了图像的细节信息，使图像变得模糊不清，所以去噪效果并不好。高斯滤波虽然计算起来复杂一点，但是对图像中的高斯噪声有非常好的滤除效果，并且高斯噪声是普遍存在的，所以高斯滤波使用更广泛。

3.2.2　非线性滤波

有些图像中的噪声（比如椒盐噪声），使用非线性滤波会有更好的效果。在线性滤波中，利用窗口对图像中的像素进行加权求和。在非线性滤波中，窗口的运算不是进行简单的加权求和，而是进行一些特殊的运算（比如求中值）。这里介绍两种常用的非线性滤波算法，中值滤波和双边滤波。

中值滤波是取窗口内的像素中值作为滤波输出值。中值滤波依靠的是排序法，用中值来近似真实值，能有效去除孤立的噪声点。

双边滤波会复杂一点。先说说高斯滤波，其窗口中的加权系数为二维高斯分布，高斯函数的取值只与空间位置有关。与高斯滤波不同的是，双边滤波中窗口的加权系数同时与空间位置、像素值相似度有关，这样能保留细节信息的同时去除噪声。双边滤波的窗口 $h(x, y, m, n)$ 的系数分布由空间系数 $q(x, y, m, n)$ 和像素值相似度系数 $r(x, y, m, n)$ 相乘得到，如式（3-3）所示。而双边滤波输出值 $g(x, y)$ 并不是直接加权求和得来的，而是按式（3-4）所示求得。

$$\begin{aligned} h(x, y, m, n) &= q(x, y, m, n) \cdot r(x, y, m, n) \\ &= \exp\left(-\frac{(x-m)^2+(y-n)^2}{2\sigma_q^2}\right) \cdot \exp\left(-\frac{\| f(x, y)-f(m, n) \|^2}{2\sigma_r^2}\right) \end{aligned} \tag{3-3}$$

$$g(x, y)=\frac{\sum_{m, n} f(m, n) h(x, y, m, n)}{\sum_{m, n} h(x, y, m, n)} \tag{3-4}$$

OpenCV 对中值滤波和双边滤波进行了很好的封装实现，直接调用相应函数即可。中值滤波由 medianBlur 函数实现，双边滤波由 bilateralFilter 函数实现。中值滤波能很好地去除椒盐噪声，双边滤波能保留细节的同时去除噪声。结合实际场景，合理选择滤波算法能达到意想不到的效果。

3.2.3 形态学滤波

形态学滤波是基于形状的图像处理方法，OpenCV 中最基本的形态学操作是膨胀（dilate）和腐蚀（erode）。膨胀是求局部最大值的操作，腐蚀则与之相反，腐蚀是求局部最小值的操作，如图 3-3 所示。

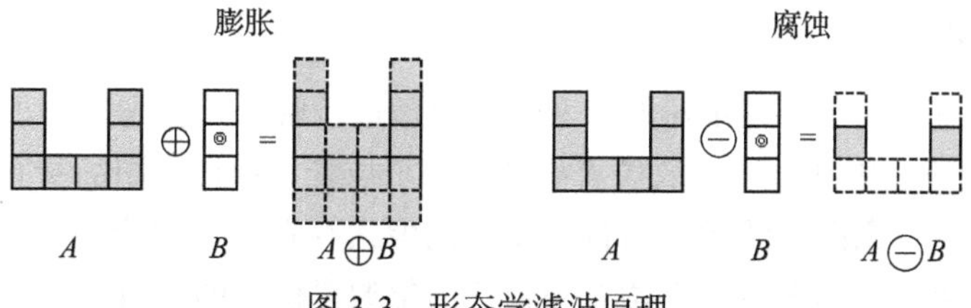

图 3-3 形态学滤波原理

膨胀就是求局部最大值的操作，图像 A 与操作核 B 进行卷积，在操作核 B 的覆盖下取区域中的最大值作为输出结果，输出结果的位置由操作核 B 的锚点决定，如式（3-5）所示。选择不同形状与尺寸的操作核，可以得到不同的滤波效果。

$$dilate(A, B)=\max_{B}(A) \tag{3-5}$$

腐蚀就是求局部最小值的操作，图像 A 与操作核 B 进行卷积，在操作核 B 的覆盖下取区域中的最小值作为输出结果，输出结果的位置由操作核 B 的锚点决定，如式（3-6）所示。选择不同形状和尺寸的操作核，可以得到不同的滤波效果。

$$erode(A, B)=\min_{B}(A) \tag{3-6}$$

利用基本的膨胀和腐蚀操作组合，可以实现更多形态学滤波算法，比如开运算（open）、闭运算（close)、形态学梯度（morphgrad)、顶帽运算（tophat）和黑帽运算（blackhat)。开运算就是先腐蚀后膨胀，如式（3-7）所示。闭运算就是先膨胀后腐蚀，如式（3-8）所示。形态学梯度就是膨胀图片与腐蚀图片的差值，如式（3-9）所示。顶帽运算就是原图片与图片开运算的差值，如式（3-10）所示。黑帽运算就是图片闭运算与原图片的差值，如式（3-11）所示。

$$open(A, B) = dilate(erode(A, B)) \tag{3-7}$$

$$close(A, B) = erode(dilate(A, B)) \tag{3-8}$$

$$morphgrad(A, B) = dilate(A, B) - erode(A, B) \tag{3-9}$$

$$tophat(A, B) = A - open(A, B) \tag{3-10}$$

$$blackhat(A, B) = close(A, B) - A \tag{3-11}$$

形态学滤波的各种算法已经被封装到 OpenCV 的 morphologyEx 函数了，直接调用即可。我们可以通过 morphologyEx 函数的 opt 形参取值来选择执行不同的形态学滤波算法。

3.3 图像变换

经过 3.2 节图像滤波的学习，相信大家对图像处理有了一定的了解。不过，图像滤波只是很初级的处理，其目的是提升图像本身的质量。本节要讲到的图像变换，从改变图像的结构入手，将图像变换成不同的形态。限于篇幅，这里重点讨论后续视觉 SLAM 章节中涉及的一些图像变换算法。其他一些常用图像变换算法将略过，比如频谱变换、小波变换、图像金字塔等，感兴趣的读者可以查阅相关资料。

3.3.1 射影变换

本节从基本概念入手，逐步对射影变换的原理进行解析。首先需要了解的就是重映射（remap)，就是把原图中某个位置的像素放到另一个位置，这样原图的所有像素经过重映射操作得到目标图像。原图中的像素与目标图像的像素存在一个对应关系，如式（3-12）所示，其中 $h(x, y)$ 表示原始图像像素位置与目标图像像素位置的映射关系，比如图像沿水平方向翻转或沿垂直方向翻转就是最典型的映射。

$$g(x, y) = f(h(x, y)) \tag{3-12}$$

知道重映射是把原图中某个位置的像素放到另一个位置的过程，接下来就可以介绍一些更实用的重映射方法，即欧式变换、相似变换、仿射变换和射影变换。这些变换可以用 $h(x, y)$ 来表示，欧式变换是最简单的，其实就是对二维图像平面做旋转和平移，如式（3-13）所示。

$$h(x, y) = \begin{bmatrix} x' \\ y' \\ 1 \end{bmatrix} = \begin{bmatrix} r_{11} & r_{12} & t_x \\ r_{21} & r_{22} & t_y \\ 0 & 0 & 1 \end{bmatrix} \begin{bmatrix} x \\ y \\ 1 \end{bmatrix} \tag{3-13}$$

相似变换，是在欧式变换的基础上增加了尺度变换，即缩放。很简单，只需要在变换矩阵中加入尺度因子 s 就行了，如式（3-14）所示。

$$h(x,y)=\begin{bmatrix}x'\\y'\\1\end{bmatrix}=\begin{bmatrix}s\cdot r_{11} & s\cdot r_{12} & t_x\\ s\cdot r_{21} & s\cdot r_{22} & t_y\\ 0 & 0 & 1\end{bmatrix}\begin{bmatrix}x\\y\\1\end{bmatrix} \tag{3-14}$$

仿射变换，是在相似变换的基础上，将其中的缩放扩展为更一般性的情况，即非均匀缩放，如式（3-15）所示。这里举例来说明非均匀缩放，比如一个长方形经过非均匀缩放可以变成平行四边形。

$$h(x,y)=\begin{bmatrix}x'\\y'\\1\end{bmatrix}=\begin{bmatrix}a_{11} & a_{12} & t_x\\ a_{21} & a_{22} & t_y\\ 0 & 0 & 1\end{bmatrix}\begin{bmatrix}x\\y\\1\end{bmatrix} \tag{3-15}$$

射影变换，是对仿射变换更一般的推广。其将仿射变换中的变换矩阵的零元素变成了非零元素，这样让射影变换能有非线性的效应出现，如式（3-16）所示。从公式中不难发现，坐标点引入了 z 坐标值。其实，射影变换在三维空间中就容易理解了。可以把原图像和目标图像看成三维空间中的两种图像，过某一个公共点进行中心投影，这样就能把原图像中的点投射到目标图像上，这也正是射影变换名字的由来。

$$h(x,y)=\begin{bmatrix}x'\\y'\\z'\end{bmatrix}=\begin{bmatrix}h_{11} & h_{12} & h_{13}\\ h_{21} & h_{22} & h_{23}\\ h_{31} & h_{32} & h_{33}\end{bmatrix}\begin{bmatrix}x\\y\\z\end{bmatrix} \tag{3-16}$$

讲到这里，不难发现，射影变换是最一般的形式，即欧式变换、相似变换和仿射变换是射影变换的特例。下面对这几种重映射方式进行一个总结，如表 3-1 所示。

表 3-1　图像射影变换及其特例总结

重映射方式	变换矩阵	效果举例
欧式变换（3 dof）	$\begin{bmatrix}r_{11} & r_{12} & t_x\\ r_{21} & r_{22} & t_y\\ 0 & 0 & 1\end{bmatrix}$	
相似变换（4 dof）	$\begin{bmatrix}s\cdot r_{11} & s\cdot r_{12} & t_x\\ s\cdot r_{21} & s\cdot r_{22} & t_y\\ 0 & 0 & 1\end{bmatrix}$	
仿射变换（6 dof）	$\begin{bmatrix}a_{11} & a_{12} & t_x\\ a_{21} & a_{22} & t_y\\ 0 & 0 & 1\end{bmatrix}$	
射影变换（8 dof）	$\begin{bmatrix}h_{11} & h_{12} & h_{13}\\ h_{21} & h_{22} & h_{23}\\ h_{31} & h_{32} & h_{33}\end{bmatrix}$	

不难发现，只要会用射影变换对图像进行变换，欧式变换、相似变换和仿射变换这些特例自然也能用射影变换实现。进行射影变换的关键是要知道变换矩阵，通过原图像的 4 个点与目标图像的 4 个点，就能求得射影变换矩阵。有了射影变换矩阵，就很容易得到目

标图像了。计算射影变换矩阵的方法已经被封装到 OpenCV 的 getPerspectiveTransform 函数了，射影变换的实现方法被封装到 OpenCV 的 warpPerspective 函数了。

3.3.2　霍夫变换

在很多场合，提取图像中的直线特征非常有用，霍夫变换就是一种很好的解决办法。按法线式方程，直线用 $r = x \cdot \cos\theta + y \cdot \sin\theta$ 表示。过固定点 $A(x_0, y_0)$ 有一簇直线，这一簇直线的参数 (r, θ) 可以绘制出一条正弦曲线。同理，过固定点 B、C 等都可以得到一簇直线，当直线簇绘制出来的正弦曲线相交时，说明 A、B、C 等点过同一条直线，如图 3-4 所示。霍夫变换就是通过这样的方法来检测直线的。

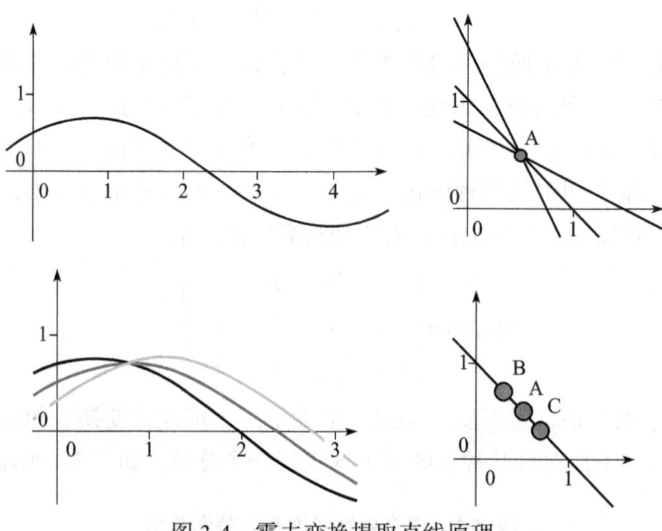

图 3-4　霍夫变换提取直线原理

在实际的操作中，考虑容错和干扰因素，算法会做一些调整优化。在 OpenCV 中，标准霍夫变换和多尺度霍夫变换被封装在 HoughLines 函数中，而累计概率霍夫变换被封装在 HoughLinesP 函数中。由于累计概率霍夫变换拥有更高的执行效率，所以推荐直接使用累计概率霍夫变换。

3.3.3　边缘检测

利用边缘检测能提取图像的轮廓，而图像轮廓可以用于分割图像中的物体或者理解图像的意义。常用的两种边缘检测算法是 sobel 算法和 canny 算法。

sobel 算法是利用微分求导的方式来近似求解图像的梯度。计算也很简单，先分别求解 x 和 y 方向的导数，其实用 x 和 y 方向的卷积核分别对图像 $\boldsymbol{I}$ 进行卷积操作即可，然后将两个方向的导数合成就得到该图像点的近似梯度。求 x 方向导数的过程如式（3-17）所示，求 y 方向导数的过程如式（3-18）所示，最终的近似梯度如式（3-19）所示。

$$grad_x = \boldsymbol{I} * \begin{bmatrix} -1 & 0 & +1 \\ -2 & 0 & +2 \\ -1 & 0 & +1 \end{bmatrix} \tag{3-17}$$

$$grad_y = \boldsymbol{I} * \begin{bmatrix} -1 & -2 & -1 \\ 0 & 0 & 0 \\ +1 & +2 & +1 \end{bmatrix} \tag{3-18}$$

$$grad = \sqrt{grad_x^2 + grad_y^2} \tag{3-19}$$

canny 算法为了提高边缘检测的效果，在 sobel 算法的基础上做了大量的优化。先用高斯滤波去除图像的噪声；然后用 sobel 算法求图像的梯度幅值和方向，这里的梯度方向将用于判断像素之间的连接性；接着将候选边缘像素挑选出来，排除非边缘像素；最后使用滞后阈值的方式将最终的边缘像素提取出来，滞后阈值有两个，即高阈值和低阈值，大于高阈值的像素被保留为边缘像素，小于低阈值的像素被排除，如果像素介于两个阈值之间，且与边缘像素相连接，则会被保留下来。sobel 算法被封装到 OpenCV 的 Sobel 函数，canny 算法被封装到 OpenCV 的 Canny 函数。

3.3.4　直方图均衡

图像直方图是表示图像中亮点分布的统计图，横坐标是亮度值，纵坐标是每个亮度值对应的像素总数量，如图 3-5 所示。直方图能反映图像中像素强度的统计信息，是非常重要的统计特征，可以利用这种统计特征判断两幅图的相似性。

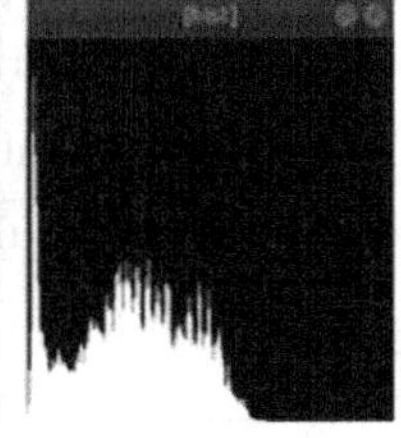

图 3-5　图像直方图

从图 3-5 可以看出，图像的像素亮度大都集中在 0 ～ 150 之间，也就是图像整体偏暗。经过直方图均衡后，图像的像素亮度更均匀地分布于 0 ～ 255 区间，图像整体明暗度也更加分明，如图 3-6 所示。

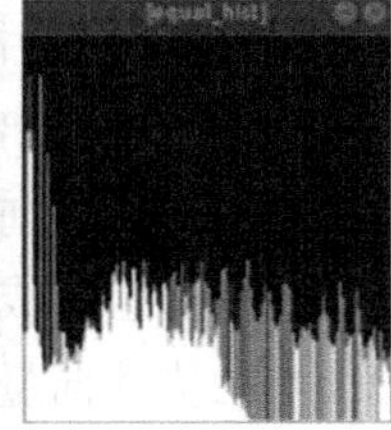

图 3-6　图像直方图均衡

计算直方图的方法被封装在 OpenCV 的 calcHist 函数，图像直方图均衡的方法被封装在 OpenCV 的 equalizeHist 函数。

3.4 图像特征点提取

特征点提取算法能帮助计算机获取图像的区域特征信息，并应用于图像识别、图像匹配、三维重建、物体跟踪等领域。在实际工程中，具有很高的应用价值。在图像领域，特征点（feature point）也常常被称为关键点（key point）或兴趣点（interest point）。特征点的提取有多种算法，可以从图像纹理信息来提取，也可以通过图像区域灰度统计信息来提取，或者通过频谱变化、小波变换等变换后的特殊空间进行提取。本节将对最常用的 SIFT（scale invariant feature transform，尺度不变特征变换）特征点、SURF（Speeded Up Robust Feature，加速稳健特征）特征点和 ORB（Oriented FAST and Rotated BRIEF，快速特征点提取和描述）特征点进行分析与讲解，并对比其性能表现。

SIFT 在性能方面非常突出，在业界有很高的名气；SURF 是对 SIFT 的改进，在提取速度方面做了优化；ORB 是用于取代 SIFT 和 SURF 的简洁提取算法，提取速度比 SIFT 和 SURF 快很多。后续视觉 SLAM 中的 ORB_SLAM 框架就是基于 ORB 特征点的，该框架在实时性方面表现非常出色。因此学好本节的内容，将极大地降低后续视觉 SLAM 章节的学习难度。

本节的重点放在 SIFT、SURF 和 ORB 这 3 种特征点提取的原理讲解中，如果对 OpenCV 中具体实现程序感兴趣，可以阅读 OpenCV3 中相应的源代码，源代码的路径如下。

- ❑ SIFT 源码路径：opencv_contrib/modules/xfeatures2d/src/sift.cpp。
- ❑ SURF 源码路径：opencv_contrib/modules/xfeatures2d/src/surf.cpp。
- ❑ ORB 源码路径：opencv/modules/features2d/src/orb.cpp。

3.4.1 SIFT 特征点

SIFT[3] 是一种对图像的旋转、尺度和亮度特性保持不变，且对仿射变换、噪声等有较好稳定性的图像局部特征。那什么是旋转尺度不变性呢？简单点说就是同一个物体，用相机在不同的角度和距离拍出来的图片，图片中物体的特征应该是一样的，不因图片的大小和旋转而改变。

SIFT 特征提取过程，如图 3-7 所示。由于所有操作都在灰度图上进行，因此输入原始图需要先经过灰度转换。然后构建高斯金字塔（gaussian pyramids)，用于表示图像的尺度空间。将高斯金字塔每组（octave）中相邻两图层求差值得到高斯差分金字塔（Difference of Gaussian Pyramids，DoG 金字塔)，用于尺度空间的极值点检测。接着通过极值点检测、特征点定位和特征点筛选操作，提取出特征点在尺度空间的位置。之后回到高斯金字塔，求取该尺度空间位置上的特征点主方向以及邻域方向。最后利用特征点的方向信息可以生成很多特征的描述子，这些特征组合成向量的形式就是特征点的描述向量，在整个提取过程的最后将输出所有特征点的描述向量。特征点包含尺度、位置和特征描述信息，利用这些信息就可以做图像识别、图像匹配等应用了。

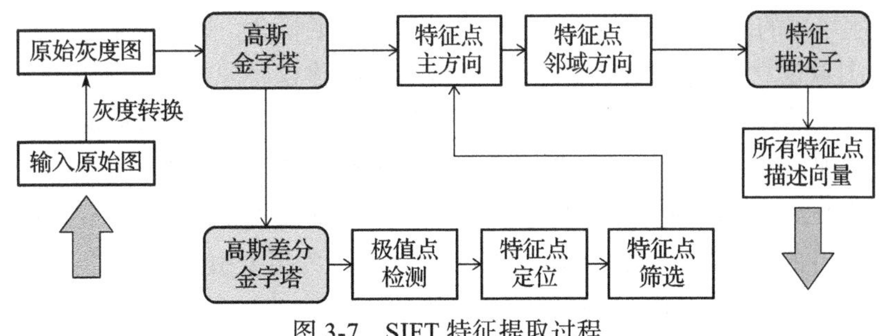

图 3-7　SIFT 特征提取过程

1. 尺度空间

将单张图像利用尺度参数进行处理，得到多尺度空间的图像序列。尺度空间中的图像模糊度逐渐变大，这样能够模拟人眼由近及远观察目标时在视网膜上成像的过程。从多尺度空间的图像序列提取特征，能得到具有尺度不变性的特征。下面依次对图像金字塔、高斯金字塔和高斯差分金字塔的构建过程进行解析。

（1）图像金字塔

正如其名，图像金字塔由一张张逐渐缩小的图片组合而成。金字塔最底层放置的是原始图像，然后上一层图像由下一层图像经过 1/2 倍降采样得到，其实就是隔点采样，这样图像尺寸会逐渐缩小，如图 3-8 所示。

金字塔中含有图像的数量 n，可用式（3-20）计算得到。其中，*rows* 和 *cols* 分别为原始图像的行数和列数，t 为金字塔顶层图像期望尺寸的对数值。也就是说已知塔顶图像的尺寸，就可以求得塔包含图像的数量。

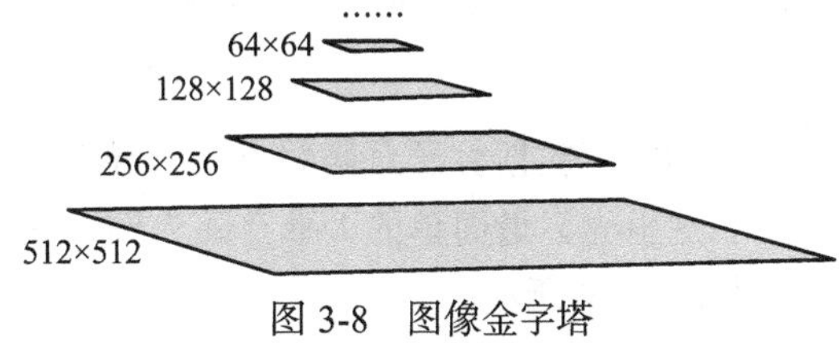

图 3-8　图像金字塔

$$n = \log_2(\min(rows, cols)) - t, \quad 其中 t \in [0, \log_2(\min(rows, cols))) \tag{3-20}$$

（2）高斯金字塔

若将尺度连续性考虑进来，则还需要在图像金字塔的基础上引入高斯滤波，这就是高斯金字塔。在 SIFT 特征提取过程中，高斯金字塔的构建过程如图 3-9 所示。

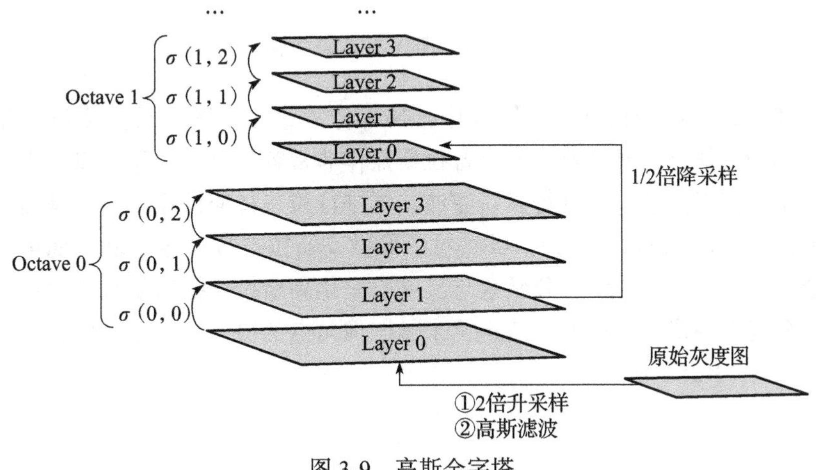

图 3-9　高斯金字塔

高斯金字塔中的图像有组（octave）和层（Layer）的概念，通过组索引和层索引可以为塔中的每个图像建立索引。SIFT 算法的提出者 Lowe 建议将原始灰度图扩大到 2 倍大小，即通过 2 倍升采样和高斯滤波，将扩大后的图作为塔最底层的图开始构建，这样可以保留原图信息，增加特征点数量。同一组内的图层具有相同的大小，后一个图层由前一个图层经过尺度因子为 $\sigma(o,s)$ 的高斯滤波处理得到，也就是说同一组内递增的图层将越来越模糊。尺度因子 $\sigma(o,s)$ 的计算如式（3-21）所示，o 和 s 分别为组索引和层索引，σ_0 为初始尺度因子，在程序中为一个常数值，S 是组中图层的总数量。

$$\sigma(o,s)=\mathrm{sqrt}(\sigma_{\mathrm{total}}^2-\sigma_{\mathrm{prev}}^2)=\sigma_0\cdot\mathrm{sqrt}(2^{\frac{2\cdot s}{S}}-2^{\frac{2\cdot(s-1)}{S}}) \tag{3-21}$$

在不同组中，后一组的第 1 个图层由前一组的倒数第 3 个图层直接经过 1/2 倍降采样得到，取倒数第 3 个图层是为了保持下一步高斯差分金字塔的尺度空间连续性。按照这个步骤，不断构建出新的组，最终就能得到一个完整的高斯金字塔。关于金字塔的组数 O、层数 S 等参数，请参考具体程序，这里的讲解只是举例说明而已。

（3）高斯差分金字塔

通过构建高斯差分金字塔，检测高斯差分金字塔的极值点，能够提取原图像中的角点特征。要搞清楚其中的原理，需要先从拉普拉斯算子开始说起。拉普拉斯算子是 n 维欧式空间的一个二阶微分算子，拉普拉斯定义为求梯度的散度，如式（3-22）所示。

$$\Delta f=\nabla^2 f=\nabla\cdot(\nabla f) \tag{3-22}$$

利用拉普拉斯算子对函数求二阶导数，能求出函数一阶导数的极值点，也就是最大梯度点。这里先以最简单的 1 维空间为例，展示利用二阶导数求出函数局部最大梯度点的过程，如图 3-10 所示。

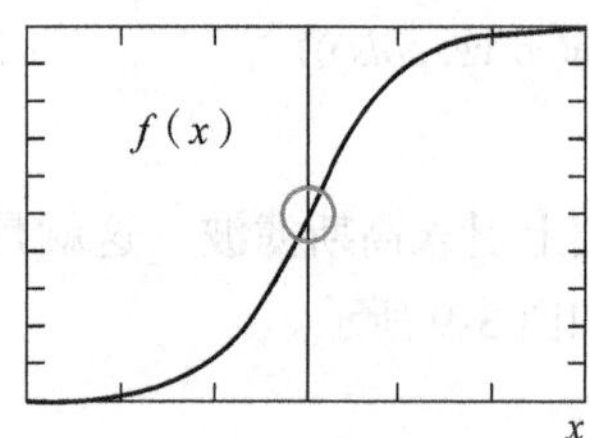

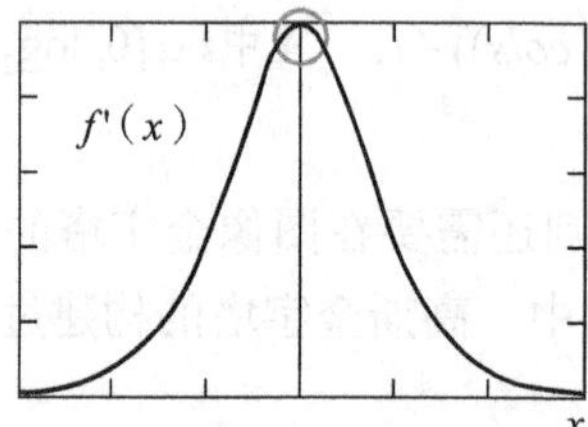

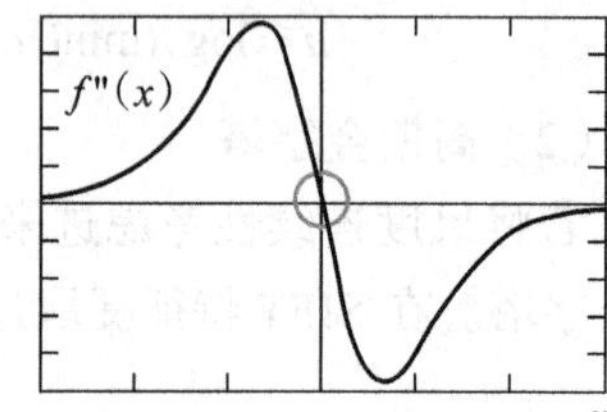

图 3-10 利用二阶导数求最大梯度点

再来讨论 2 维空间的情况。在图像中，局部像素最大梯度点是变化最明显的点，这样的点可以作为特征点。但是直接的拉普拉斯操作非常容易受图像噪声点的干扰，于是就引入了抗干扰的高斯滤波，先进行高斯滤波，再进行拉普拉斯操作，这就是高斯拉普拉斯运算（Laplace of Gaussian，LoG）。虽然对图像做高斯拉普拉斯运算能实现角点检测，但是运算复杂。理论证明，高斯差分函数与尺度归一化高斯拉普拉斯函数非常近似，因此可以用高斯差分运算替代高斯拉普拉斯运算来做图像角点的检测。关于近似的理论推导，如式（3-23）～式（3-25）所示。

$$\frac{\partial G}{\partial\sigma}=\sigma\nabla^2 G \tag{3-23}$$

$$\sigma\nabla^2 G=\frac{\partial G}{\partial\sigma}\approx\frac{G(x,y,k\cdot\sigma)-G(x,y,\sigma)}{k\cdot\sigma-\sigma} \tag{3-24}$$

$$G(x,y,k\cdot\sigma)-G(x,y,\sigma)\approx(k-1)\sigma^2\nabla^2 G \tag{3-25}$$

接下来就讲一下如何构建高斯差分金字塔，其实就是将高斯金字塔同组内的相邻图层做差即可，如图 3-11 所示。

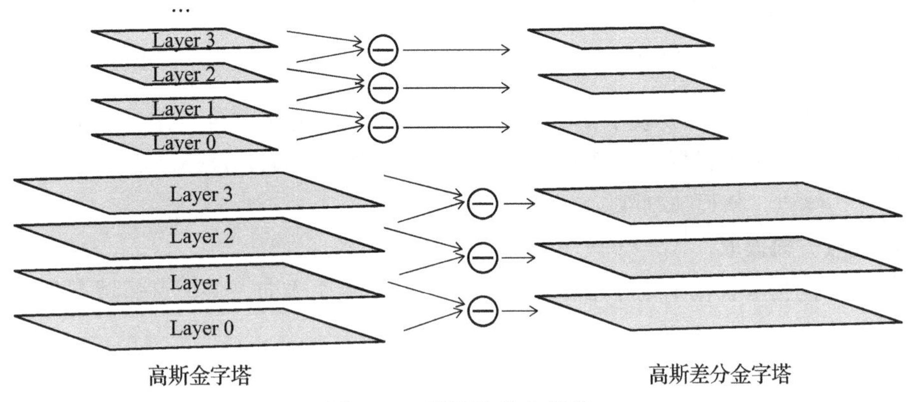

图 3-11　高斯差分金字塔

2. 特征点位置提取

特征点位置提取在高斯差分金字塔中完成，分为极值点检测、特征点定位和特征点筛选这些步骤。

（1）极值点检测

在高斯差分金字塔的同一组内，图层上的极值点由该图层像素的 8 个邻域点与上下相邻图层的 $9\times2=18$ 个邻域点比较大小得到。也就是说要判断一个点是否为极值点，需要将其与周围的 26 个点比较大小，如图 3-12 所示。由此可知，要检测全尺度下的极值点，高斯差分金字塔的每个组内要多出 2 个图层，而高斯差分金字塔是由高斯金字塔做差得到的，那么高斯金字塔的每个组内要多出 3 个图层，这就是前面讲到的为什么要从倒数第 3 个图层来生成下一个组的原因，即为了保持高斯差分金字塔中尺度的连续性。

（2）特征点定位

通过上面方法得到的是离散空间的极值点，但是离散空间的极值点并不是真正的极值点。如图 3-13 所示，曲线的离散采样点 A、B、C、D 中，A 和 B 分别是极大值点与极小值点，但并不是曲线上真正的极值点。因此，需要利用曲线拟合的方法得到连续空间的曲线，并得到真正的极值点。这个操作在图像中是一个亚像素定位的过程，拟合过程为在极值点附近做泰勒级数展开，找出特征点更精确的位置。

（3）特征点筛选

高斯差分算子容易产生较强的边缘响应，因此特征点还需要经过筛选，去除边缘点的影响。首先获取特征点位置处的 Hessian 矩阵 $\boldsymbol{H}$，如式（3-26）所示。

$$\boldsymbol{H}=\begin{bmatrix}D_{xx} & D_{xy}\\ D_{yx} & D_{yy}\end{bmatrix} \tag{3-26}$$

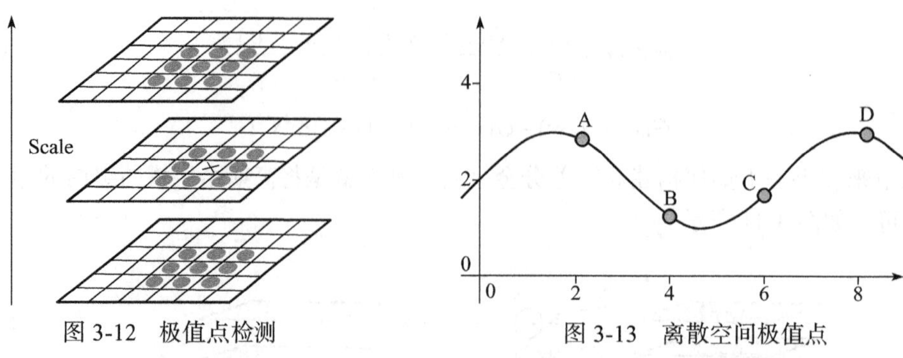

图 3-12 极值点检测　　图 3-13 离散空间极值点

矩阵 $\boldsymbol{H}$ 的特征值 a 和 b 表示 x 与 y 方向的梯度。边缘点的梯度肯定是一个方向大而另一个方向小。因此可以设置一个阈值 T，用于剔除边缘点。假设 $a > b$，则满足 $a/b > T$ 的点将被判断为边缘点，从而被剔除。

3. 特征点方向提取

特征点方向提取在高斯金字塔中完成，分为特征点主方向、特征点邻域方向和特征描述子这些步骤。

（1）特征点主方向

经过在高斯差分金字塔中的一系列操作，提取出了特征点在尺度空间的位置信息。接下来就可以去高斯金字塔中提取该尺度空间位置处的点方向信息。我们需要先提取特征点的主方向，提取过程如图 3-14 所示。

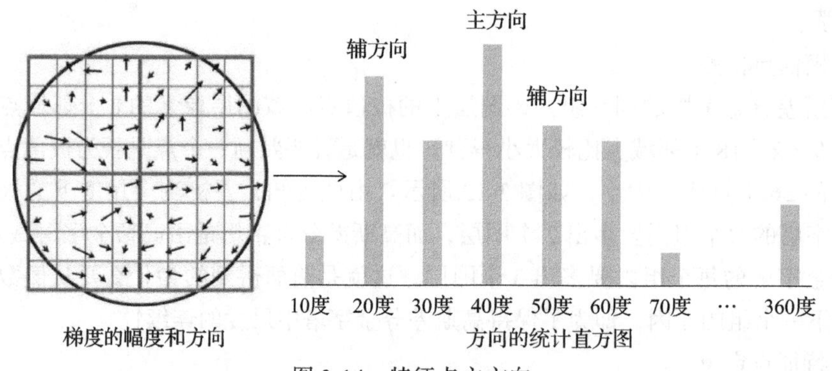

图 3-14 特征点主方向

找到高斯金字塔中相应尺度空间的图层，在特征点位置的 3σ 邻域窗口计算像素的梯度，梯度的幅值 m 和方向 θ 通过式（3-27）和式（3-28）求得，其中 $f(x, y)$ 为邻域窗口的像素值。

$$m(x, y) = \sqrt{(f(x+1, y) - f(x-1, y))^2 + (f(x, y+1) - f(x, y-1))^2} \tag{3-27}$$

$$\theta(x, y) = \arctan\frac{f(x, y+1) - f(x, y-1)}{f(x+1, y) - f(x-1, y)} \tag{3-28}$$

计算好梯度的幅值和方向后，将方向每 10° 划分一个范围，对方向进行统计，方向对应的幅度需要经过高斯系数加权后进行累计，也就是说离特征点中心越远的梯度点的幅值累计时需乘以一个越小的加权系数。统计完所有方向后，就得到方向的统计直方图，直方图的横轴是方向角度，一共有 36 个刻度（10°、20°、…、360°），直方图的纵轴是对应方向幅值加权累计的结果。以直方图峰值的方向作为主方向，并保留大于 80% 峰值的方向作为辅方向，以增强鲁棒性。

（2）特征点邻域方向

要对特征点做一个好的表示，还需要用到特征点邻域上的方向。在计算邻域上的方向分布前，需要先将邻域图像按主方向进行旋转，这样邻域方向就是统一以主方向为基准来表示，以实现特征的旋转不变性，如图 3-15 所示。

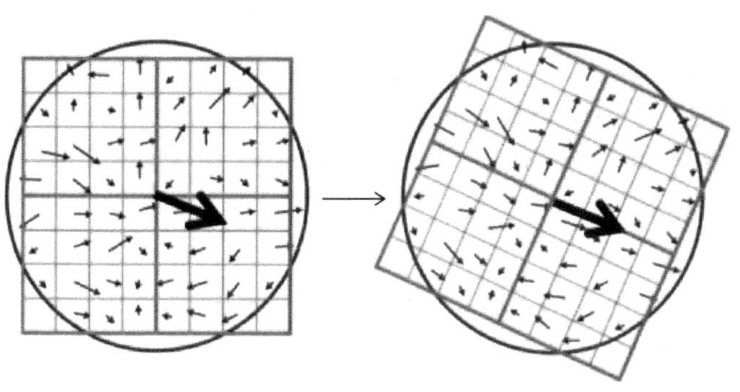

图 3-15　按主方向旋转图像

如图 3-16 所示，在得到的旋转不变性邻域上，进行 4 × 4 的区域划分，得到 16 个区域。对每个区域求方向的统计直方图，这里的直方图将方向每 45° 划分一个范围，也就是 8 个方向。方向对应的幅度同样需要经过高斯系数加权后进行累计，这里的高斯系数是以各自区域中心来计算的。

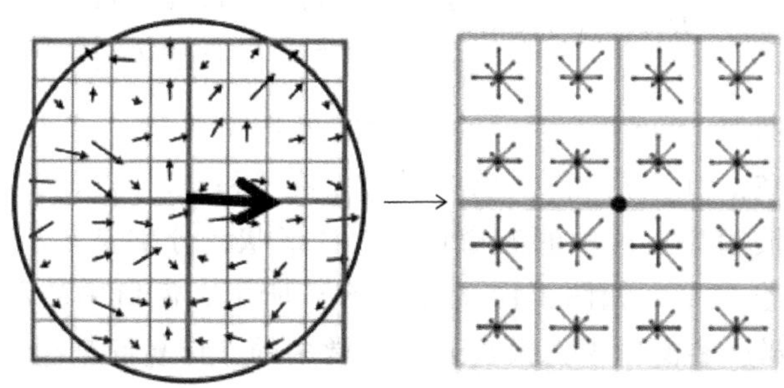

图 3-16　特征点邻域方向

（3）特征描述子

从上面特征点邻域方向一共得到了 4 × 4 × 8 = 128 个量，也就是说一个特征点可以用这样的 128 维向量来描述，即描述向量。为了去除光照变化的影响，需要对描述向量做归一化处理。同时为了消除成像时饱和度变化的影响，需要对归一化后的描述向量进行阈值化处理，即设置一个阈值，将大于阈值的、具有较大幅值的方向去除，再进行一次归一化处理。最后按照特征点的尺度对描述向量进行排序。SIFT 特征提取完成后，能得到一系列特征点。每个特征点包含尺度、位置和描述信息，有了这些信息就可以做图像识别、匹配之类的应用了。如图 3-17 所示为从图片中提取 SIFT 特征的效果。

3.4.2 SURF 特征点

SIFT[4]算法最大的缺点是在一般设备上达不到实时性的要求，而 SURF 是对 SIFT 的改进，在提取速度方面做了优化。SURF 特征提取过程和 SIFT 特征提取过程基本一样，只是在一些步骤上做了改进以提高运行实时性。下面针对改进的地方展开讲解。

1. 尺度空间

在 SIFT 中建立尺度空间的步骤包括创建高斯金字塔和创建高斯差分金字塔两步，而在创建高斯金字塔过程中，要利用不同尺度因子的高斯滤波器对图像进行滤波来得到多尺度空间。高斯滤波运算是很耗时的，所以这一步需要进行优化。

图 3-17 提取 SIFT 特征示例

同样考虑到基于高斯拉普拉斯算子检测图像角点的良好特性，所以在 SURF 特征提取过程中使用了另一种近似高斯拉普拉斯运算的方式（即基于 Hessian 矩阵的盒式滤波运算），能大幅降低运算的耗时。下面就解析一下整个过程，高斯拉普拉斯运算的第一步是对图像 $I(x, y)$ 进行高斯滤波，如式（3-29）所示。

$$L(x, y, \sigma) = G(x, y, \sigma) * I(x, y) \tag{3-29}$$

然后对高斯滤波后的图像中的每个像素进行拉普拉斯运算，拉普拉斯运算结果用 Hessian 矩阵表示，如式（3-30）所示。矩阵中的元素分别是对 x 方向求二阶导数、对 x 和 y 方向依次求偏导数、对 y 和 x 方向依次求偏导数对 y 方向求二阶导数这样 4 个操作。

$$\boldsymbol{H}(L(x, y, \sigma)) = \begin{bmatrix} L_{xx}(x, y, \sigma) & L_{xy}(x, y, \sigma) \\ L_{yx}(x, y, \sigma) & L_{yy}(x, y, \sigma) \end{bmatrix} \tag{3-30}$$

不难发现，上面 Hessian 矩阵中 4 个元素的操作是关键，这 4 个操作分别对应在 x 方向求二阶导数、在 x 和 y 方向依次求偏导数、在 y 和 x 方向依次求偏导数和在 y 方向求二阶导数高斯滤波窗口。这种滤波窗口有 3 种形状，分别是 x 方向二阶导形、y 方向二阶导形和 x、y 混合导形，如图 3-18 的左半部分所示。窗口中的不同亮度表示不同的加权系数，可以看到这些窗口中的系数还是非常多的，计算起来很耗时。解决办法是利用盒式滤波来近似这些窗口，其实就是将一定区域的不同加权系数统一用某个固定值表示，如图 3-18 的右半部分所示，通过图像的积分图很容易证明利用盒式滤波来近似的合理性。

利用盒式滤波器求出图像中每个像素的 Hessian 矩阵后，接着求 Hessian 矩阵的决定值，如式（3-31）所示。

$$Det(\boldsymbol{H}) = L_{xx} \cdot L_{yy} - L_{xy} \cdot L_{yx}, \quad 其中\ L_{xy} = L_{yx} \tag{3-31}$$

考虑到利用盒式滤波近似可能带来的误差，这里加一个 0.9 的补偿系数，如式（3-32）所示。这样图像中每个 Hessian 矩阵的决定值就可以用于后续的极值点检测了。

$$Det(\boldsymbol{H}) = L_{xx} \cdot L_{yy} - (0.9L_{xy})^2 \tag{3-32}$$

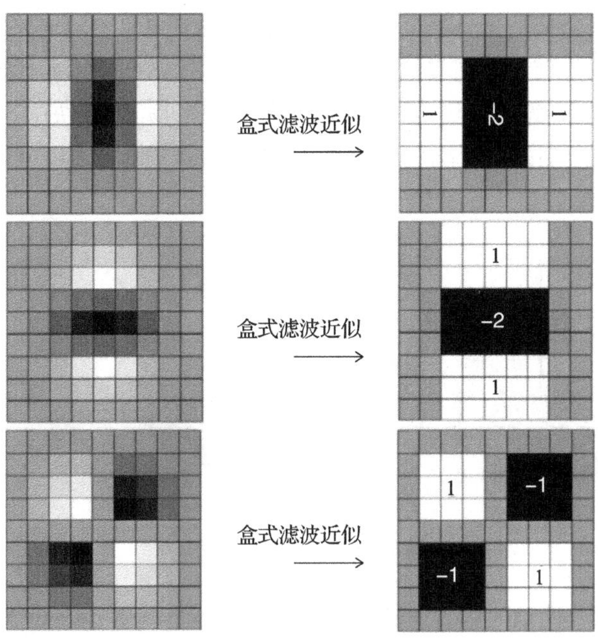

图 3-18　盒式滤波器

与 SIFT 尺度空间不同的是，在 SURF 中金字塔的不同组的图层大小是一样的。我们通过以下方式来实现多尺度空间：在不同组上使用盒式滤波器的窗口尺寸逐渐增大；在同一组内的不同图层上使用相同窗口尺寸的盒式滤波器，但是窗口中的尺度因子取值逐渐增大。

2. 特征点位置提取

SIFT 特征点位置是在 DoG 空间进行的，而 SURF 特征点位置是在 Hessian 矩阵的决定值中进行的。除了这一点区别外，极值点检测、特征点定位和特征点筛选的方式是一样的，不再赘述。

3. 特征点方向提取

在 SIFT 中，特征点主方向是通过求特征点邻域上梯度的方向统计直方图，取直方图峰值的方向得到，而 SURF 是统计特征点邻域上的 Haar 小波特征得到。统计 60° 扇形区域内所有 x 和 y 方向小波特征，这些特征通过高斯加权系数进行累计，即远离中心的小波特征乘上的加权系数小。然后以 15° 间隔旋转这个 60° 扇形区域，将整个圆遍历，统计出最大值的那个扇形方向就是特征点主方向，如图 3-19 所示。

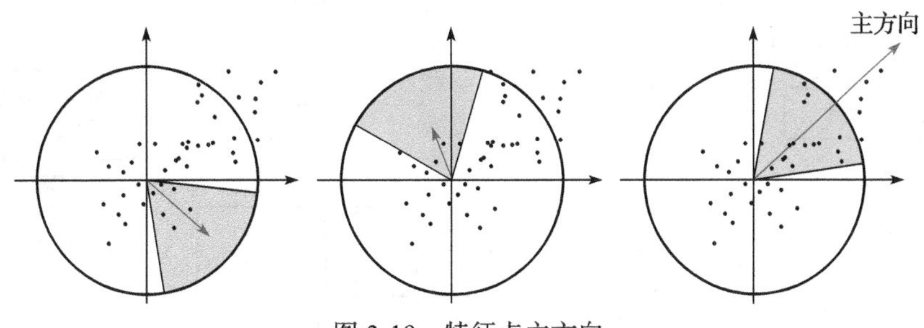

图 3-19　特征点主方向

在 SIFT 中，先将特征点邻域按主方向旋转后，计算该邻域各个区块的梯度方向直方图来描述特征点，描述向量是 $4\times4\times8=128$ 维。在 SURF 中，不旋转邻域图像，而是按主方向旋转邻域窗口。以旋转之后窗口的 x 和 y 方向作为 Haar 小波特征计算的方向，窗口同样被划分成 4×4 的区块，每个区块含有 5×5 个像素，统计每个区块中 5×5 个像素的 x 方向小波特征之和、x 方向小波特征绝对值之和、y 方向小波特征之和、y 方向小波特征绝对值之和，如图 3-20 所示。

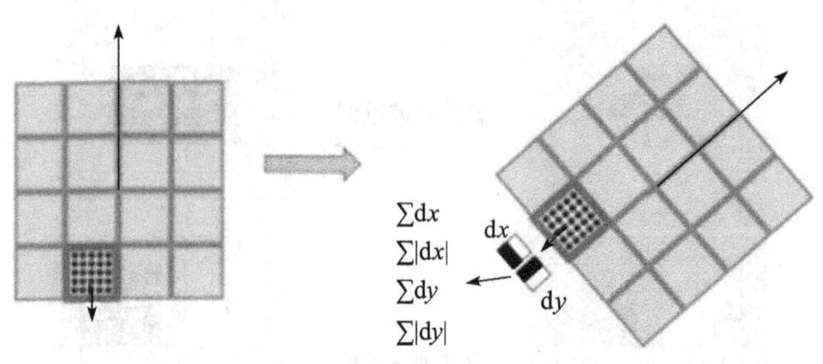

图 3-20　特征点邻域方向

把这 4 个统计值作为该区块的描述，那么描述向量是 $4\times4\times4=64$ 维。也就是说，SURF 特征描述向量维度只有 SIFT 特征描述向量维度的一半。图 3-21 所示为从图片中提取 SURF 特征的效果。

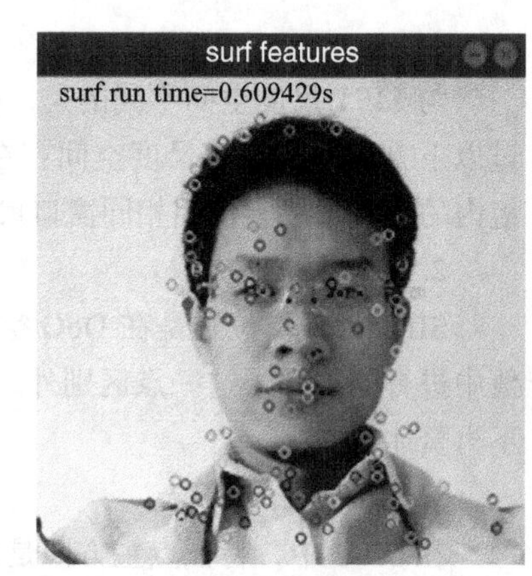

图 3-21　提取 SURF 特征示例

3.4.3　ORB 特征点

学习完 SIFT 和 SURF 特征后，最后来学习 ORB 特征。ORB[5] 特征的最大优点是在提取上具有很好的实时性，按业界的说法，ORB 提取速度比 SURF 快 10 倍，比 SIFT 快 100 倍。ORB 提取速度能这么快，得益于其所基于的 FAST（Features from Accelerated Segments Test）特征和 BRIEF（Binary Robust Independent Elementary Features）描述。

ORB 特征提取过程如图 3-22 所示。

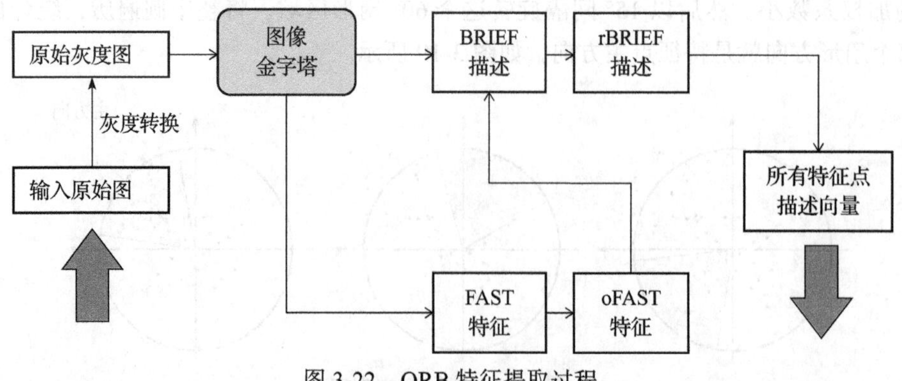

图 3-22　ORB 特征提取过程

由于所有操作都在灰度图上进行，因此输入原始图需要先经过灰度转换。然后构建图像金字塔，用于表示图像的尺度空间。由此可见，ORB 的尺度空间构建方法比 SIFT 和 SURF 简单多了，因为图像仅进行逐个的降采样就行了，并且构建出来的图像金字塔中各张图直接拼接成一张大图，用这张大图就能直接表示尺度空间，这样做也能大大加快构建速度。后续的特征提取与描述都直接在这张大图上进行，以使特征具有尺度不变性。这里提取的是 FAST 特征，并且对 FAST 特征进行了改进，增加了 FAST 特征点的旋转方向信息提取，改进后称 oFAST。最后在特征点邻域内，计算 BRIEF 描述，并且对 BRIEF 描述也进行了改进，借助特征点的旋转方向信息来计算 BRIEF 描述，改进后称 rBRIEF。这里对 FAST 特征和 BRIEF 描述进行的改进，都是为了使特征点具有旋转不变性。计算完所有的 oFAST 和 rBRIEF，就能得到所有特征点的描述向量，提取过程便完成了。

1. 尺度空间

ORB 构建出的图像金字塔中的各种图片拼接在一起成为一张大图，并记录好大图中每个尺度的起始和结束位置，用这张大图就能直接表示尺度空间，如图 3-23 所示。

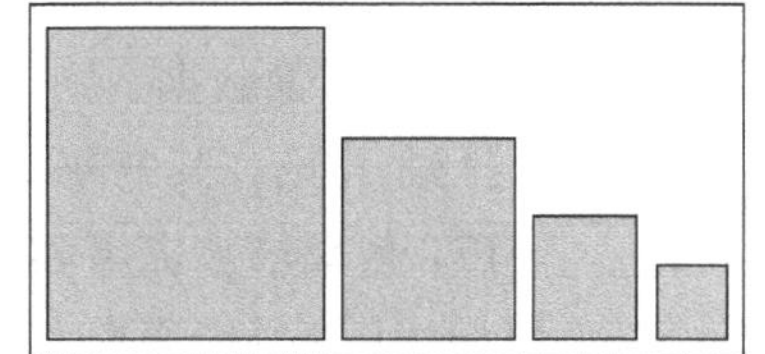

图 3-23　图像金字塔的拼接表示

2. 特征点提取

先说 FAST 特征的提取过程，对给定的像素点 p，判断 p 点邻域圆周上的 16 个像素点中是否有连续 N 个点的灰度值与 p 点灰度值之差超过某一阈值，这个阈值一般设为 p 点灰度值的 20%，满足这个判断的点就是 FAST 特征点。根据 N 的具体取值，FAST 有几种不同的形态，常用的有 FAST-12、FAST-11 和 FAST-9。由于这样提取的过程并没有包含特征点的旋转方向信息，为了使特征点具有旋转不变性，还要计算特征点的方向。只需要计算出邻域的灰度质心 m，邻域中心 p 到灰度质心 m 的方向就是特征点的方向，这样就得到了 oFAST 特征。oFAST 特征提取过程如图 3-24 所示。

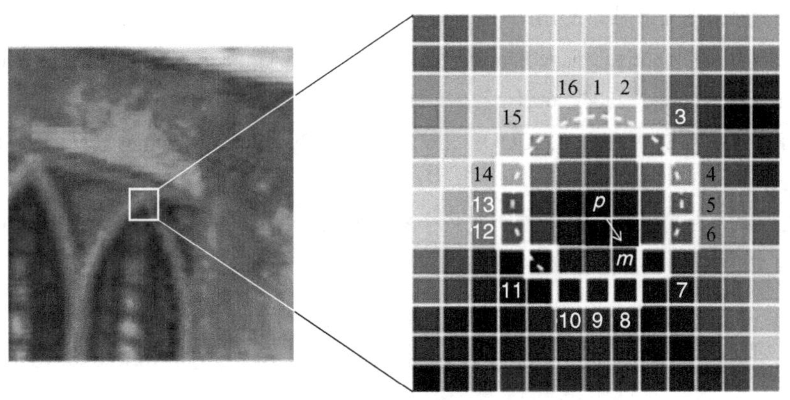

图 3-24　oFAST 特征提取过程

3. 特征点描述

在 BRIEF 描述计算过程中，首先对图像金字塔拼接的大图进行高斯滤波处理，以去除一些高频噪声点的干扰；然后在特征点的邻域内随机挑选两个点作为一个点对，如果点对中的第 1 个点亮度大于第 2 个点，则为这个点对分配特征值 1，反之分配特征值 0；按照高斯分布依次挑选 256 个这样的点对，最终可以得到一个 256 维的向量，并且向量中的每个元素只能取 0 或 1 两个值，比如 V= [10100111010101010111010...] 这样的形式。为了使特征点描述具有旋转不变性，还要将特征点的方向考虑进来。其实很简单，只需要将 BRIEF 中按照高斯分布依次挑选的 256 个点对按特征点方向旋转，得到新的 256 个点对，对新的点对计算分配特征值即可，这样就得到了 rBRIEF 描述。到这里，ORB 特征就提取出来了。图 3-25 所示为从图片中提取 ORB 特征的效果。

图 3-25　提取 ORB 特征示例

3.5　本章小结

本章从认识图像数据、图像滤波、图像变换和图像特征点提取逐步对 OpenCV 图像处理的知识进行了讨论。其中需要重点掌握图像特征点提取中的 SIFT、SURF 和 ORB 这 3 种特征点。SIFT 是最早被提出和广泛使用的特征，SURF 是针对 SIFT 的改进版，ORB 是针对 SIFT 和 SURF 在性能表现上更优的升级版。

第 1 ～ 3 章是本书的编程基础篇，学习完这些编程基础知识后，接下来的章节将正式对机器人的硬件构造进行讲解。

参考文献

[1]　毛星云. OpenCV3 编程入门 [M]. 北京：电子工业出版社，2015。

[2]　米尼奇诺，豪斯. OpenCV 3 计算机视觉：Python 语言实现 [M]. 刘波，苗贝贝，史斌，等译. 北京：机械工业出版社，2016.

[3]　LOWE D G. Distinctive Image Features from Scale-Invariant Keypoints [J]. International Journal of Computer Vision，2004，60 (2)：91-110.

[4]　BAY H，TUYTELAARS T，GOOL L V. SURF：Speeded up robust features [C] . Berlin：Springer-Verlag，2006.

[5]　RUBLEE E，RABAUD V，KONOLIGE K，et al. ORB：An Efficient Alternative to SIFT or SURF [C]. New York：IEEE，2011.

硬件基础篇

如果说计算机程序是机器人的灵魂，那么硬件本体就是机器人的躯干。熟悉机器人上各个硬件的工作原理，能让你深入理解机器人中的计算机程序运行以及软硬件深度优化的过程。本篇将从“机器人传感器”“机器人主机”和“机器人底盘”来展开讲解，以帮你熟悉机器人开发过程中必备的硬件基础知识。

CHAPTER 4

第4章

机器人传感器

一个典型的移动机器人硬件构造包括惯性测量单元、激光雷达、相机、带编码器的减速电机、电机控制电路、麦克风阵列、音频功放、超声波、红外线避障、自动充电电路、机械手臂、机器人主机等。其中惯性测量单元、激光雷达、相机和带编码器的减速电机是SLAM导航的标配传感器，所以本章将针对这4种标配传感器进行讲解。将各个传感器连接到机器人主机，并在主机上运行相应的传感器驱动程序，机器人就能用传感器实现对周围环境的感知并与之交互，再加上高级的建模和决策算法就能实现自主导航避障，所以接下来的第5章将对机器人主机进行讲解。传感器和主机需要安装到具体的底盘机械结构中，并根据实际底盘的结构选择具体的移动方式，也就是说底盘是移动机器人的一种实际形式，所以第6章将对机器人底盘进行讲解。由于SLAM导航是一个软硬件融合的系统，所以通过对机器人传感器、机器人主机和机器人底盘的学习，我们将对机器人的硬件有系统性认识，能帮助缺少硬件基础的开发者更好地理解软件与硬件的关系。现在大家应该明白了上面的学习思路，那就先来看关于机器人传感器的内容吧。

4.1 惯性测量单元

惯性测量单元（Inertial Measurement Unit，IMU）是用来测量惯性物理量的设备，比如测量加速度的加速度计、测量角速度的陀螺仪等。利用加速度、角速度、磁力和气压信息，通过物理学的基本知识就能计算出传感器的运动状态。由于IMU具有非常高的测量频率，而相机、轮式里程计等测量频率较低，因此往往将IMU与相机或轮式里程计做融合会得到更好的测量效果。

航空航天、无人机、自动驾驶汽车、机器人、智能穿戴等领域广泛使用IMU进行运动测量和状态估计，一般从IMU设备采集到的原始数据都存在较大的误差，所以需要对测量到的原始数据进行标定和滤波。经过标定和滤波之后的数据，就可以用来进行姿态融合，求出传感器的运动状态，也就是在空间中的姿态角。

4.1.1 工作原理

要灵活使用IMU进行各种应用开发，并开发惯性导航相关的算法，就需要先了解IMU

是怎么工作的。本节首先介绍加速度、角速度和磁力的测量方法，然后讨论测量过程的性能指标，最后对芯片选型进行讲解。

1. 测量方法

测量方法大致分为机械方法、光学方法和微机电方法。机械方法就是用弹簧质量块装置测量力学量的方法；光学方法用在高精度角速度测量上，测量基于闭合光路的萨格奈克效应；在对体积要求严格的消费电子领域，机械法中的弹簧质量块装置直接被集成到单芯片中，这就是微机电方法，也是应用最广泛的方法。下面就依次介绍各种测量方法。

（1）加速度测量

利用物体的惯性，通过牛顿第二定律 $\boldsymbol{F}=m\boldsymbol{a}$ 就能求得物体运动的加速度 $\boldsymbol{a}$。在已知物体质量 m 的情况下，关键是测量出作用在物体上的力 $\boldsymbol{F}$。这里有两种测量方法：一种是利用线位移式的弹簧测量，另一种是利用摆式测量，如图 4-1 所示。

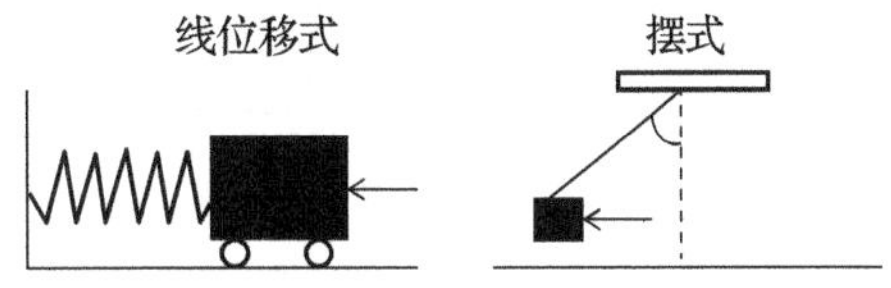

图 4-1　测量加速度的力学原理

因为加速度是一个三维空间的矢量，所以常常用三轴加速度计进行测量。三轴加速度计模型，如图 4-2 所示。

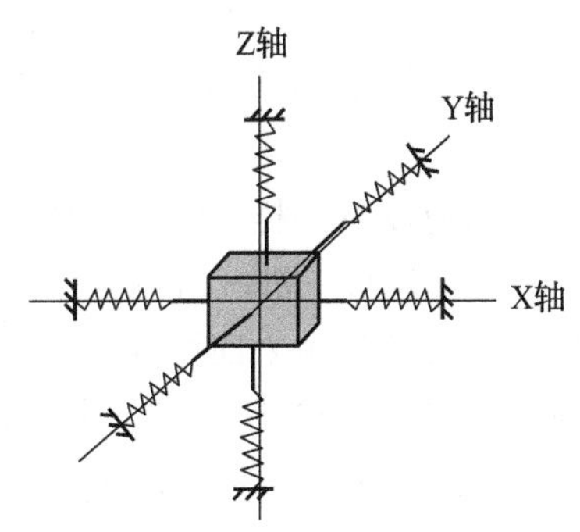

图 4-2　三轴加速度计模型

测量作用在物体各个轴上的力，可以用带滑动变阻器的弹簧进行实现，也可以使用压电式器件或压阻式器件直接测量。在实际产品中，最常见的是 MEMS（Micro-Electro-Mechanical System，微机电系统）实现方案，也就是将物体质量块、力测量器件、机械结构等直接集成到一个芯片里面。MEMS 实现方案的加速度计具有体积小、使用方便、便于生产等众多优点，广泛应用于工业和消费产品中。图 4-3 为几种常见的 MEMS 加速度计实现方式。

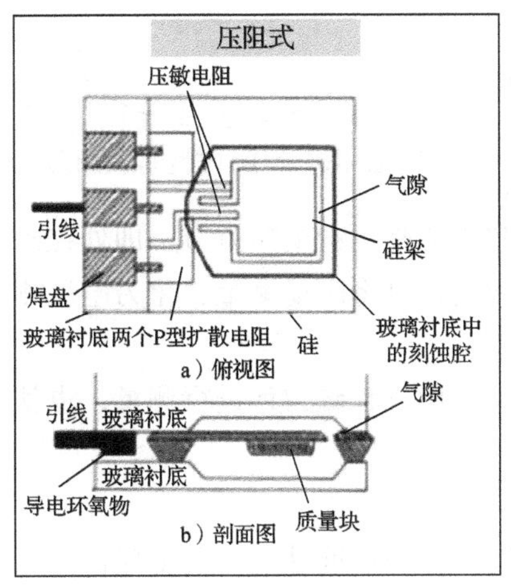

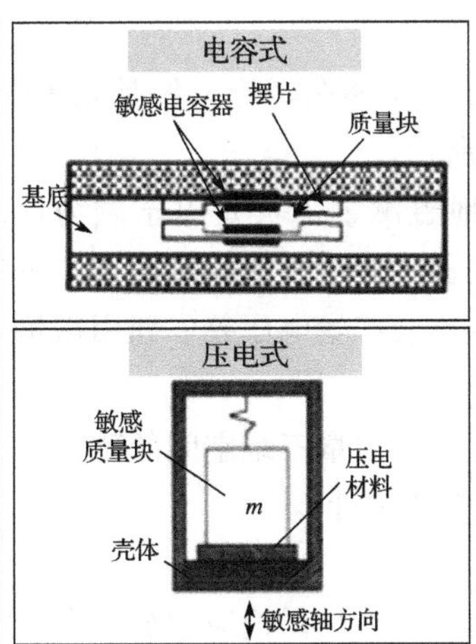

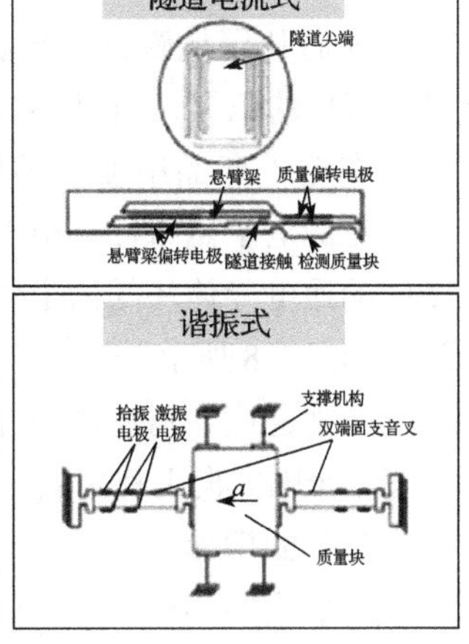

图 4-3　MEMS 加速度计原理

（2）角速度测量

高速旋转的陀螺具有定轴性，即陀螺指向空间中的固定方向。利用这个性质，可以测量物体在空间中的旋转运动，这就是机械陀螺仪，如图 4-4 所示。

为了追求极高的精度，在航空航天和军事等领域使用的是激光陀螺仪。在任意几何形状的闭合光路中，从某一观察点出发的一对光波沿相反方向运行一周后又回到该观察点时，这对光波的相位将由于该闭合光路相对于惯性空间的旋转而不同，相位差与闭合光路的转动角速率成正比。该方法是法国物理学家萨格奈克提出的，后来就称为**萨格奈克效应**。严格地说，萨格奈克效应要在广义相对论中进行讨论，不过光路旋转的速率远远小于光速，所以直接采用经典物理的方法计算也能得到同样的结果。激光陀螺仪正是利用萨格奈克效应设计出来的，如图 4-5 所示。

图 4-4　机械陀螺仪

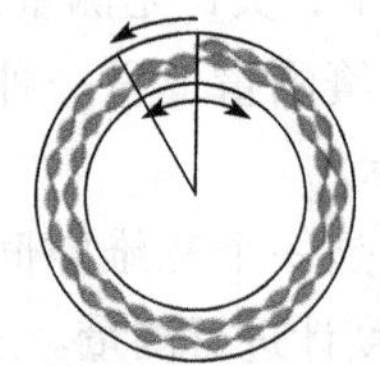

图 4-5　激光陀螺仪

与加速度一样，要测量物体在三维空间的旋转运动，常常用三轴陀螺仪进行测量，即每一个轴（方向）上都要放一个陀螺仪。三轴陀螺仪的具体模型与加速度模型非常相似，就不赘述了。

与加速度计一样，陀螺仪的实际产品中最常见的是 MEMS 实现方案，即将物体质量块、力测量器件、机械结构等直接集成到一个芯片里面。物体质量块被控制来回振荡，振荡过程的径向速度为 $\boldsymbol{v}$，同时以 $\boldsymbol{\omega}$ 角速度转动，这个时候物体会产生一个垂直于振荡方向的力 $\boldsymbol{F}$，这个力称为**科里奥利力**。只要用前面加速度计中测量力的方法测量出科里奥利力，利用其他已知条件，就能计算出物体转动角速度 $\boldsymbol{\omega}$，如图 4-6 所示。

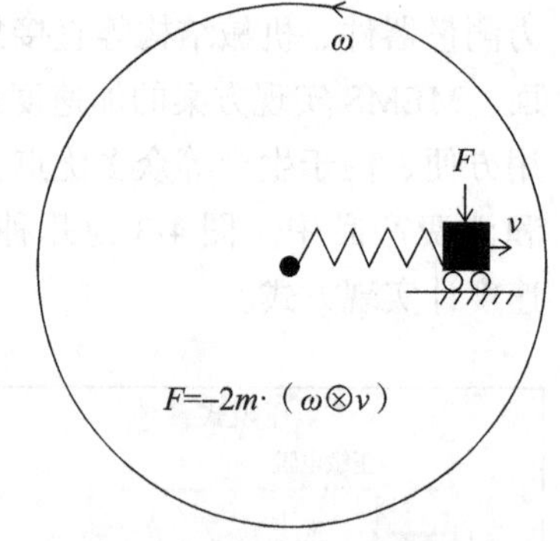

图 4-6　MEMS 陀螺仪原理

（3）地磁测量

人们利用地磁进行导航历史悠久。指南针是测量地磁最简单的工具，如图 4-7 所示。

在电子产品中使用的地磁测量工具是电子磁力计，最常见的电子磁力计是根据霍尔效应设计的传感器。霍尔效应是一种电磁效应，即处在磁场中的通电导体块的两个侧边会产生电压差。利用霍尔效应，可将磁场测量转化为电压测量，如图 4-8 所示。

与加速度、角速度一样，要测量三维空间的磁场，常常用三轴磁力计进行测量，也就是每一个轴方向上都要放一个磁力计。

2. 性能指标

考虑到实用性，下面的内容将只讨论应用最为广泛的三轴加速度计、三轴陀螺仪和三轴电子磁力计。常见 IMU 芯片型号，如表 4-1 所示。

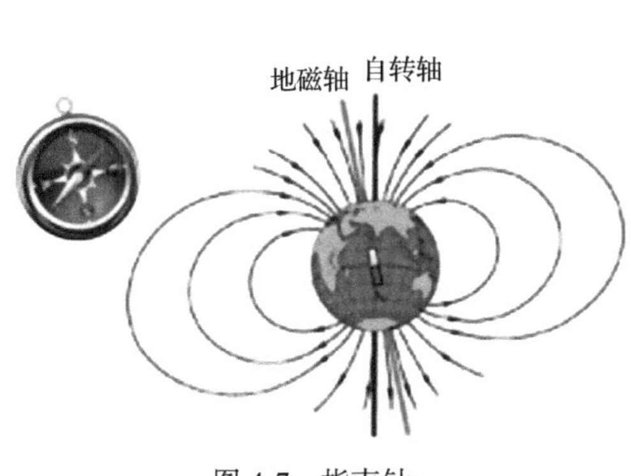

图 4-7 指南针

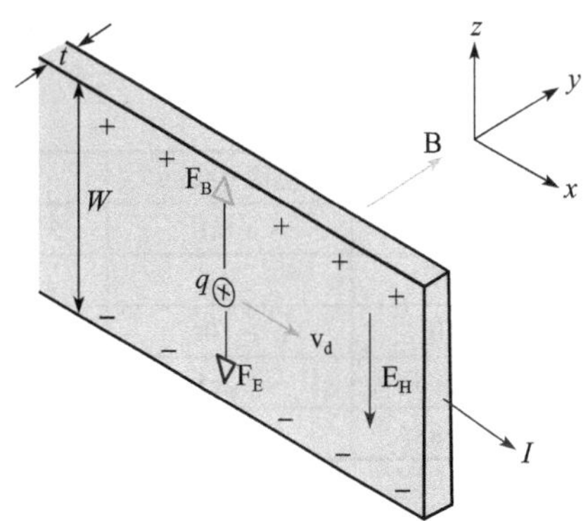

图 4-8 电子磁力计

表 4-1 常见 IMU 芯片型号

芯片型号	三轴加速度计	三轴陀螺仪	三轴电子磁力计	气压计
LSM303	有		有	
MPU9250	有	有	有	
BMA180	有			
L3G4200D		有		
MAG3110			有	
ADIS16405	有	有	有	
ADIS16488A	有	有	有	有

从表 4-1 中看出，我们应根据不同的应用需求，选择对应的芯片型号。如果应用场景中只需要测量加速度，则选择只集成加速度计的芯片即可。如果应用场景中需要同时获取加速度、角速度和磁力计数据，则选择同时集成这些传感器的芯片。

首先对比各个加速度计的性能指标，如表 4-2 所示。

表 4-2 加速度计性能对比

加速度计	量程 /g	非线性度	零偏	轴间灵敏度	噪声密度 mg / $\sqrt{HZ}$	温偏	价格 / 元
LSM303	± 8		± 60mg		0.15	± 0.01 量程 /℃	14.8
MPU9250	± 16	0.5%	± 3%	± 2%	0.3	± 0.026 量程 /℃	18
BMA180	± 16	0.5%	± 15mg		0.15		8.5
ADIS16405	± 18	0.1%	± 50mg	0.2°	0.5	± 0.3 mg/℃	4500
ADIS16488A	± 18	0.1%	± 16mg	± 0.035°	0.063	± 0.1 mg/℃	15 000

然后对比各个陀螺仪的性能指标，如表 4-3 所示。

表 4-3 陀螺仪性能对比

陀螺仪	量程 dps	非线性度	零偏 dps	轴间灵敏度	噪声密度 dps / $\sqrt{HZ}$	温偏 dps/℃	价格 / 元
L3G4200D	± 2000	0.2%	± 75		0.03	± 0.04	7.5
MPU9250	± 2000	± 0.1%	± 5	± 2%	0.01	± 30	18
ADIS16405	± 350	± 0.1%	± 3	± 0.05°	0.05	± 0.01	4500
ADIS16488A	± 480	± 0.01%	± 0.2	± 0.05°	0.0059	± 0.0025	15 000

最后对比各个磁力计的性能指标，如表 4-4 所示。

表 4-4　磁力计性能对比

磁力计	量程 gauss	零偏	分辨率	灵敏度 μT / LSB	价格 / 元
LSM303	± 8.1	270 LSB	2 mgauss	0.35	14.8
MPU9250	± 48	± 500 LSB	6 mgauss	0.6	18
MAG3110	± 10			0.1	24.5
ADIS16405	± 3.5	± 4 mgauss		0.5	4500
ADIS16488A	± 2.5	± 15 mgauss		0.1	15 000

3. 芯片选型

上面已经对常见 IMU 芯片型号的性能指标进行了对比讨论，这里推荐几种选型方案。对于消费级别应用：可以选择 LSM303 + L3G4200D 组成的方案来做九轴 IMU 传感器，这个方案比较灵活，价格也不贵；也可以直接采用 MPU9250，优点是单芯片直接集成了九轴 IMU 传感器，并且价格非常便宜。对于工业级应用，可以选择 ADIS16405 或 ADIS16488A 这两款高端的芯片，当然价格会贵很多。

由于 MPU9250 具有在单芯片上集成了三轴加速度计、三轴陀螺仪和三轴磁力计，并且价格非常便宜，开发资料丰富等众多优点，下面将以 MPU9250 为例，展开讲解 IMU 原始数据采集、IMU 参数标定、IMU 数据滤波和 IMU 姿态融合等内容。

4.1.2　原始数据采集

本书选取 MPU9250 芯片来获取三轴加速度计、三轴陀螺仪和三轴磁力计数据。怎样才能通过 MPU9250 芯片得到这三者的数据呢？这里分三个部分进行讲解，依次是硬件电路搭建、固件驱动开发和上位机 ROS 驱动程序。

1. 硬件电路搭建

我们先来构建 MPU9250 的最小系统电路，通过查阅 MPU9250 的用户手册，发现 MPU9250 支持 I2C 和 SPI 两种通信接口，对应两种最小系统电路，如图 4-9 所示。

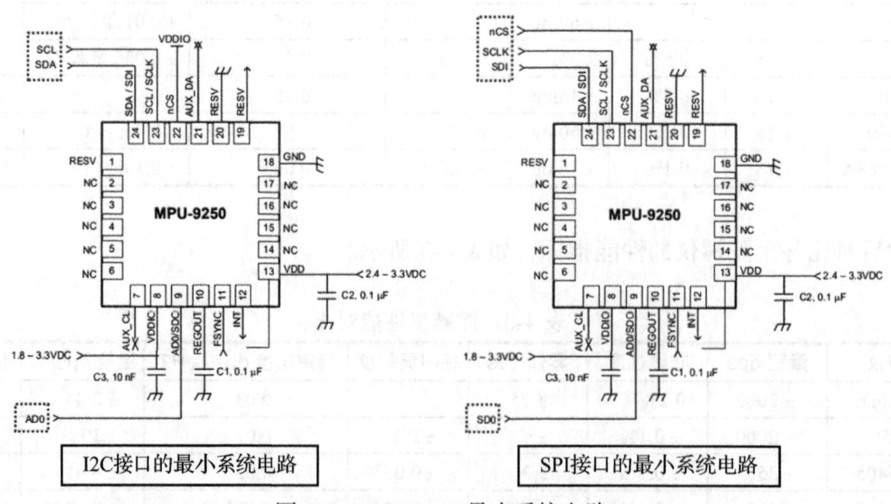

图 4-9　MPU9250 最小系统电路

为了快速构建该最小系统电路，可以直接上网购买一个 MPU9250 的最小系统模块，图 4-10 所示为我买到的一个 MPU9250 的最小系统模块，模块型号是 GY9250。从这个模块的 I/O 引脚定义可以发现，这个模块将 I2C 和 SPI 通信接口都引出来了，用户根据需要选择使用 I2C 或 SPI 的接口来与模块通信即可。查阅 MPU9250 的用户手册，可以知道其 I2C 接口支持的访问速度只有 400kHZ，而 SPI 接口支持的访问速度为 1MHz ～ 20MHz。显然采用 SPI 接口通信能达到更快的访问速度，于是这里采用 SPI 接口来访问 MPU9250 模块。

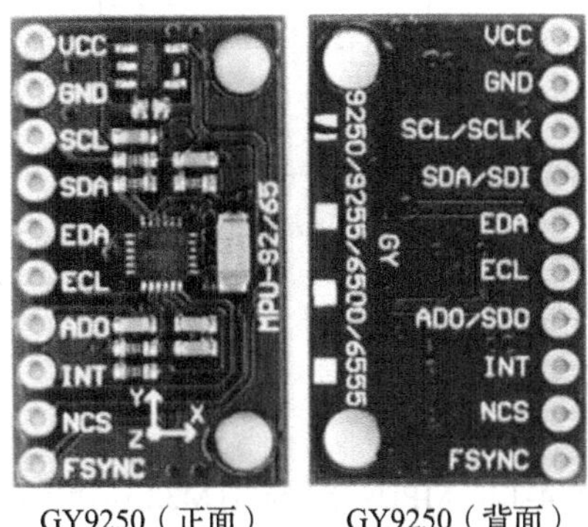

GY9250（正面）　GY9250（背面）

图 4-10　MPU9250 最小系统电路模块

接下来介绍用于访问 MPU9250 模块的单片机。采用单片机访问传感器的数据是行业内的通用做法，所以就不多说了。这里采用市面上流行的 STM32 单片机，常用的型号是 STM32F103 系列。读者可以根据具体需要的 Flash 容量、RAM 容量、I/O 口数量等选择具体的型号，表 4-5 所示为一些常用的具体型号。

表 4-5　STM32F103 系列常用型号

型号	主频 /MHz	Flash/KB	RAM/KB	I/O/ 个	Timer/ 个	UART/ 个
STM32F103C8T6	72	64	20	37	4	3
STM32F103RCT6	72	256	48	51	8	3+2
STM32F103ZET6	72	512	64	112	8	3+2

同样，为了快速构建该最小系统电路，可以直接上网购买一个 STM32 的最小系统电路模块，如图 4-11 所示。

图 4-11　STM32 最小系统电路模块

准备好 MPU9250 和 STM32 两个模块后，就可以把两个模块的相应引脚用导线连接起来了，如图 4-12 所示。

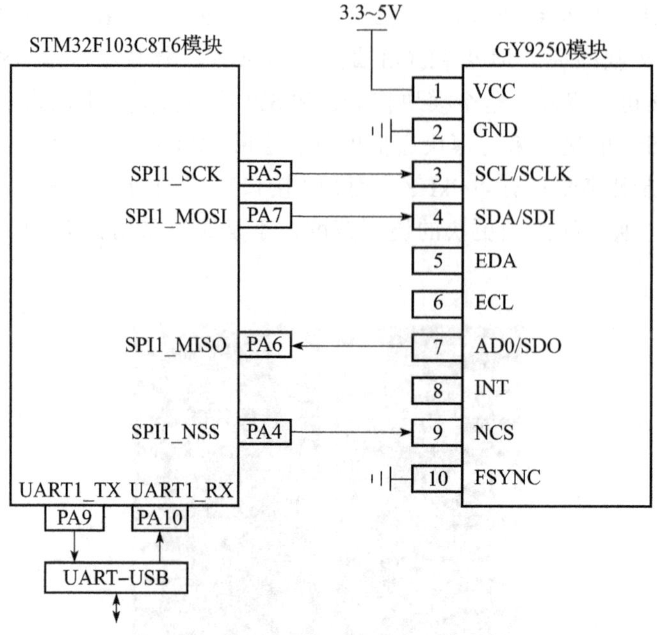

图 4-12 MPU9250 与 STM32 连接关系

如果直接用导线来连接 MPU9250 模块与 STM32 模块，则电路稳定性没有保障，尺寸也很大，而且外观极其丑陋。为了解决这些问题，我决定自己设计电路板，把 MPU9250 和 STM32 集成到一个 PCB 板上，经过 PCB 打样和贴片，最终效果如图 4-13 所示。

图 4-13 MPU9250 与 STM32 集成电路板

2. 固件驱动开发

准备好 MPU9250 与 STM32 的硬件电路后，就要开始编写 STM32 单片机上的固件程序，用 STM32 单片机与 MPU9250 进行 SPI 通信，获取 MPU9250 的测量数据。查阅 MPU9250 的用户手册[⊖]可知，模块内部分为加速度陀螺仪传感器和磁力计传感器两部分，也就是磁力计是单独的一部分，如图 4-14 所示。通过 SPI 从机接口（Slave I2C and SPI Serial Interface）能直接访问到模块中的用户配置寄存器（User & Config Register）和加速度陀螺仪传感器寄存器（Sensor Register）。而要访问模块中的磁力计配置寄存器和磁力计测量寄存器，需要先通过 SPI 从机接口访问模块内的 I2C 主机接口（Master I2C Serial Interface），再由该 I2C 主机接口去访问磁力计配置寄存器和磁力计测量寄存器。

搞懂了编程的思路之后就可以新建 STM32 的软件工程项目了，我们需要在项目中编写具体的驱动代码，以实现 SPI 接口通信、MPU9250 模块配置、MPU9250 测量数据获取以及数据的格式转换。关于如何新建 STM32 的软件工程项目就不展开了，网上可以找到大量的教程，新建好的工程如图 4-15 所示。

⊖ 参见 http://www.invensense.com。

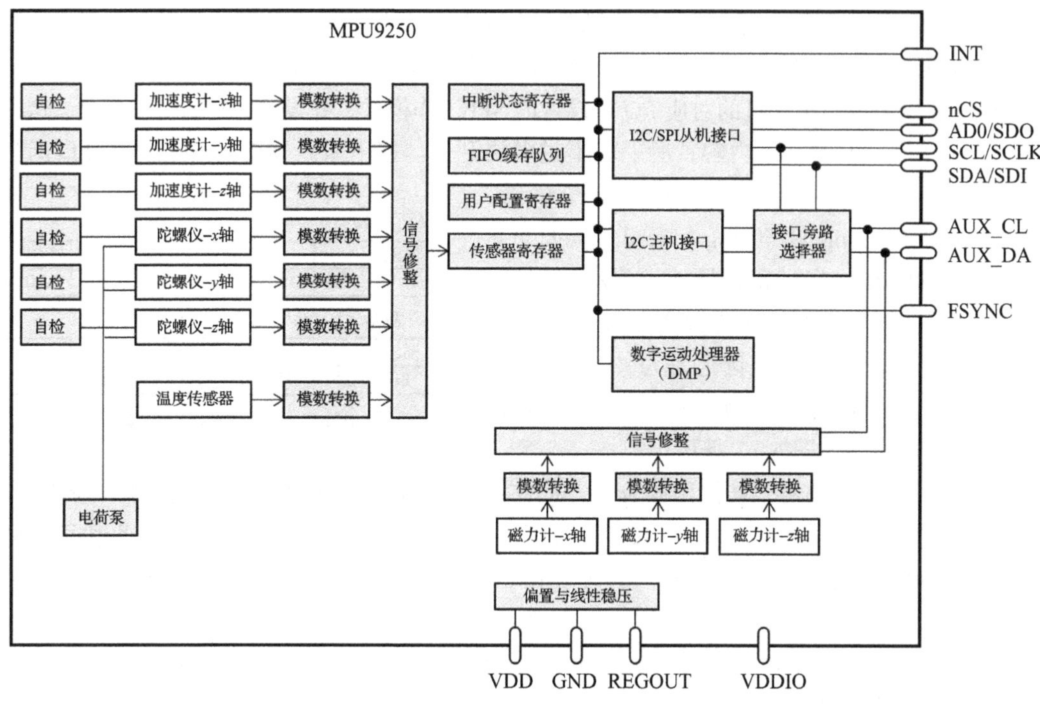

图 4-14　MPU9250 内部结构

接下来，就可以在新建的 STM32 项目中添加代码。由于具体的代码比较杂乱，就不展示了，为方便大家理解，这里把编写代码的思路总结出来，如图 4-16 所示。前面已经提到过 MPU9250 中的磁力计需要通过其内部的 I2C 接口间接访问，所以需要编写访问磁力计寄存器的读写函数：write_mpu9250_i2c_mag_reg 和 read_mpu9250_i2c_mag_reg。这两个函数需要调用可以直接访问 MPU9250 寄存器的函数来实现，分别为 write_mpu9250_reg 和 read_mpu9250_reg，而这两个函数又需要调用 STM32 单片机上的 SPI 硬件操作函数来实现。也就是说，最终访问 MPU9250 是交由 STM32 单片机上的 SPI 硬件操作函数来完成的，函数命名为 SPI1_ReadWriteByte。

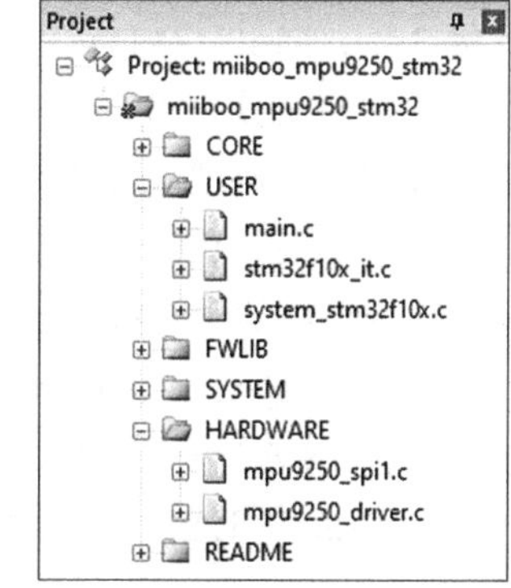

图 4-15　新建 STM32 软件工程项目

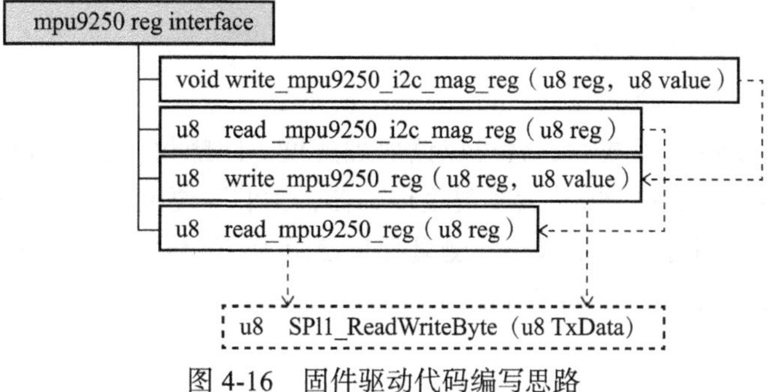

图 4-16　固件驱动代码编写思路

在上面的固件驱动编写思路中，我们是按照自顶向下的顺序来分析的。而在接下来的代码具体实现中就要反过来了。首选实现 STM32 单片机上的 SPI 硬件操作函数 SPI1_ReadWriteByte，这需要将单片机的对应 I/O 口设置成 SPI 工作模式，并设置 SPI 的模式参数，这些内容是单片机开发的基本内容，所以就不过多展开了。接下来就要借助 SPI 硬件接口函数 SPI1_ReadWriteByte 来实现对 MPU9250 寄存器访问的函数 write_mpu9250_reg 和 read_mpu9250_reg。通过 SPI 依次发送寄存器地址值和数据值就能实现对 MPU9250 指定寄存器的读写操作，地址的最高位标识操作是读还是写，在读操作中将数据值字节部分填充为 0xFF（保持数据格式一致性）即可，如图 4-17 所示。

SPI Address format

MSB							LSB
R/W	A6	A5	A4	A3	A2	A1	A0

SPI Data format

MSB							LSB
D7	D6	D5	D4	D3	D2	D1	D0

图 4-17　SPI 读写寄存器的过程

由于 MPU9250 寄存器访问函数 write_mpu9250_reg 和 read_mpu9250_reg 能操作 MPU9250 内部 I2C 接口，而 MPU9250 内部 I2C 接口可以直接访问磁力计的寄存器，因此利用这两个 MPU9250 寄存器访问函数进一步封装出的函数 write_mpu9250_i2c_mag_reg 和 read_mpu9250_i2c_mag_reg 就能实现对磁力计寄存器的访问。

第 1 步，向 I2C 接口发送需要访问的 I2C 总线下的 I2C 设备地址，MPU9250 磁力计的 I2C 设备地址是 0x0C；

第 2 步，向 I2C 接口发送需要访问的磁力计寄存器地址；

第 3 步，向 I2C 接口读写数据。

需要注意的是，SPI 接口访问内部 I2C 接口的时钟速度是 1 ～ 20MHz，而 I2C 接口访问磁力计的时钟速度只有 400kHz。两者的速度存在较大的差异，也就是说在 SPI 操作指令之后有一定延时，要等待 I2C 操作完成。不管是切换磁力计的工作模式还是获取磁力计的数据，没有足够的延时将导致设置或数据获取失败。

编写好上面这些访问 MPU9250 寄存器的函数后，只需要用这些函数对 MPU9250 的配置寄存器进行一些配置，就可以从测量寄存器中获取数据了。关于 MPU9250 寄存器的具体功能和配置方法请参考 MPU9250 的寄存器数据手册，这里给出一些主要的配置项。

- ❑ 加速度计量程设置：±2，±4，±8，±16g。
- ❑ 陀螺仪量程设置：±250，±500，±1000，±2000dps。
- ❑ 加速度计滤波器设置。
- ❑ 陀螺仪滤波器设置。
- ❑ 模块测量采样速率设置。
- ❑ 内部 I2C 接口工作速率。

配置好 MPU9250 的模式后，就可以读取加速度、陀螺仪和磁力计的测量寄存器，获取测量数据了。由于 MPU9250 内置了温度传感器，我们顺便也将温度数据读取出来，便于后面算法中进行温度补偿之类的操作。测量都是使用 16 位 ADC，所以每个测量值都由高 8 位和低 8 位两个寄存器组成，将两个寄存器的数据拼接起来就是完整的采样数据，具体名称如表 4-6 所示。

表 4-6　MPU9250 测量寄存器

传感器名称	采样	寄存器	量程
加速度计	X 轴：16 位 ADC Y 轴：16 位 ADC Z 轴：16 位 ADC	ACCEL_XOUT_H，ACCEL_XOUT_L ACCEL_YOUT_H，ACCEL_YOUT_L ACCEL_ZOUT_H，ACCEL_ZOUT_L	±2，±4， ±8，±16g
陀螺仪	X 轴：16 位 ADC Y 轴：16 位 ADC Z 轴：16 位 ADC	GYRO_XOUT_H，GYRO_XOUT_L GYRO_YOUT_H，GYRO_YOUT_L GYRO_ZOUT_H，GYRO_ZOUT_L	±250，±500， ±1000，±2000dps
磁力计	X 轴：16 位 ADC Y 轴：16 位 ADC Z 轴：16 位 ADC	AK8963_HXH，AK8963_HXL AK8963_HYH，AK8963_HYL AK8963_HZH，AK8963_HZL	±4800uT
温度计	16 位 ADC	TEMP_OUT_H，TEMP_OUT_L	

获取到各个传感器的测量数据后，还需要对其进行单位换算，使测量数据具有真正的物理意义。加速度、陀螺仪和磁力计传感器的换算过程与其量程选择有关，具体换算过程请参考 MPU9250 的寄存器数据手册。由于磁力计传感器内置了校准参数，所以在进行换算前还需要先利用内置校准参数进行校准操作，关于校准的计算公式也请参考 MPU9250 的寄存器数据手册。温度计的测量同样需要经过换算，具体换算公式也请参考 MPU9250 的寄存器数据手册。得到最终的加速度、陀螺仪和磁力计数据后，通过 STM32 单片机的串口将这些数据对外输出，上位机通过串口接收这些数据就可以了。

3. 上位机 ROS 驱动程序

将上面开发好的 IMU 模块用串口与上位机进行连接，上位机一般会运行 Ubuntu 和 ROS 系统，我们在上位机上开发对应的 ROS 驱动程序，解析串口中的数据并将结果发布到 ROS 的话题 /imu 之中，这样上位机上的其他 ROS 程序就可以通过订阅该话题来获取 IMU 数据了，如图 4-18 所示。关于 ROS 中话题 /imu 的标准数据格式，请参考 ROS 官方文档[⊖]。

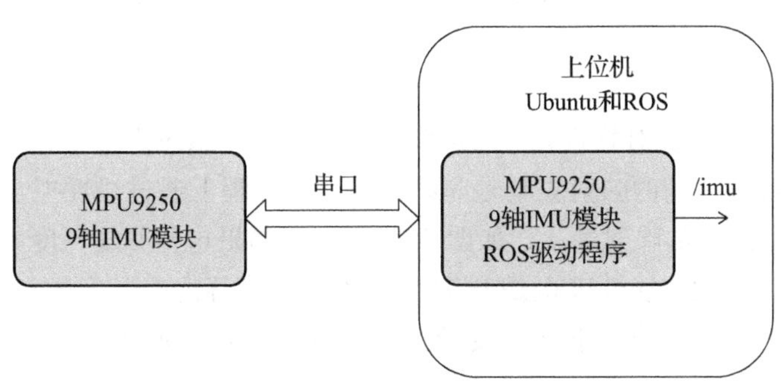

图 4-18　上位机 ROS 驱动程序

4.1.3　参数标定

从 IMU 中测量到的数据精度对实际应用系统（如无人机、自动驾驶汽车、机器人、智能穿戴等）的整体性能影响非常大，因此需要对 IMU 采集到的原始数据进行尽可能补偿，以消除已知的测量误差项。如果 IMU 测量数据本身就存在很大的误差，即输入到系统的就是错误信息，上层应用系统的算法做得再好也会输出错误结果。

⊖ 参见 http://docs.ros.org/api/sensor_msgs/html/msg/Imu.html。

1. 良率检测

标定其实是根据 IMU 的工作原理，建立适当的数学模型，对模型中已知的测量误差项进行补偿。那么模型之外的误差项怎么办呢？最简单的方法就是对 IMU 模块进行良率检测，将一些建模困难的重要误差项作为指标，对指标上存在较大误差的 IMU 模块进行筛除。

（1）重复上电对零偏的影响

当 IMU 模块处于静止状态时，各个轴上的测量数据理论上应该是零。但因器件在制造过程中存在机械、物理、电学等偏差，器件往往存在一个固有的偏差值，这里统称为零偏。当然零偏受多种因素的影响，这里只讨论实际工程中常见的一些因素。

理论上 IMU 模块在同等外界条件下重复上电，零偏应该是不变的。实际上，每次上电零偏都是有变化的，不过一般变化不大，可以忽略。如果 IMU 模块在重复上电时零偏变化比较大，就说明该 IMU 模块是不良品，应该进行剔除。

（2）温度对零偏的影响

零偏与器件的温度有密切的关系，为了更精确地估计零偏误差项，需要考虑温度因素。一般来说，温度对零偏的影响并不是线性的，温度上升过程和下降过程的零偏值变化并不一致，这种现象叫滞回特性，如图 4-19 所示。不过滞回差值不会太大，因此可以忽略滞回特性。如果 IMU 模块滞回差值较大，就说明该 IMU 模块是不良品，应该进行剔除。

（3）振动对零偏的影响

零偏也会受到外界振动的影响，比如在无人机等高频振动的场合使用 IMU，需要考虑振动对零偏的影响。能够承受的振动频率，也是对 IMU 进行良率筛选的重要指标之一。

（4）高冲击容忍度

在一些特殊场合使用 IMU 时，IMU 会受到几十甚至上百 g 加速度量级的冲击。在这种高冲击状态下，IMU 可能会失灵或者死机。因此高冲击容忍度也是 IMU 良率的重要指标之一。

（5）非线性度

在实际测量中，IMU 对物理量（加速度、角速度、磁感应强度等）进行测量得到测量值，物理量与测量值之间的映射关系是非线性的，而工程上通过线性拟合的方式近似地处理物理量与测量值之间的映射关系，如图 4-20 所示。如果这种非线性度太大，线性拟合的方式将失去意义。因此非线性度也是 IMU 良率的重要指标之一。一般 IMU 中的加速度计的非线性度较小，而陀螺仪的非线性度较大，所以一般要对陀螺仪的非线性度进行测试，以评估器件合格与否。

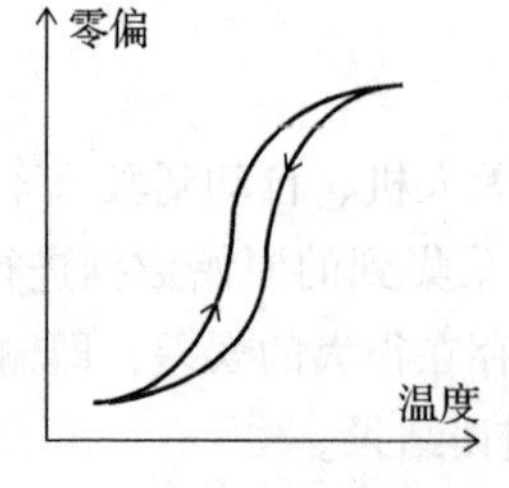

图 4-19 温度对零偏的影响

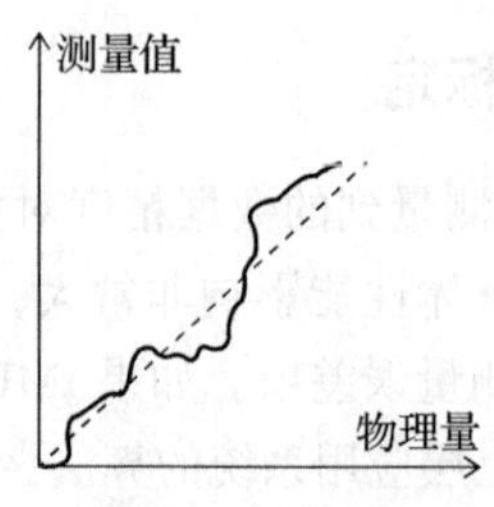

图 4-20 非线性度

2. 内参标定过程

通过良率检测，对不良的 IMU 进行剔除后，接下来就可以为 IMU 建立数学模型。对模型中的误差项进行校准的过程也叫内参标定。

（1）误差模型分析

IMU 中的加速度计、陀螺仪和磁力计，可以用线性误差模型来分析，如式（4-1）所示。模型中包含轴偏差项 $\boldsymbol{T}$、尺度偏差项 $\boldsymbol{S}$ 和零偏项 $\boldsymbol{B}$，IEEE-STD-1293-1998 标准中对这些误差项参数有详细的讨论。加速度计、陀螺仪或磁力计的测量值用 $\boldsymbol{I}$ 表示，经过 $\boldsymbol{T}$、$\boldsymbol{S}$ 和 $\boldsymbol{B}$ 参数的补偿后得到校准值 $\boldsymbol{I}^{\text{cal}}$。内参标定其实就是求解 $\boldsymbol{T}$、$\boldsymbol{S}$ 和 $\boldsymbol{B}$。

$$\boldsymbol{I}^{\text{cal}} = \boldsymbol{T} \cdot \boldsymbol{S} \cdot (\boldsymbol{I} - \boldsymbol{B})$$

写成矩阵的形式：

$$\begin{bmatrix} I_x^{\text{cal}} \\ I_y^{\text{cal}} \\ I_z^{\text{cal}} \end{bmatrix} = \begin{bmatrix} 1 & T_{xy} & T_{xz} \\ T_{yx} & 1 & T_{yz} \\ T_{zx} & T_{zy} & 1 \end{bmatrix} \cdot \begin{bmatrix} S_x & 0 & 0 \\ 0 & S_y & 0 \\ 0 & 0 & S_z \end{bmatrix} \cdot \left(\begin{bmatrix} I_x \\ I_y \\ I_z \end{bmatrix} - \begin{bmatrix} B_x \\ B_y \\ B_z \end{bmatrix} \right) \tag{4-1}$$

由于 IMU 测量的加速度、角速度和磁感应强度都是三维空间量，所以需要分别测量各个轴上的分量。由于 IMU 芯片在制造时存在的工艺误差，实际的三个轴之间并不是正交的，而我们在使用的时候默认其为理想的正交轴，如图 4-21 所示。在非正交轴下测量得到的数据，需要用轴偏差矩阵 $\boldsymbol{T}$ 进行修正，来让测量数据三轴分量是正交的。

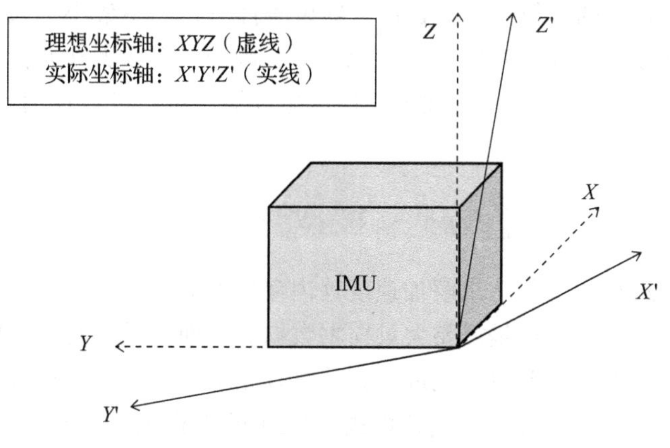

图 4-21　轴偏差

在测量过程中，待测物理量被敏感器件转换成电学量（比如电压）来间接测量，然后该电压通过 AD 转换器转换成数字量以便计算机程序进一步处理。然而同样大小的加速度作用在加速度计的不同轴之上时得到的电压有可能不同，比如将 1.4g 大小的加速度分别作用在加速度计的 X 轴和 Y 轴之上，X 轴上换算出的电压是 0.7V，Y 轴上换算出的电压是 0.8V。这种换算的不一致性通常由敏感器件和 AD 转换器的固有特性的差异引起，称尺度偏差。一般通过引入尺度偏差矩阵 $\boldsymbol{S}$ 来对原始测量值进行修正，以消除这种换算的不一致性。另外，静止状态 IMU 模块各个轴上的测量值一般并不为零，这种现象由器件在制造过程中的机械、物理、电子等的固有偏差引起，称零偏。一般通过引入零

偏估计值 $\boldsymbol{B}$ 来对原始测量值进行修正，以消除测量中存在的这种固有偏差。尺度偏差和零偏最终在实际测量中均以总体误差的形式呈现，如图 4-22 所示。

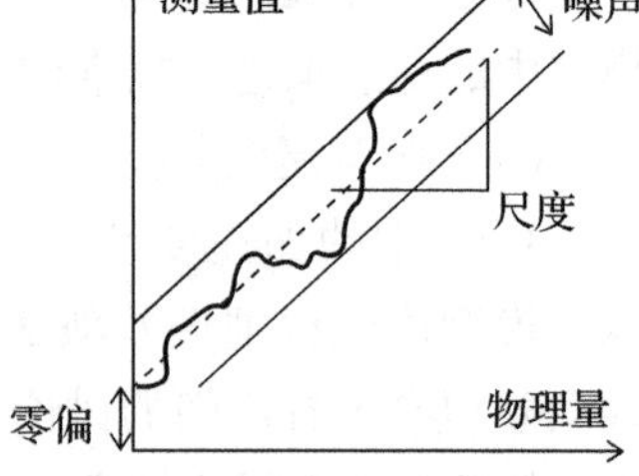

图 4-22　尺度偏差与零偏

（2）加速度计标定

将式（4-1）中的测量值 $\boldsymbol{I}$ 用实际加速度值 $\boldsymbol{A}$ 替代，就是加速度计的数学模型了，如式（4-2）所示。

$$\boldsymbol{A}^{\text{cal}} = \boldsymbol{T}^{\text{acc}} \cdot \boldsymbol{S}^{\text{acc}} \cdot (\boldsymbol{A} - \boldsymbol{B}^{\text{acc}})$$

写成矩阵的形式：

$$\begin{bmatrix} A_x^{\text{cal}} \\ A_y^{\text{cal}} \\ A_z^{\text{cal}} \end{bmatrix} = \begin{bmatrix} 1 & T_{xy}^{\text{acc}} & T_{xz}^{\text{acc}} \\ T_{yx}^{\text{acc}} & 1 & T_{yz}^{\text{acc}} \\ T_{zx}^{\text{acc}} & T_{zy}^{\text{acc}} & 1 \end{bmatrix} \cdot \begin{bmatrix} S_x^{\text{acc}} & 0 & 0 \\ 0 & S_y^{\text{acc}} & 0 \\ 0 & 0 & S_z^{\text{acc}} \end{bmatrix} \cdot \left(\begin{bmatrix} A_x \\ A_y \\ A_z \end{bmatrix} - \begin{bmatrix} B_x^{\text{acc}} \\ B_y^{\text{acc}} \\ B_z^{\text{acc}} \end{bmatrix} \right) \tag{4-2}$$

在标定加速度计时，需要判断 IMU 是否处于静止状态。其实很简单，在时间 t 内（t 一般取 50s）分别计算三个轴上加速度的方差，然后利用阈值判断是否静止，小于阈值 P 时可判断 IMU 处于静止状态，如式（4-3）所示。阈值 P 是一个经验值，需要通过具体实验来确定。

$$\sqrt{[\text{var}(A_x)]^2 + [\text{var}(A_y)]^2 + [\text{var}(A_z)]^2} < P \tag{4-3}$$

在静止状态下，加速度计测量值的二范数等于当地重力加速度 $\boldsymbol{g}$ 的二范数，通过当地的经纬度能很快确定 $\boldsymbol{g}$ 的取值大小。在这一约束条件下，利用最小二乘法进行优化问题求解，便可以求解出待标定参数 $\boldsymbol{T}^{\text{acc}}$ 、$\boldsymbol{S}^{\text{acc}}$ 和 $\boldsymbol{B}^{\text{acc}}$ 。在静止状态取 N 个加速度采样值，构建代价函数如式（4-4）所示，对代价函数进行最优化求解即可，可以选用 ceres 或 g2o 等优化工具来编写具体的程序。

$$\min \sum_{n=1}^{N} (\| \boldsymbol{g} \|^2 - \| \boldsymbol{T}^{\text{acc}} \cdot \boldsymbol{S}^{\text{acc}} \cdot (\boldsymbol{A} - \boldsymbol{B}^{\text{acc}}) \|^2)^2 \tag{4-4}$$

上面的这种通过最小二乘法求解加速度计内参数的方法，不需要外部设备的辅助，在工程应用中非常方便，但缺点是需要大量样本数据。六面法是实验室中标定加速度计的常用方法，需要借助专业的回转台来完成。大致过程是通过翻转加速度计分别处于 6 个面朝向的状态并采集数据，然后通过直接解算式（4-2）的方程组，求出标定参数 $\boldsymbol{T}^{\text{acc}}$ 、$\boldsymbol{S}^{\text{acc}}$ 和 $\boldsymbol{B}^{\text{acc}}$，感兴趣的读者可以查阅相关文献。

（3）陀螺仪标定

将式（4-1）中的测量值 $\boldsymbol{I}$ 用实际角速度值 $\boldsymbol{W}$ 替代，就是陀螺仪的数学模型了，如式（4-5）所示。

$$\boldsymbol{W}^{\text{cal}} = \boldsymbol{T}^{\text{gyro}} \cdot \boldsymbol{S}^{\text{gyro}} \cdot (\boldsymbol{W} - \boldsymbol{B}^{\text{gyro}})$$

写成矩阵的形式：

$$\begin{bmatrix} W_x^{\text{cal}} \\ W_y^{\text{cal}} \\ W_z^{\text{cal}} \end{bmatrix} = \begin{bmatrix} 1 & T_{xy}^{\text{gyro}} & T_{xz}^{\text{gyro}} \\ T_{yx}^{\text{gyro}} & 1 & T_{yz}^{\text{gyro}} \\ T_{zx}^{\text{gyro}} & T_{zy}^{\text{gyro}} & 1 \end{bmatrix} \cdot \begin{bmatrix} S_x^{\text{gyro}} & 0 & 0 \\ 0 & S_y^{\text{gyro}} & 0 \\ 0 & 0 & S_z^{\text{gyro}} \end{bmatrix} \cdot \left(\begin{bmatrix} W_x \\ W_y \\ W_z \end{bmatrix} - \begin{bmatrix} B_x^{\text{gyro}} \\ B_y^{\text{gyro}} \\ B_z^{\text{gyro}} \end{bmatrix} \right) \tag{4-5}$$

在静止状态下，陀螺仪三轴分量并没有明显的约束关系，利用静止状态下采集到的角速度样本集，通过求样本集平均值只能得到陀螺仪的零偏 $\boldsymbol{B}^{\text{gyro}}$ 。将求得的零偏 $\boldsymbol{B}^{\text{gyro}}$ 代入，还需要借助上面经过标定后的加速度信息，才能求出陀螺仪的 $\boldsymbol{T}^{\text{gyro}}$ 和 $\boldsymbol{S}^{\text{gyro}}$ 参数。从这里可以看出，加速度计标定的效果直接影响后续整个 IMU 的标定效果。

挑选加速度计标定过程中两个静止状态夹杂的动态片段，对前一个静止状态的加速度样本集求得平均值 $\boldsymbol{u}_{a,k-1}$ ，对后一个静止状态的加速度样本集求得平均值 $\boldsymbol{u}_{a,k}$ ，对中间夹杂的动态片段采集的角速度样本集记为 $\boldsymbol{W}_i$ ，其中 $i=1,2,3,\cdots$ 。这里的 $\boldsymbol{u}_{a,k-1}$ 和 $\boldsymbol{u}_{a,k}$ 都是标定后的加速度计测量值，使用**四阶龙格库塔法**（RK4n）对此离散时间段上角速度积分可以得到 IMU 姿态的旋转角。结合前一个姿态 $\boldsymbol{u}_{a,k-1}$ ，就能用角速度积分表示后一个姿态 $\boldsymbol{u}_{g,k}$ ，如式（4-6）所示。

$$\boldsymbol{u}_{g,k}=\text{RK4n}(\boldsymbol{T}^{\text{gyro}}\cdot\boldsymbol{S}^{\text{gyro}}\cdot(\boldsymbol{W}_i-\boldsymbol{B}^{\text{gyro}}),\boldsymbol{u}_{a,k-1}),\quad \text{其中}\, i=1,\ 2,\ 3,\ \cdots \tag{4-6}$$

通过角速度积分得到的 $\boldsymbol{u}_{g,k}$ 应该尽量逼近于 $\boldsymbol{u}_{a,k}$ ，利用这个约束，取 N 组这样的两个静止状态夹杂的动态片段构建代价函数，如式（4-7）所示，利用最小二乘法进行优化问题求解，便可以求解出待标定参数 $\boldsymbol{T}^{\text{gyro}}$ 和 $\boldsymbol{S}^{\text{gyro}}$ 。求解过程与加速度计标定一样，可以选用 ceres 或 g2o 等优化工具来编写具体的程序。

$$\min\sum_{n=2}^{N}\|\boldsymbol{u}_{a,k}-\boldsymbol{u}_{g,k}\|^2 \tag{4-7}$$

（4）磁力计标定

磁力计通过测量地磁场来提供航向信息，测量地磁不需要在静止状态下测量，也不需要知道各个轴的磁感应强度分量的绝对值，只需要获取磁力计三轴分量的相对值，就能表示地磁方向，用地磁方向就能提供航向信息。换句话说，只需要求地磁的矢量方向，而不需要知道地磁矢量的模。

将磁力计以绕 8 字的方式在空间来回旋转，测量值组成的点将构成一个三维空间椭球面，椭球的球心就是零偏值 $\boldsymbol{B}^{\text{mag}}$ 。在没有外部电磁干扰的情况下，椭球的球心应该位于坐标轴原点，干扰存在时，椭球的球心就会偏离坐标轴原点，如图 4-23 所示。

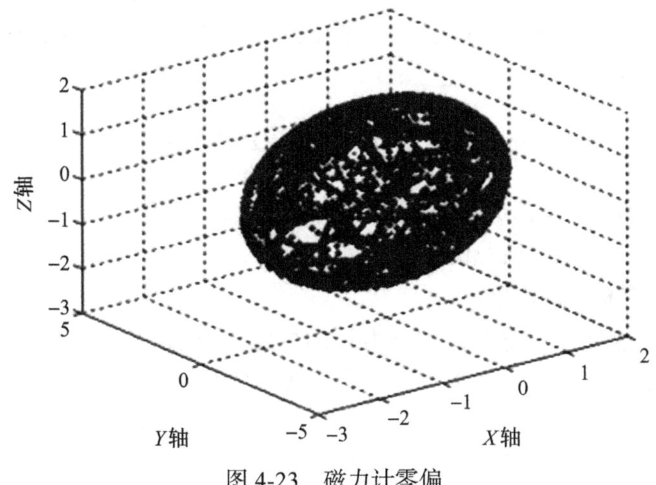

图 4-23　磁力计零偏

由于后续要用磁力计测量值与加速度、角速度进行融合，而融合算法通常以加速度计坐标系作为参考，因此需要将磁力计测量值变换到加速度计坐标系。通过查阅 MPU9250 手册，发现加速度计与磁力计的坐标系方向并不一致，也就是说还需要变换这个不一致性，如图 4-24 所示。

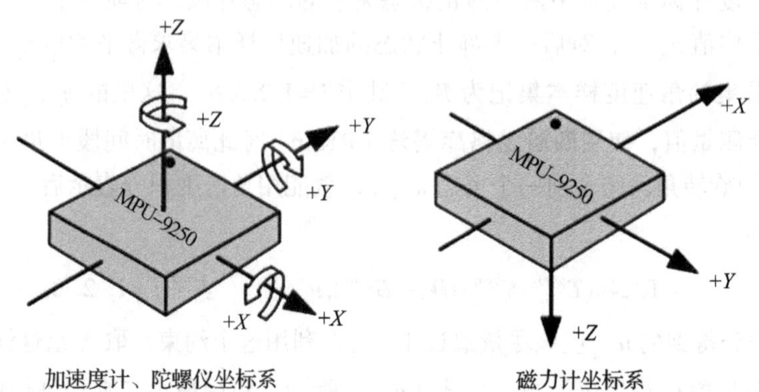

图 4-24 MPU9250 的磁力计坐标系

这里将统一考虑变换，直接用变换矩阵 $\boldsymbol{T}^{\mathrm{m2a}}$ 来描述磁力计坐标系到加速度计坐标系的变换。将零偏值 $\boldsymbol{B}^{\mathrm{mag}}$ 和变换矩阵 $\boldsymbol{T}^{\mathrm{m2a}}$ 考虑进来，就可以建立磁力计的数学模型，如式（4-8）所示。

$$\boldsymbol{M}^{\mathrm{cal}} = \boldsymbol{T}^{\mathrm{m2a}} \cdot (\boldsymbol{M} - \boldsymbol{B}^{\mathrm{mag}})$$

写成矩阵的形式：

$$\begin{bmatrix} M_x^{\mathrm{cal}} \\ M_y^{\mathrm{cal}} \\ M_z^{\mathrm{cal}} \end{bmatrix} = \begin{bmatrix} T_{11}^{\mathrm{m2a}} & T_{12}^{\mathrm{m2a}} & T_{13}^{\mathrm{m2a}} \\ T_{21}^{\mathrm{m2a}} & T_{22}^{\mathrm{m2a}} & T_{23}^{\mathrm{m2a}} \\ T_{31}^{\mathrm{m2a}} & T_{32}^{\mathrm{m2a}} & T_{33}^{\mathrm{m2a}} \end{bmatrix} \cdot \left(\begin{bmatrix} M_x \\ M_y \\ M_z \end{bmatrix} - \begin{bmatrix} B_x^{\mathrm{mag}} \\ B_y^{\mathrm{mag}} \\ B_z^{\mathrm{mag}} \end{bmatrix} \right) \tag{4-8}$$

在静止状态下，加速度计的测量值反应重力场信息，磁力计的测量值反应地磁场信息。在地球局部区域，重力和地磁都是不变的，也就是说重力和地磁存在一个固定的夹角，即两个矢量的点乘为一个常数 Q。利用这个约束关系，可以借助标定后的加速度来标定磁力计。构建代价函数，如式（4-9）所示，利用最小二乘法进行优化问题求解，便可以求解出待标定参数 $\boldsymbol{T}^{\mathrm{m2a}}$。求解过程跟加速度计、陀螺仪标定一样，可以选用 ceres 或 g2o 等优化工具来编写具体的程序。

$$\min \sum_{n=1}^{N} (\boldsymbol{A}^{\mathrm{cal}} \cdot (\boldsymbol{T}^{\mathrm{m2a}} \cdot (\boldsymbol{M} - \boldsymbol{B}^{\mathrm{mag}})) - Q)^2 \tag{4-9}$$

关于加速度计和陀螺仪标定的详细推导过程，可以参考论文［3］，也可以参考 imu_tk[⊖] 和 imu_utils[⊜]这两个行业内很流行的开源项目。

（5）内参与外参标定的区别

经过依次对加速度计、陀螺仪和磁力计的标定，分别求出各项误差校正参数，利用 $\boldsymbol{T}^{\mathrm{acc}}$、$\boldsymbol{S}^{\mathrm{acc}}$、$\boldsymbol{B}^{\mathrm{acc}}$、$\boldsymbol{T}^{\mathrm{gyro}}$、$\boldsymbol{S}^{\mathrm{gyro}}$、$\boldsymbol{B}^{\mathrm{gyro}}$、$\boldsymbol{T}^{\mathrm{m2a}}$ 和 $\boldsymbol{B}^{\mathrm{mag}}$ 这些参数就可以对 IMU 的测量值进行

⊖ 参见 https://bitbucket.org/alberto_pretto/imu_tk。

⊜ 参见 https://github.com/gaowenliang/imu_utils。

校准，消除测量误差的影响。这个过程求解的参数也叫内参，也就是说这些参数只作用于 IMU 本身。对民用级别的 IMU 进行内参标定，是使用时要完成的第一步。

在实际使用 IMU 时，常常需要将 IMU 安装固定到设备中。比如自主移动机器人中安装 IMU 和轮式里程计做数据融合，视觉惯性 SLAM 系统中用 IMU 和相机进行数据融合等，都需要知道 IMU 具体的安装位姿。只有知道了 IMU 与其他设备的相对位姿，才能利用这些数据做融合。IMU 安装位姿也叫外参，外参也是使用 IMU 时必须考虑的。关于外参的标定，在后面 10.2.1 节中具体讲解。

3. 标定模型改进

前面提到的 IMU 数学模型，考虑了最一般的误差。如果要对 IMU 进行更精确的标定，还需要考虑更多的误差项。这些误差项往往对模型的影响比较小，在精度要求不高的情况下可以忽略。

（1）温度

前面的模型都是将零偏 $\boldsymbol{B}$ 当成一个固定量在处理，其实零偏是与温度相关的，如图 4-19 所示。在有需要的情况下，可以用实验的方法测定不同温度条件下的零偏值，然后进行曲线拟合，这样就能得到关于温度的零偏函数 $\boldsymbol{B}(\text{temp})$。通过 IMU 内置的温度传感器测量实时的温度（temp)，然后用 $\boldsymbol{B}(\text{temp})$ 来校准，能达到更好的效果。

（2）重力

在加速度计标定中，利用了静止状态下加速度计测量值的二范数等于当地重力加速度常数 g 这个约束，如式（4-4）所示。通常重力加速度常数 g 都是取 9.8m/s^2 的默认值，但是在地球表面的不同纬度 L 和不同海拔高度 h，g 的取值都是不一样的。可以用 WGS84 地球模型计算更精确的重力加速度 g，如式（4-10）所示。

$$\mathrm{g} \approx G(L, h) = 9.780\,325\,335\,9\frac{1+0.001\,931\,853\sin^2 L}{\sqrt{1-\mathrm{e}^2\sin^2 L}}\left(\frac{R_{earth}}{R_{earth}+h}\right)^2 \tag{4-10}$$

其中 e^2 为 WGS84 地球模型第一偏心率，R_{earth} 为地球半径，$\mathrm{e}^2 = 0.006\,694\,379\,990\,14$，$R_{earth} = 6\,371\,000$（m）。

（3）轴间敏感性

角速度也要借助特殊的力来间接测量，这样角速度的测量会受到加速的影响，即加速度测量轴与角速度测量轴之间是耦合的，也叫轴间敏感性，用矩阵 $\boldsymbol{H}^{\text{acc}}$ 描述。将 $\boldsymbol{H}^{\text{acc}}$ 引入式（4-5）后得到新的陀螺仪模型，如式（4-11）所示。

$$\boldsymbol{W}^{\text{cal}} = \boldsymbol{T}^{\text{gyro}} \cdot \boldsymbol{S}^{\text{gyro}} \cdot (\boldsymbol{W} - \boldsymbol{B}^{\text{gyro}} - \boldsymbol{H}^{\text{acc}} \cdot \boldsymbol{A}^{\text{cal}})$$

写成矩阵的形式：

$$\begin{bmatrix} W_x^{\text{cal}} \\ W_y^{\text{cal}} \\ W_z^{\text{cal}} \end{bmatrix} = \begin{bmatrix} 1 & T_{xy}^{\text{gyro}} & T_{xz}^{\text{gyro}} \\ T_{yx}^{\text{gyro}} & 1 & T_{yz}^{\text{gyro}} \\ T_{zx}^{\text{gyro}} & T_{zy}^{\text{gyro}} & 1 \end{bmatrix} \cdot \begin{bmatrix} S_x^{\text{gyro}} & 0 & 0 \\ 0 & S_y^{\text{gyro}} & 0 \\ 0 & 0 & S_z^{\text{gyro}} \end{bmatrix} \cdot \left(\begin{bmatrix} W_x \\ W_y \\ W_z \end{bmatrix} - \begin{bmatrix} B_x^{\text{gyro}} \\ B_y^{\text{gyro}} \\ B_z^{\text{gyro}} \end{bmatrix} - \begin{bmatrix} H_{11}^{\text{acc}} & H_{12}^{\text{acc}} & H_{13}^{\text{acc}} \\ H_{21}^{\text{acc}} & H_{22}^{\text{acc}} & H_{23}^{\text{acc}} \\ H_{31}^{\text{acc}} & H_{32}^{\text{acc}} & H_{33}^{\text{acc}} \end{bmatrix} \cdot \begin{bmatrix} A_x^{\text{cal}} \\ A_y^{\text{cal}} \\ A_z^{\text{cal}} \end{bmatrix} \right) \tag{4-11}$$

（4）Allan 方差

大家在标定陀螺仪时，不难发现用静止状态的角速度平均值求出来的零偏总是在变化，为什么取不同长度时间序列的角速度均值会有这么大差别呢？这里就要说到陀螺仪的误差来源了，除了零偏，还存在随机游走。随机游走可以理解成高斯噪声上面再叠加一个高斯噪声，这就导致静止状态的角速度平均值并不稳定，而是到处“游动”。为了更准确地描述这些误差，就要借助 Allan 方差来进行分析，如图 4-25 所示。

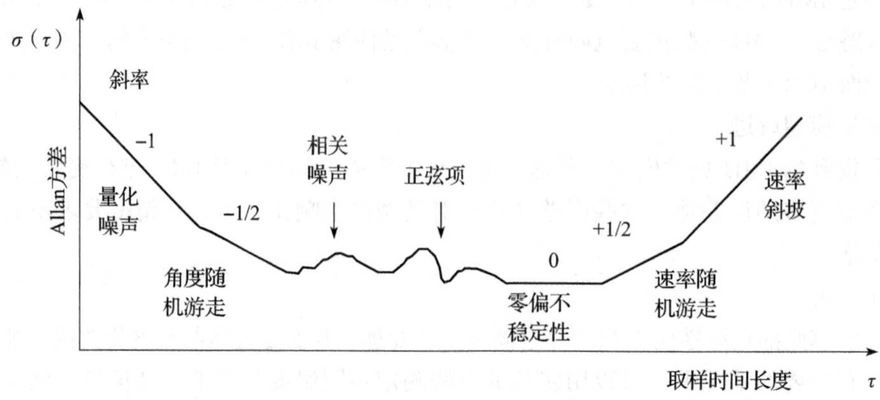

图 4-25 陀螺仪 Allan 方差曲线

接下来讲解如何计算 Allan 方差。首先需要从陀螺仪采集的样本序列中获取 Allan 方差计算样本。假设陀螺仪采样周期是 τ_0，以 $\tau=2\tau_0$ 大小的滑动窗口，在陀螺仪采集序列上选取 k 个这样的窗口片段，对每个窗口片段内的角速度样本集求平均值，计算公式如式（4-12）所示。

$$\overline{\omega}_{k,\tau}=\frac{\int_{k\tau}^{(k+1)\tau}\omega(t)\,\mathrm{d}t}{\tau} \tag{4-12}$$

以 $\tau=3\tau_0$ 大小的滑动窗口，在陀螺仪采集序列上选取 k 个这样的窗口片段，和上面一样，对每个窗口片段内的角速度样本集求平均值。依次取 $\tau=4\tau_0,5\tau_0,6\tau_0,\cdots,m\tau_0$，重复上面的操作，这样就得到了 Allan 方差计算样本，如图 4-26 所示。

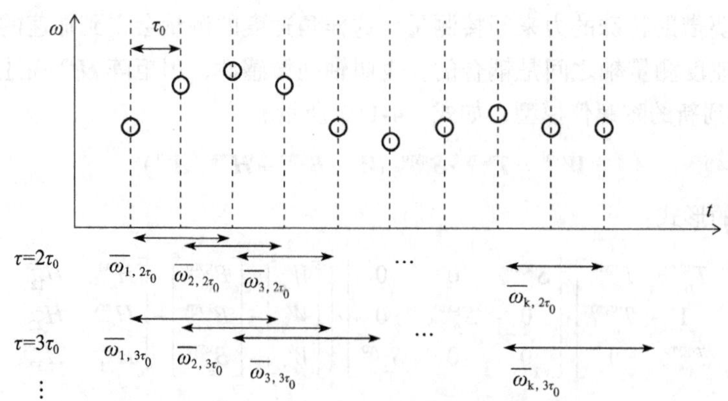

图 4-26 Allan 方差计算样本获取

对同一个大小滑动窗口 τ 下的两个相邻窗口片段求差值，然后对所有差值求均方值，这就是 Allan 方差，如式（4-13）所示。

$$\sigma^2(\tau)=\frac{1}{2K}\sum_{k=1}^{K}(\bar{\omega}_{k+1,\tau}-\bar{\omega}_{k,\tau})^2 \tag{4-13}$$

按照式（4-13），依次求出 $\tau=\tau_0, 2\tau_0, 3\tau_0, \cdots, m\tau_0$ 时的 Allan 方差 $\sigma^2(\tau)$，并绘制 $\sigma^2(\tau)$ 关于 τ 的函数曲线，对函数曲线进行拟合，就得到最终的 Allan 方差曲线了，如图 4-25 所示。通过对曲线的观察，可以发现曲线主要由 5 个不同的斜率段组成，这也是陀螺仪的 5 个主要噪声成分，分别为量化噪声 Q（单位为（°））、角度随机游走 N（单位为 $°/\mathrm{h}^{\frac{1}{2}}$）、零偏 B（单位为（°/h））、角速度随机游走 K（单位为（$°/\mathrm{h}^{\frac{3}{2}}$））、角速度斜坡 R（单位为（$°/\mathrm{h}^2$）），因此可以将 Allan 方差 $\sigma^2(\tau)$ 改写成这 5 个噪声的合成形式，如式（4-14）所示。

$$\begin{aligned}\sigma^2(\tau)&=\sigma_Q^2+\sigma_N^2+\sigma_B^2+\sigma_K^2+\sigma_R^2\\&=\frac{3Q^2}{\tau^2}+\frac{N^2}{\tau}+\frac{2\ln 2}{\pi}B^2+\frac{K^2}{3}\tau+\frac{R^2}{2}\tau^2\\&=C_{-2}\tau^{-2}+C_{-1}\tau^{-1}+C_0+C_1\tau+C_2\tau^2\end{aligned} \tag{4-14}$$

通过拟合得到的 Allan 方差曲线，很容易求出式（4-14）中的 C_{-2}、C_{-1}、C_0、C_1、C_2 系数的值。利用这些系数，就能求出 5 个噪声参数。

由于式（4-14）中采用的是国际单位制——弧度每秒（rad/s），相应求出来的 Q、N、B、K、R 的单位分别是 rad、$\mathrm{rad/s}^{\frac{1}{2}}$、rad/s、$\mathrm{rad/s}^{\frac{3}{2}}$ 和 $\mathrm{rad/s}^2$。但是工程中一般习惯使用度（°）和小时（h）为单位，因此需要乘以单位转换系数，转换后的结果如式（4-15）所示。

$$\begin{aligned}Q&=\frac{1}{3600}\sqrt{\frac{C_{-2}}{3}}\\N&=\frac{1}{60}\sqrt{C_{-1}}\\B&=\sqrt{\frac{\pi}{2\ln 2}C_0}\approx 1.5\sqrt{C_0}\\K&=60\sqrt{3C_1}\\R&=3600\sqrt{2C_2}\end{aligned} \tag{4-15}$$

这样求 Allan 方差来计算陀螺仪的各项噪声的方法，一般需要采集数个小时的样本数据，非常麻烦。如果仅为了求零偏 B，那么只需要在静止状态采集 50s 左右的样本数据就足够了。

Allan 方差的计算和分析比较复杂，想深入研究的朋友，可以参考文献［4］。而用 Allan 方差分析陀螺仪噪声特性可以参考文献［1］的 8.3.2 节的内容。

4.1.4　数据滤波

经过标定后的 IMU 数据，依然存在抖动、毛刺之类的噪声，因此需要对数据进行滤波，使数据变得平滑。图 4-27 是截取 IMU 其中一个轴数据的波形，波形中可以看到很明显的毛刺。这里介绍几种传感器去噪的常用滤波器：均值滤波、滑动滤波、滑动中值滤波、RC 低通数字滤波和 IIR 数字滤波。

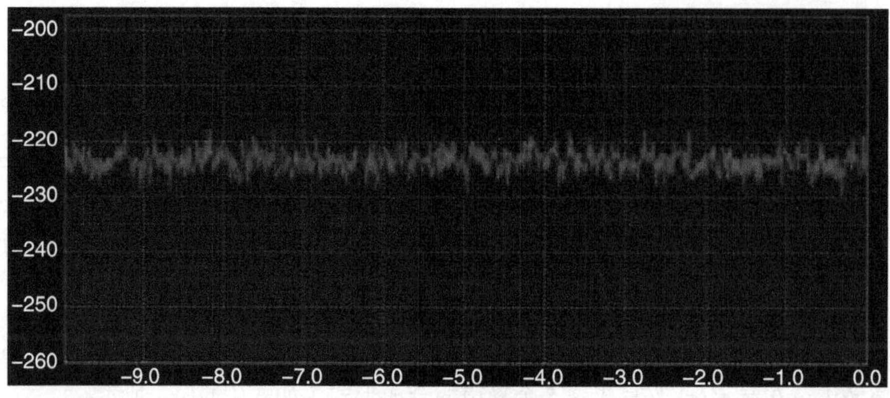

图 4-27 IMU 数据噪声

首先，我们可以采用均值滤波，它实现起来最简单，就是对一段时间内的采样数据求均值，并作为滤波结果输出。图 4-28 所示为均值滤波的过程，从图中可以看出相邻两个均值（输出值）之间有很大的延迟，求取均值的窗口越大，延迟越大。

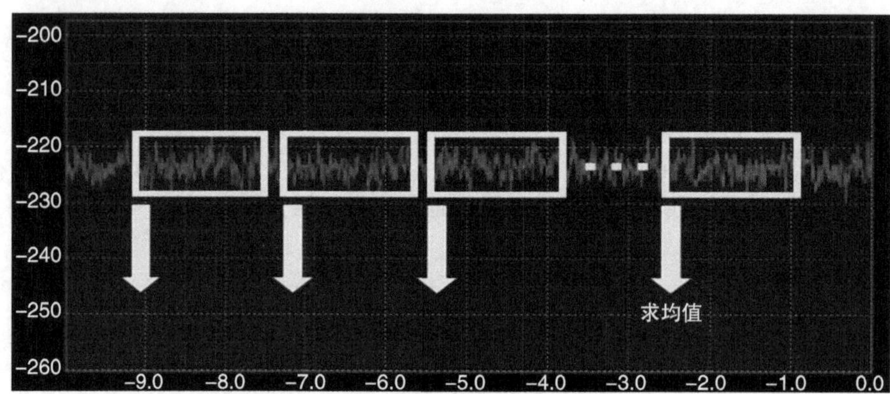

图 4-28 均值滤波

为了尽量减小滤波中的延迟，可以将滤波窗口替换成滑动窗口，并且改成求加权平均值，也就是当前时间的采样点权重大，远离当前时间的采样点权重小，这样会有更好的滤波效果，如图 4-29 所示。

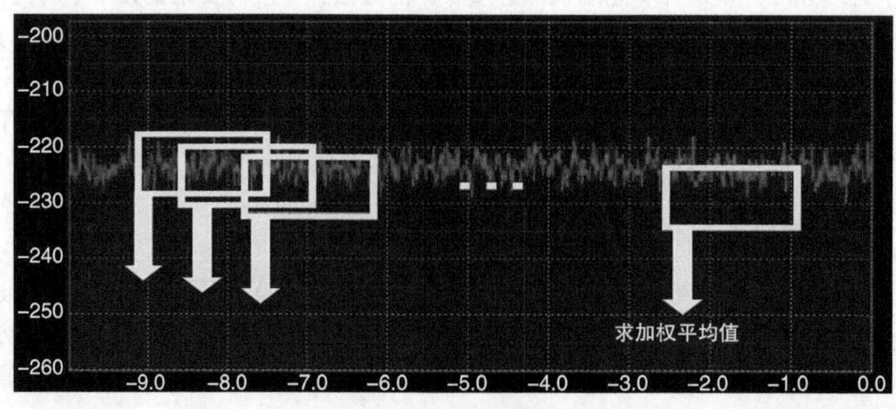

图 4-29 滑动滤波

由于毛刺点能使均值远远地偏离真实值，因此这里可以改成求中值的方法，中值滤波能有效去除毛刺点。

我们也可以采用 RC 低通数字滤波，对数据进行平滑处理。RC 低通滤波在模拟电路中应用非常广泛，这里讨论的是其数字滤波形式，式（4-16）给出了一阶 RC 低通数字滤波的表达式，其中参数 a 决定低通滤波的截止频率。

$$Y(n) = a \cdot Y(n) + (1-a) \cdot Y(n-1) \tag{4-16}$$

为了达到更好的滤波效果，可以选择更复杂的滤波算法，比如 FIR 滤波和 IIR 滤波。FIR 滤波是线性相位延迟，其输出数据延迟是固定的；IIR 滤波是非线性相位延迟，其输出数据延迟在低频段上比高频段上小。因此推荐用 IIR 滤波，式（4-17）给出了二阶 IIR 数字滤波的表达式，其中参数 a_0、a_1、a_2、b_1、b_2 决定了滤波的截止频率。

$$Y(n) = [a_0 \cdot X(n) + a_1 \cdot X(n-1) + a_2 \cdot X(n-2)] + [b_1 \cdot Y(n-1) + b_2 \cdot Y(n-2)] \tag{4-17}$$

4.1.5　姿态融合

在正式讲解姿态融合前，有必要对一些大家感到疑惑的名词进行解释。IMU 是指惯性测量单元，测量惯性系统中的运动，即直线运动和旋转运动，对应的物理量为加速度和角速度。MARG 是指能测量磁力、角速度、重力这三个物理量的传感器。可以说，IMU 是 6 轴传感器，而 MARG 是 9 轴传感器，MARG 比 IMU 多了一个 3 轴的磁力计。AHRS 是指航姿参考系统，即以地球重力场和磁场为参考，计算导航物体的空间姿态（即“航姿”），AHRS 比 MARG 多了一个航姿计算的过程。INS 是指组合导航系统，是将两种或以上的导航设备组合在一起使用的导航系统，能够提供更精确、全面的导航信息，比如航姿信息、位置信息、速度信息等。

为帮助大家理解即将要讲到的姿态融合算法的重要性，有必要讨论下 IMU 和 AHRS。理想的 IMU，可以完全无误差地测量运动过程中的加速度和角速度，通过姿态的相对运动推算，总能知道自己在宇宙中的实时位置。遗憾的是，平时使用的都是 MEMS 传感器，测量到的加速度和角速度有很大误差，单纯靠相对运动推算，过不了多久推算结果就漂移到无法接受的地步了。为了解决漂移问题，需要找一个固定的参考才行，这就是 AHRS 要做的事情。AHRS 一方面采用陀螺仪对航姿变化进行推算，另一方面利用地球重力场和磁场的绝对参考对推算出的航姿进行修正，从而减小漂移问题，提高航姿计算的精度。一般情况下，IMU 都是广义层面的，即同时指代 IMU、MARG、AHRS 等多种含义，如表 4-7 所示。我们可以根据具体讨论的内容，来判断 IMU 的具体范畴。本节将要讨论的 IMU 姿态融合，其实是 AHRS 讨论的范畴。

表 4-7　名词解释

名词	全称	解释
IMU	惯性测量单元	三轴加速度 三轴角速度
MARG	磁力、角速度、重力	三轴加速度 三轴角速度 三轴磁力

（续）

名词	全称	解释
AHRS	航姿参考系统	三轴加速度 三轴角速度 三轴磁力 航姿
INS	组合导航系统	全球卫星导航 惯性导航 视觉导航 ……

为了更进一步说明导航系统的结构，可以结合一个典型的导航系统框图来展开，如图 4-30 所示。导航系统的输入是各个传感器的数据，输出是各种导航信息，系统部分负责数据采集、数据校准、滤波、数据融合等处理。如果考虑所有的传感器，那么讨论的就是 INS 问题。下面只考虑三轴加速度、三轴角速度和三轴磁力，所以这归为 AHRS 问题，即输入三轴加速度、三轴角速度和三轴磁力，计算出航姿。行业中最通用的做法是采用卡尔曼滤波融合算法或互补滤波融合算法，下面就来分析这两种融合算法。

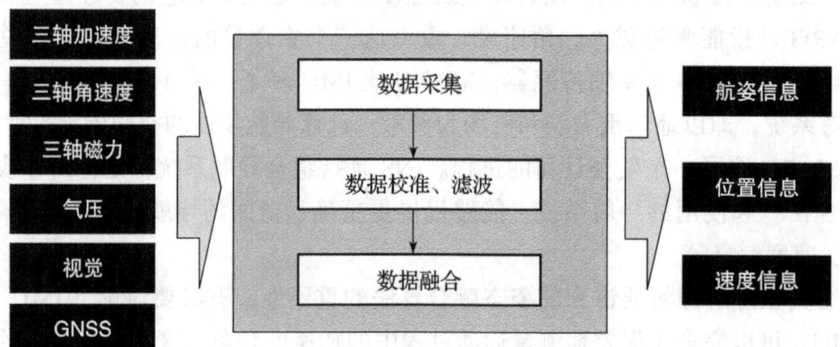

图 4-30　典型的导航系统框图

1. 卡尔曼滤波

如果信号中混入了干扰噪声，可以用滤波器来处理信号，比如低通滤波器、带通滤波器、高通滤波器等对特定频率段的噪声进行过滤的经典滤波器。但是信号中要是混入了像白噪声这种没有明显频率段分布特点的干扰，经典滤波器就不管用了。为了去除像白噪声这种随机性的干扰，可以采用统计学的方法对信号进行估计，同时用某种统计准则来衡量估计的误差，只要估计的误差尽可能小，估计结果就是有效的，也叫**现代滤波器**。

举个用统计学方法对温度测量值估计的例子，用两个精度不同的温度计测量房间内的温度，并且假设两个测量误差都服从零均值的正态分布，如式（4-18）所示。

$$\begin{aligned} T_1 &= T + \varepsilon_1 \\ T_2 &= T + \varepsilon_2 \end{aligned} \tag{4-18}$$

其中：$\varepsilon_1 \sim N(0, \sigma_1^2), \varepsilon_2 \sim N(0, \sigma_2^2), E[\varepsilon_1 \varepsilon_2] = 0$。

为了确定房间的温度，最简单的方法是将 T_1 和 T_2 两个测量值直接进行平均，得到真值的估计，如式（4-19）所示。

$$\hat{T}_{\text{est1}} = \frac{T_1 + T_2}{2} \tag{4-19}$$

另一种方式是对 T_1 和 T_2 两个测量值进行加权平均，加权系数分别为 α 和 $1-\alpha$（α 在 0 ～ 1 之间取值），那么真值估计为式（4-20）所示。

$$\hat{T}_{\text{est2}} = \alpha \cdot T_1 + (1-\alpha) \cdot T_2 \tag{4-20}$$

接下来用统计学中的方差来衡量上面这两种估计的误差，直接平均法的估计方差如式（4-21）所示，加权平均法的估计方差如式（4-22）所示。

$$D[\hat{T}_{\text{est1}}] = D\left[\frac{T_1 + T_2}{2}\right] = \frac{D[T_1] + D[T_2]}{4} = \frac{\sigma_1^2 + \sigma_2^2}{4} \tag{4-21}$$

$$D[\hat{T}_{\text{est2}}] = D[\alpha \cdot T_1 + (1-\alpha) \cdot T_2] = \alpha^2 D[T_1] + (1-\alpha)^2 D[T_2] = \alpha^2 \sigma_1^2 + (1-\alpha)^2 \sigma_2^2 \tag{4-22}$$

第一种估计的方差是定值，而第二种估计的方差是关于加权系数 α 的二次函数，α 在二次函数曲线对称轴处取值时，该估计误差最小，如式（4-23）所示。

$$\min\{D[\hat{T}_{\text{est2}}]\} = \alpha^2 \sigma_1^2 + (1-\alpha)^2 \sigma_2^2 \Big|_{\alpha = \frac{\sigma_2^2}{\sigma_1^2 + \sigma_2^2}} = \frac{\sigma_1^2 \sigma_2^2}{\sigma_1^2 + \sigma_2^2} \tag{4-23}$$

利用二次函数的基本不等式，很容易证明式（4-24）是成立的。

$$\frac{\sigma_1^2 \sigma_2^2}{\sigma_1^2 + \sigma_2^2} \leqslant \frac{\sigma_1^2 + \sigma_2^2}{4} \tag{4-24}$$

这说明，通过取合适的加权系数 α，能通过加权平均的方式得到具有最小误差的估计。其实也很好理解，假设 T_1 测量误差比 T_2 测量误差大，给 T_1 加权系数小，给 T_2 的加权系数大，换句话说，就是更相信 T_2 的测量，这样得到的估计值显然比直接求 T_1 和 T_2 的均值要靠谱。这里的关键是利用测量值的统计特性，求解加权系数 α。

通过上面的例子，可以了解现代滤波器与经典滤波器的不同之处。现代滤波器有多种，卡尔曼滤波就是其中一种，下面展开具体的讲解。

（1）问题建模

上面利用加权平均求温度估计值的例子能直接用测量来求估计量。但是在很多实际问题中，估计量不能通过测量来直接得到，这就需要用状态方程和观测方程来描述问题了。卡尔曼滤波中的状态方程和观测方程如式（4-25）和式（4-26）所示。

$$x_k = g(x_{k-1}, u_k) + \varepsilon_k \tag{4-25}$$

$$z_k = h(x_k) + \delta_k \tag{4-26}$$

状态方程描述前一个时刻系统状态 x_{k-1} 到当前时刻系统状态 x_k 的转移过程，观测方程描述系统处在 x_k 状态时观测 z_k 的过程。状态转移过程中的噪声用 ε_k 表示，观测过程中的噪声用 δ_k 表示。

这里需要对状态转移函数 g 和观测函数 h 进行讨论。实际问题中 g 和 h 通常都是非线性函数。为了方便计算和求解，常常要先将 g 和 h 线性化近似后，然后进行求解，按照不同的线性化近似方法，可以分为 EKF（Extended Kalman Filter，扩展卡尔曼滤波）和 UKF

（Unscented Kalman Filter，无迹卡尔曼滤波），工程应用中使用最多的是 EKF。EKF 和 UKF 具体的线性化近似方法不是讨论的重点，所以在工程应用中直接使用其结论即可。也就是说，只需要将实际问题中 g 和 h 线性化后，就可以在线性模型中对问题进行求解了，这样可以大大降低求解计算量。那么将式（4-25）和式（4-26）改写成线性模型，如式（4-27）和式（4-28）所示。

$$\boldsymbol{x}_k = \boldsymbol{A}_k \boldsymbol{x}_{k-1} + \boldsymbol{B}_k \boldsymbol{u}_k + \boldsymbol{\varepsilon}_k \tag{4-27}$$

$$\boldsymbol{z}_k = \boldsymbol{C}_k \boldsymbol{x}_k + \boldsymbol{\delta}_k \tag{4-28}$$

为了在更广的范围进行讨论，式（4-27）和式（4-28）是在多维空间下构建的模型，也就是系统会包含多个状态量，用状态向量 $\boldsymbol{x}_k$ 表示；系统也包含多个观测量，用观测向量 $\boldsymbol{z}_k$ 表示，方程中的系数为矩阵的形式。在卡尔曼滤波中，将状态转移噪声 $\boldsymbol{\varepsilon}_k$ 和观测过程噪声 $\boldsymbol{\delta}_k$ 当成互不相关的零均值高斯白噪声序列来处理，如式（4-29）所示。

$$\begin{cases} E[\boldsymbol{\varepsilon}_k] = \boldsymbol{0} \\ E[\boldsymbol{\delta}_k] = \boldsymbol{0} \\ E[\boldsymbol{\varepsilon}_k \boldsymbol{\varepsilon}_k^{\mathrm{T}}] = \boldsymbol{Q}_k \\ E[\boldsymbol{\varepsilon}_i \boldsymbol{\varepsilon}_j^{\mathrm{T}}] = \boldsymbol{0}, \quad 其中 i \neq j \\ E[\boldsymbol{\delta}_k \boldsymbol{\delta}_k^{\mathrm{T}}] = \boldsymbol{R}_k \\ E[\boldsymbol{\delta}_i \boldsymbol{\delta}_j^{\mathrm{T}}] = \boldsymbol{0}, \quad 其中 i \neq j \\ E[\boldsymbol{\varepsilon}_i \boldsymbol{\delta}_j^{\mathrm{T}}] = \boldsymbol{0} \end{cases} \tag{4-29}$$

（2）数学推导

1）基本概念说明。

为了便于后面推导，这里需要先介绍一些必要的基础概念。首先是统计学中的均值、方差、协方差的概念，分别如式（4-30）、式（4-31）和式（4-32）所示。在概率论中的均值、方差、协方差是考虑了随机变量的概率分布特性的，计算式中会考虑概率分布，但是实际计算中概率分布不能直接获取，需要近似求解。统计学就是利用样本的数值计算替代，也就是说统计学中的均值、方差、协方差与概率论中的计算有细微的区别。

$$\bar{X} = E[X] = \frac{\sum_{i=1}^{N} x_i}{N} \tag{4-30}$$

$$S^2 = D[X] = E[(X - E[X])^2] = \frac{\sum_{i=1}^{N} (x_i - \bar{X})^2}{N-1} \tag{4-31}$$

$$\mathrm{cov}(X, Y) = E[(X - E[X])(Y - E[Y])] = \frac{\sum_{i=1}^{N} (x_i - \bar{X})(y_i - \bar{Y})}{N-1} \tag{4-32}$$

协方差表示两个随机变量的总体误差，如果需要求 m 个随机变量的总体误差，就要用协方差矩阵描述。用 m 维向量 $\vec{\boldsymbol{X}}$ 来表示这 m 个随机变量，如式（4-33）所示。向量 $\vec{\boldsymbol{X}}$ 对应

的协方差矩阵 P，如式（4-34）所示。

$$\vec{\boldsymbol{X}}=[X_1, X_2, \cdots, X_m]^{\mathrm{T}} \tag{4-33}$$

$$\boldsymbol{P}=\begin{bmatrix} \mathrm{cov}(X_1, X_1) & \mathrm{cov}(X_1, X_2) & \cdots & \mathrm{cov}(X_1, X_m) \\ \mathrm{cov}(X_2, X_1) & \mathrm{cov}(X_2, X_2) & \cdots & \cdots \\ \cdots & \cdots & \cdots & \cdots \\ \mathrm{cov}(X_m, X_1) & \cdots & \cdots & \mathrm{cov}(X_m, X_m) \end{bmatrix} \tag{4-34}$$

在实际的估计问题中，往往用 MSE（均方误差）来衡量估计的准确性。均方误差用待估计参数 $\hat{\theta}$ 与参数真实值 θ 距离的平方和的均值计算，如式（4-35）所示。可以看到，$\hat{\theta}$ 的均方误差由 $\hat{\theta}$ 的方差加一个偏差项 $(E[\hat{\theta}]-\theta)^2$ 构成，也就是说在偏差项为 0 时（即无偏估计），均方误差 $MSE[\hat{\theta}]$ 就等于方差 $D[\hat{\theta}]$，这个结论很重要。在无偏估计下，最小均方误差准则就演变成了最小方差准则。

$$\begin{aligned} MSE[\hat{\theta}] &= E[(\hat{\theta}-\theta)^2] \\ &= E[\hat{\theta}^2-2\hat{\theta}\theta+\theta^2] \\ &= E[\hat{\theta}^2]-2\theta E[\hat{\theta}]+\theta^2 \\ &= (E[\hat{\theta}^2]-(E[\hat{\theta}])^2)+(E[\hat{\theta}]-\theta)^2 \\ &= D[\hat{\theta}]+(E[\hat{\theta}]-\theta)^2 \end{aligned} \tag{4-35}$$

结合式（4-33）、式（4-34）和式（4-35），在无偏估计下，向量 $\vec{\boldsymbol{X}}$ 的协方差矩阵 $\boldsymbol{P}$ 的迹 $\mathrm{tr}(\boldsymbol{P})$ 就是向量 $\vec{\boldsymbol{X}}$ 的均方误差 $MSE[\vec{\boldsymbol{X}}]$，如式（4-36）所示。这个结论也很重要，后面推导会用到。

$$\mathrm{tr}(\boldsymbol{P})=\sum_{i=1}^{m} p_{ii}=\sum_{i=1}^{m}\mathrm{cov}(X_i, X_i)=\sum_{i=1}^{m} D[X_i]=MSE[\vec{\boldsymbol{X}}] \tag{4-36}$$

后面推导过程中需要用到矩阵求导数的结论，如式（4-37）和式（4-38）所示，先记住。

$$\frac{d}{d\boldsymbol{A}}[\mathrm{tr}(\boldsymbol{AB})]=\boldsymbol{B}^{\mathrm{T}} \tag{4-37}$$

$$\frac{d}{d\boldsymbol{A}}[\mathrm{tr}(\boldsymbol{ABA}^{\mathrm{T}})]=2\boldsymbol{AB} \tag{4-38}$$

其中式（4-38）的 $\boldsymbol{B}$ 是对称矩阵。

2）详细推导过程。

在无噪声的情况下，可以依据状态转移方程，用上一时刻的状态直接推导出当前状态。由于状态转移噪声的存在，通过状态转移只能得到带噪声的预测值 $\hat{\boldsymbol{x}}_k'$，状态的预测如式（4-39）所示。

$$\hat{\boldsymbol{x}}_k'=\boldsymbol{A}_k\hat{\boldsymbol{x}}_{k-1}+\boldsymbol{B}_k\boldsymbol{u}_k \tag{4-39}$$

在无噪声的情况下，同样可以依据观测方程，用观测值反解出当前状态。由于观测过程噪声的存在，通过观测过程只能描述带噪声的预测值 $\hat{\boldsymbol{z}}_k'$ 和预测值 $\hat{\boldsymbol{x}}_k'$ 的关系，如式（4-40）所示。

$$\hat{\boldsymbol{z}}_k' = \boldsymbol{C}_k \hat{\boldsymbol{x}}_k' \tag{4-40}$$

观测的真实值 $\boldsymbol{z}_k$ 是系统已知的，通过传感器就能获取到，数学模型如式（4-28）所示。这里结合式（4-28）和式（4-40），将观测偏差 $\tilde{\boldsymbol{z}}_k$ 用式（4-41）表示如下。

$$\tilde{\boldsymbol{z}}_k = \boldsymbol{z}_k - \hat{\boldsymbol{z}}_k' = (\boldsymbol{C}_k \boldsymbol{x}_k + \boldsymbol{\delta}_k) - \boldsymbol{C}_k \hat{\boldsymbol{x}}_k' = \boldsymbol{C}_k (\boldsymbol{x}_k - \hat{\boldsymbol{x}}_k') + \boldsymbol{\delta}_k = \boldsymbol{C}_k \tilde{\boldsymbol{x}}_k + \boldsymbol{\delta}_k \tag{4-41}$$

我们发现，观测值的预测偏差 $\tilde{\boldsymbol{z}}_k$ 和状态值的预测偏差 $\tilde{\boldsymbol{x}}_k$ 存在一个系数 $\boldsymbol{C}_k$ 的关系，即可以用 $\tilde{\boldsymbol{z}}_k$ 来对状态的预测值 $\hat{\boldsymbol{x}}_k'$ 做修正。不过考虑到状态转移噪声 $\boldsymbol{\varepsilon}_k$ 和观测过程噪声 $\boldsymbol{\delta}_k$ 的影响，借助上面用加权平均法估计室内温度的思路，可以将两种途径获取到的信息进行加权处理，那么状态的估计值 $\hat{\boldsymbol{x}}_k$ 如式（4-42）所示。

$$\hat{\boldsymbol{x}}_k = \hat{\boldsymbol{x}}_k' + \boldsymbol{K}_k \tilde{\boldsymbol{z}}_k = \hat{\boldsymbol{x}}_k' + \boldsymbol{K}_k (\boldsymbol{z}_k - \hat{\boldsymbol{z}}_k') = \hat{\boldsymbol{x}}_k' + \boldsymbol{K}_k (\boldsymbol{z}_k - \boldsymbol{C}_k \hat{\boldsymbol{x}}_k') \tag{4-42}$$

式（4-42）是利用卡尔曼滤波算法估计系统状态的最核心公式，在已知初始状态 $\hat{\boldsymbol{x}}_0$ 后，状态预测值 $\hat{\boldsymbol{x}}_k'$ 能通过状态转移方程直接得到，而观测的真实值 $\boldsymbol{z}_k$ 是系统已知的，通过传感器就能获取到。也就是说，只要求出参数 $\boldsymbol{K}_k$，状态估计任务就完成了。对状态估计值 $\hat{\boldsymbol{x}}_k$ 进行误差分析，只要 $\boldsymbol{K}_k$ 的取值能让估计误差达到最小即可，即利用估计误差最小准则来求 $\boldsymbol{K}_k$。

现在开始讨论误差，首先是状态真实值与预测值之间的误差，如式（4-43）所示，以及误差对应的协方差矩阵，如式（4-44）所示。

$$\boldsymbol{e}_k' = \boldsymbol{x}_k - \hat{\boldsymbol{x}}_k' \tag{4-43}$$

$$\boldsymbol{P}_k' = E[\boldsymbol{e}_k' \boldsymbol{e}_k'^{\mathrm{T}}] = E[(\boldsymbol{x}_k - \hat{\boldsymbol{x}}_k')(\boldsymbol{x}_k - \hat{\boldsymbol{x}}_k')^{\mathrm{T}}] \tag{4-44}$$

然后是状态真实值与估计值之间的误差，如式（4-45）所示，以及误差对应的协方差矩阵，如式（4-46）所示。

$$\begin{aligned}
\boldsymbol{e}_k &= \boldsymbol{x}_k - \hat{\boldsymbol{x}}_k \\
&= \boldsymbol{x}_k - (\hat{\boldsymbol{x}}_k' + \boldsymbol{K}_k (\boldsymbol{z}_k - \boldsymbol{C}_k \hat{\boldsymbol{x}}_k')) \\
&= \boldsymbol{x}_k - (\hat{\boldsymbol{x}}_k' + \boldsymbol{K}_k ((\boldsymbol{C}_k \boldsymbol{x}_k + \boldsymbol{\delta}_k) - \boldsymbol{C}_k \hat{\boldsymbol{x}}_k')) \\
&= (\boldsymbol{I} - \boldsymbol{K}_k \boldsymbol{C}_k)(\boldsymbol{x}_k - \hat{\boldsymbol{x}}_k') - \boldsymbol{K}_k \boldsymbol{\delta}_k
\end{aligned} \tag{4-45}$$

$$\begin{aligned}
\boldsymbol{P}_k &= E[\boldsymbol{e}_k \boldsymbol{e}_k^{\mathrm{T}}] \\
&= E[((\boldsymbol{I} - \boldsymbol{K}_k \boldsymbol{C}_k)(\boldsymbol{x}_k - \hat{\boldsymbol{x}}_k') - \boldsymbol{K}_k \boldsymbol{\delta}_k)((\boldsymbol{I} - \boldsymbol{K}_k \boldsymbol{C}_k)(\boldsymbol{x}_k - \hat{\boldsymbol{x}}_k') - \boldsymbol{K}_k \boldsymbol{\delta}_k)^{\mathrm{T}}] \\
&= (\boldsymbol{I} - \boldsymbol{K}_k \boldsymbol{C}_k) E[(\boldsymbol{x}_k - \hat{\boldsymbol{x}}_k')(\boldsymbol{x}_k - \hat{\boldsymbol{x}}_k')^{\mathrm{T}}](\boldsymbol{I} - \boldsymbol{K}_k \boldsymbol{C}_k)^{\mathrm{T}} + \boldsymbol{K}_k E[\boldsymbol{\delta}_k \boldsymbol{\delta}_k^{\mathrm{T}}] \boldsymbol{K}_k^{\mathrm{T}} \\
&= (\boldsymbol{I} - \boldsymbol{K}_k \boldsymbol{C}_k) \boldsymbol{P}_k' (\boldsymbol{I} - \boldsymbol{K}_k \boldsymbol{C}_k)^{\mathrm{T}} + \boldsymbol{K}_k \boldsymbol{R}_k \boldsymbol{K}_k^{\mathrm{T}} \\
&= \boldsymbol{P}_k' - \boldsymbol{K}_k \boldsymbol{C}_k \boldsymbol{P}_k' - (\boldsymbol{K}_k \boldsymbol{C}_k \boldsymbol{P}_k')^{\mathrm{T}} + \boldsymbol{K}_k (\boldsymbol{C}_k \boldsymbol{P}_k' \boldsymbol{C}_k^{\mathrm{T}} + \boldsymbol{R}_k) \boldsymbol{K}_k^{\mathrm{T}}
\end{aligned} \tag{4-46}$$

卡尔曼滤波估计依据最小均方差准则，而均方差是协方差矩阵 $\boldsymbol{P}_k$ 的迹 $\mathrm{tr}(\boldsymbol{P}_k)$，如式（4-47）所示。

$$\mathrm{tr}(\boldsymbol{P}_k) = \mathrm{tr}(\boldsymbol{P}_k') - 2\mathrm{tr}(\boldsymbol{K}_k \boldsymbol{C}_k \boldsymbol{P}_k') + \mathrm{tr}(\boldsymbol{K}_k (\boldsymbol{C}_k \boldsymbol{P}_k' \boldsymbol{C}_k^{\mathrm{T}} + \boldsymbol{R}_k) \boldsymbol{K}_k^{\mathrm{T}}) \tag{4-47}$$

为了使 $\mathrm{tr}(\boldsymbol{P}_k)$ 取最小值，将 $\mathrm{tr}(\boldsymbol{P}_k)$ 对 $\boldsymbol{K}_k$ 求导，导数等于 0 处的 $\boldsymbol{K}_k$ 值就是满足要求的 $\boldsymbol{K}_k$ 取值。计算 $\mathrm{tr}(\boldsymbol{P}_k)$ 的导数，需要利用矩阵的求导性质，求导计算如式（4-48）所示。

$$\frac{d}{d\boldsymbol{K}_k}[\mathrm{tr}(\boldsymbol{P}_k)] = -2(\boldsymbol{C}_k \boldsymbol{P}_k')^{\mathrm{T}} + 2\boldsymbol{K}_k (\boldsymbol{C}_k \boldsymbol{P}_k' \boldsymbol{C}_k^{\mathrm{T}} + \boldsymbol{R}_k) \tag{4-48}$$

令导数等于 0，考虑 $\boldsymbol{P}_k'$ 是对称矩阵，便可以求出 $\boldsymbol{K}_k$ 的取值，如式（4-49）所示。

$$\boldsymbol{K}_k = \boldsymbol{P}_k'\boldsymbol{C}_k^{\mathrm{T}}(\boldsymbol{C}_k\boldsymbol{P}_k'\boldsymbol{C}_k^{\mathrm{T}} + \boldsymbol{R}_k)^{-1} \tag{4-49}$$

我们发现式（4-49）中 $\boldsymbol{P}_k'$ 还不知道，因此还要继续计算 $\boldsymbol{P}_k'$ 的值，如式（4-50）所示。

$$\begin{aligned}
\boldsymbol{P}_k' &= E[(\boldsymbol{x}_k - \hat{\boldsymbol{x}}_k')(\boldsymbol{x}_k - \hat{\boldsymbol{x}}_k')^{\mathrm{T}}] \\
&= E[(\boldsymbol{A}_k\boldsymbol{x}_{k-1} + \boldsymbol{B}_k\boldsymbol{u}_k + \boldsymbol{\varepsilon}_k - \boldsymbol{A}_k\hat{\boldsymbol{x}}_{k-1} - \boldsymbol{B}_k\boldsymbol{u}_k)(\boldsymbol{A}_k\boldsymbol{x}_{k-1} + \boldsymbol{B}_k\boldsymbol{u}_k + \boldsymbol{\varepsilon}_k - \boldsymbol{A}_k\hat{\boldsymbol{x}}_{k-1} - \boldsymbol{B}_k\boldsymbol{u}_k)^{\mathrm{T}}] \\
&= E[(\boldsymbol{A}_k(\boldsymbol{x}_{k-1} - \hat{\boldsymbol{x}}_{k-1}) + \boldsymbol{\varepsilon}_k)(\boldsymbol{A}_k(\boldsymbol{x}_{k-1} - \hat{\boldsymbol{x}}_{k-1}) + \boldsymbol{\varepsilon}_k)^{\mathrm{T}}] \\
&= E[(\boldsymbol{A}_k\boldsymbol{e}_{k-1})(\boldsymbol{A}_k\boldsymbol{e}_{k-1})^{\mathrm{T}}] + E[\boldsymbol{\varepsilon}_k\boldsymbol{\varepsilon}_k^{\mathrm{T}}] \\
&= \boldsymbol{A}_k\boldsymbol{P}_{k-1}\boldsymbol{A}_k^{\mathrm{T}} + \boldsymbol{Q}_k
\end{aligned} \tag{4-50}$$

从式子中可以看出来，$\boldsymbol{P}_k'$ 是由上个时刻的 $\boldsymbol{P}_{k-1}$ 计算得到的，也就是 $\boldsymbol{P}_k$ 的值是不断递归计算的，只要给定初始误差 $\boldsymbol{P}_0$，就可以利用式（4-50）、式（4-49）和式（4-46）不断递归计算。可以将式（4-49）代入式（4-46）对 $\boldsymbol{P}_k$ 的计算进行简化，简化后的结果如式（4-51）所示。

$$\boldsymbol{P}_k = (\boldsymbol{I} - \boldsymbol{K}_k\boldsymbol{C}_k)\boldsymbol{P}_k' \tag{4-51}$$

到这里，卡尔曼滤波的数学推导就讲完了。大家会发现推导中出现了大量的公式，显得很复杂。然而，在工程应用中，只需要将其中的核心公式提取出来直接使用就行了，下面将对这些核心公式进行总结。

3）滤波过程总结。

卡尔曼滤波的过程分为预测和更新两个步骤，如图 4-31 所示。预测步骤包含两个核心公式，分别计算状态预测值 $\hat{\boldsymbol{x}}_k'$ 和预测值对应的协方差矩阵 $\boldsymbol{P}_k'$。更新步骤包含三个核心公式，分别计算卡尔曼增益 $\boldsymbol{K}_k$、状态估计值 $\hat{\boldsymbol{x}}_k$ 和状态估计值对应的协方差矩阵 $\boldsymbol{P}_k$。只要在给定初值 $\hat{\boldsymbol{x}}_0$ 和 $\boldsymbol{P}_0$，且系统参数 $\boldsymbol{A}_k$、$\boldsymbol{B}_k$、$\boldsymbol{Q}_k$、$\boldsymbol{C}_k$、$\boldsymbol{R}_k$ 已知的情况下，输入状态转移控制量 $\boldsymbol{u}_k$ 和观测量 $\boldsymbol{z}_k$，系统就能通过不断预测和更新两个迭代步骤的计算，源源不断地输出状态估计的结果 $\hat{\boldsymbol{x}}_k$。

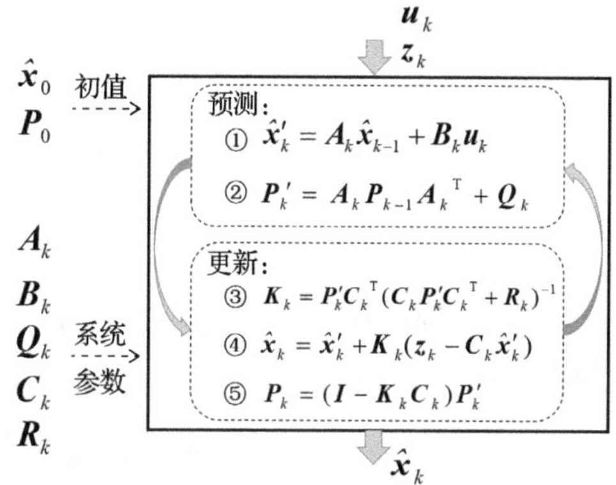

图 4-31　卡尔曼滤波系统框图

（3）具体实现

图 4-31 中的滤波系统框图只是通用的形式，要根据具体工程问题，来确定系统中各个参数的取值。在已知前一时刻航姿情况下，可以利用传感器的角速度信息来预测当前时刻航姿。但是陀螺仪存在测量误差，且随时间推移误差会逐渐增加，也就是累积误差。地球的重力场作为外部参考，能比较好地对航姿中的翻滚角（roll）和俯仰角（pitch）进行修正。重力场是垂直向下的，因此没有办法确定航姿中的航向角（yaw）。而地磁场几乎平行于地面，能较好地对航姿中的航向角进行修正。所以结合我自己的经验和理解，下面为大家介绍和分析一种比较流行的 9 轴 IMU 卡尔曼滤波融合算法，该算法的框架如图 4-32 所示。

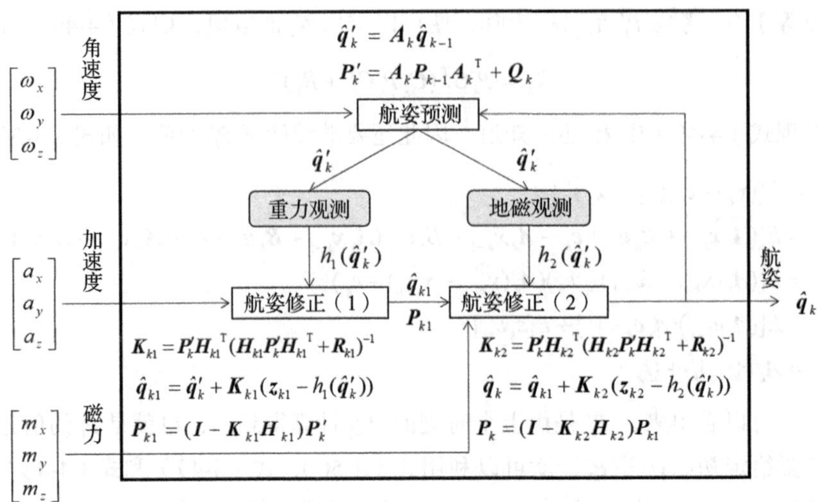

图 4-32　9 轴 IMU 卡尔曼滤波具体实现

首先需要确定卡尔曼滤波中状态转移的具体形式，即前后时刻之间的航姿状态和角速度满足的约束。传感器在世界坐标系中的航姿可以用欧拉角、旋转矩阵、四元数等多种形式来表达，为了计算方便，这里选用四元数。假设传感器当前航姿为 $\boldsymbol{q}_n^b$，其四元数形式如式（4-52）所示。

$$\boldsymbol{q}_n^b = [q_0, (q_1, q_2, q_3)]^{\mathrm{T}} = [q_0, q_1, q_2, q_3]^{\mathrm{T}} \tag{4-52}$$

为了便于矩阵运算，将角速度 $[\omega_x, \omega_y, \omega_z]^{\mathrm{T}}$ 写成矩阵的形式，如式（4-53）所示。

$$\boldsymbol{\Omega}_{nb}^n = \begin{bmatrix} 0 & -\omega_x & -\omega_y & -\omega_z \\ \omega_x & 0 & \omega_z & -\omega_y \\ \omega_y & -\omega_z & 0 & \omega_x \\ \omega_z & \omega_y & -\omega_x & 0 \end{bmatrix} \tag{4-53}$$

不难发现，$\boldsymbol{q}_n^b$ 与 $\boldsymbol{\Omega}_{nb}^n$ 满足式（4-54）所示的微分方程。

$$\dot{\boldsymbol{q}}_n^b = \frac{1}{2}\boldsymbol{\Omega}_{nb}^n\boldsymbol{q}_n^b \tag{4-54}$$

为了能够用程序实现计算，微分方程（4-54）需要做进一步的变形，得到差分方程，如式（4-55）所示。

$$\dot{\boldsymbol{q}}_n^b(t) = \lim_{T\to 0}\frac{\boldsymbol{q}_n^b(t+T) - \boldsymbol{q}_n^b(t)}{T} = \frac{1}{2}\boldsymbol{\Omega}_{nb}^n\boldsymbol{q}_n^b(t) \tag{4-55}$$

依据式（4-55）的结论，便可以确定卡尔曼滤波中状态转移的具体形式，如式（4-56）所示。可以发现，系统并没有外部转移控制量 $\boldsymbol{u}_k$ 的作用，因此参数 $\boldsymbol{B}_k$ 可以省掉，其中的参数 T 是状态转移方程计算的周期。

$$\hat{\boldsymbol{q}}'_k = \boldsymbol{A}_k\hat{\boldsymbol{q}}_{k-1} = \left(\boldsymbol{I} + \frac{1}{2}\boldsymbol{\Omega}_{nb}^nT\right)\hat{\boldsymbol{q}}_{k-1} \tag{4-56}$$

接下来要确定卡尔曼滤波中观测方程以及误差修正的具体形式，在预测航姿 $\hat{\boldsymbol{q}}'_k$ 的状态下，用观测函数 $h_1(\hat{\boldsymbol{q}}'_k)$ 预测重力 $\hat{\boldsymbol{g}}$，用观测函数 $h_2(\hat{\boldsymbol{q}}'_k)$ 预测地磁 $\hat{\boldsymbol{m}}$。根据加速度实际测量值 $z_{k1} = [a_x, a_y, a_z]^{\mathrm{T}}$ 与预测值 $h_1(\hat{\boldsymbol{q}}'_k)$ 的差别，计算卡尔曼增益 $\boldsymbol{K}_{k1}$、经过修正后的航姿估计值

$\hat{\boldsymbol{q}}_{k1}$ 和该估计值对应的协方差矩阵 $\boldsymbol{P}_{k1}$。紧接着，根据地磁实际测量值 $z_{k2}=[m_x, m_y, m_z]^{\mathrm{T}}$ 与预测值 $h_2(\hat{\boldsymbol{q}}_k')$ 的差别，计算卡尔曼增益 $\boldsymbol{K}_{k2}$、经过修正后的航姿估计值 $\hat{\boldsymbol{q}}_k$ 和该估计值对应的协方差矩阵 $\boldsymbol{P}_k$。

虽然四元数在计算上很方便，但是不方便表明其具有的物理意义。因此将预测航姿 $\hat{\boldsymbol{q}}_k'$ 用旋转矩阵 $\boldsymbol{R}_n^b$ 来表示，如式（4-57）所示。

$$\boldsymbol{R}_n^b=\begin{bmatrix} q_0^2+q_1^2-q_2^2-q_3^2 & 2q_1q_2+2q_0q_3 & 2q_1q_3-2q_0q_2 \\ 2q_1q_2-2q_0q_3 & q_0^2-q_1^2+q_2^2-q_3^2 & 2q_2q_3+2q_0q_1 \\ 2q_1q_3+2q_0q_2 & 2q_2q_3-2q_0q_1 & q_0^2-q_1^2-q_2^2+q_3^2 \end{bmatrix} \tag{4-57}$$

将重力 $[0,0,|\boldsymbol{g}|]^{\mathrm{T}}$ 用旋转矩阵 $\boldsymbol{R}_n^b$ 映射后，就是在预测航姿 $\hat{\boldsymbol{q}}_k'$ 的状态下的观测 $h_1(\hat{\boldsymbol{q}}_k')$，如式（4-58）所示。

$$\hat{\boldsymbol{g}}=h_1(\hat{\boldsymbol{q}}_k')=\boldsymbol{R}_n^b\begin{bmatrix}0\\0\\|\boldsymbol{g}|\end{bmatrix}=|\boldsymbol{g}|\begin{bmatrix}2q_1q_3-2q_0q_2\\2q_0q_1+2q_2q_3\\q_0^2-q_1^2-q_2^2+q_3^2\end{bmatrix} \tag{4-58}$$

很明显看出观测函数 h_1 是非线性的，这样很难计算卡尔曼增益。于是需要对 h_1 进行线性化的近似处理，这里采用 EKF 的处理方式，对 h_1 求其雅克比矩阵 $\boldsymbol{H}_{k1}$，如式（4-59）所示。

$$\boldsymbol{H}_{k1}=\frac{\partial h_1}{\partial \boldsymbol{q}}=\begin{bmatrix}-2q_2 & 2q_3 & -2q_0 & 2q_1\\2q_1 & 2q_0 & 2q_3 & 2q_2\\2q_0 & -2q_1 & -2q_2 & 2q_3\end{bmatrix} \tag{4-59}$$

由于观测噪声并不受预测航姿 $\hat{\boldsymbol{q}}_k'$ 的影响，因此以观测噪声的雅克比矩阵 $\boldsymbol{V}_{k1}$ 作为单位矩阵。观测方程经过 EKF 线性化近似，就可以用近似参数 $\boldsymbol{H}_{k1}$ 和 $\boldsymbol{V}_{k1}$ 来计算卡尔曼增益 $\boldsymbol{K}_{k1}$，如式（4-60）所示。

$$\boldsymbol{K}_{k1}=\boldsymbol{P}_k'\boldsymbol{H}_{k1}^{\mathrm{T}}(\boldsymbol{H}_{k1}\boldsymbol{P}_k'\boldsymbol{H}_{k1}^{\mathrm{T}}+\boldsymbol{V}_{k1}\boldsymbol{R}_{k1}\boldsymbol{V}_{k1}^{\mathrm{T}})^{-1}=\boldsymbol{P}_k'\boldsymbol{H}_{k1}^{\mathrm{T}}(\boldsymbol{H}_{k1}\boldsymbol{P}_k'\boldsymbol{H}_{k1}^{\mathrm{T}}+\boldsymbol{R}_{k1})^{-1} \tag{4-60}$$

有了卡尔曼增益 $\boldsymbol{K}_{k1}$，就可以计算经过修正后的航姿估计值 $\hat{\boldsymbol{q}}_{k1}$，如式（4-61）所示。

$$\hat{\boldsymbol{q}}_{k1}=\hat{\boldsymbol{q}}_k'+\boldsymbol{K}_{k1}(\boldsymbol{z}_{k1}-h_1(\hat{\boldsymbol{q}}_k')) \tag{4-61}$$

计算该估计值对应的协方差矩阵 $\boldsymbol{P}_{k1}$，如式（4-62）所示。

$$\boldsymbol{P}_{k1}=(\boldsymbol{I}-\boldsymbol{K}_{k1}\boldsymbol{H}_{k1})\boldsymbol{P}_k' \tag{4-62}$$

将归一化后的地磁 $[0,1,0]^{\mathrm{T}}$ 用旋转矩阵 $\boldsymbol{R}_n^b$ 映射后，就是在预测航姿 $\hat{\boldsymbol{q}}_k'$ 状态下的观测 $h_2(\hat{\boldsymbol{q}}_k')$，如式（4-63）所示。

$$\hat{\boldsymbol{m}}=h_2(\hat{\boldsymbol{q}}_k')=\boldsymbol{R}_n^b\begin{bmatrix}0\\1\\0\end{bmatrix}=\begin{bmatrix}2q_1q_2+2q_0q_3\\q_0^2-q_1^2+q_2^2-q_3^2\\2q_2q_3-2q_0q_1\end{bmatrix} \tag{4-63}$$

h_2 处理方式参见 h_1，如式（4-64）所示。

$$\boldsymbol{H}_{k2}=\frac{\partial h_2}{\partial \boldsymbol{q}}=\begin{bmatrix}2q_3 & 2q_2 & 2q_1 & 2q_0\\2q_0 & -2q_1 & -2q_2 & -2q_3\\-2q_1 & -2q_0 & 2q_3 & 2q_2\end{bmatrix} \tag{4-64}$$

以观测噪声的雅克比矩阵 $\boldsymbol{V}_{k2}$ 作为单位矩阵，观测方程经过 EKF 线性化近似，用近似参数 $\boldsymbol{H}_{k2}$ 和 $\boldsymbol{V}_{k2}$ 来计算卡尔曼增益 $\boldsymbol{K}_{k2}$，如式（4-65）所示。

$$\boldsymbol{K}_{k2}=\boldsymbol{P}_k'\boldsymbol{H}_{k2}^{\mathrm{T}}(\boldsymbol{H}_{k2}\boldsymbol{P}_k'\boldsymbol{H}_{k2}^{\mathrm{T}}+\boldsymbol{V}_{k2}\boldsymbol{R}_{k2}\boldsymbol{V}_{k2}^{\mathrm{T}})^{-1}=\boldsymbol{P}_k'\boldsymbol{H}_{k2}^{\mathrm{T}}(\boldsymbol{H}_{k2}\boldsymbol{P}_k'\boldsymbol{H}_{k2}^{\mathrm{T}}+\boldsymbol{R}_{k2})^{-1} \tag{4-65}$$

有了卡尔曼增益 $\boldsymbol{K}_{k2}$，就可以计算经过修正后的航姿估计值 $\hat{\boldsymbol{q}}_k$，如式（4-66）所示。

$$\hat{\boldsymbol{q}}_k=\hat{\boldsymbol{q}}_{k1}+\boldsymbol{K}_{k2}(z_{k2}-h_2(\hat{\boldsymbol{q}}_k')) \tag{4-66}$$

计算该估计值对应的协方差矩阵 $\boldsymbol{P}_k$，如式（4-67）所示。

$$\boldsymbol{P}_k=(\boldsymbol{I}-\boldsymbol{K}_{k2}\boldsymbol{H}_{k2})\boldsymbol{P}_{k1} \tag{4-67}$$

通过上面的分析，不难发现该算法对预测航姿依次进行了两次修正，第一次修正是利用重力信息，第二次修正是利用地磁信息。这也正是该算法的一个特色，即能灵活地工作在 6 轴或 9 轴模式下。如果传感器只提供角速度和加速度信息，那么算法在运算的过程中直接跳过第二次修正，不用进行任何系统变动就能工作。如果传感器提供角速度、加速度和磁力信息，那么算法在运算的过程中就不跳过第二次修正。

最后，在开始进行滤波之前，还需要给定初始参数 $\boldsymbol{Q}_k$、$\boldsymbol{R}_{k1}$、$\boldsymbol{R}_{k2}$ 和 $\boldsymbol{P}_0$。这里直接将这些参数进行简单取值，如式（4-68）到式（4-71）所示。

$$\boldsymbol{Q}_k=\begin{bmatrix}10^{-6}&0&0&0\\0&10^{-6}&0&0\\0&0&10^{-6}&0\\0&0&0&10^{-6}\end{bmatrix} \tag{4-68}$$

$$\boldsymbol{R}_{k1}=\begin{bmatrix}2&0&0\\0&2&0\\0&0&2\end{bmatrix} \tag{4-69}$$

$$\boldsymbol{R}_{k2}=\begin{bmatrix}1&0&0\\0&1&0\\0&0&1\end{bmatrix} \tag{4-70}$$

$$\boldsymbol{P}_0=\begin{bmatrix}0.125&0.0003&0.0003&0.0003\\0.0003&0.125&0.0003&0.0003\\0.0003&0.0003&0.125&0.0003\\0.0003&0.0003&0.0003&0.125\end{bmatrix} \tag{4-71}$$

到这里，这个算法就讲解完了。在实际工程中，该算法中的很多参数的实际取值还需要根据实际情况来定，以便达到更好的效果。本节介绍的这种 9 轴 IMU 卡尔曼滤波算法在论文［5］中被提出。由于原论文篇幅的限制，很多地方讲解得不是很详细。我在参考这篇论文的基础上，结合自己的经验和理解，对该论文中的很多地方进行了展开，并适当修改和梳理了一些公式，让大家更容易理解和学习。如果大家对我的修改和展开有疑问，可以阅读原论文做比对。

除了 EKF 和 UKF，再介绍另外一种常用的形式——ESKF[6](Error State Kalman Filter，误差状态卡尔曼滤波)。ESKF 中讨论三种状态：真实状态、标准状态和误差状态。真实状态是我们待求的理想状态，但是没办法直接获取；标准状态是用观测手段对真实状态的估计；误差状态就是真实状态与标准状态的差，即真实状态 = 标准状态 + 误差状态。

传统的卡尔曼滤波框架是对标准状态进行预测和更新，而 ESKF 是对误差状态进行预测和更新，ESKF 这样做的优点主要有下面几个。

优点 1：误差状态的最小表达在 $\Re^3$ 空间上，比传统的四元数表达空间维度要低，计算上可以避免冗余和奇异问题，并有利于参数的构建。

优点 2：误差状态的取值总是 0 附近的很小的数，在进行线性化近似处理时，可以利用取值特性很容易地忽略掉二阶展开项。

优点 3：误差状态取值总是很小，因此每次迭代的积分量不是很大，这样就不用要求系统必须在高频率的迭代下运行。

2. 互补滤波

利用卡尔曼滤波进行融合，虽然可以得到具有优良动态性能和精度的航姿，但是卡尔曼滤波每一步都需要计算噪声模型参数和误差修正增益参数，迭代过程计算量较大，在一些中低端处理系统中不易实现。这里就来介绍一种替代的方法——互补滤波，保证融合精度的同时计算量也会大大降低。

互补滤波也是采用了加权平均的思想，通过陀螺仪推算出来的航姿 $\boldsymbol{q}_1$ 和加速度计、磁力计推算出来的航姿 $\boldsymbol{q}_2$，以加权平均的方式融合得到估计的航姿 $\hat{\boldsymbol{q}}$，如式（4-72）所示。

$$\hat{\boldsymbol{q}} = \alpha \cdot \boldsymbol{q}_1 + (1-\alpha) \cdot \boldsymbol{q}_2 \tag{4-72}$$

与卡尔曼滤波相比，互补滤波中的加权系数的求解会简单很多。下面介绍业界比较有名的两种航姿融合的互补滤波算法，分别叫 Madgwick 和 Mahony。

（1）Madgwick 算法

首先利用传感器的角速度信息 ${}^{\mathrm{S}}\boldsymbol{\omega}_t = [0, \omega_x, \omega_y, \omega_z]$ 推算，可以从前一时刻航姿推算出当前时刻航姿。前一时刻航姿 ${}^{\mathrm{S}}_{\mathrm{E}}\hat{\boldsymbol{q}}_{est,\,t-1}$ 和角速度 ${}^{\mathrm{S}}\boldsymbol{\omega}_t$ 满足式（4-73）所示的微分方程，进一步利用角速度积分求出当前时刻航姿 ${}^{\mathrm{S}}_{\mathrm{E}}\boldsymbol{q}_{\omega,\,t}$，如式（4-74）所示。

$${}^{\mathrm{S}}_{\mathrm{E}}\dot{\boldsymbol{q}}_{\omega,\,t} = \frac{1}{2}\, {}^{\mathrm{S}}_{\mathrm{E}}\hat{\boldsymbol{q}}_{est,\,t-1} \otimes {}^{\mathrm{S}}\boldsymbol{\omega}_t \tag{4-73}$$

$${}^{\mathrm{S}}_{\mathrm{E}}\boldsymbol{q}_{\omega,\,t} = {}^{\mathrm{S}}_{\mathrm{E}}\hat{\boldsymbol{q}}_{est,\,t-1} + {}^{\mathrm{S}}_{\mathrm{E}}\dot{\boldsymbol{q}}_{\omega,\,t}\Delta t \tag{4-74}$$

通过加速度和磁力信息，同样可以计算出航姿 ${}^{\mathrm{S}}_{\mathrm{E}}\boldsymbol{q}_{\nabla,\,t}$。归一化的重力加速度 ${}^{\mathrm{E}}\hat{\boldsymbol{g}} = [0, 0, 0, 1]$ 通过 ${}^{\mathrm{S}}_{\mathrm{E}}\boldsymbol{q}_{\nabla,\,t}$ 投影后就是加速度计测量值 ${}^{\mathrm{S}}\hat{\boldsymbol{a}} = [0, a_x, a_y, a_z]$。同样，归一化的地磁 ${}^{\mathrm{E}}\hat{\boldsymbol{b}} = [0, b_x, 0, b_z]$ 通过 ${}^{\mathrm{S}}_{\mathrm{E}}\boldsymbol{q}_{\nabla,\,t}$ 投影后就是磁力计测量值 ${}^{\mathrm{S}}\hat{\boldsymbol{m}} = [0, m_x, m_y, m_z]$。由于测量噪声等影响，因此不能够直接通过投影关系约束直接解算航姿，但是可以利用投影约束构建优化问题，以优化求解的方式来解算航姿。归一化的重力加速度约束代价函数如式（4-75）所示，归一化的地磁约束代价函数，如式（4-76）所示。

$$f_{\mathrm{g}}({}^{\mathrm{S}}_{\mathrm{E}}\hat{\boldsymbol{q}}, {}^{\mathrm{S}}\hat{\boldsymbol{a}}) = {}^{\mathrm{S}}_{\mathrm{E}}\hat{\boldsymbol{q}}^* \otimes {}^{\mathrm{E}}\hat{\boldsymbol{g}} \otimes {}^{\mathrm{S}}_{\mathrm{E}}\hat{\boldsymbol{q}} - {}^{\mathrm{S}}\hat{\boldsymbol{a}} \tag{4-75}$$

$$f_{\mathrm{b}}({}^{\mathrm{S}}_{\mathrm{E}}\hat{\boldsymbol{q}}, {}^{\mathrm{E}}\hat{\boldsymbol{b}}, {}^{\mathrm{S}}\hat{\boldsymbol{m}}) = {}^{\mathrm{S}}_{\mathrm{E}}\hat{\boldsymbol{q}}^* \otimes {}^{\mathrm{E}}\hat{\boldsymbol{b}} \otimes {}^{\mathrm{S}}_{\mathrm{E}}\hat{\boldsymbol{q}} - {}^{\mathrm{S}}\hat{\boldsymbol{m}} \tag{4-76}$$

将这两个约束放在一起，构建一个完整的代价函数，如式（4-77）所示。

$$f_{g,b}({}^{S}_{E}\hat{\boldsymbol{q}}, {}^{S}\hat{\boldsymbol{a}}, {}^{E}\hat{\boldsymbol{b}}, {}^{S}\hat{\boldsymbol{m}}) = \begin{bmatrix} f_g({}^{S}_{E}\hat{\boldsymbol{q}}, {}^{S}\hat{\boldsymbol{a}}) \\ f_b({}^{S}_{E}\hat{\boldsymbol{q}}, {}^{E}\hat{\boldsymbol{b}}, {}^{S}\hat{\boldsymbol{m}}) \end{bmatrix} \tag{4-77}$$

通过最小化式（4-77）可以解算出航姿。梯度下降法是求代价函数最优化问题普遍使用的方法。即沿着梯度的方向，能达到代价函数的最小值或局部最小值，如式（4-78）所示。

$${}^{S}_{E}\boldsymbol{q}_{k+1} = {}^{S}_{E}\hat{\boldsymbol{q}}_{k} - \mu\frac{\nabla f}{\|\nabla f\|}, \quad k = 0,1,2,\cdots,n; \quad \nabla f = \boldsymbol{J}^{T} f \tag{4-78}$$

通常式（4-78）需要经过多步梯度下降处理才能达到期望值，显然这会消耗大量计算资源。我们可以通过设置合适的步长 μ_t，用一步梯度下降处理就达到期望值，如式（4-79）所示。

$${}^{S}_{E}\boldsymbol{q}_{\nabla,t} = {}^{S}_{E}\hat{\boldsymbol{q}}_{est,t-1} - \mu_t\frac{\nabla f}{\|\nabla f\|}, \quad \mu_t = \alpha \| {}^{S}_{E}\dot{\boldsymbol{q}}_{\omega,t} \| \Delta t, \alpha > 1 \tag{4-79}$$

利用加权平均，将从角速度计算出来的航姿 ${}^{S}_{E}\boldsymbol{q}_{\omega,t}$ 和从加速度、磁力计算出来的航姿 ${}^{S}_{E}\boldsymbol{q}_{\nabla,t}$ 进行融合，如式（4-80）所示。

$${}^{S}_{E}\boldsymbol{q}_{est,t} = \gamma_t\, {}^{S}_{E}\boldsymbol{q}_{\nabla,t} + (1-\gamma_t)\, {}^{S}_{E}\boldsymbol{q}_{\omega,t}, \quad 0 \leqslant \gamma_t \leqslant 1 \tag{4-80}$$

由角速度计算出的航姿误差可以用 $\beta\Delta t$ 衡量，而 β 是单位时间陀螺仪的零偏，计算方法如式（4-81）所示。

$$\beta = \left\| \frac{1}{2}\hat{\boldsymbol{q}} \otimes [0, \tilde{\omega}_\beta, \tilde{\omega}_\beta, \tilde{\omega}_\beta] \right\| = \sqrt{\frac{3}{4}}\tilde{\omega}_\beta \tag{4-81}$$

由加速度和磁力计算出来的航姿与梯度下降法的精度有关，因此其误差可以用梯度下降的步长 μ_t 衡量，如式（4-79）所示。根据误差越大、加权系数越小的互补原则，可以用式（4-82）所示的反比例关系求加权系数 γ_t。

$$\frac{\beta\Delta t}{\mu_t} = \frac{\gamma_t}{1-\gamma_t} \tag{4-82}$$

从式（4-79）看出，μ_t 跟 α 有关，而 α 是大于 1 且没有上界的值，即 μ_t 可以取到很大的值。而 β 是单位时间陀螺仪的零偏，是一个比较小的值。利用这个关系，可以对式（4-82）进行近似计算，得到 γ_t 的近似值，如式（4-83）所示。

$$\gamma_t = \frac{\beta}{\frac{\mu_t}{\Delta t} + \beta} \approx \frac{\beta\Delta t}{\mu_t} \approx 0 \tag{4-83}$$

将式（4-83）、式（4-79）和式（4-74）的结论代入式（4-80），可以得到结论，即式（4-84）。

$$\begin{aligned} {}^{S}_{E}\boldsymbol{q}_{est,t} &= \gamma_t\, {}^{S}_{E}\boldsymbol{q}_{\nabla,t} + (1-\gamma_t)\, {}^{S}_{E}\boldsymbol{q}_{\omega,t} \\ &= \gamma_t\left({}^{S}_{E}\hat{\boldsymbol{q}}_{est,t-1} - \mu_t\frac{\nabla f}{\|\nabla f\|} \right) + (1-\gamma_t)({}^{S}_{E}\hat{\boldsymbol{q}}_{est,t-1} + {}^{S}_{E}\dot{\boldsymbol{q}}_{\omega,t}\Delta t) \end{aligned} \tag{4-84}$$

$$= 0 \cdot {}^{\mathrm{S}}_{\mathrm{E}}\hat{\boldsymbol{q}}_{est,\,t-1} - \gamma_t \mu_t \frac{\nabla f}{\|\nabla f\|} + (1-0)({}^{\mathrm{S}}_{\mathrm{E}}\hat{\boldsymbol{q}}_{est,\,t-1} + {}^{\mathrm{S}}_{\mathrm{E}}\dot{\boldsymbol{q}}_{\omega,\,t}\Delta t)$$

$$= -\beta \Delta t \frac{\nabla f}{\|\nabla f\|} + {}^{\mathrm{S}}_{\mathrm{E}}\hat{\boldsymbol{q}}_{est,\,t-1} + {}^{\mathrm{S}}_{\mathrm{E}}\dot{\boldsymbol{q}}_{\omega,\,t}\Delta t$$

为了计算方便，将式（4-84）整理成下面式（4-85）、式（4-86）和式（4-87）三个式子。

$${}^{\mathrm{S}}_{\mathrm{E}}\dot{\hat{\boldsymbol{q}}}_{\in,\,t} = \frac{\nabla f}{\|\nabla f\|} \tag{4-85}$$

$${}^{\mathrm{S}}_{\mathrm{E}}\dot{\boldsymbol{q}}_{est,\,t} = {}^{\mathrm{S}}_{\mathrm{E}}\dot{\boldsymbol{q}}_{\omega,\,t} - \beta\, {}^{\mathrm{S}}_{\mathrm{E}}\dot{\hat{\boldsymbol{q}}}_{\in,\,t} \tag{4-86}$$

$${}^{\mathrm{S}}_{\mathrm{E}}\boldsymbol{q}_{est,\,t} = {}^{\mathrm{S}}_{\mathrm{E}}\hat{\boldsymbol{q}}_{est,\,t-1} + {}^{\mathrm{S}}_{\mathrm{E}}\dot{\boldsymbol{q}}_{est,\,t}\Delta t \tag{4-87}$$

其实到这里，就可以按照式（4-85）、式（4-86）和式（4-87）三个式子进行计算，求出融合后的航姿了。为了进一步提高融合的精度，还可以对磁力和角速度的计算进行一些修正。利用地磁约束构建的代价函数（参见式（4-76）），需要给出先验地磁信息 ${}^{\mathrm{E}}\hat{\boldsymbol{b}} = [0, b_x, 0, b_z]$ 的值。由于环境铁介质和电磁干扰等因素的存在，环境中的地磁 ${}^{\mathrm{E}}\hat{\boldsymbol{b}} = [0, b_x, 0, b_z]$ 显然不是固定值，用实时预估的地磁值来替换固定的地磁值，可以提高系统的精度。由于前后时刻的航姿变化比较小，可以用前一时刻航姿 ${}^{\mathrm{S}}_{\mathrm{E}}\hat{\boldsymbol{q}}_{est,\,t-1}$ 将磁力计的测量值 ${}^{\mathrm{S}}\hat{\boldsymbol{m}}_t$ 反投影，如式（4-88）所示。之后将反投影得到的磁力中的 x 轴和 y 轴的分量合成到 x 轴上，作为修正后的先验地磁信息，如式（4-89）所示。

$$[0, h_x, h_y, h_z] = {}^{\mathrm{S}}_{\mathrm{E}}\hat{\boldsymbol{q}}_{est,\,t-1} \otimes {}^{\mathrm{S}}\hat{\boldsymbol{m}}_t \otimes {}^{\mathrm{S}}_{\mathrm{E}}\hat{\boldsymbol{q}}^*_{est,\,t-1} \tag{4-88}$$

$${}^{\mathrm{E}}\hat{\boldsymbol{b}}_t = \left[0, \sqrt{h_x^2 + h_y^2}, 0, h_z\right] \tag{4-89}$$

在式（4-73）和式（4-74）中用角速度计算航姿时，角速度 ${}^{\mathrm{S}}\boldsymbol{\omega}_t = [0, \omega_x, \omega_y, \omega_z]$ 会存在零偏，可以对零偏进行修正，提高计算精度。这里利用误差反馈的思想对角速度进行修正，反馈来源于最终输出航姿的误差量，具体计算如式（4-90）、式（4-91）和式（4-92）所示。

$${}^{\mathrm{S}}\boldsymbol{\omega}_{\in,\,t} = 2\, {}^{\mathrm{S}}_{\mathrm{E}}\hat{\boldsymbol{q}}^*_{est,\,t-1} \otimes {}^{\mathrm{S}}_{\mathrm{E}}\dot{\hat{\boldsymbol{q}}}_{\in,\,t} \tag{4-90}$$

$${}^{\mathrm{S}}\boldsymbol{\omega}_{b,\,t} = \zeta \sum_t {}^{\mathrm{S}}\boldsymbol{\omega}_{\in,\,t}\Delta t \tag{4-91}$$

$${}^{\mathrm{S}}\boldsymbol{\omega}_{c,\,t} = {}^{\mathrm{S}}\boldsymbol{\omega}_t - {}^{\mathrm{S}}\boldsymbol{\omega}_{b,\,t} \tag{4-92}$$

其中式（4-92）中的 ζ 是反馈增益系数，通过式（4-93）来计算。

$$\zeta = \sqrt{\frac{3}{4}}\tilde{\dot{\omega}}_\zeta \tag{4-93}$$

到这里，Madgwick 算法的整个分析就讲完了。一旦确定好系统的滤波增益系数 β 和 ζ，系统就可以对角速度、加速度和磁力的 9 轴数据进行融合，并输出当前融合的航姿，整个滤波过程如图 4-33 所示。

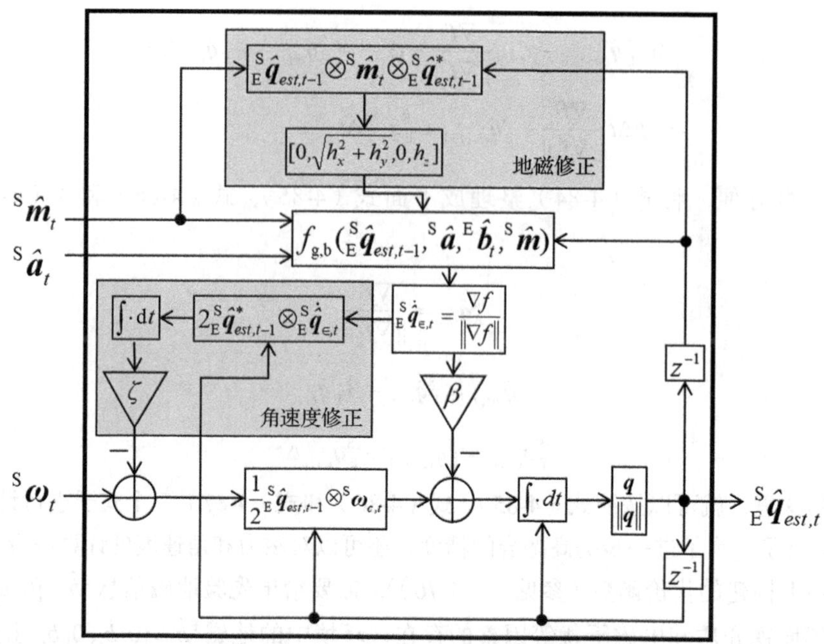

图 4-33 Madgwick 算法具体实现

Madgwick 算法在论文［7］中提出。由于原论文篇幅的限制，因此很多地方讲解得不是很详细。我在参考这篇论文的基础上，结合自己的经验和理解，对该论文中的很多地方进行了展开，并适当修改和梳理了一些公式，让大家更容易理解和学习。如果大家对我的修改和展开有疑问，可以阅读原论文进行比对。

Madgwick 算法需要预先给定滤波增益参数 β 和 ζ。但是在高动态的应用场景，预先给定的固定值增益参数就不适应系统的要求了。于是便有了 Madgwick 算法的改进形式[8]，改进算法中增益是自适应的，增益参数随系统动态调整，滤波效果更好。Madgwick 算法及其改进算法在开源项目 imu_tools 中有具体的代码实现㊀，感兴趣的读者可以阅读。

（2）Mahony 算法

Mahony 算法是 Madgwick 算法的工程简化版本，两者相比，Mahony 算法消耗更小的计算资源，而 Madgwick 算法的融合误差更小一些。Mahony 算法利用航姿反馈、加速度和磁力计算系统反馈总误差，通过 PI（Proportional Integral，比例积分）控制的方式，利用反馈总误差修正角速度输入值，最后利用修正后的角速度推算出航姿，如图 4-34 所示。

通过对比图 4-33 和图 4-34，不难发现两者的系统框图基本相同。只不过 Mahony 算法将 Madgwick 中的很多计算步骤直接用 PI 控制步骤代替了，虽然这样做对融合的精度有影响，但实现起来更容易。下面就对 Mahony 算法的实现步骤进行解析，实现步骤直接参考了程序源码的实现过程。

系统的输入为磁力计测量值 $[m_x, m_y, m_z]^{\mathrm{T}}$、加速度计测量值 $[a_x, a_y, a_z]^{\mathrm{T}}$ 和陀螺仪测量值 $[\omega_x, \omega_y, \omega_z]^{\mathrm{T}}$，系统的输出是融合得到的航姿 ${}_{\mathrm{E}}^{\mathrm{S}}\boldsymbol{q}_t = [q_0, (q_1, q_2, q_3)]^{\mathrm{T}}$。

㊀ 参见 http://www.github.com/ccny-ros-pkg/imu_tools。

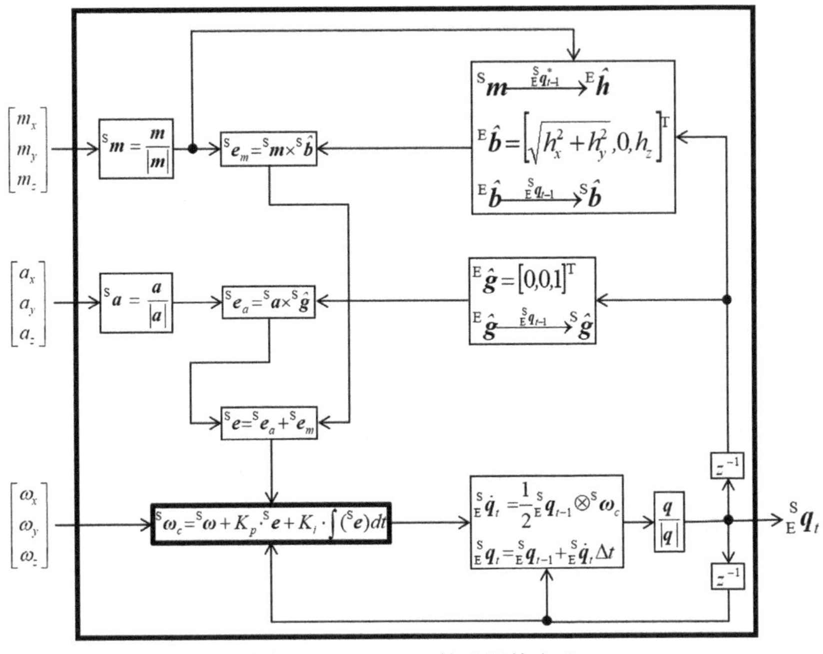

图 4-34　Mahony 算法具体实现

我们需要先对输入的磁力计测量值和加速度计测量值进行归一化，如式（4-94）和式（4-95）所示。

$$
{}^{S}\boldsymbol{m}=\frac{\boldsymbol{m}}{|\boldsymbol{m}|}=\begin{bmatrix}\dfrac{m_x}{\sqrt{m_x^2+m_y^2+m_z^2}}\\ \dfrac{m_y}{\sqrt{m_x^2+m_y^2+m_z^2}}\\ \dfrac{m_z}{\sqrt{m_x^2+m_y^2+m_z^2}}\end{bmatrix} \tag{4-94}
$$

$$
{}^{S}\boldsymbol{a}=\frac{\boldsymbol{a}}{|\boldsymbol{a}|}=\begin{bmatrix}\dfrac{a_x}{\sqrt{a_x^2+a_y^2+a_z^2}}\\ \dfrac{a_y}{\sqrt{a_x^2+a_y^2+a_z^2}}\\ \dfrac{a_z}{\sqrt{a_x^2+a_y^2+a_z^2}}\end{bmatrix} \tag{4-95}
$$

利用反馈回来的航姿信息 ${}_{E}^{S}\boldsymbol{q}_{t-1}$，将归一化磁力计测量 ${}^{S}\boldsymbol{m}$ 从传感器坐标系 S 反投影为世界坐标系 E 中的 ${}^{E}\hat{\boldsymbol{h}}$，如式（4-96）所示，并将反投影得到的磁力中的 x 轴和 y 轴的分量合成到 x 轴上，最后就得到地磁先验信息 ${}^{E}\hat{\boldsymbol{b}}$，如式（4-97）所示。这就是上面 Madgwick 算法中提到的磁力修正过程，用实时预估的地磁值来替换固定的地磁值，这里不再赘述。进一步，用航姿信息 ${}_{E}^{S}\boldsymbol{q}_{t-1}$，将先验地磁信息 ${}^{E}\hat{\boldsymbol{b}}$ 从世界坐标系 E 投影为传感器坐标系 S 中的

${}^{\mathrm{S}}\hat{\boldsymbol{b}}$，如式（4-98）所示。

$$
{}^{\mathrm{E}}\hat{\boldsymbol{h}}=\begin{bmatrix}h_x\\h_y\\h_z\end{bmatrix}=\begin{bmatrix}{}^{\mathrm{S}}m_x(1-2q_2^2-2q_3^2)+{}^{\mathrm{S}}m_y(2q_1q_2-2q_0q_3)+{}^{\mathrm{S}}m_z(2q_1q_3+2q_0q_2)\\{}^{\mathrm{S}}m_x(2q_1q_2+2q_0q_3)+{}^{\mathrm{S}}m_y(1-2q_1^2-2q_3^2)+{}^{\mathrm{S}}m_z(2q_2q_3-2q_0q_1)\\{}^{\mathrm{S}}m_x(2q_1q_3-2q_0q_2)+{}^{\mathrm{S}}m_y(2q_2q_3+2q_0q_1)+{}^{\mathrm{S}}m_z(1-2q_1^2-2q_2^2)\end{bmatrix}\tag{4-96}
$$

$$
{}^{\mathrm{E}}\hat{\boldsymbol{b}}=\begin{bmatrix}b_x\\b_y\\b_z\end{bmatrix}=\begin{bmatrix}\sqrt{h_x^2+h_y^2}\\0\\h_z\end{bmatrix}\tag{4-97}
$$

$$
{}^{\mathrm{S}}\hat{\boldsymbol{b}}=\begin{bmatrix}b_x(1-2q_2^2-2q_3^2)+b_z(2q_1q_3-2q_0q_2)\\b_x(2q_1q_2-2q_0q_3)+b_z(2q_0q_1+2q_2q_3)\\b_x(2q_0q_2+2q_1q_3)+b_z(1-2q_1^2-2q_2^2)\end{bmatrix}\tag{4-98}
$$

将从传感器直接测量得到的 ${}^{\mathrm{S}}\boldsymbol{m}$ 与上面计算出的 ${}^{\mathrm{S}}\hat{\boldsymbol{b}}$ 做叉乘，就得到磁力计提供的误差反馈 ${}^{\mathrm{S}}\boldsymbol{e}_m$，如式（4-99）所示。

$$
{}^{\mathrm{S}}\boldsymbol{e}_m={}^{\mathrm{S}}\boldsymbol{m}\times{}^{\mathrm{S}}\hat{\boldsymbol{b}}=\begin{bmatrix}{}^{\mathrm{S}}m_y\,{}^{\mathrm{S}}\hat{b}_z-{}^{\mathrm{S}}m_z\,{}^{\mathrm{S}}\hat{b}_y\\{}^{\mathrm{S}}m_z\,{}^{\mathrm{S}}\hat{b}_x-{}^{\mathrm{S}}m_x\,{}^{\mathrm{S}}\hat{b}_z\\{}^{\mathrm{S}}m_x\,{}^{\mathrm{S}}\hat{b}_y-{}^{\mathrm{S}}m_y\,{}^{\mathrm{S}}\hat{b}_x\end{bmatrix}\tag{4-99}
$$

同样的方式，计算加速度计提供的误差反馈 ${}^{\mathrm{S}}\boldsymbol{e}_a$。由于先验重力信息很稳定，所以不需要像上面先验地磁信息那样进行修正，直接选用常数值就行了，归一化重力加速度如式（4-100）所示。

$$
{}^{\mathrm{E}}\hat{\boldsymbol{g}}=\begin{bmatrix}0\\0\\1\end{bmatrix}\tag{4-100}
$$

用航姿信息 ${}^{\mathrm{S}}_{\mathrm{E}}\boldsymbol{q}_{t-1}$ 将重力先验信息 ${}^{\mathrm{E}}\hat{\boldsymbol{g}}$ 从世界坐标系 E 投影为传感器坐标系 S 中的 ${}^{\mathrm{S}}\hat{\boldsymbol{g}}$，如式（4-101）所示。

$$
{}^{\mathrm{S}}\hat{\boldsymbol{g}}=\begin{bmatrix}2q_1q_3-2q_0q_2\\2q_0q_1+2q_2q_3\\1-2q_1^2-2q_2^2\end{bmatrix}\tag{4-101}
$$

将从传感器直接测量得到的 ${}^{\mathrm{S}}\boldsymbol{a}$ 与上面计算出的 ${}^{\mathrm{S}}\hat{\boldsymbol{g}}$ 做叉乘，就是加速度计提供的误差反馈 ${}^{\mathrm{S}}\boldsymbol{e}_a$，如式（4-102）所示。

$$
{}^{\mathrm{S}}\boldsymbol{e}_a={}^{\mathrm{S}}\boldsymbol{a}\times{}^{\mathrm{S}}\hat{\boldsymbol{g}}=\begin{bmatrix}{}^{\mathrm{S}}a_y\,{}^{\mathrm{S}}\hat{g}_z-{}^{\mathrm{S}}a_z\,{}^{\mathrm{S}}\hat{g}_y\\{}^{\mathrm{S}}a_z\,{}^{\mathrm{S}}\hat{g}_x-{}^{\mathrm{S}}a_x\,{}^{\mathrm{S}}\hat{g}_z\\{}^{\mathrm{S}}a_x\,{}^{\mathrm{S}}\hat{g}_y-{}^{\mathrm{S}}a_y\,{}^{\mathrm{S}}\hat{g}_x\end{bmatrix}\tag{4-102}
$$

将 ${}^{\mathrm{S}}\boldsymbol{e}_m$ 和 ${}^{\mathrm{S}}\boldsymbol{e}_a$ 加起来就是总误差反馈 ${}^{\mathrm{S}}\boldsymbol{e}$，如式（4-103）所示。同时通过积分计算 ${}^{\mathrm{S}}\boldsymbol{e}$ 的积分值，如式（4-104）所示。

$$
{}^{\mathrm{S}}\boldsymbol{e}={}^{\mathrm{S}}\boldsymbol{e}_m+{}^{\mathrm{S}}\boldsymbol{e}_a\tag{4-103}
$$

$$\Sigma({}^{\mathrm{S}}\boldsymbol{e}) = \Sigma({}^{\mathrm{S}}\boldsymbol{e}) + K_i \cdot {}^{\mathrm{S}}\boldsymbol{e} \cdot \Delta t \tag{4-104}$$

然后通过 PI 控制的方式，利用误差反馈修正角速度输入值，如式（4-105）所示。

$${}^{\mathrm{S}}\boldsymbol{\omega}_c = {}^{\mathrm{S}}\boldsymbol{\omega} + K_p \cdot {}^{\mathrm{S}}\boldsymbol{e} + \Sigma({}^{\mathrm{S}}\boldsymbol{e}) \tag{4-105}$$

接着，利用前一时刻的航姿 ${}^{\mathrm{S}}_{\mathrm{E}}\boldsymbol{q}_{t-1}$ 和修正后的角速度 ${}^{\mathrm{S}}\boldsymbol{\omega}_c$ 推导当前时刻航姿 ${}^{\mathrm{S}}_{\mathrm{E}}\boldsymbol{q}_t$，如式（4-106）所示。

$$\begin{bmatrix} q_0 \\ q_1 \\ q_2 \\ q_3 \end{bmatrix} = \begin{bmatrix} q_0 \\ q_1 \\ q_2 \\ q_3 \end{bmatrix} + \frac{1}{2} \begin{bmatrix} -q_1 \cdot {}^{\mathrm{S}}\omega_{c,x} - q_2 \cdot {}^{\mathrm{S}}\omega_{c,y} - q_3 \cdot {}^{\mathrm{S}}\omega_{c,z} \\ q_0 \cdot {}^{\mathrm{S}}\omega_{c,x} + q_2 \cdot {}^{\mathrm{S}}\omega_{c,z} - q_3 \cdot {}^{\mathrm{S}}\omega_{c,y} \\ q_0 \cdot {}^{\mathrm{S}}\omega_{c,y} - q_1 \cdot {}^{\mathrm{S}}\omega_{c,z} + q_3 \cdot {}^{\mathrm{S}}\omega_{c,x} \\ q_0 \cdot {}^{\mathrm{S}}\omega_{c,z} + q_1 \cdot {}^{\mathrm{S}}\omega_{c,y} - q_2 \cdot {}^{\mathrm{S}}\omega_{c,x} \end{bmatrix} \Delta t \tag{4-106}$$

最后，将得到的航姿四元数归一化，就可以作为融合结果输出了，如式（4-107）所示。

$${}^{\mathrm{S}}_{\mathrm{E}}\boldsymbol{q}_t = \frac{\boldsymbol{q}}{|\boldsymbol{q}|} = \begin{bmatrix} \dfrac{q_0}{\sqrt{q_0^2+q_1^2+q_2^2+q_3^2}} \\ \dfrac{q_1}{\sqrt{q_0^2+q_1^2+q_2^2+q_3^2}} \\ \dfrac{q_2}{\sqrt{q_0^2+q_1^2+q_2^2+q_3^2}} \\ \dfrac{q_3}{\sqrt{q_0^2+q_1^2+q_2^2+q_3^2}} \end{bmatrix} \tag{4-107}$$

到这里，Mahony 算法的计算步骤就讲完了。系统中的 K_p 和 K_i 是 PI 控制的参数，需要在实际运行中进行参数整定。这里只对 Mahony 算法的实现过程进行了分析，关于 Mahony 算法的数学推导证明过程不做讲解。想深入研究的朋友，可以阅读原论文［9］。如果要研究 Mahony 算法的数学理论过程，还可以阅读 Mahony 算法源代码[㊀]。

4.2　激光雷达

每当说起雷达，很多人可能想到的就是军事领域探测敌机那种庞然大物。其实，雷达是指利用探测介质探测物体距离的设备，比如无线电测距雷达、激光测距雷达、超声波测距雷达等，如图 4-35 所示。由于激光具有很好的抗干扰性和直线传播特性，因此激光测距具有很高的精度。基于激光测距原理的激光雷达，测距精度往往可以达到厘米级或毫米级，广泛应用于机器人导航避障、无人驾驶汽车、环境结构建模、安防、智能交互等领域。

激光雷达测距方式主要是三角测距和 TOF（Time of Fly，飞行时间）测距两种，三角测距实现起来简单，TOF 测距精度高。激光探头需要旋转起来，形成对更广泛范围的扫描探测。根据激光探头发出激光束的数量，可以分为单线激光雷达和多线激光雷达。还有一些非常规的激光雷达，比如固态激光雷达、单线多自由度旋转激光雷达、面激光束雷达等。

㊀　参见 http://www.github.com/PaulStoffregen/MahonyAHRS。

在将激光雷达应用到我们的机器人项目中时，需要根据应用场景选择合适型号的激光雷达。在软件层面上，通常是在上位机电脑上运行 ROS 驱动程序获取雷达扫描数据，对扫描数据进行滤波等必要的数据处理，最后扫描数据就交给上层的建图、避障、导航等算法进行运算。激光雷达数据与轮式里程计、IMU 等进行多传感器融合，往往可以达到更好的效果。

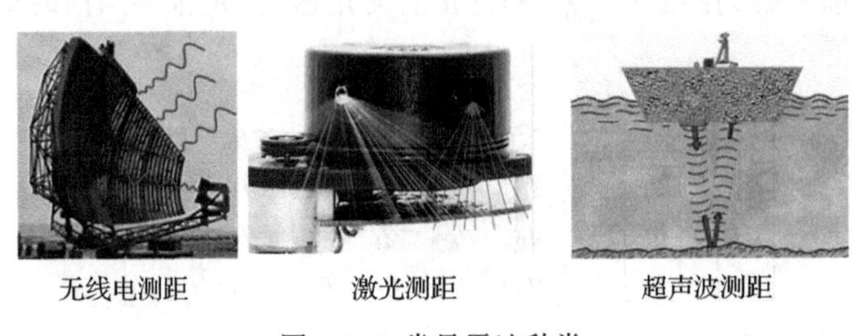

图 4-35　常见雷达种类

4.2.1　工作原理

本节从测距和扫描两方面来讨论激光雷达原理，测距原理介绍三角测距和 TOF 测距两种方法，扫描原理介绍单线激光雷达、多线激光雷达等。

1. 测距原理

（1）三角测距

三角测距如图 4-36 所示，激光器发射一束激光，被物体 A 反射后，照射到图像传感器的 A′位置，这样就形成了一个三角形，通过解算可以求出物体 A 到激光器的距离。激光束被不同距离的物体反射后，形成不同的三角形。我们不难发现随着物体距离不断变远，反射激光在图像传感器上的位置变化会越来越小，也就是越来越难以分辨。这正是三角测距的一大缺点，物体距离越远，测距误差越大。

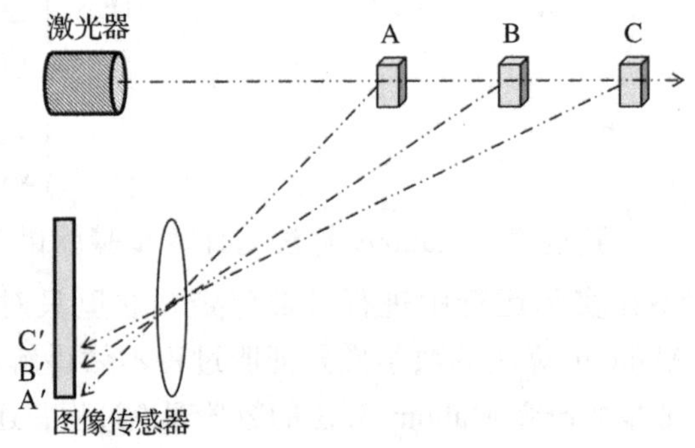

图 4-36　三角测距

（2）TOF 测距

TOF 测距如图 4-37 所示，激光器发出激光时，计时器开始计时，接收器接收到反射回来的激光时，计时器停止计时，得到激光传播的时间后，基于光速一定这个条件，可以很容易计算出激光器到障碍物的距离。由于光速传播太快了，要获取精确的传播时间太难了。所以这种激光雷达自然而然成本也会高很多，但是其测距精度很高。

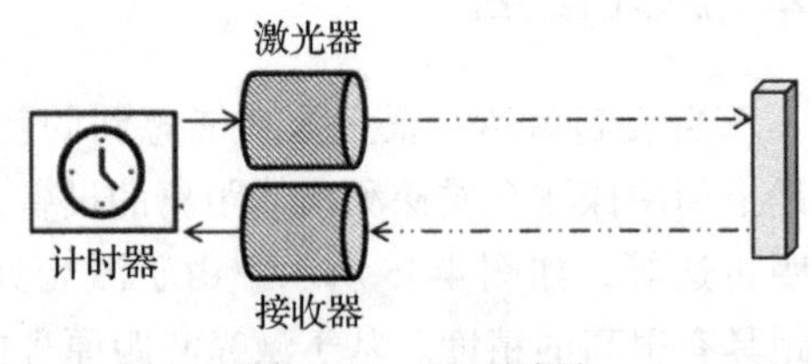

图 4-37　TOF 测距

2. 扫描原理

上面介绍测距原理时，只是单个激光器，也就是说只能扫描单个点，这个装置也叫单线激光测距模组。激光雷达中，将单线激光测距模组安装到旋转机构中，就能对环境进行多点扫描如图 4-38 所示。激光雷达中的旋转机构需要考虑的关键问题是通信与供电问题，这也直接决定了激光雷达的性能和寿命。因为激光测距模组处于旋转状态，所以模组不能直接用导线与底座连接，行业内一般用滑环或光磁耦合实现连接。滑环是机械式的触点，旋转过程中触点始终保持接触，实现电路的连接导通，缺点是使用久了会磨损，机械触点也会导致旋转发出很多噪音。光磁耦合不需要接触式的连接，模组与底座通过电磁感应进行电能输送，另外模组和底座之间有一一对应的发光二极管和光接收二极管用于光通信，当然这种连接方案成本会更高。

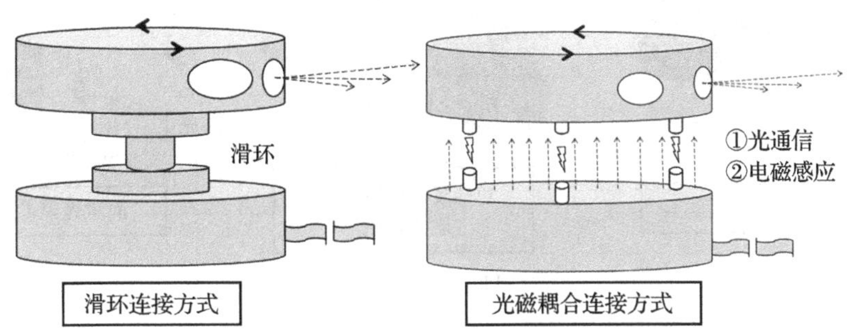

图 4-38　测距模组旋转机构

（1）单线激光雷达

单线激光模组和旋转机构构成了单线激光雷达，单线激光雷达扫描点通常处在同一平面上的 360 度范围内，因此也叫 2D 激光雷达。其扫描点如图 4-39 所示。

图 4-39　单线激光雷达扫描点[㊀]

（2）多线激光雷达

单线激光雷达只能扫描同一平面上的障碍信息，也就是环境的某一个横截面的轮廓，这样扫描的数据信息很有限。在垂直方向同时发射多束激光，再结合旋转机构，就能扫描多个横截面的轮廓，这就是多线激光雷达，也叫 3D 激光雷达。其扫描点如图 4-40 所示。

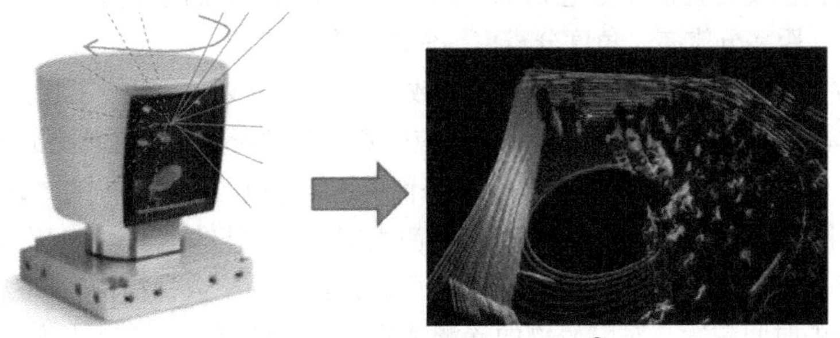

图 4-40　多线激光雷达扫描点[㊁]

㊀ 参见 https://ydlidar.cn。

㊁ 参见 https://velodynelidar.com。

（3）其他激光雷达

除了上面常见的单线激光雷达和多线激光雷达，还有一些特殊的激光雷达，比如固态激光雷达、单线多自由度旋转激光雷达、面激光束雷达等，如图 4-41 所示。

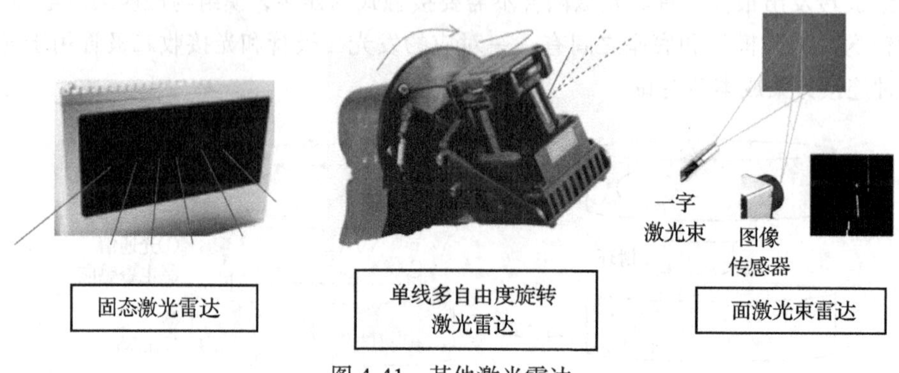

图 4-41 其他激光雷达

固态激光雷达的扫描不需要机械旋转部件，而是用微机电系统、光学相控阵、脉冲成像等技术替代。固态激光雷达的优点是结构简单、体积小、扫描精度高、扫描速度快等，缺点是扫描角度有限、核心部件加工难度大、生产昂贵等。

单线激光雷达能够扫描一个截面上的障碍点信息，如果将单线激光雷达安装到云台上，单线激光雷达原来的扫描平面在云台旋转带动下就能扫描三维空间的障碍点信息，这就是单线多自由度旋转激光雷达。由于激光模组在多自由度下旋转扫描，同一帧中的扫描点存在时间不同步的问题。在激光测距模组本身的测距频率一定的条件下，多轴旋转使得扫描点的空间分布变得更加稀疏。

与多线激光雷达类似，面激光束雷达可以用一字激光束扫描，然后加旋转机构，就可以扫描三维空间的障碍点信息。多线激光雷达可以看成面束激光的离散形式，经障碍物反射回来的成像图案也是离散形式，离散出来的多个激光束更稳定、更易于分辨。不同的是，面束激光扫描点更稠密，包含的障碍信息更多，不过稳定性会差一些。

4.2.2 性能参数

理解激光雷达的性能参数是挑选和使用激光雷达的前提。常用的单线激光雷达和多线激光雷达，它们主要的性能参数包括以下几个：激光线数、测距频率、扫描频率、测距量程、扫描角度、距离分辨率、角度分辨率、使用寿命。

激光线数是指测距模组发射激光束的个数，一般有单线、16 线、32 线、64 线、128 线等。激光线数越多，扫描到的信息越多，相应的数据处理所消耗的计算资源也将更大。

测距频率也叫测距模组的采样率，是指每秒模组能完成的测距操作的次数。采样率越高，对雷达硬件的性能要求也越高。一般的低成本激光雷达，都能够达到 4kHz 及以上的采样率。

扫描频率是指带动测距模组旋转的电机每秒钟转过的圈数，扫描频率越高，获取一圈扫描点数据帧的时间越短，对障碍物的探测和避让实时性更好。简单点说就是机器人以很快速度前进，在当前扫描数据帧和下一个时刻扫描数据帧的间隔时间内，机器人由于没有实时的扫描数据作为参考，因此很可能就会碰撞到突然出现的障碍物。激光雷达的扫描频率是制约机器人移动速度和无人驾驶汽车移动速度的关键瓶颈之一，为了尽量避免激光雷达扫描实时性不足的问题，机器人一般以较低速度运行也就不难理解了。

测距量程是对障碍物能有效探测的范围，只有落在量程范围内的障碍物才能被探测到。一般的低成本激光雷达，量程都在 0.15 ～ 10m 之间，小于量程下限值的范围就是盲区，大于量程上限值的范围就是超量程区域。盲区当然是越小越好，降低机器人在近距离接触障碍物时的碰撞风险，通常机器人会在必要部位安装其他避障传感器来弥补激光雷达的盲区问题。在超量程区域的障碍物无法被探测或者可以探测但误差很大，所以，在比较开阔的环境下应该采用大量程的雷达。

扫描角度也可以说是雷达的探测视野，通常都是 360° 全方位的探测视野。不过有一些激光雷达由于构造的原因，有一些角度范围被外壳等结构遮挡，所以探测视野会是 270° 或 180° 之类的。当然绝大多数激光雷达都支持在软件上对扫描角度参数进行设置，用户可以很方便的选择需要的扫描角度范围。比如，当激光雷达被安装在机器人的正前方时，由于雷达后面的视野完全被遮挡了，所以有效的数据只有前面视野部分，将雷达的扫描角度设置成 180° 就很有必要，这样既能去除被遮挡区域的无效数据，又能因数据量的减少而加快算法运算效率。

距离分辨率也就是测距精度，测距精度越高当然越有利于机器人的导航避障。基于三角测距原理的雷达，测距精度在厘米级，一般的低成本激光雷达是 5cm 左右的精度。三角测距的雷达，精度随测量距离增大而增大，也就是说更远距离处的障碍物探测的准确度越低，这也是三角测距的典型缺点。基于 TOF 测距原理的雷达，测距精度可达毫米级，当然价格也更高。

角度分辨率就是两个相邻扫描点之间的夹角，由于雷达是通过旋转进行扫描的，随着距离增加，点云会越来越稀疏。如果角度分辨率比较低，在扫描远距离物体时只能得到非常稀疏的几个点云，这样的点云基本上没有什么用处了。角度分辨率由测距频率和扫描频率决定，计算如式（4-108）所示。一般测距频率为常数值（由测距模组特性决定），那么可以通过降低扫描频率来改变角度分辨率，也就是说雷达转得越慢，扫描出来的点云越稠密，但雷达的实时性也越差，所以这是一个权衡的过程，根据实际情况做选择。

$$\text{角度分辨率} = \frac{\text{扫描频率} \times 360^\circ}{\text{测距频率}} \tag{4-108}$$

使用寿命也是雷达的重要指标，采用机械滑环连接的激光雷达连续工作寿命只有几个月，而采用光磁耦合连接的激光雷达连续工作寿命可长达几年时间。滑环结构的雷达寿命短，价格也便宜，光磁耦合的雷达寿命长，价格也高一些，所以这也是一个权衡的过程。

为了方便大家挑选雷达用于自己的机器人项目开发，这里列举一些市面上常见的激光雷达型号以供大家选择，如表 4-8 所示。

表 4-8　常见激光雷达型号

公司	型号
德国 SICK	LMS111、LMS151、TIM561
日本 HOKUYO	URG-04LX、UST-10LX、UTM-30LX
美国 Velodyne	VLP-16、VLP-32C、HDL-64E、VLS-128
上海思岚科技	RPLIDAR-A1、RPLIDAR-A2、RPLIDAR-A3

（续）

公司	型号
深圳市镭神智能	LS01A、LS01D、LS01E、LS01B
深圳玩智商科技	YDLIDAR-G4、YDLIDAR-X4、YDLIDAR-X2
大族激光	3i-LIDAR-Delta2B、3i-LIDAR-Delta3
速腾聚创	RS-LiDAR-16、RS-LiDAR-32、RS-Ruby

4.2.3　数据处理

选择合适的雷达安装到自己的机器人上之后，运行雷达厂家提供的 ROS 驱动程序，就可以通过 ROS 获取雷达的数据了。有时候雷达数据会受到一些干扰，需要经过一些简单的滤波处理。由于雷达是通过旋转进行扫描，所以扫描数据点会因机器人自身移动而产生偏差，这就是要讨论的时间同步问题。

1. 上位机 ROS 驱动程序

将装配到机器人上的激光雷达用串口或网口与上位机进行连接，上位机一般会运行 Ubuntu 和 ROS 系统，ROS 解析雷达传回来的数据并将结果发布到 ROS 话题 /scan 之中，这样上位机上的其他 ROS 程序就可以通过订阅该话题来获取雷达数据了，如图 4-42 所示。ROS 中话题 /scan 的标准数据格式有 LaerScan、MultiEchoLaserScan、PointCloud2 等格式[1]，具体请参考 ROS 官方文档。

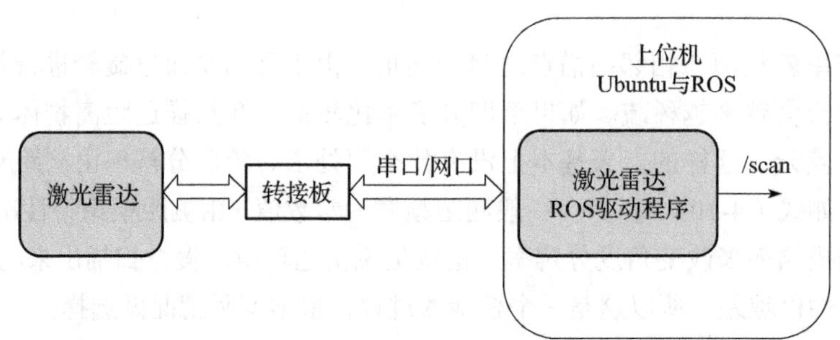

图 4-42　上位机 ROS 驱动程序

2. 扫描点处理

通过驱动程序获取到激光雷达的扫描数据后，一般要对数据进行一些必要的预处理。单线激光雷达在 ROS 中发布的数据格式通常是 LaserScan 类型，多线激光雷达在 ROS 中发布的数据格式通常是 PointCloud2 类型，下面分别讨论这两种扫描点的处理方式。

（1）单线激光雷达

单线激光雷达在 ROS 中发布的数据格式通常是 LaserScan 类型，其实就是用极坐标的方式表示扫描点的坐标值。单线激光雷达的数据处理相对容易，比如过滤掉特定范围内的无效点、扫描角度范围截取、插值等。得益于强大的 ROS 开源社区，可以使用社区中已有的功能包 laser_filters[2]对 LaserScan 类型的雷达数据进行处理，表 4-9 是功能包 laser_filters

---

[1] 参见 http://docs.ros.org/api/sensor_msgs/html/msg/LaserScan.html、http://docs.ros.org/api/sensor_msgs/html/msg/MultiEchoLaserScan.html 和 http://docs.ros.org/api/sensor_msgs/html/msg/PointCloud2.html。

[2] 参见 https://github.com/ros-perception/laser_filters。

中包含的滤波函数。当然如果还需对雷达数据做特殊的处理，可以自己编写处理代码。

表 4-9　功能包 laser_filters 中包含的滤波函数

函数名	描述
LaserArrayFilter	将雷达数据存入数组，便于后续处理
ScanShadowsFilter	滤除因自身遮挡而产生的干扰数据
InterpolationFilter	在可信任的扫描点之间插值
LaserScanIntensityFilter	滤除在设定强度阈值之外的数据
LaserScanRangeFilter	滤除在设定距离范围之外的数据
LaserScanAngularBoundsFilter	滤除在设定扫描角度范围之外的数据
LaserScanAngularBoundsFilterInPlace	滤除在设定扫描角度范围之内的数据
LaserScanBoxFilter	滤除在设定区域范围之内的数据

（2）多线激光雷达

PCL（Point Cloud Library，点云库）是处理点云数据非常有名的工具。我们都知道可以用 OpenCV 对二维图像进行滤波、空间变换、特征提取等操作，同样，利用 PCL 对三维点云进行这些处理就不难理解了。PCL 中包含点云滤波、特征点提取、点云配准、点云分割、点云曲面重建等操作，由于本节内容是介绍激光雷达硬件知识，所以 PCL 部分知识就不展开了，想深入了解 PCL 的知识可以参考文献［10］。

3. 扫描点的时间同步

前面已经介绍过三角测距和 TOF 测距两种激光雷达的测距方法，不管用哪种测距方法，测距模组都需要安装到旋转机构上，通过旋转完成对环境的扫描。由于激光雷达安装在机器人上，当机器人移动时，激光雷达自身的旋转扫描就会受到影响。当机器人静止时，激光雷达旋转一圈扫描到的点序列都是以机器人当前静止位置作为参考的，激光雷达的测距误差仅来自测距方法本身。而当机器人处于移动状态时，因为激光雷达并不知道自身处于移动状态，所以激光雷达旋转一圈扫描到的点序列依然是以该帧时间戳时刻的机器人位置为参考，显然激光雷达的测距误差除了来自测距方法本身外，还来自机器人运动产生的畸变。为了说明这种雷达的运动畸变，这里举两个极端的例子来说明，如图 4-43 所示。

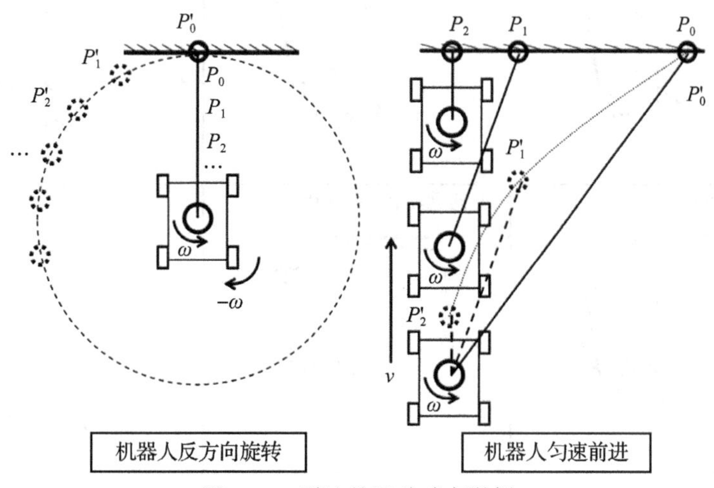

图 4-43　雷达的运动畸变举例

例如，当机器人以雷达相同大小的角速度反方向旋转时，雷达一帧扫描点 $\{\boldsymbol{P}_0, \boldsymbol{P}_1, \boldsymbol{P}_2, \cdots\}$ 其实是对 $\boldsymbol{P}_0$ 点的重复多次测量，但是雷达并不知道自身的运动，依旧把各个扫描点当成机器人在起始时间戳位置静止状态参考下的测量，也就是雷达畸变数据点 $\{\boldsymbol{P}_0', \boldsymbol{P}_1', \boldsymbol{P}_2', \cdots\}$，显然畸变数据远远偏离了实际情况，如图 4-43（左图）所示。再如，当机器人匀速前进时，雷达一帧扫描点 $\{\boldsymbol{P}_0, \boldsymbol{P}_1, \boldsymbol{P}_2, \cdots\}$ 其实是机器人在不同位置上的测量，但是雷达并不知道自身的运动，依旧把各个扫描点当成机器人在起始时间戳位置静止状态参考下的测量，也就是雷达畸变数据点 $\{\boldsymbol{P}_0', \boldsymbol{P}_1', \boldsymbol{P}_2', \cdots\}$，显然畸变数据远远偏离了实际情况，如图 4-43（右图）所示。通过这两个极端的例子，不难理解雷达运动的畸变问题。由于大家一般用的都是低成本消费级雷达，扫描帧率都比较低，加之机器人或自动驾驶汽车又要求比较高的运动速度，因此有必要对雷达运动的畸变做校正。不管是单线激光雷达还是多线激光雷达，都是绕 z 轴旋转进行扫描，校正方法是一样的，所以就只讨论单线激光雷达的情况了。校正方法主要有纯估计法和里程计辅助法，以及两种方法的结合。

（1）纯估计法

不借助额外的传感器，只利用激光雷达的数据对机器人的运动进行估计，并利用估计的运动信息对雷达扫描数据进行补偿，这就是纯估计法。已知机器人中两帧雷达扫描数据 $\boldsymbol{X}^{i-1}$ 和 $\boldsymbol{X}^{i}$，求机器人的位置转移关系 $\boldsymbol{T}$，也就是激光里程计的问题，最常用的求解方法是 ICP（Iterative Closest Point，最近邻点迭代）算法。很容易想到，通过 ICP 算法求前后两帧雷达数据 $\boldsymbol{X}^{i-1}$ 和 $\boldsymbol{X}^{i}$ 对应机器人位置的转移关系 $\boldsymbol{T}$，用位置的转移关系 $\boldsymbol{T}$ 近似表示其当前的运动 $\boldsymbol{V}$，然后利用这个运动信息 $\boldsymbol{V}$ 对当前的雷达数据 $\boldsymbol{X}^{i}$ 做补偿。由于每帧雷达数据本身就包含了运动畸变，直接用含畸变的雷达帧数据进行 ICP 运动估计的效果显然不会太好。对 ICP 运动估计做改进，对转移关系 $\boldsymbol{T}$ 估计的同时也要对雷达帧中的运动畸变信息 $\boldsymbol{V}$ 进行估计，这就是 VICP（Velocity Updating ICP，速度更新最近邻点迭代）算法。其迭代过程如图 4-44 所示。

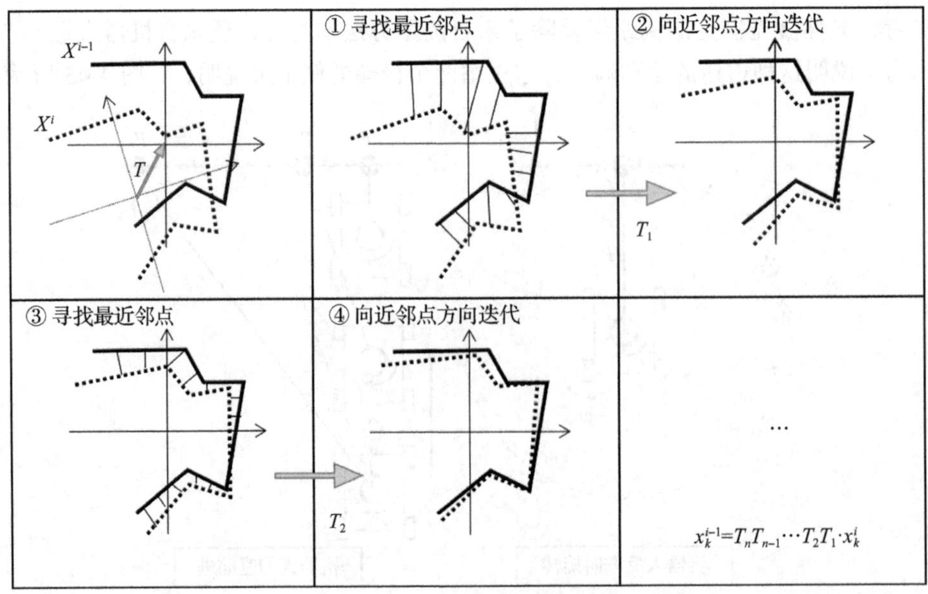

图 4-44　ICP 迭代过程

ICP 算法是 VICP 算法的基础，下面先来介绍 ICP 算法的原理。如图 4-44 所示，已知前后两帧雷达数据 $\boldsymbol{X}^{i-1}$ 和 $\boldsymbol{X}^{i}$，需要求机器人转移关系 $\boldsymbol{T}$。首先找到这两帧数据点中最近邻点对，利用这些点对可以解出一个大致的转移关系 $\boldsymbol{T}_1$。然后将雷达数据 $\boldsymbol{X}^{i}$ 按照 $\boldsymbol{T}_1$ 进行移动，这就是一次迭代过程。接下来，不断重复执行寻找最近邻点和向近邻点方向迭代这两个步骤，直到转移关系的取值很小，就表示两帧数据基本上重合了。将迭代过程中每一步的转移关系叠加起来就是最后总的转移关系 $\boldsymbol{T}$，ICP 算法伪代码如代码清单 4-1 所示。

代码清单 4-1　ICP 算法伪代码

```
function T=ICP( X^{i-1} , X^{i} , T_0 )
  T = T_0
  do
    for k=1:n
      x_k^i = T x_k^i
    end
    for k=1:n
      x_k^{i-1} =FindClosestPoint( X^{i-1} , x_k^i )
    end
    x_m^{i-1} = \frac{1}{n}\sum_{k=1}^{n} x_k^{i-1} ;  x_m^i = \frac{1}{n}\sum_{k=1}^{n} x_k^i
    for k=1:n
      \tilde{x}_k^{i-1} = x_k^{i-1} - x_m^{i-1} ;  \tilde{x}_k^i = x_k^i - x_m^i
  end
  [U,S,V]=SVD ( \sum \tilde{x}_k^i \otimes \tilde{x}_k^{i-1} )
  R = UV^T ;  p = x_m^{i-1} - R x_m^i
  T' = \begin{bmatrix} R & p \\ 0 & 1 \end{bmatrix} ;  T = T' T
while ||T'|| > \varepsilon
return T
```

知道了 ICP 算法的原理，只需要将机器人的运动信息 $\boldsymbol{V}$ 考虑进去，就是 VICP[11] 算法了。假设雷达在扫描 n 个点组成的一帧数据的过程中，认为机器人是匀速运动，也就是相邻两个扫描点的 Δts 时间内机器人的转移量 $\boldsymbol{T}_{\Delta ts}$ 是一样的。以机器人在起始扫描点时间戳的位置为参考，雷达数据 $\boldsymbol{X}^{i}$ 中的每个扫描点都需要用转移量 $\boldsymbol{T}_{\Delta ts}$ 做运动补偿。补偿后的雷达数据 $\hat{\boldsymbol{X}}^{i}$ 和前一帧数据 $\hat{\boldsymbol{X}}^{i-1}$ 就可以放入 ICP 算法中求解两帧数据的转移 $\boldsymbol{T}$。而转移 $\boldsymbol{T}$ 又可以间接表示机器人运动速度 $\boldsymbol{V}$，这样就形成了一个迭代的闭环。直到 $\boldsymbol{V}$ 的更新变化很小时，就表示两帧数据基本上重合了，也就是说 $\boldsymbol{V}$ 的估计、$\boldsymbol{X}^{i}$ 的运动补偿和转移 $\boldsymbol{T}$ 的估计基本都接近真实情况了，VICP 算法伪代码如代码清单 4-2 所示。

代码清单 4-2　VICP 算法伪代码

```
function \hat{X}^i =VICP( \hat{X}^{i-1} , X^i , T^{i-1} , V^{i-1} )
  T^i = T^{i-1} ;  V^i = V^{i-1}
  do
    T_{\Delta ts} = e^{\Delta ts \cdot (-V^i)}
    for j=n:1
```

$T_{j\Delta ts} = (T_{\Delta ts})^{j-1}$; $\hat{x}_j^i = T_{j\Delta ts} \cdot x_j^i$

end

T^i =ICP($\hat{X}^{i-1}$, $\hat{X}^i$, T^i)

$V = V^i$

$V^i = \dfrac{1}{n\Delta ts}\log T^i$

while $\| V^i - V \| > \varepsilon$

return $\hat{X}^i$

（2）里程计辅助法

VICP 算法的优点是不需要借助除激光雷达外的其他传感器，就能对雷达自身的运动畸变做校正，系统实现简单。而 VICP 算法中机器人的匀速运动假设在雷达高扫描频率下才成立，但是实际使用的雷达扫描频率（一般小于 10Hz）很慢，这样 VICP 算法的匀速运动假设就不成立了。

采用外部的 IMU 或者轮式里程计来提供机器人的运动信息，就可以直接对雷达运动畸变做校正，这就是里程计辅助法。IMU 虽然可以提供极高频率的姿态更新，但是其里程计存在很高的累积误差，所以选用轮式里程计会更稳定。如图 4-45 所示，轮式里程计采集到的机器人位姿序列点为 $\{\boldsymbol{p}_1, \boldsymbol{p}_2, \boldsymbol{p}_3, \cdots\}$，激光雷达一帧扫描数据点为 $\{\boldsymbol{x}_1, \boldsymbol{x}_2, \boldsymbol{x}_3, \cdots\}$，由于里程计序列和激光雷达序列之间点的个数不匹配和时间上不对齐，为了让里程计与激光雷达点之间能一一对应起来，因此对 $\{\boldsymbol{p}_1, \boldsymbol{p}_2, \boldsymbol{p}_3, \cdots\}$ 做二次曲线插值得到 $\{\boldsymbol{p}_1', \boldsymbol{p}_2', \boldsymbol{p}_3', \cdots\}$，接下来就可以利用对齐后的里程计位姿 $\boldsymbol{p}_k'$ 对激光雷达点 $\boldsymbol{x}_k$ 逐一进行校正。最后，将校正后的雷达点 $\boldsymbol{x}_k'$ 转换回极坐标的形式 (ρ, θ)，重新发布出去就可以了。

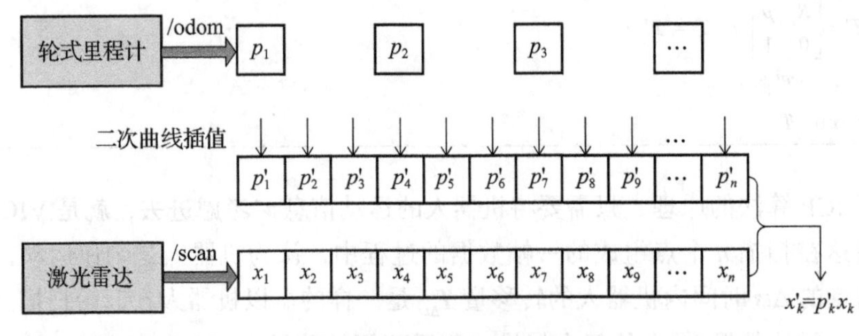

图 4-45　里程计辅助法

当然里程计辅助法也有缺点，虽然轮式里程计的累积误差比 IMU 里程计小，但是累积误差依然是不可忽略的。如果想要进一步提高雷达运动畸变校正的效果，可以将里程计辅助法与 ICP 估计法相结合。先利用轮式里程计对雷达畸变做初步校正，然后将校正后的雷达数据放入 ICP 算法求位置转移，利用得到的位置转移信息反过来修正里程计的误差，这样就形成了一个迭代闭环。通过不断的迭代，实现对雷达运动的畸变校正。

4.3 相机

相机是机器人进行视觉感知的传感器，相当于机器人的眼睛。在机器人中，主要讨论

3 种类型的相机，即单目相机、双目相机和 RGB-D 相机，如图 4-46 所示。

图 4-46　3 种类型的相机

4.3.1　单目相机

单目相机其实就是大家通常说的摄像头，由镜头和图像传感器（CMOS 或 CCD）构成。简单点说，摄像头的原理就是小孔成像，成像信息由图像传感器转换成数字图像输出。利用对应的摄像头驱动程序，就可以读取并显示该数字图像。受摄像头制造偏差等因素的影响，原始的数字图像存在畸变问题，需要对摄像头进行标定。最后图像数据可以被压缩成不同的形式，便于传输和访问。

1. 单目相机原理

单目相机的原理可以用小孔成像来解释，如图 4-47 所示。

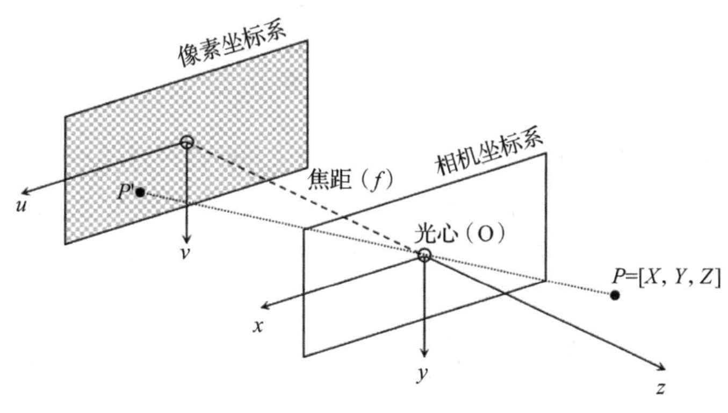

图 4-47　小孔成像原理

世界环境中的物体点 $\boldsymbol{P}$ 在相机坐标系下的坐标值为 $[X,Y,Z]$，物体点 $\boldsymbol{P}$ 透过光心（O）在图像传感器上形成点 $\boldsymbol{P}'$，点 $\boldsymbol{P}'$ 在像素坐标系下的坐标值为 $[U,V]$，借助相机的焦距（f）可以建立如式（4-109）的几何关系。

$$\begin{cases} U=\alpha\left(\dfrac{f}{Z}\cdot X\right)+c_x \\ V=\beta\left(\dfrac{f}{Z}\cdot Y\right)+c_y \end{cases} \tag{4-109}$$

通过类似三角形的几何关系直接计算出来的成像点 $\boldsymbol{P}'=\left[\left(\dfrac{f}{Z}\cdot X\right),\left(\dfrac{f}{Z}\cdot Y\right)\right]$ 的坐标值单位为 m，而 $\boldsymbol{P}'$ 最终要被量化成像素，在像素坐标系下的像素值单位为像素。通常在图像传感器中，列方向量化尺度 α 和行方向量化尺度 β 是不一样的，并且由于制造、安装等误差，像素坐标系的原点与相机坐标系的原点并不对齐，也就是说最终的像素值还要考虑像素坐标系原点的偏移量(c_x, c_y)。令$f_x = \alpha \cdot f$，$f_y = \beta \cdot f$，这样计算就可以全部在像素单位下进行了，整理一下用矩阵的形式表示就是式（4-110）。

$$\begin{bmatrix} U \\ V \\ 1 \end{bmatrix} = \frac{1}{Z} \begin{bmatrix} f_x & 0 & c_x \\ 0 & f_y & c_y \\ 0 & 0 & 1 \end{bmatrix} \begin{bmatrix} X \\ Y \\ Z \end{bmatrix} = \frac{1}{Z} \boldsymbol{KP} \tag{4-110}$$

式（4-110）就是相机的**无畸变内参模型**，式中的矩阵 $\boldsymbol{K}$ 就是相机内参数。在小孔成像模型中，物体点 $\boldsymbol{P}$ 是直接沿直线透过光心形成图像点 $\boldsymbol{P'}$。实际的相机前面是一个大大的镜头，镜头能让更多的光线进入以加快曝光速度，但是镜头会对光线产生折射，这样成像会产生畸变。这种由镜头折射引起的图像畸变叫**径向畸变**，如图 4-48 所示。

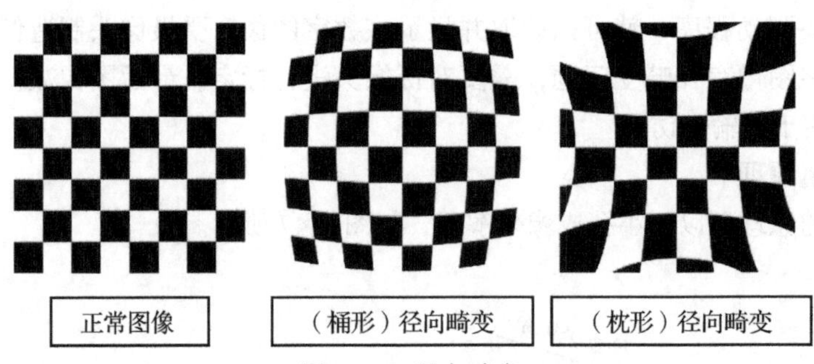

图 4-48　径向畸变

除了上面的径向畸变外，还有切向畸变。相机镜头和图像传感器平面由于安装误差导致不平行，因此引入了切向畸变，如图 4-49 所示。

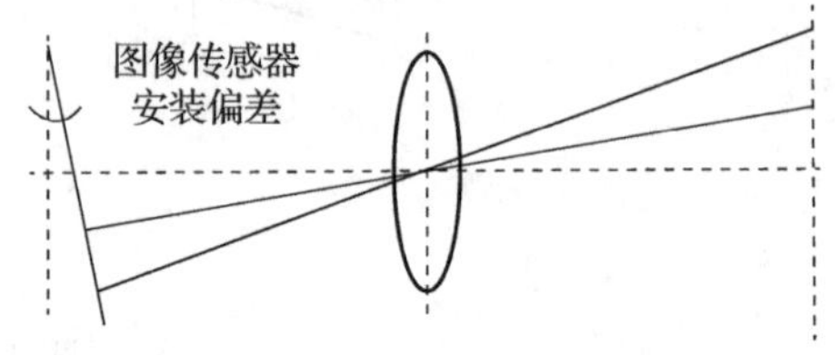

图 4-49　切向畸变

径向畸变的程度和像素点距中心的距离 r 有关，可以用 r 的泰勒级数来描述畸变的程度，一般采用三阶泰勒级数就能近似了，级数中的系数为 k_1、k_2 和 k_3，对于径向畸变不明显的镜头，只用 k_1 和 k_2 两个系数，或者只用 k_1 就够了。切向畸变程度和图像传感器安装偏差大小有关，可以用系数 p_1 和 p_2 描述。相机的**畸变内参模型**，如式（4-111）所示，引入参数 k_1、k_2、k_3、p_1 和 p_2。

$$\begin{cases} r^2 = X^2 + Y^2 \\ X_{\text{distort}} = X \cdot (1 + k_1 r^2 + k_2 r^4 + k_3 r^6) + 2 p_1 XY + p_2 \cdot (r^2 + 2X^2) \\ Y_{\text{distort}} = Y \cdot (1 + k_1 r^2 + k_2 r^4 + k_3 r^6) + 2 p_2 XY + p_1 \cdot (r^2 + 2Y^2) \\ U = \dfrac{f_x}{Z} \cdot X_{\text{distort}} + c_x \\ V = \dfrac{f_y}{Z} \cdot Y_{\text{distort}} + c_y \end{cases} \tag{4-111}$$

我们已经了解了相机的无畸变和畸变内参模型，既然有内参，相应的就有外参。在内参模型中，世界环境中的物体点 $\boldsymbol{P}$ 给的都是相机坐标系下的坐标值 $\boldsymbol{P}^{\mathrm{c}}=[X^{\mathrm{c}},Y^{\mathrm{c}},Z^{\mathrm{c}}]$。而在很多情况下，世界环境中的物体点 $\boldsymbol{P}$ 给出的是世界坐标系下的坐标值 $\boldsymbol{P}^{\mathrm{w}}=[X^{\mathrm{w}},Y^{\mathrm{w}},Z^{\mathrm{w}}]$。那么，就需要根据相机在世界坐标系下的位姿（$\boldsymbol{R},\boldsymbol{t}$），将 $\boldsymbol{P}^{\mathrm{w}}$ 坐标转化到相机坐标系 $\boldsymbol{P}^{\mathrm{c}}$，相机的成像模型就可以写成式（4-112）所示形式。

$$\begin{bmatrix}U\\V\\1\end{bmatrix}=\frac{1}{Z}\boldsymbol{K}\boldsymbol{P}^{\mathrm{c}}=\frac{1}{Z}\boldsymbol{K}(\boldsymbol{R}\boldsymbol{P}^{\mathrm{w}}+\boldsymbol{t})=\frac{1}{Z}\boldsymbol{K}\boldsymbol{T}\boldsymbol{P}^{\mathrm{w}} \tag{4-112}$$

式（4-112）就是相机的**外参模型**，式中的矩阵 $\boldsymbol{T}$ 就是相机外参数。外参 $\boldsymbol{T}$ 就是相机在世界坐标系下的位姿，也是 SLAM 问题中待求的参数之一。

从相机的内参模型来看，已知物体成像信息 $[U,V]$，无法唯一确定物体点坐标的坐标值 $[X,Y,Z]$，或者说方程前面的系数 $\dfrac{1}{Z}$ 是无约束的。如图 4-47 所示，$\boldsymbol{P}'$ 沿光心（O）方向上出现的所有物体点，在相机中的成像都是一样的。简单点说，距离远的、大的物体和距离近的、小的、物体在相机中的成像尺寸是一样的，其实就是单目相机无法测量物体的深度信息。

我们都知道小孔成像实验中，得到的图像都是倒立的，不过不用担心这个问题，基本上所有的相机硬件系统都已经将倒立问题修正了。相机的数字图像在不同的计算机系统和软件中，图像数据的横纵坐标可能有不同的标准，比如 OpenCV 中的像素坐标系，如图 4-50 所示。

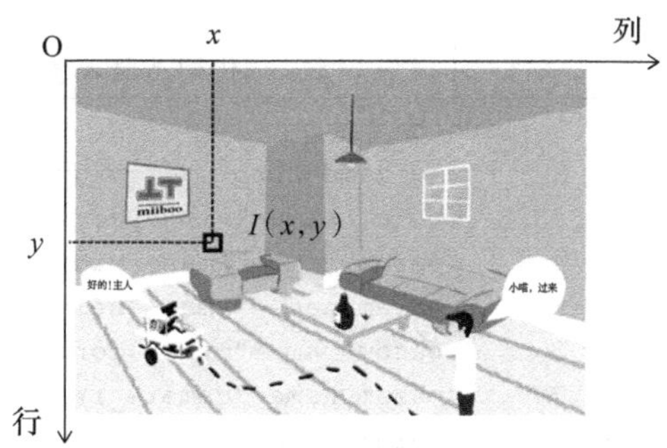

图 4-50　OpenCV 中的像素坐标系

注意，在 Windows、Linux 或 Mac 系统以及 Matlab、OpenCV 等不同环境中，图像坐标系的定义可能各有区别，实际使用时需要做适当转换。

2. 上位机 ROS 驱动程序

学习了相机的基本原理之后，就来看看怎么在 ROS 中驱动相机设备，获取图像数据。按照视频传输协议的不同，相机设备的接口主要分为 DVP、LVDS、MIPI、USB 等接口类型。USB 接口类型的相机不但价格低廉，而且可选购型号丰富，因此就以这种相机为例来讲解。将 USB 相机直接用 USB 线连接到上位机，上位机运行 Ubuntu 和 ROS 系统，我们在上位机上运行对应 ROS 驱动程序，解析相机传回来的数据并将结果发布到 ROS 话题 /<cam_name>/image_raw 之中，这样上位机上的其他 ROS 程序就可以通过订阅该话题来获取图像数据了，如图 4-51 所示。ROS 中的话题 /<cam_name>/image_raw 的标准数据格式，请参考 ROS 官方文档[⊖]。

关于 USB 相机的 ROS 驱动程序，下面讨论 3 种具体实现：usb_cam、gscam 和自制驱动包。

⊖ 参见 http://docs.ros.org/api/sensor_msgs/html/msg/Image.html。

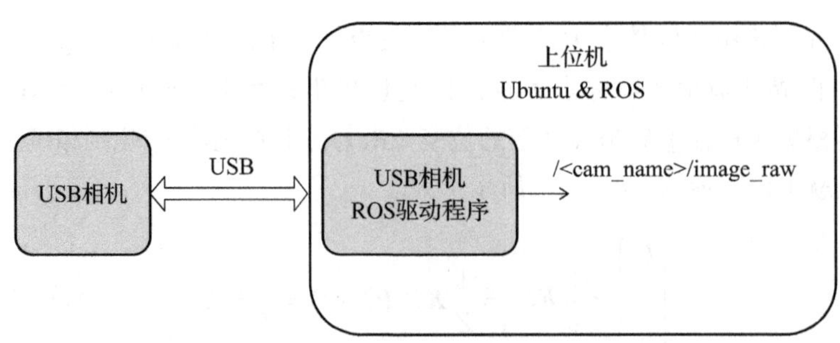

图 4-51 上位机 ROS 驱动程序

（1）ROS 驱动功能包 usb_cam

在正式安装运行 usb_cam 包之前，可以检查一下插入 Ubuntu 上位机中的 USB 相机设备是否正常。可以用系统自带的工具 cheese 打开相机设备看看，或者检查一下文件系统是否存在设备 /dev/video*，设备名中的 * 为实际的设备编号 0、1、2 之类。

检查连接正常后，就可以下载 usb_cam 功能包了，并将下载好的功能包放到自己的 ROS 工作空间，编译安装（参见第 1 章）。usb_cam 包源码㊀可自行下载编译安装。

启动功能包之前，打开功能包中的 launch 文件，如代码清单 4-3 所示。对参数进行必要的设置，主要是将 video_device 参数设置成实际的相机设备号，比如 /dev/video0，更多的设置参数可以参考功能包的文档教程。

代码清单 4-3 usb_cam.launch 启动文件

```
<launch>
  <node name="usb_cam" pkg="usb_cam" type="usb_cam_node" output="screen" >
    <param name="video_device" value="/dev/video0" />
    <param name="image_width" value="640" />
    <param name="image_height" value="480" />
    <param name="pixel_format" value="yuyv" />
    <param name="camera_frame_id" value="usb_cam" />
    <param name="io_method" value="mmap"/>
  </node>
</launch>
```

设置好 launch 文件后，直接启动该 launch 文件，就能将相机驱动起来，图像数据被发布到对应的 ROS 话题。可以用多种方式来查看图像 ROS 话题，比如可以用 rviz 和 rqt 工具查看。

（2）ROS 驱动功能包 gscam

虽然 usb_cam 包很方便，但是只能发布相机的 image_raw 数据，而关于相机自身的 CameraInfo 信息还发布不了。CameraInfo 信息中主要是相机的内参校正参数、相机的模式配置、其他硬件信息等，这些信息对很多算法非常重要。gscam 功能包可以同时发布 image_raw 信息和 CameraInfo 信息。关于安装编译和启动的操作，和 usb_cam 是一样的，不再赘述。关于 gscam 包源码㊁可自行下载编译安装。ROS 中的话题 CameraInfo 的标准数

㊀ 参见 https://github.com/ros-drivers/usb_cam。

㊁ 参见 https://github.com/ros-drivers/gscam。

据格式，请参考 ROS 官方文档[1]。

（3）自制基于 OpenCV 的驱动功能包

有时候需要对相机的图像进行一些自定义的操作，比如对相机的各种参数、读取图像的方式、发布图像的格式进行修改，此时用自己编写的驱动包就更方便了。当然大多数情况下，上面的 usb_cam 与 gscam 基本可以满足需求，因此自己编写驱动并不是必须掌握的内容。下面就简单讲一下编程的思路，如图 4-52 所示，代码就不介绍了。

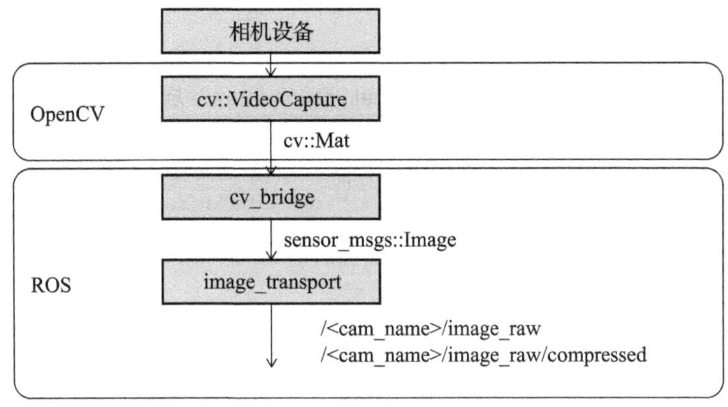

图 4-52 基于 OpenCV 的图像 ROS 发布

用 OpenCV 获取相机设备的数据，可通过 cv::VideoCapture 类来实现，获取到的图像数据是 cv::Mat 格式。由于图像在 OpenCV 与 ROS 中是不同的格式，需要用 cv_bridge 对格式进行转换，转换后的 sensor_msgs::Image 就是 ROS 中的图像数据格式。这个时候其实可以用 ros::Publisher 直接发布单一图像消息了，不过通常使用 image_transport 进行转换后发布。image_transport 可以将图像打包成多种形式后发布，一方面可以提高数据的传输效率，另一方面满足不同程序对数据格式的要求。关于发布和订阅图像数据的程序示例，请参考 ROS 官方文档[2]。

3. 单目相机标定

利用 ROS 驱动将我们的相机驱动起来后，就需要对前面说到过的相机内参和畸变进行标定了。利用标定得到的内参 K 和畸变系数 k_1、k_2、k_3、p_1、p_2 对原始图像进行修正，将修正后的图像重新发布。最流行的相机内参标定方法是棋盘格标定法，就是通过多角度拍摄棋盘格图案，并利用其中的几何约束，求出相机模型中的待标参数。相机内参标定算法已经非常成熟了，这里就不展开讲解了，下面主要讲讲 ROS 中的标定操作实现。

我们采用 ROS 中的 camera_calibration 功能包进行标定，这个功能包被包含在 image_pipeline 功能包集中[3]。image_pipeline 功能包集中有很多实用的包：camera_calibration、depth_image_proc、image_proc、image_publisher、image_rotate、image_view、stereo_image_

[1] 参见 http://docs.ros.org/api/sensor_msgs/html/msg/CameraInfo.html。

[2] 参见 http://wiki.ros.org/image_transport/Tutorials/PublishingImages、http://wiki.ros.org/image_transport/Tutorials/SubscribingToImages。

[3] 参见 https://github.com/ros-perception/image_pipeline。

proc。

这里采用 usb_cam 包驱动 USB 相机。启动 usb_cam 包，将相机的图像发布出来，命令如下：

```
roslaunch usb_cam usb_cam.launch
```

接着启动 camera_calibration 包，ROS 系统默认是自带这个包的，如果没有，可以下载上面的 image_pipeline 源码安装。camera_calibration 包的 launch 启动文件，如代码清单 4-4 所示。

代码清单 4-4 camera_calibration.launch 启动文件

```
1 <launch>
2   <node name="cam_calib" pkg="camera_calibration" type="cameracalibrator.py"
      args="--size 8x6 --square 0.0245" output="screen" >
3     <remap from="image" to="/usb_cam/image_raw" />
4     <remap from="camera" to="/usb_cam" />
5   </node>
6 </launch>
```

第 2 行，args 里面是描述棋盘格的参数，size 参数描述所采用棋盘格的角点数，注意 8x6 中间的符号 x 是字母 x 而不是乘号，square 参数是描述棋盘格中每个格子的边长，单位是 m。

第 3 行，指定输入图像的话题，该话题要与实际的相机 ROS 驱动中发布的话题一致即可，这里图像话题名为 /usb_cam/image_raw。

第 4 行，指定话题名称，这里是图像话题的第一级命名空间名，也就是 /usb_cam。

设置好 launch 文件中的参数后，就可以启动 camera_calibration 功能包了，正常启动后，会弹出图 4-53 所示的窗口。

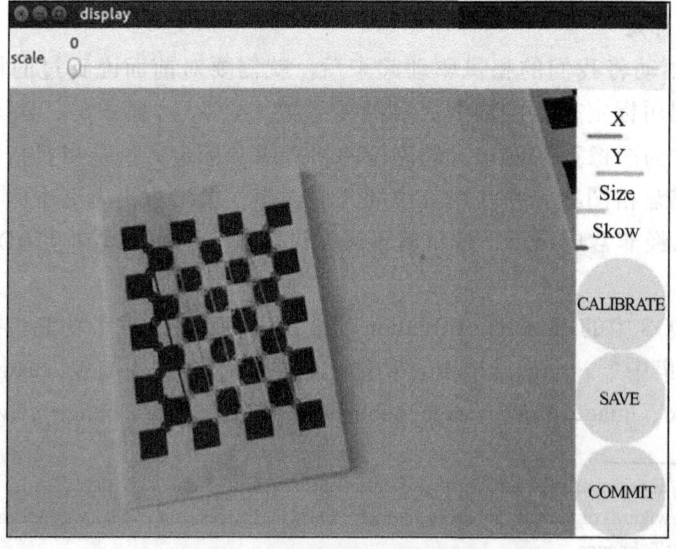

图 4-53 单目相机标定

这个时候就可以移动我们的棋盘格标定板，让相机采集棋盘格左边、右边、上边、下边、倾斜、旋转、远近等不同视角的图像，各个视角的数据都采集满后，窗口中 X、Y、Size 和 Skew 进度条都会变绿。同时，CALIBRATE 按钮也会从灰色变亮，此时点击 CALIBRATE 按钮就可以开始标定，此过程需要等待几分钟。标定完成后，标定结果会显示在命令行终端，如果觉得满意，点击 COMMIT 按钮将标定结果保存到默认路径 ~/.ros/camera_info/head_camera.yaml，就完成标定了。

4. 单目图像传输

经过上面的标定，我们得到了相机的标定信息，并保存到了默认目录下。下次再启动相机的 ROS 驱动，除了发布图像话题 image_raw 外，还会加载这个默认路径下的相机标定信息，并发布到话题 CameraInfo 中。但是，相机驱动并不会利用标定信息对原图像做校正。

在图像的传输过程中，需要将原始图像转换成多种格式，比如 RAW 图、灰度图、彩色图、利用标定信息校正后的图等。使用 image_pipeline 功能包集中的 image_proc 包，就能实现这些格式的转换，非常简单，具体使用方法请参考 image_proc 包的 wiki 文档教程[㊀]。

4.3.2　双目相机

在单目相机原理中提到过，单目相机无法测量物体点的深度信息。那么，用两个单目相机组成的双目相机就可以测量深度信息，有些地方也把双目相机叫深度相机。

1. 双目相机原理

为了方便理解，先介绍一下理想情况下双目相机测量深度的原理，如图 4-54。

理想情况下，左右两相机的成像平面处于同一个平面，并且坐标系严格平行，相机光心 O_L 和 O_R 之间的距离 b 是双目相机的基线。为了方便讨论，世界坐标系中的物体点 $\boldsymbol{P}$，其坐标取左相机坐标系下的值。物体点 $\boldsymbol{P}=[X,Y,Z]$ 在左右两个相机中的成像点分别为 $\boldsymbol{P}_L=[U_L,V_L]$ 和 $\boldsymbol{P}_R=[U_R,V_R]$，根据几何关系，就可以求出 $\boldsymbol{P}$ 点的深度 Z，如式（4-113）所示。

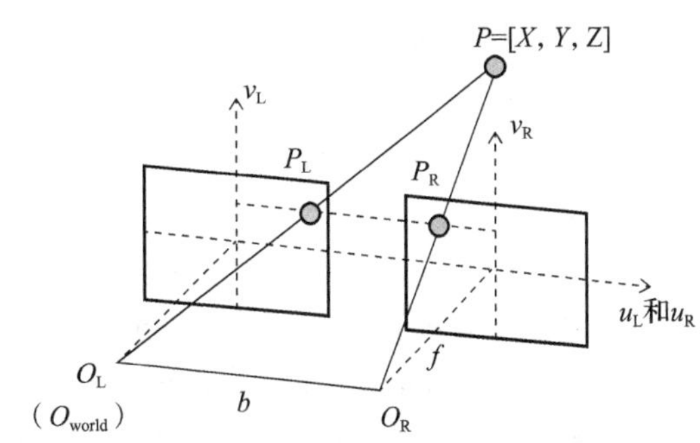

图 4-54　双目相机测量深度原理

$$\frac{Z-f}{Z}=\frac{b-U_L+U_R}{b}，\text{化简后} Z=\frac{f\cdot b}{U_L-U_R} \tag{4-113}$$

实际情况是，左右两个相机的成像平面往往不平行，两个相机的内参也不相同，如图 4-55 所示。非理想情况下的双目相机成像模型，如式（4-114）所示。

$$\begin{aligned} s_L\boldsymbol{P}_L &= \boldsymbol{K}_L\boldsymbol{P} \\ s_R\boldsymbol{P}_R &= \boldsymbol{K}_R(\boldsymbol{RP}+\boldsymbol{t}) \end{aligned} \tag{4-114}$$

㊀ 参见 http://wiki.ros.org/image_proc。

如果图像像素 $\boldsymbol{P}_{\mathrm{L}}$ 和 $\boldsymbol{P}_{\mathrm{R}}$ 完全没有噪声干扰，在已知双目相机的内参 $\boldsymbol{K}_{\mathrm{L}}$、$\boldsymbol{K}_{\mathrm{R}}$ 和外参（$\boldsymbol{R}$, $\boldsymbol{t}$）情况下，就可以求出物体点的三维坐标，也就测量出了深度信息。实际情况是像素点有噪声干扰，导致 $O_{\mathrm{L}}P_{\mathrm{L}}$ 射线与 $O_{\mathrm{R}}P_{\mathrm{R}}$ 射线在空间中并没有交点。这个时候就要用到对极几何的约束关系，来估计 $\boldsymbol{P}$ 点的位置了，最终 $\boldsymbol{P}$ 的位置取 $O_{\mathrm{L}}P_{\mathrm{L}}$ 射线与 $O_{\mathrm{R}}P_{\mathrm{R}}$ 射线公垂线的中点。对极几何在视觉 SLAM 非常重要，很多文献资料都有详细的讲解，想深入学习的朋友可以阅读文献［12］中第 7 讲的内容。

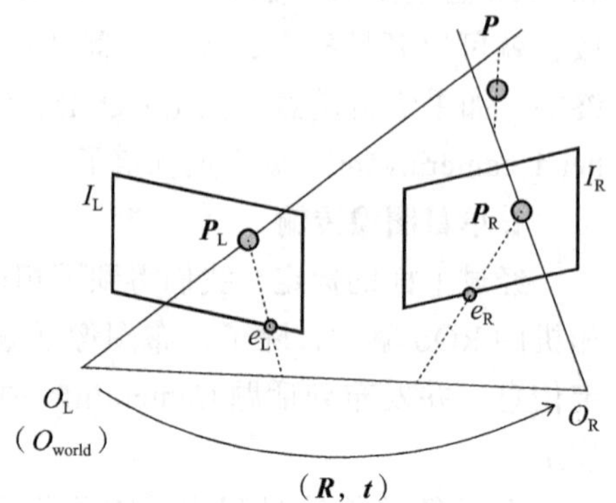

图 4-55　非理想双目相机模型

2. 上位机 ROS 驱动程序

双目相机的 ROS 驱动厂家一般都会提供，直接下载下来安装即可，不再赘述。双目相机的 ROS 驱动图像发布主要有两种方式，一种是双目相机直接被上位机系统识别成两个独立的单目相机设备，按单目相机的方法分别读取左右相机的图像并分别发布到对应的话题；另一种是双目相机上传的左图、右图拼接在一起形成一张大图，上位机可以直接发布这张拼接的大图，也可以将大图拆分后分别发布。第一种方式的优点是实现简单，对相机模组的硬件没什么要求。第二种方式的优点是图像在硬件上就完成了拼接，能保证上位机接收到左右图的时间同步性，代价是拼接消耗硬件的计算资源。由于左右图的时间同步很重要，好的双目相机一般都是采用拼接图方式传输。

3. 双目相机标定

与单目相机一样，双目相机的标定也使用 camera_calibration 功能包，只不过在 launch 文件中将其设置成双目标定模式。与单目标定不同的是，双目相机除了标定相机内参外，还要标定相机外参。

首先也是启动双目相机的 ROS 驱动包，将相机的左、右图像发布出来，这里假设发布出来的左图、右图的话题分别是 /left/image_raw 和 /right/image_raw。

接着启动 camera_calibration 包，启动前设置好 camera_calibration 包的 launch 启动文件，如代码清单 4-5 所示。配置参数和单目的情况基本类似，就不解释了。

代码清单 4-5　camera_calibration_stereo.launch 启动文件

```
<launch>
  <node name="cam_calib_stereo" pkg="camera_calibration" type=
    "cameracalibrator.py" args="--size 8x6 --square 0.0245" output="screen" >
    <remap from="left" to="/left/image_raw" />
    <remap from="right" to="/right/image_raw" />
    <remap from="left_camera" to="/left" />
    <remap from="right_camera" to="/right" />
  </node>
</launch>
```

设置好 launch 文件中的参数后，就可以启动 camera_calibration 功能包了，正常启动后，会弹出图 4-56 所示的窗口。按照与单目相机标定时一样的操作，标定和保存参数即可。

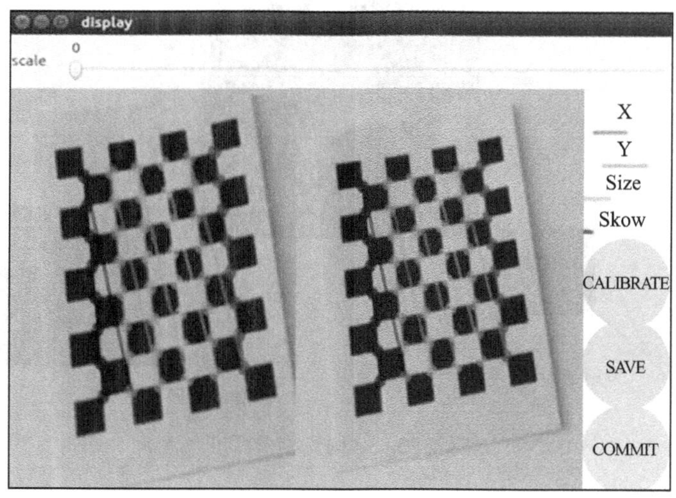

图 4-56　双目相机标定

4. 双目图像传输

双目相机在图像传输过程中，也需要将原始图像转换成多种格式，比如 RAW 图、灰度图、彩色图、左图、右图、利用标定信息校正后的图等。这里使用 image_pipeline 功能包集中的 stereo_image_proc 包，具体使用方法请参考 stereo_image_proc 包的 wiki 文档教程[㊀]。

4.3.3　RGB-D 相机

双目相机虽然能测量深度信息，但是需要事先找到同一物体点在左右相机中成像点对，也就是要先匹配。匹配过程很容易受到光照强度等环境因素干扰，在没有特征的环境中，匹配会失效，深度信息将无法测量。RGB-D 相机是主动测量深度的传感器，受环境的干扰会小一些。RGB-D 相机一般有 3 个镜头：中间的镜头是普通的摄像头，采集彩色图像；另外两个镜头分别用来发射红外光和接收红外光，如图 4-46 所示。

前面讲过激光雷达的测距原理，一个发射器一个接收器，并且分为三角测距和 TOF 测距。将激光雷达的原理扩展到 RGB-D 相机中来就很好理解了。先来说三角测距，激光雷达发射一个激光点，在 RGB-D 相机中就要发射多个激光点，以测量更广的范围，但是每个激光点需要有独特的标记，便于接收的时候能加以区分。这样的话，经过特殊编码后的激光点阵列被发射出去，然后经过物体反射后在接收镜头中被解码。找到发射与接收的对应编码点，利用三角测距原理便可以确定每个点的深度，这就是结构光法，如图 4-57 所示。

另一种 TOF 测距和激光雷达原理基本相同。直接发射阵列激光点，经过物体反射到达接收端，测算出每个激光点的到达时间，就能得到对应的深度，如图 4-58 所示。

㊀ 参见 http://wiki.ros.org/stereo_image_proc。

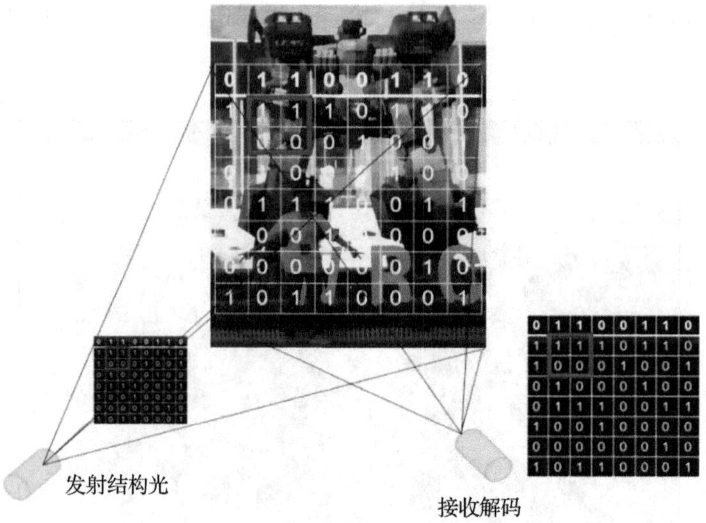

图 4-57 结构光测量深度

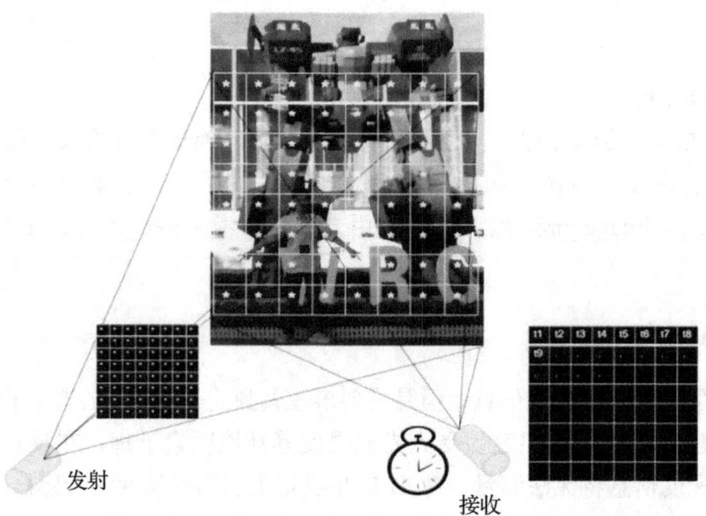

图 4-58 TOF 测深度

为了方便大家挑选 RG – 相机用于自己的机器人项目开发，这里列举一些市面上常见的型号以供大家选择，如表 4-10 所示。

表 4-10 常见 RGB-D 相机型号

公司	型号
微软	Kinect V1、Kinect V2
英特尔	RealSense R200
奥比中光	Astra Pro、Astra Mini
图漾科技	FS830-MICRO、FS830-HD

驱动 RGB-D 相机比较简单，厂家一般都会提供配套的驱动程序，一般都是 OpenNI 接

口。RGB-D 相机一般出厂都经过了标定，或者厂家会提供标定程序给用户，所以 RGB-D 相机的使用比较简单。

有时候机器人上只安装了 RGB-D 相机，而没有激光雷达。如果要运行激光 SLAM，可以将 RGB-D 相机的深度图转换成激光雷达扫描图，就可以运行激光 SLAM 了。转换用到的功能包是 depthimage_to_laserscan[㊀]。其实转换原理很简单，就是按某个高度平面截取深度图，截取出来的轮廓作为激光雷达扫描点发布，如图 4-59 所示。

图 4-59　深度图转激光雷达点[㊁]

由于 RGB-D 相机的视野角度小，就激光 SLAM 建图效果看，没有 360 度扫描的激光雷达建的地图好。所以，通常不用 RGB-D 相机建图，而只做避障用。我们可以将一定高度范围的深度图压缩成平面图，这样就能用二维扫描信息进行三维障碍物避障了，可以大大节省计算资源。

4.4　带编码器的减速电机

对轮式机器人来说，需要靠电机驱动和配套的编码器反馈运动状态。电机是一个系统学科，涉及驱动电路、控制方式、配套的软件及协议等。这里主要针对机器人应用场景，逐步分析其中的原理。

4.4.1　电机

电机种类非常多，按照电机的电源类型分为直流电机、交流电机，按照电机的换相方式分为有刷电机、无刷电机，按照电机转子的构造可以分为内转子电机、外转子电机。

电机在实际的使用中，往往配合减速箱一起使用，来提高输出力矩和载重性能。减速箱有普通的减速箱和行星减速箱。行星减速箱的优势是在同等减速比条件下，减速箱体积可以更小，一般一些对体积敏感的场景用得多。

编码器是对电机转速测量反馈的重要部件，有霍尔编码器、光电编码器、碳刷编码器等，编码器通常采用正交编码形式进行信号输出，也就是 AB 两相信号正交输出，有些还会有 Z 相信号对转过一圈进行脉冲输出。

接下来就以市面上使用比较广泛的带编码器的减速直流电机来具体分析，如图 4-60 所示。轮胎直径越大，机器人越障高度越高，但输出力矩的减小会降低机器人爬坡的能力。联轴器选择和轮胎及电机输出轴尺寸相匹配的型号。减速箱减速比决定了电机输出轴的扭矩，减速比越大，输出轴扭矩越大，从而输出轴转速越慢。电机一般是 12V 或者 24V 的，若条件允许则应尽量选电压低的电机，这样整个系统的电源会好设计一些，直流有刷型电

㊀ 参见 https://github.com/ros-perception/depthimage_to_laserscan。

㊁ 参见 http://wiki.ros.org/depthimage_to_laserscan。

机简单、易控制。编码器一般为增量式正交编码器，编码线数根据实际需要的精度进行选择，如图 4-61 所示。如果两个信号相位相差 90°，则这两个信号称为正交信号，可以根据两个信号哪个先、哪个后来判断方向。利用单片机的 I/O 口对编码器的 A、B 相进行捕获，能很容易得到电机的转速和转向。

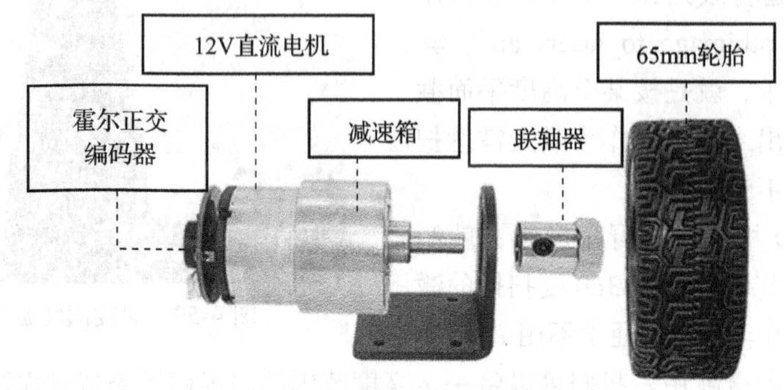

图 4-60 带编码器的减速直流电机[㊀]

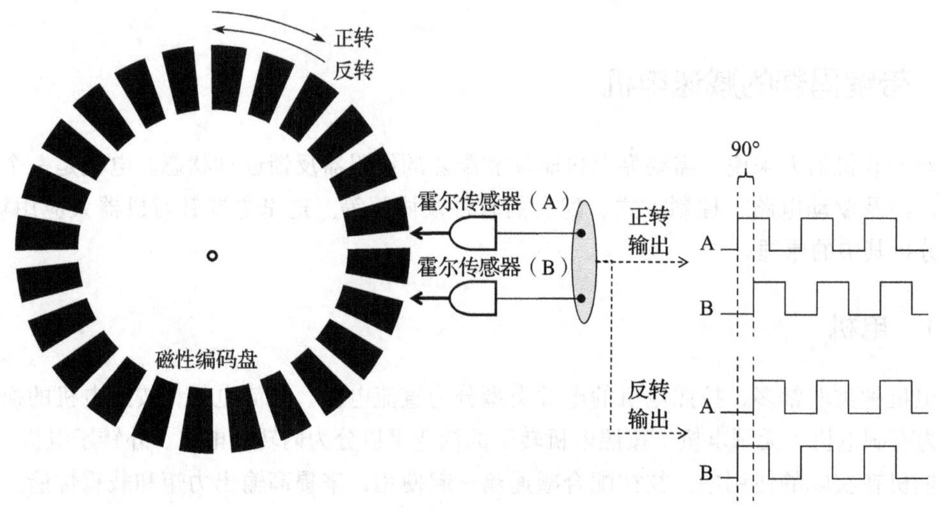

图 4-61 霍尔正交编码器

4.4.2 电机驱动电路

直流电机通常用 H 桥电路驱动，PWM 信号控制 H 桥的 4 个臂，起到控制电机转速和转向的作用，如图 4-62 所示。当 H 桥中的 Q1 和 Q3 导通时，电流从 A 到 B 流经电机 M，电机开始正转，用不同占空比的 PWM 信号控制 Q1 和 Q3 的通断，就能控制从 A 到 B 的电流大小，从而控制电机的转速。同样，当 H 桥中的 Q2 和 Q4 导通时，电流从 B 到 A 流经电机 M，电机开始反转，用不同占空比的 PWM 信号控制 Q2 和 Q4 的通断，就能控制从 B 到 A 的电流大小，从而控制电机的转速。我们这款小功率的直流电机，市面上有很多驱动芯片解决方案，比如 L298N、TB6612FNG 等。

㊀ 参见 http://www.xiihoo.com。

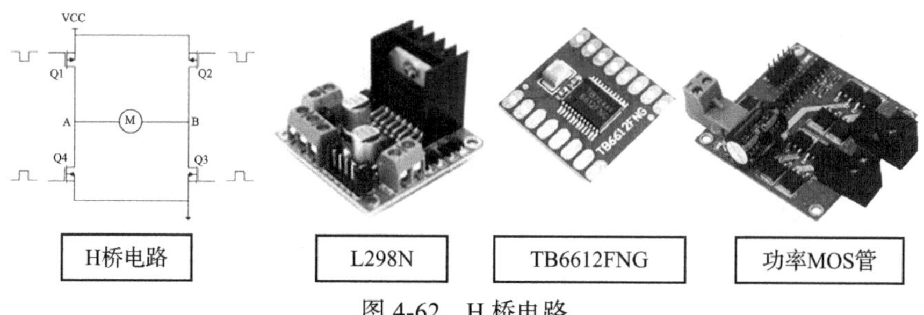

图 4-62　H 桥电路

4.4.3　电机控制主板

有了电机驱动电路，还需要用电机控制板 I/O 产生实际的控制信号来驱动电机驱动电路，最终实现电机的转动控制。电机控制板需要编程实现 PID 控制和通信协议的收发解析。

1. 上、下位机主板方案对比

很多初学者会有疑问，上位机主板明明就有扩展 I/O，为什么不直接用上位机主板上的 I/O 来驱动电机驱动电路，这样既节省了购买下位机单片机的成本，又省去了编写上下位机通信协议的麻烦。这里有必要讨论一下上、下位机主板方案的区别。

有一些嵌入式基础的朋友都知道，像树莓派、Jetson-tx2 等上位机主板，一般都会搭载 Linux 等操作系统，虽然操作系统中运行的程序看上去是实时的，可是硬件 I/O 这类操作要求的是绝对的实时性，并且不能出现任何差错，尤其是电机这种持续运行的硬件，带操作系统的上位机主板就不能达到这些要求了。而 STM32、Arduino 这一类的下位机单片机，原本就是为硬件控制驱动等应用而生的，运行的是裸机程序，实时性由硬件电路直接保证，能实现绝对实时性，并且用下位机单片机专门来控制电机可以实现功能解耦合，更利于整个上层大系统的维护。这就是要采用单片机专门来控制电机的原因，控制电路示意图如图 4-63 所示。用 STM32 或 Arduino 单片机发出 PWM 控制信号给电调（“电调”其实是电机驱动电路的俗称），电调输出电流给电机，电机开始转动并通过编码器反馈速度信息，编码器反馈传回单片机形成闭环控制。

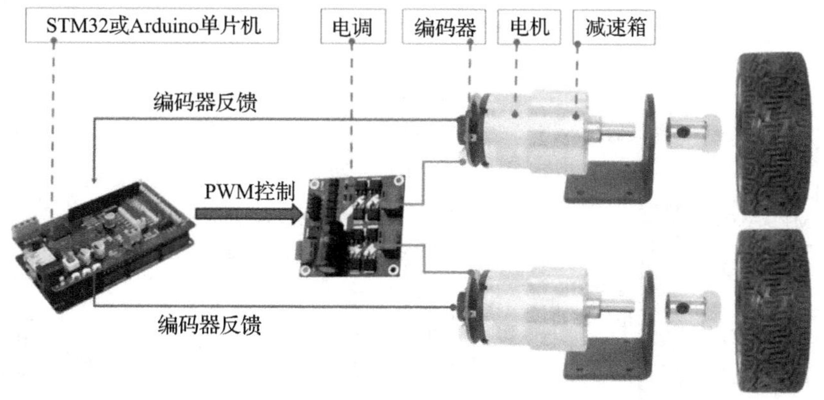

图 4-63　单片机控制电机的示意图

如果直接按图 4-63 所示用飞线连接各个模块，电路稳定性很差，而且外观极其丑陋。痛定思痛，我决心老老实实设计电路板，把各模块集成到一块板子上，经过两次改板打样，终于成功了。如图 4-64 所示，板子简洁美观，而且接插端子布局合理，符合我一向严苛的标准。集成电路的设计和打样需要有一定的专业知识和工程经验，大家了解即可，不是必须掌握的技能。

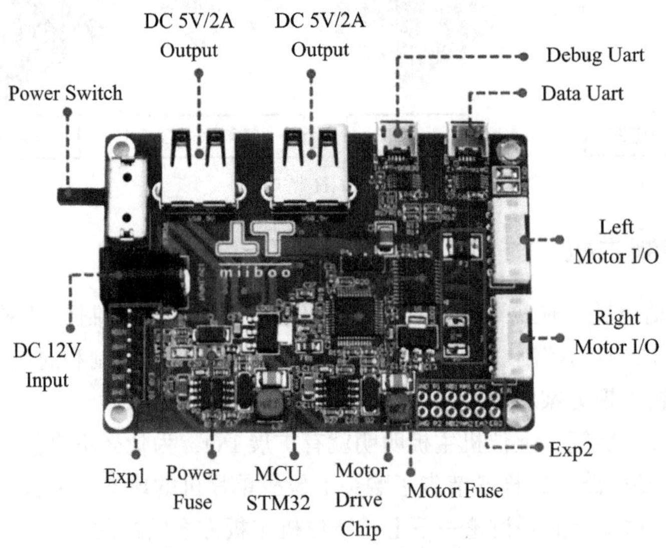

图 4-64　电机控制集成电路板

好了，有了这个电路板就好办多了。针对这个电路板，讲讲我的设计思路吧。首先，设计一个电源系统，用于单片机供电、电机供电、外部设备供电，同时考虑电源反接、过压、短路等保护；然后，设计一个 STM32 单片机最小系统电路；最后，围绕 STM32 最小系统，设计电机驱动、UART 转 USB、编码器信号捕获这些外围电路，同时考虑电机堵转保护、电机对系统电源干扰等问题。逐一"踩坑"之后，差不多就完成设计了。为了方便大家参考学习，把图 4-64 中集成电路板的电路框图贴出来，便于大家借鉴和理解，如图 4-65 所示。

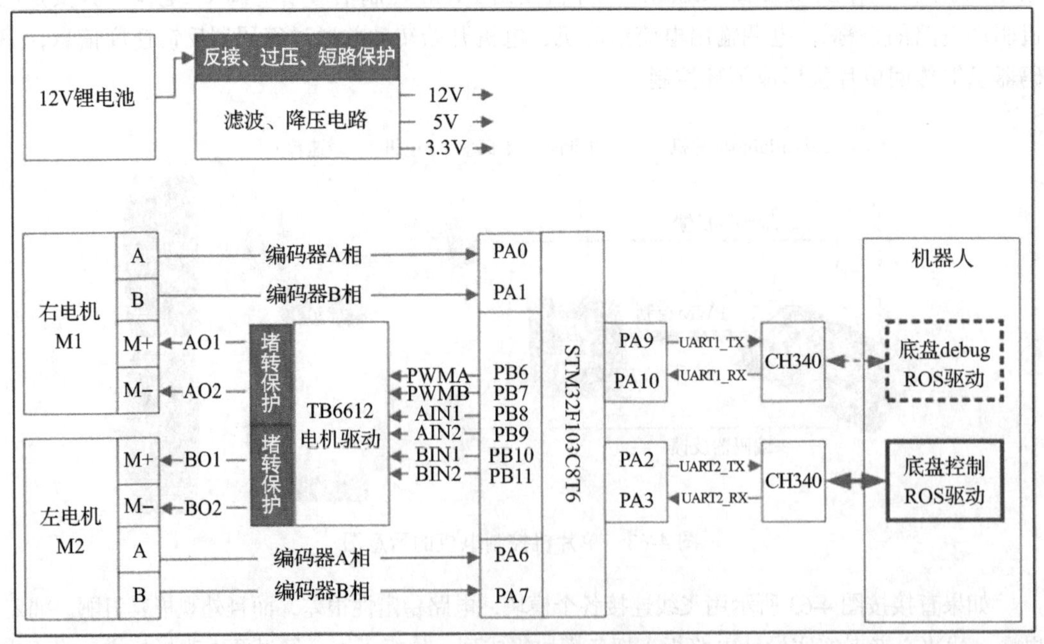

图 4-65　电机控制集成电路框图

2. PID 控制

如果我们给定一个指定的 PWM 值来控制电机以速度 V 转动，实际情况中器件偏差、噪声干扰、负载变化等因素，电机并不会"乖乖"地保持运行速度 V。为了达到控制电机稳定转动的目的，就需要引入反馈控制机制，电机如果转慢了，就加大控制量，如果转快了就减小控制量。而 PID（Proportional Integral Derivative，比例积分微分）控制无疑是好用又简单的首选算法。PID 算法非常经典了，讲解资料很多，就不细讲了，这里给大家看一下常用的位置型和增量型的 PID 数学形式，如图 4-66 所示。

位置型：

$$u(k) = K_P[e(k) + \frac{1}{T_I}\sum_{i=0}^{k} Te(i) + T_D\frac{e(k)-e(k-1)}{T}]$$

$$u(k) = K_P[e(k) + \frac{T}{T_I}\sum_{i=0}^{k} e(i) + T_D\frac{e(k)-e(k-1)}{T}]$$

$$u(k) = K_P e(k) + K_I\sum_{i=0}^{k} e(i) + K_D[e(k)-e(k-1)]$$

其中：

e(k) = input_target – feedback_current，输入目标值与当前反馈值之差；

K_P 为比例系数；

$K_I = K_P\frac{T}{T_I}$，为积分系数；

$K_D = K_P\frac{T_D}{T}$，为微分系数；

T 为采样周期；

T_I 为积分时间；

T_D 为微分时间。

增量型：

$$u(k) = K_P e(k) + K_I\sum_{i=0}^{k} e(i) + K_D[e(k)-e(k-1)]$$

$$u(k-1) = K_P e(k-1) + K_I\sum_{i=0}^{k-1} e(i) + K_D[e(k-1)-e(k-2)]$$

$$\Delta u(k) = u(k) - u(k-1)$$

$$\Delta u(k) = K_P[e(k)-e(k-1)] + K_I e(k) + K_D[e(k)-2e(k-1)+e(k-2)]$$

图 4-66　位置型和增量型 PID

电机速度控制属于速度环控制，以 PWM 信号控制输入，以编码器进行速度反馈，选用增量型 PID 会更合适。等实际的电机控制系统软硬件都搭建完毕后，还需要对 PID 的 3 个参数进行整定，以使控制达到更佳的效果。PID 整定方法也很成熟了，这里就不赘述了。

这里简单讲讲单片机中 PID 控制的编程思路。首先，在 main() 函数中初始化各个模块；然后，TIM1 中断处理函数周期性地读取编码器值、反馈获取的编码值、PID 控制；最后，剩下的就是串口 1 和串口 2 的通信交互。具体 STM32 主控软件设计思路，如图 4-67 所示。

3. 通信协议

在单片机上实现好电机的 PID 控制后，还需要将速度控制封装成接口，通过特定的协议让单片机和上位机通信。单片机反馈编码器值给上位机，上位机发送速度控制值和一些配置参数给单片机。这里，上位机与单片机采用串口通信。基于串口通信的通信协议，可以采用 ROS 社区提供的现成的 rosserial 库中封装的协议（以下简称 rosserial 协议），也可以自定义一套符合自己项目需要的协议。

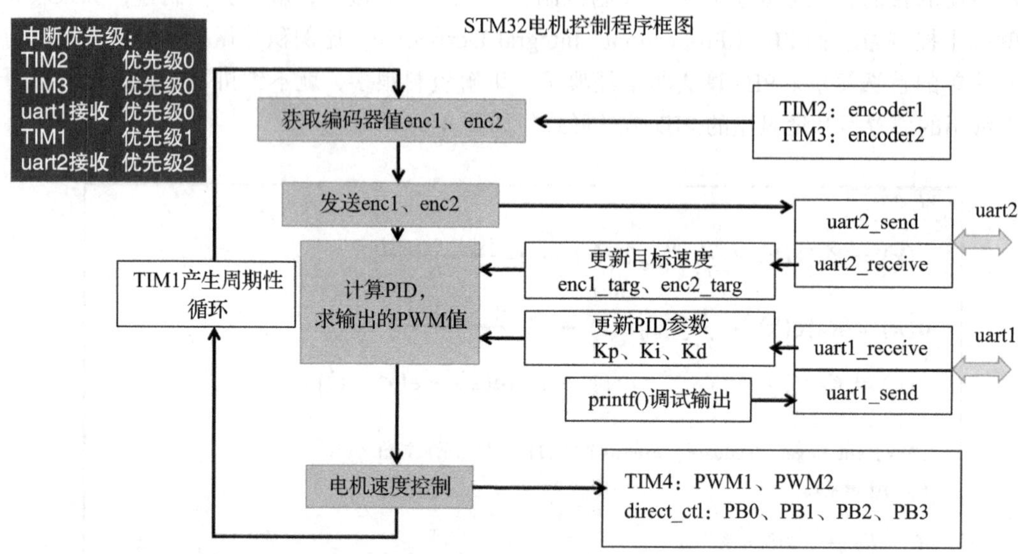

图 4-67 STM32 主控软件设计思路

先来说说 ROS 社区提供的 rosserial 协议，它是为了解决单片机与机器人之间的通信问题，使用 rosserial 协议可以实现单片机与机器人之间透明的 ROS 主题发布与订阅通信。原理其实很简单，如图 4-68 所示。

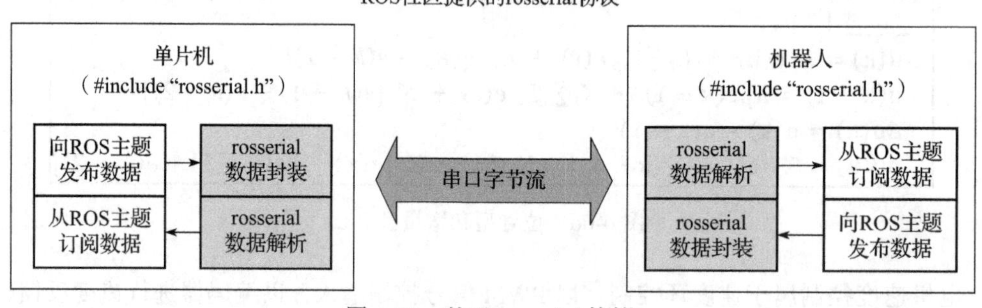

图 4-68 基于 rosserial 协议

单片机中通过包含 rosserial.h 头文件来引用 rosserial 协议中的数据封装与数据解析方法，这样在单片机上可以直接按照 ROS 中发布和订阅数据的语法来编写程序，rosserial 协议会自动完成封装和解析；被 rosserial 协议封装成串口字节流后可以在串口数据线上传输；在机器人上同样通过包含 rosserial.h 头文件来引用 rosserial 协议中的数据封装与数据解析方法，这样在机器人上直接按照 ROS 中发布和订阅数据的语法来编写程序，rosserial 协议会自动完成封装和解析。rosserial 协议建立了单片机与机器人之间的透明 ROS 通信，这给 ROS 机器人开发带来了很大方便。

rosserial 协议虽然好，但目前对很多单片机的支持还不是很好，只对少数型号的单片机（比如 Arduino 系列单片机）有支持，像应用广泛的 STM32 单片机就没有官方 rosserial 协议的支持；另一个缺点是，rosserial 协议比较臃肿，这样对通信的资源消耗大并且影响数据实时性。其实解决 rosserial 协议这几个缺点很简单，我们借鉴 rosserial 协议的思想，对 rosserial 协议中的冗余进行裁剪，就得到我们自己的协议了，如图 4-69 所示。ROS 中的 rosserial 协议支持传递各种 ROS 消息格式数据，其实这里只需要传递速度反馈一种格式数据，裁剪掉多余的消息格式就是自定义协议了。

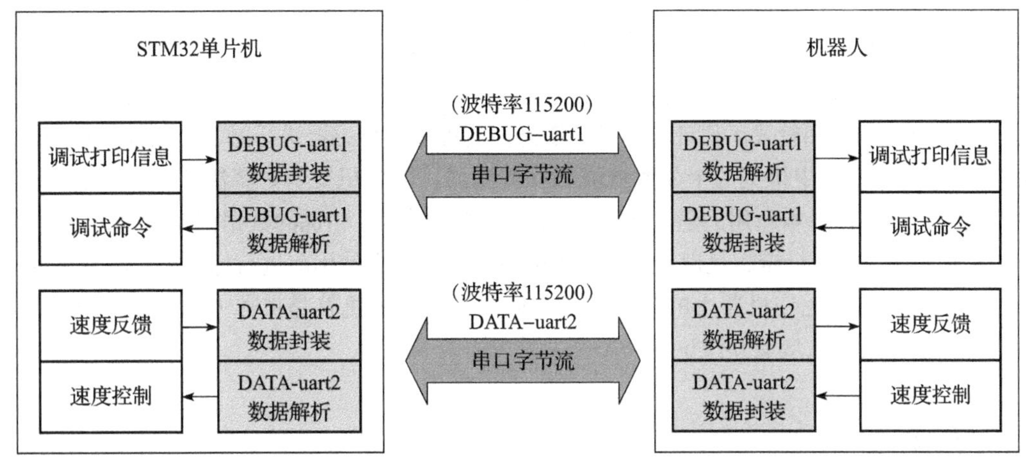

图 4-69 自定义的协议

4.4.4 轮式里程计

一旦单片机按照通信协议封装好后，对于上位机来说，下位机的整个系统其实就是一个 API 接口，只需要按照协议调用就行了。有了这个 API 接口，就可以开发上位机的 ROS 驱动程序，如图 4-70 所示。

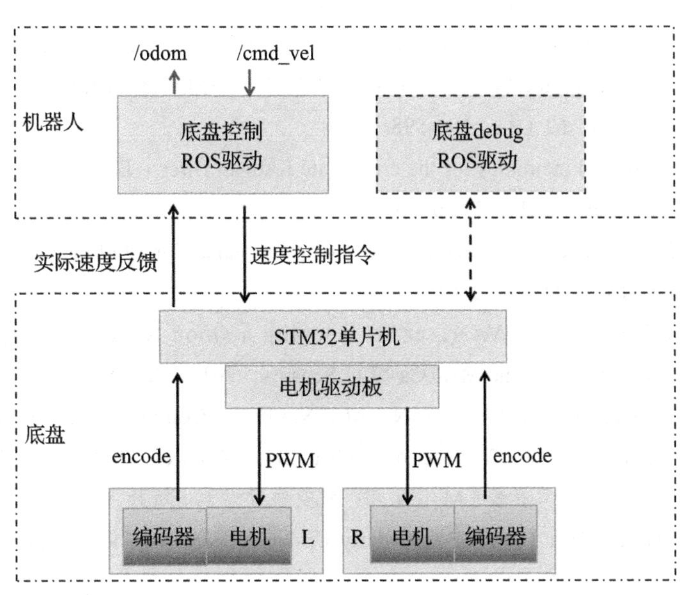

图 4-70 上位机 ROS 驱动程序

在驱动程序运行中，一方面按照通信协议与下位机交换数据；另一方面向 ROS 中发布里程计话题 /odom 和订阅速度控制话题 /cmd_vel。通信协议数据的收发、解析相对容易，根据下位机传回来的编码值求解里程计是核心与难点。里程计的解算，与机器人底盘的结构和具体驱动方式有关，所以里程计解算将放在第 6 章来系统讨论。

4.5 本章小结

本章对机器人 SLAM 导航中关键的 4 种传感器（IMU、激光雷达、相机和带编码器的减速电机）的原理及在 ROS 中的使用方法进行了讨论。IMU 在整个机器人中扮演着非常核心的角色，IMU 可以和轮式里程计、相机、激光雷达等多种传感器进行融合。而大多数融合算法都离不开 4.1.5 节中讲到的卡尔曼滤波和互补滤波，因此想要学好算法的朋友，这两种滤波算法务必要掌握。本章用大量篇幅讲解 IMU、激光雷达、相机的数据标定校正，并在第 6 章讲解轮式里程计的标定，足以说明机器人的各个传感器在使用前进行标定校正的重要性。

如果把传感器比作机器人的眼耳口鼻，那么机器人主机就是机器人的大脑。下一章将对机器人主机及其选型展开讨论。

参考文献

[1] 严恭敏. 惯性仪器测试与数据分析 [M]. 北京：国防工业出版社，2012.

[2] 王新龙. 惯性导航基础 [M]. 西安：西北工业大学出版社，2013.

[3] TEDALDI D，PRETTO A，MENEGATTI E . A robust and easy to implement method for IMU calibration without external equipments [C]. New York：IEEE，2013.

[4] NXP. Allan Variance：Noise Analysis for Gyroscopes [EB/OL]. 2015 [2020-5-30]. https://www.nxp.com.cn/docs/en/application-note/AN5087.pdf.

[5] SABATELLI S，GALGANI M，FANUCCI L，et al. A Double-Stage Kalman Filter for Orientation Tracking With an Integrated Processor in 9-D IMU [J]. IEEE Transactions on Instrumentation and Measurement，2013，62 (3)：590-598.

[6] SOLÀ J. Quaternion kinematics for the error-state Kalman filter [EB/OL]. (2017-11-3) [2020-09-04]. https://arxiv.org/abs/1711.02508v1.

[7] MADGWICK S . An efficient orientation filter for inertial and inertial/magnetic sensor arrays [R]. Bristol：University of Bristol，2010.

[8] ROBERTO，VALENTI，IVAN，et al. Keeping a Good Attitude：A Quaternion-Based Orientation Filter for IMUs and MARGs [J]. Sensors，2015，15 (8)：19302-19330.

[9] MAHONY R，HAMEL T，PFLIMLIN J M . Nonlinear Complementary Filters on the Special Orthogonal Group [J]. IEEE Transactions on Automatic Control，2008，53 (5)：1203-1218.

[10] 朱德海. 点云库 PCL 学习教程 [M]. 北京：航空航天大学出版社，2012.

[11] HONG S，KO H，KIM J . VICP：Velocity Updating Iterative Closest Point Algorithm [C]. New York：IEEE，2012.

[12] 高翔，张涛. 视觉 SLAM 十四讲：从理论到实践 [M]. 北京：电子工业出版社，2017.

CHAPTER 5
第5章

机器人主机

为了更高效地开发机器人，本书讨论的机器人都基于ROS框架展开，因此机器人主机是一个能搭载ROS系统的计算机。

有些朋友为了省钱，直接将笔记本电脑塞进机器人作为ROS主机，笔者不推荐这种做法。通常选择ARM嵌入式主机，这在功耗和体积等方面都有优势。有的复杂一点的机器人还会配备好几个主机，比如一个用来搭载ROS系统运行各种机器人算法，另一个用来搭载Android系统运行用户交互界面。开发机器人的目的是让机器人在不伤人的前提下，辅助人完成各种任务，因此机器人需要受到外界的调度和监控，在保证机器人自身健康的同时确保人的安全。通过ROS网络通信机制，机器人可以与其他机器人、工作台、各种终端设备进行通信，实现机器人的调度和监控。

5.1 X86与ARM主机对比

这里说的X86和ARM是指计算机处理器的两种架构，个人台式电脑和笔记本电脑基本都是X86架构，而像手机、智能终端、物联网设备等一般都是ARM架构。X86是通用型架构，基本上对大多数厂商的硬件、驱动程序、系统软件都有很好的支持，兼容性比较好。ARM是精简型架构，因为具有精简指令的灵活性和低功耗等特点，广泛应用在嵌入式领域，但硬件厂商、驱动程序、系统软件这些就没有像X86那样好的支持性了，很多都需要自己裁剪、移植来适应具体的主板型号。本章讨论的是机器人主机，台式电脑和笔记本电脑不在讨论范围内。如果说要在机器人上选择X86主机，推荐使用Intel-NUC，它的体积比较小，性能也比较好，缺点是功耗高，价格也远高于同性能的ARM主机，这里只是拿出来和ARM主机对比一下性能，个人不推荐在机器人上使用。ARM主机是非常适合在机器人上使用的，这里推荐低端、中端、高端三款ARM主机，即树莓派3B+、RK3399、Jetson-tx2，可以根据机器人的应用场景自由搭配。表5-1给出了这些主机的参数对比。

表5-1 常见主机参数对比

架构	主机型号	CPU	GPU	RAM（内存）	价格
X86	Intel-NUC	i3/i5/i7		8GB	2000～4000元

（续）

架构	主机型号	CPU	GPU	RAM（内存）	价格
ARM	树莓派 3B+	四核 Cortex-A53@1.4GHz		1GB	250 元
	RK3399	四核 Cortex-A53@1.5GHz + 双核 Cortex-A72@2.0GHz		4GB	500 元
	Jetson-tx2	双核 Denver2@2.0GHz + 四核 Cortex-A57@2.0GHz	NVIDIA Pascal (256 CUDA)	8GB	3500 元

如果是像扫地机器人那样的应用场景，机器人只需要运行激光 SLAM，就可以选择树莓派 3B + 作为机器人的主机；如果要运行视觉 SLAM，就需要选中高端的 RK3399 作为机器人的主机；如果除了 SLAM 外，机器人还需要运行神经网络等深度学习算法来实现人脸识别、语言交互、语义地图等，就需要选择高端的 Jetson-tx2 作为机器人的主机。

5.2 ARM 主机树莓派 3B+

在创客教育领域，树莓派非常流行，截至本书写作时，树莓派已经推出了 zero、2B、3B、3B +、4B 等多种型号。由于 4B 型号刚刚上市，暂时还不支持 Ubuntu 系统，而我们的机器人开发需要在 Ubuntu 系统上搭载 ROS，所以推荐大家选择 3B + 的型号，如图 5-1 所示。

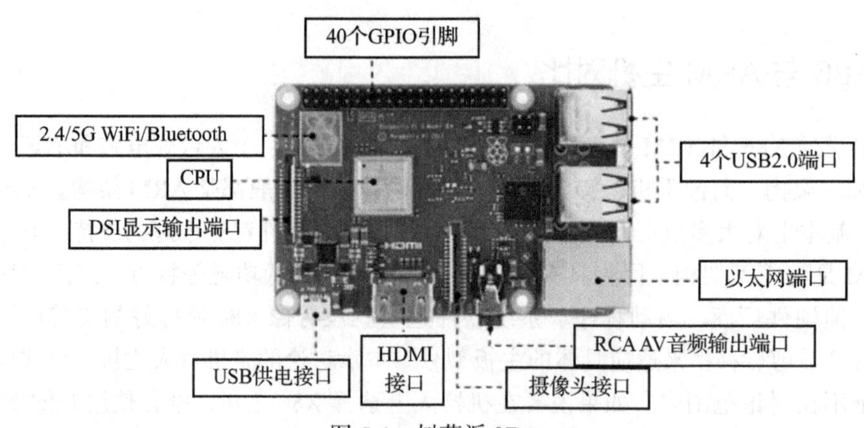

图 5-1 树莓派 3B+

将树莓派 3B + 应用到机器人中，首先需要给树莓派 3B + 安装上系统，然后安装 ROS，最后还要安装装机软件并进行系统设置，这样就搭建好了基本的机器人开发环境。在后续的开发中，我们就可以在此环境中开发自己的 SLAM 导航等算法了。

5.2.1 安装 Ubuntu MATE 18.04

树莓派可以安装多种操作系统[1]，除了树莓派官方系统 Raspbian 外，它还支持 Ubuntu

[1] 参见 https://www.raspberrypi.org。

MATE、Ubuntu Core、Ubuntu Server、Windows 10 IoT Core 等多种第三方系统，如图 5-2 所示。

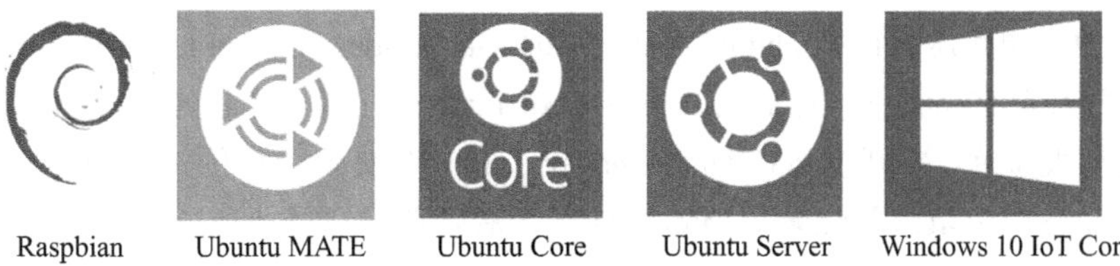

图 5-2　多种系统支持

由于 Ubuntu 系统对 ROS 的支持是最好的，因此不推荐官方系统 Raspbian，而是推荐第三方系统 Ubuntu MATE。Ubuntu MATE 是 Ubuntu 官方版本的一个派生版，使用的 MATE 桌面环境由已经停止官方维护的 GNOME2 源代码派生而来。MATE 桌面环境是轻量级的，消耗资源少，适合在嵌入式等计算资源有限的设备中使用。除了桌面显示风格不一样之外，Ubuntu MATE 和官方 Ubuntu 没什么区别。在写作本书时，Ubuntu MATE 18.04 是最新的版本，分为 64-bit 和 32-bit 两个版本。可前往 Ubuntu MATE 的官网将系统安装镜像㊀下载下来备用。64-bit 版本是试验性的，尝鲜的朋友可以试试；官方推荐的是 32-bit 版本，系统运行时资源开销小一点，也相对稳定一些。这里就以下载 32-bit 的 Ubuntu MATE 18.04 为例进行讲解，如图 5-3 所示。

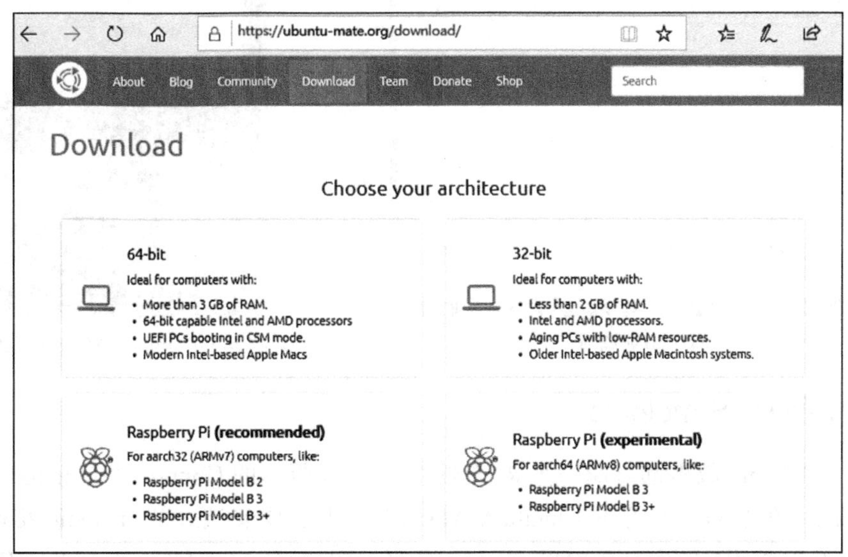

图 5-3　Ubuntu MATE 下载

1. 格式化 microSD 卡

一般是将树莓派的系统镜像烧录到 microSD 卡，然后将 microSD 卡插入树莓派背面的卡槽，以上电开机的方式安装系统的。所以首先要准备好一张 8GB 以上容量的 microSD 卡和读卡器，这里选的是闪迪 32GB 容量、Class 10 速度的 microSD 卡。在向卡中烧录系统

㊀ 参见 https://ubuntu-mate.org/download/。

镜像之前，需要对卡进行格式化，这里使用 Windows 系统中的 DiskGenius 工具来格式化卡，选用 FAT32 格式化操作。

2. 烧录镜像

将下载的镜像解压，得到 ubuntu-mate-18.04.2-beta1-desktop-armhf + raspi-ext4.img，该文件应该存放在英文路径下，然后用 Win32 Disk Imager[㊀]工具将该镜像文件烧录到 microSD 卡。烧录过程很简单，打开 Win32 Disk Imager 工具，在映像文件栏中填入待烧录的镜像文件路径，在设备栏中填入要烧录的 microSD 卡，最后点击“写入”按钮，等待烧录进度完成即可，如图 5-4 所示。

3. 上电开机

烧录好 microSD 卡后，给树莓派 3B + 连接上 HDMI 显示屏、鼠标、键盘，并将刚刚烧录好系统的 microSD 卡插入树莓派，就可以上电了。第一次开机，系统需要用户填写一些必要的设置项，包括系统语言设置、WiFi 连接设置、时区设置、键盘设置、用户名和密码设置（为了让机器人上电就能自动进入系统，我们需要勾选 Log in automatically 选项，也就是让系统开机自动登录），进入系统配置过程后需耐心等待配置进度条完成。所有配置完成后，系统会自动重启一次，重启后就可以看到 Ubuntu MATE 18.04 系统的真容了，如图 5-5 所示。

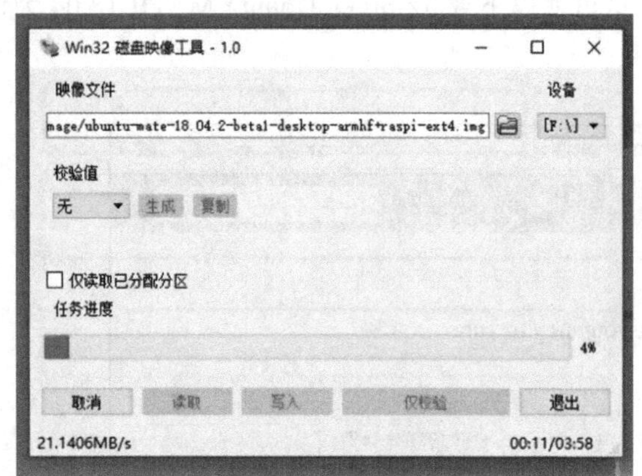

图 5-4　镜像烧录

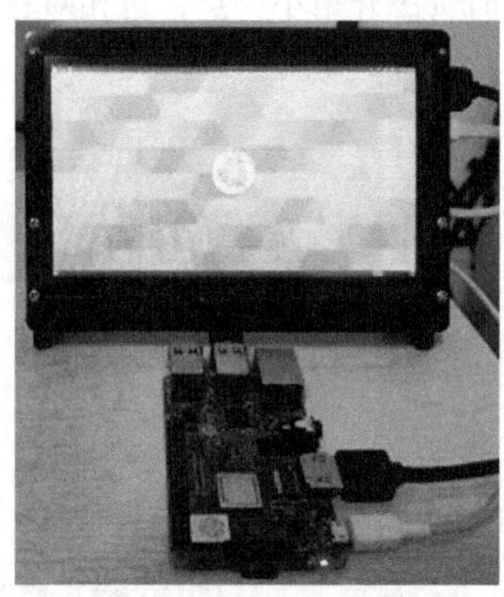

图 5-5　Ubuntu MATE 18.04 桌面

5.2.2　安装 ROS melodic

每一个 Ubuntu 版本都对应一个 ROS 版本，18.04 版本的 Ubuntu 对应 melodic 版本的 ROS。因此，在刚刚安装好的 Ubuntu MATE 18.04 中需要安装 ROS melodic 发行版。从 ROS 官方安装教程[㊁]可以知道 ROS melodic 已经支持 AMD64、ARM64、ARMHF 架构的 Ubuntu，即在这几个硬件架构上安装 ROS 的方法是一样的。

5.2.3　装机软件与系统设置

虽然我们已经顺利安装了 Ubuntu MATE 18.04 系统与 ROS melodic 发行版，为了后面

㊀ 参见 https://win32-disk-imager.en.lo4d.com/download。

㊁ 参见 http://wiki.ros.org/melodic/Installation/Ubuntu。

更高效和便捷的开发，这里将介绍一些非常实用的软件的安装和系统设置。

1. 开机自动登录

装完系统后应该设置用户开机自动登录，只有登录后树莓派才能自动连接到无线网络，才能被远程控制。如果装机时已经设置了，请直接跳过这一步；如果你忘记或遗漏了，没有设置开机自动登录，也不要紧，手动设置一下即可。

2. 超级用户 root 密码创建

装完 Ubuntu MATE 18.04 系统后，root 用户默认是没有密码的，可用我们创建的普通用户 raspi 的 sudo 权限去设置 root 用户的密码。出于方便记忆的考虑，这里设置 root 的用户名和密码一样，即 root 用户的密码也是 root。登录进去验证一下，如果能登录就说明设置成功了。

3. 扩展 SWAP 空间

在 Linux 中，将硬盘划分出一部分作为 SWAP 空间，能大大提高系统的运行效率。物理内存和 SWAP 总共的容量，就是内核中虚拟内存的大小，即在物理内存不够用的时候，就可以使用硬盘上的 SWAP 空间来充当内存。由于树莓派 3B + 只有 1GB 的物理内存，而在编译 SLAM 算法时对内存消耗特别大，如果不划分 SWAP 空间，编译常常会导致死机。一般 SWAP 空间大小设置成物理内存大小的 2 倍，由于我们的 microSD 卡是 32GB，硬盘容量充足，保险起见，分配 4GB 给 SWAP 空间。分配操作通过终端命令来完成，具体步骤如下：

```
# 先关闭 SWAP
cd /var
sudo swapoff /var/swap

# 重设 SWAP 大小 (1MB*4096=4GB)，会花较长的时间，请耐心等待
sudo dd if=/dev/zero of=swap bs=1M count=4096

# 格式化
sudo mkswap /var/swap

# 开启 SWAP
sudo swapon /var/swap

# 设置开机启动，在 /etc/fstab 文件中添加如下代码
/var/swap swap swap defaults 0 0
# 查看当前已生效的 SWAP
swapon -s
# 查看当前 SWAP 使用情况
free -m
```

4. WiFi 连接设置

树莓派作为机器人的主机，要安装到机器人中。机器人常常需要在环境中移动，我们通常是利用网络远程登录到树莓派，来启动或设置树莓派中的程序。一旦机器人开始工作了，还要借助 ROS 网络通信来调度和监控机器人的状态。因此，我们需要将树莓派的 WiFi 连接设置成静态 IP 模式，保证我们能通过 IP 地址远程登入树莓派。设置静态 IP 地址的方

法也很简单，首先在命令终端用 ifconfig 查询一下当前 WiFi 连接下的 IP 地址（比如查询结果为 192.168.0.145），并将此 IP 作为静态值进行绑定。点击树莓派桌面右上角的 WiFi 图标，下拉选择 Edit Connections 选项。在设置窗口的列表中找到我们连接好的 WiFi 热点名称（比如热点名为 jimmy），点击 Edit 按钮对其参数进行设置。这里需要设置 IPv4 Settings 相关的参数，首先将 IP 分配方式 Method 设置成 Manual，然后在下面的地址栏通过 Add 按钮手动添加 IP 地址值、子网掩码值、网关值，最后保存就可以了。

5. 安装 vim 文本编辑器

vim 是 Linux 中一款很经典的代码文本编辑器，无论是在本地还是远程编辑文本都很强大，所以这里强烈推荐安装，直接使用 apt 命令安装即可。

6. 安装 ssh 远程登录工具

ssh 功能很强大，不仅可以让用户远程登录控制系统和编辑文件，还能提供命令终端下的 scp 远程文件传输。后面将主要以 ssh 远程控制树莓派的方式来进行机器人开发。安装也很简单，如下：

```
# 安装 ssh 服务端
sudo apt install openssh-*
# 临时开启 ssh 服务，重启后失效
sudo systemctl start ssh
# 永久开启 ssh 服务，重启后不失效
sudo systemctl enable ssh
```

下面再介绍一种让 ssh 服务永久生效的显式方法。Ubuntu 16.10 开始改用 systemd，不再使用 initd 管理系统。所以系统默认是没有 /etc/rc.local 开机自启动脚本的，设置开机自启动会稍微麻烦一点，具体如下。

创建 /etc/rc.local 脚本文件，并将 ssh 启动命令填进去。

```
# 创建 /etc/rc.local 脚本文件
sudo vim /etc/rc.local
```

将 ssh 启动命令填入 /etc/rc.local 脚本文件，文件内容如下。

```
#!/bin/sh -e

#start ssh
systemctl start ssh

exit 0
```

给 /etc/rc.local 脚本赋予可执行权限。

```
# 创建 /etc/rc.local 脚本文件
sudo chmod +x /etc/rc.local
```

要将 /etc/rc.local 脚本加入开机启动项，需在 /lib/systemd/system/rc.local.service 服务的配置文件尾部添加 [Install] 字段，具体如下。

```
[Unit]
Description=/etc/rc.local Compatibility
```

```
Documentation=man:systemd-rc-local-generator(8)
ConditionFileIsExecutable=/etc/rc.local
After=network.target

[Service]
Type=forking
ExecStart=/etc/rc.local start
TimeoutSec=0
RemainAfterExit=yes
GuessMainPID=no

# 需要手动添加的内容
[Install]
WantedBy=multi-user.target
Alias=rc-local.service
```

给 /lib/systemd/system/rc.local.service 设置软链接。

```
# 创建 /etc/rc.local 脚本文件
sudo ln -s /lib/systemd/system/rc.local.service
/etc/systemd/system/rc.local.service
```

最后让上面的设置生效，具体如下。

```
sudo systemctl enable rc-local
sudo systemctl start rc-local.service
sudo systemctl status rc-local.service

# 使用下面的命令检查 ssh 是否启动
ps -e | grep ssh
```

如果输出中含有 ssh-agent 和 sshd 就说明成功了。以后开机时 /etc/rc.local 脚本中的内容就会自启动，即把要启动的命令填入这个 /etc/rc.local 脚本就可以了。

7. USB 外设绑定

机器人中的 IMU、激光雷达、相机、电机控制板等传感器，一般都以 USB 或 USB 串口方式接入机器人主机。主机每次开机给这些 USB 外设分配的设备号是随机的，每次都需要在这些传感器的 ROS 驱动程序中修改设备号参数，非常不方便。这里教大家如何将 USB 串口外设进行绑定映射，这样就可以使用绑定映射后的设备名去访问，而不用管原来设备号的变动问题。

创建的绑定映射文件中，rules 文件前的序号越大则优先级越低，将优先级设置得小一点。创建文件 /etc/udev/rules.d/99-xiihoo-usb-serial.rules，文件内容如下。

```
#xiihoo
KERNELS=="1-1.3",ATTRS{idProduct}=="7523",ATTRS{idVendor}=="1a86",SYMLINK+=
"xiihoo",MODE="0777"

#lidar
KERNELS=="1-1.4",ATTRS{idProduct}=="ea60",ATTRS{idVendor}=="10c4",SYMLINK+=
"lidar",MODE="0777"
```

```
#imu
KERNELS=="1-1.5",ATTRS{idProduct}=="ea60",ATTRS{idVendor}=="10c4",SYMLINK+=
  "imu",MODE="0777"
```

从 rules 文件内容可以知道，通过 USB 外设的 KERNELS、idProduct 和 idVendor 参数可以唯一确定该设备，并在参数 SYMLINK 中给该设备取一个别名，在参数 MODE 中设置可读写权限。将串口传感器外设依次插入树莓派，用下面的命令获取 KERNELS、idProduct 和 idVendor 参数取值。

```
# 将 <devpath> 替换成新插入串口设备号，如 /dev/ttyUSB0
udevadm info -a -p $(udevadm info -q path -n <devpath>)
```

在输出的数据中，从上到下找（如 KERNELS=="1-1.4.3:1.0" 形式的项），下一个不带 ":" 的 KERNELS 就是我们要找的，将参数 KERNELS、idProduct 和 idVendor 取值填入上面创建的 rules 文件中对应的位置。绑定映射好后，就可以用设备别名 /dev/xiihoo、/dev/lidar、/dev/imu 来访问电机控制板、雷达、IMU 这些传感器了。绑定好后，不要再改变这些传感器的 USB 口接插顺序。重启主机，并查看绑定是否成功。

```
# 重启
sudo reboot
# 查看绑定是否成功
ll /dev/ |grep ttyUSB
```

8. ROS 节点开机自启动

当机器人算法开发完毕后，要让机器人正式走上工作岗位。这就需要机器人上电开机时能自启动必需的 ROS 节点，以让机器人立即进入工作状态。这里使用 robot_upstart 功能包来实现 ROS 节点的开机自启动。首先安装 robot_upstart 包，命令如下。

```
sudo apt install ros-melodic-robot-upstart
rosdep install robot_upstart
```

然后新建一个 ROS 功能包（比如 example），并将需要自启动的 ROS 节点写入这个功能包的启动文件 demo1.launch 中。接着用 robot_upstart 装载这个 demo1.launch，如下。

```
roscore
rosrun robot_upstart install example/launch/demo1.launch --job myrobot --logdir
  ~/.ros/myrobot.log
```

命令中 --job 后面为该启动任务的别名，--logdir 后面为该启动任务输出日志的存放路径。接着就可以用 systemctl 来启动、重启、停止这个待启动任务了，如下。

```
# 启动任务
sudo systemctl daemon-reload && sudo systemctl start myrobot
# 重启任务
sudo systemctl restart myrobot
# 停止任务
sudo systemctl stop myrobot
```

一旦任务启动后，ROS 节点每次开机后就会自启动。如果我们想修改启动任务的内容，或者删除启动任务，用 robot_upstart 进行卸载即可，如下。

```
roscore
rosrun robot_upstart uninstall myrobot
```

5.3 ARM 主机 RK3399

在运行视觉 SLAM、图像识别、机器视觉等对算力要求较高的场景，可以选择中高端的 RK3399 主机。RK3399 是瑞芯微的一款 ARM 芯片，国内友善之臂、萤火虫等主板厂家都有针对 RK3399 芯片的配套主板。我这里选的是友善之臂的 RK3399 主板。根据硬件外设的搭配方案，也有很多个具体主板型号可选，我这里选的是性价比比较高的一款——NanoPi M4V2，如图 5-6 所示。

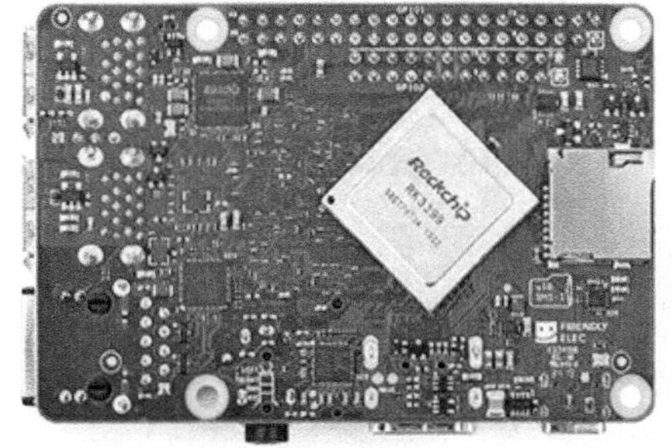

正面　　背面

图 5-6　NanoPi M4V2

与树莓派 3B + 类似，首先需要给 RK3399 安装操作系统，然后安装 ROS 等，这样就搭建好基本的机器人开发环境了。在后续的开发中，就可以在此环境中编写 SLAM 导航等算法了。

通过友善之臂的官网[1]可以知道 RK3399 可以安装多种操作系统，除了友善之臂官方定制的 Ubuntu 18.04 外，还支持 Ubuntu Core18.04、Android 8.1、Lubuntu 16.04 等多种系统，如图 5-7 所示。

友善之臂官方的 Ubuntu 18.04 是基于原始 Ubuntu 18.04 深度定制的，稳定性比较高，推荐安装这个系统。读者朋友可以前往友善之臂的官方 wiki 网站下载系统镜像[2]，系统镜像的名称是 rk3399-sd-friendlydesktop-bionic-4.4-arm64-YYYYMMDD.img.zip。下载好系统镜像后，系统安装方法和树莓派是一样的，格式化 microSD 卡、烧录镜像、上电开机这些步骤请直接参考树莓派中的操作，不再赘述。

在不同硬件架构上运行的 Ubuntu 中安装 ROS 的方法是一样的，可直接参考 1.2.1 节的安装过程，不再赘述。

虽然我们已经顺利安装了 Ubuntu 18.04 系统与 ROS melodic 发行版，但是为了后续可以高效和便捷地开发，还需进行一些实用软件的安装和系统设置。安装配置过程和树莓派中是类似的，具体操作请参考树莓派中的步骤。

---

[1] 参见 http://www.arm9.net/nanopi-m4v2.asp。

[2] 参见 http://wiki.friendlyarm.com/wiki/index.php/NanoPi_M4V2/zh。

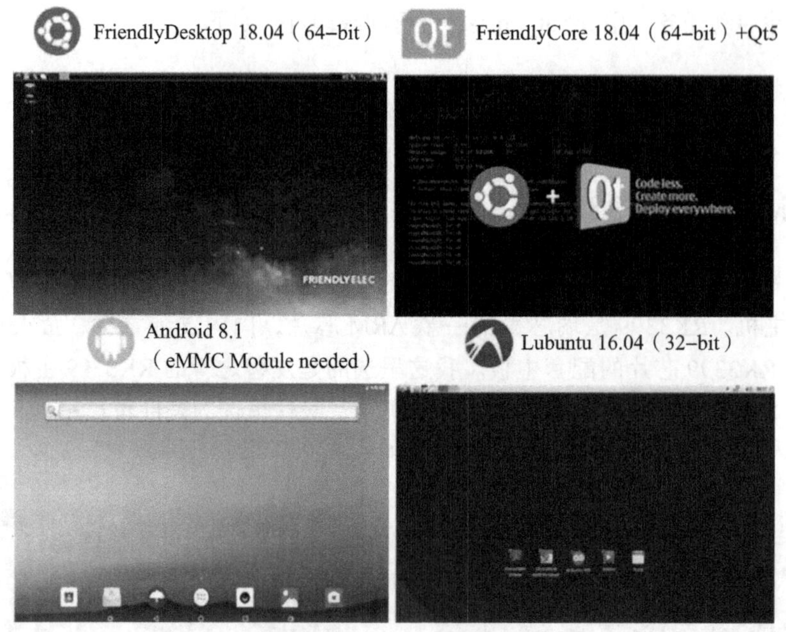

图 5-7　多种系统支持

5.4　ARM 主机 Jetson-tx2

除了 SLAM 外，机器人还需要运行神经网络等深度学习算法来实现人脸识别、语言交互、语义地图等，这就需要选择高端的 Jetson-tx2 来做机器人的主机，如图 5-8 所示。

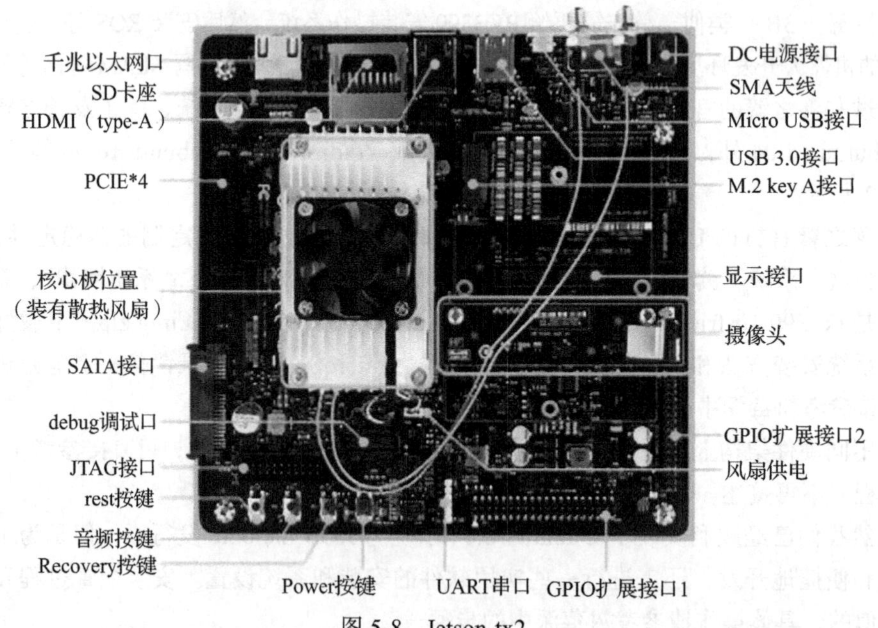

图 5-8　Jetson-tx2

将 Jetson-tx2 应用到机器人中，需要先给 Jetson-tx2 安装操作系统，然后安装 ROS，最后安装装机软件和进行系统设置之类的，这样就搭建好基本的机器人开发环境了。如果还需要运行计算机视觉、语音识别、物体识别之类的人工智能算法，则需要升级系统中的 OpenCV 和 Python 版本，安装深度学习框架（比如 TensorFlow、PyTorch 等）。

与树莓派和 RK3399 不同的是，英伟达官方只给 Jetson-tx2 提供了 Ubuntu 系统。英伟达官方提供的 JetPack 工具用于 Jetson-tx2 刷系统和系统中的软件。自从 JetPack 4.2（Ubuntu 18.04）版本之后，Jetson-tx2 刷系统和系统中的软件方式就与以前大不相同，只需要下载一个 SDK Manager 就能一键搞定所有刷机操作。

首先需要准备一台装有 Ubuntu 16.04 的电脑，并下载、安装英伟达的 SDK Manager 工具[⊖]。其实下载下来的 SDK Manager 就是一个 deb 包，直接运行安装这个 deb 包就行了。

安装完 SDK Manager 后，执行命令 sdkmanager 就可以直接启动这个工具，进入工具界面需要使用英伟达开发者账号登录。然后开始刷机操作，分为 4 个步骤，按提示操作即可。刷机之后，Jetson-tx2 上就安装了英伟达官方的 Ubuntu 18.04 系统，同时安装了 TensorRT、cuDNN、CUDA 等深度学习相关的库。

Jetson-tx2 与树莓派和 RK3399 不同的地方在于 Jetson-tx2 有 GPU 计算单元，可以支持 CUDA 并行计算，使程序发挥出最好的性能。

主板硬件和操作系统版本更新非常迅速，如果大家在按照上述过程安装树莓派、RK3399 或 Jetson-tx2 系统及软件时遇到任何疑问都可以联系我，具体方式见前言。

5.5 分布式架构主机

在实际的机器人开发过程中，往往涉及多个机器人、工作台、手机终端等多种设备，这些设备之间相互协作，实现对机器人的监控和调度。这里就来讨论一下这种分布式架构下的机器人监控与调度，如图 5-9 所示。

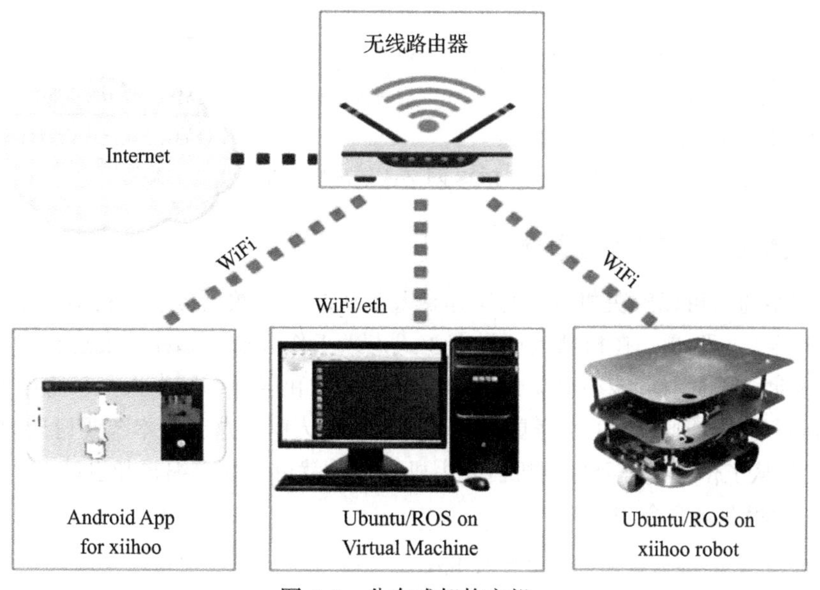

图 5-9　分布式架构主机

⊖ 参见 https://developer.nvidia.com/embedded/jetpack。

5.5.1 ROS 网络通信

ROS 网络通信是一种分布式的计算机通信方式，可以为运行在不同主机中的 ROS 节点间通信提供接口（参见 1.3 节和 1.5 节）。机器人和工作台上的 ROS 节点是运行在 Ubuntu 系统上的，一般基于 roscpp 和 rospy 库来编写；手机上的 ROS 节点是运行在 Android 系统上的，一般基于 rosjava 库来编写。不管这些 ROS 节点是运行在什么设备中，只要将各个设备连接到同一台路由器组成一个局域网，并在每台设备上都配置好 ROS 网络通信的环境变量，ROS 网络通信就设置完成了。

ROS 网络通信是中心式结构，也就是参与 ROS 网络通信的所有主机必须指定一台主机作为 master（主节点），负责整个 ROS 网络通信的管理工作；而参与 ROS 网络通信的所有主机都要向外声明自己的 host 身份。也就是每台主机中，都要设置 master 和 host 两个环境变量，master 和 host 的取值均为局域网内主机的真实 IP 地址。一般以机器人作为 master，即所有主机中的 ROS_MASTER_URI 环境变量取值都要设置成机器人的 IP 地址值；而参与 ROS 网络通信的所有主机各自都是一台 host，也就是每台主机中的 ROS_HOSTNAME 环境变量取值都设置成该主机自己的 IP 地址值。这样组建出来的 ROS 网络如图 5-10 所示。

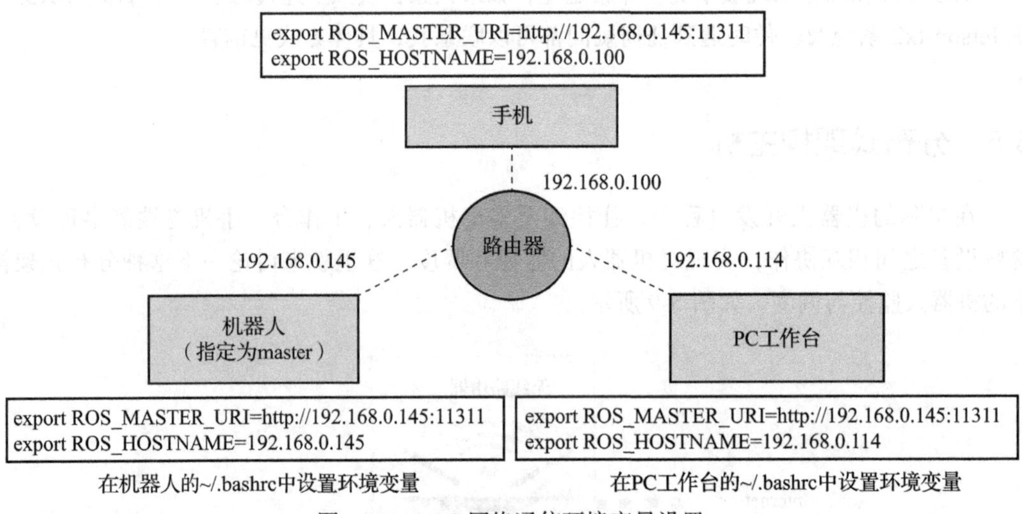

图 5-10　ROS 网络通信环境变量设置

5.5.2 机器人程序的远程开发

ROS 网络通信可以解决机器人与工作台及手机之间的数据传输，利用工作台和手机监控、调度机器人。但是，在机器人还没有正式走入工作岗位，如在开发过程中，机器人要在环境中移动，此时不可能在机器人上安装鼠标键盘和屏幕，开发人员一直跟在机器人后面编写和调试程序，那么要怎么样更高效地开发机器人呢？这就是本节要讨论的远程开发，通过 ssh 工具从工作台远程登录到机器人主机，然后就可以远程编辑和启动 / 停止机器人上的程序了。远程登录命令如下：

```
#ssh 命令后面跟要登录主机的用户名和 IP 地址
ssh raspi@192.168.0.117
```

远程登录到机器人后，在登录终端只能用 vim 编辑一些简单的程序代码。如果要修改的代码涉及的文件比较复杂，可以将机器人文件远程挂载到工作台，然后在工作台直接打开编辑，这样就方便多了，如图 5-11 所示。

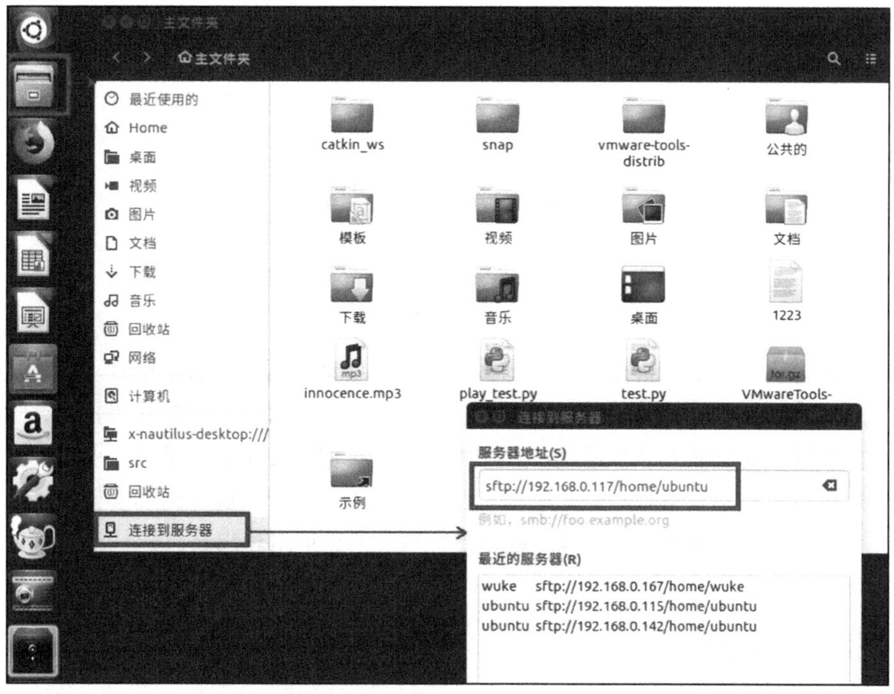

图 5-11　远程挂载

初学者一定要正确理解 ssh 登录的原理。远程登录到机器人后，该终端下执行的所有命令其实最终都是在机器人本地运行，只不过通过 ssh 进行命令的传递而已。初学者往往会在登录后的终端下运行 rviz 这类 GUI 程序而导致报错，了解 ssh 远程登录原理就很容易理解错误产生的原因了。因为 rviz 要在机器人本地启动，而 ssh 只能传递文本信息到工作台端，rviz 是 GUI 程序，程序输出是 GUI 信息，显然 ssh 是传递不了的。

5.6　本章小结

本章主要讨论了树莓派 3B +、RK3399 和 Jetson-tx2 这 3 款主机，并介绍了如何快速搭建机器人的开发环境，便于后续 SLAM 导航的开发工作。最后介绍了机器人开发中的两种方式，即 ROS 网络通信和远程登录。

下一章将把机器人传感器和主机集成起来，构建一台真正能运行的机器人，即机器人底盘。

参考文献

WILLIAM S. Computer Organization and Architecture：Designing for Performance [M]. New Jersey：Prentice Hall，2013.

CHAPTER 6

第 6 章 机器人底盘

底盘是机器人传感器和机器人主机的载体，也是移动机器人的基本形式。移动机器人通常可以采用轮式和足式进行移动，通过电机驱动轮子移动的机器人即轮式机器人，通过仿生式的多足关节移动的机器人即多足机器人。由于多足机器人控制非常复杂，所以商业应用较多的是轮式机器人。本章主要对轮式机器人底盘进行讨论，包括底盘运动学模型、底盘性能指标和典型机器人底盘搭建。通过本章的学习，很容易就能搭建出自己的移动底盘。

6.1 底盘运动学模型

轮式机器人底盘按照转向方式的不同，可以分为两轮差速模型、四轮差速模型、阿克曼模型、全向模型等。两轮差速模型、四轮差速模型、阿克曼模型也称为运动受约束模型，全向模型也称为运动不受约束模型。

本节介绍的这几种模型都是轮式底盘模型，还有一些底盘模型，比如双足底盘模型、四足底盘模型、六足底盘模型、多足与轮式复合底盘模型等，这些模型只需要了解即可，并不要求掌握。

6.1.1 两轮差速模型

两轮差速模型可以说是最简单的底盘模型，在底盘的左右两边平行安装两个由电机驱动的动力轮，考虑到至少需要 3 点才能稳定支撑，底盘上还需要安装用于支撑的万向轮。最简单的就是在底盘前边装 1 个万向轮，后边装 2 个动力轮，组成 3 轮结构，如图 6-1a 所示。这种结构理论上可以实现转弯半径为 0 的原地旋转，但是原地旋转时的速度瞬心位于两动力轮轴线中点位置，而不是底盘的几何中心。在自主导航过程中，最小避让空间为 r' 半径覆盖的区域，显然 r' 大于 r，底盘旋转所需避让空间会更大。3 轮结构还存在侧翻的问题，当底盘上的载重分布不均匀时，转弯时很容易翻车，改进方法是多装几个万向轮。如图 6-1b 所示，前后各装 1 个万向轮，在底盘中轴线上左右位置各装 1 个动力轮，组成 4 轮结构。我们也可以在底盘的 4 个角各装 1 个万向轮，在底盘中轴线上左右位置各装 1 个动力轮，组成 6 轮结构，如图 6-1c 所示。图 6-1b 和图 6-1c 结构的优点是原地旋转时的速度瞬心与底盘几何中心是重合的，底盘旋转所需避让空间可以达到理论最小，并且不容易侧翻。由于 4 轮和 6 轮结构接地点大于 3，存在多点接触地面问题，也就是当地面不平坦时，有的轮子会出现悬空。为了解决多点接触地面问题，4 轮和 6 轮结构需要在 2 个主动轮上加装悬挂系统，而悬挂系统将使整个底盘的结构设计变得更加复杂。因此，要结合实际应用场景，合理选择图 6-1 中的 3 种结构，在满足要求的前提下，尽量降低底盘设计复杂度。下面通过对前向运动学、逆向运动学和轮式里程计的内容分析，详细介绍两轮差速模型的原理。

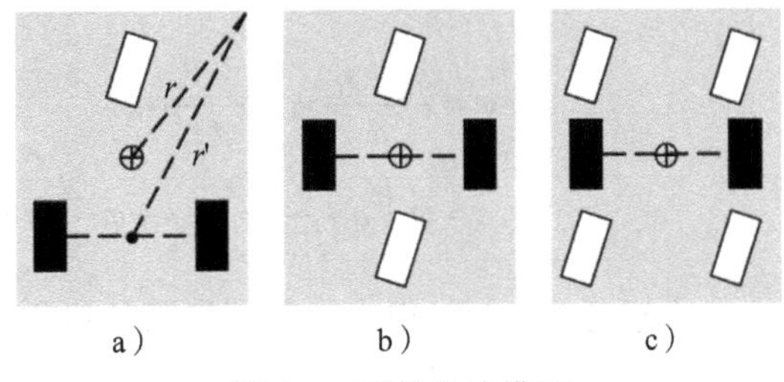

图 6-1　两轮差速模型

1. 前向运动学

底盘中各个动力轮的速度可以由编码器值计算得到，那么通过各个轮子的速度求底盘整体的运动速度，即前向运动学。已知左动力轮的线速度为 V_L，右动力轮的线速度为 V_R，动力轮的线速度可以用编码器计数值计算，如式（6-1）所示。

$$V=\frac{M}{P}\cdot N\cdot 2\pi\cdot R\cdot\frac{1}{\Delta t} \tag{6-1}$$

其中：M 为采样周期内编码器的计数值；P 为编码器的线数，即编码盘旋转一圈触发的总脉冲数；N 为电机减速比，为小于 1 的分数；R 为轮子的半径；Δt 为编码器采样周期。

底盘整体的运动速度由速度瞬心上的线速度和角速度描述，三维空间中刚体运动速度由 6 维向量 $[v_x, v_y, v_z, \omega_x, \omega_y, \omega_z]$ 描述。由于这里讨论的底盘只在二维平面上运动，并且两轮差分底盘不发生侧向滑动。底盘采用右手坐标系，底盘中只有向前的线速度 v_x 和 z 轴的角速度 ω_z 为非 0 项。根据前向运动学，在已知左动力轮、右动力轮的线速度分别为 V_L 和 V_R 的条件下，利用图 6-2 所示的几何关系，便可求出底盘的整体速度 v_x 和 ω_z。

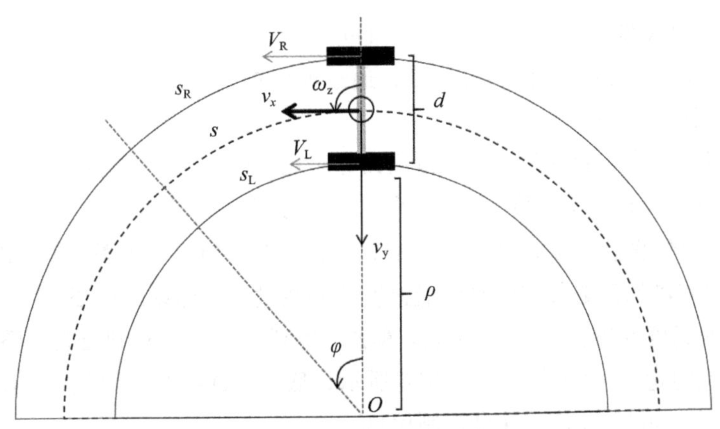

图 6-2　两轮差速运动学

在很短的时间 t 内，底盘可以看成绕 O 点做圆周运动，两个圆周的半径分别为 ρ 和 $\rho+d$，其中 d 为两个轮子之间的轴距，两个轮子走过的路程分别为 s_L 和 s_R，转过的角度为 φ，底盘速度瞬心走过的路程为 s，s_L 和 s_R 满足式（6-2）的关系。

$$\begin{aligned} s_R &= \varphi\cdot(\rho+d)=V_R\cdot t \\ s_L &= \varphi\cdot\rho=V_L\cdot t \end{aligned} \tag{6-2}$$

将式（6-2）中的两个等式相减可以求出 φ，利用 φ 继而可以求出 s，求解如式（6-3）所示。

$$
\begin{aligned}
&\varphi=\frac{s_{\mathrm{R}}-s_{\mathrm{L}}}{d}=\frac{V_{\mathrm{R}}-V_{\mathrm{L}}}{d}\cdot t \\
&s=\varphi\cdot\left(\rho+\frac{d}{2}\right)=\varphi\cdot\rho+\varphi\cdot\frac{d}{2}=s_{\mathrm{L}}+\frac{s_{\mathrm{R}}-s_{\mathrm{L}}}{2}=\frac{s_{\mathrm{R}}+s_{\mathrm{L}}}{2}=\frac{V_{\mathrm{R}}+V_{\mathrm{L}}}{2}\cdot t
\end{aligned} \tag{6-3}
$$

由于运动时间 t 很小，利用极限的思想，φ 趋近于 0，s 也趋近于 0，那么 s 可以等效为底盘速度瞬心轨迹圆弧切线方向的一小段位移，有了这个近似假设条件，用 s 和 φ 直接除以 t 就可以求出底盘的整体速度 v_x 与 ω_z 了，如式（6-4）所示。

$$
\begin{bmatrix} v_x \\ \omega_z \end{bmatrix}=\begin{bmatrix} \frac{1}{2} & \frac{1}{2} \\ -\frac{1}{d} & \frac{1}{d} \end{bmatrix}\begin{bmatrix} V_{\mathrm{L}} \\ V_{\mathrm{R}} \end{bmatrix} \tag{6-4}
$$

2. 逆向运动学

前向运动学是利用各个轮子的速度求解底盘整体的速度，逆向运动学是前向运动学的逆过程，即利用底盘整体的速度求解各个轮子的速度。逆向运动学计算就比较简单了，直接由式（6-4）进行矩阵求逆运算就能得到，如式（6-5）所示。

$$
\begin{bmatrix} V_{\mathrm{L}} \\ V_{\mathrm{R}} \end{bmatrix}=\begin{bmatrix} 1 & -\frac{d}{2} \\ 1 & \frac{d}{2} \end{bmatrix}\begin{bmatrix} v_x \\ \omega_z \end{bmatrix} \tag{6-5}
$$

3. 轮式里程计

机器人主机向底盘发送运动控制量 v_x 和 ω_z，经过逆向运动学公式（6-5）解算就可以得到底盘中每个轮子应该运行的目标速度，通过电机控制主板的 PID 算法可以实现每个轮子转速控制（参见 4.4.3 节）。

底盘在运动过程中，轮式编码器可以反馈每个轮子的转速，经过前向运动学公式（6-4）解算就可以得到底盘的整体速度 v_x 和 ω_z 了。基于 v_x 和 ω_z，就可以由前一时刻底盘的位姿 $\boldsymbol{P}_{k-1}$ 推算出当前时刻底盘的位姿 $\boldsymbol{P}_k$，这个推算过程也叫"航迹推演算法"，由于底盘不是严格的质点，所以底盘的位姿代表的是底盘速度瞬心在世界坐标系的位姿。

利用轮式编码器反馈，经过航迹推演算法，得到底盘当前时刻位姿，整个过程就是机器人技术中常说的轮式里程计。如图 4-70 所示，底盘 ROS 驱动将里程计信息发布在话题 /odom，并从话题 /cmd_vel 订阅速度控制信息。

很多初学者常常将轮式里程计与编码器、电机控制主板、底盘等概念混为一谈，所以需要特别注意。可以看出，轮式里程计其实是编码器、底盘运动学模型、航迹推演算法等综合作用的产物。也就是说，轮式里程计并不是某种传感器，而是利用轮式编码器计算底盘位姿的一种算法。

下面具体分析一下轮式里程计的解算过程，如图 6-3 所示。在机器人学中，通常采用右手坐标系，底盘的正前方为 x 轴正方向、底盘的正上方为 z 轴正方向、底盘的正左方为

y 轴正方向、航向角 θ 以 x 轴为 0 度角并沿逆时针方向增大。一般在底盘上电时刻，在底盘的位姿处建立里程计坐标系（odom），随时间推移底盘的实时位姿 $\boldsymbol{P}_0$、$\boldsymbol{P}_1$、$\boldsymbol{P}_2$、$\boldsymbol{P}_3$、…、$\boldsymbol{P}_n$ 连接起来就形成了底盘的航行轨迹。同时，底盘自身的坐标系（robot）建立在其速度瞬心处。

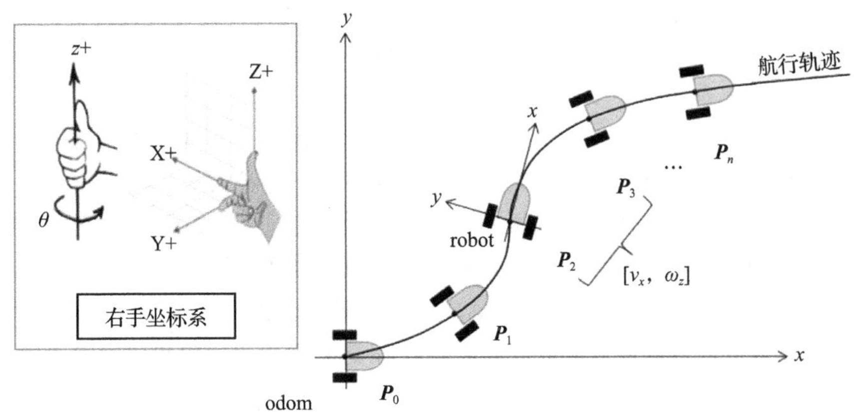

图 6-3　两轮差速里程计

其实，建立起 robot 坐标系中的速度量 v_x 和 ω_z 与 odom 坐标系中的底盘位姿 $\boldsymbol{P}_k$ 之间的关系，就能解算出轮式里程计。在二维平面中移动的底盘，可以用 $\boldsymbol{P}=[X,Y,\theta]^{\mathrm{T}}$ 表示底盘的坐标和航向（即底盘的位姿），那么位姿 $\boldsymbol{P}$ 满足式（6-6）所示的微分方程。

$$\dot{\boldsymbol{P}}=\begin{bmatrix}\dot{X}\\ \dot{Y}\\ \dot{\theta}\end{bmatrix}=\begin{bmatrix}\cos\theta & -\sin\theta & 0\\ \sin\theta & \cos\theta & 0\\ 0 & 0 & 1\end{bmatrix}\begin{bmatrix}v_x\\ v_y\\ \omega_z\end{bmatrix} \tag{6-6}$$

其中，两轮差分底盘不发生侧向滑动，故 $v_y=0$。

将 $\dot{\boldsymbol{P}}$ 在时间 t 上进行积分，就可以求出底盘实时的位姿，也就是里程计信息。实际情况下，需要在离散时间域上进行计算，由于底盘相邻两位姿相隔时间 Δt 很小，积分运算可以用式（6-7）的累加运算来替代。

$$\boldsymbol{P}_k=\boldsymbol{P}_{k-1}+\dot{\boldsymbol{P}}_{k-1}\cdot\Delta t \tag{6-7}$$

由于里程计提供底盘在 odom 坐标系中的位姿，而 odom 坐标系与底盘上电启动时所处的地方有关，也就是说里程计中的底盘位姿是一个相对值。另外，里程计随时间的推移存在较大的累积误差，所以一般都是取不同时刻之间的里程计差值并应用于其他算法。由于轮式里程计只能提供底盘的局部位姿，并且存在较大累积误差，因此需要结合后面章节中的地图及 SLAM 重定位技术来获取全局位姿。

由式（6-1）、式（6-4）、式（6-6）和式（6-7）得知，里程计值与轮子的半径 R 及左右轮的轴距 d 有关系。由于制造安装误差的存在，参数 R 和 d 会存在一定的偏差。为了减小底盘固有参数 R 和 d 对里程计精度的影响，在首次使用底盘前需要对里程计进行标定。最常用到的标定方法是试探法，比如设定 1m 的直线距离，通过观察底盘实际行走直线的距离与设定距离的偏差，手动调整参数 R，直到底盘直线行走的距离与设定距离吻合；参数

d 的标定也是类似的，比如设定 360° 转动角，通过观察底盘实际自转角度与设定角度的偏差，手动调整参数 d，直到转动角度与设定角度吻合。

6.1.2　四轮差速模型

四轮差速模型与两轮差速模型非常相似，并且在载重能力和越野性能上比两轮差速模型更有优势。与两轮差速底盘一样，四轮差速底盘也是靠左右两边轮子的转速差实现转弯，只不过每一边都是两个轮子，同一边的两个轮子的转速是完全一样的，即前轮和后轮的速度是同步的，因此也把四轮差速模型称为同步驱动模型。实现前轮与后轮速度同步的方式主要有 3 种，分别是**履带连接方式**、**链条连接方式**和**电控方式**。履带连接方式是直接将前轮和后轮用履带进行连接，在机械上实现前后轮速度同步，如图 6-4a 所示；链条连接方式是用链条将前轮和后轮的输出轴连接在一起，也是在机械上实现前后轮速度同步，如图 6-4b 所示；在玩具和简易底盘等要求低成本的场景下，为了避免设计复杂的机械结构，常常使用 4 个独立的电机控制 4 个轮子，并通过控制主板实现前轮和后轮的速度同步，这就是电控方式，如图 6-4c 所示。

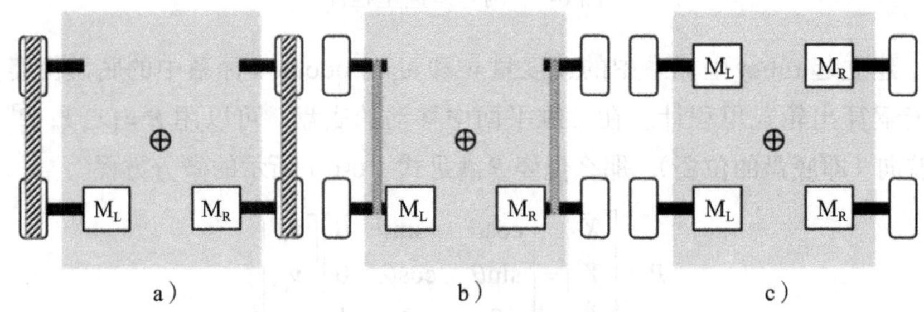

图 6-4　四轮差速模型

如图 6-4a 所示的履带底盘，因接触地面面积的增大而具有很好的越野性能。它同时也有很大的弊端，比如履带底盘原地自转时，常常认为履带上的前轮和后轮连线中点位置处为等效的接地点，这样就可以将底盘模型等效为两轮差速模型来处理。显然这种简单的等效是不靠谱的，比如当地面存在稍微起伏时，履带与地面的接触点可能出现在任何位置，这样就会造成底盘的前向运动学和逆向运动学失效。因此在对轮式里程计精度要求较高的应用场景，很少选用履带底盘，而是非履带底盘。

如图 6-4b 和图 6-4c 所示的四轮底盘，是各个轮子单点接触地面，所以轮式里程计精度比履带底盘中的要高。在有些对底盘控制和里程计精度要求不是特别高的场景，也常常将这种四轮底盘简单等效为两轮差速模型来处理。等效的条件是轮子不发生侧向滑动，如图 6-5 所示，当底盘的长宽比 $\frac{b}{a}$ 足够大时，也就是前轮、后轮距离很近，左轮、右轮距离很远，底盘自转时才会足够顺畅，保证轮子不发生侧向滑动。

在实际四轮差速模型应用中，不可能把底盘的长宽比设计得过大，即上面的等效条件很难满足，所以轮子转弯会存在侧向滑动。为了得到更高精度的里程计，就需要在四轮差速模型的侧向滑动情况下，对其前向运动学、逆向运动学和轮式里程计进行讨论。

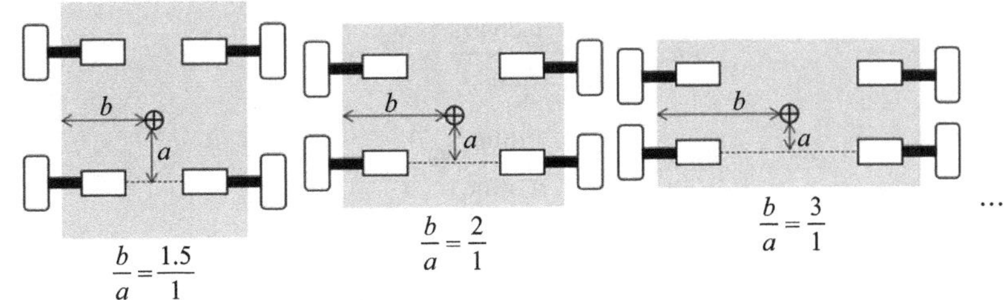

图 6-5　四轮差速模型简单等效

1. 前向运动学

考虑到四轮差速底盘侧向滑动发生的情况，可以用图 6-6 所示的模型进行分析。由于前轮和后轮的速度是同步的，可以以底盘几何中心 COG 沿 y 轴方向上的点 ICR 作为整个底盘进行圆周运动时的圆心，ICR 与 COG 的距离大小与圆周运动角速度大小有关。4 个轮子到 ICR 的距离为 d_i，轮子的实际速度 v_i 是侧向滑动速度 v_{iy} 和预设目标速度 v_{ix} 的合成速度，这里的 $i = 1, 2, 3, 4$。在侧向滑动的四轮底盘中，底盘的速度瞬心在其质心 COM 处，而 COM 与 COG 往往是不重合的。我们可以用 COM 位置处的线速度 v_c 和角速度 ω_c 表示整个底盘的运动速度，其中 COM 到 ICR 的距离为 d_c。v_c 垂直于 ICR-COM 线段，v_c 不仅有预设目标速度 v_{cx} 分量，还有侧向滑动速度 v_{cy} 分量。底盘中左轮、右轮轴距为 c，点 COM 与底盘后端及前端的距离分别为 a 和 b。

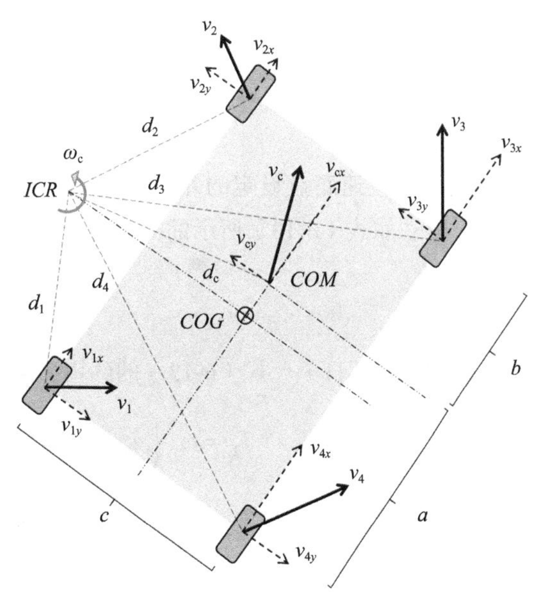

图 6-6　四轮差速运动学[3]

绕圆心做圆周运动的物体，其线速度 v、角速度 ω 和圆周半径 d 满足关系 $\omega = \frac{v}{d}$。因此，可以建立底盘中的约束关系，见式（6-8）。

$$\omega_c = \frac{v_c}{d_c} \tag{6-8}$$

假设线 d_c 与 y 轴的夹角为 α_c，可以对式（6-8）进行变形，结果如式（6-9）所示。

$$\begin{aligned}\omega_c &= \frac{v_c}{d_c} = \frac{v_c\cos\alpha_c}{d_c\cos\alpha_c} = \frac{v_{cx}}{d_{cy}} \\ \omega_c &= \frac{v_c}{d_c} = \frac{v_c\sin\alpha_c}{d_c\sin\alpha_c} = \frac{v_{cy}}{d_{cx}}\end{aligned} \tag{6-9}$$

刚体旋转时，各个位置的角速度与质心处的角速度是一样的，即 4 个轮子绕 ICR 旋转的角速度也是 ω_c。按照式（6-9）的推理，同样可以得到约束关系式（6-10）。

$$\begin{aligned}\omega_c &= \frac{v_i}{d_i} = \frac{v_i\cos\alpha_i}{d_i\cos\alpha_i} = \frac{v_{ix}}{d_{iy}} \\ \omega_c &= \frac{v_i}{d_i} = \frac{v_i\sin\alpha_i}{d_i\sin\alpha_i} = \frac{v_{iy}}{d_{ix}}\end{aligned} \tag{6-10}$$

其中，$i=1, 2, 3, 4$。

将式（6-9）和式（6-10）整理一下，得到约束关系式（6-11）。

$$\omega_c = \frac{v_c}{d_c} = \frac{v_{cx}}{d_{cy}} = \frac{v_{cy}}{d_{cx}} = \frac{v_{ix}}{d_{iy}} = \frac{v_{iy}}{d_{ix}}, \quad i=1, 2, 3, 4 \tag{6-11}$$

同时，d_i（其中 $i=1, 2, 3, 4$）与 d_c 在 x 轴和 y 轴上的投影长度满足式（6-12）所示的关系。

$$\begin{aligned}d_{1y} &= d_{2y} = d_{cy} - \frac{c}{2} \\ d_{3y} &= d_{4y} = d_{cy} + \frac{c}{2}\end{aligned} \tag{6-12}$$

当四轮差速底盘设定的左轮、右轮速度分别为 V_L 和 V_R，且前轮、后轮速度严格同步时，可建立如式（6-13）所示的关系。

$$\begin{aligned}V_L &= v_{1x} = v_{2x} \\ V_R &= v_{3x} = v_{4x}\end{aligned} \tag{6-13}$$

利用式（6-11）～式（6-13）的约束关系，可以推导出式（6-14）的结论。

$$\begin{aligned}V_L &= \omega_c \cdot \left(d_{cy} - \frac{c}{2}\right) = \omega_c d_{cy} - \omega_c \cdot \frac{c}{2} = v_{cx} - \omega_c \cdot \frac{c}{2} \\ V_R &= \omega_c \cdot \left(d_{cy} + \frac{c}{2}\right) = \omega_c d_{cy} + \omega_c \cdot \frac{c}{2} = v_{cx} + \omega_c \cdot \frac{c}{2}\end{aligned} \tag{6-14}$$

将式（6-14）整理后，很容易得到四轮差速底盘的前向运动学关系，如式（6-15）所示。

$$\begin{bmatrix} v_{cx} \\ \omega_c \end{bmatrix} = \begin{bmatrix} \frac{1}{2} & \frac{1}{2} \\ -\frac{1}{c} & \frac{1}{c} \end{bmatrix} \begin{bmatrix} V_L \\ V_R \end{bmatrix} \tag{6-15}$$

2. 逆向运动学

前向运动学是利用各个轮子的速度求解底盘整体的速度，逆向运动学是前向运动学的逆过程，即利用底盘整体的速度求解各个轮子的速度。逆向运动学计算就比较简单了，直接由式（6-15）进行矩阵求逆运算就能得到，如式（6-16）所示。

$$\begin{bmatrix} V_L \\ V_R \end{bmatrix} = \begin{bmatrix} 1 & -\frac{c}{2} \\ 1 & \frac{c}{2} \end{bmatrix} \begin{bmatrix} v_{cx} \\ \omega_c \end{bmatrix} \tag{6-16}$$

3. 轮式里程计

单从式（6-15）和式（6-16）本身来看，我们发现四轮差速底盘与两轮差速底盘的运动学公式完全是一样的。由于轮式里程计是通过运动学模型给出的角速度和线速度积分得到的，从表面上看四轮差速底盘的轮式里程计与两轮差速底盘的轮式里程计的解算过程完全一样，不过前提条件是轮子不能有太严重的侧向滑动。下面就主要讨论一下侧向滑动问题对四轮差速底盘的运动学模型以及轮式里程计的影响，通过式（6-11）可以推出侧向滑动速度所满足的约束关系，如式（6-17）所示。

$$v_{cy} - \omega_c d_{cx} = 0 \tag{6-17}$$

来看下更通用的表述，基于底盘质心 COM 建立右手坐标系，那么 ICR 在该坐标系下的坐标为（x_{ICR}, y_{ICR}），那么 x_{ICR} 是带符号的坐标值，用其替换式（6-17）中的 $-d_{cx}$，得到式（6-18）。

$$v_{cy} + \omega_c x_{IRC} = 0 \tag{6-18}$$

也就是说，侧向滑动速度的大小与参数 x_{ICR} 有关，而 x_{ICR} 表示底盘质心 COM 与几何中心 COG 之间的偏移量。显然，COM 偏离 COG 的距离越大，侧向滑动速度也越大。而侧向滑动速度过大时，将严重影响运动学模型的稳定性。

文献［4］对侧向滑动的严重性进行了研究，当 $|x_{ICR}| > b$ 时，即 COM 距离 COG 的距离超过 COM 距离底盘前端的距离时，认为底盘发生了严重侧向滑动。如果底盘发生严重侧向滑动，底盘运动的稳定性将非常难以控制，并且底盘移动轨迹将无法预测，从而导致里程计无法解算里程，所以这里只讨论底盘不发生严重侧向滑动的情况。与两轮差速底盘一样，四轮差速底盘也可以采用同样的方法来解算出里程，具体解算过程就不赘述了。

4. 轨迹跟踪问题

轨迹跟踪问题，是机器人自主导航领域研究的关键问题。当指定机器人导航目标后，路径规划算法将规划出一条可以到达的路径，这个时候，机器人就要按照给定的路径进行移动。理论上，只要按照里程计解算中的思路反向求解，就能利用给定的里程轨迹信息倒推出轨迹上每个位置机器人应该移动的速度，然后利用这一系列的速度值来控制机器人。但是实际控制过程是存在偏差的，给定目标速度，机器人的执行结果肯定与预期有出入，这时就需要引入反馈机制来调整机器人的实时速度，尽量使机器人运动逼近设定的轨迹。

因为两轮差速底盘不存在轮子侧向滑动的情况，所以底盘的运动控制比较稳定。在短期内，底盘的运动速度与设定目标速度基本是一致的，只需要利用 SLAM 等全局定位技术提供的全局位姿信息对底盘运动的长期累积误差进行修正，并进行简单的反馈调节就能实现很好的轨迹跟踪。

虽然四轮差速底盘也是采用同样的运动学和里程计模型，但是因轮子侧向滑动的不确定性，底盘运动具有很大的不稳定性。设定目标速度后，底盘的实际运动速度会有明显的偏差，这就需要设计更复杂的方法，提升轨迹跟踪的精度。文献［3］给出了一种健壮的轨迹跟踪方法，下面简单介绍一下这种方法。

该方法思路是利用当前实际位姿与目标位姿的偏差 $\boldsymbol{e}$ 作为反馈量，将输入底盘的控制速度 $\boldsymbol{\eta}_d = [v_d, \omega_d]^{\mathrm{T}}$ 进行平滑处理，再改用平滑后的速度 $\boldsymbol{\eta}_c$ 来控制底盘。速度平滑处理如式（6-19）所示，其中 $\boldsymbol{K}$ 是滤波参数，根据实际系统确定。

$$\boldsymbol{\eta}_c = f(\boldsymbol{e}, \boldsymbol{\eta}_d, \boldsymbol{K}) = \begin{bmatrix} v_{xd}\cos e_\theta + k_1 e_x \\ \omega_d + k_2 v_{xd} e_y + k_3 v_{xd} \sin e_\theta \end{bmatrix} \tag{6-19}$$

6.1.3 阿克曼模型

四轮差速底盘具有很好的载重和越野性能，但缺点是转弯时轮子会发生一定程度的侧向滑动。在侧向滑动不明显的情况下，可以用两轮差速模型来等效实现。无论如何，这种侧向滑动让底盘控制稳定性、里程计解算、轨迹跟踪等问题变得更加复杂。阿克曼底盘通过前轮的机械转向，让底盘中的4个轮子在基本不发生侧向滑动的情况下能顺畅地转弯。不过也有缺点，阿克曼底盘不能原地旋转，也就是最小转弯半径不为0，想象一下汽车在狭小的地方倒车入库的场景就不难理解了，车辆需要反复调整方向盘才能将车停入指定车位。

在直线行驶时，4个车轮的轴线互相平行。在进行转弯时，需要让4个车轮只沿车轮切线方向前进而不发生侧移，以避免侧移给车轮带来的巨大磨损。即4个轮子转弯弧线必须处于共同的圆心 ICR 之上，此时前轮内侧转向角 δ_{in} 会大于外侧转向角 δ_{out}。在阿克曼转向几何中，利用梯形四连杆的相等曲柄控制前轮的转向，以实现 δ_{in} 和 δ_{out} 需要的约束关系，避免车轮发生侧移，让4个车轮能顺畅地转弯，如图6-7所示。

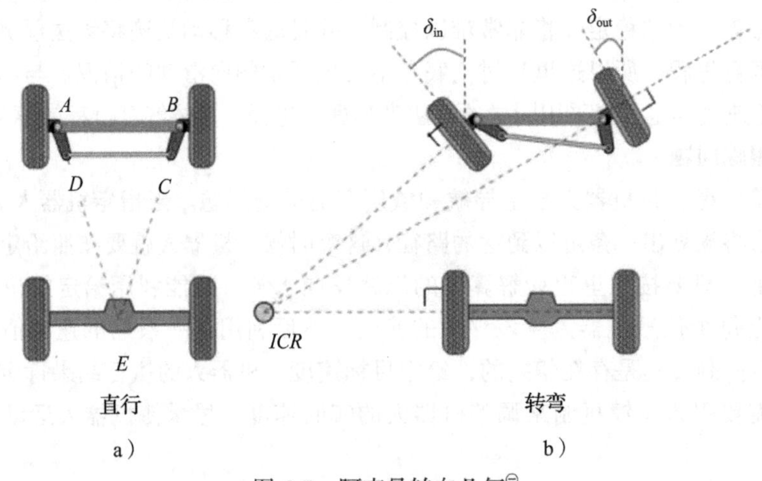

图6-7 阿克曼转向几何[㊀]

从图6-7a可知，转向机构是A、B、C、D四连杆结构，A和B分别为左轮、右轮的销连接点，C和D为曲柄的连接点，曲柄AD和BC是等长的，E是后轮中轴点，在前轮转向角为0时，C、D位于ABE等腰三角形的两腰等位点上，这就是阿克曼转向梯形结构。关于阿克曼转向梯形结构如何实现 δ_{in} 和 δ_{out} 约束的数学原理证明，在机械原理和汽车结构研究领域已有大量文献可参考，这里就不再赘述了，大家只需要记住阿克曼转向梯形结构设计的结论即可。值得注意的是，在实际应用中阿克曼有多种变种结构，如图6-8所示。

当车辆低速转弯时，轮胎受到的侧向摩擦力很小可以认为是0，这种情况适合采用图6-8a所示的转向结构，也称理想阿克曼结构；当高速转弯时，轮胎受到的侧向摩擦力就不能忽略了，由于内轮转向角更大，内轮也就更容易发生侧滑，这就需要适当减小内轮转

㊀ 参见 http://wiki.ros.org/Ackermann%20Group。

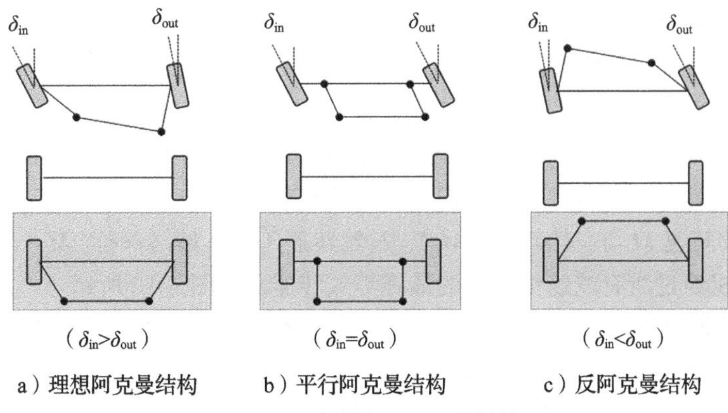

a）理想阿克曼结构　b）平行阿克曼结构　c）反阿克曼结构

图 6-8　几种常见阿克曼结构

向角与外轮转向角的差值，避免内轮侧滑，这种情况适合采用图 6-8b 所示的转向结构，也称平行阿克曼结构；在赛车等特殊场合，需要车辆具有极致的过弯性能，尽量缩短过弯时间以赢得比赛，这时候就需要增大外轮的侧向摩擦力，以提供更大的向心力，让车辆在更小的转弯半径上完成转弯，这种情况适合采用图 6-8c 所示的转向结构，也称反阿克曼结构。家用汽车转弯介于低速和高速之间，其转向结构介于理想阿克曼结构和平行阿克曼结构之间。而机器人运动速度相比于汽车就慢得多了，其转向结构一般都是理想阿克曼结构，因此下面的讨论将围绕理想阿克曼结构展开。

按照驱动方式的不同，阿克曼底盘又分为前驱、后驱和四驱。前驱就是利用前轮提供动力来驱动底盘运动，由于在转弯过程中左前驱动轮和右前驱动轮的转速是不一样的，需要用差速器将发动机输出的动力按不同的比例分配给两个驱动轮，如图 6-9a 所示；后驱就是利用后轮提供动力来驱动底盘运动，同样需要用差速器将发动机输出的动力按不同的比例分配给两个驱动轮，如图 6-9b 所示；四驱就是 4 个轮子都提供动力驱动底盘运动，除了前轮轴上的差速器和后轮轴上的差速器，还需要中央差速器来解决前轮和后轮转速不同的问题，如图 6-9c 所示。

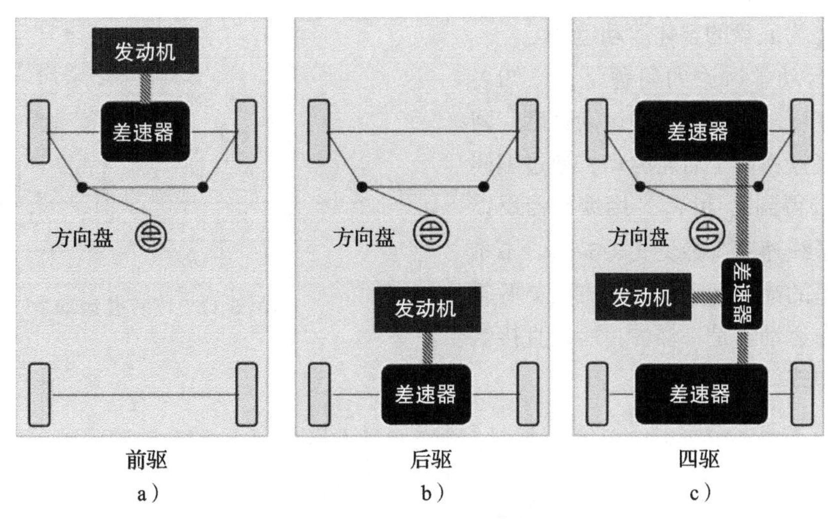

a）　b）　c）

图 6-9　阿克曼底盘的驱动方式

采用不同的驱动方式，其对应的前向运动学、逆向运动学和里程计解算也将不同。由于前驱中，阿克曼转向结构和差速器都分布在前轮，设计上变得更复杂，所以在机器人中一般选择在结构设计上更加简单的后驱方式。

在汽车中，差速器是一种特殊的齿轮组结构，能根据转弯时左轮、右轮受到地面侧向摩擦力大小上的差别，自动将发动机输出的转速按照相应的比例分配到左轮、右轮上，并且发动机输出的转速 M 与左轮转速（M_L）、右轮转速（M_R）始终保持 $2M = M_L + M_R$ 的关系，其中 M 是发动机经过所有减速传递后的最终等效转速，如图 6-10 所示。

考虑到差速器复杂的齿轮结构设计，机器人底盘通常采用两个独立的电机驱动左右轮，并配合电机驱动板调速程序来替代纯机械式的差速器，控制前轮转向的阿克曼结构由舵机带动来实现转向，如图 6-11 所示。因此下面的前向运动学、逆向运动学和里程计相关内容，将基于这种简易阿克曼后驱底盘展开讲解。

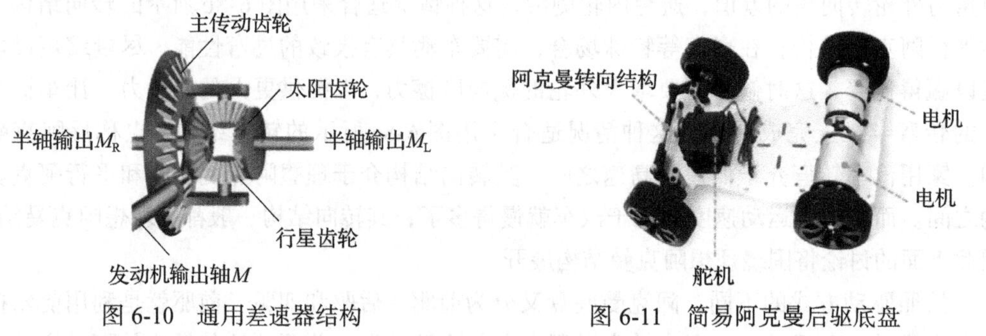

图 6-10　通用差速器结构　　图 6-11　简易阿克曼后驱底盘

1. 前向运动学

阿克曼底盘进行转弯时，可以用图 6-12 所示模型进行分析。在前轮转向角 δ_{in} 和 δ_{out} 不变的瞬时状态下，4 个轮子绕同一个点 ICR 做圆周运动。左后轮、右后轮的线速度为 V_L 和 V_R，后轮中轴位置 O_{back} 为底盘的速度瞬心，O_{back} 位置处的线速度 v_{back} 和角速度 ω_{back} 为底盘的整体运动速度。

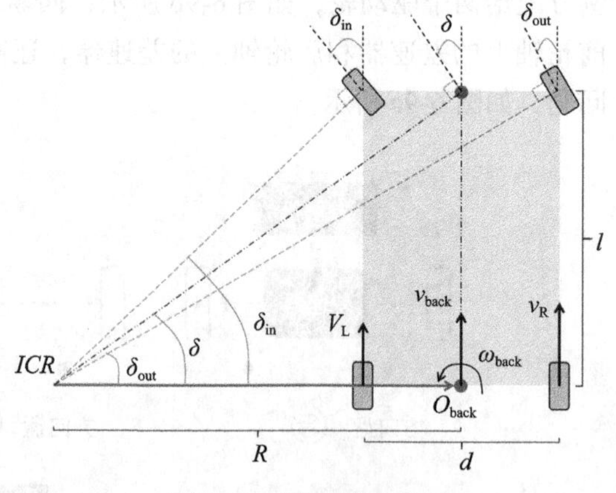

图 6-12　阿克曼运动学

前向运动学讨论的问题是，已知各个轮子的速度求底盘整体的运动速度。阿克曼后驱底盘由两个后轮驱动，通过编码器反馈可以得到 V_L 和 V_R，用编码器反馈可求出轮子线速度，参见式（6-1）。不难发现，这里的前向运动学计算方法与两轮差速的前向运动学是一样的，所以直接给出结论，如式（6-20）所示。

$$\begin{bmatrix} v_{back} \\ \omega_{back} \end{bmatrix} = \begin{bmatrix} \frac{1}{2} & \frac{1}{2} \\ -\frac{1}{d} & \frac{1}{d} \end{bmatrix} \begin{bmatrix} V_L \\ V_R \end{bmatrix} \tag{6-20}$$

2. 逆向运动学

在阿克曼底盘中，给定底盘的整体速度 v_{back} 和 ω_{back}，求两个后轮的速度 V_L 和 V_R 与两轮差速的逆向运动学也是一样的，所以直接给出结论，如式（6-21）所示。

$$\begin{bmatrix} V_L \\ V_R \end{bmatrix} = \begin{bmatrix} 1 & -\frac{d}{2} \\ 1 & \frac{d}{2} \end{bmatrix} \begin{bmatrix} v_{back} \\ \omega_{back} \end{bmatrix} \tag{6-21}$$

在阿克曼底盘中，除了需要求左、右后轮的速度外，还需要求出前轮的转向角。前轮的转向角可以用两个前轮中轴位置的平均转向角 δ 表示，其满足式（6-22）所示的几何关系。

$$\tan\delta = \frac{l}{R} \tag{6-22}$$

从式（6-22）中得知，只要求出后轮的中轴位置 O_{back} 到旋转中心 ICR 的距离 R，就能求出平均转向角 δ。而利用已知的 v_{back} 和 ω_{back} 很容易求得 R，如式（6-23）所示。

$$R = \frac{v_{back}}{\omega_{back}} \tag{6-23}$$

通过式（6-22）和式（6-23）便可求出 δ，如式（6-24）所示。

$$\delta = \arctan\left(\frac{l \cdot \omega_{back}}{v_{back}}\right) \tag{6-24}$$

虽然求出了转向角 δ，但是 δ 不是最终的控制量。我们还需要将转向角 δ 映射成舵机的输出舵量 *Angle*，才能最终实现底盘的转向。而转向角 δ 与舵量 *Angle* 之间的映射关系，与舵机及转向悬臂具体安装位置有关系，通常都是通过实验标定法获取到转向角 δ 与舵量 *Angle* 之间的映射表 $\delta - Angle$。利用映射表 $\delta - Angle$，就能快速从给定的转向角 δ 换算出舵量 *Angle*，实现最终的转向控制。

3. 轮式里程计

有了底盘后轮中轴位置 O_{back} 的线速度 v_{back} 和角速度 ω_{back}，就可以用航迹推演算法解算里程计信息了。

与两轮差速底盘中讨论的一样，阿克曼底盘的轮式里程计解算与动力轮的半径 R 及轴距 d 有关系，需要对参数 R 和 d 进行标定，以提高里程计的精度。标定方法与两轮差速底盘类似，先让底盘走直线对 d 进行标定，再让底盘旋转对 R 进行标定，只不过阿克曼底盘中的旋转不是原地转而是绕某个圆弧转。

4. 轨迹跟踪问题

与两轮差速底盘和四轮差速底盘相比，阿克曼底盘运动灵活性会差很多，所以阿克曼底盘在自主导航过程中路径规划及轨迹跟踪会更加复杂。举个简单的例子说明一下，假如底盘要从 A 点导航到 B 点，路径规划器规划出路径 A → Q → B，如果是差速底盘，可以直接从 A 运动到 Q，然后在 Q 点原地旋转 90°，最后从 Q 运动到 B，实际运动轨迹基本与规划路径重合，如图 6-13 所示。而阿克曼底盘就不一样了，由于阿克曼底盘不能原地旋转，所以不可能在 Q 点原地旋转 90°，也就是说只能以弧线 s 运动，这样就造成实际运动轨迹与规划路径不重合的问题。从这个简单的例子并不能看出实际运动轨迹与规划路径不重合会产生什么问题，但是如果在一些特殊的场合，比如某个特别狭窄、曲折的地方，路径规划器规划出了一条折线路径，理论上是可以通过的，但是考虑阿克曼底盘实际运动中的轨迹跟踪问题，底盘是无法通行的。

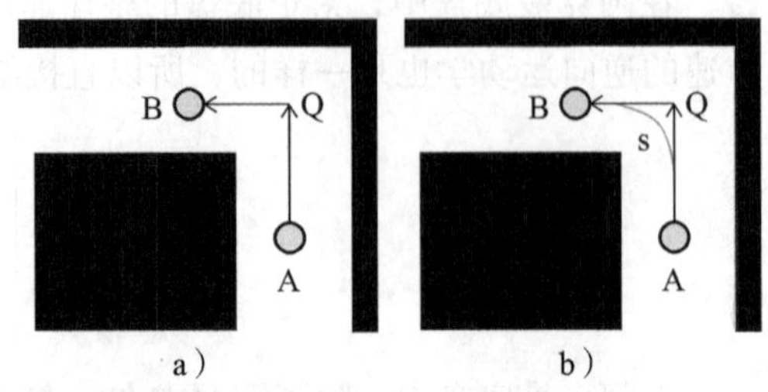

图 6-13　阿克曼底盘轨迹跟踪问题

也就是说，在机器人自主导航过程中，路径规划算法和轨迹跟踪算法需要结合阿克曼底盘运动约束来具体设计。而 ROS 中标准的导航框架并不直接支持阿克曼底盘模型。不过在 ROS 社区中有一个专门研究阿克曼底盘的兴趣小组[㊀]，里面有大量对阿克曼底盘路径规划和轨迹跟踪方面的研究及代码。

6.1.4　全向模型

为了引出本节的全向底盘，我们需要先对底盘的自由度进行一下讨论。在二维平面上运动的底盘，可以用速度向量$[\boldsymbol{v}_x, \boldsymbol{v}_y, \boldsymbol{\omega}_z]$来表示底盘的运动，$\boldsymbol{v}_x$和$\boldsymbol{v}_y$是底盘线速度在 x 与 y 两个坐标轴方向的分量，$\boldsymbol{\omega}_z$是底盘绕 z 轴在平面旋转的角速度。如果速度向量$[\boldsymbol{v}_x, \boldsymbol{v}_y, \boldsymbol{\omega}_z]$中的三个分量之间的取值相互独立，这样的底盘运动速度不受约束，也称为不受约束底盘。在两轮差速底盘或四轮差速底盘中，$\boldsymbol{v}_x$和$\boldsymbol{\omega}_z$都由左轮、右轮速度 V_L 和 V_R 计算，如式（6-4）所示，由于 V_L 和 V_R 的取值是相互独立的，以 V_L 和 V_R 作为向量的基，那么$\boldsymbol{v}_x$与$\boldsymbol{\omega}_z$点乘结果为 0，也就是说$\boldsymbol{v}_x$与$\boldsymbol{\omega}_z$在向量基 V_L 和 V_R 中是正交的，即$\boldsymbol{v}_x$与$\boldsymbol{\omega}_z$是相互独立的。不过由于两轮差速底盘或四轮差速底盘无法朝轮子的轴方向运动，即速度分量$\boldsymbol{v}_y$始终为 0，这样的底盘运动速度就受到了约束，也称为受约束底盘。在阿克曼底盘中，除了速度分量$\boldsymbol{v}_y$始终为 0 的约束外，由于底盘最小转弯半径 $R_{\min}$ 不为 0，那么还受到约束 $\frac{\boldsymbol{v}_x}{\boldsymbol{\omega}_z} = R, |R| \in [R_{\min}, +\infty)$ 的限制，也属于受约束底盘。为了更直观地说明，将速度向量$[\boldsymbol{v}_x, \boldsymbol{v}_y, \boldsymbol{\omega}_z]$的可能取值在三维空间中表示出来，如图 6-14 所示。

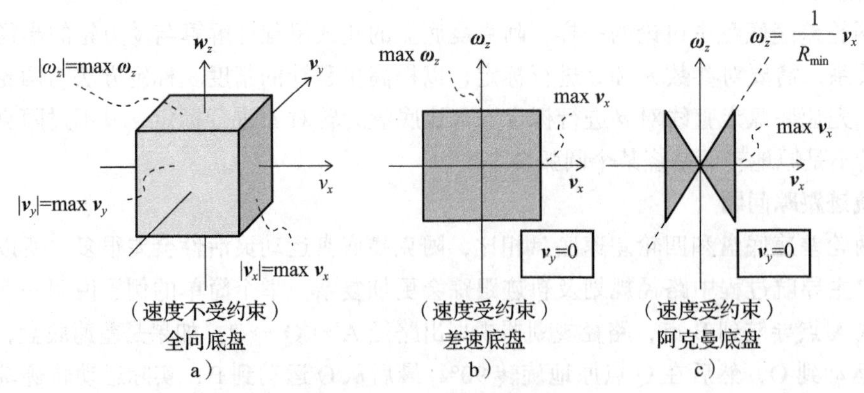

图 6-14　速度向量约束

㊀ 参见 http://wiki.ros.org/Ackermann%20Group。

底盘的速度受到约束的原因是普通轮子不能侧向移动，只有切向移动一个自由度。如果把轮子换成包含切向和侧向两个自由度的轮子，则底盘速度不受约束，也就成了全向底盘。在业界，把这种具有两个自由度的轮子称为麦克纳姆轮，其结构是在轮表面装上滚柱，依据滚柱的不同安装方式，麦克纳姆轮又分为不同的型号。以 45° 安装滚柱的麦克纳姆轮是最常见的型号，如图 6-15 所示。不过由于 45° 安装的滚柱之间存在缝隙，轮表面截面其实是多边形，而不是理想的圆形，这就导致轮子转动过程中会上下振动。因此，这种轮子必须加装悬挂系统。

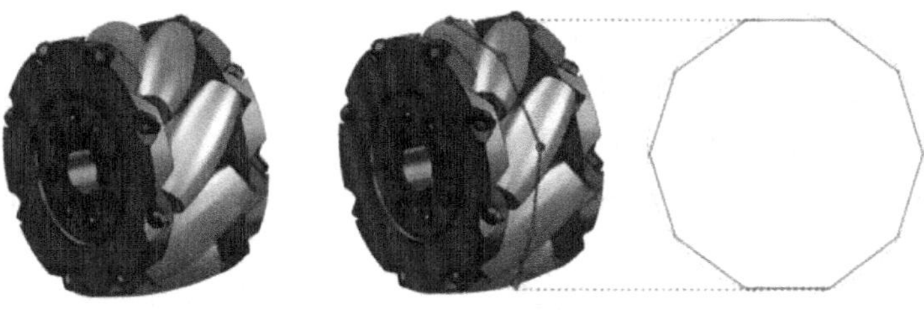

图 6-15　滚柱 45° 型麦克纳姆轮

为了避免滚柱之间的缝隙而导致轮子转动过程中上下振动的问题，可以将滚柱以 90° 安装，如图 6-16 所示。如图 6-16a 所示，以 90° 安装的滚柱并排、交替排列，这样轮子在转动过程中，轮轴心与地面的高度是恒定值，就不会发生振动了。不过由于滚柱是并排、交替安装的，导致轮表面接地点并不固定，在地面上走出的轨迹形状是矩形波。而轮式里程计的解算，假定左轮、右轮轴距 d 是常数，即轮表面的接地点为固定点。为了让轮表面的接地点为固定点，需要将滚柱安装在同一排面上，如图 6-16b 所示。这种轮子的滚柱是一大一小交叉排列的，这种轮子不可能设计得太小，安装制造也比较复杂，价格不菲。

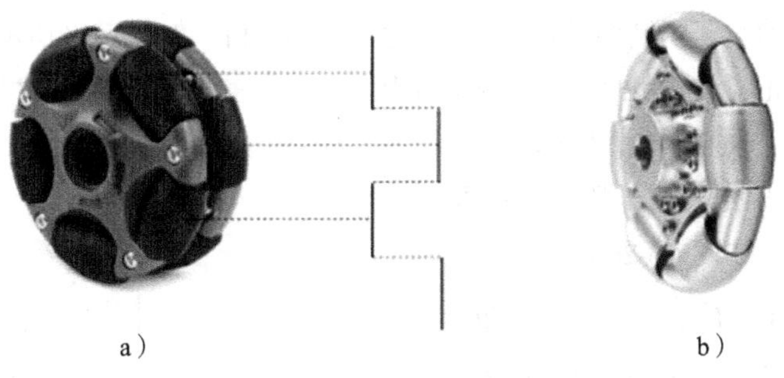

a）　　b）

图 6-16　滚柱 90° 型麦克纳姆轮

将 4 个滚柱 45° 型麦克纳姆轮平行安装在底盘中，当 4 个轮子电机锁死时，底盘可以自锁在原地不动，如图 6-17a 所示。而将 4 个滚柱 90° 型麦克纳姆轮平行安装在底盘中，就无法让底盘自锁在原地不动了，当所有电机锁死时，底盘横向是可以被推动的，如果底盘停止在斜坡上，底盘会往下滑动。因此滚柱 90° 型麦克纳姆轮必须要呈一定角度排列，如图 6-17b 所示。也可以按图 6-17c 所示排列，能少使用一个电机。

如图 6-17b 和图 6-17c 所示，无论底盘朝哪个方向移动，必定有轮子是按照非切线方向移动的，这样电机的动力转化效率无法发挥出来，底盘的移动速度大打折扣。因此，推荐使用图 6-17a 所示的全向底盘，下面就以这种全向底盘为例，基于前向运动学、逆向运动学和里程计来展开讲解。

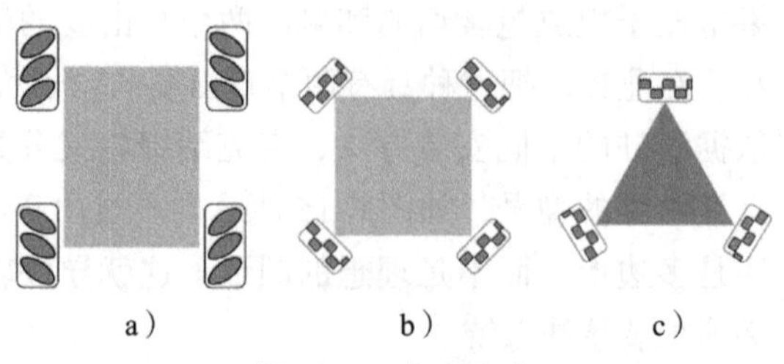

图 6-17　全向底盘

1. 前向运动学

全向底盘的运动可以用图 6-18 所示模型进行分析。可以用底盘中心处的线速度 $\vec{v}$ 和角速度 $\vec{\omega}$ 描述底盘的整体运动，其中线速度 $\vec{v}$ 由分量 $\vec{v}_x$ 和 $\vec{v}_y$ 合成，$\vec{v}$ 可以是任何方向，即取值不受约束。底盘中 4 个轮子的速度分别为 $\vec{v}_1$、$\vec{v}_2$、$\vec{v}_3$ 和 $\vec{v}_4$。底盘前轮、后轮轴距为 $2a$，左轮、右轮轴距为 $2b$。

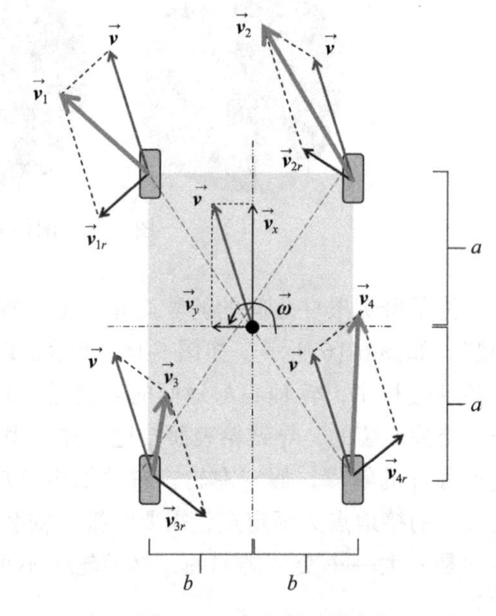

图 6-18　全向运动学[7]

底盘的整体运动速度由线速度 $\vec{v}$ 和角速度 $\vec{\omega}$ 组成，那么每个轮子的速度都可以分解成两个分量，一个分量对应底盘的线速度 $\vec{v}$，另一个分量对应底盘的角速度 $\vec{\omega}$，如式（6-25）所示。

$$\begin{cases}\vec{v}_1=\vec{v}+\vec{v}_{1r}\\ \vec{v}_2=\vec{v}+\vec{v}_{2r}\\ \vec{v}_3=\vec{v}+\vec{v}_{3r}\\ \vec{v}_4=\vec{v}+\vec{v}_{4r}\end{cases}\tag{6-25}$$

以 $\vec{v}_1$ 为例，结合轮子的结构对其速度组成进行具体分析，如图 6-19 所示。其中滚柱为轮子贴地侧的俯视图。轮子包含切向和侧向两个自由度，切向速度分量 $\vec{V}_1$ 由电机提供，侧向速度分量 $\vec{V}_{\text{roll}}$ 是滚柱从动时产生，$\vec{V}_{\text{roll}}$ 不由动力产生，所以无法直接确定其值。那么，$\vec{v}_1$ 可以用 $\vec{V}_1$ 和 $\vec{V}_{\text{roll}}$ 表示，如式（6-26）所示。

$$\vec{v}_1=\vec{V}_1+\vec{V}_{\text{roll}}\tag{6-26}$$

将式（6-25）与式（6-26）展开成式（6-27）和式（6-28）所示的分量形式，利用各分量之间的恒等关系，可以求出电机驱动轮线速度 $\vec{V}_1$ 与底盘整体速度 $\vec{v}$ 和 $\vec{\omega}$ 之间的关系，如式（6-29）所示。

$$\vec{v}_1=\begin{bmatrix}\vec{v}_{1x}\\ \vec{v}_{1y}\end{bmatrix}=\begin{bmatrix}\vec{v}_x\\ \vec{v}_y\end{bmatrix}+\begin{bmatrix}-b\cdot\vec{\omega}\\ a\cdot\vec{\omega}\end{bmatrix}\tag{6-27}$$

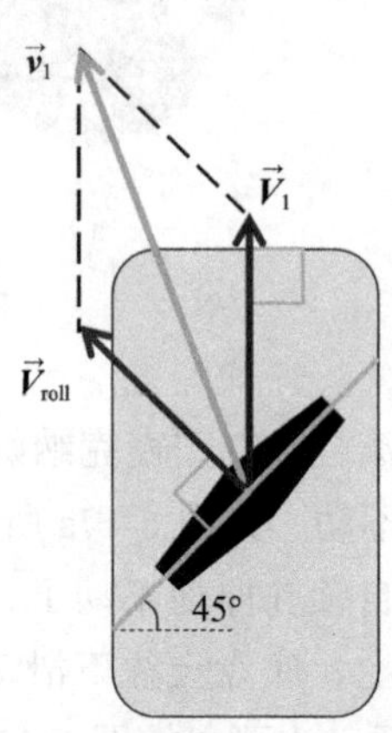

图 6-19　滚柱 45° 型麦克纳姆轮速度分析

$$\vec{v}_1=\begin{bmatrix}\vec{v}_{1x}\\ \vec{v}_{1y}\end{bmatrix}=\begin{bmatrix}\vec{V}_1\\ \boldsymbol{0}\end{bmatrix}+\begin{bmatrix}\vec{V}_{\text{roll}}\cdot\cos45^\circ\\ \vec{V}_{\text{roll}}\cdot\sin45^\circ\end{bmatrix} \tag{6-28}$$

$$\vec{V}_1=\vec{v}_x-\vec{v}_y-(a+b)\cdot\vec{\omega} \tag{6-29}$$

同理，可以推导出 $\vec{V}_2$、$\vec{V}_3$、$\vec{V}_4$ 与底盘整体速度 $\vec{v}$ 和 $\vec{\omega}$ 之间的关系。不过 1 轮、4 轮和 2 轮、3 轮中滚柱的朝向是不一样的，推导的时候会有一个符号的差异，下面就直接给出结论了，如式（6-30）到式（6-32）所示。

$$\vec{V}_2=\vec{v}_x+\vec{v}_y+(a+b)\cdot\vec{\omega} \tag{6-30}$$

$$\vec{V}_3=\vec{v}_x+\vec{v}_y-(a+b)\cdot\vec{\omega} \tag{6-31}$$

$$\vec{V}_4=\vec{v}_x-\vec{v}_y+(a+b)\cdot\vec{\omega} \tag{6-32}$$

其实式（6-29）到式（6-32）就已经是全向底盘的逆向运动学公式了，对这 4 个逆向运动学公式进行逆变换，就是全向底盘的前向运动学了，如式（6-33）所示。

$$\begin{bmatrix}v_x\\ v_y\\ \omega\end{bmatrix}=\frac{1}{4}\begin{bmatrix}1 & 1 & 1 & 1\\ -1 & 1 & 1 & -1\\ -\dfrac{1}{a+b} & \dfrac{1}{a+b} & -\dfrac{1}{a+b} & \dfrac{1}{a+b}\end{bmatrix}\begin{bmatrix}V_1\\ V_2\\ V_3\\ V_4\end{bmatrix} \tag{6-33}$$

通过编码器反馈可以得到 $\vec{V}_1$、$\vec{V}_2$、$\vec{V}_3$、$\vec{V}_4$ 的大小 V_1、V_2、V_3、V_4，用编码器反馈求轮子线速度的方法，可参见式（6-1）。

2. 逆向运动学

其实式（6-29）到式（6-32）已经是全向底盘的逆运动学公式了，这里只需要将其整理成矩阵的形式就行了，如式（6-34）所示。

$$\begin{bmatrix}V_1\\ V_2\\ V_3\\ V_4\end{bmatrix}=\begin{bmatrix}1 & -1 & -(a+b)\\ 1 & 1 & (a+b)\\ 1 & 1 & -(a+b)\\ 1 & -1 & (a+b)\end{bmatrix}\begin{bmatrix}v_x\\ v_y\\ \omega\end{bmatrix} \tag{6-34}$$

3. 轮式里程计

与前面的几种底盘一样，采用航迹推演算法可以解算出里程计信息。由于全向底盘的速度是不受约束的，解算更加方便。同样，底盘位姿 $\boldsymbol{P}$ 满足式（6-35）所示的微分方程。

$$\dot{\boldsymbol{P}}=\begin{bmatrix}\dot{X}\\ \dot{Y}\\ \dot{\theta}\end{bmatrix}=\begin{bmatrix}\cos\theta & -\sin\theta & 0\\ \sin\theta & \cos\theta & 0\\ 0 & 0 & 1\end{bmatrix}\begin{bmatrix}v_x\\ v_y\\ \omega\end{bmatrix} \tag{6-35}$$

在离散时间域上，进行累加运算即可得到里程计，如式（6-36）。

$$\boldsymbol{P}_k=\boldsymbol{P}_{k-1}+\dot{\boldsymbol{P}}_{k-1}\cdot\Delta t \tag{6-36}$$

与前面的几种底盘一样，全向底盘的里程计解算与底盘中轮子的半径 R、底盘的尺寸参数 a 和 b 有关系。可以通过走直线来标定轮子的半径 R，通过旋转来标定尺寸参数

a 和 b。不过全向底盘轮子之间的轴距参数有两个，所以需要设计一些特殊的路线来实现标定。

6.1.5 其他模型

除了前面讲到的轮式移动机器人外，还有依靠仿生关节运动的多足机器人，如图 6-20 所示。不过多足机器人中的关节控制非常复杂，涉及步态分析、协调、避障等系列问题，所以大家了解即可，本书的讨论重点还是放在轮式机器人上。

当然还有一些在非常特殊的场合使用的机器人，比如蛇形机器人、水下机器人、两栖机器人等。感兴趣的朋友可以查阅相关资料，就不展开了。

a）双足 b）四足 c）六足

图 6-20 多足机器人

6.2 底盘性能指标

底盘是移动机器人的核心部件，也是很多商业机器人公司的核心技术所在。底盘的研发涉及电机控制系统、运动学模型软硬件、机械结构等交叉学科，开发难度还是很大的。如果是机器人的初学者，建议直接购买市场上成熟的底盘来学习，等掌握了底盘的软硬件各项功能和原理后，再根据自己的能力和需求设计自己的底盘。

在选购底盘的时候，需要考虑底盘各项性能指标，比如载重能力、动力性能、控制精度、定位精度等。下面就来介绍这些指标参数，以便大家根据需求选择合适的底盘。

6.2.1 载重能力

机器人底盘除了能自身移动外，常常还需要完成一些货物运送任务。比如酒店里的服务机器人、餐厅里的送餐机器人、仓库中的搬运机器人等。

在不同的应用场合，需要选择相应载重能力的底盘。载重能力主要与底盘中电机的功率和底盘材质有关系，如图 6-21 所示。

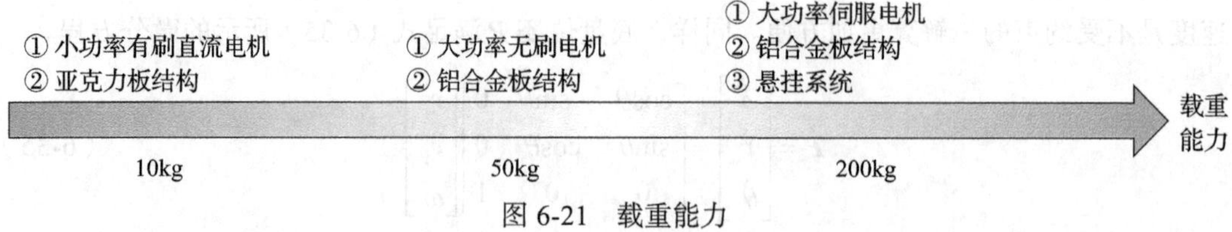

图 6-21 载重能力

6.2.2 动力性能

在开始讨论底盘的动力性能前，需要先了解一下电机的力学模型，式（6-37）所示为电机的功率、转速和力矩之间的关系。

$$\Gamma = \frac{P}{\omega} = \frac{1000P'}{2\pi \cdot \frac{n'}{60}} \approx 9550\frac{P'}{n'} \tag{6-37}$$

其中，Γ：力矩，国际单位（N·m）；P：额定功率，国际单位（W）；ω：角速度，国际单位（rad/s）；P'：额定功率，非国际单位（kW）；n'：转速，非国际单位（rpm，即 r/min）。

由于在底盘中电机与减速箱和轮子共同组成动力系统，需要整体进行力学分析，如图 6-22 所示。电机额定转速 n'、额定力矩 Γ，经过减速比 1∶k 的减速箱后，输出转速变为 $\frac{n'}{k}$，输出力矩变为 $\Gamma \cdot k$。若轮子半径为 R，则最终作用在地面的动力为 $\boldsymbol{F} = \frac{\Gamma \cdot k}{R}$，轮子线速度 $v = 2\pi R\frac{n'}{k}$。这里可以发现，在电机额定功率不变，并且忽略减速箱功率损耗和负载变化对电机功率的影响时，动力 $\boldsymbol{F}$ 与减速箱参数 k 成正比、与轮子半径 R 成反比，轮子线速度 v 与减速箱参数 k 成反比、与轮子半径 R 成正比。

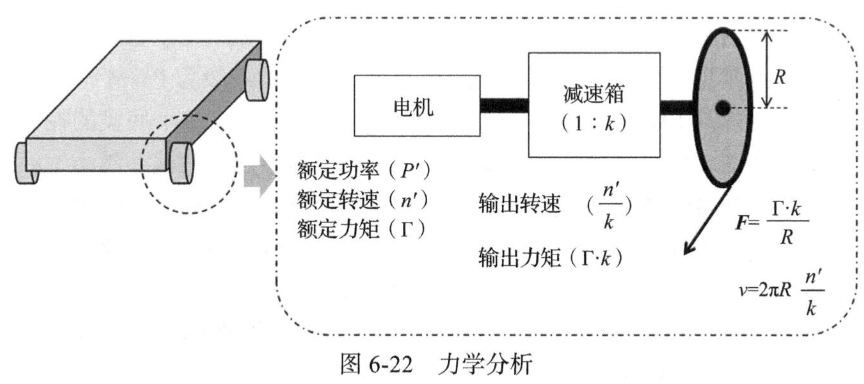

图 6-22　力学分析

进一步来分析，设底盘总质量为 m，底盘总共有 i 个轮子支撑，那么轮子在移动过程受到的阻力 $\boldsymbol{f} = \mu\frac{m \cdot \boldsymbol{g}}{i}$，阻力系数 μ 与轮子移动速度正相关。依据牛顿第二定律，可以计算底盘的加速度 $\boldsymbol{a}$，如式（6-38）所示。其中，j 是底盘中动力轮的个数，i 是底盘中轮子的总个数。

$$\boldsymbol{a} = \frac{\boldsymbol{F} \cdot j - \boldsymbol{f} \cdot i}{m} \tag{6-38}$$

现在来分析底盘的启动和停止过程，设定底盘的目标速度为 v_0，底盘在静止状态下以加速度 $\boldsymbol{a}$ 开始加速，达到目标速度后匀速运动，收到停止命令时，以制动加速度 $\boldsymbol{a}'$ 开始减速至最终停止运动，如图 6-23 所示。

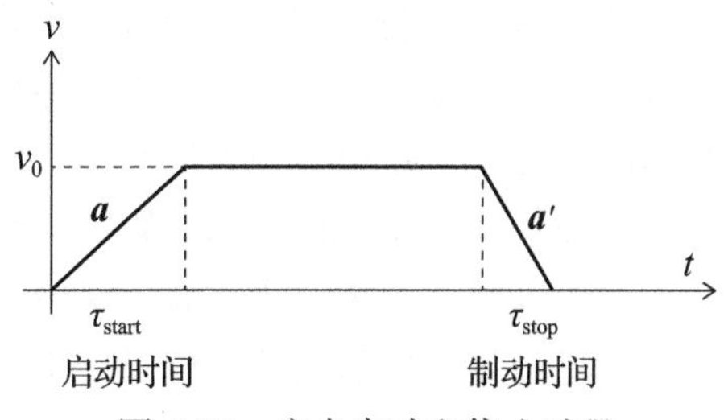

图 6-23　底盘启动和停止过程

启动时间和制动时间是衡量底盘动力性能的重要指标，启动时间越短，底盘能在更短时间内达到设定的目标速度，其制动时间越短，底盘刹车性能越好，能更快地停车。启动时间与加速度 $\boldsymbol{a}$ 有关，而加速度 $\boldsymbol{a}$ 又与动力 $\boldsymbol{F}$ 和底

盘质量 m 有关。在电机额定转速 n'、减速箱参数 k 和轮子半径 R 不变时，可以通过提高电机的额定功率 P' 来提高电机的额定力矩，从而提高底盘的动力 $\boldsymbol{F}$。在电机额定功率 P' 和额定转速 n' 不变时，可以提高减速箱参数 k 或者减小轮子半径 R 来提高底盘的动力 $\boldsymbol{F}$。制动时间与电机的属性及刹车电路有关，在条件允许的情况下，要让制动时间越短越好，降低刹车时间内撞到障碍物的风险。

另外，最大移动速度 v_{max} 也是底盘的重要指标。可以通过提高电机的额定转速 n' 来提高底盘的最大移动速度，也可以通过减小减速箱参数 k 或增大轮子半径 R 来提高底盘的最大移动速度。不过最大移动速度 v_{max} 与动力 $\boldsymbol{F}$ 是互相制约的，在电机参数不变时，提高 v_{max} 会降低 $\boldsymbol{F}$，所以需要权衡利弊。一般移动机器人都工作在 1m/s 的低速状态，一方面是出于安全考虑，另一方面是 SLAM 算法和导航算法的性能在高速移动状态下会下降。

6.2.3　控制精度

控制过程一般由控制量和反馈量组成的闭环控制实现，那么控制量和反馈量的精度会直接影响整个控制精度。由于底盘中电机的控制量和反馈量一般为 PWM 信号与编码器信号，因此可以通过提高 PWM 信号和编码器信号的分辨率来提高整个底盘的控制精度。由于编码器分辨率越高，电机速度采样精度越高，闭环控制稳定后的偏差越小，因此可以选择分辨率更高的编码器来提高控制精度。PWM 信号的分辨率通常由其量化等级决定，以 0 ～ 100% 占空比的 PWM 信号为例，如果 PWM 信号用 16-bit 量化，那么 PWM 的取值只能是 $1/2^{16}$ 的倍数；如果 PWM 信号用 32-bit 量化，那么 PWM 的取值只能是 $1/2^{32}$ 的倍数。显然采用 32-bit 量化的 PWM 信号的分辨率比采用 16-bit 量化的 PWM 信号的分辨率要高，因此可以选择量化等级更高的 PWM 信号来提高控制精度。

理论上电机的转速可以从 0 开始取值，但是电机会有一个截止速度，即当 PWM 小于某个阈值后，电机就不转了，处于截止状态。电机实际速度是从非 0 的截止速度开始的。在一些非常特殊的场合，底盘需要以非常小的速度逼近目标或者避开障碍时，如果该目标速度小于截止速度，那么底盘就会处于启动、停止交替的震荡状态，这个要特别注意。

6.2.4　里程计精度

在底盘中，里程计指轮式里程计。轮式里程计取值是相对值，只能用于局部定位。因此，其精度也只能用相对方式衡量。

在常规的评价方式中，比如让底盘行走 10m 的直线，产生的测量偏差作为直行误差，并让底盘自转 360°，产生的测量偏差作为旋转误差。实验表明，底盘的旋转误差一般都会比直行误差大。所以，很多算法会采用 IMU 与轮式里程计融合的方式，利用 IMU 低旋转误差校准轮式里程计的高旋转误差，达到互补的效果。

另外一种是概率评价方式，对轮式里程计误差进行概率建模，用协方差来量化里程计误差，经过量化后的误差就可以用于各种算法的计算推导。这将是下一章的重点内容，这里先给大家提一下。

6.3　典型机器人底盘搭建

机器人是一个复杂的装置，涉及执行机构、感知、决策等主要环节。机器人上配备的常用执行机构有轮式运动底盘、机械手臂、音响和显示屏；机器人上的感知设备通常有激光雷达、声呐、摄像头、IMU、轮式里程计编码盘、麦克风、触摸感应；机器人的决策是机器人智能的体现，机器人通常借助感知装置持续与外部环境进行交互，从而来获取机器人的状态和环境的状态，我们可以简单地把机器人获取自身状态的行为叫作自我认知，把机器人获取环境状态的行为叫作环境认知。机器人的自我认知和环境认知往往是相辅相成、互相作用的，例如人脸识别、语音识别、机器人定位、环境障碍物探测。有了认知，机器人就可以帮人类完成很多工作了，例如搬运货物、照看小孩、陪伴闲聊、帮忙管理家里的智能设备、查询天气交通新闻资讯等。我们可以把机器人帮助人类完成的这些工作叫作机器人的技能。机器人的躯壳 + 机器人的认知 + 机器人的技能，基本上就是机器人该有的模样了，如图 6-24 所示。

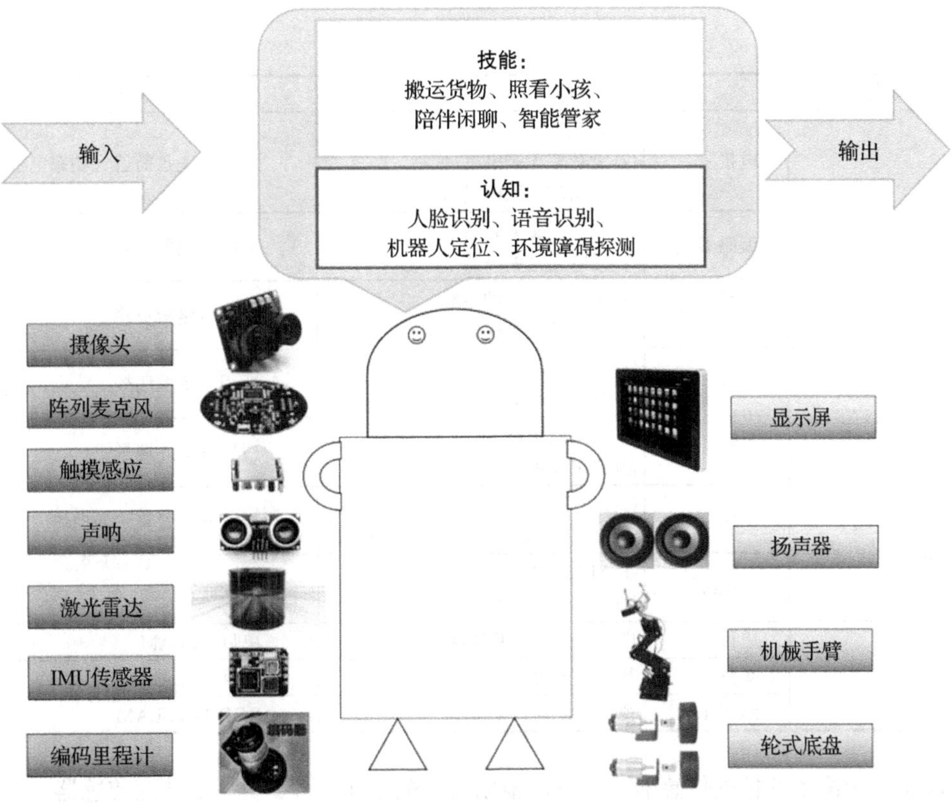

图 6-24　想象中机器人的样子

如果大家是资深开发者，对底盘又有特殊定制需求，就可以自己搭建底盘。按照底盘搭建过程，依次为① 底盘运动学模型选择；② 传感器选择；③ 主机选择；④ 底盘硬件系统搭建；⑤ 底盘软件系统搭建。其中①～③都有详细讲解，不再赘述。下面简单介绍下④和⑤。

6.3.1　底盘运动学模型选择

进一步讨论这几种运动模型的运动约束情况、转弯半径、里程计精度和轨迹跟踪，可以总结出如表 6-1 所示的优缺点。

表 6-1　常见运动学模型优缺点对比

运动学模型	运动约束情况	最小转弯半径	里程计精度	轨迹跟踪
两轮差速模型	受约束	0	高	容易
四轮差速模型	受约束	0	低	复杂
阿克曼模型	受约束	非 0	中	复杂
全向模型	不受约束	0	中	容易

6.3.2　传感器选择

带编码减速电机、激光雷达、IMU 和相机是标配传感器，在第 4 章已经详细讲解过了，这里主要讲讲这些标配传感器的选型技巧，如表 6-2 所示。

表 6-2　标配传感器

传感器	选型		说明
带编码减速电机	电机	① 直流有刷电机 ② 大功率无刷电机 ③ 大功率伺服电机	大载重底盘需选大功率电机
	编码器	① 霍尔正交编码器 ② 光电正交编码器	光电编码器分辨率较高
	控制方案	① 单片机 + 驱动电路 ② 电机控制集成电路板	集成电路板更稳定
激光雷达	单线	① 三角测距型 ② TOF 测距型	适用于室内场景
	多线	① 三角测距型 ② TOF 测距型	适用于室外场景
IMU	民用级	① MPU9250 ② MPU9250+ 内置姿态融合算法	推荐有内置算法的模块
	军用级	① ADIS16405 ② ADIS16488A	精度非常高
相机	单目	广角、高清、低延迟	单目 VSLAM
	双目	基线、抗噪	双目 VSLAM
	RGB-D	视角、量程、分辨率	RGB-D VSLAM

除了必须配备的标配传感器，还可以根据需要配备如表 6-3 所示的选配传感器。

表 6-3　选配传感器

传感器	选型	说明
超声波	① 收、发一体式 ② 收、发分体式	多个超声波会有信号串扰
红外避障	① 三角测距型 ② 阈值型	一般安装在激光雷达盲区部位

（续）

传感器	选型	说明
悬崖检测	① 三角测距型 ② 阈值型	用于检测地面凹陷，防止跌落
自动充电桩	① 红外信号牵引 ② 超声波信号牵引 ③ 二维码牵引	牵引底盘与充电桩对接是关键技术
机械臂	关节数量、负载指标	配合视觉抓取物体
麦克风阵列	麦头数量	用于声源定位和语音识别

其中，悬崖检测传感器用于检测地面凹陷，防止跌落，一般也是红外感应。商业机器人需要考虑充电问题，一般会配备自动充电桩，当机器人电量低时会自动导航到充电桩进行充电。机器人可以采用 SLAM 导航从远距离位置导航到充电桩附近，然后借助充电桩发出的牵引信号，与充电桩进行精准对接。移动机器人可以配备机械臂，配合视觉识别算法来抓取物体。麦克风阵列能有效对语音信号进行降噪处理，并对声源进行定位，这也是语音识别算法的基本硬件配置。

6.3.3 主机选择

本书讨论的机器人主机是一个能搭载 ROS 系统的计算机，纯激光 SLAM 应用一般选低配的树莓派 3B + 主机，视觉 SLAM 应用可以选中高配的 RK3399 主机，含机器学习的应用则可选高配的 Jetson-tx2 主机，主机具体配置细节参见第 5 章的相关内容。

1. 底盘硬件系统搭建

传感器和主机都确定好后，就可以将传感器安装到底盘的指定位置，并将传感器与主机进行连接，如图 6-25 所示。

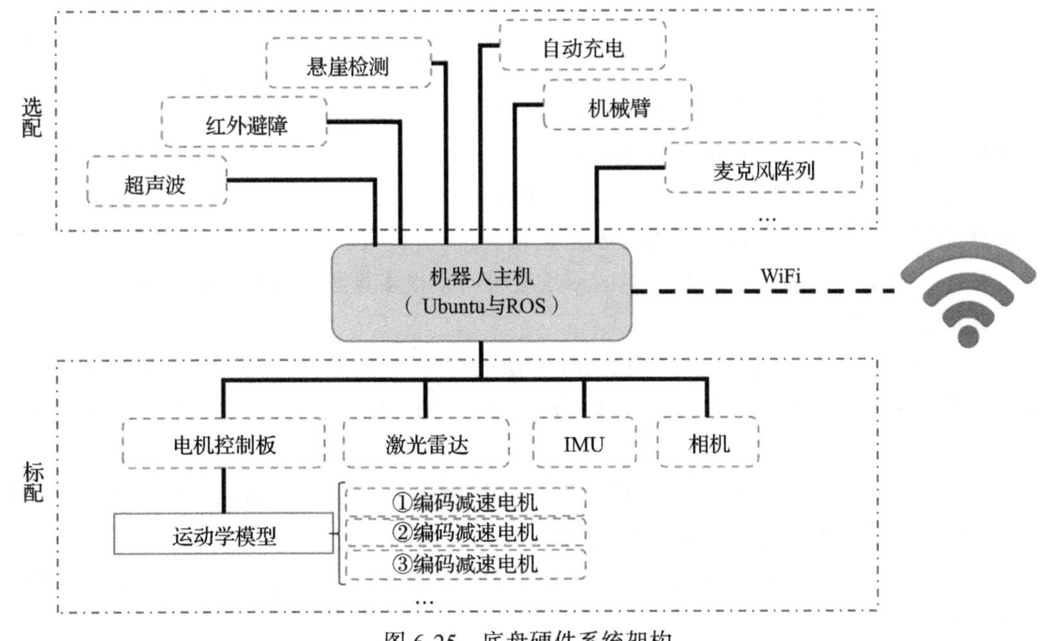

图 6-25 底盘硬件系统架构

2. 底盘软件系统搭建

一旦硬件搭建完毕，就可以在机器人主机上运行各种软件，让机器人执行自主导航、语音交互、抓取物体等任务。机器人软件架构可以分为 3 个层次，即驱动层、核心算法层和应用层，如图 6-26 所示。

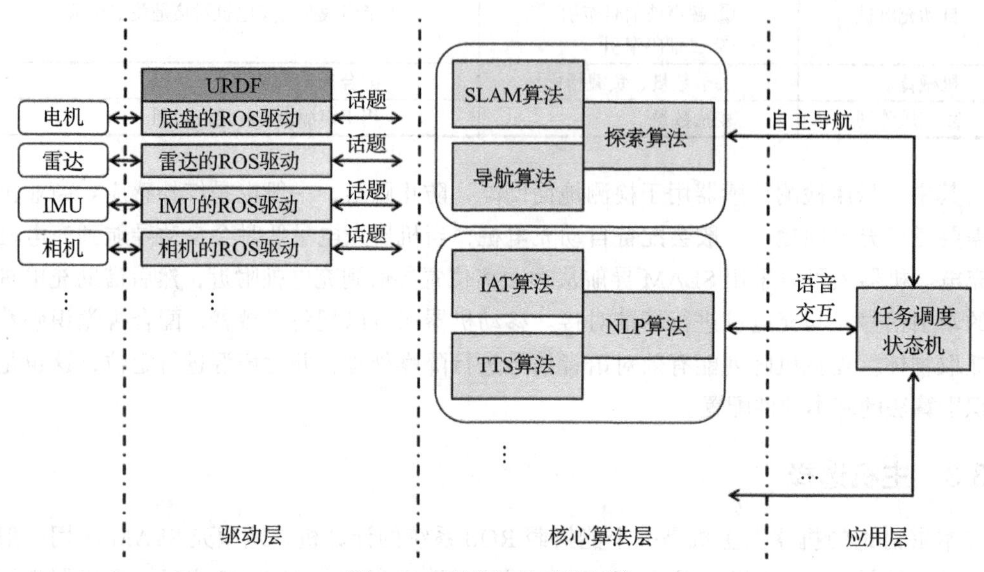

图 6-26　底盘软件系统架构

本书的重点是机器人 SLAM 导航，所以核心算法层将针对 SLAM 导航相关内容展开，其他内容了解即可。由于 SLAM 导航是一系列算法的集合，为了分清集合中各个算法的关系，可以借助图 6-27 所示的关系图来理解。

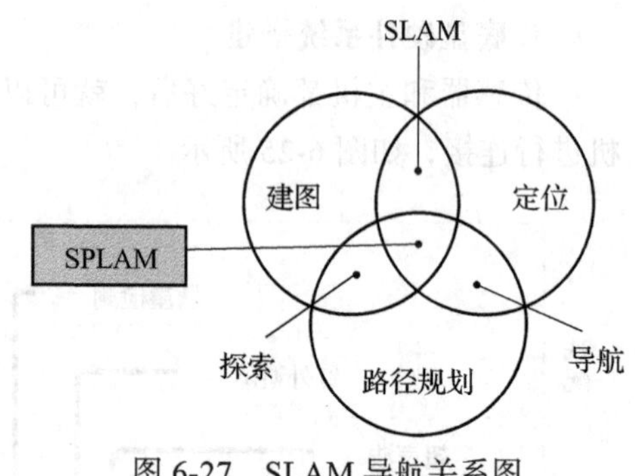

图 6-27　SLAM 导航关系图

不难发现，建图、定位和路径规划是最基本的 3 种算法，其他算法都是由这些基本算法组合出来的。SLAM 算法其实就是建图和定位的结合，导航算法是定位和路径规划的结合，探索算法是建图和路径规划的结合，SPLAM 是建图、定位和导航的结合。当然这样的分类也不是绝对的，很多算法是互相交叉和融合的，具体情况具体分析就行了。

一种情况是，机器人会先启动 SLAM 算法构建好环境的地图。然后关闭 SLAM 中的建图功能，利用建立好的地图和 SLAM 定位算法，为导航提供定位信息，这个过程也叫重定位。

另一种情况是，机器人启动 SLAM 算法的同时启动导航，这样机器人会一边建图一边导航，环境地图会随机器人导航而实时更新。

由于同时开启 SLAM 算法和导航会使地图的鲁棒性很差，实际商业机器人上一般都是前一种情况。

6.4　本章小结

本章首先对机器人底盘的运动学模型进行了分析，主要讨论了两轮差速、四轮差速、阿克曼和全向模型。模型中涉及前向运动学、逆向运动学和里程计的内容，其中里程计在整个机器人 SLAM 导航中非常重要，需要重点掌握。接着讨论了底盘的各项性能指标，为大家选购底盘提供参考。最后介绍了底盘的搭建过程。由于底盘的搭建需要根据实际软件功能来确定，等学完本书后续的 SLAM 导航算法层的内容后，再以一个实际的案例详细介绍底盘搭建的细节。

本书到这里，已经帮大家打好了必要的编程基础知识和机器人硬件基础知识，接下来的章节将陆续展开对机器人 SLAM 算法、导航算法等软件算法层面的讨论。

参考文献

[1] 西格沃特，诺巴克什，斯卡拉穆扎，等. 自主移动机器人导论 [M]. 李人厚，译. 西安交通大学出版社，2006.

[2] 布劳恩. 嵌入式机器人学 [M]. 刘锦涛，辛巧，陈睿，译. 西安交通大学出版社，2012.

[3] ARSLAN S，TEMEITAS H. Robust motion control of a four wheel drive skid-steered mobile robot [EB/OL]. 2011 [2020.07-13] https://www.researchgate.net/publication/254048437_Robust_motion_control_of_a_four_wheel_drive_skid-steered_mobile_robot.

[4] Caracciolo L，Luca A D，Iannitti S. Trajectory tracking control of a four-wheel differentially driven mobile robot [C]. New York：IEEE，1999.

[5] 姜明国，陆波. 阿克曼原理与矩形化转向梯形设计 [J]. 汽车技术，1994 (05)：16-19.

[6] BABU C V，RAO P G，KS RAO，et al. Design of Accurate Steering Gear Mechanism [J]. Mechanics and Mechanical Engineering，2018，22 (1)：87-97.

[7] HAMID T，BING Q，NURALLAH G. Kinematic Model of a Four Mecanum Wheeled Mobile Robot [J]. International Journal of Computer Applications，2015：0975-8887.

SLAM 篇

经过前两篇的学习，想必大家已经具备了必要的编程和硬件基础知识，至此本书的主角 SLAM 就可以闪亮登场了。本篇将从理论和实操两个方面展开讨论，全面揭示 SLAM 技术的本质。第 7 章对 SLAM 中的数学基础进行讨论，以帮你构建出整个 SLAM 理论层面的世界观；第 8 ～ 10 章对 SLAM 的具体实现框架进行讨论，以帮你快速掌握上手实际 SLAM 项目的实操技能。

CHAPTER 7

第 7 章

SLAM 中的数学基础

SLAM 导航方案由建图、定位和路径规划三大基本问题组成，这三大问题互相重叠和嵌套又组成新的问题，也就是 SLAM 问题、导航问题、探索问题等，这也是本书接下来将要逐一讨论的问题。

本章是讨论 SLAM 问题的开篇，将带领大家了解 SLAM 问题的内在理论，即 SLAM 中的数学基础。

7.1 SLAM 发展简史

纵观历史，SLAM 已经发展了 30 多年，不是一个新鲜事物了。但得益于近几年来火遍全球的人工智能及无人驾驶技术，SLAM 才真正进入大众的视野。虽然这些年 SLAM 研究取得了无数举世瞩目的成果，但是国内的研究状态还处于起步阶段，相关专业学习资料很少，兼具理论性和实践性的系统化归纳、整理资料就更少了。为了帮助国内的广大学习者更深入地理解 SLAM 技术，这里特意对 SLAM 发展历史进行了梳理，通过对 SLAM 数学理论发展演进过程的介绍，帮助广大学习者把握 SLAM 技术背后的本质。

最初，机器人定位问题和机器人建图问题是被看成两个独立的问题来研究的。机器人定位问题，是在已知全局地图的条件下，通过机器人传感器测量环境，利用测量信息与地图之间存在的关系求解机器人在地图中的位姿。**定位问题的关键是必须事先给定环境地图**，比如分拣仓库中地面粘贴的二维码路标，就是人为提供给机器人的环境地图路标信息，机器人只需要识别二维码并进行简单推算就能求解出当前所处的位姿。机器人建图问题，是在已知机器人全局位姿的条件下，通过机器人传感器测量环境，利用测量地图路标时的机器人位姿和测量距离及方位信息，求解出观测到的地图路标点坐标值。**建图问题的关键是必须事先给定机器人观测时刻的全局位姿**，比如装载了 GPS 定位的测绘飞机，飞机由 GPS 提供全局定位信息，测量设备基于 GPS 定位信息完成对地形的测绘。很显然，这种建立在环境先验基础之上的定位和建图具有很大的局限性。将机器人放置到未知环境（比如火星探测车、地下岩洞作业等场景），前面这种上帝视角般的先验信息将不复存在，机器人将陷入一种进退两难的局面，即所谓的“先有鸡还是先有蛋”的问题。如果没有全局地图信息，机器人位姿将无法求解；没有机器人位姿，地图又将如何求解呢？

另外，这种传统的定位和建图问题，通常是基于模型的。以定位为例，只要构建出机器人运动的数学模型，利用运动信息就可以推测出机器人将来任意时刻的位姿，引入少量的观测反馈对模型误差进行修正即可。这种基于模型的机器人，很显然没有考虑实际机器人问题中存在的众多不确定性因素，比如传感器测量噪声、电机控制偏差、计算机软件计算精度近似等。因此，机器人中的不确定性问题也需要被特别关注。

1986 年，Smith 和 Cheeseman 将机器人定位问题和机器人建图问题放在基于概率论理论框架之下进行统一研究[1]。其中有两个开创性的点：第一是采用了基于概率论理论框架对机器人的不确定性进行讨论；第二是将定位和建图中的机器人位姿量与地图路标点作为统一的估计量进行整体状态估计，这算得上是 SLAM 问题研究的起源。

2006 年，Durrant-Whyte 和 Bailey 在其研究课题中首次使用 SLAM 这一名词进行表述。在其发表的论文［2］中，给 SLAM 问题制定了详细的概率理论分析框架，并对 SLAM 问题中的计算效率、数据关联、收敛性、一致性等进行了讨论，可以认为这是 SLAM 问题真正进入系统性研究的元年。而 SLAM 可以按时间简单划分为古典 SLAM 和现代 SLAM。

（1）古典 SLAM 时期

在 Smith 等人的那个年代，将机器人定位和建图问题转换成状态估计问题，在概率框架之中展开研究，利用扩展卡尔曼滤波（EKF）、粒子滤波（PF）等滤波方法来求解。在 Durrant-Whyte 等人的年代，SLAM 理论体系被建立起来了，并且该理论框架的收敛性得到了论证。可以说，在理论上 SLAM 问题已经得到解决，这一时期也被称作 SLAM 的古典时期。在古典时期，滤波方法是解决 SLAM 问题的主要方法，EKF-SLAM 算法就是最突出的代表。不过 EKF-SLAM 在非线性近似和计算效率上都存在巨大的问题，于是有人提出了有效解决 SLAM 问题的 Rao-Blackwellized 粒子滤波算法，将 SLAM 问题中的机器人路径估计和环境路标点估计进行分开处理，分别用粒子滤波和扩展卡尔曼滤波对二者进行状态估计。之后，基于 Rao-Blackwellized 粒子滤波的 SLAM 算法诞生，该算法被命名为 Fast-SLAM。其中也有人基于 Rao-Blackwellized 粒子滤波来研究构建栅格地图的 SLAM 算法，它就是 ROS 中大名鼎鼎的 Gmapping 算法。可以说，基于粒子滤波的 SLAM 算法大大提高了求解效率，让 SLAM 在工程应用中成为可能。

（2）现代 SLAM 时期

在贝叶斯网络中采用滤波法求解 SLAM 的方法，需要实时获取每一时刻的信息，并把信息分解到贝叶斯网络的概率分布中去，可以看出滤波方法是一种**在线 SLAM 系统**，计算代价非常大。鉴于滤波方法计算代价昂贵这一前提，机器人只能采用基于激光等观测数据量不大的测距仪，并且只能构建小规模的地图，这是古典 SLAM 鲜明的特征。为了进行大规模建图，在因子图中采用优化方法求解 SLAM 的方法被提出，优化方法的思路与滤波方法恰恰相反，它只是简单地累积获取到的信息，然后利用之前所有时刻累积到的全局性信息离线计算机器人的轨迹和路标点，即优化方法是一种**完全 SLAM 系统**。由于优化方法糟糕的实时性，最开始并没有引起重视。随着优化方法在稀疏性和增量求解方面的突破，以及闭环检测方面的研究，它体现出巨大的价值。得益于计算机视觉研究的日趋成熟和计算机性能的大幅提升，基于视觉传感器的优化方法成为现代 SLAM 研究的主流方向。特别是 2016 年 ORB_SLAM2 开源算法的问世，给了学术界和商业界极大的鼓舞。

7.1.1　数据关联、收敛和一致性

在后面的 SLAM 理论和实践中，经常会碰到数据关联、收敛和一致性这些概念，下面就来介绍一下。

1. 数据关联

SLAM 建图是一个增量的过程，随着机器人不断对环境的探测，环境路标信息需要不断被加入已构建出来的地图中。所谓数据关联，就是将传感器观测数据与已构建出来的地图进行匹配，判断传感器观测数据中哪些路标特征是新的、哪些是旧的，并将新路标特征数据有效地融入地图中。

比如，机器人在不同地方观测到环境中同一个实物所产生的路标特征，此时如果将该路标特征判断成新路标特征加入地图中，这种错误数据关联将给整个 SLAM 计算引入致命的错误，且对后续的计算产生持续影响。数据关联出错，可能由传感器观测错误造成，也可能由机器人定位累积误差造成。严苛的路标特征剔除机制是地图信息自我纠错的有效手段，闭环检测则能大大降低定位累积误差。

2. 收敛

收敛性用于衡量 SLAM 系统在理论上的可行性。由于机器人观测模型和运动模型都具有不确定性，所以将 SLAM 放在概率框架下讨论，并利用状态估计去求解，即估计量都是带有不确定性的估计值。由路标特征组成的地图是实际环境特征的估计，估计出来的路标特征与实际环境特征存在偏差的原因是观测存在不充分性。换句话说，只要给机器人足够的机会对环境进行彻底的观测，所得到地图的不确定性将最终消除，即构建出来的地图路标特征收敛于实际环境特征。

当然，这种收敛性是理论上讨论的内容。在设计 SLAM 系统时，肯定要先保证 SLAM 系统在理论上的收敛性。但是理论上的收敛性只是第一步，实际工程应用中还有很多问题需要解决。比如，当系统中数据关联算法非常糟糕时，虽然观测信息越来越多，但是错误信息也快速增加，系统很容易就发散开来。再比如，将机器人放置在一个运动范围受限的环境，虽然机器人能试图去全面观测环境，但是由于活动受限，环境中始终有很多未知特征无法获得。

3. 一致性

我们不仅要关注估计问题的收敛性，还需要关注收敛的一致性。收敛一致性讨论的是估计量收敛于实际数值的问题。图 7-1 展示了收敛一致性问题。

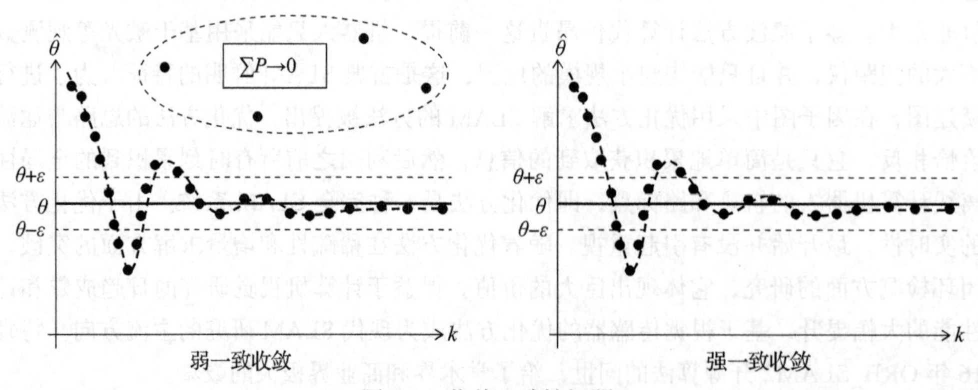

图 7-1　收敛一致性问题

如图 7-1 所示，θ 是待估计参数真值，$\hat{\theta}$ 是估计量，$Z=\{z_1,z_2,\cdots,z_k\}$ 是当前能获取到的 k 个观测值，下面用数学符号表示图中的两种收敛形式。

第一种是弱一致收敛，当观测值规模 k 趋于无穷大时，$\hat{\theta}$ 依概率收敛于 θ，如式（7-1）所示。所谓依概率收敛，是指随着 k 不断增大，$\hat{\theta}$ 估计值不断趋近于 θ，但是偶尔也会出现一些与 θ 偏差很大的值，只是这些偏差大的值出现的概率将慢慢变为 0。

$$\hat{\theta}\xrightarrow[Z=\{z_k\}|k\to\infty]{P}\theta \tag{7-1}$$

第二种是强一致收敛，当观测值规模 k 趋于无穷大时，$\hat{\theta}$ 严格收敛于 θ，如式（7-2）所示。

$$\hat{\theta}\xrightarrow[Z=\{z_k\}|k\to\infty]{}\theta \tag{7-2}$$

也就是说，第一种收敛并不能保证估计量的取值一定与真值一致，而第二种收敛能保证估计量的取值一定与真值一致。考虑到机器人中参数随时间变化的动态性，比如机器人的位姿会经常移动，那么估计不仅要具有良好的一致性，还要能在少量观测值条件下快速收敛[3]123。

7.1.2 SLAM 的基本理论

SLAM 是一个错综复杂的研究领域，涉及非常多的关键技术。为了帮助大家厘清学习思路，笔者按照本书的叙述顺序，整理出了对应的学习路线，如图 7-2 所示。当然，学习路线只是为了方便本书的叙述，有些概念表述在理论上可能并不严谨，如果存在疑问可以自行查阅相关资料。

后面将要讲到的 SLAM 具体实现算法，都是某条具体路线。比如 Gmapping 算法，就是“滤波方法 + 激光 + 占据栅格地图”这条路线的实现案例。再比如 ORB_SLAM 算法，就是“优化方法 + 视觉 + 路标特征地图”这条路线的实现案例。不难发现，想要学好 SLAM，需要在全局上把握理论本质，再将具体的 SLAM 实现算法在机器人本体上用起来。单纯地学习理论知识，或单纯地执行 SLAM 实现算法，都无法达到融会贯通的效果，更不用说依据实际需求修改完善开源 SLAM 代码或编写自己的 SLAM 代码了。

前面已经说过 SLAM 是一个状态估计问题，按照求解方法的不同，已经形成了两大类别，即滤波方法和优化方法。

（1）滤波方法

滤波方法根据其对噪声模型的不同处理方式，又分为参数滤波和非参数滤波。参数滤波按照选取噪声参数的不同，又可以分为卡尔曼滤波和信息滤波。卡尔曼滤波采用矩参数 μ 和 Σ 表示高斯分布，具体实现有线性卡尔曼滤波（KF）、扩展卡尔曼滤波（EKF）和无迹卡尔曼滤波（UKF）；信息滤波采用正则参数 ξ 和 Ω 表示高斯分布，具体实现有线性信息滤波（IF）、扩展信息滤波（EIF）。参数滤波在非线性问题和计算效率方面有很多弊端，而非参数滤波在这些方面表现会更好，常见的有直方图滤波和粒子滤波。滤波方法可以看成一种增量算法，机器人需要实时获取每一时刻的信息，并把信息分解到贝叶斯网络的概率分布中去，状态估计只针对当前时刻。计算信息都存储在平均状态矢量以及对应的协方差矩

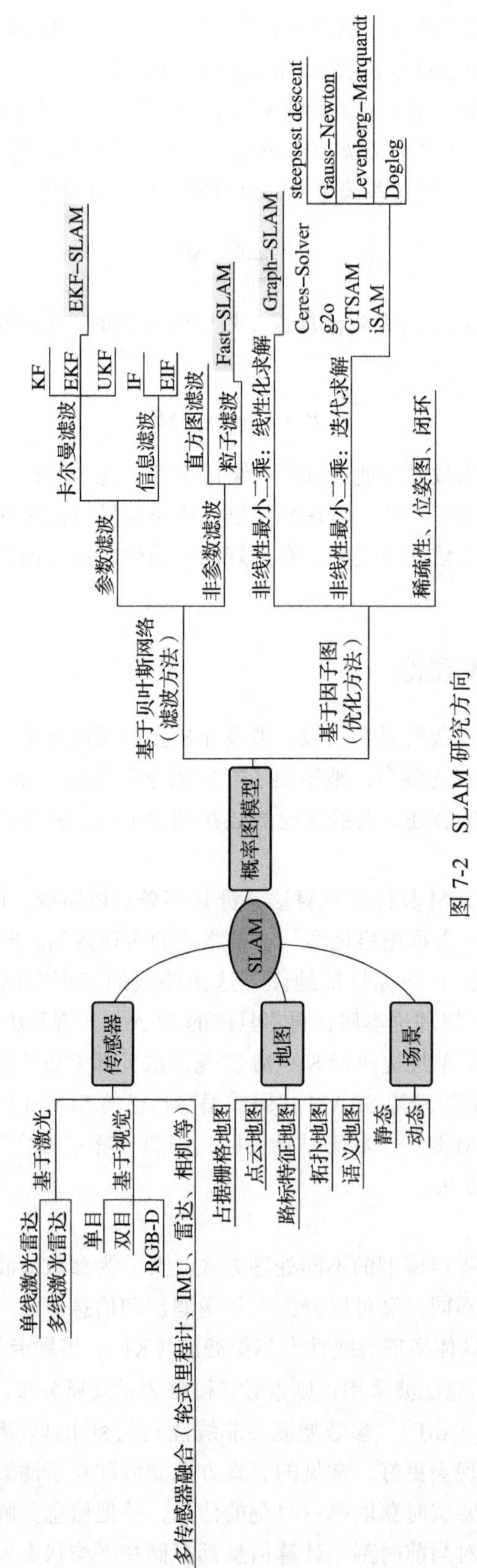

图 7-2 SLAM 研究方向

阵中，而协方差矩阵的规模随地图路标数量的二次方增长，也就是说其具有 $O(n^2)$ 计算复杂度。**滤波方法在每一次观测后，都要对该协方差矩阵执行更新计算，当地图规模很大时，计算将无法进行下去。**

（2）优化方法

优化方法简单地累积获取到的信息，然后利用之前所有时刻累积到的全局性信息离线计算机器人的轨迹和路标点，这样就可以处理大规模地图了。优化方法的计算信息存储在各个待估计变量之间的约束中，利用这些约束条件构建目标函数并进行优化求解。这其实是一个最小二乘问题，实际中往往是非线性最小二乘问题。求解该非线性最小二乘问题大致上有两种方法：一种方法是先对该非线性问题进行线性化近似处理，然后直接求解线性方程得到待估计量；另一种方法并不直接求解，而是通过迭代策略，让目标函数快速下降到最小值处，对应的估计量也就求出来了。常见的迭代策略有 steepest descent、Gauss-Newton、Levenberg-Marquardt、Dogleg 等，这些迭代策略广泛应用在机器学习、数学、工程等领域，有大量的现成代码实现库，比如 Ceres-Solver、g2o、GTSAM、iSAM 等。为了提高优化方法的计算实时性和精度，稀疏性、位姿图、闭环等也是热门的研究方向。

滤波方法和优化方法其实就是最大似然和最小二乘的区别。滤波方法是增量式的算法，能实时在线更新机器人位姿和地图路标点。而优化方法是非增量式的算法，要计算机器人位姿和地图路标点，每次都要在历史信息中推算一遍，因此不能做到实时。相比于滤波方法中计算复杂度的困境，优化方法的困境在于存储。由于优化方法在每次计算时都是考虑所有历史累积信息，这些信息全部载入内存中，对内存容量提出了巨大的要求。研究优化方法中约束结构的稀疏性，能大大降低存储压力并提供计算实时性。利用位姿图简化优化过程的结构，能大大提高计算实时性，将增量计算引入优化过程，也是提高计算实时性的一个方向。闭环能有效降低机器人位姿的累积误差，对提高计算精度有很大帮助。因此，优化方法在现今 SLAM 研究中已经占据了主导地位。

7.2 SLAM 中的概率理论

考虑实际机器人问题中存在的众多不确定性因素，比如传感器测量噪声、电机控制偏差、计算机软件计算精度近似等，然后利用概率描述机器人中的不确定性，这样机器人中的不确定性就可以被计算和推演，这就是著名的概率机器人学[4]。为了帮助大家理解不确定性是如何计算的，下面用概率机器人学[4]6 中的经典例子给大家进行说明。

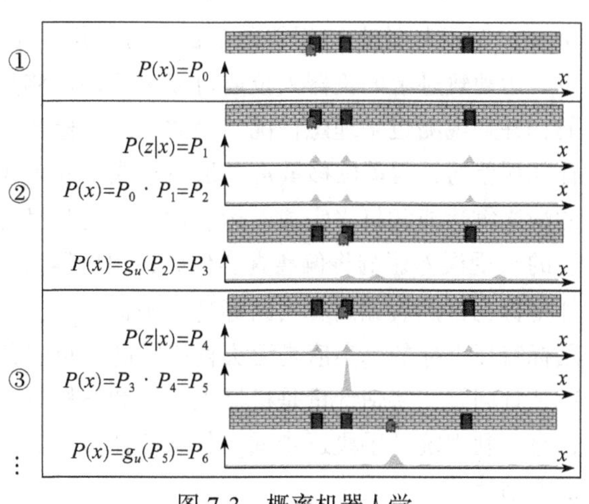

图 7-3　概率机器人学

如图 7-3 所示，假设机器人在长长的走廊中行走，由于种种原因，机器人无法知道自己的位置坐标。这里可以用简单的一维坐标 x 表示机器人在走廊的位置，将 x 看成一个随机变量，x 的概率分布反映其不确定特性。机器人最开始进入走廊时，完全没有先验信息可参考，机器人可能出现在走廊的任何位置，即 x 的概率分布 P_0 是均匀的。假设走廊上门的位置是已知量，机器人可以对其进行观测，观测可以用条件概率 $P(z \mid x)$ 表示，即机器人位置 x 越靠近门，观测到门的可能性越大，观测过程的概率分布 P_1 在门附近为尖峰状。观测发生前的机器人位置信息的概率分布 P_0 和观测信息的概率分布 P_1 可以帮助我们更好地计算机器人位置，这里采用简单的乘法运算来累积这些信息，那么通过观测后，机器人位置 x 的概率分布变为 P_2。假设机器人可以在走廊上移动，并且机器人能知道自身的位移量 u，这样随机器人的移动，之前位置信息的概率分布 P_2 也将发生位移量 u，考虑位移量 u 也具有一定的不确定性，概率分布 P_2 在坐标轴移动 u 的同时需要乘以位移量 u 的概率分布，整个位移过程可以用函数 $g_u(P_2)$ 表示，经过位移后机器人位置 x 的概率分布变为 P_3。P_3 在 P_2 的基础上发生 u 的偏移，其尖峰的锋利度因位移量 u 存在的不确定性而有所下降。重复观测位移过程，可以继续得到概率分布 P_4、P_5 和 P_6。从中不难发现一个有趣的现象，如果机器人仅凭位移量 u，机器人位置 x 的概率分布将逐渐变平坦，也就是说不确定性会越来越大；而如果不断引入观测信息，机器人位置 x 的概率分布将向尖峰状聚集，也就是说不确定性会越来越小。虽然机器人运动过程和观测过程都存在不确定性，但是通过上面这种概率推演计算可以逐渐降低该不确定性。描述机器人位置 x 的概率分布 $P(x)$ 也称为置信度，在实际工程中可以直接取置信度最大的区间作为随机变量的估计值。

上面只是一个简单的例子，帮助大家更好地理解不确定性的计算推演过程。下面将结合实际的 SLAM 问题，讨论 SLAM 中的状态估计问题、概率运动模型、概率观测模型和概率图模型。

7.2.1 状态估计问题

现在来讨论 SLAM 中的不确定性，即状态估计问题[2]。如图 7-4 所示，机器人在环境中运动，用 $\boldsymbol{x}_k$ 表示机器人位姿，用 $\boldsymbol{m}_i$ 表示环境中的路标点，机器人在运动轨迹上的每个位姿都能观测到对应的一些路标特征（比如 $\boldsymbol{z}_{k-1,i+1}$ 表示机器人在 $\boldsymbol{x}_{k-1}$ 处观测到路标特征 $\boldsymbol{m}_{i+1}$），运动轨迹上的相邻两个位姿可以用 $\boldsymbol{u}_k$ 表示其运动位移量。在没有误差的理想状态下，运动轨迹上的机器人位姿可以由运动位移量准确计算，由于机器人每个位姿都是准确的，并且观测也是理想情况，因此观测路标特征的坐标也可以准确计算出来。实际情况是存在误差的，运动位移量 $\boldsymbol{u}_k$ 一般由轮式里程计或者 IMU 反馈得到，观测 $\boldsymbol{z}$ 通常由机器人上的激光雷达或相机来完成，运动过程和观测过程都存在误差。随时间推移，描述机器人位姿的 $\boldsymbol{x}_k$ 受误差影响将偏离真实位姿；因机器人位姿偏差，加上观测误差，观测到的路标特征坐标也自然会偏离真实路标特征坐标。因为误差渗透进了各个地方，所以机器人位姿和路标特征坐标的真实值是无法直接通过观测信息得到的。那么 SLAM 问题其实就是一个状态估计问题，待估计量是机器人位姿和路标点。通过机器人运动过程和观测过程所提供的信息，利用统计手段逐步减小状态估计量与真实值的偏差，从而完成对机器人位姿和路标点的估计。

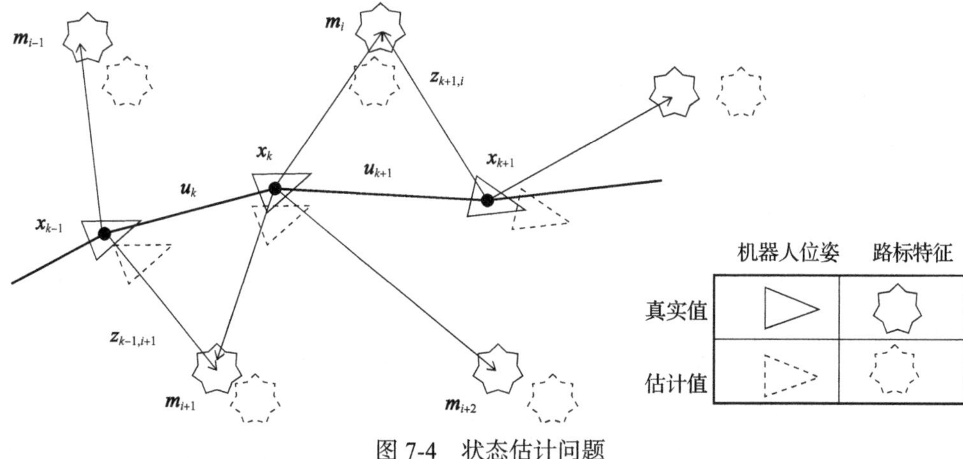

图 7-4　状态估计问题

为了更清楚地说明这个状态估计问题的过程，下面以一个通用机器人框架为例，利用数学符号对其中的概率问题展开讨论。如图 7-5 所示，机器人利用激光雷达或者相机获取对环境的观测 z_k，同时机器人在环境中运动，运动位移量 u_k 可以由速度控制量、轮式里程计或者 IMU 得到。

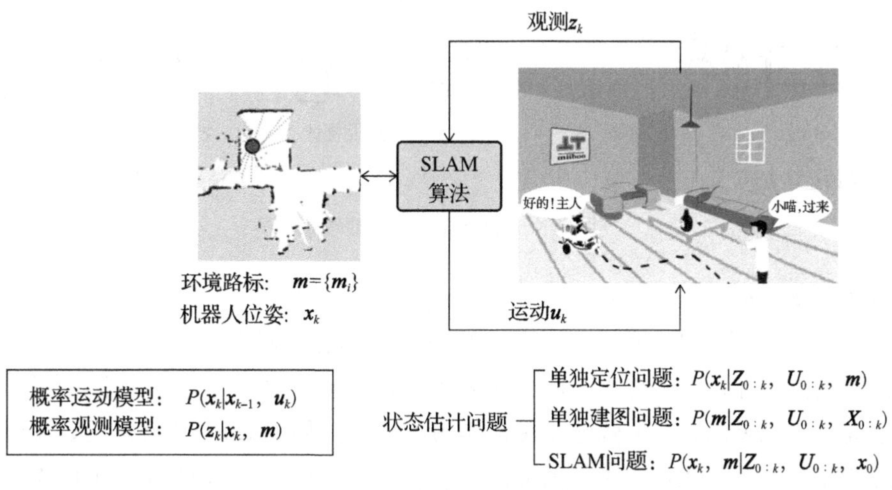

图 7-5　状态估计问题的概率描述

机器人通过观测与运动两个过程与环境发生交互，同时运行在机器人上的 SLAM 算法不断地对路标点 m_i 和机器人位姿 x_k 进行估计。用条件概率描述观测过程和运动过程的不确定性，分别如式（7-3）和式（7-4）所示。而 SLAM 问题就是对路标点 m_i 和机器人位姿 x_k 的状态估计问题，概率描述如式（7-5）所示。

$$P(z_k \mid x_k, m) \tag{7-3}$$

$$P(x_k \mid x_{k-1}, u_k) \tag{7-4}$$

$$P(x_k, m \mid Z_{0:k}, U_{0:k}, x_0) \tag{7-5}$$

从状态估计问题的概率表述中可以发现，单独的定位问题是在路标点 m 已知的前提下

对机器人位姿 $\boldsymbol{x}_k$ 进行估计，单独的建图问题是在机器人各个位姿 $\boldsymbol{X}_{0:k}$ 已知的前提下对路标点 $\boldsymbol{m}$ 进行估计，而 SLAM 问题是同时对机器人位姿 $\boldsymbol{x}_k$ 和路标点 $\boldsymbol{m}$ 进行估计。但是单独定位问题的概率分布乘以单独建图问题的概率分布并不等于 SLAM 问题的概率分布，这也说明 SLAM 问题并不等同于定位和建图问题。

7.2.2 概率运动模型

机器人如何感知自身在环境中运动了多远呢？工程中常用的是前馈和反馈两种表示方法，如图 7-6 所示。在机器人底盘没有配备任何运动感知传感器的情况下，可以利用发送给底盘的控制命令（即前馈速度 $\boldsymbol{u}_k=[v_x, v_y, \omega_z]^{\mathrm{T}}$）来预测底盘的运动情况。一般假设底盘在 Δt 时间内以前馈速度 $\boldsymbol{u}_k$ 做匀速运动，那么底盘的运动就可以用 $\boldsymbol{u}_k \cdot \Delta t$ 来表示。底盘实际运动速度显然会与控制命令有很多出入，所以底盘基本上都配备了轮式里程计来获取实际运动反馈量，轮式里程计并不需要底盘匀速运动的假设条件就能有效预测底盘的运动情况。这两种方式就是所谓的速度运动模型和里程计运动模型[3, 4]。

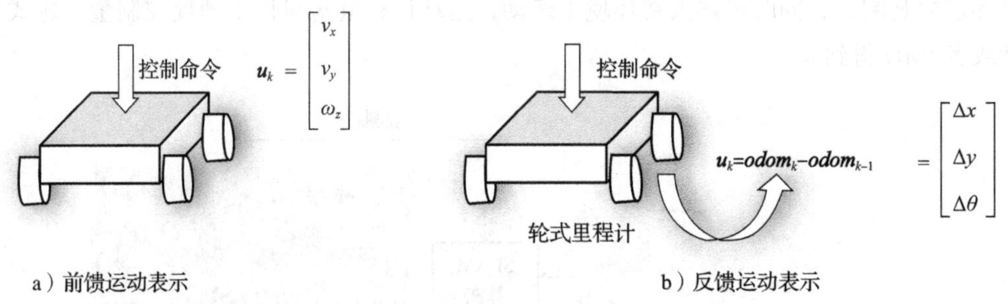

图 7-6 前馈与反馈运动表示

1. 速度运动模型

如果是理想情况，那么前馈速度就是底盘的实际运动速度，底盘位姿在 $\boldsymbol{u}_k$ 作用下从 $\boldsymbol{x}_{k-1}$ 转移到 $\boldsymbol{x}_k$ 是不存在误差的，即状态转移过程是完全确定的。然而，实际的运动速度与前馈速度是存在误差的，这也就导致在 $\boldsymbol{u}_k$ 作用下从 $\boldsymbol{x}_{k-1}$ 转移到 $\boldsymbol{x}_k$ 是不确定的，需要用状态转移概率 $P(\boldsymbol{x}_k \mid \boldsymbol{x}_{k-1}, \boldsymbol{u}_k)$ 表示这种不确定性，即所谓的概率速度运动模型。下面先从简单的理想情况开始讨论，然后在 $\boldsymbol{u}_k$ 中引入误差项，推导状态转移概率 $P(\boldsymbol{x}_k \mid \boldsymbol{x}_{k-1}, \boldsymbol{u}_k)$ 的形式。

（1）不考虑速度的误差

机器人底盘以速度 $\boldsymbol{u}_k$ 在很短时间 Δt 内做匀速运动，位姿从 $\boldsymbol{x}_{k-1}$ 转移到 $\boldsymbol{x}_k$，运动速度模型如图 7-7 所示。在 Δt 很小的假设下，可以用 $\boldsymbol{u}_k \cdot \Delta t$ 来近似表示状态转移量，状态转移方程如式（7-6）所示。

$$\boldsymbol{x}_k = \begin{bmatrix} x' \\ y' \\ \theta' \end{bmatrix} = g(\boldsymbol{x}_{k-1}, \boldsymbol{u}_k) = \begin{bmatrix} x \\ y \\ \theta \end{bmatrix} + \begin{bmatrix} \cos\theta & -\sin\theta & 0 \\ \sin\theta & \cos\theta & 0 \\ 0 & 0 & 1 \end{bmatrix} \begin{bmatrix} v_x \\ v_y \\ \omega_z \end{bmatrix} \Delta t \tag{7-6}$$

式（7-6）成立需要满足两个条件：一是运动时间 Δt 很小，二是实际的运动速度与前馈速度 $\boldsymbol{u}_k$ 之间不存在误差，也就是说状态转移过程是完全确定的。

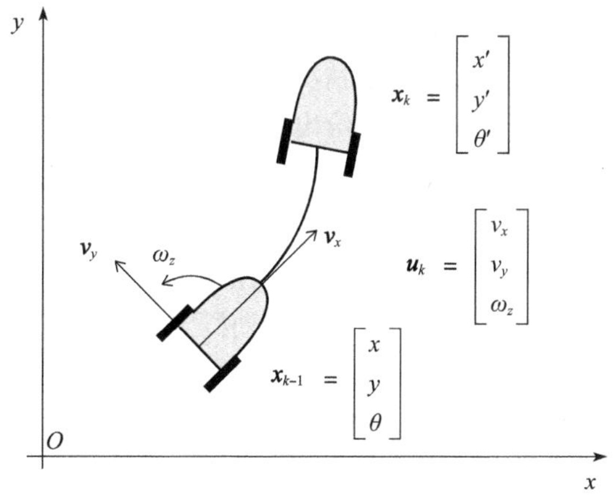

图 7-7　速度运动模型

（2）考虑速度的误差

在实际情况中，我们需要考虑 $\boldsymbol{u}_k$ 存在的误差。假设 $\boldsymbol{u}_k$、$\boldsymbol{x}_{k-1}$ 和 $\boldsymbol{x}_k$ 的误差都服从高斯分布，如式（7-7）所示。

$$
\begin{aligned}
&\boldsymbol{u}_k \sim N(\bar{\boldsymbol{u}}_k, \boldsymbol{\Sigma}_{\boldsymbol{u}_k}) \\
&\boldsymbol{x}_{k-1} \sim N(\bar{\boldsymbol{x}}_{k-1}, \boldsymbol{\Sigma}_{\boldsymbol{x}_{k-1}}) \\
&\boldsymbol{x}_k \sim N(\bar{\boldsymbol{x}}_k, \boldsymbol{\Sigma}_{\boldsymbol{x}_k})
\end{aligned}
\tag{7-7}
$$

这样，$\boldsymbol{u}_k$、$\boldsymbol{x}_{k-1}$ 和 $\boldsymbol{x}_k$ 就都变成了多元随机变量，随机变量的均值就是其估计值，我们用协方差矩阵描述其不确定性大小（参见 4.1.5 节）。$\boldsymbol{u}_k$ 的误差主要由 3 个速度分量，v_x、v_y 和 ω_z 的误差决定，因此 $\boldsymbol{u}_k$ 的协方差矩阵如式（7-8）所示。

$$
\boldsymbol{\Sigma}_{\boldsymbol{u}_k} = \begin{bmatrix} \sigma_{v_x}^2 & 0 & 0 \\ 0 & \sigma_{v_y}^2 & 0 \\ 0 & 0 & \sigma_{\omega_z}^2 \end{bmatrix}
\tag{7-8}
$$

已知 $\boldsymbol{u}_k$ 和 $\boldsymbol{x}_{k-1}$ 的分布特性，利用式（7-6）所示的状态转移函数，就可以推导出 $\boldsymbol{x}_k$ 的分布特性，即状态转移概率 $P(\boldsymbol{x}_k \mid \boldsymbol{x}_{k-1}, \boldsymbol{u}_k)$。最简单的方法，先将状态转移函数 g 进行一阶泰勒级数展开来实现线性化，然后直接通过线性计算就能得到 $\boldsymbol{x}_k$ 的协方差矩阵，如式（7-9）所示。

$$
\boldsymbol{\Sigma}_{\boldsymbol{x}_k} = \begin{bmatrix} \dfrac{\partial g}{\partial \boldsymbol{x}_{k-1}} & \dfrac{\partial g}{\partial \boldsymbol{u}_k} \end{bmatrix} \begin{bmatrix} \boldsymbol{\Sigma}_{\boldsymbol{x}_{k-1}} & \boldsymbol{0}_{3\times3} \\ \boldsymbol{0}_{3\times3} & \boldsymbol{\Sigma}_{\boldsymbol{u}_k} \end{bmatrix} \begin{bmatrix} \dfrac{\partial g}{\partial \boldsymbol{x}_{k-1}} & \dfrac{\partial g}{\partial \boldsymbol{u}_k} \end{bmatrix}^{\mathrm{T}}
\tag{7-9}
$$

其中，$\begin{bmatrix} \dfrac{\partial g}{\partial \boldsymbol{x}_{k-1}} & \dfrac{\partial g}{\partial \boldsymbol{u}_k} \end{bmatrix}$ 为函数 g 的雅克比矩阵。

上面介绍的速度运动模型主要参考了文献［3］143-148 中的思路，为了便于大家理解，我对原推导过程中的一些步骤结合自己的理解做了相应修改和简化，读者如有疑问请查阅原文内容。

上面的推导基于两大假设，一是假设了运动时间 Δt 很小，这样式（7-6）的计算才成立；二是假设 $\boldsymbol{u}_k$、$\boldsymbol{x}_{k-1}$ 和 $\boldsymbol{x}_k$ 的误差都服从高斯分布，这样 $\boldsymbol{x}_k$ 就能直接用 $\boldsymbol{u}_k$、$\boldsymbol{x}_{k-1}$ 推导出来。但是这两个假设性太强了，有点违背实际情况。文献［4］121-132 中给出了更贴近实际的方法来计算状态转移概率 $P(\boldsymbol{x}_k \mid \boldsymbol{x}_{k-1}, \boldsymbol{u}_k)$，并给出了该概率的具体数值计算实现程序以及更高效的采样值计算实现程序，感兴趣的读者可以参考一下，由于篇幅限制就不展开了。

2. 里程计运动模型

上面的速度运动模型中有太强的假设，准确性很难保证，往往是在机器人底盘没有配备任何运动感知传感器时才迫不得已使用。而移动机器人通常都会配备轮式里程计用于反馈运动情况，因此里程计（参见 6.1 节）运动模型是主流的模型，将在下面进行讨论。

通过前后两个里程计反馈的差值，可以求出里程计增量值 $\boldsymbol{u}_k$，即所谓的机器人状态转移量，如式（7-10）所示。

$$\boldsymbol{u}_k = \boldsymbol{odom}_k - \boldsymbol{odom}_{k-1} = \begin{bmatrix} \Delta x \\ \Delta y \\ \Delta\theta \end{bmatrix} \tag{7-10}$$

与讨论速度运动模型一样，下面先从简单的理想情况开始讨论，然后在 $\boldsymbol{u}_k$ 中引入误差项，推导状态转移概率 $P(\boldsymbol{x}_k \mid \boldsymbol{x}_{k-1}, \boldsymbol{u}_k)$ 的数学形式。

（1）不考虑里程计的误差

由于轮式里程计是依靠安装在底盘轮子上的编码盘来实时监测底盘的运动，所以里程计相邻帧间的增量值 $\boldsymbol{u}_k$ 不需要运动时间 Δt 很小和匀速运动的假设，就能表示底盘状态转移。如图 7-8 所示为里程计运动模型，可以看到机器人底盘的运动路线可以是任意曲线。

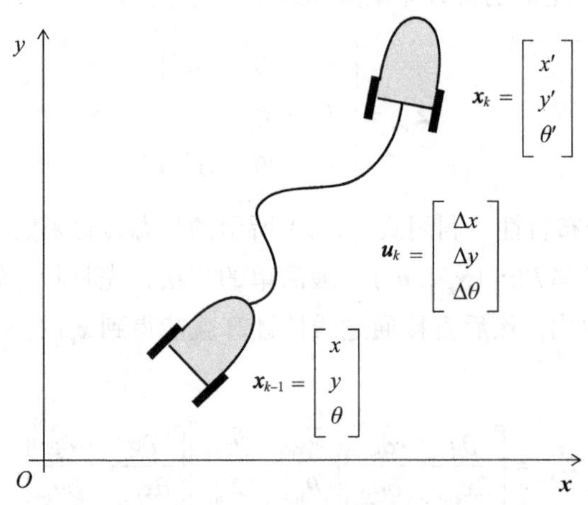

图 7-8　里程计运动模型

当不考虑 $\boldsymbol{u}_k$ 的误差，且已知 $\boldsymbol{x}_{k-1}$ 和 $\boldsymbol{u}_k$ 时，能直接用式（7-11）所示的状态转移方程求出 $\boldsymbol{x}_k$。

$$\boldsymbol{x}_k = \begin{bmatrix} x' \\ y' \\ \theta' \end{bmatrix} = g(\boldsymbol{x}_{k-1}, \boldsymbol{u}_k) = \begin{bmatrix} x \\ y \\ \theta \end{bmatrix} + \begin{bmatrix} \Delta x \\ \Delta y \\ \Delta\theta \end{bmatrix} \tag{7-11}$$

（2）考虑里程计的误差

在实际情况中，我们需要考虑 $\boldsymbol{u}_k$ 中存在的误差。我们用最简单的方法，假设 $\boldsymbol{u}_k$、$\boldsymbol{x}_{k-1}$ 和 $\boldsymbol{x}_k$ 的误差都服从高斯分布，如式（7-12）所示。

$$\begin{aligned} \boldsymbol{u}_k &\sim N(\bar{\boldsymbol{u}}_k, \boldsymbol{\Sigma}_{\boldsymbol{u}_k}) \\ \boldsymbol{x}_{k-1} &\sim N(\bar{\boldsymbol{x}}_{k-1}, \boldsymbol{\Sigma}_{\boldsymbol{x}_{k-1}}) \\ \boldsymbol{x}_k &\sim N(\bar{\boldsymbol{x}}_k, \boldsymbol{\Sigma}_{\boldsymbol{x}_k}) \end{aligned} \tag{7-12}$$

这样，$\boldsymbol{u}_k$、$\boldsymbol{x}_{k-1}$ 和 $\boldsymbol{x}_k$ 就都变成了多元随机变量，随机变量的均值就是其估计值，由协方差矩阵描述其不确定性大小。$\boldsymbol{u}_k$ 的误差主要由 3 个位姿偏移分量，Δx、Δy 和 $\Delta\theta$ 的误差决定，因此 $\boldsymbol{u}_k$ 的协方差矩阵如式（7-13）所示。

$$\boldsymbol{\Sigma}_{\boldsymbol{u}_k} = \begin{bmatrix} \sigma_{\Delta x}^2 & 0 & 0 \\ 0 & \sigma_{\Delta y}^2 & 0 \\ 0 & 0 & \sigma_{\Delta\theta}^2 \end{bmatrix} \tag{7-13}$$

式（7-13）是机器人在二维平面运动时 $\boldsymbol{u}_k$ 的协方差矩阵形式。为了更加通用，用 $\boldsymbol{u}_k$ 表示机器人在三维空间运动时，对应的协方差矩阵如式（7-14）所示。虽然 $\boldsymbol{u}_k$ 表示三维空间运动，但是机器人底盘被限制在二维平面运动，所以其中的 z 轴偏移量、x 轴旋转量和 y 轴旋转量均为 0。

$$\boldsymbol{\Sigma}_{\boldsymbol{u}_k} = \begin{bmatrix} \sigma_{\Delta x}^2 & 0 & 0 & 0 & 0 & 0 \\ 0 & \sigma_{\Delta y}^2 & 0 & 0 & 0 & 0 \\ 0 & 0 & 0 & 0 & 0 & 0 \\ 0 & 0 & 0 & 0 & 0 & 0 \\ 0 & 0 & 0 & 0 & 0 & 0 \\ 0 & 0 & 0 & 0 & 0 & \sigma_{\Delta\theta}^2 \end{bmatrix} \tag{7-14}$$

可以看出式（7-14）是一个 6×6 的矩阵，ROS 中里程计的标准数据类型[㊀]就是采用这种 6×6 的协方差矩阵来描述里程计的误差。

大家都知道轮式里程计是存在累积误差的，即机器人底盘运动得越远，累积误差越大。因此可以用运动距离 $\sqrt{(\Delta x)^2+(\Delta y)^2}$ 和旋转量 $|\Delta\theta|$ 来量化 $\boldsymbol{u}_k$ 的误差，如式（7-15）所示。

$$\begin{aligned} \sigma_{\Delta x}^2 &= \xi_{\Delta xy} + \alpha_1\sqrt{(\Delta x)^2+(\Delta y)^2} + \alpha_2\,|\Delta\theta| \\ \sigma_{\Delta y}^2 &= \xi_{\Delta xy} + \alpha_1\sqrt{(\Delta x)^2+(\Delta y)^2} + \alpha_2\,|\Delta\theta| \\ \sigma_{\Delta\theta}^2 &= \xi_{\Delta\theta} + \alpha_3\sqrt{(\Delta x)^2+(\Delta y)^2} + \alpha_4\,|\Delta\theta| \end{aligned} \tag{7-15}$$

式（7-15）中的 $\xi_{\Delta xy}$ 和 $\xi_{\Delta\theta}$ 是人为引入的静态误差量，这两个量均为一个很小的常数，以避免后续协方差迭代计算陷入惰性。系数 $\alpha_1 \sim \alpha_4$ 描述运动距离 $\sqrt{(\Delta x)^2+(\Delta y)^2}$ 和旋转量 $|\Delta\theta|$ 对 $\boldsymbol{u}_k$ 误差的影响程度，是机器人底盘固有的参数，通常用实验法测算得到。

通过上面的分析，可以知道里程计的误差既可以用底盘系数 $\alpha_1 \sim \alpha_4$ 描述，也可以

㊀ 参见 http://docs.ros.org/api/geometry_msgs/html/msg/PoseWithCovariance.html。

用 6×6 的协方差矩阵来描述。比如，ROS 中的 Gmapping 算法使用的就是系数 $\alpha_1 \sim \alpha_4$；再如，ROS 中的 AMCL 算法使用的也是系数 $\alpha_1 \sim \alpha_4$，在全向运动底盘中还要增加一个系数 α_5 以补充描述。通过实验法先测算出底盘系数 $\alpha_1 \sim \alpha_4$，再利用式（7-15）计算 $\boldsymbol{u}_k$ 的误差，最后得到协方差矩阵 $\boldsymbol{\Sigma}_{\boldsymbol{u}_k}$，整个过程比较复杂。为了简便起见，有些地方直接将协方差矩阵 $\boldsymbol{\Sigma}_{\boldsymbol{u}_k}$ 取某一常数，然后将该常数协方差矩阵 $\boldsymbol{\Sigma}_{\boldsymbol{u}_k}$ 在底盘里程计话题 /odom 中进行发布，这也是大部分机器人底盘的做法。因为机器人底盘是按照固定的时间间隔发布里程计，也就是说每个相同的时间间隔内运动距离和旋转量都是差不多的，其实与式（7-15）计算 $\boldsymbol{u}_k$ 的误差是差不多的，这也是能直接取 $\boldsymbol{\Sigma}_{\boldsymbol{u}_k}$ 为常数背后的理论依据。比如，ROS 中的 robot_pose_ekf 算法使用的就是底盘里程计话题 /odom 发布出来的常数协方差矩阵 $\boldsymbol{\Sigma}_{\boldsymbol{u}_k}$。

已知 $\boldsymbol{u}_k$ 和 $\boldsymbol{x}_{k-1}$ 的分布特性，利用式（7-11）所示的状态转移函数，就可以推导出 $\boldsymbol{x}_k$ 的分布特性，即状态转移概率 $P(\boldsymbol{x}_k \mid \boldsymbol{x}_{k-1}, \boldsymbol{u}_k)$。$\boldsymbol{x}_k$ 的协方差矩阵如式（7-16）所示。

$$\boldsymbol{\Sigma}_{\boldsymbol{x}_k} = \begin{bmatrix} \dfrac{\partial g}{\partial \boldsymbol{x}_{k-1}} & \dfrac{\partial g}{\partial \boldsymbol{u}_k} \end{bmatrix} \begin{bmatrix} \boldsymbol{\Sigma}_{\boldsymbol{x}_{k-1}} & \boldsymbol{0}_{3\times3} \\ \boldsymbol{0}_{3\times3} & \boldsymbol{\Sigma}_{\boldsymbol{u}_k} \end{bmatrix} \begin{bmatrix} \dfrac{\partial g}{\partial \boldsymbol{x}_{k-1}} & \dfrac{\partial g}{\partial \boldsymbol{u}_k} \end{bmatrix}^{\mathrm{T}} \tag{7-16}$$

其中，$\begin{bmatrix} \dfrac{\partial g}{\partial \boldsymbol{x}_{k-1}} & \dfrac{\partial g}{\partial \boldsymbol{u}_k} \end{bmatrix}$ 为函数 g 的雅克比矩阵。

上面介绍的里程计运动模型主要参考了文献［3］166-169 中的思路，为了便于大家理解，我对原推导过程中的一些步骤结合自己的理解做了相应修改和简化，读者如有疑问请查阅原文内容。文献［4］132-139 中给出了更贴近实际的方法来计算状态转移概率 $P(\boldsymbol{x}_k \mid \boldsymbol{x}_{k-1}, \boldsymbol{u}_k)$，并给出了该概率的具体数值计算实现程序以及更高效的采样值计算实现程序，感兴趣的读者可以参考一下，由于篇幅限制就不展开了。

最后，给出机器人利用里程计运动模型推算位姿，其不确定性的演变过程如图 7-9 所示。图中轨迹上的黑点表示机器人可能出现的位姿，黑点周围的密度表示概率大小，黑点越集中表示出现的概率越大。在起始时，机器人位姿集中在一个点上，其概率是 1，所以位姿是完全确定的。随着机器人逐渐移动，由于里程计存在的误差，因此直接利用里程计推导出的机器人位姿不确定性越来越大，即机器人可能出现的位姿点越来越分散，最后这些可能的位姿点将分散到整个空间，即机器人位姿将变得完全随机。为了不让机器人位姿发散，必须在里程计运动模型的基础上，引入传感器对环境的观测数据，这就是 7.2.3 节将要讲述的内容。

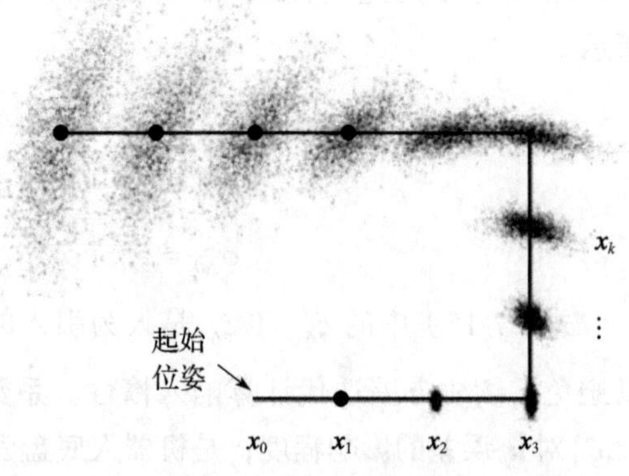

图 7-9　机器人位姿不确定性的演变过程

注：该图来源于文献［4］中的 Figure 5.10。

7.2.3　概率观测模型

工程中常用的环境观测传感器是激光雷达和相机。在第 4 章中已经进行了详细讨论，这里不再赘述。

传感器观测分为两步：第一步是提取环境路标特征；第二步是数据关联。依据不同的传感器和提取算法，路标特征的形式将会不同。比如单线激光雷达，路标特征就可以用观测角度和测量距离来表示；而多线激光雷达，路标特征除了可以包含观测角度和测量距离，还可以包含高层级点云轮廓信息等；而相机中，路标特征就可以用像素坐标、像素颜色、高层级特征（比如第 3 章中提到的 SIFT、SURF、ORB 等特征）等更丰富的信息表示。路标特征提取出来后，就需要判断路标特征是否为新路标，并将新出现的路标特征融入已有地图中，这就是数据关联。依据不同的传感器和路标特征表示，数据关联方法也大不相同，比如最近邻数据关联、特征匹配数据关联、分支界定数据关联等。

由于相机传感器的观测涉及的内容太复杂，将放在第 9 章中讨论。下面主要讨论激光雷达观测模型的不确定性问题，主要通过波束模型和似然域模型 [4] 对观测不确定性进行建模，即所谓的概率观测模型。

1. 波束模型

激光雷达依靠激光束对物体距离进行探测，单个激光束在激光雷达旋转带动下实现各个角度范围的探测。这里以单线激光雷达为例，每一个扫描角度上发出的激光束可以探测一个对应的距离值 z_k^i，激光雷达旋转一圈的 n 个观测值 $\boldsymbol{z}_k=\{z_k^1, z_k^2, \cdots, z_k^i, \cdots, z_k^n\}$。那么观测 $\boldsymbol{z}_k$ 的不确定性由每一个单独激光束测量值 z_k^i 的不确定性相乘得到，如式（7-17）所示。

$$P(\boldsymbol{z}_k \mid \boldsymbol{x}_k, \boldsymbol{m})=\prod_{i=1}^{n} P(z_k^i \mid \boldsymbol{x}_k, \boldsymbol{m}) \tag{7-17}$$

波束模型（beam_range_finder_model）描述的就是这里面的单个激光束测距值 z_k^i 的不确定性。经过大量的研究和实验，单个激光束测距值的误差主要分为 4 个方面：读数误差、动态干扰、测量失效和随机误差。

传感器由于构造、计算精度、分辨率等因素给测量带来的误差，可以用读数误差来描述。简便起见，可以直接用高斯分布来表示，如式（7-18）所示。其中 η_{hit} 是归一化因子，$z_{\max}$ 是激光束的最大测量值。读数误差是由传感器自身原因引起，接下来的几个误差则是由外界原因引起。

$$P_{\text{hit}}(z_k^i \mid \boldsymbol{x}_k, \boldsymbol{m})=\begin{cases}\eta_{\text{hit}} N(\overline{z}_k^i, \sigma_{\text{hit}}^2), & 0 \leqslant z_k^i \leqslant z_{\max} \\ 0, & \text{其他}\end{cases} \tag{7-18}$$

环境中动态障碍物（比如行走中的人）会挡住激光束，导致原本对应在地图中的障碍物的测量距离缩短，这样带来的误差可以用动态干扰来描述。假设动态障碍物的体积不发生变化，动态障碍物离激光雷达越近，测量激光束被遮挡的可能性越大，可以用指数分布来表示，如式（7-19）所示。其中 η_{short} 是归一化因子，λ_{short} 是指数分布参数。

$$P_{\text{short}}(z_k^i \mid \boldsymbol{x}_k, \boldsymbol{m})=\begin{cases}\eta_{\text{short}} \lambda_{\text{short}} \mathrm{e}^{-\lambda_{\text{short}} z_k^i}, & 0 \leqslant z_k^i \leqslant \overline{z}_k^i \\ 0, & \text{其他}\end{cases} \tag{7-19}$$

环境中的黑色吸光、透明、镜面反射等障碍物会导致测量失效，简单点说，就是环境中明明有障碍物存在，但是得到的激光测距值是超量程的值或无穷远值，即认为障碍物不存在，这可以用最大量程 $z_{\max}$ 附近的窄矩形分布来描述，如式（7-20）所示。

$$P_{\max}(z_k^i \mid \boldsymbol{x}_k, \boldsymbol{m}) = \begin{cases} \dfrac{1}{\varepsilon}, & z_{\max} - \varepsilon \leqslant z_k^i \leqslant z_{\max} \\ 0, & \text{其他} \end{cases} \tag{7-20}$$

最后，那些不能明确建模的误差，用一个均匀分布的随机误差来统一描述，均匀分布的范围是激光波束的整个量程区间，如式（7-21）所示。

$$P_{\text{rand}}(z_k^i \mid \boldsymbol{x}_k, \boldsymbol{m}) = \begin{cases} \dfrac{1}{z_{\max}}, & 0 \leqslant z_k^i \leqslant z_{\max} \\ 0, & \text{其他} \end{cases} \tag{7-21}$$

将这 4 种误差加权平均后就是光束模型，如式（7-22）所示。其中 z_{hit}、z_{short}、$z_{\max}$ 和 z_{rand} 为加权系数，并且满足 $z_{\text{hit}} + z_{\text{short}} + z_{\max} + z_{\text{rand}} = 1$。加权后的概率分布如图 7-10 所示。

$$P(z_k^i \mid \boldsymbol{x}_k, \boldsymbol{m}) = z_{\text{hit}} \cdot P_{\text{hit}} + z_{\text{short}} \cdot P_{\text{short}} + z_{\max} \cdot P_{\max} + z_{\text{rand}} \cdot P_{\text{rand}} \tag{7-22}$$

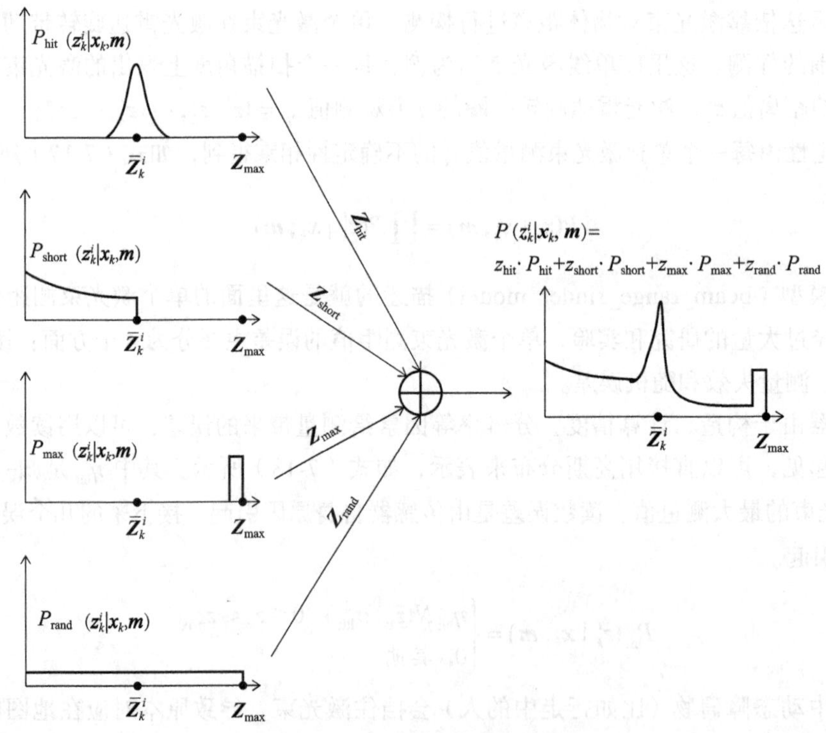

图 7-10 波束模型的概率描述

模型中的 z_{hit}、z_{short}、$z_{\max}$、z_{rand}、σ_{hit}^2 和 λ_{short} 为传感器的固有参数，需要通过实验法测算，文献［4］[160] 中给出了详细的程序伪代码，这里不再赘述。

2. 似然域模型

通过图（7-10）分布形状来看，波束模型缺乏光滑性，导致构建出来的地图具有很多毛刺。克服这一问题的模型就是似然域模型。似然域模型的思路是这样的：先利用测量值对应的机器人位姿，将测量值 z_k^i 投射到已有的地图上，并将超过量程的测量值直接丢弃，然后用似然域描述测量值的分布。所谓似然域，就是激光束上障碍物出现的概率大小由其附近的地图点远近决定。如图 7-11 所示，激光束观测值 z_k^i 被投射到已有地图上，地图中已有的障碍点有 A、B、C，然后找到地图中离 z_k^i 最近的点，这里最近点显然是 C，计算其最近点距离值 $dist$，然后利用距离值 dist 构造 z_k^i 的似然分布就可以了。

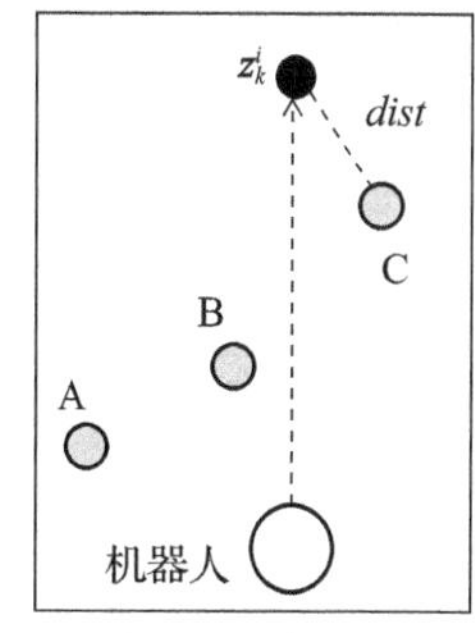

图 7-11　似然域

利用距离值 dist 构造 z_k^i 的似然分布，如式（7-23）所示，其他一些误差的计算方法则与波束模型中的方法一样，不再赘述。

$$P_{\text{hit}}(z_k^i \mid \boldsymbol{x}_k, \boldsymbol{m}) = \frac{1}{\sigma_{\text{hit}}\sqrt{2\pi}} \mathrm{e}^{-\frac{dist^2}{2\sigma_{\text{hit}}^2}} \tag{7-23}$$

最后，将各种误差加权平均后就是似然域模型，如式（7-24）所示。

$$P(z_k^i \mid \boldsymbol{x}_k, \boldsymbol{m}) = z_{\text{hit}} \cdot P_{\text{hit}} + z_{\max} \cdot P_{\max} + z_{\text{rand}} \cdot P_{\text{rand}} \tag{7-24}$$

利用式（7-24）可以计算出单个激光束测量值的似然域，将各单独测量似然域按式（7-17）相乘就得到整个测量的似然域。整个似然域在投射地图上将呈现出一个个区域，离地图中已有障碍点近的投射区域，其分布自然就集中，离地图中已有障碍点远的投射区域，其分布自然就分散。

7.2.4　概率图模型

当有了概率运动模型和概率观测模型后，怎么描述运动模型与观测模型之间的概率关系呢？这就要引出接下来讨论的概率图模型，概率图模型[5]是概率理论和图论结合的产物。

在概率理论中，用一种联合概率分布表示随机变量之间的关系。而图论，是一种数据结构化的表示方法。那么，将随机变量之间的概率关系用图结构表示，就是所谓的概率图模型。显然，图结构使得概率模型中各个随机变量之间的关系变得更为直观，也使复杂的概率计算过程得以简化。先来看看概率理论的基本内容。

1. 概率论基础

随机变量 A 的各个取值的可能性大小用概率分布 $P(A)$ 表示。假如随机变量 A 代表买彩票的中奖金额，其概率分布 $P(A)$ 的形式如式（7-25）所示。获得 0 元中奖金额的概率是 0.999，获得 10^2 元中奖金额的概率是 0.0006，获得 10^4 元中奖金额的概率是 0.0003，获得 10^6 元中奖金额的概率是 0.0001，并且所有概率之和为 1。从该概率分布中可以发现随机变量 A 的一些特性，比如中奖金额越大，概率越小。

$$\begin{cases} P(A=0)=0.999 \\ P(A=10^2)=0.0006 \\ P(A=10^4)=0.0003 \\ P(A=10^6)=0.0001 \end{cases} \tag{7-25}$$

在上面这个例子中，随机变量 A 的值是离散型，可以直接用数值对每一个概率取值情况进行列举。如果随机变量 A 的值是连续型（比如 A 表示温度），其概率分布 $P(A)$ 就需要用概率密度函数 $f(A)$ 来表示。关于随机变量离散型与连续型的更详细讨论，请参考概率理论相关文献，这里就不展开讲解了。

实际问题中往往涉及多个随机变量（比如 A、B、C、D），如何描述该问题所涉及的随机变量集合 $X=\{A, B, C, D\}$ 中各个随机变量的概率分布关系呢？概率加法运算和乘法运算就是最基本的描述方式，如式（7-26）和式（7-27）所示。

$$P(A)=\sum_D\sum_C\sum_B P(A, B, C, D) \tag{7-26}$$

$$\begin{aligned}P(A, B, C, D)&=P(A, B, C)P(D\mid A, B, C)\\&=P(A, B)P(C\mid A, B)P(D\mid A, B, C)\\&=P(A)P(B\mid A)P(C\mid A, B)P(D\mid A, B, C)\end{aligned} \tag{7-27}$$

式（7-26）通过累加来求随机变量 A 的概率分布，该分布也称为边缘分布。式（7-27）通过链式乘法来求随机变量集合 $X=\{A,B,C,D\}$ 的整体分布，该分布也称为联合分布。大家可能会疑惑，为什么式（7-26）和式（7-27）的计算这么复杂，不能直接用各个随机变量的概率分布直接相加和相乘吗？如果随机变量集合 $X=\{A,B,C,D\}$ 中各个随机变量是相互独立的，那么直接相加和相乘是可行的。在实际情况中，随机变量之间往往具有相关性，导致计算变得复杂。值得注意的是，式（7-27）中的条件概率可以利用贝叶斯准则来简化计算。贝叶斯准则如式（7-28）所示。贝叶斯准则更一般的形式，如式（7-29）所示。

$$P(B\mid A)=\frac{P(A\mid B)P(B)}{P(A)} \tag{7-28}$$

$$P(B\mid A, C)=\frac{P(B, A, C)}{P(A, C)}=\frac{P(A\mid B, C)P(B, C)}{P(A, C)}=\frac{P(A\mid B, C)P(B\mid C)\bullet P(C)}{P(A\mid C)\bullet P(C)}=\frac{P(A\mid B, C)P(B\mid C)}{P(A\mid C)} \tag{7-29}$$

贝叶斯准则等式的左边是后验概率，等式的右边是先验概率，后验概率往往不能通过观测直接计算，而是利用先验概率推导得出，这使得贝叶斯准则在实际应用中具有重要的意义。

利用图论结构化的数据表示方式，可以让随机变量之间的依赖关系变得更为直观。图结构由节点和边组成，图中的每个节点都代表一个随机变量，连接节点的边代表随机变量之间的概率依赖关系。如果连接节点的边有方向，就是有向图，也称为贝叶斯网络；如果边没有方向，就是无向图，也称为马尔可夫网络。

贝叶斯网络的结构如图 7-12 所示，图中的每一个节点表示一个随机变量，连接两个节点的箭头也叫有向边，箭头的方向的含义可以理解为两个随机变量之间的依赖是因果关系。贝叶斯网络是有向无环图，也就是说箭头指向的路径不能闭合。根据随机变量集的属性，还可以分为静态贝叶斯网络和动态贝叶斯网络。随机变量集 $X=\{A, B, C, D, E, F, G\}$ 中的各个随机变量都对应一个特定的事件，网络结构描述各个事件之间的因果关系，就构成了静态贝叶斯网络。有时候，随机变量集 $X=\{s_0, s_1, \cdots, s_k\}$ 是由随机变量 s 的时序状态构成，每个状态 s_k 产生对应的观测 l_k，两个状态节点之间的箭头表示状态更新方向，状态节点与观测节点之间的箭头表示观测过程，这些节点和箭头就构成了动态贝叶斯网络。很显然，动态贝叶斯网络可以描述机器人运动模型与观测模型之间的概率关系，稍后将重点展开讲解。

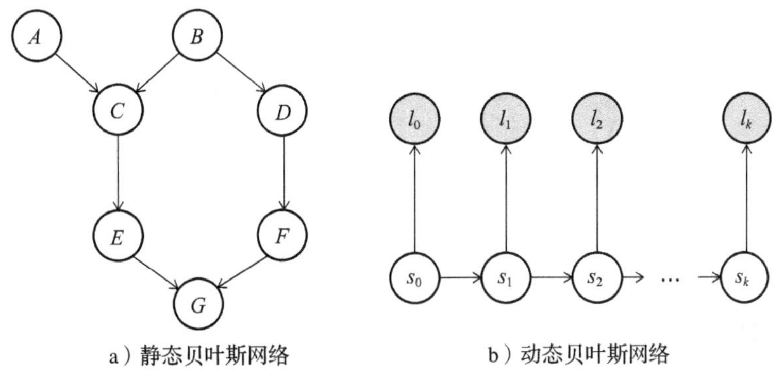

a）静态贝叶斯网络　　b）动态贝叶斯网络

图 7-12　贝叶斯网络

构建图的目的是更方便地表示概率分布，这个过程也称为图结构参数化。贝叶斯网络的参数化，是将随机变量集上的联合概率分布分解为局部条件概率分布的乘积，也就是式（7-27）所示的链式乘法运算。由于图结构给出了随机变量之间具体的依赖关系，所以条件概率计算过程比式（7-27）更为简洁，以图 7-12a 为例，其对应的联合概率分布如式（7-30）所示。

$$P(A,B,C,D,E,F,G)=P(A)P(B)P(C\mid A,B)P(D\mid B)P(E\mid C)P(F\mid D)P(G\mid E,F) \tag{7-30}$$

可以看出，联合概率分布 $P(A,B,C,D,E,F,G)$ 被分解成各个随机变量条件概率分布的乘积。讨论更一般的情况，将图结构中各个随机变量记为随机变量集 $X=\{X_1,X_2,\cdots,X_n\}$，则式（7-30）可以写成如式（7-31）所示的更一般形式。其中随机变量 X_i 的条件概率分布记为 $P(X_i\mid Pa_{X_i})$，联合概率分布能被分解成乘积项正是基于随机变量在局部的这种条件独立性。

$$P(X_1,X_2,\cdots,X_n)=\prod_{i=1}^{n}P(X_i\mid Pa_{X_i}) \tag{7-31}$$

马尔可夫网络的结构如图 7-13 所示，图中的每一个节点表示一个随机变量，连接两个节点的边是没有方向的，边代表两个随机变量之间的相关性。在贝叶斯网络中，有向边代表了随机变量之间的显式关系，即直观看到两个随机变量的因果关系。然而在很多实际问题中，随机变量之间的显式因果关系很难知晓，往往只知道两个随机变量之间具有某种相关性，具体怎么相关却不得而知。无向图正是用来构建这种非直观相关关系的模型，相关性不分方向，所以连接两节点的边是没有方向的。

相比贝叶斯网络的参数化过程，马尔可夫网络的参数化过程更为抽象，其联合概率分布可分解为团 Q_i 的势能函数 $\psi_{Q_i}(Q_i)$ 的乘积。团是一个节点集合，团中的节点必须两两之间都有边连接。以团中包含的随机变量作为自变量，构建团的势能函数。团的势能函数是一个抽象函数，需要在实际问题中被具体化为特定形式。以每条边上的两个节点作为一个团是最简单的形式，如图 7-13a 所示，划分出来的团依次为 $Q_1=\{A,B\}$、$Q_2=\{B,C\}$、$Q_3=\{C,D\}$、

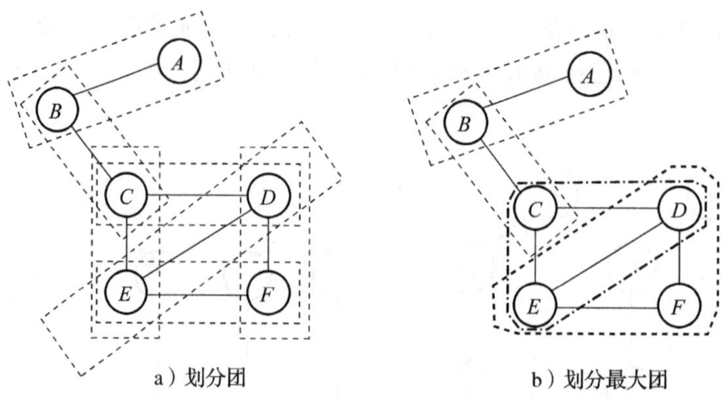

图 7-13 马尔可夫网络

$Q_4=\{C,E\}$、$Q_5=\{D,E\}$、$Q_6=\{D,F\}$、$Q_7=\{E,F\}$，其联合概率分布可用式（7-32）所示的势能函数乘积表示。其中 Z 是归一化常数，以确保计算结果仍为合法概率分布。

$$P(A,B,C,D,E,F)=\frac{1}{Z}\psi_{Q_1}(A,B)\psi_{Q_2}(B,C)\psi_{Q_3}(C,D)\psi_{Q_4}(C,E)\psi_{Q_5}(D,E)\psi_{Q_6}(D,F)\psi_{Q_7}(E,F) \tag{7-32}$$

显然上面的分解方法可以更简洁。如果往团中加入团外的其他任何节点，将不再成团，这样的团就是最大团。上面的团 Q_3、Q_4、Q_5 可以合并成一个最大团 $Q_8=\{C,D,E\}$，团 Q_5、Q_6、Q_7 可以合并成一个最大团 $Q_9=\{D,E,F\}$。式（7-31）中的联合概率分布在最大团上的表示将更简洁，如式（7-33）所示。

$$P(A,B,C,D,E,F)=\frac{1}{Z}\psi_{Q_1}(A,B)\psi_{Q_2}(B,C)\psi_{Q_8}(C,D,E)\psi_{Q_9}(D,E,F) \tag{7-33}$$

讨论更一般的情况，将图结构中各个随机变量记为随机变量集 $X=\{X_1,X_2,\cdots,X_n\}$，图结构划分出来的所有最大团记为 $Q=\{Q_1,Q_2,\cdots,Q_m\}$。那么式（7-33）可以写成式（7-34）所示的更一般形式。

$$P(X_1,X_2,\cdots,X_n)=\frac{1}{Z}\prod_{i=1}^{m}\psi_{Q_i}(Q_i) \tag{7-34}$$

以一个最大团中的随机变量为自变量构造出来的势能函数只能笼统地表示各随机变量之间的整体关系，而不能表现各随机变量之间更直接的关系。将势能函数进行因式分解，分解出来的因子项能描述随机变量间更具体的关系。假如式（7-33）中团 Q_9 的势能函数 $\psi_{Q_9}(D,E,F)$ 可以分解成 3 个因子项，如式（7-35）所示。

$$\psi_{Q_9}(D,E,F)=f_1(D,E)\cdot f_2(D,F)\cdot f_3(E,F) \tag{7-35}$$

当然，一个函数的因式分解结果一般不唯一，比如式（7-35）还可以分解成式（7-36）所示的形式。

$$\psi_{Q_9}(D,E,F)=f_4(D,E,F)\cdot f_5(D,F) \tag{7-36}$$

这样，马尔可夫网络就可以用因子图更为显式地表示。式（7-35）和式（7-36）的因子图如图 7-14 所示。该因子图除了引入了随机变量节点（圆形节点），还引入了另一种因子节点（方形节点），因子节点与随机变量节点用边连接。很显然，各个因子函数对随机变量间的概率分布关系描述得更详细，即因子图是马尔可夫网络的细粒度参数化形式。

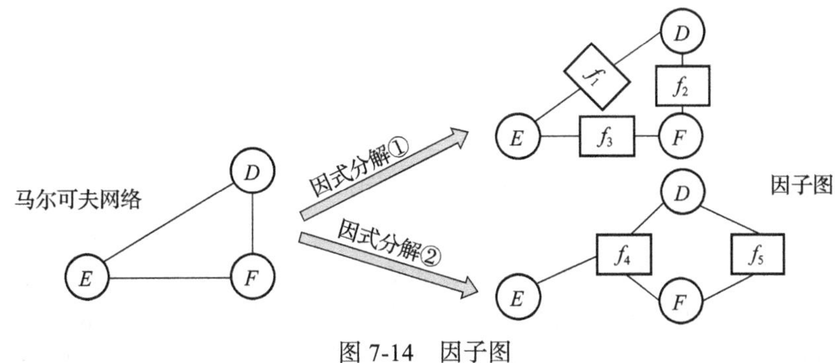

图 7-14　因子图

当然，贝叶斯网络也可以转化成马尔可夫网络或因子图。如图 7-15 所示。关于转化的具体过程就不展开了，感兴趣的读者可以参考文献［6］399-411 中的内容。

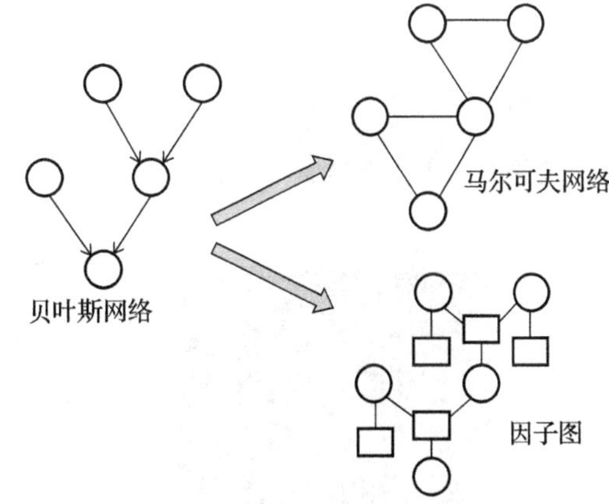

图 7-15　贝叶斯网络转化成马尔可夫网络或因子图

最后，归纳总结一下概率图模型中各主要模型之间的关系，如图 7-16 所示。按图中的边是否有方向，可以分为有向图和无向图，分别对应贝叶斯网络和马尔可夫网络。贝叶斯网络可以分为静态贝叶斯网络和动态贝叶斯网络，动态贝叶斯网络中随机变量集 $X=\{s_0,s_1,\cdots,s_k\}$ 是由随机变量 s 的时序状态构成，最常见的动态贝叶斯网络应用有隐马尔可夫模型和卡尔曼滤波。而马尔可夫网络细粒度参数化后就是因子图，最常见的马尔可夫网络应用有吉布斯 / 玻尔兹曼机和条件随机场等。值得注意的是，贝叶斯网络、马尔可夫网络和因子图这三者之间可以互相转化。

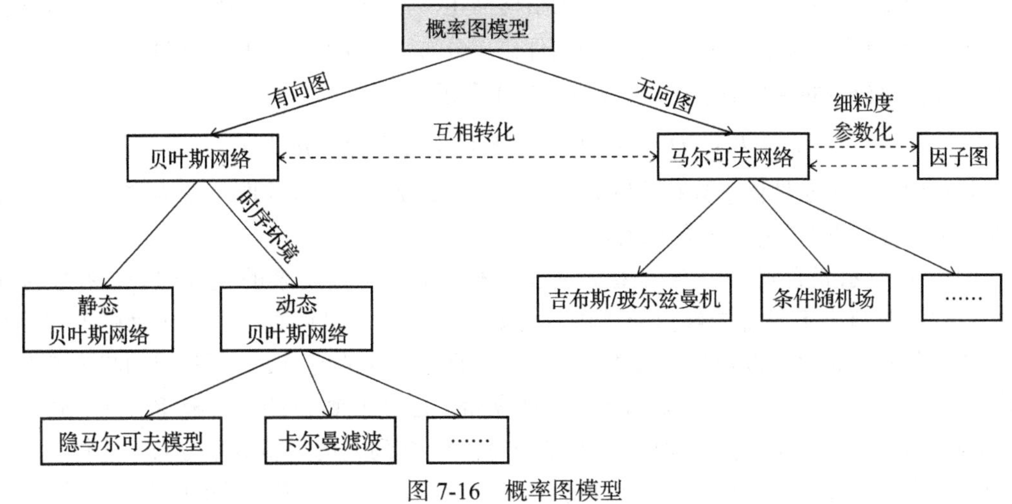

图 7-16　概率图模型

概率图模型是人工智能领域热门研究方向之一，它利用图结构表示随机变量之间的依赖关系，在图结构中能非常方便地进行推理和学习，比如模式识别、自然语言处理、机器人 SLAM 等。本章的讨论重点在 SLAM 上，所以下面将利用概率图模型进行 SLAM 问题的表示及推理过程。

2. 贝叶斯网络

在概率图模型中，通常用学生网络这一案例来说明概率推理问题。不过为了便于大家理解，这里举一个更加贴切的案例来说明概率推理，如图 7-17 所示。这是一个关于年终奖的问题，涉及 5 个随机变量。资金用随机变量 A 表示，取值为 0 代表资金缺乏，取值为 1 时代表资金充足。项目负责人的能力用随机变量 B 表示，取值为 0 时代表能力低，取值为 1 时代表能力高。项目用随机变量 C 表示，取值为 0 时代表项目失败，取值为 1 时代表项目成功。项目负责人的学历用随机变量 D 表示，取值为 0 时代表学历低，取值为 1 时代表学历高。项目负责人的年终奖用随机变量 E 表示，取值为 0 时代表年终奖少，取值为 1 时代表年终奖多，取值为 2 时代表年终奖非常多。

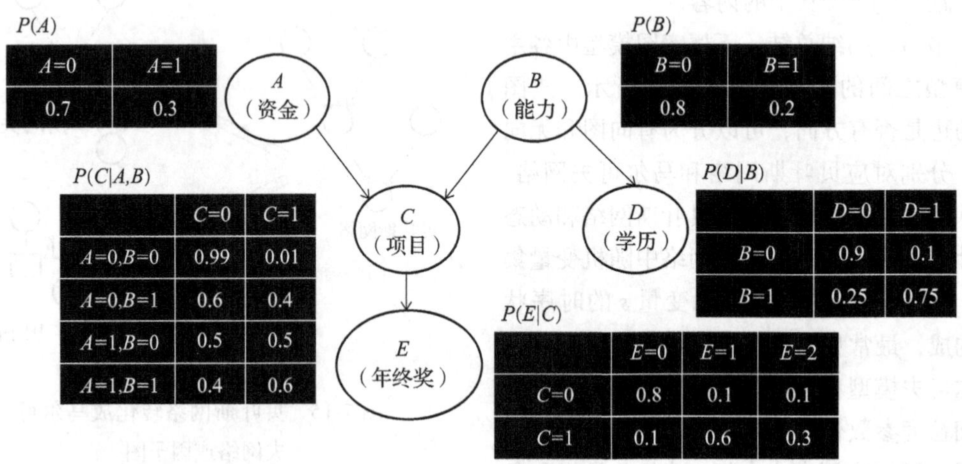

A=0	A=1
0.7	0.3

B=0	B=1
0.8	0.2

	C=0	C=1
A=0,B=0	0.99	0.01
A=0,B=1	0.6	0.4
A=1,B=0	0.5	0.5
A=1,B=1	0.4	0.6

	D=0	D=1
B=0	0.9	0.1
B=1	0.25	0.75

	E=0	E=1	E=2
C=0	0.8	0.1	0.1
C=1	0.1	0.6	0.3

图 7-17　概率推理

这 5 个随机变量之间的依赖关系由图结构描述，$P(A)$、$P(B)$、$P(C \mid A,B)$、$P(D \mid B)$、$P(E \mid C)$ 分别是事件 A、B、C、D、E 的条件概率分布，这个概率图模型的联合概率分布用各个条件概率分布的乘积来描述，如式（7-37）所示。

$$P(A,B,C,D,E)=P(A)P(B)P(C \mid A,B)P(D \mid B)P(E \mid C) \tag{7-37}$$

模型中的各个条件概率分布可以通过统计手段或者过往经验获取，图 7-17 通过表格的形式给出了各个条件概率分布的取值。

图 7-17 所示联合概率分布模型是通过已发生事件总结出来的先验知识，在实际情况中，并不是所有事件都能够直接观测。比如项目资金 A 可以直接通过查询财务预算得到，项目负责人的学历 D 可以直接查询到，但项目负责人的能力 B、项目成功与否 C 和项目负责人最终能获得的年终奖 E 则无法直接获得。已知 B 到 D 的条件概率分布，通过式（7-28）给出的贝叶斯准则，同时利用 D 的概率求出 D 到 B 的后验概率分布。这样就推出了 B，继续进行推理，利用 A 和 B 可以推出 C，再利用 C 推出 E。概率推理的具体过程，

如图 7-18 所示。这个例子展示了概率图模型在推理上发挥的强大作用。

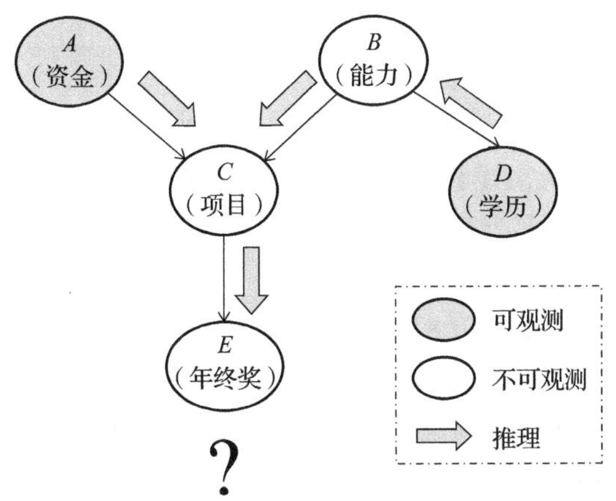

图 7-18 推理过程

结合上面概率图模型表示及推理的基础知识，讨论 SLAM 问题的概率图模型表示及推理过程，就会让大家更容易理解。用贝叶斯网络表示机器人 SLAM 中的观测与运动之间的概率关系最为直接，因为机器人的位姿状态是时序变量，所以实际上是动态贝叶斯网络，如图 7-19 所示。

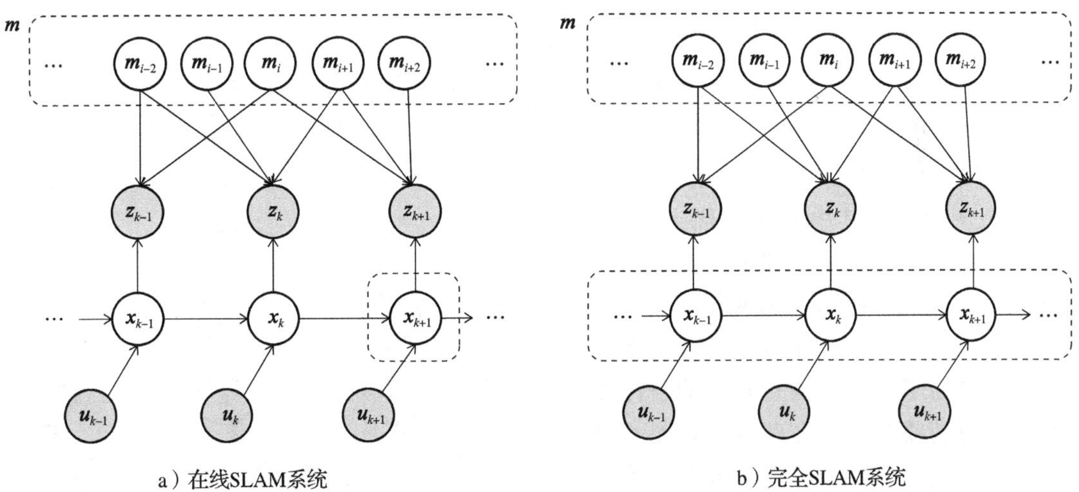

图 7-19 用贝叶斯网络表示 SLAM 问题

在图 7-19 中，运动量 $\boldsymbol{u}_k$ 和观测量 $\boldsymbol{z}_k$ 均可被观测，其对应的条件概率分布 $P(\boldsymbol{x}_k \mid \boldsymbol{x}_{k-1}, \boldsymbol{u}_k)$ 和 $P(\boldsymbol{z}_k \mid \boldsymbol{x}_k, \boldsymbol{m})$ 可以通过 7.2.2 节和 7.2.3 节介绍的方法获得。而环境路标特征 $\boldsymbol{m}_i$ 和机器人位姿状态 $\boldsymbol{x}_k$ 不能直接被观测，需要借助贝叶斯网络推理得到。这种借助贝叶斯网络的推理，其实就是对变量 $\boldsymbol{m}_i$ 和 $\boldsymbol{x}_k$ 的状态估计，按照所估计状态变量的不同，又可以分为在线 SLAM 系统和完全 SLAM 系统。在线 SLAM 系统只对环境路标特征 $\boldsymbol{m} = \{\boldsymbol{m}_1, \boldsymbol{m}_2, \cdots, \boldsymbol{m}_i\}$ 和机器人当前位姿状态 $\boldsymbol{x}_k$ 进行估计，该估计问题的概率表述如式（7-38）所示。而完全 SLAM 系统

是对环境路标特征 $\boldsymbol{m}=\{\boldsymbol{m}_1,\boldsymbol{m}_2,\cdots,\boldsymbol{m}_i\}$ 和机器人当前及过去所有位姿状态 $\boldsymbol{x}=\{\boldsymbol{x}_1,\boldsymbol{x}_2,\cdots,\boldsymbol{x}_k\}$ 进行估计，该估计问题的概率表述如式（7-39）所示。

$$P(\boldsymbol{x}_k,\boldsymbol{m}\mid\boldsymbol{Z}_{0:k},\boldsymbol{U}_{0:k},\boldsymbol{x}_0) \tag{7-38}$$

$$P(\boldsymbol{X}_{0:k},\boldsymbol{m}\mid\boldsymbol{Z}_{0:k},\boldsymbol{U}_{0:k},\boldsymbol{x}_0) \tag{7-39}$$

针对式（7-38）所示的在线 SLAM 系统，以扩展卡尔曼滤波（EKF）为代表的滤波方法是求解该状态估计问题最典型的方法，我们将在 7.4 节详细讨论这些滤波方法的基础原理。

针对式（7-39）所示的完全 SLAM 系统，优化方法是求解该状态估计问题最典型的方法。该优化方法首先将贝叶斯网络表示的 SLAM 问题转化为因子图表示。这样贝叶斯网络中的最大后验估计就等效于因子图中的最小二乘估计，这种最小二乘估计常常是非线性最小二乘估计。7.5 节将介绍这种非线性最小二乘估计的求解方法。

3. 因子图

下面就来介绍 SLAM 问题的贝叶斯网络表示转化成因子图表示的具体过程。这里基于文献［7］2-16 中的推导思路，讨论具体转化过程。

为了讨论方便，这里以一个小规模的 SLAM 问题为例进行讨论。如图 7-20 所示，该 SLAM 问题包括 4 个机器人位姿状态，$\boldsymbol{X}=\{\boldsymbol{x}_0,\boldsymbol{x}_1,\boldsymbol{x}_2,\boldsymbol{x}_3\}$，其中 $\boldsymbol{x}_0$ 为初始位姿；2 个路标 $\boldsymbol{m}=\{\boldsymbol{m}_1,\boldsymbol{m}_2\}$；运动量和观测量分别为 $\boldsymbol{U}=\{\boldsymbol{u}_1,\boldsymbol{u}_2,\boldsymbol{u}_3\}$ 和 $\boldsymbol{Z}=\{z_1,z_2,z_3\}$。按式（7-31）所示参数化方法，这里的联合概率分布表示如式（7-40）所示。

$$\begin{aligned}P(\boldsymbol{X},\boldsymbol{m},\boldsymbol{Z},\boldsymbol{U})=&P(\boldsymbol{m}_1)P(\boldsymbol{m}_2)P(\boldsymbol{u}_0)P(\boldsymbol{u}_1)P(\boldsymbol{u}_2)\}\text{（先验，可忽略）}\times\\&P(\boldsymbol{x}_0)P(\boldsymbol{x}_1\mid\boldsymbol{x}_0,\boldsymbol{u}_1)P(\boldsymbol{x}_2\mid\boldsymbol{x}_1,\boldsymbol{u}_2)P(\boldsymbol{x}_3\mid\boldsymbol{x}_2,\boldsymbol{u}_3)\}\text{（运动）}\times\\&P(z_1\mid\boldsymbol{x}_1,\boldsymbol{m}_1)P(z_2\mid\boldsymbol{x}_2,\boldsymbol{m}_1)P(z_3\mid\boldsymbol{x}_3,\boldsymbol{m}_2)\}\text{（观测）}\end{aligned} \tag{7-40}$$

可以看到，联合概率分布由先验、运动和观测组成，其中先验一般是常量，可以忽略。这样的概率图模型就包含了 SLAM 问题所有的运动和观测信息。

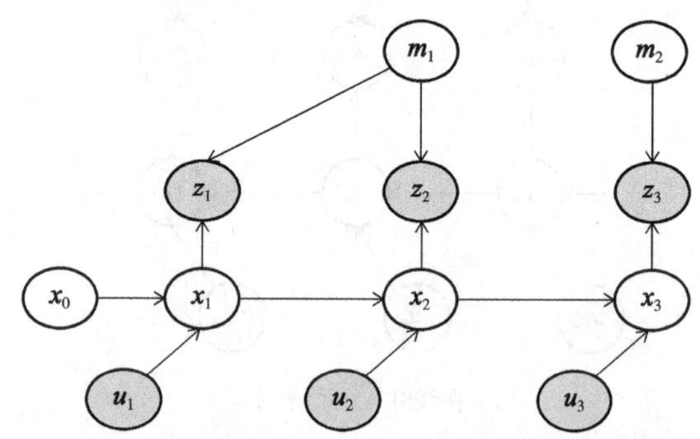

图 7-20　小规模 SLAM 问题示例

利用式（7-40）对 SLAM 问题进行表示，是为了利用结构化表示的条件概率分布进行推理。即在获得直接测量信息 $\boldsymbol{U}$ 和 $\boldsymbol{Z}$ 后，利用条件概率分布关系对不可测量信息 $\boldsymbol{X}$ 和 $\boldsymbol{m}$ 进行推理，这就是 SLAM 问题的状态估计过程。这个估计，最常用到的是最大后验估计，不熟悉最大后验估计的朋友可以看一下 7.3.2 节的内容。为了表述方便，这里用随机变量集 $\boldsymbol{V}=\{\boldsymbol{Z},\boldsymbol{U}\}$ 统一表示可直接测量信息，用 $\boldsymbol{S}=\{\boldsymbol{X},\boldsymbol{m}\}$ 统一表示不可直接测量信息（也就是待估计量），那么最大后验估计如式（7-41）所示。

$$\boldsymbol{S}_{\text{MAP}}=\arg\max_{\boldsymbol{S}} P(\boldsymbol{S}\mid\boldsymbol{V}) \tag{7-41}$$

为了便于后面的推导，需要利用式（7-40）中的条件概率将式（7-41）中的后验估计展开，展开后如式（7-42）所示。

$$
\begin{aligned}
&P(\boldsymbol{S} \mid \boldsymbol{V}) \propto \\
&\qquad P(\boldsymbol{x}_0)P(\boldsymbol{x}_1 \mid \boldsymbol{x}_0, \boldsymbol{u}_1)P(\boldsymbol{x}_2 \mid \boldsymbol{x}_1, \boldsymbol{u}_2)P(\boldsymbol{x}_3 \mid \boldsymbol{x}_2, \boldsymbol{u}_3)\} \text{（运动）} \times \\
&\qquad P(z_1 \mid \boldsymbol{x}_1, \boldsymbol{m}_1)P(z_2 \mid \boldsymbol{x}_2, \boldsymbol{m}_1)P(z_3 \mid \boldsymbol{x}_3, \boldsymbol{m}_2)\} \text{（观测）}
\end{aligned}
\tag{7-42}
$$

因为估计过程关心的是 $\boldsymbol{X}$ 和 $\boldsymbol{m}$，所以可以用运动和观测这两个约束来构建因子函数，并将不关心的 $\boldsymbol{U}$ 和 $\boldsymbol{Z}$ 隐藏到因子函数约束之中。那么直接以式（7-42）中的乘积项作为因子图的因子项，就得到如式（7-43）所示的因子图表示。

$$
P(\boldsymbol{S} \mid \boldsymbol{V}) \propto \psi(\boldsymbol{S}) = \prod_i \psi_i(\boldsymbol{X}, \boldsymbol{m}, \boldsymbol{Z}, \boldsymbol{U}) \tag{7-43}
$$

式（7-41）中的最大后验估计可以用因子图的因子项来重写，如式（7-44）所示。

$$
\boldsymbol{S}_{\text{MAP}} = \arg\max_{\boldsymbol{S}} \psi(\boldsymbol{S}) \tag{7-44}
$$

由式（7-42）可知，因子项 $\psi_i(\boldsymbol{X}, \boldsymbol{m}, \boldsymbol{Z}, \boldsymbol{U})$ 应该包含运动和观测两种类型的约束。假设机器人的运动方程如式（7-45）所示，观测方程如式（7-46）所示，其中 $\boldsymbol{R}_k$ 表示运动噪声，$\boldsymbol{Q}_k$ 表示观测噪声。关于运动和观测的噪声模型已经在 7.2.2 节和 7.2.3 节中讨论过了，不再赘述。

$$
\boldsymbol{x}_k = g(\boldsymbol{x}_{k-1}, \boldsymbol{u}_k) + \boldsymbol{R}_k \tag{7-45}
$$

$$
z_k = h(\boldsymbol{x}_k, \boldsymbol{m}_j) + \boldsymbol{Q}_k \tag{7-46}
$$

假设运动噪声 $\boldsymbol{R}_k$ 和观测噪声 $\boldsymbol{Q}_k$ 都是 0 均值高斯噪声，噪声协方差矩阵分别用 $\boldsymbol{\Sigma}_{\boldsymbol{R}_k}$ 和 $\boldsymbol{\Sigma}_{\boldsymbol{Q}_k}$ 表示，用运动误差和观测误差分别来构造这 2 种因子项，运动约束的因子项如式（7-47）所示，观测约束的因子项如式（7-48）所示。

$$
\psi_{i1}(\boldsymbol{x}_k, \boldsymbol{x}_{k-1}) \propto \mathrm{e}^{-\frac{1}{2}(\boldsymbol{x}_k - g(\boldsymbol{x}_{k-1}, \boldsymbol{u}_k))^{\mathrm{T}} \boldsymbol{\Sigma}_{\boldsymbol{R}_k}^{-1} (\boldsymbol{x}_k - g(\boldsymbol{x}_{k-1}, \boldsymbol{u}_k))} \tag{7-47}
$$

$$
\psi_{i2}(\boldsymbol{x}_k, \boldsymbol{m}_j) \propto \mathrm{e}^{-\frac{1}{2}(z_k - h(\boldsymbol{x}_k, \boldsymbol{m}_j))^{\mathrm{T}} \boldsymbol{\Sigma}_{\boldsymbol{Q}_k}^{-1} (z_k - h(\boldsymbol{x}_k, \boldsymbol{m}_j))} \tag{7-48}
$$

那么，式（7-43）就可以写成如式（7-49）所示的具体形式，式（7-44）也可以写成如式（7-50）所示的具体形式。

$$
\psi(\boldsymbol{S}) \propto \prod_{i1} \psi_{i1}(\boldsymbol{x}_k, \boldsymbol{x}_{k-1}) \cdot \prod_{i2} \psi_{i2}(\boldsymbol{x}_k, \boldsymbol{m}_j) \tag{7-49}
$$

$$
\begin{aligned}
\boldsymbol{S}_{\text{MAP}} &= \arg\max_{\boldsymbol{S}} \psi(\boldsymbol{S}) \\
&\propto \arg\max_{\boldsymbol{S}} \left(\sum_{i1} \ln \psi_{i1}(\boldsymbol{x}_k, \boldsymbol{x}_{k-1}) + \sum_{i2} \ln \psi_{i2}(\boldsymbol{x}_k, \boldsymbol{m}_j) \right) \\
&\propto \arg\max_{\boldsymbol{S}} \left(-\frac{1}{2} \sum_{i1} (\boldsymbol{x}_k - g(\boldsymbol{x}_{k-1}, \boldsymbol{u}_k))^{\mathrm{T}} \boldsymbol{\Sigma}_{\boldsymbol{R}_k}^{-1} (\boldsymbol{x}_k - g(\boldsymbol{x}_{k-1}, \boldsymbol{u}_k)) - \right. \\
&\qquad \left. \frac{1}{2} \sum_{i2} (z_k - h(\boldsymbol{x}_k, \boldsymbol{m}_j))^{\mathrm{T}} \boldsymbol{\Sigma}_{\boldsymbol{Q}_k}^{-1} (z_k - h(\boldsymbol{x}_k, \boldsymbol{m}_j)) \right) \\
&\propto \arg\min_{\boldsymbol{S}} \left(\sum_{i1} \left\| \boldsymbol{x}_k - g(\boldsymbol{x}_{k-1}, \boldsymbol{u}_k) \right\|_{\boldsymbol{\Sigma}_{\boldsymbol{R}_k}^{-1}}^2 + \sum_{i2} \left\| z_k - h(\boldsymbol{x}_k, \boldsymbol{m}_j) \right\|_{\boldsymbol{\Sigma}_{\boldsymbol{Q}_k}^{-1}}^2 \right)
\end{aligned}
\tag{7-50}
$$

不难发现，对于具有 0 均值高斯噪声的 SLAM 问题，所采用的最大后验估计求解方法等价于最小二乘估计（往往还是非线性最小二乘估计）。图 7-21 是该非线性最小二乘估计对应的因子图，为了表述方便，这里直接省略了因子图中连线上的因子节点，所以每条连线就直接代表一个约束。

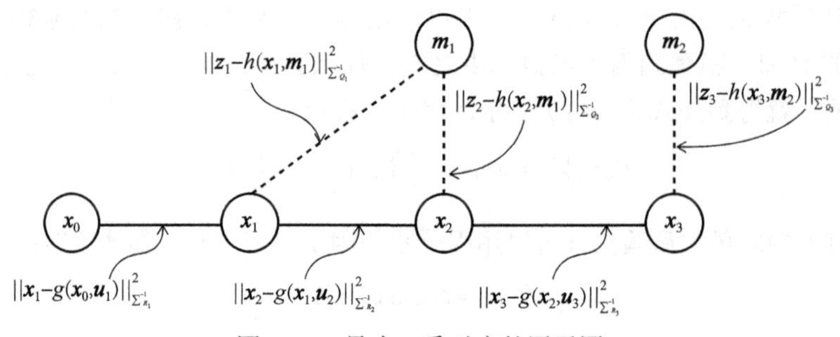

图 7-21　最小二乘对应的因子图

其实，用 7.3.3 节中的等价转换关系，也很容易得到上面的结论。当有 0 均值高斯分布条件时，最大后验估计等价于最小均方误差估计，而最小均方误差估计这时也等价于最小二乘估计，所以最大后验估计也就等价于最小二乘估计。将因子图应用到 SLAM 问题，对 SLAM 求解方法从滤波方式转向优化方式起到了关键性的作用。

7.3　估计理论

不管是用贝叶斯网络还是因子图，一旦 SLAM 问题用概率图模型表示后，接下来就是利用可观测量（u_k 和 z_k）推理不可观测量（m_i 和 x_k），也就是说 SLAM 问题的求解过程是一个状态估计。在讲解 7.4 和 7.5 节具体状态估计方法之前，大家需要先对估计理论 [3] 110-138 有所了解。

7.3.1　估计量的性质

所谓估计，就是研究某问题时感兴趣的参数 θ 不能够通过精确测量得知，只能通过一组观测样本值 $Z=\{z_1,z_2,\cdots,z_k\}$ 猜测参数 θ 的可能取值 $\hat{\theta}$，猜测出来的这个 $\hat{\theta}$ 就是估计量。估计量 $\hat{\theta}$ 有时候比较直观，比如研究问题是室内温度，感兴趣的参数 θ 就是室温，通过温度计可以在室内得到一组测量样本值 $Z=\{z_1,z_2,\cdots,z_k\}$，对样本值求平均这样最简单的处理可以得到估计温度 $\hat{\theta}$。而有些估计量 $\hat{\theta}$ 就不太直观，比如研究问题是机械零件的精密度，感兴趣的参数 θ 就是机械零件误差分布，误差分布需要根据经验设定为某个分布函数 f，θ 是分布函数 f 的特征量，而观测样本值 $Z=\{z_1,z_2,\cdots,z_k\}$ 是分布函数 f 上的样本点，也就是说观测样本值 $Z=\{z_1,z_2,\cdots,z_k\}$ 需要通过 f 与待估计参数 θ 建立联系；再比如研究问题是曲线拟合，感兴趣的参数 θ 是曲线方程 f 的各个系数，还有很多例子就不一一列举了。

那么估计既然是一种猜测行为，可以毫无根据地瞎猜，也可以依据严密的逻辑策略进行科学的猜测。这就涉及如何评价估计量的好坏程度，借助估计量的性质可以对估计好坏程度进行评价。估计量的性质主要是**一致性**和**偏差性**，下面进一步讨论。

1. 一致性

由于估计结果依靠观测样本，当样本数量少的时候可能对真实情况描述不够充分，随样本数量逐渐增多，估计量 $\hat{\theta}$ 应该收敛到参数 θ 的实际取值，也就是说估计值应该与实际值保持一致。一致性可以用式（7-51）和式（7-52）表述，第一种是弱一致收敛，当观测值规模 k 趋于无穷大时，$\hat{\theta}$ 依概率收敛于 θ；第二种是强一致收敛，当观测值规模 k 趋于无穷大时，$\hat{\theta}$ 严格收敛于 θ。这两种一致性的直观表达，如图 7-1 所示。一致性必须保证，不然估计没有意义。

$$\hat{\theta} \xrightarrow[Z=\{z_k\}|k\to\infty]{P} \theta \tag{7-51}$$

$$\hat{\theta} \xrightarrow[Z=\{z_k\}|k\to\infty]{} \theta \tag{7-52}$$

2. 偏差性

实际上，观测到的样本数量不可能无穷多，因此一致性只是理论上需要满足的条件。在样本数量有限时，讨论估计值与实际值之间的偏差将更有意义，也就是偏差性。偏差性可以用估计量的 k 阶矩来描述，k 阶矩在数学中的定义分为 k 阶原点矩和 k 阶中心矩，分别如式（7-53）和式（7-54）所示。

$$E[\hat{\theta}^k] \tag{7-53}$$

$$E[(\hat{\theta}-E[\hat{\theta}])^k] \tag{7-54}$$

一阶原点矩 $E[\hat{\theta}]$ 就是期望，二阶中心矩 $E[(\hat{\theta}-E[\hat{\theta}])^2]$ 就是方差，二阶以上的高阶矩过于复杂，一般不讨论。如果估计量 $\hat{\theta}$ 的期望等于参数 θ 的实际取值，则称为**无偏估计**。无偏估计只是保证估计量在期望上是正确的，估计量本身还是有不确定性的，方差描述了估计量的不确定性，方差越小估计不确定性越小，这就是**最小方差估计**。显然这里最小是一个模糊的概念，在数学上需要给出严谨的设定，这就是克拉美罗下界（CRLB）[3] 125，由于超出了本书的讨论范围，就不展开了。

7.3.2　估计量的构建

经过上面对估计量性质的讨论，好的估计量应该是**最小方差无偏估计**（Minimum Variance Unbiased Estimation，MVUE），然而这会非常困难，因此需要寻找近似方法，下面就介绍工程中常用的一些估计量构建方法。

1. 最大似然估计

首先来介绍众所周知的最大似然估计（Maximum Likelihood Estimation，MLE），假设知道概率分布模型，而概率分布模型中的参数 θ 未知。观测得到的样本数据 $Z=\{z_1,z_2,\cdots,z_k\}$ 是模型的输出结果，那么 θ 取什么值能让模型输出这些样本数据 $Z=\{z_1,z_2,\cdots,z_k\}$ 呢？尝试 θ 的不同取值，看模型是否能输出与观测结果一样的数据。当某个 θ 取值能让模型输出与观测结果一样的数据的概率最大，那么这个 θ 取值就是最适合的估计参数 $\hat{\theta}$。下面结合数学公式，具体展开。

构建似然函数，用于表示观测样本 $Z=\{z_1,z_2,\cdots,z_k\}$ 与参数 θ 之间的概率关系，如式

（7-55）所示。假设概率分布模型是已知的，即 $P(z_k|\theta)$ 的概率分布情况为已知信息。

$$L(\theta|Z)=P(z_1|\theta)P(z_2|\theta)\cdots P(z_k|\theta)=\prod_k P(z_k|\theta) \tag{7-55}$$

可以看出，似然函数是由观测样本中每个样本点概率累乘的结果。如果某个样本点概率为 0，将导致整个似然函数取值变为 0。为了避免个别数据对计算的影响，一般将似然函数 $L(\theta|Z)$ 取对数，如式（7-56）所示。这样累乘运算就转换为累加运算，计算将不会因个别 0 概率项而失效。

$$l(\theta|Z)=\ln(L(\theta|Z))=\sum_k \ln(P(z_k|\theta)) \tag{7-56}$$

最大似然估计，其实就是求使似然函数 $l(\theta|Z)$ 取最大值时的 θ 值。所以，最大似然估计的目标函数如式（7-57）所示。

$$\hat{\theta}_{\text{MLE}}=\arg\max_\theta l(\theta|Z) \tag{7-57}$$

求解最大似然估计的目标函数最值的方法很简单，直接对似然函数求导，令导数等于 0，就能解出 θ，如式（7-58）所示。

$$\frac{d}{d\theta}l(\theta|Z)=0 \tag{7-58}$$

当然有些函数在极点处不可导（比如函数图像为折线状时），这种情况就可以采用梯度下降法寻找最值点的位置。这里提到的似然函数与概率函数是有区别的。概率函数是关于随机变量的函数，函数值表示随机变量的样本点在不同地方出现时对应的概率大小；似然函数是关于参数的函数，函数值表示模型参数取不同值时同一样本点发生的概率是多少。下面会举一个例子来说明。

就以高斯分布 $N(\mu,\sigma^2)$ 为例，假设参数 θ 代表该高斯分布的方差。这样服从该分布的随机变量 x 的概率函数 $f_\theta(x)$ 如式（7-59）所示。

$$f_\theta(x)=\frac{1}{\sqrt{2\pi\theta}}\mathrm{e}^{-\frac{(x-\mu)^2}{2\theta}} \tag{7-59}$$

同样，以高斯分布 $N(\mu,\sigma^2)$ 为例，假设参数 θ 就是高斯分布的方差。这个时候研究随机变量 x 取某个固定值，在不同 θ 取值下，随机变量 x 取该固定值的概率是多少，用似然函数 $f_x(\theta)$ 表示，如式（7-60）所示。

$$f_x(\theta)=\frac{1}{\sqrt{2\pi\theta}}\mathrm{e}^{-\frac{(x-\mu)^2}{2\theta}} \tag{7-60}$$

其实式（7-59）和式（7-60）的函数形式是一样的，只是函数自变量的选取不同而已。分别绘制这两个函数的图像更容易理解，如图 7-22 所示。

2. 最小二乘估计

最大似然估计的缺点是必须先知道假定模型的概率分布情况 $P(z_k|\theta)$，而有些实际问题的假定模型很难找到合适的概率分布进行描述。最小二乘估计则另辟蹊径，不需要假定模型的概率分布情况，这让其能应用在更广的领域中。

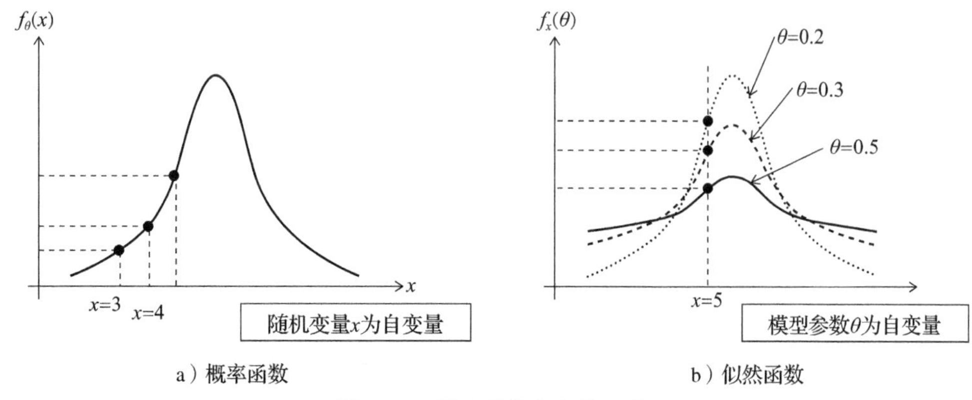

a）概率函数　　b）似然函数

图 7-22　概率函数与似然函数

最小二乘估计的思路是计算观测样本点与模型实际点之间的平方误差，求使得该平方误差最小的参数值 θ，求出来的这个参数值 θ就是估计参数 $\hat{\theta}$。其实最小二乘估计就是样本拟合，用下面的曲线拟合示例说明这一点更直观。

曲线的一般形式可以用幂函数级数表示，如式（7-61）所示。$h(x,\theta)$ 就是我们要研究的曲线模型，θ是模型中的参数，这里为幂级数前面加权系数的统称。

$$h(x,\theta)=\sum_{w_1,w_2,\cdots,w_i\in\theta} w_i x^i = w_1x+w_2x^2+w_3x^3+\cdots+w_ix^i \tag{7-61}$$

理论上给定 $h(x,\theta)$ 一个输入值 x 就能得到一个对应的输出值 z，现在的情况是输出值 z 已经通过观测知道了，要反推模型参数 θ。如果 θ取值完全正确，那么 $h(x,\theta)$ 输出与通过观测得到的 z 是完全吻合的。由于 θ的取值不完全正确，所以在该 θ参数下 $h(x,\theta)$ 模型的实际点与通过观测得到的样本点 z 之间会有误差。对每一个样本点与模型实际点之间的误差取平方（也就是二乘运算），然后将所有的平方误差求和，这样就构建出了所谓的代价函数，如式（7-62）所示。

$$J(\theta)=\sum_k (z_k-h(x_k,\theta))^2 \tag{7-62}$$

通过不断调整 θ的值，理论上可以使代价函数 $J(\theta)=0$，也就是说样本点与模型实际点之间的平方误差达到了最小，样本与模型完全拟合。实际情况中，$\theta=\{w_1,w_2,\cdots,w_i\}$ 这个加权系数的个数是有限值，观测样本 $Z=\{z_1,z_2,\cdots,z_k\}$ 的数量也有限，这样就可能会导致无论怎么调整 θ都不能使代价函数 $J(\theta)=0$。因此，我们认为代价函数 $J(\theta)$ 到达非 0 的最小值即可。

与最大似然估计中求最值的方法一样，求解最小二乘估计的代价函数最值的方法很简单，直接对代价函数求导，令导数等于 0，就能求解出 θ，如式（7-63）所示。这里的 $\theta=\{w_1,w_2,\cdots,w_i\}$ 是向量，所以函数对向量求导会稍有不同。

$$\frac{d}{d\theta}J(\theta)=0 \tag{7-63}$$

当然有些函数不好直接通过求导来得到最值，这种情况就可以采用梯度下降法寻找最值点的位置。

如图 7-23 给出了曲线拟合的过程，不断调整曲线模型 $h(x,\theta)$ 的参数 $\theta=\{w_1,w_2,\cdots,w_i\}$，则曲线形状与观测样本点将会越来越吻合。吻合度越高，平方误差也就越小。

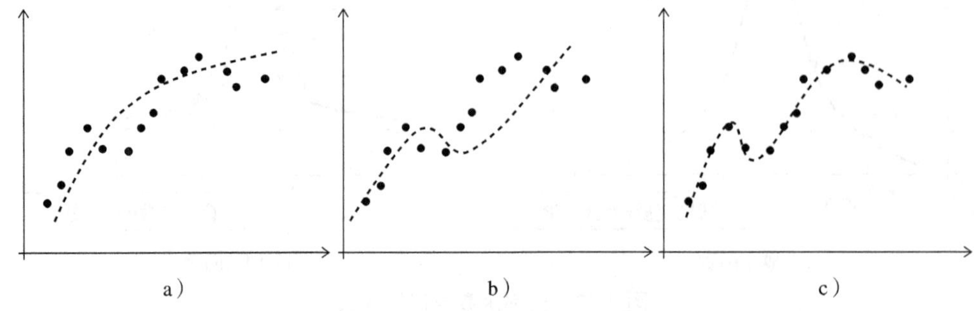

图 7-23　利用最小二乘拟合曲线

最小二乘估计相比最大似然估计，优点是能解决**模型未知**的问题。最大似然估计必须先知道假定模型的概率分布情况 $P(z_k|\theta)$，而最小二乘估计则只关心样本数据拟合，并不关心模型到底长什么样。就以上面的曲线拟合问题来说，曲线到底用什么模型表示并不重要，可以尝试选择某个模型（比如上面例子中，用幂级数给曲线建模），如果能找到一个合适的参数 θ 使得模型与样本数据能很好地拟合，该估计就是有效的。如果不行，则尝试别的模型（比如用傅里叶级数、核函数线性组合、神经网络等来给曲线建模）继续进行拟合。

实际上最小二乘的应用不限于曲线拟合，在机器学习、SLAM 等领域也十分常见。即根据不同的问题，式（7-61）可以写成各种形式。比如在模式分类问题中，$h(x,\theta)$ 就是神经网络模型；再如在 SLAM 问题中，$h(x,\theta)$ 就是传感器观测模型。

其实，最小二乘估计与最大似然估计之间是有联系的。与前面的讨论一样，用 $h(x,\theta)$ 表示被研究的模型，模型含有参数 θ，理想情况下，给定模型一个输入 x，模型就能输出一个对应的 z。然而模型的输出值在观测过程会受噪声干扰，也就是实际观测到的 z 与模型实际输出之间会存在一个误差 ε，考虑观测噪声后的实际观测模型如式（7-64）所示。

$$z=h(x,\theta)+\varepsilon \tag{7-64}$$

如果观测噪声服从 $\varepsilon\sim N(0,\sigma^2)$ 的高斯分布，那么用最大似然估计求模型参数 θ，则似然函数中的 $P(z_k|\theta)$ 概率分布就是观测噪声 ε 的分布，如式（7-65）所示。将 $\varepsilon_k=z_k-h(x_k,\theta)$ 代入式（7-65）中，就可以得到 $P(z_k|\theta)$ 概率分布最终的表示，如式（7-66）所示。

$$P(z_k|\theta)=P(\varepsilon_k)=\frac{1}{\sqrt{2\pi}\sigma}\mathrm{e}^{-\frac{\varepsilon_k^2}{2\sigma^2}} \tag{7-65}$$

$$P(z_k|\theta)=\frac{1}{\sqrt{2\pi}\sigma}\mathrm{e}^{-\frac{(z_k-h(x_k,\theta))^2}{2\sigma^2}} \tag{7-66}$$

那么，构建出来的似然函数 $L(\theta|Z)$ 就可以写成式（7-67）所示的形式。一般将似然函数 $L(\theta|Z)$ 取对数，如式（7-68）所示。

$$L(\theta|Z)=\prod_k P(z_k|\theta)=\left(\frac{1}{\sqrt{2\pi}\sigma}\right)^k\cdot\mathrm{e}^{-\frac{1}{2\sigma^2}\sum_k(z_k-h(x_k,\theta))^2} \tag{7-67}$$

$$l(\theta \mid Z)=\ln(L(\theta \mid Z))=k\cdot\ln\frac{1}{\sqrt{2\pi}\sigma}-\frac{1}{2\sigma^2}\sum_k(z_k-h(x_k,\theta))^2 \tag{7-68}$$

接着，写出最大似然估计的目标函数，由于 $l(\theta \mid Z)$ 是关于 θ 的函数，因此在求最值时可以直接忽略函数中与 θ 无关的常数项，这样目标函数就可以写成式（7-69）所示的形式。

$$\begin{aligned}\hat{\theta}_{\text{MLE}}&=\arg\max_\theta l(\theta \mid Z)\\&=\arg\max_\theta\left(k\cdot\ln\frac{1}{\sqrt{2\pi}\sigma}-\frac{1}{2\sigma^2}\sum_k(z_k-h(x_k,\theta))^2\right)\\&\propto\arg\max_\theta\left(-\sum_k(z_k-h(x_k,\theta))^2\right)\\&\propto\arg\min_\theta\sum_k(z_k-h(x_k,\theta))^2\end{aligned} \tag{7-69}$$

很显然，最大似然估计的目标函数（即式（7-69））与最小二乘估计的代价函数（即式（7-62））是等价的。也就是说，**当模型的观测噪声服从 $\varepsilon \sim N(0,\sigma^2)$ 的高斯分布时，最大似然估计等价于最小二乘估计**[6]140-141。这也是最小二乘估计中代价函数要写成误差的 2 次方，而不是 3 次方、4 次方、5 次方等形式的原因所在。

在式（7-62）中，$h(x,\theta)$ 往往是关于 θ 的非线性函数，也就是说实际情况通常是非线性最小二乘。有时候，待估参数 θ 除了受式（7-62）所示的约束外，还有其他约束。比如为了防止过拟合问题，可以采用 $\|\theta\|\leqslant R$ 约束条件将 θ 的取值限制在一定空间范围内。在式（7-62）中，每个样本误差对总代价的贡献是一样的，为了更细粒度计算代价，可以给每个样本误差一个权重，这就是加权最小二乘。加权最小二乘的代价函数，如式（7-70）所示。

$$J(\theta)=\sum_k\alpha(e_k)\cdot e_k^2,\quad e_k=z_k-h(x_k,\theta) \tag{7-70}$$

其中 $\alpha(e_k)$ 为误差的权重，这个权重往往是关于误差 e_k 的函数。比如，为了去除一些错误样本对整个估计的影响，可以给误差 e_k 较大的项一个较小的权重，这样错误样本对总体代价的贡献就会受到限制，从而提高鲁棒性。限于篇幅，更多最小二乘扩展知识就不一一介绍了。

3. 贝叶斯估计

上面讨论的最大似然估计和最小二乘估计中，待估计参数 θ 被当成一个确定量，因此这些方法被称为经典估计。如果将待估计参数 θ 当成一个不确定量，即随机变量，就可以将 θ 的先验知识引入估计以提高估计精度，先验知识与后验知识之间通过贝叶斯准则建立联系，因此被称为贝叶斯估计。下面将对贝叶斯估计的一般形式进行讨论，并分析贝叶斯估计、最小均方误差估计和最大后验估计之间的关系[8]309-378。

与经典估计一样，贝叶斯估计也是先构建关于误差的代价函数，贝叶斯代价函数如式（7-71）所示。其中 $e=\theta-\hat{\theta}$ 表示待估参数实际取值 θ 与估计取值 $\hat{\theta}$ 之间的误差，$C(e)$ 是关于误差 e 的函数，代价 γ 是 $C(e)$ 在概率密度 $P(Z,\theta)$ 下的期望。可以看出，贝叶斯估计与最大似然一样，也假设概率分布模型是知道的，即 $P(Z,\theta)$ 分布情况已知，只是概率分布模型中的参数 θ 未知。

$$\gamma = E_{P(Z,\theta)}[C(e)] = \iint C(\theta-\hat{\theta})P(Z,\theta)\,\mathrm{d}Z\,\mathrm{d}\theta = \int\left[\int C(\theta-\hat{\theta})P(\theta\,|\,Z)\,\mathrm{d}\theta\right]P(Z)\,\mathrm{d}Z \qquad (7\text{-}71)$$

与前面一样，求解贝叶斯估计，就是最小化式（7-71）所示的代价函数，如式（7-72）所示。

$$\hat{\theta}_{\text{Bayes}} = \arg\min_{\hat{\theta}} \gamma \qquad (7\text{-}72)$$

由于 $C(e)$ 是抽象函数，求解时需要写出其具体的形式。图 7-24 所示为 $C(e)$ 函数的 3 种通常形式。

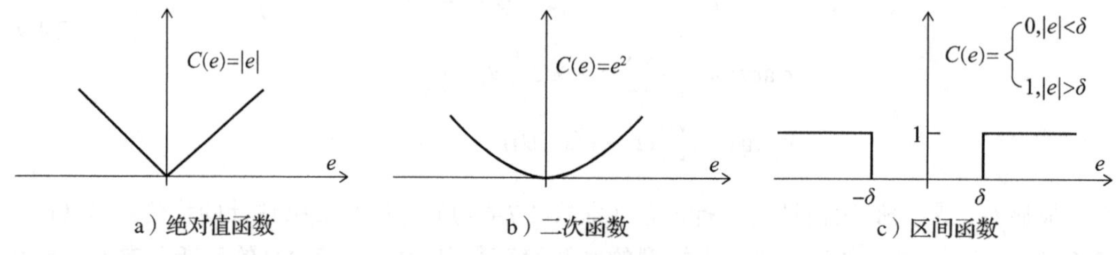

图 7-24　$C(e)$ 函数的通常形式

注：该图来源于文献［8］中的 Figure 11.1。

首先，讨论 $C(e)$ 为绝对值函数形式的情况，那么式（7-71）中的内层积分计算可以改写成式（7-73）所示形式。

$$g(\hat{\theta}) = \int|\theta-\hat{\theta}|P(\theta\,|\,Z)\,\mathrm{d}\theta = \int_{-\infty}^{\hat{\theta}}(\hat{\theta}-\theta)P(\theta\,|\,Z)\,\mathrm{d}\theta + \int_{\hat{\theta}}^{\infty}(\theta-\hat{\theta})P(\theta\,|\,Z)\,\mathrm{d}\theta \qquad (7\text{-}73)$$

由于 γ 是两次积分形式，因此依据莱布尼茨准则，只需要令内层积分式求导等于 0 即可，如式（7-74）所示。**可以看出，$\hat{\theta}$ 其实就是后验分布 $P(\theta\,|\,Z)$ 上 θ 的中值**。

$$\frac{\mathrm{d}}{\mathrm{d}\hat{\theta}}g(\hat{\theta}) = \int_{-\infty}^{\hat{\theta}}P(\theta\,|\,Z)\,\mathrm{d}\theta - \int_{\hat{\theta}}^{\infty}P(\theta\,|\,Z)\,\mathrm{d}\theta = 0 \Rightarrow \int_{-\infty}^{\hat{\theta}}P(\theta\,|\,Z)\,\mathrm{d}\theta = \int_{\hat{\theta}}^{\infty}P(\theta\,|\,Z)\,\mathrm{d}\theta \qquad (7\text{-}74)$$

接着，讨论 $C(e)$ 为二次函数形式的情况，那么式（7-71）中的内层积分计算可以改写成式（7-75）所示形式。

$$g(\hat{\theta}) = \int(\theta-\hat{\theta})^2P(\theta\,|\,Z)\,\mathrm{d}\theta \qquad (7\text{-}75)$$

同理，由于 γ 是两次积分形式，因此依据莱布尼茨准则，只需要令内层积分式求导等于 0 即可，如式（7-76）所示。**可以看出，$\hat{\theta}$ 其实就是后验分布 $P(\theta\,|\,Z)$ 上 θ 的期望值（也叫 θ 的概率均值）**。

$$\left.\begin{aligned}\frac{\mathrm{d}}{\mathrm{d}\hat{\theta}}g(\hat{\theta}) &= \int\frac{\mathrm{d}}{\mathrm{d}\hat{\theta}}(\theta-\hat{\theta})^2P(\theta\,|\,Z)\,\mathrm{d}\theta\\ &= \int-2(\theta-\hat{\theta})P(\theta\,|\,Z)\,\mathrm{d}\theta\\ &= -2\int\theta P(\theta\,|\,Z)\,\mathrm{d}\theta + 2\hat{\theta}\int P(\theta\,|\,Z)\,\mathrm{d}\theta\\ &= -2\int\theta P(\theta\,|\,Z)\,\mathrm{d}\theta + 2\hat{\theta} = 0\end{aligned}\right\} \Rightarrow \hat{\theta} = \int\theta P(\theta\,|\,Z)\,\mathrm{d}\theta = E_{P(\theta|Z)}[\theta] \qquad (7\text{-}76)$$

最后，讨论 $C(e)$ 为区间函数形式的情况，那么式（7-71）中的内层积分计算可以改写成式（7-77）所示形式。

$$g(\hat{\theta}) = \int_{-\infty}^{\hat{\theta}-\delta} 1 \cdot P(\theta \mid Z)\mathrm{d}\theta + \int_{\hat{\theta}+\delta}^{\infty} 1 \cdot P(\theta \mid Z)\mathrm{d}\theta = 1 - \int_{\hat{\theta}-\delta}^{\hat{\theta}+\delta} P(\theta \mid Z)\mathrm{d}\theta \tag{7-77}$$

要使代价函数 γ 最小，就是要使内层积分式（7-77）最小，也就是要使积分项 $\int_{\hat{\theta}-\delta}^{\hat{\theta}+\delta} P(\theta \mid Z)\mathrm{d}\theta$ 取最大值。当 δ 任意小时，**$\hat{\theta}$ 选择后验分布 $P(\theta \mid Z)$ 上最大值处对应的 θ（也叫 θ 的众数）**，就能使 $\int_{\hat{\theta}-\delta}^{\hat{\theta}+\delta} P(\theta \mid Z)\mathrm{d}\theta$ 取最大值。

总结一下，利用图 7-24 中 3 种误差构造贝叶斯代价函数 γ，使贝叶斯代价最小的估计量分别是后验分布 $P(\theta \mid Z)$ 上的中值、均值和众数。**均值估计量其实就是最小均方误差估计量，众数估计量其实就是最大后验估计量**，这两个估计将在下面进行更详细的介绍。如图 7-25 所示，给出了中值、均值和众数这 3 种估计的更直观解释，值得注意的是在高斯后验分布 $P(\theta \mid Z)$ 上，这 3 种估计是等价的。

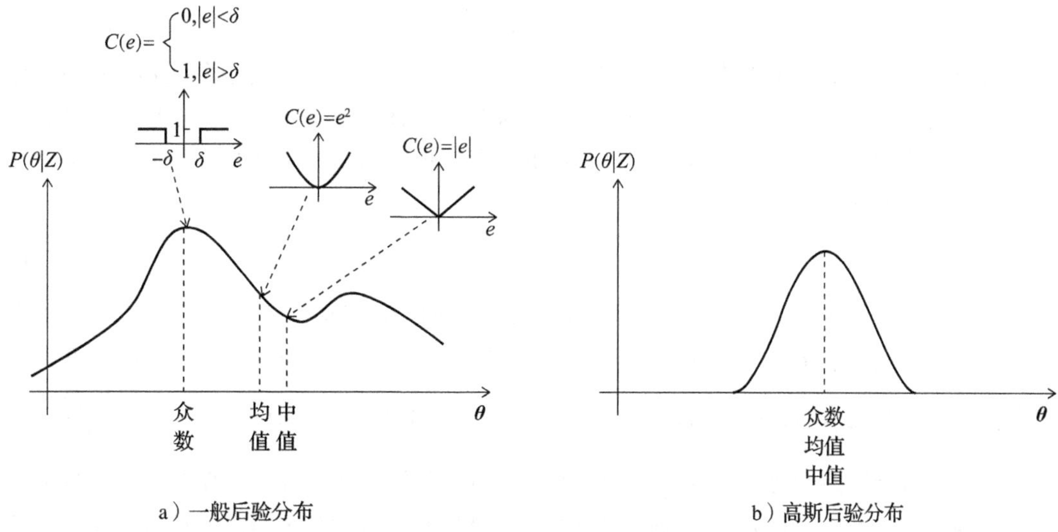

图 7-25　一般后验分布与高斯后验分布的贝叶斯估计

（1）最小均方误差估计

在上面贝叶斯估计中已经讨论了，当误差函数 $C(e)$ 为二次函数形式的情况时，使贝叶斯代价最小的估计量 $\hat{\theta}$ 其实就是后验分布 $P(\theta \mid Z)$ 上 θ 的期望值（也叫 θ 的概率均值），这个估计也称为最小均方误差估计（Minimum Mean Square error Estimation，MMSE），如式（7-78）所示。

$$\hat{\theta}_{\mathrm{MMSE}} = \arg\min_{\hat{\theta}} E_{P(Z,\theta)}[C(e)] = \arg\min_{\hat{\theta}} \int\left[\int(\theta-\hat{\theta})^2 P(\theta \mid Z)\mathrm{d}\theta\right]P(Z)\mathrm{d}Z \tag{7-78}$$

通过式（7-78），求得 $\hat{\theta}$ 的解如式（7-79）所示，其实本质上就是用 θ 在后验分布 $P(\theta \mid Z)$

上的概率均值作为估计取值。

$$\hat{\theta}_{\text{MMSE}} = \int \theta P(\theta \mid Z)\,\mathrm{d}\theta = E_{P(\theta|Z)}[\theta] \tag{7-79}$$

那么在实际工程中，就可以基于式（7-79）所示最小均方误差估计的结论，直接使用随机变量的概率均值作为该随机变量的实际数值。

（2）最大后验估计

在上面贝叶斯估计中已经讨论了，在误差函数 $C(e)$ 为区间函数形式的情况下，当 δ 任意小时，$\hat{\theta}$ 选择后验分布 $P(\theta \mid Z)$ 上最大值处对应的 θ（也叫 θ 的众数），就能使贝叶斯估计代价最小，这个估计也称为最大后验估计（Maximum a Posteriori Probability Estimation，MAP），如式（7-80）所示。

$$\begin{aligned}
\hat{\theta}_{\text{MAP}} &= \arg\min_{\hat{\theta}} E_{P(Z,\theta)}[C(e)] \\
&= \arg\min_{\hat{\theta}} \int \left[\int_{-\infty}^{\hat{\theta}-\delta} 1 \cdot P(\theta \mid Z)\,\mathrm{d}\theta + \int_{\hat{\theta}+\delta}^{\infty} 1 \cdot P(\theta \mid Z)\,\mathrm{d}\theta \right] P(Z)\,\mathrm{d}Z \\
&= \arg\min_{\hat{\theta}} \int \left[1 - \int_{\hat{\theta}-\delta}^{\hat{\theta}+\delta} P(\theta \mid Z)\,\mathrm{d}\theta \right] P(Z)\,\mathrm{d}Z \\
&\propto \arg\max_{\hat{\theta}} \int_{\hat{\theta}-\delta}^{\hat{\theta}+\delta} P(\theta \mid Z)\,\mathrm{d}\theta
\end{aligned} \tag{7-80}$$

通过式（7-80），求得 $\hat{\theta}$ 的解如式（7-81）所示，其实本质上就是 $\hat{\theta}$ 选择后验分布 $P(\theta \mid Z)$ 上最大值处对应的 θ（也叫 θ 的众数）。所谓最大后验估计，就是选择随机变量各个可能取值中出现概率最大的那一个作为该随机变量的实际数值，这种做法处处可见，只是平时没有深究其中的原理而已。

$$\hat{\theta}_{\text{MAP}} = \arg\max_{\theta} P(\theta \mid Z) \tag{7-81}$$

因为最大后验分布 $P(\theta \mid Z)$ 一般不能直接获得，所以在实际工程上需要对式（7-81）进行一些变形。可以将 θ 的先验知识引入估计，先验知识与后验知识之间通过贝叶斯准则建立联系，这就是变形的思路，如式（7-82）所示。先利用贝叶斯准则 $P(\theta \mid Z) = \dfrac{P(Z \mid \theta)P(\theta)}{P(Z)}$ 对后验分布进行转换，通过观测样本 Z 能确定 $P(Z)$ 的取值。$P(Z)$ 是一个常量，不影响最大后验，因此可以忽略，而 $P(Z \mid \theta)$ 通过式（7-55）能求得。这样最大后验估计量其实就是最大似然和最大先验两项的乘积。那么在实际工程中，就可以直接使用式（7-82）所示最大后验估计的结论，将 θ 的先验 $P(\theta)$ 与似然 $P(Z \mid \theta)$ 相乘，然后在相乘得到的分布中找分布最大值的位置对应的 θ 值作为该随机变量 θ 的实际数值。

$$\hat{\theta}_{\text{MAP}} = \arg\max_{\theta} P(\theta \mid Z) = \arg\max_{\theta} \frac{P(Z \mid \theta)P(\theta)}{P(Z)} \propto \arg\max_{\theta} \underbrace{P(Z \mid \theta)}_{\text{似然}} \cdot \underbrace{P(\theta)}_{\text{先验}} \tag{7-82}$$

7.3.3　各估计量对比

上面已经介绍了很多常用的估计，既有经典估计（比如最大似然估计、最小二乘估计等），也有效果可能会更好的贝叶斯估计（比如最小均方误差估计、最大后验估计等）。当然，这些估计之间既有关联也有区别，往往相互关系还错综复杂，让很多初学者摸不着头脑。所以，下面从几个不同的角度对这些估计进行对比，这样将使读者易于理解。不过，估计理论涉及众多基础数学理论，很多数学理论和学派之间本来就存在各种争论。所以，下面将要讨论对比的角度难免会存在一些不严谨和存在争论的点，读者清楚即可。

1. 从策略角度对比

研究某问题时感兴趣的参数 θ 不能够通过精确测量得知，只能通过一组观测样本值 $Z=\{z_1,z_2,\cdots,z_k\}$ 猜测参数 θ 的可能取值 $\hat{\theta}$，这就是估计。估计必须要有所依据，以保证估计值能尽量准确地反映真实情况。这里说的估计依据，也叫估计策略。估计策略主要从估计量的性质入手，前面已经讨论过估计量的一致性和偏差性这两个性质。一致性必须保证，不然估计没有意义。实际情况是，观测到的样本数量不可能无穷多，因此一致性只是理论上需要满足的条件。在样本数量有限时，讨论估计值与实际值之间的偏差将更有意义，也就是偏差性。所以估计策略的目标是让估计量的偏差量尽量小，最小方差无偏估计无疑是一个理想的估计量。然而，最小方差无偏估计实现非常困难，因此需要寻找近似策略，下面就来讨论这些策略。

最大似然估计假设已知概率分布模型，只是概率分布模型中的参数 θ 未知。从观测得到的样本数据 $Z=\{z_1,z_2,\cdots,z_k\}$ 是模型的输出结果，那么 θ 取什么值能让模型输出这些样本数据 $Z=\{z_1,z_2,\cdots,z_k\}$？尝试 θ 取不同值，看模型是否能输出与观测结果一样的数据。当某个 θ 取值能让模型输出与观测结果一样的数据的概率最大，那么这个 θ 取值就是最适合的估计参数 $\hat{\theta}$。这个策略用似然函数表示，如式（7-83）所示。

$$\hat{\theta}_{\text{MLE}}=\arg\max_{\theta}\sum_{k}\ln(P(z_k\mid\theta)) \tag{7-83}$$

最小二乘估计是计算观测样本点与模型实际点之间的平方误差，求使得该平方误差最小的参数值 θ，求出来的这个参数值 θ 就是估计参数 $\hat{\theta}$。其实最小二乘就是样本拟合，如式（7-84）所示。

$$\hat{\theta}_{\text{LSE}}=\arg\min_{\theta}\sum_{k}(z_k-h(x_k,\theta))^2 \tag{7-84}$$

贝叶斯估计也是构建关于误差的代价函数，贝叶斯代价函数中 $e=\theta-\hat{\theta}$ 表示待估参数实际取值 θ 与估计取值 $\hat{\theta}$ 之间的误差，$C(e)$ 是关于误差 e 的函数，代价 γ 是 $C(e)$ 在概率密度 $P(Z,\theta)$ 下的期望，最小化代价函数，如式（7-85）所示。

$$\hat{\theta}_{\text{Bayes}}=\arg\min_{\hat{\theta}}\int\left[\int C(\theta-\hat{\theta})P(\theta\mid Z)\,\mathrm{d}\theta\right]P(Z)\,\mathrm{d}Z \tag{7-85}$$

可以看出，贝叶斯估计中的 $C(e)$ 是关于误差 e 的抽象函数，即贝叶斯估计是一个通用的形式，具体的估计量形式与 $C(e)$ 函数的具体实现有关。最小均方误差估计和最大后验估计就是贝叶斯估计的常见形式。最小均方误差估计就是用 θ 在后验分布 $P(\theta\mid Z)$ 上的概率均值作为估计取值，如式（7-86）所示。最大后验估计就是让 $\hat{\theta}$ 选择后验分布 $P(\theta\mid Z)$ 上最大值处对应的 θ（也叫 θ 的众数），如式（7-87）所示。

$$\hat{\theta}_{\text{MMSE}} = E_{P(\theta|Z)}[\theta] \tag{7-86}$$

$$\hat{\theta}_{\text{MAP}} =\propto \arg\max_{\theta} \underbrace{P(Z \mid \theta)}_{\text{似然}} \cdot \underbrace{P(\theta)}_{\text{先验}} \tag{7-87}$$

2. 从模型角度对比

从另一个角度，即模型及模型参数特性，会更容易理解这些估计的异同。这里指的模型不单单是一般模型，还包含模型的概率表述，更确切地说应该是指概率模型。如 7.2.2 节中的概率运动模型，构建出的模型除了包含状态转移方程 $\boldsymbol{x}_k = g(\boldsymbol{x}_{k-1}, \boldsymbol{u}_k)$ 外，还包含该状态转移方程对应的状态转移概率 $P(\boldsymbol{x}_k \mid \boldsymbol{x}_{k-1}, \boldsymbol{u}_k)$。

如表 7-1 所示，经典估计和贝叶斯估计之间的不同在于**模型待估参数**。在经典估计中，模型待估参数被当成确定量来处理，即参数的取值未知，但该取值是确定量（即常量）。而在贝叶斯估计中，模型待估参数被当成随机量来处理，即参数的取值未知，并且该取值是不确定的（即具有随机性）。把待估参数当成随机量，好处是可以利用其先验知识，以提高该参数估计的精度。另外一个考虑是模型是否已知，最大似然估计和贝叶斯估计都要求所处理问题的概率模型已知，即待估参数的概率分布情况是已知的某种形式；而最小二乘估计则可以处理模型未知的问题。显然，很多问题想要找到与之对应的概率模型不是一件容易的事，因此最小二乘估计更加灵活，能应用在更广泛的未知模型问题中。

表 7-1　模型与估计的关系

	（概率）模型	模型待估参数
最大似然估计	已知	未知确定量
最小二乘估计	未知	未知确定量
（贝叶斯估计）	已知	未知随机量
最小均方误差估计	已知	未知随机量
最大后验估计	已知	未知随机量

3. 等价转换关系

在一些条件下，这些估计之间还存在等价转化关系，如图 7-26 所示。最小方差无偏估计是最理想的，但是难以实现，所以最大似然估计、最小二乘估计、最小均方误差估计、最大后验估计等都是最小方差无偏估计的一种近似。

当参数 θ 服从高斯分布时，最大似然估计等价于最小二乘估计，推导过程如式（7-64）～式（7-69）所示。

当参数 θ 服从均匀分布时，最小均方误差估计等价于最小二乘估计，推导也很简单。将式（7-78）与式（7-84）对比，不难发现最小均方误差估计可以看成加权最小二乘估计的形式，只不过加权系数是以概率密度形式出现的。当参数 θ 服从均匀分布时，θ 的概率密度取值为常数，每个误差项上的加权都一样，即每个加权系数可以归一化成 1，这样就变成最小二乘了。

当参数 θ 为无偏估计时，最小均方误差估计等价于最小方差无偏估计。其实理解了均方误差和方差之间的关系，就很容易推导了。如式（4-35）所示，当参数 θ 为无偏估计时（也就是 $E[\hat{\theta}] = \theta$），均方误差与方差之间相差的偏差项变为 0，即均方误差等价于方差，所以最小均方误差估计自然也就等价于最小方差估计，由于条件已经说明是无偏估计，因此自然也是最小方差无偏估计。

当参数 θ 服从均匀分布时，最大后验估计等价于最大似然估计。将式（7-83）和式（7-87）对比，不难发现最大后验估计中只是多了一个 θ 的先验。当参数 θ 服从均匀分布时，θ 的先验是一个常数，这时的先验信息对估计毫无贡献，最大后验估计其实就是最大似然估计。

当参数 θ 服从高斯分布时，最大后验估计与最小均方误差估计是等价的。如图 7-25b 所示，高斯后验分布中，众数、均值和中值取同一个值，而最大后验估计（对应于众数）与最小均方误差估计（对应于均值）也就等价了。

贝叶斯估计框架下，需要对概率模型进行精确的建模。比如，图 7-25a 所示的模型后验分布 $P(\theta|Z)$ 需要用后验概率密度函数 $f(\theta|Z)$ 来精确表示。当后验分布 $P(\theta|Z)$ 不是高斯分布、指数分布、t 分布、F 分布这些特殊分布时，后验概率密度函数 $f(\theta|Z)$ 的形式将非常复杂，甚至无法表示。同时，在非线性系统中进行概率推理过程时，对函数 $f(\theta|Z)$ 进行非线性变换计算量会非常大。其实估计过程只是想利用模型后验分布 $P(\theta|Z)$ 中的某些信息，并不需要关注 $P(\theta|Z)$ 具体的解析形式 $f(\theta|Z)$，即并不一定要用具体的参数形式来表示 $P(\theta|Z)$。那么就可以用非参数形式来近似表示 $P(\theta|Z)$ 的分布情况。从 θ 中采样得到粒子点集，粒子点集的分布情况就能用于 $P(\theta|Z)$ 的分布近似。在粒子点集上，概率推理直接在非参数的粒子点上计算，比用 $f(\theta|Z)$ 解析形式计算效率提升很多。

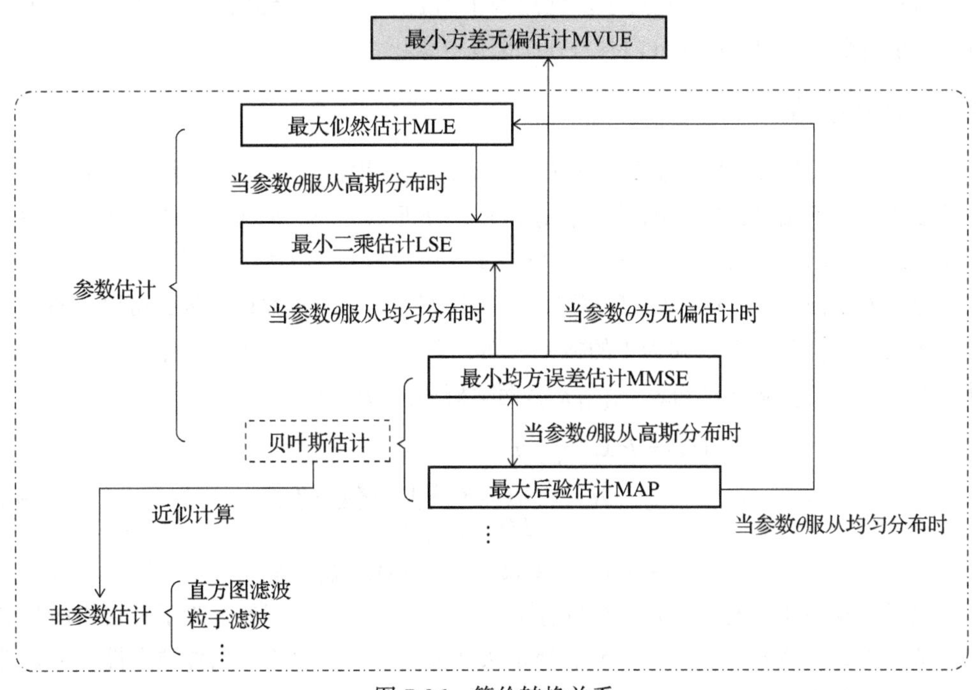

图 7-26　等价转换关系

7.4　基于贝叶斯网络的状态估计

前面关于表示和推理的讨论都是基于一般情况而言，不涉及机器人实际测量数据。本节将引入机器人实际测量数据，并基于贝叶斯网络表示这些数据的关系，基于这种表示，状态估计很容易进行，一般采用贝叶斯估计。

根据选取估计量的不同，又分为几种估计问题。如果仅对机器人当前位姿状态 $\boldsymbol{x}_k$ 进行状态估计，这就是定位问题，对应的后验概率分布表述如式（7-88）所示。如果除了估计机器人当前位姿状态 $\boldsymbol{x}_k$，还同时对地图 $\boldsymbol{m}$ 进行估计，这就是在线 SLAM 问题，对应的后验概率分布表述如式（7-89）所示。如果要对机器人所有历史位姿状态 $\boldsymbol{x}_{1:k}$ 和地图 $\boldsymbol{m}$ 同时进行估计，这就是完全 SLAM 问题，对应的后验概率分布表述如式（7-90）所示。

$$P(\boldsymbol{x}_k \mid z_{1:k}, \boldsymbol{u}_{1:k}, \boldsymbol{m}) \tag{7-88}$$

$$P(\boldsymbol{x}_k, \boldsymbol{m} \mid z_{1:k}, \boldsymbol{u}_{1:k}) \tag{7-89}$$

$$P(\boldsymbol{x}_{1:k}, \boldsymbol{m} \mid z_{1:k}, \boldsymbol{u}_{1:k}) \tag{7-90}$$

由于式（7-88）所示的定位问题和式（7-89）所示的在线 SLAM 问题求解过程都是类似的，也就是所谓的滤波方法。为了使讨论过程更加简洁，就以式（7-88）来展开分析，由于式（7-88）中的地图条件 $\boldsymbol{m}$ 是常量可以忽略，那么讨论形式就可以进一步简化为 $P(\boldsymbol{x}_k \mid z_{1:k}, \boldsymbol{u}_{1:k})$。**本节内容旨在通过对 $P(\boldsymbol{x}_k \mid z_{1:k}, \boldsymbol{u}_{1:k})$ 的分析，让大家掌握滤波方法的基础原理**。

虽然式（7-90）所示的完全 SLAM 系统可以用滤波方法求解，比如著名的 Fast-SLAM 实现框架。但是，贝叶斯网络表示下的完全 SLAM 系统能很方便地转换成因子图表示，这部分内容已经在 7.2.4 节中讨论过了。利用因子图表示完全 SLAM 问题，然后用最小二乘估计进行求解会更方便，这部分内容将在 7.5 节中展开。

7.4.1 贝叶斯估计

为了后面讨论方便，将后验概率分布 $P(\boldsymbol{x}_k \mid z_{1:k}, \boldsymbol{u}_{1:k})$ 用符号 $bel(\boldsymbol{x}_k)$ 替代，$bel(\boldsymbol{x}_k)$ 常常也称为**置信度**。下面结合机器人测量数据 $\boldsymbol{u}_k$ 和 z_k，分析 $P(\boldsymbol{x}_k \mid z_{1:k}, \boldsymbol{u}_{1:k})$ 的具体形式[4]31-33。利用式（7-29）所示的贝叶斯准则将 $P(\boldsymbol{x}_k \mid z_{1:k}, \boldsymbol{u}_{1:k})$ 进行分解，分解结果如式（7-91）所示。式中的分母 $P(z_k \mid z_{1:k-1}, \boldsymbol{u}_{1:k})$ 由测量数据可以直接计算，是一个常数值，因此可以忽略。为了保证 $P(\boldsymbol{x}_k \mid z_{1:k}, \boldsymbol{u}_{1:k})$ 是一个求和为 1 的概率分布，需要乘以归一化常数 η 保证其合法性。剩下就是 $P(z_k \mid \boldsymbol{x}_k, z_{1:k-1}, \boldsymbol{u}_{1:k})$ 和 $P(\boldsymbol{x}_k \mid z_{1:k-1}, \boldsymbol{u}_{1:k})$ 两项概率分布的乘积。

$$\begin{aligned} bel(\boldsymbol{x}_k) &= P(\boldsymbol{x}_k \mid z_{1:k}, \boldsymbol{u}_{1:k}) \\ &= \frac{P(z_k \mid \boldsymbol{x}_k, z_{1:k-1}, \boldsymbol{u}_{1:k})P(\boldsymbol{x}_k \mid z_{1:k-1}, \boldsymbol{u}_{1:k})}{P(z_k \mid z_{1:k-1}, \boldsymbol{u}_{1:k})} \\ &= \eta \cdot P(z_k \mid \boldsymbol{x}_k, z_{1:k-1}, \boldsymbol{u}_{1:k})P(\boldsymbol{x}_k \mid z_{1:k-1}, \boldsymbol{u}_{1:k}) \end{aligned} \tag{7-91}$$

在贝叶斯网络中，有一条很重要的性质就是条件独立性。例如，除了直接指向某节点的原因节点外，其他所有节点与该节点都是条件独立的。利用这个条件独立性，可以进行如式（7-92）所示的化简。

$$P(z_k \mid \boldsymbol{x}_k, z_{1:k-1}, \boldsymbol{u}_{1:k}) = P(z_k \mid \boldsymbol{x}_k) \tag{7-92}$$

另外，可利用全概率公式 $P(x) = \int P(x \mid y)P(y)\,\mathrm{d}\,y$ 进行式（7-93）所示的化简。

$$\overline{bel(\boldsymbol{x}_k)} = P(\boldsymbol{x}_k \mid z_{1:k-1}, \boldsymbol{u}_{1:k}) = \int P(\boldsymbol{x}_k \mid \boldsymbol{x}_{k-1}, z_{1:k-1}, \boldsymbol{u}_{1:k})P(\boldsymbol{x}_{k-1} \mid z_{1:k-1}, \boldsymbol{u}_{1:k})\,\mathrm{d}\,\boldsymbol{x}_{k-1} \tag{7-93}$$

同样，利用条件独立性，可以进行式（7-94）所示的简化。

$$P(\boldsymbol{x}_k \mid \boldsymbol{x}_{k-1}, z_{1:k-1}, \boldsymbol{u}_{1:k}) = P(\boldsymbol{x}_k \mid \boldsymbol{x}_{k-1}, \boldsymbol{u}_k) \tag{7-94}$$

而根据常识，k时刻的控制量$\boldsymbol{u}_k$并不会影响$k-1$时刻的状态$\boldsymbol{x}_{k-1}$，所以可以进行如式（7-95）所示的化简。

$$P(\boldsymbol{x}_{k-1} \mid z_{1:k-1}, \boldsymbol{u}_{1:k}) = P(\boldsymbol{x}_{k-1} \mid z_{1:k-1}, \boldsymbol{u}_{1:k-1}) \tag{7-95}$$

将式（7-94）和式（7-95）代入式（7-93），化简结果如式（7-96）所示。

$$\begin{aligned}\overline{bel(\boldsymbol{x}_k)} &= P(\boldsymbol{x}_k \mid z_{1:k-1}, \boldsymbol{u}_{1:k}) \\ &= \int P(\boldsymbol{x}_k \mid \boldsymbol{x}_{k-1}, z_{1:k-1}, \boldsymbol{u}_{1:k}) P(\boldsymbol{x}_{k-1} \mid z_{1:k-1}, \boldsymbol{u}_{1:k}) \mathrm{d}\,\boldsymbol{x}_{k-1} \\ &= \int P(\boldsymbol{x}_k \mid \boldsymbol{x}_{k-1}, \boldsymbol{u}_k) P(\boldsymbol{x}_{k-1} \mid z_{1:k-1}, \boldsymbol{u}_{1:k-1}) \mathrm{d}\,\boldsymbol{x}_{k-1} \\ &= \int P(\boldsymbol{x}_k \mid \boldsymbol{x}_{k-1}, \boldsymbol{u}_k) \cdot bel(\boldsymbol{x}_{k-1}) \mathrm{d}\,\boldsymbol{x}_{k-1}\end{aligned} \tag{7-96}$$

再将式（7-96）和式（7-92）代入式（7-91），化简结果就是后验概率分布$P(\boldsymbol{x}_k \mid z_{1:k}, \boldsymbol{u}_{1:k})$的最终结果了，如式（7-97）所示。

$$bel(\boldsymbol{x}_k) = \eta \cdot P(z_k \mid \boldsymbol{x}_k) \cdot \overline{bel(\boldsymbol{x}_k)} \tag{7-97}$$

那么，后验概率分布$P(\boldsymbol{x}_k \mid z_{1:k}, \boldsymbol{u}_{1:k})$的计算过程可以整理成式（7-98）所示的形式。其中$P(\boldsymbol{x}_k \mid \boldsymbol{x}_{k-1}, \boldsymbol{u}_k)$为运动模型的概率分布，$P(z_k \mid \boldsymbol{x}_k)$为观测模型的概率分布，计算方法见7.2.2 节和 7.2.3 节，也就是说$P(\boldsymbol{x}_k \mid \boldsymbol{x}_{k-1}, \boldsymbol{u}_k)$和$P(z_k \mid \boldsymbol{x}_k)$由机器人测量数据给出。在已知状态初始值$\boldsymbol{x}_0$的置信度后，利用运动数据$P(\boldsymbol{x}_k \mid \boldsymbol{x}_{k-1}, \boldsymbol{u}_k)$和前一时刻置信度$bel(\boldsymbol{x}_{k-1})$预测出当前状态置信度$\overline{bel(\boldsymbol{x}_k)}$，这个过程称为运动预测。因为运动预测存在较大误差，所以还需要利用观测数据$P(z_k \mid \boldsymbol{x}_k)$对预测置信度$\overline{bel(\boldsymbol{x}_k)}$进行修正，修正后的置信度为$bel(\boldsymbol{x}_k)$，这个过程称为观测更新。

$$\begin{cases}\overline{bel(\boldsymbol{x}_k)} = \int P(\boldsymbol{x}_k \mid \boldsymbol{x}_{k-1}, \boldsymbol{u}_k) \cdot bel(\boldsymbol{x}_{k-1}) \mathrm{d}\,\boldsymbol{x}_{k-1} \} \text{（运动预测）} \\ bel(\boldsymbol{x}_k) = \eta \cdot P(z_k \mid \boldsymbol{x}_k) \overline{bel(\boldsymbol{x}_k)} \} \text{（观测更新）}\end{cases} \tag{7-98}$$

很显然，式（7-98）所示计算后验概率分布$P(\boldsymbol{x}_k \mid z_{1:k}, \boldsymbol{u}_{1:k})$的算法是一个递归过程，因此这个算法也称为**递归贝叶斯滤波**。

由于后验概率分布$P(\boldsymbol{x}_k \mid z_{1:k}, \boldsymbol{u}_{1:k})$没有给定确切的形式，也就是说递归贝叶斯滤波是一种通用框架。在给定不同形式的$P(\boldsymbol{x}_k \mid z_{1:k}, \boldsymbol{u}_{1:k})$分布后，递归贝叶斯滤波也就对应不同形式的算法实现。应用最广泛的分布当属高斯分布了，高斯分布能表示复杂噪声的随机性，易于进行数学处理，并且满足递归贝叶斯滤波中先验与后验之间共轭特性。按照高斯分布、非高斯分布、线性系统和非线性系统，递归贝叶斯滤波可以划分为如表 7-2 所示的 4 种情况。

表 7-2　4 种情况

	高斯分布	非高斯分布
线性系统	线性高斯系统：KF、IF	线性非高斯系统
非线性系统	非线性高斯系统：EKF、UKF、EIF	非线性非高斯系统：HF、PF

下面的讨论，首先从最简单的线性高斯系统入手，基于矩参数表示高斯分布，引出卡尔曼滤波（KF）。然后讨论更为复杂的非线性高斯系统，引出扩展卡尔曼滤波（EKF）和无迹卡尔曼滤波（UKF）。当然也可以基于正则参数表示高斯分布，线性高斯系统对应的就是信息滤波（IF）。非线性高斯系统对应的就是扩展信息滤波（EIF）。然而，实际问题往往是非线性非高斯系统这样更一般的情况。如果用概率密度函数 $f(\boldsymbol{x}_k, z_{1:k}, \boldsymbol{u}_{1:k})$ 来完整表示 $P(\boldsymbol{x}_k \mid z_{1:k}, \boldsymbol{u}_{1:k})$ 的非高斯分布情况，$f(\boldsymbol{x}_k, z_{1:k}, \boldsymbol{u}_{1:k})$ 将是一个无限维空间中的函数，显然不现实。另外，高维概率密度函数 $f(\boldsymbol{x}_k, z_{1:k}, \boldsymbol{u}_{1:k})$ 在非线性系统中运算复杂度非常高，计算代价将难以承受。因此，在非线性非高斯系统中必须进行近似计算以提高效率，虽然近似会带来精度的损失。在非线性非高斯系统中，利用非参数方式表示概率分布，典型实现算法就是直方图滤波（HF）和粒子滤波（PF）。

当然，式（7-98）所示的递归贝叶斯滤波框架，只是给出了后验概率分布 $P(\boldsymbol{x}_k \mid z_{1:k}, \boldsymbol{u}_{1:k})$ 的计算方法。而状态估计是后验概率分布 $P(\boldsymbol{x}_k \mid z_{1:k}, \boldsymbol{u}_{1:k})$ 和估计策略结合的产物。也就是说，在讨论递归贝叶斯滤波的具体实现时，还需要讨论估计策略，以保证估计效果足够好。

7.4.2 参数化实现

高斯分布可以用矩参数（均值和方差）进行表示，机器人中涉及的都是多维变量，所以这里讨论多维高斯分布，如式（7-99）所示。其中 $\boldsymbol{x}$ 是 n 维向量，均值 $\boldsymbol{\mu}$ 是 n 维向量，协方差矩阵 $\boldsymbol{\Sigma}$ 是 $n\times n$ 的对称矩阵。式中 $\det(\boldsymbol{\Sigma})=|\boldsymbol{\Sigma}|$，表示求矩阵 $\boldsymbol{\Sigma}$ 行列式的运算。

$$P(\boldsymbol{x})=\frac{1}{\sqrt{(2\pi)^n\det(\boldsymbol{\Sigma})}}\exp\left(-\frac{1}{2}(\boldsymbol{x}-\boldsymbol{\mu})^{\mathrm{T}}\boldsymbol{\Sigma}^{-1}(\boldsymbol{x}-\boldsymbol{\mu})\right) \tag{7-99}$$

高斯分布也可以用正则参数表示，即信息矩阵 $\boldsymbol{\Omega}$ 和信息向量 ξ。矩参数（$\boldsymbol{\Sigma}$ 和 $\boldsymbol{\mu}$）与正则参数（$\boldsymbol{\Omega}$ 和 ξ）存在式（7-100）所示的关系。

$$\begin{cases}\boldsymbol{\Omega}=\boldsymbol{\Sigma}^{-1}\\ \boldsymbol{\xi}=\boldsymbol{\Sigma}^{-1}\boldsymbol{\mu}\end{cases} \tag{7-100}$$

其实，将式（7-99）展开，然后将式（7-100）代入展开式中，很容易得到高斯分布的正则参数表示形式，如式（7-101）所示。式中的 η 为归一化常数项。

$$\begin{aligned}P(\boldsymbol{x})&=\frac{1}{\sqrt{(2\pi)^n\det(\boldsymbol{\Sigma})}}\exp\left(-\frac{1}{2}(\boldsymbol{x}-\boldsymbol{\mu})^{\mathrm{T}}\boldsymbol{\Sigma}^{-1}(\boldsymbol{x}-\boldsymbol{\mu})\right)\\&=\frac{1}{\sqrt{(2\pi)^n\det(\boldsymbol{\Sigma})}}\exp\left(-\frac{1}{2}\boldsymbol{x}^{\mathrm{T}}\boldsymbol{\Sigma}^{-1}\boldsymbol{x}+\boldsymbol{x}^{\mathrm{T}}\boldsymbol{\Sigma}^{-1}\boldsymbol{\mu}-\frac{1}{2}\boldsymbol{\mu}^{\mathrm{T}}\boldsymbol{\Sigma}^{-1}\boldsymbol{\mu}\right)\\&=\underbrace{\frac{1}{\sqrt{(2\pi)^n\det(\boldsymbol{\Sigma})}}\exp\left(-\frac{1}{2}\boldsymbol{\mu}^{\mathrm{T}}\boldsymbol{\Sigma}^{-1}\boldsymbol{\mu}\right)}_{\text{常数项}}\cdot\exp\left(-\frac{1}{2}\boldsymbol{x}^{\mathrm{T}}\underbrace{\boldsymbol{\Sigma}^{-1}}_{\boldsymbol{\Omega}}\boldsymbol{x}+\boldsymbol{x}^{\mathrm{T}}\underbrace{\boldsymbol{\Sigma}^{-1}\boldsymbol{\mu}}_{\boldsymbol{\xi}}\right)\\&=\eta\cdot\exp\left(-\frac{1}{2}\boldsymbol{x}^{\mathrm{T}}\boldsymbol{\Omega}\boldsymbol{x}+\boldsymbol{x}^{\mathrm{T}}\boldsymbol{\xi}\right)\end{aligned} \tag{7-101}$$

可以发现，用矩参数表示高斯分布，物理意义更加直观；而用正则参数表示高斯分布，表示形式更加简洁。

1. 卡尔曼滤波

讨论最简单的线性高斯系统，并用矩参数表示高斯分布，那么式（7-98）所示递归贝叶斯滤波的典型实现算法就是线性卡尔曼滤波。然后将线性卡尔曼滤波的应用范围扩展到非线性高斯系统，就成了扩展卡尔曼滤波和无迹卡尔曼滤波。

（1）线性卡尔曼滤波

当讨论线性高斯系统时，机器人的运动方程可以写成式（7-102）的形式，机器人的观测方程可以写成式（7-103）的形式。其中 $\boldsymbol{r}_k$ 为运动过程携带的高斯噪声，协方差矩阵记为 $\boldsymbol{R}_k$； $\boldsymbol{q}_k$ 为观测过程携带的高斯噪声，协方差矩阵记为 $\boldsymbol{Q}_k$。

$$\boldsymbol{x}_k = \boldsymbol{A}_k \boldsymbol{x}_{k-1} + \boldsymbol{B}_k \boldsymbol{u}_k + \boldsymbol{r}_k \tag{7-102}$$

$$z_k = \boldsymbol{C}_k \boldsymbol{x}_k + \boldsymbol{q}_k \tag{7-103}$$

那么，依据式（7-102）与式（7-103）就可以写出运动模型的概率分布 $P(\boldsymbol{x}_k \mid \boldsymbol{x}_{k-1}, \boldsymbol{u}_k)$ 和观测模型的概率分布 $P(z_k \mid \boldsymbol{x}_k)$ 的具体高斯分布形式，如式（7-104）和式（7-105）所示。利用机器人的实际测量数据，就能求出式（7-104）和式（7-105）的具体取值，计算过程请参考 7.2.2 节和 7.2.3 节。

$$P(\boldsymbol{x}_k \mid \boldsymbol{x}_{k-1}, \boldsymbol{u}_k) = \frac{1}{\sqrt{(2\pi)^n \det(\boldsymbol{R}_k)}} \exp\left(-\frac{1}{2}(\boldsymbol{x}_k - (\boldsymbol{A}_k \boldsymbol{x}_{k-1} + \boldsymbol{B}_k \boldsymbol{u}_k))^{\mathrm{T}} \boldsymbol{R}_k^{-1} (\boldsymbol{x}_k - (\boldsymbol{A}_k \boldsymbol{x}_{k-1} + \boldsymbol{B}_k \boldsymbol{u}_k))\right) \tag{7-104}$$

$$P(z_k \mid \boldsymbol{x}_k) = \frac{1}{\sqrt{(2\pi)^n \det(\boldsymbol{Q}_k)}} \exp\left(-\frac{1}{2}(z_k - \boldsymbol{C}_k \boldsymbol{x}_k)^{\mathrm{T}} \boldsymbol{Q}_k^{-1} (z_k - \boldsymbol{C}_k \boldsymbol{x}_k)\right) \tag{7-105}$$

式（7-98）中状态 $\boldsymbol{x}_k$ 置信度的具体高斯分布形式，如式（7-106）所示。其中 $\boldsymbol{\mu}_k$ 表示 $\boldsymbol{x}_k$ 的均值，$\boldsymbol{\Sigma}_k$ 表示 $\boldsymbol{x}_k$ 的协方差矩阵。注意，必须给定 $\boldsymbol{x}_k$ 置信度初值 $bel(\boldsymbol{x}_0)$。

$$bel(\boldsymbol{x}_k) = \frac{1}{\sqrt{(2\pi)^n \det(\boldsymbol{\Sigma}_k)}} \exp\left(-\frac{1}{2}(\boldsymbol{x}_k - \boldsymbol{\mu}_k)^{\mathrm{T}} \boldsymbol{\Sigma}_k^{-1} (\boldsymbol{x}_k - \boldsymbol{\mu}_k)\right) \tag{7-106}$$

卡尔曼滤波其实就是利用式（7-107）中的 5 个核心公式，递归计算状态 $\boldsymbol{x}_k$ 置信度的参数 $\boldsymbol{\mu}_k$ 和 $\boldsymbol{\Sigma}_k$。

$$\begin{cases} \left.\begin{array}{l} ① \ \overline{\boldsymbol{\mu}_k} = \boldsymbol{A}_k \boldsymbol{\mu}_{k-1} + \boldsymbol{B}_k \boldsymbol{u}_k \\ ② \ \overline{\boldsymbol{\Sigma}_k} = \boldsymbol{A}_k \boldsymbol{\Sigma}_{k-1} \boldsymbol{A}_k^{\mathrm{T}} + \boldsymbol{R}_k \end{array}\right\} \text{运动预测} \\ \left.③ \ \boldsymbol{K}_k = \overline{\boldsymbol{\Sigma}_k} \boldsymbol{C}_k^{\mathrm{T}} (\boldsymbol{C}_k \overline{\boldsymbol{\Sigma}_k} \boldsymbol{C}_k^{\mathrm{T}} + \boldsymbol{Q}_k)^{-1}\right\} \text{卡尔曼增益} \\ \left.\begin{array}{l} ④ \ \boldsymbol{\mu}_k = \overline{\boldsymbol{\mu}_k} + \boldsymbol{K}_k (z_k - \boldsymbol{C}_k \overline{\boldsymbol{\mu}_k}) \\ ⑤ \ \boldsymbol{\Sigma}_k = (\boldsymbol{I} - \boldsymbol{K}_k \boldsymbol{C}_k) \overline{\boldsymbol{\Sigma}_k} \end{array}\right\} \text{观测更新} \end{cases} \tag{7-107}$$

将式（7-98）所示的递归贝叶斯滤波与式（7-107）所示的线性卡尔曼滤波对比，因为后验被假设为高斯分布，所以式（7-98）中的置信度运动预测 $\overline{bel(\boldsymbol{x}_k)}$ 就可以用式（7-107）中的高斯矩参数运动预测 $\overline{\boldsymbol{\mu}_k}$ 和 $\overline{\boldsymbol{\Sigma}_k}$ 替换。接着，式（7-98）中的置信度观测更新 $bel(\boldsymbol{x}_k)$ 就

可以用式（7-107）中的高斯矩参数观测更新$\boldsymbol{\mu}_k$和$\boldsymbol{\Sigma}_k$替换。

不难看出，保证卡尔曼滤波具有好的估计效果的关键是式（7-107）中的卡尔曼增益$\boldsymbol{K}_k$的取值。卡尔曼滤波是一种思想，应用领域非常多，推导思路也有很多种。在线性高斯系统中，贝叶斯估计及其特例最小均方误差估计和最大后验估计都是等价的，估计策略的目标都是实现最优估计（也就是最小方差无偏估计），如图 7-26 所示，推导出来的线性卡尔曼滤波是最优线性无偏估计，即其估计结果的协方差矩阵刚好位于克拉美罗下界（CRLB）的位置。最直接的思路就是从贝叶斯估计入手，将式（7-98）递归贝叶斯滤波中的积分运算用高斯分布展开计算，并考虑最优估计策略，就可以推导出式（7-107）所示卡尔曼滤波的 5 个核心公式，具体推导见文献［4］45-54。当然也可从最小均方误差估计的思路入手，利用最小化均方误差这一条件，求出式（7-107）中的卡尔曼增益$\boldsymbol{K}_k$，具体推导见 4.1.5 节。因为高斯分布中，最小均方误差估计与最大后验估计等价，所以也可以从最大后验估计的思路出发，同样可以推导出式（7-107）所示卡尔曼滤波的 5 个核心公式，就不多说了。

卡尔曼滤波已经是一个非常成熟的东西了，式（7-107）所示卡尔曼滤波的 5 个核心公式的正确性毋庸置疑，大家只需要灵活应用这 5 个公式就行了，关于公式的理论推导过程并不要求掌握。由于推导思路和应用场合的不同，因此式（7-107）中的一些符号定义会有所不同，使用时需要注意一下。

（2）扩展卡尔曼滤波

为了便于引出线性卡尔曼滤波，式（7-102）和式（7-103）假设机器人运动方程和观测方程都是线性的。这样高斯随机变量经过线性函数变换后仍然为一个高斯随机变量，这可以保证线性卡尔曼滤波能进行闭式递归计算，这是卡尔曼滤波能工作的重要原因。

然而，实际机器人运动方程和观测方程往往是非线性的，如式（7-108）和式（7-109）所示。式中的函数g和h都是非线性函数，即高斯随机变量经过非线性函数g和h变换后都将变成非高斯随机变量。

$$\boldsymbol{x}_k = g(\boldsymbol{x}_{k-1}, \boldsymbol{u}_k) + \boldsymbol{r}_k \tag{7-108}$$

$$\boldsymbol{z}_k = h(\boldsymbol{x}_k) + \boldsymbol{q}_k \tag{7-109}$$

将非线性函数g和h进行线性化近似，然后近似后的函数变换就能保证高斯随机变量的闭式递归计算了。在扩展卡尔曼滤波（EKF）中，采用一阶泰勒展开对非线性函数g和h进行线性化。一阶泰勒展开过程如图 7-27 所示，$P(x)$表示高斯随机变量x的分布，高斯分布$P(x)$直接经过非线性函数$y=g(x)$变换后得到非高斯分布$P(y)$。如果以$g(x)$函数在随机变量x的均值μ处的切线$l(x)$（也就是一阶泰勒展开）近似替代$g(x)$，那么高斯分布$P(x)$经过切线$l(x)$线性变换后的分布$P(y)$还是高斯分布。

先来看看非线性函数g的一阶泰勒展开，首先计算g关于$\boldsymbol{x}_{k-1}$的偏导数，如式（7-110）所示。

$$g'(\boldsymbol{x}_{k-1}, \boldsymbol{u}_k) = \frac{\partial}{\partial \boldsymbol{x}_{k-1}} g(\boldsymbol{x}_{k-1}, \boldsymbol{u}_k) \tag{7-110}$$

那么，非线性变换 $g(\boldsymbol{x}_{k-1},\boldsymbol{u}_k)$ 就可以在高斯随机变量 $\boldsymbol{x}_{k-1}$ 的均值 $\boldsymbol{\mu}_{k-1}$ 处用一阶泰勒展开进行线性化，如式（7-111）所示。

$$\begin{aligned} g(\boldsymbol{x}_{k-1},\boldsymbol{u}_k) &\approx g(\boldsymbol{x}_{k-1},\boldsymbol{u}_k)|_{\boldsymbol{x}_{k-1}=\boldsymbol{\mu}_{k-1}} + g'(\boldsymbol{x}_{k-1},\boldsymbol{u}_k)|_{\boldsymbol{x}_{k-1}=\boldsymbol{\mu}_{k-1}} \cdot(\boldsymbol{x}_{k-1}-\boldsymbol{\mu}_{k-1}) \\ &= g(\boldsymbol{\mu}_{k-1},\boldsymbol{u}_k)+g'(\boldsymbol{\mu}_{k-1},\boldsymbol{u}_k)\cdot(\boldsymbol{x}_{k-1}-\boldsymbol{\mu}_{k-1}) \\ &= g(\boldsymbol{\mu}_{k-1},\boldsymbol{u}_k)+\boldsymbol{G}_k\cdot(\boldsymbol{x}_{k-1}-\boldsymbol{\mu}_{k-1}) \end{aligned} \tag{7-111}$$

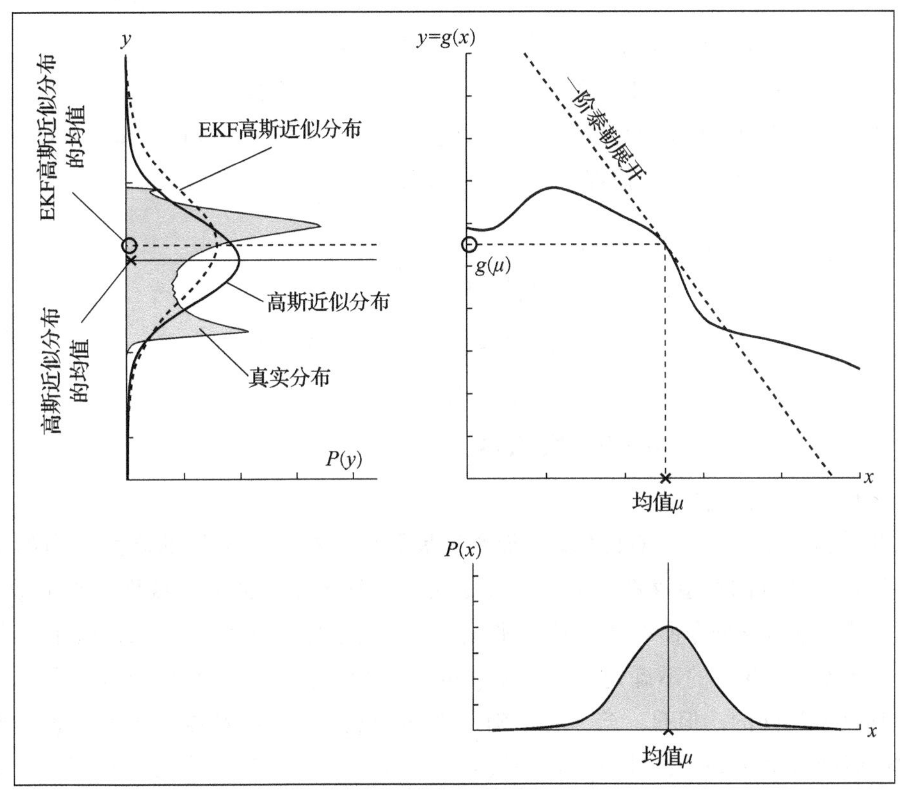

图 7-27　一阶泰勒展开

注：该图 7-27 来源于文献［4］中的 Figure 3.4。

同理，针对非线性函数 h 的一阶泰勒展开，先计算 h 关于 $\boldsymbol{x}_k$ 的偏导数，如式（7-112）所示。

$$h'(\boldsymbol{x}_k)=\frac{\partial}{\partial \boldsymbol{x}_k}h(\boldsymbol{x}_k) \tag{7-112}$$

那么，非线性变换 $h(\boldsymbol{x}_k)$ 就可以在高斯随机变量 $\boldsymbol{x}_k$ 的预测均值 $\overline{\boldsymbol{\mu}_k}$ 处用一阶泰勒展开进行线性化，如式（7-113）所示。

$$h(\boldsymbol{x}_k)\approx h(\boldsymbol{x}_k)|_{\boldsymbol{x}_k=\overline{\boldsymbol{\mu}_k}}+h'(\boldsymbol{x}_k)|_{\boldsymbol{x}_k=\overline{\boldsymbol{\mu}_k}}\cdot(\boldsymbol{x}_k-\overline{\boldsymbol{\mu}_k})=h(\overline{\boldsymbol{\mu}_k})+h'(\overline{\boldsymbol{\mu}_k})\cdot(\boldsymbol{x}_k-\overline{\boldsymbol{\mu}_k})=h(\overline{\boldsymbol{\mu}_k})+\boldsymbol{H}_k\cdot(\boldsymbol{x}_k-\overline{\boldsymbol{\mu}_k}) \tag{7-113}$$

根据式（7-111）和式（7-113）线性化结论，可以将式（7-104）和式（7-105）改写成新的形式，如式（7-114）和式（7-115）所示。

$$P(\boldsymbol{x}_k \mid \boldsymbol{x}_{k-1}, \boldsymbol{u}_k) = \frac{1}{\sqrt{(2\pi)^n \det(\boldsymbol{R}_k)}} \exp\left(\begin{array}{l} -\frac{1}{2}(\boldsymbol{x}_k - (g(\boldsymbol{\mu}_{k-1}, \boldsymbol{u}_k) + \boldsymbol{G}_k \cdot (\boldsymbol{x}_{k-1} - \boldsymbol{\mu}_{k-1})))^{\mathrm{T}} \\ \cdot \boldsymbol{R}_k^{-1}(\boldsymbol{x}_k - (g(\boldsymbol{\mu}_{k-1}, \boldsymbol{u}_k) + \boldsymbol{G}_k \cdot (\boldsymbol{x}_{k-1} - \boldsymbol{\mu}_{k-1}))) \end{array} \right) \tag{7-114}$$

$$P(z_k \mid \boldsymbol{x}_k) = \frac{1}{\sqrt{(2\pi)^n \det(\boldsymbol{Q}_k)}} \exp\left(\begin{array}{l} -\frac{1}{2}(z_k - (h(\overline{\boldsymbol{\mu}_k}) + \boldsymbol{H}_k \cdot (\boldsymbol{x}_k - \overline{\boldsymbol{\mu}_k})))^{\mathrm{T}} \\ \cdot \boldsymbol{Q}_k^{-1}(z_k - (h(\overline{\boldsymbol{\mu}_k}) + \boldsymbol{H}_k \cdot (\boldsymbol{x}_k - \overline{\boldsymbol{\mu}_k}))) \end{array} \right) \tag{7-115}$$

那么，式（7-107）所示线性卡尔曼滤波中的 5 个核心公式，很容易改写成如式（7-116）所示扩展卡尔曼滤波的形式。其实就是在核心公式②和⑤中将原来的线性变换矩阵 $\boldsymbol{A}_k$、$\boldsymbol{B}_k$ 和 $\boldsymbol{C}_k$ 替换成了雅克比矩阵 $\boldsymbol{G}_k$ 与 $\boldsymbol{H}_k$。值得注意的是，雅克比矩阵 $\boldsymbol{G}_k = g'(\boldsymbol{\mu}_{k-1}, \boldsymbol{u}_k)$ 和 $\boldsymbol{H}_k = h'(\overline{\boldsymbol{\mu}_k})$ 是实时计算的，每个时刻的取值都与当前均值有关。

$$\begin{cases} \left.\begin{array}{l} ① \ \overline{\boldsymbol{\mu}_k} = g(\boldsymbol{\mu}_{k-1}, \boldsymbol{u}_k) \\ ② \ \overline{\boldsymbol{\Sigma}_k} = \boldsymbol{G}_k \boldsymbol{\Sigma}_{k-1} \boldsymbol{G}_k^{\mathrm{T}} + \boldsymbol{R}_k \end{array}\right\} \text{运动预测} \\ ③ \ \boldsymbol{K}_k = \overline{\boldsymbol{\Sigma}_k} \boldsymbol{H}_k^{\mathrm{T}} (\boldsymbol{H}_k \overline{\boldsymbol{\Sigma}_k} \boldsymbol{H}_k^{\mathrm{T}} + \boldsymbol{Q}_k)^{-1} \} \text{卡尔曼增益} \\ \left.\begin{array}{l} ④ \ \boldsymbol{\mu}_k = \overline{\boldsymbol{\mu}_k} + \boldsymbol{K}_k (z_k - h(\overline{\boldsymbol{\mu}_k})) \\ ⑤ \ \boldsymbol{\Sigma}_k = (\boldsymbol{I} - \boldsymbol{K}_k \boldsymbol{H}_k) \overline{\boldsymbol{\Sigma}_k} \end{array}\right\} \text{观测更新} \end{cases} \tag{7-116}$$

（3）无迹卡尔曼滤波

可以看出，图 7-27 中 $P(x)$ 经过一阶泰勒展开的变换后，得到的高斯分布的均值与真实后验分布 $P(y)$ 的均值存在偏差。也就是说，扩展卡尔曼滤波中线性化近似效果与 x 的不确定性（即 $P(x)$ 分布曲线集中还是平坦）和函数 g 的非线性度（即函数 g 在均值点的平坦度）有关。如果 x 的不确定性和函数 g 的非线性度都小，那么扩展卡尔曼滤波中线性化近似效果是好的。但是，当 x 的不确定性和函数 g 的非线性度较大时，扩展卡尔曼滤波的近似效果就不好了，针对这种情况可以用无迹卡尔曼滤波来线性化近似效果会好很多。

无迹卡尔曼滤波中采用的线性化技术也叫无迹变换，如图 7-28 所示。无迹变换选取高斯分布 $P(x)$ 上的 σ 点，然后将这些 σ 点经过 $g(x)$ 变换，利用变换后的点推算出变换后的高斯分布均值和协方差矩阵。因为无迹卡尔曼滤波比较复杂，并且工程中使用较多的是扩展卡尔曼滤波，所以就不展开讲解无迹卡尔曼滤波的具体形式了，感兴趣的读者可以阅读文献［4］65-71 中的相关内容。

2. 信息滤波

讨论最简单的线性高斯系统，并用正则参数表示高斯分布，那么式（7-97）所示递归贝叶斯滤波的典型实现算法就是线性信息滤波。然后将线性信息滤波的应用范围扩展到非线性高斯系统，就成了扩展信息滤波。

（1）线性信息滤波

由式（7-99）～式（7-101）可以知道，矩参数和正则参数只是表示高斯分布的 2 种不同方式，高斯分布的本质是一样的。因此，线性信息滤波的推导与线性卡尔曼滤波是类似的，这里就直接给出线性信息滤波的核心公式，如式（7-117）所示。对线性信息滤波推导感兴趣的读者，可以参考文献［4］71-75的内容。

$$
\begin{cases}
\left.\begin{array}{l}
① \ \overline{\boldsymbol{\Omega}_k} = (\boldsymbol{A}_k \boldsymbol{\Omega}_{k-1}^{-1} \boldsymbol{A}_k^{\mathrm{T}} + \boldsymbol{R}_k)^{-1} \\
② \ \overline{\boldsymbol{\xi}_k} = \overline{\boldsymbol{\Omega}_k} (\boldsymbol{A}_k \boldsymbol{\Omega}_{k-1}^{-1} \boldsymbol{\xi}_{k-1} + \boldsymbol{B}_k \boldsymbol{u}_k)
\end{array}\right\} \text{运动预测} \\
\left.\begin{array}{l}
③ \ \boldsymbol{\Omega}_k = \overline{\boldsymbol{\Omega}_k} + \boldsymbol{C}_k^{\mathrm{T}} \boldsymbol{Q}_k^{-1} \boldsymbol{C}_k \\
④ \ \boldsymbol{\xi}_k = \overline{\boldsymbol{\xi}_k} + \boldsymbol{C}_k^{\mathrm{T}} \boldsymbol{Q}_k^{-1} \boldsymbol{z}_k
\end{array}\right\} \text{观测更新}
\end{cases}
\tag{7-117}
$$

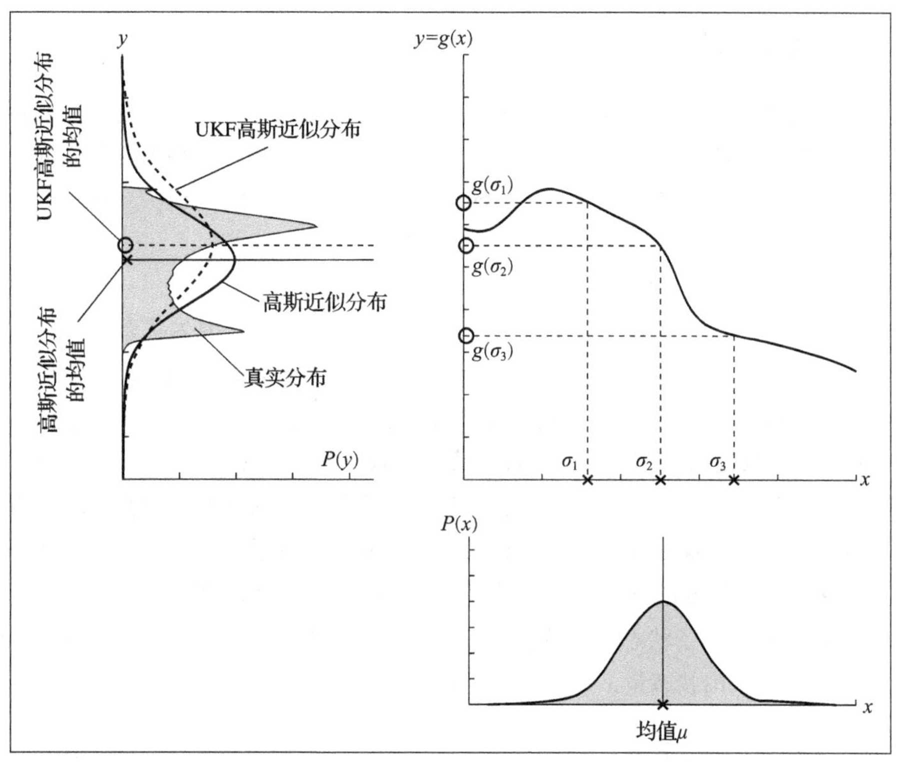

图 7-28　无迹变换

注：该图来源于文献［4］中的 Figure 3.7。

将式（7-107）和式（7-117）进行对比，可以发现线性卡尔曼滤波和线性信息滤波的性能是对偶的。线性卡尔曼滤波中的运动预测是增量的，而线性信息滤波中的运动预测需要求矩阵逆运算，所以线性卡尔曼滤波在运动预测上计算效率更高。不过，线性卡尔曼滤波中的观测更新需要求矩阵逆运算，而线性信息滤波中的观测更新是增量的，所以线性信息滤波在观测更新上计算效率更高。

（2）扩展信息滤波

在非线性高斯系统中，需要进行线性近似，这就是扩展信息滤波。扩展线性滤波对应于扩展卡尔曼滤波，推导过程也是类似的，这里就直接给出扩展信息滤波的核心公式，如式（7-118）所示。对扩展信息滤波推导感兴趣的读者，可以参考文献［4］75-77部分的内容。

$$\left.\begin{cases}\left.\begin{array}{l}\boldsymbol{\mu}_{k-1}=\boldsymbol{\Omega}_{k-1}^{-1}\xi_{k-1}\\ \overline{\boldsymbol{\mu}_k}=g(\boldsymbol{\mu}_{k-1},\boldsymbol{u}_k)\\ ①\ \overline{\boldsymbol{\Omega}_k}=(\boldsymbol{G}_k\boldsymbol{\Omega}_{k-1}^{-1}\boldsymbol{G}_k^{\mathrm{T}}+\boldsymbol{R}_k)^{-1}\\ ②\ \overline{\xi_k}=\overline{\boldsymbol{\Omega}_k}\cdot\overline{\boldsymbol{\mu}_k}\end{array}\right\}\text{运动预测}\\ \left.\begin{array}{l}③\ \boldsymbol{\Omega}_k=\overline{\boldsymbol{\Omega}_k}+\boldsymbol{H}_k^{\mathrm{T}}\boldsymbol{Q}_k^{-1}\boldsymbol{H}_k\\ ④\ \xi_k=\overline{\xi_k}+\boldsymbol{H}_k^{\mathrm{T}}\boldsymbol{Q}_k^{-1}(z_k-h(\overline{\boldsymbol{\mu}_k})+\boldsymbol{H}_k\overline{\boldsymbol{\mu}_k})\end{array}\right\}\text{观测更新}\end{cases}\right. \tag{7-118}$$

7.4.3 非参数化实现

在卡尔曼滤波和信息滤波中，需要用矩参数或正则参数对高斯分布进行参数化表示，然后对这些参数进行闭式递归计算。然而，当分布不是高斯分布这种特殊形式时，就需要用一个无限维概率密度函数$f(\boldsymbol{x}_k, z_{1:k}, \boldsymbol{u}_{1:k})$描述，这种参数化显然不现实。这里介绍两种非参数化方法来表示这种非高斯分布情况，即直方图滤波和粒子滤波。

1. 直方图滤波

先来分析一下式（7-98）所示递归贝叶斯滤波的计算难点，因为状态量$\boldsymbol{x}_k$值域为连续空间，所以式（7-98）中的积分运算将难以计算。如果状态量$\boldsymbol{x}_k$值域为离散空间，那么式（7-98）中的积分运算就转变为求和运算，这样就容易计算了：式（7-98）就可以写成式（7-119）所示的离散递归贝叶斯滤波形式。其中$\boldsymbol{x}_k^i$表示状态量$\boldsymbol{x}_k$在离散空间的一个取值点，上标i表示离散空间中点的索引号。将上一时刻状态量$\boldsymbol{x}_{k-1}$的所有取值点（即遍历上标j）转移到$\boldsymbol{x}_k^i$的概率求和，就得到了状态量$\boldsymbol{x}_k$出现在取值点$\boldsymbol{x}_k^i$的预测置信度，然后利用$\boldsymbol{x}_k^i$处的观测信息对该预测置信度进行更新，就得到了状态量$\boldsymbol{x}_k$出现在取值点$\boldsymbol{x}_k^i$的置信度。可以发现，式（7-119）只求出了状态量$\boldsymbol{x}_k$在离散空间单个点上的置信度，需要遍历$\boldsymbol{x}_k^i$上标i，重复利用式（7-119）求出状态量$\boldsymbol{x}_k$在离散空间每个点上的置信度。

$$\begin{cases}\overline{bel(\boldsymbol{x}_k^i)}=\sum_j P(\boldsymbol{x}_k^i\mid \boldsymbol{x}_{k-1}^j,\boldsymbol{u}_k)\cdot bel(\boldsymbol{x}_{k-1}^j)\ \}\text{运动预测}\\ bel(\boldsymbol{x}_k^i)=\eta\cdot P(z_k\mid \boldsymbol{x}_k^i)\cdot\overline{bel(\boldsymbol{x}_k^i)}\ \}\text{观测更新}\end{cases} \tag{7-119}$$

那么，只需要将连续空间上的状态量$\boldsymbol{x}_k$近似转换到离散空间上，就能利用式（7-119）计算状态量$\boldsymbol{x}_k$的置信度了。直方图就是一种将连续空间域转换成离散空间域的近似方法，如图7-29所示。原本的连续随机变量x的分布为$P(x)$，将x的值域划分成一个个区域，同一个区域内的所有概率密度用该区域平均概率密度替代，这样原来的连续型分布$P(x)$就替换为直方图表示了。直方图中的每个柱条用质心和平均概率描述，这样每个柱条的质心和平均概率就能在运动与观测模型中进行变换，从而实现闭式递归计算。由于讨论递归过程，因此这里假设k时刻的状态量$\boldsymbol{x}_k$的值域被划分成若干个区域，每个区域用$\boldsymbol{x}_k^i$表示，上标i表示区域的索引号。那么，区域$\boldsymbol{x}_k^i$可以由质心和平均概率描述。其实质心是物理上的概念，表示物体的质量中心坐标位置点。这里借用质心这一概念，来表示区域$\boldsymbol{x}_k^i$的概率加权中心坐标位置点，如式（7-120）所示。

$$c(\boldsymbol{x}_k^i)=\frac{\int_{\boldsymbol{x}_k\in\boldsymbol{x}_k^i}\boldsymbol{x}_k\cdot P(\boldsymbol{x}_k)\,\mathrm{d}\,\boldsymbol{x}_k}{\int_{\boldsymbol{x}_k\in\boldsymbol{x}_k^i}P(\boldsymbol{x}_k)\,\mathrm{d}\,\boldsymbol{x}_k} \tag{7-120}$$

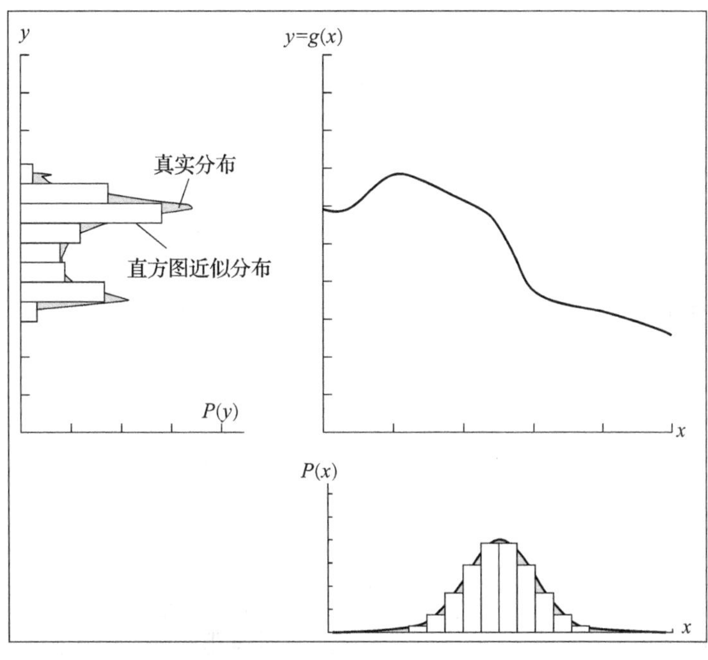

图 7-29　直方图近似

注：该图来源于文献［4］中的 Figure 4.1。

那么，原来运动模型的概率分布 $P(\boldsymbol{x}_k\mid\boldsymbol{x}_{k-1},\boldsymbol{u}_k)$ 和观测模型的概率分布 $P(\boldsymbol{z}_k\mid\boldsymbol{x}_k)$ 也要用区域 $\boldsymbol{x}_k^i$ 划分方式来转换成离散空间的形式。其实也很简单，区域 $\boldsymbol{x}_{k-1}^j$ 上的状态转移到区域 $\boldsymbol{x}_k^i$ 的概率 $P(\boldsymbol{x}_k^i\mid\boldsymbol{x}_{k-1}^j,\boldsymbol{u}_k)$ 可以用区域 $\boldsymbol{x}_{k-1}^j$ 质心 $c(\boldsymbol{x}_{k-1}^j)$ 上的状态转移到区域 $\boldsymbol{x}_k^i$ 质心 $c(\boldsymbol{x}_k^i)$ 的概率 $P(c(\boldsymbol{x}_k^i)\mid c(\boldsymbol{x}_{k-1}^j),\boldsymbol{u}_k)$ 近似替代，如式（7-121）所示。

$$P(\boldsymbol{x}_k^i\mid\boldsymbol{x}_{k-1}^j,\boldsymbol{u}_k)\approx\eta_1\cdot P(c(\boldsymbol{x}_k^i)\mid c(\boldsymbol{x}_{k-1}^j),\boldsymbol{u}_k) \tag{7-121}$$

同样，区域 $\boldsymbol{x}_k^i$ 上观测到 $\boldsymbol{z}_k$ 的概率 $P(\boldsymbol{z}_k\mid\boldsymbol{x}_k^i)$ 可以用区域 $\boldsymbol{x}_k^i$ 质心 $c(\boldsymbol{x}_k^i)$ 上观测到 $\boldsymbol{z}_k$ 的概率 $P(\boldsymbol{z}_k\mid c(\boldsymbol{x}_k^i))$ 近似替代，如式（7-122）所示。

$$P(\boldsymbol{z}_k\mid\boldsymbol{x}_k^i)\approx\eta_2\cdot P(\boldsymbol{z}_k\mid c(\boldsymbol{x}_k^i)) \tag{7-122}$$

关于式（7-121）和式（7-122）的推导过程，可以参考文献［4］89-92 部分的内容。将直方图划分的方法结合 7.2.2 节和 7.2.3 节的机器人模型，很容易利用测量数据计算式（7-121）和式（7-122）的值，并将计算结果代入式（7-119）所示的离散贝叶斯滤波中，就能实现直方图滤波了。

2. 粒子滤波

下面就来介绍另一种近似表示后验概率分布的非参数化方法，即粒子。粒子滤波用一系列通过后验概率分布随机采样的状态粒子近似表示后验概率分布，采样得到的状态粒子点的疏密程度与该区域后验概率分布大小成正比，也就是说状态粒子点的疏密程度间接反映了后验概率分布的大小。这样粒子点就可以直接参与系统的非线性变换，如图 7-30 所示，并利用运动和观测进行重新采样以调整状态粒子点的疏密程度。粒子滤波是一种基于遗传进化的算法，粒子经过运动和观测过程的筛选后，粒子点将逐渐集中到后验概率高的区域。

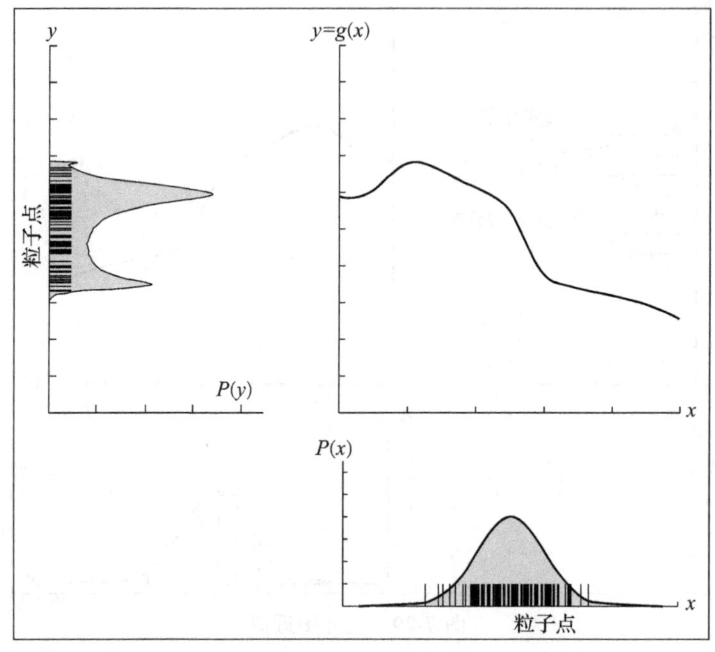

图 7-30 粒子近似

注：该图来源于文献［4］中的 Figure 4.3。

因为粒子滤波是一种思想，所以没有固定的数学表达形式，一般由具体的程序算法描述。下面就以一种典型粒子滤波算法伪代码[4]98 为例，进行详细讨论，如代码清单 7-1 所示。

代码清单 7-1 一种典型粒子滤波算法伪代码

```
1  function χ_k =particle_filter (χ_{k-1}, u_k, z_k)
2    \overline{χ_k} = ∅, χ_k = ∅
3    for m=1:M
4        sample x_k^{[m]} ~ P(x_k | x_{k-1}^{[m]}, u_k)
5        w_k^{[m]} = P(z_k | x_k^{[m]})
6        add <x_k^{[m]}, w_k^{[m]}> to \overline{χ_k}
7    end
8    for m=1:M
9        sample i ∝ w_k^{[i]}
10       add χ_k^{[i]} to χ_k
11   end
12   return χ_k
```

第 1 行，定义了粒子滤波算法的输入 / 输出接口。算法输入前一时刻粒子点集 χ_{k-1} 、运

动量 $\boldsymbol{u}_k$ 和观测量 $\boldsymbol{z}_k$，其中粒子点集 χ_{k-1} 包含的粒子数量是 M 个。算法输出是当前时刻粒子点集 χ_k，其中粒子点集 χ_k 包含的粒子数量也是 M 个。

第 2 行，定义了 2 个空集合，集合 $\overline{\chi_k}$ 用于临时存放点集 χ_{k-1} 经过运动和观测过程处理后产生的新粒子。集合 χ_k 用于存放点集 $\overline{\chi_k}$ 经过重要性采样处理后产生的新粒子，集合 χ_k 中的粒子点疏密程度表示状态量 $\boldsymbol{x}_k$ 最终的后验分布 $bel(\boldsymbol{x}_k)$，即滤波输出结果。

第 3 ～ 7 行，是集合 χ_{k-1} 经过运动和观测过程处理后产生的新粒子点集 $\overline{\chi_k}$ 的过程。在前一时刻状态为粒子点 $\boldsymbol{x}_{k-1}^{[m]}$ 和运动量 $\boldsymbol{u}_k$ 的条件下，按照运动预测概率分布 $P(\boldsymbol{x}_k \mid \boldsymbol{x}_{k-1}^{[m]}, \boldsymbol{u}_k)$ 进行采样，生成新粒子点 $\boldsymbol{x}_k^{[m]}$。然后，在状态为粒子点 $\boldsymbol{x}_k^{[m]}$ 的条件下，按照观测更新概率分布 $P(\boldsymbol{z}_k \mid \boldsymbol{x}_k^{[m]})$ 计算新粒子点 $\boldsymbol{x}_k^{[m]}$ 的权重 $w_k^{[m]}$。最后将经过运动和观测过程处理后产生的新粒子 $\boldsymbol{x}_k^{[m]}$ 及对应的权重 $w_k^{[m]}$ 存入集合 $\overline{\chi_k}$。可以看出，7.2.2 节和 7.2.3 节介绍的运动模型的概率分布 $P(\boldsymbol{x}_k \mid \boldsymbol{x}_{k-1}, \boldsymbol{u}_k)$ 和观测模型的概率分布 $P(\boldsymbol{z}_k \mid \boldsymbol{x}_k)$ 在粒子滤波中被替换成了 $P(\boldsymbol{x}_k \mid \boldsymbol{x}_{k-1}^{[m]}, \boldsymbol{u}_k)$ 与 $P(\boldsymbol{z}_k \mid \boldsymbol{x}_k^{[m]})$ 这种采样的形式，这个区别需要大家注意一下。

第 8 ～ 11 行，是粒子滤波的重要性采样过程，也是粒子滤波中的核心逻辑。所谓重要性采样，就是在上面生成的集合 $\overline{\chi_k}$ 中，按照每个粒子点的权重进行新的采样。由于采样生成的新集合 χ_k 包含的粒子点数量仍然是 M 个，所以重要性采样其实就是集合 $\overline{\chi_k}$ 到集合 χ_k 的映射，映射的强度由映射前粒子点的权重大小决定。如果原来粒子点的权重很小，那么映射强度会过小，映射会直接被忽略，也就是说这个粒子点将不会在新集合 χ_k 中出现。而如果原来粒子点的权重较大时，那么映射强度就大，该粒子点会被复制多份后映射进新集合 χ_k。经过这种重要性采样，权重低的粒子点直接被删除，而权重高的粒子点会被复制多份，这样权重高的粒子区域内就聚集了更多粒子点。

前面已经系统地讨论了递归贝叶斯滤波的参数化实现和非参数化实现，为了方便读者理解，现在对这些算法做一个总结，如图 7-31 所示。

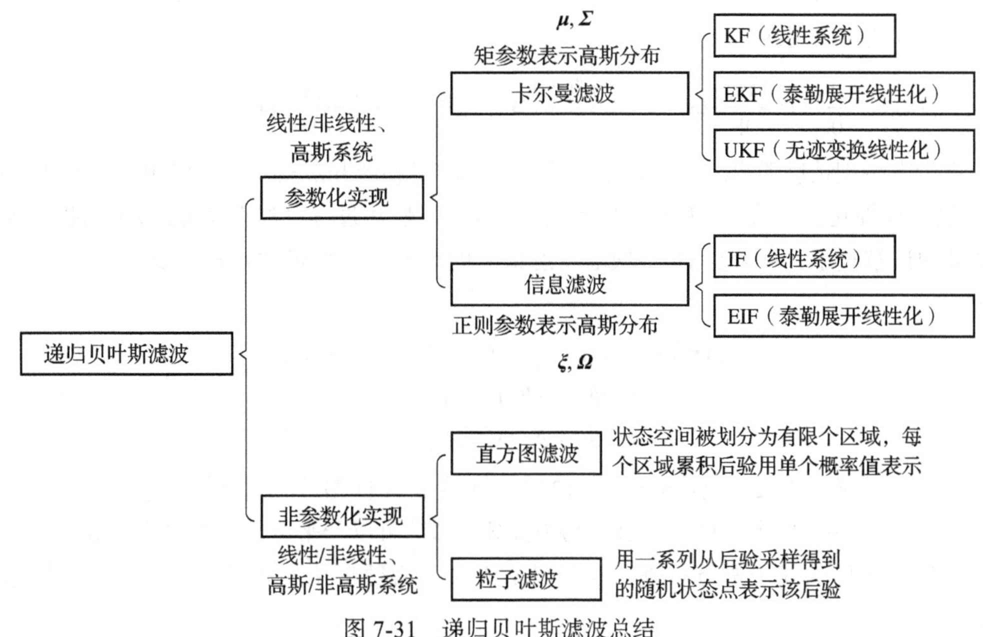

图 7-31　递归贝叶斯滤波总结

7.5　基于因子图的状态估计

虽然式（7-90）所示的完全 SLAM 系统可以用滤波方法求解，比如著名的 Fast-SLAM 实现框架，但是贝叶斯网络表示下的完全 SLAM 系统能很方便地转换成因子图表示，这样贝叶斯网络中的最大后验估计就等效为因子图中的最小二乘估计，接下来求解最小二乘问题（通常为非线性最小二乘问题）。

求解该非线性最小二乘问题的方法大致上有两种：一种方法是先对该非线性问题进行线性化近似处理，然后直接求解线性方程来得到待估计量；另一种方法并不直接求解，而是通过迭代策略，让目标函数快速下降到最值处，对应的估计量也就求出来了。

本节内容旨在通过对非线性最小二乘问题解法的分析，让大家理解优化方法的基础原理。

7.5.1　非线性最小二乘估计

式（7-50）已经给出了描述 SLAM 问题的最小二乘形式，式中包含 2 种类型的约束，即运动约束和观测约束。为了更一般地进行最小二乘的讨论，这里将这 2 种类型的约束用统一的方式来表述，那么式（7-50）就可以改写成式（7-123）所示的形式。由于式中的函数 f 通常是非线性函数，所以这是一个非线性最小二乘。

$$\min_{\boldsymbol{x}} \sum_i \| \boldsymbol{y}_i - f(\boldsymbol{x}_i) \|^2_{\boldsymbol{\Sigma}_i^{-1}} \tag{7-123}$$

7.5.2　直接求解方法

要求解式（7-123），可以将函数 f 进行线性化近似，这样就能将非线性最小二乘转化成线性最小二乘，然后直接求解线性方程就能得到线性最小二乘的解。我们可以采用泰勒展开进行线性化，泰勒展开公式如式（7-124）所示。也就是说，非线性函数 $f(\boldsymbol{x})$ 在 $\boldsymbol{x}_0$ 附近的局部区域取值可以用泰勒级数来近似。

$$f(\boldsymbol{x}) = \frac{f(\boldsymbol{x}_0)}{0!} + \frac{f'(\boldsymbol{x}_0)}{1!}(\boldsymbol{x}-\boldsymbol{x}_0) + \frac{f''(\boldsymbol{x}_0)}{2!}(\boldsymbol{x}-\boldsymbol{x}_0)^2 + \cdots + \frac{f^{(n)}(\boldsymbol{x}_0)}{n!}(\boldsymbol{x}-\boldsymbol{x}_0)^n + R_n(\boldsymbol{x}) \tag{7-124}$$

在没有特别精度要求时，可以用最简单的一阶泰勒展开对式（7-123）中的非线性函数 $f(\boldsymbol{x}_i)$ 进行线性化，如式（7-125）所示。其实这一线性化过程已经在 7.4.2 节中的扩展卡尔曼滤波中讲解过了，展开点 $\boldsymbol{x0}_i$ 一般取状态量 $\boldsymbol{x}_i$ 的均值，F_i 是函数 $f(\boldsymbol{x}_i)$ 在 $\boldsymbol{x}_i = \boldsymbol{x0}_i$ 处的一阶导数。

$$\begin{aligned} f(\boldsymbol{x}_i) &\approx f(\boldsymbol{x}_i)|_{\boldsymbol{x}_i=\boldsymbol{x0}_i} + f'(\boldsymbol{x}_i)|_{\boldsymbol{x}_i=\boldsymbol{x0}_i} \cdot (\boldsymbol{x}_i - \boldsymbol{x0}_i) \\ &= f(\boldsymbol{x0}_i) + f'(\boldsymbol{x0}_i)\cdot(\boldsymbol{x}_i - \boldsymbol{x0}_i) \\ &= f(\boldsymbol{x0}_i) + F_i \cdot (\boldsymbol{x}_i - \boldsymbol{x0}_i) \end{aligned} \tag{7-125}$$

那么，将式（7-125）代入式（7-123），就将非线性最小二乘转化成线性最小二乘了，如式（7-126）所示[7] 20-21。其中协方差矩阵 $\boldsymbol{\Sigma}_i^{-1}$ 可以开平方后放到平方运算中去，并将平方运算里面的式子进行整理，与变量 $\boldsymbol{x}_i$ 无关的常数项用 $\boldsymbol{b}_i$ 表示，变量 $\boldsymbol{x}_i$ 的系数用 $\boldsymbol{A}_i$ 表示。

$$
\begin{aligned}
\min_{x} \sum_{i} \| y_i - f(x_i) \|^2_{\Sigma_i^{-1}} &\propto \min_{x} \sum_{i} \| y_i - (f(x0_i) + F_i \cdot (x_i - x0_i)) \|^2_{\Sigma_i^{-1}} \\
&= \min_{x} \sum_{i} \| (y_i - f(x0_i) + F_i \cdot x0_i) - F_i \cdot x_i \|^2_{\Sigma_i^{-1}} \\
&= \min_{x} \sum_{i} \left\| \underbrace{\Sigma_i^{-1/2}(y_i - f(x0_i) + F_i \cdot x0_i)}_{b_i} - \underbrace{\Sigma_i^{-1/2} F_i}_{A_i} \cdot x_i \right\|^2 \\
&= \min_{x} \sum_{i} \| b_i - A_i \cdot x_i \|^2
\end{aligned} \tag{7-126}
$$

在理想情况下，$\sum_i \| b_i - A_i \cdot x_i \|^2$ 可以取到最小值 0。而 $\sum_i \| b_i - A_i \cdot x_i \|^2$ 取 0 值，可以等价于求和累加的每一项 $b_i - A_i \cdot x_i$ 都取 0 值，数学表达如式（7-127）所示。

$$
\begin{cases}
A_1 \cdot x_1 = b_1 \\
A_2 \cdot x_2 = b_2 \\
\ldots \\
A_i \cdot x_i = b_i \\
\ldots
\end{cases}，令 A = \begin{bmatrix} A_1 & 0 & \ldots & 0 & \ldots \\ 0 & A_2 & \ldots & 0 & \ldots \\ \ldots & \ldots & \ldots & \ldots & \ldots \\ 0 & 0 & \ldots & A_i & \ldots \\ \ldots & \ldots & \ldots & \ldots & \ldots \end{bmatrix}，x = \begin{bmatrix} x_1 \\ x_2 \\ \ldots \\ x_i \\ \ldots \end{bmatrix}，b = \begin{bmatrix} b_1 \\ b_2 \\ \ldots \\ b_i \\ \ldots \end{bmatrix} \Rightarrow Ax = b \tag{7-127}
$$

通过式（7-127）可以看出，线性最小二乘的直接求解方法，就是解 $Ax = b$ 这个线性方程。大家可能最容易想到，直接对 A 求逆，就能解出 $x = A^{-1}b$。实际情况是，A 往往为不可逆矩阵，所以不能直接求逆运算。该线性方程通常采用数值方法解算，比如 Cholesky 分解和 QR 分解。

首先来看一下 Cholesky 分解求 $Ax = b$ 线性方程的过程，如式（7-128）所示。先在方程两边左乘 A^{T}，然后利用 Cholesky 分解将 $A^{\mathrm{T}}A$ 分解成 $n \times n$ 的上三角矩阵 R 的乘积 $R^{\mathrm{T}}R$。令新的变量 $y = Rx$，那么就得到新的 $R^{\mathrm{T}}y = A^{\mathrm{T}}b$ 线性方程，由于 R 是上三角方阵，其转置 R^{T} 则为下三角方阵，那么很容易从上到下依次解 $R^{\mathrm{T}}y = A^{\mathrm{T}}b$ 中的线性方程，从而求出 y。求出 y 之后，利用 R 是上三角方阵的性质，也很容易从下到上依次解 $Rx = y$ 的线性方程，从而求出 x，这样原来的 $Ax = b$ 线性方程就求解出来了。

$$
\left.
\begin{aligned}
Ax = b &\Leftrightarrow (A^{\mathrm{T}}A)x = A^{\mathrm{T}}b \\
&\Leftrightarrow (R^{\mathrm{T}}R)x = A^{\mathrm{T}}b \\
&\Leftrightarrow R^{\mathrm{T}}(Rx) = A^{\mathrm{T}}b \\
&\Leftrightarrow R^{\mathrm{T}}y = A^{\mathrm{T}}b
\end{aligned}
\right\} 其中：A^{\mathrm{T}}A = R^{\mathrm{T}}R, Rx = y \tag{7-128}
$$

另一种比 Cholesky 分解数值更精确和稳定的方法是 QR 分解，如式（7-129）所示。利用 QR 分解将 A 分解成矩阵 Q 和矩阵 R 的乘积，其中 Q 是正交矩阵（即 $Q^{-1} = Q^{\mathrm{T}}$），R 是上三角矩阵。接着，在方程两边左乘 Q^{-1} 对方程化简，并利用 $Q^{-1} = Q^{\mathrm{T}}$ 就可以得到新的 $Rx = Q^{\mathrm{T}}b$ 线性方程。和 Cholesky 分解中的方法一样，由于 R 是上三角矩阵，那么很容易从下到上解 $Rx = Q^{\mathrm{T}}b$ 线性方程而求出 x，这样原来的 $Ax = b$ 线性方程就求解出来了。

$$
\left.
\begin{aligned}
Ax = b &\Leftrightarrow (QR)x = b \\
&\Leftrightarrow Q^{-1}QRx = Q^{-1}b \\
&\Leftrightarrow Rx = Q^{-1}b \\
&\Leftrightarrow Rx = Q^{\mathrm{T}}b
\end{aligned}
\right\}
\begin{aligned}
&其中： \\
&A = QR \\
&Q 是正交矩阵 (Q^{-1} = Q^{\mathrm{T}}) \\
&R 是上三角矩阵
\end{aligned} \tag{7-129}
$$

7.5.3 优化方法

因为实际 SLAM 问题的非线性最小二乘中，很难找到合适的线性化方法，初值也比较难确定，并且代价函数的误差往往不能最小化到 0 值，所以上面介绍的直接求解方法很难用在实践中。下面就来介绍求解非线性最小二乘最常用的方法，即优化方法。优化方法并不直接求解代价函数来得出解析形式的解，而是通过迭代的方法，按照一定的策略不断调整自变量的取值使代价函数逐渐变小，当代价函数不再下降或者下降幅度很小时，迭代就完成了。接下来介绍 5 种主流的迭代策略，即梯度下降算法、最速下降算法、高斯 - 牛顿算法、列文伯格 - 马夸尔特算法和狗腿算法。

1. 梯度下降算法

为了方便讨论，将式（7-123）中的误差累加运算用函数 $\psi(\boldsymbol{x})$ 表示，如式（7-130）所示。其中，$\boldsymbol{x}=[\boldsymbol{x}_1,\boldsymbol{x}_2,\cdots,\boldsymbol{x}_i,\cdots]^{\mathrm{T}}$ 是一个多维向量，每一个元素 $\boldsymbol{x}_i$ 都是一个待估计的状态量。

$$\psi(\boldsymbol{x})=\sum_i\|\boldsymbol{y}_i-f(\boldsymbol{x}_i)\|^2_{\boldsymbol{\Sigma}_i^{-1}} \tag{7-130}$$

那么，非线性最小二乘问题就是求函数 $\psi(\boldsymbol{x})$ 最小值的问题。梯度下降（Gradient Descent，GD），其实就是自变量 $\boldsymbol{x}$ 沿梯度反方向进行调整，对应的函数 $\psi(\boldsymbol{x})$ 的取值就会下降。这样不断按照梯度方向调整自变量 $\boldsymbol{x}$，使函数 $\psi(\boldsymbol{x})$ 的取值下降到最小为止，如式（7-131）所示。其中 $\boldsymbol{x}^{(k)}$ 表示第 k 步迭代中自变量 $\boldsymbol{x}$ 的取值，α 表示自变量 $\boldsymbol{x}$ 的调整步长，$\nabla\psi(\boldsymbol{x}^{(k)})$ 表示函数 $\psi(\boldsymbol{x})$ 在 $\boldsymbol{x}^{(k)}$ 处的梯度。

$$\begin{aligned}&\mathrm{do}\{\boldsymbol{x}^{(k+1)}=\boldsymbol{x}^{(k)}-\alpha\cdot\nabla\psi(\boldsymbol{x}^{(k)})\\&\}\mathrm{while}(\psi(\boldsymbol{x}^{(k+1)})<\psi(\boldsymbol{x}^{(k)}))\end{aligned} \tag{7-131}$$

为了更直观地说明梯度下降的过程，这里举一个最简单的例子进行说明，如图 7-32 所示。这里的 $\psi(x)$ 函数中自变量 x 是一维的，函数的自变量 x 沿梯度反方向调整，函数值逐渐向目标点下降。有意思的是，这里的调整步长 α 的选取至关重要。如果 α 太小，将导致迭代步数过多才能抵达目标点；如果 α 太大，将导致在目标点附近迭代时错过目标点，而形成来回调整的震荡现象。当 $\psi(\boldsymbol{x})$ 函数自变量 $\boldsymbol{x}$ 为多维向量时，函数图像将是一个曲面或超空间曲面，那么将更容易看出梯度下降的性质。

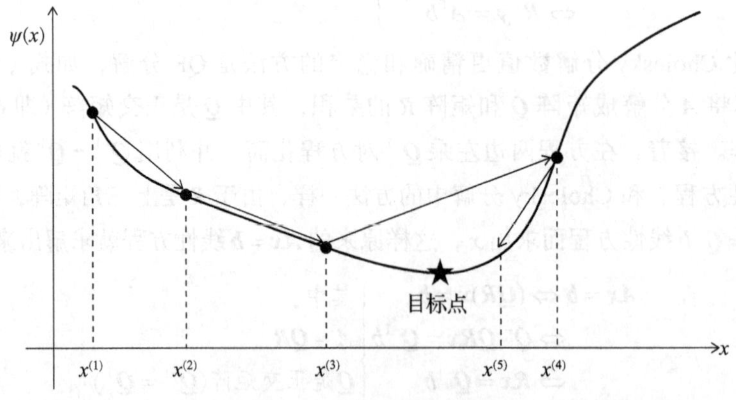

图 7-32 梯度下降过程

在 SLAM 中，函数 $\psi(\boldsymbol{x})$ 中的自变量 $\boldsymbol{x}=[\boldsymbol{x}_1,\boldsymbol{x}_2,\cdots,\boldsymbol{x}_i,\cdots]^{\mathrm{T}}$ 的每个元素 $\boldsymbol{x}_i$ 表示机器人或者路标的空间位姿 pose，而 pose 由三维坐标和空间姿态角两部分组成，其中空间姿态角通常由四元数表示。因为在用式（7-131）进行梯度下降时，涉及对该 pose 变量求导数，并对 pose 进行加法迭代运算，而 pose 内部存在额外的约束导致求导数和求和运算不能直接进行，所以需要将 pose 转换到**李代数**上进行求导数和求和。

2. 最速下降算法

上面已经提到过，梯度下降算法中的步长 α 的选取至关重要。那么，这里介绍的最速下降算法就是梯度下降算法的一种更具体形式。最速下降（Steepest Descent，SD）算法中，每次迭代都找到一个合适的步长 α_k，使得函数沿当前梯度反方向下降。用数学语言来描述这个过程，如式（7-132）所示。按照这个策略选取步长 α_k 后，最速下降算法的其他步骤与梯度下降算法是一样的。

$$\alpha_k=\arg\min_{\alpha\geqslant 0}\psi(\boldsymbol{x}^{(k)}-\alpha\cdot\nabla\psi(\boldsymbol{x}^{(k)}))\tag{7-132}$$

为了更直观地说明最速下降的过程，下面以自变量 $\boldsymbol{x}$ 是二维的函数 $\psi(\boldsymbol{x})$ 为例进行讲解，如图 7-33 所示。自变量 $\boldsymbol{x}$ 是二维的，则函数 $\psi(\boldsymbol{x})$ 为空间曲面，其中 c_0、c_1、……表示曲面的等高线，梯度方向与等高线垂直，最速下降就是沿着梯度反方向一直下降到不能下降为止。从图中看，就是在 $\boldsymbol{x}^{(0)}$ 处以梯度 $\nabla\psi(\boldsymbol{x}^{(0)})$ 的反方向进行下降，$\boldsymbol{x}^{(0)}$ 到 $\boldsymbol{x}^{(1)}$ 的移动量是 $\alpha_0\cdot\nabla\psi(\boldsymbol{x}^{(0)})$，可以看到 $\boldsymbol{x}^{(0)}$ 和 $\boldsymbol{x}^{(1)}$ 连接的线段两端都与等高线垂直。按照这个策略迭代下去，直到函数到达目标点。

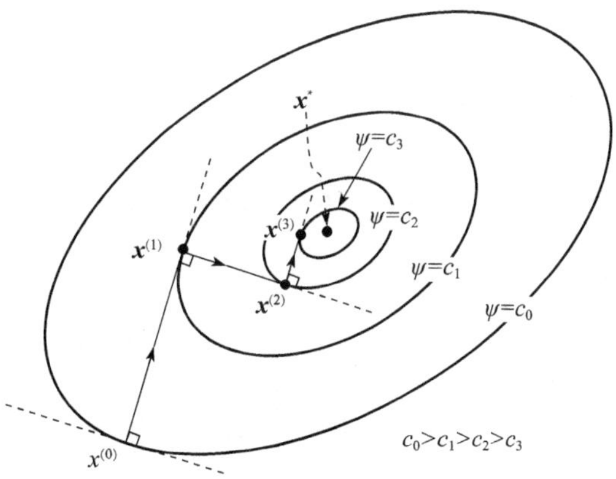

图 7-33　最速下降过程

注：该图来源于文献［9］中的 Figure 8.2。

3. 高斯 – 牛顿算法

上面的最速下降算法，采用梯度来指导迭代的方向。下面介绍的高斯 – 牛顿（Gauss-Newton，GN）算法将从另外一个角度来指导迭代的方向。

（1）梯度、雅克比矩阵和海森矩阵

由于梯度、雅克比矩阵和海森矩阵这些概念在优化问题中经常出现，所以先对这些概念进行介绍。这要从函数扩展到多维的情况说起，如表 7-3 所示。

表 7-3　多维函数

因变量 \ 自变量	一维自变量	多维自变量
一维因变量	$f(x)$	$f(\boldsymbol{x})=f(x_1,x_2,\cdots,x_n)$
多维因变量	$f(x)=\begin{bmatrix}f_1(x)\\f_2(x)\\\cdots\\f_m(x)\end{bmatrix}$	$f(\boldsymbol{x})=\begin{bmatrix}f_1(x_1,x_2,\cdots,x_n)\\f_2(x_1,x_2,\cdots,x_n)\\\cdots\\f_m(x_1,x_2,\cdots,x_n)\end{bmatrix}$

当自变量和因变量都是一维时，函数$f(x)$就是平时最常见的函数，这种情况就不讨论了。下面主要讨论自变量$\boldsymbol{x}=[x_1,x_2,\cdots,x_n]^{\mathrm{T}}$为多维向量，因变量$f(\boldsymbol{x})$为一维和多维的情况，函数的表达形式分别对应式（7-133）和式（7-134）。

$$f(\boldsymbol{x})=f(x_1,x_2,\cdots,x_n) \tag{7-133}$$

$$f(\boldsymbol{x})=\begin{bmatrix} f_1(x_1,x_2,\cdots,x_n) \\ f_2(x_1,x_2,\cdots,x_n) \\ \cdots \\ f_m(x_1,x_2,\cdots,x_n) \end{bmatrix} \tag{7-134}$$

在式（7-133）所示的**多维自变量与一维因变量**的函数式中，函数的一阶导数就是梯度，如式（7-135）所示。可以看出，梯度为一个与自变量$\boldsymbol{x}$同维度的向量。

$$\boldsymbol{grad}=\nabla f(\boldsymbol{x})=\left[\frac{\partial f}{\partial x_1},\frac{\partial f}{\partial x_2},\cdots,\frac{\partial f}{\partial x_n}\right]^{\mathrm{T}} \tag{7-135}$$

在式（7-133）所示的**多维自变量与一维因变量**的函数式中，函数的二阶导数就是海森矩阵，如式（7-136）所示。可以看出，对函数求一阶导数就是梯度（为一个$n\times1$的向量），对梯度再求一阶导数就是海森矩阵（$n\times n$的矩阵）。

$$\begin{aligned}\boldsymbol{Hessian}&=\nabla^2 f(\boldsymbol{x})=\nabla(\nabla f(\boldsymbol{x}))=\nabla(\boldsymbol{grad})=\nabla\left(\left[\frac{\partial f}{\partial x_1},\frac{\partial f}{\partial x_2},\cdots,\frac{\partial f}{\partial x_n}\right]^{\mathrm{T}}\right)\\&=\begin{bmatrix}\frac{\partial^2 f}{\partial x_1\partial x_1} & \frac{\partial^2 f}{\partial x_1\partial x_2} & \cdots & \frac{\partial^2 f}{\partial x_1\partial x_n}\\ \frac{\partial^2 f}{\partial x_2\partial x_1} & \frac{\partial^2 f}{\partial x_2\partial x_2} & \cdots & \frac{\partial^2 f}{\partial x_2\partial x_n}\\ \cdots & \cdots & \cdots & \cdots\\ \frac{\partial^2 f}{\partial x_n\partial x_1} & \frac{\partial^2 f}{\partial x_n\partial x_2} & \cdots & \frac{\partial^2 f}{\partial x_n\partial x_n}\end{bmatrix}_{n\times n}\end{aligned} \tag{7-136}$$

那么，在式（7-134）所示的**多维自变量与多维因变量**的函数式中，函数的一阶导数就是雅克比矩阵，如式（7-137）所示。可以看出，雅克比矩阵的每一行就是多维因变量中每一维梯度向量的转置。雅克比矩阵反映了一个$m\times1$维向量与一个$n\times1$维向量之间微分的关系，所以雅克比矩阵是一个$m\times n$的矩阵。

$$\boldsymbol{Jacobian}=\nabla f(\boldsymbol{x})=\begin{bmatrix}\boldsymbol{grad}_1^{\mathrm{T}}\\ \boldsymbol{grad}_2^{\mathrm{T}}\\ \cdots\\ \boldsymbol{grad}_m^{\mathrm{T}}\end{bmatrix}=\begin{bmatrix}\frac{\partial f_1}{\partial x_1} & \frac{\partial f_1}{\partial x_2} & \cdots & \frac{\partial f_1}{\partial x_n}\\ \frac{\partial f_2}{\partial x_1} & \frac{\partial f_2}{\partial x_2} & \cdots & \frac{\partial f_2}{\partial x_n}\\ \cdots & \cdots & \cdots & \cdots\\ \frac{\partial f_m}{\partial x_1} & \frac{\partial f_m}{\partial x_2} & \cdots & \frac{\partial f_m}{\partial x_n}\end{bmatrix}_{m\times n} \tag{7-137}$$

那么，在式（7-134）所示的**多维自变量与多维因变量**的函数式中，函数也可以求二阶导数，只是结果由多个海森矩阵组成了一个大矩阵，就不介绍了。

（2）牛顿算法

在介绍高斯 - 牛顿算法前，还需要了解一下牛顿算法。还是讨论上面的 $\psi(\boldsymbol{x})$ 函数，牛顿算法是采用二阶泰勒展开对 $\psi(\boldsymbol{x})$ 进行近似，然后在近似局部域中找到局部最小值，并作为下一个迭代点。

简单起见，先讨论函数 $\psi(x)$ 是一维自变量和一维因变量的情况。在牛顿算法中，$\psi(x)$ 用二阶泰勒展开进行近似，如式（7-138）所示。其中，展开点是第 k 步迭代点 $x^{(k)}$。

$$\psi(x) \approx \psi(x^{(k)}) + \psi'(x^{(k)})(x - x^{(k)}) + \frac{1}{2}\psi''(x^{(k)})(x - x^{(k)})^2 \tag{7-138}$$

要求 $\psi(x)$ 的最小值，令其导数等于 0 就能解出极值点，如式（7-139）所示。当然，为了保证求出来的极值点是极小值而不是驻点或极大值，还需要满足该极值点处二阶导数 $\psi''(x) > 0$ 的条件。

$$\left.\begin{aligned} \psi'(x) &\approx (\psi(x^{(k)}) + \psi'(x^{(k)})(x - x^{(k)}) + \frac{1}{2}\psi''(x^{(k)})(x - x^{(k)})^2)' \\ &= \psi'(x^{(k)}) + \psi''(x^{(k)})(x - x^{(k)}) = 0 \end{aligned}\right\} \Leftrightarrow x = x^{(k)} - \frac{\psi'(x^{(k)})}{\psi''(x^{(k)})} \tag{7-139}$$

利用式（7-139）中所求出来的展开点 $x^{(k)}$ 的局部范围极值点作为下一步的迭代点 $x^{(k+1)}$，如式（7-140）所示，这就是牛顿算法的更新策略。

$$x^{(k+1)} = x^{(k)} - \frac{\psi'(x^{(k)})}{\psi''(x^{(k)})} \tag{7-140}$$

为了直观地说明一维自变量和一维因变量函数 $\psi(x)$ 的牛顿法迭代过程，下面结合示意图讲解。如图 7-34 所示，$\psi(x)$ 的二阶泰勒展开是一条抛物线，该抛物线在展开点 $x^{(k)}$ 处与 $\psi(x)$ 相切，该抛物线的底部位置就是下一步迭代点 $x^{(k+1)}$。可以看到，当展开点 $x^{(k)}$ 在 $\psi(x)$ 目标点附近时，下一步迭代点 $x^{(k+1)}$ 将非常接近目标点。

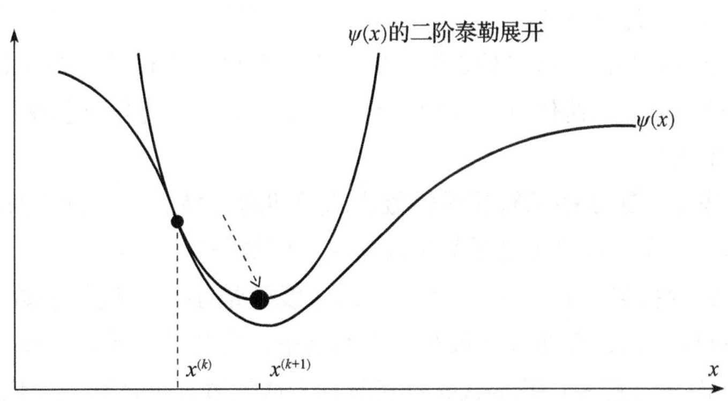

图 7-34　牛顿法迭代过程

注：该图来源于文献［9］中的 Figure 7.6。

介绍完函数 $\psi(x)$ 是一维自变量和一维因变量的情况，现在讨论多维自变量函数 $\psi(\boldsymbol{x}) = \psi(x_1, x_2, \cdots, x_n)$ 的情况。同样在牛顿算法中，$\psi(\boldsymbol{x})$ 用二阶泰勒展开进行近似，如式（7-141）所示。其中，展开点是第 k 步迭代点 $\boldsymbol{x}^{(k)}$。

$$\psi(\boldsymbol{x}) \approx \psi(\boldsymbol{x}^{(k)}) + (\boldsymbol{x}-\boldsymbol{x}^{(k)})^{\mathrm{T}} \cdot \underbrace{\nabla\psi(\boldsymbol{x}^{(k)})}_{\text{grad}} + \frac{1}{2}(\boldsymbol{x}-\boldsymbol{x}^{(k)})^{\mathrm{T}} \cdot \underbrace{\nabla^2\psi(\boldsymbol{x}^{(k)})}_{\text{Hessian}} \cdot (\boldsymbol{x}-\boldsymbol{x}^{(k)}) \tag{7-141}$$

同样要求 $\psi(\boldsymbol{x})$ 的最小值，令其导数等于 0 就能解出极值点，如式（7-142）所示。当然，为了保证求出来的极值点是极小值而不是驻点或极大值，还需要满足该极值点处二阶导数 $\nabla^2\psi(\boldsymbol{x})>0$ 的条件。

$$\begin{aligned}\nabla\psi(\boldsymbol{x}) &\approx \nabla(\psi(\boldsymbol{x}^{(k)}) + (\boldsymbol{x}-\boldsymbol{x}^{(k)})^{\mathrm{T}} \cdot \nabla\psi(\boldsymbol{x}^{(k)}) + \frac{1}{2}(\boldsymbol{x}-\boldsymbol{x}^{(k)})^{\mathrm{T}} \cdot \nabla^2\psi(\boldsymbol{x}^{(k)}) \cdot (\boldsymbol{x}-\boldsymbol{x}^{(k)}))\\ &= \nabla\psi(\boldsymbol{x}^{(k)}) + \nabla^2\psi(\boldsymbol{x}^{(k)}) \cdot (\boldsymbol{x}-\boldsymbol{x}^{(k)}) = 0\\ &\Leftrightarrow \boldsymbol{x} = \boldsymbol{x}^{(k)} - (\nabla^2\psi(\boldsymbol{x}^{(k)}))^{-1} \cdot \nabla\psi(\boldsymbol{x}^{(k)}) = \boldsymbol{x}^{(k)} - \boldsymbol{Hessian}(\boldsymbol{x}^{(k)})^{-1} \cdot \boldsymbol{grad}(\boldsymbol{x}^{(k)})\end{aligned} \tag{7-142}$$

利用式（7-142）中所求出来的展开点 $\boldsymbol{x}^{(k)}$ 的局部范围极值点作为下一步的迭代点 $\boldsymbol{x}^{(k+1)}$，如式（7-143）所示，这就是牛顿算法在多维自变量函数上的更新策略。

$$\boldsymbol{x}^{(k+1)} = \boldsymbol{x}^{(k)} - \boldsymbol{Hessian}(\boldsymbol{x}^{(k)})^{-1} \bullet \boldsymbol{grad}(\boldsymbol{x}^{(k)}) \tag{7-143}$$

为了直观地说明多维自变量函数 $\psi(\boldsymbol{x})$ 的牛顿法迭代过程，下面结合示意图讲解。如图 7-35 所示，$\psi(\boldsymbol{x})$ 的二阶泰勒展开是一个抛物面，该抛物面在展开点 $\boldsymbol{x}^{(k)}$ 处与 $\psi(\boldsymbol{x})$ 相切，该抛物面的底部位置就是下一步迭代点 $\boldsymbol{x}^{(k+1)}$。可以看到，当展开点 $\boldsymbol{x}^{(k)}$ 在 $\psi(\boldsymbol{x})$ 目标点附近时，下一步迭代点 $\boldsymbol{x}^{(k+1)}$ 将非常接近目标点。

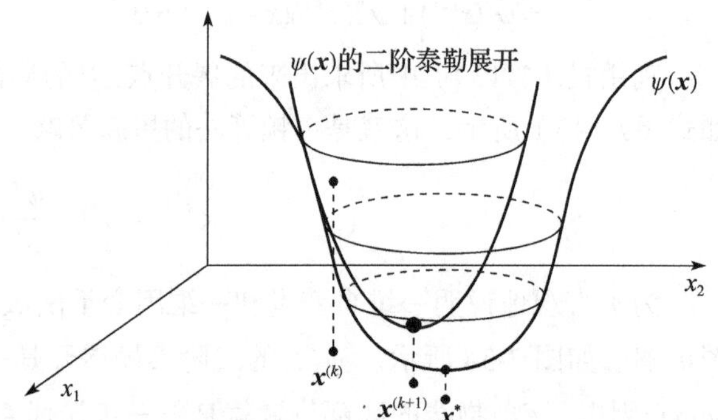

图 7-35　多维自变量函数的牛顿法迭代过程

注：该图来源于文献［9］中的 Figure 9.1。

牛顿法能在比较少的迭代步数内使目标快速收敛，但是从式（7-143）也能看出，牛顿法更新过程需要求海森矩阵的逆，求逆计算量较大。另外，只有当展开点 $\boldsymbol{x}^{(k)}$ 在 $\psi(\boldsymbol{x})$ 目标点附近时，迭代效果才比较好。如果展开点 $\boldsymbol{x}^{(k)}$ 与目标点相隔很远，牛顿法给出的迭代方向可能并不会让函数下降，优化过程反而会发散。

（3）高斯 - 牛顿算法

高斯 - 牛顿法是牛顿法在求解非线性最小二乘问题的特例，所以下面就从非线性最小二乘代价函数 $\psi(\boldsymbol{x})$ 入手，用牛顿法推导出高斯 - 牛顿法[9]168-171。

为了方便后面的推导，将式（7-130）中的非线性最小二乘代价函数变一下形，如式（7-144）所示。可以看出，在非线性最小二乘问题中，优化代价函数 $\psi(\boldsymbol{x})$ 变成了误差函数 $e(\boldsymbol{x})$ 的二次型 $e(\boldsymbol{x})^{\mathrm{T}}\cdot e(\boldsymbol{x})$ 这种特殊形式，这将有利于迭代过程中计算的简化。其中，误差函数 $e(\boldsymbol{x})$ 是多维自变量和多维因变量的函数，因变量 $e(\boldsymbol{x})=[e_1(\boldsymbol{x}), e_2(\boldsymbol{x}), \cdots, e_m(\boldsymbol{x})]^{\mathrm{T}}$ 中的每个元素代表非线性最小二乘问题中的一个约束 $(\boldsymbol{\Sigma}_i^{-1/2})\cdot(\boldsymbol{y}_i - f(\boldsymbol{x}_i))$，自变量 $\boldsymbol{x}=[x_1, x_2, \cdots, x_n]^{\mathrm{T}}$ 中的每个元素代表一个待估状态量。

$$\psi(\boldsymbol{x}) = \sum_i \|\boldsymbol{y}_i - f(\boldsymbol{x}_i)\|^2_{\boldsymbol{\Sigma}_i^{-1}} = \sum_{i=1}^{m}\|e_i(\boldsymbol{x})\|^2 = \|e(\boldsymbol{x})\|^2 = e(\boldsymbol{x})^{\mathrm{T}}\cdot e(\boldsymbol{x}) \tag{7-144}$$

其中，$e(\boldsymbol{x})=\begin{bmatrix} e_1(\boldsymbol{x}) \\ e_2(\boldsymbol{x}) \\ \cdots \\ e_m(\boldsymbol{x}) \end{bmatrix}, \boldsymbol{x}=\begin{bmatrix} \boldsymbol{x}_1 \\ \boldsymbol{x}_2 \\ \cdots \\ \boldsymbol{x}_n \end{bmatrix}$

要用式（7-141）将式（7-144）中的 $\psi(\boldsymbol{x})$ 进行二阶泰勒展开，需要先求出 $\psi(\boldsymbol{x})$ 的一阶导数和二阶导数。$\psi(\boldsymbol{x})$ 的一阶导数就是梯度，即 $\boldsymbol{grad}_\psi=\nabla\psi(\boldsymbol{x})$。下面给出梯度向量中的第 j 行元素的表式，如式（7-145）所示。

$$\frac{\partial\psi}{\partial\boldsymbol{x}_j}=\sum_{i=1}^{m}2\cdot e_i(\boldsymbol{x})\cdot\frac{\partial e_i(\boldsymbol{x})}{\partial\boldsymbol{x}_j} \tag{7-145}$$

通过观察式（7-145）可以发现，其中的 $\frac{\partial e_i(\boldsymbol{x})}{\partial\boldsymbol{x}_j}$ 代表雅克比矩阵中的元素。那么 $\psi(\boldsymbol{x})$ 的一阶导数就可以用 $e(\boldsymbol{x})$ 函数的雅克比矩阵表示，如式（7-146）所示。

$$\underbrace{\nabla\psi}_{\boldsymbol{grad}_\psi}=2\cdot\boldsymbol{Jacobian}_e^{\mathrm{T}}\cdot e(\boldsymbol{x}) \tag{7-146}$$

而 $\psi(\boldsymbol{x})$ 的二阶导数就是海森矩阵，即 $\boldsymbol{Hessian}_\psi=\nabla^2\psi(\boldsymbol{x})$。下面给出海森矩阵中的第 k 行 j 列元素的表式，如式（7-147）所示。

$$\frac{\partial^2\psi}{\partial\boldsymbol{x}_k\partial\boldsymbol{x}_j}=\frac{\partial}{\partial\boldsymbol{x}_k}\left(\frac{\partial\psi}{\partial\boldsymbol{x}_j}\right)=\frac{\partial}{\partial\boldsymbol{x}_k}\left(\sum_{i=1}^{m}2\cdot e_i(\boldsymbol{x})\cdot\frac{\partial e_i(\boldsymbol{x})}{\partial\boldsymbol{x}_j}\right)=2\sum_{i=1}^{m}\left(\frac{\partial e_i(\boldsymbol{x})}{\partial\boldsymbol{x}_k}\cdot\frac{\partial e_i(\boldsymbol{x})}{\partial\boldsymbol{x}_j}+\underbrace{e_i(\boldsymbol{x})\cdot\frac{\partial^2 e_i(\boldsymbol{x})}{\partial\boldsymbol{x}_k\partial\boldsymbol{x}_j}}_{\text{高阶项}S_{k,j}}\right) \tag{7-147}$$

通过观察式（7-147）可以发现，其中的 $\frac{\partial e_i(\boldsymbol{x})}{\partial\boldsymbol{x}_k}$ 和 $\frac{\partial e_i(\boldsymbol{x})}{\partial\boldsymbol{x}_j}$ 都代表雅克比矩阵中的元素。另外一部分是高阶项 $S_{k,j}$，**当迭代点离目标点比较近时，误差 $\boldsymbol{e}_i(\boldsymbol{x})$ 和其二阶导数 $\frac{\partial^2\boldsymbol{e}_i(\boldsymbol{x})}{\partial\boldsymbol{x}_k\partial\boldsymbol{x}_j}$ 都很小，因此高阶项 $\boldsymbol{S}_{k,j}$ 可以忽略掉**。那么 $\psi(\boldsymbol{x})$ 的二阶导数也可以用 $e(\boldsymbol{x})$ 函数的雅克比矩阵表示，如式（7-148）所示。

$$\underbrace{\nabla^2\psi(\boldsymbol{x})}_{\boldsymbol{Hessian}_\psi}\approx 2\cdot\boldsymbol{Jacobian}_e^{\mathrm{T}}\cdot\boldsymbol{Jacobian}_e \tag{7-148}$$

式（7-141）所示二阶泰勒展开所需要的一阶导数 $\nabla\psi(\boldsymbol{x})$ 和二阶导数 $\nabla^2\psi(\boldsymbol{x})$ 已经在式（7-146）和式（7-148）中确定了。那么，就可以利用式（7-142）求 $\psi(\boldsymbol{x})$ 的极值了，求解过程如式（7-149）所示。

$$\begin{aligned}\nabla\psi(\boldsymbol{x})&\approx\nabla(\psi(\boldsymbol{x}^{(k)})+(\boldsymbol{x}-\boldsymbol{x}^{(k)})^{\mathrm{T}}\cdot\nabla\psi(\boldsymbol{x}^{(k)})+\frac{1}{2}(\boldsymbol{x}-\boldsymbol{x}^{(k)})^{\mathrm{T}}\cdot\nabla^2\psi(\boldsymbol{x}^{(k)})\cdot(\boldsymbol{x}-\boldsymbol{x}^{(k)}))\\&=\nabla\psi(\boldsymbol{x}^{(k)})+\nabla^2\psi(\boldsymbol{x}^{(k)})\cdot(\boldsymbol{x}-\boldsymbol{x}^{(k)})=0\\&\Leftrightarrow 2\cdot\boldsymbol{Jacobian}_e^{\mathrm{T}}\cdot e(\boldsymbol{x}^{(k)})+2\cdot\boldsymbol{Jacobian}_e^{\mathrm{T}}\cdot\boldsymbol{Jacobian}_e\cdot(\boldsymbol{x}-\boldsymbol{x}^{(k)})=0\end{aligned} \tag{7-149}$$

令 $\Delta\boldsymbol{x}=\boldsymbol{x}-\boldsymbol{x}^{(k)}$，那么：$\boldsymbol{J}_e^{\mathrm{T}}\boldsymbol{J}_e\cdot\Delta\boldsymbol{x}=-\boldsymbol{J}_e^{\mathrm{T}}\cdot\boldsymbol{e}$。

由式（7-149）推导可知，只要求解 $\boldsymbol{J}_e^{\mathrm{T}}\boldsymbol{J}_e \cdot \Delta\boldsymbol{x} = -\boldsymbol{J}_e^{\mathrm{T}} \cdot \boldsymbol{e}$ 线性方程就能解出迭代更新量 $\Delta\boldsymbol{x} = -(\boldsymbol{J}_e^{\mathrm{T}}\boldsymbol{J}_e)^{-1} \cdot \boldsymbol{J}_e^{\mathrm{T}} \cdot \boldsymbol{e}$。下一步的迭代点 $\boldsymbol{x}^{(k+1)}$ 就可以用式（7-150）计算，这就是高斯 - 牛顿法。

$$\boldsymbol{x}^{(k+1)} = \boldsymbol{x}^{(k)} - (\boldsymbol{J}_{e(\boldsymbol{x}^{(k)})}{}^{\mathrm{T}}\boldsymbol{J}_{e(\boldsymbol{x}^{(k)})})^{-1} \cdot \boldsymbol{J}_{e(\boldsymbol{x}^{(k)})}{}^{\mathrm{T}} \cdot e(\boldsymbol{x}^{(k)}) \tag{7-150}$$

在实际中，不会对 $(\boldsymbol{J}_e^{\mathrm{T}}\boldsymbol{J}_e)$ 矩阵直接求逆，通常采用数值方法解算 $\boldsymbol{J}_e^{\mathrm{T}}\boldsymbol{J}_e \cdot \Delta\boldsymbol{x} = -\boldsymbol{J}_e^{\mathrm{T}} \cdot \boldsymbol{e}$ 线性方程，比如 Cholesky 分解和 QR 分解，参见 7.5.2 节，不再赘述。

通过上面的推导可以发现，借助非线性最小二乘代价函数的特殊形式，牛顿法中的海森矩阵包含的二阶项为一个比较小的量，因此可以忽略二阶项（小量）来简化海森矩阵，这就是高斯 - 牛顿法。简化后，高斯 - 牛顿法实际上是对误差函数 $e(\boldsymbol{x})$ 进行一阶泰勒展开的线性化近似，将非线性最小二乘转换成线性最小二乘，然后在线性上做迭代更新操作。对比 7.5.2 节中非线性最小二乘的直接求解方法和这里的高斯 - 牛顿法，不难发现，直接求解方法是高斯 - 牛顿法 1 步迭代策略的特例。也就是说，7.5.2 节中的直接求解方法，只使用高斯 - 牛顿法迭代了 1 次，就认为达到目标点了。

因此，直接从误差函数 $e(\boldsymbol{x})$ 一阶泰勒展开的线性化近似出发，也很容易推出式（7-150）所示的高斯 - 牛顿法结论[10]20-24。函数 $e(\boldsymbol{x})$ 一阶泰勒展开，如式（7-151）所示。

$$e(\boldsymbol{x}) \approx e(\boldsymbol{x}^{(k)}) + \underbrace{\nabla e(\boldsymbol{x}^{(k)})}_{\boldsymbol{Jacobian}_e} \cdot \underbrace{(\boldsymbol{x} - \boldsymbol{x}^{(k)})}_{\Delta\boldsymbol{x}} \tag{7-151}$$

接着，将式（7-151）所示经过一阶泰勒展开线性化后的误差函数 $e(\boldsymbol{x})$ 代入式（7-144）中，那么非线性最小二乘的代价函数 $\psi(\boldsymbol{x})$ 就变成式（7-152）所示的形式。

$$\begin{aligned}\psi(\boldsymbol{x}) &\approx (e(\boldsymbol{x}^{(k)}) + \boldsymbol{Jacobian}_e \cdot \Delta\boldsymbol{x})^{\mathrm{T}} \cdot (e(\boldsymbol{x}^{(k)}) + \boldsymbol{Jacobian}_e \cdot \Delta\boldsymbol{x}) \\ &= \boldsymbol{e}^{\mathrm{T}} \cdot \boldsymbol{e} + \boldsymbol{e}^{\mathrm{T}} \cdot \boldsymbol{J}_e \cdot \Delta\boldsymbol{x} + \Delta\boldsymbol{x}^{\mathrm{T}} \cdot \boldsymbol{J}_e^{\mathrm{T}} \cdot \boldsymbol{e} + \Delta\boldsymbol{x}^{\mathrm{T}} \cdot \boldsymbol{J}_e^{\mathrm{T}} \cdot \boldsymbol{J}_e \cdot \Delta\boldsymbol{x} \\ &= \boldsymbol{e}^{\mathrm{T}} \cdot \boldsymbol{e} + 2\Delta\boldsymbol{x}^{\mathrm{T}} \cdot \boldsymbol{J}_e^{\mathrm{T}} \cdot \boldsymbol{e} + \Delta\boldsymbol{x}^{\mathrm{T}} \cdot \boldsymbol{J}_e^{\mathrm{T}} \cdot \boldsymbol{J}_e \cdot \Delta\boldsymbol{x}\end{aligned} \tag{7-152}$$

同样，令式（7-152）中的函数 $\psi(\boldsymbol{x})$ 的导数为 0，就可以解出 $\psi(\boldsymbol{x})$ 的极值点了，求解过程如式（7-153）所示。

$$\begin{aligned}\nabla\psi(\boldsymbol{x}) &\approx \nabla(\boldsymbol{e}^{\mathrm{T}} \cdot \boldsymbol{e} + 2\Delta\boldsymbol{x}^{\mathrm{T}} \cdot \boldsymbol{J}_e^{\mathrm{T}} \cdot \boldsymbol{e} + \Delta\boldsymbol{x}^{\mathrm{T}} \cdot \boldsymbol{J}_e^{\mathrm{T}} \cdot \boldsymbol{J}_e \cdot \Delta\boldsymbol{x}) \\ &= 2\boldsymbol{J}_e^{\mathrm{T}} \cdot \boldsymbol{e} + 2\boldsymbol{J}_e^{\mathrm{T}} \cdot \boldsymbol{J}_e \cdot \Delta\boldsymbol{x} = 0 \\ &\Leftrightarrow \boldsymbol{J}_e^{\mathrm{T}}\boldsymbol{J}_e \cdot \Delta\boldsymbol{x} = -\boldsymbol{J}_e^{\mathrm{T}} \cdot \boldsymbol{e}\end{aligned} \tag{7-153}$$

可以发现，式（7-153）中推导出的结果是解 $\boldsymbol{J}_e^{\mathrm{T}}\boldsymbol{J}_e \cdot \Delta\boldsymbol{x} = -\boldsymbol{J}_e^{\mathrm{T}} \cdot \boldsymbol{e}$ 线性方程，这与式（7-149）中的结论是一样的。接下来就是求解 $\boldsymbol{J}_e^{\mathrm{T}}\boldsymbol{J}_e \cdot \Delta\boldsymbol{x} = -\boldsymbol{J}_e^{\mathrm{T}} \cdot \boldsymbol{e}$ 线性方程得到迭代更新量 $\Delta\boldsymbol{x}$，然后用式（7-150）进行迭代更新，这个过程就不多说了。

这里给出了两个思路来推导高斯 - 牛顿法，推导中反复出现了梯度、海森矩阵、雅克比矩阵这些概念，大家一定要分清。$\psi(\boldsymbol{x})$ 是多维自变量和一维因变量函数，所以其一阶导数就是梯度 $\boldsymbol{grad}_\psi$，其二阶导数就是海森矩阵 $\boldsymbol{Hessian}_\psi$。而 $e(\boldsymbol{x})$ 是多维自变量和多维因变量函数，所以其一阶导数是雅克比矩阵 $\boldsymbol{Jacobian}_e$，其二阶导数是由海森矩阵中元素组成的高阶项。

4. 列文伯格 - 马夸尔特算法

高斯 - 牛顿法迭代过程虽然收敛很快，但只有当展开点 $\boldsymbol{x}^{(k)}$ 在 $\psi(\boldsymbol{x})$ 目标点附近时，迭代效果才比较好。换成数学语言描述就是式（7-150）中的矩阵 $(\boldsymbol{J}_e^{\mathrm{T}}\boldsymbol{J}_e)$ 有可能不是正定矩阵，这会导致迭代方向 $\Delta\boldsymbol{x}$ 的代价函数 $\psi(\boldsymbol{x})$ 不一定下降[9]168。为了保证每步高斯－牛顿法迭代过程都能使代价函数下降，Levenbergt 提出了对高斯－牛顿法的修正方法。后来 Marquardt 又重新对该修正方法进行了探讨，所以该方法就以这两个人的名字来命名了，即列文伯格－马夸尔特（Levenbergt-Marquardt，LM）算法。再后来，Fletcher 对其中的实现策略进行了改进，即实际中经常用到的 Levenbergt-Marquardt-Fletcher（简称 LMF）算法[11]120-125。在下面的讨论中，将以简称 LM 和 LMF 指代列文伯格－马夸尔特算法及其变种。

由于高斯－牛顿法只有在展开点 $\boldsymbol{x}^{(k)}$ 附近迭代时才有效，因此迭代更新量 $\Delta\boldsymbol{x}$ 的取值必须限制在一定范围内。那么高斯－牛顿法求解的无约束最小二乘就变成了带约束的最小二乘，如式（7-154）所示。

$$\Delta\boldsymbol{x} = \arg\min_{\Delta\boldsymbol{x}} \| e(\boldsymbol{x}^{(k)}) + \boldsymbol{J}_e \cdot \Delta\boldsymbol{x} \|^2,\quad \| \Delta\boldsymbol{x} \| \leqslant d_k \tag{7-154}$$

式（7-154）中的最小二乘受到不等式 $\| \Delta\boldsymbol{x} \| \leqslant d_k$ 的约束，即迭代更新量 $\Delta\boldsymbol{x}$ 必须在 d_k 距离范围内取值。可以用拉格朗日乘子 μ_k 将式（7-154）所示的带约束的最小二乘转换成无约束最小二乘，如式（7-155）所示。

$$\Delta\boldsymbol{x} = \arg\min_{\Delta\boldsymbol{x}} \{ \| e(\boldsymbol{x}^{(k)}) + \boldsymbol{J}_e \cdot \Delta\boldsymbol{x} \|^2 + \mu_k \| \Delta\boldsymbol{x} \|^2 \} \tag{7-155}$$

和前面一样，要解式（7-155）的最小化问题，令其导数等于 0，就得到如式（7-156）所示的线性方程。

$$(\boldsymbol{J}_e^{\mathrm{T}}\boldsymbol{J}_e + \mu_k \cdot \boldsymbol{I}) \cdot \Delta\boldsymbol{x} = -\boldsymbol{J}_e^{\mathrm{T}} \cdot \boldsymbol{e} \tag{7-156}$$

可以发现，LM 算法是在高斯－牛顿法的线性方程 $(\boldsymbol{J}_e^{\mathrm{T}}\boldsymbol{J}_e) \cdot \Delta\boldsymbol{x} = -\boldsymbol{J}_e^{\mathrm{T}} \cdot \boldsymbol{e}$ 的矩阵 $(\boldsymbol{J}_e^{\mathrm{T}}\boldsymbol{J}_e)$ 引入了 μ_k 倍的单位矩阵做修正。解该线性方程，解得 LM 算法的迭代更新量 $\Delta\boldsymbol{x}$ 如式（7-157）所示。

$$\Delta\boldsymbol{x} = -(\boldsymbol{J}_e^{\mathrm{T}}\boldsymbol{J}_e + \mu_k \cdot \boldsymbol{I})^{-1} \cdot \boldsymbol{J}_e^{\mathrm{T}} \cdot \boldsymbol{e} \tag{7-157}$$

LM 算法的关键是用策略去确定每一步迭代过程 μ_k 的取值。其中 $\mu_k \geqslant 0$，$\boldsymbol{I}$ 为单位矩阵。在矩阵 $(\boldsymbol{J}_e^{\mathrm{T}}\boldsymbol{J}_e)$ 不正定的情况下，取合适的 μ_k 可以让 $(\boldsymbol{J}_e^{\mathrm{T}}\boldsymbol{J}_e + \mu_k \cdot \boldsymbol{I})$ 正定，这样就保证每步迭代中 $\Delta\boldsymbol{x}$ 下的目标函数都会下降。从式（7-157）也很容易看出，**LM 算法是高斯－牛顿法和梯度下降法的结合产物**。式中迭代更新量 $\Delta\boldsymbol{x}$ 的分子项 $-\boldsymbol{J}_e^{\mathrm{T}} \cdot \boldsymbol{e}$ 其实就是目标函数 $\psi(\boldsymbol{x})$ 的负梯度，而分母项 $(\boldsymbol{J}_e^{\mathrm{T}}\boldsymbol{J}_e + \mu_k \cdot \boldsymbol{I})$ 是目标函数 $\psi(\boldsymbol{x})$ 带修正的海森矩阵。当 μ_k 取值较小时，分母中的 $(\boldsymbol{J}_e^{\mathrm{T}}\boldsymbol{J}_e)$ 地位占主要，$\Delta\boldsymbol{x}$ 更接近于高斯－牛顿法；而 μ_k 取值较大时，分母中的 $(\mu_k \cdot \boldsymbol{I})$ 占主要地位，$\Delta\boldsymbol{x}$ 更接近于梯度下降法。当然 μ_k 也不能太大，这会让 $\Delta\boldsymbol{x}$ 的分母很大，也就是 $\Delta\boldsymbol{x}$ 梯度方向的步长很小，这会让收敛很慢。

下面将以 LMF 算法为例，介绍确定每一步迭代中 μ_k 取值的具体策略。为了表述方便，将代价函数 $\psi(\boldsymbol{x})$ 基于高斯－牛顿法在点 $\boldsymbol{x}^{(k)}$ 处近似展开的结果记为 φ，如式（7-158）所示。

$$\begin{aligned}
\psi(\boldsymbol{x}) &\approx (e(\boldsymbol{x}^{(k)}) + \boldsymbol{Jacobian}_e \cdot \Delta\boldsymbol{x})^{\mathrm{T}} \cdot (e(\boldsymbol{x}^{(k)}) + \boldsymbol{Jacobian}_e \cdot \Delta\boldsymbol{x}) \\
&= \boldsymbol{e}^{\mathrm{T}} \cdot \boldsymbol{e} + \boldsymbol{e}^{\mathrm{T}} \cdot \boldsymbol{J}_e \cdot \Delta\boldsymbol{x} + \Delta\boldsymbol{x}^{\mathrm{T}} \cdot \boldsymbol{J}_e^{\mathrm{T}} \cdot \boldsymbol{e} + \Delta\boldsymbol{x}^{\mathrm{T}} \cdot \boldsymbol{J}_e^{\mathrm{T}} \cdot \boldsymbol{J}_e \cdot \Delta\boldsymbol{x} \\
&= \boldsymbol{e}^{\mathrm{T}} \cdot \boldsymbol{e} + 2\Delta\boldsymbol{x}^{\mathrm{T}} \cdot \boldsymbol{J}_e^{\mathrm{T}} \cdot \boldsymbol{e} + \Delta\boldsymbol{x}^{\mathrm{T}} \cdot \boldsymbol{J}_e^{\mathrm{T}} \cdot \boldsymbol{J}_e \cdot \Delta\boldsymbol{x} \\
&= \varphi(\Delta\boldsymbol{x})
\end{aligned} \tag{7-158}$$

那么在迭代更新量 $\Delta\boldsymbol{x}$ 下，代价函数 $\psi(\boldsymbol{x})$ 的变化量如式（7-159）所示。而在迭代更新量 $\Delta\boldsymbol{x}$ 下，代价函数 $\psi(\boldsymbol{x})$ 的近似函数 φ 的变化量如式（7-160）所示。

$$\Delta\psi=\psi(\boldsymbol{x}^{(k)}+\Delta\boldsymbol{x})-\psi(\boldsymbol{x}^{(k)})=\psi(\boldsymbol{x}^{(k+1)})-\psi(\boldsymbol{x}^{(k)}) \tag{7-159}$$

$$\Delta\varphi=\varphi(\Delta\boldsymbol{x})-\varphi(\boldsymbol{0})=2\Delta\boldsymbol{x}^{\mathrm{T}}\cdot\boldsymbol{J}_e^{\mathrm{T}}\cdot\boldsymbol{e}+\Delta\boldsymbol{x}^{\mathrm{T}}\cdot\boldsymbol{J}_e^{\mathrm{T}}\cdot\boldsymbol{J}_e\cdot\Delta\boldsymbol{x} \tag{7-160}$$

接着，求两个变化量的比值 γ_k，如式（7-161）所示。其实 γ_k 可以用来衡量代价函数 $\psi(\boldsymbol{x})$ 在展开点 $\boldsymbol{x}^{(k)}$ 附近的线性度，γ_k 取值越趋近 1，说明原函数和近似函数的变化量越接近，即该展开点的线性度越好。

$$\gamma_k=\frac{\Delta\psi}{\Delta\varphi}=\frac{\psi(\boldsymbol{x}^{(k+1)})-\psi(\boldsymbol{x}^{(k)})}{2\Delta\boldsymbol{x}^{\mathrm{T}}\cdot\boldsymbol{J}_e^{\mathrm{T}}\cdot\boldsymbol{e}+\Delta\boldsymbol{x}^{\mathrm{T}}\cdot\boldsymbol{J}_e^{\mathrm{T}}\cdot\boldsymbol{J}_e\cdot\Delta\boldsymbol{x}} \tag{7-161}$$

现在来讨论 LMF 算法中的第 k 步迭代的具体过程。其实策略很简单，就是根据给定的修正参数 μ_k 初值，由式（7-157）计算出迭代更新量 $\Delta\boldsymbol{x}$。接着，将该更新量 $\Delta\boldsymbol{x}$ 代入式（7-161）计算比值 γ_k。然后根据 γ_k 取值情况，调整 μ_k，并根据调整后的 μ_k 计算修正后的更新量 $\Delta\boldsymbol{x}$。其中 μ_k 的调整思路是这样的：当 γ_k 接近 1 时，说明 φ 在展开点 $\boldsymbol{x}^{(k)}$ 对 $\psi(\boldsymbol{x})$ 的近似效果比较好，迭代更新量 $\Delta\boldsymbol{x}$ 应该用高斯 - 牛顿法来主导，即 μ_k 应该调小一点；反之，当 γ_k 接近 0 时，说明 φ 在展开点 $\boldsymbol{x}^{(k)}$ 对 $\psi(\boldsymbol{x})$ 的近似效果比较差，迭代更新量 $\Delta\boldsymbol{x}$ 应该用梯度下降法来主导，即 μ_k 应该调大一点；如果 γ_k 小于 0，因为 $\Delta\boldsymbol{x}$ 肯定会使近似函数 φ 下降，那么就说明这时代价函数 $\psi(\boldsymbol{x})$ 是上升的，所以要拒绝本次迭代更新量 $\Delta\boldsymbol{x}$，并将 μ_k 调大；如果 γ_k 是介于 0 和 1 之间的合适取值，就认为 μ_k 取值合理，不做调整。通常 γ_k 的临界值是 0.25 和 0.75，而 μ_k 的调整幅度一般按 10 倍比例进行缩放。代码清单 7-2 所示为 LMF 算法伪代码。

代码清单 7-2　LMF 算法伪代码

initial μ_k

$(J_e^{\mathrm{T}}J_e+\mu_k\cdot I)\cdot\Delta x=-J_e^{\mathrm{T}}\cdot e\Rightarrow\Delta x$

$\gamma_k=\dfrac{\Delta\psi}{\Delta\varphi}=\dfrac{\psi(x^{(k+1)})-\psi(x^{(k)})}{2\Delta x^T\cdot J_e^T\cdot e+\Delta x^T J_e^T\cdot J_e\cdot\Delta x}$

if $\gamma_k>0.75$

　　$\mu_{k+1}=\mu_k/10$

　　return Δx

if $0.25\leqslant\gamma_k\leqslant0.75$

　　$\mu_{k+1}=\mu_k$

　　return Δx

if $0\leqslant\gamma_k<0.25$

　　$\mu_{k+1}=\mu_k\times10$

　　return Δx

if $\gamma_k<0$

　　$\mu_{k+1}=\mu_k\times10$

　　refused Δx

可以看出，算法就是利用修正参数 μ_k 来决定迭代更新量 $\Delta\boldsymbol{x}$ 更偏向于取高斯 - 牛顿更新方向还是梯度下降方向，以保证每次迭代都是下降的。上面的算法伪代码只是给出了第

k 步迭代过程中更新量 $\Delta\boldsymbol{x}$ 的计算方法，至于利用每步更新量 $\Delta\boldsymbol{x}$ 进行迭代的整个过程与高斯－牛顿法中的过程是一样的，不再赘述。

5. 狗腿算法

从上面的讨论可知，LM 算法是高斯－牛顿法和梯度下降法的结合产物，高斯－牛顿法与梯度下降法通过修正参数 μ_k 进行混合，μ_k 常常也称为高斯－牛顿法的阻尼系数，而 μ_k 的取值通过展开点线性度 γ_k 动态调整。但是，从代码清单 7-2 中的第 13 ～ 15 行知道，当 γ_k 小于 0 时，所求解出的 $\Delta\boldsymbol{x}$ 会被拒绝，也就是说 $\Delta\boldsymbol{x}$ 被视作无效而直接丢弃掉，而白白付出了求解第 2 行线性方程的计算代价。考虑到 LM 算法中拒绝更新这个问题，Powell 提出了狗腿算法 [12]，从另一个思路整合高斯－牛顿法和梯度下降法。

在狗腿算法中，首先计算代价函数 $\psi(\boldsymbol{x})$ 的梯度，然后用式（7-132）确定步长 a_k。那么最速下降法的迭代更新量，如式（7-162）所示。接下来利用式（7-149）计算高斯－牛顿法的迭代更新量，如式（7-163）所示。

$$\Delta\boldsymbol{x}_{\mathrm{SD}} = -\alpha_k \cdot \nabla\psi(\boldsymbol{x}^{(k)}) = -\alpha_k \cdot 2 \cdot \boldsymbol{Jacobian}_e^{\mathrm{T}} \cdot e(\boldsymbol{x}^{(k)}) \tag{7-162}$$

$$\Delta\boldsymbol{x}_{\mathrm{GN}} = -(\boldsymbol{J}_e^{\mathrm{T}}\boldsymbol{J}_e)^{-1} \cdot \boldsymbol{J}_e^{\mathrm{T}} \cdot \boldsymbol{e} \tag{7-163}$$

在 LM 算法中，通过线性度 γ_k 动态调整 μ_k，而 μ_k 反映高斯－牛顿法和梯度下降法作用到迭代更新量 $\Delta\boldsymbol{x}$ 上的比例。在狗腿算法中，也使用线性度 γ_k 来动态调整参数，只不过调整参数不是 μ_k 而是 d_k。在式（7-154）中已经讨论过，d_k 用于限制更新量 $\Delta\boldsymbol{x}$ 的取值范围，d_k 也称为置信域。由于 d_k 与 μ_k 是负相关的，因此用 γ_k 调整 d_k 的策略与调整 μ_k 的策略刚刚相反。然后，利用置信域 d_k 来确定最速下降法的迭代更新量 $\Delta\boldsymbol{x}_{\mathrm{SD}}$ 和高斯－牛顿法的迭代更新量 $\Delta\boldsymbol{x}_{\mathrm{GN}}$ 之间的具体结合方式。下面具体介绍狗腿算法的实现过程，代码清单 7-3 所示为狗腿算法伪代码 [10] 29-34。

代码清单 7-3 狗腿算法伪代码

```
initial  $d_k$
compute:  $\Delta x_{SD}, \Delta x_{GN}$
update  $\Delta x_{DL}$ :
  if  $\|\Delta x_{GN}\| \leqslant d_k$
     $\Delta x_{DL} = \Delta x_{GN}$
  else if  $\|\Delta x_{SD}\| \geqslant d_k$
     $\Delta x_{DL} = d_k \cdot \frac{\Delta x_{SD}}{\|\Delta x_{SD}\|}$
  else
  $\Delta x_{DL} = \Delta x_{SD} + \beta(\Delta x_{GN} - \Delta x_{SD})$ ,chosen $\beta$ so that  $\|\Delta x_{DL}\| = d_k$
update  $d_k$ :
  use  $\Delta x_{DL}$  compute:  $\gamma_k = \frac{\Delta\psi}{\Delta\varphi} = \frac{\psi(x^{(k+1)}) - \psi(x^{(k)})}{2\Delta x^T \cdot J_e^T \cdot e + \Delta x^T \cdot J_e^T \cdot J_e \cdot \Delta x}$
  if  $\gamma_k > 0.75$
     $d_{k+1} = \max\{d_k, 3 \cdot \|\Delta x_{DL}\|\}$
   if  $0.25 \leqslant \gamma_k \leqslant 0.75$
     $d_{k+1} = d_k$
  if  $\gamma_k < 0.25$
```

```
17        d_{k+1} = d_k / 2
18 return  Δx_DL, d_{k+1}
```

代码分为两大部分：一部分是第 3 ～ 9 行所示狗腿算法迭代更新量 $\Delta\boldsymbol{x}_{\mathrm{DL}}$ 的计算，另一部分是第 10 ～ 17 行所示置信域 d_k 的调整。

在狗腿算法迭代更新量 $\Delta\boldsymbol{x}_{\mathrm{DL}}$ 的计算中，分为 3 种情况，如图 7-36 所示。当 $\Delta\boldsymbol{x}_{\mathrm{GN}}$ 在置信域的可信任范围时，因为高斯 - 牛顿法能使代价函数更快下降，所以 $\Delta\boldsymbol{x}_{\mathrm{DL}}$ 直接取 $\Delta\boldsymbol{x}_{\mathrm{GN}}$ 了。当 $\Delta\boldsymbol{x}_{\mathrm{GN}}$ 超出置信域时，高斯 - 牛顿方向不一定能让代价函数下降；而最速下降量 $\Delta\boldsymbol{x}_{\mathrm{SD}}$ 肯定能使代价函数下降，$\Delta\boldsymbol{x}_{\mathrm{DL}}$ 取最速下降量 $\Delta\boldsymbol{x}_{\mathrm{SD}}$ 方向的 $\dfrac{\Delta\boldsymbol{x}_{\mathrm{SD}}}{\|\Delta\boldsymbol{x}_{\mathrm{SD}}\|}$，步长取 d_k，因为步长 d_k 小于 $\Delta\boldsymbol{x}_{\mathrm{SD}}$ 的长度，所以 $\Delta\boldsymbol{x}_{\mathrm{DL}}$ 肯定能让代价函数下降。而剩下最糟糕的情况，当 $\Delta\boldsymbol{x}_{\mathrm{GN}}$ 超出置信域而 $\Delta\boldsymbol{x}_{\mathrm{SD}}$ 在置信域内，$\Delta\boldsymbol{x}_{\mathrm{DL}}$ 就要选取 $\Delta\boldsymbol{x}_{\mathrm{GN}}$ 和 $\Delta\boldsymbol{x}_{\mathrm{SD}}$ 之间折中的迭代量。

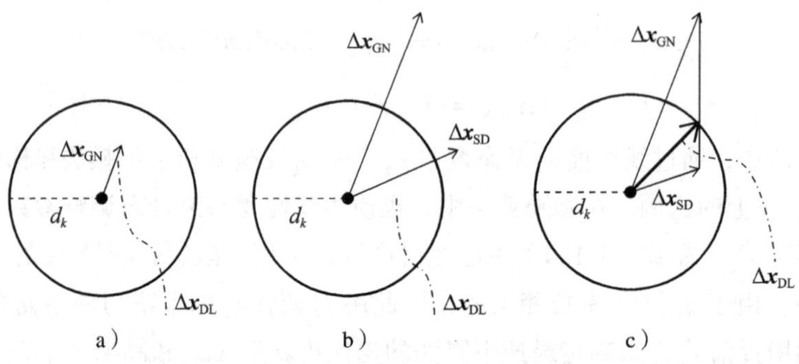

图 7-36　狗腿算法迭代更新量选取

代码清单 7-3 中第 9 行利用 $\Delta\boldsymbol{x}_{\mathrm{GN}}$ 和 $\Delta\boldsymbol{x}_{\mathrm{SD}}$ 合成 $\Delta\boldsymbol{x}_{\mathrm{DL}}$ 的计算，其实就是求解图 7-36c 中的几何关系。$\Delta\boldsymbol{x}_{\mathrm{DL}}$ 向量的端点，由 $\Delta\boldsymbol{x}_{\mathrm{GN}}$ 向量与 $\Delta\boldsymbol{x}_{\mathrm{SD}}$ 向量的差向量和半径为 d_k 的置信域圆周的交点确定。通过这个几何关系，可以确定 β。

与 LM 算法一样，利用 γ_k 对置信域 d_k 的调整，也是在 γ_k 的临界值为 0.25 和 0.75 的情况下进行讨论。当 γ_k 大于 0.75 时，说明展开点线性度好，可以将置信域扩大，扩大值取 d_k 和 $3\|\Delta x_{DL}\|$ 中较大的那个。当 γ_k 在 0.25 ～ 0.75 之间时，说明置信域设置合理，不用调整。当 γ_k 小于 0.25 时，说明展开点线性度差，需将置信域缩小，一般按 2 倍来缩小。

可以看出在狗腿算法中，无论何种情况，每步执行迭代量计算完后都会执行迭代操作并且能让代价函数下降。而 LM 算法中，每步迭代中存在拒绝迭代的问题。从这一点看，狗腿算法整合高斯 - 牛顿和梯度下降的策略要比 LM 算法好。

7.5.4　各优化方法对比

下面对比梯度下降、最速下降、高斯 - 牛顿、LM 和狗腿这 5 种流行的优化算法。

梯度下降，其实就是一种暴力算法，下降的效率时好时坏。

最速下降算法就是梯度下降算法的一种更具体形式，其虽然比梯度下降法快，但需要在寻找合适的步长 α_k 上付出额外计算代价。

高斯 - 牛顿法将代价函数 $\psi(\boldsymbol{x})$ 在迭代点 $\boldsymbol{x}^{(k)}$ 上做展开近似，当展开点附近区域的线性度好时，高斯 - 牛顿法下降比最速下降法要快很多。

LM 算法是高斯 - 牛顿法的一种改进算法，解决了展开点附近区域的线性度差时，高斯 - 牛顿法不一定下降的问题。其思路是利用线性度 γ_k 来调节高斯 - 牛顿的阻尼系数 μ_k。LM 算法是高斯 - 牛顿法和梯度下降法的结合产物。

狗腿算法是高斯 - 牛顿法的另一种改进算法，解决了 LM 算法中存在的拒绝更新问题。其思路是利用线性度 γ_k 来调节置信域 d_k，然后用置信域 d_k 指导高斯 - 牛顿法和梯度下降法的混合过程。

可以发现，每一种方法都是前一种的改进，下降速度越来越好，但是每一步迭代的计算代价越来越高。因此，在实际应用中要结合实际问题合理选择。比如狗腿算法虽然每步迭代下降效果是最好的，但是每步迭代付出的计算代价也最昂贵，站在整个迭代过程看，迭代效率并不一定比最普通的梯度下降法好。

7.5.5 常用优化工具

上面介绍了这么多优化算法，其实这些算法并不需要我们亲自写代码来实现。这些迭代策略被广泛应用在机器学习、数学、工程等领域，有大量的现成代码实现库，比如 Ceres-Solver、g2o、GTSAM、iSAM 等。

1. 图优化工具 g2o

g2o（General Graphic Optimization）是一个用图优化来求解非线性误差函数的开源 C++ 库[⊖]。g2o 是一个依赖极少的轻量级库，仅需要 Eigen3 依赖库就能运行起来，能非常方便地运用到机器人中解决非线性最小二乘、SLAM、BA 等优化问题。

使用 g2o 库编程也非常简单，仅有 3 个步骤。第 1 步，用图结构定义非线性最小二乘问题，图结构中的顶点表示待优化的状态量，顶点与顶点之间连接的边代表约束关系，约束关系用误差函数描述，非线性最小二乘问题构建的图结构其实与 7.2.4 节中介绍的因子图是一样的东西。第 2 步，选择优化策略，比如常见的 Gauss-Newton、Levenberg-Marquardt、Dogleg 等。第 3 步，启动 g2o 求解器开始迭代，迭代具体流程如图 7-37 所示。

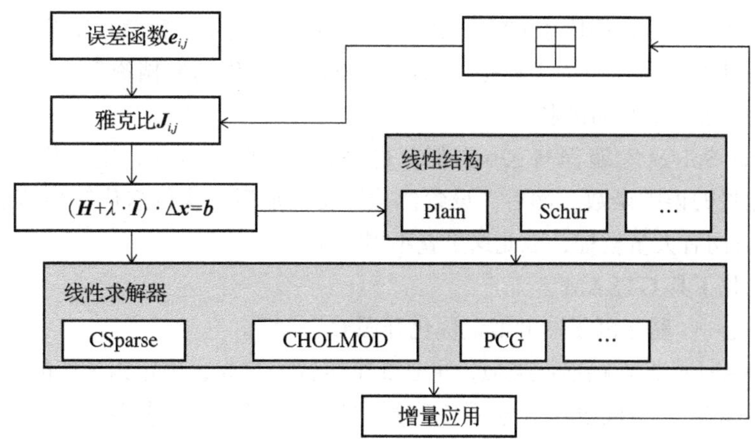

图 7-37 g2o 迭代具体流程

注：该图来源于文献［13］中的图 3。

⊖ g2o 的源码下载地址为 https://github.com/RainerKuemmerle/g2o。

其实 g2o 框架很好理解，就是一个 C++ 类，如图 7-38 所示。框架的核心是 SparseOptimizer 类，该类往上和往下的箭头分别指向 OptimizableGraph 类和 Solver 类，而 OptimizableGraph 指向了 HyperGraph 类。在 HyperGraph 类中定义图结构的顶点和边用以描述非线性最小二乘问题，由于这个图结构中的边描述的是 2 个以上顶点间的约束关系，故这种图结构也称为超图。在 Solver 类中设置迭代使用的具体策略。

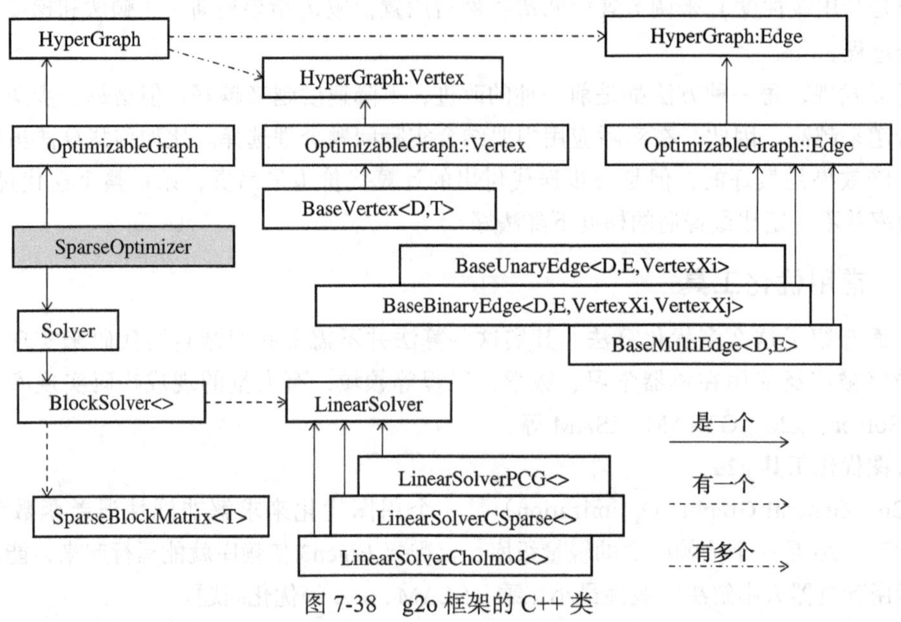

图 7-38　g2o 框架的 C++ 类

注：该图来源于文献［14］中的 Figure 2。

2. 非线性优化工具 Ceres-Solver

Ceres-Solver 是谷歌用于解决非线性优化问题的开源 C++ 库[㊀]，可以用来解决约束和非约束的非线性最小二乘问题。在谷歌地图、Tango 以及 OKVIS 和 cartographer 这两个 SLAM 系统的优化模块中都使用到了 Ceres-Solver。虽然 Ceres-Solver 运行需要较多的依赖，不如 g2o 轻便。但是相比于 g2o 来说，Ceres-Solver 提供了数值自动求导功能，避免了复杂的雅克比计算。另外一个优势是，Ceres-Solver 所提供的文档资料比 g2o 要丰富很多，这无疑给开发者带来不小的便利。

使用 Ceres-Solver 库编程与 g2o 类似，也是 3 个步骤。首先，定义代价函数的形式，也就是待优化量的误差函数。然后，设置优化策略。最后，执行迭代等待结果输出。由于 Ceres-Solver 官网有大量教程，因此这里就不展开了。

3. 增量优化工具 GTSAM

GTSAM 是一个基于因子图的增量优化开源 C++ 库[㊁]。

使用 GTSAM 库编程跟前面类似，也是 3 个步骤。首先，确定因子图的形式，GTSAM 中已经提供了 IMU、相机投影等常用传感器的噪声因子，也支持用户自定义因子，这在多传感器融合应用中非常有意义。然后，设置优化策略，比如 Gauss-Newton、Levenberg-

㊀ Ceres-Solver 官网 http://ceres-solver.org/。

㊁ GTSAM 官网 https://gtsam.org/。

Marquardt、Dogleg 等。最后，执行优化，等待结果输出。

相较于 g2o 等图优化，GTSAM 精度稍差，代码结构较复杂，不过因为优化过程能增量计算，所以优化速度会快很多。基于因子图的增量优化方法兼具古典滤波方法的在线计算特性和普通图优化方法的全局优化特性，是新的研究热点。

7.6　典型 SLAM 算法

针对式（7-38）所述的在线 SLAM 系统，以扩展卡尔曼滤波（EKF）为代表的滤波方法，是求解该状态估计问题最典型的方法，在 7.4 节中已经详细讨论过这些滤波方法的基础原理，而基于滤波方法基础原理的两种典型实现框架为 EKF-SLAM 和 Fast-SLAM。虽然式（7-39）所示的完全 SLAM 系统可以用滤波方法求解，比如著名的 Fast-SLAM 实现框架，但贝叶斯网络表示下的完全 SLAM 系统能很方便地转换成因子图表示，利用因子图表示完全 SLAM 问题后用最小二乘估计进行求解会更方便。SLAM 框架可以用表 7-4 来大致分类。

表 7-4　SLAM 框架分类

		在线 SLAM 系统	完全 SLAM 系统
贝叶斯网络表示	EKF 滤波	EKF-SLAM	
	粒子滤波		Fast-SLAM
最小二乘表示	直接法		Graph-SLAM
	优化法		现今主流 SLAM

虽然 EKF-SLAM、Fast-SLAM 和 Graph-SLAM 是最经典的几个 SLAM 框架，也囊括了 SLAM 的几个主要研究方向，但是只在学术上还会被提起，工程应用上已经不会使用这些框架了。现今主流 SLAM 算法大多是基于最小二乘来迭代优化求解，即优化方法。图 7-39 所示为一些工程中常用的 SLAM 框架，当然为了便于对比学习，其中也有一些不是优化方法的算法。

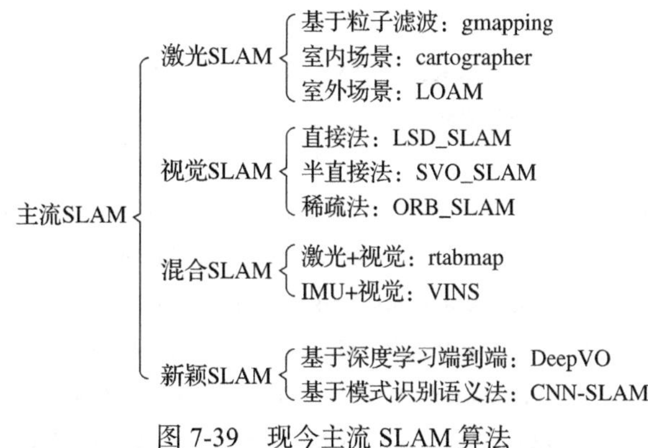

图 7-39　现今主流 SLAM 算法

7.7　本章小结

本章首先对 SLAM 发展历史进行了回顾，并给出了学习动向图以帮助读者快速把握整体学习脉络。然后讨论了 SLAM 中所涉及的概率理论，包括概率运动模型、概率观测模型以及将运动与观测联系在一起的概率图模型。根据概率图模型中的贝叶斯网络和因子图两类表示方法可以引出滤波方法及优化方法这两大 SLAM 求解方法，当然在正式讨论滤波方法和优化方法之前，我们还需要学习一些估计理论方面的知识。最后讨论了两种状态估计问题的具体求解方法，基于贝叶斯网络的状态估计主要求解方法包括参数滤波和非参数滤波，而基于因子图的状态估计主要求解方法包括直接法和优化法。

SLAM 是一个理论性和工程性都很强的课题，掌握理论后，还需要结合实际项目示例真正将 SLAM 系统用起来。所以接下来的章节将通过讲解各种现今主流 SLAM 框架的应用，让大家真正将 SLAM 用起来，并能根据实际需求来修改和完善开源 SLAM 代码。

参考文献

[1] SMITH，HAMISH R C，CHEESEMAN，et al. On the Representation and Estimation of Spatial Uncertainty [M]. London：Sage Publications，Inc，1986.

[2] DURRANT-WHYTE H，BAILEY T. Simultaneous localization and mapping：part I [J]. IEEE Robotics & Automation Magazine，2006，13（2）：99-110.

[3] JUAN-ANTONIO FERNÁNDEZ-M，JOSÉ-L B. Simultaneous Localization and Mapping for Mobile Robots：Introduction and Methods [M]. Pennsylvania：IGI Global，2012.

[4] THRUN S，BURGARD W，FOX D. Probabilistic Robotics：Intelligent Robotics and Autonomous Agents [M]. Cambridge：The MIT Press，2005.

[5] KOLLER D，FRIEDMAN N. Probabilistic Graphical Models：Principles and Techniques [M]. Cambridge：The MIT Press，2009.

[6] BISHOP C M. Pattern Recognition and Machine Learning：Information Science and Statistics [M]. Berlin：Springer. 2006.

[7] FRANK D，MICHAEL K. Factor Graphs for Robot Perception [M]. Hanover：now publisher，2017.

[8] STEVEN M. K. Fundamentals of statistical signal processing：Estimation theory [M]. New Jersey：Prentice Hall，1993.

[9] EDWIN K P C，STANISLAW H Z. An Introduction to Optimization [M]. 4th ed. New Jersey：John Wiley & Sons，2013.

[10] MADSEN K，NIELSEN H B，TINGLEFF O. Methods for Non-Linear Least Squares Problems [M]. 2nd ed. Denmark：Informatics and Mathematical Modelling Technical University of Denmark，2004.

[11] 王宜举，修乃华. 非线性规划理论与算法 [M]. 2 版. 西安：陕西科学技术出版社，2008.

[12] POWELL M J D . A New Algorithm for Unconstrained Optimization [M] . //University of Wisconsin Madison Mathematics Research Center. Nonlinear Programming. Amsterdam : New York：Acadmedic Press，1970：31-65.

[13] KUMMERLE R，GRISETTI G，STRASDAT H，et al. G2o：A general framework for graph optimization [C]. New York：IEEE，2011.

[14] GRISETTI G，KUMMERLE R，STRASDAT H，et al. G2o：A general framework for（hyper）graph optimization [C]. New York：IEEE，2011.

[15] DELLAERT F，KAESS M. Square Root SAM：Simultaneous Localization and Mapping via Square Root Information Smoothing [J]. The International Journal of Robotics Research，2006，25（12）：1181-1203.

[16] KAESS M，RANGANATHAN A，DELLAERT F. iSAM : Incremental Smoothing and Mapping [J]. IEEE Transactions on Robotics，2008，24（6）：1365-1378.

[17] KAESS M，JOHANNSSON H，et al. iSAM2 : Incremental Smoothing and Mapping Using the Bayes Tree [J]. The International Journal of Robotics Research（IJRR），2012，31（2）：216-235.

CHAPTER 8

第 8 章

激光 SLAM 系统

第 7 章系统地介绍了 SLAM 的数学理论，从本章开始学习重心将转移到实际项目代码上。这一章将介绍 3 种流行的激光 SLAM 算法：ROS 中最经典的基于粒子滤波的 Gmapping 算法；时下非常流行的、基于优化的 Cartographer 算法；基于多线激光雷达的 LOAM 算法。

8.1 Gmapping 算法

下面将从原理分析、源码解读和安装与运行这 3 个方面展开讲解 Gmapping 算法。

8.1.1 原理分析

用 RBPF 粒子滤波器来求解 SLAM 问题，也有人基于 RBPF 来研究构建栅格地图（grid map）的 SLAM 算法，它就是 ROS 中大名鼎鼎的 Gmapping 算法。Gmapping 是一种基于粒子滤波的算法。不过在 Gmapping 算法中，对 RBPF 的建议分布（proposal distribution）和重采样进行了改进。下面首先介绍 RBPF 的滤波过程，然后介绍对 RBPF 建议分布和重采样的改进，最后介绍如何使用改进的 RBPF 滤波，这些内容主要参考 Gmapping 算法的论文［1］。

1. RBPF 的滤波过程

其实 RBPF 的思想就是将 SLAM 中的定位和建图问题分开来处理，如式（8-1）所示。也就是先利用 $P(\boldsymbol{x}_{1:t} \mid z_{1:t}, \boldsymbol{u}_{1:t-1})$ 估计出机器人的轨迹 $\boldsymbol{x}_{1:t}$，然后在轨迹 $\boldsymbol{x}_{1:t}$ 已知的情况下可很容易估计出地图 $\boldsymbol{m}$。

$$P(\boldsymbol{x}_{1:t}, \boldsymbol{m} \mid z_{1:t}, \boldsymbol{u}_{1:t-1}) = P(\boldsymbol{m} \mid \boldsymbol{x}_{1:t}, z_{1:t}) \cdot P(\boldsymbol{x}_{1:t} \mid z_{1:t}, \boldsymbol{u}_{1:t-1}) \tag{8-1}$$

在给定机器人位姿的情况下，利用 $P(\boldsymbol{m} \mid \boldsymbol{x}_{1:t}, z_{1:t})$ 进行建图很简单，可以参考文献［2］。所以，RBPF 讨论的重点其实就是 $P(\boldsymbol{x}_{1:t} \mid z_{1:t}, \boldsymbol{u}_{1:t-1})$ 定位问题的具体求解过程，一种流行的粒子滤波算法是 SIR（sampling importance resampling）滤波器。下面就来介绍基于 SIR 的 RBPF 滤波过程。

（1）采样

新的粒子点集 $\{\boldsymbol{x}_t^{(i)}\}$ 由上个时刻粒子点集 $\{\boldsymbol{x}_{t-1}^{(i)}\}$ 在建议分布 π 里采样得到。通常把机器人的概率运动模型作为建议分布 π，这样新的粒子点集 $\{\boldsymbol{x}_t^{(i)}\}$ 的生成过程就可以表示成 $\boldsymbol{x}_t^{(i)} \sim P(\boldsymbol{x}_t \mid \boldsymbol{x}_{t-1}^{(i)}, \boldsymbol{u}_{t-1})$。

（2）重要性权重

上面只是介绍了生成当前时刻粒子点集 $\{\boldsymbol{x}_t^{(i)}\}$ 的过程，考虑整个运动过程，机器人每条可能的轨迹都可以用一个粒子点 $\boldsymbol{x}_{1:t}^{(i)}$ 表示，那么每条轨迹对应粒子点 $\boldsymbol{x}_{1:t}^{(i)}$ 的重要性权重可以定义成式（8-2）所示的形式。其中分子是目标分布，分母是建议分布，重要性权重反映了建议分布与目标分布的差异性。

$$w_t^{(i)} = \frac{P(\boldsymbol{x}_{1:t}^{(i)} \mid z_{1:t}, \boldsymbol{u}_{1:t-1})}{\pi(\boldsymbol{x}_{1:t}^{(i)} \mid z_{1:t}, \boldsymbol{u}_{1:t-1})} \tag{8-2}$$

（3）重采样

新生成的粒子点需要利用重要性权重进行替换，这就是重采样。由于粒子点总量保持不变，当权重比较小的粒子点被删除后，权重大的粒子点需要进行复制以保持粒子点总量不变。经过重采样后粒子点的权重都变成一样，接着进行下一轮的采样和重采样。

（4）地图估计

在每条轨迹对应粒子点 $\boldsymbol{x}_{1:t}^{(i)}$ 的条件下，都可以用 $P(\boldsymbol{m}^{(i)} \mid \boldsymbol{x}_{1:t}^{(i)}, z_{1:t})$ 计算出一幅地图 $\boldsymbol{m}^{(i)}$，然后将每个轨迹计算出的地图整合就得到最终的地图 $\boldsymbol{m}$。

从式（8-2）中可以发现一个明显的问题，不管当前获取到的观测 z_t 是否有效，都要计算一遍整个轨迹对应的权重。随着时间的推移，轨迹将变得很长，这样每次还是计算一遍整个轨迹对应的权重，计算量将越来越大。可以将式（8-2）进行适当变形，推导出权重的递归计算方法，如式（8-3）所示。其实就是用贝叶斯准则和全概率公式将分子展开，用全概率公式将分母展开，然后利用贝叶斯网络中的条件独立性进一步化简，最后就得到了权重的递归计算形式。

$$\begin{aligned}
w_t^{(i)} &= \frac{P(\boldsymbol{x}_{1:t}^{(i)} \mid z_{1:t}, \boldsymbol{u}_{1:t-1})}{\pi(\boldsymbol{x}_{1:t}^{(i)} \mid z_{1:t}, \boldsymbol{u}_{1:t-1})} \\
&= \frac{P(z_t \mid \boldsymbol{x}_{1:t}^{(i)}, z_{1:t-1}) P(\boldsymbol{x}_{1:t}^{(i)} \mid z_{1:t-1}, \boldsymbol{u}_{1:t-1}) / P(z_t \mid z_{1:t-1}, \boldsymbol{u}_{1:t-1})}{\pi(\boldsymbol{x}_t^{(i)} \mid \boldsymbol{x}_{1:t-1}^{(i)}, z_{1:t}, \boldsymbol{u}_{1:t-1}) \pi(\boldsymbol{x}_{1:t-1}^{(i)} \mid z_{1:t-1}, \boldsymbol{u}_{1:t-2})} \\
&= \frac{P(z_t \mid \boldsymbol{x}_{1:t}^{(i)}, z_{1:t-1}) P(\boldsymbol{x}_t^{(i)} \mid \boldsymbol{x}_{t-1}^{(i)}, \boldsymbol{u}_{t-1}) P(\boldsymbol{x}_{1:t-1}^{(i)} \mid z_{1:t-1}, \boldsymbol{u}_{1:t-2}) \eta}{\pi(\boldsymbol{x}_t^{(i)} \mid \boldsymbol{x}_{1:t-1}^{(i)}, z_{1:t}, \boldsymbol{u}_{1:t-1}) \pi(\boldsymbol{x}_{1:t-1}^{(i)} \mid z_{1:t-1}, \boldsymbol{u}_{1:t-2})} \\
&\propto \frac{P(z_t \mid \boldsymbol{m}_{t-1}^{(i)}, \boldsymbol{x}_t^{(i)}) P(\boldsymbol{x}_t^{(i)} \mid \boldsymbol{x}_{t-1}^{(i)}, \boldsymbol{u}_{t-1})}{\pi(\boldsymbol{x}_t^{(i)} \mid \boldsymbol{x}_{1:t-1}^{(i)}, z_{1:t}, \boldsymbol{u}_{1:t-1})} \cdot w_{t-1}^{(i)}
\end{aligned} \tag{8-3}$$

其中，$\eta = 1 / P(z_t \mid z_{1:t-1}, \boldsymbol{u}_{1:t-1})$。

值得注意的是，式（8-2）中的建议分布 π 以及利用权重重采样的策略还是一个开放性话题。其实，Gmapping 算法主要就是对该 RBPF 的建议分布和重采样策略进行了改进，下面就具体讨论这两个改进。

2. RBPF 的建议分布改进

式（8-3）中建议分布 π 最直观的形式就是采用运动模型来计算，那么当前时刻粒子点集 $\{\boldsymbol{x}_t^{(i)}\}$ 的生成及对应权重的计算方式就变为式（8-4）所示形式。

$$\begin{aligned}
&\boldsymbol{x}_t^{(i)} \sim P(\boldsymbol{x}_t \mid \boldsymbol{x}_{t-1}^{(i)}, \boldsymbol{u}_{t-1}) \\
&w_t^{(i)} \propto \frac{P(z_t \mid \boldsymbol{m}_{t-1}^{(i)}, \boldsymbol{x}_t^{(i)}) P(\boldsymbol{x}_t^{(i)} \mid \boldsymbol{x}_{t-1}^{(i)}, \boldsymbol{u}_{t-1})}{P(\boldsymbol{x}_t^{(i)} \mid \boldsymbol{x}_{t-1}^{(i)}, \boldsymbol{u}_{t-1})} \cdot w_{t-1}^{(i)} = P(z_t \mid \boldsymbol{m}_{t-1}^{(i)}, \boldsymbol{x}_t^{(i)}) \cdot w_{t-1}^{(i)}
\end{aligned} \tag{8-4}$$

不过直接采用运动模型作为建议分布，显然有问题。如图 8-1 所示，当观测数据可靠性比较低时（即观测分布的区间 $L^{(i)}$ 比较大），利用运动模型 $\boldsymbol{x}_t^{(i)} \sim P(\boldsymbol{x}_t \mid \boldsymbol{x}_{t-1}^{(i)}, \boldsymbol{u}_{t-1})$ 采样生成的新粒子落在区间 $L^{(i)}$ 内的数量比较多；而当观测数据可靠性比较高时（即观测分布的区间 $L^{(i)}$ 比较小），利用运动模型 $\boldsymbol{x}_t^{(i)} \sim P(\boldsymbol{x}_t \mid \boldsymbol{x}_{t-1}^{(i)}, \boldsymbol{u}_{t-1})$ 采样生成的新粒子落在区间 $L^{(i)}$ 内的数量比较少。由于粒子滤波是采用有限个粒子点近似表示连续空间的分布情况，因此观测分布的区间 $L^{(i)}$ 内粒子点较少时，会降低观测更新过程的精度。

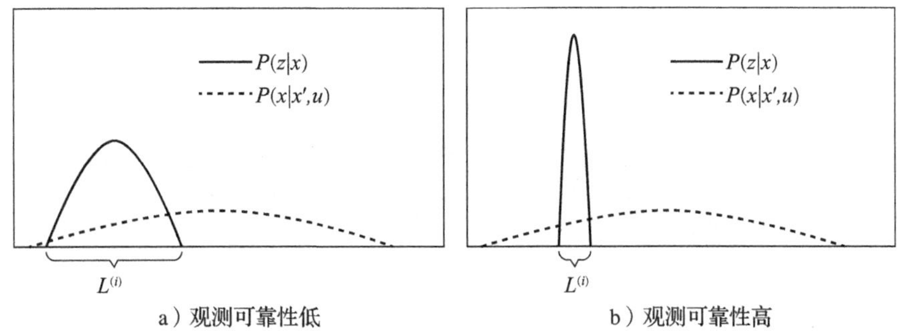

a）观测可靠性低　　b）观测可靠性高

图 8-1　观测的可靠性

也就是说观测更新过程可以分 2 种情况来处理，当观测可靠性低时，采用式（8-3）所示的默认运动模型生成新粒子点集 $\{\boldsymbol{x}_t^{(i)}\}$ 及对应权重；当观测可靠性高时，就直接从观测分布的区间 $L^{(i)}$ 内采样，并将采样点集 $\{\boldsymbol{x}_k\}$ 的分布近似为高斯分布，利用点集 $\{\boldsymbol{x}_k\}$ 可以计算出该高斯分布的参数 $\boldsymbol{\mu}_t^{(i)}$ 和 $\boldsymbol{\Sigma}_t^{(i)}$，最后采用该高斯分布 $\boldsymbol{x}_t^{(i)} \sim N(\boldsymbol{\mu}_t^{(i)}, \boldsymbol{\Sigma}_t^{(i)})$ 采样生成新粒子点集 $\{\boldsymbol{x}_t^{(i)}\}$ 及对应权重。

判断观测更新过程采用哪种方式很简单，首先利用运动模型推算出粒子点的新位姿 $\boldsymbol{x}_t'^{(i)}$，然后在 $\boldsymbol{x}_t'^{(i)}$ 附近区域搜索，计算观测 $\boldsymbol{z}_t$ 与已有地图 $\boldsymbol{m}_{t-1}^{(i)}$ 的匹配度，当搜索区域存在 $\hat{\boldsymbol{x}}_t^{(i)}$ 使得匹配度很高时，就可以认为观测可靠性高，具体过程如式（8-5）所示。

$$\begin{aligned} \boldsymbol{x}_t'^{(i)} &= \boldsymbol{x}_{t-1}^{(i)} \oplus \boldsymbol{u}_{t-1} \\ \hat{\boldsymbol{x}}_t^{(i)} &= \arg\max_{\boldsymbol{x}} P(\boldsymbol{x} \mid \boldsymbol{m}_{t-1}^{(i)}, \boldsymbol{z}_t, \boldsymbol{x}_t'^{(i)}) \end{aligned} \tag{8-5}$$

下面就具体讨论观测可靠性高的情况。观测分布的区间 $L^{(i)}$ 的范围可以定义成 $L^{(i)} = \{\boldsymbol{x} \mid P(\boldsymbol{z}_t \mid \boldsymbol{m}_{t-1}^{(i)}, \boldsymbol{x}) > \varepsilon\}$，搜索出的匹配度最高的位姿点 $\hat{\boldsymbol{x}}_t^{(i)}$ 其实就是区间 $L^{(i)}$ 概率峰值区域。以 $\hat{\boldsymbol{x}}_t^{(i)}$ 为中心、以 Δ 为半径的区域内随机采固定数量的 K 个点 $\{\boldsymbol{x}_k\}$，其中每个点的采样如式（8-6）所示。

$$\boldsymbol{x}_k \sim \{\boldsymbol{x}_j \mid \| \boldsymbol{x}_j - \hat{\boldsymbol{x}}_t^{(i)} \| < \Delta\} \tag{8-6}$$

将采样点集 $\{\boldsymbol{x}_k\}$ 的分布近似为高斯分布，并将运动和观测信息都考虑进来，就可以通过点集 $\{\boldsymbol{x}_k\}$ 计算该高斯分布的参数 $\boldsymbol{\mu}_t^{(i)}$ 和 $\boldsymbol{\Sigma}_t^{(i)}$，如式（8-7）所示。

$$\begin{aligned} \boldsymbol{\mu}_t^{(i)} &= \frac{1}{\eta^{(i)}} \sum_{j=1}^{K} \boldsymbol{x}_j \cdot P(\boldsymbol{z}_t \mid \boldsymbol{m}_{t-1}^{(i)}, \boldsymbol{x}_j) P(\boldsymbol{x}_j \mid \boldsymbol{x}_{t-1}^{(i)}, \boldsymbol{u}_{t-1}) \\ \boldsymbol{\Sigma}_t^{(i)} &= \frac{1}{\eta^{(i)}} \sum_{j=1}^{K} (\boldsymbol{x}_j - \boldsymbol{\mu}_t^{(i)})(\boldsymbol{x}_j - \boldsymbol{\mu}_t^{(i)})^{\mathrm{T}} \cdot P(\boldsymbol{z}_t \mid \boldsymbol{m}_{t-1}^{(i)}, \boldsymbol{x}_j) P(\boldsymbol{x}_j \mid \boldsymbol{x}_{t-1}^{(i)}, \boldsymbol{u}_{t-1}) \end{aligned} \tag{8-7}$$

其中 $\eta^{(i)}=\sum_{j=1}^{K}P(z_t\mid \boldsymbol{m}_{t-1}^{(i)},\boldsymbol{x}_j)P(\boldsymbol{x}_j\mid \boldsymbol{x}_{t-1}^{(i)},\boldsymbol{u}_{t-1})$。

因此，新粒子点集 $\{\boldsymbol{x}_t^{(i)}\}$ 将通过从高斯分布 $\boldsymbol{x}_t^{(i)}\sim N(\boldsymbol{\mu}_t^{(i)},\boldsymbol{\Sigma}_t^{(i)})$ 中采样生成，而式（8-3）中建议分布 π 采用改进建议分布 $P(\boldsymbol{x}_t^{(i)}\mid \boldsymbol{m}_{t-1}^{(i)},\boldsymbol{x}_{t-1}^{(i)},z_t,\boldsymbol{u}_{t-1})$ 来计算，那么当前时刻粒子点集 $\{\boldsymbol{x}_t^{(i)}\}$ 的生成及对应权重的计算方式就变为式（8-8）所示。在原论文［1］的推导中，变量 $\boldsymbol{x}_t^{(i)}$ 书写中存在缺少上标 (i) 的错误，这里都予以了更正。

$$
\begin{aligned}
&\boldsymbol{x}_t^{(i)}\sim N(\boldsymbol{\mu}_t^{(i)},\boldsymbol{\Sigma}_t^{(i)})\\
&w_t^{(i)}\propto\frac{P(z_t\mid \boldsymbol{m}_{t-1}^{(i)},\boldsymbol{x}_t^{(i)})P(\boldsymbol{x}_t^{(i)}\mid \boldsymbol{x}_{t-1}^{(i)},\boldsymbol{u}_{t-1})}{P(\boldsymbol{x}_t^{(i)}\mid \boldsymbol{m}_{t-1}^{(i)},\boldsymbol{x}_{t-1}^{(i)},z_t,\boldsymbol{u}_{t-1})}\cdot w_{t-1}^{(i)}\\
&=\frac{P(z_t\mid \boldsymbol{m}_{t-1}^{(i)},\boldsymbol{x}_t^{(i)})P(\boldsymbol{x}_t^{(i)}\mid \boldsymbol{x}_{t-1}^{(i)},\boldsymbol{u}_{t-1})}{P(z_t\mid \boldsymbol{m}_{t-1}^{(i)},\boldsymbol{x}_t^{(i)})P(\boldsymbol{x}_t^{(i)}\mid \boldsymbol{x}_{t-1}^{(i)},\boldsymbol{u}_{t-1})/P(z_t\mid \boldsymbol{m}_{t-1}^{(i)},\boldsymbol{x}_{t-1}^{(i)},\boldsymbol{u}_{t-1})}\cdot w_{t-1}^{(i)}\\
&=w_{t-1}^{(i)}\cdot P(z_t\mid \boldsymbol{m}_{t-1}^{(i)},\boldsymbol{x}_{t-1}^{(i)},\boldsymbol{u}_{t-1})\\
&=w_{t-1}^{(i)}\cdot\int P(z_t\mid \boldsymbol{x}')P(\boldsymbol{x}'\mid \boldsymbol{x}_{t-1}^{(i)},\boldsymbol{u}_{t-1})d\boldsymbol{x}'\\
&\approx w_{t-1}^{(i)}\cdot\sum_{j=1}^{K}P(z_t\mid \boldsymbol{m}_{t-1}^{(i)},\boldsymbol{x}_j)P(\boldsymbol{x}_j\mid \boldsymbol{x}_{t-1}^{(i)},\boldsymbol{u}_{t-1})\\
&=w_{t-1}^{(i)}\cdot\eta^{(i)}
\end{aligned}
\tag{8-8}
$$

3. RBPF 的重采样改进

生成新的粒子点集 $\{\boldsymbol{x}_t^{(i)}\}$ 及对应权重后，就可以进行重采样了。如果每更新一次粒子点集 $\{\boldsymbol{x}_t^{(i)}\}$，都要利用权重进行重采样，则当粒子点权重在更新过程中变化不是特别大，或者由于噪声使得某些坏粒子点比好粒子点的权重还要大时，此时执行重采样就会导致好粒子点的丢失。所以在执行重采样前，必须要确保其有效性，改进的重采样策略通过式（8-9）所示参数来衡量有效性。其中 $\tilde{w}^{(i)}$ 是粒子的归一化权重，当建议分布与目标分布之间的近似度高时，各个粒子点的权重都很相近；而当建议分布与目标分布之间的近似度低时，各个粒子点的权重差异较大。也就是说可以用某个阈值来判断参数 N_{eff} 的有效性，当 N_{eff} 小于阈值时就执行重采样，否则跳过重采样。

$$
N_{\text{eff}}=\frac{1}{\sum_{i=1}^{N}(\tilde{w}^{(i)})^2}\tag{8-9}
$$

4. 改进 RBPF 的滤波过程

介绍完建议分布和重采样的改进后，这里就可以引出用改进 RBPF 实现 Gmapping 算法的整个流程了，代码清单 8-1 所示为改进 RBPF 算法伪代码。

代码清单 8-1　改进 RBPF 算法伪代码

function S_t =Improved_RBPF (S_{t-1}, z_t, u_{t-1})

　$S_t=\{\}$

　for all $s_{t-1}^{(i)}\in S_{t-1}$ do

　　$<x_{t-1}^{(i)}, w_{t-1}^{(i)}, m_{t-1}^{(i)}>=s_{t-1}^{(i)}$

　　// 观测点云的匹配过程

6 $x'^{(i)}_t = x^{(i)}_{t-1} \oplus u_{t-1}$
7 $\hat{x}^{(i)}_t = \arg\max_x P(x \mid m^{(i)}_{t-1}, z_t, x'^{(i)}_t)$
8 if $\hat{x}^{(i)}_t = failure$ then
9 $x^{(i)}_t \sim P(x_t \mid x^{(i)}_{t-1}, u_{t-1})$
10 $w^{(i)}_t = P(z_t \mid m^{(i)}_{t-1}, x^{(i)}_t) \cdot w^{(i)}_{t-1}$
11 else
12 // 观测可靠性高的模式下的采样过程
13 for k=1,...,K do
14 $x_k \sim \{x_j \mid \| x_j - \hat{x}^{(i)}_t \| < \Delta\}$
15 end
16 // 计算高斯建议分布
17 $\mu^{(i)}_t = (0,0,0)^{\mathrm{T}}, \Sigma^{(i)}_t = 0, \eta^{(i)} = 0$
18 for all $x_j \in \{x_1, \cdots, x_K\}$ do
19 $\mu^{(i)}_t = \mu^{(i)}_t + x_j \cdot P(z_t \mid m^{(i)}_{t-1}, x_j) P(x_j \mid x^{(i)}_{t-1}, u_{t-1})$
20 $\eta^{(i)} = \eta^{(i)} + P(z_t \mid m^{(i)}_{t-1}, x_j) P(x_j \mid x^{(i)}_{t-1}, u_{t-1})$
21 end
22 $\mu^{(i)}_t = \mu^{(i)}_t / \eta^{(i)}$
23 for all $x_j \in \{x_1, \cdots, x_K\}$ do
24 $\sum^{(i)}_t = \sum^{(i)}_t + (x_j - \mu^{(i)}_t)(x_j - \mu^{(i)}_t)^{\mathrm{T}} \cdot P(z_t \mid m^{(i)}_{t-1}, x_j) P(x_j \mid x^{(i)}_{t-1}, u_{t-1})$
25 end
26 $\sum^{(i)}_t = \sum^{(i)}_t / \eta^{(i)}$
27 // 采样新粒子点
28 $x^{(i)}_t \sim N\left(\mu^{(i)}_t, \sum^{(i)}_t\right)$
29 // 更新新粒子点的权重
30 $w^{(i)}_t = \eta^{(i)} \cdot w^{(i)}_{t-1}$
31 end
32 // 更新地图
33 $m^{(i)}_t = \mathrm{integrateScan}(m^{(i)}_{t-1}, x^{(i)}_t, z_t)$
34 // 更新粒子点集
35 $S_t = S_t \cup \{< x^{(i)}_t, w^{(i)}_t, m^{(i)}_t >\}$
36 end
37 $N_{eff} = \dfrac{1}{\sum_{i=1}^{N} (\tilde{w}^{(i)})^2}$
38 if $N_{eff} < T$ then
39 $S_t = resample(S_t)$
40 end

第 1 行，算法的输入是 $\boldsymbol{S}_{t-1}$、$\boldsymbol{z}_t$、$\boldsymbol{u}_{t-1}$，算法的输出是 $\boldsymbol{S}_t$。

第 8 ～ 10 行，为观测可靠性低时，生成新粒子点及权重的过程。

第 11 ～ 31 行，是观测可靠性高时，生成新粒子点及权重的过程。

第 33 行，计算每个粒子点上所对应的一幅地图。

第 37 ～ 40 行，为重采样。

8.1.2 源码解读

上面讨论完 Gmapping 的原理，现在就来解读 Gmapping 的源码。Gmapping 是 ROS 中非常著名的开源功能包，**本书以 melodic 版本的 Gmapping 代码进行讲解**，其代码框架如图 8-2 所示。可以看出，Gmapping 算法用了 2 个 ROS 功能包来组织代码，分别为 slam_gmapping 功能包㊀和 openslam_gmapping 功能包㊁。其中 slam_gmapping 功能包用于实现算法的 ROS 相关接口，其实 slam_gmapping 本身没有实质性的内容，是一个元功能包，具体实现被放在其所包含的 gmapping 功能包中。单线激光雷达数据通过 /scan 话题输入 gmapping 功能包，里程计数据通过 /tf 关系输入 gmapping 功能包，gmapping 功能包通过调用 openslam_gmapping 功能包中的建图算法，将构建好的地图发布到 /map 等话题。而 openslam_gmapping 功能包用于实现建图核心算法，也就是 8.1.1 节中提到的粒子滤波的具体过程实现。

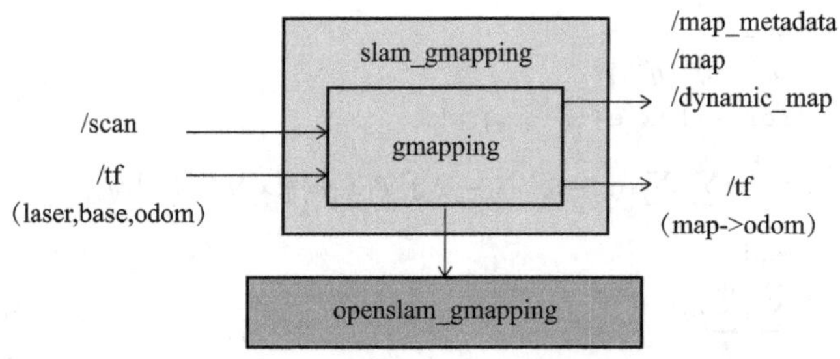

图 8-2 Gmapping 代码框架

在解读具体代码之前，先介绍一下程序运行过程中的调用流程，便于大家从整体上认识代码。程序调用主要流程如图 8-3 所示，其实主要涉及 SlamGMapping 和 GridSlamProcessor 这 2 个类。其中 SlamGMapping 类在 gmapping 功能包中实现，GridSlamProcessor 类在 openslam_gmapping 功能包中实现，而 GridSlamProcessor 类以成员变量的形式被 SlamGMapping 类调用。程序 main() 函数很简单，就是创建了一个 SlamGMapping 类的对象 gn。然后，SlamGMapping 类的构造函数会自动调用 init() 函数执行初始化，包括创建 GridSlamProcessor 类的对象 gsp_ 和设置 Gmapping 算法参数。接着，调用 SlamGMapping 类的 startLiveSlam() 函数，就可以进行在线 SLAM 建图了。startLiveSlam() 函数首先对建图过程所需要的 ROS 订阅和发布话题进行了创建，然后开启双线程进行工作。其中 laserCallback 线程在激光雷达数据的驱动下，对雷达数据进行处理并更新地图，其中调用到的 GridSlamProcessor 类的 processScan 函数就是代码清单 8-1 所示改进 RBPF 算法伪代码的具体实现；而 publishLoop 线程负责维护 map->odom 之间的 tf 关系。

由于篇幅限制，下面就以代码的主要调用为线索，摘录关键代码进行解读，为了便于阅读，摘录出的代码保持原有的行号不变。首先来看 gmapping 功能包中 src/main.cpp 里面的 main() 函数，如代码清单 8-2 所示。

㊀ slam_gmapping 功能包下载地址为 https://github.com/ros-perception/slam_gmapping。

㊁ openslam_gmapping 功能包下载地址为 https://github.com/ros-perception/openslam_gmapping。

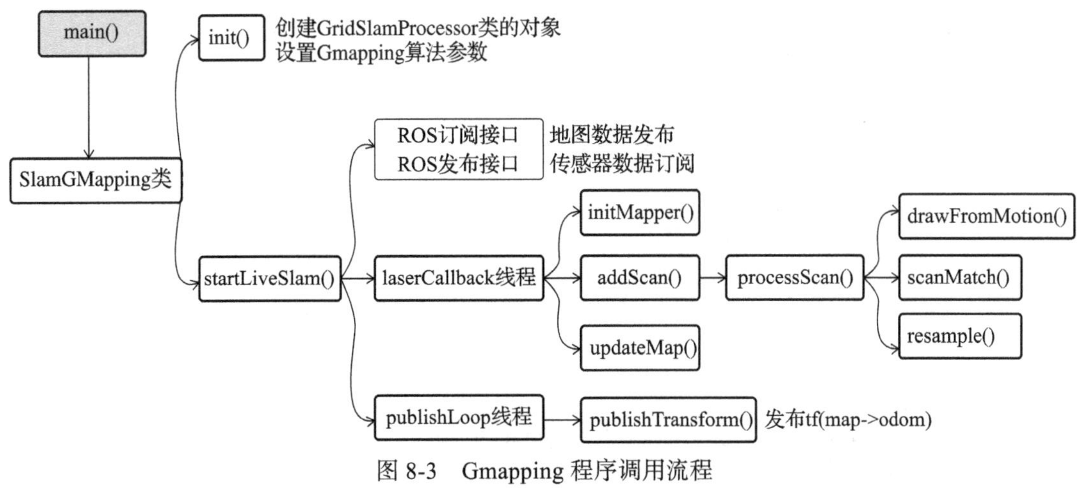

图 8-3　Gmapping 程序调用流程

代码清单 8-2　main() 函数

```
#include <ros/ros.h>
#include "slam_gmapping.h"
int
main(int argc, char** argv)
{
  ros::init(argc, argv, "slam_gmapping");
  SlamGMapping gn;
  gn.startLiveSlam();
  ros::spin();
  return(0);
}
```

从 main() 函数可以看出，其实就是创建了 SlamGMapping 类的对象 gn，SlamGMapping 类的构造函数会自动调用 init() 函数执行初始化，包括创建 GridSlamProcessor 类的对象 gsp_ 和设置 Gmapping 算法参数。接着，调用 SlamGMapping 类的 startLiveSlam() 函数，就可以进行在线 SLAM 建图。

而 SlamGMapping 类在 gmapping 功能包的 src/slam_gmapping.h 和 slam_gmapping.cpp 中实现，下面就来分析该类的 init() 函数和 startLiveSlam() 函数。先来看 init() 函数，如代码清单 8-3 所示。

代码清单 8-3　init() 函数

```
void SlamGMapping::init()
{
...
gsp_ = new GMapping::GridSlamProcessor();
...
// 在 GMapping 装饰器中需要用的参数
```

```
if(!private_nh_.getParam("throttle_scans", throttle_scans_))
  throttle_scans_ = 1;
if(!private_nh_.getParam("base_frame", base_frame_))
  base_frame_ = "base_link";
if(!private_nh_.getParam("map_frame", map_frame_))
  map_frame_ = "map";
if(!private_nh_.getParam("odom_frame", odom_frame_))
  odom_frame_ = "odom";

private_nh_.param("transform_publish_period", transform_publish_period_,
  0.05);

double tmp;
if(!private_nh_.getParam("map_update_interval", tmp))
  tmp = 5.0;
map_update_interval_.fromSec(tmp);

//在 GMapping 中需要用的参数
//初始默认值，后面在 initMapper() 函数中还会被进一步设置
maxUrange_ = 0.0; maxRange_ = 0.0;
if(!private_nh_.getParam("minimumScore", minimum_score_))
  minimum_score_ = 0;
if(!private_nh_.getParam("sigma", sigma_))
  sigma_ = 0.05;
if(!private_nh_.getParam("kernelSize", kernelSize_))
  kernelSize_ = 1;
if(!private_nh_.getParam("lstep", lstep_))
  lstep_ = 0.05;
if(!private_nh_.getParam("astep", astep_))
  astep_ = 0.05;
if(!private_nh_.getParam("iterations", iterations_))
  iterations_ = 5;
if(!private_nh_.getParam("lsigma", lsigma_))
  lsigma_ = 0.075;
if(!private_nh_.getParam("ogain", ogain_))
  ogain_ = 3.0;
if(!private_nh_.getParam("lskip", lskip_))
  lskip_ = 0;
if(!private_nh_.getParam("srr", srr_))
  srr_ = 0.1;
if(!private_nh_.getParam("srt", srt_))
  srt_ = 0.2;
if(!private_nh_.getParam("str", str_))
  str_ = 0.1;
if(!private_nh_.getParam("stt", stt_))
  stt_ = 0.2;
if(!private_nh_.getParam("linearUpdate", linearUpdate_))
  linearUpdate_ = 1.0;
if(!private_nh_.getParam("angularUpdate", angularUpdate_))
  angularUpdate_ = 0.5;
if(!private_nh_.getParam("temporalUpdate", temporalUpdate_))
```

```
237     temporalUpdate_ = -1.0;
238   if(!private_nh_.getParam("resampleThreshold", resampleThreshold_))
239     resampleThreshold_ = 0.5;
240   if(!private_nh_.getParam("particles", particles_))
241     particles_ = 30;
242   if(!private_nh_.getParam("xmin", xmin_))
243     xmin_ = -100.0;
244   if(!private_nh_.getParam("ymin", ymin_))
245     ymin_ = -100.0;
246   if(!private_nh_.getParam("xmax", xmax_))
247     xmax_ = 100.0;
248   if(!private_nh_.getParam("ymax", ymax_))
249     ymax_ = 100.0;
250   if(!private_nh_.getParam("delta", delta_))
251     delta_ = 0.05;
252   if(!private_nh_.getParam("occ_thresh", occ_thresh_))
253     occ_thresh_ = 0.25;
254   if(!private_nh_.getParam("llsamplerange", llsamplerange_))
255     llsamplerange_ = 0.01;
256   if(!private_nh_.getParam("llsamplestep", llsamplestep_))
257     llsamplestep_ = 0.01;
258   if(!private_nh_.getParam("lasamplerange", lasamplerange_))
259     lasamplerange_ = 0.005;
260   if(!private_nh_.getParam("lasamplestep", lasamplestep_))
261     lasamplestep_ = 0.005;
262
263  if(!private_nh_.getParam("tf_delay", tf_delay_))
264    tf_delay_ = transform_publish_period_;
265
266 }
```

第 173 行，创建 GridSlamProcessor 类的对象 gsp_，该对象的 processScan() 函数将在 laserCallback 线程中的 addScan() 函数中被调用。

第 187 ～ 202 行，设置 Gmapping 算法 ROS 接口参数，以及主要传感器数据的 frame_id 名称，在解析 tf 关系中的数据时要用到。

第 204 ～ 264 行，设置 Gmapping 算法参数，这些参数直接和粒子滤波过程相关。开发者可以结合自己的实际应用场景，调节这些参数以改善算法运行性能。

在 SlamGMapping 类的构造函数自动调用 init() 函数执行初始化后，通过调用 SlamGMapping 类的 startLiveSlam() 函数，就可以进行在线 SLAM 建图。下面来看 startLiveSlam() 函数，如代码清单 8-4 所示。

代码清单 8-4　startLiveSlam() 函数

```
void SlamGMapping::startLiveSlam()
{
entropy_publisher_ = private_nh_.advertise<std_msgs::Float64>("entropy", 1, true);
sst_ = node_.advertise<nav_msgs::OccupancyGrid>("map", 1, true);
sstm_ = node_.advertise<nav_msgs::MapMetaData>("map_metadata", 1, true);
ss_ = node_.advertiseService("dynamic_map", &SlamGMapping::mapCallback, this);
```

```
275 scan_filter_sub_ = new message_filters::Subscriber<sensor_msgs::LaserScan>
      (node_, "scan", 5);
276 scan_filter_ = new tf::MessageFilter<sensor_msgs::LaserScan>(*scan_filter_sub_,
      tf_, odom_frame_, 5);
277 scan_filter_->registerCallback(boost::bind(&SlamGMapping::laserCallback,
      this, _1));
278
279 transform_thread_ = new boost::thread(boost::bind(&SlamGMapping::publish
      Loop, this, transform_publish_period_));
280 }
```

第 271 ～ 274 行，创建发布器，包括话题 entropy、map、map_metadata 和服务 dynamic_map。

第 275 ～ 276 行，使用 message_filters 同步机制订阅激光雷达话题 /scan 和里程计 tf，保证获取到的这 2 种话题数据在时间上同步。

第 277 行，创建 laserCallback 线程，该线程由激光雷达数据和里程计 tf 同步数据驱动。也就是每到来一帧传感器数据，laserCallback 线程中的逻辑将执行一次。

第 279 行，创建 publishLoop 线程，该线程负责维护 map->odom 之间的 tf 关系。

其实算法的核心部分在 laserCallback 线程中实现，所以下面详细介绍一下 laserCallback() 线程函数，如代码清单 8-5 所示。

代码清单 8-5　laserCallback() 线程函数

```
void
SlamGMapping::laserCallback(const sensor_msgs::LaserScan::ConstPtr& scan)
{
...
  // 等到有观测数据到来时才会初始化地图构建器
  if(!got_first_scan_)
  {
    if(!initMapper(*scan))
      return;
    got_first_scan_ = true;
  }

  GMapping::OrientedPoint odom_pose;

  if(addScan(*scan, odom_pose))
  {
...
    if(!got_map_ || (scan->header.stamp - last_map_update) > map_update_
      interval_)
    {
      updateMap(*scan);
      last_map_update = scan->header.stamp;
      ROS_DEBUG("Updated the map");
    }
  } else
```

```
651    ROS_DEBUG("cannot process scan");
652  }
```

第 621 行，当第一次执行 laserCallback() 线程函数，在第一帧数据到来时调用 initMapper() 函数对建图算法进行初始化，包括算法参数初始化、地图初始化、机器人位姿粒子点初始化等。

第 628 行，调用 addScan() 函数对激光雷达数据进行处理，addScan() 函数中调用了 GridSlamProcessor 类的 processScan() 函数。而 processScan() 函数就是代码清单 8-1 所示改进 RBPF 算法伪代码的具体实现，可以说 processScan() 函数实现了粒子滤波处理的具体过程，包括 drawFromMotion、scanMatch 和 resample 这 3 个主要步骤。

第 646 行，调用 updateMap() 函数，利用当前雷达扫描数据对地图进行更新。

最后，publishLoop 线程就比较简单，该线程负责维护 map->odom 之间的 tf 关系，通过循环调用 publishTransform() 函数发布 map->odom 之间的 tf 关系。publishLoop() 线程函数，如代码清单 8-6 所示。

代码清单 8-6　publishLoop() 线程函数

```
352 void SlamGMapping::publishLoop(double transform_publish_period){
353   if(transform_publish_period == 0)
354     return;
355
356   ros::Rate r(1.0 / transform_publish_period);
357   while(ros::ok()){
358     publishTransform();
359     r.sleep();
360   }
361 }
```

第 357 ～ 360 行，按照指定的频率循环执行 publishTransform() 函数，其实 publishTransform() 函数的功能就是发布 map->odom 之间的 tf 关系。

关于 Gmapping 源码中的更多内容，感兴趣的读者可以自行了解，这里就不再详细展开讲解了。

8.1.3　安装与运行

学习完 Gmapping 算法的原理及源码之后，大家肯定迫不及待想亲自安装运行一下 Gmapping，体验一下真实效果。在第 1 章中已经声明过，本书在 Ubuntu18.04 和 ROS melodic 环境下进行讨论。所以，下面的讨论假设 Ubuntu18.04 和 ROS melodic 环境已经准备妥当了。

1. Gmapping 安装

在上面 Gmapping 源码解读中已经提过，Gmapping 算法用了 2 个 ROS 功能包来组织代码，分别为 slam_gmapping 功能包和 openslam_gmapping 功能包。而大多数受 ROS 系统默认支持的功能包可以用 2 种方式进行安装。一种是直接像安装系统程序一样，通过 apt install 命令的方式安装指定的 ROS 功能包，这种方式安装的程序直接以可执行文件的方式存在；而以学习开发算法为目的，就需要以另一种方式来安装该 ROS 功能包，也就是直接下载该 ROS 功能包的源码到用户的 ROS 工作空间，然后手动编译安装，这种方式允许开发者随时修改源码并编译执行。

首先，需要准备好 ROS 工作空间，参见 1.2.2 节，不再赘述。

然后，安装 Gmapping 的依赖库，网上介绍了很多装依赖库的方法，但后续过程往往还是会出现缺少依赖的错误，这里介绍一种彻底解决依赖问题的巧妙方法。先用 apt install 的方式将 slam_gmapping 和 openslam_gmapping 装上，这样系统在安装过程中会自动装好相应的依赖。然后用 apt remove 将 slam_gmapping 和 openslam_gmapping 卸载但保留其依赖，这样就巧妙地将所需依赖都装好了。

```
# 安装 openslam_gmapping 和 slam_gmapping 功能包及其依赖
sudo apt install ros-melodic-openslam-gmapping ros-melodic-gmapping
# 卸载 openslam_gmapping 和 slam_gmapping 功能包，但保留其依赖
sudo apt remove ros-melodic-openslam-gmapping ros-melodic-gmapping
```

接下来，就可以下载 slam_gmapping 和 openslam_gmapping 功能包的源码到工作空间进行编译安装了。

```
# 切换到工作空间目录
cd ~/catkin_ws/src/
# 下载 slam_gmapping 功能包源码
git clone https://github.com/ros-perception/slam_gmapping.git
cd slam_gmapping
# 查看代码版本是否为 melodic，如果不是请使用 git checkout 命令切换到对应版本
git branch
# 下载 openslam_gmapping 功能包源码
git clone https://github.com/ros-perception/openslam_gmapping.git
cd openslam_gmapping
# 同样查看代码版本是否为 melodic，如果不是请使用 git checkout 命令切换到对应版本
git branch
# 编译
cd ~/catkin_ws/
catkin_make -DCATKIN_WHITELIST_PACKAGES="openslam_gmapping"
catkin_make -DCATKIN_WHITELIST_PACKAGES="gmapping"
```

按上面的方法就完成了 Gmapping 的安装了，可以看出 slam_gmapping 元功能包中默认包含了 gmaping 功能包，而我们再手动将 openslam_gmapping 功能包下载到了 slam_gmapping 元功能包中。由于 slam_gmapping 属于元功能包，不需要编译，因此只需要分别对其中包含的 openslam_gmapping 功能包和 gmaping 功能包进行编译即可。

在完成 Gmapping 安装后，可以先用 Gmapping 官方数据集测试一下安装是否成功。这里使用 basic_localization_stage_indexed.bag 这个数据集[⊖]进行测试。将该数据集下载到本地目录，然后启动 gmapping 并播放数据集就行了。

```
# 用默认 launch 文件启动 gmapping
roslaunch gmapping slam_gmapping_pr2.launch
```

⊖ 下载地址：http://download.ros.org/data/amcl/?C=D;O=A。

再打开一个命令行终端，播放 basic_localization_stage_indexed.bag 数据集。

```
# 切换到数据集存放目录
cd ~/Downloads/
# 播放数据集
rosbag play basic_localization_stage_indexed.bag
```

再打开一个命令行终端，启动 rviz 可视化工具。

```
# 启动 rviz
rviz
```

在 rviz 中订阅地图话题 /map，如果能看到如图 8-4 所示的地图，那么就说明 Gmapping 安装成功了，到这里可以关闭所有命令行终端的程序了。

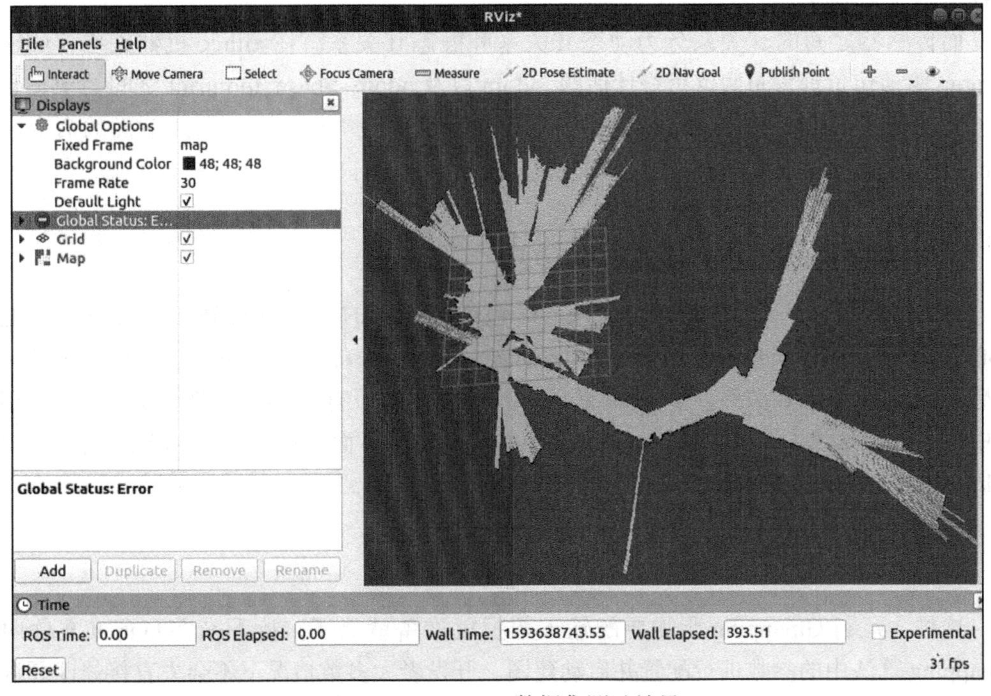

图 8-4　Gmapping 数据集测试效果

2. Gmapping 在线运行

如果想要深入研究算法，并把算法应用到实际项目中，推荐将算法安装到机器人上在线运行。因此，你首先需要拥有一台能做实验的机器人底盘。

本书讨论的内容兼顾广度和深度：一方面要从硬件原理、硬件驱动、核心算法、应用层多个维度系统地讨论整个 SLAM 导航机器人的架构；另一方面还要结合 SLAM 导航数学理论对各种开源算法进行解读和实战。然而，市场上购买到的底盘普遍存在软硬件接口不完全开放、算法兼容性等问题，所以为了配合本书的整体写作思路，笔者从底盘运动学模型、传感器、主机、软硬件系统架构设计入手，搭建了一台完全开放的机器人底盘，为了后续表述方便，笔者给它取了个名字——xiihoo 机器人。自己搭建的机器人使用起来非常便利，硬件接口可以根据需要轻松修改，传感器驱动程序可以随时优化升级，主机操作系统通过配置可以很方便地优化各项性能，移植各种开源 SLAM 算法非常友好。如果读者也想要按照本书一样搭建自己的底盘，可以参考第 4 ～ 6 章的内容。

下面的讨论将在假设已经搭建好了 xiihoo 机器人的前提下展开。通过图 8-2 可知，运行 Gmapping 需要机器人提供激光雷达数据和传感器之间的 tf 关系。在 xiihoo 机器人中，激光雷达数据通过 ydlidar 驱动包发布，雷达数据发布在话题 /scan 中，雷达数据帧中的 frame_id 设置为 base_laser_link，通过下面的命令启动 xiihoo 机器人中的激光雷达。

```
#启动激光雷达
roslaunch ydlidar my_x4.launch
```

当然，如果读者朋友使用自己搭建的机器人也是可以的，启动对应的雷达驱动节点即可，不过要注意雷达数据所发布的话题名和雷达数据帧中的 frame_id 要与下面的设置保持一致。

而传感器之间的 tf 关系分为动态 tf 关系和静态 tf 关系。在 xiihoo 机器人中，xiihoo_bringup 驱动包负责发布底盘里程计话题 /odom 以及 odom->base_footprint 之间的动态 tf 关系，同时负责接收话题 /cmd_vel 的控制命令来驱动底盘电机运动。通过下面的命令启动 xiihoo 机器人中的 xiihoo_bringup 驱动包。

```
#启动底盘
roslaunch xiihoo_bringup minimal.launch
```

在 xiihoo 机器人中，xiihoo_description 包通过 urdf 的方式发布静态 tf 关系。这里只关心底盘中心 base_link、轮式编码器中心 base_footprint、激光雷达中心 base_laser_link 等传感器之间的静态 tf 关系。安装在 xiihoo 机器人上的所有传感器都在 xiihoo_description 包中通过 urdf 设置好了其与底盘的静态 tf 关系，通过下面的命令启动 xiihoo 机器人中的 xiihoo_description 包即可。

```
#启动底盘 urdf 描述
roslaunch xiihoo_description xiihoo_description.launch
```

这样，运行 Gmapping 所需要的输入数据就准备就绪了，接下来在 launch 文件中对 Gmapping 算法中的参数进行配置并启动建图。开发者大多数情况下不会去直接修改开源算法源码来使其达到实际应用环境的性能指标，而是通过调参来实现。

关于 Gmapping 参数配置的具体内容，请直接参考 wiki 官方教程[⊖]。有些极少使用的参数并没有在 wiki 官方教程中给出，有需要的读者可以查阅源码了解。当然，大部分参数并不需要调整，所以往往只将需要调整的参数在 launch 文件中进行显式配置，而其他不必配置的参数使用默认值就行了。在目录 slam_gmapping/gmapping/launch/ 中新建文件 slam_gmapping_xiihoo.launch，文件内容如代码清单 8-7 所示。

代码清单 8-7　slam_gmapping_xiihoo.launch 文件内容

```
<launch>
  <!--param name="use_sim_time" value="true"/-->

```

⊖ 参见 http://wiki.ros.org/gmapping。

```
4  <node pkg="gmapping" type="slam_gmapping" name="slam_gmapping" output="screen">
5    <remap from="scan" to="/scan"/>
6    <param name="base_frame" value="base_footprint"/>
7    <param name="map_frame" value="map"/>
8    <param name="odom_frame " value="odom"/>
9
10   <param name="map_update_interval" value="5.0"/>
11   <param name="maxUrange" value="16.0"/>
12   <param name="sigma" value="0.05"/>
13   <param name="kernelSize" value="1"/>
14   <param name="lstep" value="0.05"/>
15   <param name="astep" value="0.05"/>
16   <param name="iterations" value="5"/>
17   <param name="lsigma" value="0.075"/>
18   <param name="ogain" value="3.0"/>
19   <param name="lskip" value="0"/>
20   <param name="srr" value="0.1"/>
21   <param name="srt" value="0.2"/>
22   <param name="str" value="0.1"/>
23   <param name="stt" value="0.2"/>
24   <param name="linearUpdate" value="1.0"/>
25   <param name="angularUpdate" value="0.5"/>
26   <param name="temporalUpdate" value="3.0"/>
27   <param name="resampleThreshold" value="0.5"/>
28   <param name="particles" value="30"/>
29   <param name="xmin" value="-1.0"/>
30   <param name="ymin" value="-1.0"/>
31   <param name="xmax" value="1.0"/>
32   <param name="ymax" value="1.0"/>
33   <param name="delta" value="0.05"/>
34   <param name="llsamplerange" value="0.01"/>
35   <param name="llsamplestep" value="0.01"/>
36   <param name="lasamplerange" value="0.005"/>
37   <param name="lasamplestep" value="0.005"/>
38 </node>
39 </launch>
```

第 2 行，是用数据集离线运行算法时需要开启的参数，这里用不到，直接注释掉了。

第 4 行，是启动 ROS 节点的标准格式，每一个 ROS 节点都是通过 pkg 名称和 type 名称进行标识的。

第 5 行，是对算法订阅的话题名称进行重映射。当算法订阅的话题与传感器驱动发布的话题不一致时，这个重映射就能解决这种不一致问题。重映射其实就是对算法订阅的话题名进行重命名而已。

第 6 ～ 8 行，是对算法中用到的一些 tf 关系所涉及的 frame_id 名称的设置。底盘通常以 base_footprint 为坐标系名称，地图通常以 map 为坐标系名称，轮式里程计通常以 odom 为坐标系名称。

第 10 ～ 37 行，这些参数是与 Gmapping 算法粒子滤波过程直接相关的参数，要结合粒子滤波原理进行理解。由于 wiki 官方教程已经进行了详细介绍，这里就不展开了。

当然，还有极少数的参数并没有在上面的launch文件中进行配置，了解更多参数配置请参考wiki官方教程以及源码。到这里，只需要通过上面的launch文件就能轻松启动Gmapping进行地图构建了。

```
# 启动建图
roslaunch gmapping slam_gmapping_xiihoo.launch
```

接下来，就可以遥控机器人在环境中移动，进行地图构建了。不同的机器人支持不同的遥控方法，比如手柄遥控、手机App遥控、键盘遥控等。这里使用键盘遥控方式来遥控xiihoo机器人建图，键盘启动命令如下。

```
# 首次使用键盘遥控，需要先安装对应功能包
sudo apt install ros-melodic-teleop-twist-keyboard
# 启动键盘遥控
rosrun teleop_twist_keyboard teleop_twist_keyboard.py
```

在键盘遥控程序终端下，通过对应的按键就能控制底盘移动了。这里介绍一下按键的映射关系：前进（i）、后退（,）、左转（j）、右转（l），而增加与减小线速度对应按键为w和x，增加与减小角速度对应按键为e和c。

遥控底盘建图的过程中，可以打开rviz可视化工具查看所建地图的效果以及机器人实时估计位姿等信息。

```
# 启动 rviz
rviz
```

如图8-5所示为xiihoo机器人在线建图的效果。

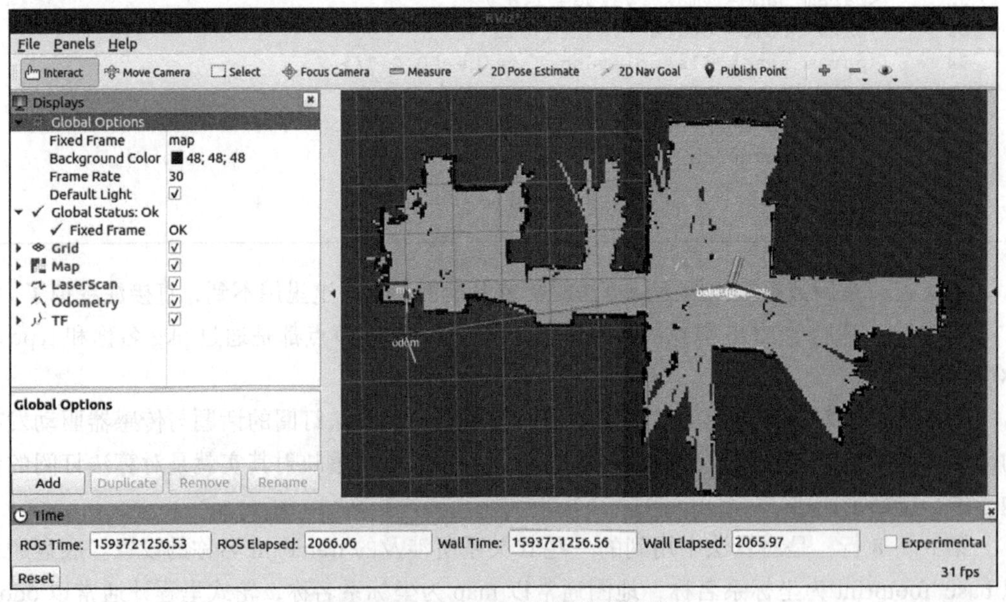

图8-5 Gmapping在线建图效果

其实到这里，Gmapping在线运行就全部讲完了。最后，回过头来再总结一下整个过程。可以借助rqt可视化工具，查看建图过程中ROS节点之间的数据流向以及tf状态。

```
# 查看 ROS 节点数据流向
rosrun rqt_graph rqt_graph
# 查看 tf 状态
rosrun rqt_tf_tree rqt_tf_tree
```

其中，Gmapping 建图过程中 ROS 节点之间的数据流向，如图 8-6 所示。键盘遥控节点通过话题 /cmd_vel 与底盘控制节点通信，底盘控制节点将编码里程计解析后通过动态 /tf 输入给 Gmapping 建图节点，激光雷达节点通过话题 /scan 将数据输入给 Gmapping 建图节点，urdf 解析节点将底盘各个传感器坐标系关系通过静态 /tf_static 输入给 Gmapping 建图节点。而 Gmapping 建图节点利用这些输入数据进行建图，并将地图发布到对应的话题，同时输出 map->odom 之间的动态 tf 关系到 /tf。

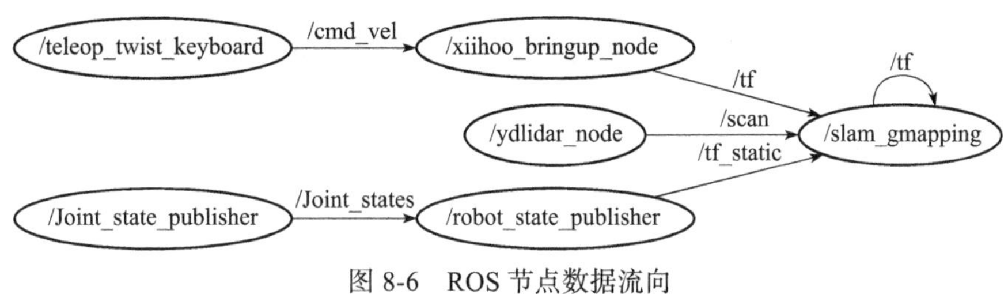

图 8-6　ROS 节点数据流向

在图 8-7 中，可以更详细地看到整个建图过程的 tf 状态。其中激光雷达与底盘之间的静态 tf 关系为 base_footprint->base_laser_link，由 urdf 解析节点维护；轮式里程计提供的动态 tf 关系为 odom->base_footprint，由底盘控制节点维护；而地图与轮式里程计之间的动态 tf 关系 map->odom，则由 Gmapping 建图节点维护。可以看出，Gmapping 建图节点所维护的 map->odom 的 tf 关系，其实就是轮式里程计累积误差的动态修正量。至于其他的一些 tf 关系，与底盘上其他传感器有关，目前还用不到，故不用关心。

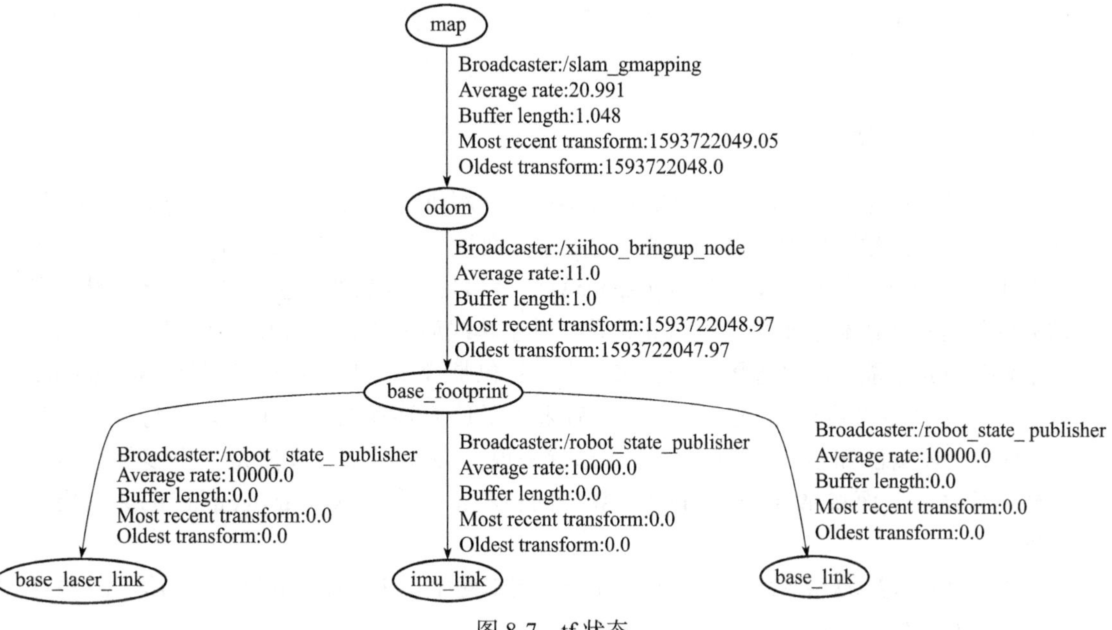

图 8-7　tf 状态

3. Gmapping 离线运行

在调某个参数的时候，需要在复现场景下多次建图，此时将底盘上的数据录制成数据集，然后离线运行就很有用了。一些刚接触机器人的初学者，在没有实体机器人做实验的情况下，用数据集在电脑上离线运行算法也是可以的。

先将上面 Gmapping 在线运行中的 /scan、/tf 和 /tf_static 录制成数据集，直接使用 rosbag record 命令录制就行了。假设录制好的数据集文件名叫 gmapping_xiihoo.bag，需要这个数据集的读者朋友可以通过前言给出的网站、QQ 交流群以及 GitHub 源码仓库获得。

```
# 录制数据集
rosbag record /scan /tf /tf_static
```

只需要将代码清单 8-7 中第 2 行的注释打开，然后启动该 launch 文件，并播放数据集即可。

```
# 打开 use_sim_time 参数，启动建图
roslaunch gmapping slam_gmapping_xiihoo.launch
# 播放数据集
rosbag play gmapping_xiihoo.bag
```

8.2 Cartographer 算法

Gmapping 代码实现相对简洁，非常适合初学者入门学习。但是 Gmapping 属于基于滤波方法的 SLAM 系统，无法构建大规模的地图，而基于优化的方法可以。基于优化的方法实现的激光 SLAM 算法也有很多，比如 Hector、Karto、Cartographer 等。而 Cartographer 是其中获好评最多的算法，Cartographer 算法的提出时间较新，开发团队来自谷歌公司，代码的工程稳定性较高，是少有的兼具建图和重定位功能的算法。所以，下面将从原理分析、源码解读和安装与运行这 3 个方面展开讲解 Cartographer 算法。

8.2.1 原理分析

其实基于优化方法的激光 SLAM 已经不是一个新研究领域了，谷歌的 Cartographer 算法主要是在提高建图精度和提高后端优化效率方面做了创新。当然 Cartographer 算法在工程应用上的创新也很有价值，Cartographer 算法最初是为谷歌的背包设计的建图算法。谷歌的背包是一个搭载了水平单线激光雷达、垂直单线激光雷达和 IMU 的装置，用户只要背上背包行走就能将环境地图扫描出来。由于背包是背在人身上的，最开始 Cartographer 算法是只支持激光雷达和 IMU 建图的，后来为了适应移动机器人的需求，将轮式里程计、GPS、环境已知信标也加入算法。也就是说，Cartographer 算法是一个多传感器融合建图算法。下面将结合 Cartographer 算法的核心论文［3］对 Cartographer 的原理展开分析。

基于优化方法的 SLAM 系统通常采用前端局部建图、闭环检测和后端全局优化这种经典框架，如图 8-8 所示。

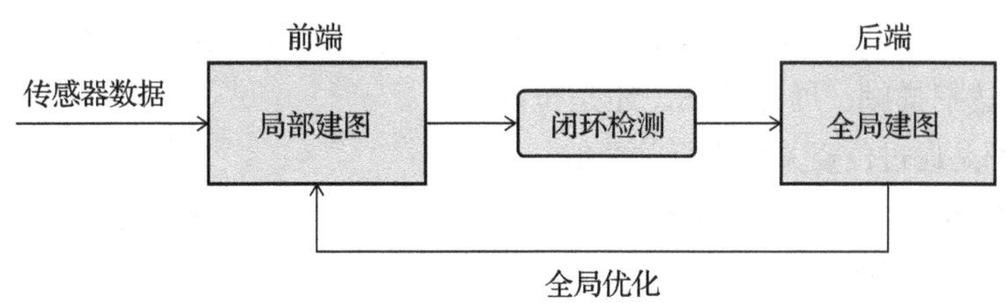

图 8-8　基于优化的 SLAM 经典框架

1. 局部建图

局部建图就是利用传感器扫描数据构建局部地图的过程，在第 7 章中已经介绍过，机器人位姿点、观测数据和地图之间通过约束量建立联系。如果在机器人位姿准确的情况下，可以把观测到的路标直接添加进地图。由于从机器人运动预测模型得到的机器人位姿存在误差，所以需要先用观测数据对这个预测位姿进行进一步更新，以更新后的机器人位姿为基准来将对应的观测加入地图。用观测数据对这个预测位姿进行进一步更新，主要有下面几种方法：Scan-to-scan matching、Scan-to-map matching、Pixel-accurate scan matching。

最简单的更新方法就是 Scan-to-scan matching 方法。由于机器人相邻两个位姿对应的雷达扫描轮廓存在较大的关联性，在预测位姿附近范围内将当前帧雷达数据与前一帧雷达数据进行匹配，以匹配位姿为机器人位姿的更新量。但是，单帧雷达数据包含的信息太少了，直接用相邻两帧雷达数据进行匹配更新会引入较大误差，并且雷达数据更新很快，这将导致机器人位姿的误差快速累积。

而 Scan-to-map matching 方法则不同，其采用当前帧雷达数据与已构建出的地图进行匹配。由于已构建出的地图信息量相对丰富、稳定，因此并不会导致机器人位姿误差累积过快的问题，如图 8-9 所示。Cartographer 的局部建图就是采用这种方法，也称为局部优化。

而 Pixel-accurate scan matching 方法，其匹配窗口内的搜索粒度更精细，这样能得到精度更高的位姿，缺点是计算代价太大，后面将讲到的 Cartographer 闭环检测采用的就是这种方法。当然，关于闭环检测也有很多别的方法，比如 extracted features matching 方法、histogram-based matching 方法、machine learning 方法等，感兴趣的读者可以查阅相关资料。

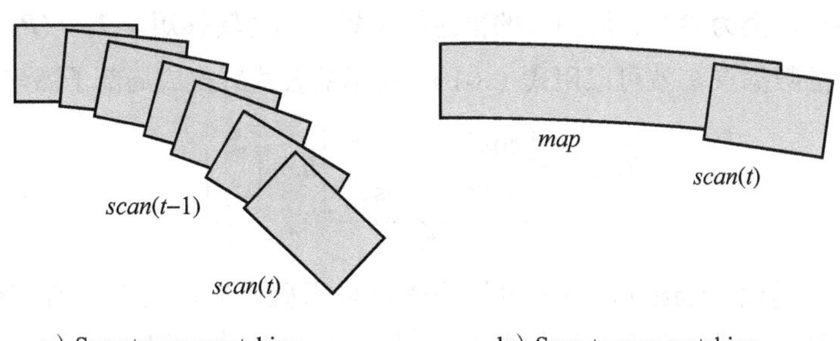

图 8-9　Scan-to-scan 与 Scan-to-map 对比

在介绍 Cartographer 局部建图的具体过程之前，需要先了解一下 Cartographer 地图的结构。Cartographer 采用局部子图（submap）来组织整个地图，其中若干个激光雷达扫描帧

（scan）构成一个 submap，所有的 submap 构成全局地图（submaps），如图 8-10 所示。

不管是雷达扫描帧、局部子图，还是全局地图，它们之间都是通过位姿关系进行关联的。这里只讨论 2D SLAM 建图，所以位姿坐标可以表示为 $\boldsymbol{\xi}=(\xi_x,\xi_y,\xi_\theta)$。假设机器人初始位姿为 $\xi_1=(0,0,0)$，该位姿处雷达扫描帧为 $scan(1)$，并利用 $scan(1)$ 初始化第一个局部子图 $submap(1)$。利用 Scan-to-map matching 方法计算 $scan(2)$ 相应的机器人位姿 $\boldsymbol{\xi}_2$，并基于位姿 $\boldsymbol{\xi}_2$ 将 $scan(2)$ 加入 $submap(1)$。不断执行 Scan-to-map matching 方法添加新得到的雷达帧，直到新出现的雷达帧完全包含在 $submap(1)$ 中，即新雷达帧观测不到 $submap(1)$ 之外的新信息时就结束 $submap(1)$ 的创建。这里假设 $submap(1)$ 由 $scan(1)$、$scan(2)$ 和 $scan(3)$ 构建而成，然后重复上面的步骤构建新的局部子图 $submap(2)$。而所有局部子图 $\{submap(m)\}$ 就构成最终的全局地图 $submaps$。

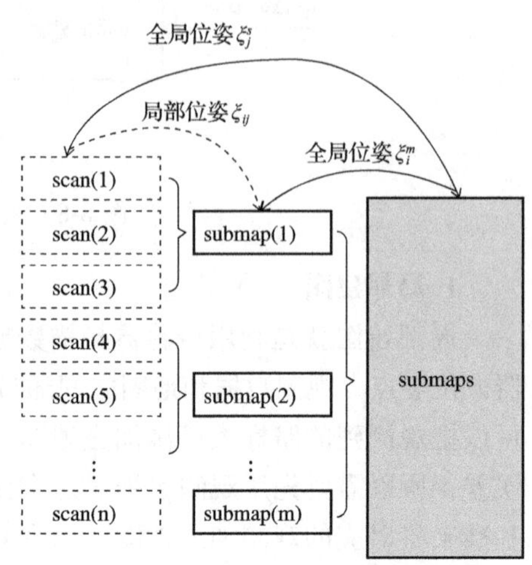

图 8-10　Cartographer 地图结构

可以发现，每个雷达扫描帧都对应一个全局地图坐标系下的全局坐标，同时该雷达扫描帧也被包含在对应的局部子图中，也就是说该雷达扫描帧也对应一个局部子图坐标系下的局部坐标。而每个局部子图以第一个插入的雷达扫描帧为起始，该起始雷达扫描帧的全局坐标也就是该局部子图的全局坐标。这样的话，所有雷达扫描帧对应的机器人全局位姿 $\boldsymbol{\Xi}^s=\{\xi_j^s\}\ (j=1,2,\cdots,n)$，以及所有局部子图对应的全局位姿 $\boldsymbol{\Xi}^m=\{\xi_i^m\}\ (i=1,2,\cdots,m)$ 通过 Scan-to-map matching 产生的局部位姿 $\boldsymbol{\xi}_{ij}$ 进行关联，这些约束实际上就构成了位姿图。当检测到闭环时，对整个位姿图中的所有位姿量进行全局优化，那么 $\boldsymbol{\Xi}^s$ 和 $\boldsymbol{\Xi}^m$ 中的所有位姿量都会得到修正，每个位姿上对应地地图点也相应地得到修正，这就是全局建图。接下来详细介绍利用 Scan-to-map matching 方法构建局部子图的过程。

局部子图构建过程涉及很多坐标系变换的内容，这里就来详细讨论。首先雷达扫描一圈得到的距离点 $\{\boldsymbol{h}_k\},k=1,2,\cdots,K$ 是以雷达旋转中心为坐标系进行取值。那么在一个局部子图中，以第一帧雷达位姿为参考，后加入的雷达帧位姿用相对转移矩阵 $\boldsymbol{T}_\xi=(\boldsymbol{R}_\xi,\boldsymbol{t}_\xi)$ 表示。这样的话，雷达帧中的数据点 $\boldsymbol{h}_k$ 就可以用式（8-10）所示的公式转换成局部子图坐标系来表示。

$$\boldsymbol{T}_\xi\cdot\boldsymbol{h}_k=\underbrace{\begin{bmatrix}\cos\xi_\theta & -\sin\xi_\theta\\ \sin\xi_\theta & \cos\xi_\theta\end{bmatrix}}_{\boldsymbol{R}_\xi}\boldsymbol{h}_k+\underbrace{\begin{bmatrix}\xi_x\\ \xi_y\end{bmatrix}}_{\boldsymbol{t}_\xi} \tag{8-10}$$

与 Gmapping 类似，Cartographer 中的子图也采用概率栅格地图。所谓概率栅格地图，就是连续 2D 空间被分成一个个离散的栅格，栅格的边长 r 为分辨率，通常栅格地图的分辨率 $r=5\text{cm}$。那么扫描到的障碍点就替换成用该障碍点所占据的栅格表示。用概率来描述栅格中是否有障碍物，概率值越大说明存在障碍物的可能性越高。

接下来就可以讨论新雷达数据加入子图的过程了，先按式（8-10）将新雷达数据转换到子图坐标系，这时候新雷达数据点会覆盖子图的一些栅格 $\{M_{\text{old}}\}$，每个栅格存在 3 种状态：即未知、非占据（miss）和占据（hit）。如图 8-11 所示，雷达扫描点所覆盖的栅格就应该为占据状态；而雷达扫描光束起点与终点区域内肯定就没有障碍物，该区域覆盖的栅格就应该为非占据状态；因雷达扫描分辨率和量程限制，未被雷达扫描点所覆盖的栅格就应该为未知状态。因为子图中的栅格可能不只被一帧雷达扫描点所覆盖，所以需要对栅格的状态进行迭代更新，具体分下面 2 种情况处理。

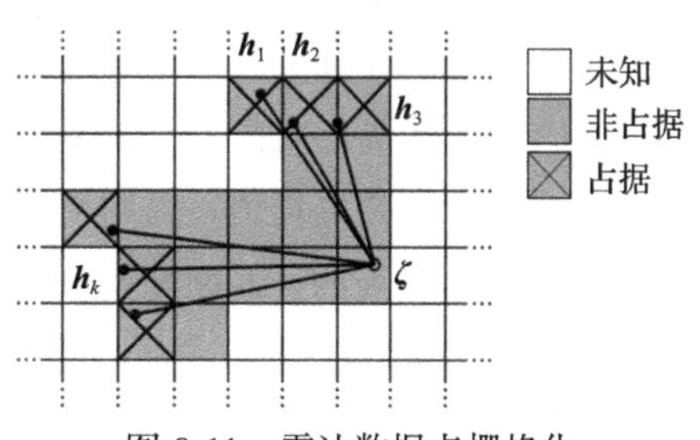

图 8-11　雷达数据点栅格化

情况 1：在当前帧，新雷达数据点覆盖的栅格 $\{M_{\text{old}}\}$ 中，如果该栅格之前从未被雷达数据点覆盖（即未知状态），那么直接用式（8-11）执行初始更新。其中，栅格 x 若是被新雷达数据点标记为占据状态，那么就用占据概率 P_{hit} 给该栅格赋予初值；同理，栅格 x 若是被新雷达数据点标记为非占据状态，那么就用非占据概率 P_{miss} 给该栅格赋予初值。概率 P_{hit} 和 P_{miss} 的取值由雷达概率观测模型给出，见第 7 章相关内容。

$$M_{\text{new}}(x)=\begin{cases}P_{\text{hit}}, & \text{当}\, state(x)=\text{hit}\,\text{时}\\ P_{\text{miss}}, & \text{当}\, state(x)=\text{miss}\,\text{时}\end{cases} \tag{8-11}$$

情况 2：在当前帧，新雷达数据点覆盖的栅格 $\{M_{\text{old}}\}$ 中，如果该栅格之前已经被雷达数据点覆盖，也就是栅格已经有取值 M_{old}，那么就用式（8-12）执行迭代更新。其中，栅格 x 若是被新雷达数据点标记为占据状态，那么就用占据概率 P_{hit} 对 M_{old} 进行更新；同理，栅格 x 若是被新雷达数据点标记为非占据状态，那么就用非占据概率 P_{miss} 对 M_{old} 进行更新。式中 $odds$ 是一个反比例函数，$odds^{-1}$ 是 $odds$ 的反函数。而 $clamp$ 是一个区间限定函数，当函数值超过设定区间的最大值时都取最大值处理，当函数值超过设定区间的最小值时都取最小值处理。

$$M_{\text{new}}(x)=\begin{cases}clamp(odds^{-1}(odds(M_{\text{old}}(x))\cdot odds(P_{\text{hit}}))), & \text{当}\, state(x)=\text{hit}\,\text{时}\\ clamp(odds^{-1}(odds(M_{\text{old}}(x))\cdot odds(P_{\text{miss}}))), & \text{当}\, state(x)=\text{miss}\,\text{时}\end{cases} \tag{8-12}$$

其中，$odds(prob)=\dfrac{prob}{1-prob}$。

Cartographer 所采用的这种栅格更新机制，能有效降低环境中动态障碍物的干扰。比如建图过程中出现了一个行走的人，那么行走的人经雷达扫描后出现在局部子图栅格的位置每次都不同。假如前一时刻栅格 x 上出现了人，M_{old} 会被占据概率 P_{hit} 赋予初值；而下一时刻，由于人的位置移动了，M_{old} 此时将被标记成非占据状态，由式（8-11）所示更新方法可知，用非占据概率 P_{miss} 对 M_{old} 进行更新后，栅格 x 的概率取值变小了。随着越来越多次更新，栅格 x 的概率将接近 0，也就是说动态障碍物被清除掉了。

以上所讨论的新雷达数据加入子图的操作，是基于雷达位姿 ξ 误差较小的前提。由于从机器人运动预测模型得到的机器人位姿存在较大误差，所以需要先用观测数据对这个预测位姿做进一步更新，以更新后的机器人位姿为基准来将对应的观测加入地图。Cartographer

中采用了所谓的 Scan-to-map matching 方法，对雷达位姿ξ进行局部优化，下面讨论具体过程。

在将新雷达数据加入子图之前，先在运动预测出的雷达位姿附近窗口内进行搜索匹配，如式（8-13）所示。这其实就是一个非线性最小二乘问题，Cartographer 采用了自家的 Ceres 非线性优化工具来求解该问题（参见第 7 章）。而式中的约束量由函数 M_{smooth} 构建，M_{smooth} 是一个双立方插值，也叫平滑。M_{smooth} 其实就是用来确定雷达扫描轮廓 $\boldsymbol{T}_{\xi}\cdot\boldsymbol{h}_k$ 与局部子图之间的匹配度的，匹配度取值范围为 [0,1] 区间。

$$\underset{\xi}{\operatorname{argmin}}\sum_{k=1}^{K}(1-M_{\text{smooth}}(\boldsymbol{T}_{\xi}\cdot\boldsymbol{h}_k))^2 \tag{8-13}$$

2. 闭环检测

上面介绍的局部建图过程，采用了式（8-13）对位姿ξ进行局部优化，有效降低了局部建图中的累积误差。但是随着建图规模的扩大，比如构建上千平方米的地图时，总的累积误差还是会很大，也就是在地图构建得很大时，地图出现重影的现象，如图 8-12 所示。

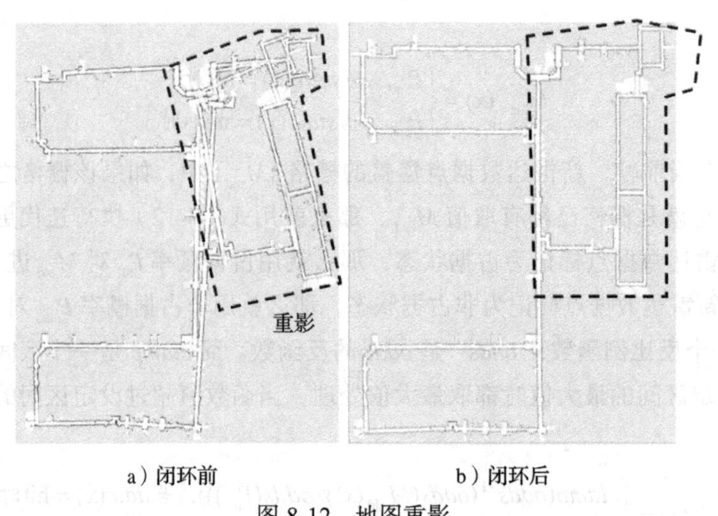

a）闭环前　　b）闭环后

图 8-12　地图重影

其实就是机器人在运动了很远的距离后又回到了之前走过的地方，由于局部建图位姿累积误差的存在，因此使得当前机器人位姿与其之前走过的同一个地方的位姿并不重合，也就是说真实情况里，这两个地方应该是同一个。自然这两个机器人位姿对应的局部地图也就不重合了，就出现了所谓的重影。借助闭环检测技术，可以检测到机器人位姿闭环这一情况，将闭环约束加入整个建图约束中，并对全局位姿约束进行一次全局优化，这样就能得出全局建图结果。下面将主要对闭环检测过程进行讲解。

在局部建图过程中，使用了 Scan-to-map matching 方法进行位姿ξ的局部优化。而闭环检测中，搜索匹配的窗口 W 更大，位姿ξ计算精度要求更高，所以需要采用计算效率与精度更高的搜索匹配算法。首先来看一下回环检测问题的数学表达，如式（8-14）所示。式中的 M_{nearest} 函数值其实就是雷达数据点 $\boldsymbol{T}_{\xi}\cdot\boldsymbol{h}_k$ 覆盖的栅格所对应的概率取值，当搜索结果ξ就是当前帧雷达位姿真实位姿时，当前帧雷达轮廓与地图匹配度很高，即每个 M_{nearest} 函数值都较大，那么整个求和结果也就最大。

$$\boldsymbol{\xi}^* = \underset{\xi \in W}{\operatorname{argmax}} \sum_{k=1}^{K} M_{\text{nearest}}(\boldsymbol{T}_{\xi} \cdot \boldsymbol{h}_k) \tag{8-14}$$

针对式（8-14）所示的求最值问题，最简单的方法就是在窗口 W 内暴力搜索。假设所选窗口 W 大小为 $10\text{m}\times 10\text{m}$，搜索步长为 $\Delta x = \Delta y = 1\text{cm}$，同时方向角搜索范围为 $30°$，搜索步长为 $\Delta\theta = 1°$，那么总的搜索步数为 $10^3 \times 10^3 \times 30 = 3\times 10^7$ 步。每步搜索都要计算式（8-14）所示的匹配得分，如式（8-15）所示。

$$score \leftarrow \sum_{k=1}^{K} M_{\text{nearest}}(\boldsymbol{T}_{\xi_0+\Delta\xi} \cdot \boldsymbol{h}_k) \text{ ，其中} \Delta\boldsymbol{\xi} = \begin{bmatrix} j_x \cdot \Delta x \\ j_y \cdot \Delta y \\ j_\theta \cdot \Delta\theta \end{bmatrix} \tag{8-15}$$

可以发现，每步搜索都要计算 K 维数据的求和运算，而整个搜索过程的计算量为 $10^3 \times 10^3 \times 30 \times K = 3\times 10^7 \times K$。虽然暴力搜索匹配可以避免陷入局部最值的问题，但是计算量太大，根本没法在机器人中做到实时计算。这种暴力搜索，就是所谓的 Pixel-accurate scan matching 方法。

采用暴力搜索来做闭环检测显然行不通，因此谷歌在 Cartographer 中采用分支定界（branch-and-bound）[㊀]法来提高闭环检测过程的搜索匹配效率。分支定界法简单点理解，就是先以低分辨率的地图来进行匹配，然后逐步提高分辨率，如图 8-13 所示。假设地图原始分辨率为 $r = 1\text{cm}$，将其进行平滑模糊处理得到分辨率为 $r = 2\text{cm}$ 的地图，继续平滑模糊处理可以得到分辨率为 $r = 4\text{cm}$ 和 $r = 8\text{cm}$ 的地图。

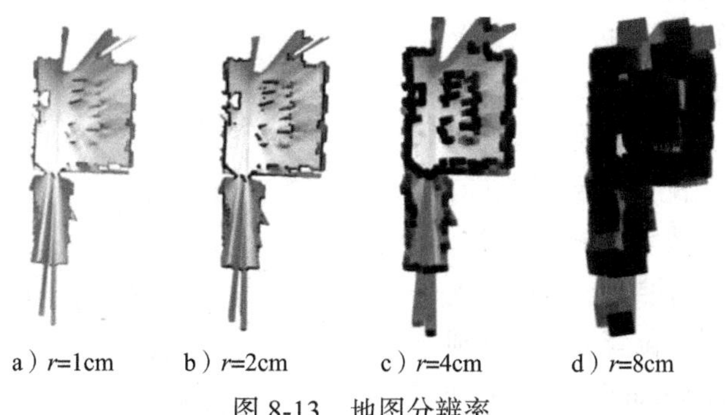

a）r=1cm　b）r=2cm　c）r=4cm　d）r=8cm

图 8-13　地图分辨率

现在来考虑在不同分辨率地图中，其搜索窗口 W 的策略。为了讨论方便，这里举一个简单例子，假设所选取的窗口 $W = 16\text{cm}\times 16\text{cm}$。先以 $r = 8\text{cm}$ 分辨率最低的地图开始搜索，这时候窗口 W 可以按照分辨率化分成 4 个区域，也就是 4 个可能的解，用式（8-15）计算每个区域的匹配得分。选出得分最高的那个区域，将该区域作为新的搜索窗口，并在 $r = 4\text{cm}$ 分辨率的地图上开始搜索，同样将窗口按照分辨率化分成 4 个区域，用式（8-15）计算每个区域的匹配得分。不断重复上面的细分搜索过程，直到搜索分辨率达到最高分辨率为止。整个细分搜索过程，如图 8-14 所示。

㊀ 分支定界法是运筹学中的重要概念，分支是指将解空间反复分割为越来越小的子集，定界是指对每个子集计算一个目标下界或上界。每次分支后，子集目标值超出已知可行界限时不再予以更进一步分支，即剪支，剪支过程大大缩减了搜索空间的维度。

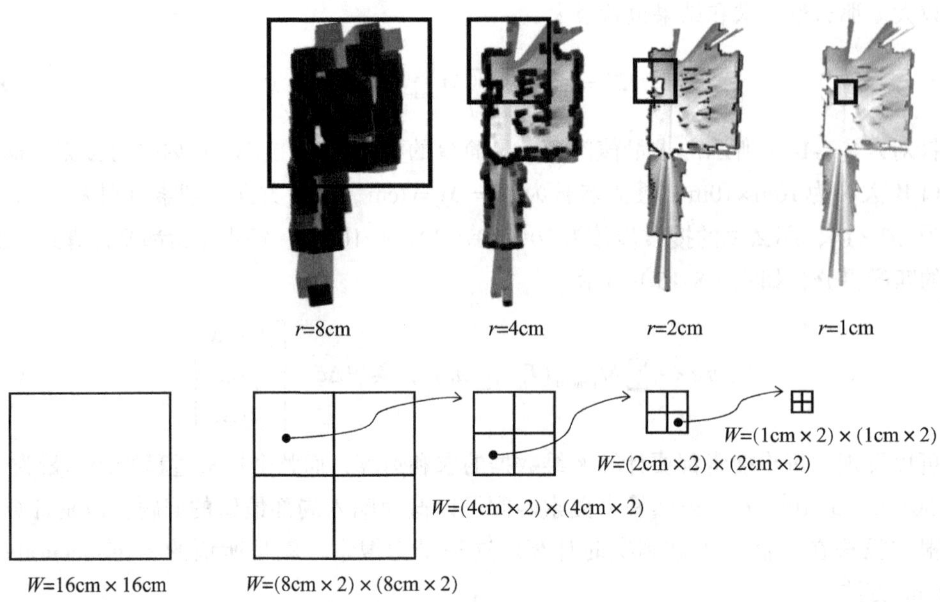

图 8-14　细分搜索过程

上面介绍的这种分支定界策略属于广度优先搜索，就是先横向比较同一分辨率下划分区域的匹配得分，找到得分最高的区域继续划分。而 Cartographer 中用到的分支定界策略是深度优先搜索，也就是纵向比较不同分辨率下划分区域的匹配得分。关于广度优先搜索和深度优先搜索的过程，如图 8-15 所示。当然在 Cartographer 分支定界深度优先搜索中，搜索树并不是简单的二叉树，可能每个父节点会分出多个子节点。父节点比子节点代表解空间的分辨率要低，搜索遍历过程会不断进行匹配得分界限判断，并将不符合条件的分支节点进行剪枝，大大缩小了搜索空间的维度。通过分支定界法搜索匹配得到的位姿 ξ 还可以利用前面的 Scan-to-map matching 方法进一步提高精度，就不多说了。

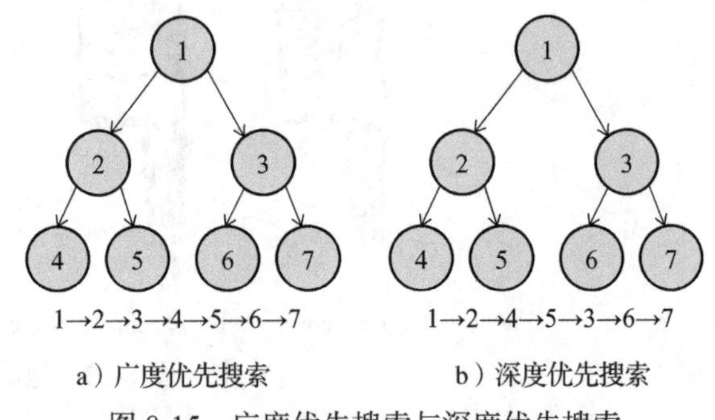

a）广度优先搜索　　b）深度优先搜索

图 8-15　广度优先搜索与深度优先搜索

3. 全局建图

闭环检测是在程序后台持续运行的，传感器每输入一帧雷达数据，都要对其进行闭环检测。当闭环检测中匹配得分超过设定阈值就判定闭环，此时将闭环约束加入整个建图约束中，并对全局位姿约束进行一次全局优化，这样就能得出全局建图结果，下面详细介绍全局优化过程。

在 Cartographer 中采用的是稀疏位姿图来做全局优化，稀疏位姿图的约束关系可以从图 8-10 中构建。所有雷达扫描帧对应的机器人全局位姿 $\Xi^s = \{\xi_j^s\}, j = 1, 2, \cdots, n$ 和所有局部子图对应的全局位姿 $\Xi^m = \{\xi_i^m\}, i = 1, 2, \cdots, m$ 通过 Scan-to-map matching 产生的局部位姿 ξ_{ij} 进行关联，数学表达如式（8-16）所示。

$$\underset{\Xi^m,\Xi^s}{\operatorname{argmin}} \frac{1}{2}\sum_{ij}\rho(E^2(\xi_i^m,\xi_j^s;\Sigma_{ij},\xi_{ij})) \tag{8-16}$$

其中，$E^2(\xi_i^m,\xi_j^s;\Sigma_{ij},\xi_{ij}) = e(\xi_i^m,\xi_j^s;\xi_{ij})^{\mathrm{T}}\Sigma_{ij}^{-1}e(\xi_i^m,\xi_j^s;\xi_{ij})$；$e(\xi_i^m,\xi_j^s;\xi_{ij}) = \xi_{ij} - \begin{bmatrix} \boldsymbol{R}_{\xi_i^m}^{-1}\cdot\left[\boldsymbol{t}_{\xi_i^m} - \boldsymbol{t}_{\xi_j^s}\right] \\ \xi_{i;\theta}^m - \xi_{j;\theta}^s \end{bmatrix}$。

式（8-16）中，j 是雷达扫描帧的序号；i 是子图的序号。而雷达扫描数据在局部子图中还具有局部位姿，比如 ξ_{ij} 表示序号为 j 的雷达扫描帧在序号为 i 的局部子图中的局部位姿，该局部位姿通过 Scan-to-map matching 方法确定。而损失函数 ρ 用于惩罚那些过大的误差项，比如 Huber 损失函数。可以看出，式（8-16）所示的问题其实是一个非线性最小二乘问题，Cartographer 同样采用了自家的 Ceres 非线性优化工具来求解该问题。

当检测到闭环时，对整个位姿图中的所有位姿量进行全局优化，那么 Ξ^s 和 Ξ^m 中的所有位姿量都会得到修正，每个位姿上对应的地图点也相应得到修正，这就是全局建图。

以上分析只是站在 Cartographer 原理的角度展开讨论的，即 Cartographer 算法具体源码实现过程的细节可能会与上面的分析有出入，请读者以源码为准。

8.2.2　源码解读

上面讨论完了 Cartographer 的原理，现在我们来解读 Cartographer 的源码，其代码框架如图 8-16 所示。可以看出 Cartographer 算法主要由 3 部分组成，分别为 cartographer_ros 功能包[㊀]、cartographer 核心库[㊁]和 ceres-solver 非线性优化库[㊂]。截至本书写作时，最稳定的版本为 cartographer_ros-1.0.0 + cartographer-1.0.0 + ceres-solver-1.13.0，所以下面的分析将以此版本展开。

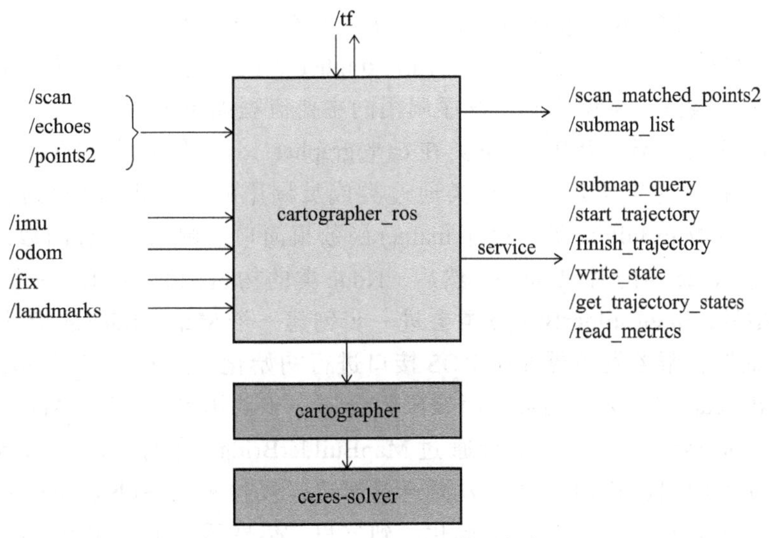

图 8-16　Cartographer 代码框架

㊀ cartographer_ros 功能包下载地址为 https://github.com/cartographer-project/cartographer_ros。

㊁ cartographer 核心库下载地址为 https://github.com/cartographer-project/cartographer。

㊂ ceres-solver 非线性优化库下载地址为 https://github.com/ceres-solver/ceres-solver。

1. cartographer_ros 功能包

cartographer_ros 功能包用于实现算法的 ROS 相关接口，Cartographer 算法是一个支持多激光雷达、IMU、轮式里程计、GPS、环境已知信标的传感器融合建图算法。

激光雷达数据可以通过多种接口输入算法，当只搭载 1 个激光雷达时，用户可以根据自己激光雷达的数据类型选择合适的话题（/scan、/echoes 或 /points2）进行输入，由于 Cartographer 算法支持 2D 和 3D 建图，所以支持单线激光雷达和多线激光雷达。值得注意的是，Cartographer 算法还支持搭载多个激光雷达建图：通过参数 num_laser_scans 可以设置搭载 scan 类型激光雷达的个数（大于 2 个），以及对应的输入话题（/scan_1、/scan_2、/scan_3……）；通过参数 num_multi_echo_laser_scans 可以设置所搭载 echoes 类型激光雷达的个数（大于 2 个），以及对应的输入话题（/echoes_1、/echoes_2、/echoes_3……）；通过参数 num_point_clouds 可以设置所搭载 points2 类型激光雷达的个数（大于 2 个），以及对应的输入话题（/points2_1、/points2_2、/points2_3……）。

IMU 数据通过话题 /imu 输入算法，轮式里程计数据通过话题 /odom 输入算法，GPS 数据通过话题 /fix 输入算法，环境已知信标数据通过话题 /landmarks 输入算法。

当然 Cartographer 支持多种模式建图，既可以只采用激光雷达数据建图，也可以采用激光雷达数据 + IMU、激光雷达 + 轮式里程计、激光雷达 + IMU + 轮式里程计等模式建图，并且还可以用 GPS 和环境已知信标辅助建图过程。Cartographer 的工作模式和各种参数采用 *.lua 配置文件进行配置，将在 8.2.3 节中结合实际应用具体介绍。

Cartographer 建图结果通过 2 个话题输出，其中话题 /scan_matched_points2 输出 scan-to-submap 匹配结果，话题 /submap_list 输出整个 Cartographer 最终地图结果。而 Cartographer 最终地图的数据结构如图 8-10 所示，包含所有位姿组成的轨迹和所有 submap 组成的 submaps。同时 Cartographer 提供多个服务接口供用户调用，其中最重要的就是 /write_state 服务接口，它用于将 Cartographer 最终地图的数据保存到文件中。

在解读具体代码之前，先介绍一下 cartographer_ros 主节点程序运行过程中的调用流程，便于大家从整体上认识代码。程序调用的主要流程如图 8-17 所示，主要涉及 Node 和 MapBuilder 这两个类。其中 Node 类在 cartographer_ros 功能包中实现，MapBuilder 类在 cartographer 核心库中实现，Node 类通过类成员调用的方式将从 ROS 接口中获取的传感器数据传入 MapBuilder 类。程序 main() 函数很简单，调用 Run() 函数，在 Run() 函数中创建一个 Node 类的对象 node。然后，Node 类的构造函数会创建一个 MapBuilder-Bridge 类的指针，MapBuilderBridge 类会进一步创建一个 MapBuilder 的指针，另外构造函数中会对话题、服务发布器相关 ROS 接口进行初始化。接着，调用 Node 类的 Start-TrajectoryWithDefaultTopics() 函数，而该函数会进一步调用 Node 类的 AddTrajectory() 函数。该 AddTrajectory() 函数一方面通过 MapBuilderBridge 类的 AddTrajectory() 函数启动 MapBuilder 类的建图逻辑，另一方面通过 Node 类的 LaunchSubscribers() 函数对传感器话题订阅器相关 ROS 接口进行初始化。到这里，传感器数据源源不断地被订阅，这些数据传入 MapBuilder 类的建图逻辑用于地图构建。MapBuilder 类主要包含传感器数据融合、局部建图和全局建图这 3 个部分，在下面讨论 cartographer 核心库时会具体讲解。

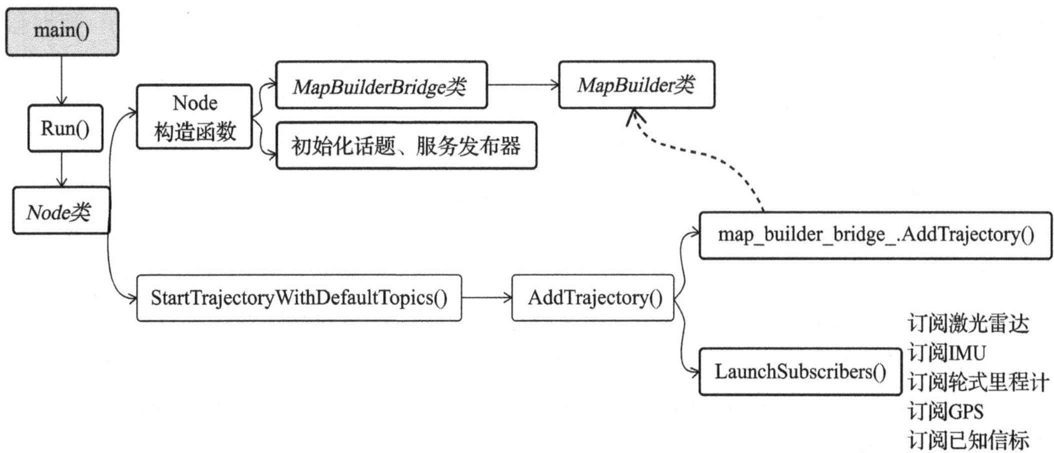

图 8-17　cartographer_ros 程序调用流程

由于篇幅限制，下面就以代码的主要调用为线索，摘录关键代码进行解读。为了便于阅读，摘录出的代码保持原有的行号不变。首先来看 cartographer_ros 功能包中 cartographer_ros/node_main.cc 里面的 main() 函数，如代码清单 8-8 所示。

代码清单 8-8　main() 函数

```
 86 int main(int argc, char** argv) {
 87   google::InitGoogleLogging(argv[0]);
 88   google::ParseCommandLineFlags(&argc, &argv, true);
 89 
 90   CHECK(!FLAGS_configuration_directory.empty())
 91     << "-configuration_directory is missing.";
 92   CHECK(!FLAGS_configuration_basename.empty())
 93     << "-configuration_basename is missing.";
 94 
 95   ::ros::init(argc, argv, "cartographer_node");
 96   ::ros::start();
 97 
 98   cartographer_ros::ScopedRosLogSink ros_log_sink;
 99   cartographer_ros::Run();
100   ::ros::shutdown();
101 }
```

第 87 行，初始化了谷歌的日志管理库 glog，而 glog 是应用层日志接口库，提供了基于 C++ 风格的数据流和大量有帮助的宏命令。通过简单的数据流日志可以记录程序运行中的各种信息，比如第 90 ～ 93 行就采用了 glog 中的 CHECK 来记录程序运行信息。

第 88 行，初始化谷歌的命令行参数处理库 gflags，利用 gflags 可以直接从命令行中提取预定义好的参数。关于 gflags 的具体用法，可以参考官方文档[⊖]。

第 95 ～ 96 行，是每个 ROS 节点初始化的必需步骤。这里顺便总结一下 ROS 节点的启动和关闭过程。第 1 步，初始化节点，调用 ros::init(...) 函数实现；第 2 步，启动节点，可以

⊖ 参见 https://gflags.github.io/gflags/。

通过创建节点句柄对象 ros::NodeHandle nh，再由 nh 自动调用 ros::start() 函数来启动，有时候节点句柄对象会在稍后创建，这时可以先直接调用 ros::start() 函数来启动，节点启动以后就可以编写节点中的逻辑了；第 3 步，关闭节点，当节点句柄对象 nh 调用析构函数时会自动执行 ros::shutdown() 函数来关闭节点，也可以手动在程序任意位置调用 ros::shutdown() 函数来关闭节点。在节点运行过程中，还可以用 ros::ok()、ros::isShuttingDown() 等函数来检查节点运行状态。

第 98 行，ScopedRosLogSink 类就是用 ROS 的数据流日志方法来重写谷歌的数据流日志方法。也就是将 GLOG_INFO 用 ROS_INFO_STREAM 来重写，将 GLOG_WARNING 用 ROS_WARN_STREAM 来重写，将 GLOG_ERROR 用 ROS_ERROR_STREAM 来重写，将 GLOG_FATAL 用 ROS_FATAL_STREAM 来重写。

第 99 行，是 main() 函数中最重要的一句，调用 Run() 函数，并在 Run() 函数中创建一个 Node 类的对象 node。

接着来看 cartographer_ros 功能包中 cartographer_ros/node_main.cc 里面的 Run() 函数，如代码清单 8-9 所示。

代码清单 8-9　Run() 函数

```
void Run() {
  constexpr double kTfBufferCacheTimeInSeconds = 10.;
  tf2_ros::Buffer tf_buffer{::ros::Duration(kTfBufferCacheTimeInSeconds)};
  tf2_ros::TransformListener tf(tf_buffer);
  NodeOptions node_options;
  TrajectoryOptions trajectory_options;
  std::tie(node_options, trajectory_options) =
    LoadOptions(FLAGS_configuration_directory, FLAGS_configuration_basename);

  auto map_builder = absl::make_unique<cartographer::mapping::MapBuilder>(
    node_options.map_builder_options);
  Node node(node_options, std::move(map_builder), &tf_buffer,
       FLAGS_collect_metrics);
  if (!FLAGS_load_state_filename.empty()) {
   node.LoadState(FLAGS_load_state_filename, FLAGS_load_frozen_state);
  }

  if (FLAGS_start_trajectory_with_default_topics) {
   node.StartTrajectoryWithDefaultTopics(trajectory_options);
  }

  ::ros::spin();

  node.FinishAllTrajectories();
  node.RunFinalOptimization();

  if (!FLAGS_save_state_filename.empty()) {
   node.SerializeState(FLAGS_save_state_filename,
             true /* include_unfinished_submaps */);
 }
}
```

```
83 } // 命名空间
84 } // 命名空间 cartographer_ros
```

其实，在 Run() 函数里面就做了两件事，如第 62 行和第 69 行所示。

第 62 行，创建 Node 类的一个对象 node，其中需要用 node_options、map_builder 和 tf_buffer 这 3 个参数来初始化对象 node。node_options 为 cartographer_ros 接口及 cartographer 核心库提供各种配置参数，这些参数通过命令行、launch 文件以及特定配置文件（比如 *.lua 配置文件）载入。map_builder 是一个指向 MapBuilder 类的指针，通过这个指针实现对 cartographer 核心库中建图算法的调用。在 SLAM 算法中，tf 是一个非常重要的概念，这里的 cartographer_ros 使用的是 tf2 系统，tf2 系统分为 tf2 和 tf2_ros 两个包，tf2 包负责坐标变换相关操作，而 tf2_ros 包负责 tf 话题订阅、发布相关操作。tf_buffer 就是 tf2_ros::Buffer 类创建的一个对象，用于 tf 话题订阅、发布相关操作。

第 69 行，调用 Node 类的 StartTrajectoryWithDefaultTopics() 函数启动建图。到这里，程序调用就完成了。

Node 类在 cartographer_ros 功能包中由 cartographer_ros/node.h 和 node.cc 这两个文件实现。在 Node 类中，需重点关注 Node 类的构造函数和 StartTrajectoryWithDefaultTopics() 成员函数。Node 类的构造函数如代码清单 8-10 所示。

代码清单 8-10　Node 类的构造函数

```
Node::Node(
    const NodeOptions& node_options,
    std::unique_ptr<cartographer::mapping::MapBuilderInterface> map_builder,
    tf2_ros::Buffer* const tf_buffer, const bool collect_metrics)
    : node_options_(node_options),
      map_builder_bridge_(node_options_, std::move(map_builder), tf_buffer) {
  absl::MutexLock lock(&mutex_);
  if (collect_metrics) {
    metrics_registry_ = absl::make_unique<metrics::FamilyFactory>();
    carto::metrics::RegisterAllMetrics(metrics_registry_.get());
  }

  submap_list_publisher_ =
      node_handle_.advertise<::cartographer_ros_msgs::SubmapList>(
          kSubmapListTopic, kLatestOnlyPublisherQueueSize);
  trajectory_node_list_publisher_ =
      node_handle_.advertise<::visualization_msgs::MarkerArray>(
          kTrajectoryNodeListTopic, kLatestOnlyPublisherQueueSize);
  landmark_poses_list_publisher_ =
      node_handle_.advertise<::visualization_msgs::MarkerArray>(
          kLandmarkPosesListTopic, kLatestOnlyPublisherQueueSize);
  constraint_list_publisher_ =
      node_handle_.advertise<::visualization_msgs::MarkerArray>(
          kConstraintListTopic, kLatestOnlyPublisherQueueSize);
  service_servers_.push_back(node_handle_.advertiseService(
      kSubmapQueryServiceName, &Node::HandleSubmapQuery, this));
  service_servers_.push_back(node_handle_.advertiseService(
```

```
119     kTrajectoryQueryServiceName, &Node::HandleTrajectoryQuery, this));
120   service_servers_.push_back(node_handle_.advertiseService(
121     kStartTrajectoryServiceName, &Node::HandleStartTrajectory, this));
122   service_servers_.push_back(node_handle_.advertiseService(
123     kFinishTrajectoryServiceName, &Node::HandleFinishTrajectory, this));
124   service_servers_.push_back(node_handle_.advertiseService(
125     kWriteStateServiceName, &Node::HandleWriteState, this));
126   service_servers_.push_back(node_handle_.advertiseService(
127     kGetTrajectoryStatesServiceName, &Node::HandleGetTrajectoryStates, this));
128   service_servers_.push_back(node_handle_.advertiseService(
129     kReadMetricsServiceName, &Node::HandleReadMetrics, this));
130
131   scan_matched_point_cloud_publisher_ =
132     node_handle_.advertise<sensor_msgs::PointCloud2>(
133       kScanMatchedPointCloudTopic, kLatestOnlyPublisherQueueSize);
134
135   wall_timers_.push_back(node_handle_.createWallTimer(
136     ::ros::WallDuration(node_options_.submap_publish_period_sec),
137     &Node::PublishSubmapList, this));
138   if (node_options_.pose_publish_period_sec > 0) {
139    publish_local_trajectory_data_timer_ = node_handle_.createTimer(
140      ::ros::Duration(node_options_.pose_publish_period_sec),
141      &Node::PublishLocalTrajectoryData, this);
142   }
143   wall_timers_.push_back(node_handle_.createWallTimer(
144     ::ros::WallDuration(node_options_.trajectory_publish_period_sec),
145     &Node::PublishTrajectoryNodeList, this));
146   wall_timers_.push_back(node_handle_.createWallTimer(
147     ::ros::WallDuration(node_options_.trajectory_publish_period_sec),
148     &Node::PublishLandmarkPosesList, this));
149   wall_timers_.push_back(node_handle_.createWallTimer(
150     ::ros::WallDuration(kConstraintPublishPeriodSec),
151     &Node::PublishConstraintList, this));
152 }
```

第 96 行，将从外界传入的配置参数 node_options 存入 Node 类成员变量 node_options_，这样配置参数就可以在 Node 类范围内使用了。

第 97 行，利用 node_options_、map_builder 和 tf_buffer 初始化 Node 类成员变量 map_builder_bridge_。从这里可以看出，Node 类是通过访问 map_builder_bridge_ 来间接访问 map_builder 的，也就是说 Node 类与 MapBuilder 类之间通过桥接口访问。

第 104 ～ 133 行，初始化各个话题和服务发布器。

第 135 ～ 151 行，利用 ROS 中的 WallTimer 定时器，周期性地执行话题发布任务。

接着来看看 Node 类的 StartTrajectoryWithDefaultTopics() 成员函数，如代码清单 8-11 所示。

代码清单 8-11 Node 类的 StartTrajectoryWithDefaultTopics() 成员函数

```
void Node::StartTrajectoryWithDefaultTopics(const TrajectoryOptions& options) {
  absl::MutexLock lock(&mutex_);
```

```
  CHECK(ValidateTrajectoryOptions(options));
  AddTrajectory(options);
}
```

其实函数体非常简单，就是调用了 AddTrajectory(options) 函数这一句。接下来看看 Node 类的 AddTrajectory() 成员函数的具体内容，如代码清单 8-12 所示。

代码清单 8-12　Node 类的 AddTrajectory() 成员函数

```
373 int Node::AddTrajectory(const TrajectoryOptions& options) {
374   const std::set<cartographer::mapping::TrajectoryBuilderInterface::SensorId>
375     expected_sensor_ids = ComputeExpectedSensorIds(options);
376   const int trajectory_id =
377     map_builder_bridge_.AddTrajectory(expected_sensor_ids, options);
378   AddExtrapolator(trajectory_id, options);
379   AddSensorSamplers(trajectory_id, options);
380   LaunchSubscribers(options, trajectory_id);
381   wall_timers_.push_back(node_handle_.createWallTimer(
382     ::ros::WallDuration(kTopicMismatchCheckDelaySec),
383     &Node::MaybeWarnAboutTopicMismatch, this, /*oneshot=*/true));
384   for (const auto& sensor_id : expected_sensor_ids) {
385    subscribed_topics_.insert(sensor_id.id);
386   }
387   return trajectory_id;
388 }
```

其实，这个函数就做了两件事，如第 377 行和第 380 行所示。

第 377 行，通过调用 map_builder_bridge_.AddTrajectory(...) 函数来启动建图程序，而该函数实质上是进一步调用 map_builder_->AddTrajectoryBuilder(...) 来实现的。而这里的 AddTrajectoryBuilder(...) 函数是 MapBuilder 类成员函数，将在 cartographer 核心库中具体介绍。

第 380 行，通过 Node 类的 LaunchSubscribers() 函数对传感器话题订阅器相关 ROS 接口进行初始化。到这里，传感器数据就源源不断地被订阅，并传入 MapBuilder 类的建图逻辑，用于地图构建。

到这里，cartographer_ros 功能包中建图主节点的调用流程就基本上分析完了。感兴趣的读者可以自行阅读 cartographer_ros 源码，这里就不详细讲解了。值得注意的是，cartographer_ros 功能包中包含多个节点，除了建图主节点外，还有很多额外节点可以在不同场合发挥作用，这里总结一下 cartographer_ros 功能包中的节点，以方便读者查阅与更深入地研究，如表 8-1 所示。

表 8-1　cartographer_ros 功能包中包含的节点

节点	源码	功能
cartographer_assets_writer	assets_writer_main.cc ros_map_writing_points_processor.h ros_map_writing_points_processor.cc	利用已完成轨迹精细化处理地图
cartographer_node	**node_main.cc**	建图主节点

（续）

节点	源码	功能
cartographer_offline_node	offline_node_main.cc	利用数据包离线建图
cartographer_occupancy_grid_node	occupancy_grid_node_main.cc	将 Cartographer 中的 submaps 地图转换成 ROS 中的栅格地图并发布
cartographer_pbstream_to_ros_map	pbstream_to_ros_map_main.cc	*.pbstream 文件到 *.pgm 文件地图格式转换
cartographer_pbstream_map_publisher	pbstream_map_publisher_main.cc	读取 *.pbstream 文件并转换成 ROS 中的栅格地图后发布

表 8-1 中仅列出了常用的一些节点，如果想要了解 cartographer_ros 功能包的所有节点，请参考 cartographer_ros/CMakeLists.txt 中的详细内容。

2. cartographer 核心库

cartographer 核心库实现建图算法的具体过程，也就是局部建图、闭环检测和全局建图的实现，如图 8-18 所示为谷歌官方给出的流程框图。可以看到，激光雷达数据（range data）、轮式里程计数据（odometry pose）、IMU 数据（IMU data）和外部位姿辅助数据（fixed frame pose）为整个算法的输入。其中激光雷达为必需数据，而轮式里程计、IMU 和外部位姿辅助（即 GPS 和已知信标）为可选数据。

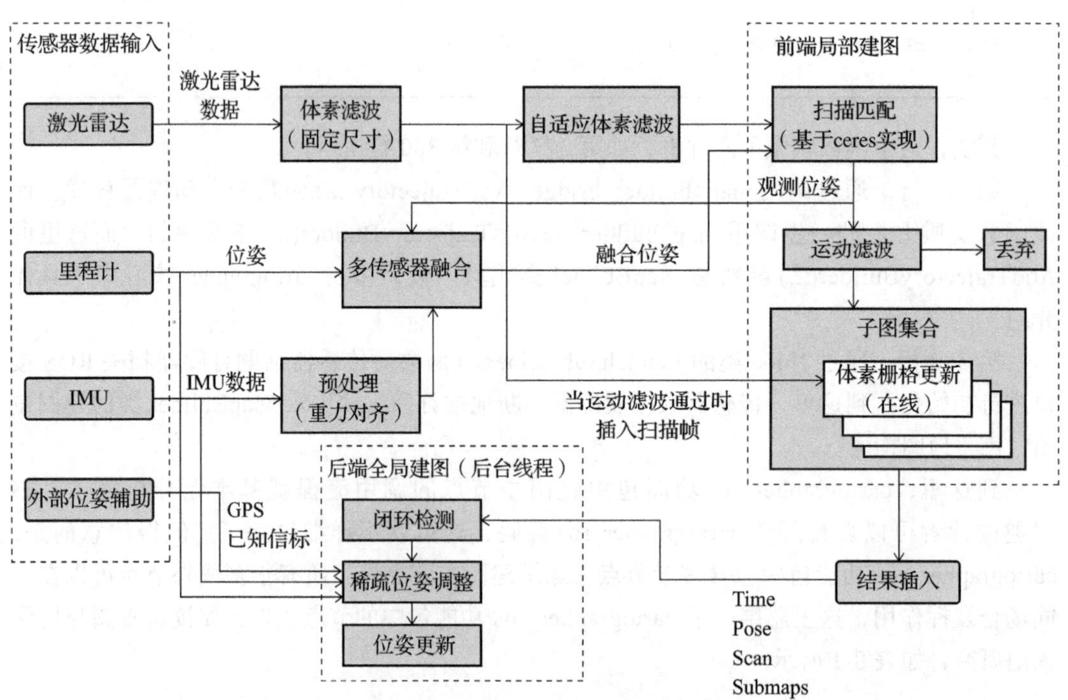

图 8-18　cartographer 核心库流程框图

以激光雷达为主线来展开分析，激光雷达数据先经过体素滤波（voxel filter），体素滤波其实就是对点云降采样，一般是将点云划分到不同体素栅格内，再用体素栅格内所有点的重心表示此体素栅格。经过体素滤波后的激光雷达数据有 2 个流向：一个流向是直接传给 Submaps 用于子图构建，另一个流向是经自适应体素滤波（adaptive voxel filter）后用于扫描匹配。

而轮式里程计、IMU 和外部位姿辅助可以与扫描匹配得到的观测位姿进行多传感器融合，经融合后的位姿作为更高精度的初始位姿输入给扫描匹配，这样能大大提高扫描匹配的效率和精度。当前位姿可以由前一时刻位姿推算而来，位姿由位置（position）和姿态（orientation）组成，如果已知位置和姿态的变化量，用 $\begin{bmatrix} position(t) \\ orientation(t) \end{bmatrix} = \begin{bmatrix} position(t-1) \\ orientation(t-1) \end{bmatrix} + \begin{bmatrix} \Delta position \\ \Delta orientation \end{bmatrix}$ 就能求出当前位姿。观测位姿的思路很简单，在 IMU 可用时，更信任 IMU 提供的 $\Delta orientation$；在 odom 可用时，更信任 odom 提供的 $\Delta position$；若没有，只能假设匀速模型，即上一个时刻的线速度和角速度在当前时刻依然不变，用线速度和角速度乘以时间间隔就能求出 $\Delta position$ 与 $\Delta orientation$。IMU 数据在进行融合之前，需经过预处理，预处理可以得出 IMU 的当前姿态，该姿态既可以用于在多传感器融合中求 $\Delta orientation$，也可以用于修正在运动中上下抖动的激光雷达扫描数据。轮式里程计、IMU 和外部位姿辅助同时输入给后端，用于全局优化。

在前端局部建图中，首先利用雷达数据和给定初始位姿进行扫描匹配，扫描匹配算法有多种实现，参见 8.2.1 节。扫描匹配能得出观测位姿，接着需要进行运动滤波。运动滤波的作用是避免重复插入相同雷达帧数据，当位姿变化不明显时，新雷达帧数据将不会被插入子图。当构建完 1 个子图 $submap(1)$ 后，就接着构建另一个子图 $submap(2)$，这样不断构建，局部建图过程会生成多个子图 $submaps = \{submap(m)\}$。

而后端全局建图由闭环检测驱动，闭环检测是在程序后台持续运行的，传感器每输入一帧雷达数据，都要对其进行闭环检测。当闭环检测中匹配得分超过设定阈值就判定闭环，此时将闭环约束加入整个建图约束中，并对全局位姿约束进行一次全局优化，全局优化会对路径上的所有位姿及对应子图进行修正。

cartographer 核心库主要封装在 MapBuilder 类中，该类在 cartographer/mapping/map_builder.h 和 map_builder.cc 这两个文件中实现。在解读具体代码前，先来看看 MapBuilder 类的组成结构，如图 8-19 所示。

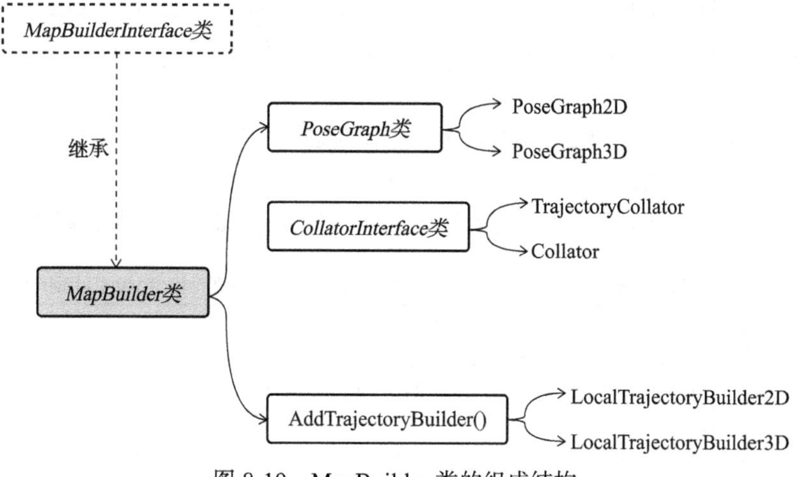

图 8-19　MapBuilder 类的组成结构

其中，MapBuilder 类继承了 MapBuilderInterface 类的接口。PoseGraph 类用于实现后端全局优化，具体包含 PoseGraph2D 和 PoseGraph3D 这两种实现。CollatorInterface 类用于实现多传感器融合，具体包含 TrajectoryCollator 和 Collator 这两种实现。AddTrajectoryBuilder() 函数用于启动建图，首先是启动局部建图，具体包含 LocalTrajectoryBuilder2D 和 LocalTrajectoryBuilder3D 这两种实现，接着就是启动对应的后端全局优化和传感器融合。

首先来看 MapBuilder 类的构造函数，如代码清单 8-13 所示。

代码清单 8-13　MapBuilder 类的构造函数

```
94 MapBuilder::MapBuilder(const proto::MapBuilderOptions& options)
95     : options_(options), thread_pool_(options.num_background_threads()) {
96   CHECK(options.use_trajectory_builder_2d() ^
97         options.use_trajectory_builder_3d());
98   if (options.use_trajectory_builder_2d()) {
99     pose_graph_ = absl::make_unique<PoseGraph2D>(
100        options_.pose_graph_options(),
101        absl::make_unique<optimization::OptimizationProblem2D>(
102            options_.pose_graph_options().optimization_problem_options()),
103        &thread_pool_);
104  }
105  if (options.use_trajectory_builder_3d()) {
106    pose_graph_ = absl::make_unique<PoseGraph3D>(
107        options_.pose_graph_options(),
108        absl::make_unique<optimization::OptimizationProblem3D>(
109            options_.pose_graph_options().optimization_problem_options()),
110        &thread_pool_);
111  }
112  if (options.collate_by_trajectory()) {
113    sensor_collator_ = absl::make_unique<sensor::TrajectoryCollator>();
114  } else {
115    sensor_collator_ = absl::make_unique<sensor::Collator>();
116  }
117 }
```

第 98 ～ 111 行，根据配置参数配置不同的模式。如果是 2D 建图模式，那么就选择 PoseGraph2D 为全局优化器。如果是 3D 建图模式，那么就选择 PoseGraph3D 为全局优化器。

第 112 ～ 116 行，根据配置参数配置不同的模式，选择 TrajectoryCollator 或 Collator 为传感器融合的实现方法。

接着来看 MapBuilder 类的建图启动函数 AddTrajectoryBuilder()，如代码清单 8-14 所示。

代码清单 8-14　MapBuilder 类的建图启动函数 AddTrajectoryBuilder()

```
int MapBuilder::AddTrajectoryBuilder(
    const std::set<SensorId>& expected_sensor_ids,
    const proto::TrajectoryBuilderOptions& trajectory_options,
    LocalSlamResultCallback local_slam_result_callback) {
  const int trajectory_id = trajectory_builders_.size();
  if (options_.use_trajectory_builder_3d()) {
```

```
    std::unique_ptr<LocalTrajectoryBuilder3D> local_trajectory_builder;
    if (trajectory_options.has_trajectory_builder_3d_options()) {
     local_trajectory_builder = absl::make_unique<LocalTrajectoryBuilder3D>(
       trajectory_options.trajectory_builder_3d_options(),
       SelectRangeSensorIds(expected_sensor_ids));
    }
    DCHECK(dynamic_cast<PoseGraph3D*>(pose_graph_.get()));
      trajectory_builders_.push_back(absl::make_unique<CollatedTrajectoryBuilder>(
      trajectory_options, sensor_collator_.get(), trajectory_id,
      expected_sensor_ids,
      CreateGlobalTrajectoryBuilder3D(
        std::move(local_trajectory_builder), trajectory_id,
        static_cast<PoseGraph3D*>(pose_graph_.get()),
        local_slam_result_callback)));
  } else {
    std::unique_ptr<LocalTrajectoryBuilder2D> local_trajectory_builder;
    if (trajectory_options.has_trajectory_builder_2d_options()) {
     local_trajectory_builder = absl::make_unique<LocalTrajectoryBuilder2D>(
       trajectory_options.trajectory_builder_2d_options(),
       SelectRangeSensorIds(expected_sensor_ids));
    }
    DCHECK(dynamic_cast<PoseGraph2D*>(pose_graph_.get()));
      trajectory_builders_.push_back(absl::make_unique<CollatedTrajectoryBuilder>(
      trajectory_options, sensor_collator_.get(), trajectory_id,
      expected_sensor_ids,
      CreateGlobalTrajectoryBuilder2D(
        std::move(local_trajectory_builder), trajectory_id,
        static_cast<PoseGraph2D*>(pose_graph_.get()),
        local_slam_result_callback)));
  }
  MaybeAddPureLocalizationTrimmer(trajectory_id, trajectory_options,
                   pose_graph_.get());

  if (trajectory_options.has_initial_trajectory_pose()) {
    const auto& initial_trajectory_pose =
      trajectory_options.initial_trajectory_pose();
    pose_graph_->SetInitialTrajectoryPose(
      trajectory_id, initial_trajectory_pose.to_trajectory_id(),
      transform::ToRigid3(initial_trajectory_pose.relative_pose()),
      common::FromUniversal(initial_trajectory_pose.timestamp()));
  }
    proto::TrajectoryBuilderOptionsWithSensorIds options_with_sensor_ids_proto;
  for (const auto& sensor_id : expected_sensor_ids) {
    *options_with_sensor_ids_proto.add_sensor_id() = ToProto(sensor_id);
  }
  *options_with_sensor_ids_proto.mutable_trajectory_builder_options() =
    trajectory_options;
    all_trajectory_builder_options_.push_back(options_with_sensor_ids_proto);
    CHECK_EQ(trajectory_builders_.size(), all_trajectory_builder_options_.size());
  return trajectory_id;
}
```

第 124 ～ 138 行，如果配置参数配置为 3D 建图模式，那么就启动 LocalTrajectoryBuilder3D 局部建图。

第 139 ～ 154 行，如果配置参数配置为 2D 建图模式，那么就启动 LocalTrajectoryBuilder2D 局部建图。

局部建图过程包括传感器融合、扫描匹配、运动滤波和子图构建，这些已经在前面介绍过了，这里不再展开。

3. Ceres-Solver 非线性优化库

Cartographer 采用优化库 Ceres-Solver 来求解优化问题，主要包括局部建图中扫描匹配涉及的局部优化问题和全局建图中涉及的全局优化问题。这些优化问题的数学表达已经在前面讨论过了，这里不再展开。

8.2.3 安装与运行

学习完 Cartographer 算法的原理及源码之后，大家肯定迫不及待地想安装运行 Cartographer 来体验一下真实效果。下面所讨论的 Cartographer 安装、配置和运行的内容都参考了 cartographer_ros 官方文档[㊀]和 cartographer 官方文档[㊁]。

1. Cartographer 安装

按照官方教程可以直接将 cartographer_ros、cartographer、Ceres-Solver 以及各种依赖都安装完，不过特别说明一点，为了解决从官网下载 Ceres-Solver 速度慢的问题，本文将 Ceres-Solver 的下载地址换为 GitHub 源，即将官方教程中生成的 src/.rosinstall 替换成了自己的内容，其余安装过程与官方教程一样。

（1）安装编译工具

编译 cartographer_ros 需要用到 wstool 和 rosdep，为了加快编译，这里使用 ninja 工具进行编译。因此，需要先安装编译相关的工具。

```
sudo apt-get update
sudo apt-get install -y python-wstool python-rosdep ninja-build
```

（2）创建存放 cartographer_ros 的专门工作空间

```
mkdir catkin_ws_carto
cd catkin_ws_carto
wstool init src
# 下载自动安装脚本
wstool merge -t src https://raw.githubusercontent.com/googlecartographer/
  cartographer_ros/master/cartographer_ros.rosinstall
# 执行下载
wstool update -t src
```

特别说明，在执行 wstool update -t src 之前，需要将 src/.rosinstall 文件修改成如代码清单 8-15 所示，将 Ceres-Solver 的下载地址换为 GitHub 源，以解决 Ceres-Solver 下载慢的问题。

㊀ 参见 https://google-cartographer-ros.readthedocs.io。

㊁ 参见 https://google-cartographer.readthedocs.io。

代码清单 8-15　修改后的 src/.rosinstall 文件

```
- git:
  local-name: cartographer
  uri: https://github.com/cartographer-project/cartographer.git
  version: 1.0.0
- git:
  local-name: cartographer_ros
  uri: https://github.com/cartographer-project/cartographer_ros.git
  version: 1.0.0
- git:
  local-name: ceres-solver
  uri: https://github.com/ceres-solver/ceres-solver.git
  version: 1.13.0
```

（3）安装依赖项

安装 cartographer_ros 的依赖项 proto3、deb 包等。如果执行 sudo rosdep init 报错，可以直接忽略。

```
src/cartographer/scripts/install_proto3.sh

# 如果报错，可以先将已有 sources.list 删除
sudo rosdep init
rosdep update

rosdep install --from-paths src --ignore-src --rosdistro=${ROS_DISTRO} -y
```

（4）编译和安装

上面的配置和依赖都完成后，就可以开始编译和安装 cartographer_ros 整个项目工程了。**特别提醒，以后 cartographer_ros 中的配置文件或源码有改动时，都需要执行这个编译命令使修改生效。**

```
catkin_make_isolated --install --use-ninja
```

在完成 Cartographer 安装后，可以先用 Cartographer 官方数据集测试一下安装是否成功。官方提供了 2D 和 3D 建图测试数据集，下面的测试也分为 2D 和 3D 建图。

下载 2D 建图测试数据集，并启动建图程序。

```
source ~/catkin_ws_carto/install_isolated/setup.bash
# 下载 2D 建图测试数据集
wget -P ~/Downloads https://storage.googleapis.com/cartographer-public-data/bags/
  backpack_2d/cartographer_paper_deutsches_museum.bag
# 启动 2D 建图
roslaunch cartographer_ros demo_backpack_2d.launch bag_filename:=${HOME}/Downloads/
  cartographer_paper_deutsches_museum.bag
```

建图启动后，会自动打开 rviz 并显示出地图，如图 8-20 所示。

下载 3D 建图测试数据集，并启动建图程序。

```
source ~/catkin_ws_carto/install_isolated/setup.bash
# 下载 3D 建图测试数据集
wget -P ~/Downloads https://storage.googleapis.com/cartographer-public-data/bags/
  backpack_3d/with_intensities/b3-2016-04-05-14-14-00.bag
# 启动 3D 建图
roslaunch cartographer_ros demo_backpack_3d.launch bag_filename:=${HOME}/Downloads/
  b3-2016-04-05-14-14-00.bag
```

建图启动后，会自动打开 rviz 并显示出地图，如图 8-21 所示。

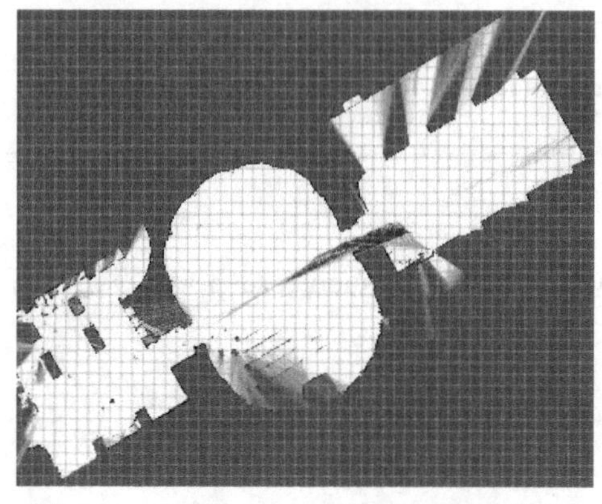

图 8-20　Cartographer 数据集 2D 建图测试效果

图 8-21　Cartographer 数据集 3D 建图测试效果

可以发现，虽然 Cartographer 支持用多线激光雷达进行 3D 建图，但是建出来的地图依然是 2D 栅格地图。

2. Cartographer 在实际机器人中运行

虽然 Cartographer 仅使用激光雷达也能建图，但使用 IMU 和轮式里程计能大大提高 Cartographer 建图过程的稳定性，而 GPS 和环境已知信标一般很少使用。所以，下面就以激光雷达 + IMU + 轮式里程计的建图模式为例来讨论。

在 xiihoo 机器人中，所搭载的激光雷达为单线激光雷达，数据发布在话题 /scan 中；IMU 数据发布在话题 /imu 中；轮式里程计发布在话题 /odom 中。依次启动对应的 ROS 驱动程序，数据就能发布出来了。

```
# 启动激光雷达
roslaunch ydlidar my_x4.launch
# 启动底盘并发布轮式里程计
roslaunch xiihoo_bringup minimal.launch
# 启动 IMU
roslaunch xiihoo_imu imu.launch
```

Cartographer 算法建图时，需要机器人提供各个传感器的静态坐标关系，激光雷达、IMU、轮式里程计和底盘的坐标系 frame_id 分别为 base_laser_link、imu_link、base_footprint 和 base_link，也就是说要将这些静态 tf 关系发布出来。这里采用 urdf 模型来发布这些静态关系，各个传感器之间的安装关系需要经过人为测量得到，将测量数据填入 urdf 文件，然后用下面的命令将 urdf 模型发布出来。

```
# 启动 urdf 模型
roslaunch xiihoo_description xiihoo_description.launch
```

前面讲过 Cartographer 算法是一个非常通用和适用于不同平台的开放框架算法，支持多种配置与工作模式。其配置文件由 *.lua 书写并放在路径 cartographer_ros/configuration_files/ 上，我们需要建立一个自己的配置文件，取名为 xiihoo_mapbuild.lua，文件内容如代码清单 8-16 所示。

代码清单 8-16　xiihoo_mapbuild.lua 配置文件

```
include "map_builder.lua"
include "trajectory_builder.lua"

options = {
  map_builder = MAP_BUILDER,
  trajectory_builder = TRAJECTORY_BUILDER,
  map_frame = "map",
  tracking_frame = "imu_link",
  published_frame = "odom",
  odom_frame = "odom",
  provide_odom_frame = false,
  publish_frame_projected_to_2d = false,
  use_odometry = true,
  use_nav_sat = false,
  use_landmarks = false,
  num_laser_scans = 1,
  num_multi_echo_laser_scans = 0,
  num_subdivisions_per_laser_scan = 10,
  num_point_clouds = 0,
  lookup_transform_timeout_sec = 0.2,
  submap_publish_period_sec = 0.3,
  pose_publish_period_sec = 5e-3,
  trajectory_publish_period_sec = 30e-3,
  rangefinder_sampling_ratio = 1.,
  odometry_sampling_ratio = 1.,
  fixed_frame_pose_sampling_ratio = 1.,
  imu_sampling_ratio = 1.,
  landmarks_sampling_ratio = 1.,
}

MAP_BUILDER.use_trajectory_builder_2d = true
TRAJECTORY_BUILDER_2D.num_accumulated_range_data = 10

TRAJECTORY_BUILDER_2D.min_range = 0.20
TRAJECTORY_BUILDER_2D.max_range = 16.0
TRAJECTORY_BUILDER_2D.submaps.num_range_data = 50
TRAJECTORY_BUILDER_2D.use_imu_data = true
TRAJECTORY_BUILDER_2D.imu_gravity_time_constant = 10.0
TRAJECTORY_BUILDER_2D.use_online_correlative_scan_matching = false
TRAJECTORY_BUILDER_2D.ceres_scan_matcher.translation_weight = 10
TRAJECTORY_BUILDER_2D.ceres_scan_matcher.rotation_weight = 40
```

```
42 POSE_GRAPH.constraint_builder.max_constraint_distance = 4.
43
44 return options
```

Cartographer 算法的配置参数分为 cartographer_ros 接口层参数和 cartographer 核心库参数，而 cartographer 核心库参数又分为局部建图参数和全局建图参数。当然，大部分参数并不需要调整，使用默认值即可，这里只调整一些常用的参数。读者想要了解全部参数的含义及调参方法，请参考谷歌官方文档。在 xiihoo_mapbuild.lua 配置文件中，第 7 ～ 28 行为 cartographer_ros 接口层参数，第 31 ～ 42 行为 cartographer 核心库参数。

第 7 行，参数 map_frame 指定发布出的地图的 frame_id，即全局坐标系名称，使用默认值 map 就可以了。

第 8 行，参数 tracking_frame 指定以哪个 frame_id 为机器人提供姿态信息，当 IMU 可用时，需设置成 IMU 数据的 frame_id，比如 imu_link。

第 9 ～ 11 行，这里的 3 个参数需要互相配合来设置，其实就是分外部有无提供轮式里程计来讨论。当外部没有轮式里程计提供时，需要用 Cartographer 算法产生虚拟里程计数据，这里需要启用参数 provide_odom_frame，并将参数 published_frame 设为 base_link，参数 odom_frame 设为 odom，map->odom 的关系由局部建图提供，map->base_link 的关系由全局建图提供，利用 map->odom 和 map->base_link 很容易推出 odom->base_link 这个虚拟里程计。当外部有轮式里程计提供时，就不需要 Cartographer 算法的虚拟里程计数据了，这里需要禁用参数 provide_odom_frame，并将参数 published_frame 设为 odom，参数 odom_frame 用不到，那么 Cartographer 算法的扫描匹配只维护 map->odom 的关系，而 odom->base_link 的关系由轮式里程计提供，map->odom 和 odom->base_link 组合在一起才作为机器人的位姿表示。这部分内容比较难理解，有疑问的读者可以阅读 cartographer_ros/node.cc 中的第 273 ～ 301 行源码。

第 13 ～ 15 行，对轮式里程计、GPS 和已知信标的使用做出选择，这里选择使用轮式里程计，而不使用 GPS 和已知信标。

第 16、17 和 19 行，对激光雷达的使用做出选择，这里选择使用 1 个 scan 类型的单线激光雷达，即 num_laser_scans 设为 1，num_multi_echo_laser_scans 和 num_point_clouds 均设为 0。

第 31 行，指定建图模式，Cartographer 支持 2D 建图和 3D 建图，这里选择 2D 建图模式。

第 32 ～ 41 行，为 cartographer 核心库局部建图参数，其中第 37 ～ 38 行是 IMU 有关的参数。

第 42 行，为 cartographer 核心库全局建图参数。

由于配置参数众多，未配置参数均取默认值，详细内容请参考谷歌官方文档。

接下来编写 launch 文件，载入配置参数并启动建图所需节点。在路径 cartographer_ros/launch/ 中新建 xiihoo_mapbuild.launch 文件，文件内容如代码清单 8-17 所示。

代码清单 8-17 xiihoo_mapbuild.launch 文件

```
<launch>
  <node name="cartographer_node" pkg="cartographer_ros"
```

```
3      type="cartographer_node" args="
4        -configuration_directory $(find cartographer_ros)/configuration_files
5        -configuration_basename xiihoo_mapbuild.lua"
6      output="screen">
7     <remap from="scan" to="/scan" />
8     <remap from="imu" to="/imu" />
9     <remap from="odom" to="/odom" />
10   </node>
11
12   <node name="cartographer_occupancy_grid_node" pkg="cartographer_ros"
13     type="cartographer_occupancy_grid_node" args="
14       -resolution 0.05
15       -publish_period_sec 1.0" />
16 </launch>
```

第 2 ～ 6 行，启动 cartographer_node 建图主节点。这里通过命令行 args 的方式传入 configuration_directory 和 configuration_basename 参数，这两个参数用于指定载入 xiihoo_mapbuild.lua 配置文件的路径。

第 12 ～ 15 行，启动 cartographer_occupancy_grid_node 节点。将 Cartographer 中的 submaps 地图转换成 ROS 中的栅格地图并发布，这个节点主要为了方便采用 ROS 默认地图格式显示建图过程。

当然，cartographer_node 建图主节点还可以配置成单纯的定位（pure localization）模式，利用已建立地图进行重定位过程而不建图，或使用 cartographer_assets_writer、cartographer_offline_node 等节点运行不同形式的建图过程。这些节点不在本书讨论范围内，感兴趣的读者可以自行研究。

到这里，就可以启动建图了。由于前面已经准备好了配置文件和启动文件，直接启动即可。给个小提示，在修改 *.lua 配置文件或 *.launch 文件后，都需要重新编译一次整个 catkin_ws_carto 工作空间。

```
# 重新编译整个工作空间，使配置文件修正生效
cd ~/catkin_ws_carto
catkin_make_isolated --install --use-ninja
# 启动建图
source ~/catkin_ws_carto/install_isolated/setup.bash
roslaunch cartographer_ros xiihoo_mapbuild.launch
```

接下来，就可以遥控机器人在环境中移动，进行地图构建了。不同的机器人支持不同的遥控方法，比如手柄遥控、手机 App 遥控、键盘遥控等。这里使用键盘遥控方式来遥控 xiihoo 机器人建图，键盘启动命令如下。

```
# 首次使用键盘遥控，需要先安装对应的功能包
sudo apt install ros-melodic-teleop-twist-keyboard
# 启动键盘遥控
rosrun teleop_twist_keyboard teleop_twist_keyboard.py
```

在键盘遥控程序终端下，通过对应的按键就能控制底盘移动了。这里介绍一下按键的

映射关系，前进（i）、后退（,）、左转（j）、右转（l），而增加和减小线速度对应按键 w 与 x，增加和减小角速度对应按键 e 与 c。遥控底盘建图的过程中，可以打开 rviz 可视化工具查看所建地图的效果以及机器人实时估计位姿等信息。图 8-22 是 xiihoo 机器人在线建图的效果。

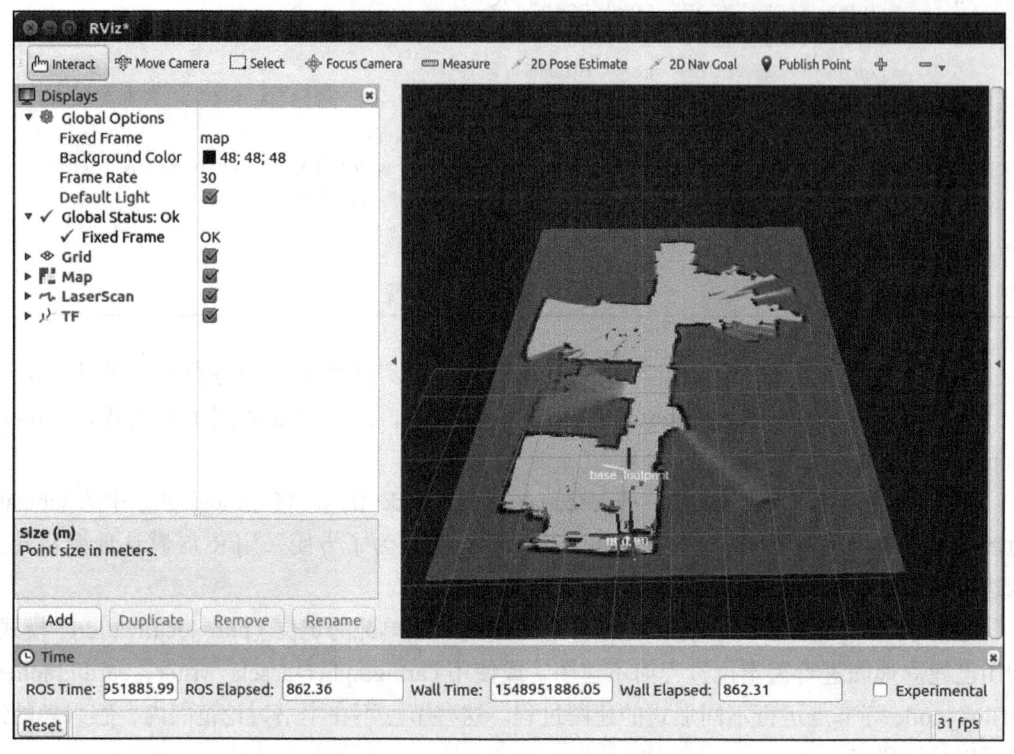

图 8-22　Cartographer 在线建图效果

现在，回过头来总结一下整个过程。可以借助 rqt 可视化工具，查看建图过程中 ROS 节点之间的数据流向以及 tf 状态。

```
# 查看 ROS 节点数据流向
rosrun rqt_graph rqt_graph
# 查看 tf 状态
rosrun rqt_tf_tree rqt_tf_tree
```

Cartographer 建图过程中 ROS 节点之间的数据流向如图 8-23 所示。

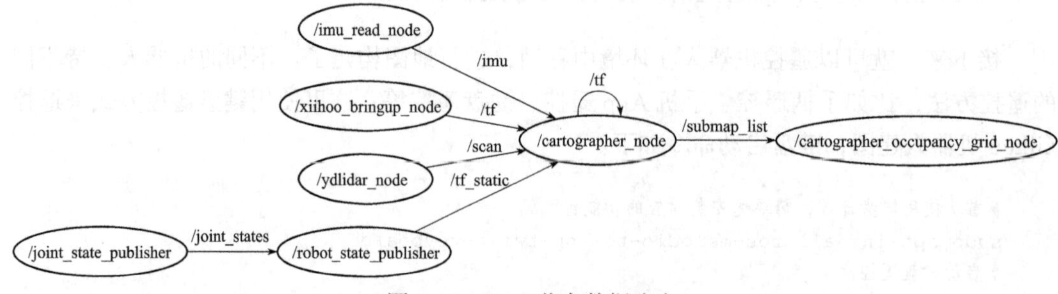

图 8-23　ROS 节点数据流向

在图 8-24 中，可以更详细地看到整个建图过程的 tf 状态。

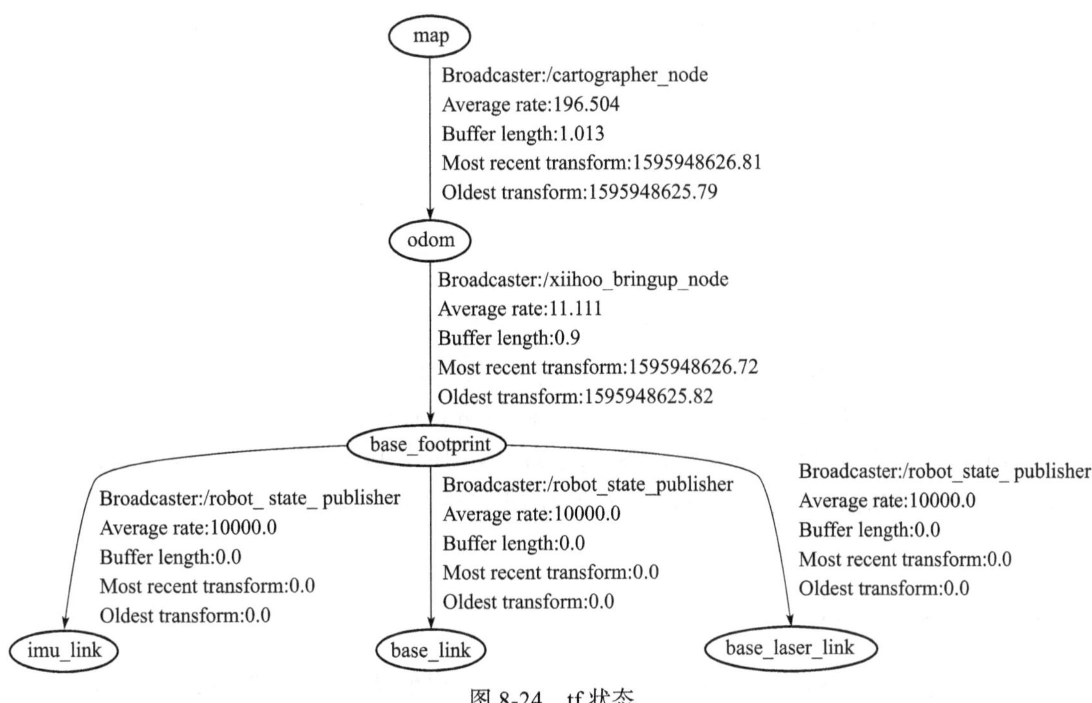

图 8-24　tf 状态

当环境扫描完成，且路径回环到起始点后，就可以将 Cartographer 构建的地图结果保存下来。cartographer_ros 提供了将建图结果保存为 *.pbstream 的专门方法，其实就是一条命令。该方法调用 cartographer_ros 提供的名为 /write_state 的服务，服务传入参数 /home/ubuntu/map/carto_map.pbstream 作为地图的保存路径。

```
# 保存地图
rosservice call /write_state /home/ubuntu/map/carto_map.pbstream
```

用 cartographer_ros 提供的 /write_state 方法保存的地图是 *.pbstream 格式，而要在后续的自主导航中使用这个地图，我们需要将其转换为 ROS 中通用的 GridMap 格式。其实很简单，cartographer_ros 已经在 cartographer_pbstream_to_ros_map 节点提供了用于转换的实现。所以，我们只需要写一个启动文件启动该节点即可，我为这个启动文件取名 xiihoo_pbstream2rosmap.launch，存放路径是 cartographer_ros/launch/，启动文件的内容如代码清单 8-18 所示。

代码清单 8-18　xiihoo_pbstream2rosmap.launch 启动文件

```
<launch>
  <node name="cartographer_pbstream_to_ros_map_node" pkg="cartographer_ros"
    type="cartographer_pbstream_to_ros_map" args="
      -pbstream_filename $(arg pbstream_filename)
      -map_filestem $(arg map_filestem)"
    output="screen">
  </node>
</launch>
```

在使用这个启动文件进行启动时，需要从外部传入两个参数：参数 pbstream_filename

为待转换的 *.pbstream 文件路径；参数 map_filestem 为转换后存放结果的文件路径。启动节点，并开始地图格式转换。

```
# 重新编译整个工作空间，使配置文件修正生效
cd ~/catkin_ws_carto
catkin_make_isolated --install --use-ninja
# 启动地图格式转换
source ~/catkin_ws_carto/install_isolated/setup.bash
roslaunch cartographer_ros xiihoo_pbstream2rosmap.launch pbstream_filename:=/home/
  ubuntu/map/carto_map.pbstream map_filestem:=/home/ubuntu/map/carto_map
```

保存结束后，节点会自动退出，这时我们可以得到转换后的地图，转换后的栅格地图由 *.pgm 和 *.yaml 两部分构成，这是标准的 ROS 格式地图，可以被 ROS 导航框架中的 map_server 节点直接调用。到这里，Cartographer 建图就完成了。当然，Cartographer 也可以采用录制好的数据回放来离线建图，这里就不再赘述了。

8.3 LOAM 算法

不管是 Gmapping 还是 Cartographer，通常都是采用单线激光雷达作为输入，并且只能在室内环境运行。虽然 Cartographer 支持 2D 建图和 3D 建图模式，但是 Cartographer 采用 3D 建图模式构建出来的地图格式仍然为 2D 形式的地图。

这里介绍一种用在室外环境的激光 SLAM 算法，即 LOAM 算法。该算法利用多线激光雷达，能构建出 3D 点云地图。LOAM 算法是一款非常经典的 SLAM 算法，曾经霸占 KITTI 数据集效果榜首很长一段时间。下面将从原理分析、源码解读和安装与运行这 3 个方面展开讲解 LOAM 算法。

8.3.1 原理分析

这里结合 LOAM 算法的核心论文 [4] 对 LOAM 的原理展开分析。LOAM 的核心思想是将 SLAM 问题拆分成独立的定位和建图分别来处理，其过程如图 8-25 所示。首先，特征提取模块（point cloud registration）从雷达点云中提取特征点（corner 和 surface）。然后，定位模块（lidar odometry）利用 Scan-to-scan 方法对相邻两帧雷达点云中的特征点进行匹配，这种帧间特征匹配能得到较低精度的里程计，用该里程计来校正雷达特征点云的运动畸变。接着，建图模块（lidar mapping）利用 Scan-to-map 方法进行高精度定位，该方法以前面低精度的里程计作为位姿初始值，将校正后的雷达特征点云与地图进行匹配，这种扫描帧到地图的匹配能得到较高精度的里程计（1Hz 里程计），基于该高精度的里程计所提供的位姿将校正后的雷达特征点云加入已有地图。最后将低精度里程计和高精度里程计融合，输出更新速度和精度都较高的里程计（10Hz 里程计输出）。

LOAM 算法的价值主要体现在两个方面：一方面是 LOAM 解决了雷达运动畸变问题，另一方面是 LOAM 解决了建图效率问题。雷达运动畸变是一个很普遍的问题（参见 4.2.3 节），而低成本的雷达由于扫描频率和转速较低，因此运动畸变问题会更突出。LOAM 利用帧间特征匹配得到的里程计来校正雷达运动畸变，使得低成本的雷达的应用成为可能。

而 SLAM 问题涉及同时定位与建图，计算量本来就很大，处理 3D 点云数据时计算量会更大。LOAM 利用低精度里程计和高精度里程计将 SLAM 问题巧妙地拆分成独立的定位和建图分别来进行处理，大大降低了计算量，让低算力的计算机设备的应用成为可能。下面对 LOAM 的 4 个主要模块进行讨论。

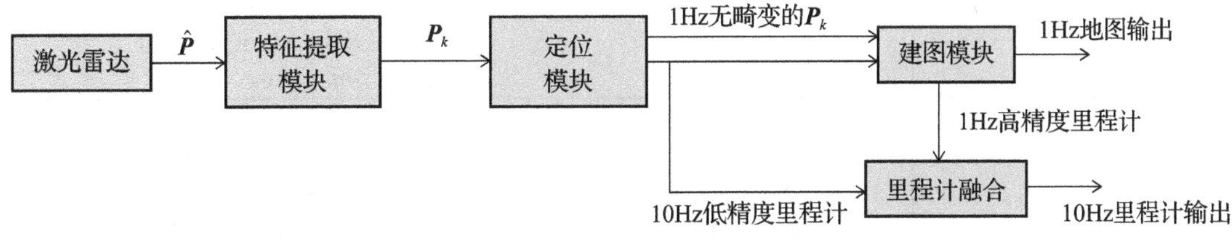

图 8-25　LOAM 算法框架

特征提取模块从雷达点云中提取特征点。特征提取过程其实很简单，即对当前帧点云中的每个点计算平滑度，将平滑度小于某阈值（min）的点判断为 corner 特征点，而平滑度大于某阈值（max）的点判断为 surface 特征点。所有的 corner 特征点被存放在 corner 点云中发布，所有的 surface 特征点被存放在 surface 点云中发布，也就是说特征提取结果将发布到两个点云中。

定位模块利用 Scan-to-scan 方法对相邻两帧雷达点云中的特征点进行匹配。这里的匹配属于帧间匹配，利用前后两帧配对的特征点，很容易计算其位姿转移关系。在低速运动场景，直接利用帧间特征匹配就能得到低精度的里程计（10Hz 里程计），可利用该里程计在匀速模型假设下对雷达运动畸变做校正。在高速运动场景，就需要借助 IMU、VO、轮式里程计等提供的外部定位信息来加快帧间特征匹配速度，以响应高速运动场景下位姿的变化，同时这些外部定位信息可以用于雷达运动畸变校正。

建图模块利用 Scan-to-map 方法进行高精度定位，该方法以前面低精度的里程计作为位姿初始值，将校正后的雷达特征点云与地图进行匹配，这种扫描帧到地图的匹配能得到较高精度的里程计（1Hz 里程计），基于该高精度的里程计所提供的位姿可将校正后的雷达特征点云加入已有地图。

定位模块输出的里程计虽然精度较低，但是更新速度高。而建图模块输出的里程计虽然精度较高，但是更新速度低。将二者融合可以得到更新速度和精度都较高的里程计，融合通过插值过程实现。以 1Hz 的高精度里程计为基准，利用 10Hz 的低精度里程计对其进行插值，那么 1Hz 的高精度里程计就能以 10Hz 速度输出了。

如果激光雷达本身帧率很高或者有 IMU、VO、轮式里程计等外部定位辅助，且建图模块输出的里程计更新速度很高，那么里程计融合模块中的插值过程也就没有必要了。

8.3.2　源码解读

上面讨论完 LOAM 的原理，现在就来解读 LOAM 的源码[⊖]。其实 LOAM 的代码非常简洁，图 8-25 所示框架中的每个模块分别用一个 ROS 节点来实现，各个 ROS 节点之间通过话题传递数据。LOAM 的 4 个 ROS 节点及其接口如表 8-2 所示。基本上就是前一个节点的输出结果作为后一个节点的输入。

⊖　LOAM 源码下载地址为 https://github.com/laboshinl/loam_velodyne。

表 8-2　LOAM 的 4 个 ROS 节点及其接口

节点	订阅话题	发布话题
scanRegistration	/imu/data /multi_scan_points	/velodyne_cloud_2 /laser_cloud_sharp /laser_cloud_less_sharp /laser_cloud_flat /laser_cloud_less_flat /imu_trans
laserOdometry	/velodyne_cloud_2 /laser_cloud_sharp /laser_cloud_less_sharp /laser_cloud_flat /laser_cloud_less_flat /imu_trans	/laser_cloud_corner_last /laser_cloud_surf_last /velodyne_cloud_3 /laser_odom_to_init
laserMapping	/laser_cloud_corner_last /laser_cloud_surf_last /velodyne_cloud_3 /laser_odom_to_init /imu/data	/laser_cloud_surround /velodyne_cloud_registered /aft_mapped_to_init
transformMaintenance	/laser_odom_to_init /aft_mapped_to_init	/integrated_to_init

由于 LOAM 的代码层次非常清楚，代码风格也很简洁。所以，这里就不带大家阅读代码的细节内容了。下面主要通过分析 scanRegistration、laserOdometry、laserMapping 和 transformMaintenance 这 4 个节点的调用流程，讲解 LOAM 代码的工作过程。

scanRegistration 节点调用流程如图 8-26 所示。节点在 MultiScanRegistration 类中实现，创建类的对象时会自动调用默认构造函数，然后调用 setup(...) 函数对节点进行初始化。在 setup(...) 函数中会进一步调用 setupROS(...)，主要完成参数设置、订阅器初始化和发布器初始化。最后，整个节点的处理逻辑在订阅雷达点云的回调函数 handleCloudMessage() 中进行。处理逻辑在 process() 函数中实现，其实就是对点云数据预处理、提取点云特征、IMU 预处理，并将处理结果发布出来。

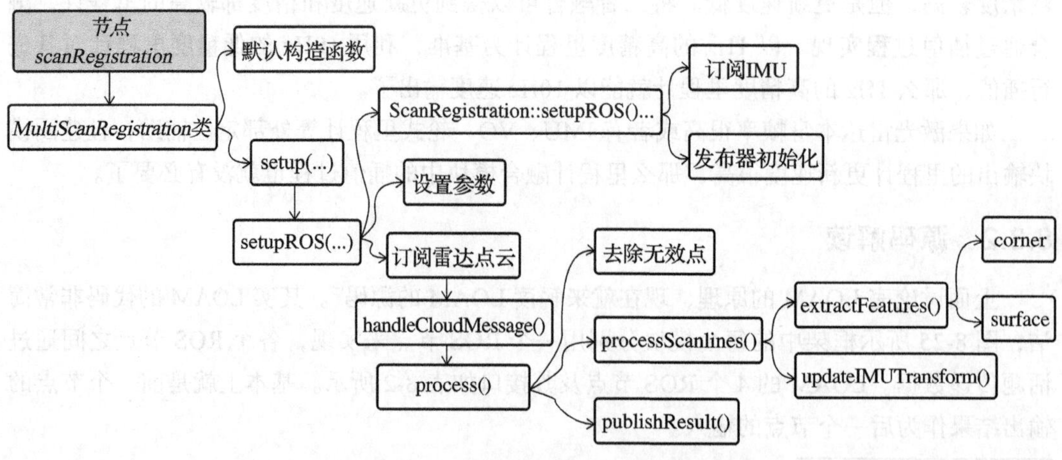

图 8-26　scanRegistration 节点调用流程

laserOdometry 节点调用流程如图 8-27 所示。节点在 LaserOdometry 类中实现，创建类的对象时会自动调用构造函数，然后调用 setup(...) 函数对节点进行初始化，初始化主要完成参数设置、订阅器初始化和发布器初始化。最后，整个节点的处理逻辑在 spin() 函数中循环执行。处理逻辑在 process() 函数中实现，其实就是利用 Scan-to-scan 方法进行帧间特征匹配得到低精度里程计，利用该里程计校正雷达点云运动畸变，并将处理结果发布出来。

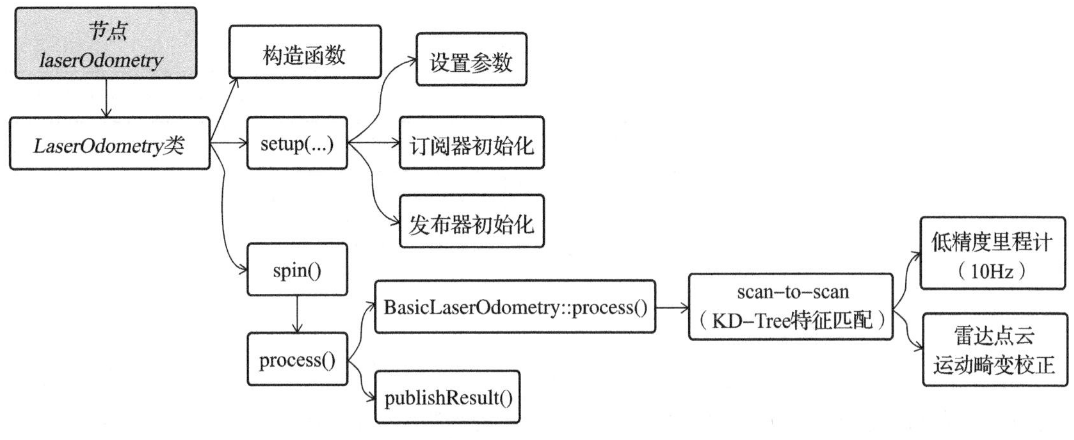

图 8-27　laserOdometry 节点调用流程

laserMapping 节点调用流程如图 8-28 所示。节点在 LaserMapping 类中实现，创建类的对象时会自动调用构造函数，然后调用 setup(...) 函数对节点进行初始化，初始化主要完成参数设置、发布器初始化和订阅器初始化。最后，整个节点的处理逻辑在 spin() 函数中循环执行。处理逻辑在 process() 函数中实现，其实就是利用 Scan-to-map 方法进行扫描帧到地图的匹配得到高精度里程计，基于该高精度的里程计所提供的位姿将校正后的雷达特征点云加入已有地图，并将处理结果发布出来。

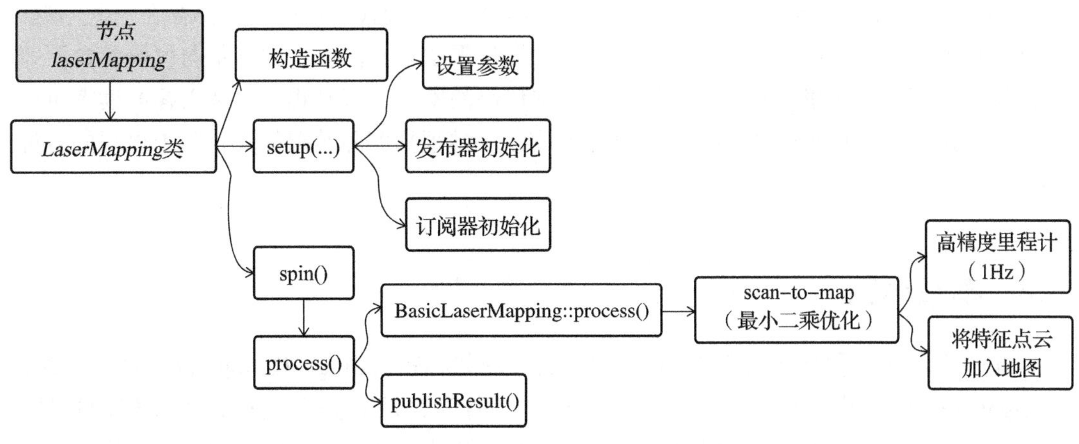

图 8-28　laserMapping 节点调用流程

transformMaintenance 节点调用流程如图 8-29 所示。节点在 TransformMaintenance 类

中实现，创建类的对象时会自动调用构造函数，然后调用 setup(...) 函数对节点进行初始化，初始化主要完成发布器初始化和订阅器初始化。最后，在订阅器的回调函数中完成低精度里程计和高精度里程计的融合。

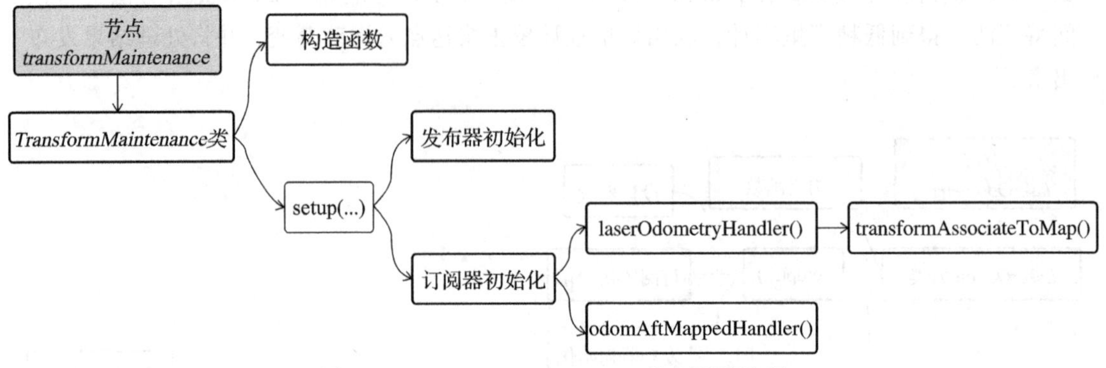

图 8-29 transformMaintenance 节点调用流程

8.3.3 安装与运行

LOAM 原作者（Ji Zhang）已经将其开源代码关闭，而且原版 LOAM 代码中存在诸多问题，后来的开发者基于原版 LOAM 推出了多种改进版本，比较流行的有以下几种：

- https://github.com/laboshinl/loam_velodyne；
- https://github.com/HKUST-Aerial-Robotics/A-LOAM；
- https://github.com/RobustFieldAutonomyLab/LeGO-LOAM。

其中，loam_velodyne 版本代码简洁、层次清晰，并且最接近原版 LOAM，所以 8.3.2 节就是以此版本来做 LOAM 源码解读的。A-LOAM 版本用 Eigen 和 ceres-solver 对原版 LOAM 代码结构进行了简化，使得代码非常适合初学者入门学习。LeGO-LOAM 版本为原版 LOAM 添加了闭环检测，并利用 GTSAM 进行后端全局优化，大大提高了建图稳定性。

由于 LOAM 及其改进版本都属于早期开发阶段，每种代码或多或少都存在一些问题，比如编译安装问题、第三方库不兼容问题、数据集无法下载问题、数据集与代码参数不兼容问题等，因此，这里就不一一讲解各个版本代码的安装运行过程了。感兴趣的读者可以直接参考这些版本代码的 README.md 进行安装，并根据实际情况解决过程中出现的各种问题。

8.4 本章小结

本章介绍了 3 种流行的激光 SLAM 算法，分别为 Gmapping、Cartographer 和 LOAM。Gmapping 是 ROS 中最经典的、基于粒子滤波的算法，缺点是无法构建大规模的地图。而 Cartographer 是时下非常流行的、基于优化的算法，可以构建大规模的地图，并且 Cartographer 算法在工程应用上的价值非常高。不管是 Gmapping 还是 Cartographer，都只能在室内环境构建 2D 地图，LOAM 是一种用于室外环境的激光 SLAM 算法，该算法利用多线激光雷达，能构建出 3D 点云地图。

激光雷达数据虽然稳定，但由于存在成本高昂、数据信息量低、雨天和烟雾等环境容易失效等问题，因此大量研究者转向了视觉 SLAM 研究领域，下一章将介绍视觉 SLAM 领域中的几种典型算法。

参考文献

[1] GRISETTI G，STACHNISS C，BURGARD W. Improved techniques for grid mapping with rao-blackwellized particle filters [J]. IEEE Transactions on Robotics，2007，23 (1)：34-46.

[2] MORAVEC H P. Sensor Fusion in Certainty Grids for Mobile Robots [J]. AI MAGAZINE，1988，9 (2)：61-74.

[3] HESS W，KOHLER D，RAPP H，et al. Real-time loop closure in 2D LIDAR SLAM [C]. NewYork：IEEE，2016.

[4] ZHANG J，SINGH S. LOAM：Lidar Odometry and Mapping in Real-time [J]. Robotics：Science and Systems Conference，2014：2 (9).

CHAPTER 9

第9章 视觉SLAM系统

第8章介绍了以激光雷达作为数据输入的激光SLAM系统，激光雷达的优点在于数据稳定性好、测距精度高、扫描范围广，但缺点是价格昂贵、数据信息量低、安装部署位置不能有遮挡、雨天、烟雾等环境容易失效。相比于激光雷达，视觉传感器价格便宜许多，所采集到的图像数据信息量更大，室内和室外场景都能适用，并且雨天和烟雾场景影响较小，不过视觉传感器数据稳定性和精度较差、巨大的数据量也消耗更大的计算资源。

主流的视觉传感器包括单目、双目和RGB-D这3类，其原理见4.3节相关内容。依据对图像数据的不同处理方式，视觉SLAM可以分为特征点法、直接法和半直接法。

下面按照特征点法、直接法和半直接法分类，列出了几种常见的视觉SLAM算法，如表9-1所示。

表9-1 几种常见的视觉SLAM算法

<table>
<tr><th></th><th>算法名称</th><th>传感器</th><th>前端</th><th>后端</th><th>闭环</th><th>地图</th><th>时间</th></tr>
<tr><td rowspan="3">特征点法</td><td>MonoSLAM</td><td>单目</td><td rowspan="7">数据关联与VO</td><td>EKF滤波</td><td>—</td><td>稀疏</td><td>2007</td></tr>
<tr><td>PTAM</td><td>单目</td><td rowspan="5">优化</td><td>—</td><td>稀疏</td><td>2007</td></tr>
<tr><td>ORB-SLAM2</td><td>单目
双目
RGB-D</td><td>BoW</td><td>稀疏</td><td>2016</td></tr>
<tr><td rowspan="3">直接法</td><td>DTAM</td><td>单目</td><td>—</td><td>稠密</td><td>2011</td></tr>
<tr><td>LSD-SLAM</td><td>单目
双目
全景</td><td>FabMap</td><td>半稠密</td><td>2014</td></tr>
<tr><td>DSO</td><td>单目</td><td>—</td><td>稀疏</td><td>2016</td></tr>
<tr><td>半直接法</td><td>SVO</td><td>单目</td><td>—</td><td>—</td><td>稀疏</td><td>2014</td></tr>
</table>

在特征点法中，首先对输入图像进行特征提取（比如SIFT、SURF、ORB特征，详细过程见3.4节），然后进行特征匹配，这里特征提取和匹配的过程就是所谓的数据关联；接着就可以利用数据关联信息计算相机运动，也就是前端VO（Visual Odometry，视觉里程计）；最后进行后端优化和全局建图。

在直接法中，不需要对图像进行特征提取和匹配，而是直接利用图像灰度信息进行数据关联，同时计算相机运动。也就是说，直接法中的前端 VO 是直接在图像灰度信息上进行的，这样就省去了很多花费在特征提取上的时间。接下来的后端处理过程，其实和特征点法类似。半直接法结合了特征点法和直接法这两种思路，优点是处理速度大大提升。

典型的特征点法 SLAM 算法主要有 MonoSLAM、PTAM 和 ORB-SLAM2。其中 MonoSLAM[1] 算得上是首个基于纯单目相机的视觉 SLAM 系统，系统前端从输入的灰度图像中提取 Shi-Tomasi 角点特征，并采用匀速运动模型进行运动预测，最后将相机状态和路标特征点当成一个整体状态估计量放入后端 EKF 滤波器，利用观测做更新。很遗憾，MonoSLAM 由于采用滤波方法进行求解，因此只能构建很小规模的地图，并且其中的 Shi-Tomasi 角点特征不具备旋转不变特性，故特征稳定性受运动影响较大。

而 PTAM[2] 则是首个采用优化方法求解的视觉 SLAM 系统，PTAM 也是以纯单目相机为输入传感器，系统前端从图像中提取 FAST 特征，并用相邻两帧间已匹配特征点对来构建重投影误差函数以进行 VO 求解，并在系统后端进行优化得到地图。PTAM 中有两大创新：一个创新是将前端和后端在代码中用双线程来实现，另一个创新是引入了关键帧机制。所谓双线程，就是将前端特征提取、匹配、VO 这些和定位相关的逻辑放在一个单独线程中实现，而将后端全局优化和局部优化这些和建图相关的逻辑放在另一个单独线程中实现，这样运行较慢的后端线程就不会拖累运行较快的前端线程，以保证前端定位的实时性。顾名思义，关键帧就是某些具有代表性的图像输入帧，所谓关键帧机制，就是整个算法在运行中维护一个由一系列关键帧组成的关键帧序列，前端在定位丢失时能借助关键帧信息快速重定位，后端在关键帧序列上进行全局优化和局部优化，从而避免将大量冗余输入帧纳入优化过程，造成计算资源浪费。

毫不夸张地说，ORB-SLAM 是目前为止效果最好的视觉 SLAM 系统。该算法有两个版本：第一代算法 ORB-SLAM[3] 只支持单目相机，由于单目 SLAM 普遍存在尺度不确定性问题，因此第二代算法 ORB-SLAM2[4] 支持了单目、双目和 RGB-D 这 3 种相机。该算法借鉴了 PTAM 双线程的思想，并增加了一个线程用于闭环检测，即算法用前端、后端、闭环这 3 个线程实现。系统前端从图像中提取 ORB 特征，并用相邻两帧间已匹配特征点对来构建重投影的误差函数以进行 VO 求解，其所提取的特征 ORB 正是该算法名称的由来，ORB 特征具有极好的稳定性和极快的提取速度。后端进行局部优化建图，并且当闭环检测成功后触发全局优化。全局优化过程在相机位姿图上进行而不考虑地图特征点，这样能大大加快优化速度。除了在前端提取选择 ORB 特征和引入闭环检测外，该算法还在很多程序细节上做了大量创新，因此这个算法非常具有学习和研究的价值。

典型直接法的 SLAM 算法主要有 DTAM、LSD-SLAM 和 DSO。其中 DTAM[5] 的思路是采用单目直接法构建稠密地图，系统前端直接利用图像像素构建代价函数求解 VO，并利用逆深度（也就是深度值的倒数）描述每个像素的深度，在系统后端全局优化中为图像的每个像素恢复其深度图，这样就构建出了 3D 稠密地图。可想而知，为每个像素都恢复稠密深度将非常消耗计算资源，因此这个算法也只能在 GPU 加速下才能跑得动。

LSD-SLAM[6, 7, 8] 构建出来的是半稠密地图，这与 DTAM 直接构建稠密地图有所区别。系统前端直接利用当前图像和当前关键帧之间的像素构建代价函数求解 VO，系统后端会在每个关键帧中按梯度大小抽取部分像素，并用深度滤波器恢复其深度值，这样就构建出了 3D 半稠密地图，系统闭环检测成功后触发在相机位姿图上进行的全局优化。刚开始 LSD-SLAM 仅支持单目相机，后来作者将其扩展到单目、双目和全景这 3 种相机。

DSO[9] 与 LSD-SLAM 相比地图更为稀疏，系统前端采用直接法求解 VO，系统后端将关键帧中梯度比较突出的像素抽取出来用于深度恢复，算法整个优化是在光度标定模型、相机内参数、相机外参和逆深度上进行的，所以求解精度会更高。

其实特征点法与直接法的区别就在于**数据关联**，特征点法的数据关联是由特征提取和特征匹配这两个过程来完成，而直接法则是一步到位，直接在图像像素上完成数据关联。SVO[10] 算法中结合了特征点法的特征提取与匹配的鲁棒性优势及直接法计算快速性优势，因此具有更快速、更稳定的性能，这种方法也称之为半直接法。不过开源出来的 SVO 是经过裁剪后的版本，并没有后端优化和闭环检测环节，严格意义上并不能称之为 SLAM 系统，确切点说，只是一个 VO 而已。

限于篇幅，下面分别选取特征点法、直接法和半直接法中的代表性算法 ORB-SLAM2、LSD-SLAM 和 SVO 具体分析。

9.1 ORB-SLAM2 算法

下面将从原理分析、源码解读和安装与运行这 3 个方面展开讲解 ORB-SLAM2 算法。

9.1.1 原理分析

ORB-SLAM2 算法是特征点法的典型代表。因此在下面的分析中，首先介绍特征点法的基本原理。特征点法中除了最基本的特征提取和特征匹配外，还涉及相机在三维空间运动时位姿的表示，以及帧与帧之间配对特征点、环境地图点、相机位姿等共同形成的多视图几何关系。在掌握了特征点法、三维空间运动和多视图几何这些基本知识后，就可以结合论文［4］对 ORB-SLAM2 系统框架展开具体分析了。

1. 特征点法

通过第 7 章的学习，我们已经知道 SLAM 就是求解运动物体的位姿和环境中路标点（也就是环境地图点）的问题。当相机从不同的角度拍摄同一个物体时可以得到不同的图像，而这些图像中具有很多相同的信息，这就构成了共视关系。一幅图像由很多像素点组成，那么如何利用每帧图像中像素点所包含的信息表示这种共视关系，并利用该共视关系计算出相机位姿和环境地图点呢？

可能大家会最先想到特征点法。下面对特征点法中的特征提取、特征匹配和模型构建展开讨论。

（1）特征提取

特征点是图像的区域结构信息，在图像处理领域应用很广。因为图像中采集到的单个像素点往往受各种噪声干扰，所以并不稳定。当考虑图像的一个区域时，虽然区域上的单个像素点都受噪声干扰，但是由多个像素点组成的区域结构信息稳定很多。那么按照某种算法对图像的区域进行特征提取，则提取出来的特征点就包含了区域结构信息，这也是特征点具有良好稳定性的原因。特征提取算法种类非常丰富，比如从纹理、灰度统计、频谱、小波变换等信息中进行提取，其中 SIFT、SURF 和 ORB 是工程中最常用的几种特征点。

在 SLAM 中，处于运动状态的相机拍摄出的图像旋转和尺度都很敏感，算法实时性要求也很高。而 ORB 特征具有很好的旋转和尺度不变性，并且提取耗时很短（用普通台式电脑提取耗时在 20ms 以内），在 ORB-SLAM2 中采用的就是 ORB 特征。因为 OpenCV 中已经集成了 ORB 特征提取库，所以只需要在安装 OpenCV2 或 OpenCV3 后直接调用对应的库就行了，网上资料很多，不再赘述。如图 9-1 所示，在图像中提取到 3 个 ORB 特征点，每个 ORB 特征点包含 2 部分内容，即特征点的像素坐标和特征点的描述子。像素坐标很好理解，就是特征点在图像中的位置，取值通常就是像素的坐标。描述子用来表示特征点的身份，ORB 特征的描述子由二进制序列构成，描述子主要为了方便后续特征匹配，如果两个特征点的描述子相似度很高，就可以认为这两个特征点是一对匹配点。

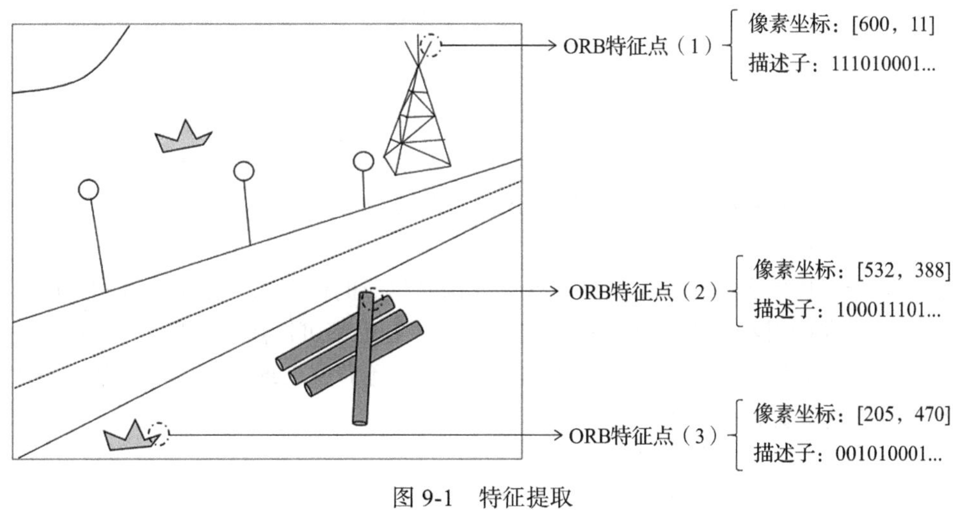

图 9-1　特征提取

（2）特征匹配

特征匹配是解决特征点法 SLAM 中数据关联问题的关键，也就是找出那些在不同视角拍摄到的图像中都出现过的特征点。假设相机在两个不同的视角拍摄到两幅图像，其特征匹配如图 9-2 所示。先从图像 A 中提取得到 $\{P_A^1, P_A^2, P_A^3\}$ 这些 ORB 特征点，再从图像 B 中提取得到 $\{P_B^1, P_B^2, P_B^3, P_B^4\}$ 这些 ORB 特征点。那么特征匹配过程就是要找出 $A=\{P_A^1, P_A^2, P_A^3\}$ 与 $B=\{P_B^1, P_B^2, P_B^3, P_B^4\}$ 这两个集合中各个点的对应关系。

最简单的方法就是将 A 集合中的每个点都与 B 集合中的点匹配一遍，取匹配度最高的那个点为配对点。ORB 特征点的匹配度由两个特征点描述子的海明距离计算，海明距离越小匹配度越高。比如，P_A^1 依次与 P_B^1、P_B^2、P_B^3、P_B^4 计算匹配度，发现无成功配对的点；接着用 P_A^2 依次与 P_B^1、P_B^2、P_B^3、P_B^4 计算匹配度，发现 P_A^2 与 P_B^3 配对成功；同理，用 P_A^3 依次与 P_B^1、P_B^2、P_B^3、P_B^4 计算匹配度，发现 P_A^3 与 P_B^4 配对成功。这种匹配方法也叫暴力匹配，显然在特征点数量很大时，暴力匹配的工作效率十分低下。在实际工程中，一般使用 K 最近邻匹配（K Nearest Neighbor，KNN）、快速近似最近邻匹配（Fast Library for Approximate Nearest Neighbors，FLANN）等更智能的匹配算法。同样，OpenCV 中已经集成了这些匹配算法，直接调用对应库就行了。

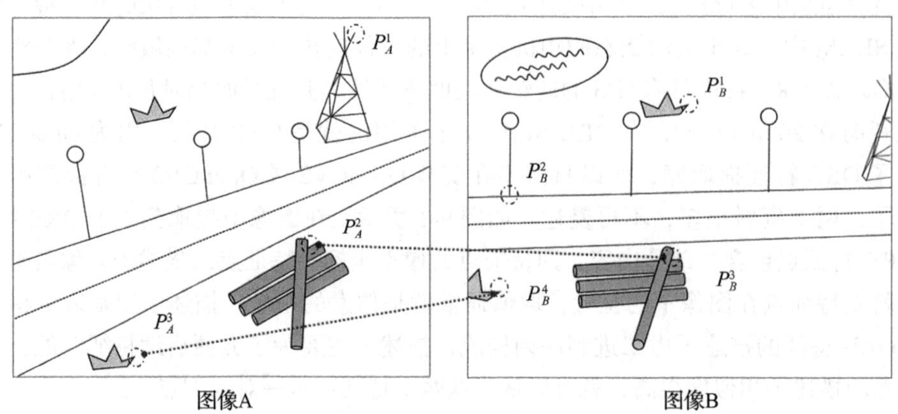

图 9-2　特征匹配

这里需要注意，当环境场景为白墙、地面等重复单一场景时，极易出现误匹配。比如图 9-2 中的 P_B^1 和 P_B^4 特征非常相似，图像 A 中的 P_A^3 特征点极易误匹配到图像 B 中的 P_B^1 特征点。一旦误匹配点过多，将使得后续位姿和地图点估计出错，严重时整个 SLAM 系统将会崩溃，误匹配问题成为特征点法 SLAM 系统亟待解决的难题。

（3）模型构建

介绍完特征提取和特征匹配，接着就可以构建相应的模型用于相机位姿和地图点的求解。帧与帧之间配对特征点、环境地图点、相机位姿等都可以用多视图几何关系来建模，如图 9-3 所示。要介绍该模型的具体数学表达形式，还需要三维空间运动和多视图几何基础知识，因此这里暂时先不展开。

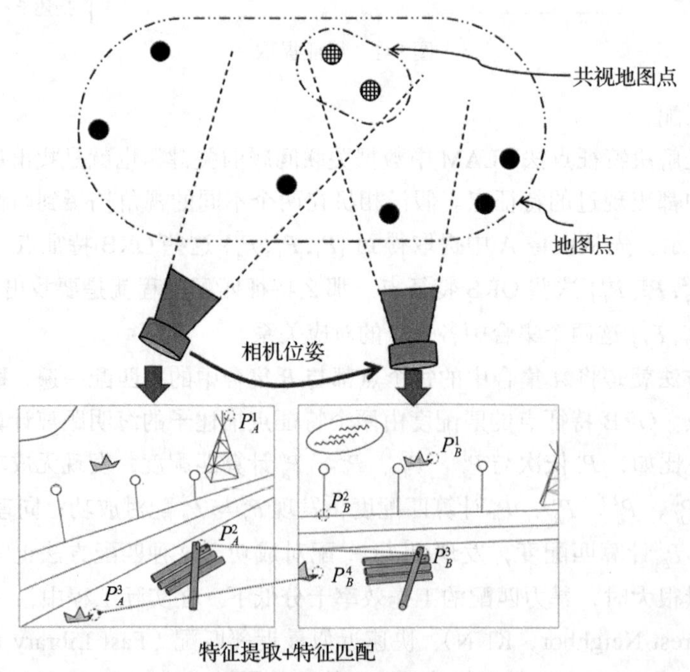

图 9-3　多视图几何

2. 三维空间运动

相机的运动过程可以看成三维空间的刚体运动，所谓刚体，就是运动物体的机械形状不随运动发生变化。假如以相机起始时刻的位姿 Pose[0] 建立世界坐标系，经过运动之后相机到达位姿 Pose[1]，那么相机在世界坐标系下的位姿 Pose[1] 就可以看成位姿 Pose[0] 经过旋转和平移的合成，如图 9-4 所示。也就是说相机位姿由 3 自由度旋转量和 3 自由度平移量共同表示，一共为 6 个自由度。旋转量表示相机在空间中的朝向，具体表达形式包括欧拉角、旋转矩阵、四元数等；平移量表示相机在空间中的位置，也就是 x、y、z 坐标值。

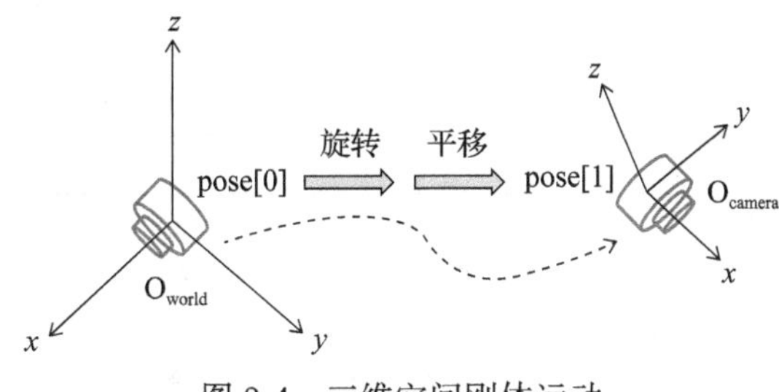

图 9-4　三维空间刚体运动

（1）欧拉角、旋转矩阵、四元数

在机器人中，通常采用右手坐标系，因此，我们的讨论都将遵循右手坐标系原则。用欧拉角表示物体在空间中的朝向是最直接的方式，也就是用 x、y、z 这 3 个轴的旋转角度分量来描述物体的整个旋转情况。绕 x 轴、y 轴、z 轴旋转的角度可分别记为 α、β、γ。在航空导航领域，会把飞机前进方向定为飞机坐标系的 x 轴方向、沿飞机左侧定为飞机坐标系的 y 轴方向、沿飞机上侧定为飞机坐标系的 z 轴方向，这时候 α、β、γ 也被称为 roll（横滚角）、pitch（俯仰角）、yaw（航向角），简称 RPY 角，如图 9-5 所示。注意，**roll、pitch、yaw 的指代与物体坐标系的定义强相关**，物体的哪个坐标轴指向前方，该坐标轴的旋转就是 roll，哪个坐标轴指向上下垂直方向，该坐标轴的旋转就是 yaw，最后剩下那个轴的旋转就是 pitch。

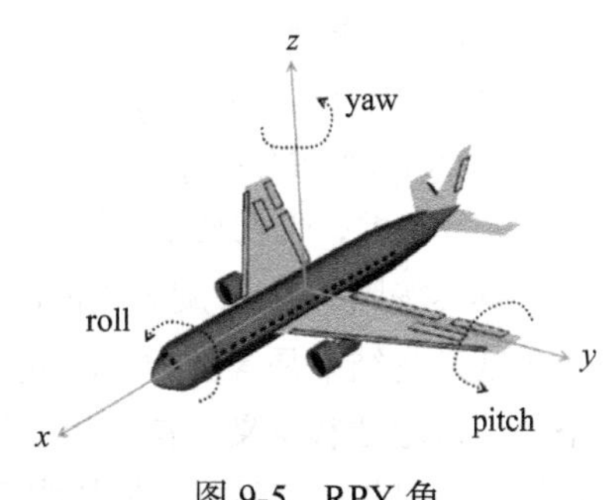

图 9-5　RPY 角

在给定一组旋转角度 (α, β, γ) 后，还必须指明其旋转顺序以及内外旋方式，这样才能明确表示一个旋转姿态。旋转顺序其实好理解，虽然绕 x、y、z 这 3 个轴的旋转角度 (α, β, γ) 给出了，但是先绕哪个轴转后绕哪个轴转，最后的结果是不一样的，所以必须指明旋转顺序。一类旋转顺序只包含 2 种角，排列组合有 x-y-x、x-z-x、y-x-y、y-z-y、z-x-z、z-y-z 这 6 种情况；另一类旋转顺序 3 种角都包含，排列组合有 x-y-z、x-z-y、y-x-z、y-z-x、z-x-y、z-y-x 这 6 种情况。通常会选 x-y-z 或者 z-y-x 旋转顺序。内旋就是绕一个轴旋转以后其他轴会相应地变化，接下来的旋转是以变化后的轴继续旋转；而外转是绕外部的固定轴旋转，后一步的旋转轴不受前面旋转的影响。内旋和外旋的区别在于旋转轴是变化还是固定，如图 9-6 所示。以 z-y-x 顺序内旋时，坐标系 $x_0y_0z_0$ 绕 z_0 轴旋转 γ 角度后得到新坐标系 $x_1y_1z_1$，接着绕新坐标系的 y_1 轴旋转 β 角度后得到新坐标系 $x_2y_2z_2$，最

后绕新坐标系的 x_2 轴旋转 α 角度后得到新坐标系 $x_3y_3z_3$；而以 z-y-x 顺序外旋时，以外部固定坐标系 $x_0y_0z_0$ 的轴进行旋转，坐标系 $x_0y_0z_0$ 绕 z_0 轴旋转 γ 角度后得到新坐标系 $x_1y_1z_1$，坐标系 $x_1y_1z_1$ 再绕 y_0 轴旋转 β 角度后得到新坐标系 $x_2y_2z_2$，坐标系 $x_2y_2z_2$ 再绕 x_0 轴旋转 α 角度后得到新坐标系 $x_3y_3z_3$。

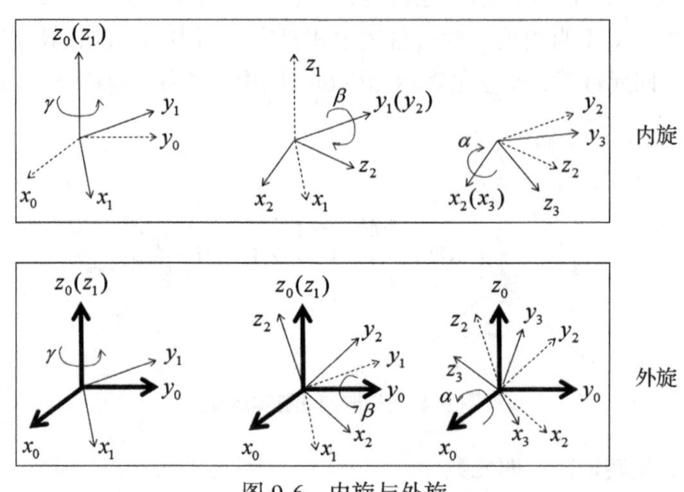

图 9-6　内旋与外旋

在用欧拉角描述旋转姿态时，旋转角度 (α,β,γ)、旋转顺序、内旋 / 外旋方式三个要素缺一不可。下面是用欧拉角描述旋转姿态的两种最常见方式[1]：

- 旋转角度为 (α,β,γ)，旋转顺序为（z-y-x），旋转方式为内旋。也就是先绕 z_0 轴旋转 γ 角度，再绕新的 y_1 轴旋转 β 角度，最后绕新的 x_2 轴旋转 α 角度，也就是常见的 yaw-pitch-roll 顺序。
- 旋转角度为 (α,β,γ)，旋转顺序为（x-y-z），旋转方式为外旋。也就是先绕外部固定的 x_0 轴旋转 α 角度，再绕外部固定的 y_0 轴旋转 β 角度，最后绕外部固定的 z_0 轴旋转 γ 角度，也就是常见的 roll-pitch-yaw 顺序。

其实按照 x-y-z 外旋方式依次旋转 α、β、γ 角度和按照 z-y-x 内旋方式依次旋转 γ、β、α 角度最终结果是等价的，因此**描述姿态所给定的欧拉角必须要在旋转顺序、内外旋方式条件下讨论才有意义**。在工程应用中，给出描述姿态的欧拉角时，往往遵循某种默认的旋转规则，因此一定要搞清楚其背后遵循的默认旋转规则。

欧拉角表示起来虽然直观，但是存在万向节死锁问题（Gimbal Lock），感兴趣的读者可以在 Unity[2]或 Unreal Engine[3]工具中观看万向节死锁问题动画演示。下面以 z-y-x 内旋规则下的欧拉角来说明此问题。首先绕 z_0 轴旋转 yaw 角度，再绕新的 y_1 轴旋转 pitch 角度，如果 pitch 角度为 $+90°$ 或 $-90°$，那么新得到的 x_2 轴将与 z_0 轴重合，最后绕新的 x_2 轴旋转 roll 角度，其实还是绕 z_0 轴旋转。上面这种情况，具有 3 个自由度的欧拉角旋转过程就退化成只有 2 个自由度的旋转过程了，这种丢失自由度的情况就是欧拉角中所谓的奇异性。这种

[1] 参见 http://web.mit.edu/2.05/www/Handout/HO2.PDF。

[2] 参见 https://unity.cn。

[3] 参见 https://www.unrealengine.com/zh-CN/。

奇异性是由欧拉角自身旋转规则天然形成的，因为 3 个旋转角度分量必须按照顺序依次转动，那么先转动的转角分量必然给后面的转动造成影响。因此，欧拉角只适用于绝对姿态的直观表示，在那些需要相对姿态表示的场合（比如姿态插值计算、姿态增量计算）就不适用了。这就需要引出旋转矩阵，而旋转矩阵很容易从欧拉角转换得到。通常讨论 z-y-x 内旋规则的欧拉角，那么欧拉角转旋转矩阵如式（9-1）所示。同理，讨论 x-y-z 外旋规则的欧拉角，那么欧拉角转旋转矩阵，如式（9-2）所示。从这里也看出，x-y-z 外旋方式依次旋转 α、β、γ 角度和按照 z-y-x 内旋方式依次旋转 γ、β、α 角度最终结果是等价的。

$$\begin{aligned}
\boldsymbol{R}_{zyx}^{\text{in}} &= \underset{\text{内旋是右乘}}{\underrightarrow{\boldsymbol{R}_z(\gamma)\cdot\boldsymbol{R}_y(\beta)\cdot\boldsymbol{R}_x(\alpha)}} \\
&= \begin{bmatrix} \cos\gamma & -\sin\gamma & 0 \\ \sin\gamma & \cos\gamma & 0 \\ 0 & 0 & 1 \end{bmatrix} \cdot \begin{bmatrix} \cos\beta & 0 & \sin\beta \\ 0 & 1 & 0 \\ -\sin\beta & 0 & \cos\beta \end{bmatrix} \cdot \begin{bmatrix} 1 & 0 & 0 \\ 0 & \cos\alpha & -\sin\alpha \\ 0 & \sin\alpha & \cos\alpha \end{bmatrix} \\
&= \begin{bmatrix} \cos\gamma\cdot\cos\beta & \begin{matrix}\cos\gamma\cdot\sin\beta\cdot\sin\alpha \\ -\sin\gamma\cdot\cos\alpha\end{matrix} & \begin{matrix}\cos\gamma\cdot\sin\beta\cdot\cos\alpha \\ +\sin\gamma\cdot\sin\alpha\end{matrix} \\ \sin\gamma\cdot\cos\beta & \begin{matrix}\sin\gamma\cdot\sin\beta\cdot\sin\alpha \\ +\cos\gamma\cdot\cos\alpha\end{matrix} & \begin{matrix}\sin\gamma\cdot\sin\beta\cdot\cos\alpha \\ -\cos\gamma\cdot\sin\alpha\end{matrix} \\ -\sin\beta & \cos\beta\cdot\sin\alpha & \cos\beta\cdot\cos\alpha \end{bmatrix} \\
&= \begin{bmatrix} r_{11} & r_{12} & r_{13} \\ r_{21} & r_{22} & r_{23} \\ r_{31} & r_{32} & r_{33} \end{bmatrix}
\end{aligned} \tag{9-1}$$

$$\begin{aligned}
\boldsymbol{R}_{xyz}^{\text{out}} &= \underset{\text{外旋是左乘}}{\underleftarrow{\boldsymbol{R}_z(\gamma)\cdot\boldsymbol{R}_y(\beta)\cdot\boldsymbol{R}_x(\alpha)}} \\
&= \begin{bmatrix} \cos\gamma & -\sin\gamma & 0 \\ \sin\gamma & \cos\gamma & 0 \\ 0 & 0 & 1 \end{bmatrix} \cdot \begin{bmatrix} \cos\beta & 0 & \sin\beta \\ 0 & 1 & 0 \\ -\sin\beta & 0 & \cos\beta \end{bmatrix} \cdot \begin{bmatrix} 1 & 0 & 0 \\ 0 & \cos\alpha & -\sin\alpha \\ 0 & \sin\alpha & \cos\alpha \end{bmatrix} \\
&\Leftrightarrow \boldsymbol{R}_{zyx}^{\text{in}}
\end{aligned} \tag{9-2}$$

当然，从旋转矩阵也很容易转换得到欧拉角。利用 9-1 式中旋转矩阵的每个元素 r_{ij}（为已知量），可以建立关于 α、β、γ 的方程组，解方程组就行了，解方程可以参考文献［11］、文献［12］A-11、文献［13］68-69、文献［14］99-100。解要分情况讨论，如式（9-3）所示。从求解过程也可以看出，万向节死锁问题的数学解释。

$$\begin{array}{lll}
\text{①}\ \text{当}\, r_{31} = -\sin\beta \neq \pm 1 & \text{②}\ \text{当}\, r_{31} = -\sin\beta = -1: & \text{③}\ \text{当}\, r_{31} = -\sin\beta = 1: \\
\qquad\Leftrightarrow \cos\beta \neq 0: & \gamma = \text{任意值} & \gamma = \text{任意值} \\
\beta = -\operatorname{asin}(r_{31}) & (\text{便于计算一般取}0) & (\text{便于计算一般取}0) \\
\alpha = \operatorname{atan2}\left(\dfrac{r_{32}}{\cos\beta}, \dfrac{r_{33}}{\cos\beta}\right) & \beta = \dfrac{\pi}{2} & \beta = -\dfrac{\pi}{2} \\
 & \alpha = \gamma + \operatorname{atan2}(r_{12}, r_{13}) & \alpha = -\gamma + \operatorname{atan2}(-r_{12}, -r_{13}) \\
\gamma = \operatorname{atan2}\left(\dfrac{r_{21}}{\cos\beta}, \dfrac{r_{11}}{\cos\beta}\right) & &
\end{array} \tag{9-3}$$

前面说过，用 3 个量的欧拉角表示三维空间的旋转会存在奇异性。而用 9 个量的旋转矩阵表示三维空间的旋转虽然避免了奇异性，但具有很大冗余性。三维旋转是一个三维流形，用 4 个量表示就能避免奇异性。那么下面就来介绍四元数，这是汉密尔顿（Hamilton）提出的由 1 个实部和 3 个虚部组成的复数。值得注意的是，目前学术界有两种关于四元数的定义标准[15]，即 Hamilton 四元数和 JPL 四元数。而 Hamilton 四元数使用更多，比如 Matlab、Eigen、ROS、Ceres-Solver 中都采用 Hamilton 四元数，所以这里也以 Hamilton 四元数为例讲解，其定义如式（9-4）所示。

$$\begin{aligned}\boldsymbol{q} &= q_0 + q_1 \cdot i + q_2 \cdot j + q_3 \cdot k \\ &= \left[q_0, (q_1, q_2, q_3)\right]^{\mathrm{T}} = \left[q_0, q_1, q_2, q_3\right]^{\mathrm{T}}\end{aligned} \tag{9-4}$$

其中，$i^2 = j^2 = k^2 = -1,\ ij = k,\ ji = -k,\ jk = i,\ kj = -i,\ ki = j,\ ik = -j$。

模长为 1 的四元数是单位四元数，$\|\boldsymbol{q}\| = \sqrt{q_0^2 + q_1^2 + q_2^2 + q_3^2} = 1$。没有特殊说明时，实际应用中的四元数都是指单位四元数。

旋转矩阵和四元数之间很容易互相转换，转换过程的推导请参考文献［16］165-170。下面直接给出转换公式，四元数转旋转矩阵如式（9-5）所示，旋转矩阵转四元数如式（9-6）所示。大家会发现式（9-6）中有 4 种解法，这是因为开根号运算结果可能是负数，这时就要换另一种解法。

$$\boldsymbol{R} = \begin{bmatrix} q_0^2 + q_1^2 - q_2^2 - q_3^2 & 2q_1q_2 + 2q_0q_3 & 2q_1q_3 - 2q_0q_2 \\ 2q_1q_2 - 2q_0q_3 & q_0^2 - q_1^2 + q_2^2 - q_3^2 & 2q_2q_3 + 2q_0q_1 \\ 2q_1q_3 + 2q_0q_2 & 2q_2q_3 - 2q_0q_1 & q_0^2 - q_1^2 - q_2^2 + q_3^2 \end{bmatrix} \tag{9-5}$$

$$\begin{cases} q_0 = \dfrac{\sqrt{r_{11} + r_{22} + r_{33} + 1}}{2} \Rightarrow q_1 = \dfrac{r_{23} - r_{32}}{4q_0}, q_2 = \dfrac{r_{31} - r_{13}}{4q_0}, q_3 = \dfrac{r_{12} - r_{21}}{4q_0} \\ q_1 = \dfrac{\sqrt{r_{11} - r_{22} - r_{33} + 1}}{2} \Rightarrow q_0 = \dfrac{r_{23} - r_{32}}{4q_1}, q_2 = \dfrac{r_{12} + r_{21}}{4q_1}, q_3 = \dfrac{r_{31} + r_{13}}{4q_1} \\ q_2 = \dfrac{\sqrt{-r_{11} + r_{22} - r_{33} + 1}}{2} \Rightarrow q_0 = \dfrac{r_{31} - r_{13}}{4q_2}, q_1 = \dfrac{r_{12} + r_{21}}{4q_2}, q_3 = \dfrac{r_{23} + r_{32}}{4q_2} \\ q_3 = \dfrac{\sqrt{-r_{11} - r_{22} + r_{33} + 1}}{2} \Rightarrow q_0 = \dfrac{r_{12} - r_{21}}{4q_3}, q_1 = \dfrac{r_{31} + r_{13}}{4q_3}, q_3 = \dfrac{r_{23} + r_{32}}{4q_3} \end{cases} \tag{9-6}$$

上面已经介绍了欧拉角 - 旋转矩阵互相转换和旋转矩阵 - 四元数互相转换的方法，借助旋转矩阵为中间桥梁，欧拉角 - 四元数互相转换也就出来了。当然，欧拉角与四元数也能直接转换，具体推导过程就不展开了，感兴趣的读者可以参考文献［16］170-173。由于 ROS tf、Eigen、Matlab、OpenCV 等工具都有现成的转换方法，在实际应用中很容易将欧拉角、旋转矩阵、四元数进行互相转换，如图 9-7 所示。

到这里我们已经知道物体的空间姿态可以用欧拉角、旋转矩阵、四元数等多种方式表示。这里讨论一下各种表示方式的优缺点[16] 130-160，便于大家根据实际情况选择更合适的表示方法。

首先来说说欧拉角的优点，物理意义非常直观，只需要 3 个量没有冗余，3 个量的取值不受约束。缺点是对同一姿态的表示不唯一，也就是说两个不同取值的欧拉角可能表示的是同一个姿态；由于奇异性问题，因此两个欧拉角之间进行平滑插值和增量计算时非常困难。

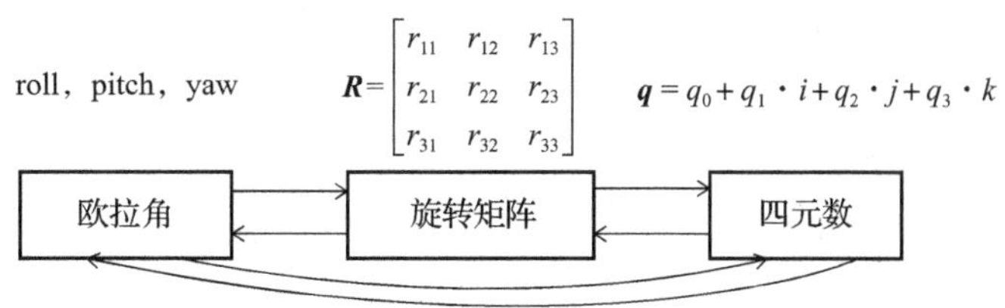

图 9-7 欧拉角、旋转矩阵、四元数互相转换

旋转矩阵可以直接对坐标系间的点或向量进行旋转，支持增量迭代计算，矩阵的逆就是反向旋转。其缺点是物理意义不直观，需要 9 个量，冗余很大，9 个量的取值受到内在约束，计算过程中数据的四舍五入会导致旋转矩阵的取值成为非法值，这个现象也叫“矩阵蠕变”。

四元数支持平滑插值和增量计算，只需要 4 个量，冗余很小。其缺点是物理意义不直观，4 个量的取值受到内在约束，计算过程中数据的四舍五入会导致四元数取值成为非法值。

最后，按照表 9-2 所示的几个方面，对欧拉角、旋转矩阵、四元数进行比较，方便大家查阅。

表 9-2 欧拉角、旋转矩阵、四元数比较

对比对象 / 对比方面	欧拉角	旋转矩阵	四元数
在坐标系间旋转点或向量	不能	能	不能
增量迭代计算	不能	能	能
插值	能（有万向锁等问题）	基本不能	能
易用性	易	难	难
变量个数	3 个	9 个	4 个
表达唯一性	否	是	不是（可互相为负）
内在约束	无（3 个量可任意取值）	有	有

（2）转移矩阵

上面已经介绍了表示旋转的方法，再加上表示平移的方法，就能描述物体在三维空间的转移关系了。现在我们来用数学语言描述图 9-4 中的运动关系，假设相机坐标系下有一个点 P，该点在相机坐标系 o_{camera} 中的坐标为 $\boldsymbol{P}_{\text{c}}=[x_{\text{c}}, y_{\text{c}}, z_{\text{c}}]^{\text{T}}$。现在让该点随相机坐标系一起进行旋转和平移运动，旋转用旋转矩阵 $\boldsymbol{R}$ 描述，平移用 $\boldsymbol{t}=\left[t_x,t_y,t_z\right]^{\text{T}}$ 描述，那么此时该点 P 在世界坐标系 o_{world} 中的坐标 $\boldsymbol{P}_{\text{w}}=[x_{\text{w}}, y_{\text{w}}, z_{\text{w}}]^{\text{T}}$ 可以由 $\boldsymbol{P}_{\text{c}}=[x_{\text{c}}, y_{\text{c}}, z_{\text{c}}]^{\text{T}}$、$\boldsymbol{R}$、$\boldsymbol{t}=\left[t_x,t_y,t_z\right]^{\text{T}}$ 来计算，如式（9-7）所示。

$$\begin{bmatrix} x_{\text{w}} \\ y_{\text{w}} \\ z_{\text{w}} \end{bmatrix}=\begin{bmatrix} r_{11} & r_{12} & r_{13} \\ r_{21} & r_{22} & r_{23} \\ r_{31} & r_{32} & r_{33} \end{bmatrix} \cdot \begin{bmatrix} x_{\text{c}} \\ y_{\text{c}} \\ z_{\text{c}} \end{bmatrix}+\begin{bmatrix} t_x \\ t_y \\ t_z \end{bmatrix}\text{，简写：} \boldsymbol{P}_{\text{w}}=\boldsymbol{R} \cdot \boldsymbol{P}_{\text{c}}+\boldsymbol{t} \tag{9-7}$$

可以设 $\boldsymbol{T}=\begin{bmatrix}\boldsymbol{R} & \boldsymbol{t}\\ 0 & 1\end{bmatrix}$，$\boldsymbol{P}_{\mathrm{w}}=[x_{\mathrm{w}},y_{\mathrm{w}},z_{\mathrm{w}},1]^{\mathrm{T}}$，$\boldsymbol{P}_{\mathrm{c}}=[x_{\mathrm{c}},y_{\mathrm{c}},z_{\mathrm{c}},1]^{\mathrm{T}}$，那么式（9-7）就可以写成齐次坐标的形式，如式（9-8）所示。式中的矩阵 $\boldsymbol{T}=\begin{bmatrix}\boldsymbol{R} & \boldsymbol{t}\\ 0 & 1\end{bmatrix}$，即转移矩阵。

$$\begin{bmatrix}x_{\mathrm{w}}\\ y_{\mathrm{w}}\\ z_{\mathrm{w}}\\ 1\end{bmatrix}=\begin{bmatrix}r_{11} & r_{12} & r_{13} & t_x\\ r_{21} & r_{22} & r_{23} & t_y\\ r_{31} & r_{32} & r_{33} & t_z\\ 0 & 0 & 0 & 1\end{bmatrix}\cdot\begin{bmatrix}x_{\mathrm{c}}\\ y_{\mathrm{c}}\\ z_{\mathrm{c}}\\ 1\end{bmatrix}，简写：\boldsymbol{P}_{\mathrm{w}}=\boldsymbol{T}\cdot\boldsymbol{P}_{\mathrm{c}} \tag{9-8}$$

利用式（9-8），已知点 P 在两个不同坐标系下的坐标为 $\boldsymbol{P}_{\mathrm{c}}$ 和 $\boldsymbol{P}_{\mathrm{w}}$，则很容易求出两个坐标系间的转移关系 $\boldsymbol{T}$。同理，利用转移关系 $\boldsymbol{T}$ 也很容易将 $\boldsymbol{P}_{\mathrm{c}}$ 转移到 $\boldsymbol{P}_{\mathrm{w}}$ 上表示。

（3）李群、李代数

上面已经提到过，旋转矩阵内的各元素取值受到内在约束，即旋转矩阵为正交且旋转矩阵的行列式为 1。在采用优化方法进行 SLAM 位姿估计时，这种内在约束让优化求解变得非常困难。因此这里需要引入李群、李代数[17]的概念，通过李群－李代数的转换可以去除这种内在约束，简化优化求解过程。

群是一种代数结构，包含一个集合（A）和一种运算（$\cdot$），记为 $G=(A,\cdot)$，并且群要求该运算满足以下几个条件。

① 封闭性：$\forall a_1,a_2\in A,\ a_1\cdot a_2\in A$；

② 结合律：$\forall a_1,a_2,a_3\in A,\ (a_1\cdot a_2)\cdot a_3=a_1\cdot(a_2\cdot a_3)$；

③ 幺元：$\exists a_0\in A,\ s.t.\ \forall a\in A,\ a_0\cdot a=a\cdot a_0=a$；

④ 逆：$\forall a\in A,\ \exists a^{-1}\in A,\ s.t.\ a\cdot a^{-1}=a_0$。

李群是指具有连续（光滑）性质的群，也就是说李群是群，并且该群是连续光滑的。前面介绍的旋转矩阵 $\boldsymbol{R}$ 和转移矩阵 $\boldsymbol{T}$ 满足群的定义，所以旋转矩阵 $\boldsymbol{R}$ 所构成的群称为特殊正交群 $SO(3)$，转移矩阵 $\boldsymbol{T}$ 所构成的群称为特殊欧氏群 $SE(3)$。值得注意的是，$SO(3)$ 和 $SE(3)$ 在加法运算上不封闭，即 $\boldsymbol{R}_1+\boldsymbol{R}_2\notin SO(3)$，$\boldsymbol{T}_1+\boldsymbol{T}_2\notin SE(3)$，而在乘法运算上封闭，即 $\boldsymbol{R}_1\boldsymbol{R}_2\in SO(3)$，$\boldsymbol{T}_1\boldsymbol{T}_2\in SE(3)$。

由于刚体能在空间中连续运动，也就是说描述其运动的旋转矩阵 $\boldsymbol{R}$ 和转移矩阵 $\boldsymbol{T}$ 也具有连续（光滑）的性质，因此 $SO(3)$ 和 $SE(3)$ 也是李群。那么，李群 $SO(3)$ 和 $SE(3)$ 的数学描述如式（9-9）和式（9-10）所示。

$$SO(3)=\left\{\boldsymbol{R}\in\Re^{3\times3}\mid\boldsymbol{R}\boldsymbol{R}^{\mathrm{T}}=\boldsymbol{I},\det(\boldsymbol{R})=1\right\} \tag{9-9}$$

$$SE(3)=\left\{\boldsymbol{T}=\begin{bmatrix}\boldsymbol{R} & \boldsymbol{t}\\ 0^{\mathrm{T}} & 1\end{bmatrix}\in\Re^{4\times4}\mid\boldsymbol{R}\in SO(3),\boldsymbol{t}\in\Re^{3}\right\} \tag{9-10}$$

李代数与李群相对应，李代数由一个集合 V、一个数域 F 和一个二元运算 $[,]$ 组成，这里的二元运算 $[,]$ 也称为李括号。当它们满足以下几个性质时，就称 $(V,F,[,])$ 为一个李代数，记为 g。

①封闭性：$\forall X,Y\in V,[X,Y]\in V$。

②双线性：$\forall X,Y,Z\in V,a,b\in F$；

有$[aX+bY,Z]=a[X,Z]+b[Y,Z]$和$[Z,aX+bY]=a[Z,X]+b[Z,Y]$。

③自反性：$\forall X\in V$，$[X,X]=0$。

④雅可比恒等：$\forall X,Y,Z\in V$，$[X,[Y,Z]]+[Y,[Z,X]]+[Z,[X,Y]]=0$。

机器人中最常用的李群是 $SO(3)$ 和 $SE(3)$，其对应的李代数分别为 $so(3)$ 和 $se(3)$，这里的记法是李群用大写字母，对应的李代数用相应的小写字母，这里先给出李代数 $so(3)$ 和 $se(3)$ 的数学描述，如式（9-11）和式（9-12）所示。

$$so(3)=\left\{\varphi^\wedge=\begin{bmatrix}0&-\varphi(3)&\varphi(2)\\\varphi(3)&0&-\varphi(1)\\-\varphi(2)&\varphi(1)&0\end{bmatrix}\in\Re^{3\times3}\mid\varphi=\begin{bmatrix}\varphi(1)\\\varphi(2)\\\varphi(3)\end{bmatrix}\in\Re^3\right\}\tag{9-11}$$

其中李括号形式为：$\forall\varphi_1^\wedge,\varphi_2^\wedge\in so(3)$，$[\varphi_1^\wedge,\varphi_2^\wedge]=\varphi_1^\wedge\varphi_2^\wedge-\varphi_2^\wedge\varphi_1^\wedge=\left(\varphi_1^\wedge\varphi_2\right)^\wedge\in so(3)$。

$$se(3)=\left\{\boldsymbol{\xi}^\wedge=\begin{bmatrix}\varphi^\wedge&\boldsymbol{\rho}\\0^{\mathrm{T}}&0\end{bmatrix}\in\Re^{4\times4}\mid\boldsymbol{\xi}=\begin{bmatrix}\boldsymbol{\rho}\\\varphi\end{bmatrix}\in\Re^6\right\}\tag{9-12}$$

其中李括号形式为：$\forall\xi_1^\wedge,\xi_2^\wedge\in se(3)$，$[\xi_1^\wedge,\xi_2^\wedge]=\xi_1^\wedge\xi_2^\wedge-\xi_2^\wedge\xi_1^\wedge=\left(\xi_1^\wedge\xi_2\right)^\wedge\in se(3)$。

李群和李代数是近代代数中非常重要的内容，要想完全理解李群和李代数，需要学习非常系统的数学知识。而这里学习李群和李代数的目的主要是解决机器人中位姿估计所涉及的实际问题，故下面只对李群 – 李代数的性质和转换关系进行讨论，帮助大家解决实际应用问题。

李代数描述了李群的局部性质，每个李群都有相对应的李代数。李代数对应李群的切（tangent）空间，它描述了李群局部的导数。李群是具有群结构的流形（manifold），李代数是李群上单位元处保留李括号运算的切空间。举个例子来解释更直观，如图 9-8 所示。这个图比较形象地描述了李群和李代数之间的关系，把图中的球面看成李群的流形 M，那么把图中的平面看成点 ε 附近李代数的正切空间 $T_\varepsilon M$。所谓流形，简单点理解就是高维空间的超曲面，而光滑流形是带有微分结构的拓扑流形，这里讨论的李群就是光滑流形。而切空间，简单点理解就是流形上某点处的相切面，当然高维流形其切面也是高维切面。这里为了方便展示，所以用了比较容易理解的球面和切平面来分别指代流形和切空间。可以看到，李群上的每个量都是非线性的，而到了对应李代数上就变成线性的了，李代数通过指数映射到李群，反之李群通过对数映射到李代数。不过图 9-8 中球面和平面的描述只是为了方便展示，真正的李群和李代数并不是这样。

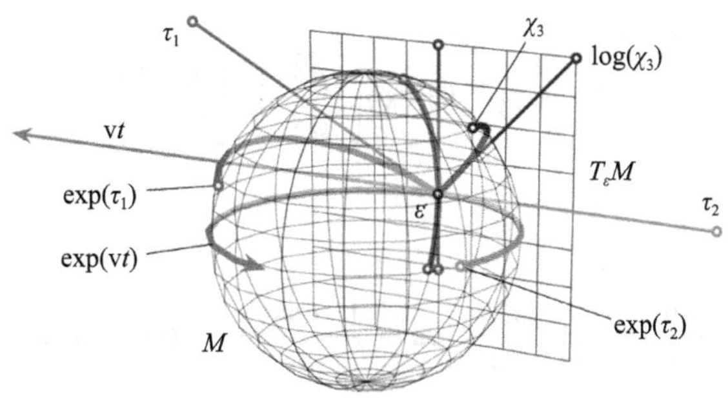

图 9-8　李群的流形和李代数的切线空间

注：该图来源于文献［18］中的 Figure 1。

在点 ε 附近的流形 M 和正切空间 $T_\varepsilon M$ 的映射关系，如图 9-9 所示。正切空间 $T_\varepsilon M$ 中的李代数（$\boldsymbol{\tau}^\wedge$）和向量（$\boldsymbol{\tau}$）可以通过运算“∧”和“∨”进行互相转换，运算符“∧”表示将向量转换成矩阵的操作，运算符“∨”表示将矩阵转换成向量的操作。而通过指数运算 exp 和对数运算 log 可以实现正切空间 $T_\varepsilon M$ 中的李代数和流形的互相转换，同样通过指数运算“Exp”和对数运算“Log”可以实现正切空间 $T_\varepsilon M$ 中的向量和流形的互相转换。

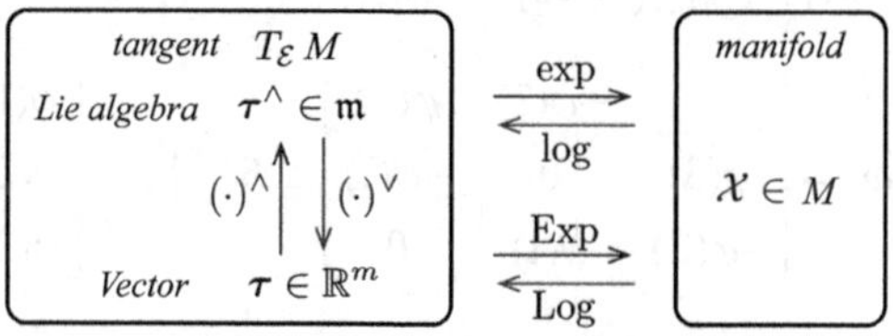

tangent $T_\mathcal{E} M$
Lie algebra $\boldsymbol{\tau}^\wedge \in \mathfrak{m}$
$(\cdot)^\wedge$ $(\cdot)^\vee$
Vector $\boldsymbol{\tau} \in \mathbb{R}^m$
exp log Exp Log
manifold
$\mathcal{X} \in M$

图 9-9 流形和切空间的映射关系

注：该图来源于文献［18］中的 Figure 6。

李群所包含的内容很广，下面只讲讲跟机器人应用相关的 $SO(3)$ 和 $SE(3)$ 李群及其对应的 $so(3)$ 和 $se(3)$ 李代数的互相转换。上面已经提到了，通过指数和对数映射可以实现切空间和流形的互相转换，而李代数和李群属于这一大问题之内，当然也就能进行指数和对数映射了。关于李群与李代数之间映射的证明，可从多方面入手，比如文献［19］[264-284] 就是其一。证明不是本文的重点，下面直接给结论吧。式（9-9）中的 $SO(3)$ 与式（9-11）中的 $so(3)$，通过式（9-13）和式（9-14）互相转换。式（9-10）中的 $SE(3)$ 与式（9-12）中的 $se(3)$，通过式（9-15）和式（9-16）互相转换。这 4 个映射过程的具体计算公式的由来就不展开了，感兴趣的读者可以自行阅读相关文献㊀。

$$\boldsymbol{R} = \exp(\varphi^\wedge) = (\cos\theta)\boldsymbol{I} + (\sin\theta)\boldsymbol{a}^\wedge + (1-\cos\theta)\boldsymbol{a}\boldsymbol{a}^\mathrm{T} \tag{9-13}$$

其中：$\theta = \|\varphi\|$，$\boldsymbol{a} = \dfrac{\varphi}{\|\varphi\|}$，$\varphi = \theta\boldsymbol{a}$。

$$\varphi = (\ln\boldsymbol{R})^\vee = \|\varphi\|\frac{\varphi}{\|\varphi\|} = \theta\boldsymbol{a} \tag{9-14}$$

其中：

①求$\boldsymbol{a}$，解特征方程$\boldsymbol{R}\boldsymbol{a} = \boldsymbol{a}$，$\boldsymbol{a}$为矩阵$\boldsymbol{R}$在特征值$\lambda$为1时的特征向量；

②求θ，$\theta = \arccos\left(\dfrac{\mathrm{tr}(\boldsymbol{R})-1}{2}\right)$。

$$\boldsymbol{T} = \exp(\xi^\wedge) = \exp\left(\begin{bmatrix}\boldsymbol{\rho}\\ \varphi\end{bmatrix}^\wedge\right) = \begin{bmatrix}\boldsymbol{R} & \boldsymbol{t}\\ 0^\mathrm{T} & 1\end{bmatrix} \tag{9-15}$$

其中：

①$\boldsymbol{R} = \exp(\varphi^\wedge)$；

②$\boldsymbol{t} = \boldsymbol{J}\boldsymbol{\rho}$，左雅克比$\boldsymbol{J} = \dfrac{\sin\theta}{\theta}\boldsymbol{I} + \left(1-\dfrac{\sin\theta}{\theta}\right)\boldsymbol{a}\boldsymbol{a}^\mathrm{T} + \dfrac{1-\cos\theta}{\theta}\boldsymbol{a}^\wedge$，$\theta = \|\varphi\|$，$\boldsymbol{a} = \dfrac{\varphi}{\|\varphi\|}$。

㊀ Timothy D. Barfoot 的书 *State Estimation for Robotics* 第 7 章，有对本章式（9-13）～式（9-16）的详细推导证明。

$$\xi = (\ln \boldsymbol{T})^{\vee} = \begin{bmatrix} \boldsymbol{\rho} \\ \varphi \end{bmatrix} \tag{9-16}$$

其中：$\varphi = (\ln \boldsymbol{R})^{\vee}$，$\boldsymbol{\rho} = \boldsymbol{J}^{-1}\boldsymbol{t}$。

方便大家以后查阅和工程应用实践，这里将式（9-9）～式（9-16）所描述的 $SO(3)$、$SE(3)$ 和 $so(3)$、$se(3)$ 之间映射的关系进行总结，如图 9-10 所示。

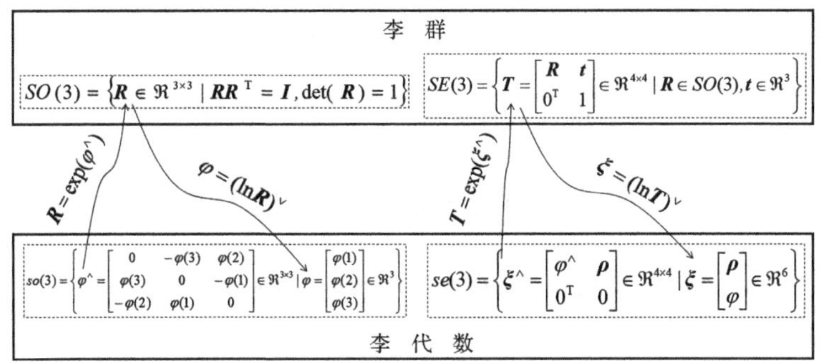

图 9-10 $SO(3)$、$SE(3)$ 和 $so(3)$、$se(3)$ 之间映射关系的总结

业内有句话：不懂李群李代数都不好意思和别人说自己搞过 SLAM。这反映出了李群、李代数之于 SLAM 的重要性。我们知道主流 SLAM 系统都是基于优化方法的，也就是构造最小二乘的目标函数，不断寻找迭代策略使目标函数逐渐下降，迭代策略通常是基于导数的。而描述相机位姿的转移矩阵 $\boldsymbol{T}$ 作为待优化变量，在迭代过程中直接对 $\boldsymbol{T}$ 求导非常困难。那么如何对转移矩阵 $\boldsymbol{T}$ 进行优化就成了问题，文献［20］给出了从矩阵流形上进行优化的解决方案，而用得更多的是从李群、李代数上进行优化的解决方案。到这里大家应该明白李群、李代数在 SLAM 中的用处了吧，下面主要从结论的角度入手介绍利用李群、李代数进行优化的过程，对具体证明细节感兴趣的读者可以阅读相关文献㊀。在标量运算中，我们知道指数乘法满足 $\exp(a)\exp(b) = \exp(a+b)$ 这样的运算。但是到了矩阵运算中，这样的运算就不成立了。不过可以借助一个叫 BCH（Baker-Campbell-Hausdorff）的公式近似，就可以得到两个矩阵间指数乘法的运算了。于是，旋转矩阵 $\boldsymbol{R}$ 的指数乘法可以写成式（9-17）的形式，转移矩阵 $\boldsymbol{T}$ 的指数乘法可以写成式（9-18）的形式。注意 $\boldsymbol{R}$ 和 $\boldsymbol{T}$ 均有左雅克比、右雅克比两种形式，这里在两个公式中都使用各自的左雅克比形式表达。

$$(\ln(\boldsymbol{R}_1\boldsymbol{R}_2))^{\vee} = (\ln(\exp(\boldsymbol{\varphi}_1^{\wedge})\exp(\boldsymbol{\varphi}_2^{\wedge})))^{\vee} \approx J(\boldsymbol{\varphi}_2)^{-1}\boldsymbol{\varphi}_1 + \boldsymbol{\varphi}_2$$

当 $\boldsymbol{\varphi}_1$ 很小，左雅克比为

$$J(\boldsymbol{\varphi}_2) = \frac{\sin\theta}{\theta}\boldsymbol{I} + \left(1 - \frac{\sin\theta}{\theta}\right)\boldsymbol{a}\boldsymbol{a}^{\mathrm{T}} + \frac{1-\cos\theta}{\theta}\boldsymbol{a}^{\wedge}, \theta = \|\boldsymbol{\varphi}_2\|, \boldsymbol{a} = \frac{\boldsymbol{\varphi}_2}{\|\boldsymbol{\varphi}_2\|} \tag{9-17}$$

$$(\ln(\boldsymbol{T}_1\boldsymbol{T}_2))^{\vee} = (\ln(\exp(\xi_1^{\wedge})\exp(\xi_2^{\wedge})))^{\vee} \approx \mathcal{J}(\xi_2)^{-1}\xi_1 + \xi_2 \tag{9-18}$$

当 ξ_1 很小，左雅克比为

$$\mathcal{J}(\xi_2) = \begin{bmatrix} J(\boldsymbol{\varphi}_2) & Q(\xi_2) \\ 0 & J(\boldsymbol{\varphi}_2) \end{bmatrix}$$

㊀ 参见 Timothy D. Barfoot 的书 *State Estimation for Robotics* 中 7.1.5 ～ 7.1.9 节。

$$Q(\xi_2)=\sum_{n=0}^{\infty}\sum_{m=0}^{\infty}\frac{1}{(n+m+2)!}(\boldsymbol{\varphi}_2^{\wedge})^n\boldsymbol{\rho}_2^{\wedge}(\boldsymbol{\varphi}_2^{\wedge})^m$$

有了 BCH 公式近似，就可以进一步讨论 $\boldsymbol{R}$ 和 $\boldsymbol{T}$ 在优化过程中的计算了。首先来看 $\boldsymbol{R}$ 在李代数上的导数，这里以空间点 $\boldsymbol{p}$ 做旋转运动 $\boldsymbol{R}$，那么旋转过程中点 $\boldsymbol{p}$ 的姿态 $\boldsymbol{R}\cdot\boldsymbol{p}$ 关于旋转 $\boldsymbol{R}$ 的导数，可以用李代数的形式给出，如式（9-19）所示。

$$\begin{aligned}\frac{\partial(\boldsymbol{R}\cdot\boldsymbol{p})}{\partial\boldsymbol{R}}&=\frac{\partial(\exp(\boldsymbol{\varphi}^{\wedge})\cdot\boldsymbol{p})}{\partial\boldsymbol{\varphi}}\\&=\lim_{\boldsymbol{\varphi}_\varepsilon\to0}\frac{\exp((\boldsymbol{\varphi}+\boldsymbol{\varphi}_\varepsilon)^{\wedge})\cdot\boldsymbol{p}-\exp(\boldsymbol{\varphi}^{\wedge})\cdot\boldsymbol{p}}{\boldsymbol{\varphi}_\varepsilon}\\&\approx\lim_{\boldsymbol{\varphi}_\varepsilon\to0}\frac{\exp((\boldsymbol{J}\boldsymbol{\varphi}_\varepsilon)^{\wedge})\exp(\boldsymbol{\varphi}^{\wedge})\cdot\boldsymbol{p}-\exp(\boldsymbol{\varphi}^{\wedge})\cdot\boldsymbol{p}}{\boldsymbol{\varphi}_\varepsilon}\\&\approx\lim_{\boldsymbol{\varphi}_\varepsilon\to0}\frac{(\boldsymbol{I}+(\boldsymbol{J}\boldsymbol{\varphi}_\varepsilon)^{\wedge})\exp(\boldsymbol{\varphi}^{\wedge})\cdot\boldsymbol{p}-\exp(\boldsymbol{\varphi}^{\wedge})\cdot\boldsymbol{p}}{\boldsymbol{\varphi}_\varepsilon}\\&=\lim_{\boldsymbol{\varphi}_\varepsilon\to0}\frac{(\boldsymbol{J}\boldsymbol{\varphi}_\varepsilon)^{\wedge}\exp(\boldsymbol{\varphi}^{\wedge})\cdot\boldsymbol{p}}{\boldsymbol{\varphi}_\varepsilon}\\&=-(\exp(\boldsymbol{\varphi}^{\wedge})\cdot\boldsymbol{p})^{\wedge}\boldsymbol{J}=-(\boldsymbol{R}\cdot\boldsymbol{p})^{\wedge}\boldsymbol{J}\end{aligned}\tag{9-19}$$

考虑 $\boldsymbol{x}=\boldsymbol{R}\cdot\boldsymbol{p}$ 时，目标函数为 $u(\boldsymbol{x})$ 标量复合函数这种更一般的形式，那么目标函数可以通过链式法则求导，如式（9-20）所示。

$$\frac{\partial u}{\partial\boldsymbol{\varphi}}=\frac{\partial u}{\partial\boldsymbol{x}}\frac{\partial\boldsymbol{x}}{\partial\boldsymbol{\varphi}}=-\frac{\partial u}{\partial\boldsymbol{x}}(\boldsymbol{R}\cdot\boldsymbol{p})^{\wedge}\boldsymbol{J}\tag{9-20}$$

有了待估计量的导数，就可以用最简单的梯度下降法，对待估计量进行迭代更新了，如式（9-21）所示。

$$\varphi_{k+1}=\varphi_k-\alpha\boldsymbol{J}^{\mathrm{T}}(\boldsymbol{R}_k\cdot\boldsymbol{p})^{\wedge}\left(\frac{\partial u}{\partial\boldsymbol{x}}\bigg|_{\boldsymbol{x}=\boldsymbol{R}_k\cdot\boldsymbol{p}}\right)^{\mathrm{T}}$$

可以令常数项 $(\boldsymbol{R}_k\cdot\boldsymbol{p})^{\wedge}\left(\frac{\partial u}{\partial\boldsymbol{x}}\bigg|_{\boldsymbol{x}=\boldsymbol{R}_k\cdot\boldsymbol{p}}\right)^{\mathrm{T}}$ 为 $\boldsymbol{\delta}$ （9-21）

$$=\varphi_k-\alpha\boldsymbol{J}^{\mathrm{T}}\boldsymbol{\delta}。$$

按照式（9-21）所示的负梯度方向迭代就能使目标函数下降，这个很容易证明，就不多说了。但是按照梯度下降的方式迭代，需要将李群 $\boldsymbol{R}$ 转换为李代数 φ，并计算左雅克比矩阵 $\boldsymbol{J}$，计算量较大。那么优化的目的是让目标函数下降，但不一定非得按照梯度来下降，依据这个思路可以简化式（9-21）的迭代方式，即 $\varphi_{k+1}=\varphi_k-\alpha\boldsymbol{\delta}$ 也是可以让目标函数下降的，这个很容易证明不多说，只是下降方向与梯度下降方向稍有不同。也就是说，在李代数 φ 移动 $-\alpha\boldsymbol{\delta}$ 步长就能让目标函数下降，而这对应到李群上就是李群 $\boldsymbol{R}$ 上左乘一个微小的旋转量 $\exp(-\alpha\boldsymbol{\delta}^{\wedge})$，换句话说，就是在 $\boldsymbol{R}$ 上施加一个微小的扰动 $\exp(-\alpha\boldsymbol{\delta}^{\wedge})$。

借助上面的思路，直接从扰动的方式出发，将 $\boldsymbol{R}$ 施加一个扰动 $\exp(\varepsilon^{\wedge})$，即 $\boldsymbol{R}_{k+1}=\exp(\varepsilon^{\wedge})\boldsymbol{R}_k$。然后将 $\boldsymbol{R}_{k+1}$ 和 $\boldsymbol{R}_k$ 分别代入目标函数，令目标函数之差小于 0 即可解出 $\exp(\varepsilon^{\wedge})$ 的取值，比如一个可用的解 $\boldsymbol{\varepsilon}=-\alpha\boldsymbol{D}\boldsymbol{\delta}$。那么扰动模型方式的迭代，如式（9-22）所

示。可以发现扰动模型迭代方式更简洁，不用将李群 $\boldsymbol{R}$ 转换为李代数 φ，也不用计算左雅克比矩阵 $\boldsymbol{J}$，工程应用中推荐使用这种方式。同理，也可以用这种扰动模型来对转移矩阵 $\boldsymbol{T}$ 进行迭代，思路是类似的，就不介绍了。

$$\boldsymbol{R}_{k+1} = \exp(-\alpha \boldsymbol{D}\boldsymbol{\delta}^{\wedge})\boldsymbol{R}_k \tag{9-22}$$

其中：$\boldsymbol{\delta} = (\boldsymbol{R}_k \cdot \boldsymbol{p})^{\wedge} \left(\dfrac{\partial u}{\partial \boldsymbol{x}} \Big|_{x=R_k \cdot p} \right)^{\mathrm{T}}$，$\alpha$ 为步长，$\boldsymbol{D} > 0$ 为任意正定矩阵。

其实还有一个相似变换群 $Sim(3)$ 在 SLAM 中用得也很多。$Sim(3)$ 也有对应的李代数 $sim(3)$，以及互相之间的映射关系。对 BCH 近似、扰动模型等感兴趣的读者可以参考文献［21］。

值得庆幸的是，在工程应用中可以直接调用现成的工具库来执行李群、李代数相关的运算，而不必自己实现上面烦琐的公式。比如 Sophus㊀库，是一个基于 C++ Eigen 的李群库，支持常见的 $SO(2)$、$SO(3)$、$SE(2)$、$SE(3)$、$Sim(2)$、$Sim(3)$ 的各种运算，基本上能解决计算机视觉、机器人等领域的 2D 和 3D 几何问题。当然还有更简洁的 manif㊁库，也是一个基于 C++ Eigen 的李群库，支持 $R(n)$、$SO(2)$、$SO(3)$、$SE(2)$、$SE(3)$ 的各种运算，这个库的特点是专注于机器人状态估计方面的应用。感兴趣的读者可以下载这些库的源码，运行库中自带的一些例程体验一下。

3. 多视图几何

现在有了用转移矩阵 $\boldsymbol{T}$ 描述相机运动的基础知识后，就可以更详细地讨论图 9-3 中的多视图几何模型了。按照模型中给定已知条件的不同，可以分为 2D-2D、3D-2D 和 3D-3D 这 3 种情况[22]141-180讨论。

（1）2D-2D 模型

在图 9-3 所描述的场景下，如果从不同视角拍摄到的两帧图像为已知量，则可利用这两帧图像的匹配点对求解地图点及相机位姿这些未知量。这个模型中，给定的已知条件是从一张 2D 图像到另一张 2D 图像的匹配信息，所以称为 2D-2D 模型。比如，在单目 SLAM 初始化新地图点时就需要用到这种模型。

现在假设环境中有一个点 P，相机在光心为 O_1 处观测点 P 得到图像点 $\boldsymbol{p}_1$，相机光心从 O_1 经过旋转 $\boldsymbol{R}$ 和平移 $\boldsymbol{t}$ 运动到了 O_2 处，该运动过程也可以用转移矩阵 $\boldsymbol{T} = \begin{bmatrix} \boldsymbol{R} & \boldsymbol{t} \\ 0 & 1 \end{bmatrix}$ 描述，相机在光心为 O_2 处观测点 P 得到图像点 $\boldsymbol{p}_2$，这个过程如图 9-11 所示。

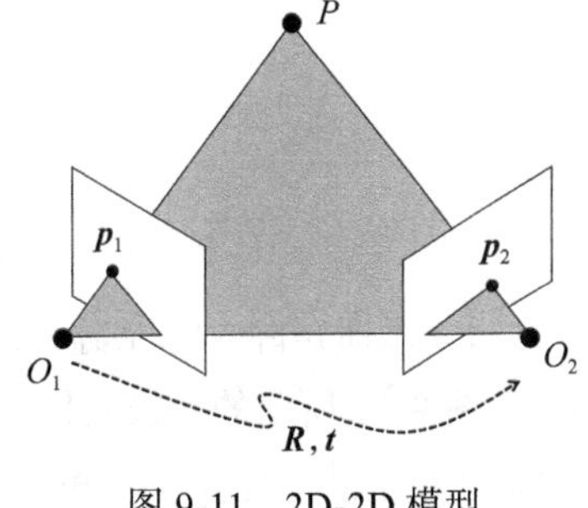

图 9-11　2D-2D 模型

可以发现，图 9-11 中的点 P、O_1、O_2、$\boldsymbol{p}_1$、$\boldsymbol{p}_2$ 和旋转平移量 $(\boldsymbol{R},\boldsymbol{t})$ 构成了某种几何关系，也叫对极几何[23]239。来看看这种几何关系的数学表述。在 4.3 节中介绍过，相机的成像原理可以使用式（4-110）所示的无畸变内参模型，我们沿用这个模型的齐次坐标表示方法。假设环境点 P 在相机 O_1 坐标系和相机 O_2 坐标系下的坐标分别为 $\boldsymbol{P}_{O_1}$

㊀ 参见 https://github.com/strasdat/Sophus。

㊁ 参见 https://github.com/artivis/manif。

和 $\boldsymbol{P}_{O_2}$，其对应像素点 $\boldsymbol{p}_1$、$\boldsymbol{p}_2$ 的坐标可以由式（9-23）和式（9-24）得到。由于拍摄两个图像使用同一个相机，所以式子中的相机内参 $\boldsymbol{K}$ 相同。式中的 z_1 和 z_2 参数是像素点 $\boldsymbol{p}_1$ 与 $\boldsymbol{p}_2$ 的深度，也叫尺度因子。试想在 O_1P 射线上的任意点投影到相机 O_1 时都得到同样的像素点 $\boldsymbol{p}_1$，即尺度因子 z_1 是无约束的。在后面讨论中，用多张图像求环境点 P 和相机位姿 $(\boldsymbol{R},\boldsymbol{t})$ 过程中，该尺度因子可以被直接消掉，即不借助外界信息而只靠图像信息求出来的环境点 P 和相机位姿 $(\boldsymbol{R},\boldsymbol{t})$ 尺度是不确定的，简单点说就是取值没有单位（即整个模型无论是以米、厘米、毫米等为单位都成立）。

$$\boldsymbol{p}_1 = \frac{1}{z_1}\boldsymbol{K}\cdot\boldsymbol{P}_{O_1} \tag{9-23}$$

$$\boldsymbol{p}_2 = \frac{1}{z_2}\boldsymbol{K}\cdot\boldsymbol{P}_{O_2} \tag{9-24}$$

而环境中同一个点 P 在 O_1 和 O_2 两个不同坐标系下的坐标值 $\boldsymbol{P}_{O_1}$ 与 $\boldsymbol{P}_{O_2}$ 很容易用转移关系 $(\boldsymbol{R},\boldsymbol{t})$ 进行转换，如式（9-25）所示。

$$\boldsymbol{P}_{O_2} = \boldsymbol{R}\cdot\boldsymbol{P}_{O_1} + \boldsymbol{t} \tag{9-25}$$

那么联立公式（9-23）～公式（9-25）在得到的等式两边左叉乘 $\boldsymbol{t}$，利用 $\boldsymbol{t}\times\boldsymbol{t}=0$ 来消掉加法项。接着在等式两边左乘 $(\boldsymbol{K}^{-1}\boldsymbol{p}_2)^{\mathrm{T}}$，利用 3 个共面向量的混合积为 0 的结论来让等式左边为 0。最后将式子整理一下，左叉乘 $\boldsymbol{t}_{\times}$ 运算与左乘反对称矩阵 $\boldsymbol{t}^{\wedge}$ 是等价的，令 $\boldsymbol{E}=\boldsymbol{t}^{\wedge}\boldsymbol{R}$，$\boldsymbol{F}=\boldsymbol{K}^{-\mathrm{T}}\boldsymbol{E}\boldsymbol{K}^{-1}$。整个推导过程，如式（9-26）所示。

$$\begin{aligned}
& z_2\boldsymbol{K}^{-1}\boldsymbol{p}_2 = \boldsymbol{R}\cdot(z_1\boldsymbol{K}^{-1}\boldsymbol{p}_1)+\boldsymbol{t} \\
& \Updownarrow \text{左叉乘}\boldsymbol{t},\boldsymbol{t}\times\boldsymbol{t}=0 \\
& \boldsymbol{t}\times z_2\boldsymbol{K}^{-1}\boldsymbol{p}_2 = \boldsymbol{t}\times\boldsymbol{R}\cdot(z_1\boldsymbol{K}^{-1}\boldsymbol{p}_1) \\
& \Updownarrow \text{左乘}(\boldsymbol{K}^{-1}\boldsymbol{p}_2)^{\mathrm{T}},(\boldsymbol{K}^{-1}\boldsymbol{p}_2)^{\mathrm{T}}\cdot(\boldsymbol{t}\times(\boldsymbol{K}^{-1}\boldsymbol{p}_2))=0 \\
& 0 = z_1(\boldsymbol{K}^{-1}\boldsymbol{p}_2)^{\mathrm{T}}\boldsymbol{t}\times\boldsymbol{R}\boldsymbol{K}^{-1}\boldsymbol{p}_1 \\
& \quad = \boldsymbol{p}_2^{\mathrm{T}}\boldsymbol{K}^{-\mathrm{T}}\underbrace{\boldsymbol{t}^{\wedge}\boldsymbol{R}}_{\boldsymbol{E}}\boldsymbol{K}^{-1}\boldsymbol{p}_1 \\
& \quad = \boldsymbol{p}_2^{\mathrm{T}}\underbrace{\boldsymbol{K}^{-\mathrm{T}}\boldsymbol{E}\boldsymbol{K}^{-1}}_{\boldsymbol{F}}\boldsymbol{p}_1 \\
& \quad = \boldsymbol{p}_2^{\mathrm{T}}\boldsymbol{F}\boldsymbol{p}_1
\end{aligned} \tag{9-26}$$

1）本质矩阵 $\boldsymbol{E}$ 与基础矩阵 $\boldsymbol{F}$。

图 9-11 所示的对极几何关系可以用公式 $0=\boldsymbol{p}_2^{\mathrm{T}}\boldsymbol{K}^{-\mathrm{T}}\boldsymbol{E}\boldsymbol{K}^{-1}\boldsymbol{p}_1=\boldsymbol{p}_2^{\mathrm{T}}\boldsymbol{F}\boldsymbol{p}_1$ 描述，这个公式也叫对极约束。式中定义本质矩阵 $\boldsymbol{E}=\boldsymbol{t}^{\wedge}\boldsymbol{R}$，基础矩阵 $\boldsymbol{F}=\boldsymbol{K}^{-\mathrm{T}}\boldsymbol{E}\boldsymbol{K}^{-1}$。也就是图像中每个匹配点对 $\{\boldsymbol{p}_1,\boldsymbol{p}_2\}$ 都可以代入对极约束公式中构建出一个方程，如果有很多个匹配点对，所构建出的方程就可以组成一个方程组，通过解方程组就能求出本质矩阵 $\boldsymbol{E}$。研究表明[24]，只需要 8 个匹配点对就能很好地解出 $\boldsymbol{E}$，该算法也叫 8 点法。由于基础矩阵 $\boldsymbol{F}$ 与本质矩阵 $\boldsymbol{E}$ 只相差相机内参 $\boldsymbol{K}$，所以在研究中这两个参数是等价的，实际应用中通常使用更为简洁的本质矩阵 $\boldsymbol{E}$。利用 8 点法求出本质矩阵 $\boldsymbol{E}$ 后，通过奇异值分解（SVD）的方法，很容易从本质矩阵 $\boldsymbol{E}$ 中解算出表示相机位姿运动的旋转矩阵 $\boldsymbol{R}$ 和平移向量 $\boldsymbol{t}$。总结一下求解相机旋转平

移量 $(\boldsymbol{R},\boldsymbol{t})$ 的整个过程，如图 9-12 所示。

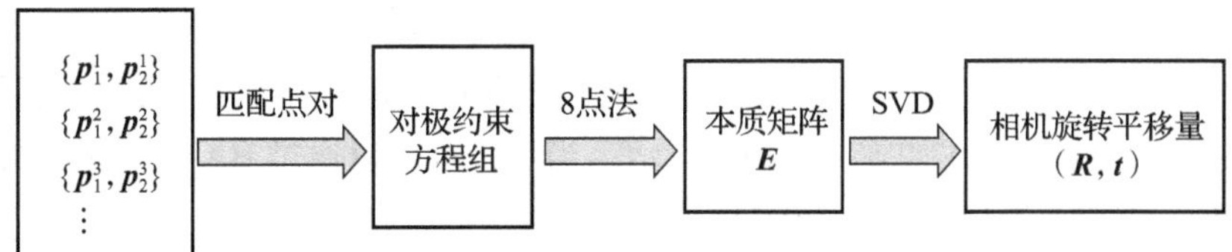

图 9-12　相机旋转平移量（R, t）的解算

2）单应矩阵 $\boldsymbol{H}$。

这里还要提一下，当被观测的环境点 P 都位于同一个平面上，那么相应图像中的匹配点对就满足单应关系，其实就是对极约束的一种特殊情况。单应关系由公式 $\boldsymbol{p}_2=\boldsymbol{H}\cdot\boldsymbol{p}_1$ 描述，式中的 $\boldsymbol{H}$ 称为单应矩阵。与本质矩阵 $\boldsymbol{E}$ 类似，利用匹配点对构建单应性方程组，解方程求出单应矩阵 $\boldsymbol{H}$，然后从单应矩阵 $\boldsymbol{H}$ 中分解出 $(\boldsymbol{R},\boldsymbol{t})$。

本质矩阵 $\boldsymbol{E}$ 和单应矩阵 $\boldsymbol{H}$ 适用于不同的场景，这一点将在下面 ORB-SLAM2 系统的初始化中介绍。

3）三角化重建地图点。

所谓三角化，就是图 9-11 中的三角形 ΔO_1PO_2，在已知边 O_1O_2、底角 $\angle PO_1O_2$ 和 $\angle PO_2O_1$，那么利用三角形关系就能求解出环境点 P 的深度。联立公式（9-23）～公式（9-25）并做适当变形，就得到了关于点 P 的深度 z_1 的方程，如式（9-27）所示。

$$\begin{aligned}&z_2\boldsymbol{K}^{-1}\boldsymbol{p}_2=\boldsymbol{R}\cdot(z_1\boldsymbol{K}^{-1}\boldsymbol{p}_1)+\boldsymbol{t}\\&\Updownarrow \text{左叉乘}(\boldsymbol{K}^{-1}\boldsymbol{p}_2),(\boldsymbol{K}^{-1}\boldsymbol{p}_2)\times(\boldsymbol{K}^{-1}\boldsymbol{p}_2)=0\\&0=z_1(\boldsymbol{K}^{-1}\boldsymbol{p}_2)\times\boldsymbol{R}\cdot(\boldsymbol{K}^{-1}\boldsymbol{p}_1)+(\boldsymbol{K}^{-1}\boldsymbol{p}_2)\times\boldsymbol{t}\\&0=z_1(\boldsymbol{K}^{-1}\boldsymbol{p}_2)^{\wedge}\boldsymbol{R}(\boldsymbol{K}^{-1}\boldsymbol{p}_1)+(\boldsymbol{K}^{-1}\boldsymbol{p}_2)^{\wedge}\boldsymbol{t}\end{aligned}\tag{9-27}$$

将匹配点对 $\{\boldsymbol{p}_1,\boldsymbol{p}_2\}$ 以及前面刚刚解算出的 $(\boldsymbol{R},\boldsymbol{t})$ 代入到式（9-27）中，解方程求深度 z_1 就完成了对地图点 P 的三角化重建了。理想情况下，直接解式（9-27）所示的方程就可以求得深度 z_1。而实际情况中，匹配点对 $\{\boldsymbol{p}_1,\boldsymbol{p}_2\}$ 的像素坐标携带测量噪声，解算出的 $(\boldsymbol{R},\boldsymbol{t})$ 也不一定完全准确，这就导致 $0\neq z_1(\boldsymbol{K}^{-1}\boldsymbol{p}_2)^{\wedge}\boldsymbol{R}(\boldsymbol{K}^{-1}\boldsymbol{p}_1)+(\boldsymbol{K}^{-1}\boldsymbol{p}_2)^{\wedge}\boldsymbol{t}$，而是约等于 0。那么构建最小二乘问题 $\arg\min\limits_{z_1}\left\|z_1(\boldsymbol{K}^{-1}\boldsymbol{p}_2)^{\wedge}\boldsymbol{R}(\boldsymbol{K}^{-1}\boldsymbol{p}_1)+(\boldsymbol{K}^{-1}\boldsymbol{p}_2)^{\wedge}\boldsymbol{t}\right\|^2$，很容易解出深度 z_1。

4）对地图点和相机位姿做 BA 优化。

按理说，通过本质矩阵 $\boldsymbol{E}$ 或者单应矩阵 $\boldsymbol{H}$ 解出 $(\boldsymbol{R},\boldsymbol{t})$，再利用已知条件 $(\boldsymbol{R},\boldsymbol{t})$ 三角化重建出地图点 P，图 9-11 所示的 2D-2D 模型解析就算完成了。但实际情况是求解出的 $(\boldsymbol{R},\boldsymbol{t})$ 和地图点 P 都存在误差，误差有测量噪声、计算误差、匹配误差等因素引入。

那么，可以将上述解算出的地图点和相机位姿放入 BA 中做优化，通过优化尽量减小地图点和相机位姿中存在的误差。这里需要用到重投影误差 $\boldsymbol{e}_i$，其定义如式（9-28）所示。通常在第一个相机位姿 O_1 处建立世界坐标系，那么地图点 P^i 的世界坐标为 $\boldsymbol{P}_{O_1}^i$，将 $\boldsymbol{P}_{O_1}^i$ 用转移矩阵 $\boldsymbol{T}$ 转换为相机位姿 O_2 处坐标系下的坐标 $\boldsymbol{T}\cdot\boldsymbol{P}_{O_1}^i$，并利用相机模型得到预测像素 $\dfrac{1}{z_2}\boldsymbol{K}\cdot\boldsymbol{T}\cdot\boldsymbol{P}_{O1}^i$，预测像素与相机原测量像素之间的差就是重投影误差 $\boldsymbol{e}_i$。

$$e_i = p_2^i - \frac{1}{z_2} K \cdot T \cdot P_{O1}^i, \text{ 其中 } T = \begin{bmatrix} R & t \\ 0 & 1 \end{bmatrix} \tag{9-28}$$

考虑所有的地图点，通过最小化重投影误差的方式构建目标函数，那么地图点和相机位姿的 BA 优化问题的描述如式（9-29）所示。当然，也可以通过 BA 只优化相机位姿 T 或者地图点 P_{O_1}，如式（9-30）和式（9-31）所示。

$$T, P_{O_1} = \arg\min_{T, P_{O_1}} \sum_i \|e_i\|^2 \tag{9-29}$$

$$T = \arg\min_{T} \sum_i \|e_i\|^2 \tag{9-30}$$

$$P_{O_1} = \arg\min_{P_{O_1}} \sum_i \|e_i\|^2 \tag{9-31}$$

（2）3D-2D 模型

在图 9-3 所描述的场景下，如果已经得到了一些地图点，并且当前帧图像中的特征点通过某种途径可以与地图中的已知点建立关联，根据这个模型可以求出相机位姿。这个模型中，给定的已知条件是从 3D 地图点到 2D 图像特征点的关联信息，所以称为 3D-2D 模型。比如，单目 SLAM 初始化完成后就能得到一些已知地图点，或者双目、RGB-D 能直接给出环境观测点。在这些情况下，当前帧图像所对应的相机位姿解算就可以用这种模型。

现在假设已知构建出很多地图点，此时相机光心从 O_{k-1} 经过 (R, t) 运动到了 O_k 位姿处。相机当前帧图像中提取出很多特征点，其中 p_j、p_{j+1} 特征点与前一帧图像中的特征点能匹配上，而前一帧中已经知道这些特征点与 P_i、P_{i+1} 地图点相对应，也就是说当前帧图像 2D 特征点 p_j、p_{j+1} 与 3D 地图点 P_i、P_{i+1} 相关联。如果知道了很多对这样的 3D 地图点与 2D 特征点的关联，就可以求出相机运动 (R, t)，这个过程如图 9-13 所示。

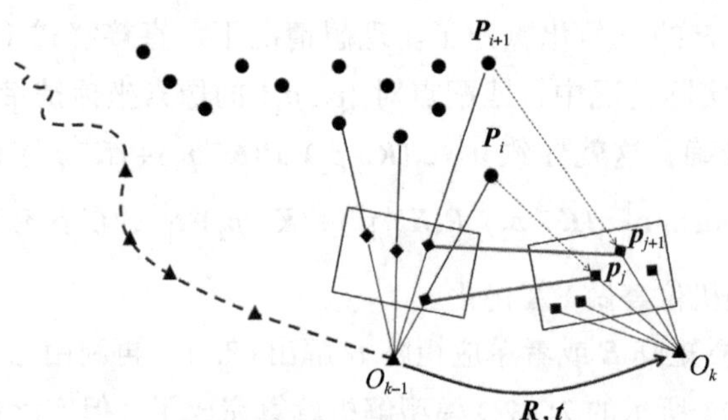

图 9-13　3D-2D 模型

可以发现，图 9-13 中最典型的关系就是多组一一对应的 3D 地图点与 2D 特征点。为了讨论方便，将每对点记为 $\{P_i, p_i\}$，因此这个问题也称为 PnP（Perspective-n-Point，n 点透视）问题。求解 PnP 问题的方法有很多，比如 DLT、P3P、EPnP、BA 优化等，下面分别介绍。

1）DLT。

DLT（Direct Linear Transform，直接线性变换）顾名思义就是通过直接解线性方程的方法来求解 PnP 问题。现在假设 O_{k-1} 坐标系下地图坐标点 $\boldsymbol{P}_i=[x_i,y_i,z_i,1]^{\mathrm{T}}$，$O_k$ 中的像素点 $\boldsymbol{p}_i=[u_i,v_i,1]^{\mathrm{T}}$ 与地图点 $\boldsymbol{P}_i$ 对应，那么 $\boldsymbol{P}_i$ 到 $\boldsymbol{p}_i$ 的投影关系，如式（9-32）所示。

$$z_i\boldsymbol{p}_i=\boldsymbol{K}[\boldsymbol{R}\,|\,\boldsymbol{t}]\boldsymbol{P}_i \tag{9-32}$$

可以分情况来求解式（9-32），一种情况是在相机内参 $\boldsymbol{K}$ 未知时，DLT 算法可以同时将相机内参 $\boldsymbol{K}$ 和外参 $[\boldsymbol{R}\,|\,\boldsymbol{t}]$ 都求出来，也就是说这个算法实现了相机内参自标定过程；另一种情况是相机内参 $\boldsymbol{K}$ 已知时，DLT 算法只求 $[\boldsymbol{R}\,|\,\boldsymbol{t}]$，实际应用中往往已知内参 $\boldsymbol{K}$。下面以文献［23］178 的思路，介绍 DLT 算法的具体步骤。先将式（9-32）展开成方程组，并利用第 3 个方程消掉第 1、2 个方程中的系数 z_i，如式（9-33）所示。

$$z_i\boldsymbol{p}_i=\boldsymbol{K}[\boldsymbol{R}\,|\,\boldsymbol{t}]\boldsymbol{P}_i \Leftrightarrow z_i\begin{bmatrix}u_i\\v_i\\1\end{bmatrix}=\begin{bmatrix}m_1&m_2&m_3&m_4\\m_5&m_6&m_7&m_8\\m_9&m_{10}&m_{11}&m_{12}\end{bmatrix}\begin{bmatrix}x_i\\y_i\\z_i\\1\end{bmatrix}\Leftrightarrow \boldsymbol{A}_{2\times12}\cdot\boldsymbol{m}_{12\times1}=\boldsymbol{0} \tag{9-33}$$

也就是说，一对 $\boldsymbol{P}_i$ 到 $\boldsymbol{p}_i$ 的投影点，可以构造出一个线性方程 $\boldsymbol{A}_{2\times12}\cdot\boldsymbol{m}_{12\times1}=\boldsymbol{0}$，那么 n 对 $\boldsymbol{P}_i$ 到 $\boldsymbol{p}_i$ 的投影点，可以构造出一个线性方程 $\boldsymbol{A}_{2n\times12}\cdot\boldsymbol{m}_{12\times1}=\boldsymbol{0}$，方程中的向量 $\boldsymbol{m}_{12\times1}$ 是由投影矩阵 $\boldsymbol{Pr}=\boldsymbol{K}[\boldsymbol{R}\,|\,\boldsymbol{t}]=\begin{bmatrix}m_1&m_2&m_3&m_4\\m_5&m_6&m_7&m_8\\m_9&m_{10}&m_{11}&m_{12}\end{bmatrix}$ 中的元素顺序排列构造，方程中的系数矩阵 $\boldsymbol{A}_{2n\times12}$ 由 n 对 $\boldsymbol{P}_i$ 到 $\boldsymbol{p}_i$ 的投影点构造。在理想情况下，只需解线性方程 $\boldsymbol{A}\cdot\boldsymbol{m}=\boldsymbol{0}$ 得出 $\boldsymbol{m}$，然后用 $\boldsymbol{m}$ 构造出投影矩阵 $\boldsymbol{Pr}$，分解投影矩阵 $\boldsymbol{Pr}$ 就能得到内参 $\boldsymbol{K}$ 和外参 $[\boldsymbol{R}\,|\,\boldsymbol{t}]$。实际情况中，噪声和误差等因素会导致线性方程 $\boldsymbol{A}\cdot\boldsymbol{m}=\boldsymbol{0}$（不严格等于 0），那么可以构建最小二乘问题来解方程，如式（9-34）所示[23]585。

$$\begin{aligned}\boldsymbol{m}&=\arg\min_{\boldsymbol{m}}\|\boldsymbol{A}\cdot\boldsymbol{m}\|^2\\&=\arg\min_{\boldsymbol{m}}(\boldsymbol{m}^{\mathrm{T}}\cdot\boldsymbol{A}^{\mathrm{T}}\cdot\boldsymbol{A}\cdot\boldsymbol{m})\\&\text{令}\,|\boldsymbol{m}|=1, SVD(A)=\boldsymbol{USV}^{\mathrm{T}}=\sum_{i=1}^{12}\boldsymbol{s}_i\boldsymbol{u}_i\boldsymbol{v}_i^{\mathrm{T}}\\&=\arg\min_{\boldsymbol{m}}(\boldsymbol{m}^{\mathrm{T}}\cdot\boldsymbol{VSU}^{\mathrm{T}}\cdot\boldsymbol{USV}^{\mathrm{T}}\cdot\boldsymbol{m})\\&=\arg\min_{\boldsymbol{m}}(\boldsymbol{m}^{\mathrm{T}}\cdot\boldsymbol{VS}^2\boldsymbol{V}^{\mathrm{T}}\cdot\boldsymbol{m})\\&=\arg\min_{\boldsymbol{m}}\left(\boldsymbol{m}^{\mathrm{T}}\cdot\sum_{i=1}^{12}\boldsymbol{s}_i^2\boldsymbol{v}_i\boldsymbol{v}_i^{\mathrm{T}}\cdot\boldsymbol{m}\right)\end{aligned} \tag{9-34}$$

系数矩阵 $\boldsymbol{A}$ 通过 SVD 分解，如果取待求向量 $\boldsymbol{m}$ 为正交矩阵 $\boldsymbol{V}$ 的某个列向量 $\boldsymbol{v}_j$。那么选择最小奇异值 $\boldsymbol{s}_{12}$ 所对应的特征向量 $\boldsymbol{v}_{12}$ 为待求向量 $\boldsymbol{m}$ 的取值，就可以使式（9-34）取最小值。这样向量 $\boldsymbol{m}$ 便求出来了，投影矩阵 $\boldsymbol{Pr}$ 也就求出来了。那么分解投影矩阵 $\boldsymbol{Pr}$ 为 $[\boldsymbol{B},\boldsymbol{b}]$，并根据 $\boldsymbol{Pr}$ 内部的结构很容易求出内参 $\boldsymbol{K}$ 和外参 $[\boldsymbol{R}\,|\,\boldsymbol{t}]$，如果内参 $\boldsymbol{K}$ 已知，求外参 $[\boldsymbol{R}\,|\,\boldsymbol{t}]$ 将更容易，如式（9-35）所示。

$$\boldsymbol{Pr}=\boldsymbol{K}[\boldsymbol{R}\,|\,\boldsymbol{t}]=\boldsymbol{KR}[\boldsymbol{I}\,|\,-\boldsymbol{t}]=[\boldsymbol{KR}\,|\,-\boldsymbol{KRt}]=[\boldsymbol{B},\boldsymbol{b}] \tag{9-35}$$

2）P3P。

另一种求解 PnP 问题的方法是 P3P 算法，通过 3 对 3D-2D 点就能求出相机运动 $(\boldsymbol{R},\boldsymbol{t})$。P3P 算法的思路是通过不共线的 3 个 3D 地图点 $\boldsymbol{P}_1$、$\boldsymbol{P}_2$、$\boldsymbol{P}_3$ 和 3 个 2D 像素点 $\boldsymbol{p}_1$、$\boldsymbol{p}_2$、$\boldsymbol{p}_3$ 及相机光心 O 构成的三角形关系，求解 $(\boldsymbol{R},\boldsymbol{t})$。如图 9-14 所示，所给定的地图点 $\boldsymbol{P}_1$、$\boldsymbol{P}_2$、$\boldsymbol{P}_3$ 是前一帧相机坐标系下的坐标值，所给定的像素点 $\boldsymbol{p}_1$、$\boldsymbol{p}_2$、$\boldsymbol{p}_3$ 是当前帧相机坐标系下的坐标值。虽然 $\boldsymbol{P}_1$、$\boldsymbol{P}_2$、$\boldsymbol{P}_3$ 给定的坐标值不能在当前相机坐标系下使用，但是从中可以得知由这三点构成三角形的各个边长 P_1P_2、P_1P_3、P_2P_3。而 $\boldsymbol{p}_1$、$\boldsymbol{p}_2$、$\boldsymbol{p}_3$ 像素点同样可以确定三角形的各个边长 p_1p_2、p_1p_3、p_2p_3 以及三条射线的夹角 $\angle p_1Op_2$、$\angle p_1Op_3$、$\angle p_2Op_3$。基于余弦定理，就可以求出三条射线 OP_1、OP_2、OP_3 的长度，结合夹角就能求出 $\boldsymbol{P}_1$、$\boldsymbol{P}_2$、$\boldsymbol{P}_3$ 在当前相机坐标系下的坐标值。利用 $\boldsymbol{P}_1$、$\boldsymbol{P}_2$、$\boldsymbol{P}_3$ 在前一帧相机坐标系的坐标值和当前帧相机坐标系下的坐标值，通过 ICP 算法很容易求出相机从前一帧位姿运动到当前帧位姿的运动 $(\boldsymbol{R},\boldsymbol{t})$。

上面说的 P3P 求解思路很简单，就是利用三角形关系求出给定地图点 $\boldsymbol{P}_1$、$\boldsymbol{P}_2$、$\boldsymbol{P}_3$ 在当前帧相机坐标系下的坐标值，然后用 ICP 算法找到 $\boldsymbol{P}_1$、$\boldsymbol{P}_2$、$\boldsymbol{P}_3$ 在当前帧坐标系下坐标值与前一帧坐标系下坐标值的关系，这个关系就是 $(\boldsymbol{R},\boldsymbol{t})$。但是实际计算过程要复杂得多，感兴趣的读者可以阅读文献［25］。

3）EPnP。

相比于 DLT 和 P3P，EPnP 算法[26]在求解 PnP 问题上表现更稳定、更高效。EPnP 算法的关键在于从地图点中选出的 4 个控制点 $\boldsymbol{c}_1$、$\boldsymbol{c}_2$、$\boldsymbol{c}_3$、$\boldsymbol{c}_4$ 以及 1 个对应的参考点 $\boldsymbol{p}_i$，4 个控制点与 1 个参考点通过加权和的方式关联，如图 9-15 所示。

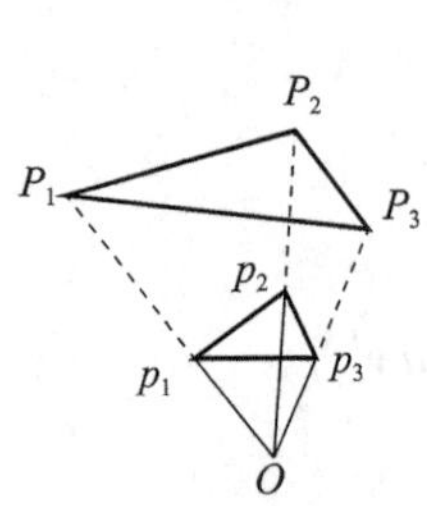

图 9-14　三角形关系

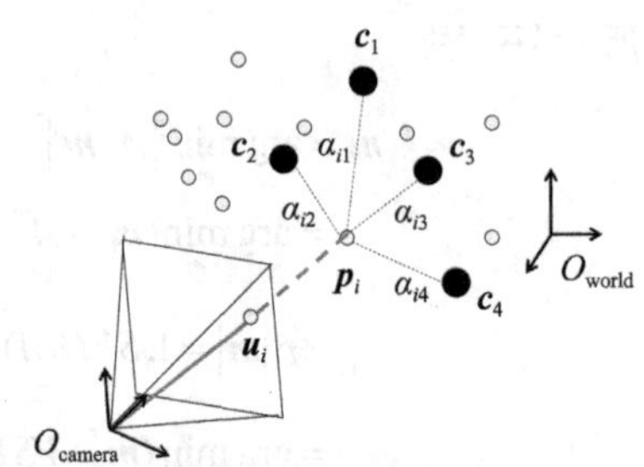

图 9-15　控制点关系

可以从世界坐标系中选取 n 个已知地图点 $\boldsymbol{p}_i, i=1,2,\cdots,n$ 为参考点，而从世界坐标系中选取 4 个已知地图点 $\boldsymbol{c}_j, j=1,2,3,4$ 为控制点。也就是说控制点只有 4 个，是选好就固定了。而参考点可以有很多个。而每个参考点 $\boldsymbol{p}_i$ 都通过一套加权参数 $\alpha_{ij}, j=1,2,3,4$ 与 4 个固定的控制点 $\boldsymbol{c}_j, j=1,2,3,4$ 基于加权和的方式联系。先来看世界坐标系下，参考点 $\boldsymbol{p}_i^{\mathrm{w}}$ 与 $\boldsymbol{c}_j^{\mathrm{w}}$ 的关系，如式（9-36）所示。然后来看相机坐标系下参考点 $\boldsymbol{p}_i^{\mathrm{c}}$ 与 $\boldsymbol{c}_j^{\mathrm{c}}$ 的关系，因为只是坐标值取值不同，而各个点之间的空间相对位置并没有变，所以加权和的关系同样成立，如式（9-37）所示。

$$\boldsymbol{p}_i^{\mathrm{w}}=\sum_{j=1}^{4}\alpha_{ij}\boldsymbol{c}_j^{\mathrm{w}},\quad 其中\sum_{j=1}^{4}\alpha_{ij}=1 \tag{9-36}$$

$$\boldsymbol{p}_i^{\mathrm{c}}=\sum_{j=1}^{4}\alpha_{ij}\boldsymbol{c}_j^{\mathrm{c}},\quad 其中\sum_{j=1}^{4}\alpha_{ij}=1 \tag{9-37}$$

那么在相机坐标系下，参考点 $\boldsymbol{p}_i^{\mathrm{c}}$ 与其对应的像素点 $\boldsymbol{u}_i$ 可以用投影方程描述，如式（9-38）所示。式子的化简过程与 DLT 有些类似，系数矩阵 $\boldsymbol{A}_{2\times12}$ 由参考点的加权系数、像素坐标和相机内参来构造，向量 $\boldsymbol{h}_{12\times1}$ 由 4 个控制点在相机坐标系的 12 个坐标值 x_1^{c}、y_1^{c}、z_1^{c}、x_2^{c}、y_2^{c}、z_2^{c}、x_3^{c}、y_3^{c}、z_3^{c}、x_4^{c}、y_4^{c}、z_4^{c} 构造。

$$\begin{aligned}
w_i\begin{bmatrix}\boldsymbol{u}_i\\1\end{bmatrix}=\boldsymbol{K}\cdot\boldsymbol{p}_i^{\mathrm{c}}=\boldsymbol{K}\cdot\sum_{j=1}^{4}\alpha_{ij}\boldsymbol{c}_j^{\mathrm{c}}\Leftrightarrow w_i\begin{bmatrix}u_i\\v_i\\1\end{bmatrix}&=\begin{bmatrix}f_u&0&u_c\\0&f_v&v_c\\0&0&1\end{bmatrix}\sum_{j=1}^{4}\alpha_{ij}\begin{bmatrix}x_j^{\mathrm{c}}\\y_j^{\mathrm{c}}\\z_j^{\mathrm{c}}\end{bmatrix}\\
&\Leftrightarrow\begin{cases}\displaystyle\sum_{j=1}^{4}\alpha_{ij}f_u x_j^{\mathrm{c}}+\alpha_{ij}(u_c-u_i)z_j^{\mathrm{c}}=0\\ \displaystyle\sum_{j=1}^{4}\alpha_{ij}f_v y_j^{\mathrm{c}}+\alpha_{ij}(v_c-v_i)z_j^{\mathrm{c}}=0\end{cases}\\
&\Leftrightarrow\boldsymbol{A}_{2\times12}\cdot\boldsymbol{h}_{12\times1}=\boldsymbol{0}
\end{aligned}\tag{9-38}$$

也就是说，一个参考点 $\boldsymbol{p}_i^{\mathrm{c}}$ 投影到相机像素点 $\boldsymbol{u}_i$，可以构造出一个线性方程 $\boldsymbol{A}_{2\times12}\cdot\boldsymbol{h}_{12\times1}=\boldsymbol{0}$，那么 n 个参考点 $\boldsymbol{p}_i^{\mathrm{c}}$ 投影到相机像素点 $\boldsymbol{u}_i$，可以构造出一个线性方程 $\boldsymbol{A}_{2n\times12}\cdot\boldsymbol{h}_{12\times1}=\boldsymbol{0}$，接下来就是解方程求向量 $\boldsymbol{h}$。求解过程同样是采用最小二乘和 SVD 等方法，具体可以看一下代码实现[㊀]。解上面的线性方程，实际上是求出了 4 个控制点在相机坐标系的坐标值，结合 4 个控制点在世界坐标下的已知坐标值，用 ICP 算法找到这 4 个控制点在两坐标系间的变换关系，这个关系就是 $(\boldsymbol{R},\boldsymbol{t})$。

总结一下，EPnP 算法实际是利用了控制点与参考点的加权关系在世界坐标系和相机坐标系中不变的性质，通过构造参考点的投影方程，但方程又不直接求参考点的坐标，而是巧妙地运用参考点与控制点的加权和关系间接求出了控制点的坐标。EPnP 算法结合了 DLT 和 P3P 中的很多思想，比如构造投影方程并利用最小二乘和 SVD 等方法解方程就与 DLT 很相似；而先想办法求出地图点在相机坐标系下的坐标值，然后在利用 ICP 算法找到地图点在世界坐标系与相机坐标系的变换关系求 $(\boldsymbol{R},\boldsymbol{t})$ 就与 P3P 很相似。

4）BA 优化。

不管是用 DLT、P3P、EPnP 还是其他一些解析算法，求解出来的相机位姿 $(\boldsymbol{R},\boldsymbol{t})$ 都会由于噪声、计算误差等因素而存在误差。那么就可以以这些解析法求出来的 $(\boldsymbol{R},\boldsymbol{t})$ 为初值，利用 BA 优化来进一步提高精度。由于 BA 优化已经在式（9-29）～式（9-31）中讲过了，这里只用到其中的式（9-30）。

值得庆幸的是，OpenCV 已经在 solvePnP() 函数中集成了求解 PnP 问题的一些常见方法，P3P、EPnP、BA 优化等都可以直接调用这个函数来实现。

（3）3D-3D 模型

在图 9-3 所描述的场景下，如果前后两帧图像中都能获取到地图点信息，直接根据这个模型可以求出相机位姿。在这个模型中，给定的已知条件是从 3D 地图点到 3D 地图点的

㊀ 参见 https://github.com/cvlab-epfl/EPnP。

关联信息，所以称为 3D-3D 模型。比如，上面 3D-2D 模型中 P3P 或 EPnP 中不同坐标系下 3D 地图点的变换，或者双目、RGB-D 能直接给出环境观测点。在这些情况下，当前帧图像所对应的相机位姿解算就可以用这种模型。

现在假设相机在 O_{k-1} 处得到了地图点 $\boldsymbol{P}_1^{k-1}$ 、$\boldsymbol{P}_2^{k-1}$ 、$\boldsymbol{P}_3^{k-1}$ ，相机在 O_k 处也得到了地图点 $\boldsymbol{P}_1^k$ 、$\boldsymbol{P}_2^k$ 、$\boldsymbol{P}_3^k$ ，只是这些地图点在不同的坐标系下。通过图像特征匹配等数据关联方式，已经知道 $\boldsymbol{P}_i^{k-1}$ 与 $\boldsymbol{P}_i^k$ 是一一对应的。那么只要找出这两组 3D 点的变换关系，就可以求出相机运动 $(\boldsymbol{R},\boldsymbol{t})$ ，该过程如图 9-16 所示。下面介绍两种常见的求解方法，ICP 和 BA 优化。

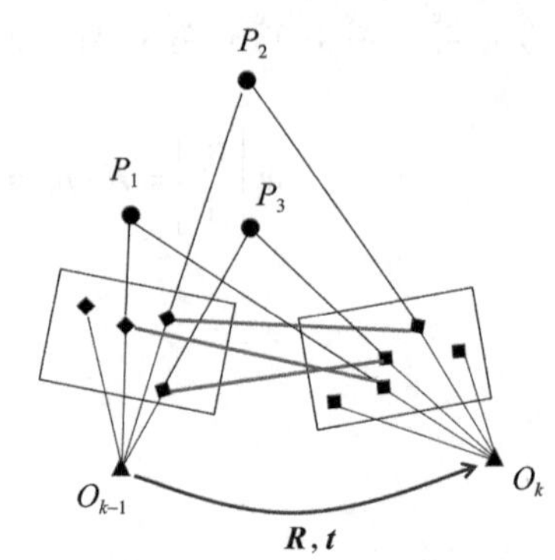

图 9-16　3D-3D 模型

1）ICP。

ICP 算法用于求解两组点云之间的位姿变换，在三维重建、计算机视觉、机器人等场景应用广泛，具体可以分为点云数据关联已知的解法和点云数据关联未知的解法。所谓点云数据关联已知，就是给定两组点云，点云之间的匹配关系是已知的。这里要求解的 3D-3D 模型中，前后两帧点云已经通过图像匹配进行了数据关联，所以属于点云数据关联已知的情况，下面讨论点云数据关联已知情况下 ICP 算法的 SVD 解析过程[27]。

假设给定了两组点云 $\boldsymbol{p}=\{\boldsymbol{p}_1,\boldsymbol{p}_2,\cdots,\boldsymbol{p}_n\}$ 和 $\boldsymbol{p}'=\{\boldsymbol{p}_1',\boldsymbol{p}_2',\cdots,\boldsymbol{p}_n'\}$ ，并且点云 $\boldsymbol{p}$ 和 $\boldsymbol{p}'$ 中的每个点已经通过下标一一进行了数据关联。在没有噪声的理想情况下，点云 $\boldsymbol{p}$ 和 $\boldsymbol{p}'$ 之间满足 $\boldsymbol{p}_i'=\boldsymbol{R}\cdot\boldsymbol{p}_i+\boldsymbol{t}$ 。在考虑噪声的情况下，通过构建最小二乘问题，很容易解出 $(\boldsymbol{R},\boldsymbol{t})$ ，如式（9-39）所示。

$$\arg\min_{\boldsymbol{R},\boldsymbol{t}}\sum_{i=1}^{n}\left\|\boldsymbol{p}_i'-(\boldsymbol{R}\cdot\boldsymbol{p}_i+\boldsymbol{t})\right\|^2 \tag{9-39}$$

可以将点云 $\boldsymbol{p}$ 和 $\boldsymbol{p}'$ 去质心后，再构建最小二乘问题，结果是等价的，如式（9-40）所示。式中为两个加法项，让每个项都最小化，那么整体也就最小了。

$$\begin{aligned}
&\boldsymbol{q}_i=\boldsymbol{p}_i-\overline{\boldsymbol{p}},\text{其中}\overline{\boldsymbol{p}}=\frac{1}{n}\sum_{i=1}^{n}\boldsymbol{p}_i\\
&\boldsymbol{q}_i'=\boldsymbol{p}_i'-\overline{\boldsymbol{p}}',\text{其中}\overline{\boldsymbol{p}}'=\frac{1}{n}\sum_{i=1}^{n}\boldsymbol{p}_i'\\
&\arg\min_{\boldsymbol{R},\boldsymbol{t}}\sum_{i=1}^{n}\left\|\boldsymbol{p}_i'-(\boldsymbol{R}\cdot\boldsymbol{p}_i+\boldsymbol{t})\right\|^2=\arg\min_{\boldsymbol{R},\boldsymbol{t}}\sum_{i=1}^{n}\left\{\left\|(\boldsymbol{p}_i'-\overline{\boldsymbol{p}}')-\boldsymbol{R}\cdot(\boldsymbol{p}_i-\overline{\boldsymbol{p}})\right\|^2+\left\|\overline{\boldsymbol{p}}'-\boldsymbol{R}\cdot\overline{\boldsymbol{p}}-\boldsymbol{t}\right\|^2\right\}\\
&\qquad=\arg\min_{\boldsymbol{R},\boldsymbol{t}}\sum_{i=1}^{n}\left\{\left\|\boldsymbol{q}_i'-\boldsymbol{R}\cdot\boldsymbol{q}_i\right\|^2+\left\|\overline{\boldsymbol{p}}'-\boldsymbol{R}\cdot\overline{\boldsymbol{p}}-\boldsymbol{t}\right\|^2\right\}
\end{aligned} \tag{9-40}$$

首先，将第一个加法项展开化简，然后利用 SVD 就能求出 $\boldsymbol{R}$ ，具体过程如式（9-41）所示。

$$\arg\min_{\boldsymbol{R}}\sum_{i=1}^{n}\left\|\boldsymbol{q}_i'-\boldsymbol{R}\cdot\boldsymbol{q}_i\right\|^2=\arg\min_{\boldsymbol{R}}\sum_{i=1}^{n}\left(\boldsymbol{q}_i'^{\mathrm{T}}\boldsymbol{q}_i'-2\boldsymbol{q}_i'^{\mathrm{T}}\boldsymbol{R}\boldsymbol{q}_i+\boldsymbol{q}_i^{\mathrm{T}}\boldsymbol{R}^{\mathrm{T}}\boldsymbol{R}\boldsymbol{q}_i\right)$$

$$\Leftrightarrow \arg\min_{\boldsymbol{R}} \sum_{i=1}^{n} -\boldsymbol{q}_i'^{\mathrm{T}} \boldsymbol{R} \boldsymbol{q}_i = \arg\min_{\boldsymbol{R}} \left(-\mathrm{tr}(\boldsymbol{R} \sum_{i=1}^{n} \boldsymbol{q}_i'^{\mathrm{T}} \boldsymbol{q}_i) \right) \tag{9-41}$$

那么，令 $\boldsymbol{M} = \sum_{i=1}^{n} \boldsymbol{q}_i'^{\mathrm{T}} \boldsymbol{q}_i$，利用 SVD 进行分解得到 $\mathrm{SVD}(\boldsymbol{M}) = \boldsymbol{USV}^{\mathrm{T}}$，从而求得 $\boldsymbol{R} = \boldsymbol{UV}^{\mathrm{T}}$。然后将求出的 $\boldsymbol{R}$ 代入第二个加法项 $\arg\min_{t} \sum_{i=1}^{n} \|\overline{\boldsymbol{p}}' - \boldsymbol{R} \cdot \overline{\boldsymbol{p}} - \boldsymbol{t}\|^2$，很容易得到 $\boldsymbol{t} = \overline{\boldsymbol{p}}' - \boldsymbol{R} \cdot \overline{\boldsymbol{p}}$。

当所给定两组点云个数不一样、有误匹配或者没有匹配信息时，就要讨论未知数据关联 ICP 算法的迭代法过程。首先需要用某种策略找到点云间的一种数据关联假设，然后按已知数据关联的解法求出变换量 $(\boldsymbol{R},\boldsymbol{t})$，不断重复这一过程直到结果满意为止，ICP 迭代过程如图 4-44 所示。对未知数据关联 ICP 算法具体实现过程感兴趣的读者，可以阅读 PCL 点云库中的相应代码[㊀]。

2）BA 优化。

另一种求解方法，就是对式（9-39）所示的问题直接进行 BA 优化求解。BA 优化中，优化变量一般写成变换矩阵 $\boldsymbol{T}$ 的形式，优化过程既可以对位姿 $\boldsymbol{T}$ 进行优化，也可以同时对位姿 $\boldsymbol{T}$ 和点云 $\boldsymbol{P}$ 进行优化，如式（9-42）和式（9-43）所示。

$$\boldsymbol{T} = \arg\min_{\boldsymbol{T}} \sum_{i} \|\boldsymbol{p}_i' - \boldsymbol{T} \cdot \boldsymbol{p}_i\|^2 \tag{9-42}$$

$$\boldsymbol{T}, \boldsymbol{p} = \arg\min_{\boldsymbol{T},\boldsymbol{p}} \sum_{i} \|\boldsymbol{p}_i' - \boldsymbol{T} \cdot \boldsymbol{p}_i\|^2 \tag{9-43}$$

在 3D-3D 模型中，BA 优化过程对位姿 $\boldsymbol{T}$ 的初值不敏感，鲁棒性较强。但由于其强依赖于点云 3D 坐标，因此计算出来的位姿 $\boldsymbol{T}$ 精度会比 3D-2D 模型中的低。同时，不难发现在 2D-2D、3D-2D、3D-3D 模型中都能看到 BA 优化的身影。

4. ORB-SLAM2 系统框架

到这里就可以分析 ORB-SLAM2 的系统框架了，结合算法原作者清晰的论文思路[3, 4]，很容易理解整个算法的组成架构。由于 ORB-SLAM 为纯单目系统，而 ORB-SLAM2 在原单目系统上添加了双目和 RGB-D 的支持，所以系统框架要分两部分来看。纯单目系统架构，如图 9-17 所示。系统架构非常清晰，由追踪、局部建图和闭环 3 个主要线程构成，除此之外系统还包括地图初始化、位置识别、地图结构等模块。

双目和 RGB-D 系统架构，如图 9-18 所示。相比于纯单目系统，只是增加了输入预处理（Pre-process Input）模块用于专门处理双目或 RGB-D 数据，闭环检测从计算 *Sim*3 换成了计算 *SE*3（因为双目或 RGB-D 系统的尺度不确定性消失了），并增加了第 4 个线程——全局 BA 优化，系统其他部分大体上与纯单目系统保持了一致。

由于双目和 RGB-D 系统架构是从纯单目系统架构发展而来，并且双目和 RGB-D 系统架构实现起来比纯单目更容易。也就是说掌握了纯单目系统的原理，理解双目和 RGB-D 系统非常容易，所以下面就以单目系统的原理展开进一步分析。

㊀ 参见 https://github.com/PointCloudLibrary/pcl/blob/master/apps/in_hand_scanner/src/icp.cpp。

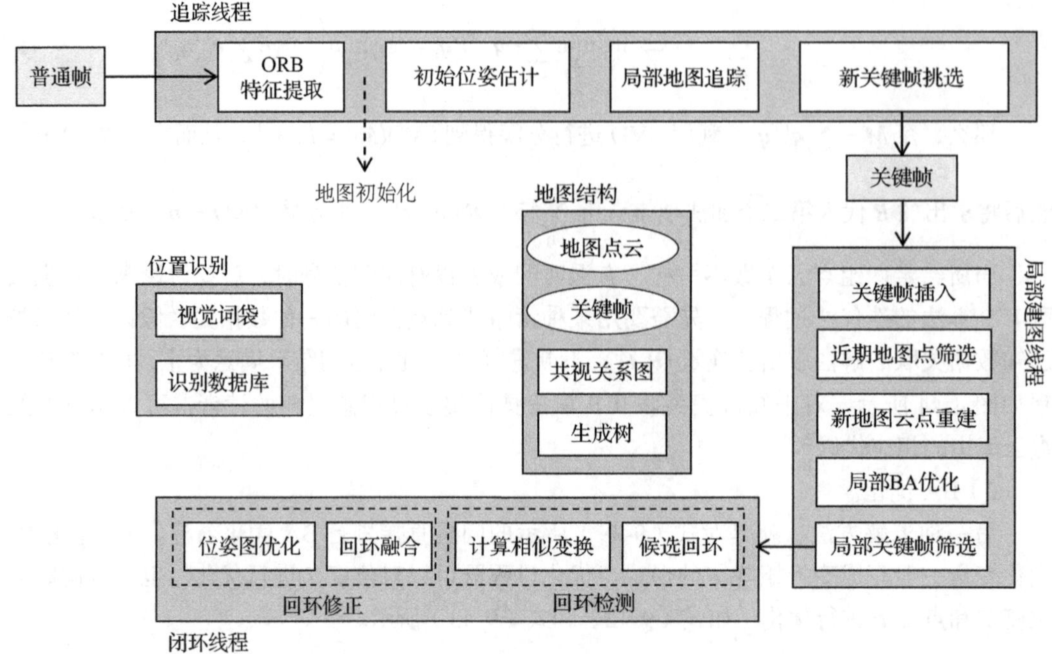

图 9-17 纯单目系统框架

注：该图来源于文献［3］中的图 1。

（1）地图结构

要从整体上把握一个算法框架，从算法的数据结构入手最为合适，而 SLAM 系统的数据结构当然就是地图结构了。本系统的地图结构，如图 9-19 所示。地图结构由关键帧、地图点（MapPoints）[⊖]、共视关系图（covisibility graph）和生成树（spanning tree）构成，下面依次介绍。

系统中所处理的图像分为两类，即普通帧和关键帧。普通帧指的是从相机直接输入系统追踪线程的图像，仅用于定位追踪。以工作帧率为 30Hz 的相机为例，系统每秒将要处理 30 个普通帧的图像数据，这些普通帧的数据量显然很庞大，而且帧与帧之间的数据重复率较大，每帧图像内所包含的特征点质量也参差不齐。那么从普通帧中挑选出一些有代表性的帧，比如前后帧之间差别足够大、帧图像特征点足够丰富、与周围帧共视关系足够多等，这些代表性的帧就组成了关键帧。由于关键帧的数据量明显下降，并且其中的图像都具有代表性，因此用关键帧生成地图点时计算量更小、鲁棒性更高。

关键帧中的每个帧都包含丰富的属性，比如拍摄该帧时相机在世界坐标系下的位姿坐标、该帧图像提取出的 ORB 特征点以及各种约束关系。这里重点介绍一下关键帧中的约束关系，以图 9-19 中给出的关键帧 KF(1) 和 KF(2) 为例。KF(1) 的图像中提取出了特征点 ORB(1)、ORB(2)、ORB(3)、ORB(4)、ORB(5)，KF(2) 的图像中提取出了特征点 ORB(1)、ORB(2)、ORB(3)，通过图像特征匹配得知 KF(1) 中的 ORB(4)、ORB(5) 分别与 KF(2) 中的 ORB(1)、ORB(2) 为配对点。利用上面讲过的多视图几何 2D-2D 模型三角化重建，这两对配对点就能重建出地图点 P(2) 和 P(3)。

⊖ 本书中云点指点云中的点。

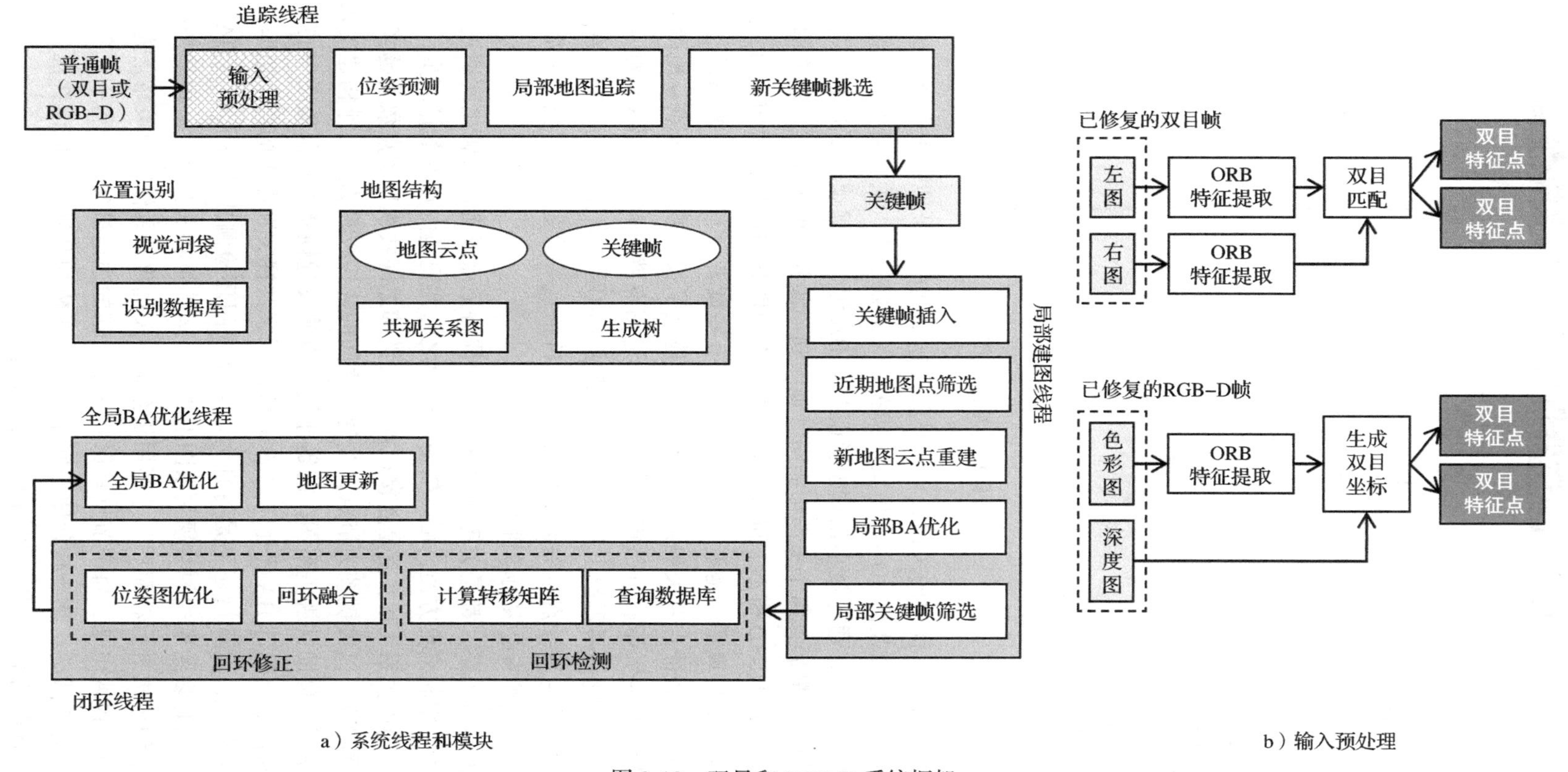

a）系统线程和模块　　　b）输入预处理

图 9-18　双目和 RGB-D 系统框架

注：该图来源于文献［4］中的图 2。

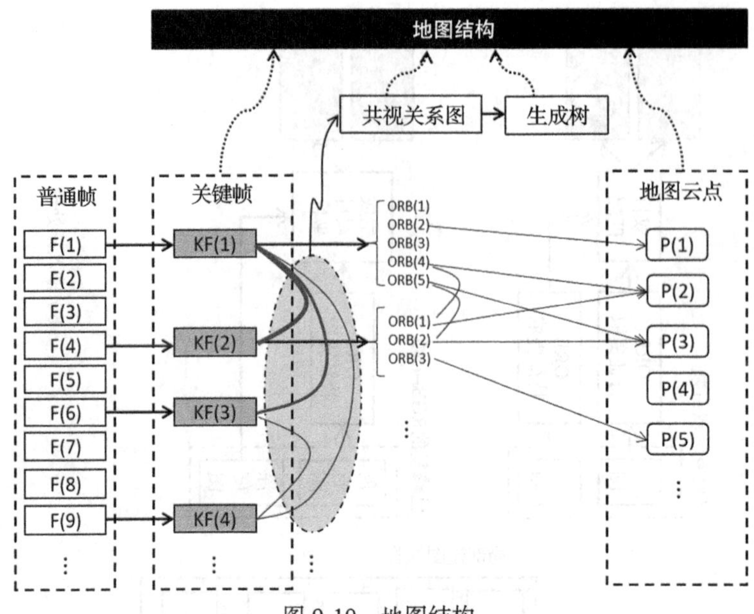

图 9-19 地图结构

约束关系是构建 BA 优化的关键，首先是关键帧之间的特征匹配关系能直接三角化重建出新地图点，即多视图几何 2D-2D 模型；其次是关键帧位姿、关键帧中的图像特征点和地图点构成的投影关系，通过最小化重投影误差来 BA 优化关键帧位姿和地图点，即多视图几何 3D-2D 模型；最后，两个关键帧能同时观测到一些共同的地图点，这就构成了共视关系，即多视图几何 3D-3D 模型。可以看到，上面多视图几何中讨论的 2D-2D、3D-2D 和 3D-3D 模型都在这里出现了，是不是很神奇。可能有些读者会有疑问，既然通过图像特征匹配建立了关键帧 – 特征点 – 关键帧，也通过投影建立了关键帧 – 特征点 – 地图点，那么通过关键帧 – 特征点 – 关键帧和关键帧 – 特征点 – 地图点就可以推导出关键帧 – 地图点 – 关键帧，何必还要多此一举再给出共视关系（关键帧 – 地图点 – 关键帧）。原因在于系统有噪声和误差，关键帧 – 特征点 – 关键帧和关键帧 – 特征点 – 地图点并不完全可靠，所以关键帧 – 地图点 – 关键帧有必要再单独给出。

以上所述的约束关系，都是关键帧之间通过图像特征点或者关键帧之间通过地图点间接建立的。为了使用起来更方便，可以依据关键帧之间共视地图点的数量多少，在关键帧之间建立直接的约束关系（其实就是连接权重），关键帧之间共视地图点数量越多，关键帧之间的连接权重越高。以关键帧为节点，关键帧之间的连接权重为边，所构建出来的图结构就是共视关系图。借助共视关系图，能迅速找出当前关键帧所在局部地图中的其他关键帧和地图点，从而进行局部 BA 优化。如图 9-20 所示，共视关系图中的约束边非常多，对于局部 BA 优化来说，运算量还不是特别大。但是在闭环检测成功进入全局 BA 优化时，如果仍然在具有如此多约束边的共视关系图上进行，运算量将非常之大。也就是说需要将共视关系图中的约束边进行精简后，才能用于全局 BA 优化。具体精简策略是先将共视关系图中的所有节点提取出来，每个节点只保留一个向前的边连接父节点和一个向后的边连接子节点，这就是生成树，用于构建闭环回路。在生成树的基础上，保留共视关系图中那些高权重的边，就得到了本征图，以用于全局 BA 优化。

a）关键帧（蓝色）
当前相机位姿（绿色）
地图云点（黑色和红色）
当前局部地图云点（红色）

b）共视关系图

c）生成树（绿色）
回环（红色）

d）本征图

图 9-20 共视关系图、生成树和本征图

注：该图来源于文献［3］中的图 2，图字中涉及的颜色信息，请参见文献原图。

毫不夸张地说，读懂了地图结构的来龙去脉，就理解了整个算法的一大半了。其实，整个算法的运行过程就是在动态地维护该地图结构。地图中包含的关键帧并不是一成不变的，有一套机制负责增加和删减关键帧中的帧数据，以维护其结构的高效和鲁棒性。同样也有一套机制负责增加和删减地图点中的云点数据，以维护其结构的高效和鲁棒性。

（2）地图初始化

系统启动后，必须要先有一些地图初始云点，在这些初始云点的基础上才能往下不断地增量建图。当然如果系统启动后，载入已有地图进行单纯地重定位就另当别论。单目 SLAM 系统的地图初始化过程中，通过计算选取的两帧图像之间的相机位姿变换关系，以三角化重建地图初始云点，方法有很多。

- 方法 1：追踪环境中的某个已知物体（比如贴在墙上的棋盘标定板）。
- 方法 2：追踪环境中某个平面上的一些点。
- 方法 3：追踪环境中非共面的一些点。

方法 1 需要依赖外界已知信息，灵活性较差。本系统的地图初始化过程，结合了方法 2 和方法 3，并且采用了一种基于统计的模型选择策略，智能地选择更好的一个作为最终结果。

地图初始化具体流程，如图 9-21 所示。将当前帧 Fc 与已选择的参考帧 Fr 进行特征匹配，如果发现匹配程度很差，就重置一个新的参考帧 Fr 后继续，直到匹配程度满足要求。接着执行两个并行线程，分别用于计算单应矩阵 $\boldsymbol{H}$ 和基础矩阵 $\boldsymbol{F}$。通过单应性约束，通过线性方程可以得出单应矩阵 $\boldsymbol{H}$，并给该结果打分 SH，通过 RANSAC 迭代优化选出打分 SH 最高的 $\boldsymbol{H}$。同理，得到打分 SF 最高的 $\boldsymbol{F}$。由于两种计算模型在有效数据上对同一误差的打分相同，即可以通过分值选择更优的模型进行后续的计算。当初始化场景为平面或低视差时，单应矩阵 $\boldsymbol{H}$ 模型更优；而初始化场景为非平面且有足够视差时，基础矩阵 $\boldsymbol{F}$ 模型更优。算法中通过分值 SH 和 SF 构造了一个分值率 RH，然后用阈值（典型值是 0.4）判别 RH，如果 $RH>0.4$ 就选单应矩阵 $\boldsymbol{H}$ 模型，否则就选基础矩阵 $\boldsymbol{F}$ 模型。不管选哪种模型，接下来都是从给定矩阵分解出相机位姿变换（$\boldsymbol{R}, \boldsymbol{t}$），然后利用求出的（$\boldsymbol{R}, \boldsymbol{t}$）三角化重建地图云点。当然，要是发现重建出来的地图云点投影回图像的重投影误差过大，说明计算出来的（$\boldsymbol{R}, \boldsymbol{t}$）不可信，立即抛弃此次初始化计算结果并跳到开头重新进行初始化。如果重建出的地图云点重投影误差满足要求，就接收该结果，最后对相机位姿变换（$\boldsymbol{R}, \boldsymbol{t}$）和所有重建出的地图云点进行一次 BA 优化，那么地图初始化就完成了。

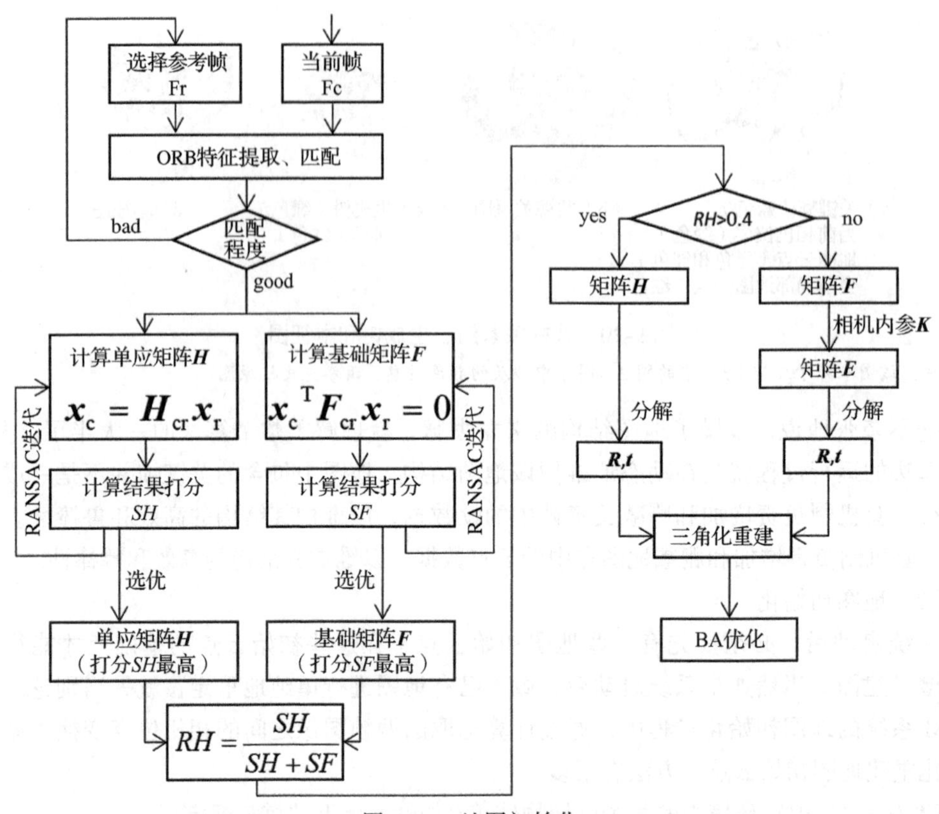

图 9-21　地图初始化

地图初始化过程的效果直接决定了整个 SLAM 系统（特别是具有尺度不确定性的单目 SLAM 系统）后续的建图质量，因此地图初始化过程需要格外谨慎。本算法的地图初始化过程就伴随着大量严苛的评判条件，比如参考帧 Fr 与当前帧 Fc 之间特征点匹配程度不够就直接重置初始化过程，根据不同的初始化场景选择更优的模型，最后重建出的地图云点重投影误差过大就直接重置初始化过程等。正是这些严苛的评判条件，在实际运行该算法时，第一步初始化操作就要折腾开发者很长时间。

（3）位置识别

如果 SLAM 建图过程中追踪线程突然跟丢了，此时就要启动重定位尽快找回跟丢的位置信息；或者 SLAM 在构建了一个很大的地图后，要判断当前路过的位置是否之前已经来过（即闭环检测）。不管是重定位还是闭环检测，都涉及位置识别这项技术。基于图像的位置识别方法，主要有以下 3 种：Image-to-image matching、Image-to-map matching、Map-to-map matching。

将地图看成由一系列图像组成的序列，那么用当前观测图像与地图中的每幅图像匹配，这就是图像到图像匹配（Image-to-image matching）；而将地图看成一系列地图点组成的点云，那么用当前观测图像与地图点云匹配，就是图像到地图的匹配（Image-to-map matching）；如果用当前几帧图像构建出来的局部小地图与全局大地图匹配，就是地图到地图的匹配（Map-to-map matching）。图像到图像的匹配，在大环境下比地图到地图或图像到地图方法的尺度特性更好。而为了提高图像到图像的匹配效率，通常会用到词袋模型（Bagof-Words，BoW）。

词袋模型最早用于自然语言处理（Natural Language Processing，NLP）和信息检索领域，比如一个博客网站收录了成千上万篇博客文章，现在你输入一些关键词查询出你想看的文章，或者网站管理员要审核提交的新文章是否与已有文章雷同。假如现在有两篇简短的文章（Doc1 和 Doc2），如下所示：

```
Doc1:I like programming,you like too.
Doc2:I also like robots.
```

在词袋模型中，可以将 Doc1 和 Doc2 中涉及的所有单词提取出来，并给每个单词一个编号，那么就构成了一个字典，如下所示：

```
# 字典
{
1:"I",
2:"like",
3:"programming",
4:"you"
5:"too",
6:"also",
7:"robots"
}
```

那么，忽略掉文章中单词出现的顺序，统计字典中的每个单词在一篇文章中出现的次数。这样每篇文章都对应一个统计直方图，由于字典中总共包含 7 个单词，因此这个统计直方图可以用一个 7 维向量（也叫表征向量）表示，如下所示：

```
v1 = [1,2,1,1,1,0,0]
v2 = [1,1,0,0,0,1,1]
```

利用两篇文章之间的表征向量 ***v*1** 和 ***v*2** 的相似性，就可以判断两篇文章的相似度。或者将输入的检索关键字与每篇文章中的表征向量进行比对，就可以检索出相关的文章。这里只是举了一个非常简单的例子，实际应用比这复杂很多。比如，单词之间有近义词的情况，那么字典中的单词就必须要有某种抽象的概括指代，而不仅仅指代某个具体的单词；文章中有大量的连接词和助词，这些词没有实质性的意义并且出现频次还很高，那么在统计直方图的表征向量中，这些词就应该给一个低的权重以降低其对整个向量的影响。不过，这些都不是讨论的重点。

借鉴词袋模型的思想，把图像中的特征点看成单词，一幅图像就是由许多单词组成的文章，多张图像就构成了一个由多篇文章组成的语料库。也就是说可以将词袋模型应用于计算机视觉领域，即视觉词袋模型。从图像中可以提取出多种特征点（比如 SIFT、SURF、ORB 等），每种特征点都对应一种视觉词袋模型。由于 ORB 是具有旋转和尺度不变性的二进制特征，并且提取速度特别快，ORB-SLAM 中选取了这种特征用于整个系统的图像处理。因此，下面就结合 ORB 视觉词袋模型的论文［28，29］和具体程序实现库 DBoW2[⊖]进行详细介绍。

⊖ 参见 https://github.com/dorian3d/DBoW2。

1）构建视觉单词的离线字典。

在使用词袋模型时，需要先训练得到一个字典。ORB 特征描述子为一个 256bit 的二进制向量，也就是说 ORB 特征在向量空间的取值有 2^{256} 种可能。在一个庞大的图像数据集（比如 10 万张图像）中进行离线训练，其实就是将数据集中提取出的所有 ORB 特征点放入向量空间，采用海明距离度量向量空间中特征点之间的距离，然后对特征点进行聚类（比如 k-means、k-means++、SVM 等）。所谓聚类，就是把向量空间中距离相近的 k 个特征点归结为同一类，并用一个平均特征来表示整体，这个平均特征就是一个单词。假设每张图像提取 200 个特征点，整个数据集一共可提取 $M=10^5\times200$ 个特征点，经过 k-means 聚类后，可以得到 $\frac{M}{k}$ 个不同的单词，具有如此庞大单词量的一个字典，如果要利用该字典查询某个特征点属于哪个单词，搜索复杂度将非常高。为了提高搜索效率，将前一步聚类得到的结果再次进行聚类，经过 d 次聚类后，就得到了一个具有 d 层的 k 叉树，如图 9-22 所示。图中的三角形表示从图像中提取出的原始特征点，四边形表示经过第一次聚类后的结果（即单词），五边形表示经过第二次聚类后的结果，逐次聚类，最后将聚类结果用树结构表示，树的分支数 k 和层数 d 可以根据需要选择。

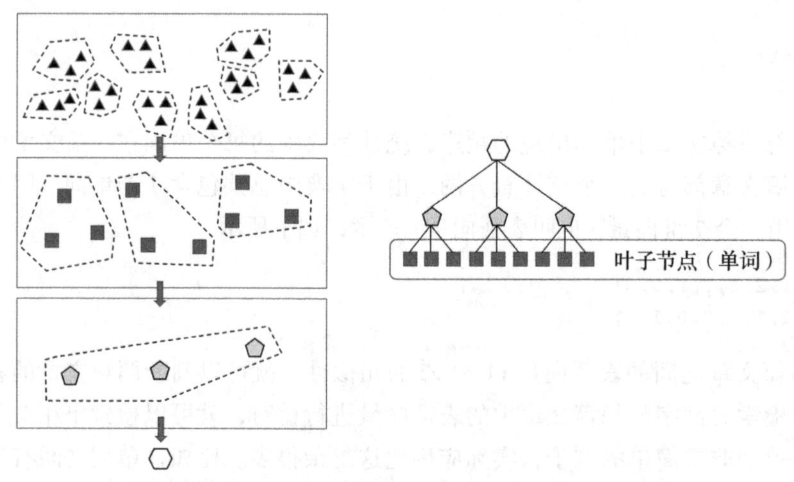

图 9-22　聚类过程

上面训练生成的树中，一共包含 k^d 个叶子节点（单词）。如果不借助树结构，要查询某个特征点属于哪个单词，需要依次计算该特征点与 k^d 个叶子节点的海明距离。有了树结构，只需要从根节点开始，计算该特征点与该层的 k 个节点的海明距离，并且选择海明距离最小的节点往下一层继续，这样总共只需要计算 $k\times d$ 次海明距离，搜索复杂度从指数级降为对数级，可见搜索效率大大提高了。在训练该 k 叉树字典时，还要给字典中的每一个单词赋予一个权重，通常为 IDF（Inverse Document Frequency，逆文本频率指数）。回想一下文本处理中，语料中有大量的连接词和助词，这些词没有实质性的意义并且出现频次还很高，即一个词越常见其独特性越低，也就是说其重要性越低。同样在视觉中，那些在图像训练集中越常见的单词重要性越低，单词重要性权重 IDF 计算如式（9-44）所示。其中的下标 i 表示每个单词的编号，n 为图像训练集中特征点的总数量，n_i 为属于单词 i 的特征点数量。

$$IDF_i = \log\frac{n}{n_i} \tag{9-44}$$

利用大量的图像训练数据，经过漫长的训练就构建好了一个视觉单词的离线字典。这个离线字典包含两部分内容：一部分内容是用于组织视觉单词（也就是叶子节点）的 k 叉树，另一部分内容是每个单词所对应的重要性权重（即 IDF 值）。

2）构建图像序列的在线数据库。

当我们获得了一个离线字典后，就可以通过查字典来解决一些问题。如果我们将每次查字典的过程都记录成笔记，以后就可以利用笔记更快速地解决问题。以 SLAM 应用为例，记笔记的过程就是在构建图像序列的在线数据库。这个在线数据库包含图像表征向量、正向索引和反向索引，下面分别介绍。

图像表征向量，其实就是图像中特征点的统计直方图，与文本处理中的表征向量是一样的。当每来一个图像执行字典查询操作，将该图像中的每个特征点放入字典树的根节点开始搜索，每一层取海明距离最小的节点继续下一轮搜索，最终可以找到特征点属于字典中的哪个单词。同时记录下每个单词在该图像中出现的频率 TF（Term Frequency，词频），计算如式（9-45）所示。其中的下标 i 表示每个单词的编号，n 为该张图像中特征点的总数量，n_i 为该张图像中属于单词 i 的特征点数量。

$$TF_i = \frac{n_i}{n} \tag{9-45}$$

那么一张图像就可以用一个表征向量 $\boldsymbol{v}$ 来表示，如式（9-46）所示。$\boldsymbol{v}$ 的维度为字典单词总数，$\boldsymbol{v}$ 中每个元素的取值为对应单词的权重，这里的权重通常为 TF-IDF，即 $weight_i = TF_i \times IDF_i$。由于一张图像中包含的单词很少，这就意味着 $\boldsymbol{v}$ 是一个稀疏向量，因此为了节省存储空间，实际程序中 $\boldsymbol{v}$ 将以稀疏方式表示。

$$\boldsymbol{v} = \begin{bmatrix} 2.1 \\ 0 \\ 0.3 \\ 0 \\ \cdots \\ 0 \end{bmatrix} \stackrel{\Delta}{=} \begin{Bmatrix} word_1 : weight_1 \\ word_3 : weight_3 \\ \cdots \end{Bmatrix} \tag{9-46}$$

正向索引和反向索引其实就是两张映射表，正向索引是指图像到字典树中各个节点的映射关系，反向索引是指字典树中叶子节点（单词）到各个图像的映射关系，如图 9-23 所示。

在计算一张图像的表征向量 $\boldsymbol{v}$ 时，图像中的每个特征点都会从字典根节点往下直到叶子节点搜索一遍。那么每个特征点都对应一条节点遍历路径，将图像中所有特征点遍历过的节点都记录下来，就得到了该图像的正向索引。为工作空间中的每张图像都建立这样的正向索引，那么通过这个正向索引很容易查询出一张图像中各个特征点的层次分布情况。

工作空间中的每张图像都包含字典中一定数量的单词（叶子节点），反过来字典中的每个单词（叶子节点）也都从属于一些图像。那么将字典中每个单词所从属的图像都记录下来，就得到了该单词（叶子节点）的反向索引。通过这个反向索引很容易查询出包含该单词的所有图像。

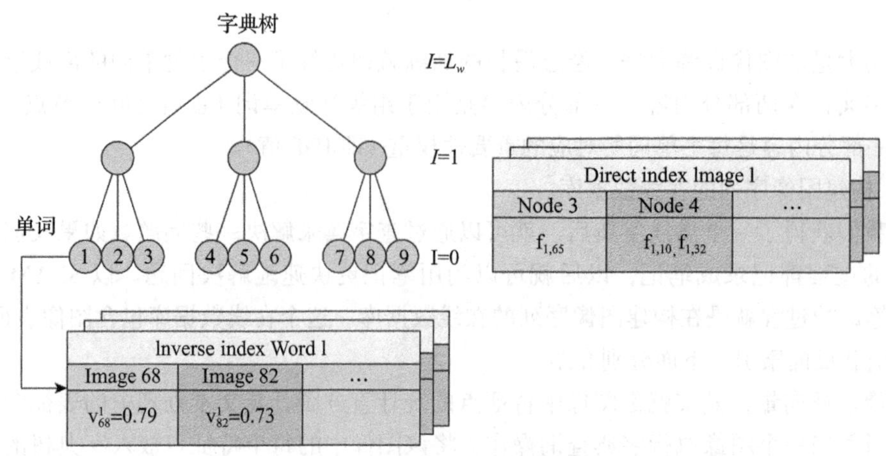

图 9-23　正向索引和反向索引

注：该图来源于文献［29］中的 Figure 1。

3）应用词袋模型。

词袋模型的应用分为 3 个阶段，即构建离线字典、构建在线数据集和应用，这里的应用主要是加速帧间特征匹配、重定位和闭环检测。第 1 阶段，利用大规模数据集离线训练出一个字典。第 2 阶段，为进入工作空间的每一个新图像查询离线字典，得到该图像表征向量以及对应的正向索引和反向索引。工作空间中的所有图像的表征向量、正向索引和反向索引就构成了一个在线数据库。第 3 阶段，就是应用该在线数据库来加速帧间特征匹配、重定位和闭环检测。整个过程如图 9-24 所示。

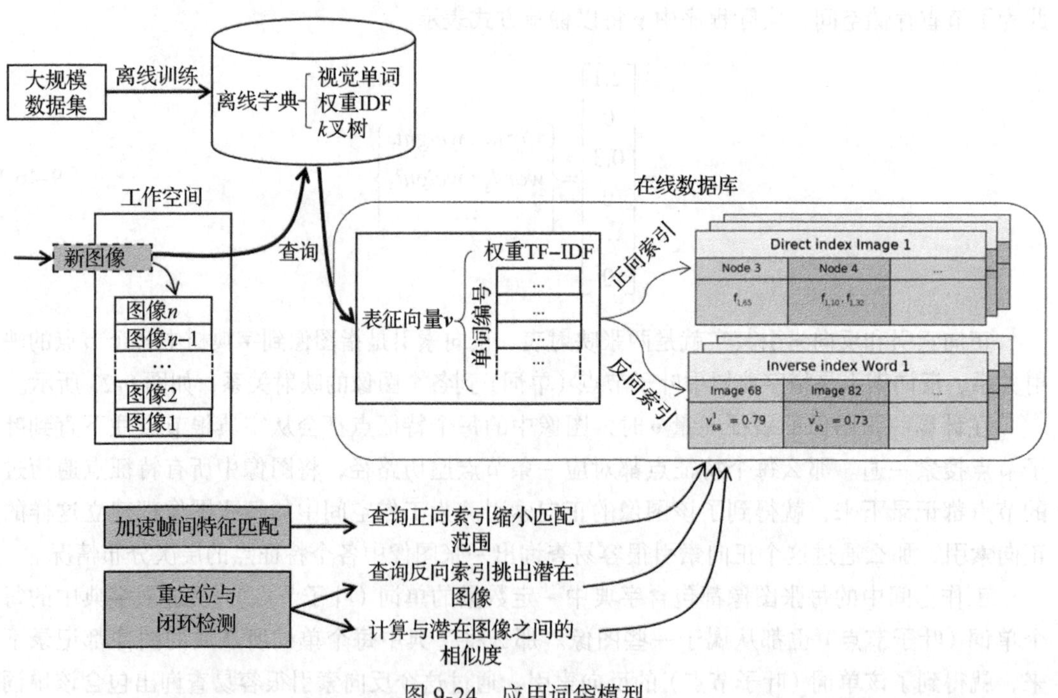

图 9-24　应用词袋模型

在 SLAM 中，经常需要计算两帧图像（A 和 B）之间的特征匹配。如果直接暴力匹配，那么搜索范围相当大。前面说过图像的正向索引描述了该图像中各个特征点的层次分布情况，那么就可以利用 A 图像和 B 图像的正向索引信息缩小匹配范围。如图 9-25 所示，假设字典树的层数 $d=4$ 和分支数 $k=2$，选取某个层（比如 $d=2$ 层），然后将图像 A 和 B 中包含在同一个节点内的特征点 $\{f_i^{\mathrm{A}}\}$ 和 $\{f_j^{\mathrm{B}}\}$ 进行匹配即可。正是由于包含在同一个节点内的特征点具有较高相似性，这就大大缩小了匹配范围。为了方便理解，考虑两种极端情况。如果选取字典树的顶层（$d=4$ 层），然后将图像 A 和 B 中包含在同一个节点内的特征点 $\{f_i^{\mathrm{A}}\}$ 和 $\{f_j^{\mathrm{B}}\}$ 进行匹配，由于顶层节点包含图像所有的特征点，因此这其实就属于暴力匹配的情况。而如果选取字典树的底层（$d=0$ 层），然后将图像 A 和 B 中包含在同一个节点内的特征点 $\{f_i^{\mathrm{A}}\}$ 和 $\{f_j^{\mathrm{B}}\}$ 进行匹配，由于底层节点包含特征点的范围太小了，因此没有被划入同一个节点内的真实匹配点对，导致无法匹配。一般选取中间层的节点来加速帧间匹配，这个技巧在 ORB-SLAM2 中大量使用，值得格外重视。

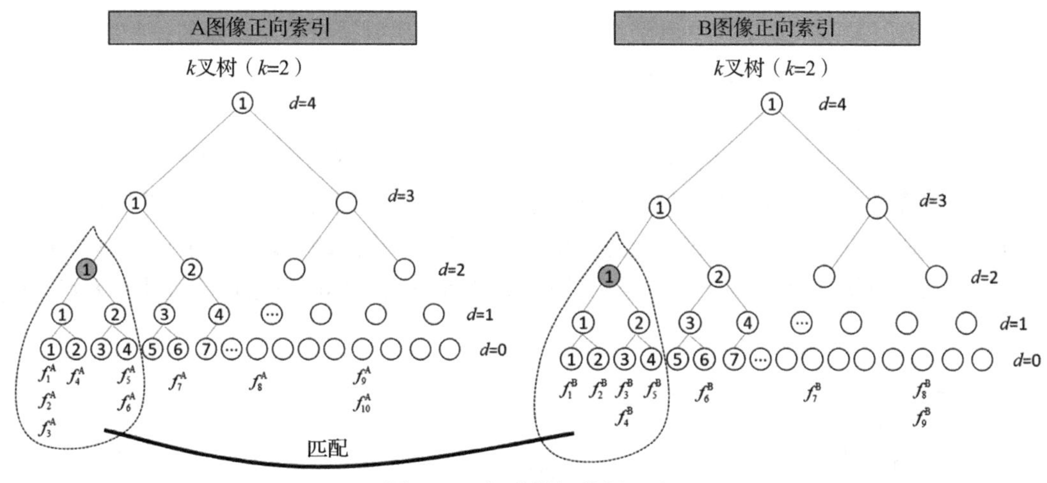

图 9-25 加速帧间特征匹配

而重定位和闭环检测，就是要找出当前图像与以往图像序列中的哪些图像很相似。最容易想到的办法就是直接将当前图像逐一与以往图像计算相似性，显然随着序列中累积图像越来越多，计算量将飞速上升。在词袋模型的帮助下，假设当前图像（img9）已经提取到了 2 个单词（word1、word6），而根据在线数据库中的反向索引知道包含 word1 的图像有 img1、img2、img3，包含 word6 的图像有 img6。因为只有包含同样单词的图像之间才具有相似性，所以计算相似性时那些没有单词交集的图像就不在搜索范围内。而与图像 img9 有单词交集的图像为 img1、img2、img3、img6，那么只需要分别计算 img9 与 img1、img2、img3、img6 之间的相似性，就能得出重定位或闭环检测的结果了，如图 9-26 所示。一般会设置一个相似度阈值，将阈值以上的图像挑选出来进行重定位或闭环检测的后续操作。这里两图像之间的相似度，用其表征向量 $v1$ 和 $v2$ 在向量空间的距离描述，即 L1 范数，如式（9-47）所示。

$$s(\boldsymbol{v}_1,\boldsymbol{v}_2)=1-\frac{1}{2}\left|\frac{\boldsymbol{v}_1}{|\boldsymbol{v}_1|}-\frac{\boldsymbol{v}_2}{|\boldsymbol{v}_2|}\right| \tag{9-47}$$

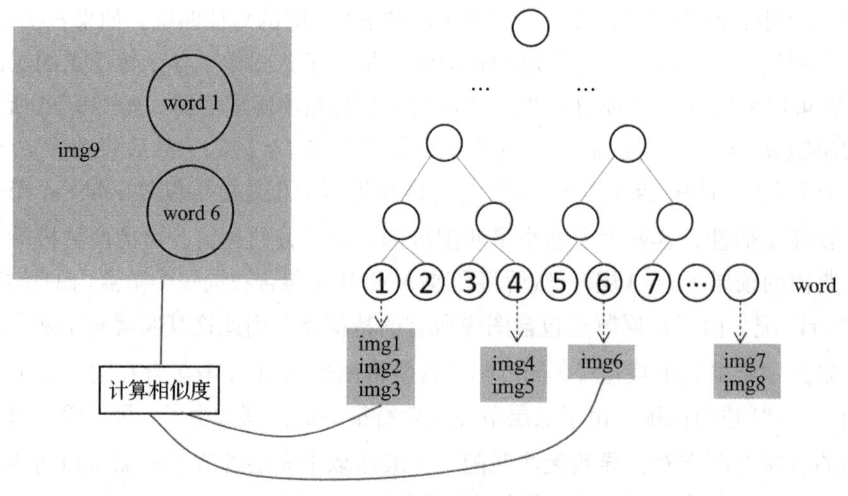

图 9-26 重定位和闭环检测

不难发现，词袋模型就是一种加快搜索的策略。利用数据库事先已知的一些结构信息，缩小在数据库中的搜索范围，从而提高效率。

（4）追踪线程

追踪线程从相机获取输入图像，并输出每帧图像的相机位姿信息用于定位，同时从众多的输入图像挑选一些有代表性的关键帧给接下来的局部建图线程，如图 9-27 所示。在单目情形下，追踪线程需要先完成地图初始化，在已有地图云点的基础上才能执行追踪任务。由于上面已经介绍过地图初始化的实现过程了，因此下面就具体讨论在已有地图云点上的追踪过程。

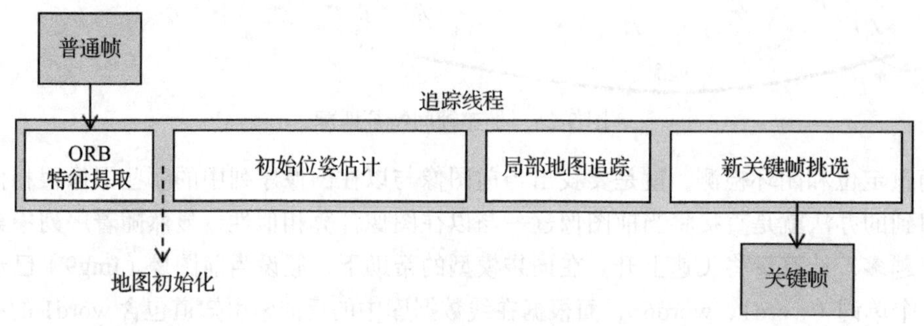

图 9-27 追踪线程

1）特征提取。

每个从相机输入到追踪线程的图像都要先提取 ORB 特征，特征提取步骤包括：构建图像金字塔、提取 FAST 角点、计算特征描述子等。具体细节不再赘述，请阅读 3.4.3 节相关内容。这里主要说一下特殊处理之处，为了让特征点在图像中分布尽量均匀，这里的提取过程加入了一个额外要求，就是将图像划分成网格，每个网格内必须要提取出一定数量的角点。

2）初始位姿估计。

追踪的目的就是为了实时确定相机在世界坐标系中的位姿，也就是定位。而定位常常分为粗定位和精定位，粗定位可以快速获得一个不太精确的初始位姿估计，精定位在初始位姿估计的基础上通过复杂运算得到更精确的位姿估计。这里的初始位姿估计就属于粗定位，而下面要讲的局部地图追踪就可以理解为精定位。

如果上一帧输入的图像 F_{k-1} 被追踪成功了，那么假设相机以 F_{k-1} 时刻的速度匀速运动，得到了当前帧图像 F_k。其实就是匀速模型，利用 F_{k-1} 时刻的角速度和线速度乘以时间间隔，就可以预测出 F_{k-1} 到 F_k 的相机位姿转移量 $\boldsymbol{T}$。接着就可以将图像 F_{k-1} 中观测到的地图云点通过位姿转移量 $\boldsymbol{T}$ 变换到图像 F_k 坐标系，然后利用地图云点投影到当前图像 F_k 的关系，最小化重投影误差来进一步解算位姿转移量 $\boldsymbol{T}$ 的更确切取值，这就是上面多视图几何中讨论的 3D-2D 模型了，我们可以采用 PnP 问题的各种算法进行求解。

如果相机运动太快或者相机运动过程中有抖动等因素，导致上面用匀速模型计算出的位姿转移量 $\boldsymbol{T}$ 不正确，即采用匀速模型追踪失败了。这时就要扩大追踪的搜索范围，即局部地图上的一系列关键帧。利用词袋模型，首先将当前帧图像 F_k 转换成表征向量，然后利用表征向量将当前帧图像 F_k 与局部地图中的一系列关键帧图像进行快速匹配，局部地图中与当前帧匹配度最高的帧被称为参考关键帧。如果参考关键帧与当前帧的匹配较好（匹配点对数不小于 15），就可以利用待求量 $\boldsymbol{T}$ 将参考帧中观测到的地图云点变换到图像 F_k 坐标系，然后利用地图云点投影到当前图像 F_k 的关系，最小化重投影误差来求位姿转移量 $\boldsymbol{T}$，这就是 3D-2D 模型了，可以采用 PnP 问题的各种算法进行求解。在求出当前帧图像 F_k 的位姿后，还要在该位姿上能观测到足够多的地图云点（不小于 10），那么跟踪才算成功。

如果参考关键帧与当前帧的匹配并不好，或者求出的位姿上观测不到足够的地图云点，那么参考关键帧追踪也就失败了。这时就要进行重定位。首先利用词袋模型将当前帧图像 F_k 转换成表征向量，然后到全局关键帧的在线数据库中检索出相似度较高的一些关键帧（即候选关键帧）。将当前帧与候选关键帧中的每个帧进行匹配，挑出匹配较好（匹配点对数不小于 15）的帧用于接下来的 PnP 的 RANSAC 迭代。所谓 PnP（这里具体用的是 P4P）的 RANSAC 迭代，就是将每一个从候选关键帧挑出来的匹配较好的帧所能观测到的地图云点准备好，然后用 RANSAC 迭代从所准备好的地图云点中取出 4 个在同一帧上的云点，利用 P4P 求出对应的位姿转移量 $\boldsymbol{T}$，接着利用 $\boldsymbol{T}$ 将该帧上的地图云点变换到当前帧图像 F_k 坐标系，利用最小化重投影误差优化 $\boldsymbol{T}$。每次 RANSAC 迭代后，都要判断在求出的当前帧图像 F_k 位姿上能否观测到足够多的地图云点，如果能观测到足够多的地图云点（不小于 50），立刻结束 RANSAC 迭代，说明重定位成功。如果经过所有的 RANSAC 迭代后，重定位仍然不成功，就说明这时追踪处于彻底丢失（LOST）状态，只能将整个 SLAM 系统重启了。

最后总结一下，初始位姿估计中涉及的 3 个计算模型，其实就是不断扩大追踪搜索范围，如图 9-28 所示。而每个计算模型的追踪实现都基本一样，先让当前帧与追踪帧匹配，接着构建多视图几何中的 3D-2D 模型，用 PnP 算法求解，对解出来的 $\boldsymbol{T}$ 进一步优化，最后判断追踪成功与否。

3）局部地图追踪。

在上面的初始位姿估计中，不管是采用匀速模型追踪上一帧图像，在局部地图上追踪参考关键帧，还是在全局地图上重定位，本质上都是利用当前帧与追踪帧之间的共视地图云点来求相机位姿。显然两帧图像之间的共视点是很有限的，即当前帧中提取出的很多特征点并没有用于构建共视关系。

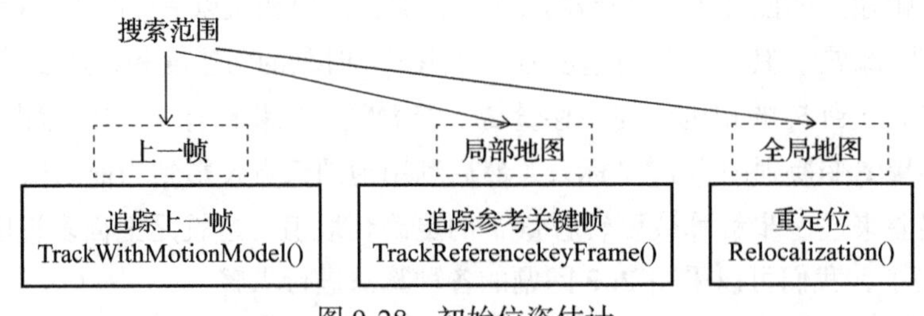

图 9-28　初始位姿估计

局部地图追踪，就是在初始位姿估计完成的基础上，利用当前帧与局部地图上的多个关键帧建立共视关系，并利用所有这些共视地图云点与当前帧的投影关系，对相机的位姿进行更精确求解。当然要根据一些严苛的条件先将共视地图云点中的一些外点去除，然后构建多视图几何中的 3D-2D 模型，最小化重投影误差对 $\boldsymbol{T}$ 进行优化求解。

4）新关键帧挑选。

追踪线程的最后一步就是新关键帧的挑选，目的是按照一定的条件尽可能快速地从普通帧中挑选出有代表性的帧。所谓有代表性，就是该帧与上一个挑选帧有足够的时间间隔、帧中要能观测到足够多的地图云点等，具体挑选条件可以结合实际代码来理解。所谓快速挑选，就是这里选出的关键帧只是初步的备选，在局部建图线程中还要经过严苛的条件判断是否将其纳入地图之中。

（5）局部建图线程

由于追踪线程挑选关键帧的速度较快，因此被挑选出来的新关键帧存放在缓冲区内。局部建图线程不断从该缓冲区取出关键帧进行处理，更新当下的局部地图，并将每一个处理过的当前关键帧输出给闭环检测线程，如图 9-29 所示。

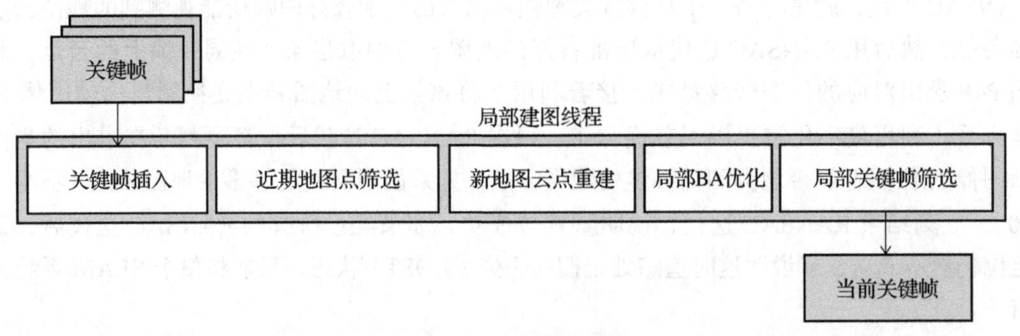

图 9-29　局部建图线程

局部建图线程主要包括关键帧插入、近期地图点筛选、新地图云点重建、局部 BA 优化和局部关键帧筛选，下面具体讨论。

1）关键帧插入。

每个从缓冲区取出来的关键帧，首先需要在词袋模型中计算表征向量，其实就是将该关键帧更新到词袋模型的在线数据库，以便后续计算之用。然后将地图中那些有共视关系但没有与该帧建立映射的云点建立关联，这些新建立关联的云点被称为近期地图点。接着计算该关键帧与地图中的已有关键帧的共视连接权重，其实就是新建连接边，以将该关键帧添加到共视关系图。最后将该关键帧添加到地图结构之中，这个关键帧插入就完成了。

2）近期地图点筛选。

在关键帧的插入过程中，保留了一些近期地图点，必须将其中一些质量差的云点剔除，比如被同时观测的关键帧数少、上一个能观测到的关键帧距离当前帧太久远等)，这是维护地图点鲁棒性的重要机制。

3）新地图云点重建。

对于每一个新插入的关键帧，借助共视关系图与邻近的关键帧进行匹配，将该新关键帧中还未映射到地图云点的特征点进行三角化重建，以生成新地图云点。这个过程其实就是多视图几何中的 2D-2D 模型，不再赘述。重建出的新地图点，如果检验合格就被添加到地图结构，同时被保留为近期地图点。因为缓冲区中关键帧的插入操作需要进行多次循环，这个过程在逻辑上实际是相互包含和穿插的，所以近期地图点其实是一个笼统的概念，必须结合实际的代码才能理解清楚。

4）局部 BA 优化。

等缓冲区的关键帧都被取出来并处理后，就可以将当前帧局部的几个关键帧以及地图云点放入局部 BA 中优化。我们把各个关键帧和地图云点看成节点，已知其初始位姿；而关键帧与关键帧之间的约束边由共视关系给出，关键帧与地图云点之间的约束由投影关系给出。

5）局部关键帧筛选。

当局部 BA 优化完成后，需要对局部地图中的关键帧进行一次筛选，将那些冗余的关键帧剔除，以保证地图中关键帧的鲁棒性。

值得注意的是，上面的 5 个步骤并不是简单地顺序执行，因为缓冲区中有多个关键帧需要处理，所以这 5 个步骤实际上是以循环和条件判断混合的方式出现的，结合实际的代码会更容易理解。

（6）闭环线程

在局部建图线程中处理后的每个当前关键帧，都要送入闭环线程，一旦回环检测通过，就对全局地图进行回环修正，如图 9-30 所示。闭环线程主要包括候选回环、计算相似变换、回环融合和位姿图优化，下面具体讨论。

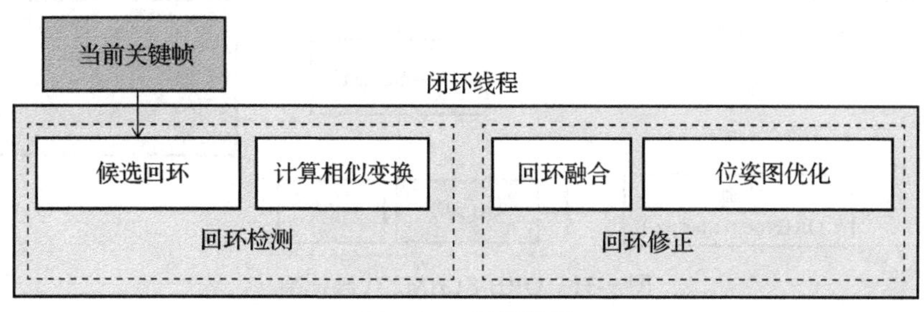

图 9-30　闭环线程

1）候选回环。利用词袋模型，将数据库中与当前关键帧相似度较高的帧挑选出来，这些帧就是候选回环帧。具体细节比较烦琐，可结合代码理解。

2）计算相似变换。计算当前关键帧与每个候选回环帧之间的变换关系，因为单目 SLAM 存在尺度漂移问题，所以当前关键帧与候选回环帧之间的变换除了包含旋转平移 $[\boldsymbol{R}|\boldsymbol{t}]$ 外，还包含一个尺度因子 s。也就是说，与计算相邻两帧间的变换 $\boldsymbol{T}$ 不同，这里计算的是相似变换 $[s\boldsymbol{R}|\boldsymbol{t}]$，具体计算方法与多视图几何的 3D-3D 模型类似。如果有足够多的数据能计算出相似变换 $[s\boldsymbol{R}|\boldsymbol{t}]$，并且该变换能保证当前关键帧与候选回环帧之间有足够多的共视点，则接纳这个候选回环帧，回环检测成功。

3）回环融合。当前关键帧与被接纳的候选回环帧之间的相似变换量描述了累积误差的大小，可以利用该变换量修正当前关键帧及其邻近关联帧的累积误差，并将那些因累积误差而不一致的地图点融合到一起。

4）位姿图优化。虽然回环融合可以修正当前关键帧及其邻近关联帧的累积误差，但是地图中那些与当前关键帧无共视关系的帧还没有得到修正，因此需要用全局优化来修正。考虑计算效率的问题，这里的全局优化只将全局地图上的关键帧位姿量当成优化变量，而地图点并不是优化变量，这种优化也称为位姿图优化。

9.1.2 源码解读

下面就来解读 ORB-SLAM2 的源码[㊀]，其代码框架如图 9-31 所示。代码原作者提供了多个例程来启动程序，每个例程都含有一个 main() 函数。算法的追踪、局部建图和闭环 3 个线程，还有一些重要的类都被封装在 ORB-SLAM2 核心库，这是我们将要学习的重点。ORB-SLAM2 核心库所依赖的第三方库分为两种：一种是 C++11 或 C++0x Compiler、Pangolin、OpenCV、Eigen、ROS 这些直接装在操作系统之上的第三方库；另一种是 DBoW2 和 g2o 这种代码直接内嵌在 ORB-SLAM2 核心库中的第三方库。

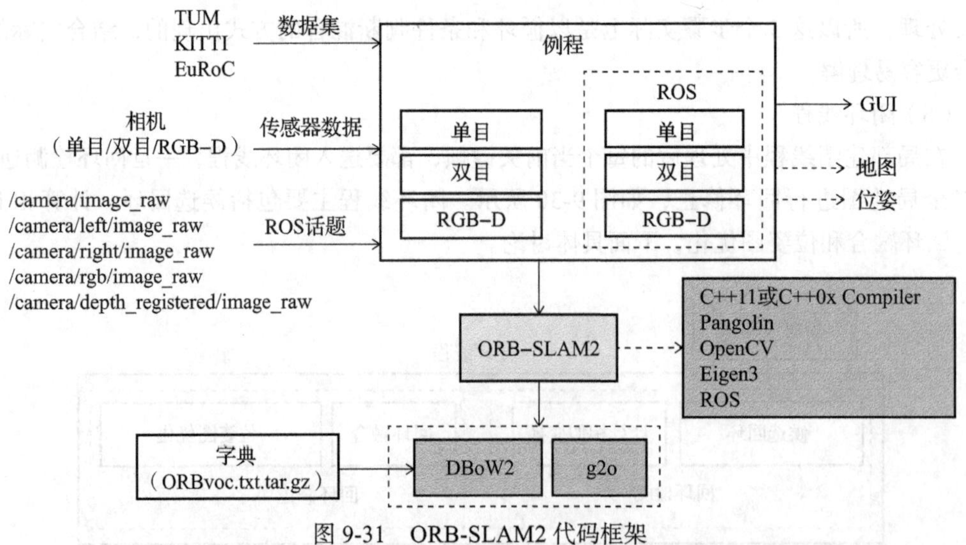

图 9-31 ORB-SLAM2 代码框架

ORB_SLAM2/Examples 文件夹中提供了多个 main() 函数实现源文件，这些源文件可

㊀ 参见 https://github.com/raulmur/ORB_SLAM2。

以从 3 个方面来分类。从是否支持 ROS 接口方面，可以分为非 ROS 例程和 ROS 例程；从传感器类型方面，可以分为单目、双目和 RGB-D 例程；从数据输入方式方面，可以分为从数据集获取数据、从传感器直接获取数据和从 ROS 话题获取数据。这 3 个方面通过排列组合，就可以组合出很多例程，本质上讲这些例程的区别仅在于数据输入方式不同，而最终都通过调用 ORB-SLAM2 核心库中的 System 类来启动。

ORB_SLAM2/include 和 ORB_SLAM2/src 文件夹中存放 ORB-SLAM2 核心库的具体实现源码，如表 9-3 所示。

表 9-3　ORB-SLAM2 核心库文件

用途		源文件	
算法顶层接口	System 类	System.cc	System.h
地图数据结构	Map 类 MapPoint 类 Frame 类 KeyFrame 类	Map.cc MapPoint.cc Frame.cc KeyFrame.cc	Map.h MapPoint.h Frame.h KeyFrame.h
图形界面显示	MapDrawer 类 FrameDrawer 类 Viewer 类	MapDrawer.cc FrameDrawer.cc Viewer.cc	MapDrawer.h FrameDrawer.h Viewer.h
地图初始化	Initializer 类	Initializer.cc	Initializer.h
词袋模型接口	KeyFrameDatabase 类	KeyFrameDatabase.cc	KeyFrameDatabase.h ORBVocabulary.h
ORB 特征处理	ORBextractor 类 ORBmatcher 类	ORBextractor.cc ORBmatcher.cc	ORBextractor.h ORBmatcher.h
PnP 求解器	PnPsolver 类	PnPsolver.cc	PnPsolver.h
Sim3 求解器	Sim3Solver 类	Sim3Solver.cc	Sim3Solver.h
优化	Optimizer 类	Optimizer.cc	Optimizer.h
数据格式转换	Converter 类	Converter.cc	Converter.h
3 个主线程	Tracking 类 LocalMapping 类 LoopClosing 类	Tracking.cc LocalMapping.cc LoopClosing.cc	Tracking.h LocalMapping.h LoopClosing.h

由于代码层次非常清晰，下面就按照代码自顶向下调用的流程，对涉及的各个类展开具体分析。

1. System 类

要知道 System 类是整个 ORB-SLAM2 核心库的顶层接口，Examples 文件夹中所有例程的 main() 函数都会创建一个 System 类的对象。然后 System 类调用其构造函数，完成载入设置参数文件、载入 ORB 字典文件、创建词袋数据库、创建地图数据结构、创建地图显示对象、创建 3 个主线程、创建界面显示线程和设置线程间指针。最后 System 系统主线程在图像输入数据的驱动下运行，按照传感器数据的类型分为具体 3 种情形（即单目、双目、RGB-D），不管哪种情形最终都会调用 Tracking 类的成员函数 Track()，如图 9-32 所示。

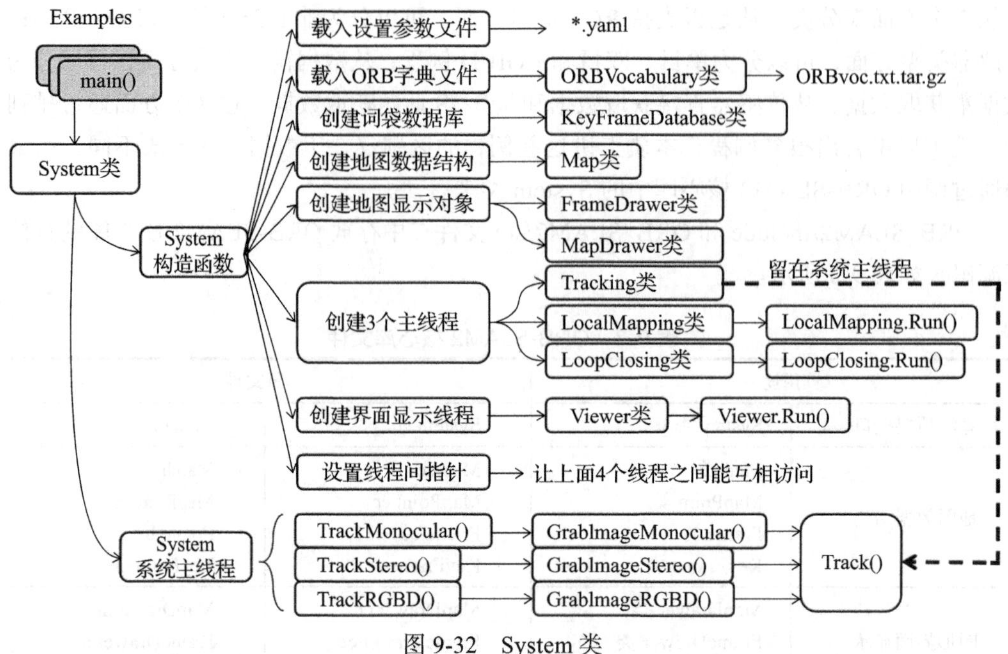

图 9-32　System 类

由于篇幅限制，下面就摘录 System 类的构造函数代码进行解读，为了便于阅读，摘录出的代码保持原有的行号不变，如代码清单 9-1 所示。

代码清单 9-1　System 类的构造函数

```
System::System(const string &strVocFile, const string &strSettingsFile,
  const eSensor sensor,
            const bool bUseViewer):mSensor(sensor), mpViewer(static_
              cast<Viewer*>(NULL)), mbReset(false),mbActivateLocalizat
              ionMode(false),
      mbDeactivateLocalizationMode(false)
{
  // 输出欢迎信息
  cout << endl <<
  "ORB-SLAM2 Copyright (C) 2014-2016 Raul Mur-Artal, University of Zaragoza."
    << endl <<
  "This program comes with ABSOLUTELY NO WARRANTY;" << endl  <<
  "This is free software, and you are welcome to redistribute it" << endl <<
  "under certain conditions. See LICENSE.txt." << endl << endl;

  cout << "Input sensor was set to: ";

  if(mSensor==MONOCULAR)
    cout << "Monocular" << endl;
  else if(mSensor==STEREO)
    cout << "Stereo" << endl;
  else if(mSensor==RGBD)
    cout << "RGB-D" << endl;

  // 检查配置文件
```

```
cv::FileStorage fsSettings(strSettingsFile.c_str(), cv::FileStorage::READ);
if(!fsSettings.isOpened())
{
 cerr << "Failed to open settings file at: " << strSettingsFile << endl;
 exit(-1);
}


//载入ORB词袋模型
cout << endl << "Loading ORB Vocabulary. This could take a while..." << endl;

mpVocabulary = new ORBVocabulary();
bool bVocLoad = mpVocabulary->loadFromTextFile(strVocFile);
if(!bVocLoad)
{
  cerr << "Wrong path to vocabulary. " << endl;
  cerr << "Falied to open at: " << strVocFile << endl;
  exit(-1);
}
cout << "Vocabulary loaded!" << endl << endl;

//创建关键帧数据库
mpKeyFrameDatabase = new KeyFrameDatabase(*mpVocabulary);

//创建地图
mpMap = new Map();

//创建绘图器用于视窗显示
mpFrameDrawer = new FrameDrawer(mpMap);
mpMapDrawer = new MapDrawer(mpMap, strSettingsFile);

//初始化追踪线程
//追踪线程为常驻的主线程
mpTracker = new Tracking(this, mpVocabulary, mpFrameDrawer, mpMapDrawer,
                         mpMap, mpKeyFrameDatabase, strSettingsFile,mSensor);

//初始化局部建图线程，并启动该线程
mpLocalMapper = new LocalMapping(mpMap, mSensor==MONOCULAR);
mptLocalMapping = new thread(&ORB_SLAM2::LocalMapping::Run,mpLocalMapper);

//初始化闭环线程，并启动该线程
mpLoopCloser = new LoopClosing(mpMap, mpKeyFrameDatabase, mpVocabulary,
  mSensor!=MONOCULAR);
mptLoopClosing = new thread(&ORB_SLAM2::LoopClosing::Run, mpLoopCloser);

//初始化视窗显示线程，并启动该线程
if(bUseViewer)
{
  mpViewer = new Viewer(this, mpFrameDrawer,mpMapDrawer,mpTracker,str
    SettingsFile);
  mptViewer = new thread(&Viewer::Run, mpViewer);
  mpTracker->SetViewer(mpViewer);
```

```
103    }
104
105    //在各线程间设置访问指针
106    mpTracker->SetLocalMapper(mpLocalMapper);
107    mpTracker->SetLoopClosing(mpLoopCloser);
108
109    mpLocalMapper->SetTracker(mpTracker);
110    mpLocalMapper->SetLoopCloser(mpLoopCloser);
111
112    mpLoopCloser->SetTracker(mpTracker);
113    mpLoopCloser->SetLocalMapper(mpLocalMapper);
114 }
```

第 36 ～ 50 行，仅仅输出一些欢迎信息，没有实质性的代码。一个欢迎信息是代码版权声明；另一个欢迎信息是程序所使用的传感器的类型。

第 52 ～ 58 行，利用 OpenCV 中的 FileStorage 方法从文件（*.yaml）中读入设置参数，这里的设置参数分为相机参数、ORB 参数和显示参数 3 类。相机参数包括相机标定内参（当然单目、双目和 RGB-D 会有所不同）、畸变校正参数、帧率、颜色编码方式等；ORB 参数包括每张图像上提取 ORB 特征的数量上限、图像金字塔间的尺度因子、阈值等；显示参数主要是在图形界面显示建图效果时的一些外观尺寸参数。关于这些设置参数，可以结合 Examples 文件夹中的具体 *.yaml 文件内容来理解。

第 61 ～ 72 行，创建一个 ORBVocabulary 类的对象，然后利用该对象的 loadFromTextFile 方法从文件（ORBvoc.txt.tar.gz）中载入词袋模型的离线字典。

第 74 ～ 75 行，创建一个 KeyFrameDatabase 类的对象，后续调用该对象为系统工作空间的各个关键帧图像建立词袋模型上的在线数据库。

第 77 ～ 78 行，创建一个 Map 类的对象，这个对象用于后续存放整个系统的地图数据结构。该地图数据结构中可以增加或删除关键帧，也可以增加或删除地图点。

第 80 ～ 82 行，先后创建一个 FrameDrawer 类的对象和一个 MapDrawer 的对象。这两个都是用来将地图效果呈现到显示界面的方法，在后面图形界面 Viewer 类中会被调用。

第 84 ～ 95 行，分别为 Tracking 类、LocalMapping 类和 LoopClosing 类各创建一个对象，其实这就是追踪、局部建图和闭环 3 大主线程的实现主体。Tracking 类的调用在后续系统主线程会出现，而 LocalMapping 类和 LoopClosing 类通过各自的 Run() 方法直接被启动为后台线程。

第 97 ～ 103 行，系统中除了 3 大主线程外，还有第 4 个图形界面线程用于交互。这里创建一个 Viewer 类的对象，然后通过其 Run() 方法直接被启动为后台线程。

第 105 ～ 113 行，为了方便上面的 4 个线程间互相交换数据，这里为各个线程设置了一个访问指针。通过这个指针的指向，可以让一个线程访问另一个线程中的数据。

当 System 类的构造函数执行完成后，外部每输入一帧图像数据，System 类中的数据处理逻辑都会被调用一次。按照图像数据的类型，这里的数据处理逻辑分别由 TrackMonocular()、TrackStereo() 和 TrackRGBD() 这 3 个函数来实现。不管这 3 个函数哪个被调用，最终都会调用 Tracking 类的成员函数 Track() 来执行追踪线程中的逻辑。到这里，整个算法在顶层的运行逻辑就讲清楚了，下面对具体调用的其他类再进行一些分析。

2. Map、MapPoint、Frame 和 KeyFrame 类

地图数据结构涉及的 4 个类：Map、MapPoint、Frame 和 KeyFrame，它们之间的关系是错综复杂的，各个类之间既互相调用又互相包含，这里仅从逻辑运行的角度分析其中的关系，如图 9-33 所示。

每个从传感器输入的图像都会建立一个对应的 Frame，经过追踪线程中的特征提取、特征匹配、三角化重建等处理，每个 Frame 都包含许多个 MapPoint。通过关键帧筛选机制，将符合要求的一些 Frame 筛选出来成为 KeyFrame，同时原 Frame 包含的 MapPoint 也要经过严苛地筛选后，成为 KeyFrame 中的 MapPoint。而 KeyFrame 中的 MapPoint 经过进一步的筛选后成为 Map 中的 MapPoint，这些 MapPoint 和 KeyFrame 共同构成了整个 Map。这 4 个类的代码比较分散，并且主要在别的类中被调用，所以就不再分析代码细节了。

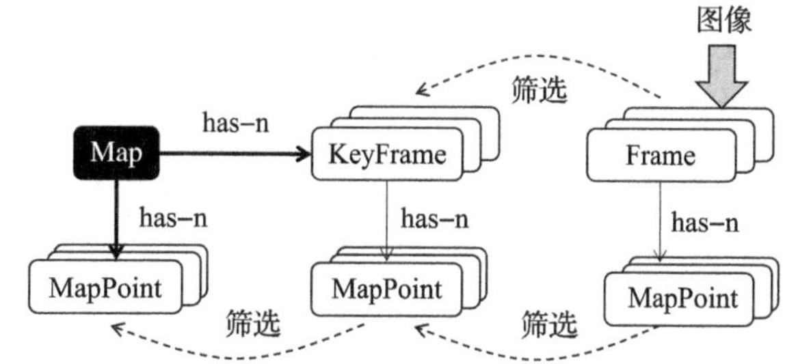

图 9-33　Map、MapPoint、Frame 和 KeyFrame 类

3. Initializer 类

因为双目或 RGB-D 的地图初始化就简单多了，所以没有封装成专门的类。而单目 SLAM 的地图初始化比较复杂，所以被封装成了一个专门的 Initializer 类。如图 9-34 所示，单目地图初始化过程通过 Initializer 类的成员函数 Initialize() 实现。在图 9-21 中已经介绍过，匹配好的两帧图像，被分别送到单应矩阵 $\boldsymbol{H}$ 模型和基础矩阵 $\boldsymbol{F}$ 模型中，这两个模型就对应这里的 FindHomography() 和 FindFundamental() 两个函数。这两个模型都会计算出相应的矩阵，并给计算结果打分，选择打分高的模型继续执行。如果选择单应矩阵 $\boldsymbol{H}$ 模型，那么就调用 ReconstructH() 函数，对矩阵 $\boldsymbol{H}$ 进行分解，求出 $\boldsymbol{R}$ 和 $\boldsymbol{t}$，在 $\boldsymbol{R}$ 和 $\boldsymbol{t}$ 可靠的条件下执行三角化重建。同理，如果选择基础矩阵 $\boldsymbol{F}$ 模型，那么就调用 ReconstructF() 函数，这里先利用相机内参 $\boldsymbol{K}$ 从矩阵 $\boldsymbol{F}$ 中解出矩阵 $\boldsymbol{E}$，再对矩阵 $\boldsymbol{E}$ 进行分解，求出 $\boldsymbol{R}$ 和 $\boldsymbol{t}$，在 $\boldsymbol{R}$ 和 $\boldsymbol{t}$ 可靠的条件下执行三角化重建。

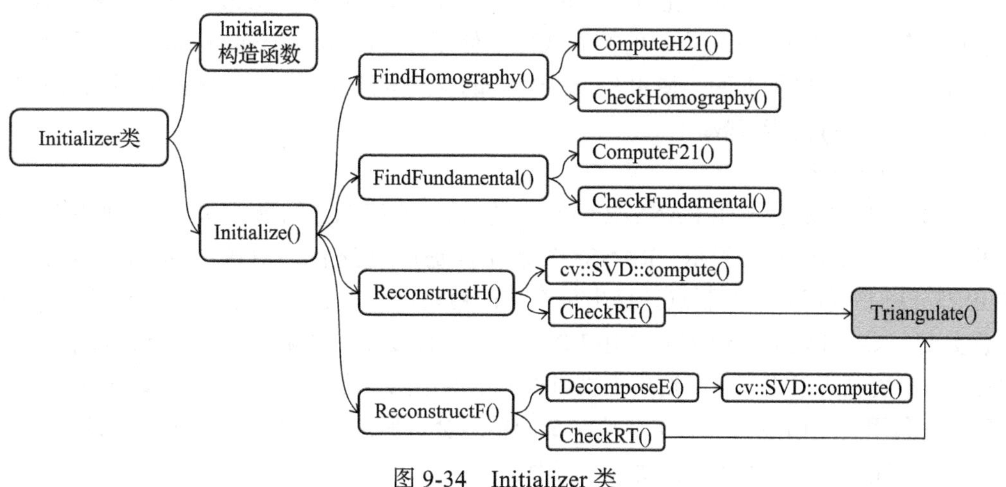

图 9-34　Initializer 类

4. KeyFrameDatabase 类

词袋模型包括离线字典、在线数据库和应用 3 部分，这里的 KeyFrameDatabase 类就是实现在线数据库的。如图 9-35 所示，由 KeyFrameDatabase 构造函数从外界载入离线字典，通过成员函数 add()、erase() 和 clear() 更新各个关键帧在数据库中的数据，通过调用成员函数 DetectRelocalizationCandidates() 和 DetectLoopCandidates() 将数据库应用于重定位和闭环检测。

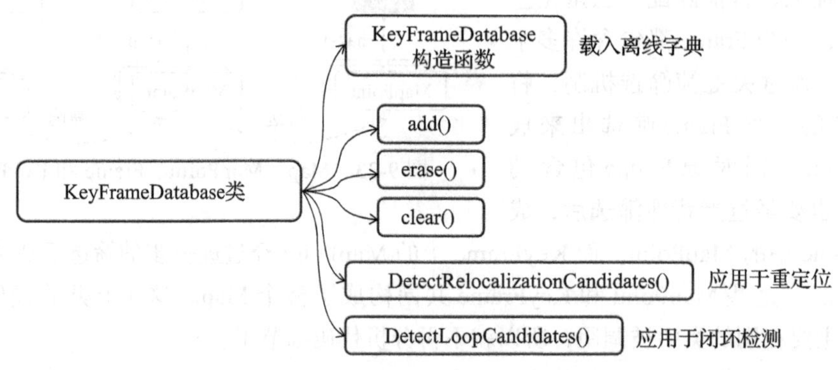

图 9-35　KeyFrameDatabase 类

5. ORBextractor 类和 ORBmatcher 类

顾名思义，ORBextractor 和 ORBmatcher 类分别对应于 ORB 特征提取与 ORB 特征匹配。其实在 OpenCV 中有关于 ORB 特征提取和匹配的实现，只不过这里 ORB-SLAM 的作者为了满足 SLAM 应用中的实际需求，重写了 ORB 特征提取和 ORB 特征匹配的实现。如图 9-36 所示，ORB 特征提取的具体实现被封装在 ORBextractor 类的运算符重载函数中，在追踪线程中为每帧输入图像创建相应的 Frame 时会调用 ORBextractor() 来提取 ORB 特征；ORB 特征匹配的具体实现被封装在 ORBmatcher 的各个搜索函数中，不同匹配应用场景有专门的搜索函数。如果一个帧内的特征点与地图云点投影出的特征点匹配，使用 SearchByProjection() 搜索函数；如果想用词袋模型加帧间匹配，使用 SearchByBoW() 搜索函数；如果进行单目地图初始化时的帧间匹配，使用 SearchForInitialization() 搜索函数；如果进行三角化重建新地图云点时的帧间匹配，使用 SearchForTriangulation() 搜索函数；如果求相似变换时的帧间匹配，使用 SearchBySim3() 搜索函数；如果在融合帧间冗余地图云点时，使用 Fuse() 搜索函数。

6. PnPsolver 类

在 ORB-SLAM 中采用 RANSAC+EPnP 的方式求解 PnP 问题，具体实现被封装在 PnPsolver 类，如图 9-37 所示。RANSAC 部分就是反复迭代，由函数 iterate() 实现；而 EPnP 部分就是利用 4 个控制点计算出位姿 $\boldsymbol{T}$ 的粗略值（参见 9.1.1 节），由 compute_pose() 函数实现。RANSAC+EPnP 就是先用 EPnP 计算出位姿 $\boldsymbol{T}$ 的粗略值，由 compute_pose() 函数实现；接着基于求出来的 $\boldsymbol{T}$ 选出重投影误差小的地图云点为内点，由 CheckInliers() 函数实现；再利用这些内点重新求 $\boldsymbol{T}$，这时 $\boldsymbol{T}$ 的精度会有所提高，由 Refine() 函数实现；不断重复迭代上述过程，直到 $\boldsymbol{T}$ 的精度足够高为止。

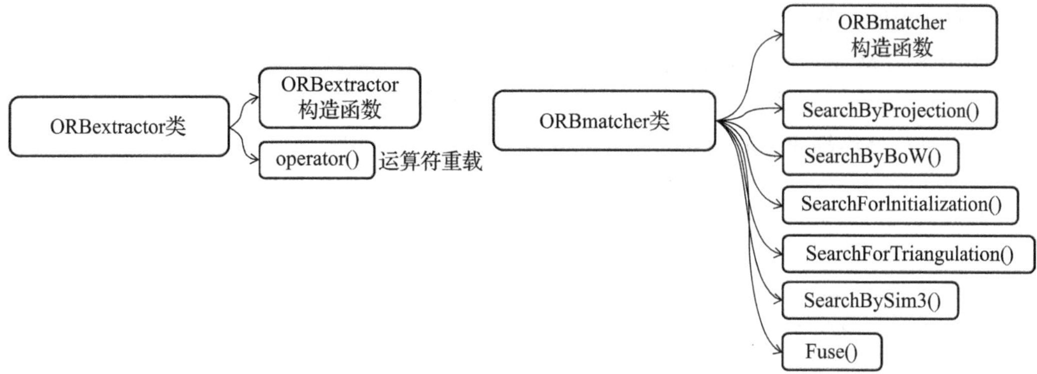

图 9-36　ORBextractor 类和 ORBmatcher 类

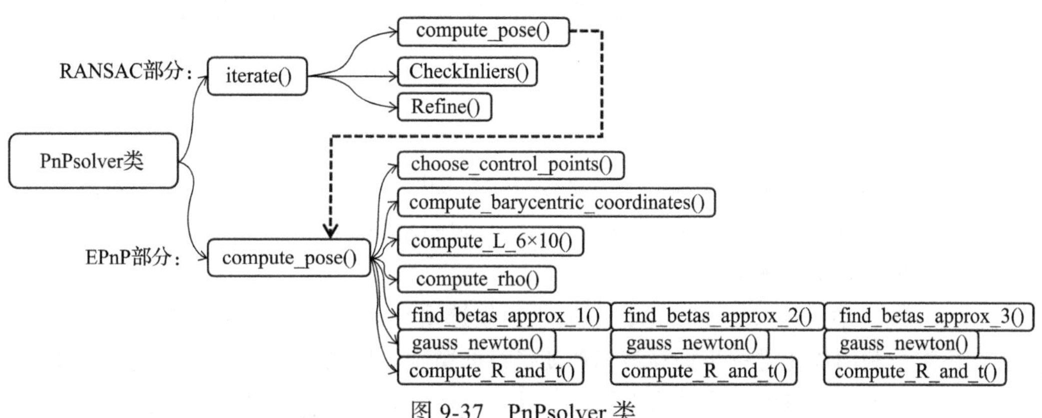

图 9-37　PnPsolver 类

7. Sim3Solver 类

在闭环线程中，当检测到回环候选帧后，要计算回环候选帧与当前关键帧之间的相似变换 *Sim*3，便于后续的回环融合。与上面 PnP 问题类似，求解 *Sim*3 的过程被封装在 Sim3Solver 类，如图 9-38 所示。RANSAC 部分就是反复迭代，由函数 iterate() 实现；而 *Sim*3 部分就是按照 Horn 在 1987 年的论文［30］中的方法依次计算旋转 $\boldsymbol{R}$、尺度 s 和平移 $\boldsymbol{t}$。

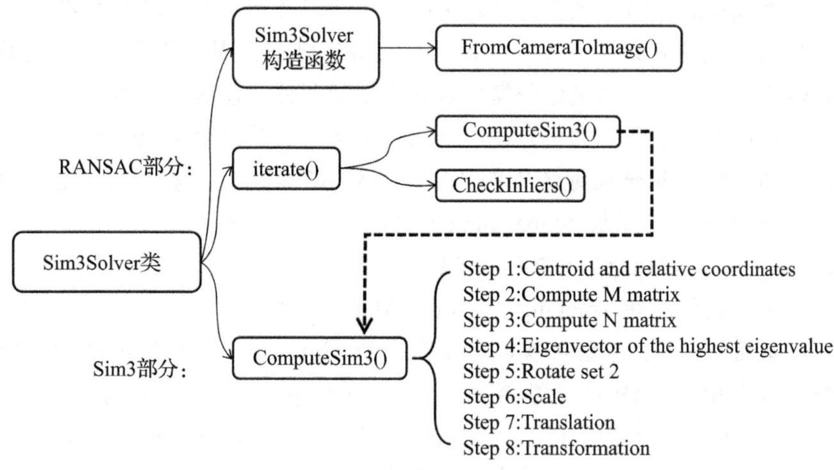

图 9-38　Sim3Solver 类

8. Optimizer 类

ORB-SLAM 是典型的基于优化方法的 SLAM 框架，其中所涉及的各种具体优化过程被封装在 Optimizer 类中，如图 9-39 所示。按照复杂程度由低到高的顺序分 4 种优化过程，每种优化过程最终都通过调用 g2o 来具体实现，下面展开讨论。

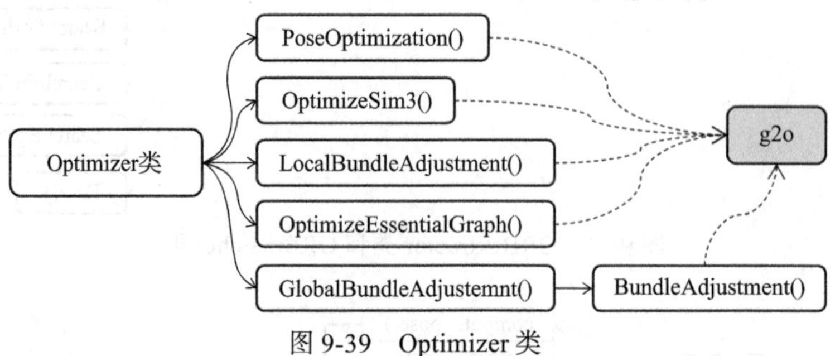

图 9-39　Optimizer 类

（1）当前帧位姿优化

在追踪线程中的初始位姿估计和局部地图追踪环节都涉及当前帧位姿优化问题。理论上，当前帧位姿和各个地图云点作为节点变量可以同时被优化，不过这里只需要求出当前帧位姿就行了，即 Optimizer 类的成员函数 PoseOptimization()。

（2）闭环帧间位姿优化

在闭环线程中，经过 Sim3Solver 粗略求出候选回环帧与当前关键帧的 *Sim*3 相似变换量后，还需要利用优化进一步提高该相似变换量的精度。理论上，*Sim*3 相似变换量和各个地图云点作为节点变量可以同时被优化，不过这里只需要求出 *Sim*3 相似变换量就行了，即 Optimizer 类的成员函数 OptimizeSim3()。

（3）局部 BA 优化

在局部建图线程中，需要将局部地图中的所有关键帧 *SE*3 位姿和地图云点 *SE*3 位姿同时进行一轮优化，即局部 BA 优化。可利用图优化工具 g2o 求解，即 Optimizer 类的成员函数 LocalBundleAdjustment()。

（4）全局 BA 优化

当闭环检测成功后，回环融合可以修正当前关键帧及其邻近关联帧的累积误差，但是地图中那些与当前关键帧无共视关系的帧还没有得到修正，因此需要用全局优化来修正。在 ORB-SLAM2 系统中，全局优化分简化版和完整版两种。在简化版中，只对各个关键帧 *SE*3 位姿进行优化（即位姿图优化），由 Optimizer 类的成员函数 OptimizeEssentialGraph() 实现。而在完整版中，对全局地图中的所有关键帧 *SE*3 位姿和地图云点 *SE*3 位姿进行优化，由 Optimizer 类的成员函数 GlobalBundleAdjustemnt() 实现。

9. Tracking、LocalMapping 和 LoopClosing 类

最后，就来介绍封装在 Tracking 类、LocalMapping 类和 LoopClosing 类之中的 3 个系统主线程的具体细节。首先来看实现追踪线程的 Tracking 类，如图 9-40 所示。Tracking 类的构造函数会载入相机和 ORB 设置参数；然后 Tracking 类的成员函数在外部图像数据输入的驱动下运行，比如输入为单目图像数据时，函数 GrabImageMonocular() 会被调用；接着输入图像经过 Frame() 提取特征后会被送入函数 Track()。在 Track() 中，首先判断系统是否已经完成地图初始化，并按情况选择初始化方法；接着判断系统处于哪种工作模式（Mapping 或 Localization），并逐步尝试初始位姿估计的 3 种方法 TrackWithMotionModel()、TrackReferenceKeyFrame() 和 Relocalization()；最后调用 TrackLocalMap() 进行局部地图追踪。

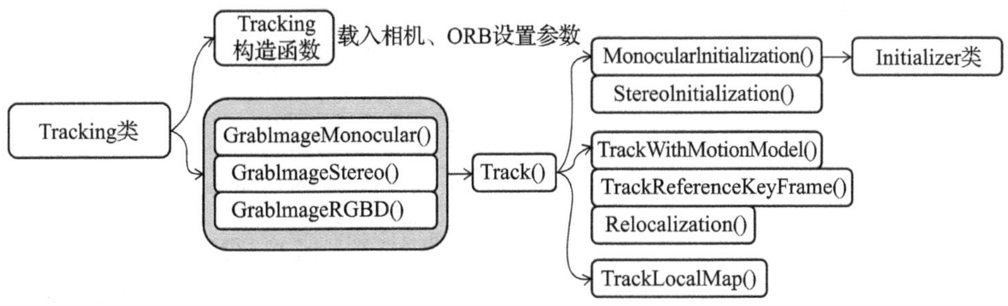

图 9-40　Tracking 类

接着来看实现局部建图线程的 LocalMapping 类，如图 9-41 所示。LocalMapping 类的 Run() 函数被放在后台线程中持续运行，每个新关键帧都会经过 ProcessNewKeyFram()、MapPointCulling() 和 CreateNewMapPoints() 函数依次进行关键帧插入、近期地图点筛选和新地图云点重建。当缓冲区中的所有新关键帧被处理完后，就可以进行局部 BA 优化和局部关键帧筛选。

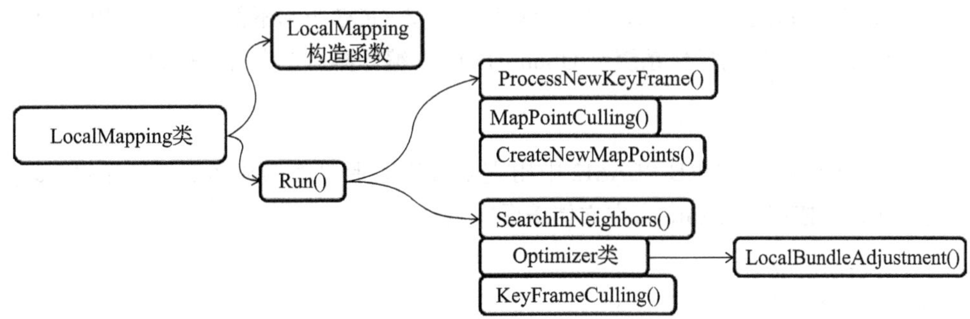

图 9-41　LocalMapping 类

最后来看实现闭环线程的 LoopClosing 类，如图 9-42 所示。LoopClosing 类的 Run() 函数被放在后台线程中持续运行，每个当前关键帧都会通过 DetectLoop() 函数进行回环检测，并调用 ComputeSime3() 函数计算候选回环帧与当前关键帧的相似变换。一旦候选回环帧被确认为回环，就调用 CorrectLoop() 函数进行回环修正。回环修正，其实就是先进行回环融合，然后进行全局优化。而全局优化又分成两个实现版本，即精简版全局 BA 优化和完全版全局 BA 优化。在 ORB-SLAM2 框架中，完全版全局 BA 优化被放在第 4 个线程中单独运行。

9.1.3　安装与运行

学习完 ORB-SLAM2 算法的原理及源码之后，大家肯定迫不及待想亲自安装运行一下 ORB-SLAM2，体验一下真实效果。下面所讨论的 ORB-SLAM2 安装、配置和运行的内容都参考自 ORB-SLAM2 官方文档[⊖]。由于 ORB-SLAM2 所提供的测试例程既包括 ROS 例程，

⊖ 参见 https://github.com/raulmur/ORB_SLAM2/blob/master/README.md。

也包括非 ROS 例程，因此没有安装 ROS 的读者也可以体验 ORB-SLAM2。

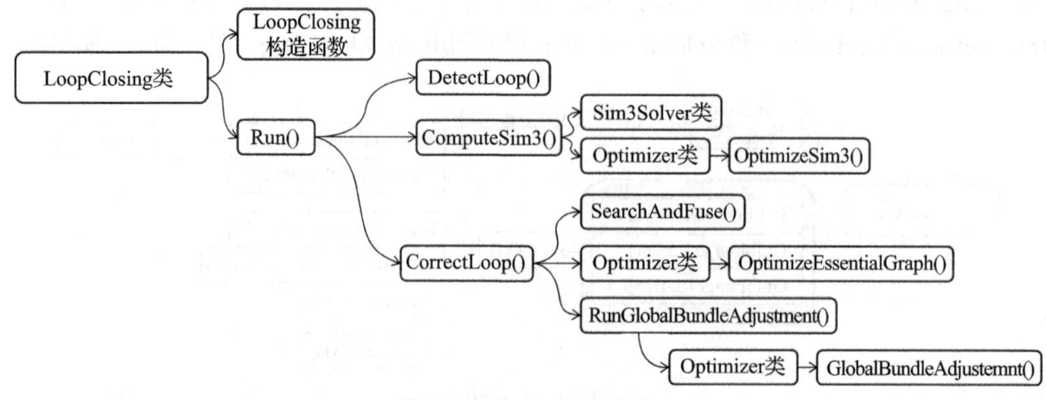

图 9-42　LoopClosing 类

1. ORB-SLAM2 安装

首先手动安装所需的各种依赖项，接着下载 ORB-SLAM2 源码到本地编译安装，并编译 ORB-SLAM2 源码中配套的测试例程，最后运行测试例就可以体验 ORB-SLAM2 的真实效果了。

（1）安装依赖项

用下面的命令确认 C++11 编译器是否可用，只要 GCC 版本不低于 4.8 就说明编译器是支持 C++11 的。这里用的操作系统是 Ubuntu18.04，编译器显然支持 C++11。

```
g++ -v
```

然后安装 Pangolin，ORB-SLAM2 中用它来实现图形界面的显示交互。下载 Pangolin 源码[⊖]到本地，并按照 Pangolin 官方文档编译安装。

```
# 安装 Pangolin 必需依赖
sudo apt install libgl1-mesa-dev
sudo apt install libglew-dev
sudo apt install cmake
# 下载 Pangolin 源码
git clone https://github.com/stevenlovegrove/Pangolin.git
# 编译安装
cd Pangolin
mkdir build
cd build
cmake ..
cmake --build .
```

接着安装 OpenCV（用于图像处理），ORB-SLAM2 对 OpenCV 的最低版本要求是 2.4.3，其中 OpenCV2.4.11 和 OpenCV3.2.0 已经被验证过是可行的。由于这里使用的 Ubuntu18.04 和 ROS melodic 环境，而 ROS melodic 已经自带了 OpenCV3.2.0，故无须再安装，可以用下面的命令查看当前系统中 OpenCV 的具体版本。如还没有安装 OpenCV，读者可以前往

⊖ 参见 https://github.com/stevenlovegrove/Pangolin。

OpenCV 官网[1]下载源码和编译安装。

```
pkg-config opencv --modversion
```

接下来就是安装 Eigen3，它是一个开源线性代数库，用于矩阵运算，比如后面即将用到的图优化工具 g2o 依赖 Eigen3，ORB-SLAM2 要求 Eigen[2]的版本不低于 3.1.0。由于 Eigen 是一个更新非常快的第三方库，Ubuntu18.04 中自带的 Eigen3.3.4 版本太新了，而 ORB_SLAM2 核心库中使用较旧的 Eigen，直接使用会导致编译 ORB_SLAM2 核心库报错，因此这里需要将自带的 Eigen3.3.4 替换成更旧的 Eigen3.2.10。

首先，需要移除系统自带的 Eigen3.3.4。Eigen 库只有头文件，其存放默认路径为 /usr/include/eigen3，可以直接删除这个文件夹或者改个别名，方便后面切换回系统自带的 Eigen3.3.4 版本，这里选择改别名的方式来移除。

```
# 改别名来移除系统自带的 Eigen3.3.4
sudo mv -f /usr/include/eigen3 /usr/include/eigen3.default.bak
```

接着，下载 Eigen 源码到本地，进行编译和安装，默认会将该库安装到路径 /usr/local/include/eigen3 之中。

```
# 下载 Eigen 源码
git clone https://gitlab.com/libeigen/eigen.git
# 切换代码分支
cd eigen
git checkout 3.2.10
# 编译安装
mkdir build
cd build
cmake ..
sudo make install
```

可以通过 ../eigen3/Eigen/src/Core/util/Macros.h 文件中的宏变量来查看当前的 Eigen 版本，这里查到的版本为 3.2.10，宏变量如下。

```
#define EIGEN_WORLD_VERSION 3
#define EIGEN_MAJOR_VERSION 2
#define EIGEN_MINOR_VERSION 10
```

在很多程序中是直接通过 #include <Eigen/xxx> 而不是 #include <eigen3/Eigen/xxx> 来引用的。也就是说需要将 ../eigen3/Eigen 复制到上一级目录，不然有些程序在引用时会报错。经过复制后，路径 /usr/local/include/ 下就有 eigen3 和 Eigen 两个文件夹了。

```
# 将 eigen3/Eigen 复制到上一级目录
sudo cp -rf /usr/local/include/eigen3/Eigen /usr/local/include/
```

因为有些程序引用 Eigen 时是到默认路径 /usr/include/ 目录去寻找，所以还需要把上面 /usr/local/include/ 中的 eigen3 和 Eigen 两个文件夹再复制到 /usr/include/ 之中。

---

[1] 参见 https://opencv.org/。

[2] 参见 http://eigen.tuxfamily.org/。

```
# 将 eigen3 和 Eigen 文件夹复制到 /usr/include/ 之中
sudo cp -rf /usr/local/include/eigen3 /usr/include/
sudo cp -rf /usr/local/include/Eigen /usr/include/
```

最后 DBoW2 和 g2o 依赖已经以源码的形式内嵌在 ORB_SLAM2/Thirdparty 文件夹之中了，随 ORB-SLAM2 源码一起编译安装。而 ROS 依赖事先也安装好了，如果还没有安装 ROS 的读者请参考第 1 章和第 5 章的相关内容。

（2）安装编译 ORB_SLAM2 核心库和配套例程

上面的依赖项装好后，就可以下载 ORB_SLAM2 源码⊖编译安装了，如果使用 git clone 方式下载比较慢，也可以直接去 GitHub 网站上下载 ORB_SLAM2.zip 压缩包，然后手动解压。

```
# 下载 ORB_SLAM2 源码
git clone https://github.com/raulmur/ORB_SLAM2.git ORB_SLAM2
```

因为 ORB_SLAM2 源码中提供了 build.sh 脚本专门用于编译 ORB-SLAM2 核心库和第三方库，所以编译就很简单了。

```
# 编译 ORB_SLAM2 源码
cd ORB_SLAM2
chmod +x build.sh
./build.sh
```

因为 ORB_SLAM2 的代码一直处于快速更新的状态，截至本书写作时，我发现下载的 ORB_SLAM2 源码中存在 usleep() 函数未声明错误，所以要在 ORB_SLAM2 源码中所有使用了 usleep() 函数的源文件中添加 #include <unistd.h> 头文件引用。另外编译时可能会因电脑内存不足而出现 internal compiler error:killed(program cc1plus) 这样的报错，可以用 5.2.3 节中讲过的方法扩展 SWAP 空间来解决。

运行 build.sh 脚本就能完成 ORB_SLAM2 核心库和配套例程的编译，而配套例程中的 ROS 例程则需要用单独的 build_ros.sh 脚本编译。

```
# 在环境变量 ROS_PACKAGE_PATH 中指定要编译 ROS 包的路径
export ROS_PACKAGE_PATH=${ROS_PACKAGE_PATH}:~/ORB_SLAM2/Examples/ROS
# 编译 ROS 例程
cd ORB_SLAM2
chmod +x build_ros.sh
./build_ros.sh
```

（3）ORB_SLAM2 核心库编译过程细节分析

虽然按照上面的步骤就可以对 ORB_SLAM2 进行编译，但是要想搞清楚整个编译的具体细节，需要理解 ORB_SLAM2 中的 build.sh 和 CMakeLists.txt 文件。build.sh 文件，如代码清单 9-2 所示。

代码清单 9-2 build.sh 文件

```
echo "Configuring and building Thirdparty/DBoW2 ..."

```

⊖ 参见 https://github.com/raulmur/ORB_SLAM2。

```
 3 cd Thirdparty/DBoW2
 4 mkdir build
 5 cd build
 6 cmake .. -DCMAKE_BUILD_TYPE=Release
 7 make -j
 8
 9 cd ../../g2o
10
11 echo "Configuring and building Thirdparty/g2o ..."
12
13 mkdir build
14 cd build
15 cmake .. -DCMAKE_BUILD_TYPE=Release
16 make -j
17
18 cd ../../../
19
20 echo "Uncompress vocabulary ..."
21
22 cd Vocabulary
23 tar -xf ORBvoc.txt.tar.gz
24 cd ..
25
26 echo "Configuring and building ORB_SLAM2 ..."
27
28 mkdir build
29 cd build
30 cmake .. -DCMAKE_BUILD_TYPE=Release
31 make -j
```

第 1 ～ 7 行，编译 ORB_SLAM2/Thirdparty/ 下的第三方库 DBoW2。

第 11 ～ 16 行，编译 ORB_SLAM2/Thirdparty/ 下的第三方库 g2o。

第 20 ～ 24 行，将 ORB_SLAM2/Vocabulary/ 下的字典文件压缩包解压出来。

第 20 ～ 24 行，编译 ORB_SLAM2 核心库，这一步就要结合下面的 CMakeLists.txt 文件来看了，如代码清单 9-3 所示。

代码清单 9-3　CMakeLists.txt 文件

```
cmake_minimum_required(VERSION 2.8)
project(ORB_SLAM2)

IF(NOT CMAKE_BUILD_TYPE)
  SET(CMAKE_BUILD_TYPE Release)
ENDIF()

MESSAGE("Build type: " ${CMAKE_BUILD_TYPE})

set(CMAKE_C_FLAGS "${CMAKE_C_FLAGS}  -Wall  -O3 -march=native ")
set(CMAKE_CXX_FLAGS "${CMAKE_CXX_FLAGS} -Wall   -O3 -march=native")

```

```
# Check C++11 or C++0x support
include(CheckCXXCompilerFlag)
CHECK_CXX_COMPILER_FLAG("-std=c++11" COMPILER_SUPPORTS_CXX11)
CHECK_CXX_COMPILER_FLAG("-std=c++0x" COMPILER_SUPPORTS_CXX0X)
if(COMPILER_SUPPORTS_CXX11)
  set(CMAKE_CXX_FLAGS "${CMAKE_CXX_FLAGS} -std=c++11")
  add_definitions(-DCOMPILEDWITHC11)
  message(STATUS "Using flag -std=c++11.")
elseif(COMPILER_SUPPORTS_CXX0X)
  set(CMAKE_CXX_FLAGS "${CMAKE_CXX_FLAGS} -std=c++0x")
  add_definitions(-DCOMPILEDWITHC0X)
  message(STATUS "Using flag -std=c++0x.")
else()
  message(FATAL_ERROR "The compiler ${CMAKE_CXX_COMPILER} has no C++11 support. Please use a different C++ compiler.")
endif()

LIST(APPEND CMAKE_MODULE_PATH ${PROJECT_SOURCE_DIR}/cmake_modules)

find_package(OpenCV 3.0 QUIET)
if(NOT OpenCV_FOUND)
  find_package(OpenCV 2.4.3 QUIET)
  if(NOT OpenCV_FOUND)
    message(FATAL_ERROR "OpenCV > 2.4.3 not found.")
  endif()
endif()

find_package(Eigen3 3.1.0 REQUIRED)
find_package(Pangolin REQUIRED)

include_directories(
${PROJECT_SOURCE_DIR}
${PROJECT_SOURCE_DIR}/include
${EIGEN3_INCLUDE_DIR}
${Pangolin_INCLUDE_DIRS}
)

set(CMAKE_LIBRARY_OUTPUT_DIRECTORY ${PROJECT_SOURCE_DIR}/lib)

add_library(${PROJECT_NAME} SHARED
src/System.cc
src/Tracking.cc
src/LocalMapping.cc
src/LoopClosing.cc
src/ORBextractor.cc
src/ORBmatcher.cc
src/FrameDrawer.cc
src/Converter.cc
src/MapPoint.cc
src/KeyFrame.cc
src/Map.cc
```

```
src/MapDrawer.cc
src/Optimizer.cc
src/PnPsolver.cc
src/Frame.cc
src/KeyFrameDatabase.cc
src/Sim3Solver.cc
src/Initializer.cc
src/Viewer.cc
)

target_link_libraries(${PROJECT_NAME}
${OpenCV_LIBS}
${EIGEN3_LIBS}
${Pangolin_LIBRARIES}
${PROJECT_SOURCE_DIR}/Thirdparty/DBoW2/lib/libDBoW2.so
${PROJECT_SOURCE_DIR}/Thirdparty/g2o/lib/libg2o.so
)

# Build examples

set(CMAKE_RUNTIME_OUTPUT_DIRECTORY ${PROJECT_SOURCE_DIR}/Examples/RGB-D)

add_executable(rgbd_tum
Examples/RGB-D/rgbd_tum.cc)
target_link_libraries(rgbd_tum ${PROJECT_NAME})

set(CMAKE_RUNTIME_OUTPUT_DIRECTORY ${PROJECT_SOURCE_DIR}/Examples/Stereo)

add_executable(stereo_kitti
Examples/Stereo/stereo_kitti.cc)
target_link_libraries(stereo_kitti ${PROJECT_NAME})

add_executable(stereo_euroc
Examples/Stereo/stereo_euroc.cc)
target_link_libraries(stereo_euroc ${PROJECT_NAME})


set(CMAKE_RUNTIME_OUTPUT_DIRECTORY ${PROJECT_SOURCE_DIR}/Examples/Monocular)

add_executable(mono_tum
Examples/Monocular/mono_tum.cc)
target_link_libraries(mono_tum ${PROJECT_NAME})

add_executable(mono_kitti
Examples/Monocular/mono_kitti.cc)
target_link_libraries(mono_kitti ${PROJECT_NAME})

add_executable(mono_euroc
Examples/Monocular/mono_euroc.cc)
target_link_libraries(mono_euroc ${PROJECT_NAME})
```

第 13 ～ 27 行，检测系统编译器是否支持 C++11，如果支持就对相应的编译参数进行设置。

第 31 ～ 37 行，为编译准备所需的第三方库 OpenCV。优先选择 OpenCV3.0 及以上版本，没有则选择 OpenCV2.4.3 及以上版本。

第 39 行，为编译准备所需的第三方库 Eigen3，版本不能低于 3.1.0。

第 40 行，为编译准备所需的第三方库 Pangolin。

第 42 ～ 47 行，指明编译时头文件的搜索路径。

第 49 行，设置编译生成的库文件结果所存放的目录，这里指定为 ORB_SLAM2/lib 路径。

第 51 ～ 71 行，将 ORB_SLAM2/src 目录下的所有源文件编译成 libORB_SLAM2.so 动态链接库，即 ORB_SLAM2 核心库。

第 73 ～ 79 行，将上面 ORB_SLAM2 核心库所调用的第三方库依赖进行链接。

第 81 ～ 112 行，将 ORB_SLAM2/Examples 目录下的所有非 ROS 例程编译成对应的可执行文件，并与 ORB_SLAM2 核心库进行链接。

为了让编译和链接过程更易理解，这里给出一个具体流程，如图 9-43 所示。

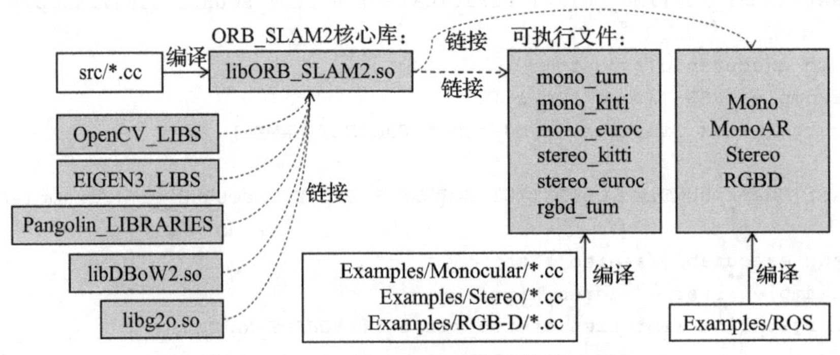

图 9-43　ORB_SLAM2 编译具体流程

2. ORB_SLAM2 离线运行

在 ORB_SLAM2 的文档中已经给出了用 TUM、KITTI 和 EuRoC 数据集离线运行 mono、stereo 和 rgbd 例程的方法，因篇幅限制，不再一一介绍，这里就以最具代表性的 TUM 数据集离线运行 Mono 的例程来讲一下。

要先去 TUM 网站[㊀]上下载测试数据集，这里下载 freiburg1_xyz 这个文件容量最小的数据集给大家演示。将下载下来的文件 rgbd_dataset_freiburg1_xyz.tgz 解压缩成 rgbd_dataset_freiburg1_xyz 备用。每个 TUM 数据集在例程文件夹下都有一个对应的配置文件，即数据集 freiburg1 与配置文件 TUM1.yaml 对应，数据集 freiburg2 与配置文件 TUM2.yaml 对应，下面将会具体用到。

采用绝对路径启动 mono_tum 这个可执行文件，并指定该可执行文件运行时所需的配置文件信息。

```
cd ORB_SLAM2
```

㊀ 参见 https://vision.in.tum.de/data/datasets/rgbd-dataset/download。

```
# 启动可执行文件mono_tum，注意下面是一句长的完整命令
./Examples/Monocular/mono_tum Vocabulary/ORBvoc.txt Examples/Monocular/TUM1.
  yaml ../rgbd_dataset_freiburg1_xyz
```

接下来就可以看到 ORB_SLAM2 在数据集的驱动下运行起来了，如果见到如图 9-44 所示的画面，恭喜你成功了。

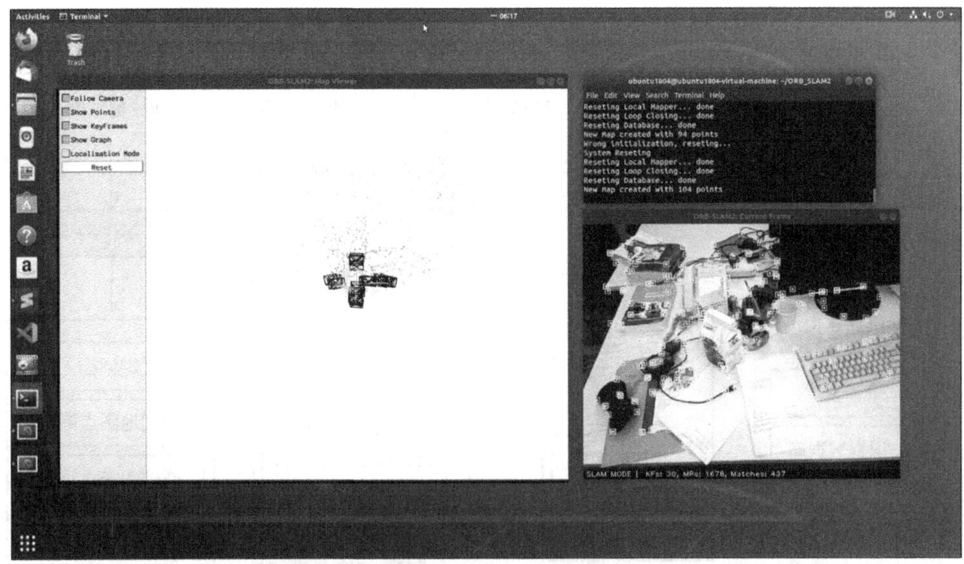

图 9-44 ORB_SLAM2 离线运行效果

3. ORB_SLAM2 在线运行

如果想要深入研究算法，并把算法应用到实际项目中，推荐将算法安装到机器人上在线运行，这里推荐使用 ROS 例程包来在线运行 ORB_SLAM2。因为 ORB_SLAM2 自带的 ROS 例程是在 rosbuild 下构建的独立 ROS 包，而现在主流的 ROS 包都是放在 ROS 工作空间下编译运行的，所以需要结合 ORB_SLAM2 自带的 ROS 例程的编程思路，编写自己的 ROS 例程。这里主要讲讲编程思路，其实就在常规的 ROS 包中先实现图像话题数据的订阅，然后调用 libORB_SLAM2.so 库中的核心算法处理所订阅的图像话题数据。

而相机的图像数据可以通过相应的 ROS 驱动包来发布（参见 4.3 节）。关于 *.yaml 配置文件的具体内容，可以参考 ORB_SLAM2/Examples 中给出的示例文件。而相机标定过程，同样可以参考 4.3 节。

9.1.4 拓展

截至本书写作时，ORB-SLAM3 已经正式发布，鉴于诸多新特性具有很高的学习价值，这里就简要介绍一下。ORB-SLAM3[⊖]是从 ORB-SLAM2 和 ORB-SLAM-VI 发展而来，创新点主要体现在多地图机制和视觉惯导融合，其系统架构如图 9-45 所示。

在 ORB-SLAM2 中始终维护一个全局的大地图结构，这个大地图中包含所有的关键帧、地图点及相应的约束关系。如果不小心引入某些错误帧到地图中或者闭环优化时出

⊖ 参见 https://github.com/UZ-SLAMLab/ORB_SLAM3。

现较大偏差等，整个地图的效果会很糟糕，而且这种错误会长远地影响整个地图。其实 google-cartogapher 中就用了更为鲁棒的子图机制来组织地图，而 ORB-SLAM3 中采用了类似的机制，只不过这里叫 ATLAS 机制。也就是在线用关键帧和地图点构建成子地图，这里叫 Active Map；然后将构建成熟的 Active Map 离线保存起来，即 Non-active Map；随时间推移离线保存起来的 Non-active Map 会有很多个。

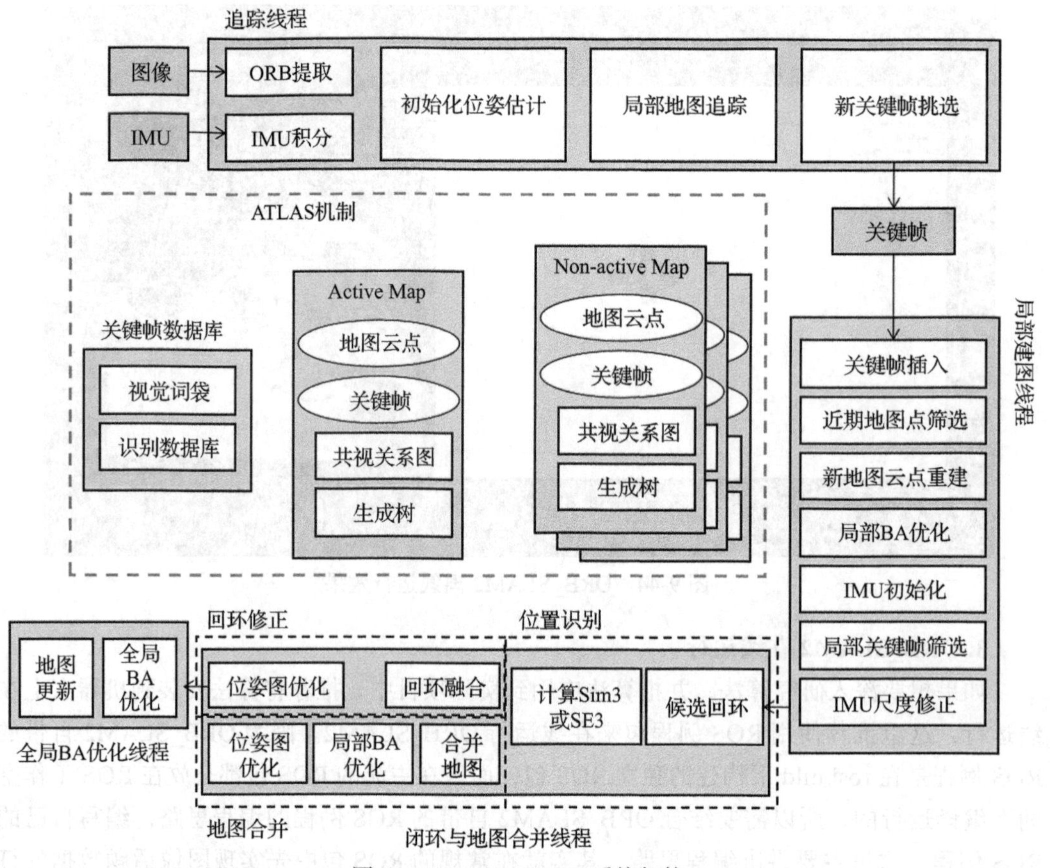

图 9-45 ORB-SLAM3 系统架构

注：该图来源于文献［31］中的图 1。

ORB-SLAM 支持单目传感器，ORB-SLAM2 增加了对双目和 RGB-D 传感器的支持，而 ORB-SLAM3 又增加了对 IMU 的支持，并且也可支持针孔和鱼眼相机。如果有 IMU 数据输入系统，则追踪线程会同时读取图像帧和 IMU 数据，并且初始位姿估计中的匀速模型的速度值会改为由 IMU 来提供。当追踪丢失进行重定位时，会在 Active Map 和所有 Non-active Map 中搜索：如果在 Active Map 搜索范围内重定位成功，则追踪继续；如果在 Non-active Map 搜索范围内重定位成功，则将该 Non-active Map 变成 Active Map 并让追踪继续；如果重定位失败，则初始化地图并开始构建新的 Active Map。在 ORB-SLAM2 中，重定位失败后系统就停止工作了，而 ORB-SLAM3 在重定位失败后选择构建新的 Active Map，一旦新构建出的 Active Map 在闭环检测中与以前离线保存的 Non-active Map 匹配成功则重定位成功，追踪又可以继续了。虽然定位丢失会持续一段时间，但系统终究有机会找回定位，这个机制是实现 SLAM 系统持续鲁棒建图的关键，在需要持续工作的商业机器人中具有重要的应用价值。Cartographer 算法正是凭借这种类似的重定位鲁棒性，被广泛应用于商业机器人之中。最后，方便大家进一步学习，给出 ORB-SLAM3 与其他 SLAM 框架的性能对比，如图 9-46 所示。

	SLAM or VO	Pixels used	Data association	Estimation	Relocation	Loop closing	Multi Maps	Mono	Stereo	Mono IMU	Stereo IMU	Fisheye	Accuracy	Robustness	Open source
Mono-SLAM [13], [14]	SLAM	Shi Tomasi	Correlation	EKF	-	-	-	✓	-	-	-	-	Fair	Fair	[15][1]
PTAM [16]–[18]	SLAM	FAST	Pyramid SSD	BA	Thumbnail	-	-	✓	-	-	-	-	Very Good	Fair	[19]
LSD-SLAM [20], [21]	SLAM	Edgelets	Direct	PG	-	FABMAP PG	-	✓	✓	-	-	-	Good	Good	[22]
SVO [23], [24]	VO	FAST+ Hi.grad.	Direct	Local BA	-	-	-	✓	✓	-	-	✓	Very Good	Very Good	[25][2]
ORB-SLAM2 [2], [3]	SLAM	ORB	Descriptor	Local BA	DBoW2	DBoW2 PG+BA	-	✓	✓	-	-	-	Exc.	Very Good	[26]
DSO [27]–[29]	VO	High grad.	Direct	Local BA	-	-	-	✓	✓	-	-	✓	Good	Very Good	[30]
DSM [31]	SLAM	High grad.	Direct	Local BA	-	-	-	✓	-	-	-	-	Very Good	Very Good	[32]
MSCKF [33]–[36]	VO	Shi Tomasi	Cross correlation	EKF	-	-	-	✓	-	✓	✓	-	Fair	Very Good	[37][3]
OKVIS [38], [39]	VO	BRISK	Descriptor	Local BA	-	-	-	-	-	✓	✓	-	Good	Very Good	[40]
ROVIO [41], [42]	VO	Shi Tomasi	Direct	EKF	-	-	-	-	-	✓	-	-	Good	Good	[43]
ORBSLAM-VI [4]	SLAM	ORB	Descriptor	Local BA	DBoW2	DBoW2 PG+BA	-	✓	✓	✓	-	-	Very Good	Very Good	-
VINS-Fusion [7], [44]	VO	Shi Tomasi	KLT	Local BA	DBoW2	DBoW2 PG	✓	-	✓	✓	✓	✓	Very Good	Exc.	[45]
VI-DSO [46]	VO	High grad.	Direct	Local BA	-	-	-	-	-	✓	-	-	Very Good	Exc.	-
BASALT [47]	VO	FAST	KLT (LSSD)	Local BA	-	ORB BA	-	-	-	-	✓	-	Very Good	Exc.	[48]
Kimera [8]	VO	Shi Tomasi	KLT	Local BA	-	DBoW2 PG	-	-	-	-	✓	-	Good	Exc.	[49]
ORB-SLAM3 (ours)	SLAM	ORB	Descriptor	Local BA	DBoW2	DBoW2 PG+BA	✓	✓	✓	✓	✓	✓	Exc.	Exc.	[5]

图 9-46　ORB-SLAM3 与其他 SLAM 框架的性能对比

注：该图来源于文献［31］中的表 I。

9.2 LSD-SLAM 算法

下面将从原理分析、源码解读和安装与运行这 3 个方面展开讲解 LSD-SLAM 算法。

9.2.1 原理分析

前面已经说过，LSD-SLAM 算法是直接法的典型代表。因此在下面的分析中，首先介绍直接法的基本原理，然后结合论文［6，7，8］对 LSD-SLAM 系统框架展开具体分析。

1. 直接法

对于特征点法来说，首先对给定的两帧图像分别进行特征提取和特征匹配，然后根据不同的已知条件构建相应模型求解相机位姿和地图云点。对于直接法来说，不进行特征提取和特征匹配，直接用图像像素建立数据关联，通过最小化光度误差构建相应模型来求解相机位姿和地图云点。下面通过对比分析后，读者将更容易理解直接法的原理。

（1）重投影误差与光度误差对比分析

先来讨论重投影误差，如图 9-47a 所示。假如第 $k-1$ 帧图像中的像素点 $\boldsymbol{p}_{k-1}$ 与第 k 帧

图像中的像素点 $\boldsymbol{p}_k$ 通过特征匹配建立了关联，即环境中的同一个三维点 P 投影到第 $k-1$ 帧图像和第 k 帧图像分别得到像素点 $\boldsymbol{p}_{k-1}$ 与 $\boldsymbol{p}_k$。假设 P 在第 $k-1$ 帧相机坐标系 O_{k-1} 的坐标为 $\boldsymbol{P}_{k-1}$，而 P 在第 k 帧相机坐标系 O_k 的坐标为 $\boldsymbol{P}_k$。那么环境点 $\boldsymbol{P}_{k-1}$ 与像素点 $\boldsymbol{p}_{k-1}$ 的投影关系，如式（9-48）所示。而像素点 $\boldsymbol{p}_{k-1}$ 到环境点 $\boldsymbol{P}_{k-1}$ 的反投影关系，如式（9-49）所示。

$$\boldsymbol{p}_{k-1} = \pi(\boldsymbol{P}_{k-1}) = \frac{1}{z_{k-1}} \boldsymbol{K} \cdot \boldsymbol{P}_{k-1} \tag{9-48}$$

$$\boldsymbol{P}_{k-1} = \pi^{-1}(\boldsymbol{p}_{k-1}) \tag{9-49}$$

而坐标系 O_{k-1} 中的点 $\boldsymbol{P}_{k-1}$ 的坐标值通过 $(\boldsymbol{R},\boldsymbol{t})$ 可以变换为坐标系 O_k 中的点 $\boldsymbol{P}_k$ 的坐标值，而点 $\boldsymbol{P}_k$ 重投影回第 k 帧图像得到像素点 $\boldsymbol{p}'_k$，如式（9-50）和式（9-51）所示。

$$\boldsymbol{P}_k = \boldsymbol{T} \cdot \boldsymbol{P}_{k-1}，\text{其中} \boldsymbol{T} = \begin{bmatrix} \boldsymbol{R} & \boldsymbol{t} \\ 0 & 1 \end{bmatrix} \tag{9-50}$$

$$\boldsymbol{p}'_k = \pi(\boldsymbol{P}_k) = \frac{1}{z_k} \boldsymbol{K} \cdot \boldsymbol{P}_k \tag{9-51}$$

如果相机位姿变换 $(\boldsymbol{R},\boldsymbol{t})$ 不存在误差且相机投影过程不存在噪声干扰，那么重投影得到的像素点 $\boldsymbol{p}'_k$ 与实际观测得到的像素点 $\boldsymbol{p}_k$ 在像素坐标上应该重合。正是由于相机位姿变换 $(\boldsymbol{R},\boldsymbol{t})$ 误差和相机投影过程噪声干扰的存在，因此使得重投影像素点 $\boldsymbol{p}'_k$ 与实际观测像素点 $\boldsymbol{p}_k$ 并不重合，两者之间像素坐标的相差距离就是所谓的重投影误差，如式（9-52）所示。

$$\boldsymbol{e} = \boldsymbol{p}_k - \boldsymbol{p}'_k \tag{9-52}$$

上面只是讨论了一个特征点的重投影误差，考虑所有特征点的重投影误差后就可以通过最小化重投影误差来优化相机位姿变换和地图云点，如式（9-53）所示。

$$\min_{\boldsymbol{T},\boldsymbol{P}} \sum_i \|\boldsymbol{e}_i\|^2 = \min_{\boldsymbol{T},\boldsymbol{P}} \sum_i \left\|\boldsymbol{p}_k^i - \pi(\boldsymbol{T} \cdot \boldsymbol{P}_{k-1}^i)\right\|^2 \tag{9-53}$$

而光度误差，如图 9-47b 所示。对于第 $k-1$ 帧图像中的任意像素点 $\boldsymbol{p}_{k-1}$ 反投影到环境三维点 P，用式（9-50）和式（9-51）重投影得到像素点 $\boldsymbol{p}'_k$。如果相机位姿变换 $(\boldsymbol{R},\boldsymbol{t})$ 不存在误差且相机投影过程不存在噪声干扰，并假设环境中的同一个物体点投影到不同的相机形成的像素灰度值是一样的（即光度不变），那么 P 投影到第 $k-1$ 帧图像形成的像素灰度值 $I_{k-1}[\boldsymbol{p}_{k-1}]$ 与 P 重投影到第 k 帧图像形成的像素灰度值 $I_k[\boldsymbol{p}'_k]$ 应该是相等的。正是由于相机位姿变换 $(\boldsymbol{R},\boldsymbol{t})$ 误差和相机投影过程噪声干扰的存在，因此使得 $I_{k-1}[\boldsymbol{p}_{k-1}]$ 与 $I_k[\boldsymbol{p}'_k]$ 不相等，这两个灰度值之差就是所谓的**光度误差**，如式（9-54）所示。

$$e = I_{k-1}[\boldsymbol{p}_{k-1}] - I_k[\boldsymbol{p}'_k] \tag{9-54}$$

上面只是讨论了一个像素点的光度误差，考虑所有像素点的光度误差，就可以通过最小化光度误差来优化相机位姿变换和地图云点，如式（9-55）所示。

$$\min_{\boldsymbol{T},\boldsymbol{P}} \sum_i (e_i)^2 = \min_{\boldsymbol{T},\boldsymbol{P}} \sum_i \left(I_{k-1}[\boldsymbol{p}_{k-1}^i] - I_k[\pi(\boldsymbol{T} \cdot \boldsymbol{P}_{k-1}^i)]\right)^2 \tag{9-55}$$

不难发现在计算重投影误差时，需要借助特征匹配，然后在同一幅图像中计算两个像素点之间的坐标距离。而在计算光度误差时，并不需要特征匹配，对于任意像素点都可以计算一幅图像中像素点灰度值与重投影到另一幅图像中像素点灰度值的差值。

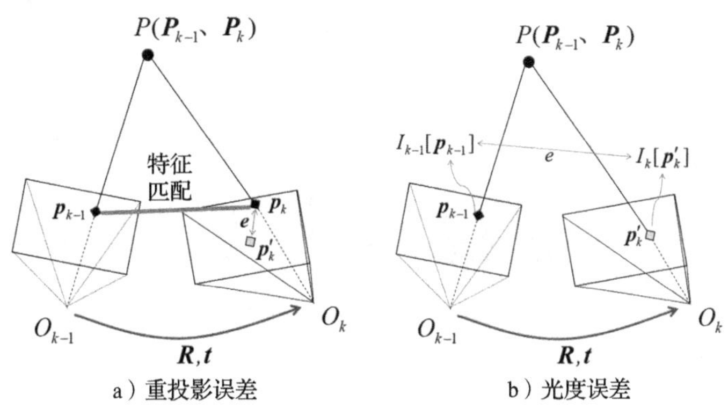

图 9-47　重投影误差与光度误差

（2）特征点法与直接法优缺点分析

特征点法借助特征提取和特征匹配建立强数据关联，使得参与计算的数据模型具有很强的鲁棒性，系统不易受干扰；由于特征点数量稀疏，因此能使优化问题控制在较小的规模。而从辩证的角度看，特征点的优点也是其缺点。在特征提取和特征匹配时，计算耗时很大，这是制约系统速度提升的重要环节；对于具有几十万甚至上百万像素点的图像，仅提取百十来个特征点用于计算，图像中其他大量的有用信息被白白丢弃了，一旦特征缺失、图像模糊、误匹配等情况发生，计算模型将立即失效。

而直接法与特征点法正好互补，直接法不需要特征提取和特征匹配，而是让像素点直接参与计算，这样既节省了特征提取和特征匹配消耗的时间，又保留了图像中所有像素点携带的巨大信息量，在特征缺失、图像模糊、图像出现噪点时依然能继续工作。虽然直接法并不在特征提取和特征匹配上消耗计算时间，但是由于参与计算的像素点数量巨大，导致优化问题规模较大；另外直接法是基于光度不变的假设，这显然是一个强假设，实际情况往往不成立。

2. LSD-SLAM 系统框架

到这里就可以分析 LSD-SLAM 的系统框架了，结合算法原作者清晰的论文思路（参见论文［6，7，8］），很容易理解整个算法的组成架构。因为 LSD-SLAM 支持单目、双目和全景这 3 种相机，所以系统框架也分 3 种情况来讨论。单目系统架构由 3 部分构成，即追踪、深度估计和地图优化，如图 9-48 所示。

双目系统架构，如图 9-49 所示。相比于单目系统，双目能直接获取图像的深度信息，这样系统尺度不确定性消失了，深度估计也更容易进行。

全景系统架构，如图 9-50 所示。全景系统采用广角或者鱼眼镜头的相机获取图像，这样可以获取接近 180° 视角内更丰富的图像信息。相比于针孔模型的普通单目相机，全景相机的镜头对光有更强的折射能力，导致图像在成像平面上会有较大的畸变。在实际应用中，可以建立一个映射模型将全景相机的畸变图像转换成非畸变图像。

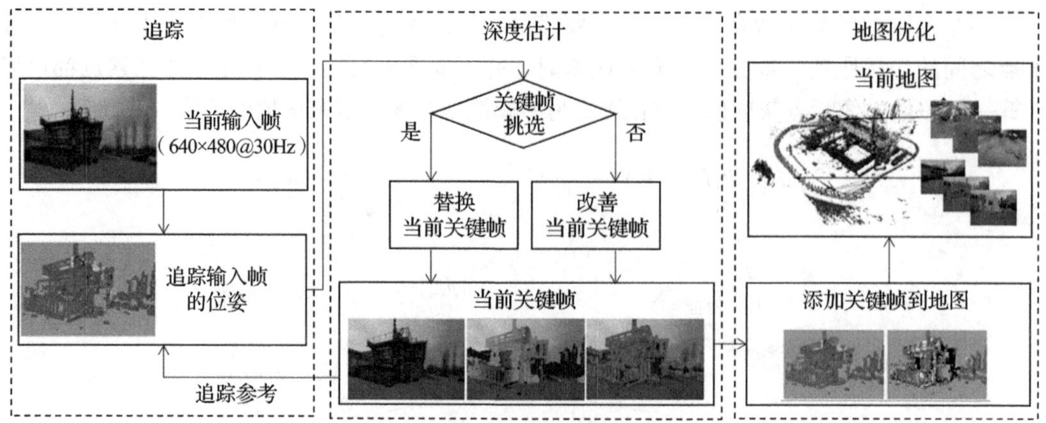

图 9-48　单目系统架构

注：该图来源于文献［6］中的图 3。

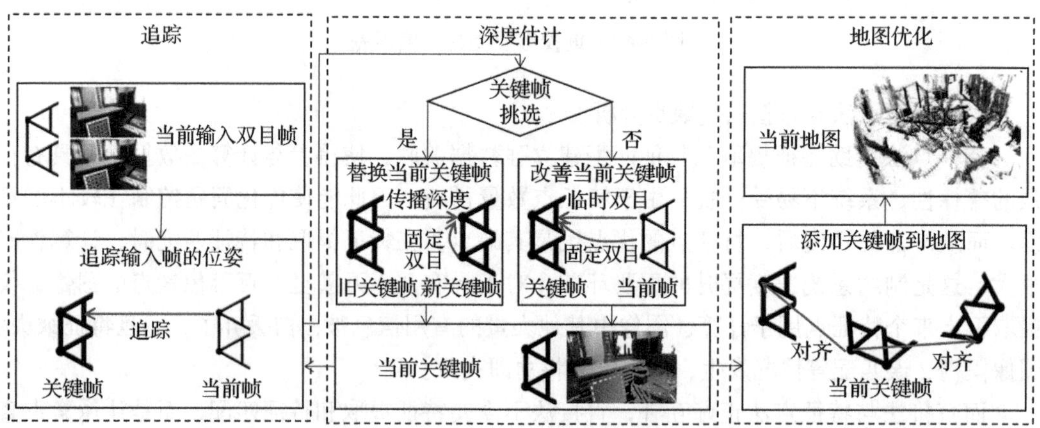

图 9-49　双目系统架构

注：该图来源于文献［7］中的图 2。

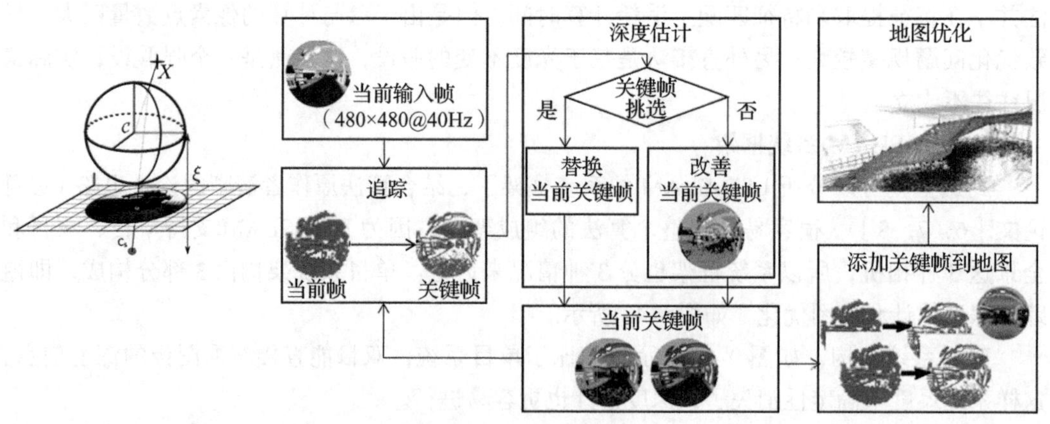

图 9-50　全景系统架构

注：该图来源于文献［8］中的 Figure 5、Figure 6。

因为双目和全景系统架构是从单目系统架构发展而来，即掌握了单目系统的原理，理解双目和全景系统就会非常容易，所以下面就以单目系统的原理展开进一步分析。

（1）地图结构

本系统的地图结构如图 9-51 所示，这里采用较普遍的位姿图来组织地图结构。

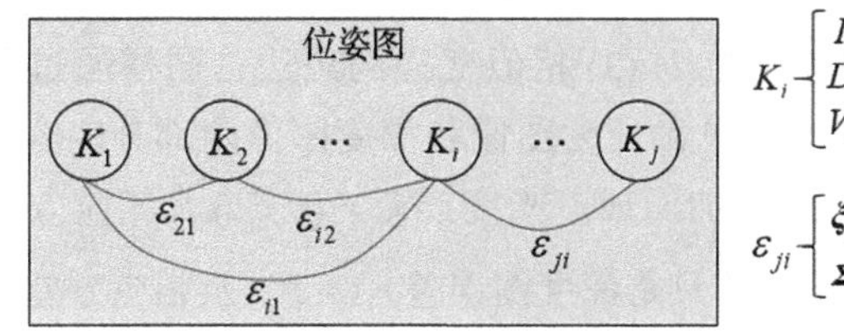

图 9-51 地图结构

位姿图中的每个节点代表一个关键帧 K_i，而关键帧 K_i 包含 3 部分内容，分别为该关键帧拍摄到的图像 I_i、图像逆深度 D_i 以及图像逆深度的协方差 V_i。而位姿图中的边 ε_{ji} 就代表两个关键帧之间的位姿转移关系，单目系统中存在尺度漂移，故位姿转移用李代数上的相似变换 $\boldsymbol{\xi}_{ji}$ 来描述，对应相似变换的协方差矩阵为 $\boldsymbol{\Sigma}_{ji}$。建图过程中，会不断添加新的关键帧以及关键帧与其他关键帧之间的约束边，并在闭环时进行全局优化。

（2）追踪

在系统刚启动时，会将第一个关键帧的深度估计用随机数进行初始化，并给定一个很大的协方差值。在追踪模块中，利用当前关键帧和当前输入帧（new image）计算当前输入帧的 $se(3)$ 位姿变换，具体计算过程通过最小化误差实现，如式（9-56）所示。可以看出 $r_p(\boldsymbol{p},\boldsymbol{\xi}_{ji})$ 就是上面提到的光度误差（也叫光度残差），$\omega(\boldsymbol{p},d,\boldsymbol{\xi})$ 是重投影函数，$\sigma^2_{r_p(\boldsymbol{p},\boldsymbol{\xi}_{ji})}$ 是光度残差的方差，而 $\|\cdot\|_\delta$ 是 Huber 鲁棒核函数。

$$E_p(\boldsymbol{\xi}_{ji}) = \sum_{\boldsymbol{p}\in\Omega_{D_i}} \left\| \frac{r_p^2(\boldsymbol{p},\boldsymbol{\xi}_{ji})}{\sigma^2_{r_p(\boldsymbol{p},\boldsymbol{\xi}_{ji})}} \right\|_\delta \tag{9-56}$$

其中：

$$r_p(\boldsymbol{p},\boldsymbol{\xi}_{ji}) = I_i[\boldsymbol{p}] - I_j[\omega(\boldsymbol{p},D_i(\boldsymbol{p}),\boldsymbol{\xi}_{ji})]$$

$$\omega(\boldsymbol{p},d,\boldsymbol{\xi}) = \begin{bmatrix} x'/z' \\ y'/z' \\ 1/z' \end{bmatrix} \text{或} \begin{bmatrix} x' \\ y' \\ z' \\ 1 \end{bmatrix} = \exp_{se(3)}(\boldsymbol{\xi}) \begin{bmatrix} p_x/d \\ p_y/d \\ 1/d \\ 1 \end{bmatrix}$$

$$\sigma^2_{r_p(\boldsymbol{p},\boldsymbol{\xi}_{ji})} = 2\sigma_I^2 + \left(\frac{\partial r_p(\boldsymbol{p},\boldsymbol{\xi}_{ji})}{\partial D_i(p)} \right)^2 V_i(p)$$

（3）深度估计

追踪模块中的每个当前帧都会送入深度估计模块，然后判断用当前输入帧去替换还是改善当前关键帧。如果当前输入帧与当前关键帧相隔太远，就将当前关键帧添加到地图，然后用当前输入帧替代当前关键帧。这个替代过程其实就是先计算当前输入帧与当前关键帧的 $sim(3)$ 相似变换，然后将当前关键帧的深度信息通过 $sim(3)$ 相似变换投影到当前输入帧，求出当前帧的深度估计值后替换就完成了。如果当前输入帧与当前关键帧相隔不远，就用当前输入帧去改善当前关键帧的深度估计。因为深度估计采用的是一种基于概率的滤波器方法，所以改善就是利用当前输入帧对当前关键帧的深度估计值进行滤波更新。

（4）地图优化

在地图优化模块中，从深度估计模块输入的新关键帧，在将该关键帧添加进地图之前，需要先计算其与地图中其他关键帧的 $sim(3)$ 相似变换约束边，同样通过最小化误差实现，如式（9-57）所示。一个关键帧中包含光度图像和深度图像两部分内容，因此计算误差也由光度图像误差和深度图像误差相加而成。光度误差 $r_p(\boldsymbol{p},\boldsymbol{\xi}_{ji})$ 及相应方差 $\sigma^2_{r_p(\boldsymbol{p},\boldsymbol{\xi}_{ji})}$ 在式（9-56）中已经介绍过了，这里新出现的只是深度图误差 $r_d(\boldsymbol{p},\boldsymbol{\xi}_{ji})$ 及相应方差 $\sigma^2_{r_d(\boldsymbol{p},\boldsymbol{\xi}_{ji})}$。

$$E(\boldsymbol{\xi}_{ji}) = \sum_{\boldsymbol{p}\in\Omega_{D_i}} \left\| \frac{r_p^2(\boldsymbol{p},\boldsymbol{\xi}_{ji})}{\sigma^2_{r_p(\boldsymbol{p},\boldsymbol{\xi}_{ji})}} + \frac{r_d^2(\boldsymbol{p},\boldsymbol{\xi}_{ji})}{\sigma^2_{r_d(\boldsymbol{p},\boldsymbol{\xi}_{ji})}} \right\|_\delta \tag{9-57}$$

其中：

$$r_d(\boldsymbol{p},\boldsymbol{\xi}_{ji}) = [\boldsymbol{p}']_3 - D_j([\boldsymbol{p}']_{1,2}),\ \boldsymbol{p}' = \omega_s(\boldsymbol{p}, D_i(\boldsymbol{p}), \boldsymbol{\xi}_{ji})$$

$$\sigma^2_{r_d(\boldsymbol{p},\boldsymbol{\xi}_{ji})} = V_j([\boldsymbol{p}']_{1,2})\left(\frac{\partial r_d(\boldsymbol{p},\boldsymbol{\xi}_{ji})}{\partial D_j([\boldsymbol{p}']_{1,2})}\right)^2 + V_i(\boldsymbol{p})\left(\frac{\partial r_d(\boldsymbol{p},\boldsymbol{\xi}_{ji})}{\partial D_i(\boldsymbol{p})}\right)^2$$

可以发现，地图结构中关键帧之间的约束边是用 $sim(3)$ 相似变换描述，这是因为单目系统中相隔较远的帧存在尺度漂移。而追踪模块中，当前帧与追踪参考帧相隔不远，因此可以用 $se(3)$ 变换描述。

新加入地图的关键帧会从地图中找出与之最相近的 10 个关键帧作为闭环候选帧，然后进行闭环检测。LSD-SLAM 中采用 FabMap 的方法进行闭环检测，FabMap 可以说是 BoW 词袋模型的拓展，利用 BoW 的数据来学习一个概率生成模型，这个概率生成模型能识别那些经常出现的视觉单词组合。一旦闭环检测成功，就会在位姿图上进行全局优化。

9.2.2　源码解读

现在来解读 LSD-SLAM 的源码[⊖]，其代码框架如图 9-52 所示。所有代码完全由 ROS 功能包来组织，其实就是在 ROS 元功能包 lsd_slam 中包含了两个起实际作用的功能包——lsd_slam_core 和 lsd_slam_viewer。显然功能包 lsd_slam_core 用于实现核心算法，里面构建了两个节点 live_slam 和 dataset_slam。节点 live_slam 从 ROS 话题 /image 和 /camera_info 中分别获取图像数据和相机标定数据，来实时运行算法；而节点 dataset_slam 从数据集文件 files 和 calibration_file 中分别获取图像数据与相机标定数据，来离线运行算法。不管运行哪个节点，最终都会调用 lsdslam 核心库，算法的核心逻辑都封装在这个核心库中。lsdslam 核心库所依赖的第三方库分为两种：一种是 Eigen、X11、g2o、SuiteSparse、OpenCV 等直接装在操作系统之上的第三方库，另一种是 openFabMap 和 Sophus 这种代码直接内嵌在 LSD-SLAM 核心库里的第三方库。Eigen 库用于各种矩阵运算，机器人中基本都要用到；X11 库就是类 UNIX 系统中实现图形界面显示最基本的库，也叫 X Window System；g2o 是通用图优化工具，是解决优化问题比较常用的库；SuiteSparse 库是一组 C、Fortran 和 Matlab 函数集，用于生成空间稀疏矩阵数据；OpenCV 库是计算机视觉库，视觉 SLAM 中

⊖ 参见 https://github.com/tum-vision/lsd_slam。

基本都要用到；openFabMap 库其实就是 FabMap 闭环检测器的具体实现；Sophus 库是李代数库，包含 se(3)、so(3)、sim(3) 等李代数运算的具体实现。功能包 lsd_slam_core 中的运行结果直接发布在 ROS 话题 lsd_slam/debug、lsd_slam/pose、lsd_slam/liveframes、lsd_slam/keyframes 和 lsd_slam/graph 中，而功能包 lsd_slam_viewer 中的 viewer 节点通过订阅话题 lsd_slam/liveframes、lsd_slam/keyframes 和 lsd_slam/graph，并调用 QT 等图形界面库来将建图结果最终呈现出来。

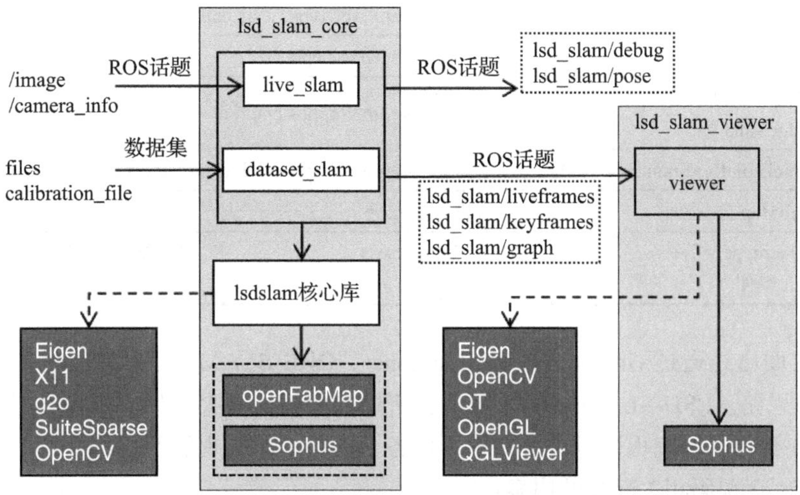

图 9-52　LSD-SLAM 代码框架

lsd_slam_core/src 文件夹中存放着 lsdslam 核心库的具体实现源码，如表 9-4 所示。代码层次非常清晰，代码自顶向下由各个封装类来实现。算法顶层接口封装在 SlamSystem 类中，通过调用其他类完成整个系统配置并启动追踪、深度估计和地图优化三大模块让算法进行工作。地图数据结构封装在 Frame 类、FrameMemory 类和 FramePoseStruct 类，这 3 个类的内在关系如图 9-51 所示。追踪涉及构建 SE(3) 和 Sim(3) 约束目标函数，然后利用最小二乘进行求解；深度估计涉及 DepthMap 类和 DepthMapPixelHypothesis 类；地图优化涉及的位姿图封装在 KeyFrameGraph 类，用 g2o 全局地图优化的顶点和边分别封装在 VertexSim3 类与 EdgeSim3 类，追踪搜索相关方法封装在 TrackableKeyFrameSearch 类，闭环检测封装在 FabMap 类。最后一些其他组件放在 IOWrapper 和 util 之中。

表 9-4　LSD-SLAM 核心库文件

用途		源文件	
算法顶层接口	SlamSystem 类	SlamSystem.cpp	SlamSystem.h
地图数据结构	Frame 类 FrameMemory 类 FramePoseStruct 类	Frame.cpp FrameMemory.cpp FramePoseStruct.cpp	Frame.h FrameMemory.h FramePoseStruct.h
追踪	TrackingReference 类 SE3Tracker 类 Sim3Tracker 类 Relocalizer 类	TrackingReference.cpp SE3Tracker.cpp Sim3Tracker.cpp Relocalizer.cpp	TrackingReference.h SE3Tracker.h Sim3Tracker.h Relocalizer.h

（续）

用途		源文件	
追踪	OptimizedSelfAdjointMatrix6x6f 类 NormalEquationsLeastSquares 类 NormalEquationsLeastSquares4 类 NormalEquationsLeastSquares7 类	least_squares.cpp	least_squares.h
深度估计	DepthMap 类 DepthMapPixelHypothesis 类	DepthMap.cpp DepthMapPixelHypothesis.cpp	DepthMap.h DepthMapPixelHypothesis.h
地图优化	KeyFrameGraph 类	KeyFrameGraph.cpp	KeyFrameGraph.h
	VertexSim3 类 EdgeSim3 类	g2oTypeSim3Sophus.cpp	g2oTypeSim3Sophus.h
	TrackableKeyFrameSearch 类	TrackableKeyFrameSearch.cpp	TrackableKeyFrameSearch.h
	FabMap 类	FabMap.cpp	FabMap.h
其他	IOWrapper 组件 util 组件	IOWrapper/* util/*	IOWrapper/* util/*

因为前面已经通过 Gmapping、Cartographer、ORB-SLAM2 等大型代码工程学习了代码的方法和思路。LSD-SLAM 代码工程的分析也和前面这些大型代码工程类似，下面仅对 SlamSystem 类的调用流程进行讲解，不再对各个类的具体实现展开详细介绍。感兴趣的读者可以自行阅读源码相关部分的内容。

要知道 SlamSystem 类是整个 lsdslam 核心库的顶层接口，不管是节点 live_slam 还是 dataset，其 main() 函数都会创建一个 SlamSystem 类的对象。然后 SlamSystem 类调用其构造函数，完成参数设置和创建一些类的对象，最重要的是创建 3 个线程：mappingThreadLoop()、constraintSearchThreadLoop() 和 optimizationThreadLoop()，如图 9-53 所示。

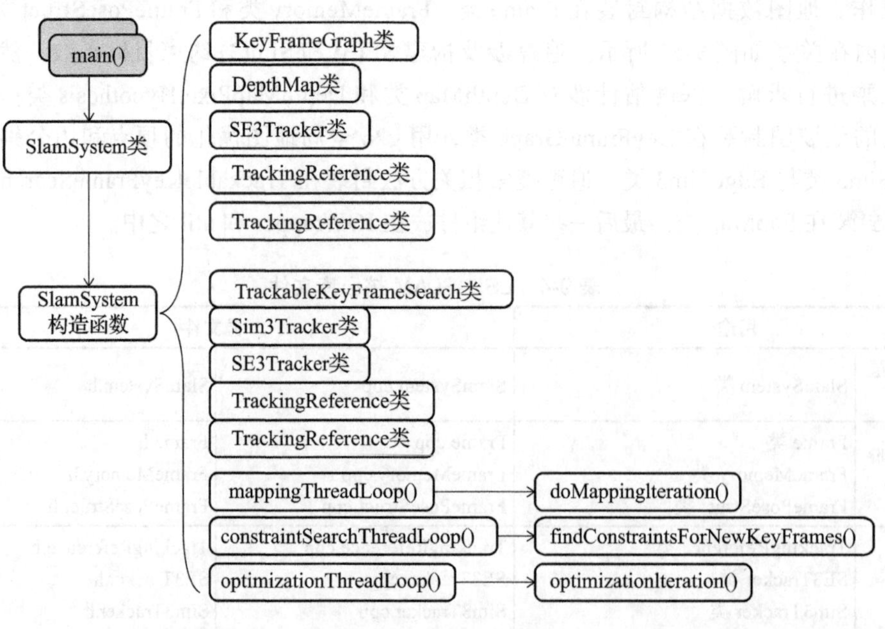

图 9-53　SlamSystem 类

9.2.3 安装与运行

LSD-SLAM 推出于 2014 年，代码运行所需环境非常之旧了。按照 LSD-SLAM 文档[㊀]的说明，其仅支持在 ROS fuerte + Ubuntu 12.04 和 ROS indigo + Ubuntu 14.04 下使用，而在更新的 ROS 版本及 Ubuntu 版本下运行会出现一大堆无法修复的问题。由于现在普遍使用 ROS melodic + Ubuntu 18.04 及以上版本，因此无法直接使用 LSD-SLAM。下面仅按照 LSD-SLAM 文档的说明介绍一下 ROS indigo + Ubuntu 14.04 下大致的安装过程，这部分内容并不要求大家掌握。

1. LSD-SLAM 安装

由于旧的 rosbuild 在 ROS indigo 版本中依然被支持，因此没有选用 catkin 而是用 rosbuild 来编译。

```
# 新建一个 rosbuild 工作空间
mkdir ~/rosbuild_ws
cd ~/rosbuild_ws
rosws init . /opt/ros/indigo
mkdir package_dir
rosws set ~/rosbuild_ws/package_dir -t .
echo "source ~/rosbuild_ws/setup.bash" >> ~/.bashrc
bash
cd package_dir
# 安装所需依赖
sudo apt-get install ros-indigo-libg2o ros-indigo-cv-bridge liblapack-dev
  libblas-dev freeglut3-dev libqglviewer-dev libsuitesparse-dev libx11-dev
# 下载 LSD_SLAM 源码
git clone https://github.com/tum-vision/lsd_slam.git lsd_slam
# 编译
rosmake lsd_slam
```

代码中默认没有启用 FabMap 的闭环检测功能，如果想要启用该闭环检测，需要将 lsd_slam_core/CMakeLists.txt 中关于 FabMap 的编译项前面的注释去掉，如下所示。

```
# FabMap
# uncomment this part to enable fabmap
add_subdirectory(${PROJECT_SOURCE_DIR}/thirdparty/openFabMap)
include_directories(${PROJECT_SOURCE_DIR}/thirdparty/openFabMap/include)
add_definitions("-DHAVE_FABMAP")
set(FABMAP_LIB openFABMAP )
```

2. LSD-SLAM 离线运行

通过运行节点 dataset_slam 并载入数据集文件，就可利用数据集离线运行 LSD-SLAM 了。其中参数 _files 取值要替换成数据集图片存储路径，参数 _hz 取值可设为 0，参数 _calib 取值替换成相机内参文件路径。而相机内参文件示例可以在 lsd_slam_core/calib 中找到。

```
# 启动 dataset_slam 建图
rosrun lsd_slam_core dataset_slam _files:=<files> _hz:=<hz> _calib:=<calibration_
```

㊀ 参见 https://github.com/tum-vision/lsd_slam/blob/master/README.md。

```
  file>
#启动viewer显示
rosrun lsd_slam_viewer viewer
```

3. LSD-SLAM 在线运行

与离线运行类似，在线运行只是换成了节点 live_slam，并订阅话题来获取实时的图像和标定数据。如有必要，可以将话题名称 /image 和 /camera_info 重定向成实际名称。

```
#启动live_slam建图
rosrun lsd_slam_core live_slam /image:=<yourstreamtopic> /camera_info:=<yourcamera_
  infotopic>
#启动viewer显示
rosrun lsd_slam_viewer viewer
```

不管是运行离线节点还是在线节点，LSD-SLAM 中都提供了大量的 ROS 动态参数，可以对其进行配置来调节算法的效果。

9.3 SVO 算法

下面将从原理分析、源码解读和安装与运行这 3 个方面展开讲解 SVO 算法。

9.3.1 原理分析

前面已经说过，SVO 算法是半直接法的典型代表。因此在下面的分析中，首先介绍一下半直接法的基本原理，然后结合论文［10］对 SVO 系统框架展开具体分析。

1. 半直接法

回顾一下，在特征点法中，先通过特征提取和特征匹配建立两帧图像之间的数据关联，然后最小化重投影误差求解相机位姿和地图云点；而在直接法中，直接在两帧图像的像素上建立数据关联，然后用最小化光度误差求解相机位姿和地图云点。特征帧点无疑比普通像素点具有更好的鲁棒性，而直接法中最小化光度误差数据关联比特征点法中先进行特征匹配，然后最小化重投影误差更高效，那么结合两者的优点就是半直接法了，如图 9-54 所示。

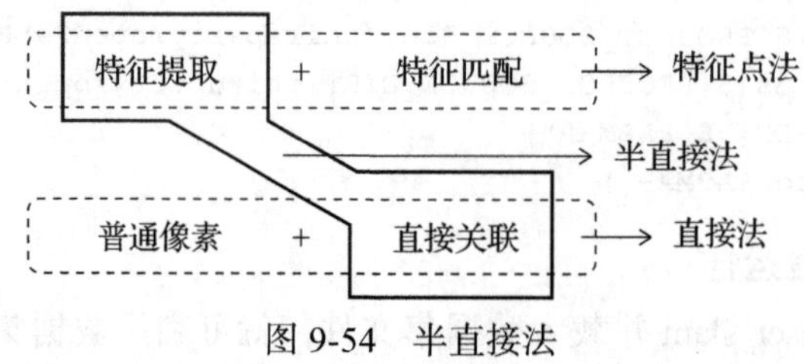

图 9-54　半直接法

2. SVO 系统框架

SVO 系统框架如图 9-55 所示。其实就是由运动估计和建图双线程构成，而运动估计又细分成基于稀疏模型的图像配准、特征配准和位姿结构优化。

（1）基于稀疏模型的图像配准

系统先基于稀疏模型的图像配准对当前输入新图像帧（new image）和旧图像帧（last

frame）进行配准，如图 9-56 所示。

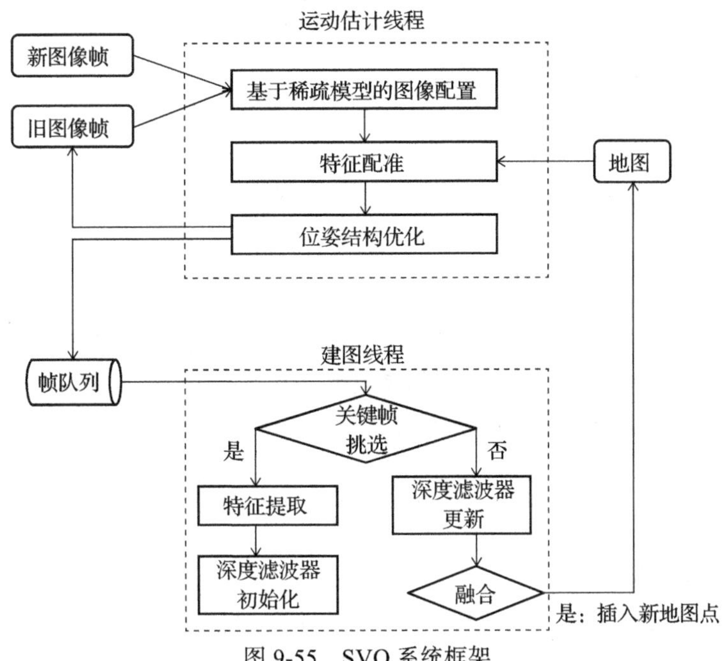

图 9-55　SVO 系统框架

注：该图来源于文献［10］中的 Figure 1。

其实就是将前一帧图像中已经提取出的特征点（SVO 中以 FAST 角点为特征）重投影到当前帧，然后用最小化光度误差来求相机位姿变换，如式（9-58）所示。其实就是把直接法中普通的像素点换成特征点来重投影，光度误差函数 $\delta I(\boldsymbol{T},\boldsymbol{u})$ 和直接法中是一样的。而 $\bar{\mathfrak{R}}$ 是 $\boldsymbol{u}$ 的取值域，表示前一帧图像中的特征点经过重投影后在当前帧图像中仍可见的特征点。

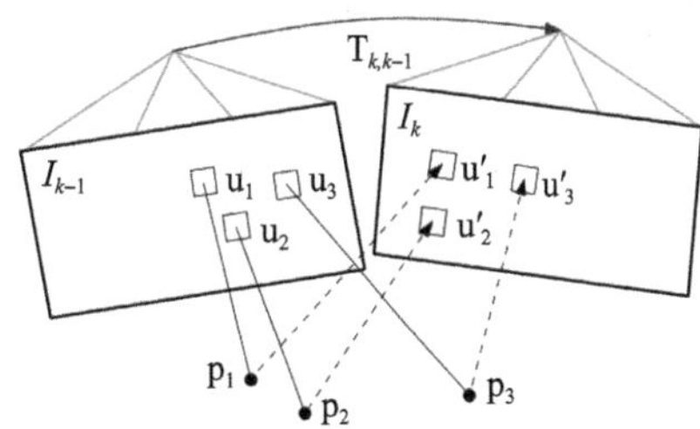

图 9-56　基于稀疏模型的图像配准

注：该图来源于文献［10］中的 Figure 2。

$$\boldsymbol{T}_{k,k-1}=\arg\min_{\boldsymbol{T}}\iint_{\bar{\mathfrak{R}}}\rho\left[\delta I(\boldsymbol{T},\boldsymbol{u})\right]d\boldsymbol{u}=\arg\min_{\boldsymbol{T}_{k,k-1}}\frac{1}{2}\sum_{i\in\bar{\mathfrak{R}}}\left\|\delta I(\boldsymbol{T}_{k,k-1},\boldsymbol{u}_i)\right\|^2 \tag{9-58}$$

其中：

$$\delta I(\boldsymbol{T},\boldsymbol{u})=I_k[\pi(\boldsymbol{T}\cdot\pi^{-1}(\boldsymbol{u},d_u))]-I_k[\boldsymbol{u}]$$

$$\bar{\mathfrak{R}}=\left\{\boldsymbol{u}\mid\boldsymbol{u}\in\bar{\mathfrak{R}}_{k-1}\wedge\pi(\boldsymbol{T}\cdot\pi^{-1}(\boldsymbol{u},d_u))\in\Omega_k\right\}$$

（2）特征配准

经过上一步已经求出了相机位姿变换量，将这个粗略的相机位姿变换量当成已知条件，很容易将地图中存储的历史关键帧中与当前帧共视的特征点重投影到当前帧，即将地图云点投影到当前帧。因为当前帧的位姿是一个粗略值，所以重投影回当前帧的特征点与该特征点在图像的真实位置可能会不重合，那么利用最小化光度误差来修正重投影回当前帧的特征点在图像中的位置，就是特征配准，如图 9-57 所示。

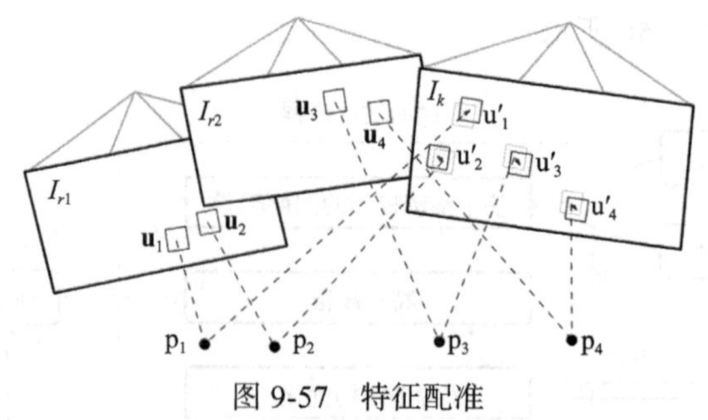

图 9-57 特征配准

注：该图来源于文献［10］中的 Figure 3。

由于计算参考帧与当前帧重投影特征点之间的光度误差时，参与计算的是特征点附近区域块的像素。而参考帧与当前帧一般相隔较远会发生形变，因此在计算光度误差时需要在参考帧的特征块前面乘以一个仿射矩阵 $\boldsymbol{A}$ 进行修正，如式（9-59）所示。

$$\boldsymbol{u}_i' = \arg\min_{\boldsymbol{u}_i'} \frac{1}{2}\left\| I_k[\boldsymbol{u}_i'] - \boldsymbol{A}_i \cdot I_r[\boldsymbol{u}_i] \right\|^2 \tag{9-59}$$

（3）位姿结构优化

经过上面两步已经求出了当前相机的粗略位姿，并对地图云点重投影得到的特征点进行了位置修正。那么就可以利用这个相机粗略位姿和修正后的特征点作为初值，最小化地图云点重投影到当前帧的误差对相机位姿和地图云点进行优化，即位姿结构优化，如图 9-58 所示。

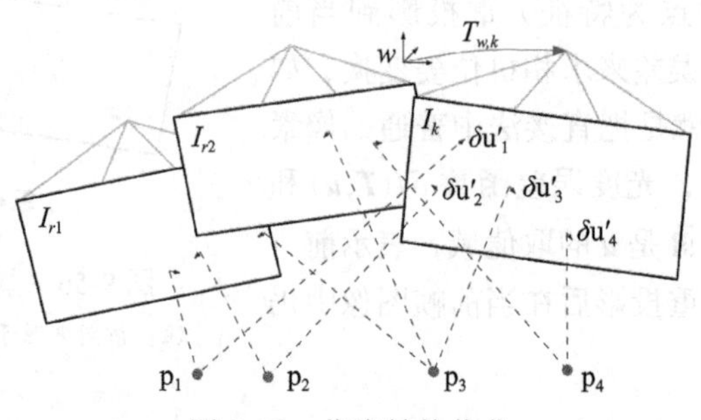

图 9-58 位姿结构优化

注：该图来源于文献［10］中的 Figure 4。

基于稀疏模型的图像配准和特征配准采用了直接法的思想，都是最小化光度误差。而位姿结构优化采用了特征点法的思想，最小化重投影误差，如果仅对相机位姿进行优化，即 motion-only BA，如果仅对地图云点进行优化，即 structure-only BA，如式（9-60）和式（9-61）所示。其中地图云点 ${}_{\mathrm{w}}\boldsymbol{p}_i$ 的左下标 w 表示地图云点坐标为世界坐标系下的取值。

$$\boldsymbol{T}_{k,\mathrm{w}} = \arg\min_{\boldsymbol{T}_{k,\mathrm{w}}} \frac{1}{2}\sum_i \left\| \boldsymbol{u}_i - \pi(\boldsymbol{T}_{k,\mathrm{w}}, {}_{\mathrm{w}}\boldsymbol{p}_i) \right\|^2 \tag{9-60}$$

$$\{{}_{\mathrm{w}}\boldsymbol{p}_i\} = \arg\min_{\{{}_{\mathrm{w}}\boldsymbol{p}_i\}} \frac{1}{2}\sum_i \left\| \boldsymbol{u}_i - \pi(\boldsymbol{T}_{k,\mathrm{w}}, {}_{\mathrm{w}}\boldsymbol{p}_i) \right\|^2 \tag{9-61}$$

（4）深度估计

经过运动估计线程中 3 个步骤的处理，已经求出了当前帧的相机位姿，并对当前帧可视的地图云点进行了优化。当前帧从运动估计线程出来后要送入建图线程处理，主要是进行深度估计。如果条件满足，就将当前帧选为关键帧，并对其进行特征提取，然后利用三角化方法对提取出的特征点深度估计值初始化。而后续的当前帧不满足条件时，就可以用其对现有关键帧深度估计进行修正。每来一个当前帧，都可以与现有关键帧通过三角化得到一个深度估计值。多个当前帧图像进来之后，关键帧中的特征点深度估计值可以得到多个值，每个值相当于一次测量，利用贝叶斯估计很容易将这些多次测量的深度估计值进行融合，贝叶斯估计对多次测量融合的细节可以参考图 7-3 所示内容。以关键帧上某个特征点的深度为例，该特征点的深度已经进过前面的测量得到了一个深度值，并且该深度值还附带一个概率分布；接着进来一帧图像与关键帧进行三角化后又求出该特征点的一个深度值，该深度值也附带一个概率分布；那么将先前的深度值与刚求出的深度值进行贝叶斯估计融合，如图 9-59 所示。随着图像帧的不断进入，融合出的深度值概率分布将呈现出趋于收敛的样子，那么就可以将这些深度估计收敛的地图云点添加进地图。

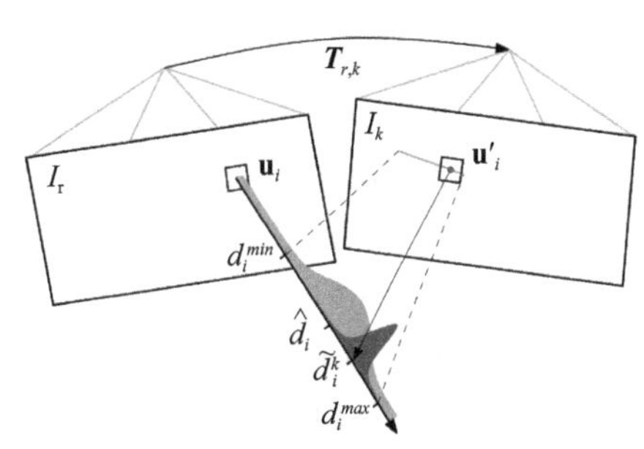

图 9-59　深度估计的贝叶斯融合

注：该图来源于文献［10］中的 Figure 5。

9.3.2　源码解读

由于开源出来的 SVO 是经过裁剪后的版本，并没有后端优化和闭环检测环节，严格意义上并不能称之为 SLAM 系统，确切点说只是一个 VO 而已。也就是说分析其源码㊀的意义不大，感兴趣的读者可以按照上面讲过的思路自行分析即可。

与 LSD-SLAM 一样，SVO 代码运行环境仅支持 ROS indigo + Ubuntu 14.04，而更新的 ROS 版本及 Ubuntu 版本下会出现一大堆无法修复的问题。所以也就不介绍 SVO 的安装运行过程了，感兴趣的读者可以按照文档㊁自行安装运行。

9.4　本章小结

本章选取了 ORB-SLAM2、LSD-SLAM 和 SVO，分别作为视觉 SLAM 算法中特征点法、直接法和半直接法的一种代表性算法进行分析。其中 ORB-SLAM2 具有较高的研究价值和商业价值，并且代码书写得非常规范易读，需要作为重点内容进行学习并掌握。而 LSD-SLAM 和 SVO 的代码存在较多瑕疵，仅需了解原理即可，不要求掌握。特征点法需要借助特征提取和特征匹配建立数据关联，然后最小化重投影误差；直接法则省去了特征提取和特征匹配步骤，直接在两帧图像的像素上建立数据关联，然后最小化光度误差；半直接法则是结合了特征点法和直接法的优势，提取特征点，然后利用直接法建立数据关联。

㊀ 参考 https://github.com/uzh-rpg/rpg_svo。

㊁ 参见 https://github.com/uzh-rpg/rpg_svo/wiki。

这里的关键概念是重投影误差和光度误差，一定要搞清楚两者的区别。

虽然激光 SLAM 和视觉 SLAM 已经能够覆盖到目前绝大部分的机器人应用了，但是还有一些其他类型的 SLAM 也备受关注，将在下一章中讨论。

参考文献

[1] DAVISON A J，REID I D，Molton N D，et al. MonoSLAM：real-time single camera SLAM［J］. IEEE Transactions on Pattern Analysis and Machine Intelligence，2007，29（6）：1052-1067.

[2] KLEIN G，MURRAY D. Parallel Tracking and Mapping for Small AR Workspaces［C］. New York：ACM，2008.

[3] MUR-ARTAL R，MONTIEL J M M，Tardos J D. ORB-SLAM：A Versatile and Accurate Monocular SLAM System［J］. IEEE Transactions on Robotics，2017，31（5）：1147-1163.

[4] MUR-ARTAL R，TARDOS J D. ORB-SLAM2：an Open-Source SLAM System for Monocular，Stereo and RGB-D Cameras［J］. IEEE Transactions on Robotics，2017，33（5）：1255-1262.

[5] NEWCOMBE R A，Lovegrove S J，Davison A J. DTAM：Dense tracking and mapping in real-time［C］. New York：IEEE，2011.

[6] ENGEL J，SCHPS T，Cremers D. LSD-SLAM：Large-scale direct monocular SLAM［C］. Berlin：Springer，2014.

[7] ENGEL J，STUCKLER J，CREMERS D. Large-scale direct SLAM with stereo cameras［C］. New York：IEEE，2015.

[8] CA RUSO D，ENGEL J，CREMERS D. Large-scale direct SLAM for omnidirectional cameras［C］. New York：IEEE，2015.

[9] ENGEL J，KOLTUN V，CREMERS D . Direct Sparse Odometry［J］. IEEE Transactions on Pattern Analysis & Machine Intelligence，2017，40（3）：611-625.

[10] FORSTER C，PIZZOLI M，D Scaramuzza*. SVO：Fast semi-direct monocular visual odometry［C］. New York：IEEE，2014.

[11] SLABAUGH G G. Computing Euler angles from a rotation matrix［EB/OL］. 1999［2021-03-25］. https://www.researchgate.net/publication/255631890_Computing_Euler_angles_from_a_rotation_matrix.

[12] HENDERSON D M. Euler angles，quaternions，and transformation matrices for space shuttle analysis［R/OL］.（1977-06-09）［2021-03-28］. https://ntrs.nasa.gov/citations/19770024290.

[13] TOMAS A，ERIC H，Naty H. Real Time Rendering［M］. 3rd ed. Massachusetts：Wellesley，2008.

[14] LAVALLE，Steven M. Planning Algorithms［M］. Cambridge University Press，2006.

[15] SOMMER H，GILITSCHENSKI I，BLOESCH M，et al. Why and How to Avoid the Flipped Quaternion Multiplication［J］. Aerospace，2018，5（3）.

[16] 邓恩，帕贝利，等. 3D 数学基础：图形与游戏开发［M］. 穆丽君，张俊，译. 北京：清华大学出版社，2005.

[17] HALL B. Lie Groups，Lie Algebras，and Representations：An Elementary Introduction［M］. 2nd

ed. Berlin：Springer，2015.

[18] SOLÀ，JOAN，DERAY J，et al. A micro Lie theory for state estimation in robotics [EB/OL]. 2018 [2020-09-20]. https://arxiv.org/abs/1812.01537.

[19] 摩雷 . 机器人操作的数学导论 [M]. 徐卫良，钱瑞明，译. 北京：机械工业出版社，1998.

[20] ABSIL P A，MAHONY R，SEPULCHRE R. Optimization Algorithms on Matrix Manifolds [M]. New Jersey：Princeton University Press，2008.

[21] STRASDAT H. Local accuracy and global consistency for efficient visual slam [D]. London：Imperial College London，2012.

[22] 高翔，张涛. 视觉 SLAM 十四讲：从理论到实践 [M]. 北京：电子工业出版社，2017.

[23] HARTLEY R，ZISSERMAN A. Multiple View Geometry in Computer Vision [M]. 2nd ed. University Press，2003.

[24] HARTLEY R I. In defense of the eight-point algorithm [J]. IEEE Transactions on Pattern Analysis & Machine Intelligence，1997，19 (6)：580-593.

[25] GAO X S，HOU X R，TANG J，et al. Complete solution classification for the perspective-three-point problem [J]. IEEE Transactions on Pattern Analysis & Machine Intelligence，2003，25 (8)：930-943.

[26] MORENO-NOGUER F，LEPETIT V，FUA P. Accurate Non-Iterative O (n) Solution to the PnP Problem [C]. New York：IEEE，2007.

[27] ARUN K S . Least-Squares Fitting of Two 3-D Point Sets [J]. IEEE Transactions on Pattern Analysis & Machine Intelligence，1987，PAMI-9 (5)：698-700.

[28] GALVEZ-LOPEZ D，TARDOS J D. Real-time loop detection with bags of binary words [C]. New York：IEEE，2011.

[29] GALVEZ-LÓPEZ D，TARDOS J D. Bags of Binary Words for Fast Place Recognition in Image Sequences [J]. IEEE Transactions on Robotics，2012，28 (5)：1188-1197.

[30] HORN，BERTHOLD K，et al. Closed-form solution of absolute orientation using unit quaternions [J]. Journal of the Optical Society of America A，1987，4 (4)：629-642.

[31] CAMPOS C，ELVIRA R，JUAN J，et al. ORB-SLAM3：An Accurate Open-Source Library for Visual，Visual-Inertial and Multi-Map SLAM [EB/OL]. 2020 [2020-12-23]. https://arxiv.org/abs/2007.11898.

CHAPTER 10

第 10 章

其他 SLAM 系统

除了前面讲到的激光 SLAM 和视觉 SLAM 这两大主流 SLAM 系统外，还有一些其他 SLAM 方案也备受关注，比如激光与视觉融合的 SLAM、视觉和 IMU 融合的 SLAM、基于深度学习的端到端 SLAM、基于模式识别的语义 SLAM 等，下面通过典型案例逐一介绍。

10.1 RTABMAP 算法

同前面介绍过的大多数算法一样，RTABMAP 也采用基于优化的方法来求解 SLAM 问题，系统框架同样遵循前端里程计、后端优化和闭环检测的三段式范式。这里重点讨论 RTABMAP 两大亮点：一个亮点是支持视觉和激光融合，另一个亮点是内存管理机制。下面将从原理分析、源码解读和安装与运行这 3 个方面展开讲解 RTABMAP 算法。

10.1.1 原理分析

在正式介绍 RTABMAP 的原理之前，先来看一下 RTABMAP 与其他一些 SLAM 框架的异同之处，如图 10-1 所示。

比较维度主要在输入（Inputs）和输出（Online Outputs）方面，常见的输入包括双目相机、RGB-D、多目相机、IMU、单线雷达（2D Lidar)、多线雷达（3D Lidar）和里程计，而输出包括位姿、二维占据地图（2D Occupancy)、三维占据地图（3D Occupancy）和点云地图。同前面已经介绍过的 Gmapping、Cartographer、ORB-SLAM2 等相比，可以说 RTABMAP 的表现近乎完美，RTABMAP 的输入支持视觉、激光（2D Lidar、3D Lidar）和里程计，而输出则支持位姿、二维占据地图、三维占据地图和点云地图。激光传感器的优点是可以直接感知环境障碍物信息并生成可以用于机器人自主导航的二维占据地图或三维占据地图，这也是为什么大多数能够进行自主导航的机器人用的都是激光 SLAM。视觉传感器的优点是感知到的信息量大，定位过程的位姿不易丢失。当然像 Stereo 和 RGB-D 这样能直接感知深度信息的视觉传感器，如果最终构建出来的是稠密点云地图，那么也可以将稠密点云地图转换成二维占据地图或三维占据地图后用于机器人自主导航。里程计能提供短期运动信息在局部建图过程为位姿估计提供预测信息，当环境特征缺失时里程计也能提供短期位姿估计。

	输入							输出			
	相机				雷达		里程计	位姿	占据地图		点云地图
	双目	RGB-D	多目	IMU	单线	多线			2D	3D	
GMapping					✓		✓	✓	✓		
TinySLAM					✓		✓	✓	✓		
Hector SLAM					✓			✓	✓		
ETHZASL-ICP					✓	✓	✓	✓	✓		稠密
Karto SLAM					✓		✓	✓	✓		
Lago SLAM					✓		✓	✓	✓		
Cartographer					✓	✓	✓	✓	✓		稠密
BLAM						✓		✓			稠密
SegMatch						✓					稠密
VINS-Mono				✓				✓			
ORB-SLAM2	✓	✓									
S-PTAM	✓							✓			稀疏
DVO-SLAM		✓						✓			
RGBiD-SLAM		✓									
MCPTAM	✓		✓					✓			稀疏
RGBDSLAMv2		✓					✓	✓		✓	稠密
RTAB-Map	✓	✓	✓		✓	✓	✓	✓	✓	✓	稠密

图 10-1　RTABMAP 与其他框架比较

注：该图来源于文献［1］中的 Table 1。

1. RTABMAP 系统框架

到这里就可以分析 RTABMAP 的系统框架了，结合算法原作者清晰的论文思路[1, 2]，很容易理解整个算法的组成架构，如图 10-2 所示。这个系统支持视觉、激光和里程计这 3 种传感器数据的输入，其中视觉是必备的传感器，激光是选配的传感器，而里程计由一个单独的 ROS 节点（Odometry Node）来提供。视觉传感器支持双目和 RGB-D，通过一个二选一选择器选择其中一种数据输入系统；如果以 RGB-D 作为输入，那么还可以支持多个同型号的 RGB-D 相机采集的多张图像一起输入系统。而选配的激光传感器支持单线激光雷达和多线激光雷达，单线激光雷达采用 LaserScan 数据格式作为输入，多线激光雷达采用 PointCloud 数据格式作为输入，同样通过一个二选一选择器选择其中一种数据输入系统。而里程计由外部单独的 ROS 节点来提供，具体形式可以是轮式里程计、视觉里程计、激光里程计等。最后还需要将视觉传感器、激光传感器、机器人底盘等之间的安装位置通过 tf 关系（比如 /odom->/base_footprint、/odom->/base_link、/base_link->/camera_link、/base_link->/laser_link 等）输入系统。由于各个数据是通过不同话题异步输入到系统的，因此这些异步话题数据需要先经过同步模块进行时间戳对齐。因为 RTABMAP 采用图结构来组织地图，而图结构包含节点和节点之间的连接边。经过同步后的传感器数据会存入 STM（Short-Term Memory，短期内存）模块，其实就是为每一帧传感器数据创建一个节点，该节点中存储的内容包括该帧对应的里程计位姿、该帧所有传感器的观测数据（视觉和激光）以及其他一些有用信息，比如在该帧上提取出的视觉单词、局部地图等）。而节点之间的连接边分为 3 种，即相邻连接边、闭环连接边和相似连接边。相邻连接边里程计能直接获得相邻节点之间的位姿变换关系，闭环连接边基于视觉词袋的闭环检测和多视图几何计算出当前节点与闭环节点之间的位姿变换关系，而相似连接通过计算激光扫描帧的相似性来进行激光闭环检测。在走廊这样的特殊情景中，虽然机器人来回运动经过同一个地点，但是视觉观测数据不相同，即机器人的朝向会影响视觉闭环检测，而激光闭环检测则不受机器人朝向的影响。当检测到闭环时，所有的节点和约束边会被送入图优化模块进行全局优化，优化过程能对当前机器人里程计位姿漂移进行修正（里程计修正量通过 tf 关系 /map->odom 发布），而经过修正后的节点中存储的各个局部地图就可以用于全局地图集成，最终输出的全局地图有 3 种格式，即 OctoMap（3D Occupancy Grid）、Point Cloud 和 2D Occupancy Grid。

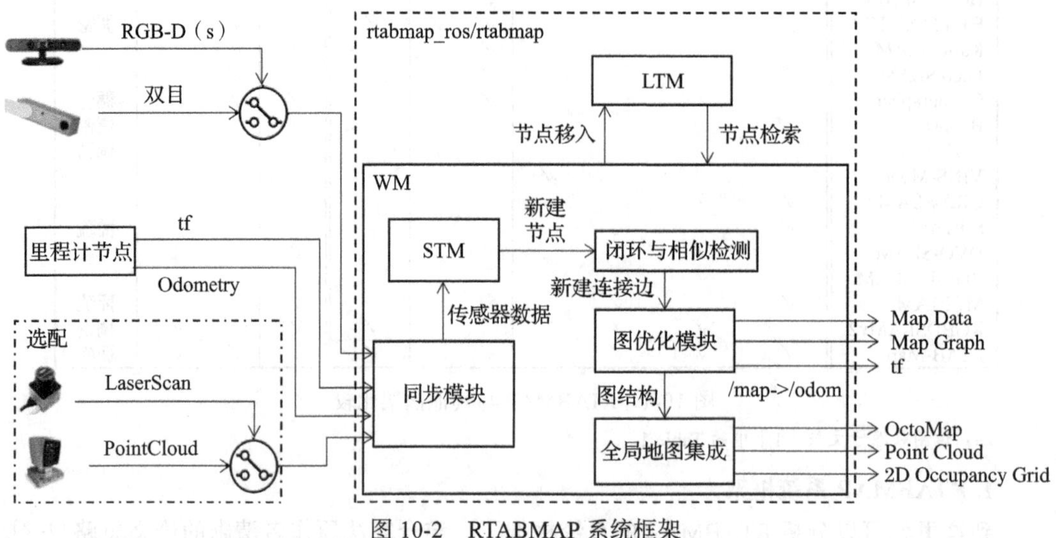

图 10-2 RTABMAP 系统框架

注：该图来源于文献［1］中的 Figure 1。

2. 内存管理机制

RTABMAP 采用图结构来组织地图，也就是每进来一帧传感器数据都会创建一个对应节点来存储相关数据，当建图规模很大时，所创建的节点数量将非常巨大，如果在全部节点上搜索闭环和做全局优化计算则实时性会很糟糕。RTABMAP 的内存管理机制其实就是分级管理这些节点，以保证大规模地图上闭环检测和全局优化的实时性。内存管理机制将地图中的节点分成 STM、WM（Working Memory，工作内存）和 LTM（Long-Term Memory，长期内存）这 3 个级别来管理，可以简单理解成 STM 存储局部地图的节点和 WM 存储全局地图的节点，而 LTM 存储暂时与全局地图无关的不重要节点。可以发现，RTABMAP 的内存管理机制与 ORB-SLAM3 的 ATLAS 机制有异曲同工之妙。如图 10-3 所示，每个节点都包含传感器观测数据、里程计位姿、基于时间戳顺序的编号、描述节点重要性的权重、节点之间的连接边等，横向的箭头是节点间的相邻连接边，竖向的箭头是节点间的闭环连接边，处于 STM 中的节点为灰色，处于 WM 中的节点为白色，处于 LTM 中的节点为黑色，其中编号 455 的节点是当前机器人位姿。

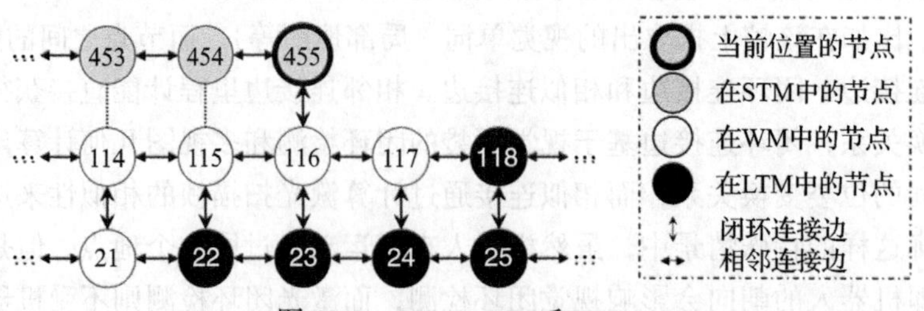

图 10-3 STM、WM 和 LTM

注：该图来源于文献［2］中的 Figure 1。

接下来介绍一下内存管理机制的具体过程，如图 10-4 所示。传感器数据首先经过 SM（传感器内存）模块进行预处理，也就是精简数据维度、提取特征、从里程计中算出当前位姿等。经过预处理后的数据创建成新节点加入 STM，如果该节点与前一个刚加入 STM 的节点相似度很高，那么就利用权重更新方法对两个节点进行融合。当 STM 中的节点数量达到上限后，会将最早进入 STM 的节点移入 WM 中。闭环检测会在 WM 中搜索与当前节点相似的节点，由于 STM 中节点相邻关系相似度本身就很高，因此闭环检测的搜索范围并不包含 STM。WM 中的闭环搜索过程涉及贝叶斯滤波和视觉词袋：视觉词袋用于计算两个节点之间的相似度，而贝叶斯滤波器通过概率维护这些节点的相似度。当 WM 中的节点数量达到上限后，会将最早进入 WM 的节点移入 LTM 中，而在 WM 中检测闭环时，相似度概率最高的那个节点的相邻连接节点，如果在 LTM 中，则会被重新移入 WM。

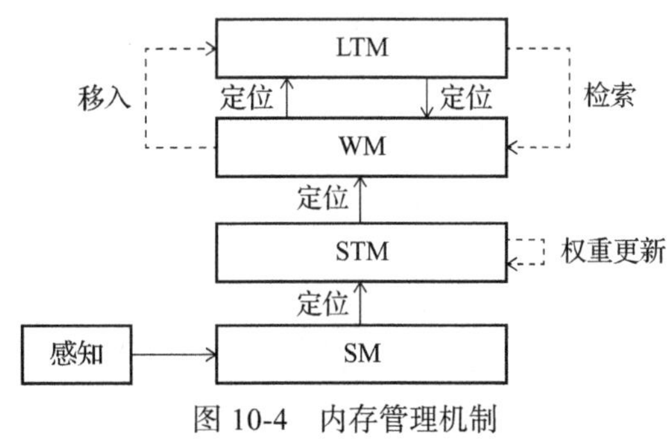

图 10-4 内存管理机制

注：该图来源于文献［2］中的 Figure 2。

3. 里程计节点

通过一个单独的 ROS 节点来为 RTABMAP 提供里程计信息，里程计信息最直接的来源就是轮式里程计。当没有轮式里程计或者其精度不够时，就需要启用视觉里程计或者激光里程计。视觉里程计可以用 F2F（Frame-to-Frame）或者 F2M（Frame-to-Map）来实现。F2F 其实就是利用图像帧到图像帧之间的特征点配准来计算位姿变换，F2M 是利用图像帧到地图之间的特征点配准来计算位姿变换，这部分内容已经在第 9 章中系统讲解过了，不再赘述。同样，激光里程计可以用 Scan-to-scan（S2S）或者 Scan-to-map（S2M）来实现，Scan-to-scan 其实就是利用激光扫描帧到激光扫描帧之间的轮廓配准来计算位姿变换，Scan-to-map 是利用激光扫描帧到地图之间的轮廓配准来计算位姿变换，这部分内容已经在第 8 章中系统讲解过了，不再赘述。RTABMAP 中的视觉里程计和激光里程计具体实现如图 10-5 和图 10-6 所示。在有轮式里程计时，用轮式里程计 /odom->/base_link 为激光里程计提供运动预测值，而激光里程计位姿更新 /odom_icp->/odom 又可以反过来修正轮式里程计的漂移。

4. 局部地图

当 STM 中一个新的节点被创建时，会利用深度图像、激光扫描数据、点云数据等生成一个对应的局部地图。局部地图是基于机器人本身坐标系构建的，而全局地图是基于世界坐标系构建的，两者通过机器人坐标系到世界坐标系的变换关系进行转换。RTABMAP 根据不同的传感器搭配而处于不同的工作模式，下面介绍几种常见的模式来说明机器人坐标系与世界坐标系的变换关系。

最简单的工作模式就是只用一个 RGB-D 传感器，如图 10-7 所示。由于这种模式下没有轮式里程计，因此需要创建单独的里程计节点 rgbd_odometry，并利用 RGB-D 传感器输出的图像提供视觉里程计（/odom->/base_link），而传感器在机器人上的静态 tf 关系（/base_link->/camera_link 和 /camera_link->/camera_rgb_optical_frame）需要事先给定。算法主节点 rtabmap 则利用闭环检测和全局优化来维护机器人的全局位姿，具体是通过发布机器人坐标系与世界坐标系的变换关系（/map->/odom）来实现。

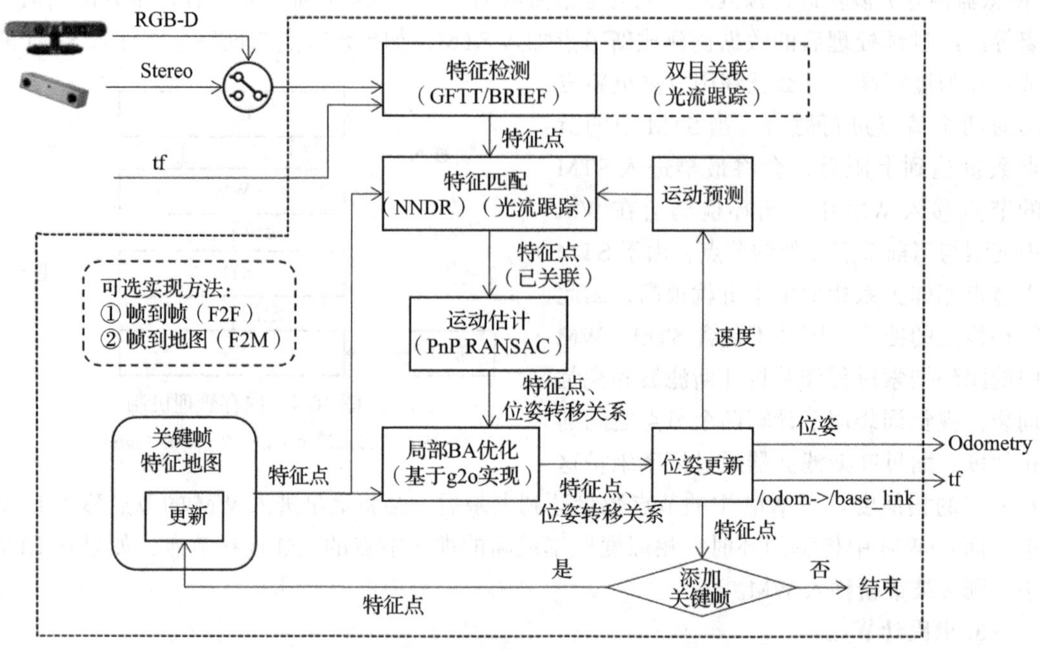

图 10-5 视觉里程计

注：该图来源于文献［1］中的 Figure 2。该框图包含算法的几种情况，每种情况用颜色区分，读者可参考原图。

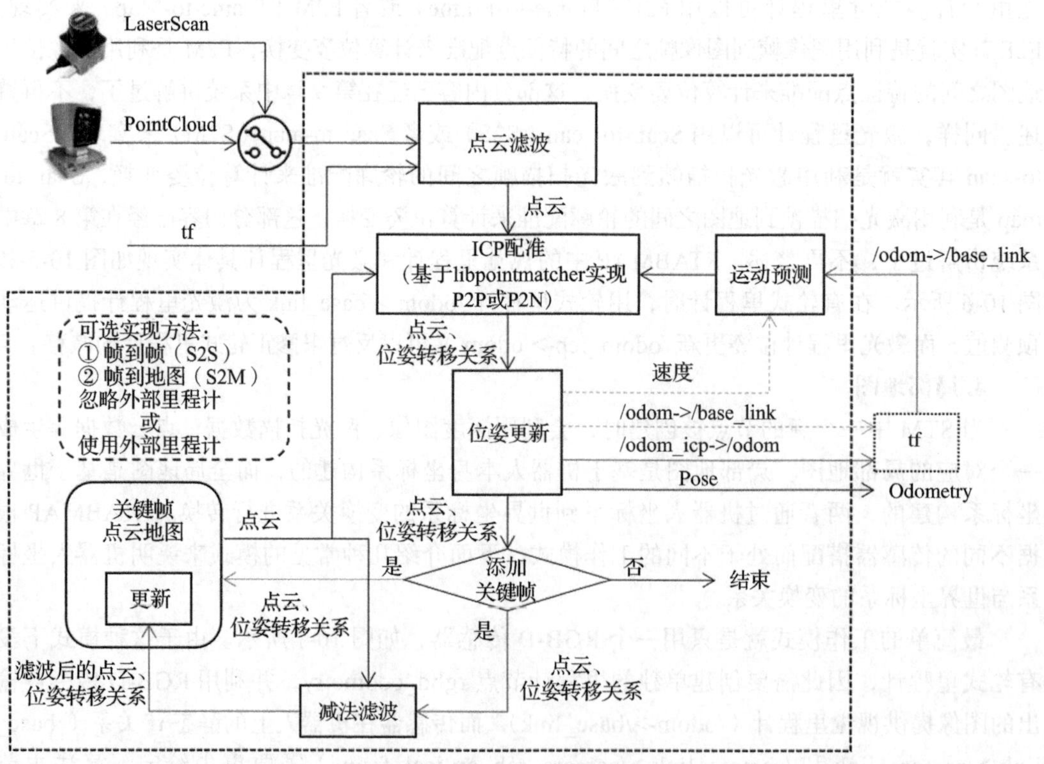

图 10-6 激光里程计

注：该图来源于文献［1］中的 Figure 3。该框图包含算法的几种情况，每种情况用颜色区分，读者可参考原图。

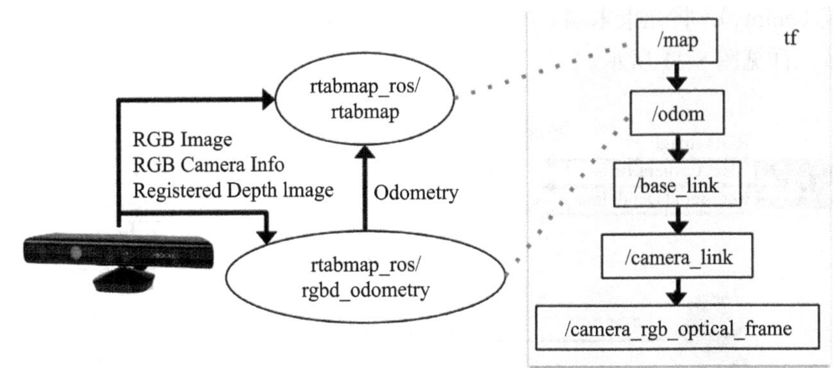

图 10-7　搭载 RGB-D 传感器的工作模式

注：该图来源于文献［1］中的 Figure 4。

当然也可以只用一个双目相机，如图 10-8 所示。同样需要创建单独的里程计节点 stereo_odometry，并利用双目传感器输出的图像提供视觉里程计（/odom->/base_link），其余流程与只用一个 RGB-D 传感器相同，不再赘述。

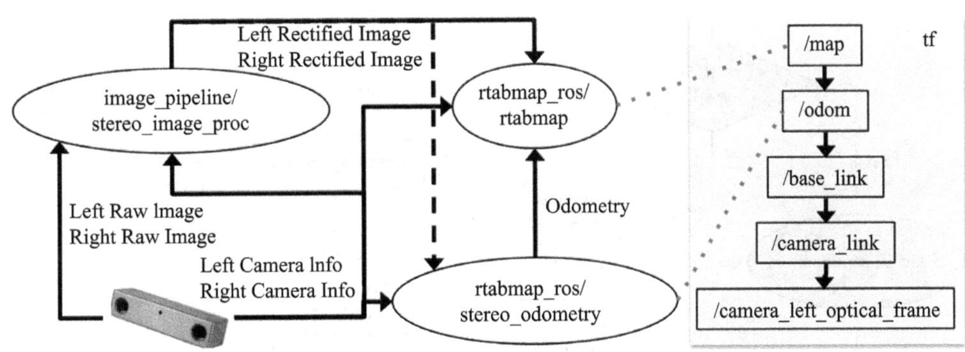

图 10-8　搭载双目传感器的工作模式

注：该图来源于文献［1］中的 Figure 5。

当然同时搭载 RGB-D、单线激光雷达和轮式里程计会更常见，如图 10-9 所示。轮式里程计能直接提供里程计（/odom->/base_footprint），其余流程与只用一个 RGB-D 传感器相同，不再赘述。当然这些传感器还有一些别的组合方式，不再一一介绍，详见官方教程㊀。

根据不同的配置参数，可以选择 RTABMAP 来构建二维局部地图（2D local occupancy grid）或三维局部地图（3D local occupancy grid），如图 10-10 所示。参数 Grid/FromDepth 决定了是用激光雷达还是视觉深度图来生成局部地图。而多线激光雷达和视觉深度图一样，二维和三维地图都可以生成，通过参数 Grid/3D 来决定。如果选择生成三维地图，可以直接用三维点云来创建三维局部地图，也可以将三维点云经过三维光束模型 3D Ray Tracking 处理来创建三维局部地图。而如果选择生成二维地图，需要先将三维点云投影到二维平面，然后直接用二维点云来创建二维局部地图，也可以将二维点云经过二维光束模型（2D Ray Tracking）处理来创建二维局部地图。所谓光束模型，就是将传感器光束路径经过的栅格标

㊀　参见 http://wiki.ros.org/rtabmap_ros/Tutorials/SetupOnYourRobot。

记成空区域（empty），将光束末端处的栅格标记成障碍区域，以及将光束未探测的栅格标记成未知区域，详见图 8-11 所示。

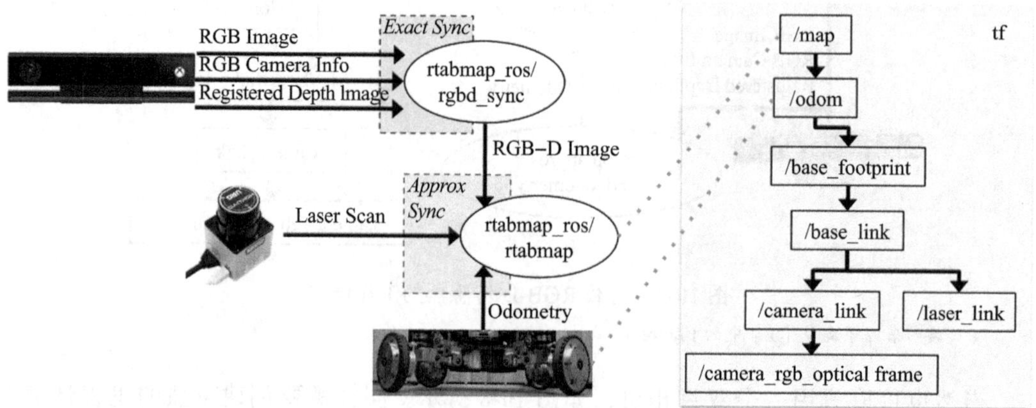

图 10-9　搭载 RGB-D、单线激光雷达和轮式里程计的工作模式

注：该图来源于文献［1］中的 Figure 6。

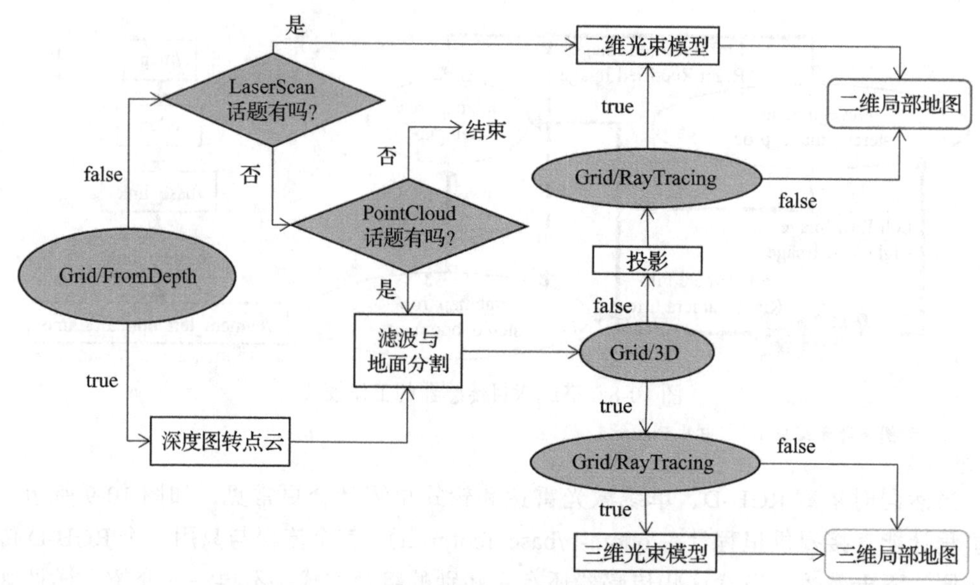

图 10-10　选择生成二维或三维局部地图

注：该图来源于文献［1］中的 Figure 7。

5. 闭环检测与图优化

局部建图所基于的里程计，不管是轮式里程计还是视觉里程计或激光里程计都存在累积误差，因此需要进行回环检测和全局优化。RTABMAP 中的回环检测包括视觉闭环（Loop Closure）检测和激光相似检测。全局优化采用位姿图优化。视觉闭环基于视觉词袋模型和贝叶斯滤波器，视觉词袋模型主要用于快速计算当前位姿节点与候选节点的相似度（参见第 9 章），而贝叶斯滤波器用于维护所有候选节点相似度的概率分布。设当前位姿节点为 L_t，将 WM 中待检测的所有候选节点看成整体，并用一个随机变量 S_t 来描述，那么随机变量 $S_t=i$ 的概率就表示 L_t 与 L_i 闭环的可能性大小。根据贝叶斯公式，就可以得到 S_t 的概率更新公式，如式（10-1）所示。其中 $L^t = L_{-1}, \cdots, L_t$ 表示 t 时刻 WM 中所有的节点，而观测模型 $P(L_t \mid S_t)$ 可以通过似然函数 $\ell(S_t = j \mid L_t) = P(L_t \mid S_t = j)$ 来计算。

$$P(S_t \mid L^t) = \eta \underbrace{P(L_t \mid S_t)}_{\text{观测过程}} \underbrace{\sum_{i=-1}^{t_n} \underbrace{P(S_t \mid S_{t-1} = i)}_{\text{转移过程}} P(S_{t-1} = i \mid L^{t-1})}_{\text{置信度}} \tag{10-1}$$

将更新后的 $P(S_t \mid L^t)$ 进行归一化，如果 $P(S_t = -1 \mid L^t) < T_{\text{loop}}$，阈值 T_{loop} 可以通过实验确定，即当前位姿节点 L_t 为 WM 中新出现的节点的可能性很低，那么闭环检测成功。将 $P(S_t \mid L^t)$ 中概率取值最高的 $S_t = i$ 对应的节点 L_i 挑选为闭环节点。最后将 WM 中所有的节点和约束边（相邻边、视觉闭环边、激光相似边）送入图优化模块进行全局优化，优化过程会对所有节点的里程计位姿进行修正。RTABMAP 中集成了 TORO、g2o 和 GTSAM 这 3 种图优化工具：在多单元协同构图（multi-session mapping）中，TORO 比 g2o 和 GTSAM 更稳定；在单构图中，g2o 和 GTSAM 更稳定。

6. 全局地图

当全局优化完成后，就可以基于各个节点的里程计位姿，将各个局部地图拼接起来得到一张全局地图，如图 10-11 所示。根据不同的需求有多种拼接方法，而拼接过程中，局部地图间的重叠部分通过体素滤波器（voxel filter）进行融合。对于导航来说，还需要将地图中的地面区域分割出来。

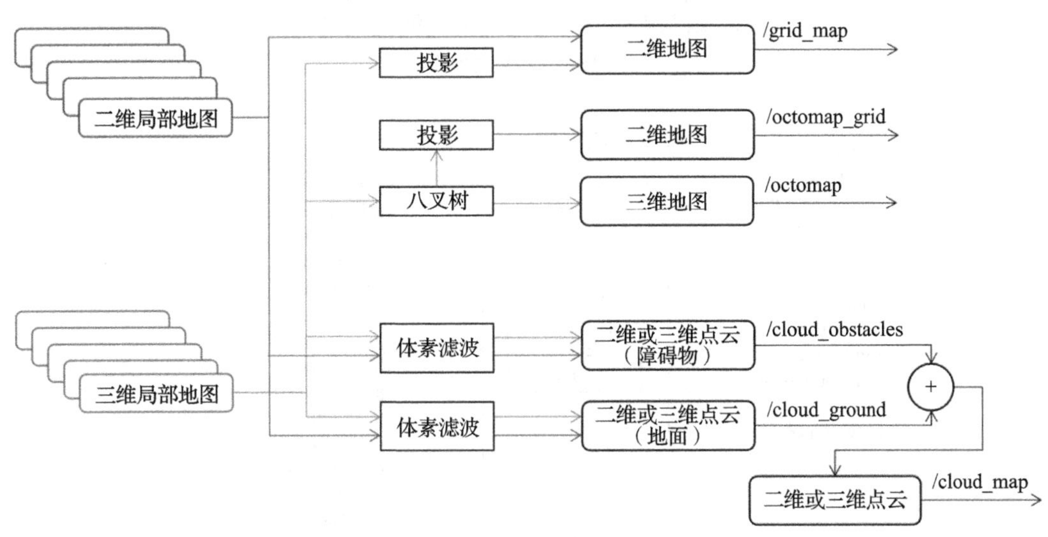

图 10-11 局部地图拼接

注：该图来源于文献［1］中的 Figure 8。

图 10-12 展示了 3 种途径获得的局部地图。图 10-13 展示了拼接出来的二维全局地图和三维全局地图的效果。

10.1.2 源码解读

RTABMAP 的代码框架如图 10-14 所示。与前面已经分析过的算法类似，RTABMAP

的代码由接口部分和核心库部分组成。rtabmap_ros 功能包[1]实现了算法的 ROS 接口，其中的主节点 rtabmap 负责启动算法主逻辑，而算法的底层具体实现被封装在 rtabmap 核心库[2]之中。

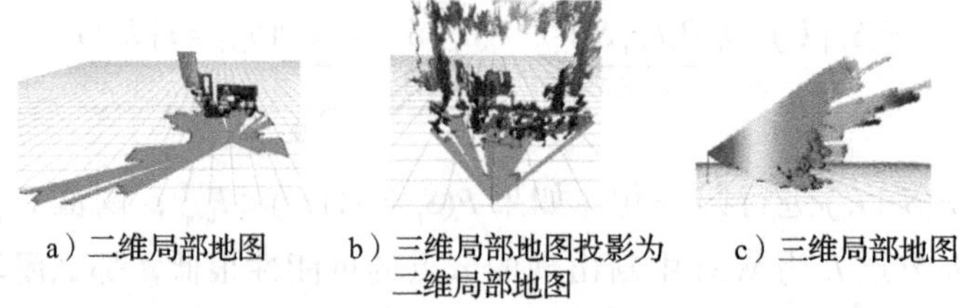

a）二维局部地图　　b）三维局部地图投影为二维局部地图　　c）三维局部地图

图 10-12　局部地图

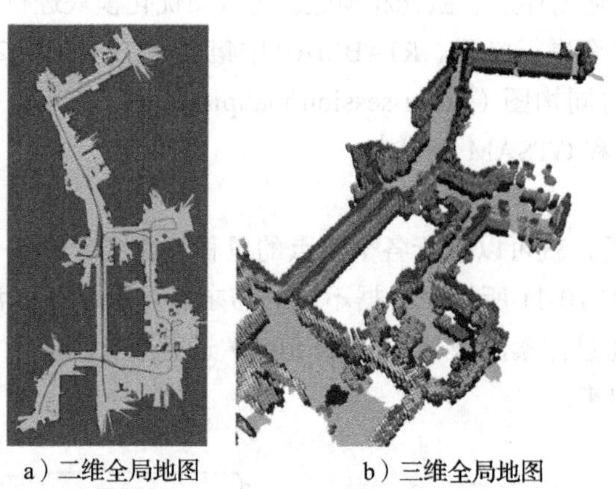

a）二维全局地图　　b）三维全局地图

图 10-13　全局地图

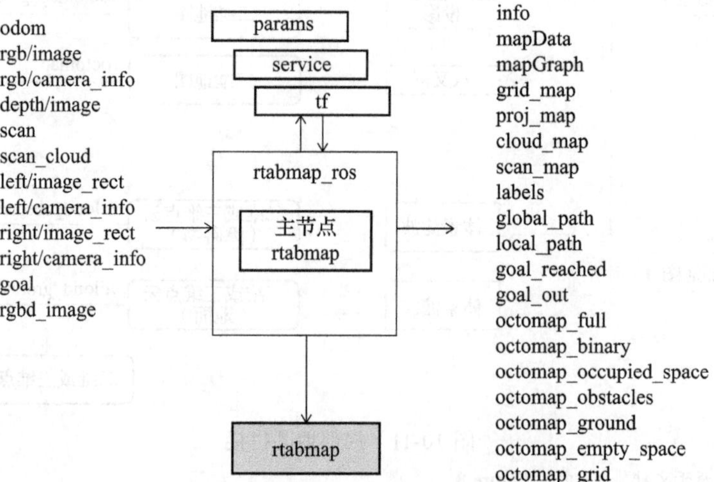

图 10-14　RTABMAP 代码框架

1. rtabmap_ros 功能包

值得注意的是，rtabmap_ros 功能包中包含多个节点，除了建图主节点 rtabmap 外，还

---

[1] 参见 https://github.com/introlab/rtabmap_ros。

[2] 参见 https://github.com/introlab/rtabmap。

有很多额外节点可以在不同用途中发挥作用，这里就对 rtabmap_ros 功能包中所有节点进行总结，方便读者查阅与更深入地研究，如表 10-1 所示。

表 10-1　rtabmap_ros 功能包中包含的节点

节点	源码	功能
rtabmap	src/CoreNode.cpp	建图主节点
rtabmapviz	src/GuiNode.cpp src/GuiWrapper.cpp src/PreferencesDialogROS.cpp	建图结果可视化
rgbd_odometry	src/RGBDOdometryNode.cpp	提供视觉或激光里程计
stereo_odometry	src/StereoOdometryNode.cpp	
rgbdicp_odometry	src/RGBDICPOdometryNode.cpp	
icp_odometry	src/ICPOdometryNode.cpp	
rgbd_sync	src/RGBDSyncNode.cpp	相机图像数据预处理
stereo_sync	src/StereoSyncNode.cpp	
rgb_sync	src/RGBSyncNode.cpp	
rgbd_relay	src/RGBDRelayNode.cpp	
camera	src/CameraNode.cpp	从相机或文件获取图像数据
stereo_camera	src/StereoCameraNode.cpp	
data_player	src/DbPlayerNode.cpp	播放数据集
map_optimizer	src/MapOptimizerNode.cpp	地图优化
map_assembler	src/MapAssemblerNode.cpp	地图拼接
point_cloud_assembler	src/PointCloudAssemblerNode.cpp	点云拼接
imu_to_tf	src/ImuToTFNode.cpp	数据转换
odom_msg_to_tf	src/OdomMsgToTFNode.cpp	
pointcloud_to_depthimage	src/PointCloudToDepthImageNode.cpp	
wifi_signal_pub	src/WifiSignalPubNode.cpp	在建图时添加用户数据
wifi_signal_sub	src/WifiSignalSubNode.cpp	
save_objects_example	src/SaveObjectsExample.cpp	物体识别示例
external_loop_detection_example	src/ExternalLoopDetectionExample.cpp	外部闭环示例

对于一些实时性要求较高的节点，rtabmap_ros 功能包专门基于 nodelet 机制[1]进行了重新实现（参见 1.5 节）。对于诸如传输图像这样大规模数据的场景，非常有必要采用 nodelet 机制来保证实时性。为了能动态地将要通信的节点加载为 nodelet，其采用了插件机制[2]实现。ROS 支持功能包动态加载和卸载，这个功能由一个 C++ 的 pluginlib 库来实现，无须改动源码和重编译。rtabmap_ros 功能包还使用了插件对 costmap_2d 和 rviz 的功能进行扩展，读者可以查看相应的插件注册信息。为方便读者查阅与更深入地研究，rtabmap_ros 功能包中包含的插件如表 10-2 所示。

[1] 参见 http://wiki.ros.org/nodelet。

[2] 参见 http://wiki.ros.org/pluginlib。

表 10-2 rtabmap_ros 功能包中包含的插件

类名		源码
nodelet	rtabmap_ros/rgbd_odometry	src/nodelets/*
	rtabmap_ros/stereo_odometry	
	rtabmap_ros/rgbdicp_odometry	
	rtabmap_ros/icp_odometry	
	rtabmap_ros/data_throttle	
	rtabmap_ros/stereo_throttle	
	rtabmap_ros/data_odom_sync	
	rtabmap_ros/point_cloud_xyzrgb	
	rtabmap_ros/point_cloud_xyz	
	rtabmap_ros/disparity_to_depth	
	rtabmap_ros/pointcloud_to_depthimage	
	rtabmap_ros/obstacles_detection	
	rtabmap_ros/obstacles_detection_old	
	rtabmap_ros/point_cloud_aggregator	
	rtabmap_ros/point_cloud_assembler	
	rtabmap_ros/rgbd_sync	
	rtabmap_ros/rgbd_relay	
	rtabmap_ros/stereo_sync	
	rtabmap_ros/rgb_sync	
	rtabmap_ros/undistort_depth	
	rtabmap_ros/imu_to_tf	
	rtabmap_ros/rtabmap	src/CoreWrapper.cpp
costmap_2d	rtabmap_ros::StaticLayer	src/costmap_2d/*
	rtabmap_ros::VoxelLayer	
rviz	rtabmap_ros::MapCloudDisplay	src/rviz/*
	rtabmap_ros::MapGraphDisplay	
	rtabmap_ros::InfoDisplay	
	rtabmap_ros::OrbitOrientedViewController	

上面这些 rtabmap_ros 功能包中的节点和插件，都通过 launch 文件进行启动或加载，并对这些节点或插件的可配置参数进行设置，这些具体接口和参数的说明请参考官方文档㊀。由于不断有新功能和特性加入 rtabmap_ros 功能包，读者如果在官方文档中查不到对应的内容，可结合源码自行研究。由于篇幅限制，下面仅对 rtabmap_ros 功能包中的主节点 rtabmap 展开分析，先来看一下其运行时的调用流程，如图 10-15 所示。

㊀ 参见 http://wiki.ros.org/rtabmap_ros。

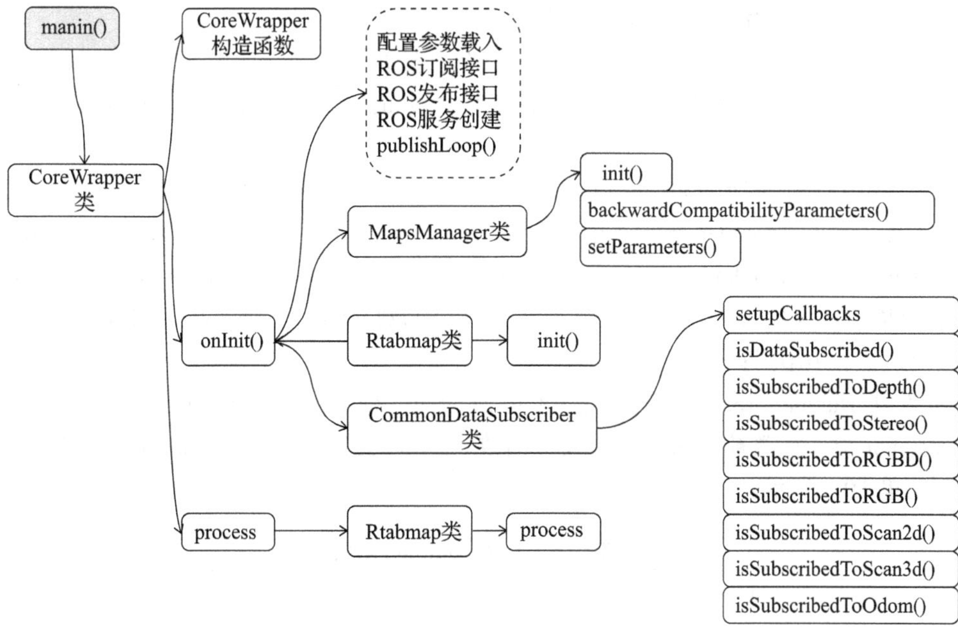

图 10-15 rtabmap 主节点调用流程

由于篇幅限制，下面就以代码的主要调用为线索，摘录关键代码进行解读，为了便于阅读，摘录出的代码保持原有的行号不变。首先来看 rtabmap_ros 功能包中 rtabmap_ros/src/CoreNode.cpp 里面的 mian() 函数，如代码清单 10-1 所示。

代码清单 10-1 main() 函数

```
37 int main(int argc, char** argv)
38 {
39   ROS_INFO("Starting node...");
40
41   ULogger::setType(ULogger::kTypeConsole);
42   ULogger::setLevel(ULogger::kWarning);
43
44   ros::init(argc, argv, "rtabmap");
45
46   nodelet::V_string nargv;
47   for(int i=1;i<argc;++i)
...
91   nodelet::Loader nodelet;
92   nodelet::M_string remap(ros::names::getRemappings());
93   std::string nodelet_name = ros::this_node::getName();
94   nodelet.load(nodelet_name, "rtabmap_ros/rtabmap", remap, nargv);
95   ROS_INFO("rtabmap %s started...", RTABMAP_VERSION);
96   ros::spin();
97
98   return 0;
99 }
```

第 39 行，是进入程序后的一个欢迎词，用 ROS_INFO 打印出来。

第 41 ～ 42 行，用户日志管理的一些设置。

第 44 行，这个是 ROS 节点运行必需的一个前置语句。

第 46 ～ 90 行，将启动程序时传入的外部参数 argv 解析出来，稍后将用于节点的初始化。

第 91 ～ 95 行，创建 nodelet::Loader 类的对象 nodelet，然后利用 nodelet.load() 方法将插件类 rtabmap_ros/rtabmap 载入。也就是说，rtabmap 主节点其实都封装在插件类 rtabmap_ros/rtabmap 之中。nodelet.load() 的具体执行过程要结合 nodelet 源码和 pluginlib 源码才能完全搞清楚，过程比较复杂，大家只要知道这个函数执行后，载入的插件类的成员函数 onInit() 会被自动调用即可。

插件类 rtabmap_ros/rtabmap，也就是 rtabmap_ros/src/CoreWrapper.cpp 中所定义的 CoreWrapper 类。该类被载入后，其成员函数 onInit() 会被调用，来完成各项初始化工作，如代码清单 10-2 所示。

代码清单 10-2　onInit() 函数

```
133 void CoreWrapper::onInit()
134 {
135   ros::NodeHandle & nh = getNodeHandle();
136   ros::NodeHandle & pnh = getPrivateNodeHandle();
137
138   mapsManager_.init(nh, pnh, getName(), true);
...
587   //初始化 rtabmap
588   rtabmap_.init(parameters_, databasePath_);
...
656   setupCallbacks(nh, pnh, getName()); //在最后执行这条语句
...
741   userDataAsyncSub_ = nh.subscribe("user_data_async", 1, &CoreWrapper::
        userDataAsyncCallback, this);
742   globalPoseAsyncSub_ = nh.subscribe("global_pose", 1, &CoreWrapper::
        globalPoseAsyncCallback, this);
743   gpsFixAsyncSub_ = nh.subscribe("gps/fix", 1, &CoreWrapper::gpsFixAsyn
        cCallback, this);
744 #ifdef WITH_APRILTAG_ROS
745   tagDetectionsSub_ = nh.subscribe("tag_detections", 1, &CoreWrapper::
        tagDetectionsAsyncCallback, this);
746 #endif
747   imuSub_ = nh.subscribe("imu", 100, &CoreWrapper::imuAsyncCallback, this);
748 }
```

第 138 行，mspsManager_ 是 MapsManager 类的对象，这里调用其成员函数 init() 进行初始化。

第 588 行，rtabmap_ 是 Rtabmap 类的对象，这里调用其成员函数 init() 进行初始化。其实整个代码中有多个地方出现了 rtabmap 命名，有的指代整个代码工程名、有的指代作用域名、有的指代类名等，很容易混淆，需要格外注意。

第 656 行，setupCallbacks() 是 CommonDataSubscriber 类的成员函数，其根据配置参

数来让订阅器订阅对应传感器数据。

第 741 ～ 747 行，这里还会订阅一些额外的传感器数据。比如：建图过程中用户想加入的自定义数据 user_data_async，其中一个典型的就是 WiFi 信号强度[㊀]；通过别的方式获取到的全局定位数据 global_pose ；外部 GPS 提供的定位数据 gps/fix ；人工加入环境的标记，比如二维码标签 tag_detections ；额外的惯导数据 imu。当然在正常模式下，只需要用 setupCallbacks() 中订阅的数据就能正常建图了，这里的额外数据是为高阶应用而准备的。整个 onInit() 函数中还有大量对载入参数的处理、其他 ROS 话题订阅器、ROS 话题发布器、ROS 服务发布器等代码段，篇幅受限都予以省略。

2. rtabmap 核心库

由于 rtabmap 核心库支持 Windows、Linux、Mac、Android 等多平台，代码为了考虑各种兼容性，因此十分复杂。这里主要对 rtabmap/corelib/src/Rtabmap.cpp 中的 Rtabmap 类进行分析，先来看一下其运行时的调用流程，如图 10-16 所示。

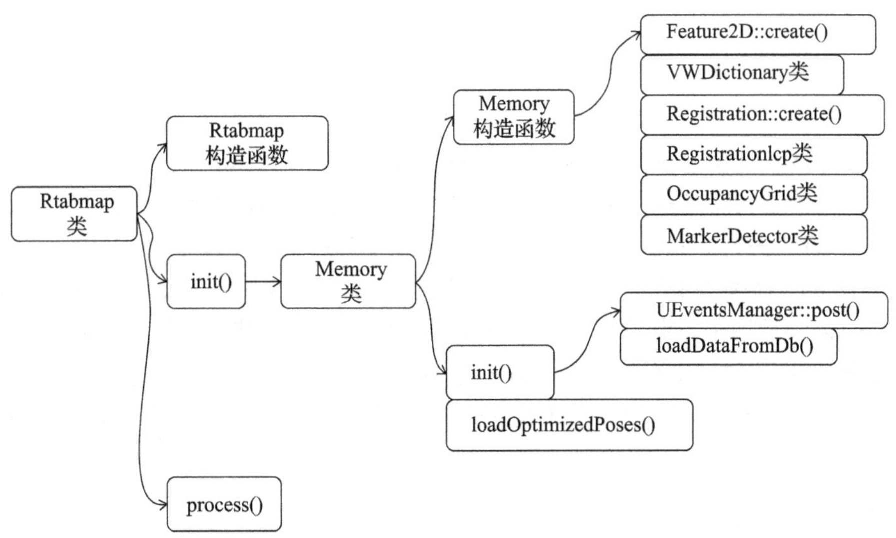

图 10-16　rtabmap 核心库调用流程

其中 init() 和 process() 是 Rtabmap 类中最主要的两个函数，Rtabmap 类的 init() 通过调用 Memory 类来启动整个算法的内存管理机制。而局部建图、闭环检测和全局优化这些主逻辑在 Rtabmap 类的 process() 之中，遗憾的是，该函数非常复杂，对于学习开发很不友好。

10.1.3　安装与运行

rtabmap 核心库的 ROS 版本已支持 noetic，而 rtabmap_ros 的 ROS 版本已支持 ros2，可以说 RTABMAP 是版本更新最及时的一个 SLAM 框架了。

1. RTABMAP 安装

由于 RTABMAP 已经被纳入 ROS 的标准内置包了，可以通过 apt 的方式直接安装编译好的 RTABMAP 二进制包到电脑上。当然 RTABMAP 也提供 Docker 包，通过 Docker 快速

㊀ 参见 http://wiki.ros.org/rtabmap_ros/Tutorials/WifiSignalStrengthMappingUserDataUsage。

部署。不过考虑大家学习的需要，下面介绍另一种源码安装的方式，安装步骤参考自官方教程[㊀]。

（1）安装依赖项

一个巧妙的方法是先用 apt 安装 RTABMAP 二进制包，这时必要依赖项会自动安装，然后卸载 RTABMAP 二进制包。

```
sudo apt install ros-melodic-rtabmap ros-melodic-rtabmap-ros
sudo apt remove ros-melodic-rtabmap ros-melodic-rtabmap-ros
```

还有一些可选的依赖项需要安装。如果你需要使用 OpenCV3 中的 nofree 模块（比如 SIFT、SURF 之类的），就需要将 OpenCV 和 opencv_contrib 源码分别下载下来进行编译安装，这部分内容在第 3 章有介绍。

其次是 g2o 和 GTSAM，g2o 可以通过 apt 直接安装，而 GTSAM 可以通过源码和 PPA 两种方式[㊁]安装。

```
# 安装 g2o
sudo apt install ros-melodic-libg2o
```

如果使用 PPA 方式安装 GTSAM，则 GTSAM 默认使用其内嵌的 Eigen，后面 rtabmap 核心库编译到 GTSAM 相关代码时会出现系统 Eigen 和 GTSAM 内嵌 Eigen 的版本冲突，所以必须用源码方式安装 GTSAM，这样可以在编译时指定 GTSAM 使用系统 Eigen，而不是自带的 Eigen。另外，系统 Eigen 版本也要注意，在 9.1.3 节中安装 ORB-SLAM2 时手动将 Ubuntu18.04 中系统默认的 Eigen 3.3.4 替换成了低版本的 Eigen 3.2.10，这里必须将默认的 Eigen 3.3.4 还原回来。由于 Ubuntu18.04 默认的 Eigen 只安装在路径 /usr/include/eigen3，考虑其他程序引用方式的不同，因此需要将 /usr/include/eigen3/Eigen 复制到上一级目录，并将 /usr/include/eigen3 和 /usr/include/Eigen 都复制一份放到 /usr/local/include。其实，该操作与 9.1.3 节中的类似。

```
# 取别名来移除 Eigen3.2.10，并还原系统自带的 Eigen3.4.4
# 如果没有改动系统自带 Eigen，则可以忽略这一步
sudo mv -f /usr/include/eigen3 /usr/include/eigen3.bak-3.2.10
sudo mv -f /usr/include/Eigen /usr/include/Eigen.bak-3.2.10
sudo mv -f /usr/include/eigen3.default.bak /usr/include/eigen3
# 路径复制
sudo cp -rf /usr/include/eigen3/Eigen /usr/include/
sudo cp -rf /usr/include/eigen3 /usr/local/include/
sudo cp -rf /usr/include/Eigen /usr/local/include/
# 下载 GTSAM 源码
git clone https://github.com/borglab/gtsam.git
# 编译安装
cd gtsam
mkdir buid
cd build
# 设置 GTSAM 中使用系统的 Eigen，而不是自带的 Eigen，其实就是将 GTSAM_USE_SYSTEM_EIGEN 参
```

㊀ 参见 https://github.com/introlab/rtabmap_ros/blob/master/README.md。

㊁ 参见 https://gtsam.org/get_started/。

```
 # 数设置为 ON
cmake -DGTSAM_USE_SYSTEM_EIGEN=ON ..
sudo make install
```

如果你准备用雷达，则还需要安装 libpointmatcher。安装教程[⊖]稍微有点复杂，下面具体介绍。

```
# 安装依赖 Boost
sudo apt-get install libboost-all-dev
# 安装依赖 eigen3
sudo apt-get install libeigen3-dev
# 安装依赖 libnabo
cd ~/
git clone git://github.com/ethz-asl/libnabo.git
cd libnabo
SRC_DIR=$PWD
BUILD_DIR=${SRC_DIR}/build
mkdir -p ${BUILD_DIR} && cd ${BUILD_DIR}
cmake -DCMAKE_BUILD_TYPE=RelWithDebInfo ${SRC_DIR}
make
make test
sudo make install
# 安装 libpointmatcher
cd ~/
git clone git://github.com/ethz-asl/libpointmatcher.git
cd libpointmatcher
SRC_DIR=${PWD}
BUILD_DIR=${SRC_DIR}/build
mkdir -p ${BUILD_DIR} && cd ${BUILD_DIR}
cmake -D CMAKE_BUILD_TYPE=RelWithDebInfo ${SRC_DIR}
make
sudo make install
```

（2）安装 rtabmap 核心库

这一步比较简单，直接下载 rtabmap 核心库源码，将源码切换到 melodic 分支，然后编译安装就行了。

```
# 下载 rtabmap 核心库源码
cd ~
git clone https://github.com/introlab/rtabmap.git rtabmap
# 切换到分支 melodic
cd rtabmap
git checkout melodic-devel
# 编译安装
cd build
cmake ..
make
sudo make install
```

⊖ 参见 https://github.com/ethz-asl/libpointmatcher/blob/master/doc/CompilationUbuntu.md。

（3）安装 rtabmap_ros 功能包

由于 rtabmap_ros 是标准的 ROS 功能包，因此直接将 rtabmap_ros 源码下载到前面已经建立好的 ROS 工作空间，然后用 catkin_make 编译就行了。

```
# 将上面编译好的 rtabmap 核心库安装到 ROS 工作空间来
cd ~/rtabmap/build
cmake -DCMAKE_INSTALL_PREFIX=~/catkin_ws/devel ..
make
sudo make install
# 下载 rtabmap_ros 功能包源码
cd ~/catkin_ws/src
git clone https://github.com/introlab/rtabmap_ros.git rtabmap_ros
# 切换到分支 melodic
cd rtabmap_ros
git checkout melodic-devel
# 编译安装
cd ~/catkin_ws
catkin_make -DCATKIN_WHITELIST_PACKAGES="rtabmap_ros"
```

2. RTABMAP 离线运行

当搭配不同传感器时，RTABMAP 工作在不同的模式，这些都通过 launch 文件中的参数配置完成。在 rtabmap_ros/launch/demo/ 中提供了多种运行模式的 launch 配置文件，下面以其中的 demo_robot_mapping.launch 为例，用数据集来离线测试一下 RTABMAP 的效果。更多的配置实例，请参考官方教程㊀。

首先下载测试数据集 demo_mapping.bag㊁，接着启动 demo_robot_mapping.launch，最后“播放”（play）下载好的数据集就可以开始建图了。

```
# 启动建图
roslaunch rtabmap_ros demo_robot_mapping.launch
# 播放数据集
rosbag play --clock demo_mapping.bag
```

3. RTABMAP 在线运行

当然我们更希望把 RTABMAP 放在实际的机器人上跑起来，RTABMAP 官方教程㊂就给出了在他们自己的 AZIMUT-3 机器人上运行的方法。图 10-17 所示为 AZIMUT-3 机器人的外观，其最重要的 3 个传感器分别是 RGB-D 相机（Kinect）、单线激光雷达（URG-04LX）和轮式里程计（编码器、IMU 或两者融合）。显然，只要在我们自己的机器人上搭配这 3 种传感器，然后分别启动对应的

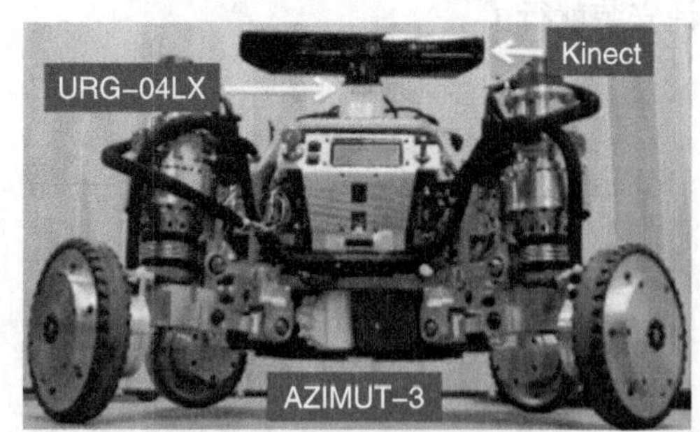

图 10-17 AZIMUT-3 机器人

㊀ 参见 http://wiki.ros.org/rtabmap_ros。

㊁ 参见 https://docs.google.com/uc?id=0B46akLGdg-uadXhLeURiMTBQU28&export=download。

㊂ 参见 http://wiki.ros.org/rtabmap_ros/Tutorials/SetupOnYourRobot。

ROS 节点将传感器驱动起来即可。

编写自己机器人的 launch 文件进行参数配置，同样先来看一下 AZIMUT-3 机器人的配置，当然最推荐的工作模式为 RGB-D 相机、单线激光雷达和轮式里程计都启用，如图 10-18 所示。

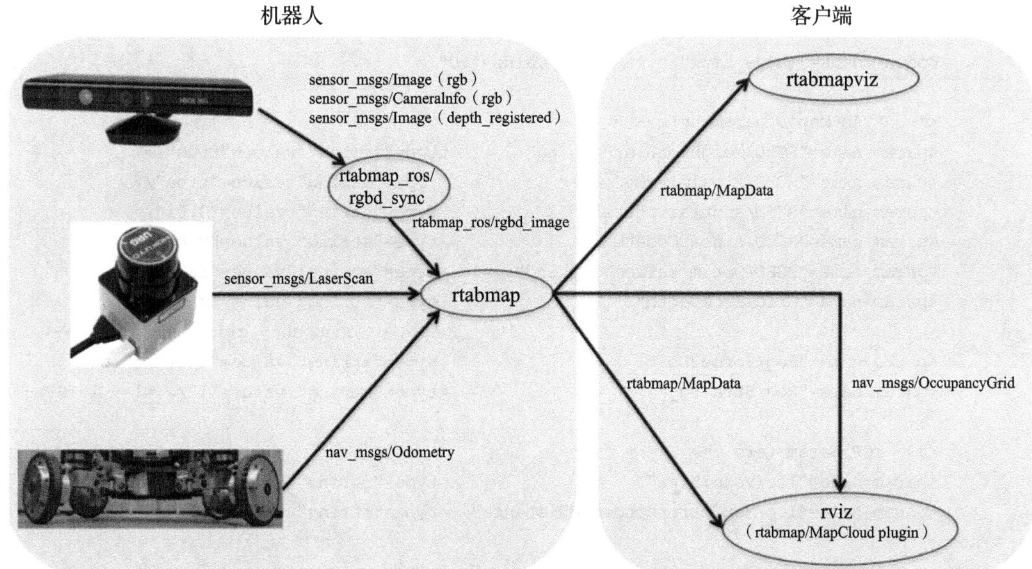

图 10-18 RGB-D 相机、单线激光雷达和轮式里程计的工作模式

下面是对应的 launch 配置文件，当然也可以根据自己的实际需求加入一些别的需要配置的参数进去，最后启动该 launch 文件运行建图即可。

```
<launch>
  <group ns="rtabmap">

    <!-- Use RGBD synchronization -->
    <!-- Here is a general example using a standalone nodelet,
         but it is recommended to attach this nodelet to nodelet
         manager of the camera to avoid topic serialization -->
    <node pkg="nodelet" type="nodelet" name="rgbd_sync" args="standalone rtabmap_ros/
           rgbd_sync" output="screen">
      <remap from="rgb/image"       to="/camera/rgb/image_rect_color"/>
      <remap from="depth/image"     to="/camera/depth_registered/image_raw"/>
      <remap from="rgb/camera_info" to="/camera/rgb/camera_info"/>
      <remap from="rgbd_image"      to="rgbd_image"/> <!-- output -->

      <!-- Should be true for not synchronized camera topics
           (e.g., false for kinectv2, zed, realsense, true for xtion, kinect360)-->
      <param name="approx_sync"       value="true"/>
    </node>

    <node name="rtabmap" pkg="rtabmap_ros" type="rtabmap" output="screen" args="
           --delete_db_on_start">
        <param name="frame_id" type="string" value="base_link"/>
```

```
        <param name="subscribe_depth" type="bool" value="false"/>
        <param name="subscribe_rgbd" type="bool" value="true"/>
        <param name="subscribe_scan" type="bool" value="true"/>

        <remap from="odom" to="/base_controller/odom"/>
        <remap from="scan" to="/base_scan"/>
        <remap from="rgbd_image" to="rgbd_image"/>

        <param name="queue_size" type="int" value="10"/>

        <!-- RTAB-Map's parameters -->
        <param name="RGBD/NeighborLinkRefining"      type="string" value="true"/>
        <param name="RGBD/ProximityBySpace"           type="string" value="true"/>
        <param name="RGBD/AngularUpdate"              type="string" value="0.01"/>
        <param name="RGBD/LinearUpdate"               type="string" value="0.01"/>
        <param name="RGBD/OptimizeFromGraphEnd"       type="string" value="false"/>
        <param name="Grid/FromDepth"                  type="string" value="false"/>
                                                          <!-- occupancy grid from lidar -->
        <param name="Reg/Force3DoF"                   type="string" value="true"/>
        <param name="Reg/Strategy"                    type="string" value="1"/> <!-- 1=ICP -->

        <!-- ICP parameters -->
        <param name="Icp/VoxelSize"                   type="string" value="0.05"/>
        <param name="Icp/MaxCorrespondenceDistance"   type="string" value="0.1"/>
    </node>
  </group>
</launch>
```

10.2　VINS 算法

不管是激光 SLAM 还是视觉 SLAM，由于传感器采样率、传感器测量精度、主机计算力等的限制，在高速运动状态下定位追踪极易丢失。虽然轮式里程计能为激光 SLAM 提供短期运动预测，以避免高速运动时定位丢失的风险，但其也不是万能的。当地面起伏较大或轮子打滑时，轮式里程计将不再可靠。对于在三维空间工作的视觉 SLAM 来说，提供二维空间定位信息的轮式里程计很难应用其中。而在高速运动（尤其是高速旋转）或特征严重缺失（比如白墙、天空、地面等场景）时，视觉 SLAM 基本无法工作。采用 IMU 进行融合，无疑成了解决这些棘手问题的香饽饽。

IMU 数据融合大体上又分为内部融合和外部融合两种，如表 10-3 所示。所谓内部融合，就是利用 IMU 模块内部各个轴的数据（acc、gyro、mag）进行姿态融合，求解出 IMU 模块在空间的姿态角（roll、pitch、yaw）。4.1.5 节已经给出用于姿态融合的几种常用滤波算法，即卡尔曼滤波和互补滤波。内参标定能大大提高 IMU 原始测量数据的精度，而姿态融合不仅能解算出姿态角，还能进一步修正 IMU 原始测量数据。所谓外部融合，是将 IMU 数据与其他传感器（比如轮式里程计（odom）、视觉（camera）、激光雷达（lidar）、GPS 等）的数据进行融合。在外部融合过程中，我们既可以使用仅经内参标定校正后的 IMU 原始测量数据（acc、gyro 或 acc、gyro、mag），也可以使用经姿态融合后得到的姿态角（roll、pitch、yaw）及 IMU 原始测量数据（acc、gyro 或 acc、gyro、mag），然后将 IMU 与其他传

感器建立松 / 紧耦合联系（当然，需要对 IMU 与其他传感器的安装坐标关系（也就是外参）进行标定），最后进行位姿估计，实现定位追踪。物体在三维空间的状态可以由空间位姿（姿态角和位置）、线速度、线加速度、角速度、角加速度等描述，由于这里不涉及物体运动学问题，仅讨论空间姿态。内部融合只求出了空间姿态的姿态角 orientation（roll,pitch,yaw）分量，也就是模块在空间的朝向。有些朋友可能会说，利用加速度和角速度积分不就能求出位移量，这样不就求出空间姿态的位置 position(x, y, z) 分量了。这样做确实是可以的，但是由于 IMU 测量数据严重的长期漂移问题，求解出的位置很难用于像机器人这样需要大规模全局定位的场景。既然通过 IMU 测量数据本身无法提供可靠的位姿估计，那么就需要引入额外的传感器测量数据，也就是外部融合。在条件允许的情况下，配备越多的传感器理论上越有利于位姿估计，但是系统设计难度也更大，本节重点讨论比较流行的融合方案——IMU 与视觉融合，即 VIO。当然，IMU 还有很多其他用途，比如机器人上下坡判断（这对于单线激光雷达正确分割出地面很重要）、激光雷达运动畸变校正、机器人实时运动操控（IMU 能提供给机器人高实时的加速度、角速度、线速度等运动信息，这些高实时的反馈数据能让机器人运动更加精确，这对于后面自主导航中路径规划和轨迹跟踪控制很重要）等。

表 10-3　IMU 数据融合

<table>
<tr><td>内部融合</td><td>$\left\{\begin{matrix} roll, pith, yaw \\ acc, gyro, mag \end{matrix}\right\} = AHRS(acc, gyro, mag)$</td><td>内参标定，数据滤波，姿态融合</td></tr>
<tr><td rowspan="6">外部融合</td><td>$\left\{\begin{matrix} orientation(roll, pitch, yaw) \\ position(x, y, z) \end{matrix}\right\} = fusion(imu + odom)$</td><td rowspan="6">外参标定，松 / 紧耦合，位姿估计</td></tr>
<tr><td>$\left\{\begin{matrix} orientation(roll, pitch, yaw) \\ position(x, y, z) \end{matrix}\right\} = fusion(imu + camera)$</td></tr>
<tr><td>$\left\{\begin{matrix} orientation(roll, pitch, yaw) \\ position(x, y, z) \end{matrix}\right\} = fusion(imu + lidar)$</td></tr>
<tr><td>$\left\{\begin{matrix} orientation(roll, pitch, yaw) \\ position(x, y, z) \end{matrix}\right\} = fusion(imu + GPS)$</td></tr>
<tr><td>$\left\{\begin{matrix} orientation(roll, pitch, yaw) \\ position(x, y, z) \end{matrix}\right\} = fusion\left(\begin{matrix} imu + \\ odom + \\ camera + \\ \dots \end{matrix}\right)$</td></tr>
<tr><td>……</td></tr>
<tr><td rowspan="4">其他</td><td>机器人上下坡判断</td><td rowspan="4"></td></tr>
<tr><td>激光雷达运动畸变校正</td></tr>
<tr><td>机器人实时运动操控</td></tr>
<tr><td>……</td></tr>
</table>

其实，前面讨论的 Cartographer、ORB-SLAM3 和 RTABMAP 都已经支持 IMU 融合。当然，专门针对 VIO 开发的框架（比如 MSCKF、OKVIS、ROVIO 等）也已发展多年，不过本节要介绍的 VINS 是众多同类算法中比较优秀的，并且 VINS 的亮点都体现在 IMU 融合上。下面将从原理分析、源码解读、安装与运行这 3 个方面展开讲解 VINS 算法。

10.2.1 原理分析

VINS 算法是 IMU 与视觉融合的典型代表。下面首先讨论各个传感器的标定问题，其次介绍传感器数据的融合（也就是耦合），最后结合文献［3，4］对 VINS 系统框架展开具体分析。

1. 标定

这里主要讨论 IMU 和单目相机的数据融合，在数据融合前需要先对传感器的内参和外参进行标定。标定结果的好坏对融合精度至关重要。

（1）IMU 内参标定

由于制造工艺的误差，IMU 模块内部会存在轴偏差、尺度偏差、零偏等问题。通过对 IMU 建立数学模型，并对模型中的误差项进行校准，我们能大大提高 IMU 原始测量数据的精度。常见的误差模型如式（4-1）所示，具体标定过程见 4.1.3 节。

（2）单目相机内参标定

同样，由于制造工艺的误差，单目相机内部也存在各种误差。对于小孔成像模型的相机，我们需要对焦距和光心进行标定，有时也需要对畸变进行标定。其误差模型如式（4-110）和式（4-111）所示，具体标定过程见 4.3.1 节。

（3）IMU 与单目相机外参标定

IMU 与单目相机外参标定分为离线标定和在线标定两种。所谓离线标定，就是采集传感器的数据后离线进行处理，求出待标定外参数，其中较常用的一个标定工具是 kalibr[⊖]。下面以 kalibr 为例，简单介绍一下 IMU 与单目相机外参的离线标定过程，如图 10-19 所示。

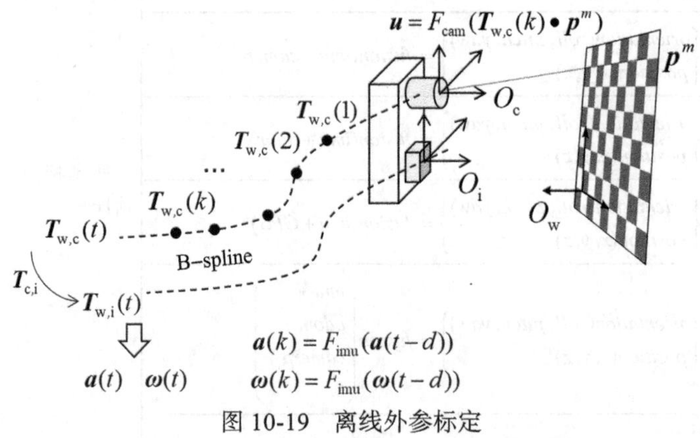

图 10-19 离线外参标定

其中，固定的标定板以世界坐标系 O_{w} 为参考，而相机坐标系 O_{c} 与世界坐标系 O_{w} 之间的转移关系 $\boldsymbol{T}_{\text{w,c}}(k)$ 其实就是相机在世界坐标系的位姿。该位姿可以通过标定板上的角点到相机像素点之间的 3D-2D 投影关系求解。求解出来的相机位姿 $\boldsymbol{T}_{\text{w,c}}(k)$ 是离散的，而相机实际的运动轨迹显然是连续的。通过样条曲线（这里用的是 B-spline），我们可以很容易地从相机的离散位姿点得到连续轨迹 $\boldsymbol{T}_{\text{w,c}}(t)$。由于相机与 IMU 之间的转移关系是固定的常量 $\boldsymbol{T}_{\text{c,i}}$，在相机运动轨迹 $\boldsymbol{T}_{\text{w,c}}(t)$ 叠加上该固定转移关系 $\boldsymbol{T}_{\text{c,i}}$，就得到了 IMU 运动轨迹 $\boldsymbol{T}_{\text{w,i}}(t)$。将

⊖ 参见 https://github.com/ethz-asl/kalibr。

$\boldsymbol{T}_{\mathrm{w,i}}(t)$ 中的平移分量对时间进行两次求导，就得到了 IMU 运动时的加速度 $\boldsymbol{a}(t)$；将 $\boldsymbol{T}_{\mathrm{w,i}}(t)$ 中的旋转分量对时间求导就得到了 IMU 运动时的角速度 $\boldsymbol{\omega}(t)$。考虑到相机与 IMU 之间采样时间存在一定的延迟 d，最后通过 IMU 的内参模型，就得到了实际加速度测量值 $\boldsymbol{a}(k)$ 和角速度测量值 $\boldsymbol{\omega}(k)$。整个过程涉及 3 个核心模型，如式（10-2）～式（10-4）所示。

$$\boldsymbol{u} = F_{\mathrm{cam}}(\boldsymbol{T}_{\mathrm{w,c}}(k)\cdot \boldsymbol{p}^m),\quad \boldsymbol{e}_u(k,m) = \boldsymbol{u} - F_{\mathrm{cam}}(\boldsymbol{T}_{\mathrm{w,c}}(k)\cdot \boldsymbol{p}^m) \tag{10-2}$$

$$\boldsymbol{a}(k) = F_{\mathrm{imu}}(\boldsymbol{a}(t-d)),\quad \boldsymbol{e}_a(k) = \boldsymbol{a}(k) - F_{\mathrm{imu}}(\boldsymbol{a}(t-d)) \tag{10-3}$$

$$\boldsymbol{\omega}(k) = F_{\mathrm{imu}}(\boldsymbol{\omega}(t-d)),\quad \boldsymbol{e}_\omega(k) = \boldsymbol{\omega}(k) - F_{\mathrm{imu}}(\boldsymbol{\omega}(t-d)) \tag{10-4}$$

其中，$\boldsymbol{u}$、$\boldsymbol{a}(k)$ 和 $\boldsymbol{\omega}(k)$ 均为从传感器得到的观测量，$\boldsymbol{u}$ 是相机观测到的像素，$\boldsymbol{a}(k)$ 和 $\boldsymbol{\omega}(k)$ 为 IMU 观测到的加速度和角速度。F_{cam} 是相机内参模型，包含焦距、光心和畸变参数；F_{imu} 是 IMU 内参模型，包含轴偏差、尺度偏差和零偏参数。3 个模型的重投影误差分别用 $\boldsymbol{e}_u$、$\boldsymbol{e}_a$ 和 $\boldsymbol{e}_\omega$ 表示，通过最小化重投影误差即可求出模型内参 F_{cam} 和 F_{imu}、外参 $\boldsymbol{T}_{\mathrm{c,i}}$ 以及相机与 IMU 之间的时间延迟 d，如式（10-5）所示。

$$\underset{F_{\mathrm{cam}},F_{\mathrm{imu}},T_{\mathrm{c,i}},d}{\arg\min} \sum(\boldsymbol{e}_u + \boldsymbol{e}_a + \boldsymbol{e}_\omega) \tag{10-5}$$

可以发现，用 kalibr 进行标定时，不仅求出了外参 $\boldsymbol{T}_{\mathrm{c,i}}$ 和延迟 d，还对内参 F_{cam} 和 F_{imu} 进行了优化。有关 kalibr 外参标定方面的详细原理，请参考原论文［5］。

每次运行算法之前，我们都要对传感器进行标定，然后手动将标定参数载入系统，这样做很麻烦。并且当模型参数容易变化的时候，离线标定不好用，这就要提到在线标定。所谓在线标定，就是在系统运行过程中标定程序自动采集数据并完成模型参数标定，该过程不需要人为干预，因此也叫自动标定。比如 VINS 中就集成了在线标定功能，读者可以参考论文［4］了解具体原理。

（4）拓展

其实，机器人中涉及各种标定问题，不仅限于上面的 IMU 与相机的标定。对于不同驱动形式的底盘（比如两轮差分、四轮差分、阿克曼、全向轮等），其轮式里程计的数学模型都不一样，因此我们要设计专门的标定方法对底盘进行标定。以两轮差分底盘为例，最常见的标定参数是动力系数和轴距。对于底盘中两个轮子差异较大的情况，两个轮子的动力系数需要单独标定。当机器人搭载多个激光雷达时，我们需要对这些激光雷达的外参进行标定，以保证数据能够正确地融合在一起。对于配备有超声波测距的机器人，我们需要对超声波测距仪与其他传感器之间的外参进行标定。不管是何种传感器，标定方法同上面 IMU 与相机的标定思路类似，都是从传感器中采集观测数据并利用其中某些内在约束对标定参数进行建模并求解。标定对于多传感器融合算法来说既是重点也是难点，需要特别注意。

2. 数据融合

通过第 7 章的介绍，我们已经知道 SLAM 问题其实就是利用观测数据对机器人位姿和路标进行估计的问题，即状态估计问题。而构建出观测量与待估量之间的约束关系就至关重要。对于状态估计问题的求解，众所周知，求解方法分为滤波方法和优化方法两大派别。当只用单传感器提供观测值时，直接将观测值送入滤波器（比如 EKF）或优化器（比如 PoseGraph）

求解机器人位姿和路标即可。而当有多个传感器同时提供观测值时，我们需要先考虑各个观测值之间的融合问题，然后再送入滤波器或优化器求解机器人位姿和路标。融合方式可以分为松耦合和紧耦合两种。这样，多传感器融合的 SLAM 问题就可以分为 4 种情况。下面主要讨论视觉和 IMU 传感器数据融合的 SLAM 问题，常见的一些方法如表 10-4 所示。

表 10-4 常见的 Visual-IMU SLAM 方法

Visual-IMU SLAM	滤波方法	优化方法
松耦合	ssf、msf	-
紧耦合	MSCKF、ROVIO	OKVIS、ORB-SLAM3、VINS

（1）松耦合

对于滤波方法的松耦合，比较典型的方案有 ssf [㊀] 和 msf [㊁]。所谓松耦合，就是图像先通过单独的估计模块处理得到视觉里程计（VO），然后再将 VO 和 IMU 组合成一个状态向量送入 EKF 滤波器进行更新，如图 10-20 所示。

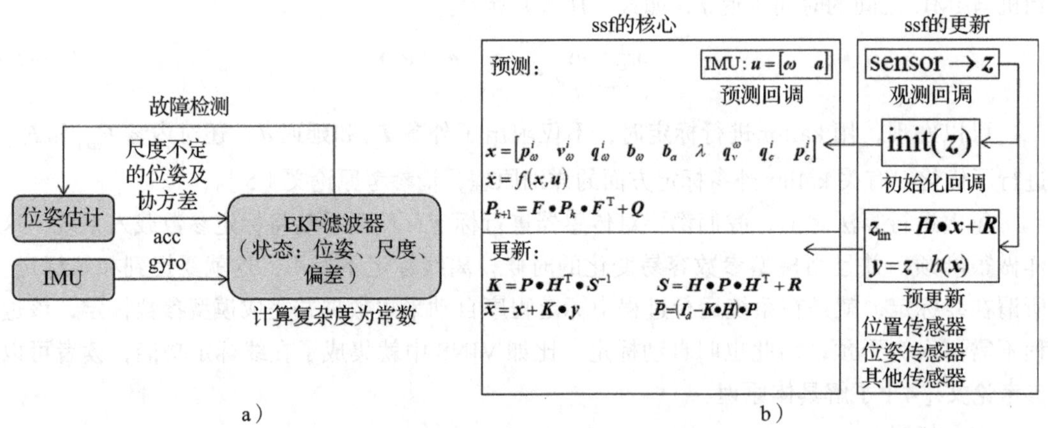

图 10-20 滤波方法的松耦合方式（左图和右图）

注：1. 左图来源于文献［6］中的 Figure 1。

2. 右图来源于 http://wiki.ros.org/ethzasl_sensor_fusion/Tutorials/Introductory%20Tutorial%20for%20Multi-Sensor%20Fusion%20Framework。

优化方法的松耦合的研究并不多，主要原因是效果不如紧耦合好。论文［7］提出一种优化方法的松耦合方案，感兴趣的读者可以了解一下，如图 10-21 所示。其实，该方案也是图像先通过单独的估计模块处理得到视觉里程计（VO），这样两帧相机的位姿转移量利用相机与 IMU 的外参很容易变换为 IMU 的位姿转移量，最后将该 IMU 的位姿转移量与 IMU 其他约束量一起在 IMU 框架下进行求解。

（2）紧耦合

对于滤波方法的紧耦合，比较典型的方案有 MSCKF [8] 和 ROVIO [9]。所谓紧耦合，就是图像中提取出来的路标特征点直接作为观测数据与 IMU 观测数据一起送入 EKF 滤波器进行更新，如图 10-22 所示。

㊀ 参见 https://github.com/ethz-asl/ethzasl_sensor_fusion。

㊁ 参见 https://github.com/ethz-asl/ethzasl_msf。

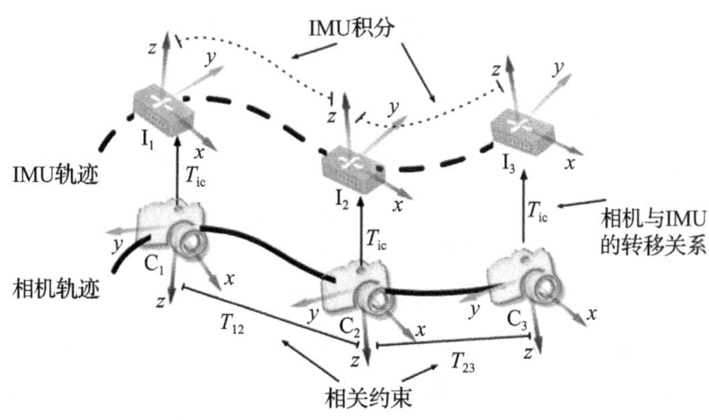

图 10-21　优化方法的松耦合方式

注：该图来源于文献［7］中的 Figure 2。

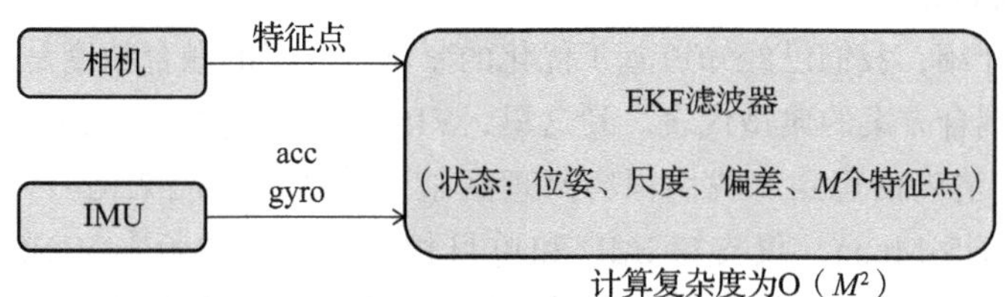

图 10-22　滤波方法的紧耦合方式

注：该图来源于文献［6］中的 Figure 1。

优化方法的紧耦合是当前研究的热点，比较典型的方案有 OKVIS[10]、ORB-SLAM3[11] 和 VINS[3]。对于基于优化的纯视觉 SLAM 问题，机器人位姿和路标作为待估量由图结构中的节点表示，观测约束由图结构中的边表示，并利用所有约束进行求解。当 IMU 紧耦合到视觉 SLAM 时，机器人位姿和路标同样作为待估量由图结构中的节点表示，只是观测约束除了由视觉提供外还由 IMU 提供，并同样利用所有约束进行求解，如图 10-23 所示。

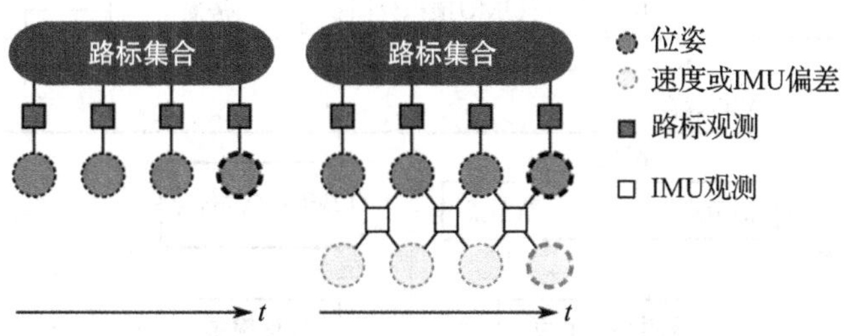

图 10-23　优化方法的紧耦合方式

注：该图来源于文献［10］中的 Figure 2。

（3）松耦合与紧耦合对比

在基于滤波方法的 SLAM 中，待估量（机器人位姿和路标）用一个状态向量来描述，滤波器（比如 EKF）利用观测数据（视觉和 IMU）对待估状态向量进行更新。对于松耦合的情况，视觉图像先通过单独模块处理得到 VO，然后再将 VO 与 IMU 送入滤波器用于状态更新；而对于紧耦合的情况，视觉特征点与 IMU 直接就送入滤波器用于状态更新。不难发现，图像特征点在经过单独模块处理得到 VO 后，VO 数据维度相比原始图像特征点要小很多，但会引入额外误差。也就是说，松耦合比紧耦合的计算复杂度低，而紧耦合比松耦合的精度高。

在基于优化方法的 SLAM 中，待估量（机器人位姿和路标）用图结构中的节点描述，观测数据（视觉和 IMU）提供节点之间的边约束，并利用所有约束进行求解。对于松耦合的情况，视觉图像也是先通过单独模块处理得到 VO，并再利用 VO 约束和 IMU 约束进行求解；而对于紧耦合的情况，视觉图像特征观测约束与 IMU 约束用于构建一个整体的图结构，并对这个整体约束进行求解。不难发现，松耦合计算复杂度更低，并且更易于进行多系统融合。所谓多系统融合，是指同时将多个独立运行的 SLAM 系统的 VO 约束提取出来进行松耦合，然后在构建的新约束中求解新 VO，这样就能在不重构原有 SLAM 的代码的情况下轻易融合众多优秀 SLAM 算法。紧耦合完全保留了原始观测数据提供的约束信息，融合精度显然更高。

3. VINS 系统框架

根据上面的介绍，我们已经知道基于优化的紧耦合方案的融合精度是最高的。VINS 正是基于优化的紧耦合方案的典型代表。到这里，VINS 的系统框架分析就结束了。结合算法原作者论文［3］清晰的思路，我们很容易理解整个算法的组成架构。VINS 有多个版本，最初的版本为 VINS-Mono，仅支持 IMU 和单目相机；后来的版本 VINS-Fusion 在 VINS-Mono 的基础上进行了扩展，增加了对双目相机的支持；而 VINS-Mono 还专门被移植到手机，也就是版本 VINS-Mobile。不过，我们只要掌握了 VINS-Mono 的原理，就很容易上手其他版本。图 10-24 所示为 VINS-Mono 系统框架。系统架构非常清晰，由观测预处理模块、初始化模块、VIO 融合模块和全局优化模块构成，下面进一步展开分析。

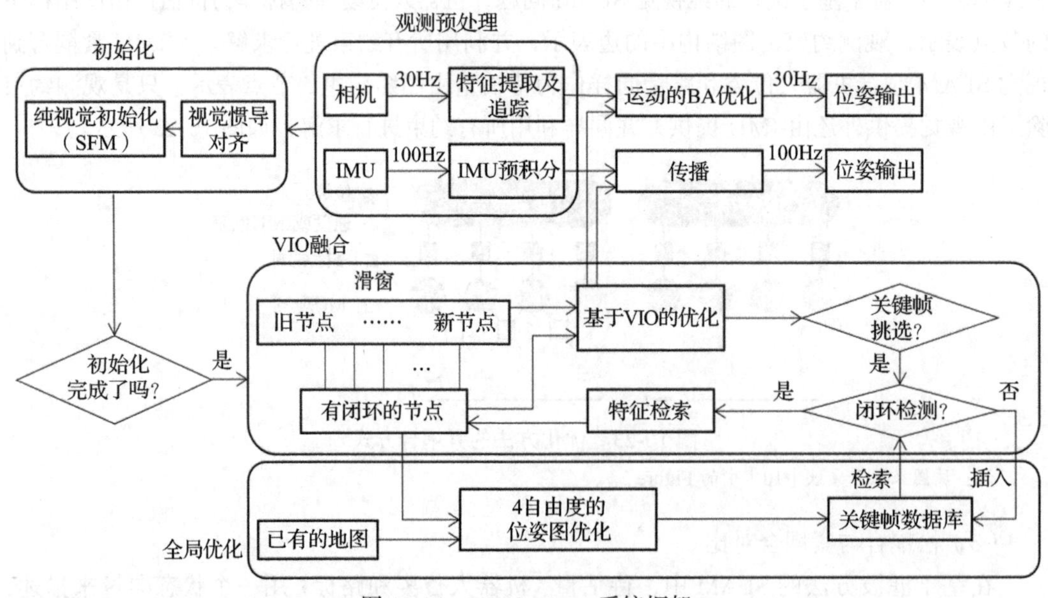

图 10-24　VINS-Mono 系统框架

注：该图来源于文献［3］中的 Figure 2。

（1）观测预处理模块

观测预处理模块可同时对单目视觉和 IMU 观测数据进行预处理。所谓单目视觉预处理

(也就是视觉前端)，是利用 KLT 稀疏光流对当前帧与上一帧图像之间的特征点进行追踪，并在当前帧图像中提取新的特征点及关键帧的挑选。挑选关键帧需要满足的一个准则是，当前帧与上一个关键帧的视差需要大于某个阈值。不过在纯旋转运动时，仅通过两帧图像无法计算视差，这时可以利用 IMU 的角速度积分来得到视差。由于角速度积分只是用于关键帧的挑选，并不直接参与位姿估计，故不必担心角速度预积分误差对后续位姿估计的影响。挑选关键帧需要满足的另一个准则是，当前帧中包含的已被追踪特征点数量需要小于某个阈值。

IMU 预处理的核心是 IMU 预积分，这部分内容既是 VINS 的重点也是难点。既然是处理 IMU 的数据，我们需要了解一下数据噪声模型，如式（10-6）所示。其中，$\boldsymbol{a}_t$、$\boldsymbol{\omega}_t$、$\hat{\boldsymbol{a}}_t$、$\hat{\boldsymbol{\omega}}_t$ 均以 t 时刻的 IMU 载体坐标系为参考，$\boldsymbol{a}_t$、$\boldsymbol{\omega}_t$ 为真实运动的加速度和角速度，$\boldsymbol{b}_{a_t}$、$\boldsymbol{b}_{\omega_t}$ 为加速度计零偏和陀螺仪零偏，世界坐标系的重力加速度常数 $\boldsymbol{g}^{\mathrm{w}}$ 通过世界坐标系与载体坐标系之间的变换关系（即旋转矩阵 $\boldsymbol{R}_{\mathrm{w}}^{t}$）变换到载体坐标系，$\boldsymbol{n}_a$、$\boldsymbol{n}_\omega$ 为加速度计和陀螺仪测量过程中的高斯噪声，而对于零偏 $\boldsymbol{b}_{a_t}$、$\boldsymbol{b}_{\omega_t}$，我们主要考虑随机游走噪声 $\boldsymbol{n}_{b_a}$、$\boldsymbol{n}_{b_\omega}$。真实加速度 $\boldsymbol{a}_t$ 叠加上零偏 $\boldsymbol{b}_{a_t}$、重力加速度常数 $\boldsymbol{R}_{\mathrm{w}}^{t}\boldsymbol{g}^{\mathrm{w}}$ 和高斯噪声 $\boldsymbol{n}_a$ 就是最后测量得到的加速度 $\hat{\boldsymbol{a}}_t$；真实角速度 $\boldsymbol{\omega}_t$ 叠加上零偏 $\boldsymbol{b}_{\omega_t}$ 和高斯噪声 $\boldsymbol{n}_\omega$ 就是最后测量得到的角速度 $\hat{\boldsymbol{\omega}}_t$。

$$
\begin{aligned}
\hat{\boldsymbol{a}}_t &= \boldsymbol{a}_t + \boldsymbol{b}_{a_t} + \boldsymbol{R}_{\mathrm{w}}^{t}\boldsymbol{g}^{\mathrm{w}} + \boldsymbol{n}_a \\
\hat{\boldsymbol{\omega}}_t &= \boldsymbol{\omega}_t + \boldsymbol{b}_{\omega_t} + \boldsymbol{n}_\omega
\end{aligned}
\tag{10-6}
$$

其中，$\boldsymbol{n}_a \sim N(0,\boldsymbol{\sigma}_a^2)$，$\boldsymbol{n}_\omega \sim N(0,\boldsymbol{\sigma}_\omega^2), \dot{\boldsymbol{b}}_{a_t} = \boldsymbol{n}_{b_a} \sim N(0,\boldsymbol{\sigma}_{b_a}^2), \dot{\boldsymbol{b}}_{\omega_t} = \boldsymbol{n}_{b_\omega} \sim N(0,\boldsymbol{\sigma}_{b_\omega}^2)$。

接着介绍两个相邻图像帧 b_k、b_{k+1} 之间的状态传播，如式（10-7）所示。相机在世界坐标系中的状态由 $(\boldsymbol{p},\boldsymbol{v},\boldsymbol{q})$ 描述，其中 $\boldsymbol{p}$ 为位移，$\boldsymbol{v}$ 为速度，$\boldsymbol{q}$ 为四元数形式的旋转。那么，b_k 帧相机的状态为 $(\boldsymbol{p}_{b_k}^{\mathrm{w}},\boldsymbol{v}_{b_k}^{\mathrm{w}},\boldsymbol{q}_{b_k}^{\mathrm{w}})$，$b_{k+1}$ 帧相机的状态为 $(\boldsymbol{p}_{b_{k+1}}^{\mathrm{w}},\boldsymbol{v}_{b_{k+1}}^{\mathrm{w}},\boldsymbol{q}_{b_{k+1}}^{\mathrm{w}})$，而两个状态通过加速度和角速度积分进行传播，其中积分的时间 $\Delta t = t_{k+1} - t_k$ 为两个相邻图像帧的时间间隔。值得注意的是，由于 IMU 的加速度和角速度观测值是以载体坐标系为参考，而相机的状态量是以世界坐标系为参考，计算积分的时候需要进行变换。另外，旋转在式子中经常以旋转矩阵或四元数等不同形式出现，这主要是方便计算。考虑到相机的位姿 $(\boldsymbol{p},\boldsymbol{q})$ 在优化过程中需要不断做梯度下降，如果相机位姿 $(\boldsymbol{p}_{b_{k+1}}^{\mathrm{w}},\boldsymbol{q}_{b_{k+1}}^{\mathrm{w}})$ 仅与 IMU 观测量有关，那么我们可直接计算梯度下降。遗憾的是，IMU 观测量积分时依赖于 b_k 图像帧的载体在世界坐标系的位姿，而相机位姿优化过程中 b_k 图像帧的相机位姿是变化的，也就是说 IMU 积分所依赖的初值会变化。那么，每次在做相机位姿优化的梯度下降时，我们都需要重新计算一遍 IMU 积分项，这显然很耗时。

$$
\begin{aligned}
\boldsymbol{p}_{b_{k+1}}^{\mathrm{w}} &= \boldsymbol{p}_{b_k}^{\mathrm{w}} + \boldsymbol{v}_{b_k}^{\mathrm{w}}\Delta t_k + \iint_{t\in[t_k,t_{k+1}]} (\boldsymbol{R}_t^{\mathrm{w}} \cdot (\hat{\boldsymbol{a}}_t - \boldsymbol{b}_{a_t} - \boldsymbol{n}_a) - \boldsymbol{g}^{\mathrm{w}})\,\mathrm{d}t^2 \\
\boldsymbol{v}_{b_{k+1}}^{\mathrm{w}} &= \boldsymbol{v}_{b_k}^{\mathrm{w}} + \int_{t\in[t_k,t_{k+1}]} (\boldsymbol{R}_t^{\mathrm{w}} \cdot (\hat{\boldsymbol{a}}_t - \boldsymbol{b}_{a_t} - \boldsymbol{n}_a) - \boldsymbol{g}^{\mathrm{w}})\,\mathrm{d}t \\
\boldsymbol{q}_{b_{k+1}}^{\mathrm{w}} &= \boldsymbol{q}_{b_k}^{\mathrm{w}} \otimes \int_{t\in[t_k,t_{k+1}]} \frac{1}{2}\boldsymbol{\Omega}(\hat{\boldsymbol{\omega}}_t - \boldsymbol{b}_{\omega_t} - \boldsymbol{n}_\omega)\boldsymbol{q}_t^{b_k}\,\mathrm{d}t
\end{aligned}
\tag{10-7}
$$

其中，$\boldsymbol{\Omega}(\boldsymbol{\omega})=\begin{bmatrix}-\lfloor\boldsymbol{\omega}\rfloor_\times & \boldsymbol{\omega}\\ -\boldsymbol{\omega}^{\mathrm{T}} & \boldsymbol{0}\end{bmatrix}$，$\lfloor\boldsymbol{\omega}\rfloor_\times=\begin{bmatrix}0 & -\omega_z & \omega_y\\ \omega_z & 0 & -\omega_x\\ -\omega_y & \omega_x & 0\end{bmatrix}$

我们需要想办法对式（10-7）中的 IMU 积分项变形，比如将式（10-7）的等式两边都乘以世界坐标系到 b_k 载体坐标系的旋转变换量如式（10-8）所示使相机位姿优化时的梯度下降计算更方便。变形后积分项中的 $\boldsymbol{R}_t^{\mathrm{w}}$ 换成了 $\boldsymbol{R}_t^{b_k}$，也就是从世界坐标系换成了载体局部坐标系，积分不再受 b_k 载体位姿变化的影响。变形后的积分项记为 $\boldsymbol{\alpha}_{b_{k+1}}^{b_k}$、$\boldsymbol{\beta}_{b_{k+1}}^{b_k}$ 和 $\boldsymbol{\gamma}_{b_{k+1}}^{b_k}$。

$$
\begin{aligned}
&\boldsymbol{R}_{\mathrm{w}}^{b_k}\boldsymbol{p}_{b_{k+1}}^{\mathrm{w}}=\boldsymbol{R}_{\mathrm{w}}^{b_k}\cdot\left(\boldsymbol{p}_{b_k}^{\mathrm{w}}+\boldsymbol{v}_{b_k}^{\mathrm{w}}\Delta t_k-\frac{1}{2}\boldsymbol{g}^{\mathrm{w}}\Delta t_k^2\right)+\boldsymbol{\alpha}_{b_{k+1}}^{b_k}\\
&\boldsymbol{R}_{\mathrm{w}}^{b_k}\boldsymbol{v}_{b_{k+1}}^{\mathrm{w}}=\boldsymbol{R}_{\mathrm{w}}^{b_k}\cdot(\boldsymbol{v}_{b_k}^{\mathrm{w}}-\boldsymbol{g}^{\mathrm{w}}\Delta t_k)+\boldsymbol{\beta}_{b_{k+1}}^{b_k}\\
&\boldsymbol{q}_{\mathrm{w}}^{b_k}\otimes\boldsymbol{q}_{b_{k+1}}^{\mathrm{w}}=\boldsymbol{\gamma}_{b_{k+1}}^{b_k}
\end{aligned}
\tag{10-8}
$$

其中，$\boldsymbol{\alpha}_{b_{k+1}}^{b_k}=\iint_{t\in[t_k,t_{k+1}]}\boldsymbol{R}_t^{b_k}\cdot(\hat{\boldsymbol{a}}_t-\boldsymbol{b}_{a_t}-\boldsymbol{n}_a)\mathrm{d}t^2$，$\boldsymbol{\beta}_{b_{k+1}}^{b_k}=\int_{t\in[t_k,t_{k+1}]}\boldsymbol{R}_t^{b_k}\cdot(\hat{\boldsymbol{a}}_t-\boldsymbol{b}_{a_t}-\boldsymbol{n}_a)\mathrm{d}t$，$\boldsymbol{\gamma}_{b_{k+1}}^{b_k}=\int_{t\in[t_k,t_{k+1}]}\frac{1}{2}\boldsymbol{\Omega}(\hat{\boldsymbol{\omega}}_t-\boldsymbol{b}_{\omega_t}-\boldsymbol{n}_\omega)\boldsymbol{\gamma}_t^{b_k}\,\mathrm{d}t$。

这里的 $\boldsymbol{\alpha}_{b_{k+1}}^{b_k}$、$\boldsymbol{\beta}_{b_{k+1}}^{b_k}$ 和 $\boldsymbol{\gamma}_{b_{k+1}}^{b_k}$ 也被称为预积分项。在后续相机位姿优化的梯度下降时，预积分项不必重复计算，因此降低了优化的计算量。以上推导过程是 IMU 观测为连续的情况，而 IMU 观测实际是离散的，如图 10-25 所示。可以发现，图像的采样率比 IMU 的采样率慢很多，第 k 帧图像对应在载体坐标系记为 b_k，第 $k+1$ 帧图像对应在载体坐标系记为 b_{k+1}，而载体从 b_k 运动到 b_{k+1} 期间的 IMU 采样数据以 i 标记顺序。当然，IMU 和相机在硬件上会因时间不同步以及两者采样率不成整数倍而使采样数据无法对齐，这可以通过外参标定求出延迟 d 和插值来解决。

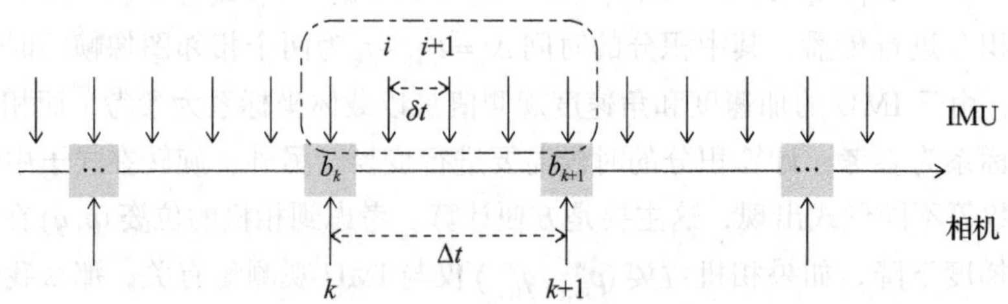

图 10-25　IMU 与相机的采样关系

现在来讨论式（10-8）中预积分项 $\boldsymbol{\alpha}_{b_{k+1}}^{b_k}$、$\boldsymbol{\beta}_{b_{k+1}}^{b_k}$ 和 $\boldsymbol{\gamma}_{b_{k+1}}^{b_k}$ 的离散形式。我们可以通过近似方法（比如欧拉积分、中值积分、RK4 积分等[⊖]）将连续积分进行离散展开，也就是数值积分。欧拉积分是最简单的近似方法，如式（10-9）所示。其中，δt 是 IMU 采样时间间隔。对相机采样时间区间 $i(i\in[t_k,t_{k+1}])$ 上的所有 IMU 采样数据进行迭代计算，就可以得到载体从 b_k 运动到 b_{k+1} 的预积分值。这个计算过程忽略了 IMU 测量数据中的噪声 $\boldsymbol{n}_{b_a}$、$\boldsymbol{n}_{b_\omega}$、$\boldsymbol{n}_a$、$\boldsymbol{n}_\omega$，

⊖ 欧拉积分、中值积分和 RK4 积分本质上的区别其实是取斜率值的方法不同。欧拉积分和中值积分都是一阶近似，只是展开点的位置不同。RK4 积分是指四阶龙格 – 库塔积分（Runge-Kutta methods），采用函数 f 的线性组合来近似代替 f 泰勒展开后的高阶导数项。

因此求出来的其实是预积分的估计值 $\hat{\boldsymbol{\alpha}}_{b_{k+1}}^{b_k}$、$\hat{\boldsymbol{\beta}}_{b_{k+1}}^{b_k}$、$\hat{\boldsymbol{\gamma}}_{b_{k+1}}^{b_k}$。

$$\left.\begin{aligned}&\hat{\boldsymbol{\alpha}}_{i+1}^{b_k}=\hat{\boldsymbol{\alpha}}_i^{b_k}+\hat{\boldsymbol{\beta}}_i^{b_k}\delta t+\frac{1}{2}\boldsymbol{R}(\hat{\boldsymbol{\gamma}}_i^{b_k})(\hat{\boldsymbol{a}}_i-\boldsymbol{b}_{a_i})\delta t^2\\&\hat{\boldsymbol{\beta}}_{i+1}^{b_k}=\hat{\boldsymbol{\beta}}_i^{b_k}+\boldsymbol{R}(\hat{\boldsymbol{\gamma}}_i^{b_k})(\hat{\boldsymbol{a}}_i-\boldsymbol{b}_{a_i})\delta t\\&\hat{\boldsymbol{\gamma}}_{i+1}^{b_k}=\hat{\boldsymbol{\gamma}}_i^{b_k}\otimes\begin{bmatrix}1\\\frac{1}{2}(\hat{\boldsymbol{\omega}}_i-\boldsymbol{b}_{\omega_i})\delta t\end{bmatrix}\end{aligned}\right\}\xrightarrow{\text{for}(i\in[t_k,t_{k+1}])}\begin{matrix}\hat{\boldsymbol{\alpha}}_{b_{k+1}}^{b_k}\\\hat{\boldsymbol{\beta}}_{b_{k+1}}^{b_k}\\\hat{\boldsymbol{\gamma}}_{b_{k+1}}^{b_k}\end{matrix}\tag{10-9}$$

既然 $\hat{\boldsymbol{\alpha}}_{b_{k+1}}^{b_k}$、$\hat{\boldsymbol{\beta}}_{b_{k+1}}^{b_k}$、$\hat{\boldsymbol{\gamma}}_{b_{k+1}}^{b_k}$ 是预积分估计值，我们就要给出预积分期间对应的协方差来描述估计值的噪声特性。式（10-9）相应的传播协方差 $\boldsymbol{P}_{b_{k+1}}^{b_k}$ 如式（10-10）所示。估计值的传播协方差与卡尔曼滤波过程比较类似，每当对估计量进行更新，也需要对估计量的协方差进行更新。由于式（10-10）的理论推导过程比较复杂，感兴趣的读者可以参考论文［3］的附录部分内容进行学习。传播协方差 $\boldsymbol{P}_{b_{k+1}}^{b_k}$ 在后续优化过程中构建约束关系时会用到，而一阶雅克比 $\boldsymbol{J}_{b_{k+1}}$ 后续也会用到。

$$\left.\begin{aligned}&\boldsymbol{P}_{b_k}^{b_k}=\boldsymbol{0}\\&\boldsymbol{P}_{t+\delta t}^{b_k}=(\boldsymbol{I}+\boldsymbol{F}_t\delta t)\boldsymbol{P}_t^{b_k}(\boldsymbol{I}+\boldsymbol{F}_t\delta t)^{\mathrm{T}}+\delta t\boldsymbol{G}_t\boldsymbol{Q}_t\boldsymbol{G}_t^{\mathrm{T}}\\&\boldsymbol{J}_{b_k}=\boldsymbol{I}\\&\boldsymbol{J}_{t+\delta t}=(\boldsymbol{I}+\boldsymbol{F}_t\delta t)\boldsymbol{J}_t\end{aligned}\right\}\xrightarrow{\text{for}(t\in[k,k+1])}\begin{matrix}\boldsymbol{P}_{b_{k+1}}^{b_k}\\\boldsymbol{J}_{b_{k+1}}\end{matrix}\tag{10-10}$$

在后续优化过程中，除了相机位姿是待优化变量外，IMU 零偏量 $\boldsymbol{b}_{a_k}$、$\boldsymbol{b}_{\omega_k}$ 也是待优化变量，也会进行梯度下降调整。式（10-9）中的 $\hat{\boldsymbol{\alpha}}_{b_{k+1}}^{b_k}$、$\hat{\boldsymbol{\beta}}_{b_{k+1}}^{b_k}$、$\hat{\boldsymbol{\gamma}}_{b_{k+1}}^{b_k}$ 与零偏量 $\boldsymbol{b}_{a_k}$、$\boldsymbol{b}_{\omega_k}$ 取值有关，$\hat{\boldsymbol{\alpha}}_{b_{k+1}}^{b_k}$、$\hat{\boldsymbol{\beta}}_{b_{k+1}}^{b_k}$、$\hat{\boldsymbol{\gamma}}_{b_{k+1}}^{b_k}$ 又用于优化过程中约束的构建，那么是否每次对零偏量 $\boldsymbol{b}_{a_k}$、$\boldsymbol{b}_{\omega_k}$ 进行梯度下降调整后都要重新计算式（10-9）所示的积分传播过程来更新约束呢？当梯度下降只对零偏量 $\boldsymbol{b}_{a_k}$、$\boldsymbol{b}_{\omega_k}$ 进行微小调整时，我们就可以利用这个微小调整量 $\delta\boldsymbol{b}_{a_k}$、$\delta\boldsymbol{b}_{\omega_k}$ 来微调 $\hat{\boldsymbol{\alpha}}_{b_{k+1}}^{b_k}$、$\hat{\boldsymbol{\beta}}_{b_{k+1}}^{b_k}$、$\hat{\boldsymbol{\gamma}}_{b_{k+1}}^{b_k}$，以实现约束更新，如式（10-11）所示。其中，$\boldsymbol{J}_{b_a}^{\alpha}$ 对应于 $\boldsymbol{J}_{b_{k+1}}$ 矩阵中的子块 $\dfrac{\delta\boldsymbol{\alpha}_{b_{k+1}}^{b_k}}{\delta\boldsymbol{b}_{a_k}}$，$\boldsymbol{J}_{b_\omega}^{\alpha}$、$\boldsymbol{J}_{b_a}^{\beta}$、$\boldsymbol{J}_{b_\omega}^{\beta}$、$\boldsymbol{J}_{b_\omega}^{\gamma}$ 可以通过同样的方法从 $\boldsymbol{J}_{b_{k+1}}$ 中获取。当梯度下降对零偏量 $\boldsymbol{b}_{a_k}$、$\boldsymbol{b}_{\omega_k}$ 进行大的调整时，我们就只能将调整后新的零偏量代入式（10-9），重新计算积分传播过程来更新约束了。

$$\begin{aligned}&\boldsymbol{\alpha}_{b_{k+1}}^{b_k}\approx\hat{\boldsymbol{\alpha}}_{b_{k+1}}^{b_k}+\boldsymbol{J}_{b_a}^{\alpha}\delta\boldsymbol{b}_{a_k}+\boldsymbol{J}_{b_\omega}^{\alpha}\delta\boldsymbol{b}_{\omega_k}\\&\boldsymbol{\beta}_{b_{k+1}}^{b_k}\approx\hat{\boldsymbol{\beta}}_{b_{k+1}}^{b_k}+\boldsymbol{J}_{b_a}^{\beta}\delta\boldsymbol{b}_{a_k}+\boldsymbol{J}_{b_\omega}^{\beta}\delta\boldsymbol{b}_{\omega_k}\\&\boldsymbol{\gamma}_{b_{k+1}}^{b_k}\approx\hat{\boldsymbol{\gamma}}_{b_{k+1}}^{b_k}\otimes\begin{bmatrix}1\\\frac{1}{2}\boldsymbol{J}_{b_\omega}^{\gamma}\delta\boldsymbol{b}_{\omega_k}\end{bmatrix}\end{aligned}\tag{10-11}$$

（2）初始化模块

单目 VIO 是一个高度非线性系统，系统初始化的精度对后续整个系统的稳定运行非常重要。这里的初始化模块分两步来完成初始化，即纯视觉初始化和视觉惯导对齐。

VINS 的视觉部分属于特征点法的范畴，而特征点法的初始化其实在 9.1 节中介绍过。这里简要说一下 VINS 的纯视觉初始化过程。当连续几个图像帧之间有足够大的视差和足够多的稳定共视特征点时，首先利用相邻两帧图像之间的共视关系求出相机位姿的转移关系（平移和旋转，由于单目视觉存在尺度不确定性，因此平移关系中所包含的尺度因子 s 还会在后续被初始化），接着就是三角化重建特征点所对应的地图云点，最后对求出来的所有相机位姿以及地图云点进行全局 BA 优化，这样即可完成整个初始化过程。

视觉初始化后得到一个由相机位姿组成的运动轨迹，之前 IMU 预积分也得到一个由 IMU 位姿组成的运动轨迹，而相机运动轨迹与 IMU 运动轨迹本质上描述的是同一个运动，只是相差一个相机与 IMU 之间的外参转移量。由于视觉中平移量的尺度不确定因子 s 以及 IMU 中角速度零偏 $\boldsymbol{b}_{\omega}$、速度 $\boldsymbol{v}$、重力加速度常数 $\boldsymbol{g}$ 等误差，相机运动轨迹与 IMU 运动轨迹并不重合。这就需要利用相机与 IMU 内在的 VIO 约束关系构建优化模型，对尺度因子 s、角速度零偏 $\boldsymbol{b}_{\omega}$、速度 $\boldsymbol{v}$、重力加速度常数 $\boldsymbol{g}$ 进行初始化，使相机运动轨迹与 IMU 运动轨迹能重合（即视觉惯导对齐），如图 10-26 所示。由于篇幅限制，构建对齐模型的具体过程不再展开，感兴趣的读者请阅读 VINS 论文中的相关内容。

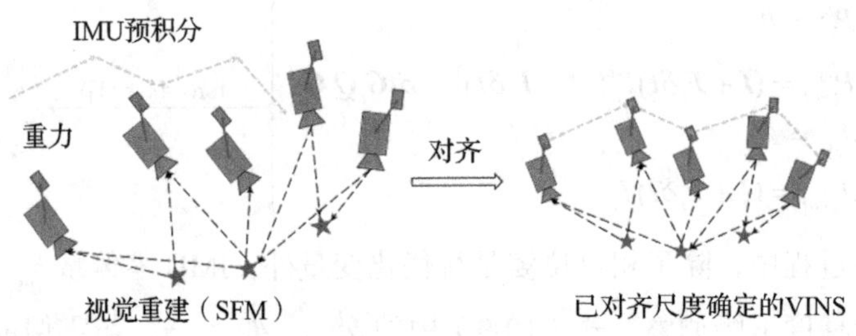

图 10-26 视觉惯导对齐

注：该图来源于文献［3］中的 Figure 3。

（3）VIO 融合模块

一旦 VIO 初始化完成，我们就需要用输入的观测数据构建新约束，其实就是所谓的局部建图。VINS 整个局部建图在 VIO 融合模块中完成。其实无论是什么 SLAM 框架，只要是基于优化方法，局部建图本质上都是利用观测数据构建新的约束（即图结构中的边），然后利用 BA 优化求解待估状态量（即图结构中的节点）。VINS 中采用滑窗（即 FIFO 机制）来管理局部建图中的节点，当新节点被加入局部地图时，最早进入局部地图的节点将被移除，如图 10-27 所示。

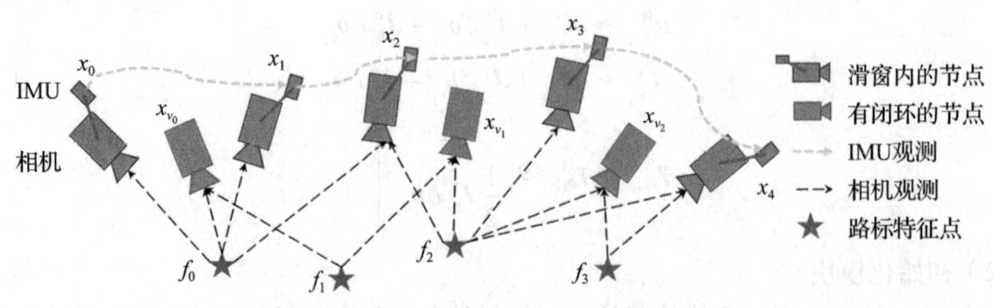

图 10-27 基于滑窗的 VIO 局部建图

注：该图来源于文献［3］中的 Figure 5。

求解优化问题无非是定义节点所代表的状态量，然后构建节点之间连接边所代表的约束关系，最后进行 BA 优化。VINS 的状态量定义如式（10-12）所示，其中 $\boldsymbol{x}_k$ 代表在第 k 帧图像采样时刻 IMU 的状态，$\boldsymbol{x}_c^b$ 代表相机与 IMU 之间的外参。在给定外参的情况下，IMU 的状态等价描述了相机的状态，故相机状态不必重复给定。λ_l 代表第 l 个特征云点的逆深度，n 表示局部地图中图像关键帧的数量，l 表示局部地图中地图云点的数量。

$$
\begin{aligned}
\boldsymbol{X} &= [(\boldsymbol{x}_0, \boldsymbol{x}_1, \cdots, \boldsymbol{x}_n), \boldsymbol{x}_c^b, (\lambda_0, \lambda_1, \cdots, \lambda_m)] \\
\boldsymbol{x}_k &= [\boldsymbol{p}_{b_k}^w, \boldsymbol{v}_{b_k}^w, \boldsymbol{q}_{b_k}^w, \boldsymbol{b}_a, \boldsymbol{b}_g], k = 0, 1, \cdots, n
\end{aligned} \tag{10-12}
$$

其中，$\boldsymbol{x}_c^b = [\boldsymbol{p}_c^b, \boldsymbol{q}_c^b], \lambda_l = \dfrac{1}{dist_l}, l = 0, 1, \cdots, m$ 。

有了状态量，接着就是构建约束，如式（10-13）所示。其中，$\boldsymbol{r}_B$ 是 IMU 观测残差，$\boldsymbol{P}_{b_{k+1}}^{b_k}$ 是对应状态传播的协方差；$\boldsymbol{r}_C$ 是相机观测残差，$\boldsymbol{P}_l^{c_j}$ 是对应像素在单位球面传播的协方差，$\rho(\cdot)$ 是鲁棒核函数。滑窗会不断丢弃最先进入的节点。这些被丢弃的节点构成的边缘约束信息由 $\{\boldsymbol{r}_p, \boldsymbol{H}_p\}$ 描述，也称为先验信息。

$$
\underset{\boldsymbol{X}}{\operatorname{argmin}} \left\{ \left\| \boldsymbol{r}_p - \boldsymbol{H}_p \boldsymbol{X} \right\|^2 + \sum_{k \in B} \left\| \boldsymbol{r}_B(\hat{\boldsymbol{z}}_{b_{k+1}}^{b_k}, \boldsymbol{X}) \right\|_{\boldsymbol{P}_{b_{k+1}}^{b_k}}^2 + \sum_{(l,j) \in C} \rho\left(\left\| \boldsymbol{r}_C(\hat{\boldsymbol{z}}_l^{c_j}, \boldsymbol{X}) \right\|_{\boldsymbol{P}_l^{c_j}}^2 \right) \right\} \tag{10-13}
$$

（4）全局优化模块

与其他 SLAM 算法一样，VINS 在持续建图过程中也存在累积误差，这就需要闭环检测和全局优化。与 ORB-SLAM2 一样，VINS 也采用了目前效果较好的 DBoW2 视觉词袋进行闭环检测，将闭环约束添加到式（10-13）中就得到了含有闭环约束的全局优化问题，如式（10-14）所示。出于计算资源的考虑，这里的全局优化同样采用基于位姿图（Pose Graph）优化的方式实现。

$$
\underset{\boldsymbol{X}}{\operatorname{argmin}} \left\{ \begin{aligned} & \left\| \boldsymbol{r}_p - \boldsymbol{H}_p \boldsymbol{X} \right\|^2 + \sum_{k \in B} \left\| \boldsymbol{r}_B(\hat{\boldsymbol{z}}_{b_{k+1}}^{b_k}, \boldsymbol{X}) \right\|_{\boldsymbol{P}_{b_{k+1}}^{b_k}}^2 \\ & + \sum_{(l,j) \in C} \rho\left(\left\| \boldsymbol{r}_C(\hat{\boldsymbol{z}}_l^{c_j}, \boldsymbol{X}) \right\|_{\boldsymbol{P}_l^{c_j}}^2 \right) + \underbrace{\sum_{(l,\upsilon) \in L} \rho\left(\left\| \boldsymbol{r}_C(\hat{\boldsymbol{z}}_l^{\upsilon}, \boldsymbol{X}, \hat{\boldsymbol{q}}_{\upsilon}^{w}, \hat{\boldsymbol{p}}_{\upsilon}^{w}) \right\|_{\boldsymbol{P}_l^{c_\upsilon}}^2 \right)}_{\text{在闭环帧上的重投影误差}} \end{aligned} \right\} \tag{10-14}
$$

到这里已经可以发现，VINS 中大量使用了视觉 SLAM 方面已有的优秀成果和经验，创新之处集中体现在基于优化方法的视觉惯导紧耦合方法的实现以及融合传感器内参、外参的自标定。

10.2.2　源码解读

讨论完 VINS 的原理，现在我们来解读 VINS 的源码[㊀]。其实，VINS 的代码非常简洁，整个算法由 3 个独立的 ROS 节点来实现，各个 ROS 节点之间通过话题传送数据。VINS 的 3 个 ROS 节点及其接口如表 10-5 所示。其中，话题 /<IMU_TOPIC> 和 /<IMAGE_TOPIC> 为传感器提供的视觉惯导数据，话题的具体名称由实际使用的传感器及配套配置参数决定。其他话题都是节点之间进行通信的中间数据或者算法建图的结果输出。

㊀ 参见 https://github.com/HKUST-Aerial-Robotics/VINS-Mono。

表 10-5　VINS 的 3 个 ROS 节点及其接口

节点	订阅话题	发布话题
vins_estimator	/<IMU_TOPIC> /feature_tracker/feature /feature_tracker/restart /pose_graph/match_points	/vins_estimator/imu_propagate /vins_estimator/path /vins_estimator/relocalization_path /vins_estimator/odometry /vins_estimator/point_cloud /vins_estimator/history_cloud /vins_estimator/key_poses /vins_estimator/camera_pose /vins_estimator/camera_pose_visual /vins_estimator/keyframe_pose /vins_estimator/keyframe_point /vins_estimator/extrinsic /vins_estimator/relo_relative_pose
feature_tracker	/<IMAGE_TOPIC>	/feature_tracker/feature /feature_tracker/feature_img /feature_tracker/restart
pose_graph	/vins_estimator/imu_propagate /vins_estimator/odometry /<IMAGE_TOPIC> /vins_estimator/keyframe_pose /vins_estimator/extrinsic /vins_estimator/keyframe_point /vins_estimator/relo_relative_pose	/pose_graph/match_image /pose_graph/camera_pose_visual /pose_graph/key_odometrys /pose_graph/no_loop_path /pose_graph/match_points /pose_graph/pose_graph_path /pose_graph/base_path /pose_graph/pose_graph /pose_graph/path_1 /pose_graph/path_2 /pose_graph/path_3 …

由于 VINS 的代码层次非常清楚，代码风格也很简洁，这里就不介绍代码的细节内容了。下面主要通过分析 feature_tracker、vins_estimator 和 pose_graph 这 3 个节点的调用流程，讲解 VINS 代码的工作过程。

feature_tracker 节点调用流程如图 10-28 所示。其实，feature_tracker 节点的功能非常简单，就是对输入的图像进行特征提取和光流追踪，然后将处理得到的特征点发布出去。img_callback() 回调函数在输入图像的驱动下，不断调用 FeatureTracker 类的 readImage() 成员函数。readImage() 函数主要是利用 OpenCV 库中现成的方法进行特征提取和光流追踪。

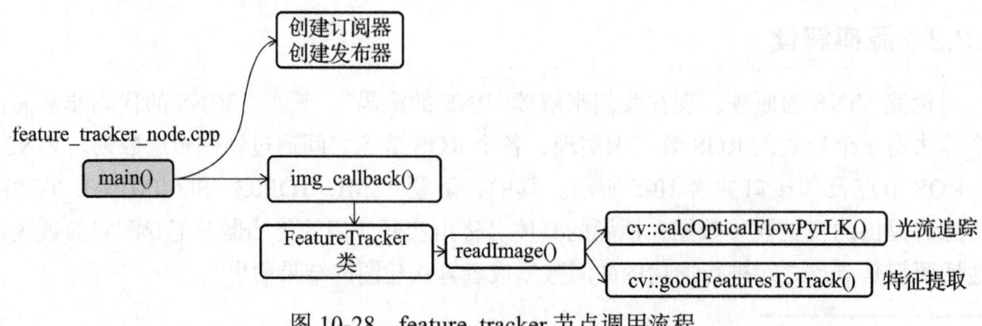

图 10-28　feature_tracker 节点调用流程

vins_estimator 节点调用流程如图 10-29 所示。其实，vins_estimator 节点的功能也很简单，就是利用输入的 IMU 及图像特征数据求解 VIO 里程计，然后将 VIO 里程计数据发布出去以便定位。imu_callback() 和 feature_callback() 回调函数用于获取 IMU 及图像特征数据，另外两个回调函数用于传递状态指令。节点的具体逻辑由线程函数 process() 实现，其主要调用 Estimator 类中的方法来实现 IMU 数据处理和图像数据处理，并将 VIO 里程计数据发布出去。

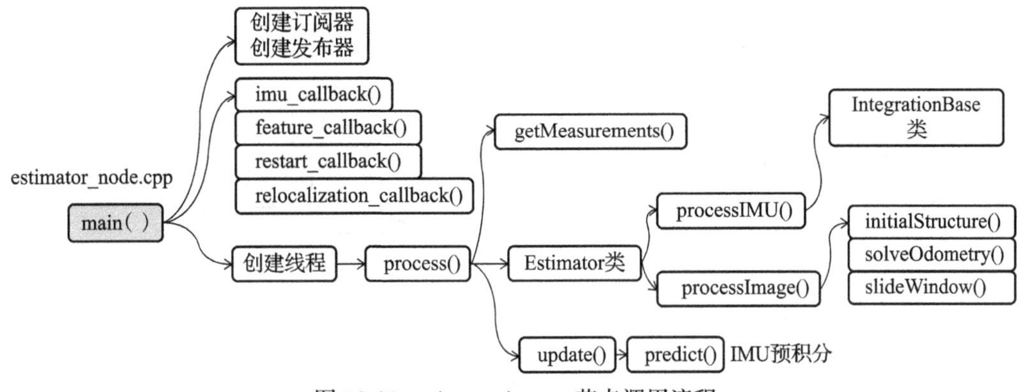

图 10-29　vins_estimator 节点调用流程

pose_graph 节点调用流程如图 10-30 所示。其实，pose_graph 节点的功能也很简单，就是通过回调函数获取输入数据，然后在各个回调函数中检测闭环。整个 pose_graph 节点关于全局位姿图优化的方法都封装在 PoseGraph 类中，而这个类中的各种方法会在不同的地方被调用。由于闭环检测是多方面的，因此闭环检测逻辑被放在各个回调函数中，这需要格外注意。闭环检测成功后，我们需要完成闭环约束添加、闭环观测数据融合、全局 BA 优化等工作。

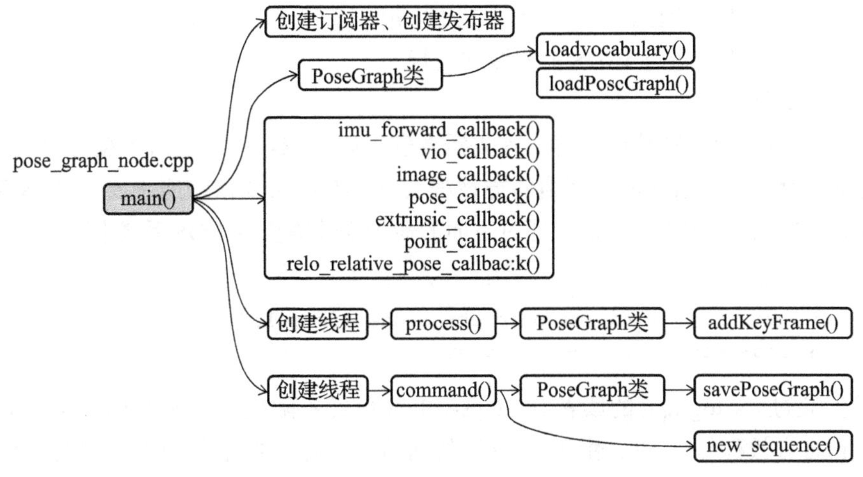

图 10-30　pose_graph 节点调用流程

到这里，本书已经介绍了 Gmapping、Cartographer、LOAM、ORB-SLAM2、LSD-SLAM、SVO、RTABMAP 和 VINS 这 8 种 SLAM 算法的代码框架。可以发现，这些 SLAM 代码框

架可以分为两类，一类是集中式，另一类是分布式，如图 10-31 所示。所谓集中式，就是 SLAM 的核心逻辑被封装在一个核心库之中，然后由 ROS 接口层的各个实例程序调用，比如 Gmapping、Cartographer、ORB-SLAM2、LSD-SLAM、RTABMAP 就采用了集中式代码框架；所谓分布式，就是 SLAM 算法按照功能模块被划分成几个独立的 ROS 节点来实现，节点之间通过话题进行数据交换，比如 LOAM、VINS 就采用了分布式代码框架。集中式代码框架更偏向工程化，代码鲁棒性和执行效率更好，但是开发周期和难度较大；分布式代码框架虽然在鲁棒性和执行效率上不如集中式代码框架，但代码耦合性低的优势非常适于项目初期需要经常修改代码和多人协作开发的场景，能大大缩短开发周期和开发难度。

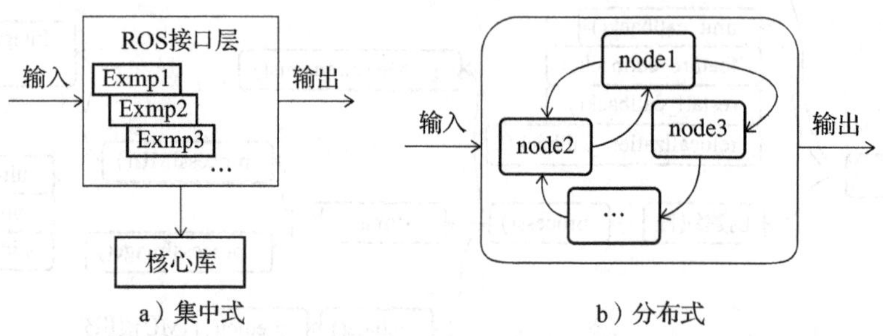

图 10-31　SLAM 代码框架总结

另外，关于学习开源 SLAM 代码的意义，我们有必要讨论一下。拿到一个开源 SLAM 代码，学习重点不是代码中各种细枝末节的语法而是了解代码框架的设计思路，因为这不仅能帮助大家快速上手，并且为后续修改代码和独立设计自己的算法打好了基础；同时可通过代码更深入地理解相应论文中的数学公式。

10.2.3　安装与运行

学习完 VINS 算法的原理及源码之后，大家肯定迫不及待地想亲自安装和运行 VINS，体验真实效果。第 1 章中已经声明，本书在 Ubuntu 18.04 和 ROS melodic 环境下进行讨论，所以下面以此环境为例进行 VINS 的安装和运行。

1. VINS 安装

和前面大多数 SLAM 代码一样，首先需要安装必要依赖库，然后下载源码进行编译和安装，这里 VINS 的安装步骤参考自官方教程[㊀]。VINS 的必要依赖库主要是 ROS 系统包和 Ceres-solver 非线性优化库。我们可通过下面的命令安装需要的 ROS 系统包。

```
# 安装 ROS 系统包
sudo apt-get install ros-melodic-cv-bridge ros-melodic-tf ros-melodic-message-
  filters ros-melodic-image-transport
```

相信安装过 Cartograph 的读者对 Ceres-solver 已经不陌生了，这里 Ceres-solver 的安装步骤参考自官方教程[㊁]。不过，由于 Google 的网站在国内不能直接访问，这里需要将 Ceres-solver 源码的下载地址替换成为 GitHub。

㊀ 参见 https://github.com/HKUST-Aerial-Robotics/VINS-Mono/blob/master/README.md。

㊁ 参见 http://ceres-solver.org/installation.html。

```
# 安装 Ceres-slover 的依赖项
sudo apt-get install cmake
sudo apt-get install libgoogle-glog-dev libgflags-dev
sudo apt-get install libatlas-base-dev
sudo apt-get install libeigen3-dev
sudo apt-get install libsuitesparse-dev
# 下载 Ceres-slover 源码
git clone https://github.com/ceres-solver/ceres-solver.git
# 编译和安装 Ceres-slover
cd ceres-solver
mkdir build && cd build
cmake ..
make
make test
sudo make install
```

到这里，我们就可以安装 VINS 了。由于 VINS 是标准的 ROS 功能包，因此我们可直接将 VINS 源码下载到前面已经建立好的 ROS 工作空间，然后用 catkin_make 编译。

```
# 下载 VINS-Mono 源码
cd ~/catkin_ws/src
git clone https://github.com/HKUST-Aerial-Robotics/VINS-Mono.git
# 编译 VINS-Mono
cd ..
catkin_make
```

2. VINS 离线运行

下面我们用 EuRoC 数据集[⊖]离线运行 VINS 看一下效果，这里以 EuRoC 数据集中的 MH_01_easy.bag 为例。

```
# 启动 VINS
roslaunch vins_estimator euroc.launch
# 启动 rviz
roslaunch vins_estimator vins_rviz.launch
# 播放数据集
rosbag play MH_01_easy.bag
```

一切顺利的话，我们就可以看到图 10-32 所示的效果。

3. VINS 在线运行

在离线运行中，图像和 IMU 数据由 *.bag 文件提供。在实际的机器人上运行时，图像和 IMU 数据由实际的传感器发布，并且还要在配置文件中对必要的参数进行设置。

（1）发布传感器数据

首先要保证使用的摄像头帧率不低于 20fps，IMU 的帧率不低于 100fps；接着启动摄像头和 IMU 传感器配套的 ROS 驱动进行数据发布，两个传感器的数据必须都要携带精确的时间戳，IMU 数据中的加速度值必须包含重力加速度成分；最后将 config 文件里关于订阅话题的变量名称设置成实际话题名称。

（2）标定

VINS 支持针孔或全景模型的相机。使用前，我们需要对其进行内参标定。不管使用哪

⊖ 参见 https://projects.asl.ethz.ch/datasets/doku.php?id=kmavvisualinertialdatasets。

种标定工具，最终只需要将标定好的内参写入 VINS 中 config 文件。大部分专用的 IMU 出厂都会进行内参标定，或者提供专门的标定工具。标定好的内参默认直接写入 IMU 模块内部进行保存。

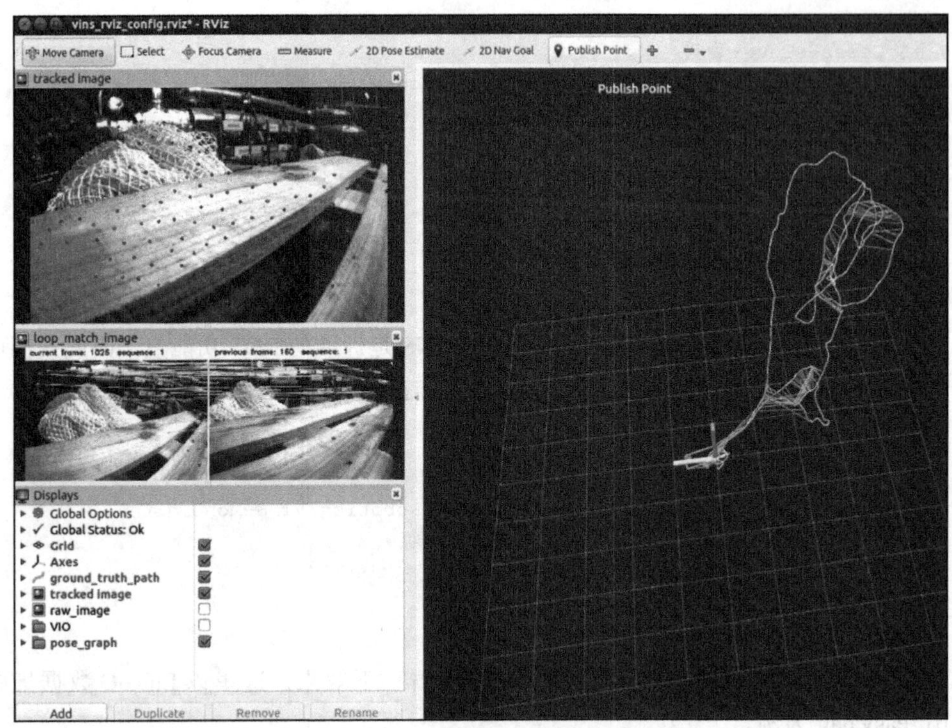

图 10-32　VINS 离线运行效果

接着，我们需要对相机与 IMU 之间的外参进行标定，这比较简单。由于 VINS 运行过程中会对外参进行修正，因此我们可通过肉眼或者简单的工具测量一个大致的外参填入 VINS 中 config 文件即可。当然，我们也可以直接忽略这一步，只需要将 VINS 中的配置参数 estimate_extrinsic 设置为 2，让 VINS 启动时自动进行标定。

由于大部分 Visual-IMU 传感器都是用单独的相机和 IMU 拼起来的，传感器之间的时间同步一般不会太好，因此我们需要将 VINS 中的配置参数 estimate_td 设置为 1，让 VINS 在线标定相机与 IMU 之间的时间误差。

如果相机使用的是卷帘曝光，除了保证标定结果的重投影误差小于 0.5pixel 外，还要将 VINS 中的配置参数 rolling_shutter 设置为 1，并且要查询相机的数据手册将卷帘曝光读出时间写入配置参数 rolling_shutter_tr。关于其他可配置参数，请参阅 config 文件中的具体内容。

（3）启动 VINS

参照离线运行中的 launch 文件，我们可以编写自己的 launch 文件，然后利用该 launch 文件启动 VINS。

10.3 机器学习与 SLAM

前面分析过的 8 种 SLAM 算法（Gmapping、Cartographer、LOAM、ORB-SLAM2、LSD-SLAM、SVO、RTABMAP 和 VINS）都可以称为传统方法，因为这些算法都是在人精心设计的特定规则下工作。一个算法取得的好效果往往归因于大量小技巧的运用，这与人们心目中的智能相去甚远。比如三段式（前端里程计、后端优化和闭环检测）已经成为 SLAM 算法的普遍范式，这种特定规则是经过长期发展总结出来的宝贵经验。三段式设计能保证算法运行的实时性，而闭环检测成了解决累积误差的首选方法。再比如从图像中提取特征点（SIFT、SURF、ORB 等）然后利用多视图几何和三角化重建求解运动位姿及地图路标，这个思路在工程应用中被证明很有效。

然而，机器人处在一个复杂、多变的环境中，传统方法中设计的规则仅仅适用于某些特定的环境。如果按照传统方法的思路，我们需要设计一个无限复杂的规则，才能满足所有可能的环境，这显然是不现实的。这就需要我们找到一种更通用的方式，让机器人在感知环境的交互过程中，通过自身学习不断提高适应环境的能力。这种新颖的方法可以称为机器学习方法。一种思路是利用机器学习方法对 SLAM 传统方法中的局部模块进行改进，比如用机器学习方法提取图像特征点、重建深度信息、闭环检测与重定位、将提取出的环境语义信息添加到地图中等；另一种思路是完全抛弃 SLAM 传统方法，感知数据直接输入机器学习方法后直接输出结果，即端到端（End-to-End）方法。下面介绍的 CNN-SLAM 算法是第一种思路的典型案例，DeepVO 算法是第二种思路的典型案例。近年来，机器学习与 SLAM 的结合研究取得了很多优秀成果，CNN-SLAM 和 DeepVO 仅仅是其中的成果之一，由于篇幅限制不再逐一介绍，感兴趣的读者可以自行研究。考虑到有些读者对机器学习领域还不够熟悉，下面先讨论机器学习方面的问题，接着具体分析 CNN-SLAM 和 DeepVO 两种基于机器学习方法的 SLAM 典型案例。

10.3.1 机器学习

现今每当提起人脸识别、语音助手、无人驾驶、智能推荐等概念，大家很快会联想到一个名词人工智能；然而在学术界常常出现的是机器学习、神经网络、深度学习之类的概念。下面我们进行一些机器学习的具体讨论和分析。

1. 发展历程

要搞清楚人工智能领域各种概念为什么常常被混为一谈，这就需要先了解其发展历程[12] 10-13，如图 10-33 所示。从宏观层面来看，人工智能走过了推理期、知识期和学习期。在最开始的推理期，人们认为机器只要具有基于逻辑关系的推理能力就可以拥有智能，比如利用一些已知的数学定理经过逻辑推理来证明数学难题。但知识缺乏，仅靠逻辑推理很难奏效。于是，研究很快转向知识期，也就是想办法让机器拥有更渊博的知识。此时，专家系统诞生。靠人工来整理知识然后传授给机器太耗精力，要是机器能通过自己学习来获取知识该多好，这就迎来了学习期。从方法论层面来看，人工智能分为连接主义和符号主义两个流派。连接主义基于神经网络的连接结构来表示知识，也就是说学习到的知识被隐藏在神经网络的连接结构中，整个系统相当于一个黑盒子。符号主义将抽象出来的概念用具体符号表示，使学习知识的过程更加透明。当然，还有很多无法明确分类的研究方法，比如基于决策理论提出的强化学习，以统计理论为基础发展起来的支持向量机。由于在人工智能的发展过程中，机器学习这个提法频繁出现在人们的视野，于是慢慢发展成一个专门的研究领域。所谓机器学习，就是让机器通过学习获取知识，并利用知识解决特定的问题。这里的机器指计算机，而学习指运行在计算机上的程序、算法。有人将机器学习具体划分成“在问题求解和规划中学习”“通过观测和发现学习”“从指令中学习”“从样例中学习”等种类；也有人将机器学习划分成“机械学习”“类比学习”“示教学习”“归纳学习”等种类，这些划分非常主观。当然，我们也可以根据自己的观点来划分所谓的学习类型。不过，从样例中学习应该是应用和研究最多的一个。所谓样例，就是供训练的数据。从样例中学习包括有监督学习和无监督学习。对于符号主义，从样例中学习的典型案例是决策树；对于连接主义，从样例中学习的典型案例是神经网络的 BP 算法。如今，备受追捧的深度学习本质还是神经网络，只是连接层数增多了。以上所叙述的仅仅是人工智能发展过程中一些有代表性的理论、技术、方法，力争让大家拥有更开阔的视野。**关于智能，目前我们并没有科学的定义，也没有统一的研究方法**。推理、知识、神经网络、机器学习、决策理论等诸多的概念，本身就是在不同层面、不同时期提出来的。这些概念之间有些是互相重叠的，有些是发展递进的，有些是特例，有些是从不同角度出发的同一观点，等等。

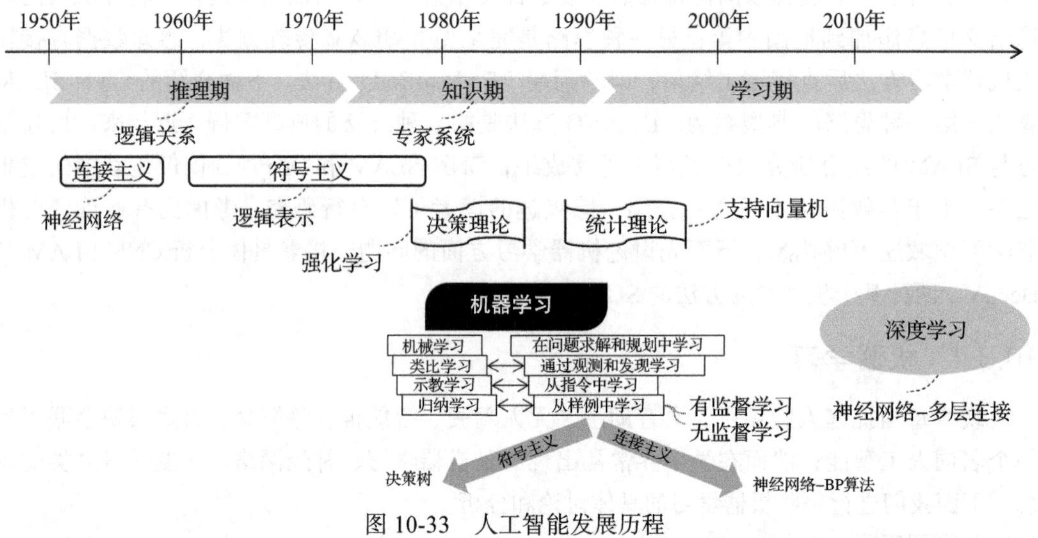

图 10-33　人工智能发展历程

既然从理论上暂时无法得知智能的真正面貌，我们也就不必拘泥于理论层面的各种概念，仅从实践的角度讨论和学习主流的一些技术应用够了。图 10-34 所示为人工智能技术应用的大致流程。从实际问题出发对问题进行分析并提取出一些重要的先验信息，以便构造更合适的智能系统来解决问题。一种比较普遍的观点认为，智能系统应该包含 3 个关键部分：表示、学习和推理[13]22。表示指存储知识的模型，知识以显式或隐式的形式存储在模型的参数及结构中；学习指利用数据训练模型的过程，也就是利用训练数据调整模型的参数及结构；推理指利用学习到的知识解决问题的过程。常用的表示有线性模型、核模型、神经网络模型、概率图模型、决策树、组合模型等，训练方法整体上可以分为有监督学习、无监督学习、强化学习等。选择模型时，我们需要考虑其表达能力、训练难度、模型精度、泛化能力等因素，而这些因素之间的关系十分复杂。比如增加模型的结构复杂度和参数规模可以提高表达能力，但这样会增加训练难度；再比如训练过程中，模型精度提高的同时泛化能力可能降低。关于模型和训练方法的选择，目前我们还没有确切的理论依据。因此，有人把训练模型的过程比喻成“炼丹”，也就是先挑选一个自己认为合适的模型进行训练，并根据经验进行修改，最后应用到实际问题，只要效果好就可以。这里讨论的智能系统的核心是运行在计算机上的算法，以及软件框架（开发平台）、算力（硬件计算性能）和数据（训练模型的样本）这些基础资源的良好支持。除此之外，概率论、决策论、信息论、统计学等基础理论也将一直伴随着整个智能系统的搭建过程。下面展开讨论一下常见的几种模型及对应的训练方法，然后进一步讨论从中脱颖而出的神经网络模型。

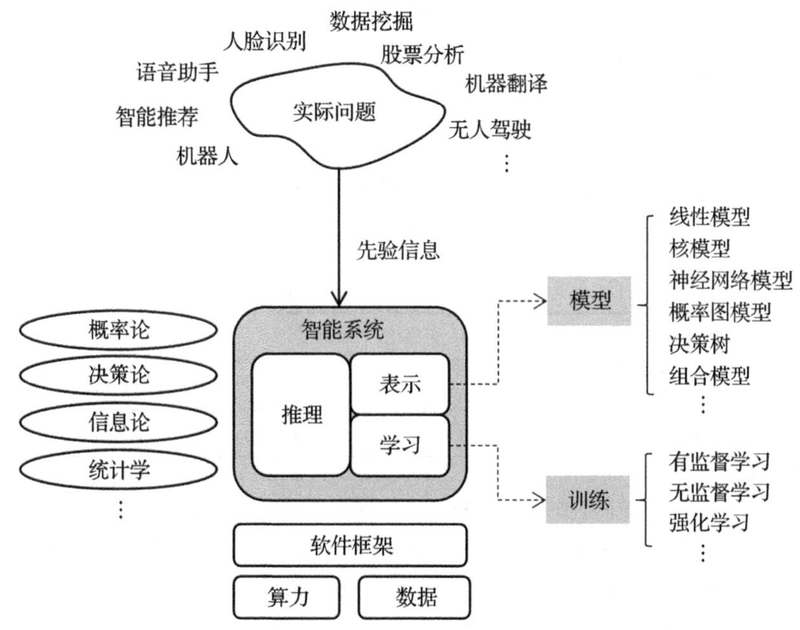

图 10-34　人工智能技术应用的大致流程

（1）线性模型

先来看一个最简单的例子，如图 10-35a 所示，我们需要找一个函数来表示自变量 x 到因变量 y 的映射关系。最容易想到的就是直线拟合，即 $y=ax+b$，只要找到合适的参数 a 和 b，使得该直线逼近这些数据点的分布就可以。但数据点不都是按直线分布的，如图 10-35b 所示。

也就是说，我们需要找到更通用的函数来表达复杂的映射关系。一种有效的方法是先用基函数 $\boldsymbol{\phi}(x)$ 对自变量 $\boldsymbol{x}$ 进行变换，然后再对变换后的结果进行线性组合，如式（10-15）所示。当基函数为线性函数，即 $\boldsymbol{\phi}(x)=\begin{bmatrix}\phi_1(x)\\ \phi_2(x)\\ \vdots\\ \phi_n(x)\end{bmatrix}=\begin{bmatrix}a_1x+b_1\\ a_2x+b_2\\ \vdots\\ a_nx+b_n\end{bmatrix}$ 时，式（10-15）经过化简后其实就是上面讨论的 $y=ax+b$ 的形式；当基函数为非线性函数时，相当于对输入变量 x 进行了非线性映射。也就是说，虽然原始的 x 与 y 不是线性映射关系，

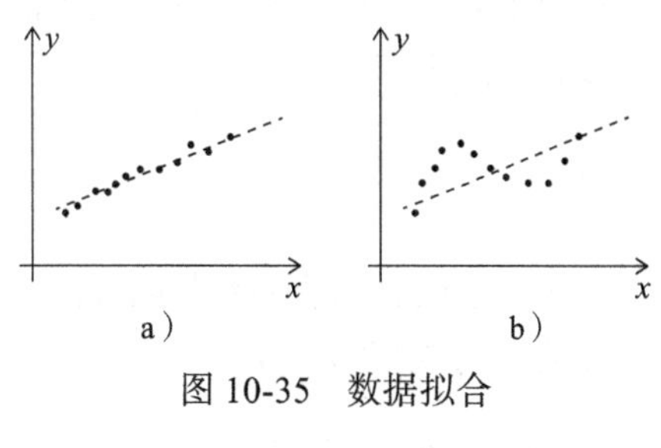

图 10-35　数据拟合

但当 x 经过基函数 $\boldsymbol{\phi}(x)$ 的特征空间变换后，在特征空间的 x 与 y 可以用线性映射关系表示。所谓特征空间，学过信号处理的读者应该都知道，一个任意的非线性时域信号经过傅里叶基函数变换后，可以在频域上表示成各个频率分量的线性组合。借助基函数 $\boldsymbol{\phi}(x)$ 的线性组合，模型就能表示为更复杂的非线性映射关系了，自变量在基函数映射后就与模型参数形成了线性组合关系，这种线性组合的模型即所谓的线性模型。线性模型中“线性”两个字不是函数关于自变量 x，而是函数关于模型参数 $\boldsymbol{w}$ 是线性的。因为如果模型参数 $\boldsymbol{w}$ 对于函数是线性的，训练过程中模型参数 $\boldsymbol{w}$ 的学习难度会大幅降低。

$$y = \boldsymbol{w}^{\mathrm{T}} \cdot \boldsymbol{\phi}(x) = \begin{bmatrix} w_1 & w_2 & \dots & w_n \end{bmatrix} \cdot \begin{bmatrix} \phi_1(x) \\ \phi_2(x) \\ \dots \\ \phi_n(x) \end{bmatrix} = w_1\phi_1(x) + w_2\phi_2(x) + \cdots + w_n\phi_n(x) \tag{10-15}$$

对于基函数 $\boldsymbol{\phi}(x)$，我们有多种选择。常见的基函数[14]139 有多项式基函数、傅里叶基函数、高斯基函数等，如表 10-6 所示。

表 10-6 常见的基函数

基函数	$\boldsymbol{\phi}(x) = \begin{bmatrix}\phi_1(x) & \phi_2(x) & \cdots & \phi_n(x)\end{bmatrix}^{\mathrm{T}}$
多项式基函数	$\boldsymbol{\phi}(x) = \begin{bmatrix}1 & x & x^2 & \cdots & x^{n-1}\end{bmatrix}^{\mathrm{T}}$
傅里叶基函数	$\boldsymbol{\phi}(x) = \begin{bmatrix}1 & \sin x & \cos x & \sin 2x & \cos 2x & \cdots & \sin mx & \cos mx\end{bmatrix}^{\mathrm{T}}$
高斯基函数	$\boldsymbol{\phi}(x) = \begin{bmatrix}1 & \phi_1(x) & \phi_2(x) & \cdots & \phi_j(x) & \cdots\end{bmatrix}^{\mathrm{T}}, \phi_j(x) = \exp\left(-\dfrac{(x-\mu_j)^2}{2\sigma^2}\right)$
sigmoid 基函数	$\boldsymbol{\phi}(x) = \begin{bmatrix}1 & \phi_1(x) & \phi_2(x) & \cdots & \phi_j(x) & \cdots\end{bmatrix}^{\mathrm{T}}, \phi_j(x) = \mathrm{sigmoid}\left(\dfrac{x-a_j}{b}\right)$
tanh 基函数	$\boldsymbol{\phi}(x) = \begin{bmatrix}1 & \phi_1(x) & \phi_2(x) & \cdots & \phi_j(x) & \cdots\end{bmatrix}^{\mathrm{T}}, \phi_j(x) = \tanh\left(-\dfrac{x-a_j}{b}\right)$
…	…

不过，式（10-15）只是讨论了一维变量之间的映射关系。实际应用中，数据通常是多维变量。对于多维变量 $\boldsymbol{x} = \begin{bmatrix}x_1 & x_2 & \cdots & x_d\end{bmatrix}^{\mathrm{T}}$ 来说，基函数也要换成对应的多维函数，通常可以利用上面一维基函数的分量进行相加组合或者相乘组合来构造多维基函数[15]13-14。先来看用相加组合构造多维基函数的情况，如式（10-16）所示。可以发现，此时的线性模型中参数 $\boldsymbol{w}$ 的规模为 $d \times n$。

$$y = \sum_{i=1}^{d}\sum_{j=1}^{n} w_{i,j}\phi_j(x_i) \tag{10-16}$$

用相乘组合构造多维基函数的情况，如式（10-17）所示。可以发现，此时的线性模型中参数 $\boldsymbol{w}$ 的规模为 $\underbrace{n \times n \times \cdots \times n}_{d} = n^d$。由于式（10-17）的表达能力比式（10-16）要强很多，因此我们通常使用相乘组合构造模型。

$$y = \sum_{j1=1}^{n}\sum_{j2=1}^{n}\cdots\sum_{jd=1}^{n} w_{j1,\, j2,\, \dots,\, jd} \cdot \phi_{j1}(x_1) \cdot \phi_{j2}(x_2) \cdots \phi_{jd}(x_d) \tag{10-17}$$

上面将一维自变量到一维因变量映射推广到了多维自变量到一维因变量映射。其实在处理实际问题时，自变量和因变量通常都是多维的。而从多维自变量到一维因变量映射推广到多维自变量到多维因变量映射很简单，只需要分别对因变量的各个分量进行映射，然后组合即可，如式（10-18）所示。此时的线性模型中参数 $\boldsymbol{w}$ 的规模为 $n^d \times b$，其中 n 是基函数 ϕ 的维度，d 是自变量 $\boldsymbol{x}$ 的维度，b 是因变量 $\boldsymbol{y}$ 的维度。

$$
\begin{aligned}
y_1 &= \sum_{j1=1}^{n}\sum_{j2=1}^{n}\cdots\sum_{jd=1}^{n} w_{j1,\,j2,\,\cdots,\,jd}^{1}\cdot\phi_{j1}(x_1)\cdot\phi_{j2}(x_2)\cdots\phi_{jd}(x_d)\\
y_2 &= \sum_{j1=1}^{n}\sum_{j2=1}^{n}\cdots\sum_{jd=1}^{n} w_{j1,\,j2,\,\cdots,\,jd}^{2}\cdot\phi_{j1}(x_1)\cdot\phi_{j2}(x_2)\cdots\phi_{jd}(x_d)\\
&\vdots\\
y_b &= \sum_{j1=1}^{n}\sum_{j2=1}^{n}\cdots\sum_{jd=1}^{n} w_{j1,\,j2,\,\cdots,\,jd}^{b}\cdot\phi_{j1}(x_1)\cdot\phi_{j2}(x_2)\cdots\phi_{jd}(x_d)
\end{aligned}
\tag{10-18}
$$

有观点认为[14]172，线性模型由固定的基函数线性组合而成。由于基函数在进行数据训练之前就被固定下来了，为了能够对输入数据有足够的表达能力，模型中基函数的数量随输入数据的维度增加而快速增加，用于这些基函数线性组合的参数 $\boldsymbol{w}$ 规模也相应快速增长，即维数灾难问题。

通俗点讲，由于构造固定基函数时没有依据训练数据中包含的先验信息，构造出来的固定基函数在表达上没有针对性。由于固定基函数缺乏表达针对性，基函数需要有与输入数据维度相匹配的数量，才能达到足够的表达能力。面对这样的问题，将固定基函数替换成非固定基函数是解决办法之一。非固定基函数其实就是含可变参数的基函数。下面介绍的核模型和神经网络模型，就是构造非固定基函数的两种思路。

（2）核模型

核模型采用非固定基函数的线性组合构建，这里的非固定基函数也称为核函数，如式（10-19）所示。如果 x 为一维变量，核函数 $K(x, x_j)$ 则为一元函数形式；如果 $\boldsymbol{x}$ 为多维变量，核函数 $K(\boldsymbol{x}, \boldsymbol{x}_j)$ 则为多元函数形式，其中 $\boldsymbol{x}_j$ 为核函数的可变参数。

$$
y = \sum_{j=1}^{n} w_j K(\boldsymbol{x}, \boldsymbol{x}_j) \tag{10-19}
$$

核函数除了可以定义在实数向量空间（比如多项式核函数、高斯核函数等），还可以定义在非向量空间（比如处理图片、集合、字符串、文本文档等的核函数）[16]122-123。其中，比较常见的多项式核函数和高斯核函数如式（10-20）和式（10-21）所示。不难发现，这些核函数与表 10-6 中的基函数非常相似。不过，核函数需要满足严格的内部约束[16]116-117，不是任意的函数都能成为核函数的。

$$
K(\boldsymbol{x}, \boldsymbol{x}_j) = (\boldsymbol{x}^{\mathrm{T}}\cdot\boldsymbol{x}_j + c)^M \tag{10-20}
$$

$$
K(\boldsymbol{x}, \boldsymbol{x}_j) = \exp\left(-\frac{\|\boldsymbol{x}-\boldsymbol{x}_j\|^2}{2\sigma^2}\right) \tag{10-21}
$$

核函数其实是一种函数簇，当核函数中的可变参数 $\boldsymbol{x}_j$ 取不同值时，可以生成各个具体的函数。在核模型中，核函数的数量及参数由训练样本决定，与输入数据变量 $\boldsymbol{x}$ 的维数无关。这其实有效避免了维数灾难问题，即使变量 $\boldsymbol{x}$ 的维数很高，只要训练样本的数量不是很大，核模型的规模也不会很大。

虽然核模型通过训练样本确定核函数，有效避免了维数灾难，但是如果直接在每个训练样本点上求解核函数，计算会十分复杂。实际应用过程中，其实是在训练样本点的一个子集上求解核函数，其中代表性的算法就是支持向量机（Support Vector Machine，SVM）。

（3）神经网络模型

在线性模型中，模型由固定基函数线性组合构成。在核模型中，模型由含可调参数的基函数线性组合构成。也就是说在线性模型和核模型中，模型参数 $\boldsymbol{w}$ 对于整个模型来说都是线性的。神经网络模型也采用了非固定基函数，如式（10-22）所示。

$$y_k^{(L+1)} = h\left(\sum_i w_{k,i}^{(L)} \cdot y_i^{(L)}\right) \tag{10-22}$$

神经网络模型中的非固定基函数来源于复合函数 $h(\cdot)$，即一个神经元的输出 $y_i^{(L)}$ 可以当成另一个神经元 $y_k^{(L+1)}$ 的输入。当复合函数 $h(\cdot)$ 为非线性函数时，模型参数 $\boldsymbol{w}$ 对于整个模型来说是非线性的。神经网络模型的这种构造方式似乎更加通用，因为它不必像核模型那样专门设计基函数，仅通过非线性复合函数就能构造出具有足够表达能力的基函数，并通过简单增加神经元数量的方式就能轻松扩展模型的规模。不过，由于模型参数 $\boldsymbol{w}$ 以非线性的方式包含于复合函数之中，这给学习这些参数增加了难度，下面会具体讨论。

在神经网络模型中，各个神经元之间的连接关系千变万化，用式（10-22）所示的代数方式描述并不直观。通常，我们采用连接结构图来直观地描述神经网络模型，下面会具体讨论。

（4）概率图模型

其实，概率图模型的应用非常广泛。第 7 章已经从 SLAM 应用的角度对概率图模型进行了详细的讨论，这里再从机器学习的角度对概率图模型进行简短的回顾。概率图模型[17]是概率理论和图论结合的产物。在概率理论中，用一种联合概率分布表示随机变量之间的关系。图论是一种数据结构化的表示方法。那么，将随机变量之间的概率关系用图结构进行表示，就是所谓的概率图模型。显然，图结构使得概率模型中各个随机变量之间的关系变得更直观（见图 10-36），并且复杂的概率计算过程可以利用图结构进行简化。

概率理论主要研究随机变量之间的概率关系，这些概率关系基本上通过概率加法、概率乘法和贝叶斯准则来获得。关于这方面的具体案例，请参考 7.2.4 节的相关内容。按图结构的边是否有方向，我们可以将图分为有向图和无向图，分别对应贝叶斯网络和马尔可夫网络。贝叶斯网络可以分为静态贝叶斯网络和动态贝叶斯网络。动态贝叶斯网络中随机变量集 $X=\{s_0, s_1, \cdots, s_k\}$ 由随机变量 s 的时序状态构成。最常见的动态贝叶斯网络应用是隐马尔可夫模型和卡尔曼滤波。而马尔可夫网络细粒度参数化后，就是因子图。最常见的马尔可夫网络应用有吉布斯 / 玻尔兹曼机和条件随机场。值得注意的是，贝叶斯网络、马尔可夫网络和因子图这三者之间可以互相转化。

概率图模型是人工智能领域的热门研究方向之一。概率图模型利用图结构表示随机变量之间的依赖关系，能非常方便地进行推理和学习，比如模式识别、自然语言处理、机器人 SLAM 等。

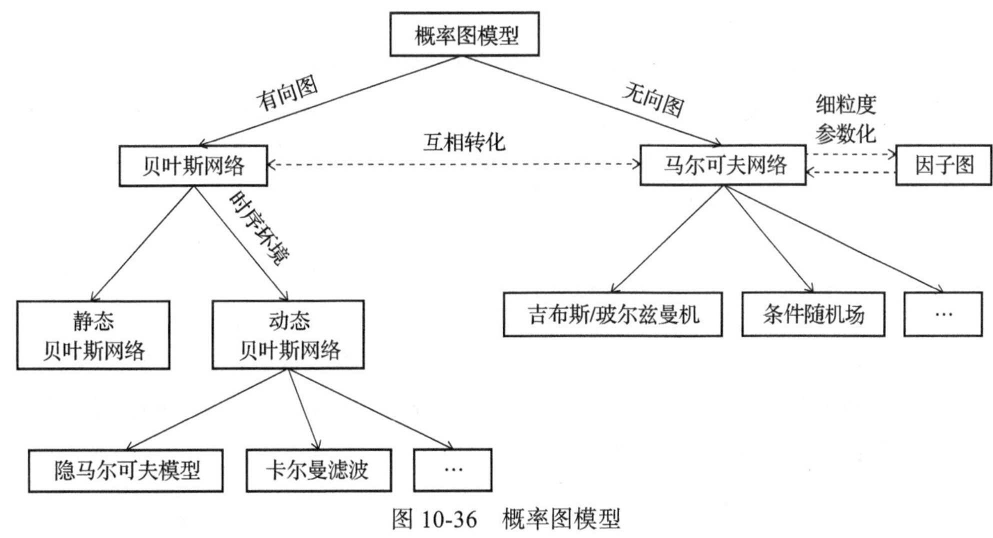

图 10-36　概率图模型

（5）决策树

决策树[16]55是机器学习中典型的分类与回归策略，最开始主要用于解决分类问题。图 10-37 所示为一个分类决策树的例子。

该树中的非叶子节点（圆形节点）表示训练样本的某个特征，叶子节点（方形节点）表示该分类问题的某个类别，树中的每个特征是对训练样本的一个划分。当训练好一棵决策树后，只需要利用其中的 if-then 条件对输入逐步进行判断，最终得到对应的类别。决策树的训练过程大致分为特征选择、决策树生成和决策树剪枝。所谓特征选择，就是要选择对训练样本有较强划分能力的特征，比如上面的出行案例中，天气、温度和风速这 3 个气象因素就是决定是否出行的重要特征。决策树生成是指利用某个准则将各个特征放在树中合适的位置，以保证决策树具有好的决策效果，这个过程通常是递归进行的。决策树剪枝是指将决策树生成过程中那些划分过细的枝干去掉，以避免过拟合问题。

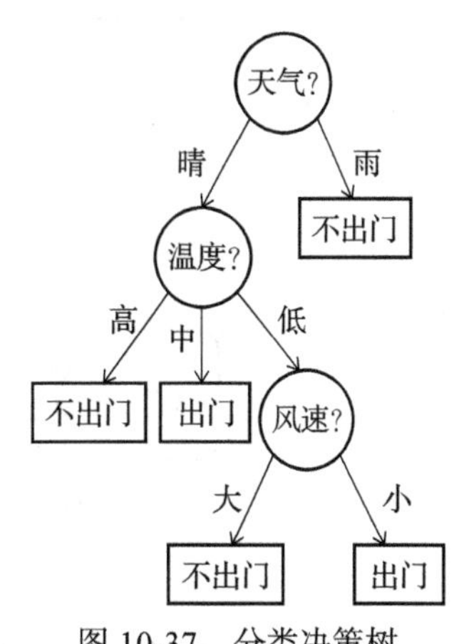

图 10-37　分类决策树

决策树的具体实现算法有 ID3、C4.5、CART 等。ID3 采用信息增益准则来选择特征，并递归生成决策树；C4.5 是对 ID3 的改进，采用信息增益比准则来选择特征，并递归生成决策树；ID3 和 C4.5 都是用于分类的决策树，CART 是同时适用于分类和回归的决策树，在回归中 CART 采用平方误差最小化准则来选择特征，并递归生成二叉决策树，在分类中 CART 采用基尼指数最小化准则来选择特征，并递归生成二叉决策树。

（6）组合模型

通常，使用上面介绍的这些模型中的单个模型来解决问题，效果并不会太好。这样的单个模型称为基础学习器或者弱学习器。如果将多个模型结合起来一起使用，各个模型的优势互补，这样就可以达到更好的效果，即强学习器。这种强学习器也被称为组合模型[14]653、

集成学习 [12] 171、委员会机器 [13] 253 等。

我们既可以使用多个同类型的模型来构造强学习器，也可以使用多个不同类型的模型来构造强学习器。如何使组合模型效果优于其中的单个模型，这需要有一个好的组合策略。关于组合模型，还有很多未知领域有待深入研究。下面主要介绍工程应用中比较典型的两种组合策略，即串行化组合策略和并行化组合策略。当各个待组合的弱学习器存在强依赖关系时，我们需要串行地对各个弱学习器依次进行训练。比如在公司招聘面试流程中，基层部门的面试结果会上报给中层部门，中层部门的面试结果再上报给高层部门，每个决策环节都是强依赖关系。当各个待组合的弱学习器不存在强依赖关系时，我们就可以并行地对各个弱学习器独立进行训练。比如在歌咏比赛评审中，每个评委都可以独立对选手进行打分，评委之间不存在强依赖关系。串行化组合策略的典型代表是 boosting，并行化组合策略的典型代表是 bagging，如图 10-38 所示。

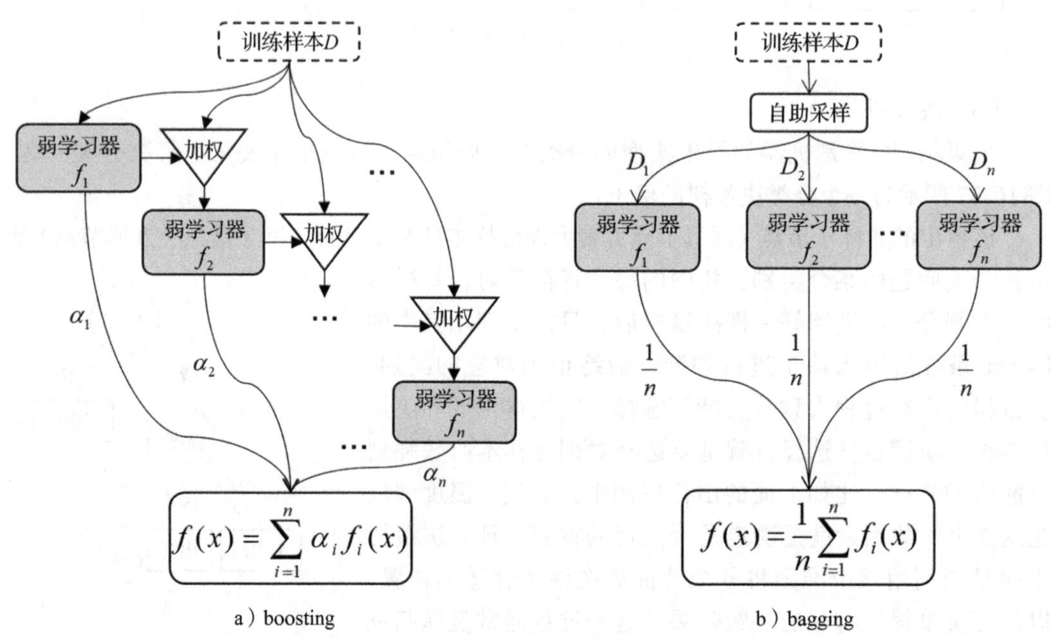

图 10-38 boosting 和 bagging

AdaBoost 算法是 boosting 组合策略的典型实现。在 AdaBoost 算法中，训练样本 D 中每个样本点的权重 $\{w_j\}$ 初始化成一样的值；然后利用训练样本 D 让弱学习器 f_1 在其原始方法上进行学习，利用训练样本在 f_1 上的加权 $\{w_j\}$ 总体误差计算 f_1 的组合系数 α_1，同时利用每个样本点在最后的强学习器 $f=\alpha_1 f_1$ 上的表现（即误差大小）更新其权重 $\{w_j\}$；接着利用训练样本 D 让弱学习器 f_2 在其原始方法上进行学习，利用训练样本在 f_2 上的加权 $\{w_j\}$ 总体误差计算 f_2 的组合系数 α_2，同时利用每个样本点在最后的强学习器 $f=\alpha_1 f_1+\alpha_2 f_2$ 上的表现（即误差大小）更新其权重 $\{w_j\}$；依次类推，对各个弱学习器逐一进行学习并获取相应的组合系数，最后就可以得到强学习器 $f=\alpha_1 f_1+\alpha_2 f_2+\cdots+\alpha_n f_n$。当然，对于不同的实现算法，计算组合系数和样本权重的方法会不一样，这里就不再过多讨论了。

bagging 组合策略并行化对每个弱学习器独立进行训练，其前提条件是各个弱学习器之间不存在强依赖关系。在实际应用中，我们并不能明确量化弱学习器之间的依赖关系，但可以利用不同的训练样本对各个弱学习器进行训练，这样每个弱学习器的表现会因训练样本的区别而在整体训练样本 D 上具有尽可能大的区别，进而达到优势互补的目的。bagging 组合策略的关键是自助采样（即有放回的采样，比如从样本集 $D=\{1,2,3,4,5,6\}$ 中有放回的采样得到子样本集 $D_1=\{1,2,2,3,3,6\}$ ，也就是子样本中的数据点允许重复出现)，也就是从训练样本 D 上随机取出一些样本点构成训练样本 D_1 ，然后利用训练样本 D_1 对弱学习器 f_1 进行训练；同理，从训练样本 D 上随机取出一些样本点构成训练样本 D_2 ，然后利用训练样本 D_2 对弱学习器 f_2 进行训练；依次类推，并行对所有弱学习器进行训练，最后将所有弱学习器组合起来，就得到了强学习器。当然，最简单的组合方式是直接进行总体平均，即 $f=\frac{1}{n}f_1+\frac{1}{n}f_2+\cdots+\frac{1}{n}f_n$ 。

不过，boosting 和 bagging 都只是一种思想，因为其中所讨论的弱学习器并没有指定为某个具体模型。如果将 bagging 中的弱学习器指定为决策树，那么得到的强学习器就叫**随机森林**。由于随机森林的优异性能，它成了机器学习应用领域最受欢迎的算法之一。其原理如图 10-39 所示。所谓随机森林，森林是指由多棵决策树组成，随机是指训练每棵决策树的训练样本 D_j 和特征集 V_j 都是从原始训练样本 D 及特征空间 V 中随机采样来的。从含有 m 个样本点的训练样本 D 中自助采样（有放回的采样），生成同样含有 m 个样本点的训练样本 D_1 ；

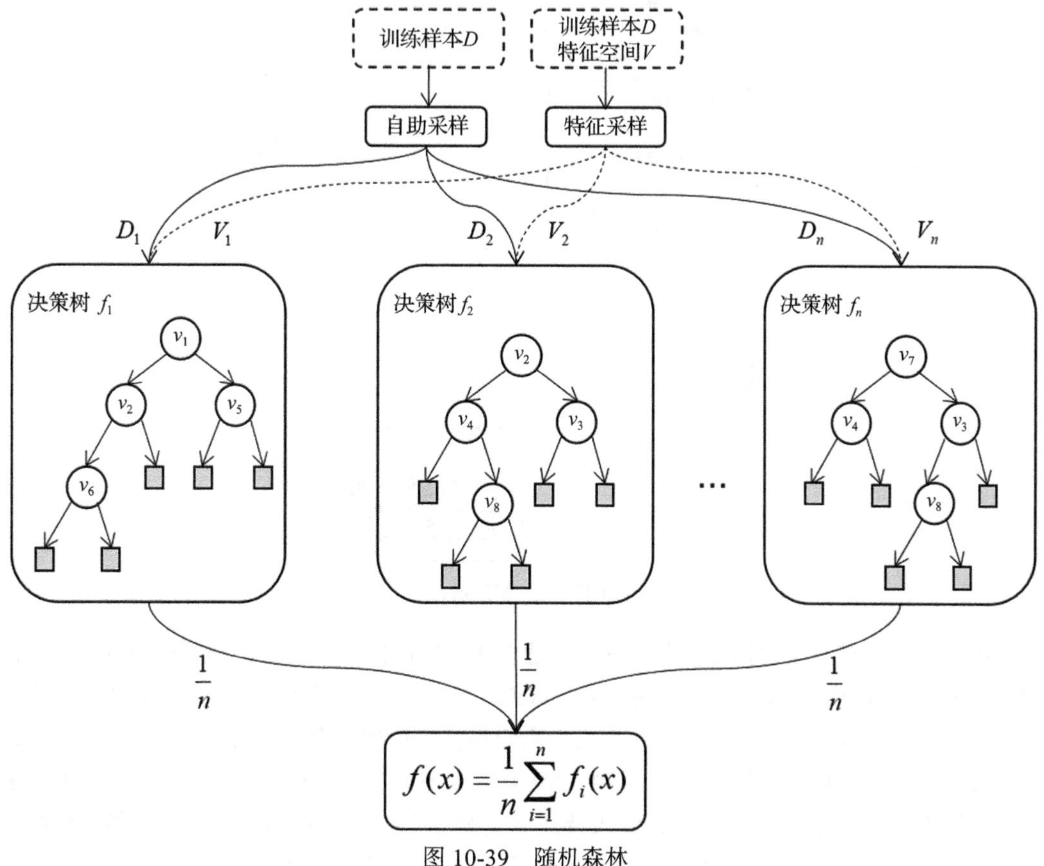

图 10-39 随机森林

另外，从训练样本的特征空间 V（含有 d 个特征）中随机挑取 k 个特征（$k \leqslant d$）组成特征集 V_1；最后利用训练样本 D_1 在特征集 V_1 上递归生成决策树 f_1。同理，利用采样得到的训练样本 D_2 在特征集 V_2 上递归生成决策树 f_2，依次类推，对所有的决策树进行训练，最后将所有弱学习器组合起来就得到了强学习器，即随机森林。得益于自助采样和特征采样所生成的不同训练样本 D_j 和特征集 V_j 对每个决策树的训练，集成出来的随机森林具有很强的泛化能力。从随机森林的优异性能来看，bagging 对弱学习器的性能增强非常明显。不过，以上介绍的 bagging 组合策略中仅使用了总体平均这种最简单的方式对弱学习器进行组合。下面介绍更复杂的 bagging 组合方式。

相比于采用总体平均的传统 bagging 组合策略，ME（Mixture of Experts）模型[13]265 中弱学习器的组合需要在输入数据的参与下完成，也就是说组合形式会随输入数据动态变化。ME 模型如图 10-40 所示，其中每个弱学习器 f_i 为一个单层神经网络，每个弱学习器的组合系数 g_i 由门网提供，门网是一个单层、多输出的神经网络。在 ME 模型中，除了要对每个弱学习器进行单独训练外，还需要对提供组合系数的门网进行训练，这些弱学习器可以称为初级学习器，门网可以称为次级学习器。这种由初级学习器和次级学习器组成的强学习器可以称为元学习器。

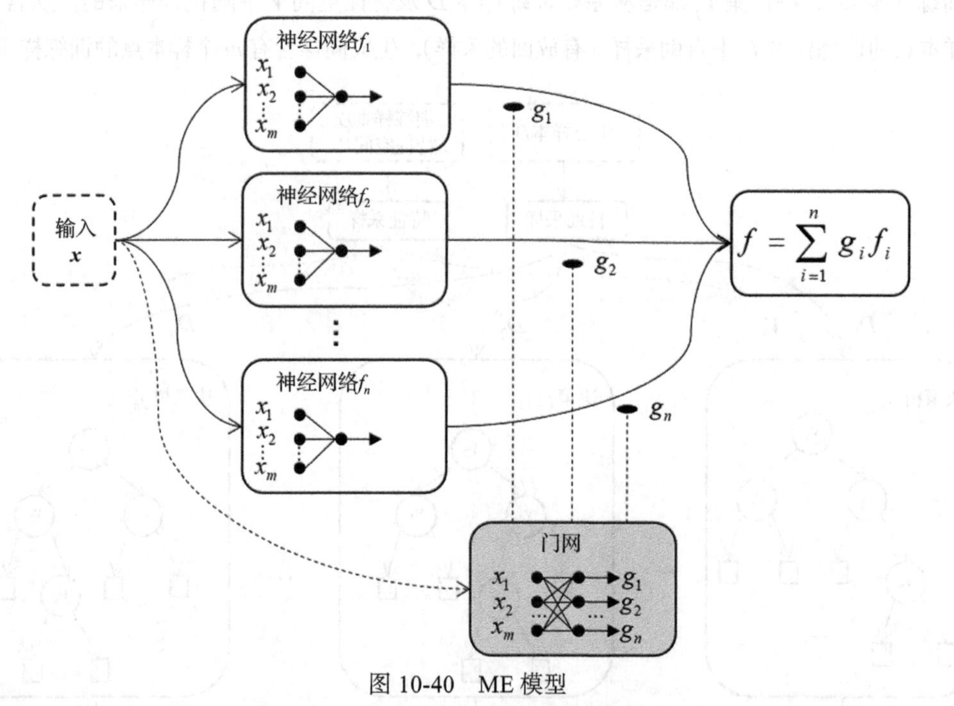

图 10-40 ME 模型

由多个 ME 模型递归构建的新 ME 模型也叫 HME（Hierarchical Mixture of Experts）模型[13]268，如图 10-41 所示。由于图片大小限制，这里只展示了含有两个层次的 HME 模型的结构。当然，按照这种递归构建的方式，我们很容易得到含有更高层次的 HME 模型。其实，ME 模型相当于一个决策树桩（即单层决策树），HME 相当于一个软决策树。对于标准的决策树而言，树中的每个节点对输入特征的贪婪划分行为都将形成一个硬决策（决策结果将永久影响之后的节点），所以标准决策树也叫硬决策树。但对于 HME 模型而言，输入信息在决策的各个过程中被尽可能地保留下来，直到得到终决策（这比标准决策树在各个决策环节直接用固定阈值判断所丢失的信息少很多）。另外，每个决策环节受门网的控制而不断变化（也就是说，某个环节的不良决策有可能在后续被修正），使得 HME 模型的决策过程表现得更灵活，所以 HME 模型也叫**软决策树**。

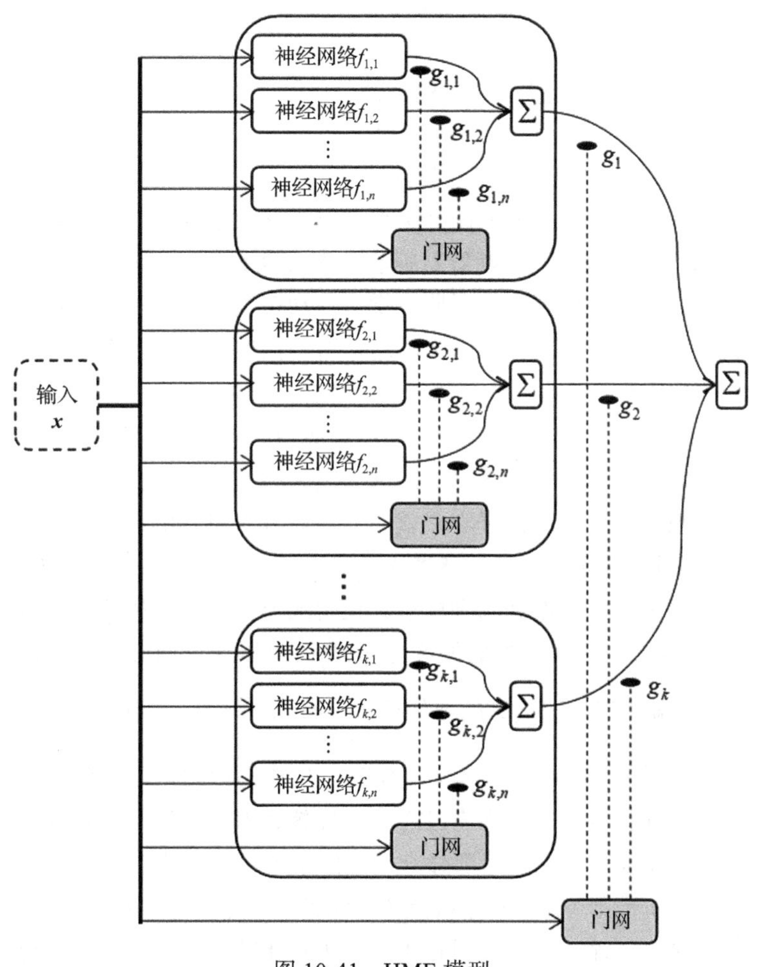

图 10-41　HME 模型

当然在实际应用中，我们可以先尝试训练决策树来解决问题，比如 CART 决策树，然后根据得到的 CART 决策树规模确定 HME 模型的大致规模，并且利用 CART 初始化 HME，这样能大大加快 HME 的训练速度。

（7）基于训练样本的模型学习过程

上面已经介绍了常用的几种模型，下面就需要让模型进行学习，获得解决问题的能力。从机器学习的发展历程来看，从样例中学习（或者基于训练样本的模型学习）应该是应用和研究最多的。所谓从样例中学习，也就是归纳（从个例中归纳出一般规律），让模型从训练样例中学习到一些抽象的知识概念。当所学知识概念在模型中显示存在时，该模型就是白盒模型，比如知识图谱模型；当所学知识概念在模型中隐示存在时，该模型就是黑盒模型，比如神经网络模型。目前，大部分模型是黑盒模型，因为学习所获得的模型参数并不能直接解释对应的知识概念。要想更深入地了解从样例中学习的原理，我们需要引出统计学习理论[16]。所谓统计学习，就是在计算机中利用给定数据构造该数据的概率统计模型，然后利用该模型对当前数据或未知数据进行分析和预测。如图 10-42 所示，整个学习过程涉及 4 个要素：数据、模型、学习策略和学习算法。

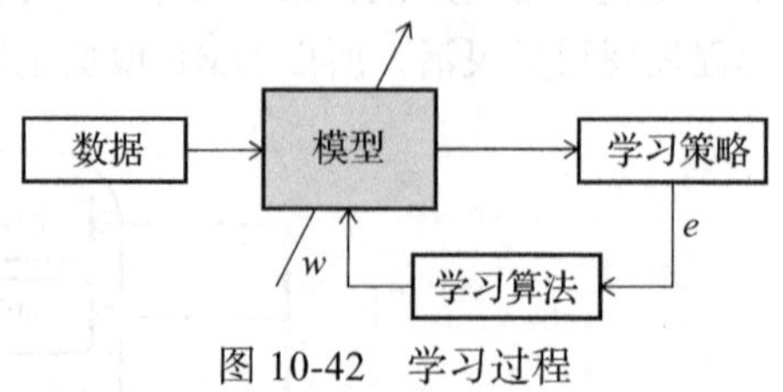

图 10-42 学习过程

统计学习由数据驱动，比如数字、文本、图像、视频、音频、网页、数据库等多种格式的数据，但这些数据必须具有一定统计规律。在这个前提假设下，我们才能用随机变量描述数据中隐含的特征信息，并构建概率统计模型，以描述数据的统计规律。用于训练模型的数据大致可以分为有标签数据、无标签数据和动态交互数据，如图 10-43 所示。有标签数据对应有监督学习，无标签数据对应无监督学习，动态交互数据对应强化学习，这里按照这种方式划分只是为了方便讨论，有的文献对此有不同的观点，读者知晓即可。对于有监督学习，学习任务是让模型对输入的预测误差最小化。预测误差 e 由模型预测值 $\hat{y}$ 和相应标签值 y 来计算，误差的具体形式在后续会讨论。按照输入 / 输出数据取值域的不同，有监督学习可以分为回归和分类。输入与输出之间为连续映射关系的有监督学习就叫回归，输入与输出之间为离散映射关系的有监督学习就叫分类。输入与输出之间的关系可以由条件概率分布 $P(Y|X)$ 或者非概率形式的决策函数 $Y=f(X)$ 描述。按照所学到的模型形式的不同，有监督学习又可以分为生成模型和判别模型。在生成模型中，先从训练样本中学习得到数据的联合概率分布 $P(X,Y)$，而数据的概率分布 $P(X)$ 可以通过训练样本直接获取，那么利用 $P(Y|X)=\dfrac{P(X,Y)}{P(X)}$ 就可以生成模型的条件概率分布 $P(Y|X)$；在判别模型中，直接从训练样本中学习条件概率分布 $P(Y|X)$ 或者 $Y=f(X)$。生成模型的学习速度快，而判别模型的学习准确率高。对于无监督学习，由于没有给定标签数据，学习可以看成自组织映射的过程。虽然无监督学习不像有监督学习那样有明确的学习目标（误差最小化），但无监督学习也有指导其学习的评价准则（比如让系统趋于平衡态、让系统组织最简化等）。无监督学习的典型算法包括聚类、压缩、数据可视化等。对于强化学习，训练数据由智能系统与环境的交互过程动态获取，强化学习特别适合解决决策性问题。智能系统输出动作（决策）作用于环境，并从环境获取回报（反馈）。强化学习的目标是让回报最大化。

可以发现，模型学习其实就是在给定数据的条件下确定模型、学习策略和学习算法的过程。下面先讨论一下应用最广泛的有监督学习中确定模型、学习策略和学习算法的过程。知识以显式或隐式的形式存储在模型的参数及结构之中。由于模型中含有可学习的参数，因此其是一个由参数决定的条件概率分布簇或者决策函数簇，如式（10-23）和式（10-24）所示。至于选择条件概率分布还是非概率形式的决策函数来描述，我们需要根据具体的模型和需求来定。

$$\Phi=\{P \mid P_w(Y \mid X), w\in\Re^n\} \tag{10-23}$$

$$\Gamma=\{f \mid Y=f_w(X), w\in\Re^n\} \tag{10-24}$$

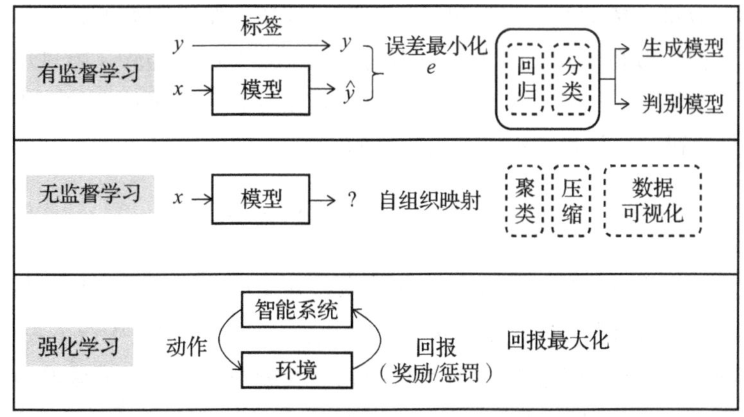

图 10-43　有监督、无监督和强化学习

由于模型是一个含有可学习参数的簇，也就是说模型可能有无穷多种可能的形式。在给定数据的条件下，按照一定的准则从簇中选取最优的模型，即所谓的学习策略。在有监督学习中，以误差最小化作为学习策略。单个训练样本的预测误差由损失函数（也叫代价函数）来定义，其实就是预测值和标签之间按照某种运算关系进行计算。常见的损失函数如表 10-7 所示。

表 10-7　常见的损失函数

损失函数	$L(\cdot)$
布尔函数	$L(y,f(x))=\begin{cases}1, y\neq f(x)\\0, y=f(x)\end{cases}$
平方函数	$L(y,f(x))=(y-f(y))^2$
绝对值函数	$L(y,f(x))=\lvert y-f(x)\rvert$
对数似然函数	$L(y,P(y\mid x))=-\log P(y\mid x)$
……	……

损失函数只是计算了单个训练样本的误差。将每个训练样本的误差在联合概率分布上求期望损失，就得到了训练样本集上所有样本的整体误差，即期望风险函数，如式（10-25）所示。

$$R_{\exp}=\iint_{x,y}L(y,f(x))P(x,y)\,\mathrm{d}\,x\,\mathrm{d}\,y \tag{10-25}$$

由于期望风险需要在联合概率分布 $P(X,Y)$ 已知的情况下计算，而联合概率分布 $P(X,Y)$ 本来就是学习要确定的未知量，也就是说期望风险在实际中根本无法计算。不过根据大数定律，在训练样本数量趋于无穷大时，经验风险等价于期望风险，这样就可以用平均损失（经验风险）近似代替期望损失（期望风险），前提是训练样本数量要足够大。经验风险函数如式（10-26）所示。

$$R_{\mathrm{emp}}=\frac{1}{n}\sum_{i=1}^{n}L(y_{(i)},f(x_{(i)})) \tag{10-26}$$

当训练样本数量足够大时，经验风险近似替代期望风险有很好的效果；但当训练样本数量不足时，这种近似替代就失效了。因为用小训练样本进行经验风险最小化，很可能出现过拟合问题。为了避免过拟合问题，我们就需要在经验风险函数中加入正则化项，对模型的复杂度进行惩罚，这就是结构风险函数，如式（10-27）所示。

$$R_{\text{srm}} = \frac{1}{n}\sum_{i=1}^{n} L(y_{(i)}, f(x_{(i)})) + \lambda \cdot O(f) \tag{10-27}$$

利用经验风险函数 R_{emp} 构造误差最小化问题，就是经验风险最小化；利用结构风险函数 R_{srm} 构造误差最小化问题，就是结构风险最小化，其实最终都是构造了一个最优化问题。当损失函数选择某个具体的形式时，最优化问题其实就与参数估计问题等效了。比如在经验风险最小化问题中采用对数似然函数作为损失函数，此时最优化问题就等价于最大似然估计；在经验风险最小化问题中采用平方函数作为损失函数，此时最优化问题就等价于最小二乘估计；在结构风险最小化问题中采用平方函数作为损失函数，此时最优化问题就等价于带约束最小二乘估计；在结构风险最小化问题中采用对数似然函数作为损失函数，并且模型复杂度用模型先验概率表示，此时最优化问题就等价于最大后验估计。关于参数估计，读者可以参考 7.3 节相关的内容。

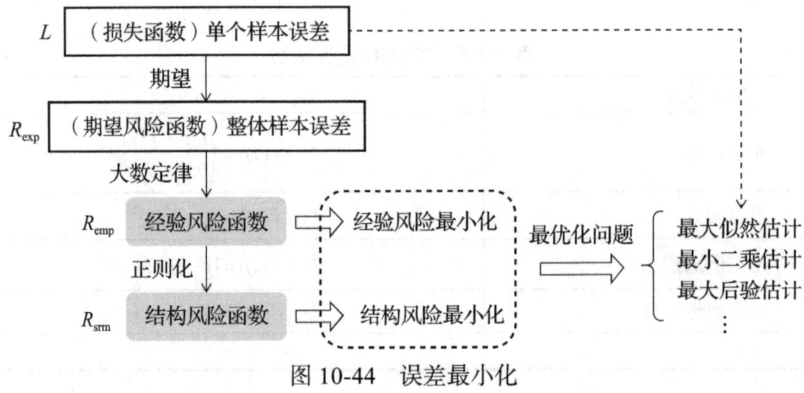

图 10-44 误差最小化

也就是说在学习策略中，可按照一定的准则构建一个最优化问题，以便选取出最优的模型。而所谓的学习算法，就是求解该最优化问题、确定待估参数的过程。最常见的学习方法是梯度下降算法，具体请参考 7.5.3 节。

上面已经介绍了在有监督学习中确定模型、学习策略和学习算法的大致过程。当然，无监督学习或强化学习也具有相应的模型、学习策略和学习算法，由于篇幅限制，这里就不展开了。在实际应用中，我们往往需要根据给定数据的形式，确定采用有监督学习、无监督学习或强化学习，还要进一步确定模型、学习策略和学习算法。上面的内容只是对学习过程在宏观层面进行了讨论，要想深入学习和理解具体的学习算法，我们还需要结合实际项目。这里推荐一个很有意思的机器学习开源项目[⊖]，里面有很多常见学习模型的实现例程。

2. 神经网络

得益于大数据时代数据的极大丰富、硬件计算能力的极大提升以及神经网络训练方法

⊖ 参见 https://github.com/the-learning-machine/ML-algorithms-python。

的改进，神经网络几乎成了机器学习领域最好用的模型。而基于神经网络模型的学习发展起来的深度学习，也成了当今最受关注的研究方向之一。下面就对常用的一些神经网络及相应的学习方法展开讨论，然后进一步讨论其在深度学习中的应用。

神经元是组成神经网络的基本单元，结构如图 10-45 所示。神经元的输入是一个多维变量 $\boldsymbol{x}$，输入经过 $\boldsymbol{w}$ 加权后送入激活函数 $h(\cdot)$，之后得到神经元的输出 y，其中权重 $\boldsymbol{w}$ 就是后续学习过程中待求的模型参数。

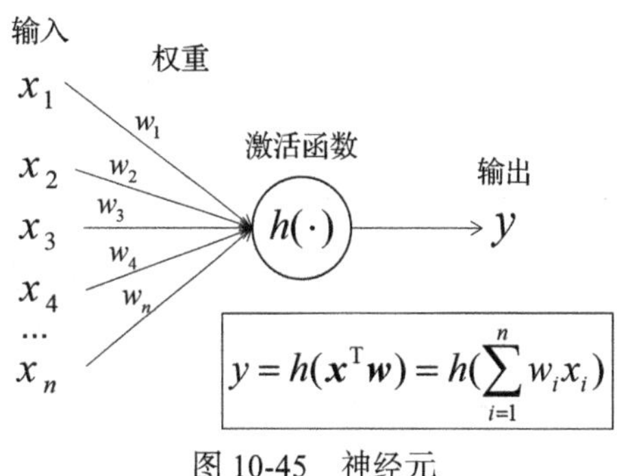

图 10-45　神经元

神经元中发挥关键作用的就是激活函数。当激活函数为线性函数时，由多个神经元连接组成的神经网络经过化简后等效于单个神经元，没有实质性用处。因此，激活函数要为非线性函数。常见的非线性激活函数如表 10-8 所示。

表 10-8　常见的激活函数

激活函数 $h(\cdot)$	函数形状	特点
阶跃函数 $h(v)=\begin{cases}1, & v \geqslant 0\\ 0, & v<0\end{cases}$		阈值判定
分段函数 $h(v)=\begin{cases}1, & v \geqslant 0.5\\ v, & 0.5>v>-0.5\\ 0, & v \leqslant -0.5\end{cases}$		局部线性放大
sigmoid 函数 $h(v)=\dfrac{1}{1+\mathrm{e}^{-v}}$		优点：函数曲线连续光滑，便于求导 缺点：输出恒大于 0 会导致收敛变慢，横轴两端的饱和区会导致误差多层回传后梯度弥散
tanh 函数 $h(v)=\dfrac{\mathrm{e}^{v}-\mathrm{e}^{-v}}{\mathrm{e}^{v}+\mathrm{e}^{-v}}$		优点：函数曲线连续光滑，便于求导；输出不恒大于 0，收敛较快 缺点：存在梯度弥散
ReLU 函数 $h(v)=\max(0, v)$		优点：不存在梯度弥散 缺点：恒 0 值的出现会导致一些神经元死掉

（续）

激活函数 $h(\cdot)$	函数形状	特点
ReLU 函数的各种改进	$h(v)$, $h(v)=v$, v, 0, $h(v)=a\cdot v$	解决死神经元的问题
…	…	…

过去在很长一段时间内，sigmoid 和 tanh 是神经网络中最流行的激活函数，主要是这类 S 形激活函数曲线具有连续光滑的特性，便于求导，但缺点是误差多层回传后梯度容易弥散。ReLU 及其各种改进函数由于解决了梯度弥散问题，已经取代 S 形激活函数，逐步成为主流的激活函数。

由于神经元之间的连接方式多种多样，因此我们可以构建各种结构的神经网络，比如前向网络、卷积网络、循环网络、径向基网络、自适应谐振网络、自组织映射网络、玻尔兹曼机等。这些具体的神经网络结构需要与相应的学习策略结合才能发挥作用。常见的学习策略包括基于误差的学习、玻尔兹曼学习、Hebb 学习、竞争学习、基于记忆的学习、达尔文进化学习等。由于篇幅限制，这里主要介绍最常用的前向网络、卷积网络和循环网络。

（1）前向网络

在前向网络中，神经元按照层排列，前一层神经元的输出作为后一层神经元的输入，这样可以构造出多层神经网络，如图 10-46 所示。

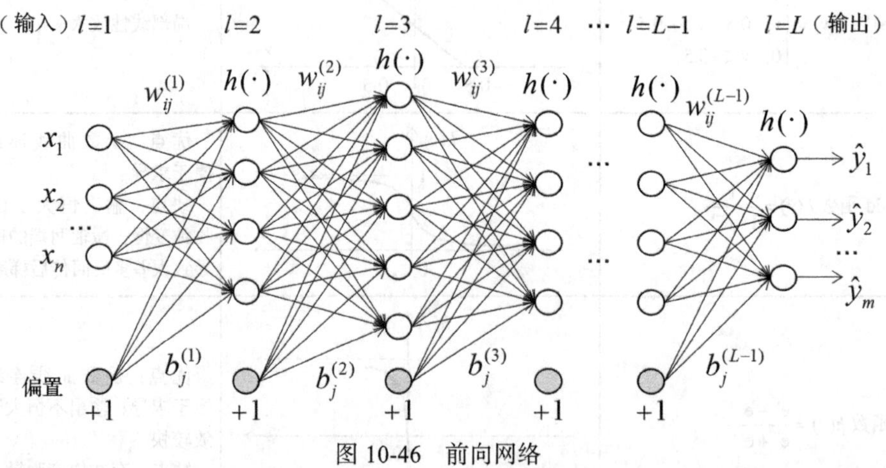

图 10-46　前向网络

一个前向网络总共包含 L 层神经元，每层神经元可以包含任意多个神经元，首层（$l=1$）为输入，尾层（$l=L$）为输出，中间层为隐藏层。可以发现，除输入层外，每层神经元都附带一个偏置量 $\boldsymbol{b}$。偏置量 $\boldsymbol{b}$ 的作用是让网络能更好地表示非 0 中心分布数据的映射。前向网络中相邻层之间的神经元进行全连接，连接权重为 $w_{ij}^{(l)}$，权重的上标 (l) 表示其所属的层数，权重的下标 ij 表示被连接的神经元的序号，其中 i 表示第 l 层中的第 i 个神经元，j 表示第 $l+1$ 层中的第 j 个神经元。下面一步步推导输入 $\boldsymbol{x}=[x_1,\ x_2,\ \cdots,\ x_n]$ 如何经过网络运算后得到输出 $\hat{\boldsymbol{y}}=[\hat{y}_1,\ \hat{y}_2,\ \cdots,\ \hat{y}_m]$。

首先从第 2 层的第 1 个神经元开始讨论。设该神经元的总输入为 $v_1^{(1)}$，而这个总输入其实就是输入 $\boldsymbol{x}$ 的加权和，即 $v_1^{(1)}=\sum_i w_{i,1}^{(1)}\cdot x_i$，那么第 2 层的任意神经元 j 的总输入 $v_j^{(1)}$ 如式（10-28）所示。$v_j^{(1)}$ 经过该层神经元的激活函数 $h(\cdot)$ 处理后得到输出 $z_j^{(2)}$，如式（10-29）所示。由于 $z_j^{(2)}$ 会作为新的输入给到下一层神经元，这里将 $z_j^{(2)}$ 改写成 $z_i^{(2)}$，以避免后续符号冲突。

$$v_j^{(1)}=(\sum_i w_{ij}^{(1)}\cdot x_i)+b_j^{(1)} \tag{10-28}$$

$$z_j^{(2)}=h(v_j^{(1)})\Rightarrow z_i^{(2)}=h(v_i^{(1)}) \tag{10-29}$$

接着来看第 3 层神经元，该层神经元的总输入 $v_j^{(2)}$ 其实就是第 2 层神经元输出 $z_i^{(2)}$ 的加权和，如式（10-30）所示。$v_j^{(2)}$ 经过该层神经元的激活函数 $h(\cdot)$ 处理后得到输出 $z_j^{(3)}$，如式（10-31）所示。

$$v_j^{(2)}=(\sum_i w_{ij}^{(2)}\cdot z_i^{(2)})+b_j^{(2)} \tag{10-30}$$

$$z_j^{(3)}=h(v_j^{(2)})\Rightarrow z_i^{(3)}=h(v_i^{(2)}) \tag{10-31}$$

依此类推，我们就可以得到第 l 层神经元的输入和输出，如式（10-32）和式（10-33）所示。

$$v_j^{(l-1)}=(\sum_i w_{ij}^{(l-1)}\cdot z_i^{(l-1)})+b_j^{(l-1)} \tag{10-32}$$

$$z_j^{(l)}=h(v_j^{(l-1)})\Rightarrow z_i^{(l)}=h(v_i^{(l-1)}) \tag{10-33}$$

最后来看第 L 层神经元，也就是输出层。该层神经元的总输入 $v_j^{(L-1)}$ 其实就是第 $L-1$ 层神经元输出 $z^{(L-1)}$ 的加权和，如式（10-34）所示。$v_j^{(L-1)}$ 经过该层神经元的激活函数 $h(\cdot)$ 处理后得到整个网络最终的输出 $\hat{y}_j$，如式（10-35）所示。

$$v_j^{(L-1)}=(\sum_i w_{ij}^{(L-1)}\cdot z_i^{(L-1)})+b_j^{(L-1)} \tag{10-34}$$

$$\hat{y}_j=h(v_j^{(L-1)}) \tag{10-35}$$

整个网络其实就是构建出输入变量 $\boldsymbol{x}=[x_1,\ x_2,\ \cdots,\ x_n]$ 到输出变量 $\hat{\boldsymbol{y}}=[\hat{y}_1,\ \hat{y}_2,\ \cdots,\ \hat{y}_m]$ 的映射关系。这种映射关系的决策函数表达如式（10-36）所示。这里讨论最一般的情况，也就是说输入变量和输出变量都为任意维的多维变量。这个映射函数 f 由上面给出的递归复合函数构建，其实就是输入变量 $\boldsymbol{x}$ 经过各层网络权重运算并在激活函数 $h(\cdot)$ 中不断递归形成关于网络权重 $\boldsymbol{w}$ 和 $\boldsymbol{b}$ 的复合函数。前向网络具有非常强的表达能力。有理论表明，多层前向网络模型 f 能够逼近任何函数，因此前向网络也被称为通用逼近模型。

$$\hat{\boldsymbol{y}}=f(\boldsymbol{x};\boldsymbol{w},\boldsymbol{b}) \tag{10-36}$$

前向网络通常采用带标签的训练数据进行有监督学习。假设给定 D 个带标签的训练样本 $\{(x^{(1)}, y^{(1)}), (x^{(2)}, y^{(2)}), \cdots, (x^{(D)}, y^{(D)})\}$（注意，这里每个训练样本中的输入 / 输出都是与前向网络相匹配的多维变量），我们可按照图 10-44 构造误差最小化问题。为了不失一般性，这里并不指定损失函数 $L(\cdot)$ 的具体形式，当然也可以在误差项中加入正则项，因此最优化问题如式（10-37）所示。利用梯度下降法迭代更新模型参数 $\boldsymbol{w}$ 和 $\boldsymbol{b}$，使模型总体误差 E 不断下降，这样就能求解该最优化问题，如式（10-38）所示。不过，由于 f 是一个非常复杂的关于 $\boldsymbol{w}$ 和 $\boldsymbol{b}$ 的复合函数，因此在梯度下降过程中用式（10-39）直接对所有的模型参数分别求导将非常困难，也就是说必须找到一种高效的求导方法，这就要引出误差反向传播算法（error Back Propagation，BP）。

$$
\begin{aligned}
\arg\min_{\boldsymbol{w},\boldsymbol{b}} E &= \arg\min_{\boldsymbol{w},\boldsymbol{b}} \left\{ \frac{1}{D}\sum_{d=1}^{D} L(y^{(d)}, f(x^{(d)};\boldsymbol{w},\boldsymbol{b})) + \lambda \cdot O(f(w)) \right\} \\
&= \arg\min_{\boldsymbol{w},\boldsymbol{b}} \left\{ \frac{1}{D}\sum_{d=1}^{D} e^{(d)} + \lambda \cdot O(f(\boldsymbol{w})) \right\}
\end{aligned}
\tag{10-37}
$$

$$
w_{ij}^{(l)} \leftarrow w_{ij}^{(l)} - \alpha \frac{\partial E}{\partial w_{ij}^{(l)}},\ b_j^{(l)} \leftarrow b_j^{(l)} - \alpha \frac{\partial E}{\partial b_j^{(l)}} \tag{10-38}
$$

$$
\frac{\partial E}{\partial w_{ij}^{(l)}} = \left(\frac{1}{D}\sum_{d=1}^{D} \frac{\partial e^{(d)}}{\partial w_{ij}^{(l)}} \right) + \lambda \cdot \frac{\partial O}{\partial w_{ij}^{(l)}},\quad \frac{\partial E}{\partial b_j^{(l)}} = \frac{1}{D}\sum_{d=1}^{D} \frac{\partial e^{(d)}}{\partial b_j^{(l)}} \tag{10-39}
$$

误差反向传播算法能极大地提高前向网络在梯度下降训练过程中的计算效率。其分为两步：输入数据的前向传播和预测误差的反向传播。为了直观展示其原理，下面以一个简化的前向网络为例进行讨论，如图 10-47 所示。

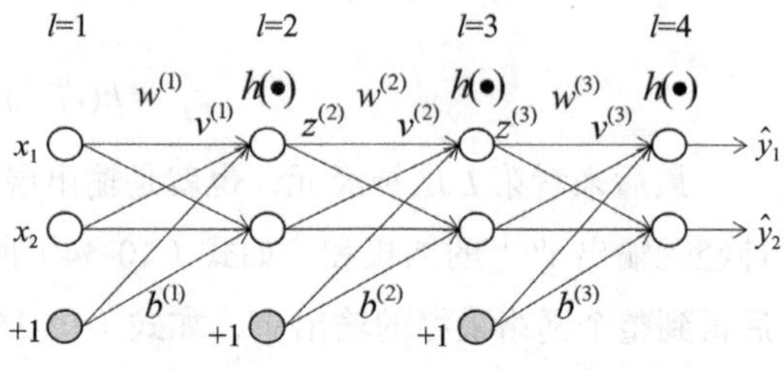

图 10-47　一个简化的前向网络

由式（10-39）可知，正则项的偏导数比较好求，只要求出单个训练样本的误差对模型参数的偏导数 $\frac{\partial e^{(d)}}{\partial w_{ij}^{(l)}}$，然后将各个样本的 $\frac{\partial e^{(d)}}{\partial w_{ij}^{(l)}}$ 累加就得到了所有训练样本的总误差对模型参数的偏导数 $\frac{\partial E}{\partial w_{ij}^{(l)}}$；同理，求出单个训练样本的误差对模型参数的偏导数 $\frac{\partial e^{(d)}}{\partial b_j^{(l)}}$，然后将各个样本的 $\frac{\partial e^{(d)}}{\partial b_j^{(l)}}$ 累加就得到了所有训练样本的总误差对模型参数的偏导数 $\frac{\partial E}{\partial b_j^{(l)}}$。下面具体讨论利用误差反向传播算法计算（单个）训练样本的误差对模型参数的偏导数：首先从训练样本的前向传播得到误差，然后让误差进行反向传播来计算偏导数。

在前向传播中，训练样本经过层层加权和激活，最终得到预测输出。整个传播过程中可以依次得到各个层神经元的输入量 $\boldsymbol{v}$ 和输出量 $\boldsymbol{z}$，如式（10-40）～式（10-45）所示。这样训练样本点 $(\boldsymbol{x}, \boldsymbol{y})$ 中的输入量 $\boldsymbol{x} = [x_1 \quad x_2]^{\mathrm{T}}$ 经过前向传播后就得到了预测输出量 $\hat{\boldsymbol{y}} = [\hat{y}_1 \quad \hat{y}_2]^{\mathrm{T}}$。

$$v_1^{(1)} = w_{1,1}^{(1)} \cdot x_1 + w_{2,1}^{(1)} \cdot x_2 + b_1^{(1)},\quad v_2^{(1)} = w_{1,2}^{(1)} \cdot x_1 + w_{2,2}^{(1)} \cdot x_2 + b_2^{(1)} \tag{10-40}$$

$$z_1^{(2)} = h(v_1^{(1)}),\quad z_2^{(2)} = h(v_2^{(1)}) \tag{10-41}$$

$$v_1^{(2)} = w_{1,1}^{(2)} \cdot z_1^{(2)} + w_{2,1}^{(2)} \cdot z_2^{(2)} + b_1^{(2)},\quad v_2^{(2)} = w_{1,2}^{(2)} \cdot z_1^{(2)} + w_{2,2}^{(2)} \cdot z_2^{(2)} + b_2^{(2)} \tag{10-42}$$

$$z_1^{(3)} = h(v_1^{(2)}),\quad z_2^{(3)} = h(v_2^{(2)}) \tag{10-43}$$

$$v_1^{(3)} = w_{1,1}^{(3)} \cdot z_1^{(3)} + w_{2,1}^{(3)} \cdot z_2^{(3)} + b_1^{(3)},\quad v_2^{(3)} = w_{1,2}^{(3)} \cdot z_1^{(3)} + w_{2,2}^{(3)} \cdot z_2^{(3)} + b_2^{(3)} \tag{10-44}$$

$$\hat{y}_1 = z_1^{(4)} = h(v_1^{(3)}),\quad \hat{y}_2 = z_2^{(4)} = h(v_2^{(3)}) \tag{10-45}$$

将预测输出量 $\hat{\boldsymbol{y}} = [\hat{y}_1 \quad \hat{y}_2]^{\mathrm{T}}$ 与该样本标签 $\boldsymbol{y} = [y_1 \quad y_2]^{\mathrm{T}}$ 输入损失函数 L 就得到了该样本的误差 $\boldsymbol{e} = \begin{bmatrix} e_1 \\ e_2 \end{bmatrix} = \begin{bmatrix} L(y_1, \hat{y}_1) \\ L(y_2, \hat{y}_2) \end{bmatrix}$。由于梯度下降的目的是使误差 $\boldsymbol{e}$ 最小，也就等价于使 $\boldsymbol{e}$ 的分量 e_1 和 e_2 都最小，那么 $\boldsymbol{e}$ 对模型参数的偏导数就可以等效成 e_1 和 e_2 分别对模型参数的偏导数之和。可以发现，误差 $\boldsymbol{e}$ 是关于模型参数 $w_{ij}^{(l)}$ 和 $b_j^{(l)}$ 的复合函数，利用链式法则就能求出偏导数 $\dfrac{\partial \boldsymbol{e}}{\partial w_{ij}^{(l)}}$ 和 $\dfrac{\partial \boldsymbol{e}}{\partial b_j^{(l)}}$。首先求第 3 层参数的偏导数，如式（10-46）和式（10-47）所示；然后求第 2 层参数的偏导数，如式（10-48）和式（10-49）所示；最后求第 1 层参数的偏导数，如式（10-50）和式（10-51）所示。

$$\begin{cases}
\dfrac{\partial \boldsymbol{e}}{\partial w_{1,1}^{(3)}} \propto \dfrac{\partial e_1}{\partial w_{1,1}^{(3)}} + \dfrac{\partial e_2}{\partial w_{1,1}^{(3)}} = \dfrac{\partial e_1}{\partial \hat{y}_1} \cdot \dfrac{\partial \hat{y}_1}{\partial v_1^{(3)}} \cdot \dfrac{\partial v_1^{(3)}}{\partial w_{1,1}^{(3)}} + 0 = L'(y_1, \hat{y}_1) \cdot h'(v_1^{(3)}) \cdot z_1^{(3)} \\
\dfrac{\partial \boldsymbol{e}}{\partial w_{2,1}^{(3)}} \propto \dfrac{\partial e_1}{\partial w_{2,1}^{(3)}} + \dfrac{\partial e_2}{\partial w_{2,1}^{(3)}} = \dfrac{\partial e_1}{\partial \hat{y}_1} \cdot \dfrac{\partial \hat{y}_1}{\partial v_1^{(3)}} \cdot \dfrac{\partial v_1^{(3)}}{\partial w_{2,1}^{(3)}} + 0 = L'(y_1, \hat{y}_1) \cdot h'(v_1^{(3)}) \cdot z_2^{(3)} \\
\dfrac{\partial \boldsymbol{e}}{\partial w_{1,2}^{(3)}} \propto \dfrac{\partial e_1}{\partial w_{1,2}^{(3)}} + \dfrac{\partial e_2}{\partial w_{1,2}^{(3)}} = 0 + \dfrac{\partial e_2}{\partial \hat{y}_2} \cdot \dfrac{\partial \hat{y}_2}{\partial v_2^{(3)}} \cdot \dfrac{\partial v_2^{(3)}}{\partial w_{1,2}^{(3)}} = L'(y_2, \hat{y}_2) \cdot h'(v_2^{(3)}) \cdot z_1^{(3)} \\
\dfrac{\partial \boldsymbol{e}}{\partial w_{2,2}^{(3)}} \propto \dfrac{\partial e_1}{\partial w_{2,2}^{(3)}} + \dfrac{\partial e_2}{\partial w_{2,2}^{(3)}} = 0 + \dfrac{\partial e_2}{\partial \hat{y}_2} \cdot \dfrac{\partial \hat{y}_2}{\partial v_2^{(3)}} \cdot \dfrac{\partial v_2^{(3)}}{\partial w_{2,2}^{(3)}} = L'(y_2, \hat{y}_2) \cdot h'(v_2^{(3)}) \cdot z_2^{(3)}
\end{cases} \tag{10-46}$$

$$\begin{cases}
\dfrac{\partial \boldsymbol{e}}{\partial b_1^{(3)}} \propto \dfrac{\partial e_1}{\partial b_1^{(3)}} + \dfrac{\partial e_2}{\partial b_1^{(3)}} = \dfrac{\partial e_1}{\partial \hat{y}_1} \cdot \dfrac{\partial \hat{y}_1}{\partial v_1^{(3)}} \cdot \dfrac{\partial v_1^{(3)}}{\partial b_1^{(3)}} + 0 = L'(y_1, \hat{y}_1) \cdot h'(v_1^{(3)}) \cdot 1 \\
\dfrac{\partial \boldsymbol{e}}{\partial b_2^{(3)}} \propto \dfrac{\partial e_1}{\partial b_2^{(3)}} + \dfrac{\partial e_2}{\partial b_2^{(3)}} = 0 + \dfrac{\partial e_2}{\partial \hat{y}_2} \cdot \dfrac{\partial \hat{y}_2}{\partial v_2^{(3)}} \cdot \dfrac{\partial v_2^{(3)}}{\partial b_2^{(3)}} = L'(y_2, \hat{y}_2) \cdot h'(v_2^{(3)}) \cdot 1
\end{cases} \tag{10-47}$$

$$\begin{cases}
\dfrac{\partial \boldsymbol{e}}{\partial w_{1,1}^{(2)}} \propto \dfrac{\partial e_1}{\partial w_{1,1}^{(2)}} + \dfrac{\partial e_2}{\partial w_{1,1}^{(2)}} \\
\quad = \left(\dfrac{\partial e_1}{\partial \hat{y}_1} \cdot \dfrac{\partial \hat{y}_1}{\partial v_1^{(3)}} \cdot \dfrac{\partial v_1^{(3)}}{\partial z_1^{(3)}} + \dfrac{\partial e_2}{\partial \hat{y}_2} \cdot \dfrac{\partial \hat{y}_2}{\partial v_2^{(3)}} \cdot \dfrac{\partial v_2^{(3)}}{\partial z_1^{(3)}} \right) \cdot \dfrac{\partial z_1^{(3)}}{\partial v_1^{(2)}} \cdot \dfrac{\partial v_1^{(2)}}{w_{1,1}^{(2)}} \\
\quad = \left(L'(y_1, \hat{y}_1) \cdot h'(v_1^{(3)}) \cdot w_{1,1}^{(3)} + L'(y_2, \hat{y}_2) \cdot h'(v_2^{(3)}) \cdot w_{1,2}^{(3)} \right) \cdot h'(v_1^{(2)}) \cdot z_1^{(2)} \\
\quad = \left(\sum_k L'(y_k, \hat{y}_k) \cdot h'(v_k^{(3)}) \cdot w_{1,k}^{(3)} \right) \cdot h'(v_1^{(2)}) \cdot z_1^{(2)}
\end{cases} \tag{10-48}$$

同理可得，

$$\begin{cases} \dfrac{\partial \boldsymbol{e}}{\partial w_{2,1}^{(2)}} \propto \dfrac{\partial e_1}{\partial w_{2,1}^{(2)}} + \dfrac{\partial e_2}{\partial w_{2,1}^{(2)}} = \left(\sum_k L'(y_k, \hat{y}_k) \cdot h'(v_k^{(3)}) \cdot w_{1,k}^{(3)} \right) \cdot h'(v_1^{(2)}) \cdot z_2^{(2)} \\ \dfrac{\partial \boldsymbol{e}}{\partial w_{1,2}^{(2)}} \propto \dfrac{\partial e_1}{\partial w_{1,2}^{(2)}} + \dfrac{\partial e_2}{\partial w_{1,2}^{(2)}} = \left(\sum_k L'(y_k, \hat{y}_k) \cdot h'(v_k^{(3)}) \cdot w_{2,k}^{(3)} \right) \cdot h'(v_2^{(2)}) \cdot z_1^{(2)} \\ \dfrac{\partial \boldsymbol{e}}{\partial w_{2,2}^{(2)}} \propto \dfrac{\partial e_1}{\partial w_{2,2}^{(2)}} + \dfrac{\partial e_2}{\partial w_{2,2}^{(2)}} = \left(\sum_k L'(y_k, \hat{y}_k) \cdot h'(v_k^{(3)}) \cdot w_{2,k}^{(3)} \right) \cdot h'(v_2^{(2)}) \cdot z_2^{(2)} \end{cases}$$

$$\begin{cases} \dfrac{\partial \boldsymbol{e}}{\partial b_1^{(2)}} \propto \dfrac{\partial e_1}{\partial b_1^{(2)}} + \dfrac{\partial e_2}{\partial b_1^{(2)}} = \left(\sum_k L'(y_k, \hat{y}_k) \cdot h'(v_k^{(3)}) \cdot w_{1,k}^{(3)} \right) \cdot h'(v_1^{(2)}) \cdot 1 \\ \dfrac{\partial \boldsymbol{e}}{\partial b_2^{(2)}} \propto \dfrac{\partial e_1}{\partial b_2^{(2)}} + \dfrac{\partial e_2}{\partial b_2^{(2)}} = \left(\sum_k L'(y_k, \hat{y}_k) \cdot h'(v_k^{(3)}) \cdot w_{2,k}^{(3)} \right) \cdot h'(v_2^{(2)}) \cdot 1 \end{cases} \tag{10-49}$$

$$\begin{cases} \dfrac{\partial \boldsymbol{e}}{\partial w_{1,1}^{(1)}} \propto \dfrac{\partial e_1}{\partial w_{1,1}^{(1)}} + \dfrac{\partial e_2}{\partial w_{1,1}^{(1)}} = \left(\sum_p \left(\sum_k L'(y_k, \hat{y}_k) \cdot h'(v_k^{(3)}) \cdot w_{p,k}^{(3)} \right) \cdot h'(v_p^{(2)}) \cdot w_{1,p}^{(2)} \right) h'(v_1^{(1)}) \cdot x_1 \\ \dfrac{\partial \boldsymbol{e}}{\partial w_{2,1}^{(1)}} \propto \dfrac{\partial e_1}{\partial w_{2,1}^{(1)}} + \dfrac{\partial e_2}{\partial w_{2,1}^{(1)}} = \left(\sum_p \left(\sum_k L'(y_k, \hat{y}_k) \cdot h'(v_k^{(3)}) \cdot w_{p,k}^{(3)} \right) \cdot h'(v_p^{(2)}) \cdot w_{1,p}^{(2)} \right) h'(v_1^{(1)}) \cdot x_2 \\ \dfrac{\partial \boldsymbol{e}}{\partial w_{1,2}^{(1)}} \propto \dfrac{\partial e_1}{\partial w_{1,2}^{(1)}} + \dfrac{\partial e_2}{\partial w_{1,2}^{(1)}} = \left(\sum_p \left(\sum_k L'(y_k, \hat{y}_k) \cdot h'(v_k^{(3)}) \cdot w_{p,k}^{(3)} \right) \cdot h'(v_p^{(2)}) \cdot w_{2,p}^{(2)} \right) h'(v_2^{(1)}) \cdot x_1 \\ \dfrac{\partial \boldsymbol{e}}{\partial w_{2,2}^{(1)}} \propto \dfrac{\partial e_1}{\partial w_{2,2}^{(1)}} + \dfrac{\partial e_2}{\partial w_{2,2}^{(1)}} = \left(\sum_p \left(\sum_k L'(y_k, \hat{y}_k) \cdot h'(v_k^{(3)}) \cdot w_{p,k}^{(3)} \right) \cdot h'(v_p^{(2)}) \cdot w_{2,p}^{(2)} \right) h'(v_2^{(1)}) \cdot x_2 \end{cases} \tag{10-50}$$

$$\begin{cases} \dfrac{\partial \boldsymbol{e}}{\partial b_1^{(1)}} \propto \dfrac{\partial e_1}{\partial b_1^{(1)}} + \dfrac{\partial e_2}{\partial b_1^{(1)}} = \left(\sum_p \left(\sum_k L'(y_k, \hat{y}_k) \cdot h'(v_k^{(3)}) \cdot w_{p,k}^{(3)} \right) \cdot h'(v_p^{(2)}) \cdot w_{1,p}^{(2)} \right) h'(v_1^{(1)}) \cdot 1 \\ \dfrac{\partial \boldsymbol{e}}{\partial b_2^{(1)}} \propto \dfrac{\partial e_1}{\partial b_2^{(1)}} + \dfrac{\partial e_2}{\partial b_2^{(1)}} = \left(\sum_p \left(\sum_k L'(y_k, \hat{y}_k) \cdot h'(v_k^{(3)}) \cdot w_{p,k}^{(3)} \right) \cdot h'(v_p^{(2)}) \cdot w_{2,p}^{(2)} \right) h'(v_2^{(1)}) \cdot 1 \end{cases} \tag{10-51}$$

不难发现，式（10-46）～式（10-51）中有很多公用的因子式，引入中间变量（即残差 δ）可以进一步简化表达形式。首先定义式（10-52）所示的输出层残差，那么式（10-46）和式（10-47）的化简结果可写为式（10-53）和式（10-54）所示形式。

$$\delta_1^{(4)} = L'(y_1, \hat{y}_1) \cdot h'(v_1^{(3)}), \quad \delta_2^{(4)} = L'(y_2, \hat{y}_2) \cdot h'(v_2^{(3)}) \tag{10-52}$$

$$\frac{\partial \boldsymbol{e}}{\partial w_{1,1}^{(3)}} = \delta_1^{(4)} z_1^{(3)}, \quad \frac{\partial \boldsymbol{e}}{\partial w_{2,1}^{(3)}} = \delta_1^{(4)} z_2^{(3)}, \quad \frac{\partial \boldsymbol{e}}{\partial w_{1,2}^{(3)}} = \delta_2^{(4)} z_1^{(3)}, \quad \frac{\partial \boldsymbol{e}}{\partial w_{2,2}^{(3)}} = \delta_2^{(4)} z_2^{(3)} \tag{10-53}$$

$$\frac{\partial \boldsymbol{e}}{\partial b_1^{(3)}} = \delta_1^{(4)}, \quad \frac{\partial \boldsymbol{e}}{\partial b_2^{(3)}} = \delta_2^{(4)} \tag{10-54}$$

接着定义式（10-55）所示的第 3 层残差，那么式（10-48）和式（10-49）的化简结果可写为式（10-56）和式（10-57）所示形式。

$$\delta_1^{(3)} = \left(\sum_k w_{1,k}^{(3)} \delta_k^{(4)} \right) \cdot h'(v_1^{(2)}), \quad \delta_2^{(3)} = \left(\sum_k w_{2,k}^{(3)} \delta_k^{(4)} \right) \cdot h'(v_2^{(2)}) \tag{10-55}$$

$$\frac{\partial \boldsymbol{e}}{\partial w_{1,1}^{(2)}}=\delta_1^{(3)} z_1^{(2)}，\ \frac{\partial \boldsymbol{e}}{\partial w_{2,1}^{(2)}}=\delta_1^{(3)} z_2^{(2)}，\ \frac{\partial \boldsymbol{e}}{\partial w_{1,2}^{(2)}}=\delta_2^{(3)} z_1^{(2)}，\ \frac{\partial \boldsymbol{e}}{\partial w_{2,2}^{(2)}}=\delta_2^{(3)} z_2^{(2)} \tag{10-56}$$

$$\frac{\partial \boldsymbol{e}}{\partial b_1^{(2)}}=\delta_1^{(3)}，\ \frac{\partial \boldsymbol{e}}{\partial b_2^{(2)}}=\delta_2^{(3)} \tag{10-57}$$

最后定义式（10-58）所示的第 2 层残差，那么式（10-50）和式（10-51）的化简结果可写为式（10-59）和式（10-60）所示形式。

$$\delta_1^{(2)}=\left(\sum_k w_{1,k}^{(2)} \delta_k^{(3)}\right) \cdot h'(v_1^{(1)})，\ \delta_2^{(2)}=\left(\sum_k w_{2,k}^{(2)} \delta_k^{(3)}\right) \cdot h'(v_2^{(1)}) \tag{10-58}$$

$$\frac{\partial \boldsymbol{e}}{\partial w_{1,1}^{(1)}}=\delta_1^{(2)} x_1，\ \frac{\partial \boldsymbol{e}}{\partial w_{2,1}^{(1)}}=\delta_1^{(2)} x_2，\ \frac{\partial \boldsymbol{e}}{\partial w_{1,2}^{(1)}}=\delta_2^{(2)} x_1，\ \frac{\partial \boldsymbol{e}}{\partial w_{2,2}^{(1)}}=\delta_2^{(2)} x_2 \tag{10-59}$$

$$\frac{\partial \boldsymbol{e}}{\partial b_1^{(1)}}=\delta_1^{(2)}，\ \frac{\partial \boldsymbol{e}}{\partial b_2^{(1)}}=\delta_2^{(2)} \tag{10-60}$$

到这里，我们就已经完成图 10-47 这个简化的前向网络的前向传播和反向传播。数据前向传播得到预测值的计算过程如式（10-40）～式（10-45）所示，而该预测值与样本标签通过误差反向传播求各个参数偏导数的计算过程如式（10-52）～式（10-60）所示。数据前向传播和误差反向传播的过程如图 10-48 所示。

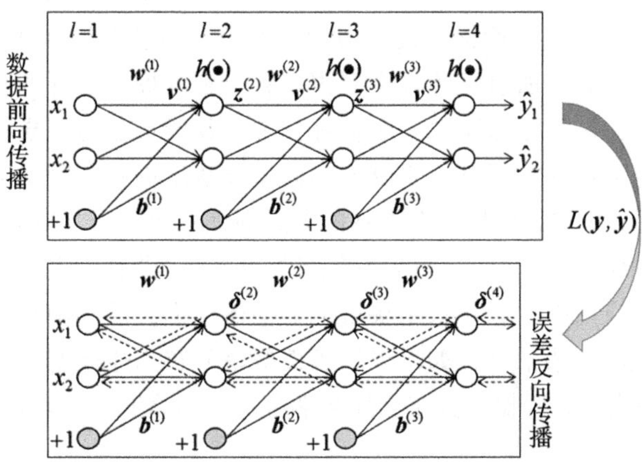

图 10-48　数据前向传播和误差反向传播

我们可以将上述简单例子中归纳出来的规律推广到图 10-46 所示的一般性前向网络。该一般性前向网络的计算过程已经由式（10-28）～式（10-35）给出，下面讨论误差反向传播的计算过程。首先输出层的残差 $\boldsymbol{\delta}^{(l)}$ 的具体计算过程如式（10-61）所示。有了每层的残差 $\boldsymbol{\delta}^{(l)}$，我们就很容易计算相应的参数偏导数了，如式（10-62）所示。值得注意的是，当 $l=2$ 时，式中的 $z_i^{(1)}$ 就是输入数据 x_i。

$$\delta_k^{(l)}=\begin{cases} L'(y_k,\hat{y}_k) \cdot h'(v_k^{(L-1)})，\ 当 l=L \\ \left(\sum_p w_{k,p}^{(l)} \delta_p^{(l+1)}\right) \cdot h'(v_k^{(l-1)})，\ 当 l=L-1,L-2,\cdots,2 \end{cases} \tag{10-61}$$

$$\frac{\partial \boldsymbol{e}}{\partial w_{i,j}^{(l-1)}}=\delta_j^{(l)} z_i^{(l-1)}, \quad \frac{\partial \boldsymbol{e}}{\partial b_j^{(l-1)}}=\delta_j^{(l)} \tag{10-62}$$

当然，我们还可以在矩阵和向量空间来讨论式（10-28）～式（10-35）所示的数据前向传播和式（10-61）～式（10-62）所示的误差反向传播，这种表示更加简洁。每层权重用矩阵 $\boldsymbol{w}^{(l)}$ 表示，偏置用向量 $\boldsymbol{b}^{(l)}$ 表示；每层神经元的输入和输出用向量 $\boldsymbol{v}^{(l-1)}$ 和向量 $\boldsymbol{z}^{(l)}$ 表示；此时，损失函数 $L(\cdot)$ 和激活函数 $h(\cdot)$ 也扩展到了向量空间。那么，式（10-28）～式（10-35）所示的数据前向传播可以简化成矩阵 - 向量形式，如式（10-63）所示。注意，当 $l=1$ 时，式中的 $\boldsymbol{z}^{(1)}$ 其实就是输入数据 $\boldsymbol{x}$；当 $l=L-1$ 时，式中的 $\boldsymbol{z}^{(L)}$ 其实就是输出预测 $\hat{\boldsymbol{y}}$。同样，式（10-61）～式（10-62）所示的误差反向传播也可以简化成矩阵 - 向量形式，如式（10-64）所示。这里有一个特殊的向量运算，比如两个同维列向量相乘 $L'(\boldsymbol{y},\hat{\boldsymbol{y}})\cdot h'(\boldsymbol{v}^{(L-1)})$ 仍为列向量，对应元素直接相乘。因此，这里的式（10-63）和式（10-64）中的矩阵和向量运算并不一定保证合法性。

$$\boldsymbol{v}^{(l)}=\boldsymbol{w}^{(l)}\cdot \boldsymbol{z}^{(l)}+\boldsymbol{b}^{(l)}, \quad \boldsymbol{z}^{(l+1)}=h(\boldsymbol{v}^{(l)}) \tag{10-63}$$

$$\begin{aligned}&\boldsymbol{\delta}^{(l)}=\begin{cases}L'(\boldsymbol{y},\hat{\boldsymbol{y}})\cdot h'(\boldsymbol{v}^{(L-1)}), & \text{当}\ l=L\\ \boldsymbol{w}^{(l)}\boldsymbol{\delta}^{(l+1)}h'(\boldsymbol{v}^{(l-1)}), & \text{当}\ l=L-1,L-2,\cdots,2\end{cases}\\ &\nabla_{w^{(l-1)}}\boldsymbol{e}=\boldsymbol{\delta}^{(l)}(\boldsymbol{z}^{(l-1)})^{\mathrm{T}}, \quad \nabla_{b^{(l-1)}}\boldsymbol{e}=\boldsymbol{\delta}^{(l)}\end{aligned} \tag{10-64}$$

按照上述式（10-63）和式（10-64），我们就可以计算出单个训练样本对模型各个参数梯度下降的贡献（即偏导数）。而根据式（10-39）可知，将所有训练样本对模型各个参数梯度下降的贡献累加就得到了所有训练样本对模型各个参数梯度下降的整体贡献。那么，训练数据的方式有两种：一种是每次取一个训练样本用其所贡献的偏导数来更新一次模型参数，另一种是取所有训练样本用其所贡献的整体偏导数来更新模型参数。显然，用整体样本的方式训练模型收敛更快，但用单个样本的方式训练更加灵活、便捷。

上述前向网络的学习过程是在通用情况下讨论的，并没有指定模型描述和损失函数等的具体形式。在实际应用中，如果采用决策函数描述模型，损失函数选择平方函数，那么学习策略就等价于最小二乘估计；如果采用条件概率分布描述模型，损失函数选择对数似然函数，正则项选择模型先验概率分布，那么学习策略就等价于最大后验估计[14]232-284。

（2）卷积网络

前向网络中相邻两层神经元之间是全连接的，所以也叫全连接网络。全连接网络具有很强的表达能力，可谓是最通用的神经网络。为了讨论方便，假设全连接网络中每层神经元数量相同（记为 N），而网络总层数为 L，那么网络中含有的总参数量可以用 $N\times N\times(L-1)$ 来度量。由于层中包含的神经元数量要与输入变量维度相匹配，这里就假设每层神经元的数量 N 等于输入变量维度。当输入变量的维度为 20，网络总层数为 11 层时，网络含有参数的量级为 4×10^3。但当以分辨率为 800×800 的图像为输入变量时，图像像素点展开后就是 6.4×10^5 维的输入变量，此时网络含有参数的量级约为 4×10^{12}。可想而知，用全连接网络处理图像数据时，网络规模将异常庞大，并且误差反向传播算法的训练将十分缓慢。那么有没有适用于处理图像数据的神经网络呢？这就是下面要讨论的卷积网络（Convolutional Neural Network，CNN）。

顾名思义，卷积网络与卷积运算有关。卷积运算可以理解成一种广义滑动加权平均，表达式为 $y(t)=x(t)*h(t)=\int x(\tau)h(\tau-t)\mathrm{d}\tau$，其中 $*$ 为卷积运算符，$x(t)$ 为原始信号。$h(t)$ 为卷积核，$y(t)$ 为紧卷积核滤波处理后的信号。使用卷积运算对信号进行滤波处理过程的示例如图 10-49 所示。由于原始信号是离散的，卷积运算中的积分就退化成了求和，也就是卷积滑窗内的原始信号与卷积核系数加权求和。卷积核 $h(t)$ 相当于一个滤波器。通过选取不同的卷积核系数，我们就能构造出不同的滤波器（比如低通滤波器、带通滤波器、高通滤波器等）。不同的滤波器能提取出信号中的不同特征。

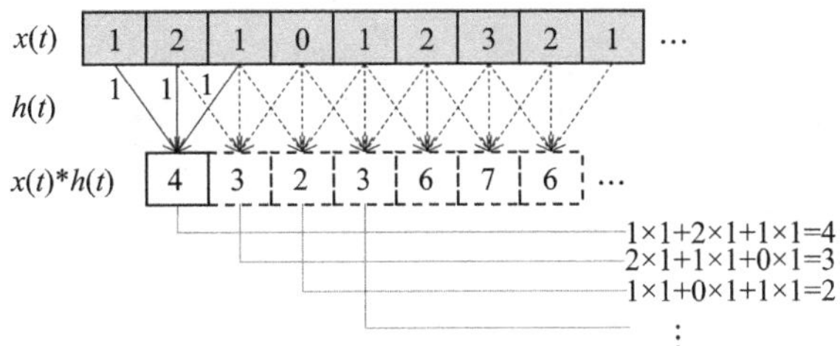

图 10-49　使用卷积运算对信号进行滤波处理

如果将一维信号扩展为二维图像，一维卷积运算就扩展成了二维卷积运算，如图 10-50 所示。作用于图像的卷积核是一个二维滑窗，该窗口在二维图像上滑动并对区域内的像素值进行加权求和。图 10-50 展示的卷积核是著名的 sobel 边缘特征提取算子。

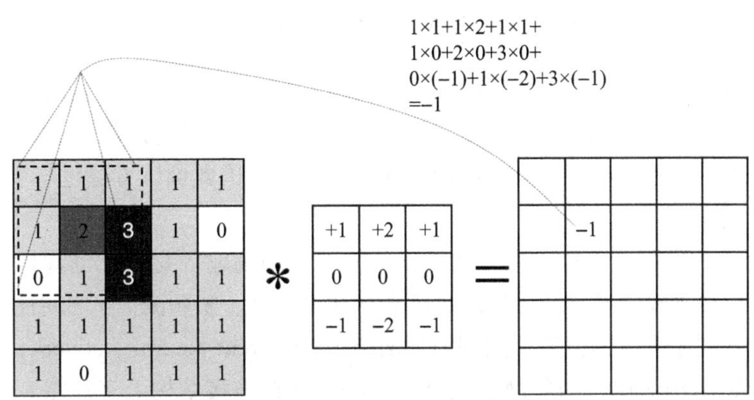

图 10-50　使用卷积运算对图像进行滤波处理

对于传统的图像处理的方法来说，卷积核的参数都是事先给定的确定数值。而在卷积网络中，每个卷积核的系数是未知参数，通过学习确定具体取值。输入图像的像素经过卷积核加权求和后生成一幅特征图像。该特征图像再经过新的卷积核加权求和后生成下一幅特征图像，如图 10-51a 所示。假设卷积核的大小为 3×3，那么前后两幅图像之间的像素点可以看作神经元，而卷积核系数可以看成相应神经元之间的连接权重，这样就构建出一个类似前向网络的网络结构，在这个网络中每层结构上的神经元都是二维排布的，也就是说相邻层神经元之间的连接是立体的。为了便于讨论，这里观察水平方向排布的神经元连接结构（当然，垂直方向的情况也是一样的），如图 10-51b 所示。可以发现，网络具有局部连接和权重共享特性，这两个特性是卷积网络与全连接网络的区别所在。所谓局部连接，就是下一层的神经元并不与上一层的所有神经元都进行连接，只是局部连接；而权重共享，是指这些局部连接采用同一套权重参数。对于使用 3×3 卷积核构建出来的网络结构来说，该层权重只需要 9 个自由度的参数。采用单个卷积核可以从前一幅图像中提取到一幅特征图像，那么使用多个不同的卷积核就能从前一幅图像中提取到多幅特征图像，如图 10-51c 所示。假设使用 3 个不同卷积核从输入图像中提取到 3 幅特征图像，对每幅特征图像再使用 3 个不同卷积核就可以提取到 9 幅特征图像，依次类推，到第 11 层网络时，整个网络总共使用了 8×10^4 个不同卷积核。如果每个卷积核含有 9 个参数，这个卷积网络含有参数的量级约为 7×10^5 。可见，卷积网络（10^5 量级）远比全连接网络（10^{12} 量级）的参数规模要小。

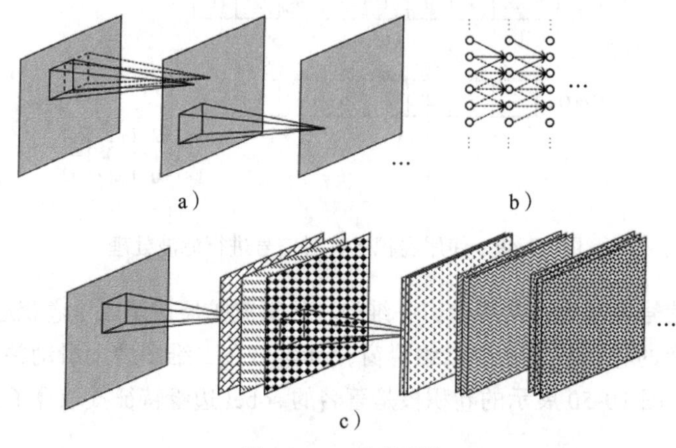

图 10-51　卷积网络

当然在实际应用中，我们需要根据输入图像的大小合理选择卷积核的尺寸以及卷积核的数量，并且每个卷积层后通常要接一个池化层对图像规模进行压缩，而最后的输出层通常为全连接网络。由于卷积网络是前向网络的特殊形式，因此训练方法也与前向网络类似。

（3）循环网络

在前向网络和卷积网络中，网络的输出结果仅与当前输入有关，也就是各输入数据之间是独立的。但序列输入数据（比如语音信号、自然语言、视频流等）之间往往具有上下文相关性，因此处理序列数据就需要用到循环网络（Recurrent Neural Network，RNN）。与前向网络的无环路结构相比，循环网络最显著的特征是在连接结构上有环路。当然，在循环网络上构造环路结构的方式很多，图 10-52 为几种常见的循环网络结构[18] 181-184。

这里以图 10-52a 所示循环网络结构来讨论其数学形式，其中输入 $\boldsymbol{x}$、输出 $\boldsymbol{o}$ 和隐藏层状态 $\boldsymbol{s}$ 都是多维向量，矩阵 $\boldsymbol{U}$、$\boldsymbol{V}$ 和 $\boldsymbol{W}$ 是相应的连接权重，而数据经过环路反馈时会在延迟（图中的方形模块）处理后作用于下个时刻的状态。输入 $\boldsymbol{x}$、输出 $\boldsymbol{o}$ 和隐藏层状态 $\boldsymbol{s}$ 都是时序状态量，需要在时间展开维度讨论状态转移关系，如式（10-65）所示。可以发现，当前隐藏层的状态 $\boldsymbol{s}_t$ 由其上个时刻的状态 $\boldsymbol{s}_{t-1}$ 和当前输入 $\boldsymbol{x}_t$ 共同决定，由于状态 $\boldsymbol{s}_{t-1}$、$\boldsymbol{x}_t$ 和 $\boldsymbol{s}_t$ 都是多维向量，所以 $h(\cdot)$ 自然也就是向量形式的激活函数。当前输出 $\boldsymbol{o}_t$ 由当前隐藏层的状态 $\boldsymbol{s}_t$ 决定，不过如果作为最终输出还需要再经过一个激活函数（比如 softmax）处理，即 $\boldsymbol{y}_t=\text{softmax}(\boldsymbol{o}_t)$。这里的 $\boldsymbol{b}$ 和 $\boldsymbol{c}$ 是偏置。

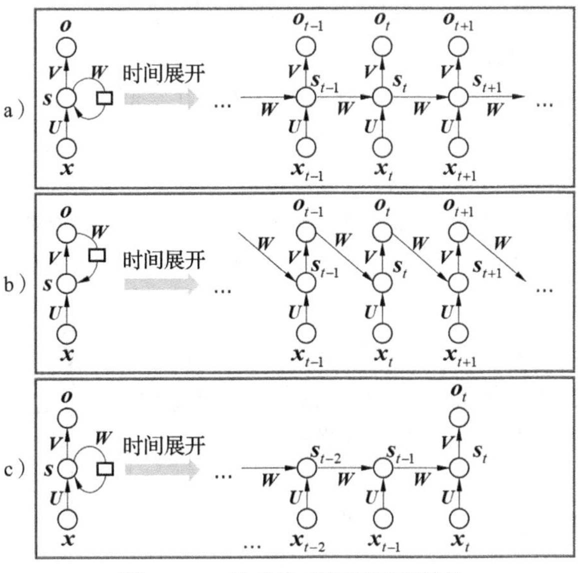

图 10-52　几种常见循环网络结构

$$\begin{cases} \boldsymbol{s}_t = h(\boldsymbol{W}\cdot\boldsymbol{s}_{t-1} + \boldsymbol{U}\cdot\boldsymbol{x}_t + \boldsymbol{b}) \\ \boldsymbol{o}_t = \boldsymbol{V}\cdot\boldsymbol{s}_t + \boldsymbol{c} \end{cases} \tag{10-65}$$

当然，图 10-52b 和图 10-52c 所示循环网络结构的状态转移关系也很容易得到，这里就不再赘述了。对于卷积网络来说，其是在空间维度进行了权值共享；而对于循环网络来说，其是在时间维度进行了权值共享。不难发现，当前输出 $\boldsymbol{o}_t$ 由 t 时刻及 t 以前各个时刻的输入 $\{\boldsymbol{x}_t, \boldsymbol{x}_{t-1}, \boldsymbol{x}_{t-2}, \cdots\}$ 共同决定，而 t 以前各个时刻的输入则以记忆的形式存储在隐藏层的状态 $\boldsymbol{s}_{t-1}$ 之中。循环网络之所以能处理具有上下文相关性的序列数据，是因为其具有记忆特性。循环网络可以接受任意长度的序列数据输入，输出也是同样的灵活，如图 10-53 所示。循环网络在输入 / 输出上的灵活性得益于其隐藏层的记忆特性以及状态随时间动态转移的特性。长度为 1 的序列输入，生成隐藏层状态后直接输出，这与前向网络没有区别，如图 10-53a 所示。长度为 1 的序列输入，生成隐藏层状态 $\boldsymbol{s}_t$ 后并不直接输出，而是随时间动态转移几轮后输出，如图 10-53b 所示。长度为 1 的序列输入，生成隐藏层状态 $\boldsymbol{s}_t$，$\boldsymbol{s}_t$ 在随时间动态转移过程中不断进行相应输出，这样就能实现单输入、多输出，如图 10-53c 所示。长度为 m 的序列输入时，序列中的各个数据被记忆在隐藏状态中并随时间动态转移，这样就可以得到任意长度为 n 的序列输出。这些长度为 m 的序列输入到长度为 n 的序列输出的过程可以是同步进行，也可以是异步进行，如图 10-53d、图 10-53e 和图 10-53f 所示。

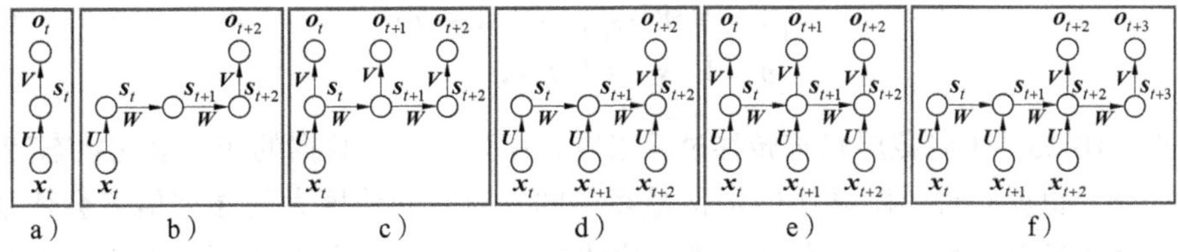

图 10-53　灵活的输入输出形式

由于循环网络（Recurrent Neural Network，RNN）和递归网络（Recursive Neural Network，RNN）的缩写一样，这里就讨论一下两者的区别。通过时间展开可以看到，循环网络的结构是在时间维度进行循环构造。而递归网络的结构是在空间维度进行循环构造。递归网络的典型例子就是上面介绍的 HME 模型，如图 10-41 所示。不过在一般情况下，RNN 指代的是循环网络，这一点需要大家注意。

与前向网络和卷积网络类似，通过增加隐藏层的方式，我们就能构造出深度循环网络。由于隐藏层的组织方式以及环路结构的构造方式很多，因此深度循环网络的形式也不唯一。文献［18］185 和文献［19］400 给出了一些深度循环网络的例子，如图 10-54 所示。研究表明，增加循环网络的隐藏层深度能提高其表达能力，但与非常深的深度卷积网络不同，循环网络的深度一般不会太深。

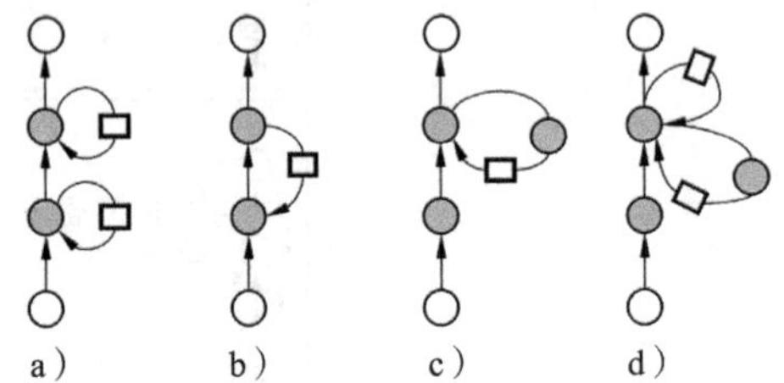

图 10-54　几种深度循环网络结构

循环网络的训练方法也与前向网络类似，特别之处在于其是在时间维度上构建，即所谓的随时间反向传播（Back Propagation Through Time，BPTT）。对 BPTT 算法感兴趣的读者可以参考文献［19］385-387 的相关内容。

上面介绍的循环网络还只是单向反馈结构，也就是说只考虑了序列数据间的前向依赖关系。而实际情况中，序列的上下文相关性体现在前向依赖和后向依赖两方面。双向循环网络（Bidirectional Recurrent Neural Network，Bi-RNN）就是解决该问题的一种改进方法。双向循环网络的隐藏层上具有两个方向相反的反馈环路，如图 10-55 所示。

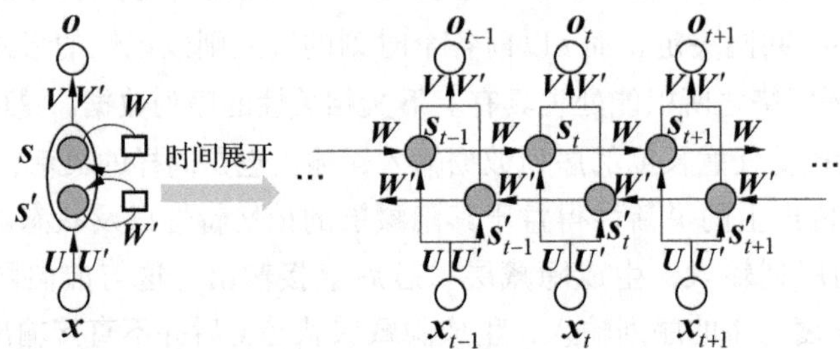

图 10-55　双向循环网络

只要在式（10-65）中添加一个状态量，就得到双向循环网络的状态转移关系了，如式（10-66）所示。其中，前向依赖的状态 $\boldsymbol{s}_t$ 是由上个时刻的状态 $\boldsymbol{s}_{t-1}$ 转移而来的，后向依赖的状态 $\boldsymbol{s}'_t$ 则是由下个时刻的状态 $\boldsymbol{s}'_{t+1}$ 转移而来的。

$$\begin{cases}\boldsymbol{s}_t = h(\boldsymbol{W}\cdot\boldsymbol{s}_{t-1}+\boldsymbol{U}\cdot\boldsymbol{x}_t+\boldsymbol{b})\\ \boldsymbol{s}'_t = h(\boldsymbol{W}'\cdot\boldsymbol{s}'_{t+1}+\boldsymbol{U}'\cdot\boldsymbol{x}_t+\boldsymbol{b}')\\ \boldsymbol{o}_t=\boldsymbol{V}\cdot\boldsymbol{s}_t+\boldsymbol{V}'\cdot\boldsymbol{s}'_t+\boldsymbol{c}\end{cases} \tag{10-66}$$

从式（10-65）中隐藏层状态转移过程来看，序列中早期数据的作用会在状态转移过程中逐渐衰退。也就是说，隐藏层的记忆是短期的，对时间跨度大的序列信息会逐渐遗忘。误差在随时间反向传播时，梯度会随着步数的深入而消失，导致较早的层停止学习。长短期记忆（Long Short-Term Memory，LSTM）和门控循环单元（Gated Recurrent Unit，GRU）

是解决短期记忆问题的两种方法，LSTM 和 GRU 的结构如图 10-56 所示。其中，σ 为全连接层的激活函数，一般是 sigmoid 形式，$\boldsymbol{x}_t$ 为当前时刻网络的输入，$\boldsymbol{h}_t$ 为当前时刻网络的输出。

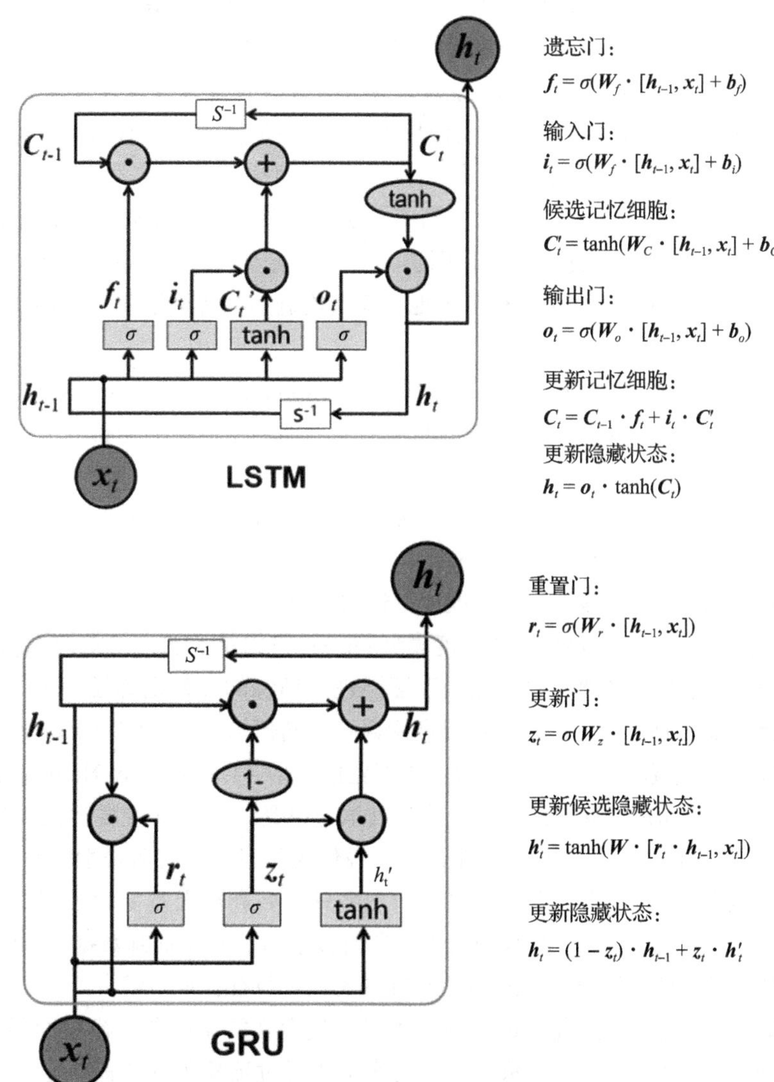

遗忘门：
$f_t = \sigma(W_f \cdot [h_{t-1}, x_t] + b_f)$
输入门：
$i_t = \sigma(W_f \cdot [h_{t-1}, x_t] + b_i)$
候选记忆细胞：
$C_t' = \tanh(W_C \cdot [h_{t-1}, x_t] + b_C)$
输出门：
$o_t = \sigma(W_o \cdot [h_{t-1}, x_t] + b_o)$
更新记忆细胞：
$C_t = C_{t-1} \cdot f_t + i_t \cdot C_t'$
更新隐藏状态：
$h_t = o_t \cdot \tanh(C_t)$
LSTM
重置门：
$r_t = \sigma(W_r \cdot [h_{t-1}, x_t])$
更新门：
$z_t = \sigma(W_z \cdot [h_{t-1}, x_t])$
更新候选隐藏状态：
$h_t' = \tanh(W \cdot [r_t \cdot h_{t-1}, x_t])$
更新隐藏状态：
$h_t = (1 - z_t) \cdot h_{t-1} + z_t \cdot h_t'$
GRU

图 10-56　LSTM 和 GRU 的结构

注：该图来源于文献［20］中的图 6.6 和图 6.10。

当然，LSTM 和 GRU 还有诸多改进版本，由于篇幅限制，这里就不展开了。学好循环网络离不开实践应用环节，而且循环网络在自然语言处理（Natural Language Processing，NLP）方面表现非常出色，感兴趣的读者可以阅读文献［21］的相关内容进行深入研究。

3. 深度学习

深度学习其实是机器学习的一个细分领域，而机器学习又是人工智能的一个细分领域，也就是说深度学习技术对于整个人工智能领域来说是一个非常细分的领域。这里深度的含义是指模型的规模很大。而学习是指这些深度模型配套的学习策略。神经网络模型通过简单增加神经元数量的方式就能提高表达能力（也就是说只要模型足够深就能满足任何问题的表达要求），但这也导致模型规模过于庞大，训练异常困难。得益于当今大数据时代数据的极大丰富、硬件计算能力的极大提升以及神经网络训练方法的改进，深度学习取得的成果显现出极大的商业价值。可以说，深度学习的成功与模型、数据和算力密不可分。要讨论深度学习技术，我们需要从深度模型和学习策略这两个方面切入。下面就对深度学习技术中的各种深度模型及配套学习策略进行简单梳理。

在诸多神经网络结构中，大家对前向网络一定不陌生，如图 10-46 所示。通过增加前向网络中隐藏层的数量，我们就能得到深度前向网络，也叫多层感知机（Multilayer perceptron，MLP）。有理论表明深度前向网络能逼近任何函数，即通用函数逼近器。将卷积网络结构与其他功能结构（池化层、正则层、全连接层等）进行大规模堆叠，就得到了深度卷积网络（CNN）。将循环网络结构与其他功能结构进行大规模堆叠，就得到了深度循环网络（RNN）。

就现在几大热门的应用领域（计算机视觉、自然语言处理、推荐系统等）来看，MLP、CNN、RNN 以及它们之间的有机结合已经基本够用。但出于讨论的完备性考虑，深度学习中一些比较冷门的技术也简单介绍一下。

MLP、CNN 和 RNN 通常采用误差反向传播进行训练，但是这种训练方法的效率并不一定高。深度自编码网络（Deep Auto Encoder，DAE）或者堆叠自编码网络（Stacked Auto Encoder，SAE）采用自编码器学习对深度模型逐层进行训练。DAE 的关键是基于自编码器学习的无监督学习方法，而 DAE 中的深度模型[22, 23]可以是 MPL、CNN 或者别的深度模型。通过自编码器的无监督学习对深度模型逐层进行训练的过程也称模型预训练（或者粗调）。在此训练结果的基础上，我们还可以利用误差反向传播进行有监督学习（即精调），这种粗调加精调的学习过程也叫半监督学习。深度置信网络（Deep Belief Network，DBN）由受限玻尔兹曼机堆叠而成[24]。受限玻尔兹曼机学习也是一种对深度模型逐层进行训练的无监督学习方法。同样在无监督学习的粗调后，我们还可以进行有监督学习的精调。当然，对于数据压缩和特征提取任务来说，DAE 和 DBN 只需要进行无监督学习即可；但对于分类任务，其就需要在无监督学习的基础上进行有监督学习。其实训练数据充足时，CNN 和 RNN 的有监督学习过程已经包含 DAE 和 DBN 的无监督特征提取过程。

深度模型在追求强大表达能力的同时不可避免地存在冗余问题，模型的稀疏性（即**深度稀疏网络**）便自然地受到关注。深度稀疏网络主要通过稀疏正则和稀疏连接对模型的冗余进行抑制。稀疏正则通过在损失函数中加入模型参数复杂度约束惩罚项来避免过拟合问题，而稀疏连接是在模型训练过程中动态地将一些连接权重置零（或 Dropout 技巧）。深度模型由于参数使用浮点数描述，规模庞大的浮点参数在计算机中势必占用大量内存，并且模型推理也会非常耗时。将模型中的浮点参数量化成仅占单个比特的二值参数，就得到了**深度二值网络**。当然，浮点参数被量化成三值、四值等，相应得到的就是深度三值网络、深度四值网络等。另外，从生物神经元中膜电位的激活过程出发，还发展出了**深度脉冲网络**。除了利用各种神经网络结构堆叠出来的深度模型之外，我们还可以用非神经网络结构堆叠深度模型，比如用支持向量机堆叠出来的**深度支持向量机**、用随机森林堆叠出来的**深度森林**等[18]。

有监督学习包括生成模型和判别模型，而生成模型中一个著名的方法是生成对抗网络（Generative Adversarial Network，GAN）。当然，GAN 之后出现了诸多的改进版本[25] 223-233，比如 CGAN、LAPGAN、DCGAN、InfoGAN、LSGAN、WGAN 等。GAN 思想可以运用到很多地方。GAN 与 CNN 结合可以得到深度卷积生成对抗网络，与强化学习结合可以得到基于 GAN 的强化学习。

绝大多数深度学习技术在实际应用中的表现并不出色。下面从时下最流行的几个应用领域出发，介绍一些表现出色的算法。

（1）计算机视觉

深度学习技术最成功的两大应用领域为计算机视觉（Computer Vision，CV）和自然语言处理（Natural Language Processing，NLP）。这里先介绍计算机视觉方面的应用。计算机视觉大体上可以分为图像和视频两个方向，如表 10-9 所示。图像方向包括目标识别（分类）、目标检测（分类 + 位置）、语义分割（像素级分类）、图像增强、图像风格迁移等，而视频方向包括视频分类、行为检测（表情识别、动作识别、异常检测等）、姿态估计（深度估计、三维重建、空间定位等）、视频摘要等。

表 10-9　基于深度学习的计算机视觉应用

	实际任务	典型算法
图像	目标识别（分类）	CNN：LeNet、AlexNet、VGG、GoogleNet、ResNet、DenseNet 等
	目标检测（分类 + 位置）	R-CNN：Fast R-CNN、Faster R-CNN、Mask R-CNN、YOLO、SSD 等
	语义分割（像素级分类）	FCN：UNet、SegNet、DeepLab 等
	图像增强	GAN、VAE、SR 等
	……	
视频	视频分类	CNN+RNN
	行为检测	
	姿态估计	
	视频摘要	
	……	

这些算法的开山鼻祖当属 LeNet[26]，其结构如图 10-57 所示。当时，LeNet 被设计用于手写体字符的识别，取得了很好的效果。

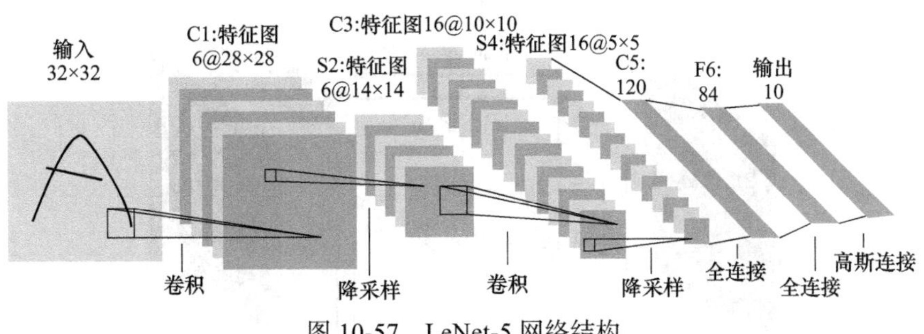

图 10-57　LeNet-5 网络结构

注：该图来源于文献［26］中的 Figure 2。

LeNet 在小规模样本上效果很好，但是大规模样本上效果就不理想了。AlexNet[27] 在

LeNet 网络结构上加入更多层数，并且引入了 Dropout 机制和 ReLU 激活函数，这使得其在大规模样本上表现非常出色。而随后的 VGG 和 GoogleNet 从两个不同的思路对 AlexNet 进行了改良。从继续增加网络层数的角度出发，人们设计出更深的网络结构 VGG[28]，从增强卷积层的角度出发，人们设计出 GoogleNet[29]。从上面的一系列算法发展来看，继续在网络中增加层数可能并不会明显改善效果，而 ResNet[30] 在继续增加网络层数的同时在跨接层中引入了残差连接结构而大获成功。与 ResNet 的跨层稀疏连接不同，DenseNet[31] 在网络中的任意两个层之间进行稠密连接，也就是网络中的任意一个层都与其他层跨层相连。

目标检测除了需要检测出图片的类别外，还需要框选出目标类别在图像中的具体位置区域。目标检测算法中 R-CNN（Region CNN）被广泛使用。R-CNN[32] 将候选区域与 CNN 相结合来确定目标在图像中的具体位置，结构如图 10-58 所示。

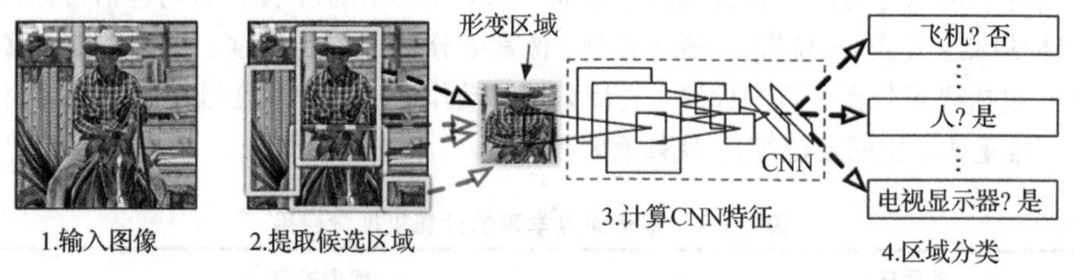

图 10-58 R-CNN 网络结构

注：该图来源于文献［32］中的 Figure 1。

在 R-CNN 提出不久后，诸多改良版本相继出现，比如 Fast R-CNN、Faster R-CNN、Mask R-CNN 等。与前面这些算法单独采用某些方法提取目标候选区域和类别不同，YOLO[33] 直接将输入图像均匀划分成多个小网格，然后将其通入 CNN。每个小网格不仅负责候选框信息预测，还负责目标类别信息预测，这使得 YOLO 可以达到实时运行。SSD[34] 除采用与 YOLO 相同的方法预测候选框和目标类别之外，还考虑了特征图像的多尺度问题，因此 SSD 比 YOLO 更快、更准。

语义分割也就是图像像素级分类问题，即要给输入图像的每个像素打上类别标签。语义分割算法中 FCN（Fully Convolutional Network）被广泛使用。与目标识别和目标检测中 CNN 的最后一层全连接结构不同，FCN[35] 的最后输出层为卷积结构，这样输入图像经过处理后能自己输出相同尺寸的分割图像，结构如图 10-59 所示。

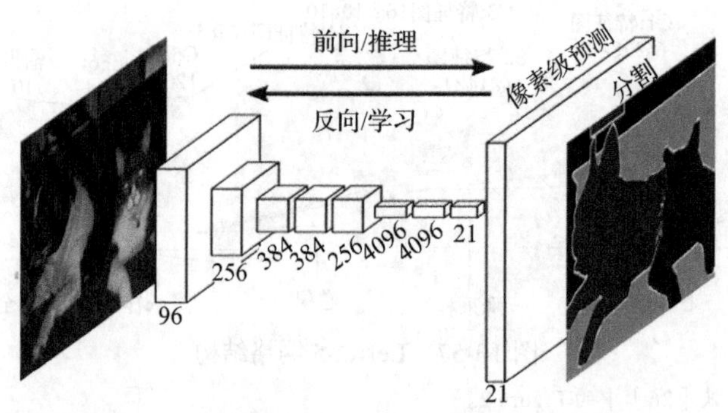

图 10-59 FCN 网络结构

注：该图来源于文献［35］中的 Figure 1。

UNet[36]在 FCN 的基础上扩大了网络的规模并增加了上采样阶段，使其能够用很少的训练样本得到很精确的分割结果。基于 FCN 思想修改 VGG 网络，我们就得到了 SegNet[37]。设计 SegNet 的目的是解决自动驾驶或智能机器人领域的图像语义分割问题。DeepLab[38]是深度学习与概率图模型结合的产物。DeepLab 是基于 FCN 在最后引入了一个全连接条件随机场（Fully Connected Conditional Random Field），对边界预测进行了优化。

（2）自然语言处理

自然语言处理大体上可以分为文本和语音两个方向，如表 10-10 所示。文本方向包括文本分类、文本摘要、文本生成、机器翻译、问答交互等，语音方向包括语音识别、语音合成、风格迁移、歌曲检索、声源定位等。

表 10-10　基于深度学习的自然语言处理应用

<table>
<tr><th></th><th>实际任务</th><th>预处理</th><th colspan="2">典型算法</th></tr>
<tr><td rowspan="6">文本</td><td>文本分类</td><td rowspan="6">word2vec
fastText
GloVe
……</td><td rowspan="6">MLP
CNN
RNN
Attention
……</td><td rowspan="6">textCNN
Seq2Seq
BERT
GPT-2</td></tr>
<tr><td>文本摘要</td></tr>
<tr><td>文本生成</td></tr>
<tr><td>机器翻译</td></tr>
<tr><td>问答交互</td></tr>
<tr><td>……</td></tr>
<tr><td rowspan="6">语音</td><td>语音识别</td><td colspan="3">……</td></tr>
<tr><td>语音合成</td><td colspan="3" rowspan="5">DNN+HMM
CTC+Seq2Seq</td></tr>
<tr><td>风格迁移</td></tr>
<tr><td>歌曲检索</td></tr>
<tr><td>声源定位</td></tr>
<tr><td>……</td></tr>
</table>

由于计算机只能处理数值信息，文本中的字、词、句、篇等基本要素需要被量化为计算机可运算的数值。也就是说，文本需要先进行量化预处理。量化预处理中运用最广泛的是词嵌入算法 word2vec 以及随后的改良版本（比如子词嵌入 fastText、全局向量的词嵌入 GloVe）。所谓词嵌入，就是用神经网络将文本中的各个词语变换成对应的特征向量。词语的特征向量不仅能反映词语之间的相关性，还便于后续的数值运算。关于文本处理方面的研究进展，读者可以阅读综述文献[39]。由于篇幅限制，这里就不再解释语音方向的具体应用了，感兴趣的读者可以阅读综述文献[40]。

（3）人工智能 +

目前，人工智能技术（Artificial Intelligence，AI）几乎渗透到了各个行业，也就是所谓的人工智能 +。比如购物网站上的智能推荐系统、AI 打游戏、AI 寻找计算机程序漏洞、AI 写诗、AI 辅助医疗诊断等㊀。

4. 应用实践

随着深度学习日趋完善，应用开发门槛越来越低。一个非计算机或数学专业的开发者可以在搭载有较高性能 CPU 或 GPU 的计算机上基于深度学习软件框架（比如 TensorFlow、

㊀ 参见 https://www.zhihu.com/question/47563637。

PyTorch、Caffe、MXNet 等）快速构建出各种流行的深度学习算法，然后下载算法相应的公开数据集（或者自己搜集数据集）进行训练，最后将训练出来的模型部署到实际应用场景。下面就以 TensorFlow 软件框架编写经典卷积网络 LeNet-5 的实现程序为例，介绍大致的程序开发过程，如代码清单 10-3 所示。

代码清单 10-3 LeNet-5 实现程序 [41] 80-83

```
from tensorflow.examples.tutorials.mnist import input_data
import tensorflow as tf

mnist = input_data.read_data_sets('MNIST_data', one_hot=True)
sess = tf.InteractiveSession()

def weight_variable(shape):
  initial = tf.truncated_normal(shape, stddev=0.1)
  return tf.Variable(initial)

def bias_variable(shape):
  initial = tf.constant(0.1, shape=shape)
  return tf.Variable(initial)

def conv2d(x, W):
    return tf.nn.conv2d(x, W, strides=[1, 1, 1, 1], padding='SAME')


def max_pool_2x2(x):
  return tf.nn.max_pool(x, ksize=[1, 2, 2, 1], strides=[1, 2, 2, 1],
    padding='SAME')

x = tf.placeholder(tf.float32, [None, 28*28])
y_ = tf.placeholder(tf.float32, [None, 10])
x_image = tf.reshape(x, [-1, 28, 28, 1])

#第 1 ~ 2 层: 卷积 + 激活函数 +池化
w_conv1 = weight_variable([5, 5, 1, 32])
b_conv1 = bias_variable([32])
h_conv1 = tf.nn.relu(conv2d(x_image, w_conv1) + b_conv1)
h_pool1 = max_pool_2x2(h_conv1)
#第 3 ~ 4 层: 卷积 + 激活函数 +池化
w_conv2 = weight_variable([5, 5, 32, 64])
b_conv2 = bias_variable([64])
h_conv2 = tf.nn.relu(conv2d(h_pool1, w_conv2) + b_conv2)
h_pool2 = max_pool_2x2(h_conv2)
#第 5 层: 全连接
w_fc1 = weight_variable([7*7*64, 1024])
b_fc1 = bias_variable([1024])
h_pool2_flat = tf.reshape(h_pool2, [-1, 7*7*64])
h_fc1 = tf.nn.relu(tf.matmul(h_pool2_flat, w_fc1) + b_fc1)
#遗忘层
keep_prob = tf.placeholder(tf.float32)
h_fc1_drop = tf.nn.dropout(h_fc1, keep_prob)
```

```
44 # 分类层
45 w_fc2 = weight_variable([1024, 10])
46 b_fc2 = bias_variable([10])
47 y_conv = tf.nn.softmax(tf.matmul(h_fc1_drop, w_fc2) + b_fc2)
48
49 cross_entropy = tf.reduce_mean(-tf.reduce_sum(y_*tf.log(y_conv),
     reduction_indices=[1]))
50 train_step = tf.train.AdamOptimizer(1e-4).minimize(cross_entropy)
51 correct_prediction = tf.equal(tf.argmax(y_conv, 1), tf.argmax(y_, 1))
52 accuracy = tf.reduce_mean(tf.cast(correct_prediction, tf.float32))
53
54 # 训练
55 tf.global_variables_initializer().run()
56 for i in range(2000):
57   batch = mnist.train.next_batch(50)
58   if i%100 == 0:
59     train_accuracy = accuracy.eval(feed_dict={x: batch[0], y_: batch[1],
         keep_prob: 1.0})
60     print("step %d, training accuracy %g"%(i, train_accuracy))
61   train_step.run(feed_dict={x: batch[0], y_: batch[1], keep_prob: 0.5})
62
63 # 测试
64 print("test accuracy %g"%accuracy.eval(feed_dict={x: mnist.test.images,
     y_: mnist.test.labels, keep_prob: 1.0}))
```

第 1～5 行：载入 MNIST 数据集和 TensorFlow 库。可以发现，TensorFlow 是 Python 的一个库，而 TensorFlow 库中已经内置训练 LeNet-5 所需的数据集 MNIST。由于 TensorFlow 属于声明式编程，因此程序开头需要先为运行创建一个会话对象 sess。

第 7～20 行：定义构建模型所需要的一些通用组件，也就是连接权重、偏置、卷积和池化。

第 22～24 行：定义模型的输入输出接口，这可以通过 placeholder 实现。其中，x 是输入，y_ 是相应的标签。

第 26～47 行：构建 LeNet-5 的模型，也就是对输入数据逐层进行加权运算，最后输出预测结果。其中，第 26～30 行为第 1 层的卷积与第 2 层的池化操作；第 31～35 行为第 3 层的卷积与第 4 层的池化操作；第 36～40 行为第 5 层的全连接操作。为了避免过拟合，第 41～47 行还增加了 Dropout 层与 Softmax 层，最后得到的就是输出预测结果。

第 49～52 行：选择损失函数、训练用到的优化方法以及准确率评价方法。

第 54～64 行：模型和数据都准备好后，下面就可以训练和测试模型了。其中，第 54～61 行用数据集中的训练集训练模型；第 63～64 行用数据集中的测试集测试刚训练好的模型的准确率。

10.3.2 CNN-SLAM 算法

由于机器学习（特别是深度学习）是让传统 SLAM 技术取得重大突破的关键，因此我们花了大量篇幅对整个机器学习及深度学习领域的知识进行了系统梳理。到这里，我们把焦点转移回 SLAM，具体分析 CNN-SLAM 和 DeepVO 两种基于机器学习方法的 SLAM 典型案例。

CNN-SLAM[42]属于第一种思路，也就是利用机器学习方法对传统 SLAM 方法中的局部模块进行改进。其系统框架如图 10-60 所示。CNN-SLAM 依然保留了传统 SLAM 的前端－后端设计范式，即前端里程计和后端优化，创新地引入了 CNN 对输入图像直接进行深度估计和语义分割。经过 CNN 深度估计模块得到的深度信息与传统 SLAM 方法得到的深度信息进行融合，融合后的深度信息经过后端全局优化后生成全局地图；而经过 CNN 语义分割模块得到的标签信息融合进全局地图后生成具有语义标签的全局地图。

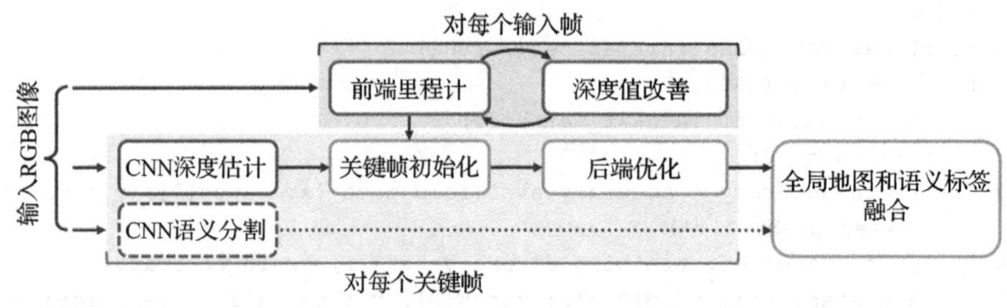

图 10-60　CNN-SLAM 系统框架

注：该图来源于文献［42］中的 Figure 2。

有关传统 SLAM 方法中的模块，这里就不再展开了，只重点讨论一下 CNN 深度估计模块和 CNN 语义分割模块。CNN 深度估计模块采用改进版的 ResNet 网络结构[43]，如图 10-61 所示。该模型的前半部分基于 ResNet-50，并用在 ImageNet 数据集预训练的结果进行权重初始化；后半部分将原来 ResNet-50 中的池化层和全连接层替换成升采样层和卷积层，这样就能直接输出深度图。

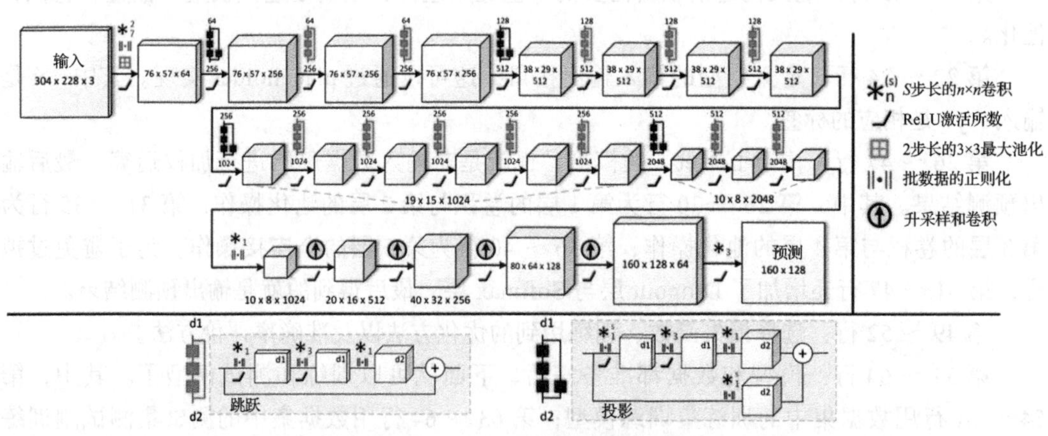

图 10-61　CNN 深度估计模块

注：该图来源于文献［43］中的 Figure 1。

CNN 语义分割模块基于文献［44］所示的方法，如图 10-62 所示。为了使该模型能用于 RGB 像素级分割，我们需要对原模型进行改进，一方面是增加原网络模型的输出通道数，另一方面是采用 softmax 层和交叉熵损失函数，以便通过误差反向传播和随机梯度下降法进行最优化问题求解。

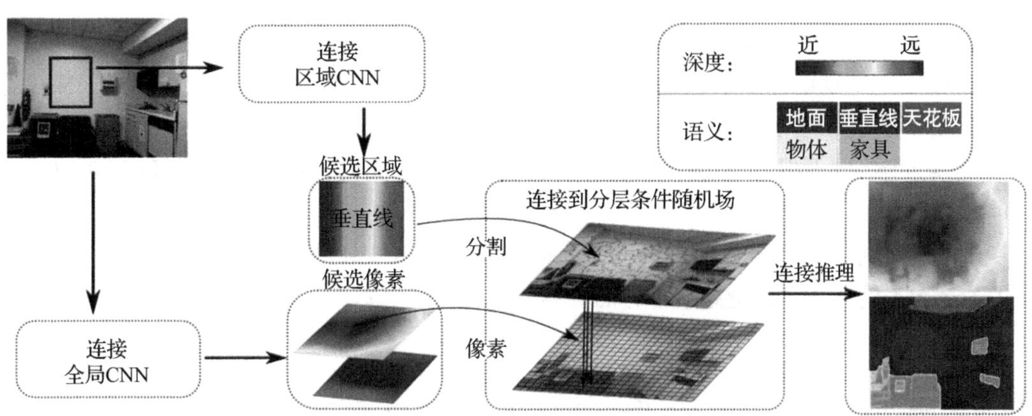

图 10-62 CNN 语义分割模块

注：该图来源于文献［44］中的 Figure 1。

关于 CNN-SLAM 的代码实现，GitHub 上有多种版本。这里推荐一个基于 TensorFlow 框架的实现版本㊀，代码具体解读不展开介绍，读者可以自行研究。

10.3.3 DeepVO 算法

DeepVO[45] 属于第二种思路，即完全抛弃传统 SLAM 方法，实现数据直接输入机器学习算法后直接输出结果（所谓的端到端方法）。其系统框架如图 10-63 所示。可以发现，DeepVO 并不是真正意义上的 SLAM，因为输入图像后最终只输出了位姿信息。也就是说，它只是一个 VO 而已。模型由 CNN 和 RNN 堆叠构成，CNN 负责从输入图像中提取特征信息，RNN 负责提取特征信息中的时序相关信息。

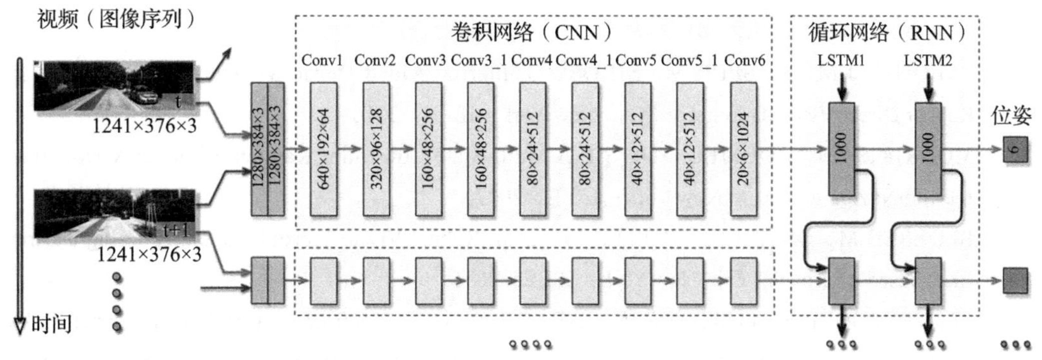

图 10-63 DeepVO 系统框架

注：该图来源于文献［45］中的 Figure 2。

关于 DeepVO 的代码实现，GitHub 上有多种版本。这里推荐一个基于 TensorFlow 框架的实现版本㊁，代码具体解读不展开介绍，读者可以自行研究。

㊀ 参见 https://github.com/iitmcvg/CNN_SLAM。

㊁ 参见 https://github.com/themightyoarfish/deepVO。

10.4　本章小结

本章讨论了除激光 SLAM 和视觉 SLAM 之外的一些 SLAM 方法：首先是激光与视觉融合的 SLAM 典型算法 RTABMAP，然后是视觉和 IMU 融合的 SLAM 典型算法 VINS，最后还介绍了一些结合机器学习的 SLAM 典型算法（CNN-SLAM 和 DeepVO）。机器学习（特别是深度学习）是让传统 SLAM 技术取得重大突破的关键，希望大家能将这部分内容当成重点来学习。

本书旨在讨论机器人的 SLAM 和导航问题，关于 SLAM 部分的内容到这里就全部讨论完了，接下来的章节将讨论导航部分的内容。

参考文献

[1] LABBÉ，MATHIEU，MICHAUD，et al. RTAB-Map as an Open-source Lidar and Visual Simultaneous Localization and Mapping Library for Large-scale and Long-term Online Operation：LABB and MICHAUD [J]. Journal of Field Robotics，2019，36（2）：416-446.

[2] LABBE M，MICHAUD F. Appearance-Based Loop Closure Detection for Online Large-Scale and Long-Term Operation [J]. IEEE Transactions on Robotics，2013，29（3）：734-745.

[3] TONG，QIN，PEILIANG，et al. VINS-Mono：a Robust and Versatile Monocular Visual-Inertial State Estimator [J]. IEEE Transactions on Robotics，2018，34（4）：1004-1020.

[4] QIN T，SHEN S. Online Temporal Calibration for Monocular Visual-Inertial Systems [C]. New York：IEEE，2019.

[5] FURGALE P，REHDER J，SIEGWART R. Unified Temporal and Spatial Calibration for Multi-sensor Systems [C]. New York：IEEE，2013.

[6] WEISS S，SIEGWART R. Real-time Metric State Estimation for Modular Vision-inertial Systems [C]. New York：IEEE，2011.

[7] FALQUEZ J M，KASPER M，SIBLEY G. Inertial Aided Dense & Semi-dense Methods for Robust Direct Visual Odometry [C]. New York：IEEE，2016.

[8] MOURIKIS A I，ROUMELIOTIS S I. A Multi-State Constraint Kalman Filter for Vision-aided Inertial Navigation [C]. New York：IEEE，2007.

[9] BLOESCH M，OMARI S，HUTTER M，et al. Robust Visual Inertial Odometry Using a Direct EKF-based Approach [C]. New York：IEEE，2015.

[10] LEUTENEGGER S，FURGALE P，RABAUD V，et al. Keyframe-Based Visual-Inertial SLAM Using Nonlinear Optimization [C]. Georgia：Robotics：Science and Systems，2013：37-44.

[11] CAMPOS C，ELVIRA R，JUAN J，et al. ORB-SLAM3：An Accurate Open-Source Library for Visual，Visual-Inertial and Multi-Map SLAM [EB/OL].（2020-7-23）[2021-11-9]. https://arxiv.org/abs/2007.11898.

[12] 周志华. 机器学习 [M]. 北京：清华大学出版社，2016.

[13] HAYKIN S. 神经网络原理 [M]. 叶世伟，史忠植，译. 北京：机械工业出版社，2004.

[14] BISHOP C M. Pattern Recognition and Machine Learning（Information Science and Statistics）[M].

New York：Springer-Verlag, Inc，2006.

[15]　杉山将，许永伟．图解机器学习［M］. 北京：人民邮电出版社，2015.

[16]　李航．统计学习方法［M］. 北京：清华大学出版社，2012.

[17]　KOLLER D，FRIEDMAN N. Probabilistic Graphical Models：Principles and Techniques［M］. Cambridge：The MIT Press，2009.

[18]　焦李成，等．深度学习、优化与识别［M］. 北京：清华大学出版社，2017.

[19]　GOODFELLOW I，BENGIO Y，Courville A. Deep Learning［M］. Cambridge：The MIT Press，2016.

[20]　ZHANG A，李沐，立顿，等．动手学深度学习［M］. 北京：人民邮电出版社，2019.

[21]　LI DENG，YANG LIU. Deep Learning in Natural Language Processing［M］. Bugis：Springer Nature Singapore Pte Ltd，2018.

[22]　CHANGQING ZHANG，YEQING LIU，HUAZHU FU. AE2-Nets：Autoencoder in Autoencoder Networks［C］. Washington：CVPR，2019.

[23]　SU Y，LI J，PLAZA A，et al. DAEN：Deep Autoencoder Networks for Hyperspectral Unmixing［J］. IEEE Geoscience and Remote Sensing，2019，57（7）：4309-4321.

[24]　HINTON G E，OSINDERO S，TEH Y W. a Fast Learning Algorithm for Deep Belief Nets［J］. Neural Computation，2006，18（7）：1527-1554.

[25]　彭靖田，林健，白小龙．深入理解 TensorFlow：架构设计与实现原理［M］. 北京：人民邮电出版社，2018.

[26]　LECUN Y，BOTTOU L. Gradient-based Learning Applied to Document Recognition［J］. Proceedings of the IEEE，1998，86（11）：2278-2324.

[27]　KRIZHEVSKY A，SUTSKEVER I，HINTON G. ImageNet Classification with Deep Convolutional Neural Networks［C］. New York：Curran Associates Inc, 2012.

[28]　SIMONYAN K，ZISSERMAN A. Very Deep Convolutional Networks for Large-Scale Image Recognition［EB/OL］.（2015-4-10）［2021-11-9］. http://arxiv.org/obs/1409.1556.

[29]　SZEGEDY C，LIU W，JIA Y，et al. Going Deeper with Convolutions［C］. Washington：CVPR，2014.

[30]　HE K，ZHANG X，REN S，et al. Deep residual learning for image recognition［C］. Washington：CVPR，2016.

[31]　HUANG G，LIU Z，Laurens V D M，et al. Densely Connected Convolutional Networks［C］. CVPR，2017：2261-2269.

[32]　GIRSHICK R，DONAHUE J，DARRELL T，et al. Rich Feature Hierarchies for Accurate Object Detection and Semantic Segmentation［C］. Washington：CVPR，2014.

[33]　REDMON J，DIVVALA S，GIRSHICK R，et al. You Only Look Once：Unified，Real-Time Object Detection［C］. New York：IEEE，2016.

[34]　LIU W，ANGUELOV D，ERHAN D，et al. SSD：Single Shot MultiBox Detector［C］. Berlin：Springer International Publishing，2016.

[35]　LONG J，SHELHAMER E，DARRELL T. Fully Convolutional Networks for Semantic Segmentation［J］. IEEE Transactions on Pattern Analysis and Machine Intelligence，2015，39（4）：640-651.

[36] RONNEBERGER O，FISCHER P，BROX T. U-Net：Convolutional Networks for Biomedical Image Segmentation［C］. Berlin：Springer International Publishing，2015.

[37] BADRINARAYANAN V，KENDALL A，CIPOLLA R. SegNet：A Deep Convolutional Encoder-Decoder Architecture for Image Segmentation［J］. IEEE Transactions on Pattern Analysis & Machine Intelligence，2017，39（12）：2481-2495.

[38] CHEN L C，PAPANDREOU G，KOKKINOS I，et al. DeepLab：Semantic Image Segmentation with Deep Convolutional Nets，Atrous Convolution［J］. IEEE Transactions on Pattern Analysis and Machine Intelligence，2018，40（4）：834-848.

[39] TORFI A，SHIRVANI RA，KENESHLOO Y，et al. Natural Language Processing Advancements By Deep Learning：A Survey［EB/OL］.［2021-11-9］. http://arxiv.org/abs/2003.

[40] PURWINS H，LI B，VIRTANEN T，et al. Deep Learning for Audio Signal Processing［J］. IEEE Journal of Selected Topics in Signal Processing，2019，13（2）：206-219.

[41] 黄文坚，唐源 . TensorFlow 实战［M］. 北京：电子工业出版社，2017.

[42] TATENO K，TOMBARI F，LAINA I，et al. CNN-SLAM：Real-time Dense Monocular SLAM with Learned Depth Prediction［C］. New York：IEEE，2017.

[43] LAINA I，RUPPRECHT C，BELAGIANNIS V，et al. Deeper Depth Prediction with Fully Convolutional Residual Networks［C］. New York：IEEE，2016.

[44] WANG P，SHEN X，LIN Z，et al. Towards Unified Depth and Semantic Prediction from a Single Image［C］. New York：IEEE，2015.

[45] WANG S，CLARK R，WEN H，et al. DeepVO：Towards End-to-End Visual Odometry with Deep Recurrent Convolutional Neural Networks［C］. New York：IEEE，2017.

自主导航篇

SLAM 与导航之间究竟是什么关系呢？本篇就来为你揭晓这个问题的答案。第 11 章对自主导航中的数学基础进行讨论，以帮你理解自主导航的本质以及 SLAM 与自主导航两种技术之间的结合原理。第 12 章对自主导航的具体实现框架进行讨论，以帮你快速掌握上手实际自主导航项目的实操技能。第 13 章以 xiihoo 机器人这样一个真实的机器人项目展开讲解，让你掌握将 SLAM 导航技术应用于具体机器人上的完整实操技能，以便于在学完本书全部内容后能继续进行 SLAM 导航方面的研究和开发。

CHAPTER 11

第11章 自主导航中的数学基础

通过计算机中复杂的决策算法，让机器人实现完全自主化是人类一直以来的梦想。所谓完全自主化，就是在完全没有外界指令的干预下，机器人能通过传感器和执行机构与环境自动发生交互，并完成特定的任务（比如自主语言交流、自主移动、搬运物品等)。由于我们生活在三维空间中，在空间中移动是机器人与环境发生交互最基本的形式之一，因此自主导航也被誉为机器人自主化的“圣杯”。

从表面上看自主导航就是解决从地点 A 到地点 B 的问题，但实现起来非常复杂。自主导航是一个非常大的课题，解决方案五花八门，且方案之间没有明显的理论界限。不过，本书的讨论重点为目前比较流行的方案，即 SLAM 导航方案。SLAM 导航方案由建图、定位和路径规划三大基本问题组成，这三大问题互相嵌套又组成新的问题，也就是 SLAM 问题、导航问题、探索问题等。关于 SLAM 问题在第 7 ～ 10 章中已经详细讨论过了，下面将展开讨论基于 SLAM 的导航问题以及探索问题。

11.1 自主导航

导航其实是一个很古老的问题。古代行军打仗时会将战场的地形绘制在布匹上，然后根据当前观测到的地形、地貌与地图比对并确定位置。在航海途中周围没有太多可观测的地形，航海家通常借助指南针和天上的星星来确定位置。而如今，航天、航海、汽车、日常出行等方方面面都离不开全球导航卫星系统（Global Navigation Satellite System，GNSS)，GNSS 包括美国的 GPS、俄罗斯的 GLONASS、欧盟的 GALILEO、中国的北斗等。遗憾的是，以上介绍的这些方法只是解决了自主导航问题中的定位问题而已。

自主导航问题的本质可以用图 11-1 来描述，也就是从地点 A 自主移动到地点 B 的问题。当向机器人下达移动到地点 B 的命令后，机器人不免会问出三个颇具哲学性的问题，即“我在哪”、“我将到何处去”和“我该如何去”。目前自主导航主要针对的是机器人、无人机、无人驾驶汽车等无人操控的对象。室内低速移动的机器人自主导航相对容易一些，而室外高速移动的无人驾驶汽车或无人机自主导航会更难一些。不过这些自主导航系统都需要通过所搭载的传感器来进行环境感知，并利用感知到的信息做决策来控制执行器以形成具体运动。

图 11-1　自主导航问题的本质

自主导航是非常复杂的工程性问题，需要在工程化的体系架构上来具体实施。自主导航系统大致可以分为响应式体系结构和层级式体系结构，如图 11-2 所示。响应式体系结构能在低层级逻辑上对任务作出迅速响应（比如当障碍物突然出现时，系统可以立马触发避障任务的响应，而不需经过其他任务处理结果的层层触发），层级式体系结构则能够对高层级任务逐层进行条理清晰的逻辑推理。在实际中，我们通常是将两种体系结构混合起来使用，比如著名的 4D/RCS 体系结构、Boss 体系结构、各大机器人或无人驾驶公司开发的专门体系结构等[1] 15-30。

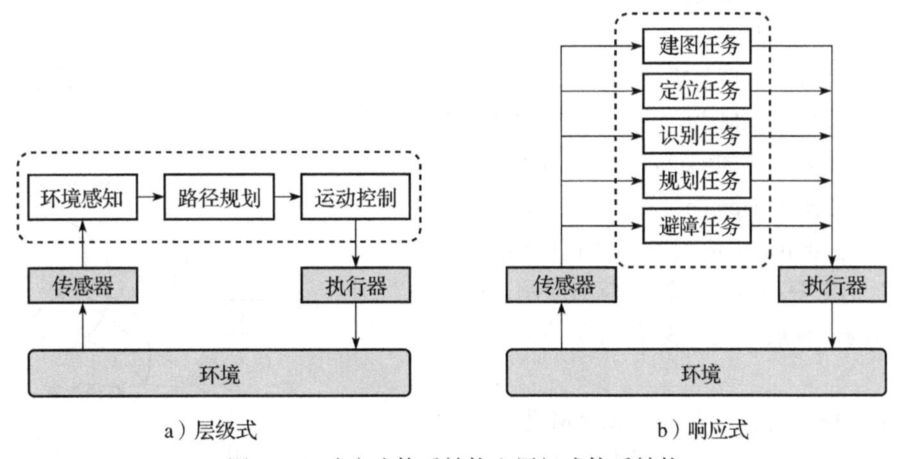

a）层级式　　b）响应式

图 11-2　响应式体系结构和层级式体系结构

不管采用哪种体系结构的自主导航系统，都要围绕着环境感知、路径规划、运动控制等核心技术来展开[2]。本章接下来主要讨论这几个核心技术点，带领大家了解自主导航中的基础。

11.2 环境感知

环境感知就是机器人利用传感器获取自身及环境状态信息的过程。自主导航机器人的环境感知主要包括实时定位、环境建模、语义理解等。下面我们具体进行讨论。

11.2.1 实时定位

定位其实就是在回答图 11-1 中机器人提出的第 1 个问题“我在哪”，更确切点说应该是实时定位，因为机器人不仅要知道自身的起始位姿，还要知道导航过程中的实时位姿。实时定位可以分为被动定位和主动定位两种。被动定位依赖外部人工信标，主动定位则不依赖外部人工信标。

1. 被动定位

以 GPS 为代表的室外被动定位方法几乎应用到了生活的方方面面。GPS 通过多颗卫星实现三角定位。对于一些定位精度要求特别高的场合，我们会在地面搭建信息辅助基站来提高 GPS 的定位精度，即差分 GPS。

当卫星信号受到遮挡时，GPS 就无法使用了，因此在室内通常会借助移动网络或者 Wi-Fi 进行定位，在定位精度要求更高的场合会使用 UWB 进行定位。这些室内定位方法其实与室外卫星定位方法的原理一样，都是通过外部基站提供的信标进行三角定位。在一些像物流仓储这样的特殊场合，我们会在环境中放置很多人工信标（比如二维码、RFID、磁条等），从而使机器人在移动过程中检测到这些信标时获取相应的位姿信息。

这些被动定位技术通常会结合 IMU、里程计等获得更稳定、更精确的定位效果。

2. 主动定位

被动定位有诸多缺点，一方面是搭建提供人工信标的基站的成本高昂，另一方面是许多场合不具备基站搭建条件（比如宇宙中的其他星球表面、地下深坑、岩洞等）。这时，主动定位就凸显出优势了。

所谓主动定位，就是机器人依靠自身传感器对未知环境进行感知并获取定位信息。目前，主动定位技术以 SLAM 为代表，即同时进行建图和定位。关于 SLAM 部分的内容请参考前面相关章节，本章讨论的侧重点在导航上面。SLAM 导航方案由建图（mapping）、定位（localization）和路径规划（path planning）3 大基本问题组成，这 3 大问题互相重叠和嵌套又组成新的问题，也就是 SLAM 问题、导航问题、探索问题等，如图 11-3 所示。

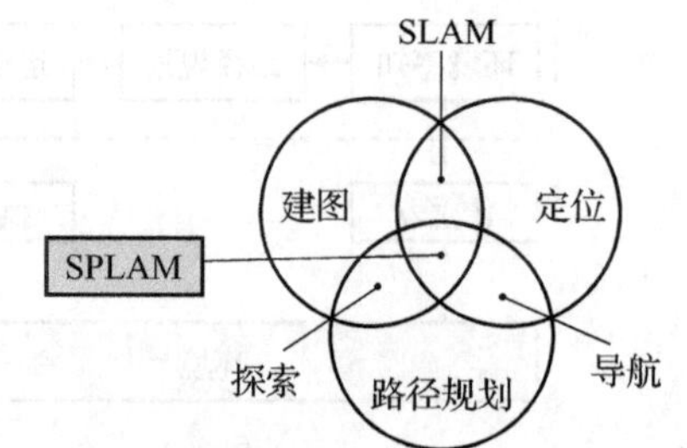

图 11-3 建图、定位与路径规划的关系

注：该图来源于文献［4］中的 Figure 1。

目前，商用场合通常采用 SLAM 重定位模式进行定位，即先手动遥控机器人进行 SLAM 环境扫描并将构建好的地图保存下来，然后载入事先构建好的离线地图并启动 SLAM 重定位模式获取机器人的实时位姿。大多数 SLAM 算法支持两种工作模式：SLAM 建图模式和 SLAM 重定位模式。比如，Gmapping 在利用 SLAM 利用建图模式时将构建出的地图保存为 *.pgm 和 *.yaml 文件，然后利用 map_server 功能包载入 *.pgm 和 *.yaml 文件并发布到 ROS 话题，最后利用 SLAM 重定位模式（这里通常为

AMCL 算法）及当前传感器信息与地图信息的匹配程度来估计位姿。同样，ORB-SLAM、Cartographer 等也是类似的过程，只是各个算法在位姿估计问题的处理细节上有所不同。

但在外星球表面、荒野、岩洞等不便于人工手动遥控建图的情况下，机器人需要自发地进行探索、建图和定位。单机器人对未知环境的探索过程如图 11-4 所示。机器人在未知环境中启动时，依靠探测距离有限的传感器仅能获取一小片环境地图；然后依靠某种探索策略选择当前地图中的一个边界点为目标，利用路径规划获取一条路径，最后自主导航到该目标。通过这种方式，机器人就能探索到区域越来越大的环境地图。为了提高超大范围的探索效率，我们通常会利用多个机器人进行协同探索。

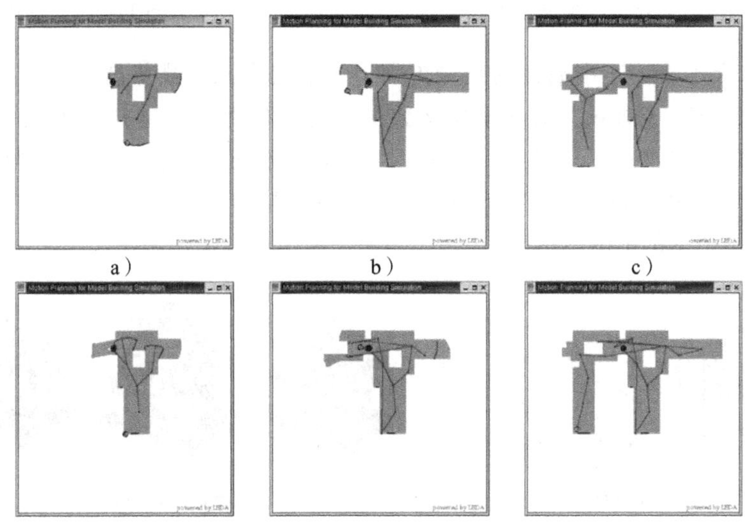

图 11-4　对未知环境的探索过程

注：该图来源于文献［5］中的 Figure 15。

11.2.2　环境建模

环境建模其实就是对环境状态进行描述，也就是构建环境地图。地图可以用于定位，也可以用于避障，因此定位用到的地图与避障用到的地图并不一定相同。环境地图有多种，比如特征地图、点云地图、几何地图、栅格地图、拓扑地图等。视觉 SLAM 通常以构建特征地图和点云地图为主，激光 SLAM 则以构建栅格地图为主。由于导航过程中需要避开障碍物，所以特征地图或点云地图必须转换成栅格地图后才能导航，下面主要讨论二维栅格地图和三维栅格地图。

1. 二维栅格地图

二维栅格地图比较简单，就是将二维连续空间用栅格进行离散划分。机器人通常采用二维占据栅格地图，其是对划分出来的每个栅格用一个占据概率值进行量化。如图 11-5 所示，概率为 1 的栅格被标记为占据状态，概率为 0 的栅格被标记为非占据状态，概率在 0 到 1 之间的栅格被标记为未知状态。机器人在导航过程中，要避开占据状态的栅格，在非占据状态的栅格中通行。它通过传感器来探明未知状态的栅格的状态。

2. 三维栅格地图

由于二维栅格地图无法描述立体障碍物的详细状态，因此其对环境的描述并不完备。

按照同样的思路，我们将三维空间用立体栅格进行离散划分，就得到了三维栅格地图。三维占据栅格地图是对划分出来的每个立体栅格用一个占据概率值进行量化，如图 11-6 所示。

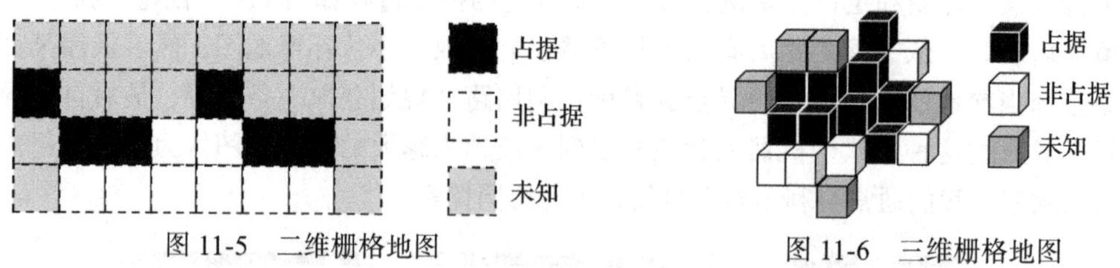

图 11-5　二维栅格地图

图 11-6　三维栅格地图

相比于二维栅格，三维栅格的数量更大。为了提高三维栅格地图数据处理效率，我们通常采用八叉树（Octree）对三维栅格数据进行编码存储，这样就得到了八叉树地图（OctoMap），如图 11-7 所示。其实，将一个立体空间划分成 8 个大的立体栅格，然后对每个栅格继续进行同样的划分，这样就形成了一个八叉树结构。利用八叉树，我们可以很容易地得到不同分辨率的地图表示。

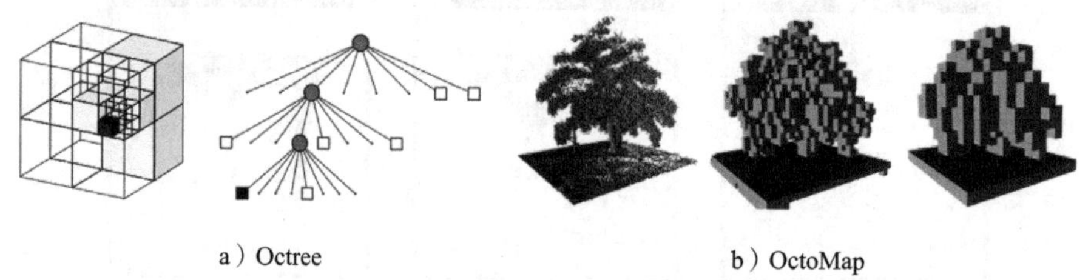

a）Octree　　b）OctoMap

图 11-7　Octree 和 OctoMap

注：该图来源于文献［6］中的 Figure 2 和 Figure 3。

11.2.3　语义理解

对环境状态的理解是多维度的，比如对于定位问题来说，环境状态被机器人理解为特征点或点云；对于导航避障问题来说，环境状态被机器人理解为二维或三维占据栅格。站在更高层次去理解，机器人会得到环境状态数据之间的各种复杂关系，即语义理解。比如无人驾驶汽车要学会车道识别、路障识别、交通信号灯识别、移动物体识别、地面分割等。室内机器人要学会电梯识别、门窗识别、玻璃墙识别、镂空物体识别、斜坡识别等。机器人要在环境中运动自如的话，离不开语义理解这项重要能力。

11.3　路径规划

路径规划其实就是在回答图 11-1 中机器人提出的第 3 个问题“我该如何去”。无论是在已知地图上导航还是在未知环境中一边探索地图一边导航，路径规划其实就是在地图上寻找一条从起点到目标点可行的通路。广义上的路径规划就是一种问题求解策略，比如魔方还原、积木拼图、计算机网络通信中的路由通路选择、数控机床车刀动作线、机械臂抓取动作、机器人自主导航等都蕴含着路径规划思想[7]4-26。

机器人自主导航通常是在给定的栅格地图上进行路径规划。如图 11-8 所示，通过对整个栅格地图遍历找到一条从 A 到 B 的路径，比如路径 L1 或 L2，而且这样的路径并不唯一。在实际机器人导航中，不是找到一条可通行路径就完了，还必须考虑路径的各项性能（比如长度、平滑性、碰撞风险、各种附加约束等）。由于在二维栅格地图和三维栅格地图上的路径规划原理是一样的，为了方便讨论，我们以二维栅格地图为例来介绍一些具体的路径规划算法。

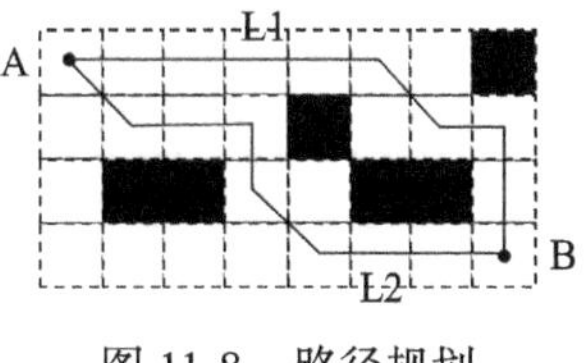

图 11-8　路径规划

11.3.1　常见的路径规划算法

机器人自主导航中比较常用的路径规划算法包括 Dijkstra、A*、D*、PRM（Probabilistic Roadmaps，概率道路图法）、RRT（Rapidly-exploring Random Tree，快速扩展随机树）、遗传算法、蚁群算法、模糊算法等[8]。

1. 基于图结构的路径搜索

Dijkstra、A*、D* 等都属于基于图结构的路径搜索算法。图结构由节点和节点之间的连接边组成。图 11-9 为一个典型的加权无向图，包括 6 个节点 A、B、C、D、E、F，节点之间的连接边表示其可访问特性，边上的权重代表距离。

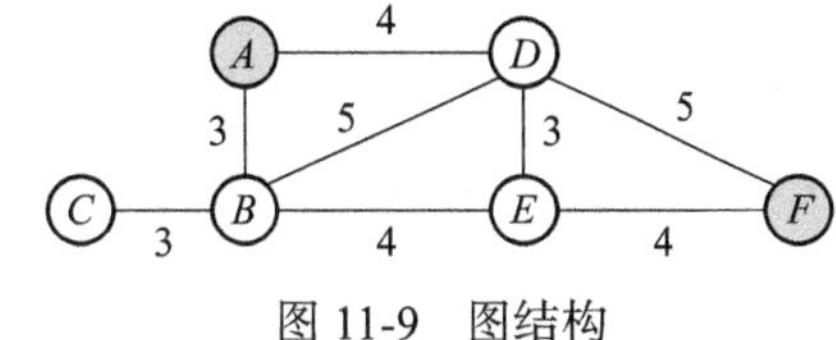

图 11-9　图结构

对于图 11-9 中的节点 A 和 F，机器人可以找到多条路径，但通常距离最短的那条路径更优。我们可以用著名的 Dijkstra 算法求出最短路径，如式（11-1）所示。假如 $P(A,F)$ 是 A 到 F 的最短路径，D 是该最短路径上的某个点，那么 $P(A,D)$ 必定也是 A 到 D 的最短路径。这个结论用反证法很容易证明，假如存在另一条从 A 到 D 的路径 $P'(A,D)$ 小于 $P(A,D)$，那么 A 经过这条路径 $P'(A,D)$ 到达 D 再到达 F 就比经过原先路径 $P(A,D)$ 到达 D 再到达 F 要短。也就是说，如果 $P(A,D)$ 不是 A 到 D 的最短路径，那么 $P(A,F)$ 也就不是 A 到 F 的最短路径了。

$$\underbrace{P(A,F)}_{\arg\min} = \underbrace{P(A,D)}_{\arg\min} + P(D,F) \tag{11-1}$$

按照这个结论，只要不断搜索从出发点到其他点的最短路径，就能得到所需的求解路径。当然 Dijkstra 算法是按照广度优先进行搜索，也就是先遍历父节点周围的子节点，然后选择一个符合条件的子节点继续，过程如表 11-1 所示。

表 11-1　Dijkstra 算法的搜索过程

步骤	已访问节点集合 V	未访问节点集合 U	最短路径记录 P	挑选
0		A、B、C、D、E、F	$P(A,B)=\infty$ $P(A,C)=\infty$ $P(A,D)=\infty$ $P(A,E)=\infty$ $P(A,F)=\infty$	A

（续）

步骤	已访问节点集合 V	未访问节点集合 U	最短路径记录 P	挑选
1	A	B、C、D、E、F	$P(A,B)=A\to B=3$（best） $P(A,C)=\infty$ $P(A,D)=A\to D=4$ $P(A,E)=\infty$ $P(A,F)=\infty$	B
2	A、B	C、D、E、F	$P(A,B)=A\to B=3$ $P(A,C)=A\to B\to C=3+3=6$ $P(A,D)=A\to D=4$（best） $P(A,E)=A\to B\to E=3+4=7$ $P(A,F)=\infty$	D
3	A、B、D	C、E、F	$P(A,B)=A\to B=3$ $P(A,C)=A\to B\to C=3+3=6$（best） $P(A,D)=A\to D=4$ $P(A,E)=A\to B\to E=3+4=7$ $P(A,F)=A\to D\to F=4+5=9$	C
4	A、B、D、C	E、F	$P(A,B)=A\to B=3$ $P(A,C)=A\to B\to C=3+3=6$ $P(A,D)=A\to D=4$ $P(A,E)=A\to B\to E=3+4=7$（best） $P(A,F)=A\to D\to F=4+5=9$	E
5	A、B、D、C、E	F	$P(A,B)=A\to B=3$ $P(A,C)=A\to B\to C=3+3=6$ $P(A,D)=A\to D=4$ $P(A,E)=A\to B\to E=3+4=7$ $P(A,F)=A\to D\to F=4+5=9$（best）	F
6	A、B、D、C、E、F		$P(A,B)=A\to B=3$ $P(A,C)=A\to B\to C=3+3=6$ $P(A,D)=A\to D=4$ $P(A,E)=A\to B\to E=3+4=7$ $P(A,F)=A\to D\to F=4+5=9$	停止

根据式（11-1）的结论，如果一条路径中包含重复节点，则这条路径肯定就不是最短的，因此这里需要准备一个集合 U 来存放未访问节点，且每次访问完后将该节点移除。另外，还要准备一个集合 P 来记录源节点 A 到其他所有节点（B、C、D、E、F）的最短距离及对应的路径。

第 0 步，初始化。将所有节点存入未访问节点集合 U，集合 P 中的取值全部初始化为 ∞，因为在没有开始搜索之前，源节点 A 到其他所有节点（B、C、D、E、F）的最短距离及对应的路径都是未知的。要求解源节点 A 到目标节点 F 的最短路径，当然是选择从源节点 A 开始搜索。

第 1 步，将节点 A 标记为已访问，也就是从集合 U 中移除，得到 $U=\{B,C,D,E,F\}$。然后利用 $P(A,x\in U)$ 更新上一步的集合 P。A 与 B 的距离是 3，A 与 D 的距离是 4，A 与集合 U 中的其他节点无法直接访问，故距离依然为 ∞。因此，更新 $P(A,B)=A\to B=3$，$P(A,D)=A\to D=4$，其他仍为 ∞，此时集合 P 更新完成。比较集合 P 中 $P(A,x\in U)$ 的各个路径长度，将最短路径对应的节点 x 作为下一个搜索节点，这里显然是挑选节点 B。

第 2 步，将节点 B 标记为已访问，也就是从集合 U 中移除，得到 $U=\{C,D,E,F\}$。然后利用 $P(B,x\in U)$ 更新上一步的集合 P。更新规则是这样的，如果 $P(A,B)+P(B,x\in U)<P(A,x)$，那么就用 $P(A,B)+P(B,x\in U)$ 替换上一步的 $P(A,x)$。这里，B 与 C 的距离是 3，$P(A,B)+P(B,C)=3+3=6$ 小于上一步的 $P(A,C)=\infty$，所以更新 $P(A,C)=A\to B\to C=3+3=6$；B 与 D 的距离是 5，$P(A,B)+P(B,D)=3+5=8$ 大于上一步的 $P(A,D)=4$，所以不更新 $P(A,D)$；B 与 E 的距离是 4，$P(A,B)+P(B,E)=3+4=7$ 小于上一步的 $P(A,E)=\infty$，所以更新 $P(A,E)=A\to B\to E=3+4=7$；B 与集合 U 中的其他节点无法直接访问，故无法更新。比较集合 P 中 $P(A,x\in U)$ 的各个路径长度，将最短路径对应的节点 x 作为下一个搜索节点，这里显然是挑选节点 D。

同理，经过第 3 ～ 6 步后集合 U 中已经没有未访问节点了，搜索停止。到这里，我们就已经求出了 A 到其他所有节点（B、C、D、E、F）的最短距离及对应的路径，那么 A 到 F 的最短路径为 $P(A,F)=A\to D\to F=4+5=9$。Dijkstra 算法的具体实现如代码清单 11-1 所示。

代码清单 11-1　Dijkstra 算法伪代码⊖

```
function Dijkstra(Graph,start,target)
  initial U := Graph.Vertex()
  initial P := { ∞ }
  select := start
  while U ≠ ∅:
    U.remove(select)
    for x ∈ U:
      if P(start,select)+P(select,x)<P(start,x):
        replace P(start,x) ⇐ P(start,select)+P(select,x)
    select := min{P(start,x)|x∈U}
                x
  return P(start,target)
```

表 11-1 中所示的 Dijkstra 算法的搜索过程可用树形结构表示，如图 11-10 所示。以当前搜索节点为父节点向下生长出子节点，生长出的子节点必须为未访问的节点且与父节点有直接连接关系；然后检查整棵树的所有叶子节点，将重复的叶子节点删除（删除原则是保留距离分值最小的节点，如果重复节点分值相同，一般保留最前面那个）；最后从整棵树的所有未访问叶子节点中挑选出距离分值最小的节点，这个节点就是下一步的搜索节点。按照这个流程，每步搜索完成后都会将当前搜索节点标记为已访问节点，直到所有节点都被标记为已访问。搜索停止后，我们就构建出一棵包含所有节点的树，且树的根节点到其他节点之间的最短距离已经全部记录到了树结构中。比如 A 到 B 的最短路径为 $A\to B=3$，A 到 C 的最短路径为 $A\to B\to C=3+3=6$，A 到 D 的最短路径为 $A\to D=4$，A 到 E 的最短路径为 $A\to B\to E=3+4=7$，A 到 F 的最短路径为 $A\to D\to F=4+5=9$，那么源节点 A 到目标节点 F 的最短路径自然也就求出来了，即 $A\to D\to F=4+5=9$。可以发现，整棵树的生长过程是广度优先的，也就是先在当前搜索节点上横向生长出子节点，然后从整棵树的所有叶子节点中选择最优节点继续同样的生长方式。

⊖ 关于 Dijkstra 代码的更多细节，读者可以参考文献［7］27-76 和文献［10］658-664 中的相关内容。

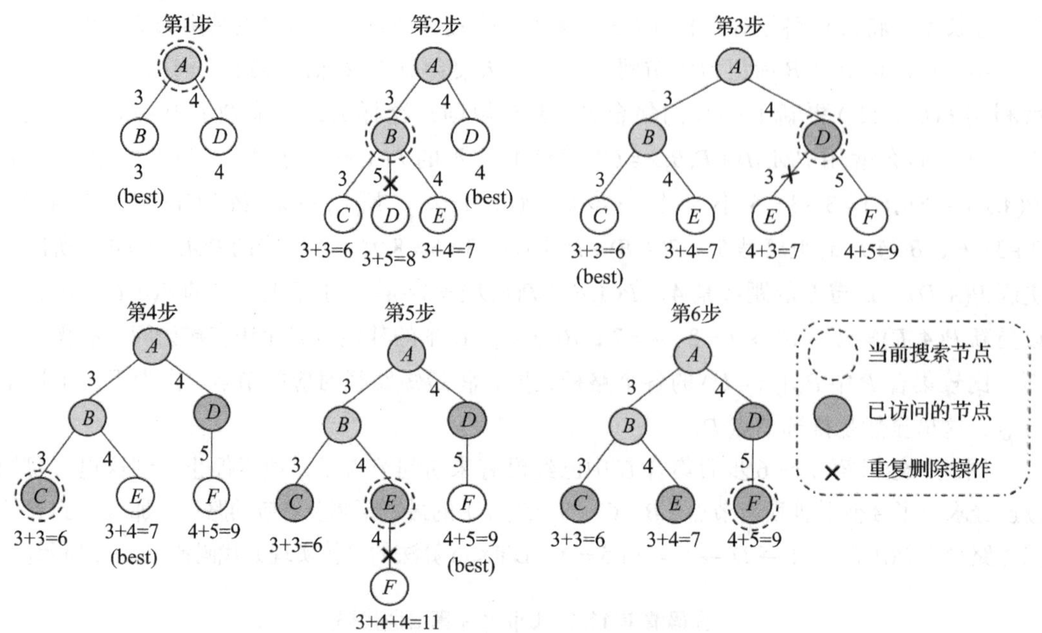

图 11-10 树形结构表示的 Dijkstra 算法的搜索过程

上面介绍了 Dijkstra 算法求解图结构中两个节点之间最短路径的过程，如果将栅格地图中的每个栅格看成一个节点，栅格之间的邻接关系看成节点之间的连接边，那么 Dijkstra 算法也就能求解栅格地图中两个栅格之间的最短路径了，如图 11-11 所示。

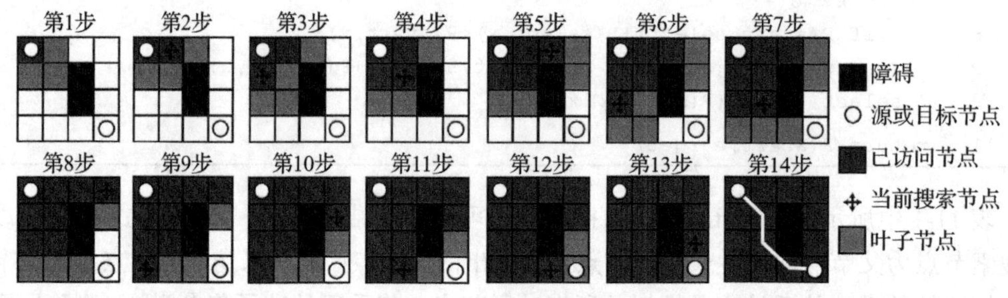

图 11-11 栅格地图上的 Dijkstra 算法的搜索过程

通过观察代码清单 11-1 可以发现，Dijkstra 算法包含两个嵌套的循环，也就是说其时间复杂度为 $O(n^2)$。当大规模地图中包含的搜索节点数目 n 急剧增加时，Dijkstra 算法的实时性将大幅下降。不过，Dijkstra 算法的优点是其搜索策略是完备的，也就是说如果最短路径存在的话，只要花足够多的时间就一定能搜索到该路径。

由图 11-11 中 Dijkstra 算法的搜索过程来看，从扩展出的叶子节点（浅灰色节点）中挑选出下一个搜索节点时，仅考虑了源节点到这些叶子节点的信息。下面用数学形式具体说明。假设以这些叶子节点的代价函数 $f(x)$ 为挑选依据，而源节点到其他任意节点的实际代价用 $g(x)$ 表示。如果以当前所处搜索阶段能得知的最短路径长度 $P(start, x)$ 为节点 x 的实际代价，即 $g(x) = P(start, x)$，那么 Dijkstra 算法其实就是以式（11-2）的公式①所示的代价函数 $f(x)$ 为依据挑选搜索方向，也就是以节点 x 的实际代价为依据挑选搜索方向。

$$\underbrace{f(x)}_{\text{代价函数}} = \underbrace{g(x)}_{\text{实际代价}} \quad ①$$
$$\underbrace{f(x)}_{\text{代价函数}} = \underbrace{g(x)}_{\text{实际代价}} + \underbrace{h(x)}_{\text{估计代价（启发函数）}} \quad ② \tag{11-2}$$

通过式（11-1）可以发现，除了可以以源节点到途经节点的实际代价为搜索依据，还可以以途经节点到目标节点的代价（这个代价被称为估计代价或启发函数）为搜索依据。A*[11] 算法正是在代价函数 $f(x)$ 中加入估计代价（启发函数）来改进 Dijkstra 算法的实时性，如式（11-2）的公式②所示。启发函数描述了途经节点到目标节点的估计代价。引入启发函数可以有效降低搜索节点的范围，从而提高整个搜索效率。

估计代价 $h(x)$ 越小，搜索节点的范围会越大。当估计代价 $h(x)$ 为 0 时，将得不到任何启发信息，此时 A* 算法就退化成了 Dijkstra 算法。估计代价 $h(x)$ 也不能过大，必须满足式（11-3），这样才能保证 A* 算法的完备性，即估计代价 $h(x)$ 不能大于节点 x 到目标节点的真实代价。

$$h(x) \leqslant \text{cost}^*(x, \text{target}) \tag{11-3}$$

也就是说，$h(x)$ 的函数形式不能任意取，否则无法保证 A* 算法的完备性。因此在确定 $h(x)$ 函数具体形式时，一方面要满足式（11-3），另一方面要使 $h(x)$ 取值尽量大，以发挥更大的启发作用（缩小搜索节点的范围）。$h(x)$ 的常见形式有曼哈顿距离、对角线距离、欧氏距离等。当栅格地图中只允许向 4 个方向（上、下、左、右）移动时，选用曼哈顿距离；当栅格地图中允许向 8 个方向（上、下、左、右、左上、左下、右上、右下）移动时，选用对角线距离；当栅格地图中允许向任意方向移动时，选用欧氏距离。

A* 算法只是在挑选下一个搜索节点时采用的策略稍有不同（即引入启发函数来缩小搜索范围），但整个搜索过程的操作步骤与 Dijkstra 算法的搜索与 Dijkstra 算法过程一样，因此这里不再赘述。下面选取对角线距离形式的启发函数 $h(x)$，将图 11-11 中的搜索过程用 A* 来实现，效果如图 11-12 所示。依靠启发函数的作用，A* 的搜索步数比 Dijkstra 的搜索步数少了很多。

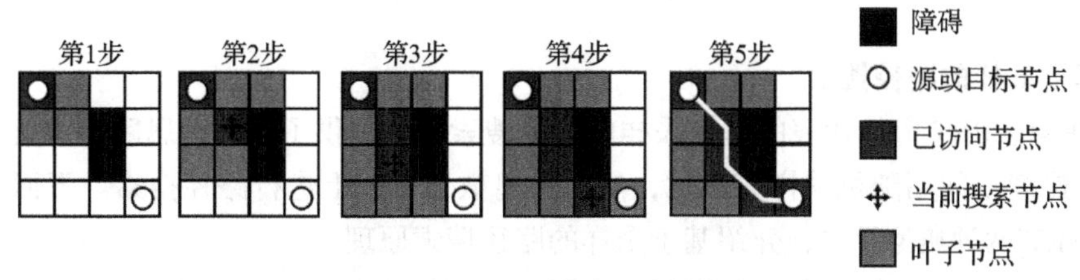

图 11-12　栅格地图上的 A* 搜索过程

图 11-13 能更好地说明 Dijkstra 与 A* 的搜索效率对比。由于源节点到目标节点之间没有任何障碍，Dijkstra 只能向四周均匀扩展进行搜索，而 A* 依据启发函数的指引直接朝目标方向扩展进行搜索。由于 Dijkstra 搜索了大量无用的方向，搜索效率自然就比 A* 低了不少。

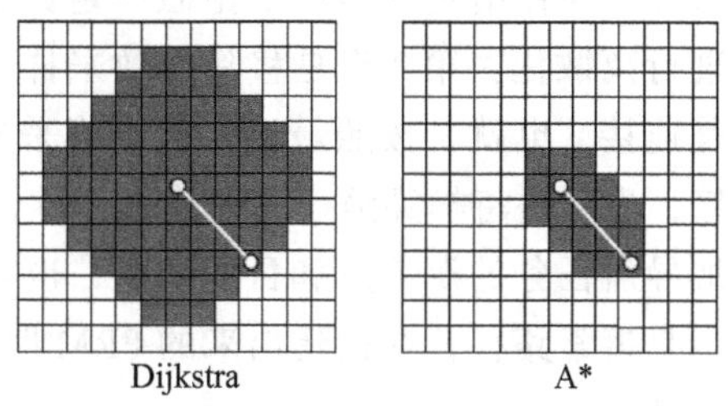

图 11-13　Dijkstra 与 A* 搜索效率对比

最后总结一下，基于图结构的路径搜索算法大致可以用图 11-14 进行归纳。求解图结构中两节点之间的可行路径，就是在某种准则下的搜索问题，这个搜索问题可以分为前向搜索、反向搜索和双向搜索。[7]32-41 前向搜索是指从源节点朝目标节点方向进行搜索，反向搜索是指从目标节点朝源节点方向进行搜索，双向搜索是指前向搜索和反向搜索相结合的搜索。搜索问题一般都要按照某些优先准则进行，比如广度优先、深度优先、最佳优先、迭代深入等。Dijkstra 就是前向搜索广度优先的典型代表。传统广度优先准则在挑选下一个搜索节点时比较盲目，Dijkstra 采用节点的实际代价 $g(x)$（即源节点到该节点的实际距离）指导搜索。A* 除了考虑实际代价 $g(x)$ 外还引入了估计代价 $h(x)$（也就是该节点到目标节点的估计代价，即启发函数），从而加快了搜索速度。基于不同搜索方向、启发、增量等因素衍生出了众多 A* 改进算法，比如 D*、AD*、D*-Lite 等[1]145-160。对于全局信息已知的静态地图规划问题，前向搜索和反向搜索差不多，如果解存在则都能求出来。而对于仅局部信息已知的动态地图规划问题，我们就需要结合反向搜索、启发、增量等来解决。

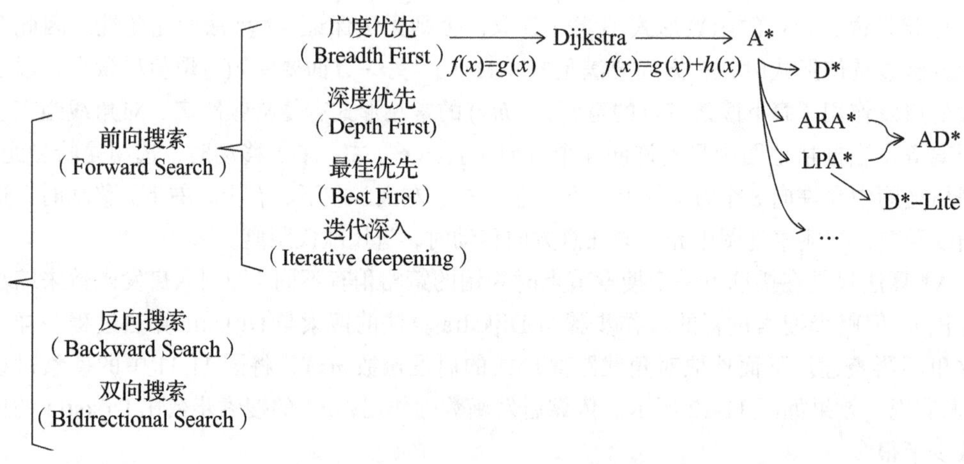

图 11-14 基于图结构的路径搜索算法归纳

2. 基于采样的路径搜索

以 PRM、RRT 等为代表的基于采样的路径搜索算法提供了另一种思路，也就是将机器人所处的连续空间用随机采样离散化，然后在离散采样点上进行路径搜索。下面通过分析 PRM 和 RRT 两种典型算法，介绍基于采样的路径搜索原理。

其中，PRM[12] 算法的工作流程（见图 11-15），大致分为 6 个步骤。第 1 步是随机采样，即在给定的地图上抛撒一定数量的随机点，利用这些随机点对地图中的连续空间进行离散化。第 2 步是移除无效采样点，也就是将落在障碍物上的采样点删除。第 3 步是连接，也就是按照最近邻规则将采样点与周围相邻点进行连接。第 4 步是移除无效连接，也就是将横穿障碍物的连接删除，这样就构建出了所谓的 PRM 路线图。第 5 步是添加导航任务的源节点和目标节点，也就是将源节点和目标节点与 PRM 路线图相连。第 6 步是搜索路径，在构建出来的 PRM 路线图上利用 A* 算法搜索源节点到目标节点之间的路径。

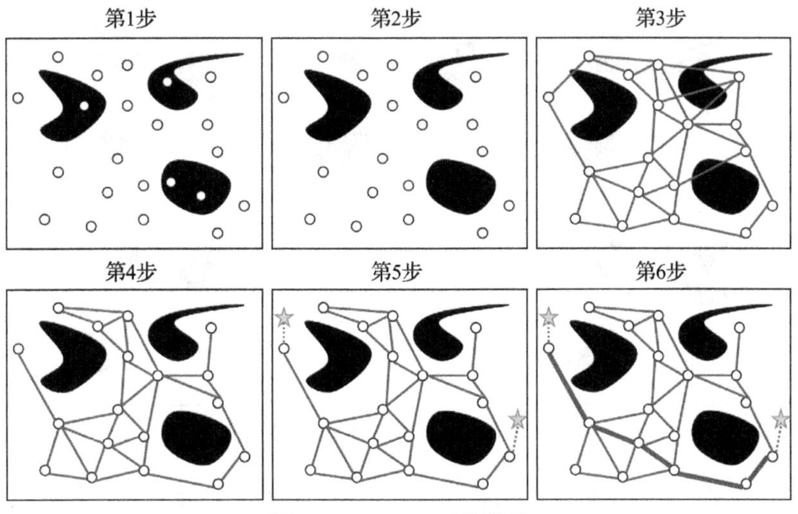

图 11-15 PRM 工作流程

可以发现，通过在采样点间构建 PRM 路线图的方式对连续空间进行离散化比直接用栅格进行离散化的效率高，因为 PRM 路线图的搜索范围比栅格要小很多。构建 PRM 路线图的伪代码如代码清单 11-2 所示。PRM 在构建出路线图之后，采用 A* 搜索路径的过程想必大家已经很熟悉了。不过，PRM 在路径规划问题上是不完备的，当采样点较少时可能规划不出路径。由于采样点不能覆盖所有情况，所以 PRM 规划出的路径也不是最优的。

代码清单 11-2 构建 PRM 路线图的伪代码⊖

```
function BuildRoadmap()
  initial V := ∅,E := ∅
  initial G ⇐ (V,E)
  while size(V) < N:
    q := random(FreeSpace)
    V.add(q)
  for a ∈ V:
    near := a.neighbor()
    for b ∈ near:
      if edge(a,b) ≠ null and edge(a,b) ∉ E:
        E.add(edge(a,b))
  return G := (V,E)
```

虽然 PRM 利用采样方式对连续空间进行离散化可以大大缩小搜索范围，但最后路径依然是在图结构上进行搜索。而 RRT [14, 15] 算法通过采样方式构建树结构，并且一边构建树结构，一边进行路径搜索。所谓树结构，就是从树根开始生长出树枝，然后在树枝上继续生长出新树枝。如图 11-16 所示，RRT 工作流程为以源节点位置为树根，利用随机采样再生长出树枝，在各个树枝上继续利用随机采样再生长出树枝，最终总会有树枝抵达目标节点。那么，从源节点所在的树根位置沿着树枝生长方向有且仅有一条路径抵达目标节点，这条路径就是 RRT 规划出来的路径。与 PRM 一样，RRT 也是不完备的，规划出的路径也不是最优的。

⊖ 关于构建 PRM 路线图代码的更多细节，读者可以参考文献［7］中的 Figure 5.25 和文献［13］中的 Algorithm 6。

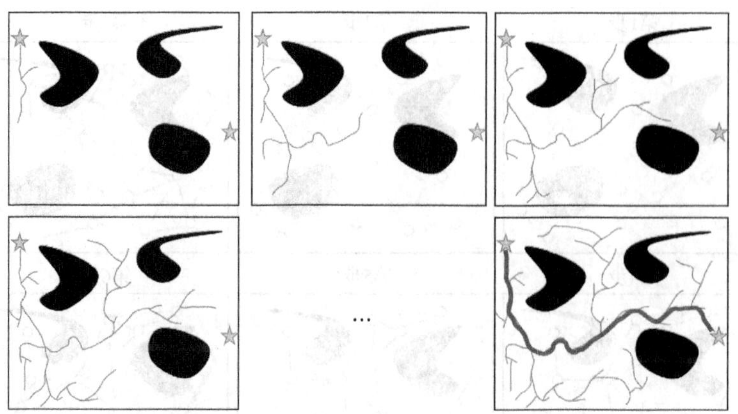

图 11-16　RRT 工作流程

虽然用采样方法规划路径并不完备，规划出的路径也不一定最优，但其运行效率非常高，并且在高维空间规划问题以及带约束规划问题的处理上十分便捷，因此基于采样的路径搜索算法越来越流行。PRM 有诸多改进版本，比如 PRM*。同样，RRT 也有诸多改进版本，比如 Goal-Bias-RRT、Bi-RRT、Dynamic-RRT、RRT*、B-RRT*、SRRT* 等。

11.3.2　带约束的路径规划算法

通常路径规划问题的解并不唯一，对于导航中的路径规划来说就是存在多条可行的路径，如图 11-8 所示。在实际应用中，机器人需要依据某些准则从多条可行的路径中挑选出最合适的一条路径，这就是带约束的路径规划。

1. 什么是约束

约束（constraint）一词从字面意思理解就是限制条件，从代数的角度看就是变量应该满足的等式或不等式方程。以式（11-4）为例来说明，当变量 x 和 y 外不受约束时，其可以在二维平面坐标系上任意取值；当添加约束 $x^2+y^2=4$ 后，x 和 y 就只能在以坐标原点为圆心、半径为 2 的圆上取值；当进一步添加约束 $x>0$ 和 $y>0$ 之后，x 和 y 就只能在该圆的第一象限圆弧上取值了。

$$x^2+y^2=4, x>0, y>0 \tag{11-4}$$

而从物理的角度看，约束就是物体的自由度受到限制，举例说明，如图 11-7a 所示，平面上的小球可以沿任何方向、以任何速度运动到达平面中的任何位置，则运动自由度最高；如图 11-7b 所示，将小球用平面上的铰链固定后，小球就只能沿特定方向和轨迹运动了；如图 11-7c 所示，汽车只能以一定的转弯半径运动。

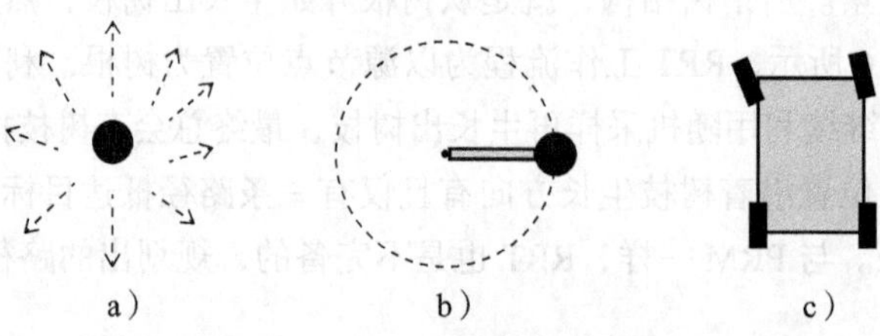

图 11-17　运动物体的自由度受限

当然，我们还可以从很多角度来理解约束的含义。不过总体来说，约束是研究某个问题时所附加的一些限制条件。这里主要讨论机器人问题中的约束，涉及完整约束、非完整约束、硬约束、软约束、定常约束、非定常约束等基本概念。

（1）完整约束与非完整约束

根据力学[16]的定义，完整约束可减少位形空间的维数，非完整约束可减少速度的维数。几何约束和可积微分约束在力学上统称为完整约束，不可积微分约束则称为非完整约束。式（11-5）所示的约束为完整约束，其只包含几何约束量；式（11-6）所示的约束中，如果其中的微分约束量不能通过积分转化为几何约束，那么该约束为非完整约束。当然，还有很多非方程形式的约束，比如式（11-7），通常其都属于非完整约束。[17]

$$f(\boldsymbol{q},t)=0,\ \text{其中}\boldsymbol{q}=[q_1,q_2,\ldots,q_n] \tag{11-5}$$

$$f(\boldsymbol{q},\dot{\boldsymbol{q}},t)=0,\ \text{其中}\begin{cases}\boldsymbol{q}=[q_1,q_2,\cdots,q_n]\\ \dot{\boldsymbol{q}}=[\dot{q}_1,\dot{q}_2\ \cdots,\dot{q}_n]\end{cases} \tag{11-6}$$

$$f(\boldsymbol{q},t)<0,\ \text{其中}\boldsymbol{q}=[q_1,q_2,\cdots,q_n] \tag{11-7}$$

在几何约束中，约束方程中不含系统状态量 $\boldsymbol{q}$ 的微分项（比如 $\dot{\boldsymbol{q}}$ 、$\ddot{\boldsymbol{q}}$ 、$\dddot{\boldsymbol{q}}$ 等），仅包含系统状态量 $\boldsymbol{q}$ 和时间 t 。在微分约束中，约束方程包含系统状态量 $\boldsymbol{q}$ 、$\boldsymbol{q}$ 的微分项和时间 t 。包含一阶微分（速度）的微分约束也叫运动学约束，包含二阶微分（加速度）的微分约束也叫动力学约束。可积的微分约束可以通过积分转化成几何约束，几何约束当然也能通过微分转化成可积的微分约束，也就是说两者是等价的，因此称为完整约束。不可积的微分约束不能通过积分转化为几何约束，因此称为非完整约束。完整约束与非完整约束的关系如图 11-18 所示。

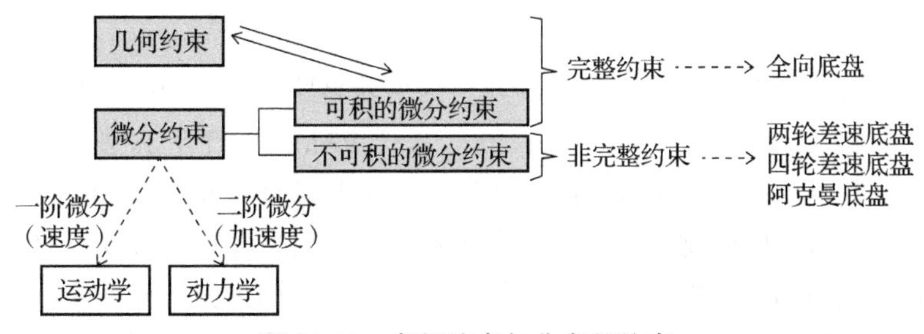

图 11-18　完整约束与非完整约束

其实，关于机器人底盘的运动学已经在第 6 章中详细介绍过。运动学描述机器人底盘中各个车轮的速度与机器人整体速度的映射关系，而动力学描述机器人底盘中各个车轮的扭矩与机器人整体加速度的映射关系。在研究机器人底盘运动学时，通常会假设机器人底盘在理想平面中做无打滑移动。因此可以忽略运动学中的动力学因素，也就是分析运动学模型时可以不考虑每个轮子的具体受力情况。[18] 513-548

总之，判断一个系统受到的约束是完整约束还是非完整约束需要从数学上进行严格的证明。比如，约束方程中系统状态量 $\boldsymbol{q}$ 的微分项是否可积分化简掉，是否满足第二类拉格朗日力学；在约束方程描述的移动的方向上对李括号运算是否封闭等，当然这些判断方法本质上都是等价的。简单点理解就是，非完整约束方程中不能完全确定系统的状态，因为非完整约束中的微分项不可积，所以通过车轮速度积分无法确定机器人底盘的位姿状态。非完整约束的差分底盘和阿克曼底盘车轮速度不可积的原因在于侧滑问题，也就是说差分底盘和阿克曼底盘在转弯时车轮实际是有侧滑的（只不过不明显而已），这个侧滑是未知的。而完整约束的全向底盘转弯时侧滑直接分摊在了车轮的滚轴上，而滚轴的运动是已知的。也就是说，非完整约束的底盘存在影响运动的未知因素，实际中的大多数系统都是非完整约束的系统。

（2）硬约束与软约束

约束由一些具体的方程式或不等式等构成。当每个独立约束项都单独满足时，我们称之为硬约束，如式（11-8）所示。而软约束将各个约束项以惩罚函数的形式加入优化问题中，如式（11-9）所示。

$$\arg\ \min f(x),\ \text{s.t.}\begin{cases} g_1(x)=a_1, g_2(x)=a_2, \cdots, g_m(x)=a_m \\ h_1(x)>b_1, h_2(x)>b_2, \cdots, h_n(x)>b_n \end{cases} \tag{11-8}$$

$$\arg\min\{f(x)+\lambda_1 g_1(x)+\lambda_2 g_2(x)+\cdots\} \tag{11-9}$$

硬约束要求更加苛刻，但是约束力更强。软约束相对比较灵活，但约束力比较弱。具体需要何种约束方式，我们还需要根据实际问题而定。

（3）定常约束与非定常约束

如果约束不随时间变化，那么就是定常约束，如式（11-10）所示。如果约束随时间变化，那么就是非定常约束，如式（11-11）所示。

$$x^2+y^2-R^2=0 \tag{11-10}$$

$$x^2+y^2-(R(t))^2=0 \tag{11-11}$$

2. 几何约束

在机器人路径规划问题中，最简单的几何约束就是路径不碰撞障碍物，然后加上最短路径约束，也就是11.3.1节中介绍的Dijkstra、A*、PRM、RRT等算法的情况。但是，为了满足路径最短的要求，规划出来的路径往往直接贴着障碍物过去。如图11-19a所示，从A点到C点，在不碰撞障碍物的条件下，从A点出发直接贴着障碍物B点拐弯到达C点显然是最短路径。这条路径只能让理想情况下的质点通行，因为真实机器人在空间中是有实际尺寸的。真实机器人按照这条路径行走到B点附近时肯定会与障碍物发生碰撞，因此实际规划路径时就要考虑在机器人实际尺寸下满足不碰撞障碍物，并且路径最短的要求。

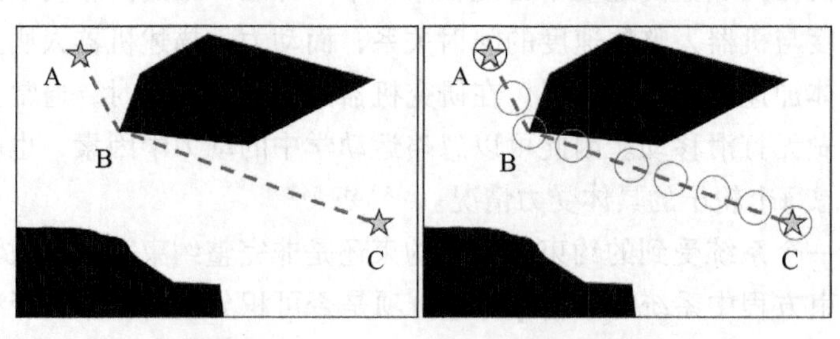

a）质点机器人　　b）真实机器人

图11-19　路径紧贴障碍物

考虑最简单的情况，机器人的形状为圆形，且能绕着圆心旋转，这时可以直接将地图中的障碍物向外膨胀（膨胀值为机器人半径），然后在膨胀后的地图上重新规划路径，如图 11-20 所示。在添加了机器人半径大小膨胀的地图上规划路径，得到的路径与障碍物的距离至少为一个机器人半径，这样就不用担心真实机器人会碰撞障碍物了。机器人只需从 A 点朝 B 点直线移动，到达 B 点后在原地转个弯，然后继续从 B 点朝 C 点直线移动即可。

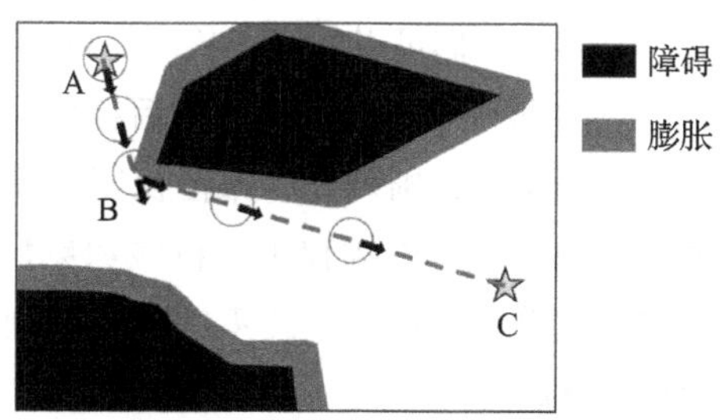

图 11-20　给障碍物添加膨胀

由于机器人的形状非常丰富且实际运动方式也各不相同，所以仅靠上面这样添加膨胀的方法很难解决所有问题。下面举例说明。图 11-21a 所示为两轮差速圆形底盘，并且底盘自转中心与底盘几何中心重合，这种底盘转弯时需要的空间最小，在穿过狭长直角走廊时，能在走廊的直角位置自转 90° 后通过。图 11-21b 同样为两轮差速圆形底盘，但底盘自转中心与底盘几何中心不重合（这主要是两个驱动轮安装在底盘靠后的位置造成的），这种底盘转弯时需要比机器人自身更多的空间，即在仅有机器人直径宽度的狭长直角走廊，机器人不能在走廊的直角位置自转 90° 通过了。如图 11-21c 所示，阿克曼底盘不能原地自转（也就是转弯半径大于 0），因此这种底盘转弯时需要更大的空间（想象一下，汽车倒车入库时的场景就很好理解），显然这种底盘在狭长直角走廊就更难通过了。

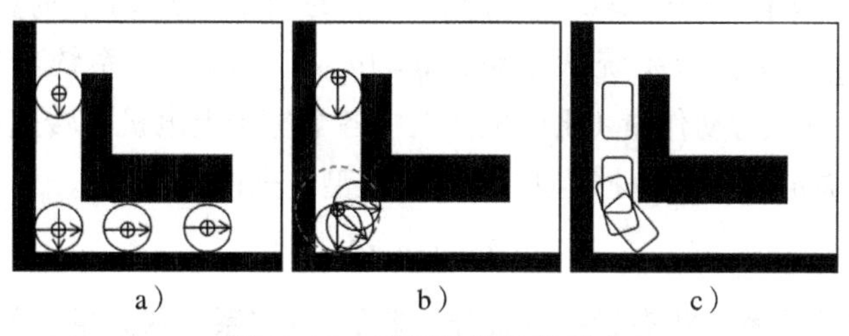

图 11-21　不同种类的机器人

通过上面的例子不难发现，特定的外形与运动方式导致机器人的避障问题非常复杂。对于更一般的情况，形状不规则且运动学约束更复杂的机器人的避障问题就更加复杂了。通过纯解析方式计算全路径上机器人与障碍物之间不碰撞的所有情况，将带来巨大计算开销。通常，机器人会在实时运动过程中动态计算当前局部可执行动作量，并根据实时碰撞检测反馈动态调整下一个可执行动作量输出，或者利用机器学习（特别是强化学习）对避障控制进行学习，使用学习到的避障控制策略输出可执行动作量。

上面虽然讨论了机器人实际尺寸下的路径规划，但在路径最短的要求下，依然会出现路径紧贴障碍物的情况。在实际应用中，非最短但离障碍物稍远的路径往往比最短但紧贴障碍物的路径更实用，如图 11-22 所示。也就是说，路径长度并不是判断最优路径的唯一准则，

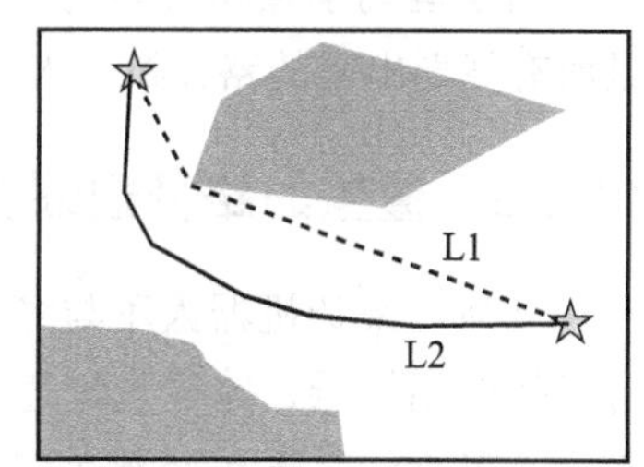

图 11-22　路径尽可能避开障碍物

路径与障碍物之间的距离也是判断最优路径的重要准则。

除了路径长度和路径与障碍物之间的距离之外，还有大量评价最优路径的准则（比如路径平滑性、路径执行效率等）。所谓平滑性，就是一条光滑的曲线路径比一条折线路径更利于机器人动作，因为机器人在弯弯曲曲的路径上操控效率低。

其实，我们可以将路径长度、离障碍物的距离、光滑性等约束条件分别用$f_1(L)$、$f_2(L)$、$f_3(L)$等评价函数进行描述，然后构建如式（11-12）所示的软约束。如果评价最优路径时更看重路径长度，则可以将路径长度约束对应的权重λ_1调得大一些。同理，如果更看重其他约束，则调大对应的权重。将该约束加入 Dijkstra、A*、PRM、RRT 等常见的路径规划算法中，就得到了所谓带约束的路径规划算法。当然，我们也可以根据约束设计出特定的路径规划算法。

$$\arg\min_{L}\{\lambda_1 f_1(L)+\lambda_2 f_2(L)+\lambda_3 f_3(L)+\cdots\} \tag{11-12}$$

3. 微分约束

在几何约束中，并没有规定机器人应该在什么时间到达路径上的某个路径点（也就是说，机器人可以缓慢在路径上移动，也可以快速在路径上移动）。而微分约束中，规定机器人必须在指定时间到达路径上的某个路径点，机器人在路径上的运动快慢受到严格限制。这里主要讨论两种微分约束：一阶微分约束和二阶微分约束。

对于在平面上移动的机器人，机器人的系统状态量$\boldsymbol{q}=[x,y,\theta]$，其中$x$和$y$为机器人在平面坐标系中的位置，$\theta$为机器人在平面坐标系中的航向。比如当机器人不能倒退时，其运动学约束有$\dot{x}\geqslant 0,\dot{y}\geqslant 0$。讨论更一般的情况，运动学约束如式（11-13）所示，其中$\boldsymbol{q}=[q_1,q_2,\cdots,q_m]$为系统状态量，$\dot{\boldsymbol{q}}=[\dot{q}_1,\dot{q}_2,\cdots,\dot{q}_m]$为系统状态量的一阶微分，$\boldsymbol{u}=[u_1,u_2,\cdots,u_n]$为可执行动作量（比如机器人中各个轮子上电机的转速），而映射关系$f(\cdot)$由机器人具体模型决定（比如差速模型、阿克曼模型、全向模型等）。

$$\dot{\boldsymbol{q}}=f(\boldsymbol{q},\boldsymbol{u}) \tag{11-13}$$

运动学约束描述了系统状态量一阶微分（速度）$\dot{\boldsymbol{q}}$与系统状态量$\boldsymbol{q}$和可执行动作量$\boldsymbol{u}$之间的约束关系，动力学约束则描述了系统状态量二阶微分（加速度）$\ddot{\boldsymbol{q}}$与系统状态量一阶微分（速度）$\dot{\boldsymbol{q}}$、系统状态量$\boldsymbol{q}$和可执行动作量$\boldsymbol{u}$之间的约束关系。比如机器人的动力实际上有上限值，即$\ddot{x}\leqslant \max,\ddot{y}\leqslant \max$，也就是说机器人不能以无限大的加速度从一个速度立刻加速到另一个速度。讨论更一般的情况，动力学约束如式（11-14）所示。

$$\ddot{\boldsymbol{q}}=f(\dot{\boldsymbol{q}},\boldsymbol{q},\boldsymbol{u}) \tag{11-14}$$

由于运动学和动力学约束的存在，机器人实际运动行为受到诸多限制。简单点说，不是所有规划出来的路径机器人都能行走得了的。

11.3.3 覆盖的路径规划算法

几何约束让机器人不与障碍物发生碰撞，微分约束让路径能适于机器人实际执行。结合具体应用场景，路径规划还有很多地方值得讨论，比如路径覆盖、路径调度、路径探索等。这里介绍一下路径覆盖[19]，其在扫地机器人中应用非常普遍。如图 11-23a 所示，机器人可以直接用 Z 字形路径对开阔空间进行覆盖。如图 11-23b 所示，空间被障碍物分割成不同区域时，覆盖就比较麻烦了。机器人可以先对开阔各个子区域进行排序，然后在每个子区域内用 Z 字形路径进行覆盖。实际情况中的路径覆盖可能更复杂，由于篇幅限制就不再展开了。

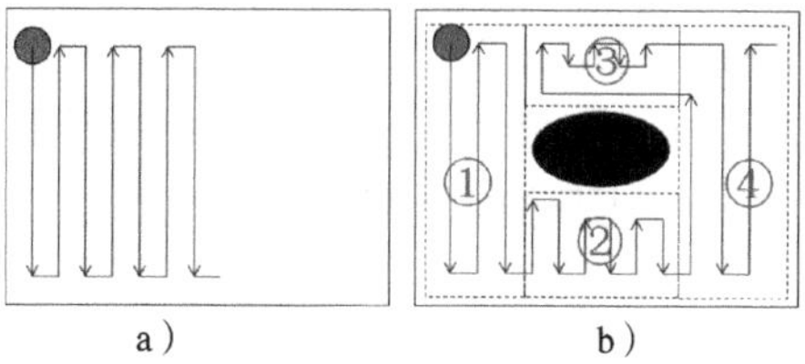

a）　　b）

图 11-23　路径覆盖

11.4　运动控制

机器人自主导航涉及 SLAM、路径规划、运动控制、环境感知等核心技术，这些技术的大致关系如图 11-24 所示。其实，自主导航问题的本质就是图 11-1 所描述的 3 个问题。目标点由人或者特定程序触发（比如人通过点击地图上的某个点来告诉机器人应该去哪里；或者语音交互程序接收到某条语音控制指令，然后将其转换成地图中的相应目标点并发送给机器人；或者通过某些特殊条件触发目标点，例如机器人电量低时，充电桩目标点自动发送给机器人）。总之，对于自主导航来说，目标点为外部给定的一个已知量。起始点由 SLAM 定位模块提供。寻路和控制策略则比较复杂，包括全局路径规划、局部路径规划、轨迹规划、轨迹跟踪等过程。

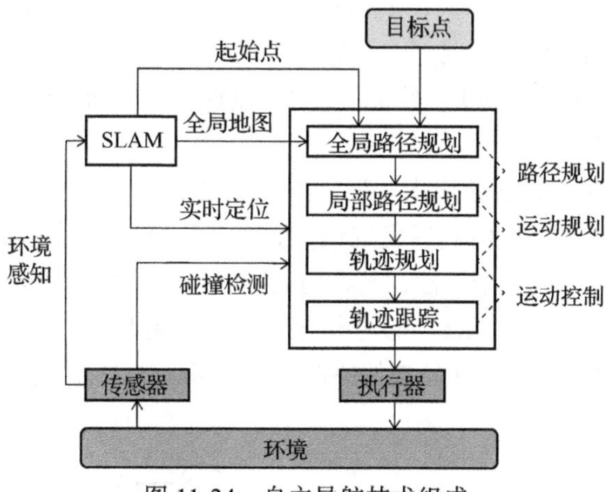

图 11-24　自主导航技术组成

在自主导航中，SLAM 主要扮演着提供全局地图和定位信息两大角色，而 SLAM 主要有两种工作模式：第一种模式，SLAM 先运行建图模式构建好环境地图后将地图保存，接着载入已保存的全局地图并启动 SLAM 重定位模式提供定位信息；第二种模式，SLAM 直接运行在线建图模式，建图过程中直接提供地图和定位信息。

全局路径规划以起始点和目标点为输入，利用全局地图描述的障碍物信息规划出一条从起始点到目标点的全局路径。由于全局地图一般为离散、静态形式，因此规划出来的全局路径也是离散、静态形式。因为全局路径由一个个离散路径点连接而成，并且只考虑了静态障碍物信息，所以全局路径无法直接用于导航控制。也就是说，全局路径只能作为导航的宏观参考。

局部路径规划相当于全局路径规划的细化过程，如图 11-25 所示。局部路径规划以机器人能感知的局部边界上的全局路径点为局部目标点，以机器人能感知到的局部动态障碍物信息为基础规划出一条从机器人当前位置点到局部目标点的局部路径。局部路径通常为连续、动态形式。可以发现，局部路径并不与全局路径重合，而是尽量跟随着全局路径。不过，局部路径并不能直接用于导航控制，因为局部路径常常在突然出现的动态障碍影响下发生较大变化，且机器人实际控制误差使得真实行走路径偏离局部路径。也就是说，局部路径也只能作为导航的宏观参考。

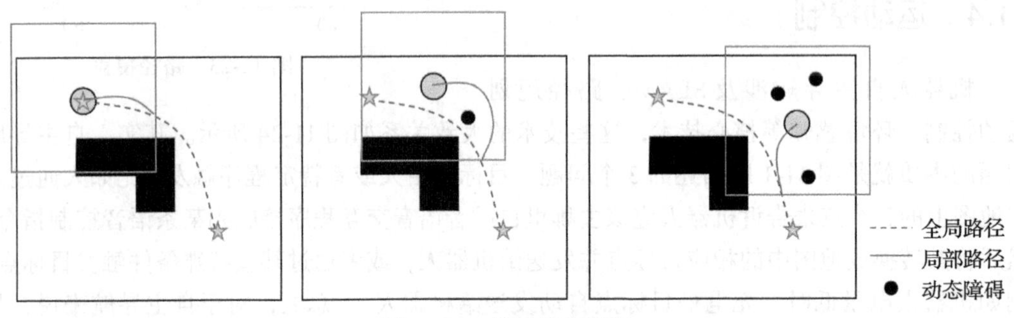

图 11-25 局部路径规划

轨迹规划相当于局部路径规划的细化过程，如图 11-26 所示。局部路径只考虑了几何约束，而在局部路径上添加运动学约束和动力学约束后就生成了机器人实际能执行的轨迹，这就是所谓的轨迹规划。理想情况下，可以直接取轨迹规划中各个轨迹点的速度信息作为动作量输入执行器（也就是电机）。不过，电机控制误差、路面起伏、轮胎打滑等导致这种开环控制策略很难奏效。

轨迹跟踪相当于轨迹规划的细化过程，如图 11-27 所示。机器人按照轨迹规划出来的参考轨迹开始运动，运动一段时间后发现偏离到参考轨迹左边。这时，机器人调整运动方向，以便逼近参考轨迹。但由于惯性，其在逼近参考轨迹之后立马又偏离到参考轨迹右边。也就是说，机器人会根据真实轨迹与参考轨迹的偏差不断调整自身运动。轨迹跟踪其实就是基于误差反馈的闭环控制，真实轨迹始终跟随着参考轨迹左右摆动并不断逼近。

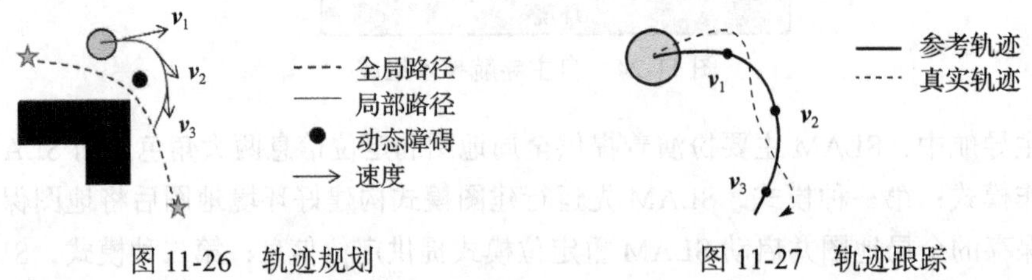

图 11-26 轨迹规划　　图 11-27 轨迹跟踪

可以发现，从全局路径到作用在执行器的动作量，就是一个逐步细化的过程。全局路径规划和局部路径规划统称为**路径规划**，局部路径规划将全局路径分解成各个小片段逐步细化。局部路径规划和轨迹规划统称为**运动规划**。**轨迹规划**其实就是在局部路径规划上添加了运动学约束和动力学约束。轨迹规划和轨迹跟踪统称为运动控制，轨迹规划为轨迹跟踪器提供参考轨迹，而轨迹跟踪器生成动作量实现执行器的最终操控。下面介绍几种比较流行的运动控制算法，即 PID、MPC 和强化学习。

11.4.1　基于 PID 的运动控制

移动机器人轨迹跟踪是一个比较复杂的问题，涉及不同机器人底盘模型和控制策略。为了便于问题的讨论，下面以最简单的情况为例进行说明。图 11-28 所示为两轮差速机器人利用 PID 运动控制算法进行轨迹追踪的例子。

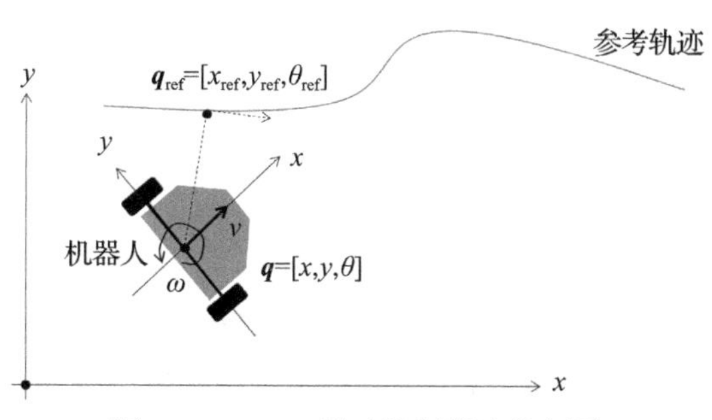

图 11-28　PID 运动控制算法的例子

图 11-28 中的机器人在世界坐标系的状态量为 $\boldsymbol{q}=[x,y,\theta]$，其中 x 和 y 为机器人的位置坐标，θ 为机器人的航向角。通常，我们可以选择参考轨迹中离机器人最近的点 $\boldsymbol{q}_{\text{ref}}=[x_{\text{ref}},y_{\text{ref}},\theta_{\text{ref}}]$ 作为追踪目标，那么就可以以 $\boldsymbol{q}$ 与 $\boldsymbol{q}_{\text{ref}}$ 之间的误差为反馈进行运动控制。最简单的方式就是用距离误差调节两轮差速机器人的线速度，以航向角误差调节角速度，如式（11-15）和式（11-16）所示。这里采用离散位置型 PID 控制算法，离散其实是指 PID 算法中的积分运算与微分运算分别用累加运算与差分运算替代，位置型是指 PID 算法的计算结果直接为控制量。另一种常见的 PID 算法是离散增量型 PID 控制算法，感兴趣的读者可自行查阅相关资料进行了解。式（11-15）中，D_e 表示机器人相对于追踪目标的位置误差，k_p、k_i 和 k_d 分别表示 PID 算法中的比例、积分和微分系数。计算结果为机器人的线速度量 v。式（11-16）中，θ_e 表示机器人相对于追踪目标的航向角误差，k_p'、k_i' 和 k_d' 分别表示 PID 算法中的比例、积分和微分系数。计算结果为机器人的角速度量 ω。利用两轮差速机器人运动学模型将 PID 算法得到的线速度量和角速度量转换成每个电机的速度控制量来实现最终控制。

$$v(t)=k_p\cdot D_e(t)+k_i\cdot\sum_t D_e(t)+k_d\cdot(D_e(t)-D_e(t-1)) \tag{11-15}$$

其中，$D_e(t)=\sqrt{(x-x_{\text{ref}})^2+(y-y_{\text{ref}})^2}$。

$$\omega(t)=k_p'\cdot\theta_e(t)+k_i'\cdot\sum_t\theta_e(t)+k_d'\cdot(\theta_e(t)-\theta_e(t-1)) \tag{11-16}$$

其中，$\theta_e(t)=\theta-\theta_{\text{ref}}$。

仔细分析可以发现式（11-15）和式（11-16）所示的控制方法是有问题的，即它们只实现了对参考轨迹的几何位置追踪。举个简单的例子很容易说明，当机器人从 $\boldsymbol{q}$ 运动到 $\boldsymbol{q}_{\text{ref}}$ 之后，机器人的位置误差与航向角误差都变成了 0，由式（11-15）和式（11-16）计算出的 v 和 ω 值也就为 0，然而参考轨迹上的追踪目标点对应的机器人 v_{ref} 和 ω_{ref} 并不为 0。

那么，利用控制策略实现机器人在参考轨迹上的目标追踪时，我们就需要对机器人的位置量和速度量同时进行追踪。简单点说就是，机器人通过追踪算法抵达目标位置时，此时机器人的实际运动速度也应该与参考轨迹上给定的运动速度相符。一种简单的方法是直接添加参考速度量（v_{ref} 和 ω_{ref}）对式（11-15）和式（11-16）进行修正，如式（11-17）和式（11-18）所示。

$$v(t)=k_p\cdot D_e(t)+k_i\cdot\sum_t D_e(t)+k_d\cdot(D_e(t)-D_e(t-1))+v_{\text{ref}} \tag{11-17}$$

其中，$D_e(t)=\sqrt{(x-x_{\text{ref}})^2+(y-y_{\text{ref}})^2}$。

$$\omega(t)=k'_p\cdot\theta_e(t)+k'_i\cdot\sum_t\theta_e(t)+k'_d\cdot(\theta_e(t)-\theta_e(t-1))+\omega_{\text{ref}} \tag{11-18}$$

其中，$\theta_e(t)=\theta-\theta_{\text{ref}}$。

上式（11-17）和式（11-18）所示的控制方法虽然能对机器人位置量和速度量同时进行追踪，但会导致控制过程及其不稳定。举个简单的例子，当机器人非常接近追踪目标时（即 $D_e\to 0$ 和 $\theta_e\to 0$），机器人航向基本平行于追踪目标所要求的航向，但以很大的角速度 $\omega\to\omega_{\text{ref}}$ 转弯，这样很容易导致机器人立马偏离追踪目标，如图 11-29 所示。

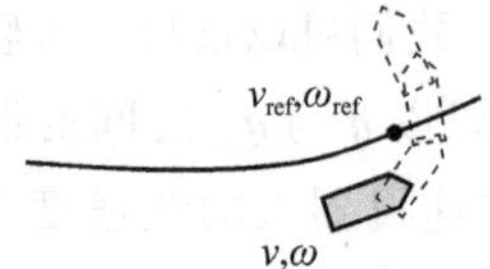

图 11-29 位置量和速度量同时追踪的不稳定性

也就是说，机器人的线速度量 v 和角速度量 ω 应该由位置误差 D_e、航向角误差 θ_e、线速度误差 v_e 和角速度误差 ω_e 共同决定，其实就是要寻找到一种如式（11-19）所示的非线性映射关系。显然，这种多误差协同的非线性控制系统设计难度相当之大。

$$\begin{pmatrix} v \\ \omega \end{pmatrix}=\begin{pmatrix} f(D_e,\theta_e,v_e,\omega_e) \\ g(D_e,\theta_e,v_e,\omega_e) \end{pmatrix} \tag{11-19}$$

另外，控制过程中反馈误差的量化形式并不唯一。上面的例子以参考轨迹中离机器人最近的点为目标点，然后根据机器人与该目标点之间的位置误差和航向角误差进行量化。除此之外，还有很多量化手段，比如以机器人前进方向射线与参考轨迹相交点为目标点，然后根据机器人与该目标点之间的位置误差和航向角误差进行量化。当然，差速底盘、阿克曼底盘、全向底盘等机器人的控制量与控制策略也不一样。可以说，实现轨迹追踪的运动控制策略非常复杂且多样，由于篇幅限制就不再一一展开了。

11.4.2 基于 MPC 的运动控制

上面介绍的 PID 算法属于典型的**无模型控制系统**，其缺点是控制量对被控对象的控制永远是滞后的。被控对象在 $k-1$ 时刻的状态为 $\boldsymbol{q}(k-1)$，在控制量 $\boldsymbol{u}(k)$ 作用下，被控对象的状态从 $\boldsymbol{q}(k-1)$ 转移到了 $\boldsymbol{q}(k)$，其中 f 为状态转移函数，如式（11-20）所示。将 k 时刻的参考状态 $\boldsymbol{q}_{\text{ref}}(k)$（也就是期望状态）与实际状态 $\boldsymbol{q}(k)$ 相减得到反馈误差 $\boldsymbol{e}(k)$，如式（11-21）所示。将 k 时刻及以前的所有反馈误差 $\boldsymbol{e}_{0:k}$ 放入 PID 算法，计算得到控制量 $\boldsymbol{u}(k+1)$，如式（11-22）所示。

$$q(k) = f(q(k-1), u(k)) \tag{11-20}$$

$$e(k) = q_{\text{ref}}(k) - q(k) \tag{11-21}$$

$$u(k+1) = \text{PID}(e_{0:k}) \tag{11-22}$$

可以说，在 $u(k)$ 到 $u(k+1)$ 的时间段内被控对象是不受控的。因为被控对象在接收到控制量 $u(k)$ 之后并不能及时给出反馈误差，只能在控制量 $u(k)$ 的作用下运转一个控制周期 ΔT。在控制周期 ΔT 结束后反馈误差才能触发新控制量 $u(k+1)$。之所以会存在控制周期 ΔT，是因为目前的控制系统都是基于计算机程序的离散系统，传感器以周期性采样方式对被控对象的状态进行测量，利用反馈误差计算控制量的程序也需要耗费一些时间。

举一个小车沿车道线行驶的简单例子来说明控制滞后带来的问题，如图 11-30 所示。在 $k-1$ 时刻，小车状态 $q(k-1)$ 与车道线之间没有误差，因此控制量 $u(k)$ 操控着小车沿原方向继续行驶。小车在 $u(k)$ 操控下行驶了一个控制周期 ΔT 到达状态 $q(k)$ 后发现小车状态 $q(k)$ 与车道线之间出现较大误差。此时，控制量 $u(k+1)$ 操控着小车急忙转向。小车并没有预判下一个时刻的状态，而是傻傻等待行驶偏离出车道线后才被动进行调整。

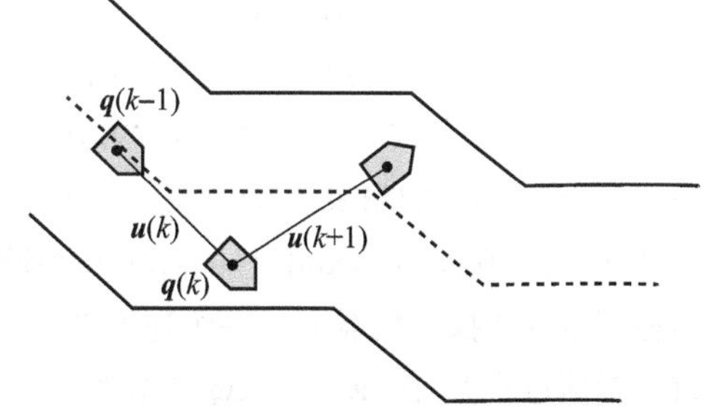

图 11-30　控制滞后带来的问题

对于低速运动的室内移动机器人，这种控制滞后的影响并不明显。而对于高速运动的室外无人驾驶汽车，这种控制滞后的影响就很明显了。依然考虑图 11-30 所示的场景，假设小车的控制周期 ΔT 为 0.01s，小车以 1m/s 低速行驶，那么 $q(k-1)$ 到 $q(k)$ 之间的移动距离为 0.01m。而当小车以 100m/s 高速行驶，那么 $q(k-1)$ 到 $q(k)$ 之间的移动距离为 1m。可以看出低速行驶时因控制滞后引起的偏差很小（0.01m），基本可以忽略；但高速行驶时因控制滞后引起的偏差就很大（1m），这么大的偏差会导致小车在还没来得及接受下一个控制量 $u(k+1)$ 的回调就直接冲出整个车道了。在控制周期 ΔT 内的移动距离称为小车的控制精度，这个距离越小代表小车的控制精度越高。

可以通过缩小控制周期 ΔT 来提高控制精度，但控制周期 ΔT 受制于传感器采样频率、计算机硬件算力等，所以这个方法对控制精度的提高非常有限。另一种方法就是在计算控制量时将下一个时刻的预判状态也考虑进来，也就是有模型控制系统。MPC [20]（Model Predictive Control，模型预测控制）算法属于典型的有模型控制系统。该算法包括构建损失函数和优化求解两个步骤，如式（11-23）和式（11-24）所示。

$$J = \text{Loss}\{f(q(k-1), u(k)), q_{\text{ref}}(k)\} \tag{11-23}$$

$$u(k) = \underset{u(k)}{\arg\min}\, J \tag{11-24}$$

所谓模型预测，就是控制量与状态量之间的映射关系 $f(q(k-1), u(k))$。由于控制方式不同，用于预测的模型并不唯一。比如在由电机控制的机器人中，一般通过加在电机上的电压或者 PWM 波来控制电机转速，而各电机转速到机器人实际线速度和角速度的映射借助运动学模型完成，最后由里程计模型预测出机器人的状态转移量 $\Delta\boldsymbol{q}$ 。整个预测过程如图 11-31 所示。而在燃油机控制的汽车中，一般通过油门和方向盘来控制车轮。

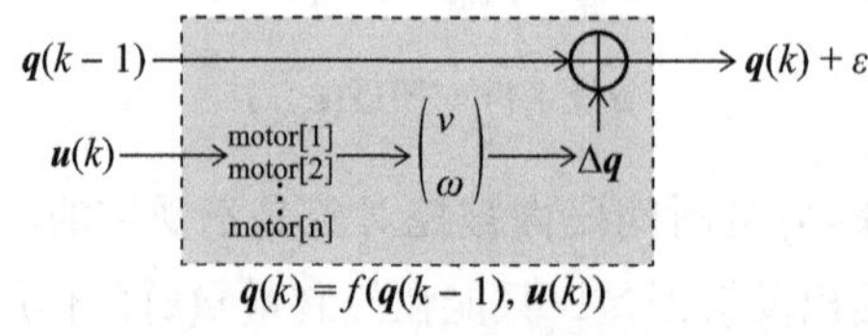

图 11-31 模型预测过程

通常，控制量 $\boldsymbol{u}$ 控制各电机（motor[1]、motor[2]……）转速的过程也是一个 PID 控制，各电机转速映射到机器人线速度和角速度的过程由运动学模型（差速模型、阿克曼模型、全向模型等）解算完成，机器人线速度 v 和角速度 ω 映射到状态转移量 $\Delta\boldsymbol{q}$ 的过程由里程计（也就是速度在控制周期内积分）解算完成，将 $\boldsymbol{q}(k-1)$ 与 $\Delta\boldsymbol{q}$ 相加就是模型预测出来的下一个时刻状态量 $\boldsymbol{q}(k)$ 。由于 $\boldsymbol{u}\to \text{motor}[n]$ 、 $\text{motor}[n]\to(v,\omega)$ 和 $(v,\omega)\to\Delta\boldsymbol{q}$ 各个环节的模型本身就存在误差，最终整个模型预测出的状态量自然也就存在误差 $\boldsymbol{\varepsilon}$ ，也就是说机器人在控制量 $\boldsymbol{u}$ 作用下实际得到的新状态量为 $\boldsymbol{q}(k)+\boldsymbol{\varepsilon}$ 。为了提高模型预测精度，我们可以从改善模型内部各个环节的精度入手。比如在 $\boldsymbol{u}\to \text{motor}[n]$ 环节将传统 PID 控制替换成精度更高的 MPC 控制；在 $\boldsymbol{u}\to \text{motor}[n]\to(v,\omega)$ 环节除了考虑运动学因素之外，还考虑动力学因素，因为控制量 $\boldsymbol{u}$ 在操控机器人从一个速度变为另一个速度的过程中速度值无法突变（需要有加速或者减速过程）；在 $(v,\omega)\to\Delta\boldsymbol{q}$ 环节考虑车轮侧移、打滑、磨损等因素。

利用模型预测的状态 $\boldsymbol{q}(k)=f(\boldsymbol{q}(k-1),\boldsymbol{u}(k))$ 与目标状态 $\boldsymbol{q}_{\text{ref}}(k)$ 就可以构建损失函数了。损失函数的形式通常为预测状态与目标状态之间误差值的最小二乘运算。考虑控制过程平稳性，通常会在损失函数中加入用于惩罚速度突变的软约束，如式（11-25）所示。

$$
\begin{aligned}
J &= \text{Loss}\{f(\boldsymbol{q}(k-1),\boldsymbol{u}(k)),\boldsymbol{q}_{\text{ref}}(k)\}\\
&=\sum_{i=1}^{M}\{\lambda_{x,i}\cdot\|e_{x,i}\|^2+\lambda_{y,i}\cdot\|e_{y,i}\|^2+\lambda_{\theta,i}\cdot\|e_{\theta,i}\|^2+\lambda_{v,i}\cdot\|e_{v,i}\|^2+\lambda_{\omega,i}\cdot\|e_{\omega,i}\|^2\}+\\
&\quad\lambda_{v'}\cdot\|e_{v'}\|^2+\lambda_{\omega'}\cdot\|e_{\omega'}\|^2
\end{aligned}
\tag{11-25}
$$

其中，

$$
\begin{bmatrix} e_{x,i}\\ e_{y,i}\\ e_{\theta,i}\\ e_{v,i}\\ e_{\omega,i}\end{bmatrix}
=\begin{bmatrix} \boldsymbol{q}(k-1+(i))[x]\\ \boldsymbol{q}(k-1+(i))[y]\\ \boldsymbol{q}(k-1+(i))[\theta]\\ \boldsymbol{q}(k-1+(i))[v]\\ \boldsymbol{q}(k-1+(i))[\omega]\end{bmatrix}
-\begin{bmatrix} \boldsymbol{q}_{\text{ref}}(k-1+(i))[x]\\ \boldsymbol{q}_{\text{ref}}(k-1+(i))[y]\\ \boldsymbol{q}_{\text{ref}}(k-1+(i))[\theta]\\ \boldsymbol{q}_{\text{ref}}(k-1+(i))[v]\\ \boldsymbol{q}_{\text{ref}}(k-1+(i))[\omega]\end{bmatrix}
$$

$$
e_{v'}=\boldsymbol{q}(k)[v]-\boldsymbol{q}(k-1)[v]
$$

$$
e_{\omega'}=\boldsymbol{q}(k)[\omega]-\boldsymbol{q}(k-1)[\omega]
$$

式（11-25）中出现了累加的运算，这是因为直接用 k 时刻的预测状态与参考状态之间的误差不足以评价预测轨迹与参考轨迹的偏离度，通常是采集预测轨迹上多个样本点的误差累加和来评价，如图 11-32 所示。

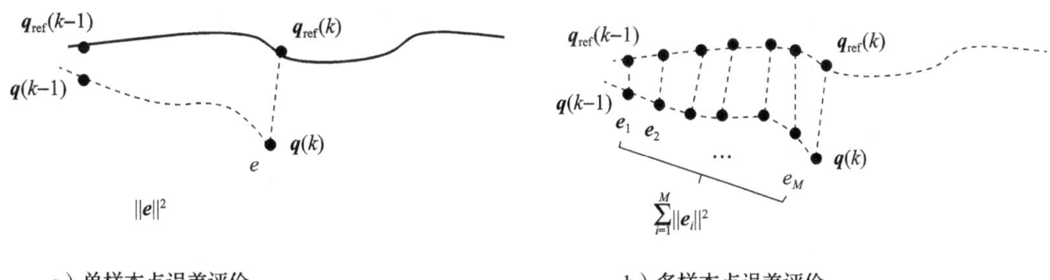

a）单样本点误差评价　　b）多样本点误差评价

图 11-32　预测轨迹偏离度评价

在利用式（11-25）进行优化求解时，还需要加入一些硬约束，比如控制量的边界约束和控制量增量的边界约束。由于控制量及其增量的取值范围是硬性要求，因此必须以硬约束加入优化问题，如式（11-26）所示。

$$\boldsymbol{u}(k)=\arg\min_{\boldsymbol{u}(k)} J, s.t.\begin{cases}u_{\min}\leqslant \boldsymbol{u}(k)\leqslant u_{\max}\\ \Delta u_{\min}\leqslant \Delta\boldsymbol{u}(k)\leqslant \Delta u_{\max}\end{cases} \tag{11-26}$$

最后求解上面的优化问题，将求解出来的 $\boldsymbol{u}(k)$ 用于接下来周期内的控制，这就是 MPC 算法的大致流程。不过，由于图 11-31 所描述的预测模型通常为复杂非线性函数，很难求解该优化问题的梯度下降。一般会采用一阶泰勒展开对非线性函数进行线性化近似，然后在简化模型中进行优化求解。优化过程其实就是尝试将不同控制量 $\boldsymbol{u}(k)$ 输入预测模型，然后将使预测误差最小的那个控制量看成最优控制量并用于控制输出，如图 11-33 所示。

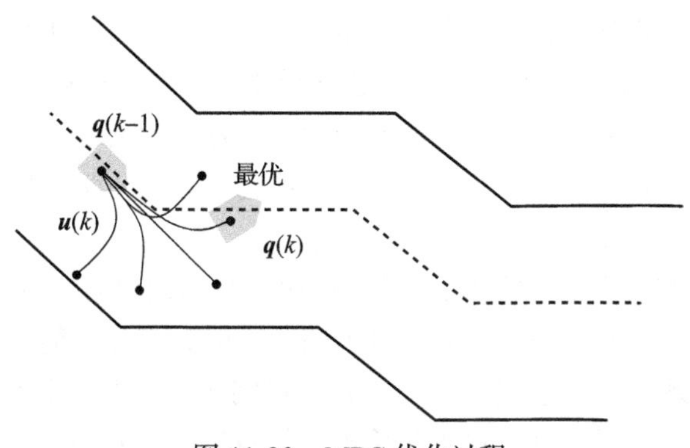

图 11-33　MPC 优化过程

11.4.3　基于强化学习的运动控制

从上面的分析来看，自主导航给人的直观感受就是机器人由外界状态触发产生的一系列运动。机器人的输入就是各种状态信息，比如描述全局障碍的地图信息、描述动态障碍的实时传感器扫描信息、机器人定位信息、目标信息等。机器人的输出就是执行以线速度和角速度为实际控制量的运动过程。当然，输出是由一系列运动控制量组成的控制序列。自主导航问题就是在寻找输入状态与输出控制序列之间的映射关系，这种映射关系也就是控制策略，如图 11-34 所示。输入状态 $\boldsymbol{S}$ 是一个不断变化的量，比如环境中的动态障碍物、移动的机器人、定位偏差等都会产生新输入状态。变化的状态量经过控制策略映射出对应控制量，控制量自然也在不断变化。这样来看，控制策略不只是解决单个输入状态到单个控制量的映射，而是解决整个状态序列到控制序列的映射。

将控制策略分解成不同环节逐一建模是目前主流的做法，比如按照层级方式将求解过程分解为路径规划、运动规划、运动控制等环节。在每个环节中构建相应的数学模型，这些数学模型都具有确切的物理意义。

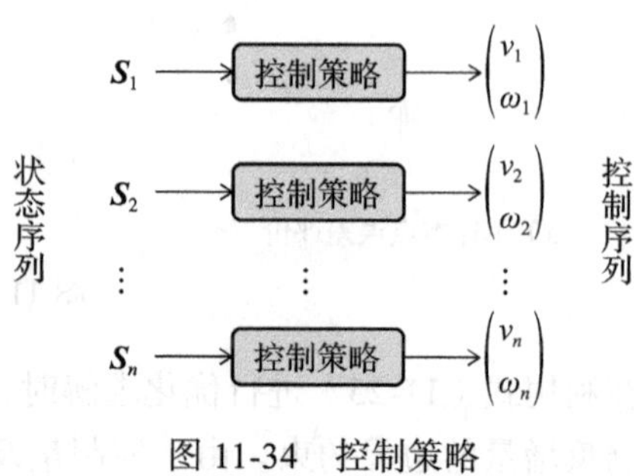

图 11-34　控制策略

对于处在复杂环境中的机器人，构建精确的数学模型比较难。因为要同时考虑全局障碍、动态障碍、机器人自身运动约束、操控的舒适性、轨迹偏差等，这些在数学模型上的表现就是各种约束条件。从上面讨论的路径规划和运动控制内容来看，无论是路径搜索和带约束的路径规划，还是基于 PID 和 MPC 的运动控制，都相当困难。那么，有没有更容易的控制策略求解方法呢？我想强化学与自主导航相结合可以回答这个问题。下面进行具体讨论。

11.5　强化学习与自主导航

强化学习（Reinforcement Learning，RL）[21] 属于机器学习领域的一个分支。10.3.1 节已经讲过，机器学习过程主要涉及 4 个要素：数据、模型、学习策略和学习算法，有监督学习、无监督学习和强化学习都是指学习策略。有监督学习以最小化误差为学习目标，也就是让预测值尽量逼近训练样本监督标签，这样预测与样本监督标签之间的误差才会越小。虽然无监督学习不像有监督学习那样有明确的学习目标，但无监督学习也有指导其学习的评价准则，比如让系统趋于平衡态、系统组织最简化等。强化学习以最大化回报为学习目标，是一种不断试错并追求长期回报的算法。

对有监督学习和强化学习进行对比，前者解决的是逼近问题，后者解决的是决策问题。比如在车牌识别问题中，有监督学习关心输入图片中的数字是否能被准确识别，输入与输出之间有明确对应关系（正确答案唯一）。而在围棋问题中，强化学习关心在当前棋局下采取什么落子方式能最终赢得比赛，输入与输出之间没有唯一对应关系（正确答案不唯一）。不过，强化学习与其他学习之间并没有绝对的界限，反而是在不断融合走向统一的趋势，比如深度强化学习。

强化学习特别适合解决决策问题，比如复杂控制、人机对话、无人驾驶、打游戏等场景。更准确点说，其应该是擅长解决序贯决策问题，就是需要持续不断做出决策以实现最终目标的问题。机器人自主导航是典型的序贯决策问题，通过单次决策仅能让机器人移动一小段距离，要持续不断做决策才能让机器人一步一步抵达指定地点。基于强化学习的运动控制不需要构建具有确定物理意义的模型，也不需要设计专门的控制器，只需要构建一个强化学习算法，让算法自动在环境交互中学习。学成后，强化学习算法就获得了控制机器人自动移动到指定地点的能力。

11.5.1　强化学习

强化学习的过程如图 11-35 所示。其中，智能体就是承载强化学习算法的主体，比如机器人。智能体与环境之间通过状态 s 和行动 a 实现交互，同时环境会对智能体的每次行动给予回报 r。假设智能体为机器人，智能体的任务是完成在地图中自主导航，那么状态 s 就代表机器人在地图中的位置以及周围障碍情况，行动 a 就代表机器人的线速度和角速度。回报 r 则是对机器人当前行动 a 表现好坏的评价，比如行动 a 执行后使机器人处于不利状态（靠近障碍物、与障碍物发生碰撞、远离导航目标点等）时回报为负数值，而行动 a 执行后使机器人处于有利状态（远离障碍物、靠近导航目标点等）时回报为正数值。当然，定义回报的形式并不唯一。我们可以根据实际任务及需求来定义。连接状态与行动关系的是策略 $\pi(a\,|\,s)$，连接行动与状态关系的则是状态转移 $P(s_{t+1}\,|\,s_t, a_t)$。在没有学习之前，策略 $\pi(a\,|\,s)$ 对环境一无所知（比如，无论状态 s 是什么，它都输出控制机器人向前移动的相同行动 a）。现在让机器人与环境进行交互来学习，交互过程可以用式（11-27）这条状态 – 行动链条表示。交互过程直到终止条件（比如机器人抵达目标点、机器人与障碍物发生碰撞）发生为止，式（11-27）中状态下的数值为回报。

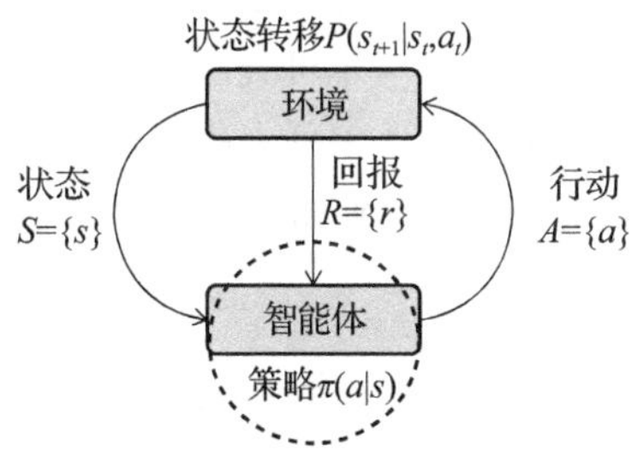

图 11-35　强化学习的过程

$$s_0, a_0, \underset{-1}{s_1}, a_1, \underset{+1}{s_2}, a_2, \underset{-1}{s_3} \tag{11-27}$$

由于此时策略 $\pi(a\,|\,s)$ 对环境一无所知，依照此策略产生的状态 – 行动链条获得的总回报极低，因为盲目行动很容易碰撞到障碍物而获得负数值回报。那么，我们就必须利用本次交互的回报数据对策略 $\pi(a\,|\,s)$ 进行调整，也就是调整 s 到 a 的映射关系。可能最容易想到的调整方法是将那些表现不利的映射关系改变一下，下文即将介绍的实际方法要复杂得多，这也是强化学习中各种算法讨论的重点。策略 $\pi(a\,|\,s)$ 经过调整后，继续进行交互学习，得到如式（11-28）所示的状态 – 行动链条。

$$s_0, a_0, \underset{-1}{s_1}, a_1, \underset{+1}{s_2}, a_2, \underset{+1}{s_5}, a_5, \underset{-1}{s_8} \tag{11-28}$$

可以发现，式（11-28）的总回报（$-1+1+1-1=0$）比式（11-27）的总回报（$-1+1-1=-1$）有所提高。当然，用更新后的策略做交互试验产生的回报也可能会降低。不管单次交互试验回报是提高还是降低，经过大量交互试验后回报一般会收敛到某个较高的值，而此次对应的策略 $\pi(a\,|\,s)$ 就是强化学习学到的东西。因为每步动作都获得的是最大回报，所以整个交互链条的总回报也必然最大。反过来，能使交互链条总回报最大化的策略必然也能使每步动作回报最大化。到这里，我们应该不难理解为什么说强化学习的学习目标是获得最大回报了吧。由于交互试验次数的限制和策略更新方法的缺陷等，强化学习实际上只求取了局部最优解。当然，很多场合利用局部最优解就能工作了，然后可以利用工作产生的交互数据继续改进策略或者改进策略更新方法。

1. 马尔可夫决策过程

上面只是用非常通俗的语言对强化学习的过程进行了描述，要设计具体算法就必须借助数学语言进行描述了。强化学习主要用来解决序贯决策问题，而序贯决策问题通常用马尔可夫决策过程（Markov Decision Process，MDP）来描述。下面对马尔可夫决策过程的数学形式进行介绍。

（1）马尔可夫性、马尔可夫过程和马尔可夫决策过程

要理解马尔可夫决策过程，需要对其中包含的概念进行拆解，包括马尔可夫性、马尔可夫过程、马尔可夫决策过程。这里回顾一下交互试验中的状态 - 行动链条，假如经过某次交互试验得到如式（11-29）所示的链条。

$$s_0, a_0, s_1, a_1, \cdots, s_{t-1}, a_{t-1}, s_t \tag{11-29}$$

链条中包含状态到行动和行动到状态两种转换关系：第一种转换由智能体的策略决定，第二种转换由环境的状态转移决定，分别如式（11-30）和式（11-31）所示。

$$\pi(a_t \mid s_0, a_0, s_1, a_1, \cdots, s_{t-1}, a_{t-1}, s_t) \tag{11-30}$$

$$P(s_{t+1} \mid s_0, a_0, s_1, a_1, \cdots, s_{t-1}, a_{t-1}, s_t, a_t) \tag{11-31}$$

出于严谨，当前行动 a_t 要依赖 $s_0, a_0, s_1, a_1, \cdots, s_{t-1}, a_{t-1}, s_t$，也就是链条上过去的所有信息；同样，新状态 s_{t+1} 要依赖 $s_0, a_0, s_1, a_1, \cdots, s_{t-1}, a_{t-1}, s_t, a_t$，也就是链条上过去的所有信息。显然，式（11-30）和式（11-31）依赖信息比较多，这使得计算比较复杂。如果系统当前状态仅与前一时刻状态有依赖关系，而与更早的状态无关，那么式（11-30）和式（11-31）就可以简化成式（11-32）和式（11-33）所示的形式了。

$$\pi(a_t \mid s_t) \tag{11-32}$$

$$P(s_{t+1} \mid s_t, a_t) \tag{11-33}$$

上面这种简化序列中间状态依赖的假设称为马尔可夫性。虽然这种假设有些理想化，但能极大地简化计算过程，因此实际应用中常常假设马尔可夫性的存在。

单个状态的随机性可以用随机变量描述，包含多个状态的状态序列的随机性则要用随机过程描述。随机过程可以认为是动态的随机变量簇，如式（11-34）所示。随机过程是指随时间做随机变化的过程，或者说随机过程是以时间 t 为参数的随机变量 $X(t)$ [22]。

$$X(t)=\begin{Bmatrix} X(t_1) \\ X(t_2) \\ \vdots \\ X(t_n) \end{Bmatrix}=\begin{Bmatrix} x_1 \\ x_2 \\ \vdots \\ x_n \end{Bmatrix} \tag{11-34}$$

随机过程 $X(t)$ 在每个时刻的取值都对应一个随机变量，比如 $t=t_1$ 时刻，$X(t_1)=x_1$，这里的 x_1 就是一个随机变量。那么在整个时间维度上，随机过程 $X(t)$ 就包含一系列随机变量 $x_1, x_2, \cdots, x_n$，而每个随机变量又可以在状态空间 S 中取不同的状态值。也就是说，一个随机过程包含时间和状态空间两个维度，如图 11-36 所示。

由于每个时刻随机变量的取值是不确定的，由这些随机变量组成的状态序列也就不确定。每个可能出现的状态序列称为一条轨迹。随机变量的概率分布用于描述状态序列中单

个状态的不确定性，而随机过程的概率分布用于描述状态序列中轨迹的不确定性。

根据不同时刻随机变量 $x_1, x_2, \cdots, x_n$ 之间的概率关系，随机过程可以分为独立增量过程、马尔可夫过程、平稳过程、鞅过程等。这里主要讨论马尔可夫过程，也就是具有马尔可夫性的随机过程。根据时间和状态空间两个维度的连续或离散性划分，马尔可夫过程又可以细分为以下 3 类[23]。

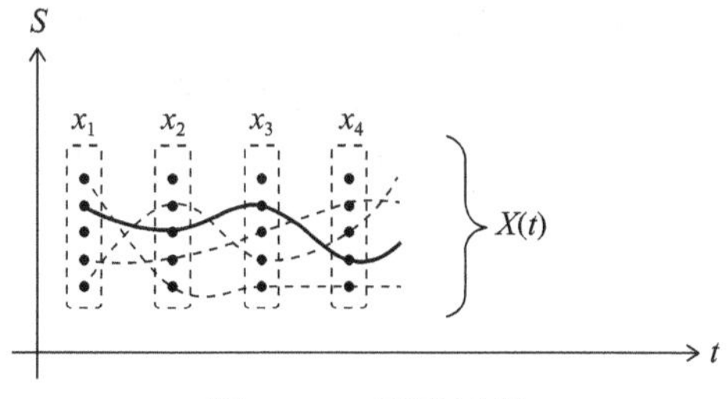

图 11-36　随机过程

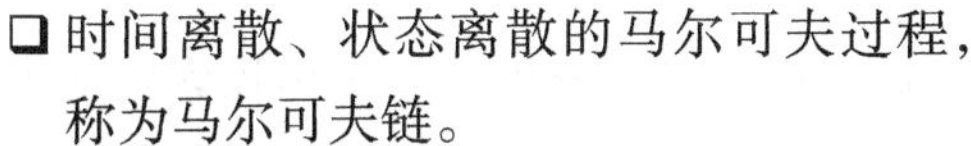

- ❑ 时间离散、状态离散的马尔可夫过程，称为马尔可夫链。
- ❑ 时间连续、状态离散的马尔可夫过程，称为连续时间的马尔可夫链。
- ❑ 时间连续、状态连续的马尔可夫过程，就是平时说的马尔可夫过程。

马尔可夫链是马尔可夫过程最简单的一种形式。因此，在工程应用（自动控制、通信技术、机器人、金融分析等）中，我们一般从马尔可夫链入手进行研究。一个典型的时间、状态均离散的马尔可夫过程（或马尔可夫链），如图 11-37 所示。马尔可夫过程由元组 (S,P) 表示，状态空间 S 中各状态的转换关系由状态转移概率 $P(s_{t+1} \mid s_t)$ 描述。其中，圆形代表某个具体状态，箭头代表状态之间的转移关系，箭头上的数字代表状态转移概率，比如状态 s_1 到状态 s_1 的状态转移概率 $P(s_1 \mid s_1) = 0.2$ 、状态 s_1 到状态 s_3 的状态转移概率 $P(s_3 \mid s_1) = 0.1$ 、状态 s_1 到状态 s_2 的状态转移概率 $P(s_2 \mid s_1) = 0.7$ 。

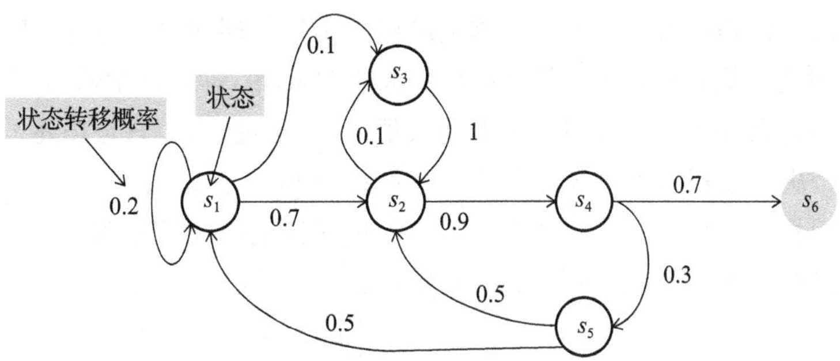

图 11-37　时间、状态均离散的马尔可夫过程（或马尔可夫链）

考虑了决策行动 A 的马尔可夫过程就是马尔可夫决策过程。马尔可夫决策过程由元组 (S, A, P, R, γ) 表示，状态空间 S 中各状态的转换关系在决策行动 A 的作用下由状态转移概率 $P(s_{t+1} \mid s_t, a_t)$ 描述。对于马尔可夫决策过程来说，下一时刻状态 s_{t+1} 不仅与当前状态 s_t 有关，还与当前所采取的具体行动 a_t 有关。而具体行动 a_t 由智能体的策略 $\pi(a \mid s)$ 给出。策略是整个决策过程的核心。策略是状态空间 S 到动作空间 A 的映射，分为确定性策略和随机性策略。所谓确定性策略，是指每个状态与动作之间具有确定映射关系 $a = f_\pi(s)$ ，比如在某个状态 s_1 下策略 π 会指定一个确定动作 a_3 ，如式（11-35）所示。也就是说，无论在什么时刻，只要输入同样的状态 s_1 给智能体，策略 π 都将会给出相同且确定的动作 a_3 。

$$s_1 \xrightarrow{f_\pi} a_3 \tag{11-35}$$

所谓随机性策略，是指每个状态与动作之间具有不确定的映射关系。这种不确定性用概率分布 $P_\pi(a|s)$ 描述，比如在某个状态 s_1 下策略 π 会指定多个可能的动作 a_1、a_2、a_3，而每个动作的可能性用具体概率值描述，如式（11-36）所示。当输入状态 s_1 给智能体，策略 π 将会按照 0.2、0.3、0.5 的概率分布情况随机从动作 a_1、a_2、a_3 中挑选一个输出。也就是说，在不同时刻输入同样的状态 s_1 给智能体，策略 π 可能会给出不同的动作。

$$s_1 \xrightarrow{P_\pi} \begin{cases} a_1, P_\pi(a_1 | s_1) = 0.2 \\ a_2, P_\pi(a_2 | s_1) = 0.3 \\ a_3, P_\pi(a_3 | s_1) = 0.5 \end{cases} \tag{11-36}$$

强化学习算法往往采用的是随机性策略，因为随机性策略赋予智能体探索的能力。探索是指智能体尝试那些“看似不好”的动作来寻找更好策略的过程，其实就是为了避免策略陷入局部最优。举例，经常有人拿“贫穷限制了你的想象力”这句话来调侃，这里就用确定性策略和随机性策略来讨论一下这个问题。如果一个人只有很少的收入，那么将这些收入用于解决温饱问题是当前处境下的最优策略，这可以看成确定性策略的做法。这种确定性策略很容易让人陷入贫穷死循环，即贫穷使你将赚到的钱仅用于解决温饱，但解决温饱并不能提高赚钱的能力，因此你依然只能赚到很少的钱，就这样循环往复。同样，如果这个人将收入的一小部分拿出来尝试做一些不一样的事情（比如买书学习、旅行、结交朋友、参加技能培训、买彩票等)，这些在当前处境下“看似不好”的尝试可能会让你跳出贫穷死循环（虽然可能性比较小)，这可以看成随机性策略的做法。

（2）价值函数

强化学习的目标是获得最大回报，这里的回报是指长期回报。通过长期回报对不同策略 $\pi(a|s)$ 进行量化，从而筛选出使长期回报最大化的策略（即最优策略)。策略 π 在当前时刻所做出的行动 a_t 会立刻获得环境给出的回报值 r_{t+1}。不过，r_{t+1} 只是描述了策略 π 的短期回报。因为整个决策过程由策略 π 给出的一系列行动 $\{a_t, a_{t+1}, a_{t+2}, \cdots\}$ 构成，所以需要将这一系列动作的回报值累积起来才能从宏观上更好地评价策略 π 的好坏。这个由一系列动作的回报值累积起来的回报就是长期回报，如式（11-37）所示。

$$G_t = r_{t+1} + r_{t+2} + r_{t+3} + \cdots + r_T \tag{11-37}$$

不过在很多情况下，智能体与环境的交互不一定有终止时间（比如，策略恰好在图 11-37 所示的两个状态 s_2 和 s_3 之间陷入死循环、连续性控制问题、执行持续性任务的机器人等)。也就是说，智能体与环境的交互终止时间 $T=\infty$，那么式（11-37）中的长期回报 G_t 很容易趋于无穷大。最大化一个趋于无穷大的 G_t 将变得没有意义。我们可以引入一个折扣率 γ 来对式（11-37）进行修正。修正后的长期回报如式（11-38）所示。其中，γ 为在 $0<\gamma<1$ 范围内取值的参数。只要回报序列 $\{r\}$ 有界，经过折扣率 γ 修正后的长期回报 G_t 就是一个有限值。γ 决定了未来回报折扣到当前时刻的现值。当 γ 趋于 0 时，经过最大化长期回报 G_t 筛选出来的策略将显得“目光短浅”；当 γ 趋于 1 时，经过最大化长期回报 G_t 筛选出来的策略将显得“富有远见”。

$$G_t = \sum_{k=0}^{\infty} \gamma^k \cdot r_{t+1+k} \tag{11-38}$$

由于智能体的策略 $\pi(a\mid s)$ 和环境的状态转移概率 $P(s_{t+1}\mid s_t,a_t)$ 都是随机的，因此智能体与环境的交互过程其实是一个随机过程。也就是说，智能体从 t 时刻开始到交互结束产生的状态序列存在多条可能的轨迹，比如智能体在 t 时刻处于图 11-37 所示的状态 s_1，那么交互产生的多条可能的轨迹如图 11-38 所示。其中，τ 表示状态序列 $\{s_t, s_{t+1}, s_{t+2}, \cdots\}$。可以看到，$\tau$ 有多条可能的轨迹。

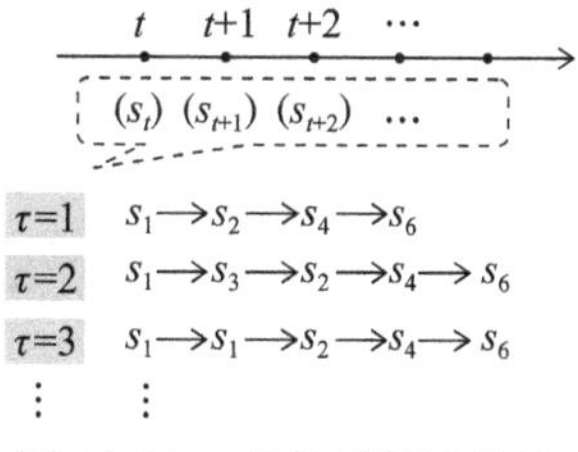

图 11-38　多条可能的轨迹

因此，基于轨迹 τ 来计算的长期回报 G_t 也就有多个可能的值。也就是说，G_t 是一个随机变量。我们希望用一个确定值来评价策略 π 的好坏，遗憾的是长期回报 G_t 并不是一个确定值。不过，G_t 的期望是一个确定值，因此可以用 G_t 的期望来评价策略 π 的好坏（即策略的价值或价值函数）。利用长期回报 G_t 的期望可以定义两种价值函数，即状态的价值函数 $v_\pi(s_t)$ 和状态－行动的价值函数 $q_\pi(s_t, a_t)$。

已知当前状态 s_t，按照某种策略 π 进行交互产生的长期回报 G_t 的期望，就定义为状态的价值函数 $v_\pi(s_t)$，如式（11-39）所示。

$$v_\pi(s_t) = E_\tau[G_t \mid s_t] \tag{11-39}$$

$v_\pi(s_t)$ 可以理解为策略 π 在状态 s_t 时的价值，s_t 可以取状态空间 S 中的任意状态值，所以 $v_\pi(s_t)$ 也是关于 $s_t \in S$ 的函数。

类似地，已知当前状态 s_t 和行动 a_t，按照某种策略 π 进行交互产生的长期回报 G_t 的期望，就定义为状态－行动的价值函数 $q_\pi(s_t,a_t)$，如式（11-40）所示。

$$q_\pi(s_t, a_t) = E_\tau[G_t \mid s_t, a_t] \tag{11-40}$$

$q_\pi(s_t,a_t)$ 可以理解为策略 π 在状态 s_t 执行行动 a_t 时的价值，s_t 可以取状态空间 S 中的任意状态值，a_t 可以取动作空间 A 中的任意动作值，所以 $q_\pi(s_t,a_t)$ 也是关于 $s_t \in S$ 和 $a_t \in A$ 的函数。不难发现，$q_\pi(s_t,a_t)$ 的计算式只比 $v_\pi(s_t)$ 的计算式多一个条件 a_t，因此可以将 $q_\pi(s_t,a_t)$ 理解为是 $v_\pi(s_t)$ 的进一步细化。

（3）贝尔曼方程

直接采用价值函数定义式来计算策略的价值很困难，因为要计算从某个状态出发的价值函数，需要依据策略 π 把从这个状态出发所有可能走的轨迹全部走一遍，然后将这些轨迹对应的长期回报依概率求期望。那么，有没有什么办法能在求当前价值函数的时候避免遍历所有可能的轨迹呢？答案就是接下来要讨论的贝尔曼方程，其实就是将价值函数的计算改写成递推形式。

状态的价值函数 $v_\pi(s_t)$ 的贝尔曼方程推导过程如式（11-41）所示。其中，τ 代表序列 $\{s_t, a_t, s_{t+1}, \cdots\}$ 的所有可能轨迹，τ' 代表序列 $\{s_{t+1}, a_{t+1}, s_{t+2}, \cdots\}$ 的所有可能轨迹，τ' 是 τ 的子序列。其实就是按照价值函数的定义，依照轨迹序列上的状态概率逐步展开来推导 $v_\pi(s_t)$ 与 $v_\pi(s_{t+1})$ 关系。可以看到，贝尔曼方程描述了价值函数的递推关系，即 t 时刻状态的价值函数 $v_\pi(s_t)$ 与 $t+1$ 时刻状态的价值函数 $v_\pi(s_{t+1})$ 的关系。

$$
\begin{aligned}
v_\pi(s_t) &= E_\tau[G_t \mid s_t] \\
&= \sum_{\tau} P(\tau|s_t) \sum_{k=0}^{\infty} \gamma^k r_{t+1+k} \\
&= \sum_{a_t} \pi(a_t \mid s_t) \sum_{s_{t+1}} P(s_{t+1} \mid s_t, a_t) \sum_{\tau'} P(\tau' \mid s_{t+1}) \sum_{k=0}^{\infty} \gamma^k r_{t+1+k} \\
&= \sum_{a_t} \pi(a_t \mid s_t) \sum_{s_{t+1}} P(s_{t+1} \mid s_t, a_t) \sum_{\tau'} P(\tau' \mid s_{t+1}) \left(r_{t+1} + \sum_{k=1}^{\infty} \gamma^k r_{t+1+k} \right) \\
&= \sum_{a_t} \pi(a_t \mid s_t) \sum_{s_{t+1}} P(s_{t+1} \mid s_t, a_t) \sum_{\tau'} P(\tau' \mid s_{t+1}) \left(r_{t+1} + \gamma \sum_{k'=0}^{\infty} \gamma^{k'} r_{t+2+k'} \right) \\
&= \sum_{a_t} \pi(a_t \mid s_t) \sum_{s_{t+1}} P(s_{t+1} \mid s_t, a_t) \left(r_{t+1} + \gamma \sum_{\tau'} P(\tau' \mid s_{t+1}) \sum_{k'=0}^{\infty} \gamma^{k'} r_{t+2+k'} \right) \\
&= \sum_{a_t} \pi(a_t \mid s_t) \sum_{s_{t+1}} P(s_{t+1} \mid s_t, a_t) \left(r_{t+1} + \gamma \cdot v_\pi(s_{t+1}) \right)
\end{aligned} \tag{11-41}
$$

类似地，状态 - 行动的价值函数 $q_\pi(s_t, a_t)$ 的贝尔曼方程推导过程如式（11-42）所示。其同样描述了 t 时刻状态 - 行动的价值函数 $q_\pi(s_t, a_t)$ 与 $t+1$ 时刻状态 - 行动的价值函数 $q_\pi(s_{t+1}, a_{t+1})$ 的关系。

$$
\begin{aligned}
q_\pi(s_t, a_t) &= E_\tau[G_t \mid s_t, a_t] \\
&= \sum_{\tau} P(\tau \mid s_t, a_t) \sum_{k=0}^{\infty} \gamma^k r_{t+1+k} \\
&= \sum_{s_{t+1}} P(s_{t+1} \mid s_t, a_t) \sum_{a_{t+1}} \pi(a_{t+1} \mid s_{t+1}) \sum_{\tau'} P(\tau' \mid s_{t+1}, a_{t+1}) \sum_{k=0}^{\infty} \gamma^k r_{t+1+k} \\
&= \sum_{s_{t+1}} P(s_{t+1} \mid s_t, a_t) \sum_{a_{t+1}} \pi(a_{t+1} \mid s_{t+1}) \sum_{\tau'} P(\tau' \mid s_{t+1}, a_{t+1}) \left(r_{t+1} + \gamma \sum_{k=1}^{\infty} \gamma^k r_{t+1+k} \right) \\
&= \sum_{s_{t+1}} P(s_{t+1} \mid s_t, a_t) \sum_{a_{t+1}} \pi(a_{t+1} \mid s_{t+1}) \sum_{\tau'} P(\tau' \mid s_{t+1}, a_{t+1}) \left(r_{t+1} + \gamma \sum_{k'=0}^{\infty} \gamma^{k'} r_{t+2+k'} \right) \\
&= \sum_{s_{t+1}} P(s_{t+1} \mid s_t, a_t) \sum_{a_{t+1}} \pi(a_{t+1} \mid s_{t+1}) \left(r_{t+1} + \gamma \cdot \sum_{\tau'} P(\tau' \mid s_{t+1}, a_{t+1}) \sum_{k'=0}^{\infty} \gamma^{k'} r_{t+2+k'} \right) \\
&= \sum_{s_{t+1}} P(s_{t+1} \mid s_t, a_t) \sum_{a_{t+1}} \pi(a_{t+1} \mid s_{t+1}) \left(r_{t+1} + \gamma \cdot q_\pi(s_{t+1}, a_{t+1}) \right)
\end{aligned} \tag{11-42}
$$

我们可以从价值函数的展开形式来直观地理解贝尔曼方程，如图 11-39 所示。对于式（11-41）中的 $v_\pi(s_t)$，s_t 属于 S，也就是说 s_t 的取值可以为状态空间 S 中的任意状态（比如 s_t^1、s_t^2、s_t^3 等）。同样地，对于 $v_\pi(s_{t+1})$，s_{t+1} 属于 S，也就是说 s_{t+1} 的取值可以为状态空间 S 中的任意状态（比如 s_{t+1}^1、s_{t+1}^2、s_{t+1}^3 等）。其实，s_t^1 与 s_{t+1}^1 表示同样的状态，下标只是为了区别状态出现的时间不同而已。可以发现，前一时刻的价值函数值可以由下一时刻的价值函数值线性组合表示，比如 $v_\pi(s_t^1) = \text{Liner}_1[v_\pi(s_{t+1}^1), v_\pi(s_{t+1}^2), \cdots]$、$v_\pi(s_t^2) = \text{Liner}_2[v_\pi(s_{t+1}^1), v_\pi(s_{t+1}^2), \cdots]$、$v_\pi(s_t^3) = \text{Liner}_3[v_\pi(s_{t+1}^1), v_\pi(s_{t+1}^2), \cdots]$ 等。可以发现，q_π 与 v_π 在展开过程中交替出现，因此 q_π 也有类似的性质，这里就不赘述了。

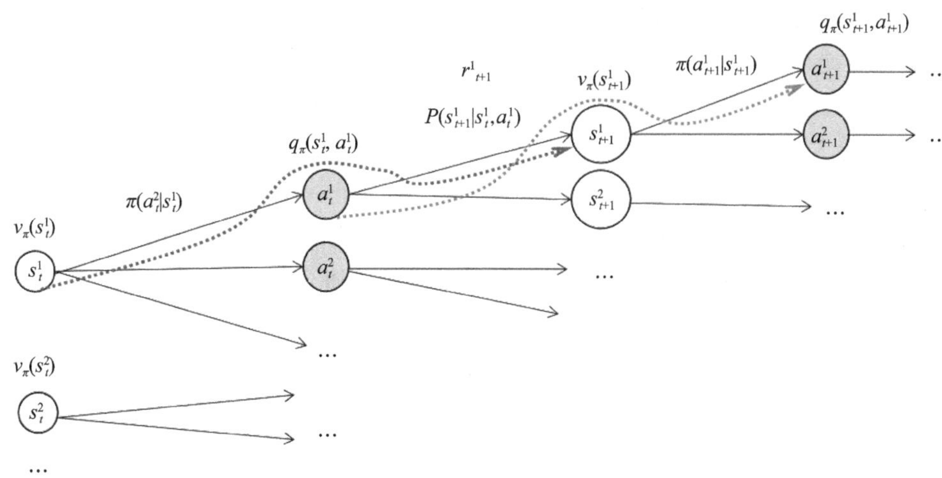

图 11-39　价值函数的展开形式

最后总结一下，贝尔曼方程其实描述了 t 与 $t+1$ 时刻价值函数的递推关系。贝尔曼方程有两个：一个描述了 $v_\pi(s_t)$ 与 $v_\pi(s_{t+1})$ 的递推关系，另一个描述了 $q_\pi(s_t, a_t)$ 与 $q_\pi(s_{t+1}, a_{t+1})$ 的递推关系，分别如式（11-43）和式（11-44）所示。

$$v_\pi(s_t) = \sum_{a_t} \pi(a_t \mid s_t) \sum_{s_{t+1}} P(s_{t+1} \mid s_t, a_t)\big(r_{t+1} + \gamma \cdot v_\pi(s_{t+1})\big) \tag{11-43}$$

$$q_\pi(s_t, a_t) = \sum_{s_{t+1}} P(s_{t+1} \mid s_t, a_t) \sum_{a_{t+1}} \pi(a_{t+1} \mid s_{t+1})\big(r_{t+1} + \gamma \cdot q_\pi(s_{t+1}, a_{t+1})\big) \tag{11-44}$$

另外还可以发现，$v_\pi(s_t)$ 与 $q_\pi(s_t, a_t)$ 之间具有如式（11-45）所示的关系，$q_\pi(s_t, a_t)$ 与 $v_\pi(s_{t+1})$ 之间具有如式（11-46）所示的关系。通过图 11-39 所示价值函数的展开形式很容易得到这两个式子，故不再证明。

$$v_\pi(s_t) = \sum_{a_t} \pi(a_t \mid s_t) q_\pi(s_t, a_t) \tag{11-45}$$

$$q_\pi(s_t, a_t) = \sum_{s_{t+1}} P(s_{t+1} \mid s_t, a_t)\big(r_{t+1} + \gamma \cdot v_\pi(s_{t+1})\big) \tag{11-46}$$

（4）贝尔曼最优方程

上面通过短期回报、长期回报（修正后的长期回报）以及长期回报期望的介绍，最终引出了价值函数的概念。价值函数中的“价值”二字是指策略的价值，也就是说价值函数是一种能间接评价策略 π 好坏的工具。其数学表达如式（11-47）所示。也就是说，当一个策略 π 比另一个策略 π' 好时，在状态空间 S 中所有状态采用策略 π 计算得到的状态价值 $v_\pi(s_t)$ 都比采用策略 π' 计算得到的状态价值 $v_{\pi'}(s_t)$ 要大；反过来说，就是如果在状态空间 S 中所有状态采用策略 π 计算得到的状态价值 $v_\pi(s_t)$ 都比采用策略 π' 计算得到的状态价值 $v_{\pi'}(s_t)$ 大，那么策略 π 就比策略 π' 要好。强化学习的目的就是在交互过程中筛选出一个最优策略，而价值函数正是筛选最优策略时的重要依据。

$$\forall s_t \in S, \pi \geqslant \pi' \Leftrightarrow v_\pi(s_t) \geqslant v_{\pi'}(s_t) \tag{11-47}$$

式（11-47）说明了状态价值函数更大的那个策略更优，那么使状态价值函数 $v_\pi(s_t)$ 最大化的策略 π 就是最优策略 π^*。其数学表达如式（11-48）所示。换句话说，只要找到了最优的状态价值函数 $v^*(s_t)$，$v^*(s_t)$ 对应的策略就是最优策略 π^*。一旦找到了最优策略 π^*，强化学习也就求解完成了。同样地，这个最优性在状态－行动价值函数上也成立，如式（11-49）所示。不过要强调一下，最优策略 π^* 可能不止一个。因为价值函数是交互序列上的长期回报期望，两个不同的策略虽然产生了不同的交互序列，但这两个不同交互序列仍然可能得到相同的长期回报期望，这就说明最优策略不唯一。

$$v^*(s_t) = \arg\max_{\pi} v_\pi(s_t) \tag{11-48}$$

$$q^*(s_t, a_t) = \arg\max_{\pi} q_\pi(s_t, a_t) \tag{11-49}$$

将贝尔曼方程代入最优问题就得到了贝尔曼最优方程，即将式（11-43）代入式（11-48）并化简就得到了如式（11-50）所示的贝尔曼最优方程，将式（11-44）代入式（11-49）并化简就得到了如式（11-51）所示的贝尔曼最优方程。式（11-50）中的优化参数是行动 a_t，在最优行动处的 $\pi(a_t|s_t)$ 概率为 1，其他处为 0，因此 $\pi(a_t|s_t)$ 可以去掉；另外只有 $v_\pi(s_{t+1})$ 取最优值 $v^*(s_{t+1})$，才能保证整个式子最优。式（11-51）中的优化参数是行动 a_{t+1}，在最优行动处的 $\pi(a_{t+1}|s_{t+1})$ 概率为 1，其他处为 0，因此 $\pi(a_{t+1}|s_{t+1})$ 可以去掉；另外只有 $q_\pi(s_{t+1}, a_{t+1})$ 取最优值 $q^*(s_{t+1}, a_{t+1})$，才能保证整个式子最优。

$$\begin{aligned} v^*(s_t) &= \arg\max_{a_t} \sum_{a_t} \pi(a_t|s_t) \sum_{s_{t+1}} P(s_{t+1}|s_t, a_t)\left(r_{t+1} + \gamma \cdot v_\pi(s_{t+1})\right) \\ &= \arg\max_{a_t} \sum_{s_{t+1}} P(s_{t+1}|s_t, a_t)\left(r_{t+1} + \gamma \cdot v^*(s_{t+1})\right) \end{aligned} \tag{11-50}$$

$$\begin{aligned} q^*(s_t, a_t) &= \arg\max_{a_{t+1}} \sum_{s_{t+1}} P(s_{t+1}|s_t, a_t) \sum_{a_{t+1}} \pi(a_{t+1}|s_{t+1})\left(r_{t+1} + \gamma \cdot q_\pi(s_{t+1}, a_{t+1})\right) \\ &= \sum_{s_{t+1}} P(s_{t+1}|s_t, a_t)\left(r_{t+1} + \gamma \cdot \arg\max_{a_{t+1}} q^*(s_{t+1}, a_{t+1})\right) \end{aligned} \tag{11-51}$$

由于 $s_t, s_{t+1} \in S$，因此与贝尔曼方程一样，贝尔曼最优方程也是描述了一系列线性组合关系，比如 $v^*(s_t^1) = \text{Liner}_1[v^*(s_{t+1}^1), v^*(s_{t+1}^2), \cdots]$、$v^*(s_t^2) = \text{Liner}_2[v^*(s_{t+1}^1), v^*(s_{t+1}^2), \cdots]$、$v^*(s_t^3) = \text{Liner}_3[v^*(s_{t+1}^1), v^*(s_{t+1}^2), \cdots]$ 等。同样地，q^* 也有类似的性质，这里就不赘述了。一旦求得了满足贝尔曼最优方程的价值函数 v^* 或者 q^*，依据 v^* 或者 q^* 就很容易得到最优策略 π^* 了。

（5）马尔可夫决策过程求解方法

由于强化学习主要解决序贯决策问题，因此可以用马尔可夫决策过程进行数学描述。马尔可夫决策过程由元组 (S, A, P, R, γ) 表示，状态空间 S 中各状态，如 s_t、s_{t+1} 的转换关系在决策行动 $a_t(a_t \in A)$ 的作用下由状态转移概率 $P(s_{t+1}|s_t, a_t)$ 描述，环境在状态转移发生的同时会及时给出当前动作的回报 $r_{t+1}(r_{t+1} \in R)$，γ 是将未来回报折扣到当前时刻现值的折扣率。

求解强化学习就是求解马尔可夫决策过程，首先通过强化学习交互试验构建起 (S, A, P, R, γ) 中各个变量之间的数学关系，然后利用 (S, A, P, R, γ) 中各个变量之间的数学关系求解出策略 $\pi(a|s)$。由于马尔可夫决策过程 (S, A, P, R, γ) 在实际中存在多种形式，因此求解方法有多

种。而强化学习的具体算法（比如 Qlearning、DQN、DDPG 等著名算法）就是这些马尔可夫决策过程求解方法的具体实现，如图 11-40 所示。

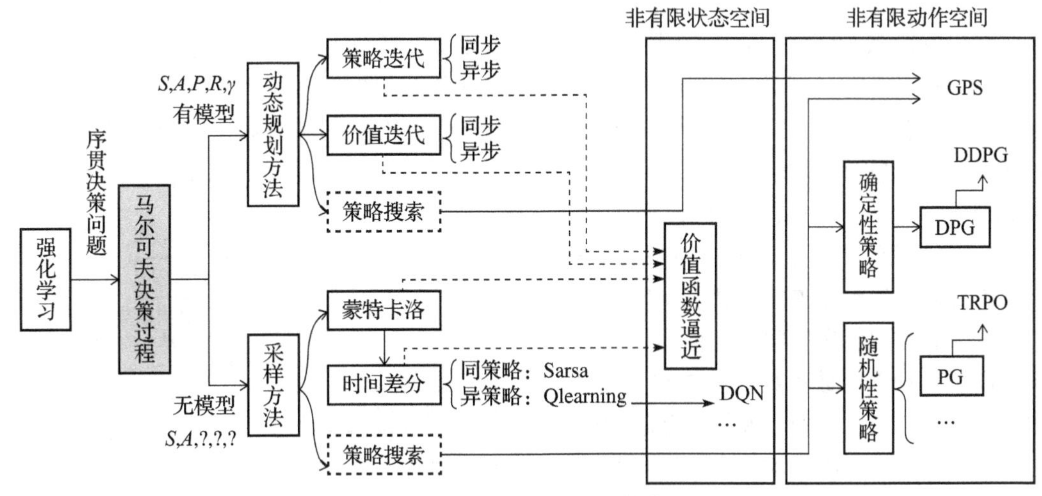

图 11-40　强化学习的具体算法

马尔可夫决策过程可以从是否有模型、状态空间是否有限、动作空间是否有限和回报是否能直接获得这 4 个维度进行讨论[24, 25, 26, 27]。对于模型维度，这里的模型指环境状态转移概率模型 $P(s_{t+1}\,|\,s_t, a_t)$。根据 P 是否已知，我们可以分为有模型和无模型两类问题。对于状态空间维度，根据状态空间 S 中包含的总状态个数是否有限，我们可以分为有限状态空间和非有限状态空间两类问题。对于动作空间，根据动作空间 A 中包含的总动作个数是否有限，我们可以分为有限动作空间和非有限动作空间两类问题。对于回报维度，根据环境是否能直接给出回报，我们可以分为强化学习和逆强化学习两类问题。将这些分类维度组合在一起能得到多种具体形式的问题，下面进一步讨论。目前，研究基本上能直接给出及时回报的强化学习问题，那些不能直接给出及时回报的逆强化学习问题不在本文讨论范围内。

一般从有限状态空间、有限动作空间的简洁形式开始讨论，也就是表格学习算法。当有模型时，通过动态规划（Dynamic Programming，DP）求解；当无模型时，通过采样求解。动态规划方法又可以具体分为策略迭代和价值迭代，采样方法又可以具体分为蒙特卡洛（Monte Carlo，MC）和时间差分（Temporal-Difference，TD）。

当从有限状态空间变成非有限状态空间时，描述状态空间中各个状态的价值函数就不能用表格的形式直接表示了，而要用价值函数逼近的形式来表示。价值函数逼近又可以具体分为参数逼近和非参数逼近。其中，参数逼近包括线性参数逼近和非线性参数逼近；非线性参数逼近以神经网络特别是深度神经网络为代表，是目前的研究热点。

当从有限动作空间变成非有限动作空间时，描述状态空间到动作空间映射关系的策略 $\pi(a\,|\,s)$ 就不能用表格形式直接表示了，而要用参数 θ 将策略 $\pi(a\,|\,s)$ 参数化为 $\pi_\theta(a\,|\,s)$ 来表示。当动作空间有限时，求解策略的过程是寻找状态空间到有限动作空间的映射表格；当动作空间非有限时，求解策略的过程是寻找 $\pi_\theta(a\,|\,s)$ 中的参数 θ 而非映射表格，也就是策略搜索。

2. 动态规划方法

通过上面的内容，我们已经知道马尔可夫决策过程根据不同的讨论维度可以具体分为不同类别的问题。有限状态空间、有限动作空间、有模型的马尔可夫决策过程是最简单的一种形式。虽然这种形式的求解方法在实际中用处并不大，但可以帮助我们很好地理解强化学习算法的工作原理，这正是首先介绍这种形式的求解方法的原因。

对于有限状态空间、有限动作空间、有模型的马尔可夫决策过程，我们普遍采用动态规划来求解。动态规划具体分为策略迭代和价值迭代。策略迭代和价值迭代又包含同步和异步两种算法，如图 11-41 所示。这里解释一下有限状态空间和有限动作空间中“有限”的含义。对于包含离散且状态个数可数的状态空间（比如 $S=\{s_1,s_2,s_3\}$），我们称之为有限状态空间；对于包含离散但状态个数不可数或者状态连续的状态空间，我们称之为非有限状态空间。类似地，对于包含离散且动作个数可数的动作空间（比如 $A=\{a_1,a_2,a_3\}$），我们称之为有限动作空间；对于包含离散但动作个数不可数或者动作连续的动作空间，我们称之为非有限动作空间。有模型是指环境 - 状态转移概率模型 $P(s_{t+1}\mid s_t,a_t)$ 已知。另外，动态规划包含两大要素：一个要素是整个优化问题可以分解成多个子优化问题，另一个要素是子优化问题的解可以存储下来并能被重复利用。这两个要素将在下面所介绍的具体算法中体现出来。

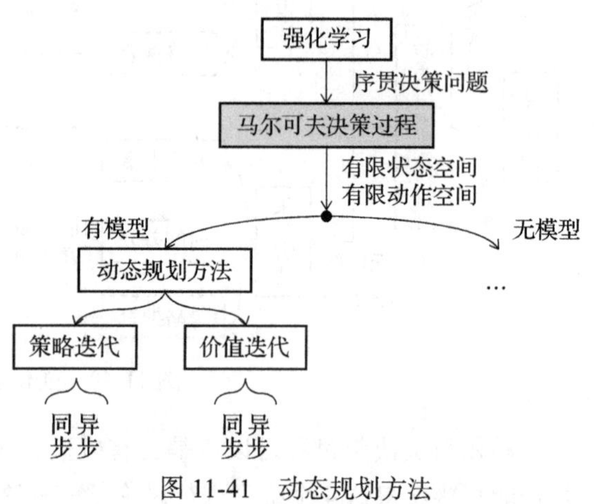

图 11-41　动态规划方法

（1）策略迭代

根据式（11-47）可知，我们能利用状态价值函数比较两个不同策略的好坏。那么，对于任意策略 π，我们可计算其状态价值函数 v_π，然后将原策略 π 做一些小改动得到新策略 π' 并同样计算其状态价值 $v_{\pi'}$，最后通过比较 v_π 与 $v_{\pi'}$ 的大小来评价该改动对策略是否有改进效果。当然，新策略 π' 不一定比原策略 π 好，因此这里会尝试不同的改动并选择使改进效果最大的那个策略。然后反复执行**策略评估**和**策略改进**这两个步骤，直到得到最优策略，这就是**策略迭代**。

我们从给定的任意初始策略 π 开始，首先计算其状态价值函数 v_π，求 v_π 的过程称为策略评估。状态价值函数 v_π 可以借助式（11-43）所示的贝尔曼方程来求解。由于 $s_t, s_{t+1}\in S$，也就是说贝尔曼方程展开来看其实是一个线性方程组。假设有限状态空间 $S=\{s_1,s_2,\cdots,s_n\}$ 总共包含 n 个状态，那么这个贝尔曼方程可以展成一个包含 $\boldsymbol{n}$ 个未知数和 $\boldsymbol{n}$ 个方程的线性方程组，如式（11-52）所示，可记为 $\boldsymbol{V}(s)=[v_\pi(s_1),v_\pi(s_2),\cdots,v_\pi(s_n)]^{\mathrm{T}}$。可以发现，$v_\pi$ 其实代表了状态空间中所有状态 s 的价值。

$$\begin{cases}v_\pi(s_1)=\mathrm{Liner}_1\,[v_\pi(s_1),v_\pi(s_2),\cdots,v_\pi(s_n)]\\ v_\pi(s_2)=\mathrm{Liner}_2\,[v_\pi(s_1),v_\pi(s_2),\cdots,v_\pi(s_n)]\\ \quad\vdots\\ v_\pi(s_n)=\mathrm{Liner}_n\,[v_\pi(s_1),v_\pi(s_2),\cdots,v_\pi(s_n)]\end{cases}\tag{11-52}$$

那么，式（11-52）线性方程组可以写成更一般的形式，如式（11-53）所示。理论上，该线性方程的解析方式的解为 $\boldsymbol{V}(s)=\boldsymbol{M}_{n\times n}^{-1}\cdot\boldsymbol{b}$。但是，矩阵 $\boldsymbol{M}_{n\times n}$ 的逆不一定存在或者直接求逆计算量太大，实际中通常采用数值方式的解。数值方式的求解方法包括直接法（比如高斯消元、矩阵三角分解等）和迭代法（比如雅克比迭代、高斯赛德尔迭代等）。

$$\boldsymbol{M}_{n\times n}\cdot\boldsymbol{V}(s)=\boldsymbol{b} \tag{11-53}$$

这里采用迭代法求解 $\boldsymbol{V}(s)$，先将式（11-52）线性方程组写成更一般的形式，如式（11-54）所示。特别说明一下式（11-43）、式（11-52）到式（11-54）之间是等价的，本质上描述的都是同一个线性方程组，只是为了便于讨论而写成了不同的形式。将初始状态价值 $\boldsymbol{V}_k(s)$ 按照式（11-54）不断迭代，当 $k\to\infty$ 时，$\boldsymbol{V}_k(s)$ 就收敛到真实状态价值 $\boldsymbol{V}(s)$，方程也就解出来了。这种迭代法基于泛函分析中的不动点理论，而式（11-43）所示的贝尔曼方程已经保证了该不动点理论的成立，所以式（11-54）的收敛性也就得到了保证。

$$\boldsymbol{V}_{k+1}(s)=\text{Liner}[\boldsymbol{V}_k(s)] \tag{11-54}$$

通过上面的策略评估过程，我们已经求出了策略 π 的状态价值函数 v_π，现在可以利用 v_π 来寻找更好的策略 π'，即策略改进。假设某个策略 π 的状态价值函数 v_π 已经知道，在某个特定状态 $\tilde{s}$ 处不采用策略 π 所指定的行动 $\tilde{a}=\pi(\tilde{s})$，而是换成一个新的行动 $\tilde{a}'\neq\tilde{a}=\pi(\tilde{s})$，也就是将策略 π 中特定状态 $\tilde{s}$ 处的行动从 $\tilde{a}$ 更改为 $\tilde{a}'$ 后得到改进的新策略 π'。新策略 π' 除了在特定状态 $\tilde{s}$ 处的行动与策略 π 的行动不同外，其他处策略 π' 的行动与策略 π 的行动完全一样。如果这个改动能使 $\tilde{s}$ 的状态价值 $v_\pi(\tilde{s})$ 变大，就说明这个改动对策略改进是有效的。其数学表示如式（11-55）所示。由于在其他处策略 π' 的行动与策略 π 的行动完全一样，因此对于状态空间上的所有状态 s 来说，$v_{\pi'}(s)\geqslant v_\pi(s)$ 也是成立的。

$$q_\pi(\tilde{s},\pi'(\tilde{s}))\overset{\Delta}{=}v_{\pi'}(\tilde{s})\geqslant v_\pi(\tilde{s}) \tag{11-55}$$

上面只是对策略 π 某个特定状态做了改动，其实我们可以对所有状态都做类似的改动。也就是说，在每个状态 s 处都根据状态 - 行动价值 $q_\pi(s,a)$ 选择最优行动来改进策略 π。其实，这种改进得到的新策略 π' 是贪心策略，如式（11-56）所示。

$$\pi'(s)\leftarrow\arg\max_a q_\pi(s,a) \tag{11-56}$$

根据式（11-54）和式（11-56）反复进行策略评估和策略改进，那么这个迭代过程什么时候结束呢？这个迭代过程中价值会不断变大，根据贝尔曼最优方程可知价值增大到最优价值 v^* 或者 q^* 时迭代就可以结束，此时最优价值 v^* 或者 q^* 对应的策略就是最优策略 π^*。那么，这个迭代停止条件在式（11-56）上的具体表现就是无论尝试什么新的行动 a 都不能使 $q_\pi(s,a)$ 变大了，换句话说就是当前 $q_\pi(s,a)$ 已经是最优的 q^* 了。

为了便于叙述，上面讨论策略评估和策略改进时假设策略 π 是确定性策略，而实际一般是随机性策略。关于确定性策略与随机性策略的区别，请参考式（11-35）和式（11-36）。式（11-56）确定性策略改进方法其实很容易扩展到随机性策略改进中，篇幅原因就不再介绍了。最后给出策略迭代的伪代码，如代码清单 11-3。

代码清单 11-3 策略迭代的伪代码[⊖]

```
1 input: p(s'|s,a), γ
2 for s∈S :
3   init V(s), init π(s)
4 while:
5   //策略评估
6   while:
7     Δ←0
8     V_k←V
9     for s∈S :
10        V_{k+1}(s) ← Σ_a π(a|s) Σ_{s'} P(s'|s,a)(r + γ·V_k(s'))
11        Δ ← max(Δ, |V_k(s) − V_{k+1}(s)|)
12    V←V_{k+1}
13    if Δ<Δ_TH : break
14  //策略改进
15  PolicyStable ← true
16  for s∈S :
17    π'(s) ← argmax_a Σ_{s'} P(s'|s,a)(r + γ·V(s'))
18  if π'(s)≠π(s) : PolicyStable ← false
19  π←π'
20  if PolicyStable==true:
21    π*←π ,break
22 output: π*
```

第 1 行：输入需要的参数。由于策略迭代要求有模型，因此需要给定环境 - 状态转移概率模型 $P(s'\mid s,a)$，另外还需要给定回报折扣率 γ。

第 2 ～ 3 行：初始化值函数和策略。通常用 0 初值初始化值函数，而用随机初值初始化策略。

第 4 ～ 21 行：策略迭代算法的主体。其中，第 5 ～ 13 行是策略评估，第 14 ～ 21 行是策略改进。下面具体介绍策略评估和策略迭代这两个步骤。

第 5 ～ 13 行：策略评估。策略评估其实就是计算当前策略的状态价值函数，而上面已经说过采用迭代法来求解，对应第 10 行代码。状态价值 $\boldsymbol{V}$ 描述了所有状态的价值，$\boldsymbol{V}$ 其实是一个向量，因此这里需要循环所有状态来执行第 10 行代码。理论上要通过 $\boldsymbol{V}_k$ 到 $\boldsymbol{V}_{k+1}$ 的无穷次迭代，$\boldsymbol{V}_{k+1}$ 才能收敛到真实价值 $\boldsymbol{V}$。不过，工程上不可能进行无穷次迭代，通常以判断迭代前后两个价值之间的差值是否足够小来确定是否已经收敛。由于 $\boldsymbol{V}_k$ 与 $\boldsymbol{V}_{k+1}$ 是等维度向量，可以取两向量各元素差值的最大值作为 $\boldsymbol{V}_k$ 与 $\boldsymbol{V}_{k+1}$ 之间的差值 Δ，对应于第 11 行代码。因此，当 Δ 小于设定阈值 Δ_{TH} 时，我们就可以认为迭代已经收敛，跳出策略评估循环，并将求得的价值 $\boldsymbol{V}$ 用于接下来的策略改进。

第 14 ～ 21 行：策略改进。策略改进的核心思想就是公式（11-56）。不过，这个公

⊖ 代码清单 11-3 主要参考文献［21］[97] 以及作者自己对算法的理解。注意，参考文献对第 10 行叙述有误，这里已经进行修正。

式是基于状态 - 行动价值 q 来计算的，而策略评估步骤提供的是状态价值 v，因此需要将式（11-56）与式（11-46）联立得到第 17 行代码。同样，策略改进在每个状态上都有进行，因此这里需要循环所有状态来执行第 17 行代码。整个策略迭代停止条件在式（11-56）上的具体表现就是无论尝试什么新的行动 a 都不能使 $q_{\pi}(s,a)$ 变大，换句话说就是当前 $q_{\pi}(s,a)$ 已经是最优的 q^{*} 了。策略迭代停止条件对应第 18 行代码，就是策略改进中只要有任意一个状态找到了更好的行动就说明旧策略还不算最优；反之，说明旧策略已经为最优。跳出整个策略迭代大循环对应第 20 ～ 21 行代码。

第 22 行：将策略迭代过程找到的最优策略 π^{*} 输出。

（2）价值迭代

寻找最优策略 π^{*} 本质上还是在寻找最大价值 v^{*} 或 q^{*}，也就是式（11-48）和式（11-49）所描述的内容。我们以这个观点重新来看策略迭代，可以发现策略评估步骤中所进行的迭代耗费了巨大计算量，却只是收敛于当前策略 π 的真实价值 v，并没有收敛于最优价值 v^{*}。在接下来对策略 π 进行改进，又要重复进行策略评估步骤，而此时策略评估出来的价值 v 仅仅比上次提高了一点点。从代码清单 11-3 来看，就是第 6 ～ 11 行的 while 循环消耗了巨大计算量却贡献很小，而真正对策略提升有贡献的是第 15 ～ 21 行的策略改进步骤。

既然寻找最优策略 π^{*} 的本质是寻找最大价值 v^{*}，那么就不必等策略评估步骤的 while 循环收敛时才执行策略改进，可以将策略改进直接放到这个 while 循环里和策略评估一起计算，反正最后的目的都是使所评估的价值最大化到 v^{*}，这个思路就是所谓的**价值迭代**。这里就直接给出价值迭代的伪代码，如代码清单 11-4 所示。

代码清单 11-4　价值迭代的伪代码⊖

```
1 input: P(s'|s,a), γ
2 for s∈S :
3   init V(s)
4 while:
7   Δ←0
8   V_k←V
9   // 策略评估（单步）+ 策略改进
10  for s∈S :
11      V_{k+1}(s) ← max_a Σ_{s'} P(s'|s,a)(r + γ·V_k(s'))
12      Δ ← max(Δ, |V_k(s) − V_{k+1}(s)|)
13  V←V_{k+1}
14  if Δ<Δ_TH : break
15 for s∈S :
16  π*(s) = argmax_a Σ_{s'} P(s'|s,a)(r + γ·V(s'))
17 output: π*
```

价值迭代的代码与策略迭代的代码很相似，这里主要介绍一下不同之处，主要是第 3、

⊖ 代码清单 11-4 主要参考文献［21］101 以及我自己对算法的理解。

11 和 16 行。

第 3 行：初始化值函数。由于价值迭代只对价值函数 $V(s)$ 进行迭代，而不直接操作策略函数 $\pi(s)$，故策略函数 $\pi(s)$ 就不必初始化了。

第 11 行：策略评估（单步）与策略改进相结合，其实就是将代码清单 11-3 中的第 10 行与第 17 行的公式相结合。

第 16 行：从最优价值中提取出最优策略。与策略迭代不同，价值迭代中第 11 行代码虽然用新行动来改进价值，但新行动并没有保存进策略函数 $\pi(s)$ 当中。因此在最后，还需要从最优价值中提取出最优策略。

（3）广义策略迭代

对比策略迭代和价值迭代，可以发现策略迭代 = 策略评估（多步收敛）+ 策略改进，而价值迭代 = 策略评估（单步）+ 策略改进。其实，这是寻找最优价值的两个极端，即策略迭代或价值迭代并不一定是寻找最优价值的最高效算法。最高效算法通常是策略评估和策略改进按照某种比例组合的结果，即所谓的广义策略迭代，如图 11-42 所示。可以看到，广义策略迭代最终目的就是将当前价值 v 与策略 π 变成最优价值 v^* 与最优策略 π^*，由于 v^* 与 π^* 等价，因此二者最终显然是重合的。策略评估是让当前价值 v 朝局部最优价值移动，策略改进是让当前策略 π 朝局部最优策略移动，经过无穷次这样的移动必将抵达最优价值 v^* 与最优策略 π^*。在策略评估和策略改进的交替过程中，如果当前位置更接近局部最优价值时，将策略评估的迭代进行得更深入一点，如果当前位置更接近局部最优策略时，将策略改进的迭代进行得更深入一点，这样会使总迭代次数变得更少。显然，按照这样的方式迭代的广义策略迭代算法更有效率。

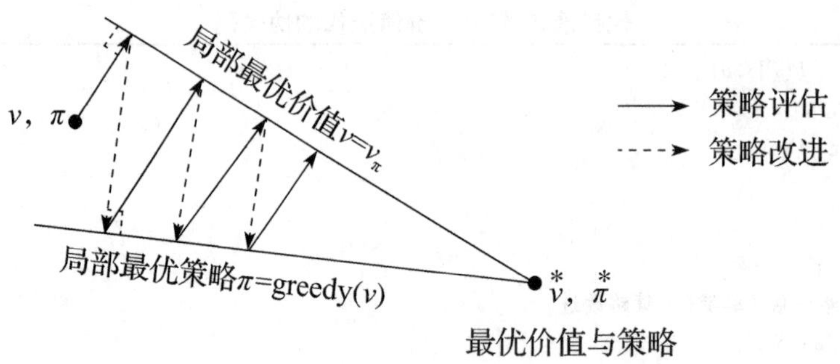

图 11-42　广义策略迭代

不管是策略迭代还是价值迭代，除了在策略评估的 while 循环耗费巨大计算量外，还在遍历计算所有状态的价值上耗费巨大计算量，对应于代码清单 11-3 中第 9 ～ 10 行或代码清单 11-4 中第 10 ～ 11 行。这种将所有状态 s 的价值更新一遍得到状态价值 $\boldsymbol{V}=[V(s_1), V(s_2), V(s_3), \cdots]$，然后以该状态价值 $\boldsymbol{V}=[V(s_1), V(s_2), V(s_3), \cdots]$ 再进行迭代的方式被称为**同步算法**。实际应用场景中的状态空间通常比较大，这就意味着遍历完一遍状态空间的所有状态价值可能需要几十、上百年时间，重复执行遍历整个状态空间的迭代就更加不现实了。

也就是说在状态空间较大同步算法并不适用，这时就需要采用**异步算法**。所谓异步算法，就是每次只随机选择状态空间中的一个状态进行迭代更新，然后直接进入下一次迭代再次随机选择状态进行迭代更新。当随机选择的状态能覆盖状态空间中的所有状态且迭代次数接近无穷时，异步算法也是能保证迭代收敛的。

通过上面的介绍，大家想必已经清楚了强化学习的基本工作原理。不过需要注意，目前来看强化学习并不是万能的，一个强化学习算法一般只适用于一个特定的任务。因为具体任务对应着具体的回报函数，所以强化学习利用最大化回报学到的策略其实是与任务紧密相关的。

3. 采样方法

为环境 – 状态转移概率模型 $P(s_{t+1}|s_t,a_t)$ 已知时，动态规划方法可以直接用贝尔曼方程来求解策略的价值函数。但真实应用场景中的环境 – 状态转移概率模型 $P(s_{t+1}|s_t,a_t)$ 往往是未知的，动态规划方法就不能直接用贝尔曼方程来求解策略的价值函数了。采样方法其实是用采样所得统计样本的平均回报来近似期望回报。可以说，采样方法采用统计学来计算价值函数，而动态规划方法采用概率学来计算价值函数。这里以求解随机变量 x 的期望值来说明概率学期望与统计学平均的关系，对于随机变量 $\boldsymbol{x}$ 的概率分布 $P(x)$ 已知的情况，可以直接用式（11-57）期望的定义来求 x 的期望值；对于随机变量 x 的概率分布 $P(x)$ 未知的情况，只能通过反复测量 x 得到多个样本，并用式（11-58）求这些样本的平均值。根据大数定律，在样本足够多时平均值 $\bar{x}$ 能逼近期望值 $E[x]$。除了计算价值函数的方法不同外，采样方法与动态规划方法基本一样，也包括策略评估和策略改进两个步骤。

$$E[x]=\sum_i x_i \cdot P(x=x_i) \tag{11-57}$$

$$\bar{x}=\frac{m_1+m_2+\cdots+m_n}{n} \tag{11-58}$$

动态规划方法用于求解有限状态空间、有限动作空间、有模型的马尔可夫决策过程。虽然动态规划方法实际用处不大，但其是各种实用强化学习方法的理论基石。而采样方法用于求解有限状态空间、有限动作空间、无模型的马尔可夫决策过程。采样方法具体分为蒙特卡洛和时间差分法，蒙特卡洛和时间差分法又包含同策略和异策略两种算法，如图 11-43 所示。

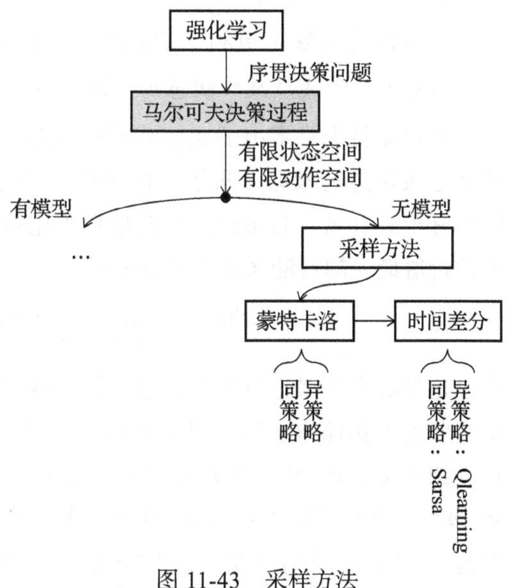

图 11-43　采样方法

（1）蒙特卡洛

这里以图 11-37 所示场景为例，来介绍利用蒙特卡洛求某个状态的价值函数的过程。假设从状态 s_2 出发以策略 π 进行交互试验，得到交互试验 1、2、3 等多条轨迹，轨迹中状态下的数字为获得的立即回报，如图 11-44 所示。

我们先利用长期回报的定义 $G_t=\sum_{k=0}^{\infty}\gamma^k\cdot r_{t+1+k}$ 来求交互试验 1 轨迹的长期回报 $G_t^{(1)}(s_2)$，假设折扣率 $\gamma=0.1$，计算如式（11-59）所示。

$$G_t^{(1)}(s_2)=1+0.1\times(-2)+0.1^2\times3+0.1^3\times1+0.1^4\times1=0.8311 \tag{11-59}$$

同理，可以计算出交互试验 2 轨迹的长期回报 $G_t^{(2)}(s_2)$、交互试验 3 轨迹的长期回报 $G_t^{(3)}(s_2)$ 等，然后对这些轨迹的长期回报求平均就得到了状态 s_2 的价值 $v_\pi(s_2)$，如式（11-60）所示。

$$v_\pi(s_2)\approx\frac{G_t^{(1)}(s_2)+G_t^{(2)}(s_2)+\cdots+G_t^{(n)}(s_2)}{n} \tag{11-60}$$

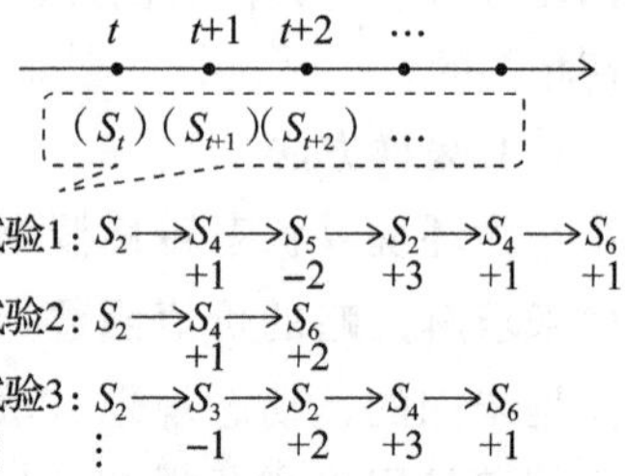

t t+1 t+2 …

$(S_t)(S_{t+1})(S_{t+2})$ …

交互试验1：$S_2\to S_4\to S_5\to S_2\to S_4\to S_6$

+1 −2 +3 +1 +1

交互试验2：$S_2\to S_4\to S_6$

+1 +2

交互试验3：$S_2\to S_3\to S_2\to S_4\to S_6$

⋮ ⋮ −1 +2 +3 +1

图 11-44 利用蒙特卡洛求某个状态的价值函数

可以发现，出发状态 s_2 在轨迹中会重复出现，那么从重复位置往后也可能形成一条轨迹。这样，1 次交互试验其实可能获得多条轨迹，比如交互试验 1 中从出发状态 s_2 形成的轨迹 $s_2\to s_4\to s_5\to s_2\to s_4\to s_6$ 以及从重复位置往后形成的轨迹 $s_2\to s_4\to s_6$，那么计算价值函数就有首次访问型和多次访问型两种方法。首次访问型方法就是不用重复状态的轨迹参与式（11-60）的均值计算，而多次访问型方法就是用重复状态的轨迹参与式（11-60）的均值计算。两种方法计算价值函数都满足大数定律收敛性，只不过多次访问型方法是二阶收敛。我们将出发状态换成状态空间 S 中的其他状态，利用上面的方法计算该状态的价值，这样可以得到状态空间中所有状态的价值 $v_\pi=[v_\pi(s_1),v_\pi(s_2),v_\pi(s_3),\cdots]$。

虽然利用蒙特卡洛已经将价值函数求出来了，也就是完成了策略评估。但是仔细观察代码清单 11-3 中第 17 行或代码清单 11-4 中第 16 行，从价值函数中提取出策略依然需要用到模型 $P(s_{t+1}\mid s_t,a_t)$。由于最大化状态价值函数 v_π 或最大化状态 – 行动价值函数 q_π 都能得到最优策略 π^*，依据式（11-56）的策略改进思想，用蒙特卡洛求状态 – 行动价值函数 q_π 比求状态价值函数 v_π 更利于策略改进步骤的计算。其实，只要将蒙特卡洛求 $v_\pi(s_j)$ 时从某个状态 s_j 出发改成从某个状态 s_j 及某个行动 a_i 出发即可，故不再具体展开了。

通过蒙特卡洛求出了 q_π，也就是完成了策略评估，接下来就可以利用式（11-56）所示的贪心策略进行策略改进了。由于模型 $P(s_{t+1}\mid s_t,a_t)$ 未知，因此式（11-56）所示的贪心策略实际形式如式（11-61），也就是直接比较当前状态下采取各个具体行动的价值，选出那个使价值最大的行动来更新原有策略。

$$\pi'(s)\leftarrow\max_{a^*\in(a_1,a_2,a_3,\cdots)}\{q_\pi(s,a_1),q_\pi(s,a_2),q_\pi(s,a_3),\cdots\} \tag{11-61}$$

通过这种贪心策略进行策略改进，最终得到的最优策略 π^* 应该是确定性策略 $a=\pi^*(s)$，即某个状态下策略永远给出唯一确定的行动。既然策略 π 是确定性策略，也就意味着状态 – 行动组合 $<s,a>$ 中有些组合情况永远不会出现，那么用蒙特卡洛计算以状态 – 行动组合 $<s,a>$ 为出发的状态 - 行动的价值函数 q_π 就不是完整的了（即有些状态 – 行动组合的 q_π 没有）。贪心策略进行策略改进时需要所有状态 – 行动组合的 q_π，但最终决定一个确定性策略，而确定性策略导致蒙特卡洛无法计算所有状态 - 行动组合的 q_π，这不就自相矛盾了嘛。

为了解决这个矛盾，比较容易想到的解决办法是放宽选取出发状态 - 行动的限制，也就是随机地挑选出发状态 - 行动取值而抛开策略 $a=\pi(s)$ 的限制，这样就可以保证所有状态 - 行动组合的 q_π 都能被计算。到这里，蒙特卡洛方法就可以不断执行策略评估和策略改进，直到找出最优策略 π^*。与动态规划方法类似，蒙特卡洛方法按照策略评估和策略改进的深入程度也分为策略迭代、价值迭代和广义策略迭代。

虽然随机地挑选出发状态 - 行动组合的假设能保证所有状态 - 行动组合的 q_π 都能被计算，但很难保证 q_π 收敛于真实值。按照图 11-39 所示的已知概率模型进行完全展开，发现展开轨迹是能完全覆盖随机过程中所有可能轨迹的。由于贪心策略这种确定性策略缺乏探索性（见图 11-45b），进行无穷次交互试验的轨迹依然不能真实反映随机过程（见图 11-45a），也就是图 11-45b 中 x_2 与 x_3 处有状态点没有被轨迹覆盖到。

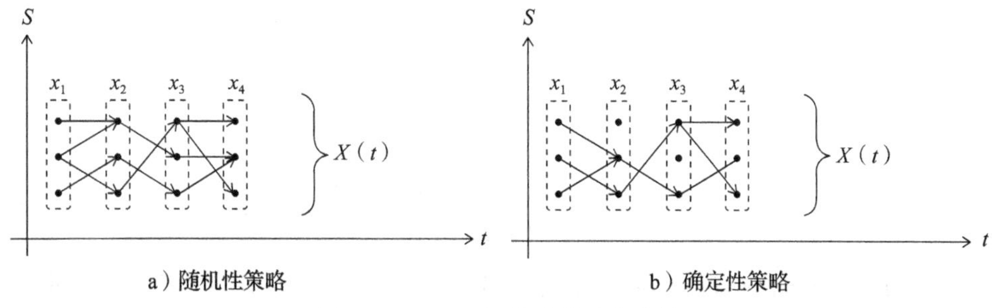

图 11-45　确定性策略缺乏探索性

相比于采用贪心策略这种确定性策略，采用随机性策略更有利于蒙特卡洛方法找到全局最优策略而不是局部最优策略。常见的随机性策略有 ε 贪心（ε -greedy）策略、高斯分布策略、玻尔兹曼分布策略等。贪心策略如式（11-62），ε 贪心策略如式（11-63），这里可以通过对比以贪心策略为代表的确定性策略和以 ε 贪心策略为代表的随机性策略来理解确定性策略与随机性策略。所谓 ε 贪心策略，就是以一个很小的概率 ε 非贪心地从所有动作中以等概率 $\dfrac{\varepsilon}{|A(s)|}$ 挑选一个动作，而剩余概率 $1-\varepsilon$ 贪心地选择使价值最大化的那个行动。

$$\pi_{\text{greedy}}(a\mid s)=\begin{cases}1, & \text{当}\, a=\arg\max\limits_a q(s,a)\\ 0, & \text{其他}\end{cases} \tag{11-62}$$

$$\begin{aligned}\pi_{\varepsilon\text{-greedy}}(a\mid s)&=\begin{cases}\varepsilon, & a\in A(s)\\ 1-\varepsilon, & a=\arg\max\limits_a q(s,a)\end{cases}\\ &=\begin{cases}\dfrac{\varepsilon}{|A(s)|}, & a\neq\arg\max\limits_a q(s,a)\\ 1-\varepsilon+\dfrac{\varepsilon}{|A(s)|}, & a=\arg\max\limits_a q(s,a)\end{cases}\end{aligned} \tag{11-63}$$

之所以要采用随机性策略，一方面是要将学习到的新东西（也就是贪心部分的动作）应用到接下来的行动指导中，另一方面又要保证学习能有探索性（也就是非贪心部分的动作)。如果交互试验生成轨迹样本过程与策略改进过程都采用相同的策略（比如都采用 ε 贪心策略），那么就称为**同策略**算法。如果这两个过程采用不同的策略（比如交互试验生成轨迹样本过程采用贪心策略，而策略改进过程采用 ε 贪心策略），那么就称为**异策略**算法。同策略算法更易于收敛，而异策略算法的实际用途更广。

由于交互试验生成轨迹样本过程是按顺序进行的，按照式（11-60）需要将新轨迹的长期回报 $G_t^{(n+1)}(s_t)$ 与之前各个轨迹的长期回报 $G_t^{(1)}(s_t)$、$G_t^{(1)}(s_t)$、…、$G_t^{(n)}(s_t)$ 重新求平均，那么可不可以用新轨迹的长期回报 $G_t^{(n+1)}(s_t)$ 对原平均值进行增量计算呢？考虑到交互试验生成轨迹样本过程与策略改进过程可能采用不同的策略（π_{smp} 和 π_{tag}），这里引入**重要性采样**对求平均的计算过程进行修正。所谓重要性采样，就是给每个轨迹样本一个权重，这个权重 $w^{(i)}$ 定义为轨迹在两种策略 π_{smp} 和 π_{tag} 中的概率比，如式（11-64）所示。那么，式（11-60）中引入重要性采样后就变成了式（11-65）。

$$w^{(i)}=\frac{P_{\pi_{\text{tag}}}(\tau_{t:T})}{P_{\pi_{\text{smp}}}(\tau_{t:T})}=\frac{\prod_{j=t}^{T}\pi_{\text{tag}}(a_j\mid s_j)P(s_{j+1}\mid s_j,a_j)}{\prod_{j=t}^{T}\pi_{\text{smp}}(a_j\mid s_j)P(s_{j+1}\mid s_j,a_j)} \tag{11-64}$$

$$v_{\pi}(s_t)=\frac{w^{(1)}G_t^{(1)}(s_t)+w^{(2)}G_t^{(2)}(s_t)+\cdots+w^{(n)}G_t^{(n)}(s_t)}{w^{(1)}+w^{(2)}+\cdots+w^{(n)}} \tag{11-65}$$

假设通过前 n 个轨迹样本计算得到 V_n，通过前 $n+1$ 个轨迹样本计算得到 V_{n+1}，那么基于式（11-65）就很容易用新轨迹的长期回报 $G^{(n+1)}$ 从 V_n 增量计算得到 V_{n+1}。增量计算推导如式（11-66）。将推导结论整理一下，可知增量计算如式（11-67）所示。

$$\begin{aligned}V_{n+1}-V_n&=\frac{\left(\sum_{i=1}^{n}w^{(i)}G^{(i)}\right)+w^{(n+1)}G^{(n+1)}}{\left(\sum_{i=1}^{n}w^{(i)}\right)+w^{(n+1)}}-\frac{\sum_{i=1}^{n}w^{(i)}G^{(i)}}{\sum_{i=1}^{n}w^{(i)}}\\&=\frac{\left(\left(\sum_{i=1}^{n}w^{(i)}G^{(i)}\right)+w^{(n+1)}G^{(n+1)}\right)\left(\sum_{i=1}^{n}w^{(i)}\right)-\left(\sum_{i=1}^{n}w^{(i)}G^{(i)}\right)\left(\left(\sum_{i=1}^{n}w^{(i)}\right)+w^{(n+1)}\right)}{\left(\left(\sum_{i=1}^{n}w^{(i)}\right)+w^{(n+1)}\right)\left(\sum_{i=1}^{n}w^{(i)}\right)}\\&=\frac{w^{(n+1)}G^{(n+1)}\left(\sum_{i=1}^{n}w^{(i)}\right)-\left(\sum_{i=1}^{n}w^{(i)}G^{(i)}\right)w^{(n+1)}}{\left(\left(\sum_{i=1}^{n}w^{(i)}\right)+w^{(n+1)}\right)\left(\sum_{i=1}^{n}w^{(i)}\right)}\\&=\frac{w^{(n+1)}(G^{(n+1)}-V_n)}{\left(\sum_{i=1}^{n}w^{(i)}\right)+w^{(n+1)}}\end{aligned} \tag{11-66}$$

$$V_{n+1}=V_n+\frac{w^{(n+1)}}{\left(\sum_{i=1}^{n}w^{(i)}\right)+w^{(n+1)}}(G^{(n+1)}-V_n)=V_n+\alpha\cdot(G^{(n+1)}-V_n) \tag{11-67}$$

（2）时间差分

虽然蒙特卡洛的增量计算式（11-67）简化了价值函数的计算，但新轨迹的长期回报 $G^{(n+1)}$ 的计算仍然很复杂。按照长期回报的定义，需要等待本次交互试验获取全部立即回报 $\{r_{t+1}, r_{t+2}, \cdots\}$，才能算出本次长期回报 $G^{(n+1)}$。将式（11-67）中的 $G^{(n+1)}$ 进行时间展开，可得到时间差分算法。单步时间差分 $TD(0)$ 的形式如式（11-68）所示。其实，用多步时间差分 $TD(\lambda)$ 能将蒙特卡洛方法统一到时间差分方法中，篇幅限制就不展开了。不难发现，时间差分方法是动态规划与蒙特卡洛二者的结合。动态规划体现在时间差分对价值函数递归计算的过程，蒙特卡洛体现在用样本均值近似期望值的过程。

$$\begin{aligned} V(s_t) &\leftarrow V(s_t) + \alpha \cdot (G_t - V(s_t)) \\ &= V(s_t) + \alpha \cdot (r_{t+1} + \gamma \cdot V(s_{t+1}) - V(s_t)) \end{aligned} \tag{11-68}$$

由于求状态 - 行动价值函数 q_π 比求状态价值函数 v_π 更有利于策略改进的计算，下面主要讨论 q_π 的时间差分。时间差分法也包括同策略算法和异策略算法，其中单步时间差分 $TD(0)$ 同策略算法的典型实现是 Sarsa。Sarsa 其实就是状态 s、动作 a（相应回报 r）交互序列的简称，更新过程如式（11-69）所示。而单步时间差分 $TD(0)$ 异策略算法的典型实现是 Qlearning，更新过程如式（11-70）所示

$$Q(s_t, a_t) \leftarrow Q(s_t, a_t) + \alpha \cdot (r_{t+1} + \gamma \cdot Q(s_{t+1}, a_{t+1}) - Q(s_t, a_t)) \tag{11-69}$$

$$Q(s_t, a_t) \leftarrow Q(s_t, a_t) + \alpha \cdot (r_{t+1} + \gamma \max_a Q(s_{t+1}, a) - Q(s_t, a_t)) \tag{11-70}$$

与蒙特卡洛方法类似，时间差分一旦通过更新获得了最大价值 q^*，最优策略 π^* 也就找到了。

4. 价值函数逼近

无论是动态规划还是采样方法，所解决问题的前提条件都是有限状态空间和有限动作空间。也就是说，算法中出现的价值函数实际是以表格的形式呈现，而非函数解析式的形式呈现，因此动态规划方法和采样方法也被称为表格型方法。假如包含 5 个状态的状态空间为 $S = \{s_1, s_2, s_3, s_4, s_5\}$，包含 3 个动作的动作空间为 $A = \{a_1, a_2, a_3\}$，那么 $s \to v(s)$ 的映射实际上是用表 11-2 所示的 $|S|$ 维大小的表格来记录的，表格的索引是状态 s，表格中的取值是状态的价值。同样地，$<s,a> \to q(s, a)$ 的映射实际上是用表 11-3 所示的 $|S| \times |A|$ 维大小的表格来记录的，表格的索引是状态 s 与动作 a，表格中的取值是状态 - 行动的价值。从表 11-2 和表 11-3 中价值函数 $v(s)$ 与 $q(s, a)$ 的呈现形式，就应该理解为何要将动态规划方法和采样方法称为表格型方法了吧。

表 11-2　状态价值函数 $v(s)$ 的表格记录

s	s_1	s_2	s_3	s_4	s_5
$v(s)$	0.1	0.5	0.2	0.7	0.3

表 11-3　状态 - 行动价值函数 $q(s,a)$ 的表格记录

$q(s, a)$	s_1	s_2	s_3	s_4	s_5
a_1	0.3	0.5	0.1	0.9	0.3
a_2	0.2	0.7	0.1	0.3	0.2
a_3	0.2	0.2	0.6	0.1	0.5

如果状态空间 $S=\{s_1, s_2, \cdots, s_n\}$ 包含的状态总数量 n 非常大，这就意味着需要一张很大的表格来记录价值函数。如果状态总数量 n 无穷大或状态空间为连续空间，这就需要一张无穷大的表格来记录价值函数。对于非有限状态空间的情况，我们可以用函数拟合的方法来逼近价值函数表格中所记录的映射关系，这就是价值函数逼近。对于含有 1 个自变量的价值函数 $v(s)$，做逼近其实就是曲线拟合；而对于含有 2 个自变量的价值函数 $q(s,a)$，做逼近其实就是曲面拟合。

如图 11-46 所示，动态规划方法用于求解有限状态空间、有限动作空间、有模型的马尔可夫决策过程，采样方法用于求解有限状态空间、有限动作空间、无模型的马尔可夫决策过程，而价值函数逼近方法则用于求解非有限状态空间、有限动作空间的马尔可夫决策过程。理论上讲，价值函数逼近方法也可以具体分为有模型和无模型，以及更加细分的同策略、异策略算法等，由于这些在上面有过详细介绍，故这里不再赘述，主要讨论价值函数逼近方法（即函数逼近）。函数逼近可以分为参数逼近和非参数逼近。而参数逼近又可以分为线性参数逼近和非线性参数逼近。线性参数逼近的典型代表是基函数方法，非线性参数逼近的典型代表是神经网络方法。非参数逼近的典型代表是核函数方法。其实，机器学习中的各种模型都可以用于函数逼近，比如线性模型、核模型、神经网络模型、概率图模型、决策树等，关于这部分内容请参考 10.3.1 节。鉴于神经网络（特别是深度神经网络）在函数逼近方面的优异表现，我们一般选择用神经网络来做函数逼近。

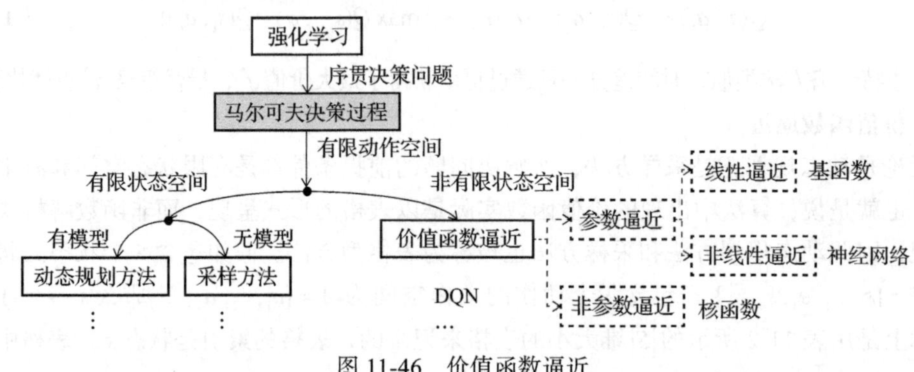

图 11-46 价值函数逼近

正如上面说过的，真正有实用价值的算法是像蒙特卡洛或时间差分这样解决无模型问题的算法，因为实际场景通常是无模型的，所以这里主要讨论价值函数逼近方法的无模型情况。我们先回顾一下蒙特卡洛与时间差分中的价值函数更新，分别如式（11-71）和式（11-72）所示，实际上可以将式（11-71）和式（11-72）写成式（11-73）这样更通用的形式。

$$V(s_t) \leftarrow V(s_t) + \alpha \cdot (G_t - V(s_t)) \tag{11-71}$$

$$V(s_t) \leftarrow V(s_t) + \alpha \cdot (r_{t+1} + \gamma \cdot V(s_{t+1}) - V(s_t)) \tag{11-72}$$

$$\text{估计价值} \leftarrow \text{估计价值} + \alpha \cdot (\underbrace{\text{目标价值} - \text{估计价值}}_{\text{误差}\delta}) \tag{11-73}$$

估计价值的更新实际就是用误差 δ 对估计价值不断修正的过程。修正的程度由修正系数 α 控制。蒙特卡洛中的目标价值就是每次交互试验所获得轨迹的长期回报 G_t，时间差分中的目标价值就是每次交互试验所获得轨迹的长期回报 $r_t+\gamma\cdot V(s_{t+1})$。每次交互试验能提供一个目标价值的样本，表格型方法是在每次更新中都朝着给定目标价值靠近，最终使估计价值接近所有目标价值。这种基于表格的价值更新方法就是每次只更新表格中某个格子里的值，比如通过某次交互试验获得状态 s_3 的目标价值为 0.8，假设修正系数 $\alpha=0.5$，那么状态 s_3 的估计价值应该修正为 0.5(0.2 + 0.5 × (0.8 − 0.2))，也就是说要将表 11-2 中状态 s_3 格子中的 0.2 更新成 0.5，显然 0.5 比 0.2 更接近目标价值 0.8。接着做交互试验获得某个状态的目标价值，继续用同样的方法对表格中的值进行更新。当交互试验次数足够多时，每个格子中的值都可做更新，且每个格子中的值都可以更新多次，最终使整个表格收敛于所给定的所有目标价值。如果将估计价值的表示从表格替换成含参的逼近函数，估计价值的更新过程其实就变成了用逼近函数拟合所给定目标价值的过程了，如式（11-74）所示。

$$\arg\min_{\theta}\frac{1}{2}\left(V(s)-\hat{V}(s,\theta)\right)^2 \tag{11-74}$$

假如价值函数逼近 $\hat{V}(s,\theta)$ 选择神经网络实现，那么参数 θ 就代表神经网络的连接权值，$\hat{V}(s,\theta)$ 的更新过程就是有监督学习。其中，有监督学习的训练样本 $(s,V(s))$ 由每次交互试验提供，训练样本中的目标价值 $V(s)$ 就是监督标签。这样，利用交互试验所获得的大量训练样本有监督地训练神经网络的连接权值 θ 就很容易了，比如梯度下降法，如式（11-75）所示。关于梯度下降法的更多细节讲解，请参考 7.5.3 节。

$$\theta_{k+1}=\theta_k+\alpha(V(s)-\hat{V}(s,\theta_k))\nabla\hat{V}(s,\theta_k) \tag{11-75}$$

在采样方法中说过，求状态 – 行动价值函数 q_π 比求状态价值函数 v_π 更有利于策略改进的计算。将式（11-74）和式（11-75）改写成状态 – 行动价值函数形式也很容易，如式（11-76）和式（11-77）所示。

$$\arg\min_{\theta}\frac{1}{2}\left(Q(s,a)-\hat{Q}(s,a,\theta)\right)^2 \tag{11-76}$$

$$\theta_{k+1}=\theta_k+\alpha\cdot\left(Q(s,a)-\hat{Q}(s,a,\theta_k)\right)\nabla\hat{Q}(s,a,\theta_k) \tag{11-77}$$

最后介绍一下曾经因打败人类顶尖围棋高手而轰动全球的 AlphaGo，其所采用的深度强化学习算法[28]（Deep Qlearning Network，DQN）就属于价值函数逼近的范畴。DQN 是 Qlearning 的衍生，而 Qlearning 属于时间差分异策略算法。DQN 对 Qlearning 的改进主要有 3 个方面：改用深度卷积网络进行价值函数逼近；用经验回放的方式进行强化学习训练；设置独立的目标网络来专门处理时间差分中的偏差。DQN 中状态 – 行为价值函数逼近的神经网络结构如图 11-47 所示。当然，DQN 还有诸多改进版本，比如 Double-DQN、Dueling-DQN、Distributional-DQN 等，受篇幅限制就不再一一介绍了。

5. 策略搜索

上面介绍的表格型算法（包括动态规划方法和采样方法）和价值函数逼近算法都为基于价值函数的算法，这是因为它们求最优策略的过程都包含策略评估和策略改进两个步骤，而策略评估与策略改进之间的桥梁就是价值函数，也就是说通过优化价值函数间接求出了最优策略。

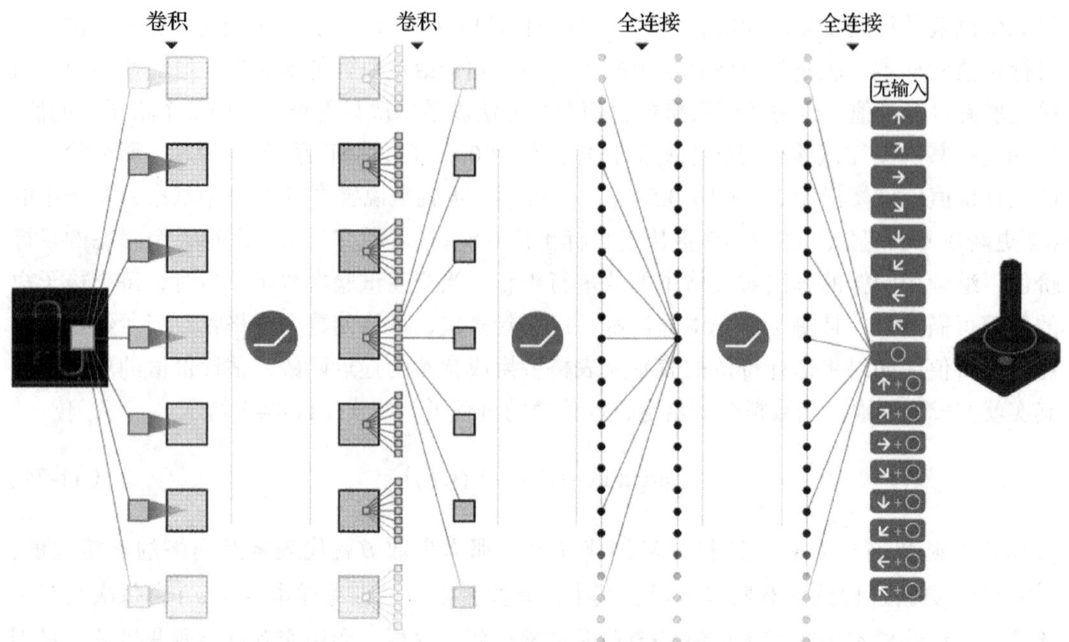

图 11-47　DQN 中状态 - 行动价值函数逼近的神经网络结构

注：该图来源于文献［28］中的 Figure 1。

这里先回顾一下式（11-56）所示的策略改进过程，通过比较采用不同行动 a 时对应价值函数 $q_\pi(s,a)$ 的大小，选出使得价值函数 $q_\pi(s,a)$ 最大的那个行动 a 并对原策略 π 进行更新，得到新策略 π，这种策略改进成立的前提条件是行动 a 位于有限动作空间。当动作空间 $A=\{a_1,a_2,\cdots,a_n\}$ 包含的行动总数量 n 非常大，这就意味着逐个比较每个行动 a 对应价值的大小时，将产生巨大计算量。当行动总数量 n 无穷大或动作空间为连续空间时，这种策略改进方式就无法工作了。

对于非有限动作空间的情况，就要放弃基于价值函数间接寻找最优策略的思路（即策略评估 + 策略改进），转而用参数 θ 将策略参数化为 $\pi(s,\theta)$，这样就可以通过直接学习参数 θ 来寻找最优策略了，这就是策略搜索。如图 11-48 所示，由于策略搜索绕过了价值函数的计算，故不用考虑状态空间是否有限。策略搜索可分为有模型策略搜索和无模型策略搜索。有模型策略搜索和无模型策略搜索相结合可以得到引导策略搜索（Guided Policy Search，GPS）。另外，无模型策略搜索又分为随机性和确定性策略搜索。对于随机性策略搜索，典型方法是用策略梯度（Policy Gradient，PG）求解策略参数 θ，代表实现算法为 TRPO（Trust Region Policy Optimization）；对于确定性策略搜索，典型方法是用策略梯度（Deterministic Policy Gradient，DPG）求解策略参数 θ，代表实现算法为 DDPG（Deep Deterministic Policy Gradient）。

策略搜索直接以最大化长期回报的期望为学习目标，如式（11-78）所示。其中，$G^{(\tau)}$ 表示某条交互试验轨迹 τ 的长期回报值，轨迹 τ 的概率 $P(\tau,\theta)$ 与策略参数 θ 有关。

$$\arg\max_{\theta} J(\theta)=\arg\max_{\theta} E_\tau\left[G^{(\tau)}(s)\mid\pi(s,\theta)\right]=\arg\max_{\theta} E\left[\sum_{\tau}P(\tau,\theta)G^{(\tau)}\right] \tag{11-78}$$

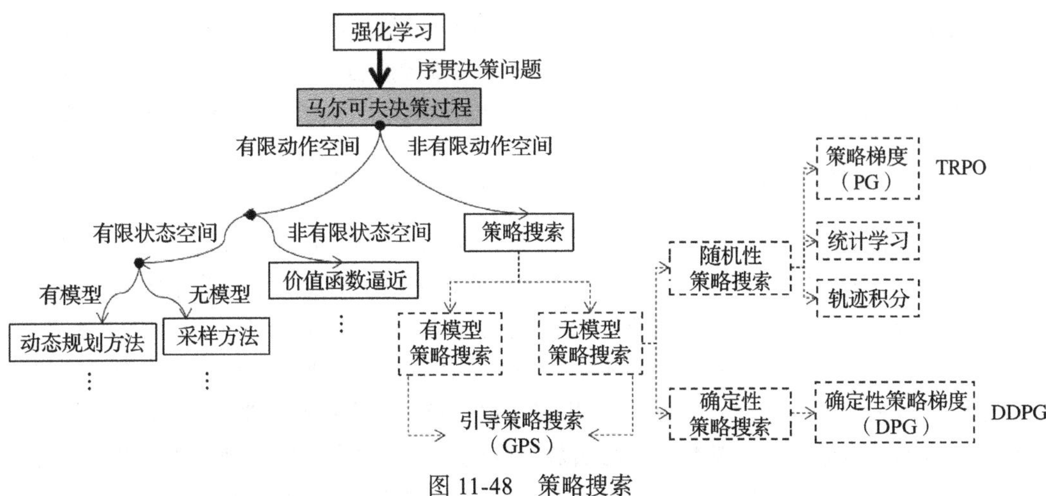

图 11-48　策略搜索

理论上讲，我们可以用 θ 将策略参数化为任意形式 $\pi(s,\theta)$，但为了便于使用梯度下降，一般选择 $\pi(s,\theta)$ 关于 θ 可导的参数化形式，这样就可以用 $\theta_{k+1}=\theta_k+\alpha\nabla J(\theta)$ 梯度下降法更新参数 θ。对于有模型情况，策略梯度如式（11-79）所示；对于无模型情况，策略梯度可以利用采样到的多条交互试验轨迹计算统计平均来近似，如式（11-80）所示。

$$\nabla J(\theta)=\sum_{\tau}P(\tau,\theta)\nabla\log P(\tau,\theta)G^{(\tau)} \tag{11-79}$$

$$\nabla J(\theta)\approx\frac{1}{n}\sum_{i=1}^{n}\nabla\log P(\tau_i,\theta)G^{(\tau_i)} \tag{11-80}$$

最后对比一下随机性策略 $\pi(a\,|\,s,\theta)$ 和确定性策略 $a=\pi(s,\theta)$ 的策略梯度，随机性策略梯度的定义如式（11-81）所示，确定性策略梯度的定义如式（11-82）所示。可以看到，随机性策略梯度中是直接对 θ 求导，而确定性策略梯度中是分别对 θ 和 a 求导。

$$\nabla J(\theta)=E\left[\nabla\log\pi(a\,|\,s,\theta)Q_\pi(s,a)\right] \tag{11-81}$$

$$\nabla J(\theta)=E\left[\nabla_\theta\pi(s,\theta)\nabla_a Q_\pi(s,a)|_{a=\pi(s,\theta)}\right] \tag{11-82}$$

11.5.2　基于强化学习的自主导航

接下来以论文［29，30，31］给出的 3 种算法（AutoRL、PRM-RL 和 AutoRL+PRM-RL）为例，介绍用强化学习实现自主导航的大致思路。当然，基于机器学习（特别是强化学习）的自主导航算法有很多优秀的例子，感兴趣的读者可以阅读相关文献［32，33，34，35，36］，由于篇幅限制就不一一介绍了。

1. AutoRL

借助强化学习，我们可以将非常复杂的传统自主导航问题变成简单的端到端问题，如图 11-49 所示，以导航目标点（goal）、机器人定位（pose）

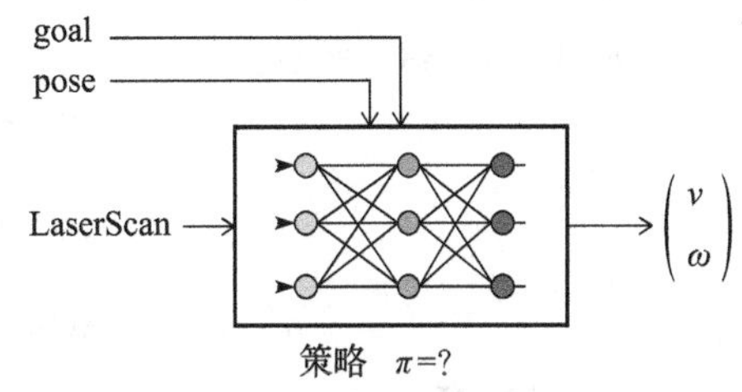

图 11-49　端到端的自主导航问题

和雷达扫描数据（laserScan）直接作为输入，以机器人的线速度和角速度控制量作为输出。

可以定义输入状态 $s = f(g, p, l)$，即状态 s 是关于导航目标点 g、机器人当前位姿 p 和雷达扫描数据 l 的某种函数，其中机器人当前位姿 p 可以由传统的 SLAM 提供，并定义输出行动 $a = \begin{pmatrix} v \\ \omega \end{pmatrix}$，那么输入状态到输出行动的转换由策略 π 决定。输入大量状态数据，然后通过最大化长期回报来寻找最优策略 π^*，其中涉及的求解方法在 11.5.1 节已经具体介绍过，比如常用的 DDPG。不过，这些求解方法都假设了回报值能通过人为给定的回报函数立即给出。但是对于机器人自主导航这样的复杂任务，人为设定一个回报函数很不靠谱，因为给机器人当前状态评定一个回报值需要考虑诸多因素（比如离目标点的远近、离障碍物的远近、可操控性、运动稳定度等），将这些因素有机结合起来构造回报函数非常困难。为什么不将回报函数也进行参数化，然后放入强化学习算法自动学习到回报函数的具体形式呢？这就要用到 AutoRL（自动强化学习）。传统的强化学习算法（比如 DDPG）基于人为给定的回报函数对策略 π 进行学习，而 AutoRL 直接对回报函数的形式以及策略 π 同时进行学习。前面说过一个强化学习算法一般只适用于一个特定的任务。AutoRL 可以自动学习到某个具体任务的回报函数，这就意味着 AutoRL 更为通用，常常也被称为强人工智能算法。

AutoRL 将策略、价值函数和回报函数同时进行参数化，分别如式（11-83）、式（11-84）和式（11-85）所示。其中，使用前向全连接网络（Feed-forward Fully-connected network，FF）对策略 π 和价值函数 Q 进行参数化，策略参数 θ_π 和价值函数参数 θ_Q 分别代表该前向全连接网络不同位置的连接权值。回报函数 $R(s,a\,|\,\theta_r)$ 采用各个回报因素（比如离目标点的远近 $r(s,a,\theta_{r_1})$、离障碍物的远近 $r(s,a,\theta_{r_2})$、可操控性 $r(s,a,\theta_{r_3})$、运动稳定度 $r(s,a,\theta_{r_4})$ 等）的线性组合进行参数化。

$$\pi(s\,|\,\theta_\pi) = FF(\theta_\pi) \tag{11-83}$$

$$Q(s,a\,|\,\theta_Q) = FF(\theta_Q) \tag{11-84}$$

$$R(s,a\,|\,\theta_r) = \sum_i r(s,a,\theta_{r_i}) \tag{11-85}$$

那么，强化学习的目标（即获得最大化的长期回报）就可以用 θ_π、θ_Q 和 θ_r 参数化为 $J(\theta_\pi,\theta_Q,\theta_r)$。AutoRL 首先通过最大化目标函数 $J(\theta_\pi,\theta_Q,\theta_r)$ 来学习回报函数参数 θ_r（如式（11-86）所示），然后基于学到的回报函数继续最大化目标函数 $J(\theta_\pi,\theta_Q,\theta_r)$，来学习策略参数 θ_π 和价值函数参数 θ_Q，如式（11-87）所示。反复通过这两步迭代就可以学得策略 π^*，如式（11-88）所示。

$$\theta_r' = \arg\max_i J(\theta_\pi,\theta_Q,\theta_r^i) \tag{11-86}$$

$$\theta_\pi',\theta_Q' = \arg\max_j J(\theta_\pi^j,\theta_Q^j,\theta_r') \tag{11-87}$$

$$\pi'(s\,|\,\theta_\pi') = \text{AutoRL}(\text{Actor}(\theta_\pi'),\ \text{Critic}(\theta_Q'),\ R(\theta_r')) \tag{11-88}$$

2. PRM-RL

上面 AutoRL 在小范围静态环境中进行训练，所以其其实相当于实现了局部地图的自主导航。而 PRM-RL 是传统路径规划（PRM）与强化学习（RL）的结合，PRM 负责从起始点到目标点采样可行的路线，RL 则通过所学习的策略从这些路线中挑选出一条最合适的，如图 11-50 所示。

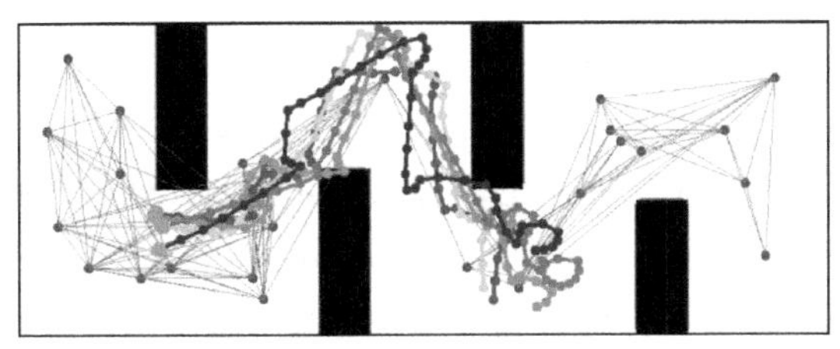

图 11-50　PRM-RL

注：该图来源于文献［30］中的 Figure 5。

虽然 PRM-RL 解决了在全局地图中自主导航的问题，但是其采用的是传统强化学习方法。如果将 PRM-RL 中的传统强化学习方法替换成 AutoRL，导航效果会更加稳健，这就是 AutoRL+PRM-RL。

11.6　本章小结

本章首先对自主导航发展历史进行了回顾，并给出了自主导航问题的本质，即“我在哪”“我将到何处去”和“我该如何去”，然后通过讨论环境感知、路径规划和运动控制这几个核心技术，带领大家了解自主导航中的基础。由于强化学习在自主导航的未来发展中将起到非常重要的作用，因此本章后半部分花了大量篇幅对强化学习领域的知识进行了系统性梳理。如果大家能将本章的强化学习和 10.3 节的机器学习结合起来学习，效果会更佳。

这里需要回答两个大家可能比较关心的问题。一个问题是，是不是导航中必须要用栅格地图？计算机本质上是基于离散数学的数值计算，这就导致环境 - 状态空间要进行离散化描述以及规划算法离散化实现。如果你能找到 11.5.1 节中提到的用函数逼近来描述连续空间的方法，那么不一定非要栅格地图。但显然，栅格地图是目前工程上最好用的导航地图度量方法。另一个问题是，SLAM 在导航中发挥什么作用？ SLAM 主要有两大作用，一个是为导航中的路径规划提供机器人定位信息，另一个是为导航提供可动态更新的全局地图（这个功能非必需）。

与 SLAM 类似，自主导航也是一个理论性和工程性都很强的课题，还需要结合实际项目将自主导航系统用起来。所以，接下来的章节将通过讲解目前主流的一些自主导航框架以及导航算法，让大家真正将自主导航用起来，并能根据实际需求修改和完善开源导航代码。

参考文献

［1］　陈慧岩，熊光明，龚建伟. 无人驾驶汽车概论［M］. 北京理工大学出版社，2014.

［2］　PENDLETON S，ANERSEN H，DU X，et al. Perception，Planning，Control，and Coordination for Autonomous Vehicles［J］. Machines，2017，5（1）：54.

[3] 陈孟元. 移动机器人SLAM、目标跟踪及路径规划［M］. 北京：北京航空航天大学出版社，2017.

[4] MAKARENKO A A，WILLIAMS S B，BOURGAULT F，et al. An Experiment in Integrated Exploration［C］. New York：IEEE，2002.

[5] TOVAR B，L MU，OZ-GÓMEZ，Murrieta-Cid R，et al. Planning exploration strategies for simultaneous localization and mapping［J］. Robotics & Autonomous Systems，2006，54（4）：314-331.

[6] HORNUNG A，WURM K M，BENNEWITZ M，et al. OctoMap：An efficient probabilistic 3D mapping framework based on octrees［J］. Autonomous Robots，2013，34（3）：189-206.

[7] LAVALLE S M. Planning Algorithms［M］. Cambridge University Press，2006.

[8] 霍凤财，迟金，黄梓健，等. 移动机器人路径规划算法综述［J］. 吉林大学学报（信息科学版），2018，36（06）：46-54.

[9] DIJKSTRA E W. Note on Two Problems in Connexion with Graphs［J］. Numerische Mathematik，1959，1（1）：269-271.

[10] CORMEN T，LEISERSON C，RIVEST R，et al. Introduction to Algorithms［M］. 3rd ed. Cambridge：The MIT Press，2009.

[11] HART P E，NILSSON N J，RAPHAEL B. A Formal Basis for the Heuristic Determination of Minimum Cost Paths［J］. IEEE Transactions of Systems Science and Cybernetics，1968，4（2）：100-107.

[12] KAVRAKI L E，SVESTKA P，LATOMBE J C，et al. Probabilistic Roadmaps for Path Planning in High-Dimensional Configuration Spaces［J］. IEEE Transactions on Robotics and Automation，1996，12（4）：566-580.

[13] CHOSET H，LYNCH K，HUTCHINSON S，et al. Principles of Robot Motion：Theory，Algorithms and Implementation［M］. Cambridge：The MIT Press，2005.

[14] LAVALLE S M. Rapidly-Exploring Random Trees：A New Tool for Path Planning［R］. Ames：Iowa State University，1998.

[15] LAVALLE，S M. Randomized Kinodynamic Planning［J］. International Journal of Robotics & Research，1999，15（5）：378-400.

[16] 叶敏. 分析力学［M］. 天津大学出版社，2001.

[17] FLIP T. Notes on non-holonomic constraints［EB/OL］.［2021-11-23］. https://www.physics.uci.edu/~tanedo/files/teaching/P3318S13/Sec_05_nonholonomic.pdf.

[18] LYNCH K M，PARK F C. Modern Robotics：Mechanics，Planning and Control［M］. Combrideg：Cambridge University Press，2017.

[19] GALCERAN E，CARRERAS M. A Survey on Coverage Path Planning for Robotics［J］. Robotics & Autonomous Systems，2013，61（12）：1258-1276.

[20] 龚建伟，姜岩，徐威. 无人驾驶车辆模型预测控制［M］. 北京理工大学出版社，2014.

[21] SUTTON R，BARTO A. Reinforcement Learning：An Introduction［M］. 2nd ed. Cambrideg：The MIT Press，2014.

[22] 劳勒. 随机过程导论)［M］. 2版. 张景肖，译. 北京：机械工业出版社，2010.

[23] 刘次华. 随机过程［M］. 4版. 武汉：华中科技大学出版社，2008.

[24] SUTTON R，BARTO A. 强化学习［M］. 2 版. 俞凯，译，北京：电子工业出版社，2019.

[25] 郭宪，方勇纯. 深入浅出强化学习：原理入门［M］. 北京：电子工业出版社，2018.

[26] 冯超. 强化学习精要：核心算法与 TensorFlow 实现［M］. 北京：电子工业出版社，2018.

[27] 彭伟. 揭秘深度强化学习［M］. 北京：中国水利水电出版社，2017.

[28] VOLODYMYR M，KORAY K，DAVID S，et al. Human-level Control Through Deep Reinforcement Learning［J］. Nature，2015，518（7540）：529-533.

[29] CHIANG H T L，FAUST A，FISER M，et al. Learning Navigation Behaviors End-to-end with AutoRL［J］. IEEE Robotics & Automation Letters，2019，4（2）：2007-2014.

[30] FAUST A，RAMIREZ O，FISER M，et al. PRM-RL：Long-range Robotic Navigation Tasks by Combining Reinforcement Learning and Sampling-based Planning［C］. Canada：ICRA，2018：5113-5120.

[31] FRANCIS A，FAUST A，CHIANG H，et al. Long-Range Indoor Navigation with PRM-RL［J］. IEEE Transactions on Robotics，2020，36（4）：1115-1134.

[32] LONG P，FAN T，LIAO X，et al. Towards Optimally Decentralized Multi-robot Collision Avoidance via Deep Reinforcement Learning［C］. Canada：ICRA，2018：6252-6259.

[33] LIU L，DUGAS D，CESARI G，et al. Robot Navigation in Crowded Environments Using Deep Reinforcement Learning［C］. New York：IEEE，2020.

[34] PFEIFFER M，SCHAEUBLE M，NIETO J，et al. From Perception to Decision：A Data-driven Approach to End-to-end Motion Planning for Autonomous Ground Robots［C］. New York：IEEE，2017.

[35] CHOI J，PARK K，KIM M，et al. Deep Reinforcement Learning of Navigation in a Complex and Crowded Environment with a Limited Field of View［C］. Canada：ICRA，2019.

[36] CHEN C，LIU Y，KREISS S，et al. Crowd-Robot Interaction：Crowd-Aware Robot Navigation with Attention-based Deep Reinforcement Learning［C］. Canada：ICRA，2019.

CHAPTER 12

第12章

典型自主导航系统

本章以 ros-navigation、riskrrt 和 autoware 这 3 个典型的自主导航系统为例让大家真正将自主导航用起来，并通过代码讲解帮助大家更深入地理解机器人自主导航的工作原理，以便大家日后能根据实际需求修改和完善开源导航代码。

12.1 ros-navigation 导航系统

可以说 ros-navigation 是 ROS 系统中最重要的组件之一，绝大部分自主移动机器人的导航功能都是基于 ros-navigation 导航系统实现的。下面将从原理分析、源码解读和安装与运行这 3 个方面展开讲解 ros-navigation 导航系统。

12.1.1 原理分析

从图 11-24 来看，导航系统以导航目标、定位信息和地图信息为输入，以操控机器人的实际控制量为输出。首先要知道机器人在哪，然后要知道机器人需要到达的目标点在哪，最后就是寻找路径并利用控制策略开始导航。导航目标通常人为指定或者由特定程序触发，这其实回答了问题“我将到何处去”。定位信息通常由 SLAM 或者其他定位算法提供，这其实回答了问题“我在哪”。而地图信息为导航起点和终点之间提供了障碍物描述，在此基础上机器人可以利用路径规划算法寻找路径并利用控制策略输出实际线速度和角速度控制量进行导航。ros-navigation 导航系统的实现也遵循了这样的基本思路，其中所涉及的很多理论知识已经在第 11 章中讨论过，这里主要对其中的 AMCL 和 Costmap 代价地图两个概念进行介绍。

1. AMCL

ros-navigation 系统采用了一种比 SLAM 定位更轻量级的方案，即 AMCL[1]（Adaptive Monte Carlo Localization，自适应蒙特卡洛定位）方案。AMCL 包含两种代码实现，即用于二维地图定位的代码实现 amcl㊀和用于三维地图定位的代码实现 amcl3d㊁，其中 ros-navigation 默认集成了二维地图定位的 amcl 代码包。从图 7-5 可以看出，单独定位问题 $P(\boldsymbol{x}_k \mid \boldsymbol{Z}_{0:k}, \boldsymbol{U}_{0:k}, \boldsymbol{m})$ 比 SLAM 问题 $P(\boldsymbol{x}_k, \boldsymbol{m} \mid \boldsymbol{Z}_{0:k}, \boldsymbol{U}_{0:k}, \boldsymbol{x}_0)$ 要简单，因为单独定位问题是在环境

㊀ 参见 http://wiki.ros.org/amcl。

㊁ 参见 http://wiki.ros.org/amcl3d。

地图 $\boldsymbol{m}$ 已知的情况下估计机器人位姿 $\boldsymbol{x}_k$，而 SLAM 问题是在地图 $\boldsymbol{m}$ 未知的情况下同时估计机器人位姿 $\boldsymbol{x}_k$ 和地图 $\boldsymbol{m}$。不过，当 SLAM 载入已建好的地图时，可以认为 SLAM 重定位模式等价于单独定位问题。从某种意义上说，AMCL 定位在原理上与 Gmapping 重定位模式是等价的，虽然 Gmapping 中并没有单独设置重定位模式。

第 7 章中已经讨论过，无论是 SLAM 问题还是单独定位问题都属于状态估计问题。对于单独定位问题来说，机器人位姿 $\boldsymbol{x}_k$ 被看成随机变量，求解定位问题其实就是求解随机变量 $\boldsymbol{x}_k$ 的概率分布，然后以 $\boldsymbol{x}_k$ 的期望作为机器人位姿的估计值。贝叶斯估计方法是求解该状态估计的经典方法之一，另一种求解方法是优化方法。而贝叶斯估计又可以具体分为参数化实现和非参数化实现两种，参数化实现以卡尔曼滤波算法为代表，非参数化实现以粒子滤波算法为代表。AMCL 是 MCL[2]（Monte Carlo Localization，蒙特卡洛定位）的改进版本，而 MCL 属于粒子滤波的范畴，因此 AMCL 也属于粒子滤波的范畴。

蒙特卡洛是一种将概率现象用统计试验方法进行数值模拟的思想，基于蒙特卡洛思想衍生出了大量的优秀算法。比如为了求解矩形内某个不规则形状的面积，可以在矩形内均匀撒上大米粒，通过统计落在该不规则形状内大米粒的数量与矩形内所有大米粒的占比求出该不规则形状的面积；11.5.1 节介绍的基于采样的强化学习方法也有蒙特卡洛思想的身影；这里用于求解机器人定位问题的粒子滤波也体现了蒙特卡洛思想。求解机器人定位问题的粒子滤波算法是将机器人的待估计位姿量 $\boldsymbol{x}_k$ 的概率分布用空间内的粒子来模拟，粒子点的分布密度近似代表 $\boldsymbol{x}_k$ 的概率密度（也叫置信度，即机器人出现在粒子点聚集的地方的置信度高），通过机器人观测方程和运动方程所提供的数据对粒子点的分布情况不断进行更新，使粒子点最终收敛于某个很小的区域。由于更新粒子点分布的方法有很多，因此求解机器人定位问题的粒子滤波算法也有很多，比如 8.1 节中的改进 RBPF，还有这里讨论的 MCL 和 AMCL。关于粒子滤波算法家族中的其他成员，请参考文献［3］。

与 RBPF 一样，MCL 也属于 SIR（Sampling Importance Resampling）滤波器的范畴。因此，MCL 的原理也体现在重采样过程，也就是利用观测方程和运动方程所提供的数据来评估当前每个粒子点的权重，然后依据每个粒子点的权重进行重采样，以更新粒子点的分布。AMCL 对 MCL 做了两方面的改进，一方面是将 MCL 中固定的粒子数量替换成了自适应的粒子数量，另一方面是增加了 MCL 遭遇绑架后的恢复策略。

当粒子点比较分散时，粒子点总数可以设得大一点；当粒子点比较聚集时，粒子点总数可以设得小一点，以减少计算量，提高运行效率。AMCL 中的粒子数量自适应有助于提高算法的运行效率，这在计算资源受限的机器中尤为重要。

所谓绑架问题，就是由于观测方程或者运动方程中的数据受噪声干扰或者某些偶然因素，原本表征机器人真实位姿的粒子点被丢弃了，以后的更新过程也只是错误粒子点的收敛。简单点说就是在某次更新中正确粒子点被意外丢弃后，机器人位姿将永久丢失，即机器人遭遇了绑架。AMCL 中引入了一个机制来监控绑架风险，以便在适当情况下启动恢复策略（即增加一些随机粒子点）。对于在真实环境中持续运行的机器人来说，机器人遭遇绑架是必然的，因此 AMCL 中引入恢复策略非常必要。

2. Costmap 代价地图

导航控制策略的首要任务是避障，那么对障碍物的度量就成了关键问题。SLAM 直接提供的地图种类繁多（比如特征地图、点云地图、几何地图、栅格地图、拓扑地图等），这些地图度量障碍物的能力参差不齐。虽然将其他地图转换成统一的栅格地图能一定程度上提高障碍物的度量能力，但是这种栅格地图仅提供环境中静态障碍物的度量。我们知道机器人导航在避障时不仅要考虑 SLAM 地图所提供的静态障碍信息，还要考虑传感器（比如超声波、红外、深度视觉等）探测到的实时障碍信息，以及一些特殊的障碍信息（比如障碍物膨胀信息、人为划定的危险区域、行人或某些突变的动态语义信息等）。

为了解决各种复杂障碍物的度量问题，ros-navigation 采用 Costmap 代价地图对障碍物进行统一度量。Costmap[4] 采用多个独立的栅格化图层来维护障碍物信息，每个图层可以独立维护某个来源的障碍物信息，这些图层可以根据不同需求进行叠加，形成特定的障碍描述层。Costmap 的结构如图 12-1 所示。

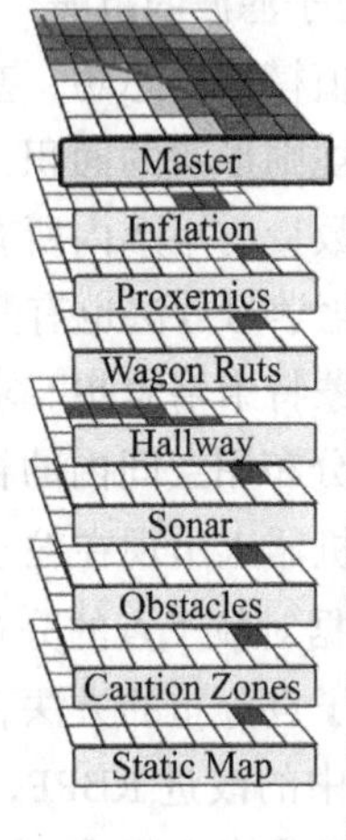

图 12-1　Costmap 的结构

注：该图来源于参考文献［4］中的 Figure 1。

Costmap 度量障碍非常灵活，你可以根据需求创建特定的图层，然后在该图层上维护需要关注的障碍信息。如果机器人上只安装了激光雷达，那么需创建一个 Obstacles 图层来维护激光雷达扫描到的障碍信息。如果机器人上添加了超声波，那么需要新建一个 Sonar 图层来维护声波传感器扫描到的障碍信息。每个图层都可以有自己的障碍更新规则（添加障碍、删除障碍、更新障碍点的置信度等），这极大地提高了导航系统的可扩展性。

3. ros-navigation 系统框架

到这里，我们就可以分析 ros-navigaion 的系统框架了。如图 12-2 所示，ros-navigaion 其实是一个功能包集，里面包含了大量的 ROS 功能包以及各种算法的具体实现节点。这些节点可以分为 3 类：必要节点、可选节点和机器人平台相关节点。节点 move_base 为必要节点，节点 amcl 和 map_server 为可选节点，sensor transforms、odometry source、sensor sources 和 base controller 为机器人平台相关节点。其中最为核心的必要节点 move_base 通过插件机制（plugin）组织代码，这使得 move_base 中的 global_planner、local_planner、global_costmap、local_costmap、recovery_behaviors 等算法能被轻易替换和改进。

可以发现 ros-navigation 系统框架是图 11-24 所示的导航通用框架的更具体的一种实现形式，map_server 节点扮演地图供应者角色，amcl 节点扮演定位信息提供者角色，传感器驱动节点和里程计节点分别扮演障碍信息反馈和运动反馈角色，而底盘控制节点扮演执行器角色。下面从定位、障碍物度量、路径规划和策略恢复这几个方面对 ros-navigation 系统框架展开分析。

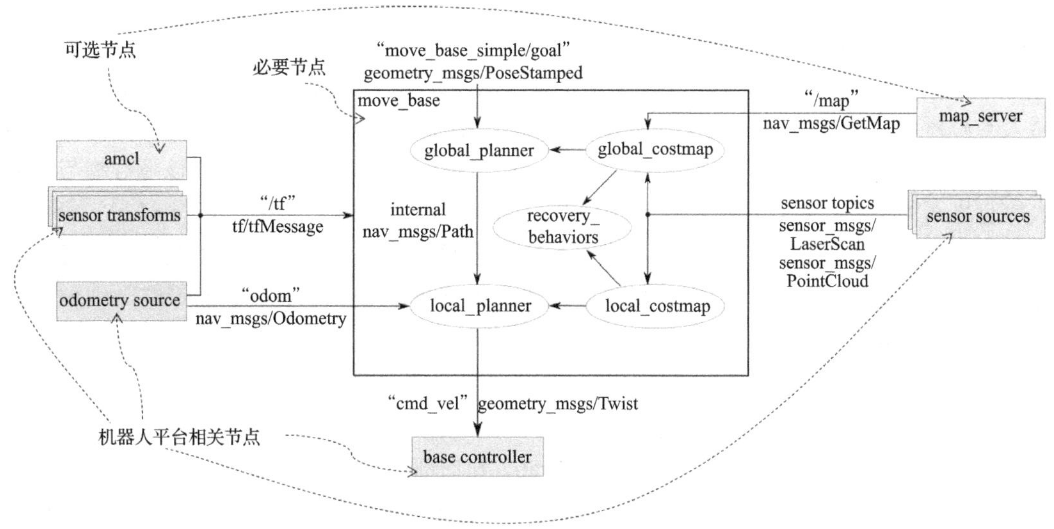

图 12-2　ros-navigation 系统框架

注：该图来源于 http://wiki.ros.org/move_base/。

（1）定位

第 11 章中已经说过，导航就是解决从地点 A 到地点 B 的问题。对于网络游戏中角色自动寻路一类问题，场景在软件模拟过程中完全可控，也就是说一旦给定起始点 A 和目标点 B，游戏角色就可以按照预设程序自动寻路，这种完全靠预设程序自动寻路的导航其实并不涉及定位问题。但对于真实环境中的机器人导航问题，机器人与环境在软件模拟过程中并不可控，也就是说给定了起始点 A 和目标点 B 之后，机器人还需要依据反馈不断调整路线，而这个反馈信号正是机器人在地图中的实时定位数据。

定位解决了机器人与障碍物之间的关联问题，因为路径规划本质上就是基于机器人周围障碍物进行决策的过程。比如，机器人导航到某个地方时发现环境变化导致原有路径无法通行了，此时就必须重新规划从当前定位点到目标点的路径，这个过程确切点说就是全局定位和全局路径规划。全局定位的可靠性直接决定了导航任务能否成功，举个形象的例子来说明全局定位的重要性，假如你准备从广州开车去北京，按照导航软件行驶到某个信号很弱的地方时，定位出错了（假如把你定位到了上海），那么导航软件提供的路线就变成了从上海到北京的路线，很明显要是按照这个路线继续行驶肯定会被带偏。

只要已知机器人全局定位并借助激光雷达等传感器扫描信息实时避障，理论上就能完成导航任务。但全局定位的实时性和精度一般不高，所以将全局定位作为轨迹跟踪的反馈信号是行不通的。而相邻两个全局定位点之间更细粒度的定位点由轮式里程计、IMU 等局部定位提供，就能保证轨迹跟踪的实时性和精度。

ros-navigation 中的 amcl 节点通过发布 map → odom 的 tf 关系来提供**全局定位**。amcl 全局定位并不是必需的，用户可以将 amcl 全局定位替换成其他能提供 map → odom 的 tf

关系的全局定位（比如SLAM、UWB、二维码定位等）。ros-navigation用机器人平台里程计节点所发布的odom → base_link的tf关系来提供局部定位，具体采用何种方式提供里程计数据与实际机器人平台有关。目前，全局定位和局部定位已经构建起一套动态tf关系map → odom → base_link。不过，机器人中各个传感器之间的静态tf关系（比如base_link → base_footprint、base_link → laser_link、base_link → imu_link等）也需要知道。

上面说定位解决了机器人与障碍物之间的关联问题，广义上应该说是tf关系解决了机器人与障碍物之间的关联问题。比如激光雷达探测到前方3m处有一个障碍物，那么利用激光雷达与机器人底盘之间的tf关系（base_link → laser_link），就可以知道该障碍物与机器人底盘之间的关系；再比如借助全局定位和局部定位提供的tf关系（map → odom → base_link），可以知道静态地图中障碍物与机器人底盘之间的关系。除了利用tf关系完成机器人与障碍物之间的关联外，我们还需要利用机器人机械模型urdf来完成控制策略与细粒度控制量之间的关联。

（2）障碍度量

上面已经说过ros-navigation采用代价地图（costmap）对障碍物进行统一度量，而代价地图又具体分为全局代价地图（global_costmap）和局部代价地图（local_costmap）。全局代价地图为全局路径规划提供障碍度量，局部代价地图为局部路径规划提供障碍度量。我们可以自由选择所需的图层来构建全局代价地图和局部代价地图，每个图层中的障碍信息由静态地图、传感器（比如激光雷达、红外、超声波等）、特殊程序（比如行人检测、危险区标记、物体识别等）等提供。

（3）路径规划

路径规划在ros-navigation中分为全局路径规划（global_planner）和局部路径规划（local_planner）。全局路径规划更像是一种战略性策略，需要考虑全局，规划出一条尽量短并且易于执行的路径。在全局路径的指导下，机器人在实际行走时还需要考虑周围实时的障碍物并制定避让策略，这就是局部路径规划要完成的事。可以说，机器人的自主导航最终是由局部路径规划一步步完成的。全局路径规划以目标点、机器人全局定位和全局代价地图为输入，以全局路径为输出；局部路径规划以全局路径、机器人局部定位和局部代价地图为输入，以实际控制量为输出。

（4）恢复策略

值得注意的是，ros-navigation还提供了全局代价地图和局部代价地图之间的恢复策略（recovery_behaviors）。机器人在实际导航过程中很容易陷入困境，也就是说，机器人被障碍物覆盖或包围。比如机器人不小心撞上了障碍物（机器人已经压到障碍物之上了），此时障碍物已经出现在机器人机械模型内部区域，路径规划肯定会失败；或者机器人行驶到了某个狭窄的死胡同，由于传感器盲区和测量精度等，机器人退不出来；或者由于定位出错，机器人出现在某个障碍物包围区等。总之，导致机器人陷入困境的因素有很多，比如机器人打滑或者机器人绑架导致的定位丢失、传感器自身缺陷（盲区、噪声、精度等）导致噪声障碍物被引入或者已消失的动态障碍无法及时清除、机器人与障碍发生碰撞等。

恢复策略就是让机器人从困境中摆脱出来的策略，比如执行原地旋转来强制清除代价地图中的残留障碍，或者以非常小的速度尝试前进或者倒退来脱离障碍物包围等。

12.1.2　源码解读

讨论完 ros-navigation 的原理，现在就来解读 ros-navigation 的源码。其代码框架如图 12-3 所示。代码围绕节点 move_base 来组织，导航目标点通过话题 /move_base_simple/goal 输入，地图数据通过话题 /map 输入，各个传感器数据通过相应的传感器话题 <sensor_topic> 输入，里程计数据通过话题 /odom 输入，而控制量通过话题 /cmd_vel 输出。同时，还要为节点 move_base 提供必需的 tf 关系，包括动态 tf 关系（map → odom → base_link）以及传感器之间的静态 tf 关系（比如 base_link → base_footprint、base_link → laser_link、base_link → imu_link 等）。如果 ros-navigation 采用 amcl 包进行全局定位，那么动态 tf 关系 map → odom 由 amcl 包维护。amcl 实质上是通过 map → base_link 与 odom → base_link 之间的差值来修正 map → odom 漂移的。如果 ros-navigation 不采用 amcl 进行全局定位，那么动态 tf 关系 map → odom 则由其他提供全局定位的算法（比如在线的 SLAM、重定位的 SLAM、UWB、二维码定位等）维护。而动态 tf 关系 odom → base_link 由机器人平台里程计维护。该里程计有多种形式，比如轮式里程计、轮式里程计与 IMU 融合后的里程计、视觉里程计等。由于里程计在节点 move_base 上有不同的用途，因此机器人平台里程计节点需要将里程计数据分别发布到 tf 关系和 /odom 话题。传感器之间的静态 tf 关系可以由机器人机械模型 urdf 提供，也可以由用户手动提供。节点 move_base 除了提供 topic 访问接口外，还提供了 service 和 action 访问接口。导航目标除了可以由话题 /move_base_simple/goal 输入，还可以通过 action 接口输入。话题 /map 主要用于输入实时更新的在线地图，而离线地图更适合通过 service 接口输入。可以发现，move_base 仅仅搭建了一个虚拟的壳体以及各种标准化接口。壳体的各个算法实现通过插件机制（plugin）从外部导入。

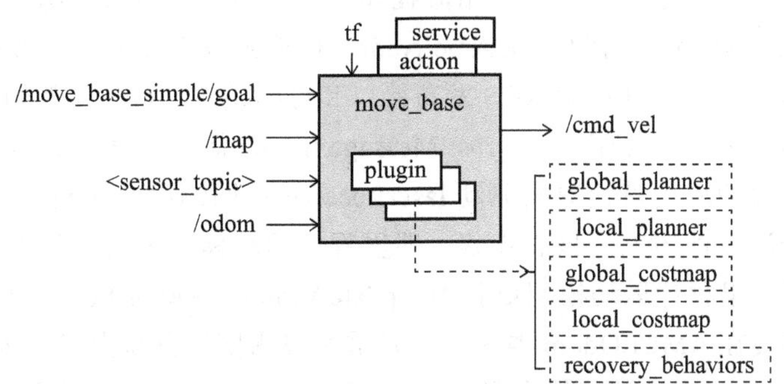

图 12-3　ros-navigation 代码框架

ros-navigation 是一个强大的功能包集，除了包含必要功能包 move_base 外，还包含诸多可选功能包以及各种插件和工具。所以在解读 ros-navigation 的具体代码[⊖]之前，我们有必要了解一下 ros-navigation 的功能包组织结构，如表 12-1 所示。

表 12-1　ros-navigation 中的功能包

功能包	类型	说明
amcl	可选功能包	提供全局定位
map_server		加载静态地图文件

⊖ 参见 https://github.com/ros-planning/navigation。

（续）

功能包	类型	说明
move_base	必要功能包	导航框架的虚拟壳体
nav_core	插件接口组件	专门为 BaseGlobalPlanner、BaseLocalPlanner、RecoveryBehavior 提供统一的插件接口
navfn	全局路径规划插件	基于 Dijkastra 的全局路径规划
global_planner		在 NavFn 基础上做了改进
carrot_planner		处理目标点更灵活的全局路径规划
base_local_planner	局部路径规划插件	基于动态窗口轨迹试探的局部路径规划
dwa_local_planner		在 base_local_planner 基础上做了改进
costmap_2d	代价地图插件	实现二维代价地图
rotate_recovery	恢复策略插件	原地旋转 360° 来清除空间障碍物
move_slow_and_clear		缓慢移动来清除障碍物
clear_costmap_recovery		强制清除一定半径范围内的障碍物
voxel_grid	其他	实现三维体素栅格
fake_localization		用里程计航迹推演，提供虚假的全局定位
move_base_msgs		定义 move_base 通信用到的消息类型

1. 可选功能包

先来说说可选功能包 amcl 和 map_server，其中 amcl 用于提供全局定位，map_server 用于加载静态地图文件。amcl 在整个导航框架中并不是必需的，可以由其他替代方式来提供全局定位，比如 SLAM、UWB、二维码定位等。map_server 在整个导航框架中也不是必需的，可以由其他替代方式来提供地图数据，比如将 SLAM 在线构建的实时地图数据直接用于导航。如果采用其他替代方式提供全局定位和地图数据，就可以跳过下面的内容。

amcl 功能包中包含单个节点，调用流程如图 12-4 所示。main() 函数作用很简单，就是创建一个 AmclNode 类的对象。在 AmclNode() 构造函数中先通过外部传入的配置参数设置 amcl 算法参数，然后初始化 ROS 发布接口和订阅接口。程序主逻辑为粒子滤波，在传感器数据驱动下运行。程序中 tf2_ros::MessageFilter() 保证里程计和激光雷达数据订阅时间同步，同步后的激光雷达数据驱动 laserReceived() 回调函数运行。laserReceived() 回调函数调用粒子滤波器的三个核心步骤，即里程计运动模型更新、激光雷达观测模型更新和粒子重采样。里程计运动模型更新由 UpdateAction() 函数完成，而 UpdateAction() 函数的具体实现封装在 AMCLOdom 类中；激光雷达观测模型更新由 UpdateSensor() 函数完成，而 UpdateSensor() 函数的具体实现封装在 AMCLLaser 类中；粒子重采样由 pf_update_resample() 函数完成。

map_server 功能包中包含两个节点（map_server 和 map_saver），其中节点 map_server 负责加载保存在本地磁盘的地图文件并发布到 ROS 话题，而 map_saver 节点负责将 ROS 话题中的地图数据保存为地图文件。节点 map_server 和 map_saver 的功能是互逆的。由于 map_server 的代码比较简单，这里就不展开讨论了。

2. 必要功能包

move_base 必要功能包中仅包含单个节点，该节点其实就是导航框架的虚拟壳体。所谓虚拟壳体，就是 move_base 为全局路径规划器、局部路径规划器、全局代价地图、局部代价地图和恢复策略构建了一个顶层协作框架，这些核心模块的具体实现并不在该框架内

(由外部载入)。move_base 功能包的调用流程如图 12-5 所示。

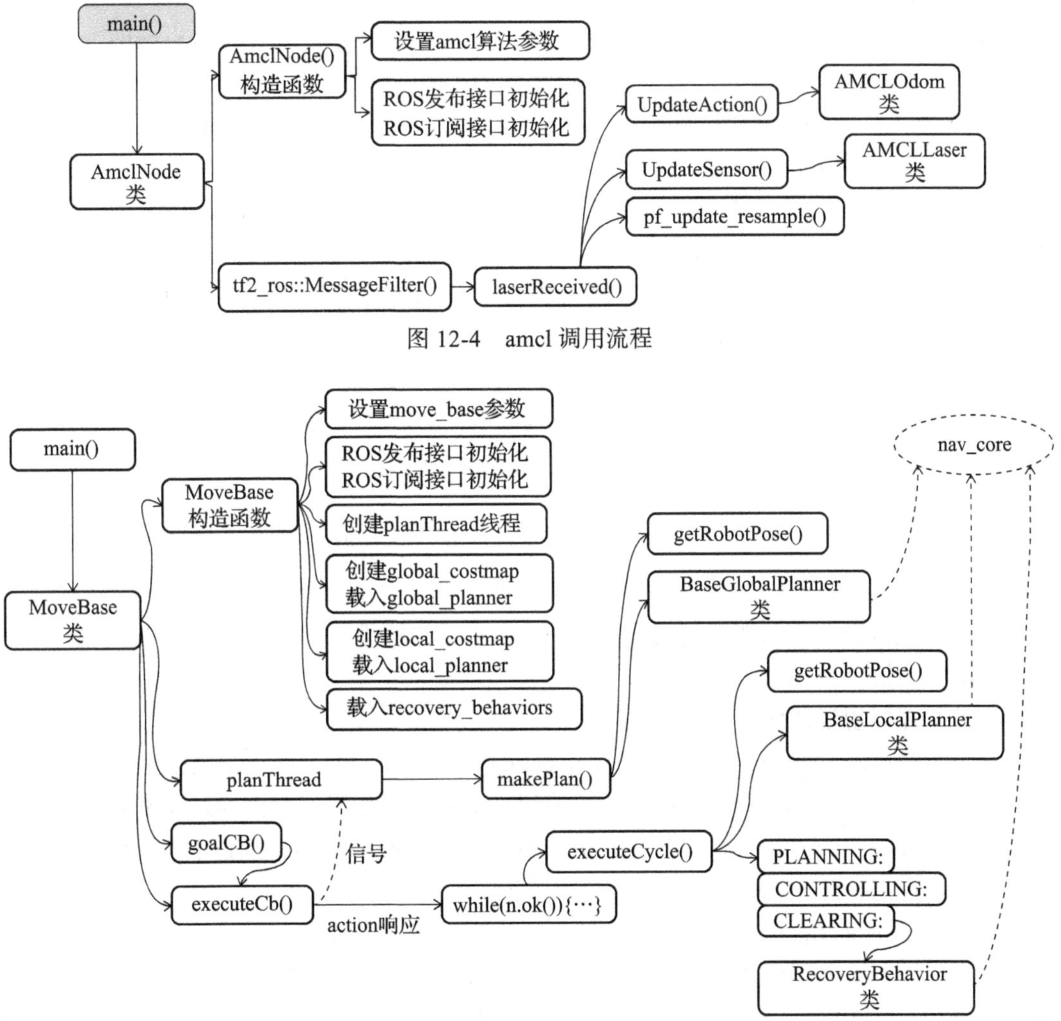

图 12-4　amcl 调用流程

图 12-5　move_base 调用流程

main() 函数作用很简单，就是创建一个 MoveBase 类对象。在 AmclNode() 构造函数中先通过外部传入的配置参数设置 move_base 参数，然后初始化 ROS 发布接口和订阅接口、创建 planThread 线程、创建 global_costmap 并载入 global_planner 插件、创建 local_costmap 并载入 local_planner 插件、载入 recovery_behaviors 插件。后台运行的线程 planThread 负责执行全局路径规划任务，该线程默认处于静默状态，由外部信号量唤醒。planThread 线程唤醒后会调用 makePlan() 函数执行全局路径规划，makePlan() 函数先通过 getRobotPose() 函数获取机器人全局位姿，然后通过调用封装在 BaseGlobalPlanner 类中的方法求解全局路径。导航目标点可以通过 topic 或者 action 两种方式进入 move_base，其中回调函数 goalCB() 响应 topic 方式的导航目标点，回调函数 executeCb() 响应 action 方式的导航目标点。由于回调函数 goalCB() 最终也还是调用 executeCb()，因此导航目标点实质上就是在回调函数 executeCb() 中进行处理。回调函数 executeCb() 先通过信号唤醒线程

planThread 并执行全局路径规划，然后利用规划出来的全局路径进行局部路径规划以及轨迹跟踪（也就是实际导航控制过程）。executeCb() 中的主要逻辑就是实现 action 响应，整个响应过程在 while(n.ok()){…} 大循环中完成。action 响应过程中会调用 executeCycle() 函数。executeCycle() 函数首先通过 getRobotPose() 函数获取机器人全局位姿，然后通过调用封装在 BaseLocalPlanner 类中的方法求解局部路径，最后基于规划出来的局部路径进行轨迹跟踪。轨迹跟踪过程生成机器人的最终线速度与角速度控制量。轨迹跟踪在状态机的 PLANNING、CONTROLLING、CLEARING 等状态切换下进行，其中 CLEARING 状态会调用封装在 RecoveryBehavior 类中的恢复策略进行恢复。

可以发现，move_base 中的核心算法都被封装在 3 个类（BaseGlobalPlanner、BaseLocalPlanner 和 RecoveryBehavior）中，而这 3 个类不在 move_base 代码包中直接实现。它们在 nav_core 中被定义成通用接口。开发者或者各大厂商可以根据 nav_core 的接口规范对其进行具体的代码实现，然后将实现好的代码以插件的形式加载到 move_base 中。到这里，大家就应该能理解 move_base 是导航框架的虚拟壳体了吧。

3. 插件接口组件

上面已经说过 move_base 是导航框架的虚拟壳体，而壳体中的核心算法以插件的形式从外部载入。插件接口组件 nav_core 用于为这些插件提供接口规范，其实就是定义这 3 个类的基本形式以及一些功能需要的虚函数。在编写具体插件时，通过类继承的方式来继承 nav_core 中的接口。

4. 全局路径规划插件

ros-navigation 中集成了 navfn、global_planner 和 carrot_planner 全局路径规划插件。用户可以从中选择一种加载到 move_base 中使用，也可以选择第三方全局路径规划插件（比如 SBPL_Lattice_Planner、srl_global_planner 等）加载到 move_base 中使用，或者根据 nav_core 的接口规范自己开发所需的全局路径规划插件。

navfn 是 ros-navigation 中最早集成的一个全局路径规划插件，是基于 Dijkstra 算法实现的。global_planner 全局路径规划插件是 navfn 的改进版本，增加了对 A* 算法的支持。关于 Dijkstra 算法和 A* 算法的具体内容，请参考 11.3.1 节。carrot_planner 全局路径规划插件是一种更灵活的规划器，这体现在对目标点的处理上，当目标点处于障碍物上时，规划器会将目标点附近某个空旷点当成目标点进行规划，以避免规划失败。

5. 局部路径规划插件

ros-navigation 中集成了 base_local_planner 和 dwa_local_planner 局部路径规划插件。用户可以从中选择一种加载到 move_base 中使用，也可以选择第三方局部路径规划插件（比如 teb_local_planner）加载到 move_base 中使用，或者根据 nav_core 的接口规范自己开发所需的局部路径规划插件。

base_local_planner 局部路径规划插件是基于动态窗口轨迹试探的局部路径规划器。动态窗口轨迹试探对完整约束底盘有一定的局限性。dwa_local_planner 局部路径规划插件是 base_local_planner 的改进版，对非完整约束底盘和完整约束底盘的支持都较好。

6. 代价地图插件

costmap_2d 功能包为 move_base 实现二维代价地图。move_base 为 costmap_2d 中的

Costmap2DROS 类创建了两个对象：planner_costmap_ros_ 和 controller_costmap_ros_，其中对象 planner_costmap_ros_ 用于构造全局代价地图，对象 controller_costmap_ros_ 用于构造局部代价地图。

12.1.1 节已经介绍了代价地图的原理，也就是采用多个独立的栅格化图层来维护障碍信息，每个图层可以独立维护某个来源的障碍信息，这些图层可以根据不同需求进行叠加形成特定的障碍描述层。这些图层在 costmap_2d 的 Costmap2DROS 类中以插件的形式维护。costmap_2d 默认支持的图层插件为 InflationLayer、ObstacleLayer、StaticLayer 和 VoxelLayer。当然，用户也可以使用第三方 costmap_2d 图层插件（比如 RangeSensorLayer、ProxemicLayer 和 PassingLayer）[⊖]，或者根据 costmap_2d 图层插件的接口规范自己开发所需的图层插件。

代价地图插件的整个调用流程如图 12-6 所示。首先地图、激光雷达、超声波等提供的障碍感知信息进入相应图层。携带特定障碍信息的图层以插件方式载入 Costmap2DROS 类，move_base 为 Costmap2DROS 类创建了用于构造全局代价地图的对象 planner_costmap_ros_ 和用于构造局部代价地图的对象 controller_costmap_ros_。planner_costmap_ros_ 和 controller_costmap_ros_ 作为障碍度量信息，最终参与全局路径规划和局部路径规划。我们可以通过配置，让不同组合的障碍感知信息构成全局代价地图；同理，也可以让不同组合的障碍感知信息构成局部代价地图。

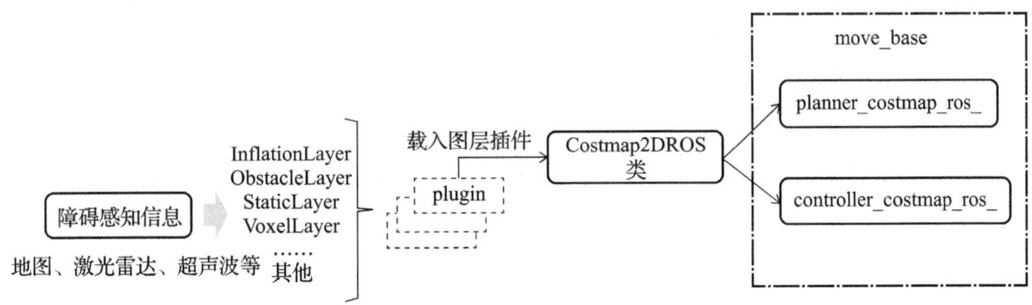

图 12-6　代价地图插件的调用流程

7. 恢复策略插件

ros-navigation 中集成了 rotate_recovery、move_slow_and_clear 和 clear_costmap_recovery 恢复策略插件。用户可以利用这些插件组成一个状态机加载到 move_base 中使用，也可以选择第三方恢复策略插件，或者根据 nav_core 的接口规范自己开发所需的策略恢复插件。

8. 其他

另外，ros-navigation 中还集成了一些工具、中间件等功能包（voxel_grid、fake_localization 和 move_base_msgs）。voxel_grid 功能包用于实现三维体素栅格，可以弥补二维代价地图在立体障碍度量上的不足。fake_localization 功能包用于提供基于里程计推演得出的虚假全局定位，主要用在仿真场合。move_base_msgs 功能包定义了 move_base 通信用到的各种消息类型。

12.1.3　安装与运行

学习完 ros-navigation 导航系统的原理及源码之后，大家肯定迫不及待地想亲自安装、

⊖ 参见 https://github.com/DLu/navigation_layers。

运行 ros-navigation，体验一下真实效果。第 1 章已经声明过，本书在 Ubuntu18.04 和 ROS melodic 环境下进行讨论。不管是使用 X86 主机、X86 主机虚拟机还是 ARM 主机，一旦装好 Ubuntu18.04 系统，你就可以在该系统上安装 ROS melodic 发行版了。所以，下面的讨论假设 Ubuntu18.04 和 ROS melodic 环境已经准备妥当。

1. ros-navigation 安装

ros-navigation 的安装方法有两种：方法 1 是直接通过 apt-get 安装编译好的 ros-navigation 库到系统中，方法 2 是下载 ros-navigation 源码手动编译、安装。由于后续可能需要对 ros-navigation 中的代码做修改来改进算法，因此这里就采用方法 2 进行安装。

首先，准备好 ROS 工作空间。关于 ROS 工作空间的构建，1.2.2 节已经讨论过，这里不再赘述。

然后，安装 ros-navigation 的依赖库。网上介绍了很多安装依赖库的方法，但后续还是会出现缺少依赖的错误，这里介绍一种彻底解决依赖问题的巧妙方法。先用 apt install 命令将 ros-navigation 及其关联包都装上，这样系统在安装过程中会自动装好相应的依赖；然后用 apt remove 命令将 ros-navigation 卸载但保留其依赖，这样就巧妙地将所需依赖都装好了。

```
# 安装 ros-navigation 及其关联功能包，依赖也会随之安装
sudo apt install ros-melodic-navigation*
# 卸载 ros-navigation 但保留其依赖
sudo apt remove ros-melodic-navigation
```

接下来，就可以下载 ros-navigation 的源码到工作空间编译、安装了。由于 ros-navigation 属于功能包集，其中包含多个功能包，建议新建一个专门的工作空间来维护。

```
# 切换到工作空间目录
cd ~/catkin_ws/src/
# 下载 ros-navigation 源码
git clone https://github.com/ros-planning/navigation.git
cd navigation
# 查看代码版本是否为 melodic，如果不是，使用 git checkout 命令切换到对应版本
git branch
# 编译
cd ~/catkin_ws/
catkin_make
```

2. ros-navigation 在实际机器人中运行

ros-navigation 导航系统的强大功能是依靠多功能包协同实现的。我们需要配置和启动一系列不同的功能包程序才能真正将自主导航运行起来。下面首先介绍使用 ros-navigation 导航系统时涉及的各种配置，然后利用这些配置启动各个功能包。

（1）机器人平台相关节点的配置与启动

在介绍 ros-navigaion 系统框架时已经说过，sensor transforms、odometry source、sensor sources 和 base controller 为机器人平台相关节点。其中，sensor transforms 为机器人平台相关的 tf 关系维护节点，所维护的 tf 关系既包括静态 tf 关系（比如传感器之间的静态 tf 关系 base_link → base_footprint、base_link → laser_link、base_link → imu_link 等），也包括动态

tf 关系（比如由机器人平台里程计维护的动态 tf 关系 odom → base_link）。odometry source 为机器人平台相关的里程计供应节点，通过话题或 tf 的形式发布轮式里程计、轮式里程计与 IMU 融合后的里程计、视觉里程计等。sensor sources 为机器人平台相关的传感器供应节点，其实就是各个传感器（比如激光雷达、IMU、相机、超声波、红外等）的驱动节点，读取传感器硬件数据后将其发布到指定话题。base controller 为机器人平台相关的运动控制节点，通过控制机器人的电机来实现底盘按照指定线速度和角速度运动。下面具体介绍几个节点的实现。

1）运动控制与轮式里程计节点。

运动控制与轮式里程计通常在同一个节点中实现，通常称为底盘 ROS 驱动，因为它们都需要与电机控制主板进行数据交互。底盘 ROS 驱动一方面订阅控制话题 /cmd_vel 并将其解析、转发给电机控制主板，另一方面从电机控制主板获取电机编码器数据并将其解析、发布到轮式里程计话题 /odom 以及 odom → base_link 的 tf 关系中。每种机器人底盘都会提供配套的底盘 ROS 驱动。在 xiihoo 机器人中，底盘 ROS 驱动为 xiihoo_bringup。其中，xiihoo_bringup 的启动配置文件 minimal.launch 如代码清单 12-1 所示。

代码清单 12-1　xiihoo_bringup 的启动配置文件 minimal.launch

```
<launch>
  <node name="xiihoo_bringup_node" pkg="xiihoo_bringup" type="base_controller"
    output="screen">
    <!-- serial_com set-->
    <param name="com_port" value="/dev/ttyUSB0"/>

    <!-- motor param set -->
    <param name="speed_ratio" value="0.000085"/><!-- unit:m/encode -->
    <param name="wheel_distance" value="0.22"/><!-- unit:m -->
    <param name="encode_sampling_time" value="0.04"/><!-- unit:s -->

    <!-- velocity limit -->
    <param name="cmd_vel_linear_max" value="1.5"/><!-- unit:m/s -->
    <param name="cmd_vel_angular_max" value="2.0"/><!-- unit:rad/s -->

    <!-- other -->
    <param name="cmd_vel_topic" value="cmd_vel"/>
    <param name="odom_pub_topic" value="odom"/>
    <param name="wheel_left_speed_pub_topic" value="wheel_left_speed"/>
    <param name="wheel_right_speed_pub_topic" value="wheel_right_speed"/>
    <param name="odom_frame_id" value="odom"/>
    <param name="odom_child_frame_id" value="base_footprint"/>
    </node>
</launch>
```

虽然 minimal.launch 中包含了大量的参数，但对于接下来的导航，我们只需要关心其中的 4 个参数。一个是有关控制话题订阅名称的参数 cmd_vel_topic，一般取默认值 cmd_vel。一个是有关轮式里程计话题发布名称的参数 odom_pub_topic，一般取默认值 odom。另外两个是有关轮式里程计 tf 关系的参数 odom_frame_id 和 odom_child_frame_id，其中

odom_frame_id 一般取默认值 odom，odom_child_frame_id 一般取默认值 base_link 或者 base_footprint（静态 tf 关系中会提供 base_link 与 base_footprint 的转换关系），这里取的是 base_footprint。这 4 个参数需要与后续节点中的配置保持一致，不然导航系统将无法运行。最后，通过下面的命令启动 xiihoo 机器人中的 xiihoo_bringup 驱动包。

```
# 启动底盘
roslaunch xiihoo_bringup minimal.launch
```

轮胎打滑或者崎岖地形会导致轮式里程计偏移误差增大。我们可以采用 robot_ekf_pose[1]功能包将轮式里程计与 IMU、激光里程计（比如 rf2o_laser_odometry[2]）、视觉里程计等融合得到精度更高的里程计。

2）传感器节点。

激光雷达是 ros-navigaion 导航系统必需的部件，其他传感器（比如 IMU、相机、超声波、红外等）是非必需的。为了简化讨论，这里仅使用激光雷达传感器。在 xiihoo 机器人中，激光雷达数据通过 ydlidar 驱动包发布，雷达数据发布在话题 /scan 中，雷达数据帧中的 frame_id 设置为 base_laser_link。ydlidar 的启动配置文件 my_x4.launch 如代码清单 12-2 所示。

代码清单 12-2　激光雷达启动配置文件 my_x4.launch

```
<launch>
  <node name="ydlidar_node" pkg="ydlidar" type="ydlidar_node" output="screen">
    <param name="port"                 type="string" value="/dev/ttyUSB0"/>
    <param name="baudrate"             type="int"    value="115200"/>
    <param name="frame_id"             type="string" value="base_laser_link"/>
    <param name="angle_fixed"          type="bool"   value="true"/>
    <param name="low_exposure"         type="bool"   value="false"/>
    <param name="heartbeat"            type="bool"   value="false"/>
    <param name="resolution_fixed"     type="bool"   value="true"/>
    <param name="angle_min"            type="double" value="-180" />
    <param name="angle_max"            type="double" value="180" />
    <param name="range_min"            type="double" value="0.08" />
    <param name="range_max"            type="double" value="16.0" />
    <param name="ignore_array"         type="string" value="" />
    <param name="samp_rate"            type="int"    value="9"/>
    <param name="frequency"            type="double" value="7"/>
  </node>
</launch>
```

对于接下来的导航，我们只需要关心雷达数据发布话题名称以及雷达数据帧中的 frame_id，一般取默认值就行。最后，通过下面的命令启动 xiihoo 机器人中的激光雷达。

```
# 启动激光雷达
roslaunch ydlidar my_x4.launch
```

3）传感器静态 tf 节点。

传感器之间的几何装配关系通过静态 tf 关系维护。静态 tf 关系可以在具体启动配置文

[1] 参见 https://github.com/ros-planning/robot_pose_ekf。

[2] 参见 https://github.com/MAPIRlab/rf2o_laser_odometry。

件中设置并发布，也可以写在 urdf 模型描述文件中统一发布。考虑到机器人后续可能会搭载多种传感器实现更复杂的功能，这里以 urdf 方式发布静态 tf 关系，以便能对不同传感器 tf 关系进行统一管理。对于接下来的导航来说，只需要提供 base_lase_link → base_link 和 base_footprint → base_link 的静态 tf 关系就行。当然，如果添加新的传感器，我们很容易通过修改 urdf 文件来添加其对应的静态 tf 关系。安装在 xiihoo 机器人上的所有传感器都在 xiihoo_description 包中通过 urdf 文件设置其与底盘的静态 tf 关系。最后，通过下面的命令启动 xiihoo 机器人中的 xiihoo_description 包就行了。

```
# 启动底盘 urdf 描述
roslaunch xiihoo_description xiihoo_description.launch
```

（2）地图供应节点的配置与启动

上面说过 map_server 在整个导航框架中不是必需的，因为可以采用其他替代方式提供地图数据，比如将 SLAM 在线构建的实时地图数据直接用于导航。如果你采用其他替代方式提供地图数据，就可以跳过下面的内容。

这里假设以 map_server 加载静态地图文件的方式为导航机器人提供地图数据，并假设你已经通过 SLAM 构建好了一张地图且将其保存到了本地磁盘。map_server 的启动配置文件 map_pub.launch 如代码清单 12-3 所示。

代码清单 12-3　map_server 的启动配置文件 map_pub.launch

```
<launch>
  <arg name="map_path" default="/home/ubuntu/map/carto_map.yaml">
  <node name="map_server" pkg="map_server" type="map_server"
    args="$(arg map_path)"/>
</launch>
```

可以发现，启动配置文件 map_pub.launch 其实会进一步调用 map_path 路径下的 *.yaml 配置参数，*.yaml 配置参数会随着地图文件 *.pgm 的保存而一起保存下来。关于 *.yaml 中地图配置参数的详细说明，请参考官方 Wiki 教程⊖，这里不展开叙述。最后，通过下面的命令启动 map_server 载入地图。

```
# 载入地图
roslaunch map_server map_pub.launch
```

（3）全局定位节点的配置与启动

amcl 在整个导航框架中也不是必需的，因为可以采用其他替代方式来提供全局定位，比如 SLAM、UWB、二维码定位等。如果你采用其他替代方式提供全局定位，就可以跳过下面的内容。

这里假设已经使用 map_server 加载静态地图文件，并将地图发布到了指定话题。amcl 功能包中包含很多可以配置的参数。我们可通过启动配置文件 amcl.launch 对这些参数进行配置，如代码清单 12-4 所示。

⊖　参见 http://wiki.ros.org/map_server。

代码清单 12-4 amcl 的启动配置文件 amcl.launch

```
<launch>
  <arg name="initial_pose_x"  default="0.0"/>
  <arg name="initial_pose_y"  default="0.0"/>
  <arg name="initial_pose_a"  default="0.0"/>
  <node pkg="amcl" type="amcl" name="amcl" output="screen">
    <!--Overall filter parameters-->
    <param name="min_particles" value="2000"/><!--default:100-->
    <param name="max_particles" value="5000"/><!--default:5000-->
    <param name="kld_err" value="0.05"/><!--default:0.01-->
    <param name="kld_z" value="0.99"/><!--default:0.99-->
    <param name="update_min_d" value="0.25"/><!--default:0.2-->
    <param name="update_min_a" value="0.2"/><!--default:π/6.0-->
    <param name="resample_interval" value="1"/><!--default:2-->
    <param name="transform_tolerance" value="2.0"/><!--default:0.1-->
    <param name="recovery_alpha_slow" value="0.0"/><!--default:0.0-->
    <param name="recovery_alpha_fast" value="0.0"/><!--default:0.0-->
    <param name="initial_pose_x" value="$(arg initial_pose_x)"/>
    <param name="initial_pose_y" value="$(arg initial_pose_y)"/>
    <param name="initial_pose_a" value="$(arg initial_pose_a)"/>
    <!--param name="initial_cov_xx" value="0.5*0.5"/-->
    <!--param name="initial_cov_yy" value="0.5*0.5"/-->
    <!--param name="initial_cov_aa" value="(π/12)*(π/12)"/-->
    <param name="gui_publish_rate" value="10.0"/><!--default:-1.0-->
    <param name="save_pose_rate" value="0.5"/><!--default:0.5-->
    <param name="use_map_topic"  value="false"/><!--default:false-->
    <param name="first_map_only" value="false"/><!--default:false-->

    <!--Laser model parameters-->
    <param name="laser_min_range" value="-1.0"/><!--default:-1.0-->
    <param name="laser_max_range" value="-1.0"/><!--default:-1.0-->
    <param name="laser_max_beams" value="60"/><!--default:30-->
    <param name="laser_z_hit" value="0.5"/><!--default:0.95-->
    <param name="laser_z_short" value="0.05"/><!--default:0.1-->
    <param name="laser_z_max" value="0.05"/><!--default:0.05-->
    <param name="laser_z_rand" value="0.5"/><!--default:0.05-->
    <param name="laser_sigma_hit" value="0.2"/>
    <param name="laser_lambda_short" value="0.1"/>
    <param name="laser_likelihood_max_dist" value="2.0"/>
    <param name="laser_model_type" value="likelihood_field"/>

    <!--Odometry model parameters-->
    <param name="odom_model_type" value="diff"/><!--default:diff-->
    <param name="odom_alpha1" value="0.2"/><!--default:0.2-->
    <param name="odom_alpha2" value="0.2"/><!--default:0.2-->
    <param name="odom_alpha3" value="0.2"/><!--default:0.2-->
    <param name="odom_alpha4" value="0.2"/><!--default:0.2-->
    <!--param name="odom_alpha5" value="0.2"/--><!--only used if model is
      "omni"-->
    <param name="odom_frame_id" value="odom"/><!--default:odom-->
    <param name="base_frame_id" value="base_footprint"/><!--default:base_
```

```
        link-->
    <param name="global_frame_id" value="map"/><!--default:map-->
    <param name="tf_broadcast" value="true"/><!--default:true-->

    <remap from="scan" to="/scan"/>
  </node>
</launch>
```

这些配置参数分为 3 类：粒子滤波参数、雷达模型参数和里程计模型参数。由于参数比较多，关于参数配置的具体讲解就不展开，请直接参考官方 wiki 教程[㊀]。最后，通过下面的命令启动全局定位。

```
# 启动全局定位
roslaunch amcl amcl.launch
```

（4）导航核心节点的配置与启动

一切准备工作就绪后，我们就可以配置和启动导航核心节点 move_base 了。由于导航核心节点不仅包含 move_base 本身的参数配置，还涉及众多插件的参数配置，这里建立一个功能包 xiihoo_nav 来专门存放 move_base 及其插件的参数配置文件。由于 ros-navigation 系统框架由顶层壳体 move_base 以及各种算法插件（全局路径规划、局部路径规划、代价地图、恢复策略）组成，也就是说除了对顶层壳体 move_base 进行配置外，我们还需要对选择的具体插件进行配置。这些配置文件都放在 xiihoo_nav/config 路径，以便于统一管理。

1）顶层壳体 move_base 的配置。

在 xiihoo_nav/config 中新建配置文件 move_base_params.yaml，以便存放顶层壳体 move_base 的配置参数。move_base_params.yaml 的具体内容如代码清单 12-5 所示。

代码清单 12-5　顶层壳体 move_base 的配置文件 move_base_params.yaml

```
base_global_planner: "navfn/NavfnROS"
base_local_planner: "base_local_planner/TrajectoryPlannerROS"

#recovery_behaviors:
  #- name: 'super_conservative_reset1'
    #type: 'clear_costmap_recovery/ClearCostmapRecovery'
  #- name: 'conservative_reset1'
    #type: 'clear_costmap_recovery/ClearCostmapRecovery'
  #- name: 'aggressive_reset1'
    #type: 'clear_costmap_recovery/ClearCostmapRecovery'
  #- name: 'clearing_rotation1'
    #type: 'rotate_recovery/RotateRecovery'
  #- name: 'super_conservative_reset2'
    #type: 'clear_costmap_recovery/ClearCostmapRecovery'
  #- name: 'conservative_reset2'
    #type: 'clear_costmap_recovery/ClearCostmapRecovery'
  #- name: 'aggressive_reset2'
    #type: 'clear_costmap_recovery/ClearCostmapRecovery'
  #- name: 'clearing_rotation2'
```

㊀ 参见 http://wiki.ros.org/amcl。

```
20     #type: 'rotate_recovery/RotateRecovery'
21
22 controller_frequency: 10.0 #default:20.0
23 planner_patience: 5.0 #default:5.0
24 controller_patience: 15.0 #default:15.0
25 conservative_reset_dist: 3.0 #3.0, this parameter is only used when the default recovery behaviors are used for move_base.
26 recovery_behavior_enabled: true #true
27 clearing_rotation_allowed: true #true, This parameter is only used when the default recovery behaviors are in use, meaning the user has not set the recovery_behaviors parameter to anything custom.
28 shutdown_costmaps: false #false
29 oscillation_timeout: 10.0 #0.0
30 oscillation_distance: 0.3 #0.5
31 planner_frequency: 1.0 #0.0
32 max_planning_retries: -1.0 #-1
```

第 1 ～ 2 行：选择所要加载的全局路径规划和局部路径规划插件名称，默认加载的全局路径规划插件为 navfn/NavfnROS，默认加载的局部路径规划插件为 base_local_planner/TrajectoryPlannerROS。如果你需要更换不同的路径规划算法，可修改这两个参数的取值。

第 4 ～ 20 行：选择所要加载的策略恢复插件。注意，策略插件的加载是以状态机的形式呈现的。

之后就是一些性能相关的配置参数，关于这些参数的配置就不展开讨论了，请直接参考官方 wiki 教程[⊖]。

2）代价地图的配置。

加载到 move_base 中的代价地图分为全局代价地图和局部代价地图。由于全局代价地图和局部代价地图中有些共用的配置参数，因此我们可以在 xiihoo_nav/config 中新建 3 个配置文件。其中，配置文件 costmap_common_params.yaml 用于存放全局代价地图和局部代价地图共用的配置参数，配置文件 global_costmap_params.yaml 用于存放全局代价地图剩下的一些配置参数，配置文件 local_costmap_params.yaml 用于存放局部代价地图剩下的一些配置参数。

costmap_common_params.yaml 中的配置参数分为机器人形状和代价地图各个图层两类，如代码清单 12-6 所示。

代码清单 12-6 代价地图的配置文件 costmap_common_params.yaml

```
#robot footprint shape
footprint: [[0.2, 0.11], [-0.1, 0.11], [-0.1, -0.11], [0.2, -0.11]]
#robot_radius: 0.22

#plugins layers list
static_layer:
  enabled: true
  unknown_cost_value: -1
  lethal_cost_threshold: 100
```

⊖ 参见 http://wiki.ros.org/move_base。

```
  map_topic: /map
  first_map_only: false
  subscribe_to_updates: true #default:false
  track_unknown_space: true
  use_maximum: false
  trinary_costmap: true

obstacle_layer:
  enabled: true
  #Sensor management parameters
  observation_sources: laser_scan_sensor #point_cloud_sensor
  laser_scan_sensor:
    topic: /scan
    sensor_frame: /base_laser_link
    #observation_persistence: 0.0
    #expected_update_rate: 0.0
    data_type: LaserScan #alternatives: LaserScan, PointCloud, PointCloud2
    clearing: true #true, modify by cabin in 03.02
    marking: true  #true, modify by cabin in 03.02
    #max_obstacle_height: 0.35 #2.0
    #min_obstacle_height: 0.25 #0.0
    #obstacle_range: 2.5
    #raytrace_range: 3.0
    #inf_is_valid: false
  #Global Filtering Parameters
  #max_obstacle_height: 0.6 #2.0
  obstacle_range: 2.0 #2.5
  raytrace_range: 3.0 #3.0

  #ObstacleCostmapPlugin
  track_unknown_space:  true #false
  #footprint_clearing_enabled: true

  #VoxelCostmapPlugin
  #origin_z: 0.0
  #z_resolution: 0.2
  #z_voxels: 10
  #unknown_threshold: 10
  #mark_threshold: 0
  #publish_voxel_map: false
  #footprint_clearing_enabled: true

global_inflation_layer:
  enabled: true
  inflation_radius: 1.0 #0.15
  cost_scaling_factor: 2.0 #10.0

local_inflation_layer:
  enabled: true
  inflation_radius: 0.15 #0.15
  cost_scaling_factor: 5.0 #10.0
```

机器人形状可以用多边形或圆形描述，这里的 xiihoo 机器人是矩形的，所以选多边形描述。代价地图各个图层包括：静态层 static_layer（由 SLAM 建立得到的地图提供数据）、障碍层 obstacle_layer（由激光雷达等障碍扫描传感器提供实时数据）、全局膨胀层 global_inflation_layer（为全局代价地图提供膨胀效果）、局部膨胀层 local_inflation_layer（为局部代价地图提供膨胀效果）。当然，根据需要可以在配置文件尾部继续添加更多不同种类的图层，比如行人、超声波、危险区域等；也可以为同一类别的图层创建多个不同的图层，每个图层取不同的名称即可。关于参数配置的具体讲解就不展开，请直接参考官方 wiki 教程⊖。

全局代价地图以插件的形式载入所需的图层，在 costmap_common_params.yaml 中定义的各个图层都可以通过插件的形式放入全局代价地图。你可以根据需求自由组合图层，如代码清单 12-7 所示。这里的 xiihoo 机器人的全局代价地图只用了 static_layer 和 global_inflation_layer 两个图层。

代码清单 12-7 全局代价地图的配置文件 global_costmap_params.yaml

```
global_costmap:
  #Coordinate frame and tf parameters
  global_frame: /map #default:/map
  robot_base_frame: /base_footprint #default:/base_link
  transform_tolerance: 2.0 #default:0.2

  #Rate parameters
  update_frequency: 1.0 #default:5.0
  publish_frequency: 0.0 #default:0.0

  #map params
  static_map: true     #default:false
  rolling_window: false

  plugins:
    - {name: static_layer, type: "costmap_2d::StaticLayer"}
   #- {name: sonar_layer, type: "range_sensor_layer::RangeSensorLayer"}
   #- {name: obstacle_layer, type: "costmap_2d::ObstacleLayer"}
    - {name: global_inflation_layer, type: "costmap_2d::InflationLayer"}
```

局部代价地图和全局代价地图类似，这里就不展开讲解了，如代码清单 12-8 所示。这里的 xiihoo 机器人的局部代价地图只用了 obstacle_layer 和 local_inflation_layer 两个图层。

代码清单 12-8 局部代价地图的配置文件 local_costmap_params.yaml

```
local_costmap:
  #Coordinate frame and tf parameters
  global_frame: /odom #default:/odom
  robot_base_frame: /base_footprint #default:/base_link
  transform_tolerance: 2.0 #default:0.2
```

⊖ 参见 http://wiki.ros.org/costmap_2d。

```

#Rate parameters
update_frequency: 5.0 #default:5.0
publish_frequency: 5.0 #default:5.0

#map params
static_map: false
rolling_window: true
width: 4.0 #default:6.0
height: 4.0 #default:6.0
resolution: 0.05 #default:0.05
#origin_x: 0.0 #default:0.0
#origin_y: 0.0 #default:0.0

#robot model
inscribed_radius: 0.22 #default:0.325
circumscribed_radius: 0.22 #default:0.46


plugins:
  #- {name: sonar_layer, type: "range_sensor_layer::RangeSensorLayer"}
   - {name: obstacle_layer, type: "costmap_2d::ObstacleLayer"}
   - {name: local_inflation_layer, type: "costmap_2d::InflationLayer"}
```

3）路径规划插件的配置。

由于在 move_base_params.yaml 中默认加载的全局路径规划插件为 navfn/NavfnROS，默认加载的局部路径规划插件为 base_local_planner/TrajectoryPlannerROS，因此这里要对全局路径规划插件 navfn/NavfnROS 和局部路径规划插件分别进行配置。在 xiihoo_nav/config 中新建配置文件 navfn_planner_params.yaml 和 base_local_planner_params.yaml，以便存放全局路径规化和局部路径规划配置参数。

navfn_planner_params.yaml 配置文件如代码清单 12-9 所示。关于全局路径规划插件 navfn 参数配置的具体讲解，这里就不展开了，请直接参考官方 wiki 教程[1]。

代码清单 12-9 navfn 的配置文件 navfn_planner_params.yaml

```
NavfnROS:
  allow_unknown: false
  planner_window_x: 0.0
  planner_window_y: 0.0
  default_tolerance: 0.0
  visualize_potential: false
```

base_local_planner_params.yaml 配置文件如代码清单 12-10 所示。关于局部路径规划插件 base_local_planner 参数配置的具体讲解，这里就不展开了，请直接参考官方 wiki 教程[2]。

[1] 参见 http://wiki.ros.org/navfn。

[2] 参见 http://wiki.ros.org/base_local_planner。

代码清单 12-10　base_local_planner 的配置文件 base_local_planner_params.yaml

```
TrajectoryPlannerROS:
  #Robot Configuration Parameters
  acc_lim_x: 2.5
  acc_lim_y: 2.5
  acc_lim_theta: 3.2
  max_vel_x: 0.3
  min_vel_x: 0.05
  max_vel_theta: 1.0
  min_vel_theta: -1.0
  min_in_place_vel_theta: 0.4
  backup_vel: -0.05
  escape_vel: -0.05
  holonomic_robot: false
  #y_vels: [-0.3,-0.1,0.1,0.3]#only used if holonomic_robot is true

  #Goal Tolerance Parameters
  yaw_goal_tolerance: 0.05
  xy_goal_tolerance: 0.1
  latch_xy_goal_tolerance: false

  #Forward Simulation Parameters
  sim_time: 1.0
  sim_granularity: 0.025
  angular_sim_granularity: 0.025
  vx_samples: 3
  vtheta_samples: 20
  controller_frequency: 20

  #Trajectory Scoring Parameters
  meter_scoring: false
  pdist_scale: 0.6
  gdist_scale: 0.8
  occdist_scale: 0.01
  heading_lookahead: 0.325
  heading_scoring: false
  heading_scoring_timestep: 0.8
  dwa: true
  publish_cost_grid_pc: false
  global_frame_id: odom

  #Oscillation Prevention Parameters
  oscillation_reset_dist: 0.05

  #Global_Plan Parameters
  prune_plan: true
```

到这里，导航核心节点 move_base 及其相应插件的配置文件就都准备好了。下面编写一个启动文件 move_base.launch 从这些配置文件载入参数并启动节点 move_base。启动文件 move_base.launch 的内容如代码清单 12-11 所示。

代码清单 12-11　启动文件 move_base.launch

```
<launch>
  <node pkg="move_base" type="move_base" respawn="false" name="move_base"
    output="screen" clear_params="true">
    <rosparam file="$(find xiihoo_nav)/config/move_base_params.yaml"
      command="load" />

    <rosparam file="$(find xiihoo_nav)/config/costmap_common_params.yaml"
      command="load" ns="global_costmap"/>
    <rosparam file="$(find xiihoo_nav)/config/costmap_common_params.yaml"
      command="load" ns="local_costmap" />
    <rosparam file="$(find xiihoo_nav)/config/global_costmap_params.yaml"
      command="load" />
    <rosparam file="$(find xiihoo_nav)/config/local_costmap_params.yaml"
      command="load" />
    <rosparam file="$(find xiihoo_nav)/config/navfn_planner_params.yaml"
      command="load" />
    <rosparam file="$(find xiihoo_nav)/config/base_local_planner_params.
      yaml" command="load" />
</node>
</launch>
```

到这里，我们已经准备好了导航的各个配置文件和启动文件，现在就可以通过下面的命令启动 move_base 运行自主导航了。

```
# 启动 move_base 自主导航
roslaunch xiihoo_nav move_base.launch
```

最后，向 move_base 节点发送导航目标点让机器人开始自主导航。发送导航目标点的方式有很多种，比如通过 rviz 图形界面、手机 App、用户自己编写的程序等来发送。无论采用何种方式向 move_base 节点发送导航目标点，其原理都是向 move_base 节点的 topic（topic 名称为 /move_base_simple/goal）或 action（action 服务名称为 move_base）接口发送导航目标点的位姿数据。这里就以 rviz 方式来发送导航目标点，我们假设工作台电脑与机器人之间的 ROS 网络通信已经设置好（关于多机 ROS 网络通信的内容，请参考 5.5.1 节），在工作台电脑上用以下命令启动 rviz。

```
# 启动工作台电脑的 rviz
rviz
```

在 rviz 中订阅 /map、/scan、/tf 等信息，并观察机器人的初始位置是否正确。如果机器人的初始位置不正确，我们需要用 2D Pose Estimate 按钮手动给定一个正确的初始位置，如图 12-7 所示。操作方法很简单，先点击 2D Pose Estimate 按钮，然后将鼠标放置到机器人在地图中的实际位置，最后按住鼠标并拖动鼠标来完成机器人朝向的设置。

初始位置设置正确后，我们就可以用 2D Nav Goal 按钮手动指定导航目标点了，如图 12-8 所示。操作方法很简单，先点击 2D Nav Goal 按钮，然后将鼠标放置到地图中想让机器人到达的任意空白位置，最后按住鼠标并拖动鼠标来完成机器人朝向的设置。这样，机器人就会开始规划路径并自动导航到指定目标点。

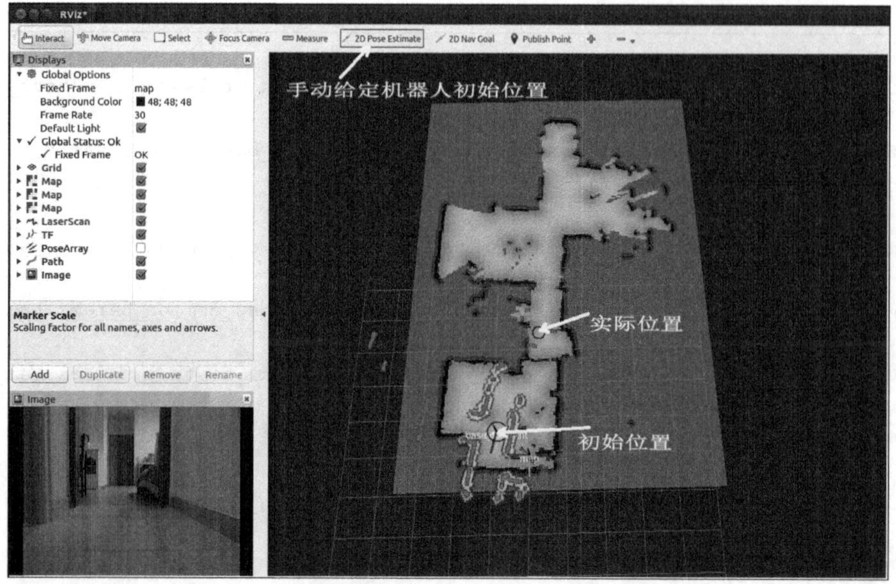

图 12-7　在 rviz 中手动给定机器人的初始位置

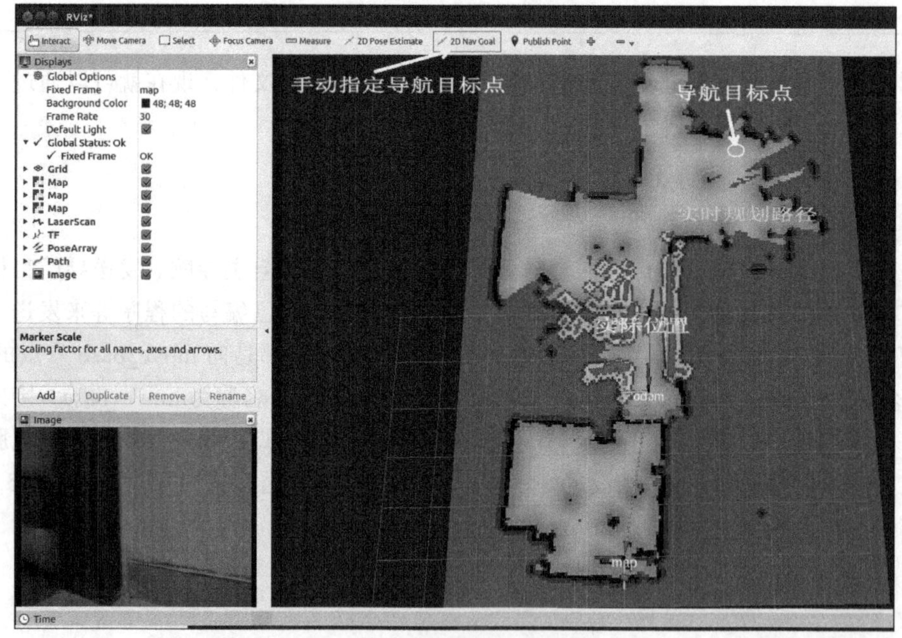

图 12-8　在 rviz 中手动指定导航目标点

12.1.4　路径规划改进

ros-navigation 中集成了一些不同的路径规划插件供用户在不同场景下使用，其中可选的全局路径规划插件包括 navfn、global_planner 和 carrot_planner，可选的局部路径规划插件包括 base_local_planner 和 dwa_local_planner。不过，这些插件还远不能满足研究和工程应用时的多样化需求。此时，用户可以选择其他第三方路径规划插件加载到 move_base 中来使用，或者根据 nav_core 的接口规范自己开发所需的路径规划插件。其中，SBPL_

Lattice_Planner 和 srl_global_planner 为比较典型的第三方全局路径规划插件，teb_local_planner 为比较典型的第三方局部路径规划插件。下面具体介绍一下这 3 个第三方路径规划插件。

1. 基于图搜索的全局路径规划插件 SBPL_Lattice_Planner

从 11.3.1 节可知，基于图搜索和基于采样的两类算法为常见的路径规划算法。其中，基于图搜索的算法包括 Dijkstra、A* 以及 A* 的众多改进算法（比如 ARA*、AD*、R*、D*Lite 等）。这里讨论的全局路径规划插件 SBPL_Lattice_Planner 基于 A* 的众多改进算法（比如 ARA*、AD*、R*、D*Lite 等）实现。

要了解 SBPL_Lattice_Planner㊀，就需要先了解 SBPL（Search-based planning library）。SBPL 是一个基于图搜索实现的通用路径规划库，库中包含 ARA*、AD*、R*、D*Lite 等众多 A* 改进版本的实现。因此，我们可以基于 SBPL 库快速开发出各种实用的路径规划器。SBPL_Lattice_Planner 正是基于 SBPL 库开发出来的。其调用过程如图 12-9 所示。其实，SBPL_Lattice_Planner 就是负责将 SBPL 封装成 ROS 的 plugin 形式，以便于 moove_base 调用。

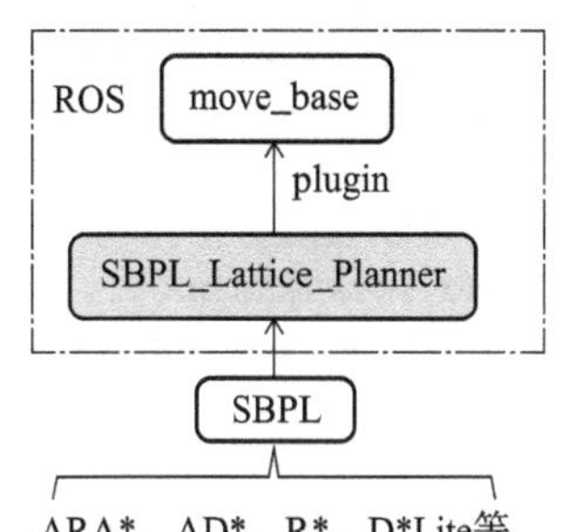

图 12-9　SBPL_Lattice_Planner 的调用过程

（1）SBPL_Lattice_Planner 与 SBPL 的安装

首先安装 SBPL 库，SBPL 库的安装方法有两种：方法 1 直接通过 apt-get 安装编译好的 SBPL 库到系统；方法 2 是下载 SBPL 源码手动编译和安装。方法 1 很简单，执行下面的命令即可实现。

```
# 方法 1：安装 SBPL
sudo apt install ros-melodic-sbpl
```

由于后续可能需要对 SBPL 中的代码做修改来改进算法，因此这里推荐采用如下所示的方法 2 进行安装。

```
# 方法 2：安装 SBPL
# 下载 SBPL 源码
git clone https://github.com/sbpl/sbpl.git
# 编译
cd sbpl
mkdir build
cd build
cmake ..
make
# 安装
sudo make install
```

安装好 SBPL 库后，我们就可以安装 SBPL_Lattice_Planner 功能包了。SBPL_Lattice_Planner 功能包被集成在 navigation-experimental 功能包集中。同样，SBPL_Lattice_Planner 的安装方法也有两种：方法 1 是直接通过 apt-get 安装编译好的 navigation-experimental 功能包集进行安装；方法 2 是下载 SBPL_Lattice_Planner 功能包源码手动编译和安装。方法 1

㊀ 参见 https://wiki.ros.org/sbpl_lattice_planner。

很简单，执行下面的命令就能实现。

```
# 方法 1：安装 SBPL_Lattice_Planner
sudo apt install ros-melodic-navigation-experimental
```

由于后续可能需要对 SBPL_Lattice_Planner 功能包中的代码做修改来改进算法，因此这里推荐采用如下所示的方法 2 进行安装。

```
# 方法 2：安装 SBPL_Lattice_Planner
# 切换到工作空间目录
cd ~/catkin_ws/src/
# 下载 navigation-experimental 源码
git clone https://github.com/ros-planning/navigation_experimental.git
cd navigation_experimental
# 查看代码版本是否为 molodic，如果不是，请使用 git checkout 命令切换到对应版本
git branch
# 编译
cd ~/catkin_ws/
catkin_make -DCATKIN_WHITELIST_PACKAGES="sbpl_lattice_planner"
```

（2）在 move_base 中加载 SBPL_Lattice_Planner 插件

由于 SBPL_Lattice_Planner 是插件，因此 SBPL_Lattice_Planner 功能包编译完成后会以插件的身份自动注册到 ROS 系统。也就是说，我们只需要在 move_base 节点中加载该插件就可以，具体步骤为先将配置文件 move_base_params.yaml 中的默认全局路径规划插件替换为 SBPLLatticePlanner，接着按照 SBPL_Lattice_Planner 的官方 wiki 教程㊀为插件 SBPLLatticePlanner 编写配置文件 sbpl_lattice_planner_params.yaml，最后在启动文件 move_base.launch 中载入该配置文件即可。

2. 基于采样的全局路径规划插件 srl_global_planner

srl_global_plannner㊁是基于采样的路径规划算法（RRT 及其变种（RRT*、Theta*-RRT））的轻量级实现。由于 srl_global_plannner 的安装和使用过程与 SBPL_Lattice_Planner 类似，这里就不再赘述了。

如果你想更全面地了解基于采样的路径规划算法的实现，可以参考一下 OMPL㊂（Open Motion Planning Library，开源运动规划库）。OMPL 中所包含的基于采样的路径规划算法更全面，比如 PRM、RRT、EST、SBL、KPIECE、SyCLOP 及其变种。OMPL 不仅在移动机器人自主导航中有应用，在机械臂运动规划中的应用也十分广泛。

3. 基于弹性带的局部路径规划插件 teb_local_planner

上面介绍了一些比较好用的第三方全局路径规划插件，这里介绍一个比较好用的第三方局部路径规划插件，即 teb_local_planner。ros-navigation 中集成的局部路径规划插件 base_local_planner 和 dwa_local_planner 是基于动态窗口和轨迹试探理论[5, 6, 7]实现的。图 12-10 所示为动态窗口理论的避障思路。首先在机器人控制空间（dx、dy 和 dtheta）进行速度离散采样；然后以每个采样速度模拟机器人运动一段时间，也就是以每个采样速度

㊀ 参见 https://wiki.ros.org/sbpl_lattice_planner。
㊁ 参见 https://github.com/srl-freiburg/srl_global_planner。
㊂ 参见 http://ompl.kavrakilab.org/。

进行轨迹试探，得到一条模拟轨迹；最后根据离障碍物的距离、碰撞、靠近目标点的程度、贴近全局路径的程度、速度大小等对每条模拟轨迹进行评分，得分最高的一条模拟轨迹就是局部路径规划的结果。

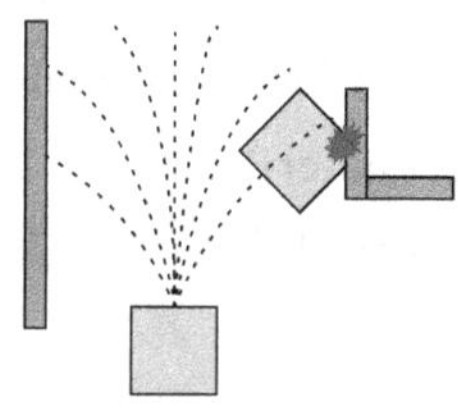

图 12-10　动态窗口理论的避障思路

注：该图来源于 http://wiki.ros.org/dwa_local_planner。

teb_local_planner 是基于弹性带碰撞约束算法[8, 9, 10, 11, 12]实现的，将动态障碍物、运行时效、路径平滑性等约束做了综合考虑，因此在复杂环境下相较传统的动态窗口理论有更优秀的表现。另外，teb_local_planner 支持几乎所有非完整约束底盘和完整约束底盘，特别是在阿克曼非完整约束底盘上表现出色。图 12-11 所示为基于弹性带碰撞约束理论的避障思路。首先以几条能到达目标点的粗略路径作为初始路径；然后在每条路径上加入时间、速度、碰撞等约束，并利用这些约束构建优化问题；求解每条初始路径的优化问题，得到一条比初始路径更优的路径，再从这些调优后的路径中选出一条更优的路径，即可得到局部路径规划结果。

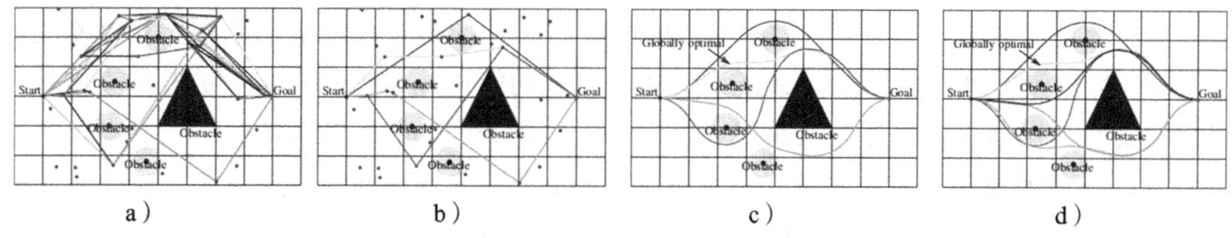

图 12-11　基于弹性带碰撞约束理论的避障思路

注：该图来源于文献［11］中的图 2。

teb_local_planner 的安装和使用过程与 SBPL_Lattice_Planner 和 srl_global_plannner 的类似，即先安装 teb_local_planner 插件，然后在 move_base 中加载该插件。采用源码方式手动编译和安装 teb_local_planner 的步骤如下所示。

```
# 安装 teb_local_planner
# 切换到工作空间目录
cd ~/catkin_ws/src/
# 下载 teb_local_planner 源码
git clone https://github.com/rst-tu-dortmund/teb_local_planner.git
cd teb_local_planner
# 查看代码版本是否为 molodic，如果不是，请使用 git checkout 命令切换到对应版本
git branch
# 安装 teb_local_planner 的依赖
rosdep install teb_local_planner
# 编译
```

```
cd ~/catkin_ws/
catkin_make -DCATKIN_WHITELIST_PACKAGES="teb_local_planner"
```

teb_local_planner 安装好后会以插件的身份自动注册到 ROS 系统。也就是说，我们只需要在 move_base 中加载该插件就可以了，具体步骤为先将配置文件 move_base_params.yaml 中的默认局部路径规划插件替换为 TebLocalPlannerROS，接着按照 teb_local_planner 的官方 wiki 教程[㊀]为插件 TebLocalPlannerROS 编写配置文件 teb_local_planner_params.yaml，最后在启动文件 move_base.launch 中载入该配置文件即可。

12.1.5　环境探索

通常，自主导航是在已知环境地图的条件下进行环境交互的行为，也就是从环境的一个地点移动到另一个地点。SLAM 通常是在人为操控条件下进行环境交互的行为，也就是为未知环境构建地图模型。自主导航和 SLAM 都是在受限条件下进行环境交互，自主导航的受限条件是环境地图必须已知，SLAM 的受限条件是构建未知环境地图的过程需要人为操控。如果将自主导航与 SLAM 结合起来，我们就可以让机器人与环境的交互过程真正自主化，即所谓的环境探索。在机器人的环境探索过程中，SLAM 为自主导航提供实时更新的地图，自主导航则为 SLAM 提供操控，这样就能让机器人在完全未知的环境中自主构建地图并利用该地图自主导航。环境探索涉及 3 个基本问题：建图、定位和路径规划。从某种意义上说，自主导航问题是环境探索问题的一种特殊情况，也就是将环境探索问题、定位和路径规划中的建图部分替换成已知地图。另外，自主导航的导航目标点是从外部获取的某个确定值，而环境探索的导航目标点是探索算法根据当前状态临时生成的。

由于环境探索与自主导航非常相似，因此我们在 ros-navigation 导航系统上稍做修改就能实现环境探索，也就是将 ros-navigation 中的可选功能包 map_server 部分更改成直接从外部获取实时地图数据。至于是否将可选功能 amcl 部分更改成由 SLAM 提供全局定位，这是无所谓的，因为 SLAM 全局定位可能不如 amcl 全局定位稳健。另外，将 ros-navigation 中从外部接收导航目标点的部分更改成从探索程序中自动生成导航目标点。下面介绍两个比较典型的环境探索的实现，即 frontier_exploration 和 rrt_exploration。

1. frontier_exploration

frontier_exploration 的探索策略其实就是不断将机器人导航到地图边缘区域，这样地图边缘区域的未知环境就可以通过观测变为已知区域，如图 12-12 所示。将机器人放入未知环境后，机器人通过传感器（比如激光雷达、超声波等）能建立一个小范围的初始地图；利用计算机视觉方法可以从这个初始地图中提取未闭合的边界区域，并挑选其中一个边界区域作为导航目标点；在机器人导航到该边界区域的过程中，地图会不断扩大（被探明的区域可能会出现新的边界区域）；机器人按照深度优先搜索的策略不断对边界区域进行探索，直到所有边界区域都被探明为止。我们通过 apt-get 和源码[㊁]方式安装 frontier_exploration，然后按照官方 wiki 教程[㊂]配置，就可以与 ros-navigation 导航系统和 SLAM 系统（比如 Gmapping、Cartographer 等）结合使用了。

㊀ 参见 http://wiki.ros.org/teb_local_planner。

㊁ 参见 https://github.com/paulbovbel/frontier_exploration。

㊂ 参见 http://wiki.ros.org/frontier_exploration/。

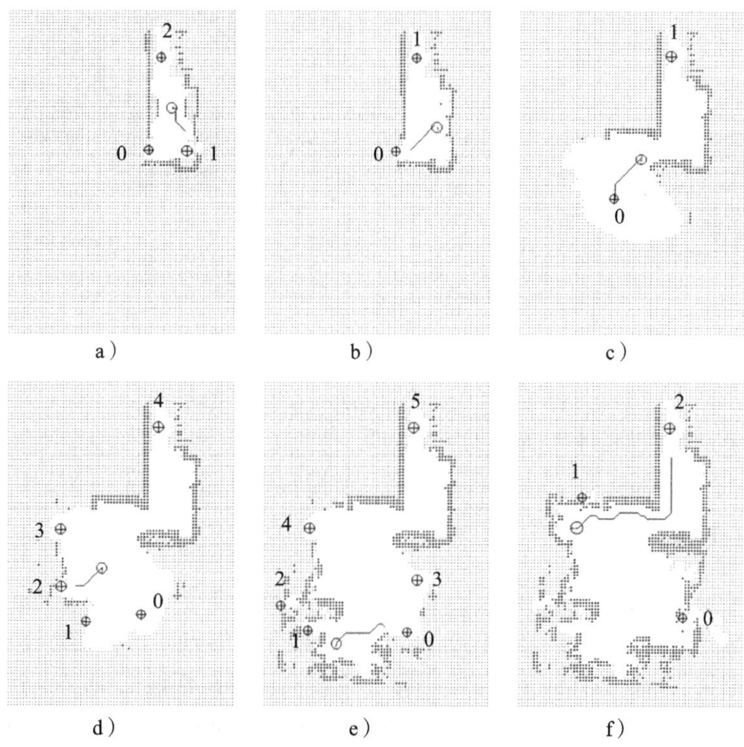

图 12-12 frontier_exploration 的探索策略

注：该图来源于文献［13］中的 Figure 2。

2. rrt_exploration

rrt_exploration 比 frontier_exploration 更强大。rrt_exploration 不仅集成了 frontier_exploration 中基于计算机视觉的边界区域探索策略，还集成了适用于多机器人探索的 RRT 探索策略。rrt_exploration 包含 5 个节点：全局边界检测器（Global Frontier Detector）、局部边界检测器（Local Frontier Detector）、过滤器（Filter）、机器人任务整合（Allocator）和传统边界检测器（Opencv-based Frontier Detector）。其中，Opencv-based Frontier Detector 节点基于传统的基于计算机视觉的边界区域探索策略，用来与 RRT 探索策略进行性能对比。Global Frontier Detector 和 Local Frontier Detector 都是基于 RRT 探索策略实现的。Global Frontier Detector 负责多机器人的全局探索，Local Frontier Detector 负责多机器人中每个机器人的局部探索；Filter 负责对从各个探索策略节点中得到的边界点进行过滤，将符合要求的边界点送入 Allocator；Allocator 负责对 SLAM 系统、ros-navigation 系统和探索策略进行整合，然后以从 Filter 节点传入的边界点为导航目标点驱动机器人进行探索，如图 12-13 所示。我们通过源码[㊀]方式安装 rrt_exploration，然后按照官方 wiki 教程[㊁]配置，就可以与 ros-navigation 导航系统和 SLAM 系统（比如 Gmapping、Cartographer 等）结合使用了。

㊀ 参见 https://github.com/hasauino/rrt_exploration。

㊁ 参见 http://wiki.ros.org/rrt_exploration。

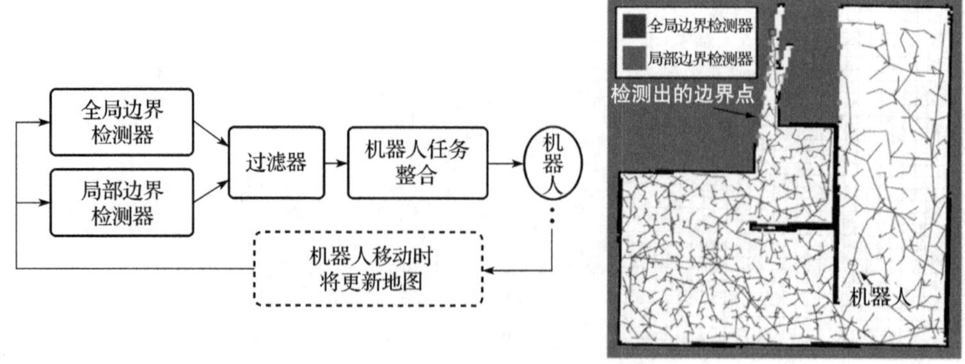

图 12-13 rrt_exploration 的探索策略

注：该图来源于文献［14］中的 Figure 1 和 Figure 3。

12.2 riskrrt 导航系统

对于大多数 ROS 学习者来说，最先接触到的导航系统是 ros-navigation。不过，机器人领域的导航系统并不是只有 ros-navigation。这里要介绍的 riskrrt 就是另外一种导航系统。riskrrt 的系统框架与 ros-navigation 基本一样，主要模块也包括地图供应、全局定位和路径规划。riskrrt 的特别之处体现在对动态障碍物的处理更加严格，在走廊、机场、路口等人流量大的场景中对机器人与动态障碍物发生碰撞的风险把控更加严格。这主要通过基于风险的 RRT 全局路径规划实现。

riskrrt 的代码框架如图 12-14 所示，由主节点 riskrrt_planner、controller 和 og_builder* 构成。障碍物融合处理节点 og_builder* 通过订阅地图（/map）和移动障碍物位姿（/robot_*/base_pose_ground_truth），然后将融合了动态障碍信息的 /ogarray 提供给全局路径规划节点 riskrrt_planner。全局路径规划节点 riskrrt_planner 订阅导航目标点（/goal）、机器人里程计（/odom）、障碍信息（/ogarray）和全局定位信息（/amcl_pose），然后将求出的全局路径（/traj）提供给轨迹跟踪节点 controller。轨迹跟踪节点订阅全局路径（/traj）和全局定位信息（/amcl_pose），然后将轨迹跟踪过程中生成的速度控制量（/cmd_vel）输出给机器人来实现导航。其中，/goal 由外界提供，/odom 由轮式里程计提供，/amcl_pose 由 amcl 全局定位节点提供，/map 由 SLAM 或者静态地图提供，/robot_*/base_pose_ground_truth 由特定感知算法提取出的动态障碍物位姿提供。

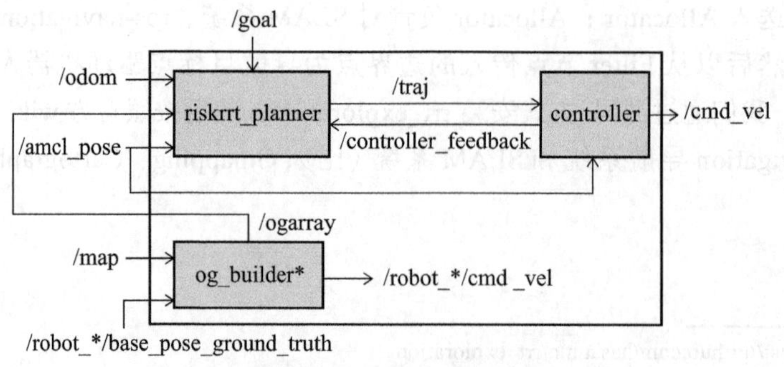

图 12-14 riskrrt 代码框架

与 ros-navigation 类似，我们可先通过源码[一]方式编译和安装 riskrrt，然后按照官方 Wiki 教程[二]配置并启动，具体过程就不再展开讲解了。

12.3　autoware 导航系统

上面介绍的 ros-navigation 和 riskrrt 导航系统主要用于机器人低速导航，并且大多基于 2D 地图。autoware 导航系统主要用于无人驾驶汽车的高速导航，并且基于 3D 地图。除了导航速度高一点和采用 3D 地图外，autoware 的原理几乎与 ros-navigation 一样，因此下面主要针对 autoware 的架构做简单分析，不再深入展开其他内容。

虽然 autoware[三]导航系统主要应用于无人驾驶汽车领域，但整个框架依然是基于 ROS 开发的。autoware 框架同样是由定位、感知识别、路径规划等主要模块组成的，如图 12-15 所示。

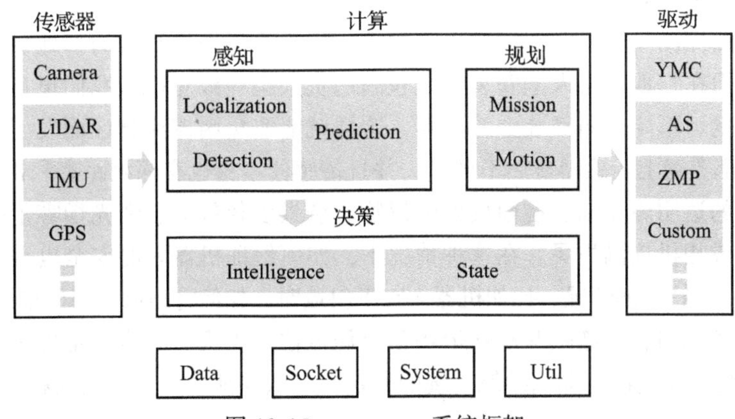

图 12-15　autoware 系统框架

注：该图来源于 https://gitlab.com/autowarefoundation/autoware.ai/autoware。

感知识别模块首先利用计算机视觉或者深度神经网络从 3D 激光雷达以及相机中识别出目标物体（比如车辆、行人、交通信号灯等），然后利用 3D 地图信息、定位信息、目标物体等进行融合，实现对目标物体的追踪，并实时输出目标物体在地图中的位姿、状态、移动速度等信息。

定位模块借助多种定位算法以及传感器融合来提供混合定位信息。比如，无人驾驶汽车的全局位姿由多种定位算法融合而来。这些定位算法包括 NDT（用于激光 SLAM）、ORB_SLAM（用于视觉 SLAM）、GNSS+IMU（用于组合导航）等。不管是激光 SLAM 还是视觉 SLAM，都需要先运行 SLAM 建图模式构建出一张地图，然后再载入该地图进行 SLAM 重定位。对于轮式里程计、相机、激光雷达等传感器，它们除了在 SLAM 中进行融合外，还有一些特殊的融合处理方式，也就是说传感器融合的形式很丰富。

路径规划模块，其实也就是全局路径规划和轨迹跟踪，只不过需要额外考虑一些约束，

[一] 参见 https://github.com/spalanza/riskrrt_ros。

[二] 参见 http://wiki.ros.org/riskrrt。

[三] 参见 https://www.autoware.ai。

比如交通规则约束、避让车辆、避让行人等。对于电动汽车来说，路径规划模块输出的线速度和角速度控制量可以直接用于操控汽车。而对于燃油汽车，就需要有一套电子控制转机械控制的中间装置，以便将路径规划模块输出的线速度和角速度控制量转换成汽车的方向盘和油门控制量。

autoware 的安装与 ros-navigation 的安装类似。我们可先通过源码㊀方式编译和安装 autoware，然后按照官方 wiki 教程㊁配置并启动。

12.4 导航系统面临的一些挑战

通过以上 3 个导航系统的学习，相信大家对机器人自主导航系统的工作原理一定不陌生了。虽然这些导航系统能很容易在机器人中运行起来，但目前的这些导航系统还面临不少挑战。下面列举一些比较有代表性的挑战。

立体障碍物是机器人导航中很头疼的一个问题，因为 2D 激光雷达只能扫描某个平面内的障碍物，无法探测高于或低于扫描平面的障碍物。比如一个很矮的扫地机器人能从桌子底下穿过去，而在扫地机器人上安装一个较高的货架会导致碰撞。我们很自然地会想到在机器人不同高度、不同方向都装上传感器，这样就能避免因探测盲区而发生的碰撞。但将机器人的全身都覆盖上传感器显然不现实，并且传感器本身也有探测距离和视角盲区问题。

玻璃类型的透明障碍物、镜面反射障碍物、场景多径效应、强光烟雾干扰等因素都会导致激光雷达或相机探测失灵。在这种情况下，如何保证机器人的安全也是一个棘手的问题。另外还有一些特殊的情况，比如机器人在下斜坡时，如何将地面从障碍描述中分离出来。

同时，路径规划和轨迹跟踪都强依赖于全局定位，当机器人全局定位丢失后，路径规划和轨迹跟踪将直接崩溃，那么导航系统的稳定性怎么保证也是一个大问题。

12.5 本章小结

本章介绍了 3 种典型的自主导航系统实现，分别为 ros-navigation、riskrrt 和 autoware。ros-navigation 在机器人中应用最广泛也最成熟的，大家务必要掌握其原理和使用方法。riskrrt 是 ros-navigation 的补充，特别之处体现在对动态障碍物的处理更加严格。autoware 主要用于无人驾驶汽车的高速导航，并且基于 3D 地图。

到这里，关于 SLAM 和导航的内容就已经全部讨论完了。接下来为本书的最后一章，将用一个真实机器人 SLAM 导航案例来回顾前面所有章节的内容。

参考文献

[1] ZHANG L, ZAPATA R, P LÉPINAY. Self-adaptive Monte Carlo localization for Mobile Robots Using Range Finders [J]. Robotica, 2012, 30 (2): 229-244.

㊀ 参见 https://github.com/Autoware-AI/autoware.ai。

㊁ 参见 https://github.com/Autoware-AI/autoware.ai/wiki。

[2] FOX D, BURGARD W, DELLAERT F, et al. Monte Carlo Localization : Efficient Position Estimation for Mobile Robots Dieter Fox [C]. Florida: AAAAI-99, 2000.

[3] DOUCET A. On Sequential Simulation-Based Methods for Bayesian Filtering [C] . Cambridge University Press, 1998.

[4] LU D V, HERSHBERGER D, SMART W D. Layered costmaps for context-sensitive navigation [C]. New York: IEEE, 2014.

[5] KELLY A. An Intelligent Predictive Controller for Autonomous Vehicles [C] . Pittsburgh : Carnegie Mellon University Robotics Institute, 1994.

[6] FOX D, BURGARD W, THRUN S. The Dynamic Window Approach to Collision Avoidance [J]. IEEE Robotics & Automation Magazine, 2002, 4 (1): 23-33.

[7] GERKEY B P, KONOLIGE K . Planning and control in unstructured terrain. 2008 [2020-12-15]. https://www.researchgate.net/publication/228633146_Planning_and_control_in_unstructured_terrain.

[8] RÖSMANN C, HOFFMANN F, BERTRAM T: Integrated Online Trajectory Planning and Optimization in Distinctive Topologies [J]. Robotics and Autonomous Systems, 2017, 88 (1) 142-153.

[9] RÖSMANN C, FEITEN W, WÖSCH T, et al. Trajectory Modification Considering Dynamic Constraints of Autonomous Robots [C]. Munich: VDE, 2012.

[10] RÖSMANN C, FEITEN W, WÖSCH T, et al. Efficient Trajectory Optimization Using a Sparse Model [C]. Barcelona: IEEE, 2013.

[11] RÖSMANN C, HOFFMANN F, Bertram T, et al. Planning of Multiple Robot Trajectories in Distinctive Topologies [C]. Lincoln: IEEE, 2015.

[12] RSMANN C, HOFFMANN F, BERTRAM T. Kinodynamic Trajectory Optimization and Control for Car-Like Robots [C]. Canada: IEEE, 2017.

[13] YAMAUCHI B. A Frontier-based Approach for Autonomous Exploration [C]. New York: IEEE. 1997.

[14] UMARI H, MUKHOPADHYAY S. Autonomous Robotic Exploration Based on Multiple Rapidly-exploring Randomized Trees [C]. Canada: IEEE, 2017: 1396-1402.

[15] Nagoya University. Autoware User's Manual-Version1.1 [EB/OL]. [2021-11-9]. https://github.com/CPFL/Autoware-Manuals.

CHAPTER 13

第13章 机器人SLAM导航综合实战

本章将以一个真实机器人为例，教大家开展SLAM导航的完整学习与研究流程，以便于在学完本书全部内容后能继续进行SLAM导航方面的研究和开发。

在实战之前，我们需要有一台机器人底盘。底盘是移动机器人的核心部件，也是很多商业机器人公司的核心技术所在。底盘的研发涉及电机控制系统、运动学模型软硬件、机械结构等交叉学科，难度还是很大的。如果你是机器人的初学者，建议直接购买市场上成熟的底盘来学习，待掌握了底盘的软硬件各项功能和原理后，再根据自己的能力和需求自己设计底盘。关于底盘选购请参考6.2节，底盘搭建可以参考6.3节。

本章以如图13-1所示的xiihoo机器人为例，讨论传感器的使用、SLAM建图、自主导航以及基于自主导航的应用等。该机器人上已经搭载必备的传感器、开发环境、SLAM导航软件套件等，其中传感器包括带编码器的减速电机、电机控制板、激光雷达、IMU和相机，开发环境包括树莓派主机上的Ubuntu和ROS，SLAM导航软件套件包括驱动层（运行底盘的urdf模型、运行底盘的ROS驱动、运行雷达的ROS驱动、运行IMU的ROS驱动和运行相机的ROS驱动）、核心算法层（SLAM软件框架和导航软件框架）以及应用层（基于SLAM导航的应用）。

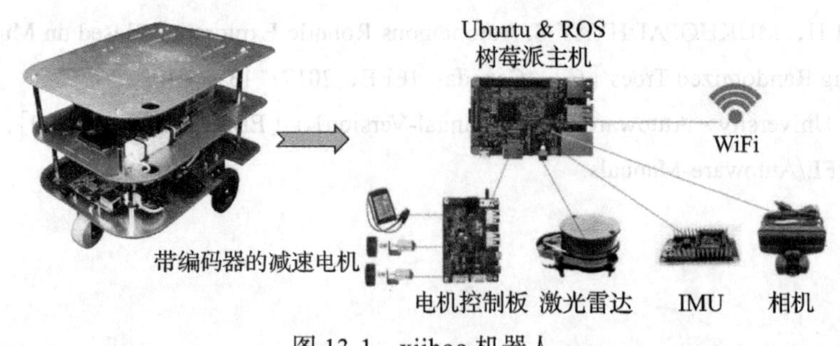

图13-1 xiihoo机器人

注：该图来源于http://xiihoo.taobao.com。

13.1 运行机器人上的传感器

由于xiihoo机器人中已经为电机控制板、激光雷达、IMU和相机安装好了配套的ROS驱动，因此只要在机器人上开启相应传感器的ROS驱动节点就可以使用这些传感器了。关于这几个传感器的工作原理，请参考第4章的相关内容，这里就不再赘述了。

13.1.1　运行底盘的 ROS 驱动

底盘 ROS 驱动一方面订阅控制话题 /cmd_vel 并将其解析后转发给电机控制板，另一方面从电机控制板获取电机编码器数据并将其解析后发布到轮式里程计话题 /odom 以及 odom->base_link 的 tf 关系中。每种机器人底盘都会提供配套的底盘 ROS 驱动，xiihoo 机器人的底盘 ROS 驱动为 xiihoo_bringup，可通过以下命令启动。

```
# 启动底盘
roslaunch xiihoo_bringup minimal.launch
```

底盘 ROS 驱动一旦启动以后，就可以向话题 /cmd_vel 发送线速度和角速度控制量来控制底盘运动了。其中，话题 /cmd_vel 的消息类型为 geometry_msgs::Twist。geometry_msgs::Twist 的数据结构如下。

```
[geometry_msgs/Twist.msg]
#Raw Message Definition
Vector3  linear
Vector3  angular
```

同时，从电机控制板获取到的电机编码器数据将被解析成里程计数据并发布到话题 /odom 以及 odom->base_link 的 tf 关系之中。其中，话题 /odom 的消息类型为 nav_msgs::Odometry。nav_msgs::Odometry 的数据结构如下。

```
[nav_msgs/Odometry.msg]
#Raw Message Definition
Header header
string child_frame_id
geometry_msgs/PoseWithCovariance pose
geometry_msgs/TwistWithCovariance twist
```

13.1.2　运行激光雷达的 ROS 驱动

激光雷达的 ROS 驱动从激光雷达读取扫描数据并发布到话题 /scan。激光雷达 ROS 驱动由相应厂商提供。在 xiihoo 机器人中，激光雷达数据通过 ydlidar 驱动发布，可通过以下命令进行启动。

```
# 启动激光雷达
roslaunch ydlidar my_x4.launch
```

这里需要注意激光雷达数据的坐标系，xiihoo 机器人中的激光雷达采用右手坐标系收集数据，即雷达正前方为 x 轴、正左方为 y 轴、正上方为 z 轴、以 x 轴起始逆时针方向为 theta 轴。激光雷达的扫描数据以极坐标的形式表示，激光雷达正前方是极坐标 0 度方向、正左方是极坐标 90 度方向，灰色点为扫描到的数据点，如图 13-2 所示。

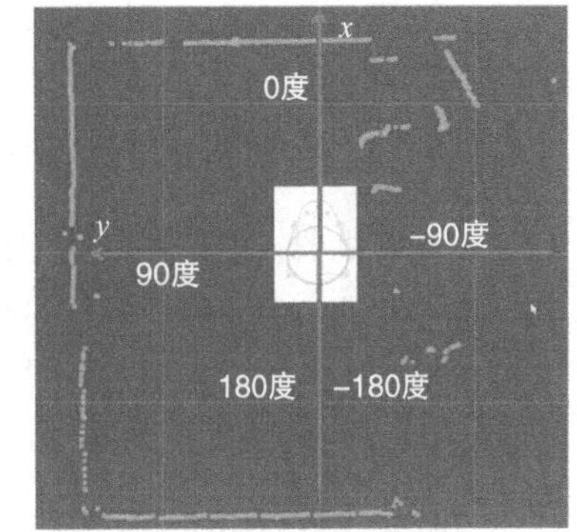

图 13-2　激光雷达数据格式

激光雷达 ROS 驱动一旦启动，就可以从话题 /scan 中订阅到激光雷达的扫描数据了。其中，话题 /scan 的消息类型为 sensor_msgs::LaserScan。sensor_msgs::LaserScan 的数据结构如下。angle_increment 表示激光数据点的极坐标递增角度，ranges 数组存放实际的极坐标点距离值。

```
[sensor_msgs::LaserScan.msg]
#Raw Message Definition
Header header
float32 angle_min
float32 angle_max
float32 angle_increment
float32 time_increment
float32 scan_time
float32 range_min
float32 range_max
float32[] ranges
float32[] intensities
```

13.1.3 运行 IMU 的 ROS 驱动

IMU 的 ROS 驱动从 IMU 模块中读取数据并发布到话题 /imu。其由相应厂商提供。在 xiihoo 机器人中，IMU 数据通过 xiihoo_imu 驱动发布。我们可通过以下命令启动 IMU 的 ROS 驱动。

```
# 启动 IMU
roslaunch xiihoo_imu imu.launch
```

IMU 的 ROS 驱动一旦启动，就可以从话题 /imu 中订阅到 IMU 的数据了。其中，话题 /imu 的消息类型为 sensor_msgs::Imu。sensor_msgs::Imu 的数据结构如下。

```
[sensor_msgs::Imu.msg]
#Raw Message Definition
Header header
geometry_msgs/Quaternion orientation
float64[9] orientation_covariance
geometry_msgs/Vector3 angular_velocity
float64[9] angular_velocity_covariance
geometry_msgs/Vector3 linear_acceleration
float64[9] linear_acceleration_covariance
```

13.1.4 运行相机的 ROS 驱动

xiihoo 机器人中使用的是 USB 单目相机，采用 usb_cam 驱动获取图像数据并发布到话题 /usb_cam/image_raw。我们可通过以下命令启动相机的 ROS 驱动。

```
# 启动相机
roslaunch usb_cam usb_cam.launch
```

相机的 ROS 驱动一旦启动，就可以从话题 /usb_cam/image_raw 中订阅到图像数据了。其中，话题 /usb_cam/image_raw 的消息类型为 sensor_msgs::Image。sensor_msgs::Image 的

数据结构如下。

```
[sensor_msgs::Image.msg]
#Raw Message Definition
Header header
uint32 height
uint32 width
string encoding
uint8 is_bigendian
uint32 step
uint8[] data
```

13.1.5 运行底盘的 urdf 模型

urdf 模型描述了机器人底盘的形状、传感器之间的安装关系、各个传感器在 tf 树中的关系。其实，xiihoo 机器人底盘的 urdf 模型主要是提供各个传感器在 tf 树中的静态关系，这些静态 tf 关系将在 SLAM 和导航算法中被使用。图 13-3 为 xiihoo 机器人底盘中传感器的安装示意图。其中，base_footprint 为里程计坐标系中心，base_laser_link 为激光雷达坐标系中心，imu_link 为 IMU 模块坐标系中心，这些坐标系均为标准右手系。

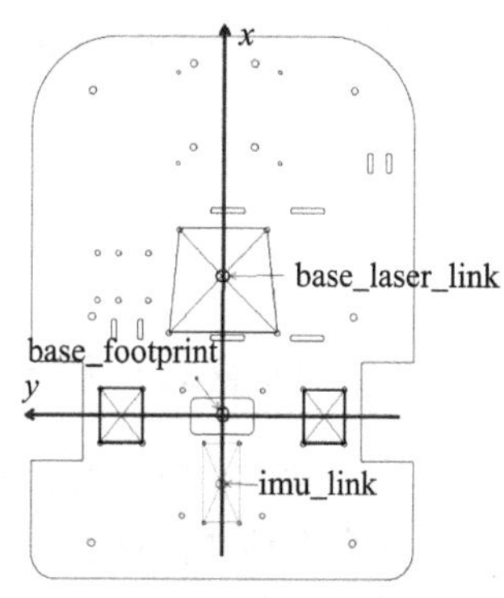

图 13-3 传感器安装示意

以 base_footprint 为父坐标系，建立 base_footprint → base_laser_link 及 base_footprint → imu_link 的转换关系，就实现了各个传感器之间 tf 关系的构建。tf 关系构建的具体实现在 xiihoo_description/urdf/xiihoo.urdf 中，具体内容如下。

```
<robot name="xiihoo">
  <material name="orange">
    <color rgba="1.0 0.5 0.2 1" />
  </material>
  <material name="gray">
    <color rgba="0.2 0.2 0.2 1" />
  </material>

  <link name="base_footprint"/>

  <!-- base_link -->
  <link name="base_link"/>
  <joint name="base_link_joint" type="fixed">
    <parent link="base_footprint" />
    <child link="base_link" />
    <origin xyz="0 0 0.065" rpy="0 0 0.0" />
  </joint>

  <!-- laser -->
  <link name="base_laser_link"/>
```

```
  <joint name="base_laser_link_joint" type="fixed">
    <origin xyz="0.08 0.00 0.065" rpy="0 0 0.0" />
    <parent link="base_footprint" />
    <child link="base_laser_link" />
  </joint>

  <!-- imu -->
  <link name="imu_link"/>
  <joint name="imu_link_joint" type="fixed">
    <origin xyz="-0.035 0.00 0.065" rpy="0 0 0" />
    <parent link="base_footprint" />
    <child link="imu_link" />
  </joint>
</robot>
```

最后，用下面的命令启动底盘的urdf模型，传感器之间的tf关系就被发布到tf树，通过订阅 /tf 就能获取所需的转换关系。

```
# 启动 urdf 模型
roslaunch xiihoo_description xiihoo_description.launch
```

13.1.6　传感器一键启动

为了操作方便，我们可以将要启动的传感器都写入xiihoo_all_sensor.launch启动文件，通过这个启动文件就能一键启动机器人底盘的ROS驱动、激光雷达的ROS驱动、IMU的ROS驱动、相机的ROS驱动以及底盘的urdf模型。一键启动文件xiihoo_all_sensor.launch的内容如下。

```
<launch>
  <!-- xiihoo bring up -->
  <include file="$(find xiihoo_bringup)/launch/minimal.launch"/>
  <!-- launch laser -->
  <include file="$(find ydlidar)/launch/my_x4.launch" />
  <!-- launch imu -->
  <include file="$(find xiihoo_imu)/launch/imu.launch" />
  <!-- robot model -->
  <include file="$(find xiihoo_description)/launch/xiihoo_description.launch"/>
</launch>
```

以后在运行SLAM和导航时，我们就可以通过一键启动文件xiihoo_all_sensor.launch很方便地启动机器人平台相关的节点了。

```
# 一键启动
roslaunch xiihoo_bringup xiihoo_all_sensor.launch
```

13.2　运行SLAM建图功能

在xiihoo机器人中，推荐使用基于激光的Cartographer和基于视觉的ORB-SLAM2来建图，并且利用Cartographer和ORB-SLAM2进行联合建图来提升定位的稳定性。

13.2.1 运行激光 SLAM 建图功能

关于 Cartographer 的安装与运行细节可以参考 8.2.3 节，这里简单回顾一下运行流程。首先启动机器人平台相关的节点，也就是在命令行终端运行一键启动文件 xiihoo_all_sensor.launch。

```
# 一键启动
roslaunch xiihoo_bringup xiihoo_all_sensor.launch
```

然后启动 Cartographer 建图节点，也就是在命令行终端运行建图启动文件 xiihoo_mapbuild.launch。关于建图效果调优，读者可以修改 *.lua 配置文件中的参数。

```
# 激光建图
roslaunch  cartographer_ros  xiihoo_mapbuild.launch
```

接下来，我们就可以遥控机器人在环境中移动，进行地图构建了。不同的机器人支持不同的遥控方法，比如手柄遥控、手机 APP 遥控、键盘遥控等。这里使用键盘遥控方式来遥控 xiihoo 机器人。键盘启动命令如下。

```
# 首次使用键盘遥控时，需要先安装对应功能包
sudo apt install ros-melodic-teleop-twist-keyboard
# 启动键盘遥控
rosrun teleop_twist_keyboard teleop_twist_keyboard.py
```

这样，在键盘遥控程序终端，通过对应的按键就能控制底盘移动了。这里介绍一下按键的映射关系：前进、后退、左转、右转分别对应按键 i、,、j、l，增加和减小线速度分别对应按键 w 和 x，增加和减小角速度分别对应按键 e 和 c。

遥控底盘建图的过程中，可以打开 rviz 可视化工具查看所建地图的效果以及机器人实时估计位姿等信息。

```
# 启动 rviz
rviz
```

当环境扫描完成，路径回环到起始点后，就可以将 Cartographer 构建的地图结果保存下来。cartographer_ros 提供了将建图结果保存为 *.pbstream 的方法，其实就是调用 cartographer_ros 提供的名叫 /write_state 的服务。服务传入参数 /home/ubuntu/map/carto_map.pbstream 为地图的保存路径。

```
# 保存地图
rosservice  call  /write_state  /home/ubuntu/map/carto_map.pbstream
```

由于 Cartographer 构建的地图是 pbstream 格式，后续导航中使用到的地图是 GridMap 格式，因此需要将 pbstream 格式转换成 GridMap 格式。地图格式转换命令如下。注意，这是一条长命令，不需要换行。

```
# 启动地图格式转换
roslaunch cartographer_ros xiihoo_pbstream2rosmap.launch pbstream_filename:=/
  home/ubuntu/map/carto_map.pbstream map_filestem:=/home/ubuntu/map/carto_map
```

13.2.2 运行视觉 SLAM 建图功能

关于 ORB-SLAM2 的安装与运行细节可以参考 9.1.3 节，这里简单回顾一下运行流程。首先启动机器人平台相关的节点，也就是在命令行终端运行一键启动文件 xiihoo_all_sensor.launch。

```
# 一键启动
roslaunch xiihoo_bringup xiihoo_all_sensor.launch
```

然后启动 ORB-SLAM2 单目建图节点，也就是在命令行终端运行建图节点并载入视觉词袋模型 ORBvoc.txt 和配置文件 mono.yaml。

```
# 视觉建图
rosrun ORB_SLAM2 Mono Vocabulary/ORBvoc.txt mono.yaml
```

然后与 Cartographer 一样，利用键盘遥控机器人完成建图，最后保存地图到本地，这些操作就不再赘述了。

13.2.3 运行激光与视觉联合建图功能

其实，先用 ros-navigation 中的 map_server 加载 Cartographer 构建的地图，然后利用 amcl 进行全局定位，就可以进行自主导航了。由于 amcl 仅基于 2D 地图与激光雷达数据的匹配，因此全局定位信息极易丢失。那么，我们可以将 amcl 全局定位替换成由 Cartographer 重定位提供全局定位，也就是先用 Cartographer 构建地图，然后载入保存的地图进行重定位。由于 Cartographer 重定位是基于子图的匹配，而生成子图需要花费较长时间收集多帧激光雷达数据，也就是说 Cartographer 重定位实时性较差。因此，我们可以利用 Cartographer 和 ORB-SLAM2 联合建图，然后载入保存的联合地图同时进行 Cartographer 重定位和 ORB-SLAM2 重定位，这样 ORB-SLAM2 重定位可以弥补 Cartographer 重定位实时性较差的缺点。图 13-4 所示为联合建图大致流程。

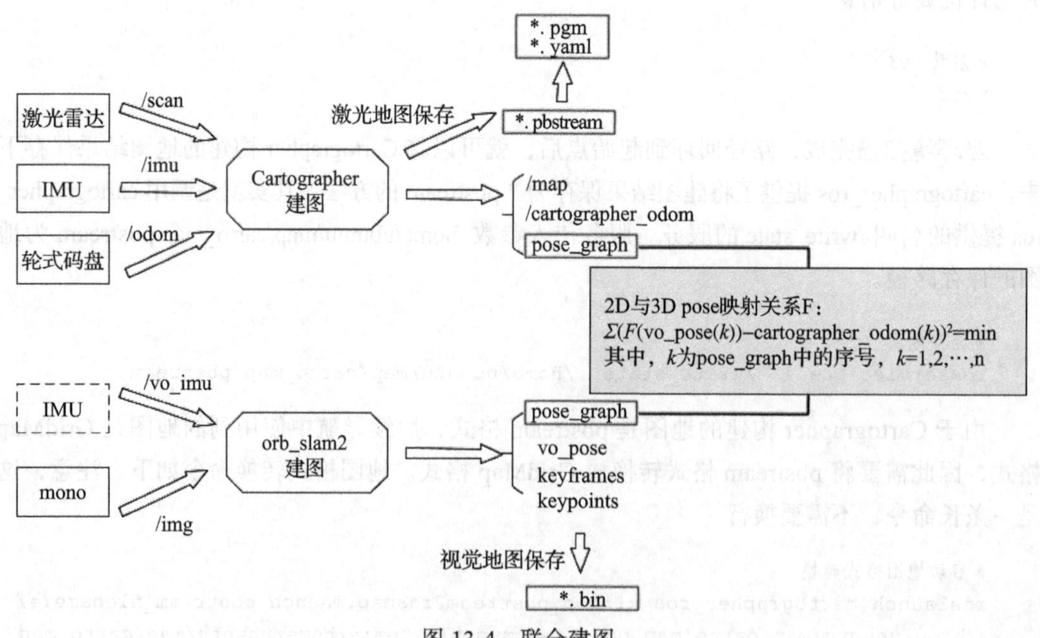

图 13-4 联合建图

使用 Cartographer 和 ORB-SLAM2 分别进行 2D 栅格地图和 3D 点云地图的构建，同时记录两个系统共有的 pose_graph 约束，得到的地图如图 13-5 所示。

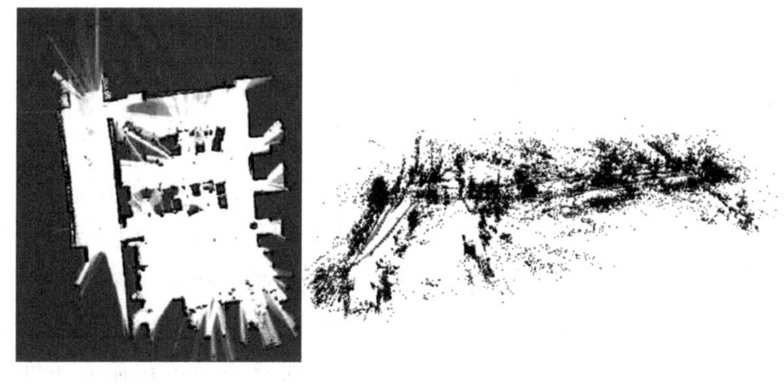

图 13-5　2D 栅格地图和 3D 点云地图

13.3　运行自主导航

xiihoo 机器人使用 ros-navigation 导航系统进行自主导航。关于 ros-navigation 的安装与运行细节可以参考 12.1.3 节，这里的不同之处是将默认的 amcl 全局定位替换成了 Cartographer 和 ORB-SLAM2 联合重定位，如图 13-6 所示。

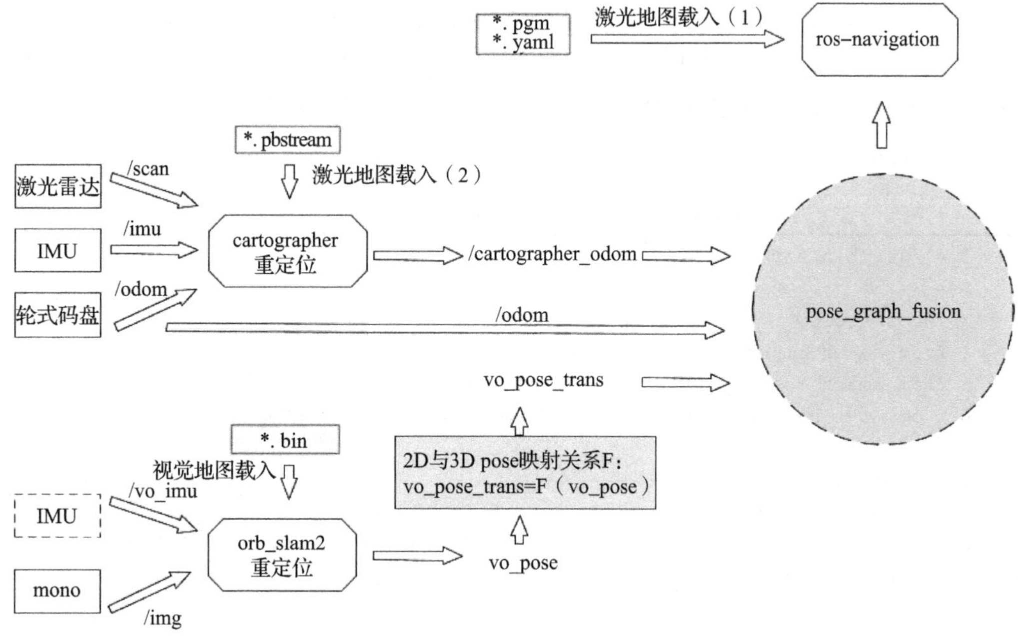

图 13-6　联合重定位

首先启动机器人平台相关的节点，这里就不再赘述了，接着载入由 Cartographer 构建并保存的地图文件 *.pgm 和 *.yaml 到 ros-navigation，然后分别载入激光地图 *.pbstream 和

视觉地图 *.bin 进行重定位，并将重定位融合后的全局定位信息提供给 ros-navigation，最后启动 ros-navigation 中的核心节点 move_base，只要机器人接收到导航目标点，就会开始自主导航。

13.4 基于自主导航的应用

其实，ros-navigation 导航系统只是为我们提供了一个最基本的机器人自主导航接口，即从 A 点到 B 点的单点导航。然而在实际的应用中，机器人往往要完成复杂的任务，这些复杂的任务一般是由一个个基本的任务、以状态机的形式组合在一起。图 13-7 为一个有限状态机（Finite State Machine，FSM）的例子。任何一个 FSM 都可以用状态转换图来描述，状态转换图中的节点表示 FSM 中的一个状态，有向加权边表示在输入条件时状态的转换关系。

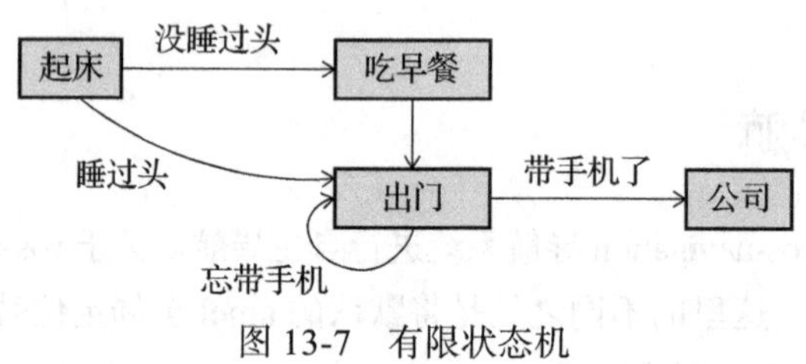

图 13-7　有限状态机

下面基于 ros-navigation 所提供的单点导航接口实现一个简单的应用，即多目标点巡逻。这里采用 Python 来编写多目标点巡航逻辑，如代码清单 13-1 所示。其中，waypoints 数组中存放的是要巡航的各个目标点，大家可以根据自己的需要进行相应的替换和增减；with patrol 代码块实现状态机的构建，调用状态机的执行函数，状态机就开始工作了，也就是开始执行巡航了。

代码清单 13-1　多目标点巡逻程序 patrol_fsm.py

```
#!/usr/bin/env python

import rospy
from smach import StateMachine
from smach_ros import SimpleActionState
from move_base_msgs.msg import MoveBaseAction, MoveBaseGoal

waypoints =[
  ['one', (-0.2, -2.1), (0.0, 0.0, 0.0, 1.0)],
  ['two', (0.4, -1.3), (0.0, 0.0, -0.984047240305, 0.177907360295)],
  ['three', (0.0, 0.0), (0.0, 0.0, 0.0, 1.0)]
]

if __name__ == '__main__':
  rospy.init_node('patrol')
  patrol=StateMachine(['succeeded','aborted','preempted'])
  with patrol:
```

```
  for i,w in enumerate(waypoints):
    goal_pose = MoveBaseGoal()
    goal_pose.target_pose.header.frame_id = 'map'
    goal_pose.target_pose.pose.position.x = w[1][0]
    goal_pose.target_pose.pose.position.y = w[1][1]
    goal_pose.target_pose.pose.position.z = 0.0
    goal_pose.target_pose.pose.orientation.x = w[2][0]
    goal_pose.target_pose.pose.orientation.y = w[2][1]
    goal_pose.target_pose.pose.orientation.z = w[2][2]
    goal_pose.target_pose.pose.orientation.w = w[2][3]

    StateMachine.add(
      w[0],
      SimpleActionState('move_base', MoveBaseAction, goal=goal_pose),
      transitions={'succeeded':waypoints[(i + 1) % len(waypoints)][0]}
    )

patrol.execute()
```

将 patrol_fsm.py 存放到 patrol/src/ 路径，然后就可以启动该节点程序进行多目标点巡逻了。

```
#启动多目标点巡逻
rosrun patrol patrol_fsm.py
```

最后总结一下，机器人可以进行自动导航、人机对话、用机械臂抓取物体、物体识别等。如果将这些任务结合起来，利用基于深度学习或强化学习的推理机制，机器人就能完成更为复杂和智能的任务。

13.5　本章小结

本章以一个真实机器人为例，教给大家开展 SLAM 导航的完整学习与研究流程。本书正文部分到这里就全部结束了，希望大家能享受这段珍贵且漫长的学习之旅。

APPENDIX

附录 A

Linux 与 SLAM 性能优化的探讨

在实际机器人之上运行的 SLAM 的性能（比如功耗、实时性、兼容性等）大多与机器人主机硬件架构及操作系统有关。第 1 章和第 5 章中已经说过，使用 ROS 进行机器人开发一般需要机器人和工作台两部分。其中，推荐大家在对 ROS 支持最好的 Ubuntu 操作系统上进行安装，而 Ubuntu 是 Linux 操作系统的一个具体发行版本，也就是说整个机器人开发过程都是在 Linux 操作系统环境下进行的。鉴于 Linux 在整个机器人开发中的重要地位以及后续各种算法深度优化和商业级应用的重要性，下面就先从操作系统的概念、Linux 操作系统以及 Ubuntu 的使用开始介绍，然后再进一步讨论 Linux 对 SLAM 功耗和实时性，为大家在 SLAM 工程化道路上提供一些性能优化思路。

A.1 操作系统的概念

要搞清楚操作系统，就需要先了解计算机的原理。顾名思义，计算机就是能提供计算的机器。其中，执行计算操作由中央处理器（Central Processing Unit，CPU）完成，CPU 以及其周围所连接的外部设备（比如内存、硬盘、显示器、鼠标、键盘、音响等）组成一台计算机。

程序在计算机上有两种运行方式，分别为裸机层面的程序和操作系统层面的程序。目前，主流的 SLAM 程序基本属于操作系统层面的程序，也就是计算机上需要先运行操作系统，然后在操作系统环境下运行 SLAM 程序。当然，有些追求极致性能和低成本的应用场合（比如扫地机器人），其 SLAM 程序经过特殊定制、裁剪后能直接在裸机层面运行。

A.1.1 计算机组成原理

大体上来说，计算机由 CPU 和外部设备两个主要部分组成。其中，CPU 又可以细分为控制单元和运算单元。从宏观上看，CPU 就是从外部读取指令，然后输出相应运算或控制结果。所谓的指令，就是由操作码和操作数组成的一串二进制数据。微观层面上讲，CPU 对这些二进制数据的解析和操作就涉及数字门电路以及晶体管方面的知识了，感兴趣的读者可以参考文献 [1]，这里就不展开讨论了。

一个 CPU 支持的所有指令形成的集合就是指令集。按照指令集的不同，我们可以将 CPU

划分为复杂指令集（Complex Instruction Set Computing，CISC）和精简指令集（Reduced Instruction Set Computing，RISC）CPU 两大类。其实，这两类指令集的区别在于指令的长度。复杂指令集（CISC）CPU 需要先对不等长的指令进行分割，然后对分割结果分段执行，这样耗费时间较长；精简指令集（RISC）CPU 执行等长的指令，不需要在分割指令以及分割后产生的多余指令上耗费时间。图 A-1 所示为一些常见的 CPU 种类。

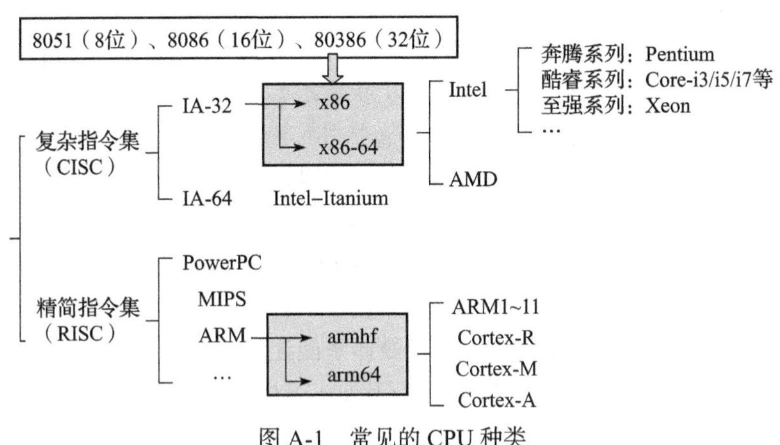

图 A-1　常见的 CPU 种类

以 x86 架构为代表的复杂指令集 CPU 和以 ARM 架构为代表的精简指令集 CPU 是目前市场上的两大主流 CPU。这里说的 x86 或 ARM 架构是指 CPU 设计图纸。众所周知，ARM 是一家芯片方案公司，自身并不生产芯片而是卖芯片设计图纸。不同的芯片厂商根据这个图纸可以生产出具体的 CPU 芯片，比如 x86 架构 CPU 的主要生产厂商有 Intel 和 AMD，ARM 架构 CPU 的主要生产厂商有三星、高通、意法半导体、德州仪器等。

谈到 CPU 发展史[2]44-49，我们就不得不提到 Intel 早期的 8 位 CPU（8051）、非常经典的 16 位 CPU（8086），以及后来的 32 位 CPU（80386 或 i386），这奠定了 x86 架构的基础。复杂指令集（CISC）CPU 主要包含 IA-32 和 IA-64 两种架构，IA-32 也叫 x86、x86-32 或 i386，而 x86-64 是在 32 位的 x86 基础上发展而来的 64 位架构，x86-64 也叫 x64 或者 amd64。这些名称可能让人很头疼，其实只要知道是 32 位还是 64 位就行了，只是同一个东西的不同称呼而已。由于 x86-64 向下兼容 x86，因此也将这种 32 位和 64 位的架构统称为 x86。它的主要设计厂商是 Intel 和 AMD，大家可能比较熟悉的是 Intel 的奔腾、酷睿、至强等系列，当然也有赛扬、凌动、Quark 和 Movidius 系列㊀。AMD 的处理器市场份额比较小，这里就不具体介绍了。这里要说一下 Intel 还开发了一个 IA-64 架构。其是专门为服务器 CPU 设计的 64 位架构，但 IA-64 架构的 64 位与 x86-64 架构的 64 位是有区别的。由于 IA-64 并不兼容 x86 和 x86-64，绝大多数软件无法直接使用，因此 IA-64 算是一个失败的尝试。精简指令集（RISC）包含 PowerPC、MIPS、ARM 等多种架构，其中 ARM 最出名。同样，ARM 也分为 32 位的 armhf 架构和 64 位的 arm64 架构。ARM 从早期的低端 ARM1 ～ 11 系列发展到现在的高端 Cortex 系列。其中，Cortex-R 系列主打实时性应用，Cortex-M 系列主打低端微控制应用，Cortex-A 系列主打高端应用㊁。

㊀　参见 https://www.intel.cn/content/www/cn/zh/products/processors.html。

㊁　参见 https://www.arm.com/products/silicon-ip-cpu。

现今的 CPU 随着性能的跨越式提升结构已经非常复杂，但工作原理依然与早期的 CPU 是类似的。对于计算机专业的同学们，通常学习经典的 8086 架构来理解 CPU 的工作原理[3]。不过，8086 架构的 CPU 目前已停产，我们可以从更简单且更实用的 8051 架构来理解 CPU 的工作原理[4]。基于 Intel 8051 架构，Intel 生产出了 MCS-51 系列单片机（具体型号有 80C31、8051 和 87C51）。后来，很多其他厂商在此架构上生产出各种 51 系列单片机（比如 STC89C51、AT89C51、CC2530 等），因此我们可以很容易买到一块基于 8051 架构的芯片进行实操。当然，对于学过 FPGA 的同学，其可以用 FPGA 上的门电路直接搭建一个结构更简单的 CPU，对这方面感兴趣的读者可以参考文献［5］。

计算机除了包括最关键的 CPU 之外，还包括外部设备以及它们之间的连接关系。目前的计算机都基于冯诺依曼体系，如图 A-2 所示。在冯诺依曼体系出现之前，人们需要手动将程序所对应的二进制机器码通过拨码开关逐行输入 CPU 执行，比如要执行一个很简单的加法程序，需要手动逐行输入加数 A、被加数 B 和加法操作码 ADD，然后观测 CPU 的运行结果。可以想象一下，一个稍微复杂的程序包含成百上千条二进制机器码，如果逐行手动输入将是一件多么痛苦的事情。冯·诺依曼体系能让编写好的程序逐行自动执行，这使得计算机上能运行大型的程序。由高级语言（比如 C、C++、Java、Python 等）编写的程序通过编译生成对应的汇编语言程序。汇编语言程序通过汇编生成机器语言程序（也就是二进制机器码）。当启动该程序时，存储在硬盘中的对应二进制机器码会被加载到内存之中。CPU 根据当前取址指针的值读取内存中存放的某条指令，对指令中的操作码进行解码并产生对应的控制信号，然后在控制信号的作用下对指令中的操作数进行运算操作。CPU 执行完该条指令后输出结果并根据更新后的取址指针的值读取内存中存放的下一条指令。程序指令就这样逐行自动执行下去，直到该程序被关闭。可以发现，这是一个递归的过程，前一条指令产生的控制信号和运算结果能触发下一条指令。而数据从输入端向内存、CPU、内存和输出端依次流动。

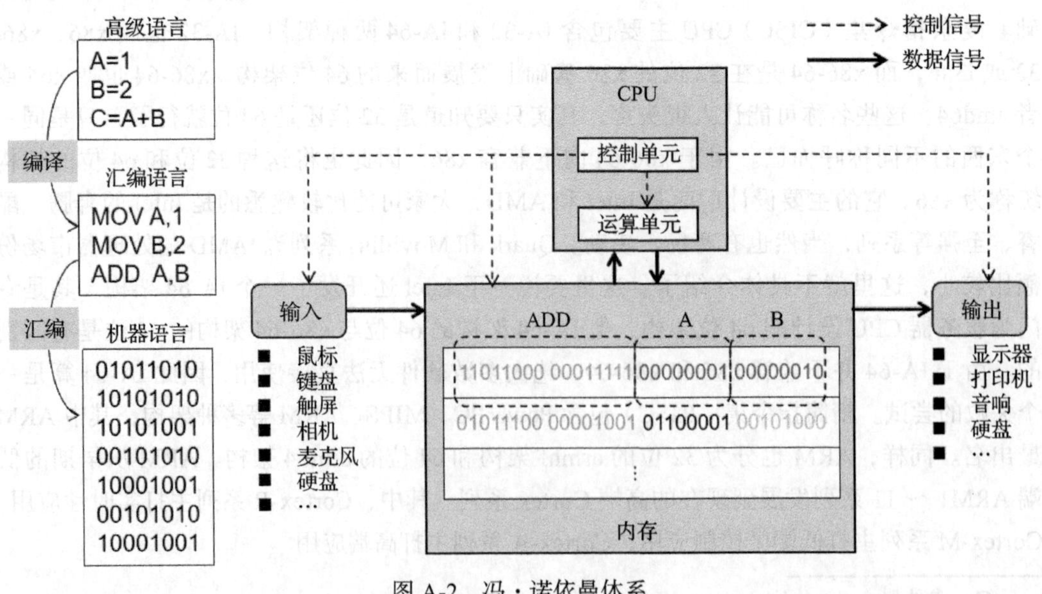

图 A-2　冯·诺依曼体系

当然，冯·诺依曼体系有诸多改进，比如将内存细分为两部分：一部分专门存放指令的操作码，另一部分专门存放指令的操作数，这就是哈佛体系；在 CPU 与内存之间增加速度更快的缓存，这就是改进型哈佛体系；规模特别大的程序无法一次完全加载进内存，于是出现了虚拟内存，也就是将即将运行的程序片段加载进内存，暂时还不需要运行的程序片段留在硬盘中稍后再加载。目前，各种计算机体系的本质依然是冯·诺依曼体系，也就是程序按照输入 / 输出的顺序逐条执行。这里的输入 / 输出也就是外部设备（比如内存、硬盘、显示器、鼠标、键盘、音响等），逐条执行指的就是 CPU 的行为。CPU 和外部设备通过总线进行连接，如图 A-3 所示。对于不同种类的 CPU 来说，总线的连接方式可能会有所区别，这里以 x86 和 ARM 架构的 CPU 为例来说明。x86 架构的 CPU 与外部设备通过南桥和北桥来实现连接，北桥连接速度较快的内存和显卡设备，南桥连接速度较慢的硬盘（IDE 或 SATA）、USB、PCI 等设备；而 ARM 架构的 CPU 与外部设备遵循 AMBA 总线规范[⊖]进行连接。

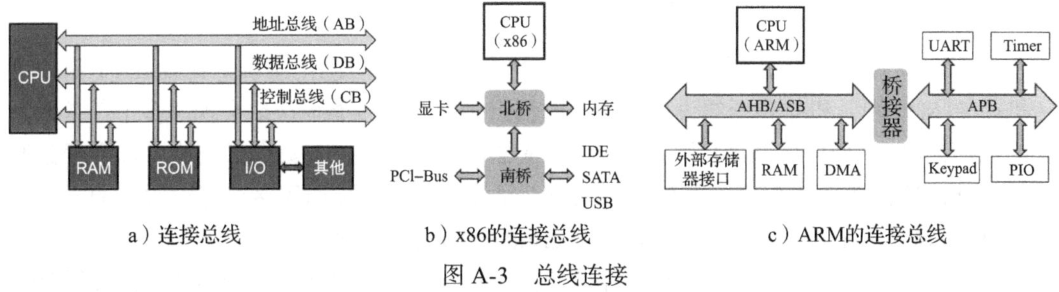

a）连接总线　　b）x86的连接总线　　c）ARM的连接总线

图 A-3　总线连接

在日常生活中，我们将搭载 x86 架构的 CPU（比如 Intel@Core-i3/i5/i7）的计算机称为通用计算机，将搭载非 x86 架构的 CPU 的计算机称为嵌入式计算机（比如搭载 ARM@Cortex-A 系列的手机、平板电脑、工控机等）。当然，一些低端 CPU 上直接集成了一些常用的外部设备。由于这种 CPU 和外部设备集成在同一颗芯片上，因此其俗称单片机（比如基于 8051 架构的 51 系列单片机、基于 ARM@Cortex-M 架构的 STM32 单片机等）。

A.1.2　裸机系统与操作系统

由于程序是按顺序运行，待执行的任务只能等前一项任务完成了才能执行。当有紧急任务需要立刻执行时，通过中断的方式打断当前任务去执行紧急任务，之后回来继续执行被打断的任务。大循环后台负责按顺序执行各项任务，而中断前台负责响应临时的紧急任务，这种执行程序的方式就是裸机系统（也叫前后台系统），如图 A-4a 所示。裸机系统的优点是消耗的计算资源少，执行效率高。像 51 系列单片机、STM32 单片机或一些中低端的 ARM（比如 ARM9、ARM11）一般直接在裸机系统上运行程序。在比较复杂的应用场景中，多个不同的任务需要同时执行，比如同时听歌、写代码、浏览网页等。这些任务都需要持续运行，没有明确的结束时间，按照裸机系统顺序执行的方式肯定是不行的。有读者可能会想，利用中断的原理分时段让每个任务都享有 CPU 使用权限，如图 A-4b 所示。可以发现，只要处理器（CPU）运行频率足够高，同一个任务中任务片段之间的暂停间隔就可

⊖　参见 https://developer.arm.com/architectures/system-architectures/amba。

以忽略，这样任务看上去都在并行运行。

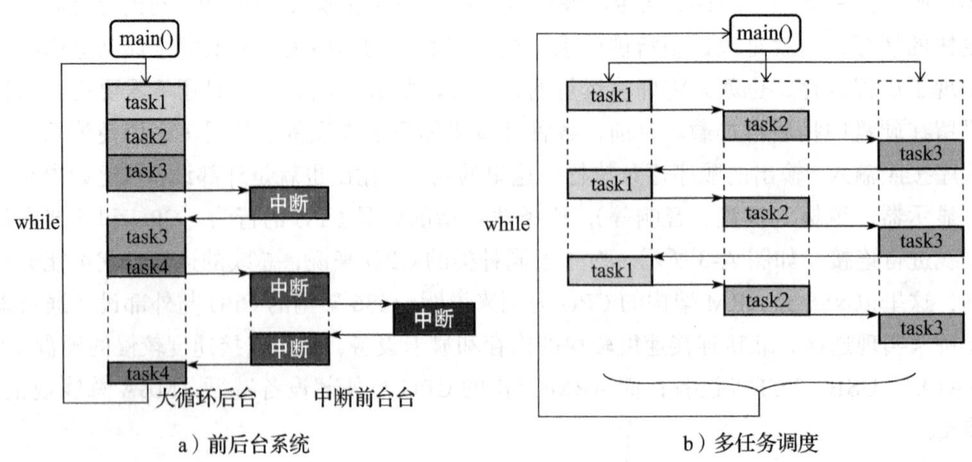

图 A-4　前后台系统和多任务调度

上面这个简单的任务调度机制就可以认为是一个简单的操作系统，比如在 51 系列单片机或 STM32 单片机这种低端设备上用定时器产生中断信号能轻松地实现对多个任务的调度。当然，出于稳定性、易用性、执行效率等方面的考虑，一个操作系统除了包含任务调度机制外，还包括文件系统、内存管理机制、硬件驱动、系统调用接口等。常见的操作系统有 Windows、Linux、Mac OS、IOS、Android、DOS、UNIX。

由于 Linux 操作系统在服务器、科学计算、嵌入式、机器人等众多领域被广泛使用，本书中用到的 ROS 也是基于 Linux 操作系统的发行版 Ubuntu 运行的，下面具体对 Linux 操作系统的原理展开讨论。

A.2　Linux 操作系统

Linux 是一个开源、免费的操作系统，以强大的安全、稳定、多并发性能得到业界的广泛认可。目前，Linux 被使用在很多中大型甚至巨型项目中。图 A-5 所示为 Linux 整体架构，自下而上分为硬件层、内核层和应用层。内核层向下对硬件进行抽象，向上为用户提供统一的系统调用接口。我们平时谈论 Linux 时，大多是说 Linux 的内核，即 Kernel。

A.2.1　Linux 内核

Linux 内核主要由虚拟文件系统（Virtual File System，VFS）、进程管理系统、设备驱动等组成。Linux 内核经过系统调用接口（System Call Interface，SCI）抽象后为应用层提供访问操作系统的统一接口，同时通过各种设备驱动及硬件控制实现对具体硬件的抽象。

现代操作系统要解决的一个重要问题就是对不同厂商、不同型号的硬件进行兼容。该问题可通过设备驱动及硬件控制解决。访问一个具体硬件外设的方法仅由该外设的片上控制芯片决定，也就是该控制芯片定义的电气接口特性。Linux 内核中的硬件控制模块用于控制电气接口，包含各种总线的控制方法，比如 PCI、PCI-E、IDE、SATA、USB、I2C、

SPI、SCSI、platform、serio 等的总线[6]。其中，对于物理总线（比如 PCI、USB、I2C 等）来说，PCI 设备、USB 设备、I2C 设备可以直接挂接在对应的物理总线上与 CPU 通信；但特殊嵌入式设备（比如红外传感器、按键、触摸屏等）并不属于这些常用物理总线的范畴，可以挂接在虚拟总线上（比如 platform、serio 等），这样就保证了所有的设备都有总线可以挂接。总线可以让多个相同设备同时接入，并且让设备管理变得简洁。当有新设备插入时，总线发现该设备后会自动加载对应的设备驱动。Linux 内核中包含块设备、字符设备和网络设备 3 类驱动[7]。对于字符设备和块设备来说，设备驱动将一个具体的硬件抽象成 Linux 文件系统中的一个设备文件，应用层的用户程序只需要像访问普通文件那样用 open()、close()、read()、write() 等函数操作设备文件，就能实现对该硬件的访问。字符设备是指那些只能按一个字节顺序读写数据流的设备（比如鼠标、键盘、串口、声卡等设备），块设备是指那些能从随机位置读写一定长度数据的设备（比如硬盘、光盘、U 盘等）。不过，网络设备没有被抽象成设备文件，而是由具体的网络接口名称（比如 eth0、eth1、wlan 等）表示。应用层的用户程序通过 socket 操作这些网络接口。

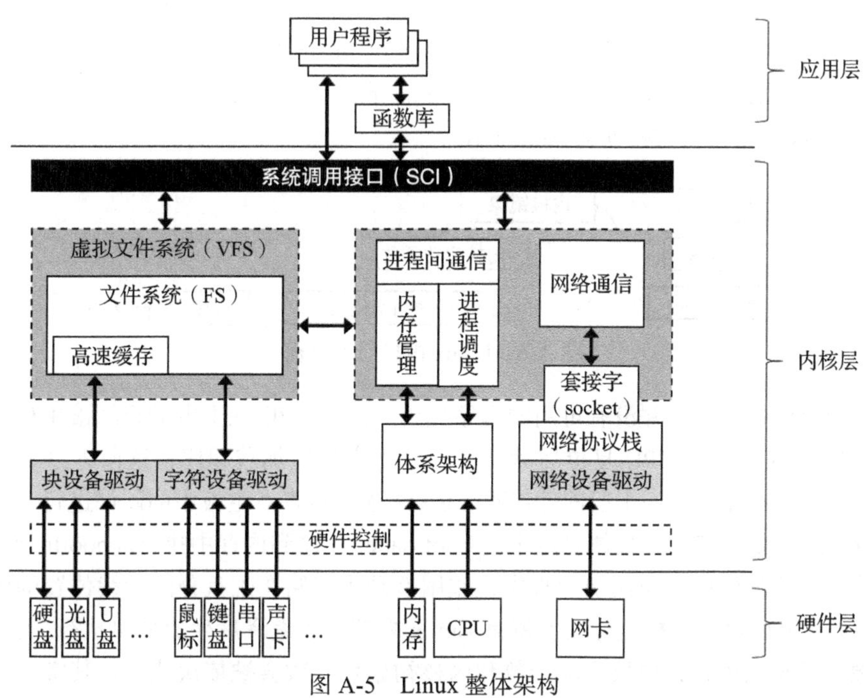

图 A-5　Linux 整体架构

块设备驱动和字符设备驱动将外设都抽象成具体文件，文件系统（File System，FS）用来从全局上管理这些具体文件，将具体文件以一定的组织形式存放到存储设备之中，以提高文件读取、写入、删除、移动等操作的效率。常见的文件系统有 NFS（网络文件系统）、ext3/ext4（Linux 专门的文件系统）、FAT（U 盘等便携式存储器的文件系统）等。Linux 中的虚拟文件系统其实就是将上面这些具体文件系统抽象成统一接口，这样操作系统中的进程就能通过这个统一接口进行文件操作。在 Linux 中，无论是操作存储设备中的具体文件还是操作其他外设，其实都是在操作文件系统中文件夹目录下的某个文件，这就是所谓的“Linux 中一切皆文件”说法的由来。当然，网络设备除外。

设备驱动和文件系统完成了对底层硬件资源的抽象，而最终使用这些资源的是进程（也叫任务）。每个执行中的应用程序在操作系统中就是一个进程，所以说进程是程序运行的基本单元。前面已经说过 CPU 是按顺序对程序逐条执行的，那么操作系统就需要对多个进程进行管理，让多个进程同时运行。进程管理包括进程调度、内存管理、进程间通信以及网络通信[8]。进程调度将 CPU 资源分时段分配给不同的进程使用，这主要通过操控 CPU 内的寄存器、中断线、控制线等实现。内存管理负责进程所需内存资源的分配以及动态读取、写入、删除、移动数据等操作，最终操控实际的内存设备。由于存在多种 CPU 架构和 CPU 与内存之间的总线连接方式，CPU 和内存会先经过体系架构模块的抽象，然后以统一接口供进程调度和内存管理使用。进程与进程之间的协作由进程间通信实现。众所周知，Linux 在服务器领域的性能十分强大，这得益于专门为网络通信设计的一套独立模块。网络设备首先经过硬件控制和网络设备驱动抽象成具体网络接口名称（比如 eth0、eth1、wlan 等），然后经过协议栈（比如 TCP/UPD、IP 等）对数据进行封包，最后以套接字（socket）的形式供进程使用，这其实就是计算机网络通信中的 5 层模型。

不管是应用层的用户程序还是操作系统内核都是程序，既然是程序就要加载到内存中，然后让 CPU 逐条执行。只不过操作系统先加载到内存中执行，以建立起一个友好的环境，这样后续应用层的用户程序就可以在这个友好的环境下更方便地运行。以 x86 架构的计算机为例，Linux 内核启动过程如图 A-6 所示。

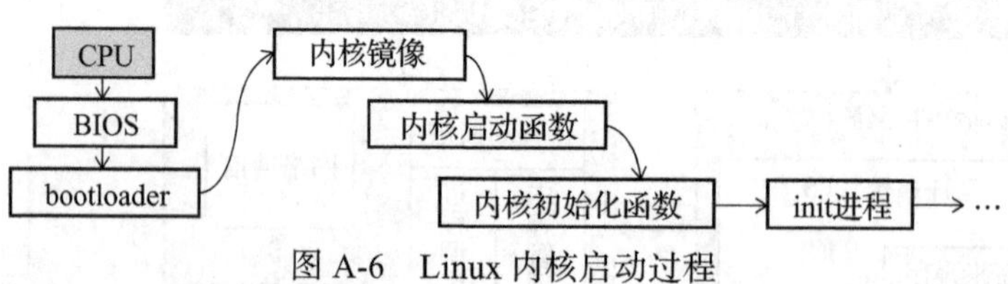

图 A-6　Linux 内核启动过程

由于刚上电的内存中并没有可用的程序代码，因此 CPU 在上电的瞬间被主板上特殊复位电路复位（RESRT）。CPU 复位后默认从一个指定地址加载程序，这段程序就是 BIOS。它是存储于只读存储器的一小段固件代码。BIOS 程序负责对主板中的硬件进行上电自检和参数配置，最后加载存放在具体磁盘中的 bootloader 程序到内存中执行。bootloader 是存放在磁盘分区开头位置的一小段引导程序，作用就是将存储在磁盘分区后续位置的内核镜像（bzImage）载入内存。内核镜像其实就是 Linux 内核源码编译后生成的可执行二进制文件。内核镜像一旦载入内存，内核启动函数和内核初始化函数会被依次执行，其实主要是做一些与硬件和体系架构有关的操作、参数配置、挂载根文件系统等。接着 init 进程被启动，执行各种开机脚本，以完成系统初始化（比如设置键盘、字体、装载外部扩展模块、联网等）。最后弹出登录界面，用户输入用户名和密码后就可以使用操作系统了。整个过程其实就是一连串程序的陆续执行，先启动的程序为后续程序准备必要的执行环境。

最后总结一下，Linux 内核其实就是先于应用层的用户程序而启动的一系列程序。这一系列程序中有些完成系统配置任务后就消失了，有些则长期驻留在内存中创建良好的环境，为应用层的用户程序提供运行之便。所谓的良好环境是指，设备驱动对五花八门的硬件外设的统一抽象，文件系统对这些资源做更高层次的抽象，进程管理则合理分配这些资源。可以说，整个内核都是围绕着资源的抽象和分配在运行，并最终将操作系统控制的所有资源以统一的接口供应用层调用。操作系统在应用层的呈现形式就是系统调用接口，用户程序可以通过该接口直接访问操作系统，当然也可以通过库函数间接访问操作系统。

A.2.2　Ubuntu 发行版

一套具体的 Linux 操作系统（即发行版）包含 Linux 内核和丰富的第三方组件（应用层的各种工具包和软件集合）。Linux 的内核最早由 Linus Torvalds 开发。

Linux 版本由 Linux 内核版本和包含第三方组件的发行版本共同构成，其中 Linux 内核版本㊀由一个独立的组织进行维护。单独的 Linux 内核是无法让普通用户使用的，于是各大厂商或个人将 Linux 内核与第三方组件打包成各种各样的 Linux 发行版，也就是普通用户能用的 Linux。由于 Linux 的开源特性，其他人很容易在已有的 Linux 发行版上继续编辑或扩展第三方组件来得到更多衍生版本，这就出现了众多 Linux 发行版的分支。Wiki 上的一个流程图㊁清晰地描述了 Linux 发行版各个分支的衍生关系。这里列举一些比较流行的版本，比如直接基于 Linux 内核衍生出的 Debian、Slackware、RedHat、Enoch、Arch、Android 等，基于 Debian 衍生出来的桌面环境非常友好的 Ubuntu、树莓派官方系统 Raspbian、Knoppix 等，当然，这些版本还在继续衍生（比如 Kubuntu、Xubuntu、Lubuntu、Ubuntu Mate、Ubuntu Kylin 等从 Ubuntu 衍生而来）。Slackware 衍生版本中 OpenSUSE 比较有名，RedHat 衍生版本中 Fedora 和 CentOS 比较有名，国内众多手机的操作系统都是基于 Android 衍生出来的。Linux 发行版本其实就是软件包管理、系统工具、桌面环境、一些内置的常用程序等不同，最重要的 Linux 内核部分都是一样的。

由于机器人普遍使用的是 Ubuntu，这里具体讨论一下如何选择 Ubuntu 发行版来满足不同应用场景的需求。根据 CPU 架构、硬件外设、桌面环境等的不同，Ubuntu 对应不同的 Ubuntu 版本。一个具体的 Ubuntu 发行版命名如图 A-7 所示。

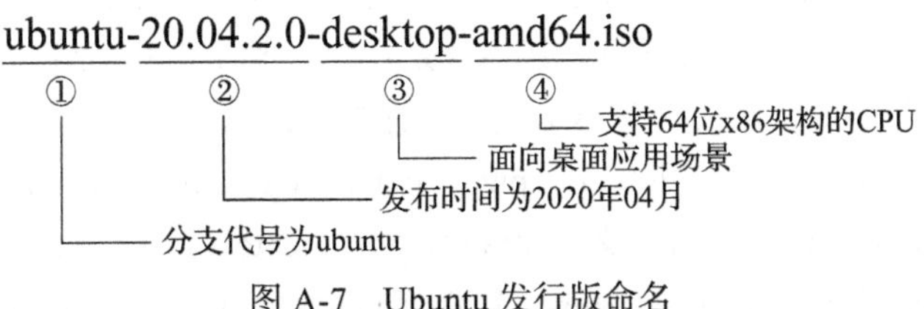

图 A-7　Ubuntu 发行版命名

名称中第 1 段内容代表分支代号，ubuntu 表示主分支，像 kubuntu、lubuntu、ubuntu mate、等表示衍生分支。名称中第 2 段内容代表发布时间，ubuntu 主分支会在每年衍生出两个版本，其中偶数年份的第一个版本为 5 年长期支持版本（即 LTS，比如 20.04LTS、18.04LTS、16.04LTS 等），这些版本都与相应的 Linux 内核版本相对应。名称中第 3 段内容代表应用场景，比如面向桌面应用场景的 desktop、面向服务器应用场景的 server、面向嵌入式资源受限场景的 core 等。名称中第 4 段内容代表其所支持的 CPU 架构及硬件平台，其中 amd64 和 i386 分别表示 64 位和 32 位的 x86 架构 CPU，arm64 和 armhf 分别表示 64 位和 32 位的 ARM 架构 CPU。相较于 x86 架构 CPU 周围所连接的都是通用型外设，ARM 架

㊀　参见 https://www.kernel.org。

㊁　参见 https://upload.wikimedia.org/wikipedia/commons/1/1b/Linux_Distribution_Timeline.svg。

构CPU周围连接了各种特殊型号外设，因此搭载ARM架构CPU的嵌入式主板大多需要硬件主板厂家提供定制的Ubuntu，以便提供专门的设备驱动和体系架构方面的支持。

Ubuntu系统安装其实主要分为在x86主机上安装Ubuntu和在ARM主机上安装Ubuntu两种。对于x86主机来说，安装比较简单，要么在虚拟机上运行Ubuntu，要么直接在物理机上运行Ubuntu；对于ARM主机来说，安装则比较复杂，需要考虑具体主机的硬件驱动、体系架构、桌面软件等方面的兼容性。

这里推荐在x86主机上先安装虚拟机，然后在虚拟机上安装Ubuntu，这样可以随时对关键步骤存档，以便后续操作损坏到系统时可以快速回滚到前面的存档。对于虚拟机，推荐大家选择VMware[㊀]或者VirtualBox[㊁]，前者性能稳定但需要付费使用，后者性能稍差但免费、开源。不管是采用虚拟机还是直接用物理机安装Ubuntu，只需要在下载好系统镜像文件后按照Ubuntu官方教程安装即可。虽然Ubuntu主分支的desktop、server和core版本均支持x86架构，但server和core版本不带桌面环境，因此推荐安装desktop版本。

具体可以下载的系统镜像主要有ubuntu-20.04.2.0-desktop-amd64.iso、ubuntu-18.04.5-desktop-amd64.iso、ubuntu-16.04.7-desktop-amd64.iso、ubuntu-16.04.6-desktop-i386.iso[㊂]。

其实，第5章已经简要介绍了一些在常见ARM主机（比如树莓派、RK3399、Jetson-tx2等）上安装Ubuntu的方法。以树莓派为例，只需要将主板厂商提供的定制的Ubuntu的系统镜像用Win3Disk之类的工具烧录到microSD卡，然后将microSD卡插入树莓派即可。

不管你在使用哪个系统，一旦安装好操作系统，登录后就可以通过图形界面环境或者命令行使用操作系统的各项功能了。这里主要介绍一些常用的命令行操作[9]。虽然也能像在Windows系统中用图形交互的方式使用Ubuntu系统，但是终端命令行的交互方式在Ubuntu系统中使用得更广泛。在使用终端命令行进行交互时，我们需要掌握一些快捷键及符号的含义。灵活使用Tab、Ctrl+C、Ctrl+D、Ctrl+Alt+F1~F6、Ctrl+Alt+F7等快捷键能大幅提高办公效率。另外，终端命令行中经常会用到一些符号，比如~、/、$、#等。此外，还要熟记一些常用命令。执行命令其实就是在执行某个应用程序或者系统提供的一些调用接口，所以记住一些常用命令并熟练使用很有必要，比如关机与重启命令：poweroff和reboot，目录与文件相关命令：ls、cd、pwd、touch、cp、mv、rm、cat、mkdir、rmdir等，文件权限命令：chmod和chown，文件查找命令：locate和find，网络相关命令：ping、ifconfig、ssh等，软件包管理命令：apt，软件运行命令：source、bash、./<可执行文件>等，文本编辑器：vim。

A.2.3　性能优化的探讨

有了上面的铺垫，接下来就可以对Linux与SLAM性能优化方面的问题进行一些探讨，这里主要讨论功耗和实时性。由于搭载SLAM的机器人采用电池供电，故功耗是一个重要的考虑因素。特别是运行在室外难以及时充电的移动机器人和无人驾驶车辆，对功耗的要求更严苛。另外，SLAM属于与环境高动态交互的应用，算法响应的实时性也非常重

㊀ 参见https://www.vmware.com。

㊁ 参见https://www.virtualbox.org。

㊂ 参见https://ubuntu.com。

要。比如机器人位姿信息的解算有较大延迟，机器人就无法依据当前位姿信息快速检测周围障碍物，导致发生碰撞。

上面已经说过操作系统所提供的任务调度机制、文件系统、内存管理机制、硬件驱动、系统调用接口等是为了帮助用户更好地使用计算机，也就是降低普通人使用计算机的难度。对于机器人 SLAM 应用来说，目前其大多是在操作系统（通常为 Linux）上实现的。对于操作系统层面的机器人 SLAM 应用而言，通过降低操作系统底层主机硬件功耗是降低功耗最有效的方式。而主机硬件架构主要有以 x86 为代表的复杂指令集（CISC）架构和以 ARM 为代表的精简指令集（RISC）架构两种。复杂指令集能满足更丰富的需求，但代价是其需要更复杂的逻辑电路来实现，另外非等长指令集的指令在进行等长分割时会消耗额外的时间。精简指令集虽然满足的需求相对少一些，好处是其可由更简单的逻辑电路来实现，另外等长指令集的指令不必分割执行，从而避免消耗额外的时间。严格说，实现某个功能的应用程序在 x86 和 ARM 两种架构的运行功耗并没有绝对的高低之分，因为这与程序开发人员的代码编写质量、采用何种编译器、运行在何种操作系统、CPU 厂商的具体工艺等都有关系。不过一般而言，ARM 在逻辑电路实现上会更简单一些，等长指令执行过程额外耗时也少，功耗也相对低一些。就同等价位及算力档次来看，ARM 架构的主机功耗会更低一些。

对于想要进一步降低功耗并且保证实时性的应用场合来说，我们可以考虑摒弃操作系统而直接将 SLAM 程序裁剪成能在裸机系统运行的程序。一个系统越复杂，出错的风险就会越大。裸机系统的程序显然更稳健。另外，操作系统多任务执行都是通过任务调度分时共享 CPU 使用权实现的。在极端情况下，这种实时性并不能被保证。如果使用裸机系统运行 SLAM 程序，更低的 CPU 算力下能实现同等功能，这样既降低了成本，又降低了功耗。不过，难点是要对原来操作系统层面的 SLAM 程序进行深度裁剪，以保证其在裸机系统上的实时性。以 ORB-SLAM 来说，操作系统层面的程序由追踪、局部建图和闭环这 3 个并行的线程实现。当换成裸机系统后，这种程序结构需要修改（因为裸机系统中只有 1 个主线程可用），要么将追踪、局部建图和闭环合并成一个串行的大线程，然后用中断来处理一些特殊逻辑，要么采用多核异构架构的算力板，即一块主板上集成多个不同的计算单元（CPU、GPU、MCU、FPGA 等），然后将追踪、局部建图和闭环分别放在不同的计算单元上独立实现，这样能实现程序的硬实时性。

参考文献

[1] SHARMA D M. Computer Organization and Architecture/Introduction to Computer Organization and Architecture [M]. Phagwara: Lovely Professional University.

[2] STALLINGS W. Computer Organization and Architecture : Designing for Performance [M]. 9th ed. New Jersey: Prentice Hall, 2013.

[3] 姚向华，姚燕南，乔瑞萍. 微型计算机原理 [M]. 6 版. 西安电子科技大学出版社，2017.

[4] 王彪，武漫漫. 8051 单片机原理及应用 [M]. 北京：机械工业出版社，2017.

[5] 水头一寿，米泽辽，藤田裕士. CPU 自制入门 [M]. 赵谦，译. 北京：人民邮电出版社，

2014.

[6] 高剑林．Linux内核探秘［M］．北京：机械工业出版社，2014.

[7] 吴国伟，姚琳，毕成龙．深入理解Linux驱动程序设计［M］．北京：清华大学出版社，2015.

[8] 博韦，西斯特．深入理解LINUX内核［M］．3版．陈莉君，张琼声，张宏伟，译．北京：中国电力出版社，2007.

[9] 张金石．Ubuntu Linux操作系统［M］．北京：人民邮电出版社，2016.

APPENDIX

附录 B

习　题

第 1 章　ROS 入门必备知识

1）在电脑虚拟机上安装 ROS 并新建一个名为 catkin_ws 的工作空间。

2）参考 ROS 标准消息类型的定义方式，并基于 ROS 标准消息类型自定义一个包含三个成员的新消息类型（一个成员为 Bool 型、一个成员为 Byte 型、一个成员为 Float32 型的数组）。假设该新消息类型被定义在 UserType.msg 文件中，请编写 UserType.msg 文件的具体内容。

3）请修改 1.5.1 节中的话题通信例程，实现在话题中发布和订阅 Float32 类型的消息，并在电脑上编译和运行。

4）请从实时性、可靠性和实现复杂度上对 topic、service 和 action 通信方式的优缺点进行讨论。

5）请问在 launch 文件中设置静态 tf 关系和在 urdf 中设置静态 tf 关系各有什么优缺点。

6）请阐述 ROS 中的 master-slave 通信架构与 ROS2.0 中的 DDS 通信架构的联系与区别。

第 2 章　C++ 编程范式

1）请结合计算机体系结构方面的知识，说一说计算机中的 C++ 程序为什么需要编译后才能运行。

2）请思考一下 C++ 中的结构体和类之间有什么区别。

3）请遵循 2.3.4 节的命名约定规范定义一个 C++ 类，这个类中需要包含函数、变量、常量和宏。

第 3 章　OpenCV 图像处理

1）请从几何角度出发，画出射影示意图，解释射影变换时的物理意义。

2）假设两幅图像之间存在射影变换关系，请问如何求出该变换矩阵。

3）高斯差分运算能近似替代高斯拉普拉斯运算来做图像角点的检测，请给出数学证明。

4）讨论一下图像金字塔、高斯金字塔和高斯差分金字塔之间的关系。

5）为什么从倒数第 3 个图层来生成高斯金字塔的下一个组就能保持高斯差分金字塔中尺度的连续性?

6）请从积分图像的理论出发，证明在求解图像的 Hessian 矩阵时用盒式滤波代替高斯滤波的合理性。

第 4 章　机器人传感器

1）请思考卡尔曼滤波中卡尔曼增益 K_K 的物理意义。

2）请完善 4.4.3 节中的通信协议细节，包括硬件接口定义、物理层数据包、协议层数据包、帧检测机制、校验机制、数据解析机制等。

第 5 章　机器人主机

1）从计算机体系结构上看，CPU 与 GPU 的分别是什么，x86 与 ARM 分别又是什么?

2）机器人中一般采用 ARM 主机与 Linux 操作系统相搭配的方案，而很少使用 x86 主机与 Windows 操作系统相搭配的方案，请从安全性、可靠性、开发复杂度、软件生态等方面谈谈你自己的看法。

3）假设机器人、工作台和手机三者之间以 ROS 网络通信方式进行通信，其中机器人的 IP 地址为 192.168.0.52，工作台的 IP 地址为 192.168.0.10，手机的 IP 地址为 192.168.0.161，并指定机器人为 MASTER，请写出每台设备上 ROS 网络通信环境变量的取值。

第 6 章　机器人底盘

1）假设两轮差速底盘以恒定的线速度 0.3m/s 和角速度 0.1rad/s 行驶了 10s，请问左轮、右轮和底盘运动中心各行进了多少路程。

2）6.1.1 节介绍了如何通过试探法标定两轮差速底盘轮子的半径 R 和左右轮的轴距 d，但试探法需要反复做实验试探，请设计一种基于解析的标定方法，仅通过几个测量数据就能从解析式中直接求出半径 R 和左右轮的轴距 d。

3）式（6-20）给出了后驱阿克曼底盘的前向运动学方程，请推导出前驱阿克曼的前向运动学方程。

4）结合两轮差分、四轮差分、阿克曼和全向底盘的优缺点，说一说它们各自所适合的应用场景。

第 7 章　SLAM 中的数学基础

1）为什么说 SLAM 问题在理论上已经得到了解决? 请从数据关联、收敛性和一致性方面发表你的看法。

2）在线 SLAM 系统和完全 SLAM 系统有什么区别? 基于滤波的 SLAM 与基于优化的 SLAM 有什么区别? 为什么说基于滤波的在线 SLAM 系统无法构建大规模地图?

3）请利用贝叶斯准则将条件概率 P（A|B, C, D）进行展开。

4）贝叶斯估计与传统的最大似然或最小二乘估计最大的区别是什么?

5）请编程实现梯度下降算法，并用其求解函数 $f(x) = x^2 + \sin 2x + 2$ 的最小值。

第 8 章 激光 SLAM 系统

1）请借鉴粒子滤波中粒子采样的思想，编写程序求解下图中阴影区域的面积。

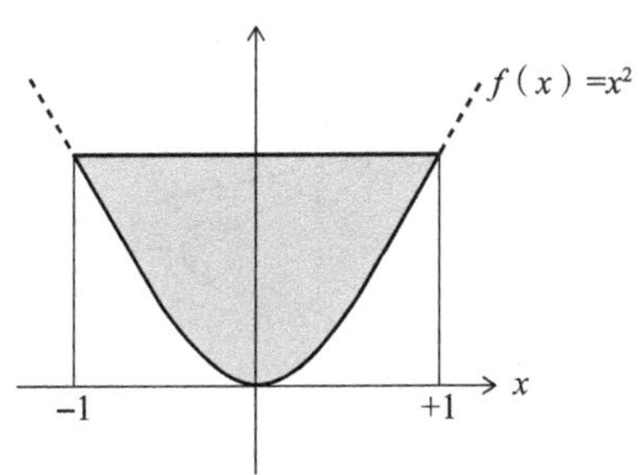

2）请通过源码方式在电脑上安装 Gmapping，利用数据集离线建图，并使用 map_server 将地图保存到本地。

3）请详细阐述 Cartographer 闭环检测时分支界定策略的执行步骤。

第 9 章 视觉 SLAM 系统

1）请使用相机对同一个物体在不同视角下拍摄两幅照片，然后利用 OpenCV 从这两幅照片中提取 ORB 特征点并进行特征匹配。

2）用于描述旋转的 Hamilton 四元数 $q=0.5+0.5i+0.5j+0.5k$，请将该四元数转换成对应的旋转矩阵。

3）假设以相机的初始位姿建立坐标系 o_1，以经过旋转 $\boldsymbol{R}=\begin{bmatrix}0.6 & -0.8\\0.8 & 0.6\end{bmatrix}$ 和平移 $\boldsymbol{t}=[0.2, 0.5, 0.8]^{\mathrm{T}}$ 后的位姿建立新坐标系 o_2，点 P 在坐标系 o_1 的坐标值为 $[5, 2, 1]^{\mathrm{T}}$，并且点 P 的位置不会随相机的运动而改变，请问点 P 在坐标系 o_2 的坐标值是多少。

4）给定文本 txt1=abaabdcfff 和 txt2=cdefcaa，给定字典 dic={1:a',2:b',3:c',4:d',5:e',6:f'}，请利用词频统计为文本 txt1 和 txt2 分别生成对应的表征向量，并利用海明距离评价这两个文本的相似性。

5）请结合第 3 章中所学的 OpenCV 知识，将 ORB_SLAM2 的 ROS 例程中采用数据集获取图像的部分修改成直接从相机设备获取图像。

6）视觉 SLAM 中的特征点法与直接法分别通过什么方式进行数据关联？并讨论各自的优缺点。

7）单目相机通过三角化重建路标点的过程与双目相机重建路标点的过程一样吗？请谈谈你的看法。

第 10 章 其他 SLAM 系统

1）我们常说的 SLAM 系统三段式范式是什么？端到端 SLAM 系统又是什么？

2）单目相机与 IMU 组成的视觉惯导设备通常需要标定，什么是内参标定和外参标定，标定能起到什么作用？

3）定义一个 logistic 函数为 $\varphi(v)=\dfrac{1}{1+\mathrm{e}^{-\alpha v}}$，请证明它关于 v 的导数为 $\dfrac{\mathrm{d}\varphi}{\mathrm{d}v}=\alpha\varphi(v)(1-\varphi(v))$。

4）请编程实现用神经网络逼近三角函数 $\sin x$，并给出监督学习的具体训练过程。

5）请证明下图中的神经网络能解决异或问题 $\mathrm{XOR}(x[1], x[2])$。

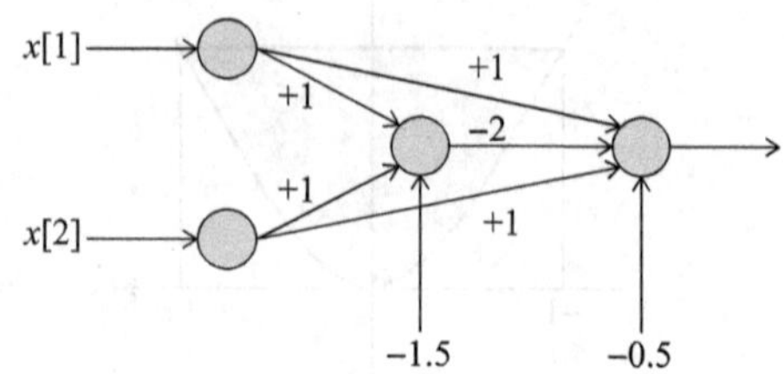

6）循环神经网络和递归神经网络是一样的吗？请发表你的看法。

第 11 章　自主导航中的数学基础

1）请编写程序实现 Dijkstra 算法，要求能输入任意个节点及边的图结构，并在输入中指定起始节点和目标节点，输出结果为路径。

2）为什么说机器人自主导航是一个序贯决策问题？

3）请证明当折扣率 $0<\gamma<1$ 且回报序列 $\{r\}$ 有界时，长期回报 $G_t=\sum_{k=0}^{\infty}\gamma^k\cdot r_{t+1+k}$ 是一个有限值。

4）请讨论求解强化学习问题的动态规划方法、采样方法、价值函数逼近和策略搜索之间的联系与区别。

第 12 章　典型自主导航系统

1）第 8 章中的 Gmapping 与本章的 AMCL 之间有什么联系和区别？

2）请参考 ros-navigation 中默认全局路径规划插件的写法，编写一个你自己的全局路径规划插件，并尝试进行插件加载。

3）假设 ros-navigation 默认采用 base_local_planner 局部路径规划插件进行局部避障导航，但发现导航过程中机器人总是贴着墙壁或者障碍物行进，请问应该如何调整 base_local_planner 的参数来解决这个问题。

第 13 章　机器人 SLAM 导航综合实战

1）请按照 13.1 节中的步骤将你的机器人上的传感器、urdf 以及底盘启动起来，然后打开 rviz 订阅激光雷达、里程计以及 tf 的数据。

2）请编写一个 ROS 节点，用该节点向机器人底盘的 /cmd_vel 话题发送速度控制命令，让机器人在地上沿着边长为 1m 的正方形路线运动。

3）请编写一个 ROS 节点，用该节点向机器人中的 move_base 发送导航目标点。

推荐阅读

机器学习实战：基于Scikit-Learn、Keras和TensorFlow（原书第2版）

作者：Aur é lien G é ron ISBN：978-7-111-66597-7 定价：149.00元

机器学习畅销书全新升级，基于TensorFlow 2和Scikit-Learn新版本

Keara之父、TensorFlow移动端负责人鼎力推荐

“美亚”AI+神经网络+CV三大畅销榜冠军图书

从实践出发，手把手教你从零开始构建智能系统

这本畅销书的更新版通过具体的示例、非常少的理论和可用于生产环境的Python框架来帮助你直观地理解并掌握构建智能系统所需要的概念和工具。你会学到一系列可以快速使用的技术。每章的练习可以帮助你应用所学的知识，你只需要有一些编程经验。所有代码都可以在GitHub上获得。

机器学习算法（原书第2版）

作者：Giuseppe Bonaccorso ISBN：978-7-111-64578-8 定价：99.00元

本书是一本使机器学习算法通过Python实现真正“落地”的书，在简明扼要地阐明基本原理的基础上，侧重于介绍如何在Python环境下使用机器学习方法库，并通过大量实例清晰形象地展示了不同场景下机器学习方法的应用。

推荐阅读

深度探索Linux系统虚拟化：原理与实现

ISBN：978-7-111-66606-6

百度2位资深技术专家历时5年两易其稿，系统总结多年操作系统和虚拟化经验

从CPU、内存、中断、外设、网络5个维度深入讲解Linux系统虚拟化的技术原理和实现

嵌入式实时操作系统：RT-Thread设计与实现

ISBN：978-7-111-61934-5

自研开源嵌入式实时操作系统RT-Thread核心作者撰写，专业性毋庸置疑

系统剖析嵌入式系统核心设计与实现，掌握物联网操作系统精髓